水库大坝高质量建设与绿色发展

——中国大坝工程学会2018学术年会论文集

贾金生　尚宏琦　张利新　戴艳萍　张治平
张金良　王道席　翟渊军　张玉峰　徐存东　主编

黄河水利出版社
·郑州·

图书在版编目(CIP)数据

水库大坝高质量建设与绿色发展:中国大坝工程学会2018学术年会论文集/贾金生等主编.—郑州:黄河水利出版社,2018.9

中国大坝工程学会丛书

ISBN 978-7-5509-2138-2

Ⅰ.①水… Ⅱ.①贾… Ⅲ.①水库-大坝-水利工程-中国-文集 Ⅳ.①TV698.2-53

中国版本图书馆CIP数据核字(2018)第221186号

策划编辑:谌莉 电话:0371-66025355 E-mail:113792756@qq.com

出 版 社:黄河水利出版社

地址:河南省郑州市顺河路黄委会综合楼14层 邮政编码:450003

发行单位:黄河水利出版社

发行部电话:0371-66026940、66020550、66028024、66022620(传真)

E-mail:hhslcbs@126.com

承印单位:河南瑞之光印刷股份有限公司

开本:787 mm×1 092 mm 1/16

印张:51.75

字数:1 260千字 印数:1—1 000

版次:2018年9月第1版 印次:2018年9月第1次印刷

定价:168.00元

会议组织机构名单

一、主办、承办、协办单位

主办单位: 中国大坝工程学会

承办单位: 黄河水利委员会

水利部小浪底水利枢纽管理中心

河南省水利厅

中核集团新华水力发电有限公司

黄河勘测规划设计有限公司

黄河水利科学研究院

中国水利水电第十一工程局有限公司

河南省水利勘测设计研究有限公司

中国水利水电科学研究院

华北水利水电大学

协办单位: 中国华能集团有限公司

中国大唐集团有限公司

中国华电集团有限公司

中国电力建设集团有限公司

长江勘测规划设计研究有限责任公司

中国葛洲坝集团股份有限公司

华能澜沧江水电股份有限公司

雅砻江流域水电开发有限公司

国电大渡河流域水电开发有限公司

中国水利水电第四工程局有限公司

华电金沙江上游水电开发有限公司

中国葛洲坝集团基础工程有限公司

山西省水利建筑工程局有限公司

河南科丽奥高新材料有限公司

华北水利水电大学学报编辑部

《水利水电快报》

二、会议组织机构

(一)组织委员会

主　席:

矫　勇　中国大坝工程学会理事长

岳中明　黄河水利委员会主任

副主席:

匡尚富　中国水利水电科学研究院院长、中国大坝工程学会副理事长

Joji Yanagawa　日本大坝委员会主席

Hak - Soo Lee　韩国大坝委员会主席

执行主席:

张利新　水利部小浪底水利枢纽管理中心党委书记、主任

贾金生　中国大坝工程学会副理事长兼秘书长

委　员(按姓氏笔画排序):

王小毛　长江勘测规划设计研究有限责任公司常务副总工程师

王彦武　山西省水利建筑工程局有限公司总经理

邓银启　中国葛洲坝集团股份有限公司副总经理、总工程师

安新代　黄河勘测规划设计公司总经理、教高

祁志峰　黄河水利水电开发总公司副总经理、中国大坝工程学会常务理事、教高

孙　卫　华能澜沧江水电股份有限公司党委副书记、总经理

李文谱　中国大唐集团有限公司工程管理部副主任

李彦彬　华北水利水电大学水利学院院长、教授

杨　骏　中国长江三峡集团公司宣传与品牌部主任、中国大坝工程学会理事

杨　勤　国家能源投资集团有限责任公司水电产业运营管理中心主任

吴世勇　雅砻江流域水电开发有限公司副总经理、中国大坝工程学会常务理事

何　杰　河南省水利勘测设计研究有限公司副总经理、教高

张玉峰　中国水利水电第十一工程局有限公司党委书记、董事长、教高

张国新　中国水利水电科学研究院水电可持续发展研究中心主任、中国大坝工程学会理事

张　焰　中核集团新华水力发电有限公司党委副书记、总经理

陈德新　河南省水利厅科技教育处处长

罗锦华　中国华电集团有限公司战略规划部副主任(正主任级)

姚　强　中国电力建设集团有限公司副总经理

晏新春　中国华能集团有限公司基建部副主任、中国大坝工程学会理事

席　浩　中国水利水电第四工程局有限公司党委副书记、总经理,中国大坝工程学会理事

涂扬举　国电大渡河流域水电开发有限公司党委副书记、总经理,中国大坝工程学会理事

常向前　黄河水利科学研究院副院长

（二）顾问委员会

主　席：

汪恕诚　水利部原部长、中国大坝工程学会原理事长

陆佑楣　中国工程院院士、中国大坝工程学会荣誉理事长

副主席：

晏志勇　中国电力建设集团有限公司党委书记、董事长，中国大坝工程学会副理事长

胡甲均　长江水利委员会副主任、中国大坝工程学会副理事长

张启平　国家电网公司高级顾问、中国大坝工程学会副理事长

林初学　中国长江三峡集团公司副总经理、中国大坝工程学会副理事长

曲　波　中国大唐集团有限公司总工程师、中国大坝工程学会副理事长

张宗富　国家能源投资集团有限责任公司总工程师、中国大坝工程学会副理事长

夏　忠　国家电力投资集团有限责任公司副总经理、中国大坝工程学会副理事长

周厚贵　中国能源建设集团有限公司副总经理、中国大坝工程学会副理事长

委　员（按姓氏笔画排序）：

王道席　黄河水利科学研究院院长

任汝成　河南省水利厅总工程师

江小兵　中国葛洲坝集团股份有限公司高级工程技术专家

孙明权　华北水利水电大学黄河科学研究院教授、中国大坝工程学会理事

李　洪　四川省紫坪铺开发有限责任公司董事长、中国大坝工程学会常务理事

杨启贵　长江勘测规划设计研究有限责任公司副院长、

总工程师,中国大坝工程学会理事

杨清廷　中国华电集团有限公司副总经理

张金良　黄河勘测规划设计有限公司董事长、教高

张保胜　山西省水利建筑工程局有限公司副总工程师

陈云华　雅砻江流域水电开发有限公司董事长

袁湘华　华能澜沧江水电股份有限公司党委书记、董事长

聂相田　华北水利水电大学校地合作办公室名誉主任、教授

高建民　中国水利水电第四工程局有限公司党委书记、董事长

曹会彬　河南省水利勘测设计研究有限公司技术副总监、教高

温续余　水利水电规划设计总院总工程师、中国大坝工程学会理事

衡富安　中国水利水电第十一工程局有限公司原总工程师、教高

戴雄彪　中核集团新华水力发电有限公司党委书记、董事长

（三）技术委员会

主　席：

张建云　南京水利科学研究院院长、中国工程院院士、英国皇家工程院院士、中国大坝工程学会副理事长

Luis Berga　国际大坝委员会荣誉主席

副主席：

苏茂林　黄河水利委员会副主任、中国大坝工程学会副理事长

钟登华　天津大学校长、中国工程院院士、中国大坝工程学会常务理事

钮新强　长江勘测规划设计研究有限责任公司院长、中国工程院院士、中国大坝工程学会副理事长

王复明　中国工程院院士、中国大坝工程学会常务理事

刘志明　水利水电规划设计总院副院长、中国大坝工程学会副理事长

李　昇　水电水利规划设计总院副院长、中国大坝工程学会副理事长

王松春　水利部监督司司长、中国大坝工程学会副理事长

周建平　中国电建集团股份有限公司总工程师、国际大坝委员会副主席、中国大坝工程学会常务理事

Michel Lino　国际大坝委员会副主席、法国大坝委员会主席

委　员（按姓氏笔画排序）：

艾永平　华能澜沧江水电股份有限公司总工程师、中国大坝工程学会理事

朱品安　中国葛洲坝集团基础工程有限公司副总经理

闫永平　山西省水利建筑工程局有限公司总工程师

江恩慧　黄河水利科学研究院副院长、总工程师，中国

大坝工程学会理事

严　军　国电大渡河流域水电开发有限公司党委委员、副总经理

杨和明　中国水利水电第十一工程局有限公司副总经理、总工程师、教高

张文山　中国水利水电第四工程局有限公司副总经理兼总工程师

张汉青　水利部小浪底水利枢纽管理中心副主任、教高

张振杰　中核集团新华水力发电有限公司总工程师

罗小黔　中国华电集团有限公司基建工程部主任

姜长飞　中国大唐集团有限公司工程管理部处长

徐泽平　中国水利水电科学研究院教高、中国大坝工程学会理事

郭　磊　华北水利水电大学副教授

郭绪元　雅砻江流域水电开发有限公司基建总工程师

董振锋　河南省水利勘测设计研究有限公司总工程师、教高

景来红　黄河勘测规划设计公司总工程师、教高，中国大坝工程学会理事

(四)会议秘书处

秘书长:

郑璀莹　中国大坝工程学会综合部主任

副秘书长:

张国芳　黄河水利委员会国科局科技处处长

李鸿君　水利部小浪底水利枢纽管理中心建设与管理处处长

陈　丽　河南省水利厅科技教育处调研员

梁　晶　中核集团新华水力发电有限公司科技委办公室主任助理

刘金勇　黄河勘测规划设计有限公司生产技术部主任

蒋思奇　黄河水利科学研究院科研处副主任

张卫东　中国水利水电第十一工程局有限公司总经理助理、技术质量部主任

贾西斌　河南省水利勘测设计研究有限公司发展部部长

尹彦礼　华北水利水电大学校长办公室主任

袁玉兰　中国大坝工程学会奖励办主任

序

新时代要求坚定不移的践行创新、协调、绿色、开放、共享的发展理念，推动我国经济由高速度发展转向高质量发展。水库大坝作为国家重要的基础设施，发展中既需要为人民美好生活和经济社会发展提供防洪安全、供水安全、能源安全、粮食安全保障，同时又要在保护生态、实现生态文明发展上做出重要贡献，需要勇于担负起高质量建设管理和促进生态文明发展两副重担，需要坚持安全第一、质量至上、生态优先。

高质量发展的重要标志就是每一座水库大坝的全生命周期都应体现高质量，在保障大坝自身安全的同时，既要实现各项设计功能，又要实现与生态环境和谐共生。这就要求在规划、勘测设计、建设施工、运行管理各个阶段都要坚持高质量标准，对标国际，严格把关，保障水库大坝建设和管理的高水平。

中国大坝工程学会作为我国大坝领域的全国性学术组织和代表中国参加国际水库大坝交流的对外窗口，一直致力于开放型、枢纽型、平台型社团打造，致力于服务科技工作者、服务创新驱动发展战略、服务公民科学素质提高、服务党和政府科学决策等工作，以支撑水库大坝事业高质量建设和管理。2011 年以来每年举办学术年会，得到了各级领导和专家们的大力支持与积极响应，参会人员逐步增多，业界影响不断扩大，已成为广大科技工作者交流成果、切磋观点、增进合作、迸发创新火花的重要平台，成为反映中国大坝最新发展动态的重要窗口，得到同行和社会的高度认可，世界影响也在不断扩大。

中国大坝工程学会 2018 学术年会将于 10 月在河南郑州召开，会议的主题是“以绿色和高质量的建设管理推动大坝安全和河流健康”。大会邀请到了不少国内外院士、著名专家到会作特邀报告，阐述新观点、新动态、新方向，还征集了 208 篇论文，其中 113 篇论文收录到本论文集中，为会议提供了丰富的交流内容。论文议题包括：

（一）生态文明水工程探索与水库泥沙管理

（二）高质量发展中的水库大坝建设创新技术进展

（三）水库大坝的长期运行性态与管理技术

期待通过会议平台，为水利水电行业的工程师们提供重要参考。

本次大会由中国大坝工程学会主办，由黄河水利委员会、水利部小浪底水利枢纽管理中心、河南省水利厅、中核集团新华水力发电有限公司、黄河勘测规划设计有限公司、黄河水利科学研究院、中国水利水电第十一工程局有限公司、河南省水利勘测设计研究有限公司、中国水利水电科学研究院、华北水利水电大学承办，由中国华能集团有限公司、中国大唐集团有限公司、中国华电集团有限公司、中国电力建设集团有限公司、长江勘测规划设计研究有限责任公司、中国葛洲坝集团股份有限公司、华能澜沧江水电股份有限公司、雅砻江流域水电开发有限公司、国电大渡河流域水电开发有限公司、中国水利水电第四工程局有限公司、华电金沙江上游水电开发有限公司、中国葛洲坝集团基础工程有限公司、山西水利建筑工程局有限公司、河南科丽奥高新材料有限公司、华北水利水电大学学报编辑部、《水利水电快报》等单位协办支持。在此一并表示衷心的感谢！

大会组委会主席

2018年9月于北京

目　录

第二篇 高质量发展中的水库大坝建设创新技术进展

第三篇　水库大坝的长期运行性态与管理技术

第一篇　生态文明水工程探索与水库泥沙管理

黄河下游滩区再造与生态治理

张金良

(黄河勘测规划设计有限公司,郑州 450003)

摘 要 黄河下游滩区总面积3 154 km^2,现有耕地22.7万hm^2,人口189.52万人,受制于特殊的自然地理条件和安全建设进度,滩区经济发展落后,人民生活贫困。结合新时期国家发展战略及治水新思路,考虑黄河下游自然特点和水沙输移规律,提出"洪水分级设防,泥沙分区落淤,滩区分区改造治理开发"的再造与生态治理设想。黄河下游滩区再造与生态治理实现了治河与经济发展的有效结合,符合国家推进生态文明建设要求,对实施精准扶贫,助推中原经济区快速发展具有重要意义。建议尽快开展黄河下游滩区再造与生态治理方案研究,并选择典型试点河段,编制实施方案,进行治理试验,而后逐步向全下游河道推广。

关键词 功能区划;生态治理;滩区再造;黄河下游

1 黄河下游滩区概况及存在问题

1.1 滩区概况

黄河下游河道内分布有广阔的滩地,总面积为3 154 km^2,占下游河道总面积的65%以上。陶城铺以上河段滩区面积为2 624.9 km^2,约占下游滩区总面积的83.2%;陶城铺以下除平阴、长清两县有连片滩地外,其余滩地面积较小。

黄河下游河道120多个自然滩地中,面积大于100 km^2的有7个,50~100 km^2的有9个,30~50 km^2的有12个,30 km^2以下的有90多个。原阳县、长垣县、濮阳县、东明县和长清县等5个自然滩的滩区面积均在150 km^2左右,除长清滩位于陶城铺以下外,其余均位于陶城铺以上河段。

黄河下游滩区既是行洪、滞洪和沉沙区,又是滩区人民生产生活的重要场所,滩区现有耕地22.7万hm^2,村庄1 928个,人口189.52万人(河南省124.6万人,山东省64.9万人)[1]。滩区经济是典型的农业经济,农作物以小麦、大豆、玉米为主,受汛期漫滩洪水影响和生产环境及生产条件制约,滩区经济发展落后,并且与周边区域的差距逐步扩大。

1.2 滩区治理存在的问题

中华人民共和国成立以来,黄河下游河道及滩区治理取得了很大成就,进行了4次堤防加高培厚,开展了河道整治及工程建设,开辟了东平湖、北金堤等分滞洪区,实施了滩区安全建设和"二级悬河"治理试验,研究了下游河道及滩区治理模式和补偿政策等[2]。然而,由于黄河水沙情势变化和社会经济快速发展,滩区治理仍存在以下问题:

作者简介:张金良(1963—),男,河南新安人,博士生导师,主要从事洪水泥沙管理、水利水电工程设计等工作。E-mail:jlzhangyrec@126.com。

(1)“二级悬河”威胁防洪安全,影响滩区发展。黄河下游不仅是“地上悬河”,而且是槽高、滩低、堤根洼的“二级悬河”。目前,下游“二级悬河”严重的东坝头—陶城铺河段滩唇高出大堤临河地面3 m左右,最大达5 m,滩面横比降达0.1%左右,约为河道纵比降的10倍。“二级悬河”的不利形态一是增大了形成“横河”“斜河”的概率以及滩区发生“滚河”的可能性,容易引起洪水顺堤行洪,增大冲决堤防的危险;二是容易造成堤根区降雨积水难排,内涝导致农作物减产甚至绝收,土地盐碱化加重群众土地改良负担。小浪底水库投入运用后,虽然下游河道最小平滩流量恢复至4 000 m^3/s以上[3],但滩地横比降远大于河槽纵比降的不利形态未得到有效解决。

(2)滩区安全建设滞后,滩区群众缺乏安全保障。长期以来,滩区安全建设资金投入不足,建设进度缓慢。下游滩区189.5万人中,安全建设已达标和20年一遇洪水不上滩的仅有28.2万人,安全生产设施不达标的有89.46万人,无避水设施的有71.84万人。同时,撤退道路少、标准低,救生船只短缺,预警设施不完善,不能满足就地避洪和撤退转移的需要,滩区绝大多数群众生命财产安全得不到保障。近年来,河南、山东两省正在推进滩区居民搬迁,但仅是试点性质,受投资限制,搬迁人口较少。

(3)滩区经济发展缓慢。黄河下游滩区属于河道的组成部分,按照河道管理有关规定,滩区内发展产业受到限制,经济以农业为主,农民收入水平低下,生活贫困。据统计,2015年河南省农村居民人均可支配收入为10 853元,而封丘、台前、范县等滩区县分别为8 206元、7 434元、7 805元。

(4)滩区经济发展与治河矛盾突出。滩区群众为发展经济、防止小洪水漫滩,不断修建生产堤。生产堤虽然可以减轻小水时局部滩区的淹没损失,但却阻碍了洪水期滩槽水沙自由交换,进一步加速了“二级悬河”的发展,大水时反而加重了滩区的灾情,更不利于下游防洪。同时,为减少生产堤决口,地方政府对小浪底水库提出了拦蓄中常洪水保滩的要求,从而影响了水库防洪减淤作用的充分发挥。下游洪水泥沙处理与滩区经济社会发展矛盾日益突出,已成为黄河下游治理的瓶颈。

(5)滩区治理问题复杂,各方意见存在分歧,影响了滩区治理进度。黄河下游滩区治理十分复杂,涉及防洪、泥沙、生态、社会、政策等问题。近年来,进入黄河下游水沙又发生较大变化,社会各界对滩区治理的认识也存在分歧,影响到滩区治理决策。

2 黄河下游滩区治理相关研究

黄河下游长期以来以“善淤、善徙、善决”著称于世,历史上洪水泛滥频繁,两岸人民灾难深重。人民治黄以来,黄河下游进行了大规模的治理,并初步形成以中游水库、下游堤防、河道整治、分滞洪区等工程为主体的防洪工程体系。

针对黄河下游滩区治理问题,20世纪八九十年代就有专家提出有关成果[4-5],2004年黄委先后在北京、开封召开了“黄河下游治理方略研讨会”,对黄河水沙变化、调水调沙与水库调度、下游河道与滩区治理以及滩区政策等进行了广泛而深入的探讨[6]。随后,有针对性地开展大量研究,获得了黄河下游生产堤利弊分析研究[7]、黄河下游滩区治理模式研究[8]、黄河下游滩区运用补偿政策研究[9]、黄河下游滩区治理模式和安全建设研究[10]等一系列成果。2007年启动的《黄河流域综合规划》列“黄河下游河道治理战略研究”等有关专题[11],

围绕宽河、窄河治理战略，生产堤废、留问题做了大量工作，提出了宽河固堤、废除生产堤全滩区运用的治理模式，并以此形成了“稳定主槽、调水调沙，宽河固堤、政策补偿”的黄河下游河道治理战略，并纳入“黄河流域防洪规划”“黄河流域综合规划(2012～2030 年)”，得到国务院批复，成为今后一个时期指导黄河下游河道和滩区治理的基本依据。

2012 年，“十二五”国家科技支撑计划项目“黄河水沙调控技术研究及应用”，单独列“黄河下游宽滩区滞洪沉沙功能及滩区减灾技术研究” 课题开展研究[12]，提出了未来宽滩区推荐运用方案，即保留生产堤，对于花园口站 6 000 m^3/s 以下洪水，通过生产堤保护滩区不受损失；对于花园口站超过 6 000 m^3/s 洪水，全部破除生产堤，发挥宽滩区的滞洪沉沙功效。

2012 年，宁远带专家考察下游河道，提出“稳定主槽、改造河道、完建堤防、治理悬河、滩区分类”的治理思路，该思路是通过采取措施稳定主槽、改造河道，建设二道堤防，并进行“二级悬河”治理，在新的防洪堤与原有黄河大堤之间的滩区上利用标准提高后的道路等作为格堤，形成滞洪区，当洪水流量大于 8 000～10 000 m^3/s 时，可向新建滞洪区分滞洪，对滩区进行分类治理，解放除新建滞洪区以外的滩区。2013 年黄委联合中国水科院、清华大学等单位，开展了“黄河下游河道改造与滩区治理” 研究工作。

3 黄河下游滩区再造与生态治理方案

考虑新时期治水思路和滩区经济发展新要求，充分吸纳黄河下游滩区治理成果，结合黄河水沙、防洪条件变化以及滩区治理面临的问题，经研究分析，提出黄河下游滩区再造与生态治理方案。

3.1 方案的主要依据

(1)我国对各类防护对象实施按洪水标准设防。

(2)黄河下游滩区的功能是行洪、滞洪、沉沙。为适应黄河多泥沙的河流特性，下游的河道形态是上宽下窄(最宽处达 24 km，最窄处 275 m)，河道比降是上陡下缓(河南河段约为 2‰，山东河段约为 1‰)，排洪能力上大下小(花园口 22 000 m^3/s，孙口 17 500 m^3/s，艾山 11 000 m^3/s)。利用宽河段滞洪(超过滞洪能力时，启用分洪区)处理洪水，利用广大滩区沉沙落淤(较高含沙量洪水上滩落淤后，较低含沙量水流沿程演进归槽，适应山东河段比降缓输沙能力低的河道特性)。据此，广大的滩区既是处理洪水泥沙重要场所，又是群众赖以生存的家园。

(3)加快推进生态文明建设是新时期国家重要战略。

3.2 方案的指导思想

坚持以人为本、人水和谐和绿色发展理念，在保持下游河道“宽河固堤”的格局下，针对黄河水沙情势变化及治理工程开发布局，通过改造黄河下游滩区，配合生态治理措施，形成黄河下游居民安置、高效生态农业及行洪排沙等不同功能区域，实现滩区“洪水分级设防，泥沙分区落淤，滩槽水沙自由交换”，保障黄河下游长期防洪安全，构建黄河下游生态廊道，推动滩区群众快速脱贫致富。

3.3 方案思路

结合黄河下游河道地形条件及水沙特性，充分考虑地方区域经济发展规划，将滩区进行功能区划,分为居民安置区、高效农业区以及资源开发利用区等;利用泥沙放淤、挖河疏浚等手段,由黄河大堤向主槽的滩地依次分区改造“高滩”“二滩”“嫩滩”,各类滩地设定不同的洪水上滩设防标准,不足部分通过改造治理达标(具体设防流量标准可结合不同河段上滩流量综合分析确定)。“高滩”区域也可叫高台,结合滩区地形,在临堤1~2 km内划定淤高,作为居民安置区,解决老百姓安居乐业问题,部分区域也可建设生态景观,其防洪标准达20年一遇;“二滩”为高滩与控导工程之间的区域,高于嫩滩,结合“二级悬河”治理,改变“二级悬河”不利形态,发展高效生态农业、观光农业等,该区域上水概率较高,承担滞洪沉沙功能;“嫩滩”为“二滩”以内临河滩地,建设湿地公园,与河槽一起承担行洪输沙功能。

黄河下游滩区再造与生态治理方案既保留了黄河下游滩区水沙交换和滞洪沉沙功能,又解决了滩区群众的安全和发展问题,对保障黄河长期安澜,促进滩区社会经济快速发展和群众脱贫意义重大。黄河下游滩区再造与生态治理后典型断面及概念示意图见图1、图2。

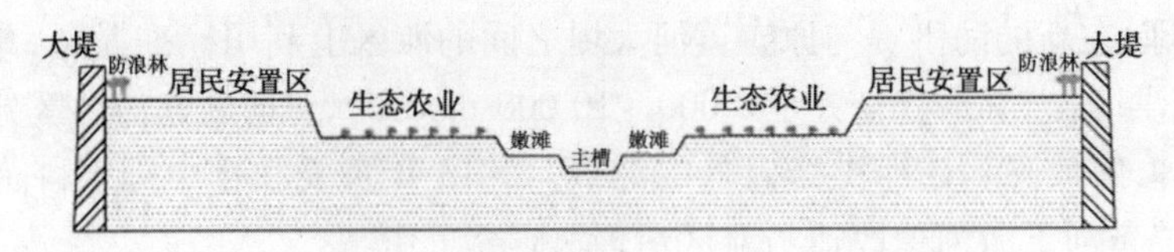

图1　黄河下游滩区再造与生态治理典型断面示意图

图2　黄河下游滩区再造与生态治理概念示意图

4　实施黄河下游滩区再造与生态治理重大意义

一是新时期黄河下游滩区治理的重要方向。黄河治理与国家的政治、社会、经济、技术背景等密切相关。20世纪90年代中期,国家提出了实施可持续发展战略,黄委针对黄河出现的防洪、断流、水污染等问题,提出了“维持黄河健康生命”的治河理念,在这一理念指引下,开展了“三条黄河”建设,并进行了黄河调水调沙探索与实践。2012年5月,党的“十八大”从新的历史起点出发,做出“大力推进生态文明建设”的决定,2015年5月,中共中央、国务院颁布了《关于加快推进生态文明建设的意见》。遵照党中央、国务院指示精神,顺应经济社会发展的需求,黄委党组提出了“维护黄河健康生命,促进流域人水和谐”的治黄思路。

黄河下游滩区再造与生态治理就是把滩区治理放到区域经济社会发展全局和生态文明建设大局中去谋划，让滩区更好地服务区域经济社会和生态发展需求，打造绿水青滩，改善区域生态环境，更好地造福滩区和沿黄广大人民群众，最终实现滩区人水和谐共生，实现滩区及两岸经济社会绿色、协调、可持续发展。滩区再造与生态治理符合国家发展战略，是新时期黄河下游治理的重要方向。

二是助推中原经济区发展的客观需求。2011 年以来，国务院陆续下发了《关于支持河南省加快建设中原经济区的指导意见》《关于大力实施促进中部地区崛起战略的若干意见》，国家发展和改革委印发了《关于促进中部地区城市群发展的指导意见》《中原城市群发展规划》等，要求"加快转变农业发展方式，发展高产、优质、高效、生态、安全农业；重点培育休闲度假游等特色产品，实施乡村旅游富民工程，建设黄河文化旅游带"，"建设黄河中下游沿线生态廊道……在符合有关法规和黄河防洪规划要求的前提下，合理发展旅游、种植等产业，打造集生态涵养、水资源综合利用、文化旅游、滩区土地开发于一体的复合功能带"。

黄河下游滩区土地、光热资源丰富，但经济发展落后。滩区区位优势不仅无法发挥，而且受其所困，经济发展总量和质量远落后于周边地区，拖累中原经济区加快建设的步伐。实施滩区再造与生态治理，将根据不同滩区区位优势，突出防洪安全的保障作用，积极发展休闲旅游服务业，大力发展高效农业，开发利用好滩区土地和黄河水资源，调整传统小农经济结构，促进滩区经济快速发展，构建区域发展的生态屏障，是助推中原经济区发展、提升中原城市群整体竞争力的客观需求。

三是精准扶贫，促进区域可持续发展的重大举措。2010 年，中共中央、国务院印发《中国农村扶贫开发纲要(2011～2020 年)》，提出坚持扶贫开发与推进城镇化、建设社会主义新农村相结合，与生态建设、环境保护相结合，充分发挥贫困地区资源优势，发展环境友好型产业，增强防灾减灾能力，促进经济社会发展与人口资源环境相协调。

实施滩区再造与生态治理，实施滩区扶贫搬迁，开展堤河及低洼地治理，调整生产结构，发展特色产业和高效农业，从根本上解决滩区群众脱贫致富问题，是统筹沿黄两岸城乡区域发展、保障和改善滩区民生、缩小滩区与周边发展差距、促进滩区全体人民共享改革发展成果的重大举措，也是推进滩区扶贫开发与区域发展密切结合，促进区域工业化、城镇化水平不断提高根本途径。2014 年以来，河南省将"三山一滩"(大别山、伏牛山、太行深山区、黄河滩区)作为扶贫开发的重点，滩区再造与生态治理对于河南省实施精准扶贫、精准脱贫具有重要意义。

四是维持黄河健康生命、实现人水和谐的根本途径。黄河下游滩区具有自然和社会双重属性，河道治理由河务部门负责，滩区安全与发展由地方政府负责，目前涉及滩区治理的规划基本都是立足于解决洪水、泥沙问题，涉及解决滩区经济发展问题较少。要破解治河与滩区发展的矛盾，推动滩区治理不断前行，就需要转变治河思路，重视滩区的社会属性，把治河与解决滩区群众最为关心的安全与发展问题紧密结合起来。

黄河下游滩区再造与生态治理，维持了黄河下游河道"宽河固堤"的治理格局，保留了黄河下游滩区水沙交互和滞洪沉沙功能，洪水泥沙问题得到控制，同时紧抓国家实施生态文明建设和中原城市群发展的历史机遇，合理开发和利用滩地水土资源，通过对滩区功能区划，修建人工湖泊或生态湿地，种植农作物等，发展休闲旅游观光业和高效生态农业，促进滩区经济社会的快速发展,实现了治河与惠民的双赢。

5 方案实施建议

黄河下游滩区再造与生态治理方案符合国家经济社会发展战略,对于滩区群众快速脱贫致富、促进流域生态文明建设具有重要的作用。建议尽快开展黄河下游滩区再造与生态治理方案研究工作,全面调研滩区下游经济、人口及生态指标的本底值,研究下游滩区功能区划分、滩区生态治理模式、滩区再造方案、治理措施及治理效果评价、安全与保障措施等关键问题。同时,在下游不同河段选取典型滩区试点,深入研究并编制试点河段实施方案(可研方案),开展试点治理试验,探索经验并逐步向全下游河道推广。

6 主要结论

(1)黄河下游滩区总面积3 154 km^2,现有耕地22.7万hm^2,村庄1 928个,人口189.52万人。目前,黄河下游“二级悬河”发育,威胁防洪安全。另外,由于滩区安全建设滞后,因此群众缺乏安全保障,生活水平较低,随着滩区内外经济社会发展的差距逐渐增大,滩区发展和治河的矛盾日益突出。

(2)基于水沙基本理论和国家发展战略,提出的黄河下游滩区再造与生态治理方案,既保留了黄河下游滩区水沙交换和滞洪沉沙功能,又解决了滩区群众的安全和发展问题,实现了治河与经济发展的有效结合,符合国家推进生态文明建设的要求,对精准扶贫、助推中原经济区快速发展具有重要意义。

(3)建议尽快开展黄河下游滩区再造与生态治理研究,同时在下游选取典型滩区试点,编制试点河段治理实施方案,开展试点治理试验,并逐步向全下游河道推广。

参考文献

[1] 黄河下游滩区综合治理规划[R].郑州:黄河勘测规划设计有限公司,2009:3-8.
[2] 黄河水利委员会.黄河流域综合规划[M].郑州:黄河水利出版社,2013:26-35.
[3] 2016年汛前黄河调水调沙预案[R].郑州:黄河防汛抗旱总指挥部办公室,2016:9-13.
[4] 郝步荣,徐福龄,郭自兴.略论黄河下游的滩区治理[J].人民黄河,1983,5(4):7-12.
[5] 李殿魁.关于黄河治理与滩区经济发展的对策研究[J].黄河学刊,1997(9):35-42.
[6] 水利部黄河水利委员会.黄河下游治理方略专家论坛[M].郑州:黄河水利出版社,2004:1-148.
[7] 黄河下游滩区生产堤利弊分析研究[R].郑州:河南黄河河务局,2004:145-170.
[8] 黄河下游滩区治理模式研究[R].郑州:黄河勘测规划设计有限公司,2007:7-18.
[9] 黄河下游滩区洪水淹没补偿政策研究总报告[R].郑州:黄河下游滩区洪水淹没补偿政策研究工作组,2010:15-25.
[10] 黄河下游滩区治理模式和安全建设研究[R].郑州:黄河勘测规划设计有限公司,2007:61-134.
[11] 黄河水利科学研究院.黄河下游河道治理战略研究报告[R].郑州:黄河勘测规划设计有限公司,2009:68-153.
[12] 黄河下游宽滩区滞洪沉沙功能及滩区减灾技术研究[R].郑州:黄河水利科学研究院,2012:30-100.

新疆水库大坝建设的生态环境保护技术体系与实践

李　江[1]　李淑珍[1]　柳　莹[1]　龙爱华[2]

（1. 新疆水利水电规划设计管理局，乌鲁木齐　830000；
2. 中国水利水电科学研究院，北京　100044）

摘　要　水库大坝工程修建后的大坝阻隔不可避免地会对河道生态完整性、水生生物、下游湿地、湖滨沼泽及物种多样性、陆生动植物等产生一定程度影响，有些严重影响了河道生态健康，因此采取合适的措施尽量减缓和减少影响、实现人水和谐，是工程建设者们一直以来追求的目标。新疆特殊的地理位置、气候条件形成了其特殊的生态环境禀赋，修建的山区水库不仅需承担防洪、灌溉、发电、生态流量下泄等综合性任务，而且是调控区域水资源配置不可或缺的主要措施。21世纪以来，围绕水库大坝建设与生态环境保护，逐步形成了高坝以人工增殖放流、升鱼机、集运鱼船为主，中低坝则以仿生鱼道、鱼闸为主的鱼类综合性保护措施体系；河道生态流量枯水期不低于10%、丰水期不少于30%的最低生态需水的运行要求；修建分层取水口解决低温水下泄对河道鱼类、下游农田灌溉的影响；通过多库联调下泄人造洪峰对河谷林进行淹灌以保护河谷生态。在多个工程上开展了生态环境保护的实践。

关键词　大坝建设；鱼类增殖站；鱼道－升鱼机；分层进水口；人造洪峰

0　前　言

新疆地处我国西北内陆干旱区，生态环境脆弱，水资源紧缺且时空极不均衡，经济用水和生态用水矛盾十分突出，为此必须修建水库大坝增强水资源调控能力、改善水资源时空配置不均衡的矛盾，而水库大坝建设又对本底就十分脆弱的生态环境造成一定程度的影响。由于地处内陆干旱区，水和环境的关系十分密切，新疆许多河流的周边分布有森林公园、保护区等，许多河流的中下游更是有对当地生态环境与生物多样性十分重要的河谷（岸）林（草），在不同河流的汇合口有许多湿地，内陆河尾闾更是有众多的尾闾湖泊和荒漠林等。同时，较为封闭的河流水系孕育着多种新疆土著鱼类。

经过多年建设，全疆现共有各类水库655座，总库容198.5亿m^3，大部分为中小型水库，其中坝高超过百米的已建大坝有二十余座、在建大坝十余座。这些水库星罗棋布、遍布新疆各地，几乎每一个县市（团场）至少有一座甚至多座水库，早期建设的水库多以平原水

基金项目：国家自然科学基金（编号：51479209）、新疆维吾尔自治区天山英才工程第二期（2016～2018）项目联合资助。

作者简介：李江（1971—），男，河南平顶山人，教授级高级工程师，主要从事水利水电工程规划设计。E-mail：lj635501@126.com。

库为主[1]。进入21世纪,山区水库建设步伐明显加快。水库大坝工程的修建,会对河道生态完整性、陆生动植物产生一定程度的影响,大坝阻隔会对河流生态、水生生物、下游湿地、湖滨、沼泽及物种多样性等产生影响,这些影响不可避免,有些影响甚至是破坏性的[2]。结合水库大坝的建设,采取合适的措施尽量减缓和减少影响,寻找合适的生态环境保护解决方案以促进人与自然的和谐共处,就成为建设者与管理者一直以来追求的生态与环境目标。以塔里木河流域为例,受气候变化尤其是上游水源区人类活动的影响,塔里木河源头已自20世纪60年代就从“九源”变为“四源”,原先大部分可流入沙漠腹地的内流河在入沙漠前就已经干涸(如克里雅河),其带来的严重生态环境影响问题引起国家高度关注。为了抢救塔里木河下游生态环境,国家投入巨资实施塔里木河近期综合治理工程,通过四源流区节水、河道输水治理、修建控制性山区水库并开展多库联调等多种措施,使汇入塔里木河干流下游河道的水量明显增加,结束了下游河道断流近30年的历史,塔里木河干流河道两侧各1 km范围内的地下水位呈明显上升趋势,两岸荒漠植被的种类有了明显的增加,植被生态系统已重新趋于活跃[3]。规划修建的山区控制性工程(大石峡水库、玉龙喀什水库、奥依昂额孜水库等),建成后可实施多库联调,实现流域生态调度[4-5],实现水资源支撑人类经济社会发展与生态文明的“双赢”服务功能。

1　新疆自然环境特点

1.1　自然环境与河流特征

新疆地理位置深居内陆,远离海洋,四周有高山阻隔,形成明显的温带大陆性干旱气候,干旱少雨,多年平均降水量150 mm左右,多年平均蒸发量2 000 mm左右,水资源紧缺,生态脆弱。降水的主要特点是:西部多于东部,北疆多于南疆,山地多于平原。新疆河川径流主要来源于山区降水、冰雪融水,除额尔齐斯河和奇普恰普河外流入北冰洋和印度洋外,其他均为内流河。全疆大小570条河流中,年径流量大于10亿 m^3 的只有18条,多数为中小河流。河流径流量年内分配极为不均,一般夏季(6~8月)水量占全年总水量的50%~70%,春季和秋季各占10%~20%,冬季(12月至次年2月)占10%以下。河流出山口后进入平原,为径流散失区。就区域分布看,以北疆的奇台县和南疆的策勒县为两点连线将新疆划分为面积大致相等的东南半壁和西北半壁,西北半壁水资源量占全疆资源总量的93%,而东南半壁则只占7%左右。

1.2　生态环境特征

特殊的地理位置和气候环境,造就了新疆特殊的干旱生态环境基本特征,水资源缺乏,生态环境脆弱,“荒漠绿洲”成为新疆干旱区的主要特点,有水就有绿洲,无水则成荒漠。按水资源的形成、转化和消耗规律,结合地貌和植被特征,可将流域的生态系统划分为山地、河流水域、人工绿洲、自然绿洲以及戈壁荒漠五大类型[6]。而河流水域生态系统是主导,包括湖泊、湿地,对径流起传输和积蓄作用,是绿洲生态建立和改善的载体。山地是绿洲的生命线,山地降水量大,是新疆水资源径流的形成区,成为荒漠中的孤岛,是新疆生物多样性保护的重要地带;植被稀疏,森林覆盖率低,新疆森林的覆盖率仅有1.9%,且主要分布在北疆山区;平原地区森林面积很小,仅沿少数大河有少量的荒漠河岸林分布;地表强烈积盐,是土壤盐渍化的敏感地区;生态环境脆弱,且破坏后很难恢复。全疆沙漠、戈壁面积大,适合人类生存发展的绿洲面积不到全疆国土面积的5%,且分布相对分散。在广大的干旱环境中,山区水库如同“人造湖泊”,发挥着对径流的传输和积蓄作用,在实现水资源调控的同时,对下游的人工绿洲、自然绿洲、戈壁荒漠产生不同程度的影响。在新疆水资源匮乏的广袤区域里,荒漠—绿洲—河渠廊道的景观模式十分明显。水利工程建设加上其他人类活动的综合与长期影响,新疆呈现了以下较为突出的生态环境问题:土地沙漠化面积不断扩大,水土流失形式总体在加剧;盐渍化土地分布广;草地面积持续减少,超载和退化现象严重;人类活动频繁区域的河道断流,湖泊萎缩、干涸,湿地减少;荒漠河岸林和灌木林减少,资源植物破坏严重;生物多样性受到严重威胁,鱼类资源的保护成为当前修建高坝大库需要解决的最为重要的问题。

2 水库大坝工程建设对生态环境影响

综观国内外有关水库大坝建设与运行的环境影响分析研究与实践报道,水库大坝工程建设对环境影响除施工期“三废”和噪声、淹没和工程占地、环境地质、水土流失及社会环境影响外,还应重点关注建成运行期的主要影响:大坝阻隔及河流水文情势变化对河道土著鱼类资源的影响,对水环境、水温的影响,对河谷(岸)林草、动物、尾闾湖泊、湿地等的影响。大坝建设一般会改变河流水文情势,使河流生境片段化,这对完成生活史的过程中需要进行大范围迁徙的鱼种几乎是毁灭性的,同时对下游河谷林草也会产生很大不利影响。同时,大坝运行导致自然水文径流过程、自然洪水等对生态系统有特殊意义的径流现象减弱乃至消失,使得水温产生变化,从而进一步加剧河流生境的改变,为此必须关注高坝大库对下泄水温的影响,并考虑实施分层取水以尽可能恢复坝后下泄水的水温;引水式电站应充分考虑河道生态基流,保持河道完整性。

新疆鱼类资源丰富,各种鱼类100多种,其中土著鱼类50多种,有10多种列入新疆维吾尔自治区重点保护名录,其中著名的土著鱼类主要有裂腹鱼类和高原鳅类(额尔齐斯河除外)。目前人工繁育成功的裂腹鱼有扁吻鱼(国家一级水生野生动物)、塔里木裂腹鱼(自治区二级水生野生动物)、新疆裸重唇鱼(自治区一级水生野生动物)和新疆斑重唇鱼(自治区二级水生野生动物)等。对在鱼类洄游通道上的大坝,应考虑建设鱼道或其他形式的过鱼建筑物,维持上下游鱼类的种质交流,保护遗传多样性。

部分河流洪水对河谷林繁衍和部分鱼类产卵有特殊意义,洪水的淹灌为杨树飘种和着床创造了条件,为部分鱼类产卵提供了信号,因此要考虑利用水库下泄人工洪水模拟天然洪水,实施水库生态调度以减少或缓解水库大坝运行对河流生态的影响。为此在开发利用水资源的同时,更应做好鱼类和河谷林草的保护,在具体工作实践中应做好河道整体规划,坝址、库址选择应尽量避开鱼类“三场”分布区域,工程调度运行过程中应根据需要足量下泄生态基流。

3 水库大坝工程环境保护措施体系与实践

3.1 生态基流及其下泄措施

河道生态基流[7]是维护河流健康的基本生态需水,需要综合考虑许多因素进行推求。对于新疆水库大坝工程而言,应考虑以下五方面的需求:维持河道基本生态功能的最小需水量(包括防止河道断流、河道冲沙及维持河湖水生生物基本生存的水量),维持河道水质的最小稀释净化水量,维持地下水位动态平衡所需水量,景观和水上娱乐环境需水量,河道外生态需水量(包括河岸植被需水量、相连湿地补给水量等)。由于以上各类水需求在某些情况下是重叠的,因此可考虑以上五方面中的最大量作为河道生态基流,实现“一水多用”。综合考虑全疆不同河流下游河道生态需水具体情况与相关文件要求及科学研究成果,目前新疆地区生态基流分汛期和非汛期分别确定,一般情况下非汛期生态基流按不低于多年平均天然径流量的10%、汛期生态基流不低于多年平均天然径流量的20%~30%考虑。运行期通常采用的生态基流下泄方式有闸门泄流、坝体埋管泄流、放空洞泄流、引水洞泄流以及发电小机组泄流等方式[8]。实践中,根据不同的工程类型和不同的生态流量要求加以选择,但无论采用哪种泄流方式,其取水口均应低于水库(或调节池)死水位,以保证生态基流能按要求不间断足量下泄。

以四棵树河吉尔格勒德水库工程(Ⅲ等中型,正在建设当中)为例,建设期及蓄水时由导流洞闸井内的旁通管泄放生态基流,库水位上升至发电洞进口高程后由发电洞过水、首台机组发电泄流,运行期正常工况下电站单台机及多台机发电时发电洞泄放的下泄水量(包括灌溉水量)远大于生态基流,电站停机检修时段尽量错开用水高峰,短期下游供水由深孔泄洪洞局开控制。

3.2 鱼类保护措施

水库拦河大坝阻隔了鱼类的洄游通道,水文情势改变、低温水下泄、下游减水河段的形成,影响了鱼类赖以生存繁衍的“三场”的水量和水温。目前,新疆所采取的鱼类保护措施主要有:①鱼类人工增殖放流,目前已在我区的恰甫其海水库和喀腊塑克水库成功实施;②过鱼设施,新疆已实施采取的过鱼设施有鱼道、鱼梯、升鱼机[9]、集运鱼船[10];③临时性方法——捕捞过坝;④合理调度运行方案;⑤建立保护水域,禁止捕捞。

我国的水库大坝设计中对过鱼设施的研究[11-12],起步较晚,尤其是在新疆内陆型为主的河流上还没有形成完整的过鱼设施的研究和设计,当前实践中主要参考国内外类似工程。在建的阿尔塔什水利枢纽(面板砂砾石坝,坝高164.8 m)、大石峡水利枢纽(面板砂砾石坝,坝高247 m)、北疆某水利枢纽(拱坝、240 m),精河二级水电站(拱坝、164 m)可研阶段均采用升鱼机作为主要的鱼类保护措施。已建的冲乎尔水电站采用集运鱼船作为鱼类保护措施。北疆2017年已经全面建成的某河拦河引水枢纽A工程、拦河式水电站B工程、某水利枢纽拱坝C工程[13]开展了大量的研究与实践,取得了良好的应用效果。本文以上述三个已建工程和在建的大石门水库工程(2017年开工)等实例,简要阐述新疆已实施的各类鱼类保护设施情况。

3.2.1 拦河引水枢纽A工程过鱼设施

A工程引水枢纽闸前水头5 m,闸高约7 m,属于低水头建筑物。拦河闸址处地形开阔平坦,具有修建鱼道条件,且受该河道内受影响的是鲑形目鱼类,该鱼类游泳能力强、喜顶水上溯,因此更易聚集在闸下流速急的区域,为此本工程采用鱼道方案,方案总体布置如图1所示。

工程布置将鱼道布设在拦河引水枢纽的左岸冲沙闸和引水渠之间,利用原导流明渠改建而成。主要建筑物由鱼道进口、鱼道池室、鱼道出口、观察室、诱鱼集鱼系统和辅助设施等

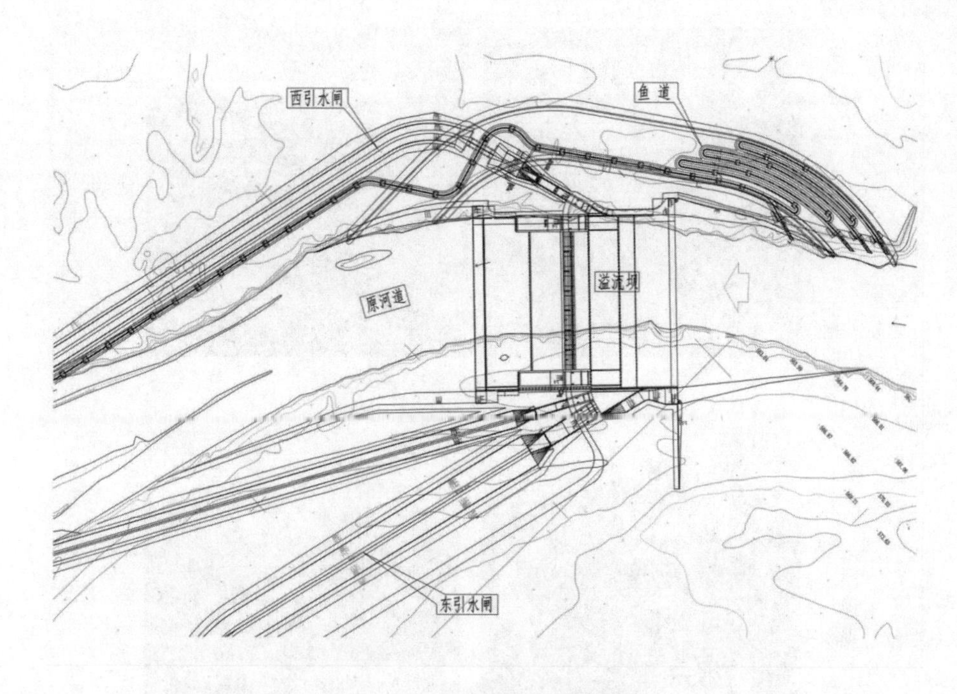

图1 A工程鱼道平面布置图

组成。2017年已完工的鱼道实景见图3(a)。

3.2.2 B工程水电站过鱼设施

B工程水电站为一拦河引水式水电站,与A工程相距约1 km。挡水建筑物由泄洪坝段、溢流坝段、电站厂房坝段、挡水副坝、过鱼鱼道组成。鱼道边坡底板均采用鹅卵石砌筑的仿生布置形式,由4座水闸控制鱼道水深。总平面布置见图2(a)。为确保鱼类的通行,利用地形条件在副坝位置共建设了4条鱼道,鱼道与副坝连接段见图2(b),建成后的鱼道见图3(b)。

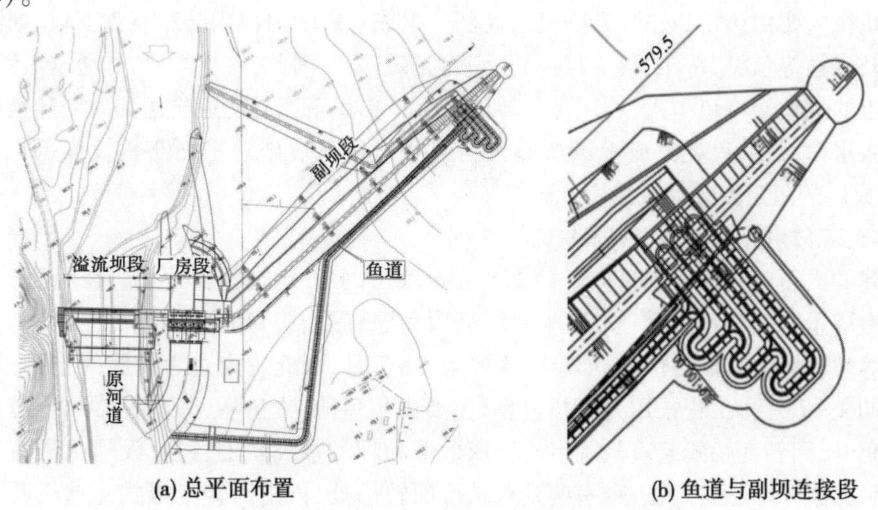

(a) 总平面布置 (b) 鱼道与副坝连接段

图2 B工程水电站总平面及鱼道布置图

(a)A 工程鱼道实景图片

(b)B 工程水电站鱼道实景图片

图 3　A、B 工程建成后鱼道实景图片

3.2.3　C 工程过鱼设施

C 工程正常挡水高度 94 m,属高水头建筑物,且工程所在地两岸陡峭,没有合适的地形修建鱼道,为此采用升鱼机辅助鱼类过坝。鱼类多为鲑形目,故选择带有诱捕水箱的升鱼机。升鱼机主要由鱼箱、竖井、升降机三大部分组成。影响河段内分布有哲罗鱼、细鳞鱼、北极茴鱼及江鳕等鱼类,每年 4 ~7 月为其上溯洄游季节。因此,每年 4 ~7 月通过布置在电站厂房附近的集鱼箱将鱼引入,利用专门转运平台将集鱼箱通过轨道输送到大坝升鱼机底部,提升倒入水库,帮助鱼类完成上溯产卵繁衍过程。过鱼设施总平面布置及纵剖面见图 4、图 5,建成后的鱼道及升鱼机见图 6。

3.2.4　大石门水库工程过鱼设施

在建的大石门水库工程最大坝高 128.8 m,属高水头建筑物。大坝所在河流分布的鱼类主要有塔里木裂腹鱼、宽口裂腹鱼、厚唇裂腹鱼、重唇裂腹鱼和叶尔羌高原鳅等。塔里木裂腹鱼等裂腹鱼类具洄游性,产卵季节主要为 4 ~7 月,因此确定过鱼设施的主要过鱼季节为每年的 4 ~7 月。工程采用升鱼机过鱼,主要由集鱼池、集鱼斗(集鱼容器)、轨道运输、坡道牵引爬升、回转变幅式起重机等组成。依地形和坝型敷设轨道,过鱼设施由诱鱼道、集鱼池将鱼引入集鱼斗,通过轨道牵引爬升至悬臂回转吊处,再由回转变幅式起重机调入库区。大石门水利枢纽过鱼设施布置见图 7、图 8。

3.3　低温水影响减缓措施

对于坝高水深的水库,库内蓄水会存在水温分层现象。为减缓水库蓄水后水温分层对

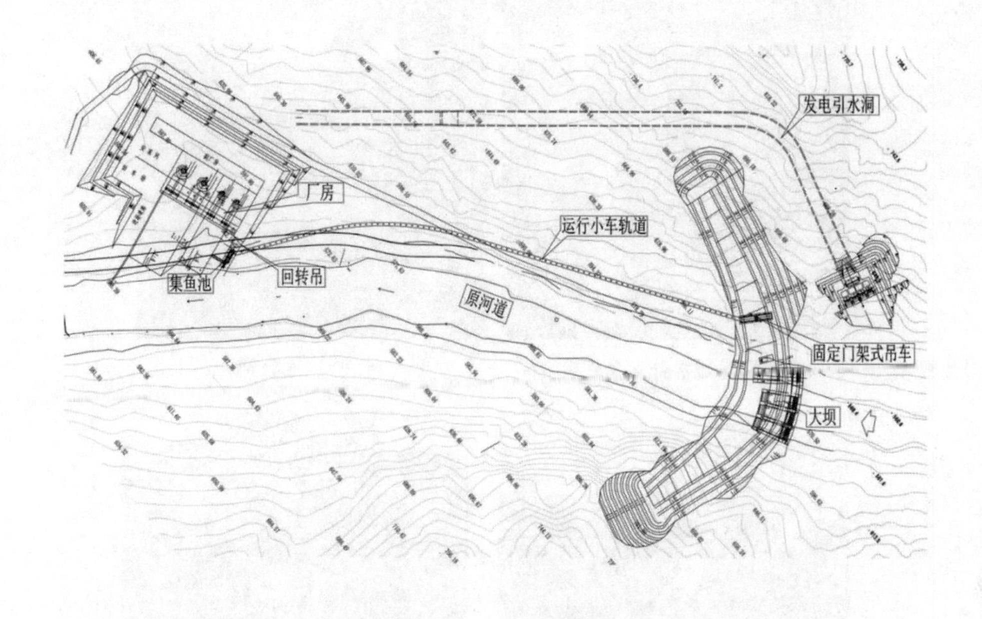

图4 C工程升鱼机总体布置图

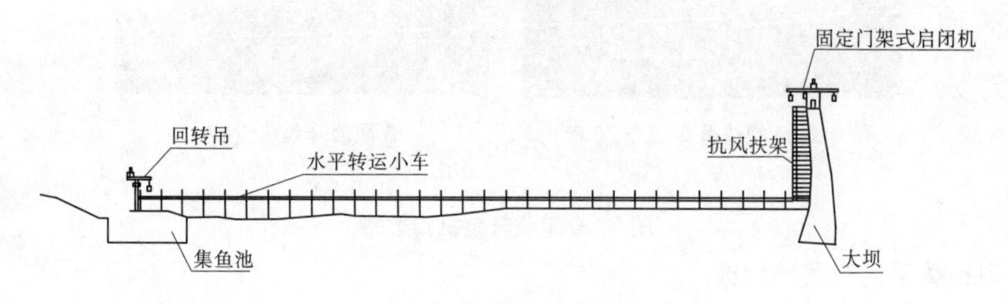

图5 C工程升鱼机布置纵剖面图

水生生物、下游农作物的不利影响，一般采取分层取水方式或延长下泄水体与空气的接触时间、面积等措施恢复水温。目前，在新疆的水库工程中分层取水措施有叠梁门形式和进水口闸井上分别在不同高程垂直布设取水口型式两种[14-15]。如在建的伊犁石门水库工程(2018年开工)分层取水采用了叠梁门形式，而喀腊塑克水利枢纽工程则采取了进水口闸井上分别在不同高程垂直布设三个取水口形式[16-17]。

伊犁石门水库工程最大坝高101.5 m，坝前水深80 m，为水温稳定分层型水库，因此所采取的分层取水措施为：发电洞进水口闸井采用叠梁门形式的分层取水岸塔式结构，闸井段由拦污栅段和事故门井段组成。拦污栅段有拦污栅门槽及叠梁门门槽，叠梁门门叶尺寸3.0 m×44 m(宽×高)，门叶分11节，每节4 m。

喀腊塑克水利枢纽工程2010年投入使用，该工程坝高121.5 m，坝前水深85 m，为水温稳定分层型水库，因此所采取的分层取水措施为：利用发电洞进水口闸井段进行分层取水，工程在进水口闸井上不同高程处分别垂直布设了3个取水口。每层进水闸门控制水深深度为25 m，根据来水量及库内水位情况，开启不同的闸门，尽量下泄表层接近天然来水水温的水。喀腊塑克水利枢纽工程发电洞分层进水口剖面见图9。

(a) 厂房尾水处运鱼平台

(b) 运输轨道

(c) 坝体升鱼机布置

(d) 坝顶升鱼机设施

图6　C 工程升鱼机实景图

3.4　河谷林草生态保护措施

通过下泄生态基流及人工制造洪峰等措施，满足河岸植被生长及繁殖对水量的需求。“635”水利枢纽断面以下，由于河谷逐渐宽阔平坦，河道分岔漫流，在两岸的滩地上生长着茂密的河谷次生林和优良的河谷草场，形成独特的河谷生态系统。河谷林以杨树为优势树种，其中主要有额河杨、银白杨、苦杨、欧洲黑杨，还有少量银灰杨。据多年的观测、研究，林木生长发育节律与河水的汛期基本一致。河谷林 4 月中旬叶芽开始萌动，其间林木需水量不大，少量河水和雪融水基本能满足要求；进入 5 月初至中旬的河水漫灌期，正值林木开花、结实、漂种和展叶期，不仅林木自身需水量大，而且需要为种子的传播（水漂种）和迅速发芽生长提供水分条件；5 月下旬至 6 月上中旬的河水漫灌期，正值林木落种后的恢复期和增强营养期，漫灌可保证其生长需要；进入 8 月后林木生长速度逐渐减缓，到 8 月中旬封顶；10 月中下旬河谷林落叶进入休眠期，这一阶段河水逐渐减少，对林木生长没有明显影响。

根据上述林木生长发育节律与河水的汛期及水文分析结果，确定每年的 5 ~6 月洪水洪峰流量约 800 m^3/s（约为该断面两年一遇的洪水洪峰流量）可以满足干流“635”以下绝大部分河谷林正常繁衍的洪水淹灌需要，与上游其他水库联合调度后可确保在每年的 5 ~6 月人工制造洪峰为 800 m^3/s、洪量为 4 亿 ~5 亿 m^3 的人工洪水。事实上，为更好地保护林草淹灌效果，自 2013 年以来当地政府、工程管理机构和科研人员共同努力，不断调整生态调度方案

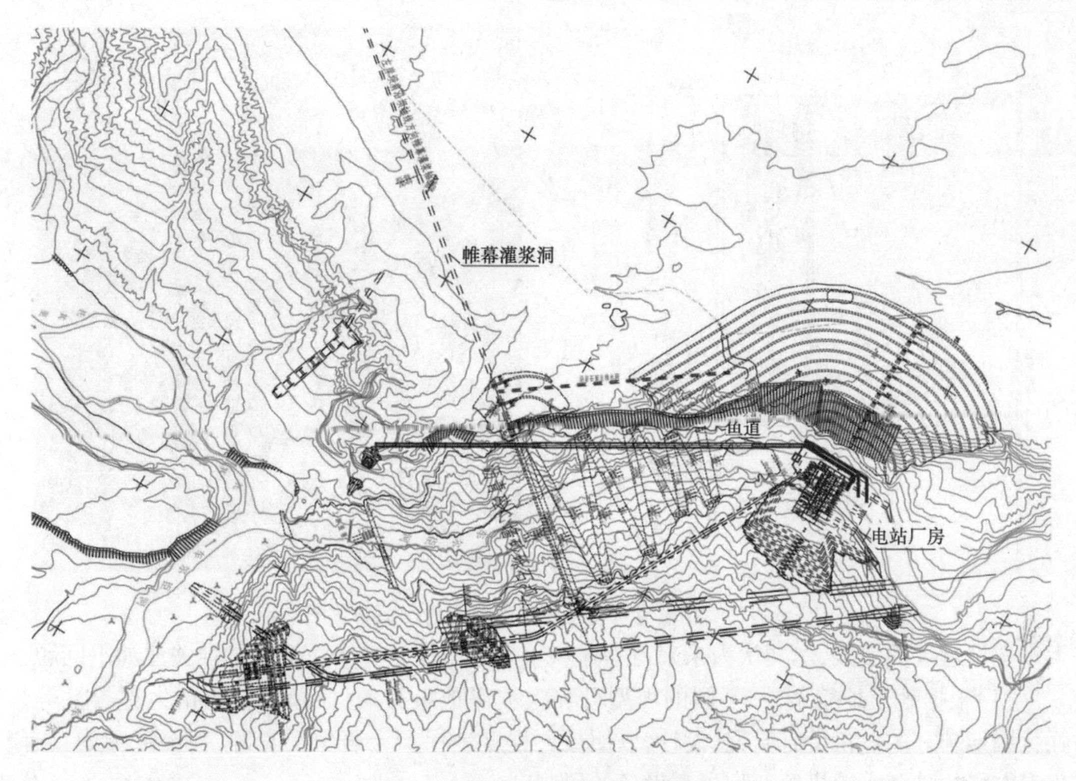

图7　大石门水利枢纽总布置图

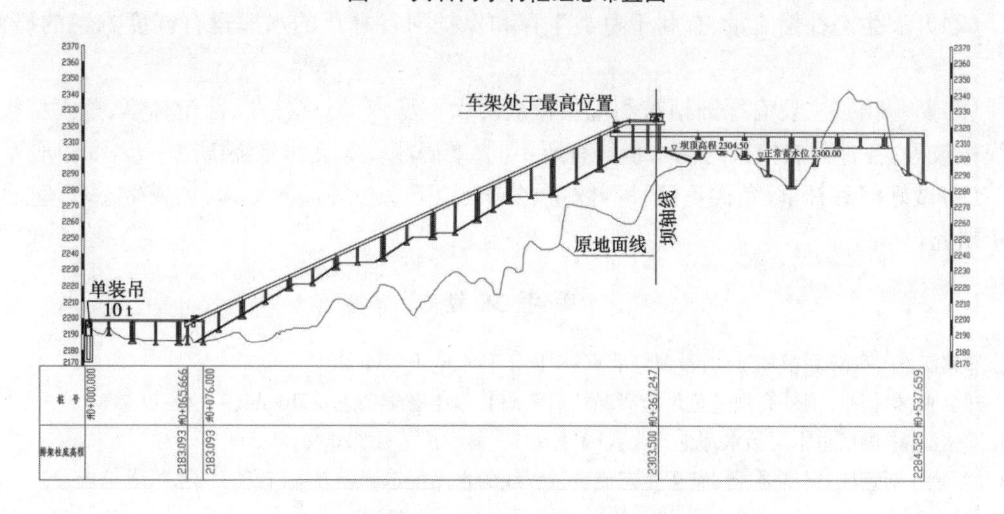

图8　大石门水利枢纽工程升鱼机纵断示意面

以实现更有效的河谷林草淹灌保护[18]。

4　结论与建议

水资源是干旱区生命支持系统中最为宝贵的资源，水资源的开发利用应以可持续发展和生态环境保护为前提。水库大坝工程的修建运行不可避免地引起河流下游水文情势发生变化。大坝的运行调度既要考虑经济发展需要，也要兼顾鱼类生存的需要，当鱼类得到较好的保护后，与鱼类相关的其他生物类群和生态系统也可以得到相应的保护。结合新疆水库

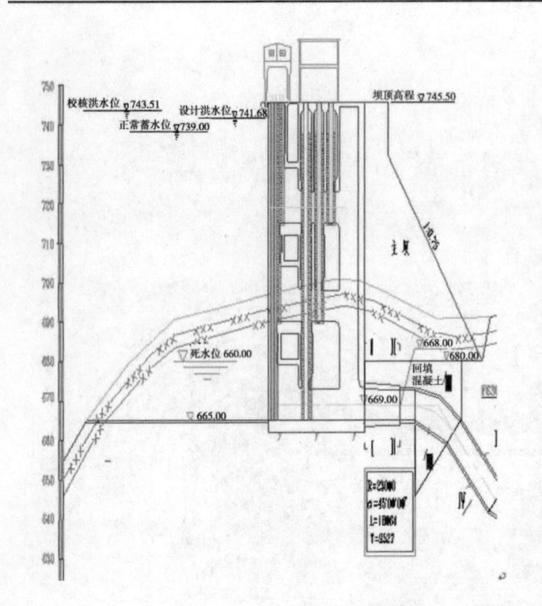

图 9　喀腊塑克水利枢纽工程分层进水口布置图

大坝建设运行的实践,本文认为未来新疆建坝生态环境保护技术应继续加强关注如下问题:

(1)根据地形地貌条件、不同的坝型/坝高、被保护鱼类的生存环境、繁衍生存习性等,强化因地制宜的过鱼设施研究、设计,以便最大程度地保护土著鱼类资源,甚至可开展具有生态友好的过鱼水轮机等新型机电设备的研制。

(2)开展生态补偿流量、有利于鱼类生存和保护河谷林草的水库运行调度方案的研究等。

(3)新疆植被主要有绿洲植被和荒漠植被两大类型,有河谷林草、河岸林草、荒漠植被、沙漠植被等,各种天然植被的耗水量均有所不同,准确测算其耗水量还需进一步深入研究。

(4)做好河谷林草、鱼类资源种群数量、分布、地下水位等监测工作,加强生态环境监测分析研究。

参 考 文 献

[1] 邓铭江,于海鸣. 新疆坝工建设[M]. 北京:中国水利水电出版社,2011.
[2] 郑金秀,韩德举. 国外高坝过鱼设施概况及启示[J]. 水生态学杂志,2013,34(4):46-49.
[3] 邓铭江. 中国塔里木河治水理论与实践[M]. 北京:科学出版社, 2009.
[4] 胡和平,刘登峰,田富强,等. 基于生态流量过程线的水库生态调度方法研究[J]. 水科学进展,2008,19(3):325-331.
[5] 陈庆伟,刘兰芬,孟凡光,等. 筑坝的河流生态效应及生态调度措施[J]. 水利发展研究,2007(6):15-17.
[6] 邓铭江,郭春红. 干旱区内陆河流域水文与水资源问题[J]. 水科学进展,2004,15(6):819-823.
[7] 李雪,彭金涛,童伟. 水利水电工程生态流量研究综述[J]. 水电站设计,2016,32(4):71-75.
[8] 柳莹,李江. 新疆山区中小型水库与生态流量泄放措施研究[J]. 人民黄河, 2014(增刊1):60-63.
[9] 乔娟,石小涛. 升鱼机的发展及相关技术问题探讨[J]. 水生态学杂志, 2013,34(4):80-84.
[10] 吴天祥. 冲乎尔水电站集运鱼系统设计方案及实施[J]. 广西水利水电,2016(2):88-89.
[11] 王兴勇,郭军. 国内外鱼道研究与建设[J]. 中国水利水电科学研究院学报,2005(3):222-228.
[12] 孙小利,赵云,田忠禄. 国外水电站的洄游鱼类过坝设施最新发展[J]. 水利水电技术, 2009,40(12):

133-136.
[13] 李海涛.山口电站鱼类保护措施与过鱼方案研究初探[J].水利建设与管理,2011(10):70-73.
[14] 薛联芳.基于下泄水温控制考虑的水库分层取水建筑物设计[J].水利工程建设管理,2007(6):45-47.
[15] 游湘,何月萍,王希成.进水口叠梁门分层取水设计研究[J].水电站设计, 2011, 37(2):32-34.
[16] 罗伟邦.分层取水技术在 KLSK 水利枢纽建设中的应用[J].水利水电技术, 2013,44(6):126-130.
[17] 张玲,张利明.新疆喀拉克水利枢纽进水口分层取水设计[J].中国水运, 2010,10(7):176-177.
[18] 邓铭江,黄强,张岩,等.额尔齐斯河水库群多尺度耦合的生态调度研究[J].水利学报,2017,48(12):1387-1398.

西霞院水库库区淤积泥沙清淤方案设计

闫振峰[1,2]　马怀宝[1,2]　蒋思奇[1,2]　王远见[1,2]

(1. 黄河水利科学研究院 黄河小浪底研究中心,郑州　450003;
2. 水利部黄河泥沙重点实验室,郑州　450003)

摘　要　基于对西霞院水库来水来沙和库区淤积规律的认识,对泥沙起悬、输送等配套设备进行选型、优化与集成,提出了水库淤积泥沙清淤方案,确定了出库方式、实施区域、时机、工程布置、作业路线、清淤规模等,完成了泥沙取输平台、吸泥头、排沙系统等相关设计。

关键词　库区淤积;清淤方案;西霞院水库

1　前　言

西霞院水库是黄河小浪底水利枢纽的反调节水库,位于河南洛阳境内的黄河干流上,上距小浪底水利枢纽16 km,下距花园口145 km,是当前黄河干流上建设的最后一座水库,库区平面图如图1所示。

小浪底至西霞院区间流域面积400 km^2,无大支流汇入,河长大于5 km的支流共有7条,其中砚瓦河为西霞院库区最长的支流,河长30.90 km,流域面积为87.50 km^2。西霞院库区自然河道表现为沿程上窄下宽,库区河道平均比降为0.86‰。距坝址11.00 km以上河段的河床较为平稳,河床比降约为0.23‰;距坝址11 km以下河段平均比降较大,约为1.17°。西霞院水库对控制进入黄河下游的水沙过程具有重要作用,尤其是对清水的小流量过程和调水调沙等中小洪水的水沙过程。

西霞院反调节水库校核洪水位134.75 m以下总库容1.62亿m^3,水库正常蓄水位134.00 m以下库容为1.45亿m^3,淤积平衡后库容为0.45亿m^3,库水位131.00~134.00 m的反调节库容0.33亿m^3。水库库容的绝大部分集中于水库的下半段。其中,距坝7.55 km以下库段的库容为1.33亿m^3,占总库容的91.70%;距坝7.55 km以上的库容为0.12亿m^3,占总库容的8.30%[1,2]。

2　西霞院水库水沙概况

2.1　水文泥沙特性

据小浪底水文站1919~1998年实测资料系列统计,多年平均输沙量为13.25亿t,多年

基金项目:国家重点研发计划项目(2017YFC0407404),国家自然科学基金资助项目(51539004,51509102),中央级公益性科研院所基本科研业务费专项资金资助项目(HKY-JBYW-2018-13)。

作者简介:闫振峰(1986—),男,河南平舆人,硕士,工程师,主要从事水库泥沙方面的研究。E-mail:742701688@qq.com。

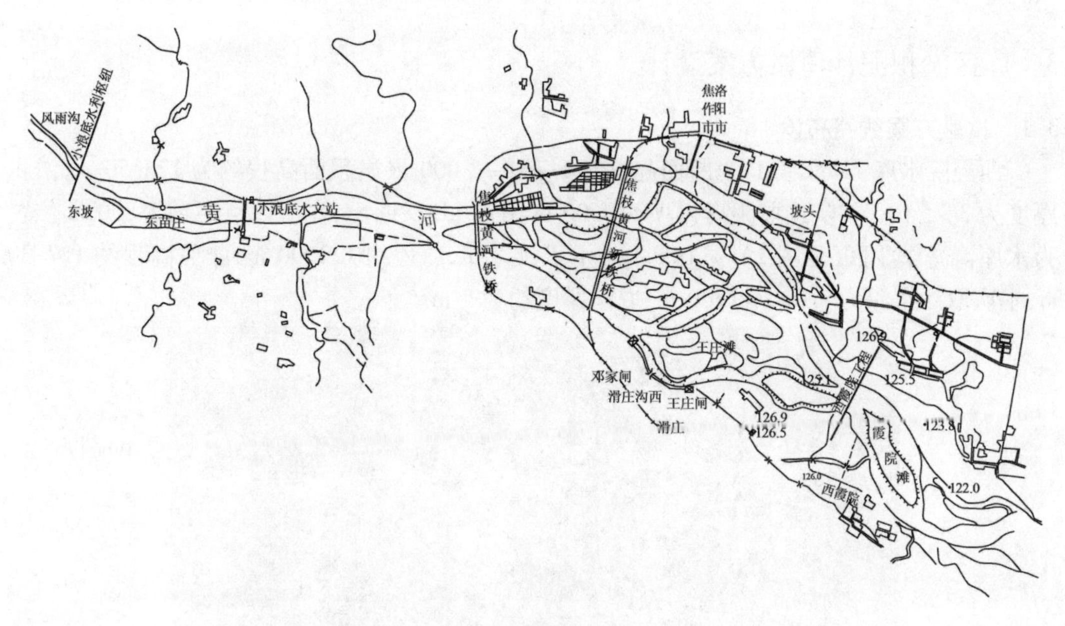

图 1　库区平面图

平均含沙量为 33.40 kg/m³。其中，汛期输沙量为 11.44 亿 t，占年输沙量的 86.30%，汛期平均含沙量为 49.60 kg/m³；非汛期输沙量为 1.81 亿 t，占年输沙量的 13.70%[3]。

西霞院反调节水库泥沙直接受三门峡和小浪底两个大型水库调节影响，库区支流泥沙入库甚少。库区最大支流砚瓦河在汛期洪水期间，河底有少量砂卵石推移，年推移输沙量约为 0.20 万 t。

2.2　进出口水沙条件

西霞院水库作为小浪底水库的反调节水库。根据西霞院水库运用方式，其出库水沙与入库水沙相关性较强，2010～2015 年时段最大入库日均流量 3 590 m³/s，最大入库日均含沙量 165 kg/m³，出库最大日均流量 3 630 m³/s，出库最大日均含沙量 125 kg/m³。从 2010～2015 年实测的水沙量来看（见表 1），年均入库水量 281.38 亿 m³，入库沙量 0.78 亿 t，年均出库水量 272.12 亿 m³，出库沙量 0.63 亿 t[4]。

表 1　西霞院水库 2010～2015 年进出库水沙量统计

年份	水量（亿 m³）		沙量（亿 t）	
	入库	出库	入库	出库
2010 年	246.62	243.98	1.36	1.00
2011 年	256.20	247.41	0.33	0.36
2012 年	380.89	373.31	1.30	1.19
2013 年	346.03	318.22	1.42	1.07
2014 年	221.96	215.73	0.27	0.15
2015 年	236.58	234.08	0.00	0.00
平均	281.38	272.12	0.78	0.63

3　库区淤积泥沙清淤方案设计

3.1　试验方案线路布设

西霞院水库 LD09 ~ LD13 断面起点距 1 700 ~2 000 m 淤积面高程约为 128. 50 m,淤积厚度为 3 ~5 m。初步选取距离大坝 530. 00 m 附近 LD09 断面,左岸起点距约 1 800 m 位置为水库清淤作业区(见图 2)。LD09 作业区原始河床高程约 123. 00 m,滩面高程约 127. 30 m,本次取沙水深为 7. 00 ~11. 00 m,取沙厚度约为 4 m。

图 2　输沙管线布置方案

取沙时机:考虑水库运行和天气原因等因素,拟定在汛后开展西霞院水库泥沙处理与利用示范,受清淤时间及运行经费的控制,本次示范清淤规模拟定为 2 000. 00 m^3。

鉴于沉沙池修建占地维护等问题,结合黄河水利水电开发总公司相关部门意见,确定南岸过坝方案为本次示范的实施方案。

3.2　泥沙取输系统平台设计

泥沙取输系统平台建设是整个工程中的重要组成部分,取沙、泵送、管道敷设、测试、电力供应等所有工作均以此平台为基础展开。因此,该平台必须满足设备布置与安装、人员操作、电力供应、管道连接、取沙区域内的自由移动等要求。

3.2.1　平台设计及作用

由于现场没有合适船舶或浮体满足上述要求,因此专门设计了一艘三浮体对称式船舶作为抽沙、泵送平台。该平台总宽 7 m,型深 1. 20 m,总长 16. 50 m,总面积约 110 m^2,重约 30 t。其中,主浮体 1 个,长 11 m,型宽 3. 50 m,主要安装砂砾泵、高压水泵、发电机和操作控制系统;主浮体两侧对称安装了 2 个边浮体,主要用来增加平台的浮力和满足平台稳定性,提高抽沙安全性能。边浮体长 16. 50 m,型宽 1. 75 m,各浮体之间用专用连接件在水上连接。

抽沙平台的设计与建造参照船舶有关设计规范完成,从艏至艉分别布置抽沙吸水钢管、吊架及卷扬机、抽沙泵组、排沙管路、柴油发电机组、操作控制室、挂浆机等。

吸水钢管由吊架悬吊,通过卷扬机控制吸头入水深度,使吸水口始终贴近河床。为减轻起吊架受力,在吸头安装一个浮筒,通过调节浮筒中的水量,使浮筒处于不同状态。浮筒空载时,浮筒上浮抬升吸头,减轻吊架受力;当浮筒充满水时,增加吸头重量,使吸头贴近河床。

由于浮筒体积较大,可有效地避免吸头淤积到泥中。

吊架既要满足悬吊抽沙吸水管需要,又能适应淤积物取样要求,吊架高度可根据需要调节,最大起吊高度4.50 m。

3.2.2 动力系统

输砂系统的动力来自柴油发电机组,通过计算排沙能力和其他负载后,在平台上安装了两台功率为2×150.00 kW的发电机组,通过集中控制柜分别驱动不同水泵。

3.2.3 操作与控制系统

操作控制室安装了发电机组控制柜、水泵控制柜、卷扬机控制柜,另外设置了设备配件区、工作人员生活休息区。

3.2.4 挂机推进装置

由于库区水体基本没有流速,需要依靠推进装置缓慢移动平台,以便稳定持续抽沙,因此在平台边浮体艉部安装了2台挂机推进装置用于船舶移动。

3.3 吸泥头设计

排沙系统吸泥头设计主要思路,是实现有效控制管道进口与淤泥层之间的相对高度,既能起到有效扰沙效果,又能高效吸沙,满足管道输移含沙量的要求。

西霞院水库坝前淤积物干容重较大、颗粒极细。因此,西霞院管道排沙系统吸泥头设计考虑破碎固结泥块的设施,设计安装破土铰刀。吸泥头上需要布设控制闸阀,以应对突发性淤堵等安全事件。基于此,参考已有工程实践,以及各方多种型式吸泥头设计,设计了破土射流冲吸式吸泥头。

破土射流冲吸式吸泥头如图3所示,吸泥头壳体材料为Q235B钢板,厚度4 mm;钢板间全部采用水密焊接,破土铰刀采用铰接座板连接。

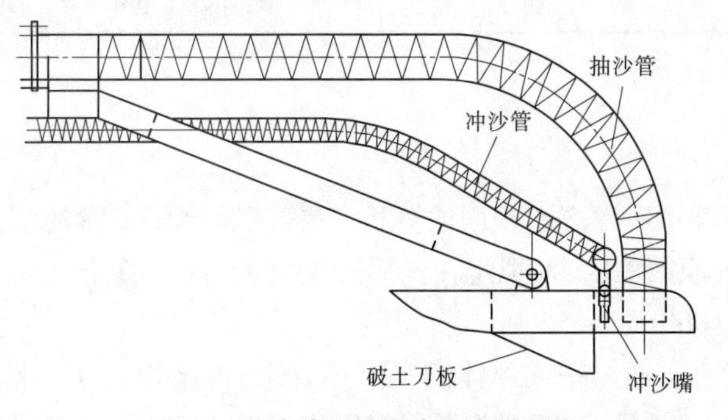

图3 设计破土射流冲吸式吸泥头

利用自动升降仪控制管道进口高程,控制抽沙泵,通过连接冲沙管的三孔冲沙嘴冲击床底泥沙,结合破土刀板破碎固结泥块,扰动床底泥沙悬浮。

将监测到的含沙量反馈给水面操作船控制室,控制室指挥浮筒上的自动升降仪,实时调整管道进口高程,进而调整进入管道的水流含沙量。

3.4 排沙系统设计

本次管道设计为200 mm管径,输送距离2.40 km,如果输送流速2.00 m/s,最大需采用扬程71.20 m水头。为此,采用扬程40 m两级泵串联。

排沙系统是整个抽沙与排沙的核心设备,抽沙泵组包括抽沙泵、高压射流冲沙泵、高压清水泵。为试验不同工况的抽沙效果,水泵采用皮带传动,水泵有3种直径的皮带轮,通过改变水泵皮带轮直径,改变泵的转速,获得不同的输送速度,取得不同的抽沙效果。

两台串联泵均为砂砾泵,第一级泵的型号为:200PN－35型卧式砂砾泵,额定流量400 m^3/h,扬程40 m,泵转速1 480 r/min,电机功率90 kW;第二级泵型号为:200ZE－45型砂砾泵,额定流量400 m^3/h,扬程41 m,泵转速1 160 r/min,电机功率110 kW。

为取得良好抽沙效果,在吸泥平台上专门安装了一台高压水泵,利用高压水射流冲击库底淤积泥沙。高压清水泵的型号:65－200,功率:30 kW,流量100 m^3/h,扬程80 m。

3.5 方案设计

为试验不同工况的抽沙效果,水泵采用皮带传动,水泵有3种直径的皮带轮,通过改变水泵皮带轮直径,改变泵的转速,获得不同的输送速度,取得不同的抽沙效果,设计了200 m^3/h、220 m^3/h、230 m^3/h、240 m^3/h、250 m^3/h、300 m^3/h和330 m^3/h共计7个流量级工况。试验工况组次见表2。

表2 西霞院水库管道抽沙试验工况设计

抽沙方式	工况	转速(r/min)	流量(m^3/h)
单泵(200PN－35型)	1	1 480	250
	2	840	200
单泵(200ZE－45型)	3	993	240
	4	1 160	220
双泵串联	5	1 480/840	300
	6	1 480/993	230
	7	1 480/1 160	330

4 结 语

(1)根据对西霞院水库库区淤积面的分析,确定了本清淤方案的清淤区域及取沙厚度,考虑水库运行和天气原因等因素,拟定在汛后开展清淤,同时基于试验运行经费的控制,本次清淤规模拟定为2 000 m^3。

(2)由于现场没有合适船舶或浮体满足上述要求,方案设计了一艘三浮体对称式船舶作为抽沙、泵送平台。西霞院水库坝前淤积物干容重较大、颗粒极细,吸泥头设计考虑破碎固结泥块的设施,设计安装破土铰刀。同时,根据输沙管径及水力条件,设计采用扬程40 m两级泵串联。

参 考 文 献

[1] 翟家瑞. 西霞院水库汛期的优化调度[J]. 人民黄河,2011,33(7):1-2.
[2] 李庆国,安催花,付健,等. 西霞院水库运用方案分析[J]. 人民黄河,2012,31(8):15-19.
[3] 刘树君. 小浪底与西霞院水库联合优化调度[J]. 人民黄河,2013,5(2):21-24.
[4] 张厚军,安催花. 黄河西霞院水库特征水位分析[J]. 人民黄河,2013,36(10):11-15.

水库泥沙淤积健康形态浅析

李　珍[1]　王振凡[1]

（黄河水利水电开发总公司，济源　459017）

摘　要　近年来，黄河流域水沙条件变化较大，年输沙量明显减少。文中结合小浪底水库泥沙淤积情况，重点论述从重视泥沙淤积量到重视泥沙淤积形态转变的必要性，未来关注的重点将是水库泥沙淤积形态，进而提出泥沙淤积健康形态概念，并对泥沙淤积健康形态进行了初步分析。

关键词　淤积量；淤积形态；泥沙淤积健康形态；小浪底水库

1　概　述

小浪底水库位于黄河中游最后一个峡谷河段，是解决黄河下游防洪减淤等问题不可替代的关键性工程，在黄河治理开发中具有极其重要的战略地位，工程开发任务“以防洪（防凌）、减淤为主，兼顾供水、灌溉、发电，除害兴利，综合利用”。

小浪底水库设计总库容126.5亿m^3，其中，拦沙库容75.5亿m^3，防洪库容40.5亿m^3，调水调沙库容10.5亿m^3，长期有效库容51亿m^3。根据小浪底水库设计阶段分析，水库可以拦沙100亿t，通过拦沙和调水调沙运用，可减少下游河道泥沙淤积78亿t，相当于20年的淤积量。

小浪底水库调度运用分为三个时期，即拦沙初期、拦沙后期和正常运用期。其中，拦沙初期是指水库泥沙淤积量达到21亿~22亿m^3以前的运用时期；拦沙后期是指拦沙初期之后至库区形成高滩深槽、坝前滩面高程达254.00 m、水库泥沙淤积量达到约75.5亿m^3的运用阶段；拦沙后期结束后水库转入正常运用期，正常运用期是指在水库长期保持254.00 m高程以上40.5亿m^3防洪库容的前提下，利用254.00 m高程以下10.5亿m^3的槽库容长期进行调水调沙的运用阶段。同时，考虑到小浪底水库拦沙后期的长期性和复杂性，将水库泥沙淤积总量在22亿~42亿m^3期间划分为拦沙后期第一阶段。截至2008年4月，小浪底水库泥沙淤积量达23.23亿m^3，标志着小浪底水库进入拦沙后期第一阶段。

2000年7月至2016年6月，小浪底水库实际年均入库径流量、输沙量分别为220.02亿m^3和2.99亿t，与设计值相比明显偏枯，年均入库径流量、输沙量分别为设计值的76.1%和23.5%。小浪底水库蓄水满15年即至2014年时，水库实际泥沙淤积量为30.48亿m^3，尚处于拦沙初期第一阶段，仅为设计淤积量的40.4%，但水库在2003年汛后曾出现过干流泥沙淤积“翘尾巴”现象。

作者简介：李珍（1967—），男，河南三门峡人，教授级高级工程师，硕士，主要从事枢纽安全监测及库区水文泥沙工作。E-mail：lizhen@ xiaolangdi. com. cn。

目前,小浪底水库坝前高滩深槽淤积形态尚未出现,坝前泥沙淤积高程为191.3 m,远低于设计预测的滩面高程254 m;水库干流泥沙淤积呈三角洲淤积形态,三角洲顶点位于距坝16.39 km处,洲顶点高程为235.35 m。水库支流泥沙淤积拦门沙坎已经出现,其中,大峪河、畛水河、石井河、西阳河、沇西河和亳清河等河口均存在不同程度的泥沙淤积,代表性支流畛水河河口其泥沙淤积形成的拦门沙坎高度已达7 m,已影响到支流部分库容的有效利用。

2　水库泥沙淤积主要评价指标

众所周知,水库是解决水资源时空分布不均匀,充分利用河流水资源的控制性工程。水库建成将在防洪(防凌)、发电、灌溉、航运、供水以及发展旅游等方面发挥巨大作用。同时,在河流上修建水库,改变了天然河流水沙条件,破坏了河床的相对平衡,使河床形态发生重新调整。如库区水位壅高水深增大,水面比降变缓,流速减少,水流输沙能力显著降低,大量泥沙淤积在库区内,其结果不仅使水库有效库容逐年减少,还带来一系列严重危害。一是水库兴利库容和防洪库容减少。泥沙淤积使水库兴利库容和防洪库容被侵占,水库综合效益逐年降低,严重的还会危及水库的正常运用和安全。我国华北、西北和东北西部的河流大多流经水土流失严重地区,水流含沙量较高,在这些河流上修建的水库,泥沙淤积十分严重。二是引起淹没和浸没损失。水库淤积抬高上游河床和周围地下水位,将引起淹没和浸没损失。三是影响水工建筑物的正常运用。泥沙淤积增加枢纽建筑物如泄水闸门的荷载,影响闸门正常启闭,同时,泥沙的淤积还会增加坝体荷载,影响坝体的稳定及安全。四是影响发电,浑水容易产生磨蚀和渗漏破坏,影响机组安全。

在以往水库泥沙淤积测验、分析和研究方面,一般以水库泥沙淤积量和淤积形态作为水库泥沙淤积评价的两个主要指标,且泥沙淤积量是水库管理运行关注的主要指标。

目前,在实际入库水沙条件下,小浪底水库泥沙淤积量比设计预测的泥沙淤积量大幅度减少,目前水库干流呈三角洲淤积形态,整体上看,水库泥沙淤积量和淤积形态均好于设计预期,但也存在一些不容忽视的问题。如随着水库动态汛限水位试验实施,水库干流淤积出现了新的变化;如受水库泥沙淤积及三角洲淤积体逐年向坝前推移的影响,三角洲洲顶附近的支流河底已出现倒比降现象,部分支流河口拦门沙坎已经形成;如随着淤积三角洲向坝前逐步推进及坝前泥沙淤积面的逐渐升高,塔前漏斗横坡及主槽纵坡比降逐渐增大,可能引起边坡坍塌,造成塔前泥沙淤积面突然抬升,影响泄洪孔洞甚至堵塞泄洪孔洞等。因此,随着黄河流域水沙条件的变化,从目前小浪底水库泥沙淤积量和淤积形态看,未来关注的重点将是水库泥沙淤积形态。从水库健康和枢纽安全看,泥沙淤积健康形态对小浪底水库正常运用至关重要。主要表现在以下方面:

(1)随着小浪底水库动态汛限水位试验的实施,2016年与2017年小浪底水库出库泥沙很少。如2017年最大出库含沙量1.94 kg/m^3,累计出库沙量仅5.96万t,其余入库泥沙均淤积在水库内,且受库水位影响,泥沙主要淤积在黄河27断面至黄河50断面(距坝44.53~98.43 km)之间,已出现了库区干流中段集中淤积现象。如不加以控制,将对水库正常运用带来不利影响。

(2)小浪底水库支流众多,支流库容约占总库容的一半。如支流畛水河,其河口泥沙淤积形成的拦门沙坎高度已达 7 m,随着支流河口拦门沙坎的进一步抬升,必将威胁支流库容的正常调度运用。

(3)目前,小浪底水库进水塔前的漏斗形态已初步显现,纵向横向泥沙漏斗边坡已经形成,如何保持稳定,不对洞群进口和发电构成威胁,是直接关系枢纽安全和枢纽综合效益发挥的重大问题。

以上问题都集中体现在泥沙淤积形态上,因此在流域水沙条件发生变化后,泥沙淤积形态对水库健康和枢纽安全运用影响更大。未来,水库泥沙淤积形态将超越泥沙淤积量上升为水库运用关注的主要指标。

3 水库泥沙淤积健康形态探讨

从小浪底水库泥沙淤积量和淤积形态看,受入库沙量大幅度减少影响,泥沙淤积量下降明显,未来关注的重点将是水库泥沙淤积形态。从水库健康和枢纽安全运用看,泥沙淤积健康形态对小浪底水库正常运用至关重要,也是水库可持续发展的基础。笔者结合多年从事水库泥沙测验与分析研究工作,初步认为水库泥沙淤积健康形态应至少包括以下诸多方面:

(1)无论是在水库干流上还是水库支流上,泥沙淤积高程均应维持在设计淤积线以下,未侵占水库有效库容。即便短期里出现侵占水库有效库容的情况,但通过随后的水库调度运用,可以将侵占部分及时进行消除。

(2)从水库上游到水库下游,水库干流泥沙淤积在库底存在一定的坡降,未出现不利于入库水流和泥沙向坝前运动的情况,特别是在水库回水末端未出现泥沙淤积"翘尾巴"现象。或即便出现水库末端泥沙淤积"翘尾巴"现象,但并未影响上游有效库容使用。

(3)从水库各支流泥沙淤积情况看,水库各支流泥沙淤积在库底同样存在一定坡降,支流水流和泥沙能顺利汇入水库干流,未出现支流河底倒比降淤积情况。

(4)在水库干流和支流交汇处,水库干流水流和泥沙倒灌支流与支流水流和泥沙冲刷干流交互影响、交互存在,但干流与支流交汇的河口处泥沙淤积河底连接平顺,未出现支流河口拦门沙坎现象。或即便出现支流河口拦门沙坎现象,但尚未影响支流有效库容的使用。

(5)泄洪洞群前漏斗形态稳定。泥沙淤积边坡不易坍塌,洞群进口段未被泥沙淤堵,泥沙淤积不影响闸门正常启闭。

(6)在入库泥沙落淤方面,粗颗粒泥沙淤积在库尾或水库中部,细颗粒泥沙淤积在坝前或与下泄水流及发电水流出库,不影响发电或对水轮机及洞群混凝土磨蚀破坏较小。

(7)在水库具备拉沙运用条件时,淤积在水库中的泥沙很容易在入库水流冲刷带动下挟沙出库,恢复淤沙库容,也很容易进行泥沙淤积形态的调整。

(8)在水库干流淤积形态上,水库应尽可能维持三角洲淤积形态,这种形态有利于增加水库库容,有利于防止粗颗粒泥沙向坝前运动,有利于延缓水库泥沙淤积高滩深槽形态的出现和形成。

(9)在水库调度运用过程中,水库泥沙淤积形态处于可控状态,同时应尽可能延长水库淤沙库容的使用年限。

(10)在生态方面,水库里淤积的泥沙未对水库水体和水体生物造成影响和伤害,即便拉沙出库,也不会对下游河道水生态带来影响和威胁。

4 结 语

随着环境、气候和流域调度方式等变化,流域水沙条件也随之变化,水少沙少将是流域未来水沙条件的新常态。小浪底水库入库水少沙少现象在水库下闸蓄水运用以来表现得尤为明显,与小浪底水库运用以前(1960 年 7 月至 2000 年 6 月系列)相比,年均入库水量、沙量分别减少了 37.4% 和 71.1%,这就直接导致了水库淤积量和淤积形态均发生了较大变化,且淤积形态成为了水库泥沙淤积首要关注的问题。文中对水库泥沙淤积健康形态进行了初步分析,限于水平与能力,难免纰漏或以偏概全,欢迎大家积极讨论,建言献策,共同推进水库泥沙淤积健康形态研究,系统解决水库泥沙淤积健康形态塑造这一重大问题,助力水库泥沙淤积可持续发展。

生态调度的若干法律思考

段兆昌　陈　萌

（黄河小浪底旅游开发有限公司，郑州　450003）

摘　要　水利工程在带来巨大经济利益、社会利益的同时，也伴随着河流渠道化和非连续化等现象，原有相对稳定的生态环境容易因此打破，产生生态环境问题。生态调度以拥有保护沿岸水陆生物、调节水质和泥沙、河道湿地修复等功能成为恢复河流生态的一项重要措施。对此，法律如何在生态调度就调控目标、评价监测体系、信息公开透明、平衡代际利益、责任主体责任分配起到规范作用，已成为生态调度的关键法律问题。

关键词　生态恢复；生态调度；法律思考

1　前　言

水利工程给人类带来的不只是巨大的经济利益、社会利益，也带来河流渠道化、改变河流自然演进方向等现象。河流相对稳定的生态环境发生变化，河流健康受到威胁，传统意义的调度难以解决此类问题。随着人类对河流生态问题认识的深入，"生态用水""最小生态需水"等理论逐步融入调度之中，调度呈现出流域化、生态化，法律控制下的生态调度成为修复和维持河流生态的一项重要举措。

2　生态调度的法律调控目标

对生态调度认识的时间在我国不算长久。20世纪80年代，陆续有学者开始将水利学与生态学结合，研究内容也从较为单一的鱼类保护转到调度与营养物消减的关系、如何构建生态调度模型上来。

学界也尝试对生态调度进行界定。汪恕诚认为生态调度是水库在发挥各种经济效益、社会效益的同时发挥最优的生态效益，它是针对宏观的水资源配置和调度中的生态问题而言。董哲仁认为水库生态调度是指：在实现防洪、发电、供水、灌溉、航运等社会经济多种目标的前提下，兼顾河流生态需求的水库调度方式。这两种界定虽然表述不同，但表达的内涵基本一致，都在强调生态与调度方式、原则之间的关系，寻求经济利益、社会利益、生态利益间的平衡，协调整体与局部利益的分配，生态因素应不再被调度排除在外。

调度是水资源开发利用的一种具体方式，我国《宪法》第九条规定：国家保障自然资源的合理利用。《水法》第一条规定：为了合理开发、利用、节约和保护水资源，防治水害，实现

作者简介：段兆昌（1984—），环境法学硕士，工程师，黄河小浪底旅游开发有限公司景区管理科副科长。E-mail：343997239@qq.com。

水资源的可持续利用,适应国民经济和社会发展的需要,制定本法。第二十一条规定:开放、利用水资源,应当首先满足城乡居民生活用水,并兼顾农业、工业、生态环境用水以及航运等需要。在干旱和半干旱地区开发、利用水资源,应当充分考虑生态环境用水需要。第二十二条规定:跨流域调水,应当进行全面规划和科学论证,统筹兼顾调出和调入流域的用水需要,防止对生态环境造成破坏。这要求调度时应遵循社会经济规律、自然规律以及人与自然相互作用的规律,通过科学的手段对水资源进行综合利用。《水污染防治法》第十六条规定:国务院有关部门和县级以上地方人民政府开放、利用和调节、调度水资源时,应当统筹兼顾,维持江河的合理流量和湖泊、水库以及地下水体的合理水位,维护水体的生态功能。

基于此,生态调度的法律调控目标呈现出多元化,非止于传统兴利、防洪目标,需以河流整体健康为角度,以经济发展为前提,合理开发河流,以减小水利工程"负外部性",逐渐修复生态系统为目标,实现水资源利用的可持续发展。

3　生态调度的法律评价体系

生态调度法律评价体系的基础是河流生态健康。要求不仅满足水资源多种功能的需求,注重生态用水控制性指标,更对河流生态的可持续性、功能完整性、生态结构的合理性以及利用的有效性进行评价。而对生态调度的评价与监测成为生态调度法律制度体系的科学支撑。

国内普遍存在对大型水利工程建设投入大量资金,希望能够尽快收回成本产生经济效益,以牺牲生态环境为代价的现象。河流生态一经破坏,再经恢复则需支付极大的社会成本,甚至无法恢复。而在一个生态系统内,随着生态系统的第二级和第三级链式反应,一个受损生态系统向一个新的生态系统的转变过程可能要消耗大约几十年到数百年的时间。所以,与其临客挖井,不若未雨绸缪。因此,法律评价体系需建立在对生态调度价值取向认同的基础之上。

3.1　科学评价河流生态环境

不同的河流有着不同的水文情况,生态用水需求与防洪、兴利也有着不同的矛盾,即使是同一条河流,不同时空也有着不同的生态状况。生态调度之前要客观认识河流生态现状,认清仅通过生态调度不能兼顾生态系统所有组成部分的事实,正确分析不同保护对象所依存的生态因素与调度之间的关系,有针对性地选择调度方式、确定水量,并就是否能达到预期目标以及产生的生态影响进行预测。

3.2　确定生态调度目标

生态调度是在水资源总量有限的前提下进行,需水量较大,可能加剧水资源供需矛盾,同时,河流生态对水的需求具有一定的灵活性,各区域经济的发展有自身特点,可结合经济发展需水实际情况确定调度时间和生态用水总量。生态调度涉及的利益需求较多,要统筹考虑多个行业、多方主体自身追求,不可能将所有追求上升成为生态目标纳入生态调度之中,需有针对性地进行确定。通常要达到保护生态系统、改善水质、泥沙调控等三种常见目标。

3.2.1　维护下游河道生态用水

调度需要考虑到下游维持河道基本功能最小生态需水量,以此作为最小生态径流的基础,使河流拥有一定自净能力、保障生物繁衍,防止出现断流、萎缩现象;满足与河流相连接的湖泊、湿地基本功能的需水量;兼顾河口生态、防止盐潮的需水量。

洪水是水位急剧涨落的一种现象,有着不可替代的生态作用。模拟自然洪水会对生态环境的恢复起到积极作用,能够控制河流沉积过程,促使物质交换和能量交换,恢复湿地和生物栖息地。在汛期科学利用洪水冲淤能起到增加植被、扩充水面、改善生态的作用;在鱼类繁殖期科学利用洪水能够刺激鱼类繁殖。周期性的仿真洪水,形成有益的生态洪水脉冲,为河流健康提供条件。

3.2.2 保障水质

良好的水质是河流生态健康的主要标志。水利工程建成后,原有河流环境发生变化,上游水流减缓,水位升高,水温分层,泥沙沉积,水质下降,易出现富营养化现象;下游河道水量减少,水污染加重。直接影响水生生物生存和人类用水安全。生态调度控制创造有利的水文条件,增加河流的自净能力和对污染物的稀释,防范水质恶化或延缓水质恶化,满足下游生物对水温、水质的要求。

3.2.3 调节泥沙

水利工程改变了河流正常的泥沙输送,上游泥沙淤积,导致下游河道严重侵蚀、生物栖息地退化、河口萎缩;而且由于泥沙等沉积物的减少,会造成水浊度的降低和营养物质的缺失,影响水生生物的生长和繁殖。生态调度对泥沙的调节不仅局限于减少水库淤积、维护河道稳定,更考虑到对生态恢复的作用。黄河流域小浪底调水调沙运用,按照处理洪水"上拦下排,两岸分滞",处理泥沙"拦、排、放、调、挖"的思路,采取蓄清排浊方式送沙入海,促使库区泥沙冲积平衡,改善河口生态,增加湿地面积,发挥着巨大的生态效益。

3.3 制订生态调度方案

生态调度方案的基础是生态调度目标,制订生态调度方案要尊重自然规律,以生态经济系统为分析对象协调生态与经济的关系,过多或过少下泄水量都难以达到预期目标。

实现生态调度方案需经过调度模拟,预测可能出现的影响。如果出现对防洪、发电、供水、航运、养殖等相关方面产生的消极影响极大,或投入难以接受的经济、社会成本时,需要考虑是否能通过更为有效的方法保护河流生态。如果具备生态调度条件,需要兼顾常规调度以保障生态调度的长效性,在执行中从河流健康整体考虑,具体到选择某个水利工程执行的同时,应做好从生态调度中得到补偿的准备。

3.4 进行监测预警

河流最小生态需水量是指在特定时空条件下满足河流生态系统最小临界水量。因此,将河流最小生态需水量设为预警监测标志较为适合,并以此进行不同等级预警。水量一旦小于最小生态需水量就标志着河流健康进入非常时期,应该高度关注用水分配,防止出现损害河流生态的现象发生。

此外,常见河流监测有水文监测、水质监测、水生生物监测、鱼类及渔业资源监测。水文监测包括水位、流量及流速等水文观测和断面形状测量;水质监测包括水温、pH、悬浮物、溶解氧、化学耗氧量、生化需氧量、氨氮、硝酸盐氮、亚硝酸盐氮、总磷、总汞等的测定;水生生物监测包括浮游植物、浮游动物、着生生物、底栖生物、水生维管束植物、叶绿素等的监测;鱼类及渔业资源监测包括渔业水质监测,鱼类索饵场、产卵场分布与规模调查,重要经济鱼类获物组成、比例及渔获量调查,特有鱼类产卵条件及鱼卵(苗)发生量的监测等。如果出现突破既定监测预警情况,意味着河流某方面的健康受到威胁,酌情确定是否进行生态调度运用。

发达国家经过多年的生态调度实践,提出了“适应性管理”的概念,即“评价—规划—设计—实施—监测”,形成一个完整的良性循环。长期监测数据的分析对生态调度效果的评价、生态调度方案的修订和完善起到重要作用。

3.5 跟踪生态调度效果

河流生态环境在生态调度之后必然发生变化。调度效果表现不一,一些效果立竿见影、显而易见,一些则需长期跟踪分析才能得出结论,一些由于涉及生态因子复杂多样或限于当前对河流生态的认知一时难以评价。因此,在对生态调度效果广泛调查研究的基础上,研究水文因素与生态因素的关系,确定关键生态胁迫因子,完善生态调度方案,针对性进行监测,真正起到维护河流生态健康的目标。

4 生态调度中的法律责任分配

生态调度是经济效益、社会效益、环境效益的协调统一的系统工程;是跨部门、多种环境介质的调度模式;政府、社会、个人在其中扮演不同角色,承担不同法律责任。

4.1 政府责任

我国《宪法》第二十六条规定:国家保护和改善生活环境和生态环境,防治污染和其他公害。《水法》第九条规定:国家保护水资源,采取有效措施,保护植被,植树种草,涵养水源,防治水土流失和水体污染,改善环境。《环境保护法》第七条第二款、第四款规定:县级以上地方人民政府环境保护行政主管部门,对本辖区的环境保护工作实施统一监督管理。县级以上人民政府的土地、矿产、林业、水利行政主管部门,依照有关法律的规定对水资源的保护实施监督管理。生态调度是一种水资源的开发利用方式,关系河流生态的健康和环境的管理,是政府的一项工作任务。生态调度法律制度不健全使得生态调度无法得到有力的支撑,落实生态调度信息公开是公众实现知情权、环境权的前提,此为政府急需解决的问题。

4.1.1 健全生态调度法律制度体系

随着对河流生态认识的普遍提高,传统上作为常规调度例外的生态调度将呈现频繁趋势。现有法律规定侧重兴利、防洪,对生态规定较少,《水法》《水污染防治法》仅原则上要求通过科学的手段对水资源进行综合利用,维护水体的生态功能,防止对生态环境造成破坏。

实践中,一些具体却重要的规定、制度需尽快完善、制定。生态调度涉及防洪、发电、供水、环保、航运、旅游、渔业等多方利益和多个管理部门,不能简单认为是水利行业内部管理,各部门间的协调和利益相关者的参与应进行制度规定;具体生态调度管理制度包括技术规范、用水户之间协商等制度,运行制度包括河流生态环境监测评估、供水监督、改善河流环境相关费用分摊等制度需要系统的建立;生态调度补偿机制中补偿主体和补偿客体、补偿标准和补偿方式等一些重要内容需要明确;生态水量法律地位的模糊,缺乏流域生态保护规划使得生态调度常态化难以从制度上实现的现状急需解决。

政府应积极推动生态调度立法工作,从法律制度层面出发,完善配套规定,构建生态调度保障体系,提供法律依据。

4.1.2 公开生态调度信息

生态调度相关信息公开是公民知情权、环境权主张的要求，也是实现公众参与社会治理的前提。有助于有关部门科学、民主决策调度，协调各方利益，减少、避免水事纠纷，更能形成与公众间互动，促进决策与实施间的良性循环，增强生态调度决策的落实力度。

生态调度相关信息公开也是有关部门必须履行的一项义务。《水污染防治法》第二十五条规定：国家建立水环境质量监测和水污染物排放监测制度。国务院环境保护主管部门负责制定水环境监测规范，统一发布国家水环境状况信息，会同国务院水行政等部门组织监测网络。《政府信息公开条例》第九条第二款规定：行政机关对符合下列要求的政府信息应当主动公开：(二)需要社会公众广泛知晓或者参与的。第十条第十一款规定：县级以上各级人民政府及其部门应当依照本条例第九条的规定，在各自职责范围内确定主动公开的政府信息的具体内容，并重点公开下列政府信息：(十一)环境保护、公共卫生、安全生产、食品药品、产品质量的监督检查情况。《水利部政务公开暂行规定》第九条第八款、第十二款规定：水利部向管理和服务对象以及社会公众公开下列政府信息：(八)水资源状况、水土流失及治理情况、水旱灾害情况，主要江河的汛情、水情；(十二)其他依法应当向管理和服务对象以及社会公众主动公开的信息。《环境信息公开办法(试行)》第十一条第二、三、四款规定：环保部门应当在职责权限范围内向社会主动公开以下政府环境信息：(二)环境保护规划；(三)环境质量状况；(四)环境统计和环境调查信息。生态调度直接涉及河流生态环境质量和公众切身利益，有较高的关注度和参与度，有关部门应当公开生态调度相关信息，但并非没有限制。《水利部政务公开暂行规定》第十八条第二款规定：下列政府信息不予公开：(二)公开后可能危及国家安全、公共安全、经济安全和社会稳定的。第十九条规定：对主要内容需要公众广泛知晓或参与，但其中部分内容涉及国家秘密的政府信息，应经法定程序解密并删除涉密内容后，予以公开。因此，生态调度公开的信息应经过审查，在删除涉密或危及安全、稳定的内容后予以公开。

4.2 社会责任

社会介于政府和个人之间，具有浓厚的第三方属性，有较高的公信力，承担着区别于政府、个人的责任。

4.2.1 参与生态调度

生态调度属于公共管理范畴，部分内容包含于社会环境自治内。这些生态调度包含于社会环境自治之中的内容不是传统行政权力在生态领域的运用，也不是传统经济意义上以盈利为目的的环境经济行为，而是一种不以追求利润和盈利为目的的社会自我环境服务模式。在这个模式下，社会环境自治主体如环境非政府组织可以在特定范围和规模下，以不同方式参与生态调度，环境社会成员参与中享有对应的环境权利，履行对应的义务。

4.2.2 提供多方参与平台

社会在生态调度中要担任多方参与平台的角色。通常法律对调度相关单位的职责有明确规定，尽管如此，现实中仍经常出现职责上积极或消极的冲突。为解决配合问题，惯用建立可被生态调度各利益相关方沟通平台的方法。这样可以达到各方共同协商制订生态调度方案和该方案实施中能够及时协调处理新问题的目的。

4.3 个人责任

生态调度势必引起利益重新分配,广泛的公众参与有利于做出科学调度决策,协调各方利益。

个人积极参与生态调度,既是法律授予的权利,又是要求履行的义务。我国《环境保护法》第六条规定:一切单位和个人都有保护环境的义务,并有权对污染和破坏环境单位和个人进行检举和控告。《水污染防治法》第十条规定:任何单位和个人都有义务保护水环境,并有权对污染损害水环境的行为进行检举。《国务院关于环境保护若干问题的决定》规定:建立公众参与机制,发挥社会团体的作用,鼓励公众参与环境保护公众,检举和揭发各种违反环境保护法律法规的行为。

公众参与生态调度的意义不限于对公开信息行使知情权。公众在参与政府环境管理后,产生的生态调度决策更拥有可信度,能较为充分地了解到此项决策出台的过程与依据,减少实施中的矛盾;另一方面,公众能够监督生态调度过程,维护自身生存生态环境质量,实现环境权利。

4.4 以小浪底水库管理为例谈生态调度中的法律责任分配

4.4.1 小浪底水库管理生态调度中存在的问题

我国缺少全国性水利枢纽工程及水库立法,特别是像黄河这种重点流域上的重大水利枢纽工程及水库缺少相关立法。而小浪底水库则更具有特殊性:它不是全流域而是重要江河上的一部分,且库区地跨河南、山西两省;它是人造水利枢纽工程,对全流域具有重大的意义;小浪底水库与黄河主河道重合;小浪底水库具有专门管理机构但不是流域管理机构。因此,生态调度责任划分更为复杂。

小浪底水库具有资源环境优势,能够产生巨大的社会效益、经济效益和生态效益,防洪、发电、供水、环保、航运、旅游、渔业等经济发展与水资源保护之间不同程度存在冲突问题。水库管理单位、流域管理单位、地方政府也不同程度地存在管理边界模糊的情况。水资源管理和水环境保护分属不同部门、不同层级,在管理体制机制上呈现出“碎片化”的特点。如《水法》确立了“以水利部门为核心”的管理体制,又如《水污染防治法》确立了以“环保部门为核心”的管理体制,但在怎样协调水资源开发和保护,现有的法律法规鲜有规定。

4.4.2 法律建议

针对法律碎片化、小浪底水库管理部门和利益涉及较多的问题,建议根据《水法》《水土保持法》《水污染防治法》等法律法规相关规定,结合小浪底水库的特点,具体到一个法规中,专门用于小浪底水库的管理。例如,《水法》中的有关取水许可制度和有偿使用制度的法律规定,《水土保持法》中有关预防的法律规定,《水污染防治法》中对于重点水污染物排放总量控制制度的相关规定,都可以结合小浪底的实际现状,进行关于小浪底水库生态调度的专项立法。出台权责明确,以保持生态补偿的成本,促进生态补偿制度的有效实施,匹配最严格水资源管理的新形势,以水库水资源保护为目标,小浪底水利枢纽管理中心、流域管理机构和地方政府依法在相同或相似职能上协调联合,在不同职能上相互补充,协调统一的法律。

5 结　论

现阶段,生态调度的相关法律、法规尚不健全、不成体系,许多制度还在讨论之中,一些具体概念需要进一步认识，实践中也不断出现各种困难，遇到各种问题。但随着当今社会对生态认识程度的普遍提高，对河流整体健康、河流生态效益的认识上升到了前所未有的程度，借此东风，建立、健全适合中国国情的生态调度制度以保障社会经济与生态协调发展已成为必须解决的问题。

参考文献

[1] 汪恕诚. 汪恕诚纵论生态调度[J]. 中国水利报, 2006(11):12-13.
[2] 董哲仁,孙亚东,赵进勇. 水库多目标生态调度[J]. 水利水电技术,2007(1):5-6.
[3] 吕新华. 大型水利工程的生态调度[J]. 科技进步与对策,2006(7):8-10.
[4] 董哲仁 . 水利工程对生态系统的胁迫[J]. 水利水电技术,2003(7):1-5
[5] 黄真理. 三峡工程生态与环境监测和保护[J]. 科技导报,2004(12):11-12.
[6] 贾金生,彭静,郭军,等. 水利水电工程生态与环境保护的实践与展望[J]. 中国水利,2006(20):3-5.

水管理的统一化和近期韩国水坝政策转变

G. M. Lim, H. I. Lee, K. S. Jeong

(韩国首尔韩国水资源公社)

摘　要　自2010年在四大河流上实施了大项目以来，韩国政府已努力将国家水坝建设规划政策转变为水坝管理规划政策，其认为水坝管理比水坝建设更为重要。韩国政府已于2013年6月编制了《水坝计划预审制度》，以更多地反思地方意见。同时，在这十年及下一个十年内水坝管理规划政策将取代水坝建设政策。

关键词　水坝建设政策转变；水坝管理政策；水坝计划预审制度

1　简　介

韩国政府最终于2018年5月30日完成了"水统一管理"。实际上，水管理相关的政策由环境部（以下简称"ME"）和国土交通部（以下简称"MOLIT"）分开制定。预计统一的政府部门将从规划阶段到运营管理阶段对水量及水质情况进行有效整合和管理。并且，韩国政府即将把以建设为中心的水坝政策转变为以管理为中心的水坝政策。在水坝管理计划中，韩国政府处理水坝设施管理、水坝运行和水质控制计划等问题。

2　韩国水坝建设规划转变趋势

韩国政府于1999年出台了《水坝建设法》。根据该法规定，每10年制订一个长期水坝建设总体计划，每5年对其更新一次。

第一个长期水坝建设总体计划于2001年制订，提出将建设27座水坝，建设完成7座水坝。第二个长期水坝建设总体计划提出计划建设9座水坝，建设完成2座水坝。第三个长期水坝建设总体计划于2012年制订，计划建设14座水坝，其中2座水坝在进行详细设计。相关人员未能达成共识，导致了水坝建设数量的急剧减少（见图1）。

图1　水坝建设总体规划

韩国政府于2013年6月制定了《水坝计划预审制度》（以下简称"制度"），以更多地反馈当地意见，并于2013年12月成立了水坝计划预审委员会（以下简称"委员会"）。当地居民、地方政府、中央政府以及各领域的专家成为水坝计划预审委员会的成员。

委员会需要在水质控制、冲突解决和地质等各个专业领域审查每个水坝建设计划的可行性。该制度旨在：①加强预审；②反思当地意见；③促进水坝建设计划相关人员达成社会认同。图2中程序将应用于每个水坝开发过程，修订后的程序反映社会共识是通过自下而

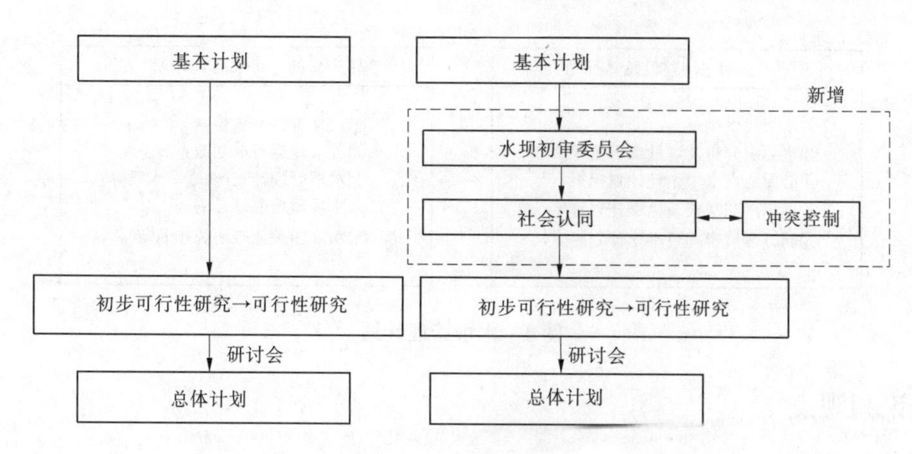

图2 水坝规划程序

上的方式达成,从一开始便会选择坝区人员作为委员会成员,对水坝规划的所有详情进行审查。同时,该制度的执行在一定程度上反映了非政府组织长期以来对已开发水坝的重视。在这十年中,自下而上达成共识将成为大趋势。

3 韩国政府统一管理水

3.1 总统特别令(2017 年 5 月)

韩国总统命令政府环境部承担水量及水质管理政策制定工作,因此《韩国政府组织法》和《水管理法》随之出台,具体程序如下:

【整合水管理阶段】

第一阶段:MOLIT 的水政策局变更为 ME,由 ME 承担水量及水质管理工作。

第二阶段:《水管理法》将于 2019 年 6 月实施。同时韩国政府将组建国家水委员会,水管理政策将扩展至灌溉用水和水力发电方面(目前,水管理政策仅涉及多用途水坝)。

3.2 预计的主要影响

预计水坝建设计划将根据该制度被更加审慎地审查。同时,社会认同将更加微妙,而开发水坝将会花费更多的时间。国家水委员会将负责解决诸如不同省份引水等水相关的冲突,因此预计长期存在的水相关冲突将得以解决。政府希望通过水统一管理来减少水管理成本,带来更多效益。

4 最近的韩国水坝政策转变

韩国政府 ME 部门一直在考虑采用水坝长期管理计划,取代长期水坝建设总体计划。水坝管理计划将包含所有的水坝运行规则及水坝设施管理计划。

4.1 转变计划

水坝管理计划由图 3 所示内容组成。

4.2 时间表

预计《水坝建设法》将在 2 ~ 3 年内完成修订,国家水管理委员会将于 2019 年 6 月组建,第一水坝管理计划将于 2023 年完成制订。

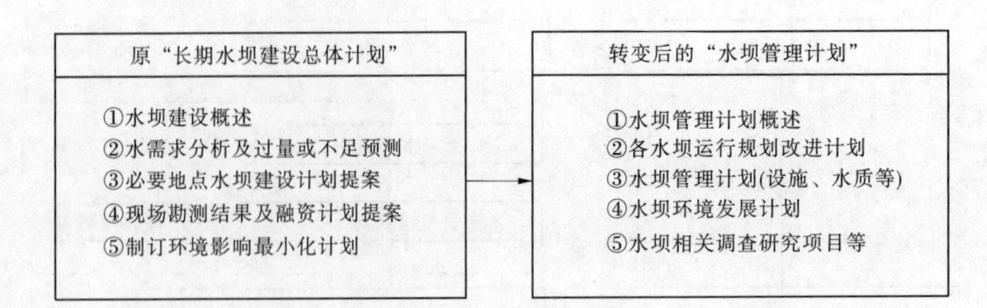

图3　水坝管理计划

5　结论和观点

本研究得出结论如下：

(1)该制度的执行在一定程度上反映了非政府组织长期以来对已开发水坝的重视,在本十年中自下而上的共识而非自上而下的领导将是一大明显趋势。

(2)环境部于2018年5月开始承担水量和水质管理工作。

(3)韩国政府将采用水坝管理计划,取代长期水坝建设总体计划。

致谢:感谢Jeong教授为本次工作提供指导,感谢环境部对本次工作的一致认可。

参 考 文 献

[1] Kim S J, Jin S W, Cha K U. 新水坝建设政策及应环境变化采纳的未来韩国水坝模式. 2012.

[2] Jeong K S. 国内水坝政策趋势. 2018.

生态友好型循环递进小环境诱鱼过坝装置

王佳乐[1]　王　东[1,2]　蔡梓胤[1]　向文俊[1]　马　越[1]　陈胜寒[1]

(1. 四川大学水利水电学院,成都　610065;2. 四川大学水利与山区河流开发保护国家重点实验室,成都　610065)

摘　要　生物多样性是人类赖以生存发展的基础,是人类生命的源泉,对于维持生态平衡、稳定环境具有关键作用。然而当今涉水工程的建设严重压缩水生生物的生存空间,导致其栖息地破碎化、水生生物资源量减少、受威胁鱼类种类增多。拦河大坝阻隔河流鱼类生物洄游繁衍通道,传统的鱼道等过鱼设施花费很大的成本但效果多不尽如"鱼"意!作为通航河道拦河工程所必须配置的水工建筑,目前水坝枢纽里单一过船功能的船闸或升船机可以为实现鱼类洄游提供新思路。本项目设计的"循环递进小环境诱鱼过坝装置",巧妙在通航设施系统边壁有限范围内形成交替循环递进向上游的"射流与光线变幻"仿生诱鱼小环境,与通航系统协调匹配,通过调节射流、光线等参数来精准仿生各种鱼类生活条件,源源不断把下游鱼类诱导入船厢,完成鱼类过坝。技术的创新优势在于:①节约了传统过鱼设施专项投资和运营成本,节约水资源,间接减少了能耗与排放;②根据不同季节、不同水位、不同鱼类生物特性,动态程控相应的射流、光线参数,过鱼效果确切,对不同鱼类种群的适应性高;③扩展过船设施功能,使其能兼顾高效率过鱼,保护河流鱼类生物,维护河流生态平衡;④不仅适应于新建通航过鱼工程,也为已建水坝工程的过鱼设施补建提供了很好思路。

关键词　船闸;升船机;过鱼;程控循环射流;光诱;生态

0　引　言

我国水生生物多样性极为丰富,具有特有程度高、孑遗物种多等特点,在世界生物多样性中占据重要地位。我国江河湖泊众多,生态环境类型复杂多样,为水生生物提供了良好的生存条件和繁衍空间,尤其是长江、黄河、珠江、松花江、淮河、海河和辽河等重点流域,是我国重要的水源地和水生生物宝库,维系着我国众多珍稀濒危物种和重要水生经济物种的生存与繁衍[1]。

水利水电工程的建设往往对水生生物产生影响。大坝修建后,导致水生生态系统生境的不连续,阻断了洄游性鱼类的洄游通道,对生活史过程中需要大范围迁移的鱼类种类往往是灾难性的,影响鱼类种群的补充。国家一级保护动物中华鲟是一种洄游性的鲟科鱼类,在海洋里生长,成熟后溯游到江河内繁殖。长江上游和金沙江下游是其主要产卵场,但葛洲坝水利枢纽的兴建阻断了其洄游通道,使其无法到上游产卵繁殖[2]。

习近平总书记在十九大报告中指出,"实施重要生态系统保护和修复重大工程,优化生

作者简介:王佳乐(1998—),男,陕西华县人,本科生在读,专业为水利水电工程。E-mail:891517042@qq.com。

态安全屏障体系,构建生态廊道和生物多样性保护网络,提升生态系统质量和稳定性”。本文通过对国内外现有过鱼设施不足的分析研究,开发设计一种用于船闸或升船机的程控循环射流、灯光交替明灭(或颜色变换)诱鱼的系统装置。装置特色创新点为可根据不同季节、水位(不同规格鱼类对自然河段流速、水深的选择特性见表1,鱼类分布密度和流速、水深的关系[3]见表2)、鱼类生物特性(不同鱼类的敏感光源[4]见表3),程控动态调节相应参数,有望更多地诱鱼过坝、更好地保护生态环境。

表1　不同规格鱼类对自然河段流速、水深的选择特性

全长分组(cm)	流速			水深		
	流速分布范围(m/s)	平均流速(m/s)	选择范围幅宽比(%)	水深分布范围(m)	平均水深(m)	选择范围幅宽比(%)
10~20	1.33~1.67	$1.51^{0.05a}$	100	2.85~16.28	$8.21^{2.46a}$	98.0
20~30	1.40~1.63	$1.52^{0.04a}$	64.5	2.57~15.88	$4.76^{1.83b}$	97.1
30~40	1.49~1.63	$1.56^{0.04b}$	40.4	2.71~3.97	$3.62^{0.37b}$	9.1
40~50	1.53~1.55	$1.54^{0.01b}$	3.8	2.93~3.20	$3.68^{0.33b}$	5.4

表2　鱼类分布密度和流速、水深的关系

密度分组(个)	流速			水深		
	流速分布范围(m/s)	平均流速(m/s)	选择范围幅宽比(%)	水深分布范围(m)	平均水深(m)	选择范围幅宽比(%)
0.00~0.01	1.44~1.70	$1.53^{0.05a}$	70.2	3.47~15.54	$7.83^{2.59a}$	80.5
0.01~0.10	1.33~1.65	$1.52^{0.06b}$	86.5	2.55~17.55	$9.12^{2.22b}$	100
0.10~1.00	1.34~1.67	$1.52^{0.05b}$	89.2	2.66~17.53	$9.72^{4.18c}$	99.1

表3　不同鱼类的敏感光源

鱼的种类	草鱼	鲢鱼	鳙鱼	鲤鱼	石鲷	鳗鲡	鳜鱼	孔雀鱼
敏感光源	绿光	白光	红光	白光 红光	蓝光 绿光	红光	黄光	蓝光 绿光

1　国内外研究现状

国内外在建设大型水利水电工程的同时,在鱼类生态行为学、水力学、工程建设技术基础上,尝试了众多救鱼措施,这些措施大致分为以下三类:

第一类是人工增殖放流。采用人工孵化培养,并向栖息水域投放幼苗,以补充和恢复该种鱼群数量的方法。人工增殖放流的主要工作是调查放流水域鱼类资源环境现状、亲鱼捕获及驯养催产、鱼卵孵化及幼苗培养、放流效果及后期评估等。日本的增殖放流技术从技艺经验到技术科学,已经经历了300多年历史[5],但是现代技术科学的发展历史只有20多年;

美国的增殖放流始于19世纪后期,目的是增加江河中因伐木、铁路建筑和围坝等建设工程而受损的鱼类资源,其中三文鱼资源的恢复效果较为明显;欧洲的渔业增殖很早就开始了,由于波罗的海周围河流沿岸水电站的兴建,破坏了鱼类的自然产卵,为此各国将人工培育的2龄鲑放流到河流中进行渔业增殖。1984年瑞典在这些河流中放流了400万尾2龄鲑,芬兰1985年孵化了200万尾幼鲑并放流到这些河流中,以弥补自然产卵场的损失。

第二类是建造人工产卵场,即在大坝建设之后,为鱼类寻求并建立新的产卵栖息地,让鱼类自行进入产卵场。河流栖息地修复研究是在20世纪30年代的美国中西部逐渐发展起来的。如加拿大Quebec省DesPrairies河流中大坝下方人工建造的产卵场提高了湖鲟(Acipenser fulvescens)的繁殖率;苏联在伏尔加河上建立了三个人工产卵场,使鲟鱼类进入产卵。

第三类是鱼类过坝技术,即修建过鱼设施,过鱼设施是指让鱼类通过拦河障碍物的人工通道和设施,主要有鱼道(四川大学国家实验室鱼道模型见图1)、鱼闸、升鱼机、集运鱼船等。截至20世纪晚期,仅鱼道数量在北美就有近400座,日本有1 400座,近年来世界上最高、最长的鱼道分别是美国的北汉坝(North Fork)鱼道(60 m高、2 700 m长)和帕尔顿鱼道(57.5 m高、4 800 m长),其中有一些也取得了良好的过鱼效果,如巴西的Grande河有15个科的61 621条鱼在一周年中通过了鱼道;美国著名的邦纳维尔坝鱼道每年都有数百万尾鱼通过以返回上游产卵。在国内如雅鲁藏布江藏木水电站采用鱼道过鱼[6],达到大坝上下游鱼类基因交流,并为部分鱼类繁殖洄游提供必要通道的目的;新疆阿尔泰地区的布尔津地区的冲乎尔水电站,采用集运渔船过鱼[7]设计了一艘特殊的集渔船,通过多种诱鱼方式相结合,将鱼类引入渔船,利用鱼类监测设备、流速测量设备和观察窗等组成的观测系统,对鱼类进行观测,再用车载运鱼箱方式进行运输,运至上游进行放生,取得一定效果。

图1 四川大学国家实验室鱼道模型

我国目前的主要救鱼措施是进行人工增殖放流。每年各大河流中,类似的活动有很多。如我国当前正在进行的中华鲟人工增殖放流,实践证明取得了一定的效果,并被普遍应用。但长期实践也表明其存在一定的弊端,如耗费资金量大、放流效果尚不确切、种群多样性下降,无法达到使鱼类洄游的目的,不能完全替代鱼类自然过坝等。

人工产卵场不能完全模仿自然产卵场,我国是在近年来才逐渐开始进行河流生态修复试点工程的相关研究,仍处于技术探索阶段,在淡水生态系统中进行人工模拟鱼类产卵场研究更是鲜有报道，仅阿海水电站拟建设人工模拟产卵场[8]。

传统的鱼道、鱼闸、升鱼机、集运鱼船等鱼类设施有过鱼效果，但多不能达到预期目标[9-13]。

2　循环"射流 + 光诱"小环境诱鱼过坝技术原理

2.1　原理与设计

利用鱼类对逆向水流的应激特征和趋光特性，本项目研究设计了一种循环射流、灯光循环明灭（或颜色）变化诱鱼的程控系统装置（其实物原理图及程控电路原理图分别如图 2 和图 3 所示），在通航设施的下游引航道边墙内壁、船闸闸室边墩或升船机盛船箱边墙内侧壁、上游引航道边墙内壁的一侧或两侧进行布设，来诱导鱼类在通航设施使用过程中顺便自下游往上游过坝，其平面图和剖面图分别如图 4(a)、(b)所示。

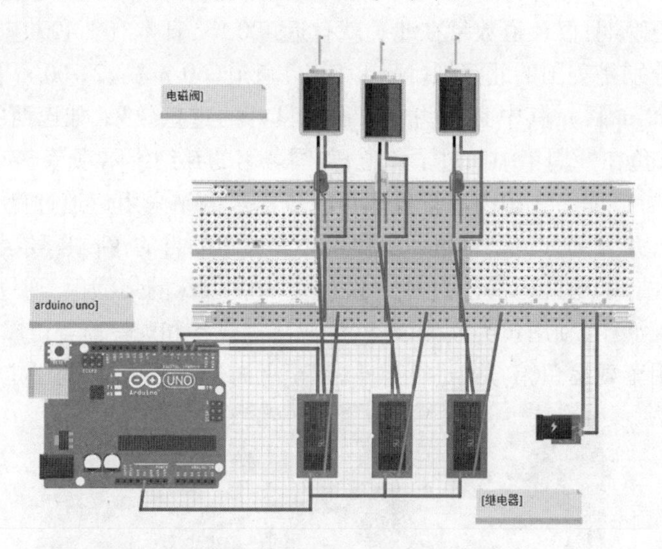

图 2　实物原理图

系统装置由主管路、增压泵、程控电磁阀射流管组成，电磁阀射流管管口外布置 LED 灯，与电磁阀一并被程控，循环明灭（或颜色）变化。

在下游引航道部分，水压直接取自水库，射流管均匀间隔布置，从下游引航道边壁以偏向下游的角度伸出，在程控电磁阀的时差、开度控制下，自下游而上游依次交替循环向下游方向射流，在下游引航道靠边壁局部范围内营造出往上游逐步移动的喷向下游的动态射流小环境，各管口的 LED 灯光也一并自下游至上游依次交替循环明灭，此射流和灯光小环境反复从下游往上游循环移动，诱使河道下游鱼类通过引航道逐步游向船闸的下闸首人字门外。

船闸闸室及上游引航道共用一套压力水管系统，自上游引航道取水，经过增压泵、闸室及上游管路压力主管，分别进入上游引航道电磁阀射流管、闸室电磁阀射流管，在电磁阀的时差、开度控制下，自下游而上游依次交替循环射流，诱导鱼类自下闸首人字门外进入船闸闸室并继续向上闸首人字门处引诱，最终诱出闸室进入上游引航道。船闸闸室内的射流管，自下游至上游依次抬高高程布置，以适应闸室水位变动及鱼类诱导的过程特征。

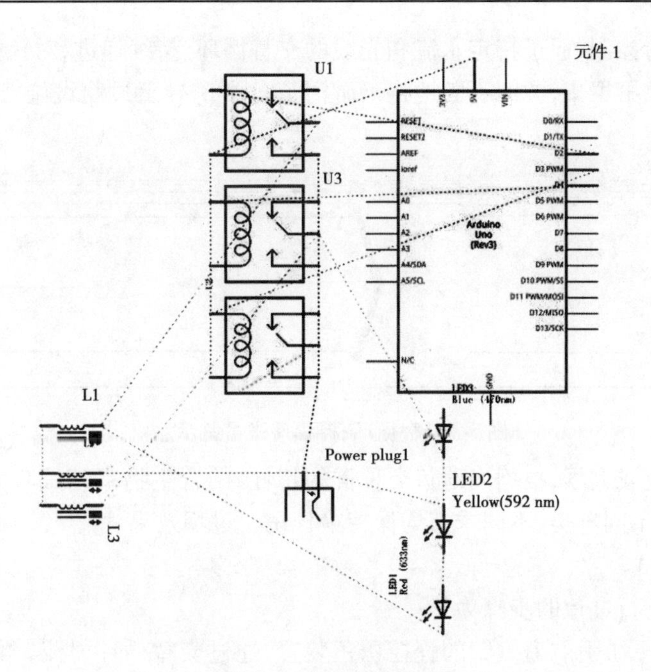

图 3　程控电路原理图

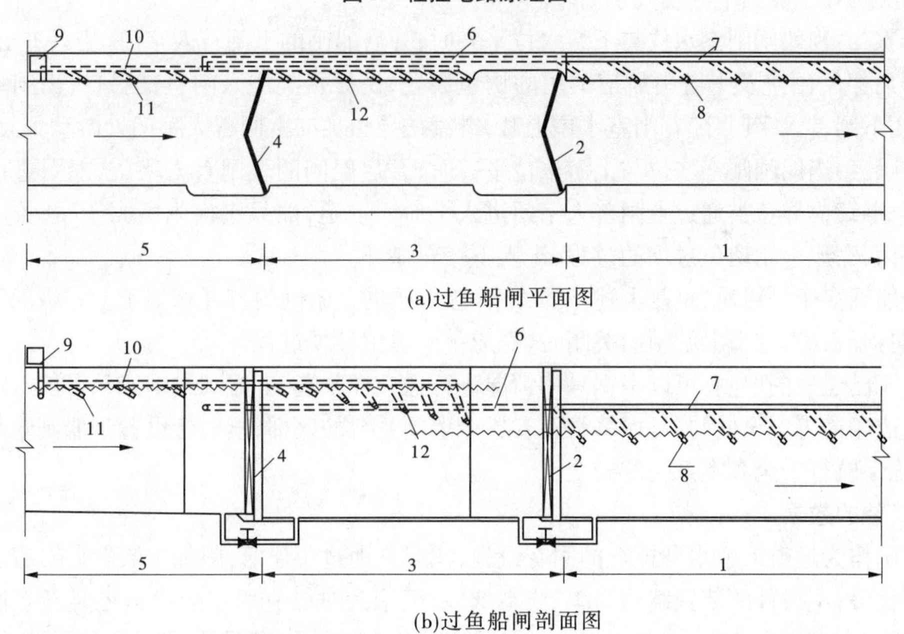

(a)过鱼船闸平面图

(b)过鱼船闸剖面图

1—下游引航道;2—下闸首人字门;3—船闸闸室;4—上闸首人字门;5—上游引航道;6—下游管路的取水管;
7—下游管路压力射流主管;8—下游引航道程控电磁阀射流管;9—闸室及上游管路增压泵;
10—闸室及上游管路压力射流主管;11—上游引航道程控电磁阀射流管;12—闸室程控电磁阀射流管

图 4　过鱼船闸

所有系统装置里的程控电磁阀射流管的安装高程,根据各部位水位的变动可在一定高度范围内上下浮动,以适应工程水位的波动特性和不同鱼类特性。

程控动态调节电磁阀开度、时差,对喷射水的速度、流量、喷射时间、LED 灯光强度及明灭周期或颜色进行控制，通过特定水流和光线的交替循环、持续递进，对鱼类产生诱导，使其向射流诱鱼装置次第聚集，源源不断地将下游河道鱼类诱导至过船设施，进入过船设施，最终过坝（见图5）。

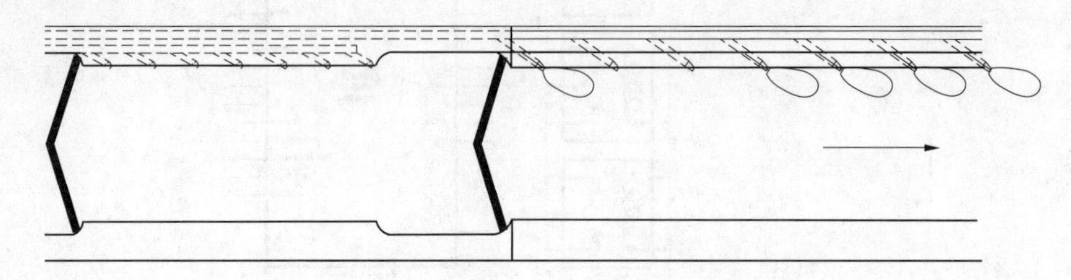

图5　交替循环、持续递进诱鱼示意

对于具体河流或大坝，根据当地鱼类种群的特性，结合生物基础试验数据，精确的设置程控参数，达到在不同群类、不同季节均保持最佳诱鱼过坝效果。

2.2　技术实施方式

采用本装置进行过鱼的步骤为：

步骤一：开启下游引航道侧壁的程控诱鱼装置，通过交替循环射流，源源不断地将下游河道鱼类诱导至船闸下闸首人字门外。

步骤二：当船闸闸室水位与下游水位平齐时，开启船闸的下闸首人字门，船只进出闸室，同时开启船闸闸室及上游引航道共用的诱鱼装置，诱导鱼类进入闸室；船只进出闸室完毕后，关闭下闸首人字门，随着闸室水位上升，继续诱导鱼类向上闸首人字门处游动聚集。

步骤三：当船闸闸室水位与上游水位平齐时，开启船闸的上闸首人字门，船只进出闸室的时候，继续诱导鱼类通过上闸首人字门进入上游引航道；船只进出闸室完毕后，关闭上闸首人字门，完成一轮诱鱼过坝的过程，进入下一轮循环。

当船闸多于一级时，重复上述步骤，下一级船闸的上游闸门打开相当于上一级船闸的下游闸门打开，一直到最上游闸门关闭时，完成一个诱鱼过坝过程。

对于已建成的船闸，可以根据具体情况进行适应性改造，考虑到过闸船只可能对本系统设施造成碰撞等安全威胁，可以将管路安置于船闸系统的底部，喷射管设置于船闸吃水深度以下，确保航行安全和本系统的安全。

2.3　有益的效果

船闸作为通航河道水利枢纽的固有设施，比起其他过鱼建筑，附加本装置后有着较明显的过坝优势；本设计的装置结构简单、成本低廉，无论是对已有船闸的改造还是新船闸的修建，都比较容易实现；闸室内部大幅度的水位变化为其成为过鱼设施提供了有利条件，船闸兼顾过鱼可以极大程度维护航运以及生态两方面利益。

本装置的优点在于，利用一套简易的程控装置，与船闸运作系统协调匹配，在船闸系统边壁的水体有限范围形成交替循环持续向上游递进的诱鱼水流，在船闸正常运行的同时，顺带完成鱼类过坝。一方面，靠近边壁局部范围内的点状递进射流流态，不影响船只通航，为过鱼而耗费的水量也极其有限；另一方面，程控系统可以根据不同季节、不同鱼类生物特性来动态调节射流参数，以达到更好的诱鱼效果。整套系统原理、结构简单，能适应不同水位变化，可减少专门建设过鱼设施的工程投资和运营成本，同时维护了河流的生态平衡。

3 结 语

面对环境污染严重、生态系统退化的严峻形势,我们必须树立尊重自然、顺应自然、保护自然的生态文明理念,以自己的实际行动响应生态文明建设。利用鱼类的喜逆流、趋光的特性,本文研究设计的程控射流加光线变化诱鱼的附加装置,与通航设施的运作系统协调配合,在通航系统边壁水体的有限范围内形成交替循环递进向上的诱鱼环境。这样在通航设施正常使用的同时,兼顾了鱼类自下游向上游的高效有序过坝。相较于传统过鱼方式,本技术节约了建设过鱼设施的专项工程投资,减少了过鱼的水量消耗,降低了过鱼运行成本,更好地保护了河流及其鱼类的生态平衡。

参考文献

[1] 生态环境部,农业农村部,水利部. 重点流域水生生物多样性保护方案:环生态〔2018〕3号[S]. 2018.

[2] 周小愿. 水电工程对水生生物多样性的影响与保护措施[J]. 中国农村水利水电,2009(11):144-146.

[3] 杜浩,班璇,张辉,等. 天然河道中鱼类对水深、流速选择特性的初步观测——以长江江口至涴市段为例[J]. 长江科学院学报,2010,27(10):70-74.

[4] 汪玲珑. 船闸过鱼能力及增强过鱼效果的光诱驱鱼试验研究[D]. 宜昌:三峡大学,2016.

[5] Garaway C J, Arthur R I, Chamsingh B, et al. A social science perspective on stock enhancement outcomes: Lessons learned from inland fisheries in southern Lao PDR[J]. Fisheries Research, 2006, 80(1): 37-45.

[6] 陈静,郎建,周小波,等. 雅鲁藏布江藏木水电站鱼道工程设计与研究[J]. 水电站设计,2017(1):52-58.

[7] 吴天祥. 冲乎尔水电站集运鱼系统设计方案及实施[J]. 广西水利水电,2016(2):88-89.

[8] 向经文. 葛洲坝船闸过鱼能力及其改进措施研究[D]. 宜昌:三峡大学,2014.

[9] Makrakis S, Makrakis M C, Wagner R L, et al. Utilization of the fish ladder at the Engenheiro Sergio Motta Dam, Brazil, by long distance migrating potamodromous species[J]. Neotropical Ichthyology, 2007, 5(2): 197-204.

[10] Mallen Cooper M, Stuart I G. Optimising Denil fishways for passage of small and large fishes[J]. Fisheries Management and Ecology, 2007, 14(1): 61-71.

[11] Knaepkens G, Bruyndoncx L, Eens M. Assessment of residency and movement of the endangered bullhead (Cottus gobio) in two Flemish rivers[J]. Ecology of Freshwater Fish, 2004, 13(4): 317-322.

[12] Knaepkens G, Baekelandt K, Eens M. Fish pass effectiveness for bullhead (Cottus gobio), perch (Perca fluviatilis) and roach (Rutilus rutilus) in a regulated lowland river[J]. Ecology of Freshwater Fish, 2006, 15(1): 20-29.

[13] Knaepkens G, Bruyndoncx L, Coeck J, et al. Spawning habitat enhancement in the European bullhead (Cottus gobio), an endangered freshwater fish in degraded lowland rivers[J]. Biodiversity & Conservation, 2004, 13(13): 2443-2452.

多沙河流水库生态防凌调度的淤积效应研究

李超群[1,2]　梁艳洁[2]　崔　鹏[2]　韦诗涛[2]　陈翠霞[2]

(1. 黄河勘测规划设计有限公司 博士后科研工作站,郑州　450003;
2. 黄河勘测规划设计有限公司 规划研究院,郑州　450003)

摘　要　作为内蒙古乌海市发展规划核心工程,随着库区周边生态改善需求的不断提升,海勃湾水库生态防凌调度需求日趋强烈,本文以海勃湾水库为研究对象,探讨多沙河流水库生态防凌调度的淤积效应问题。论文首先分析了海勃湾水库所在河段的水沙特性、库区周边生态改善对海勃湾水库运用的需求及其与水库淤积之间的效应关系;其次拟定了以水位控制为核心的生态防凌调度方式,构建了生态防凌调度淤积效应分析模型,以敏感断面出水天数为生态改善判别指标,对生态防凌调度方案进行效果评价和对比分析。计算结果表明,多沙河流水库冬季生态防凌调度与水库减淤存在明显博弈关系,生态调度考虑水位越高则其淤积效应越明显。因此,对于多沙河流水库而言,必须协同考虑生态防凌调度与水库淤积问题,在充分发挥水库综合效益的基础上,尽可能延长水库拦沙年限并保持有效库容,长期发挥水库综合效益。

关键词　多沙河流水库;生态防凌调度;淤积效应

1　研究背景

黄河内蒙古河段凌汛情势严峻,易发冰塞冰坝和壅水漫滩,严重时会造成堤防决口[1],造成凌汛灾害[2-3]。目前内蒙古河段防凌控制工程主要为刘家峡水库和海勃湾水库、防凌应急分洪工程和两岸堤防。其中黄河海勃湾水库是最重要的防凌工程,位于内蒙古自治区乌海市,工程左岸为乌兰布和沙漠,右岸为内蒙古自治区乌海市。上距石嘴山水文站 50 km,下游距已建的三盛公水利枢纽 87 km,回水末端终点位置距海勃湾大坝约 33～36 km。

该水库于 2013 年 10 月下闸蓄水,至 2016 年 6 月水库正常蓄水位 1 076 m 以下库容剩余 4.411 亿 m^3,较 2007 年淤积 0.456 亿 m^3。2017 年以前,由于原有穿库区道路淹没限制,水库一直未按照设计运用方式运用,最高蓄水位在未超过 1 073.5 m;2017 年以后,由于原有穿库区道路拆除重建,水库逐渐蓄水,按设计方式运用。

1.1　水库淤积情况

根据 2016 年 7 月黄河勘测规划设计有限公司对海勃湾库区 31.0 km 范围内 37 个断面的 1:2 000 的测量成果,与 2007 年建库前实测断面对比,分析库区冲淤变化情况。采用断

基金项目:国家重点研发计划项目(2016YFC0402403);国家自然科学基金资助项目(41530532);中国博士后科学基金资助项目(2017M622353)。

作者简介:李超群(1981—),男,黑龙江齐齐哈尔人,高级工程师,博士,主要从事水文水资源工作。E-mail:c. q. li@163. com。

面法分别计算2007年和2016年实测库容曲线,海勃湾水库运用以来,总库容减少0.456亿m^3,其中坝前18 km范围内淤积0.412亿m^3,约占总淤积量的90.0%,见图1。

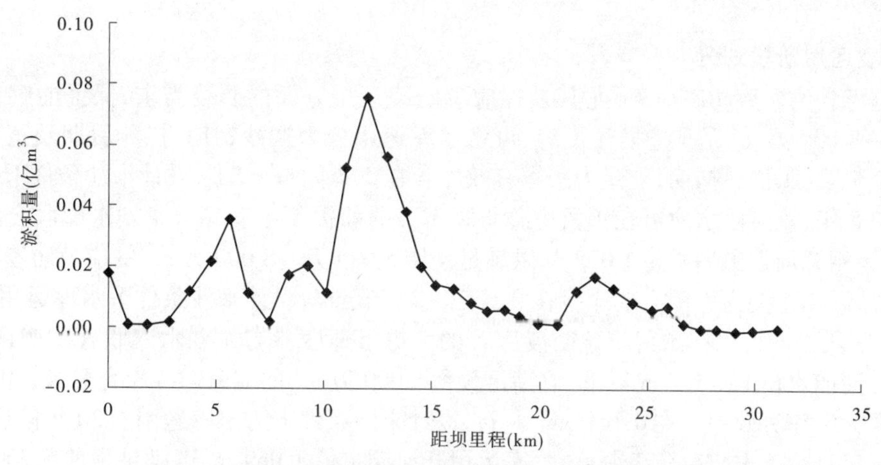

图1 水库运用至2016年海勃湾库区淤积量沿程分布图

自水库下闸蓄水以来,年均入库悬移质输沙量0.30亿t,年均入库风积沙量0.02亿t,年均淤积泥沙0.15亿m^3,合0.20亿t(淤积物干容重采用1.3 t/m^3),则水库排沙比为38%。初步设计阶段采用10年设计代表系列(1992年7月至2002年6月)进行冲淤计算,年均入库沙量为0.92亿t,水库运用10年剩余库容1.82亿m^3,年均淤积泥沙0.31亿m^3,合0.40亿t,水库排沙比为57%。与初步设计成果相比,2014~2016年实测入库沙量约为设计值的1/3,入库沙量明显偏少,水库年均淤积泥沙量为设计值的一半,但水库未开展针对性的排沙调度,实际排沙比小于初步设计计算值。

1.2 生态改善需求

黄河海勃湾水利枢纽工程建成后,形成118 km^2的水面及环湖区域,横贯乌海市南北,涵盖乌兰布和沙漠、乌兰淖尔湖、乌海湖、胡杨岛、兔岛等风景区,与甘德尔山生态景区共同呈现出水沙相应,山水相连的壮观景象。海勃湾水利枢纽形成的库区水面及其岸线,是改善乌海市人居质量的重要一环,也成为推动乌海市旅游产业发展的基础。海勃湾水库的运行水位的变化,对当地的生态环境及景观有着重要影响。

海勃湾水库自2014年3月开始蓄水运用以来,库区不断淤积,水位降低后库中部分滩地裸露。乌海市紧邻海勃湾库区,冬季和春季风力较大时,库区滩地淤积细沙被风吹起,飘入两端道路,扬沙问题影响了海勃湾市区居民的出行及生态环境建设。未来随着库区淤积发展,水位降低时裸露滩区范围可能会增加,部分滩地的高程会进一步抬高,会加剧裸露滩区扬沙程度。

近年来,内蒙古河段凌情形势不断变化[4],海勃湾水库的开发任务是防凌和发电等综合利用,这就需要海勃湾水库等防凌工程不断优化防凌调度方式,缓解防凌压力。然而,随着生态改善需求的不断提升,在满足防凌要求的前提下,要求海勃湾水库通过优化水库调度运用方式,使河心滩地尽量淹没在水位以下,缩小滩地裸露的面积,缩短滩地裸露的时间,或使河心滩地保持适当的湿度,使滩地泥沙无法扬起。因此,在进行防凌调度期间,当预估不会发生较大凌汛问题时,可以适当提高水库蓄水位至该区域滩面高程以上,减少裸露时间;

仅当预估会发生较大凌汛问题,需要海勃湾水库防凌运用时,再下泄水量,腾出防凌库容。

2 生态防凌调度方式

2.1 防凌运用阶段划分

根据海勃湾水库防凌任务,尤其是在应急防凌运用方面的防凌需求,保证能够预留的5 000万~8 000 万 m^3 的应急防凌库容,可将水库运用分为拦沙初期、拦沙后期及正常运用期等3个阶段:①拦沙初期,主要为水库有效库容在2.2亿 m^3 以上,设计来沙条件下为水库运用的前5年,该阶段水库可在预留应急防凌库容的前提下主动参与龙刘水库联合防凌调度,水库运用开河期最高水位1 075 m以满足预留5 000 万~8 000 万 m^3 的应急防凌库容要求;②拦沙后期主要为水库有效库容在0.6亿~2.2亿 m^3,设计来沙条件下水库运用的5~20年,该阶段水库可以在预留应急防凌库容的前提下适度参与龙刘水库联合防凌调度,水库运用开河期水位1 074.5 m以下,以满足预留5 000 万 m^3 的应急防凌库容要求;③正常运用期主要为水库有效库容在0.6亿 m^3 左右,设计来沙条件下为水库运用的20年以后,该阶段水库仅仅只能考虑应急防凌调度,水库运用开河期水位1 069 m,以满足预留5 000 万 m^3 的应急防凌库容要求。

2.2 防凌运用指标

(1)防凌运用水位。凌汛期属于非汛期,原则上水库的运用水位范围应该是死水位1 069 m至正常蓄水位1 076 m之间。因海勃湾水库有防凌开发任务,在凌汛期不同阶段,应根据防凌需求预留防凌库容,调整控制水库水位。对于水库运用最低水位,若不考虑生态改善需求,则水库运用最低水位可控制为1 069.0 m;若根据生态改善需求,水库运用最低水位不低于1 073.5 m。对于水库运用的最高水位,可以按照1 076 m控制运用;但在开河期,为了发挥海勃湾水库的防凌应急作用,应控制水库最高水位能够预留应急防凌库容。因此,制定两种运用方式:方式一,水库运用最低水位不低于1 073.5 m;方式二,水库运用最低水位1 069 m。

(2)防凌控泄流量。在现状工程条件下,经计算,内蒙古河段在海勃湾水库运用50年内的最小平滩流量变化范围在1 460~1 770 m^3/s,参照2012年最小平滩流量与河段平均平滩流量之间的相对关系,则平均平滩流量变化范围在1 800~2 100 m^3/s。因此在水库运用前2个阶段,考虑与龙刘水库联合防凌调度时,内蒙古河段防凌流量按照平滩流量约2 000 m^3/s 来取值。按照平滩流量与适宜的封河流量的关系,适宜的封河流量取550 m^3/s,稳封期流量取450 m^3/s,开河期流量取400 m^3/s,并在实际调度过程中,根据内蒙古河段当年中水河槽过流能力及海勃湾水库来水及可利用防凌库容情况酌情调整。

3 生态防凌调度模型

3.1 模型原理

根据质量守恒定律和动量守恒定律,水库调度过程中的水体运动连续方程和动量方程可用Saint Venant方程组(圣维南方程组)来描述:

$$
\begin{cases}
\dfrac{\partial A}{\partial t}+\dfrac{\partial Q}{\partial x}=q_l \\
\dfrac{\partial Q}{\partial t}+\dfrac{\partial}{\partial x}(aQu)+gA\dfrac{\partial h}{\partial t}=q_l V_x+gA(S_0-S_f)
\end{cases}
\tag{1}
$$

式中:A 为过水断面面积;Q 为过水断面流量;q_l 为单位长度河长上分布的旁侧入流流量;a 为动量校正系数;u 为过水断面平均流速;h 为过水断面水深;V_x为旁侧入流流速在河道水流方向上的分量,一般可认为是零;S_0为底坡;S_f为摩阻比降,一般可近似用恒定流情况下的曼宁公式、谢才公式或流量模数公式计算;Δt 和 Δx 分别为时间步长和空间步长。

水库防凌调度计算仍然是对圣维南方程组的求解,即解动力方程与连续方程组。动力方程一般用水库的泄流曲线代替:

$$q = f_1(z) \tag{2}$$

而泄流曲线中高程 Z 用库容来表示,即

$$Z = f_2(V) \tag{3}$$

式中:V、Z、q 分别为水库容积、水位、泄洪流量。

连续方程则是采用以有限差形式的水量平衡方程:

$$\frac{Q_1 + Q_2}{2}\Delta t - \frac{q_1 + q_2}{2}\Delta t = V_2 - V_1 \tag{4}$$

式中:Δt 为计算时段;下标 1、2 分别代表时段初、时段末;Q、q 分别为入库、出库流量。

3.2 约束控制条件

水库防凌调度计算过程中需要考虑如下约束控制条件:

(1)水库最高水位约束

$$Z_t \leqslant Z_m(t) \tag{5}$$

式中:Z_t 为 t 时刻水库水位;$Z_m(t)$ 为 t 时刻容许最高水位。

(2)调度期末水位约束

$$Z_{\text{end}} = Z_e \tag{6}$$

式中:Z_{end}为调度期末计算的库水位;Z_e 为调度期末的控制水位。

(3)防凌控泄约束

$$q_t \approx Q_{\text{ice},t} \tag{7}$$

式中:q_t为 t 时刻的下泄量;$Q_{\text{ice},t}$为 t 时刻考虑下游防凌需求相应的防凌控泄流量。

(4)水库泄流能力约束

$$q_t \leqslant q(Z_t) \tag{8}$$

式中:q_t 为 t 时刻的下泄量;$q(Z_t)$为 t 时刻相应于水位 Z_t 的下泄能力,包括溢洪道、泄洪底孔与水轮机的过水能力。

(5)泄量变幅约束

$$|q_t - q_{t-1}| \leqslant \quad q_m \tag{9}$$

式中:$|q_t - q_{t-1}|$为相邻时段出库流量的变幅; q_m 为相邻时段出库流量变幅的容许值,该约束可避免由于下泄流量陡涨陡落对下游凌情的不利影响,如避免流量变幅较大带来的冰盖不稳定问题,利于稳定下游凌情。

4 结果分析

4.1 两种运用方式结果对比

在石嘴山断面 1956 ~ 2010 年设计基础系列中,选择 1968 ~ 2006 + 1956 ~ 1966 年系列,

该系列为平水平沙系列,年均水量、沙量分别为246.41亿m^3和0.98亿t。

拟定的两个运用方式,最大的差别就在于凌汛期最低控制水位,方式一凌汛期最低控制水位为1 073.5 m,方式二凌汛期最低控制水位为1 069 m。采用设计入库水沙过程,以黄河勘测规划设计有限公司2016年7月实测库容曲线,按照拟定的两种运用方式进行防凌调度计算,结果见表1及图2。

表1　防凌调度计算成果

年份	累计年发电量（亿kW·h）		累计淤积量（亿t）		1 076 m以下有效库容（亿m^3）	
	方式一	方式二	方式一	方式二	方式一	方式二
第1年	4.24	3.61	1.09	1.08	3.53	3.54
第2年	8.74	7.38	1.65	1.61	3.11	3.15
第5年	21.28	17.71	2.88	2.79	2.18	2.26
第10年	42.38	36.21	4.17	3.97	1.37	1.53
第20年	84.42	74.66	5.21	5.07	0.67	0.78
第50年	198.79	180.60	5.49	5.48	0.54	0.55

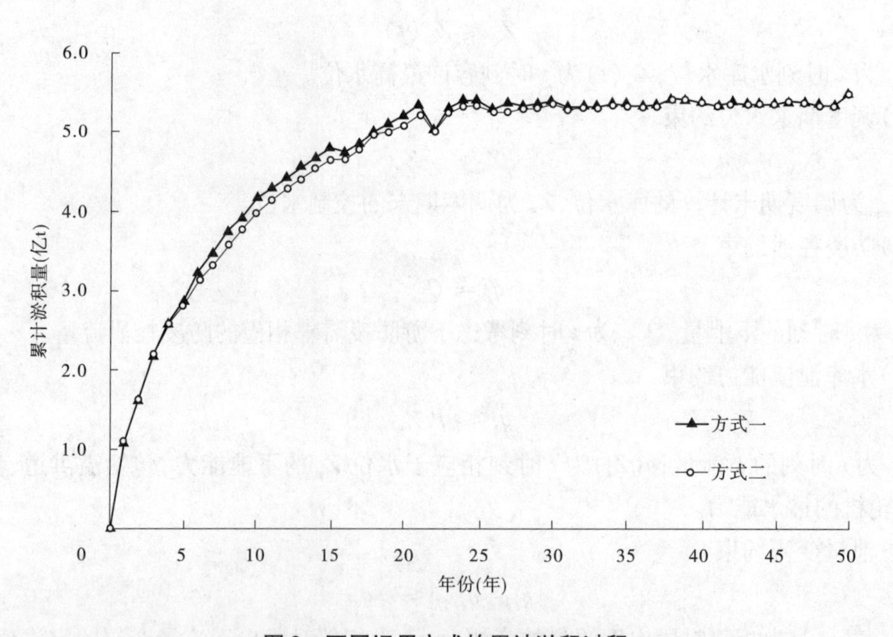

图2　不同运用方式的累计淤积过程

由于方式一凌汛期运用水位高于方式二,所以其累计淤积量略大于方式二,导致1 076 m以下的有效库容略小约0.01亿m^3;但方式一的年发电量大于方式二,累计增发电量可达18.19亿kW·h,发电效益显著;同时由于提高凌汛期最低控制水位,增大了冬季风沙时期的水面面积,在改善地区生态环境方面具有积极的作用。因此,方式一更加适于海勃湾水库的防凌调度。

4.2 生态防凌效果分析

对比分析本次防凌运用方式与《黄河海勃湾水利枢纽工程初步设计报告》运用方式对库区扬沙问题的影响。水库运用前5年主要扬沙区滩地裸露出水面的时间见表2,可以看出,本次提出的防凌运用方式在滩地裸露出水面的时间上要小于《黄河海勃湾水利枢纽工程初步设计报告》天数,对于改善库区生态具有一定作用。

表2 主要扬沙区滩地裸露出水面的时间 (单位:d)

年份	本次				初设			
	D19	D18	D17	D16	D19	D18	D17	D16
第1年	45	25	21	0	96	95	99	96
第2年	90	86	75	55	107	103	101	99
第3年	108	103	98	95	114	110	108	106
第4年	108	106	104	104	116	113	110	108
第5年	110	110	109	108	138	121	115	110

注:D19断面距坝15.9 km,D18断面距坝15.0 km,D17断面距坝14.2 km,D16断面距坝13.5 km。

5 结 论

(1)海勃湾水库位于黄河干流宁蒙河段,属于典型的多沙河流水库,水库运用以来淤积速度较快,结合水库来水来沙特性和库区周边生态环境需求,对防凌运用阶段进行了划分,提出了生态防凌调度运用指标,以水位控制为核心建立了生态防凌调度模型。

(2)采用年均水量、沙量分别为246.41亿m^3和0.98亿t的50年系列水沙条件,对凌汛期不同控制水位调度方案进行了计算,方式一和方式二凌汛期最低控制水位分别为1 073.5 m和1 069 m,结果表明,水库运行50年方式一累计淤积量略大于方式二,但发电效益和生态效益明显大于方式二。

(3)将运用方式一与《黄河海勃湾水利枢纽工程初步设计报告》中的运用方式进行对比,前5年内,方式一距坝15 km附近的敏感断面出水天数明显小于初步设计运用方式,更适用于现阶段水库实际调度。

参考文献

[1] 徐剑锋. 黄河内蒙古段凌洪灾害及防凌减灾对策[J]. 冰川冻土, 1995, 17(1): 1-7.
[2] 赵锦, 何立军, 丁慧萍, 等. 黄河宁蒙河段凌汛灾害特点及防御措施[J]. 水利科技与经济, 2008, 14(11): 933-935.
[3] 姚惠明, 秦福兴, 沈国昌, 等. 黄河宁蒙河段凌情特性研究[J]. 水科学进展, 2007, 18(6): 893-899.
[4] 李超群, 刘红珍. 黄河内蒙古河段凌情特征及变化研究[J]. 人民黄河, 2015, 37(3): 36-39.

黄河小浪底水库2018年生态调度的理论与方案研究

王远见　江恩慧　李新杰

（黄河水利委员会黄河水利科学研究院，郑州　450003）

摘　要　小浪底水库作为黄河中游最后一座控制性大型水电站，控制着全流域约90%的数量和100%的泥沙，在防洪减淤、发电供水、生态环境等方面发挥巨大作用。2018年春季，在有利的来水条件下，综合考虑下游滩区及河口湿地生态需水、河道鱼类产卵及洄游需求，兼顾防洪、发电、供水等常规需求，本研究提出了小浪底水库春季生态调度的原则、指标与约束，开展了生态调度时机分析与方案比选，最终提出了小浪底水库2018年春季生态调度的推荐实施方案。这项工作为未来干旱半干旱区多沙水库常规化的生态调度提供重要的理论和实践参考。

关键词　调水调沙；生态补水；黄河三角洲；湿地

1　研究背景

黄河是世界上著名的多泥沙河流，“水少沙多、水沙异源、水沙关系不协调”是黄河流域水沙资源分布的显著特点。由于黄河水沙关系搭配不合理，导致下游河道不断淤积，河槽过水能力逐渐下降，致使黄河洪凌灾害频发[1]。黄委自2002年起开展调水调沙试验，利用汛期洪水大量输沙，以保证一定的河道基流，提高了下游河道的过流能力。在确保生活用水的基础上，满足输沙用水、污染物稀释用水、河道及河口生态系统用水等，并最大限度地满足工农业用水[2-4]。

然而，伴随着人类用水增加，使非汛期黄河下游控制断面的各月流量均大幅减少。而每年以防洪减淤为主的调水调沙试验，使得黄河下游的河流天然水文情势被改变，黄河下游水流放缓，小浪底水库下游径流均一化，减弱了建坝之前天然状态下的洪水丰枯涨落特点，对黄河入海口的生态系统及物种生长繁殖产生负面的影响，从而损害了三角洲生态系统的健康[5-7]。黄河河口黄河下游鱼类产卵及洄游期的用水流量和沿河湿地及河口地区生态需水的研究已迫在眉睫[8,9]。

许多学者对黄河下游生态调度问题进行了大量广泛而深入的研究。郝伏勤等[10]从水量调度对下游河流生态系统的影响、对黄河下游水体功能的影响、对黄河三角洲湿地的影响

基金项目：国家重点研发计划资助项目（2018YFC0407001－05），国家自然基金（51509102，51539004），黄河水利科学研究院基本科研业务费专项资金资助项目（HKY－JBYW－2017－04）资助。

作者简介：王远见（1984—），河南洛阳人，博士，高级工程师，主要从事水库泥沙及河流动力学方面的研究与应用工作。E-mail：wangyuanjian@hky.yrcc.gov.cn。

等几个方面分析了黄河水量统一调度对下游生态环境的影响。王晓燕等[11]研究发现黄河水量统一调度实施后,河口三角洲最小河道生态基流在非汛期基本得到满足,断流现象不再发生,径流入海率和输沙入海量有所增加,淡水湿地生态系统逐步改善,物种多样性明显得到提高,河口三角洲生态环境正逐步恢复。梁海燕等[12]分析了黄河水量调度对增加敏感水域水量,维护基本生态的改善水质恶化的局面将具有重要作用。2009年蒋晓辉等[13]提出了黄河干流水库生态调度的目标、生态调度支撑体系及生态调度实施步骤等总体框架,为黄河干流水库生态调度下一步研究和实施提供参考。张洪波等[14]建立黄河干流梯级水库综合调度模型,通过控制生态断面流量,得到不同生态要求下远景年黄河水资源配置方案。马真臻等[15]以黄河下游为重点生态保护对象,构建水库生态用水调度模型,对黄河基准年和未来水平年不同情景的生态用水调度方案进行优化计算。韩艳利等[16]应用遥感技术、水文水质数据和调查资料,对黄河水量10年统一调度生态影响进行了评估。张爱静等[17]讨论了河口环境水流需求以及调水调沙后水文情势对环境水流的满足程度。郜国明等[18]针对当前小浪底水库运行现状及其引起的生态环境问题,提出小浪底水库生态调度的总体构想,包括水库生态调度的内涵、目标和措施。司源等[19]针对黄河下游的现状对20世纪中期以来国内外河流生态需水与生态调度研究成果的适用性和应用前景做了述评。张金良等[20]提出结合现有技术,完善水沙调控体系,有效地进行调水调沙,恢复下游合理的行洪滞洪处理泥沙的河道形态,以确保黄淮海平原生态安全屏障的安全的建议。

为了充分发挥小浪底水库在保护黄河下游生态环境中的作用,本研究基于2014~2016年小浪底水库生态调度效果,分析黄河河口鱼类等水生物产卵育幼期对入海冲淡水的生态需求,提出了小浪底水库2018年春季生态调度的原则、思路、指标、约束条件及调度措施,开展了生态调度时机分析与方案比选,提出了满足黄河河口生态调度控制指标的2018年春季生态调度方案。研究将为未来干旱半干旱区多沙水库常规化的生态调度提供重要的理论和实践参考。

2 研究区域与调度历史

2.1 研究区域

小浪底水利枢纽位于黄河中游最后一个河段峡谷出口,上距三门峡水利枢纽130 km,下距花园口水文站128 km,控制了黄河流域面积的92.3%、径流量的91.5%、输沙量的98%。小浪底水利枢纽工程是控制黄河下游水沙过程的关键工程,具有"以防洪、防凌、减淤为主,兼顾供水、灌溉和发电,蓄清排浑,综合利用,除害兴利"的功能。小浪底水库126亿m^3的总库容和75亿m^3的淤沙库容可以对出库水沙进行有效的调节,显著改善下游河道的来水来沙过程,对下游地区防洪和工农业生产以及湿地系统的生态环境将产生显著的影响。1999年10月小浪底水库投入运用后,黄河开始实施水量统一调度,有效地遏制了黄河下游断流现象,2002年利用小浪底水利枢纽工程进行调水调沙,实现下游河道冲刷减淤作用。水量统一调度与调水调沙对河口产生积极的生态环境效应,如抬升河岸地下水位、遏制三角洲湿地急剧萎缩等。

2.2　小浪底水库生态调度历史回顾

2.2.1　2014 年

2014 年 3 月,受河南和山东大旱的影响,3 月小浪底的下泄流量基本维持在1 344 m^3/s 左右,春季 3～5 月到达利津站的水量为 31.94 亿 m^3。2014 年汛前调水调沙期间小浪底水库入库沙量 1.389 亿 t,出库沙量 0.269 亿 t。

2.2.2　2015 年

2015 年 3～5 月利津站水量为 45.85 亿 m^3,2015 年汛前调水调沙期间小浪底水库高水位运用,黄河下游 2015 年年均流量 846 m^3/s。2015 年入库沙量为 0.501 亿 t,水库未排沙。

2.2.3　2016 年

2016 年 3～5 月利津站水量减少至 10.7 亿 m^3,是近 10 年来进入下游水量最小的年份。2016 年未进行汛前调水调沙,汛期运用水位较高,最低水位 236.61 m,2016 年入库沙量为 1.115 亿 t,水库未排沙。

2.2.4　2017 年

2016 年 7 月至 2017 年 6 月,黄河来水偏枯、流域水资源供需缺口增大。黄委从保证试点河段生态流量研究实践和调度管理的角度,强化了生态流量调度的年度和月、旬管理。2017 年 4～6 月,黄委利用小浪底水库蓄水较多的有利形势,有计划地加大和实时调整了小浪底水库泄流过程。通过强化河南、山东黄河取用水管理等措施,促进了黄河豫鲁河段平原型鱼类资源与生境的修复和保护,增加了利津敏感期和全年的入海水量,改善和修复了黄河三角洲及滨海生态,促进了过河口鱼类的产卵和育幼生境修复。

4～6 月调度期,实现了黄河下游主要鱼类栖息地代表断面的生态流量过程保证,并实现利津入海水量 29.3 亿 m^3(比去年增多 18.3 亿 m^3)。利津断面全年实测来水量 85.6 亿 m^3(比 2016 年增加 4.3 亿 m^3),其中非汛期实测来水量 56.4 亿 m^3(比 2016 年增加 20.1 亿 m^3),平均流量 287 m^3/s;汛期实测来水量 29.2 亿 m^3(比 2016 年同期减少 15.8 亿 m^3),平均流量 275 m^3/s;年内最小日均流量 88.5 m^3/s。各时段流量全面满足生态基流和非汛期敏感期鱼类栖息地最小生态流量的要求,见图 1。

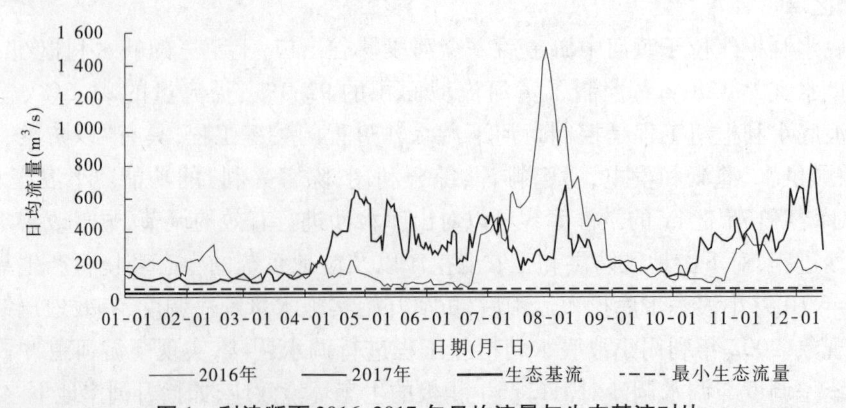

图 1　利津断面 2016、2017 年日均流量与生态基流对比

2.3　生态调度效果分析

从 2008 年调水调沙开始,黄委的调度即充分考虑了生态调度目标,并采用了相应的调

度方案向黄河三角洲自然保护区湿地补水,取得了较好的效果:

(1)湿地面积明显增加。据统计,黄河南北岸共恢复退化湿地面积25万亩,其中黄河刁口河流路是1992年经国家计委批准的《黄河入海流路规划报告》中确定的一条海域状况较好的入海备用流路。黄河自改走清水沟流路至今,该流路已停止行水35年,由于停水多年造成河道萎缩,海岸退蚀,生态恶化。2010年及2011年两年黄委组织对刁口河流路实施了生态调水及过水试验,实现了33年后重新过流,刁口河流路生态补水面积共0.368万hm^2,共恢复退化湿地面积3 000 hm^2。2008年与2013年遥感影像资料进行对比,黄河口自然保护区内湿地面积(主要包括沼泽及水域生境)明显增加,尤其是刁口河流路,生态调水后恢复区大部分变成了大面积的芦苇沼泽和水域生境。

(2)湿地功能增强。生态多样性增加通过湿地补水,芦苇湿地面积增加到2.2万hm^2,赤碱蓬滩涂生境增加到7 000 hm^2指示性物种丹顶鹤、白鹤、黑嘴鸥适宜生态环境面积增加明显。由于调水调沙带来大量的淡水和泥沙,为湿地生物提供了大量的营养物质,湿地生态功能得到了良好的恢复,生物种类逐渐增加。

(3)河口地区地下水位抬升。以刁口河为例,其尾闾湿地补水对周边地区地下水的影响范围约为1 500 m;其中对距湿地补水区范围内地下水位的抬升明显,最大抬升幅度达45 m。

(4)改善了海水入侵的现状。生态补水后,在尾闾河段产生漫流,起到了压碱降盐的作用,海水入侵的现状得到了改善。

(5)为探索春季下泄入海水量增大和黄河调水调沙对黄河口及其临近海域鱼类繁衍的调控效应,2014~2016年5月黄河河口海岸科学研究所与相关单位联合组成调查组,在黄河口海域连续开展了以鱼卵、仔稚鱼为主要调查对象三个生态调查航次的水文水环境水生态联合调查。调查结果显示(见表1),2014年黄河口海域的鱼卵密度和仔稚鱼密度与2007年和2009年相比增加了2~8倍;2015年相对2007年和2009年增加了3~10倍;2016年相对2015年下降了2/3以上。

表1 鱼卵仔稚鱼数量与利津站3~5月水流关系

调查时间	2007年5月	2009年5月	2014年5月	2015年5月	2016年5月
鱼卵密度(粒/m^3)	0.34	0.74	2.34	2.39	0.69
仔稚鱼密度(尾/m^3)	—	0.093	0.02	2.19	0.16
利津站3~5月水量(亿m^3)	14.63	14.48	31.97	45.85	10.7

3 小浪底水库生态调度理论

3.1 生态调度原则

维持河流健康,实现人水和谐是我国新时期的治黄目标,这不仅需要考虑人类自身发展的需求,通过开发、利用和改造河流,使其更好地为人类服务;同时,也要考虑河流生命维持的需要,做到开发有度,以不损害河流生命、破坏其基本功能为代价。水库作为人类改造河流、利用水资源的重要方式,为社会的发展起到了不可替代的作用,在新的时期,它还要承担起维持河流健康的使命,维护安全的人类生态格局。为此,水库的生态调度应遵循以下基本原则。

3.1.1　以满足人类基本需求为前提

凡事以民生为重，人类修建水库的初衷就是为了维护人类基本生计，保护人类生命财产安全，因此水库的生态调度也首先应考虑满足人类的基本需求。

3.1.2　以河流的生态需水为基础

河流生态需水是水库进行生态调度的重要依据，水库下泄水量，包括泄流时间、泄流量、泄流历时等应根据下游河道生态需水要求进行泄放。为了保护某一个特定的生态目标，合理的生态用水比例应处在生态需水比例的阈值区间内。

3.1.3　遵循"三生"用水共享的原则

"三生"是指生活、生态和生产，生态需水只有与社会经济发展需水相协调，才能得到有效保障；生态系统对水的需求有一定的弹性，所以，在生态系统需水阈值区间内，结合区域社会经济发展的实际情况，兼顾生态需水和社会经济需水，合理地确定生态用水比例。

3.1.4　以实现河流健康生命为最终目标

水库生态调度既要在一定程度上满足人类社会经济发展的需求，同时也要考虑满足河流生命得以维持和延续的需要，其最终的目标是维护河流健康生命，实现人与河流和谐发展。

3.2　生态调度指标

（1）小浪底水库生态调度指标包括调度峰值、持续时间、增泄水量。

（2）按照黄河下游生态调度原则，小浪底水库泄流峰值按照 2 600 m^3/s 和 3 000 m^3/s 控制，峰值持续时间按 5 h、8 h、12 h、24 h、48 h、72 h、120 h 控制。

（3）从小浪底水库调度计划知，黄河下游生态调度增泄水量在 4 亿～12 亿 m^3，从目前小浪底水库蓄水情况看，可以满足生态调度需水量。预留小浪底水库 240 m 以上抗旱用水 8 亿～16 亿 m^3。

（4）根据前面所述，河口生态调度主要有生态水文指标、生态需水指标和春季大流量指标。对于陆地湿地补水，关键控制指标在于具有较大流量过程并持续一段时间，满足闸门引水要求和补水量要求。对于河口河道内鱼类，关键控制指标在于具有较大的流量脉冲并持续一段时间。对于海洋鱼类，关键控制指标在于具有足够的春季入海淡水总量。

3.3　生态调度约束条件

根据黄河下游生态调度的指导思想和目标，小浪底水库生态调控指标应能同时满足以下要求：

（1）确保黄河下游不漫滩，同时保证黄河下游河槽的底限过流能力在 4 000 m^3/s 左右。

（2）保障黄河下游按计划供水，充分考虑桃汛洪水和水库蓄水，实现黄河水资源综合效益最大化。

（3）生态调度下泄流量应满足下列条件：①满足最小生态流量指标。花园口、高村、利津日均流量分别不低于 200 m^3/s、150 m^3/s、30～50 m^3/s。②满足下游鱼类栖息地生态流量指标。塑造下游鱼类产卵期花园口、高村水文站形成 15 天左右 300～1 000 m^3/s 的流量过程；下游鱼类产卵期及洄游期，利津水文站形成 15 天左右 75～1 000 m^3/s 的流量过程。③为保障下游春灌用水，2 月下旬和 3 月上、中旬小浪底水库分别按 800 m^3/s、1 000 m^3/s、900 m^3/s 控泄。生态调度前（3 月 20 日），小浪底水库生态调度起调基流按小浪底水库 900 m^3/s。

(4)兼顾小浪底电站发电效益,小浪底水库下泄流量尽可能低于1 800 m^3/s,减少小浪底电站弃水。

(5)黄河春季入海水量和海洋生态直接相关,其变化直接影响到河口海洋生物资源变化。要提高黄河口鱼卵和仔稚鱼密度,进而提高渔业资源产量和渔业经济比重,需要在每年的3月下旬至5月下旬适当增加黄河口入海流量,从方便调度管理出发,建议保证3~5月入海水量不低于34亿 m^3。

(6)黄河河口河道内根据鱼类栖息地、洄游、产卵和食物来源的需求确定生态流量过程。3月适宜流量为230~270 m^3/s,水深大于1.5 m,流速0.1~0.8 m/s。4~6月低流量为340~480 m^3/s,水深大于0.6 m,流速低于1 m/s;刺激鱼类洄游和产卵的流量脉冲为1 500~2 200 m^3/s,水深1~2 m,流速0.3~0.8 m/s,持续时间在6天以上;高流量为3 500~4 000 m^3/s,水深大于0.7 m,流速0.3~1.0 m/s。河道内主槽或滩地水深1~2 m,流速小于0.3 m/s。根据已有研究成果,适宜的流量在250~1 800 m^3/s,其中至少要保证一个月日均流量在1 100 m^3/s 以上。

4 小浪底水库生态调度方案

基于2018年黄河中游来水来沙情况和小浪底水库库容,综合考虑小浪底水库生态调度的原则、指标和约束条件,推荐7种生态调度方案,见表2。

表2 黄河河口2018年生态调度方案

月份	天数	日均流量(m^3/s)						
		方案1	方案2	方案3	方案4	方案5	方案6	方案7
3	31	270	270	270	270	270	230	270
4	7	4 000	3 500	2 200	1 500	1 500	1 500	1 500
4	23	480	480	480	480	480	480	340
5	31	480	480	480	480	340	340	340
径流量(亿 m^3)		53.82	50.79	42.93	38.70	34.95	33.88	32.17

方案1、方案2均有高流量,3~5月总需水量为51亿~54亿 m^3,满足湿地补水、河道鱼类繁殖发育和海洋鱼类产卵育幼要求。方案3没有高流量过程,但具有较高的流量脉冲,3~5月总需水量为42.93亿 m^3,满足湿地补水、河道鱼类繁殖发育和海洋鱼类产卵育幼要求。方案4~方案7具有较低流量脉冲,3~5月总需水量为32亿~39亿 m^3,湿地补水需要配合泵站抽水实施,河道鱼类繁殖发育和海洋鱼类产卵育幼要求能够得到满足。方案1为最优方案,方案2为次优方案,春季入海淡水量均超过2015年春季入海淡水量。方案7为最低保障方案,在保证湿地补水和河道鱼类繁殖基础上,基本实现2014年的海洋渔业效益。

5 结 论

黄河下游及河口生态环境恢复将因调水的长期实施逐步得到显现和发展,为了建立完善的生态调水长效机制,修复河口受损生态系统,需要利用适宜的水沙条件,统筹考虑保护对象的生境,科学开展生态调度,最大限度地发挥补水的优越性。

本研究在系统总结过去十年黄河生态调度经验的基础上,提出了系统的生态调度原则、指标和约束,为今后小浪底水库科学的生态调度提供了坚实的理论支撑,也为未来干旱半干旱区多沙水库常规化的生态调度提供重要的理论和实践参考。

需要指出的是,黄河三角洲湿地的恢复和演替是一个较长的时间过程,未来应注重建立系统和长期的水资源与生态演替响应关系的监测与研究机制,加强湿地动植物的调查、监测,对调水实施效果和代表性敏感生态环境的演变进行长期跟踪监测调查与研究,得到更为详细精确的数据,以全面、及时、准确地掌握生态调水前后生态动态变化,为高效生态调度和提供及时准确的反馈信息。

参考文献

[1] 张金良. 黄河洪水泥沙管理系统[J]. 中国防汛抗旱,2007(3):17-19.

[2] 贾美平,宋喜雷,王育杰. 三门峡水库在黄河调水调沙体系中的作用[J]. 人民黄河,2017,39(7):11-14.

[3] 刘俊峰,和瑞莉,姚宝萍. 黄河调水调沙试验对泥沙粒径变化影响分析[J]. 中国粉体技术,2005,11(2):40-43.

[4] 江恩惠,曹永涛,郜国明,等. 实施黄河泥沙处理与利用有机结合战略运行机制[J]. 中国水利,2011(14):16-19.

[5] 石伟,王光谦. 黄河下游输沙水量研究综述[J]. 水科学进展,2003,14(1):118-123.

[6] 费祥俊. 黄河小浪底水库运用与下游河道防洪减淤问题[J]. 水利水电技术,1999,30(3):1-5.

[7] 刘锋,陈沈良,彭俊,等. 近60年黄河入海水沙多尺度变化及其对河口的影响[J]. 地理学报,2011,66(3):313-323.

[8] 刘晓燕,连煜,可素娟. 黄河河口生态需水分析[J]. 水利学报,2009,40(8).

[9] 卓俊玲,葛磊,史雪廷. 黄河河口淡水湿地生态补水研究[J]. 水生态学杂志,2013,34(2):14-21.

[10] 郝伏勤,王新功,刘海涛,等. 黄河水量统一调度对下游生态环境的影响分析[J]. 人民黄河,2006,28(2):35-37.

[11] 王晓燕,张长春,魏加华. 黄河水量统一调度实施前后河口三角洲生态环境变化研究[J]. 生态环境学报,2006,15(5):1046-1051.

[12] 梁海燕,张学峰,杨玉琳,等. 水量调度对改善黄河水质与水生态的作用探讨[J]. 西北水电,2008(1):4-7.

[13] 蒋晓辉,Angela,Arthington,等. 基于流量恢复法的黄河下游鱼类生态需水研究[J]. 北京师范大学学报(自然科学版),2009,45(z1):537-542.

[14] 张洪波,王义民,蒋晓辉,等. 基于生态流量恢复的黄河干流水库生态调度研究[J]. 水力发电学报,2011,30(3):15-21.

[15] 马真臻,王忠静,郑航,等. 基于低风险生态流量的黄河生态用水调度研究[J]. 水力发电学报,2012,31(5):63-70.

[16] 韩艳利,王新功,葛雷. 黄河水量10年调度对生态环境影响评估[J]. 水资源保护,2013(2):76-81.

[17] 张爱静,董哲仁,赵进勇,等. 黄河水量统一调度与调水调沙对河口的生态水文影响[J]. 水利学报,2013,44(8):987-993.

[18] 郜国明,李新杰,马迎平. 小浪底水库生态调度的内涵、目标及措施[J]. 人民黄河,2014,36(9):76-79.

[19] 司源,王远见,任智慧. 黄河下游生态需水与生态调度研究综述[J]. 人民黄河,2017,39(3):61-64.

[20] 张金良,刘生云,李超群. 论黄河下游河道的生态安全屏障作用[J]. 人民黄河,2018,40(2):21-24.

多目标约束下新建水库水资源优化配置研究

李丽华[1] 皇甫泽华[2] 陈军伟[1] 杨 智[1]

(1. 淮河流域水资源保护局淮河水资源保护科学研究所,蚌埠 233001;
2. 河南省前坪水库建设管理局,郑州 450002)

摘 要 新建大型水库为满足防洪、灌溉、供水需求筑坝蓄水,在区域防洪和水资源优化配置方面发挥不可替代的重要作用。水库建设后改变了河道的天然径流过程,导致河道内水量的时空分布发生变化,同时水资源的开发利用减少了下游河道流量,对下游水环境和生态健康产生了不利影响。本研究以前坪水库为例开展新建大型水库工程对下游河道的水生态、环境和水资源保护影响分析,探究有限水资源条件下水资源利用、生态保护和环境保护多目标约束下的水资源优化配置技术,提出了水资源配置方案。

关键词 多目标约束;新建水库;水资源;优化配置;逐月最小流量过程

1 研究背景及对象

水资源短缺和水环境恶化已严重影响了我国经济社会的可持续发展。从最初的水量分配到目前协调考虑流域和区域经济、环境和生态各方面需求进行有效的水量调控,水资源配置研究日益受到重视。水资源配置中必须考虑水量的需求与供给、水环境的污染与治理、水与生态这三重平衡关系[1]。长期以来,新建水库调度以提高水资源开发利用率为首要目标,往往忽略了下游生态保护和水环境保护对水资源量的需求。随着人类对自然认识的逐渐提高,环保意识的不断增强,大型水库建设对河流生态系统的负面影响也逐渐为人们所关注,下游河道环境用水和生态用水逐步纳入水库的水资源调度方案中[2]。特别是在淮河流域水资源开发利用率相对较高的地区,新建水库工程在设计、建设和调度运行时除考虑传统的兴利与防洪目标外,还必须保障下游河道生态用水及环境用水。

拟建的前坪水库位于淮河流域沙颍河支流北汝河上游、河南省洛阳市汝阳县县城以西9 km的前坪村。水库为以防洪为主,结合灌溉、供水兼顾发电等综合利用的大型水库工程,水库总库容5.90亿m^3,最大坝高90.7 m,控制流域面积1 325 km^2。前坪水库工程可控制北汝河山丘区洪水,将北汝河防洪标准由现状不足10年一遇提高到20年一遇,同时配合已建的昭平台、白龟山、燕山水库、孤石滩等水库和泥河洼等滞洪区以及规划兴建的下汤水库共同运用,可控制漯河下泄流量不超过3 000 m^3/s,结合漯河以下治理工程可将沙颍河的防洪标准远期提高到50年一遇。水库灌区面积50.8万亩,每年可向下游城镇提供生活及工业供水6 300万m^3,水电装机容量6 000 kW,多年平均发电量1 881万kW·h。水库蓄水将

作者简介:李丽华(1990—),女,河南郑州人,工程师,主要从事水文及水资源相关研究。E-mail:lilihua0218@163.com。

导致下游河道径流量减少,可能对河道生态环境用水产生不利影响。如何确定水库最小下泄流量,解决水库蓄水与下游环境生态用水之间的矛盾,是实现前坪水库水资源优化配置的关键问题。

2 国内研究进展

我国在水资源优化配置方面的研究始于20世纪60年代,主要从配置目标、配置的水源用户关系上进行了分析,从最初“以需定供”的水量分配和供需平衡发展到以水资源开发治理为整体性目标,并尝试以可持续的理念实现流域和区域的水资源合理配置。

目前国内对水库坝下下泄流量的重要性已有普遍的认同,认为水库坝下下泄流量是降低水电开发对生态环境负面影响的重要途径。国内对于生态需水量或者最小下泄流量的计算方法多是采用水文学方法,即根据水文特征值对河流流量进行设定。目前,国内许多学者提出了各种计算河道内生态环境需水量的方法,如湿周法、河道内流量增加法、R2－CROSS法、7Q10法、10年最枯月平均流量法等;也有学者提出基于水质达标的最小下泄流量确定方法,但对于满足下游河流生态、目标水质要求及水资源利用的水库最小下泄流量,尚未有统一的计算方法和标准。

3 水库下泄流量计算

结合流域环境背景及水库特性,水库坝址下游河段需水量主要考虑满足三个方面的要求:①维持水生生态系统稳定所需水量;②维持河流水环境质量的最小稀释净化水量[3];③维持下游供水区城镇、农业、生态需水量。针对河道形态、径流特征、环境特征和资料的可得性,分析生态保护、环境保护、水资源利用目标下的水库所需逐月最小下泄流量,最终取流量的外包线作为水库推荐逐月最小下泄流量。

生态需水、环境需水、水资源利用3个保障目标下分别对应一个水库最小下泄流量过程,则前坪水库建议最小下泄流量过程线计算如下:

$$EQ_j = \max\{Q_{1j}, Q_{2j}, Q_{3j}\}$$

$$j = 1,2,\cdots,12; i = 1,2,3$$

式中:EQ_j为推荐最小下泄流量过程线第j月的流量值;Q_{ij}是各目标的流量过程线的第j月的流量值。

3.1 生态需水计算

针对北汝河的河道形态、径流特征、环境特征和资料的可得性,应用《水资源可利用量估算方法》[4]中的三种水文学法对前坪水库1952～2010年共59年月流量进行计算分析,估算河道生态需水量。

(1)90%保证率最枯月平均流量估算。根据前坪水库1952～2010年日历年共59年最枯月平均流量计算,保证率90%最小月平均流量为0.72 m^3/s,基流年水量为2 270万m^3。

(2)根据10月至次年3月多年平均径流的20%估算。经调查,拟建前坪水库所在北汝河内的鱼类共计4目10科37种,其中鲤形目最多,计25种,占总种数的68%;鲇形目3种,占8%;合鳃目1种,占3%;鲈形目8种,占22%。在鲤形目中有鲤科鱼类20种,占该目总数的83.3%,占所有调查鱼类的54%。区域内未发现重点保护水生野生动物和区域特有鱼类,以静水定居鱼类为主,洄游性鱼类仅有1种,为养殖的草鱼。经历史调查,北汝河河段无特定的鱼类洄游通道。北汝河现状河流生境破碎化严重,难有稳定的较大规模的产卵场、索饵场,仅在一些相对较深处存在一定的越冬场。

4~9月是河流中鱼类产卵育幼期,10月至次年3月是河流中鱼类生长季节。10%的年平均流量为保护水生鱼类栖息提供退化或贫瘠的栖息环境,20%的年平均流量为保护水生鱼类栖息提供适当栖息环境。由于区域内未发现重点保护水生野生动物和区域特有鱼类,以静水定居鱼类为主,因此不考虑鱼类产卵所需的脉冲洪水过程,仅根据北汝河中水生鱼类栖息环境要求,按20%的(10月至次年3月)多年平均流量标准估算河道基流水量。

前坪水库10月至次年3月多年平均径流量7 388万 m^3,按20%估算基流年水量为1 478万 m^3,平均流量为0.47 m^3/s。

(3)按多年平均径流的10%估算。在《水库调度设计规范》(GB/T 50587—2010)中,"当下游河道有敏感水生生物时,水库最小下泄流量和泄水过程宜满足其生物习性要求。对下游河道维持生态或净化河道水质的基本水量要求,应尽可能予以考虑"。河道内生态基流计算,缺乏资料地区,可按多年平均流量的百分数估算河道内水生生物的需水量。一般枯水期可取平均流量10%。前坪水库多年平均入库年径流量为3.320 5亿 m^3。按多年平均径流量的10%估算,河道基流年水量为0.332 1亿 m^3,相应流量为1.05 m^3/s。

按三种河道基流水量估算方法,枯水期河道基流量为0.47~1.05 m^3/s,相应基流水量为1 478万~3 321万 m^3。

为利于下游鱼类的繁殖,4~7月基流按多年平均径流的20%计,为2.1 m^3/s。因此,基于生态需水保障目标下推荐最小下泄流量过程为:8月至次年3月河道基流量采用1.05 m^3/s;4~7月基流采用2.1 m^3/s,年河道基流放水量为4 428万 m^3。

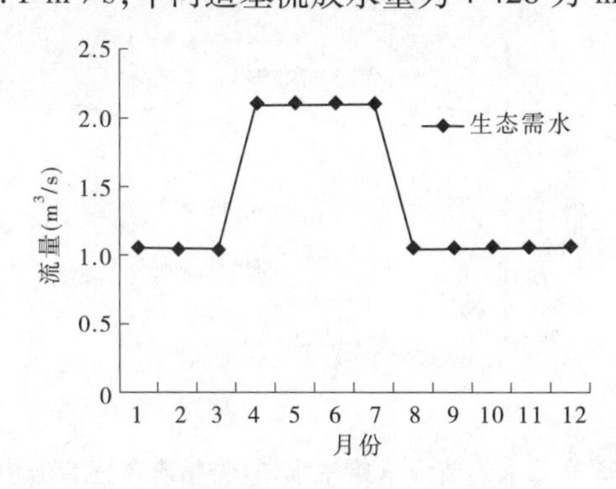

图1 满足生态需水的前坪水库逐月最小下泄流量

3.2 环境需水计算

根据水源地、入河排污口和已有橡胶坝工程,坝下北汝河划为六个主要控制断面:①紫罗山断面:位于汝阳县污水处理厂排污口下游,省控断面之一;坝址—紫罗山区间475 km^2北汝河流域面源污染量汇入紫罗山断面。②杨寨中村:汝州市污水处理厂排污口下游,省控断面之一;紫罗山—杨寨中村区间1 500 km^2北汝河流域面源污染量汇入杨寨中村断面。③广阔渠:位于郏县污水处理厂排污口下游,建有灌区橡胶坝;杨寨中村—广阔渠区间1 033 km^2北汝河流域面源污染量汇入广阔渠断面。④襄城:位于宝丰县污水处理厂排污口下游,断面处有瑞平电厂取水和襄城橡胶坝；广阔渠—襄城区间 919 km^2 北汝河流域面源污染量汇入襄城断面。⑤大陈闸：许昌市饮用水源地；襄城—大陈闸区间 298 km^2 北汝河流域面源污染量汇入大陈闸断面。⑥入沙河口：支流汇入点；大陈闸—入沙河口区间 530 km^2 北汝河流域面源污染量汇入入沙河口断面。水库运营对坝址下游水环境影响概化图见图 2。

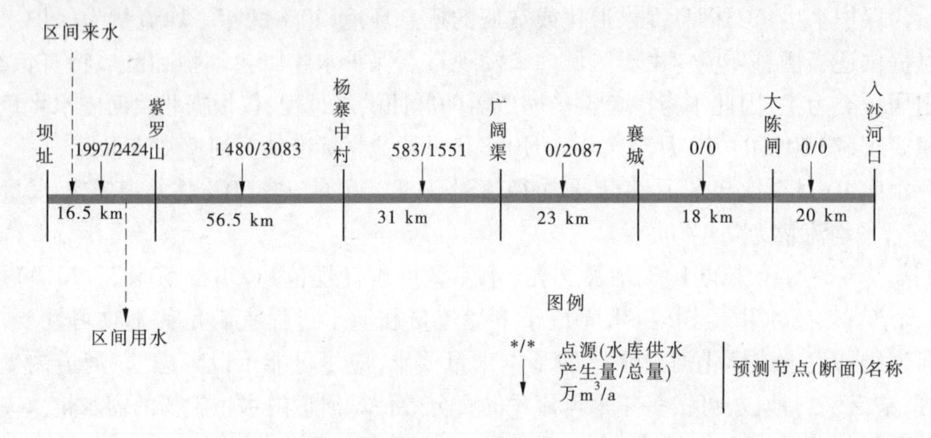

图 2　坝下水环境影响预测断面和预测条件概化图

经计算，按照 90% 最枯月和生态基流下泄均无法保证控制断面水质达标，需要对水质达标条件下下泄水量进行估算，重点分析在 $P=75\%$ 和 95% 的不利水文条件下，水库建成后下泄水量对坝下北汝河各控制节点的水环境影响。经试算在枯水年、特枯水年枯水期 10 月至次年 3 月下泄流量 1.8 m^3/s 作为环境流量，可以保障水库建成后坝址下游各控制节点水质达标（见图 3）。

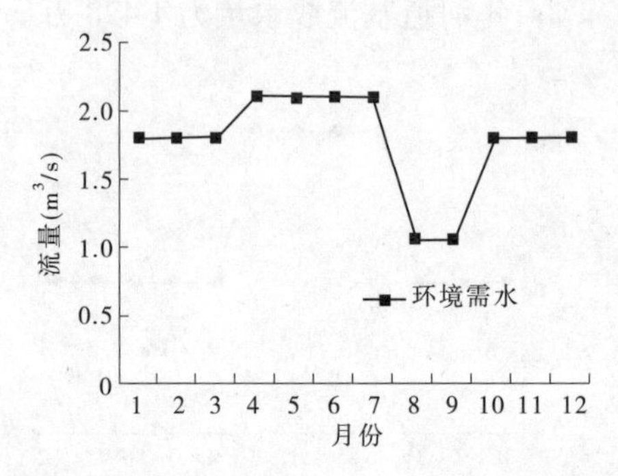

图 3　满足环境需水的前坪水库枯水年、特枯水年逐月最小下泄流量

3.3　水资源利用保障

根据上述分析，以兼顾下游生态用水和环境用水为前提，此时水库逐月最小下泄流量：8 月至次年 3 月 1.05 m^3/s；4～7 月 2.1 m^3/s，枯水年、特枯水年枯水期 10 月至次年 3 月增加下泄流量至 1.8 m^3/s，枯水年、特枯水年河道基流放水量为 5 574 万 m^3。水库按此下泄方案运行，建库前后设计环境流量控制值（10 月至次年 3 月 1.8 m^3/s）与所对应的现状流量调查资料（历年水文监测资料）相比，各水文分析断面（减水断面）环境流量控制值大于枯水年份枯水期的现状流量值。

工程兴利调度中优先保障次序为生态环境用水、城镇生活供水和灌溉用水。防洪调度主要影响时段为汛期,兴利调度主要影响时段为2~9月。典型工况水资源供需分析见表1。

表1 不同来水保证率水资源供需分析 (单位:万 m^3)

不同保证率 P(%)	来水	蒸渗损失	需水量			供水量			缺水量		
			基流	城镇	农业	基流	城镇	农业	基流	城镇	农业
70	18 715	1 361	4 428	6 300	11 255	4 428	6 300	11 255	0	0	0
90	14 867	1 153	5 574	6 300	13 508	5 574	6 300	12 897	0	0	611
95	11 295	1 112	5 574	6 300	13 202	5 574	6 300	10 861	0	0	2 341

按照考虑到下游生态、环境用水的推荐最小下泄流量调度,下游河道及供水区水资源利用基本能够保障,只有在90%和95%枯水年灌溉水量将被破坏。水库灌溉保证率为70%,能够满足设计要求。因此,水库上述最小下泄流量方案(8月至次年3月1.05 m^3/s;4~7月2.1 m^3/s,枯水年、特枯水年枯水期10月至次年3月1.8m^3/s)可以满足水资源利用保障目标。

4 水库水资源优化配置

项目建议书阶段,水库全年按1.05 m^3/s下泄生态基流,河道基流年水量为3 321万m^3。根据上述研究,在可行性研究阶段,结合粮食生产安全、水量分配情况、地方经济发展需要,对水库水资源配置方案进行优化,为利于下游鱼类的繁殖,4~7月基流按2.1 m^3/s下泄,年河道基流放水量为4 428万m^3;同时,为满足坝址下游环境用水,在枯水年、特枯水年枯水期10月至次年3月加大最小下泄环境流量至1.8 m^3/s。

按此最小下泄流量调度,拟建前坪水库增加了河道下泄水量,城镇供水量由8 000万m^3调整为6 300万m^3,减少城镇供水1 700万m^3;同时降低灌溉保证率至70%,在90%和95%枯水年灌溉水量可被破坏。水库供水量及水资源配置情况见表2。

表2 水库供水量调整情况 (单位:万 m^3)

不同保证率 P(%)	调整前			调整后		
	基流供水	城镇供水	农业供水	基流供水	城镇供水	农业供水
20	3 321	8 000	9 023	4 428	6 300	9 910
50	3 321	8 000	10 909	4 428	6 300	13 222
75	3 321	7 988	12 778	4 428	6 300	11 507
95	3 321	8 000	9 905	4 428	6 300	10 399

5 结 论

本文针对新建水库工程防洪、灌溉、供水以及环境和生态用水等多目标约束条件下的水资源配置问题,以淮河流域大型水库——前坪为研究实例,研究了多目标水资源优化配置技术,提出了水资源配置方案。

基于生态保护、环境保护、水资源利用多目标约束下，新建前坪水库推荐逐月最小下泄流量过程为：正常年份 8 月至次年 3 月河道基流量采用 1.05 m^3/s；4～7 月基流采用 2.10 m^3/s，年河道基流放水量为 4 428 万 m^3；枯水年和特枯年（来水频率在 70% 以上的年）在枯水期间（10 月至次年 3 月）下泄 1.8 m^3/s，其他月份遵循正常年份的流量下泄原则（见图 4）。

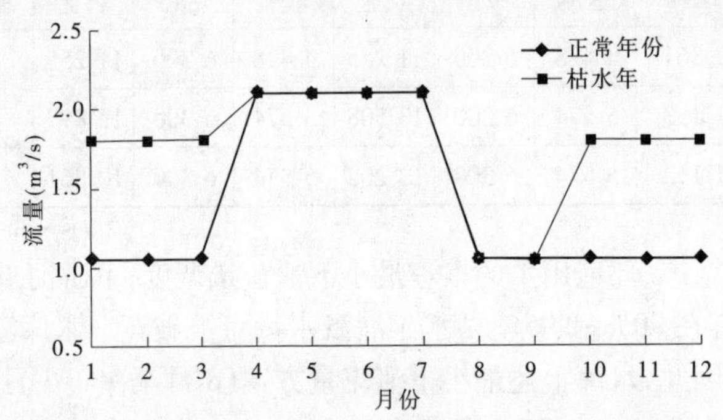

图 4　多目标约束下的前坪水库逐月最小下泄流量过程

前坪水库建成后按此水资源配置方案调度能够维持坝址下游河道水生生态系统稳定，能够保障北汝河主要控制断面水环境质量达Ⅲ类标准，能够保证下游供水区城镇、农业和生态用水需求。

参考文献

[1] 王浩，游进军. 水资源合理配置研究历程与进展[J]. 水利学报，2008(10)：1168-1175.

[2] 翟丽妮，梅亚东，李娜，等. 水库生态与环境调度研究综述[J]. 人民长江，2007(8)：56-57，60.

[3] 常文婷，潘向忠，翁仕龙，等. 基于水质达标的水电站最小下泄流量研究[J]. 环境科学与技术，2015(S1)：107-110.

[4] 水利部 水利水电规划设计总院. 关于印发全国水资源综合规划《水资源可利用量估算方法（试行）》的通知（水总研〔2004〕8 号）[Z]. 2004-06.

三门峡水库“蓄清排浑”运用实践及展望

王育杰

(三门峡水利枢纽管理局,三门峡 472000)

摘 要 “蓄清排浑”是在黄河三门峡水库首先成功探索出来的一种水沙调控运用方式。数十年来,随着三门峡水利枢纽工程的增建与改建,黄河来水来沙条件的显著变化,原型试验研究的不断深入,在原创“蓄清排浑”运用方式基础上,三门峡水库汛期、非汛期多项控制指标不断进行调整和完善,充分兼顾了水库蓄水兴利、防洪排沙及下游河道减淤,降低或稳定了潼关高程,充分挖掘了水库潜能,提高了水库综合效益。近期,三门峡水库控制运用指标仍具有调整的必要性。未来,在黄河小浪底水库进入拦沙后期及古贤水库建成投运后,三门峡水库仍将在黄河水沙调控体系中发挥十分重要的作用。

关键词 蓄清排浑;来水来沙;潼关高程;调水调沙

1 概 况

三门峡水利枢纽是在万里黄河上修建的第一座以防洪为主综合利用的大型枢纽工程,控制流域面积的91.5%,控制黄河水量的89%、沙量的98%,控制了黄河干流三个洪水来源区中最重要的两个(黄河北干流山陕区间支流和泾、北洛、渭、汾河流域)。

1957年4月13日工程正式开工,1958年11月25日实现截流,1961年4月大坝全断面浇筑至第一期坝顶设计高程353 m。为确保陕西省西安市安全和减少库区淹没、淤积损失,决定不再进行大坝第二期工程。三门峡水库千年一遇设计洪水位为335 m,相应库容96.4亿m^3,按335 m高程线移民。

三门峡水利枢纽工程建设是中华人民共和国成立后人民治理和开发黄河的一项重大探索与实践活动。数十年来,三门峡水库经历了“蓄水拦沙”、“滞洪排沙”和“蓄清排浑”三个运用阶段,在黄河防洪、防凌、灌溉、供水、减淤、生态环境保护和发电生产等方面,三门峡水库已经创造了巨大的社会效益和经济效益。

目前,三门峡水利枢纽工程共有27个泄流排沙孔洞(12个底孔、12个深孔、2条隧洞、1条钢管),7台机组,总装机容量为45万kW。

2 “蓄水拦沙”与“滞洪排沙”运用

2.1 “蓄水拦沙”

黄河是世界著名的多泥沙河流,三门峡水库位于含沙量最高的中游河段,1960年9月至1962年3月三门峡水库初期运用阶段,水库按“蓄水拦沙”运用。这一阶段,枢纽泄流设

作者简介:王育杰(1964—),男,河南灵宝人,教授级高级工程师,长期从事三门峡水库水沙分析、径流预报与优化调度等研究工作。E-mail:wyj0398@sohu.com。

施仅有 12 个深孔与 2 个表孔，泄流规模较小，汛期对入库洪峰流量的削峰比较大，除通过异重流形式排出部分细颗粒泥沙外，大部分泥沙淤积在库内，一定程度上起到了拦粗排细作用。

这一阶段水库运用水位较高（1961 年 2 月 9 日、10 月 21 日水位分别达 332.58 m 和 332.53 m），回水超过潼关，造成库区泥沙淤积严重，库容损失过快，蓄水高程以下库区共淤积泥沙 15.3 亿 t，淤积末端出现"翘尾巴"上延现象，潼关河床大幅度抬升（1962 年 3 月比 1960 年 3 月抬高 4.4 m），渭河行洪不畅，威胁到渭河下游防洪和西安市的安全。1962 年 3 月 19 日，国务院决定改变三门峡水库的运用方式。

2.2 "滞洪排沙"

1962 年 3 月以后，三门峡水库运用方式改为"滞洪排沙"运用。除为配合黄河下游防凌需要关闸蓄水外，一般是开启 12 个深水孔敞开泄流。由于枢纽泄流能力不足，1964 年汛期最高滞洪水位达 325.9 m，水库淤积仍在继续，至 1964 年 10 月全库区累计淤积泥沙达 44.1 亿 m^3，其中潼关以上 7.6 亿 m^3，潼关以下 36.5 亿 m^3。为此决定对枢纽工程进行第一次改建，增建"两洞四管"工程，即在大坝左岸增建两条隧洞，改建四条原建发电引水钢管为泄流排沙钢管。

1966 年 7 月至 1968 年 8 月"两洞四管"相继投运。第一次改建工程完成后，315 m 水位条件下枢纽泄流规模由 3 084 m^3/s 增至 6 102 m^3/s，水库排沙比由 6.8% 增至 82.5%，但仍有近 20% 的来沙淤积在库内，潼关以下库区由淤积转变为冲刷，但冲刷范围尚未影响到潼关，潼关以上库区及渭河下游仍继续淤积。

为进一步解决库区淤积问题，根据周恩来总理指示，1969 年 6 月，在三门峡市召开晋、陕、豫、鲁四省及水电部、黄委、三门峡工程局参加的会议（即后来所谓的"四省会议"），会议着重讨论了三门峡水利枢纽改建和黄河近期治理问题，会后向国务院和周总理呈报了这次会议通过的《关于三门峡水利工程改建和黄河近期治理问题的报告》，报告针对三门峡水利枢纽改建问题提出了进行第二次改建意见，即打开原施工导流 1# ~8# 导流底孔。改建原则是："在确保西安、确保下游的前提下，合理防洪，排沙放淤，低水头径流发电"。改建规模："在坝前 315 m 高程时，下泄流量达到 10 000 m^3/s"。

第二次改建于 1969 年 12 月开工，1971 年 10 月 1# ~8# 底孔全部具备运用条件。第二次改建完成后，315 m 水位条件下的枢纽泄流规模由 6 102 m^3/s 增至 9 059 m^3/s（不含机组），库区潼关以上河段（包括渭河下游河段）淤积状况和盐碱化程度明显减轻，潼关高程（潼关（六）断面出现 1 000 m^3/s 流量时相应的水位值）显著下降，1973 年 10 月已降至 326.64 m，水库初期高水位运用对渭河下游河段造成的不利影响得到很大程度的消除，水库运用方式开始按"蓄清排浑"方式进行控制运用。

3 "蓄清排浑"控制运用实践

"蓄清排浑"是在黄河三门峡水库首先成功探索出来的一种水沙调控运用方式，基本过程是：在来沙量相对较小、含沙量相对较低的非汛期时段，抬高水库水位蓄水兴利；在洪水量与来沙量相对较大、含沙量相对较高的汛期时段，降低水库水位防洪排沙；在整个运用年度，将非汛期、汛期淤积在库区的泥沙调节到汛期洪水过程排出库外，并依靠出库较大流量过程与较强携沙能力，在黄河下游河道实现沿程泥沙输送与输沙入海，综合实现水库蓄水兴利、防洪排沙及黄河河道减淤等多重目标。

三门峡水库"蓄清排浑"方式已被国内外其他多泥沙水库借鉴与应用,其中黄河小浪底、长江三峡两座世纪性水利工程的决策过程及以后的运用方式均与此密不可分。数十年来,三门峡水库自身在经历了"蓄清排浑"成功实践后,也曾遇到一些系列新问题与新情况,在原创"蓄清排浑"运用方式基础上,仍在不断完善与改进,汛期、非汛期水库多项控制指标不断进行调整,充分兼顾了水库蓄水兴利、防洪排沙及河道减淤等多重目标。

3.1 1974~2002 年

3.1.1 "蓄清排浑"成功实践(1974~1985 年)

从 1973 年 11 月起,三门峡水库即开始按"蓄清排浑"这一新的调控方式进行运用,非汛期最高防凌运用水位按不超过 326 m 进行控制,最高春灌运用水位按不超过 324 m 进行控制;汛期基本按照 300 m 敞泄或控泄排沙运用。1973 年之后较长一段时间(1973 年 11 月至 1986 年 6 月)潼关高程基本稳定在 326.64~327.20 m。

在这一时段内(1974~1985 年),三门峡入库潼关站超过 1 500 m^3/s、2 000 m^3/s、2 500 m^3/s、3 000 m^3/s 的洪水量均值分别达到 200 亿 m^3、168 亿 m^3、133 亿 m^3、106 亿 m^3,汛期洪水量接近三门峡水利枢纽工程建设初期的原设计水平(原设计年汛期水量约 255 亿 m^3,汛期洪水量约 200 亿 m^3),在这一来水来沙条件下,即使非汛期三门峡水库最高防凌、春灌水位分别按 326 m、324 m 进行控制,年度以"蓄清排浑"控制方式进行运用,最终成功地实现了潼关河床冲淤平衡与潼关高程的相对稳定。

3.1.2 "蓄清排浑"面临新问题(1986~2002 年)

1986 年以后,黄河来水来沙开始出现新的重大变化,三门峡水库仍按以往的"蓄清排浑"调控指标进行运用出现一系列新问题。即随着黄河上游龙羊峡水库的投运及该库汛期蓄水运用,黄河中下游河段汛期基流减少,三门峡水库汛期洪水量大幅度减少,特别是入库潼关站 2 500 m^3/s 流量以上的洪水量减少十分显著,洪水对三门峡库区潼关段河床的冲刷能力大幅度降低,河道出现明显的萎缩现象,潼关高程出现间歇性持续上升。

为解决此问题,尽力消除三门峡水库非汛期控制运用所可能带来的负面影响,1992 年以后,非汛期三门峡水库最高运用水位降至 322 m 以下,已降至对潼关高程有直接影响的临界水位 324 m 以下。1999 年以后,非汛期水库最高运用水位继续降低,降至 320~320.5 m,降到对潼关高程有间接影响的最低临界水位 320.5 m 以下[1]。即 1999 年以后,三门峡水库非汛期控制运用基本上避免了对潼关高程的直接或间接影响。

据统计,1993~1999 年,三门峡入库潼关站超过 1 500 m^3/s、2 000 m^3/s、2 500 m^3/s、3 000 m^3/s 的入库洪水量分别仅为 45.2 亿 m^3、23.4 亿 m^3、9.30 亿 m^3、6.93 亿 m^3。

随后,2000~2002 年,黄河潼关站超过 2 000 m^3/s 的平均入库洪水量减小到不足 3.5 亿 m^3,减少 98%(洪水量减少两个数量级),没有超过 3 000 m^3/s 的洪峰流量。

这就是三门峡水库非汛期最高运用水位降低至 320.5 m 以下即对潼关河床的不利影响得到消除后,潼关高程仍然居高不下的根本原因。即三门峡水库"蓄清排浑"运用实践中又出现了新的问题与新的情况,需要继续研究和解决。

3.2 2003 年至今

3.2.1 原型试验

随着黄河中下游汛期洪水场次与洪水量级的显著减少,为解决新的问题,2002 年汛期,水利部成立了“潼关高程控制及三门峡水库运用方式研究”领导小组;2002 年汛末,黄委组织晋、陕、豫、鲁四省召开“2002 年 11 月至 2003 年 6 月黄河三门峡水库运用控制水位协调会”,提出三门峡水库控制运用水位的调整要立足于治黄全局,充分考虑上下游、左右岸的关系,保障相关地区的可持续发展。由于各方意见分歧较大,黄委将此次会议纪要上报水利部,并建议 2002 年 11 月至 2003 年 6 月三门峡水库进行原型试验,非汛期最高库水位按不超过 318 m 进行控制运用;汛期平水期按 305 m 控制,当发生洪水时,采取敞泄的方式。

2003 年初,水利部下达复函后黄河防总下达通知,要求三门峡水库 2002 ~ 2003 年度非汛期最高水位试验按 318 m 控制运用,即开展原型试验。2003 年、2004 年及以后各年,三门峡水库非汛期基本上一直是按照这一指标框架进行控制运用的。

3.2.2 控制指标调整

与 1986 ~ 2002 年相比,三门峡水库开展原型试验后,非汛期最高水位控制指标明显下降后,回水淤积影响范围得到了有效控制,一般控制在黄淤 32# 断面(距潼关(六)断面 37 km)以下,但是整个非汛期平均库水位却有所升高。因此,非汛期三门峡库区泥沙淤积重心及淤积量并未发生显著性变化。在每年黄河桃汛期间,三门峡水库尽可能提前降低运用水位,充分利用万家寨水库释放的大流量过程对潼关河床产生的沿程冲刷作用,以促进降低潼关高程。

三门峡水库开始原型试验以后,汛期控制运用指标得到了显著调整:

一是汛期水库排沙流量级与排沙水位进一步降低。在小浪底水库投运前,为防止“小水带大沙”出库,三门峡水库一般选择入库流量在 3 000 m^3/s、2 500 m^3/s 以上且持续时间较长的洪水过程进行控泄排沙,排沙期间水位不低于 300 m、298 m。2003 年原型试验开始后,一般选择入库流量在 1 500 m^3/s 以上且持续时间较长的洪水过程进行敞泄排沙,排沙期间最低水位不再限制,洪水期实现了彻底的敞泄排沙,充分利用低水位泄流规模及设施进行排沙,进一步挖掘和增强水库溯源冲刷力度,使近坝段坝前形成的槽库容与调沙漏斗在汛期水沙调节过程得到了进一步利用。

二是汛前及汛初充分利用黄河中游水库群联合进行调水调沙。以往,汛初三门峡水库降水位运用均为单库运行,一般是将非汛期水库蓄水以发电形式逐渐缓慢释放出库,水库自身的溯源冲刷能力及沿程冲刷能力均得不到充分发挥。在当年汛期洪水场次与量级尚不确定的情况下,汛前及汛初黄河调水调沙试验及生产运行实施,能充分利用万家寨水库由非汛期向汛期过渡时产生的较大出库流量过程对潼关河床产生沿程冲刷作用,结合三门峡水库自身降低水位在近坝段所产生的溯源冲刷作用,能将本年度库区形成的部分淤积物及时冲出库外和降低潼关高程,使近坝段坝前形成的槽库容与调沙漏斗在汛期浑水发电调节过程得到有效利用。

据统计,2004 ~ 2015 年汛初调水调沙运用期,三门峡水库累计出库沙量为 4.7 亿 t,占同期汛期排沙量的 17%。

3.2.3 基本效果

基于“蓄清排浑”前提下的原型试验结果,充分证明:现有泄流规模下三门峡水库仍具有富余的冲刷能力和多年泥沙调节能力;在汛期洪水量较大或洪水场次较多的年份,库区泥沙冲刷效果很好,如 2003 年、2012 年汛期排沙比分别达到 145%、186%,汛后潼关高程较前一年度明显下降;在洪水场次较少的年份,汛期平水过程的发电运用不会对潼关河床造成淤积抬升影响,即能够实现潼关高程下降或稳定。

4 近期"蓄清排浑"控制指标调整的必要性

最近十多年来,随着黄河流域淤地坝等水土保持措施及水利枢纽工程、引水工程条件的变化,黄河干流来沙量进一步减少,三门峡水库年均来沙量已经大幅度降低。

据统计,2008～2017 年三门峡水库总来沙量仅为 14.75 亿 t,即年均来沙量减小为 1.475 亿 t,较原设计年来沙量 16 亿 t 减幅高达 90.8%。

近期水库来沙条件的改善,为汛期、非汛期水库控制运用指标的合理调整创造了良好条件,对充分挖掘水资源潜能具有重要意义。

(1)非汛期运用指标。

由于非汛期库水位低于 320.5 m,三门峡水库运用对潼关河床的淤积基本没有影响;目前非汛期最高库水位按照不超过 318 m 运用,其回水影响范围最远不超过黄淤 32# 断面(距潼关 37 km)。为适应新的来沙条件变化,建议开展非汛期最高库水位不超过 320 m 原型试验,以充分挖掘和提高水库水资源综合利用效益。

(2)汛期运用指标。

目前,三门峡水库汛期平水过程控制库水位不超过 305 m 运用的依据,源于"文化大革命"时期的 1969 年"四省会议"时初步估算值,该值原就缺乏较为严谨的推算依据。

最近数十年来,三门峡水库来沙量大幅度减少,洪水预见期显著延长,水库预泄能力也显著增强。根据三门峡水库运行实践经验,汛期平水过程控制库水位 308 m 与 305 m 相比较,308 m 不会影响到水库防洪、排沙减淤及库区安全等,而库水位 305 m 却严重影响汛期发电生产运行,会引起水轮机过流部件汽蚀振动、磨损破坏与效率低下等一系列问题。

因此,建议调整汛期控制运用指标,即汛限水位按照不超过 308 m 进行动态控制,或实行分期汛限水位,这样才能正确处理好三门峡水库汛期防洪、排沙与发电生产之间的重要关系。

5 在未来黄河水沙调控体系中的重要作用

5.1 对黄河洪水控制性作用

在确保黄河下游防洪安全问题上,小浪底水库是不能"一库定天下"的。当黄河中下游地区共同遭遇特大洪水时,只有中游水库群联合进行防洪运用,黄河下游才能达到千年一遇防洪标准。

黄河小浪底水库作为淤积性水库,若干年后防洪库容减小后,该水库防洪能力势必降低,遇到高标准洪水或出现严重凌情时,三门峡水库必须进行拦洪与防凌运用。

按照国务院批复的《黄河防御洪水方案》(国函〔2014〕44 号),三门峡与小浪底、陆浑、故县、河口村水库联合调度,共同承担黄河下游防洪任务。

三门峡水库防洪运用水位 335 m,相应库容 56 亿 m^3。在遭遇千年一遇、万年一遇洪水时,根据现状条件计算,三门峡水库最高滞洪水位将分别得到 330.69 m、334.46 m。三门峡水库还要承担黄河下游河段 15 亿 m^3 的防凌库容,在凌情特别严重的年份,需要三门峡水库与小浪底水库联合进行防凌运用,才能确保黄河下游防凌安全。

5.2　在黄河调水调沙中的关键性作用

2002 年以来,在黄河调水调沙试验及生产运行中,三门峡水库已经以不同方式参与了黄河调水调沙运用。未来,在本水库合理进行排沙减淤、有效延长小浪底水库使用年限以及维持黄河健康生命等方面,仍将发挥不可或缺的重要作用。

否则,第一,小浪底入库水沙过程得不到人为有效控制,不但使小浪底水库的异重流形成、发展和消亡过程无法控制,而且有可能使小浪底水库出库含沙量或水沙过程超出期望值,使黄河下游出现不利的水沙过程,进而会在黄河下游河道产生不利影响。第二,无法控制"小水带大沙"过程,使小浪底库区形成的不利淤积形态得不到人为的有效改善,不能最大程度地促进小浪底库区淤沙向下输移甚至排出库外,对小浪底水库拦沙初中期保持一部分可长期重复利用库容和延长小浪底水库的拦沙库容使用年限十分不利。第三,在黄河中游干流骨干水库联合调水调沙过程中,失去三门峡水库承上启下调控作用,相距超过1 100 km 的上库(万家寨)与下库(小浪底)之间,不但水沙过程无法实现精确对接,而且有关指标也难以达到期望值。

5.3　黄河水沙调控体系中的有利条件变化

近期,黄河中游古贤水利枢纽相关工作正在推进,黄河小浪底水库即将进入拦沙后期运用。未来,黄河中游水沙调控体系将面临重大调整变化。

古贤水库坝址位于黄河北干流下段,下距壶口瀑布 10. 1 km,控制流域面积 49 万 km^2,占三门峡水库控制流域面积的 71%,是黄河干流七大骨干工程之一,是黄河水沙调控体系的重要组成部分,目前尚未开工建设,各项促进工作正在抓紧进行中。

古贤水库建成后,对三门峡水库控制运用更加有利。通过对古贤水库人为调控运用,汛期能够一定程度上控制该库出库洪峰流量、洪水总量及洪水过程,能够相机主动加大洪水对潼关至坫垮河段河床的冲刷作用,有效地减轻三门峡库区淤积,间接提高黄河支流渭河下游河道防洪标准,改善渭河下游输沙条件;对未来三门峡水库"蓄清排浑"控制运用指标进一步优化及水库综合效益充分发挥等具有十分重要的意义。

6　结　语

三门峡水库是在世界上输沙量最大的河流黄河上修建的第一座控制性水库,是人民治黄迈出的根治黄河水患与解决泥沙问题的关键性的一步,虽然经历了"蓄水拦沙"与"滞洪排沙"曲折的历史过程,但通过"蓄清排浑"运用方式,通过试验研究及控制指标的不断调整与完善,使各种问题逐步得到了解决。

近期,三门峡水库汛期、非汛期控制运用指标仍具有调整的必要性。

未来,三门峡水库对黄河洪水控制性作用、在黄河调水调沙中的关键性作用仍将得到充分体现。

参 考 文 献

[1] 王育杰. 三门峡水库"蓄清排浑"运用与潼关高程关系研究[J]. 人民黄河,2003,25(7):16-18.

土石坝工程设计与生态环境

陈松滨　范穗兴　韩小妹

（中水珠江规划勘测设计有限公司，广州　510610）

1　概　述

土石坝这一古老的坝型，在人类社会文明的历史长河中，对兴修水利发展经济起到了极为重要的作用，至今仍在诸多水利工程中使用。传统土石坝工程建设，需勘察寻找储量巨大的土石料场并设置弃渣场，占用大量耕地、林地和其他土地，对当地生态环境产生较大影响。

现代土石坝工程建设必须与人类社会生态文明和环境保护建设相适应，对土石坝工程的设计及其筑坝材料选择、弃渣利用提出了更严格要求。按传统土石坝的设计方式已不能完全满足现代生态文明和环境保护的要求。现代土石坝建设的趋势为：首先在设计的水库内选择土石料场；其次尽量利用溢洪道和其他主要建筑物的开挖弃料；尽量减少或不在库外设置取料场和弃渣场。土石坝工程设计应满足生态文明建设要求，减少对生态环境的影响是工程师们的责任。为此，本文进行了土石坝“环保筑坝理念”和“环保筑坝技术”思路的探索。

2　土石坝工程设计存在的问题

在土石坝工程设计中，工程师们有时不能采用与规范指标有所偏差的库内土石料和弃渣料，需另设专门的料场和渣场，占用大量土地，影响生态环境。与现代生态文明建设及环保筑坝理念不相适应。

2.1　风化料、砾石土填筑标准存在的问题

现行《碾压式土石坝设计规范》（以下简称《规范》）4.1 规定，可采用料场开采和建筑物开挖的风化石料、软岩、砾石土筑坝。《规范》4.2 明确对黏性土以压实度、砂砾石和砂以相对密度、堆石以孔隙率作为填筑设计控制指标，但对风化料、软岩、砾石土并无明确的压实填筑标准。土石坝工程建设过程中，各阶段质量验收要求必须有明确的设计控制指标。套用现行规范中的设计控制指标难以完全符合实际情况。

2.2　塑性和液限偏高的黏性土填筑标准存在的问题

《规范》4.1.6 规定，塑性指数大于 20 和液限大于 40% 的冲积黏土，不宜作为坝的防渗体填筑料，必须采用时，应根据其特性采取相应的措施。主要原因是施工不便，不易保证填筑质量，对含水率比较敏感。《规范》4.2.3 规定：1 级、2 级坝和高坝的黏土料压实度应为 98% ~100%，3 级中、低坝及 3 级以下的中坝压实度应为 96% ~98%。在工程实践中，有时

作者简介：陈松滨（1959—），男，广东兴宁人，高级工程师，本科，主要从事水利水电工程设计工作。E-mail：120990885@ qq. com。

工程场区内可开采的黏土料，塑性、液限偏高，试验难以达到96%以上的压实度标准，但防渗及其他物理力学指标优良，渗流和坝体稳定均能满足要求。场区外远距离调运符合规范压实度要求的土料或改用其他坝型，需付出巨大的经济及环境代价。

3　土石坝环保筑坝技术

上述问题，在诸多土石坝工程设计中常会遇到，若不采用库区料场及建筑物开挖弃料，需另寻料场并同时设置堆渣场，对移民征地和生态环境造成较大压力，与当前生态环境保护和生态文明建设要求不符。为更广泛采用库区料、开挖弃料及其他筑坝材料，有必要深入研究探索采用计算分析结合现场试验、填筑标准及施工工艺控制的综合方法，进行坝料设计，不以压实度、相对密度或孔隙率为唯一的设计控制指标来判定压实质量。本文针对以上问题，参考工程案例，结合工程实践，探索“土石坝环保筑坝技术”的思路。

3.1　采用风化料、软岩、砾石土的筑坝料设计

采用风化料、软岩、砾石土筑坝，《规范》无明确的设计控制指标，设计人员往往会在压实度、相对密度、孔隙率中选择与坝料较为相近的设计控制指标。采用相近填筑标准的方法，会出现试验后无法达到或容易达到设计控制指标的情况。例如某工程采用的风化料出现压实度92%而相对密度0.90以上，孔隙率12%以下，若采用压实度作为控制指标，无法达到规范96%以上的要求，若采用相对密度或孔隙率指标，即便在没有进行常规碾压下，也容易满足规范相对密度≥0.75或孔隙率20%～28%的要求。在类似情况下，以压实度、相对密度或孔隙率为唯一的设计控制指标无法进行有效控制。

本文提出采用级配分析结合现场试验、填筑标准及施工工艺控制的综合方法，进行坝料设计及控制。首先根据试验成果分析坝料颗粒级配曲线，确定坝料是否具备可有效压实的条件。实践经验表明，风化料及砾石土在碾压前后颗粒级配相差较大，在分析坝料级配时，需采用碾压后颗粒级配。对风化料、砾石土而言，为使得粗颗粒不产生骨架作用，确保粗、细颗粒可以得到有效压实，不产生渗透破坏，应对坝料含砾量进行控制，一般在40%～60%。对于用作防渗体的砾石土，还应对小于0.075 mm颗粒含量进行控制，一般要求在15%～20%以上，以满足防渗要求。其次进行料性分析，根据其岩石成分，试验研究其碾压后浸水沉降变形和对抗剪强度降低的影响程度。对软化系数低、不能压碎成砾石土的风化石料和软岩，浸水后抗剪强度明显降低、沉降变形明显增大，应放在坝壳干燥区域。

在具体施工时，可根据碾压试验获得的施工参数如碾压机具重量、铺填厚度、碾压遍数等进行控制，确保坝料得到有效压实。在此过程中，仍应测定与该坝料相近的设计控制指标，作为坝料是否得到有效压实的验证。工程实践中，风化料、软岩、砾石土一般按土的施工工艺控制。

3.2　采用塑性指数、液限偏高黏性土的筑坝料设计

采用塑性指数、液限偏高黏性土筑坝，一般难以达到规范96%以上的压实度标准，通常采用翻晒、掺料等措施，使坝料能够满足压实指标。但在某些特定情况下，如防渗墙四周部位、黏性土与混凝土建筑物的结合部位等需采取高塑性土适应变形时，或气候条件、工期不具备翻晒、掺料条件时，都面临着上述黏土料无法达到规范压实标准的问题。对于需采用高塑性土填筑的区域或30 m以下的低土石坝，采用低于规范要求的坝体压实度并不影响工程渗流、稳定安全，若能控制沉降变形在不引起坝体裂缝的情况下，可研究适当降低坝体压实

指标。

对坝高低于 30 m 的土石坝，当其防渗黏土最大干密度在 1.55 g/cm³时，98% 和 95% 压实度对应的碾压后干密度 $\rho_{d1}=0.98\rho_d=1.52$ g/cm³，$\rho_{d2}=0.95\rho_d=1.47$ g/cm³。假设土粒比重 $d_s=2.7$，两种压实度下的孔隙率分别为 $n_1=0.44$，$n_2=0.46$，孔隙比分别为 $e_1=0.79$，$e_2=0.85$。两种压实度下的坝体工后沉降均不足坝高 0.5%，工后沉降差为 2～3 cm，不足以引起大坝裂缝。

在实际工程中，采用塑性指数和液限偏高土料填筑土石坝，坝高 30 m 以内，压实度达到 95% 时，一般不会产生较大的沉降差和影响安全的坝体裂缝。调查表明，20 世纪 50～60 年代数百座无重型设备压实的土石坝，压实度均在 90% 左右，经几十年的运行，基本没有因压实度偏低出现的安全隐患。土石坝的安全隐患一般有坝体安全超高不够、泄流能力不足、启闭设备老旧、渗流量过大、坝坡过陡、坝基沉降偏大等。坝体压实度偏低只要不引起过度的不均匀沉降而产生危及安全的裂缝，均不足以构成安全隐患。

本文针对坝高 30 m 以下以黏性土为防渗体的土石坝设计，提出黏性土料的坝料设计，在执行《规范》的同时，根据坝的高度进行沉降计算分析，以控制沉降变形的方法，进一步确定合理的填筑标准。实际工程施工以计算分析成果结合现场试验，确定设计控制指标底线，以《规范》规定的设计控制指标为目标进行控制。

4 工程实例

4.1 海南省宁远河大隆水利枢纽工程

大隆水利枢纽为“十一五”国家重点工程项目，已竣工运行 10 多年，获得国家水利水电行业设计金奖及鲁班、大禹等奖项。工程为大(2)型水库，挡水坝为 2 级建筑物，坝型为土防渗体分区土石坝，最大坝高 66 m。设计采用花岗岩风化土为上游防渗体填料，要求压实度≥98%，采用开挖风化石渣料为下游坝体填料，要求孔隙率 <20%。

工程施工采用开挖风化石渣料进行试验，碾压 8 遍以上压实度均 <98%，碾压 1～2 遍相对密度 >0.75、孔隙率 <20%，无法按照规范要求进行控制。分析试验成果，实际填筑标准采用摊铺厚度 <30 cm，25 t 碾子碾压 8 遍，掺水 5%～10%，相对密度和压实度双控制的方法，进行填筑质量控制，当相对密度 >0.8 或压实度 >98% 即可。实测结果：由于填料料性不均，有时相对密度 >0.8，有时压实度 >98%，由于严格控制铺填厚度等施工参数，坝体工后沉降小于计算结果，满足设计要求。大隆水利枢纽筑坝材料全部取自库区和开挖渣料，没有征用任何库外渣场和料场，是海南省工人的环境友好型工程。

4.2 国内某大型水利枢纽工程

该在建大型水利枢纽工程，挡水坝为 2 级建筑物，坝型为黏土心墙石渣坝，最大坝高 30 m。初设坝壳料采用灰岩或泥质粉砂岩开挖料，要求孔隙率 <22%；心墙料采用工程区开挖黏土料，要求压实度大于 98%。

工程施工采用开挖风化石渣料进行试验，碾压 10 遍以上压实度均 <98%，碾压 1～2 遍相对密度 >0.75、孔隙率 <22%，无法按照规范要求进行控制。分析试验成果，实际填筑标准为：以摊铺厚度 <40 cm，22 t 碾子碾压 10 遍的施工参数及相对密度≥0.85 进行控制，实测压实度指标作为参考校正。实测结果：相对密度 >0.85，孔隙率 <12%，压实度 <96%。

工程区可利用心墙黏土料塑性指数、液限偏高。在施工过程中，为达到规范压实度≥

98% 的要求，采用了翻晒、降水取料等降低含水率的措施。工程区域每年大于 10 mm 降雨天数近 200 d，无法满足工期需要。为此，在类似工程设计中，有必要根据坝高进行沉降计算分析，以控制沉降变形的方法，结合试验，进一步调整填筑标准。

5 结 语

根据当前人类社会环境保护和生态文明建设的需求，现代土石坝建设的趋势是广泛采用库区料和开挖弃料，不在库外设置取料场和渣场。本文结合工程实践案例，针对土石坝工程建设中存在对生态环境产生影响的一些问题进行了探讨，提出土石坝的环保筑坝理念和“环保筑坝技术”的探索思路。对类似土石坝工程建设具有一定的参考意义，起到抛砖引玉的作用。为今后土石坝规范修编提出了讨论的问题和工程案例。

枕头坝一级水电站鱼道布置设计

李丹丹　高传彬　李　刚　雷声军

（中国电建集团贵阳勘测设计研究院有限公司，贵阳　550081）

摘　要　鱼道建筑物结合1#堆积体下挡墙、抗滑桩承台及进厂公路下挡墙等建筑物呈“之”字形布置，总长约1 228.25 m。鱼道建筑物主要由鱼道进口、梯身、鱼道出口等组成，采用竖缝式横隔板鱼道槽身。鱼道进出口各设置一个观察室，坝轴线上游设置应急闸门。鱼道建筑物投入运行后，根据鱼道现场实际情况，开展了过鱼监测和过鱼效果跟踪研究，结果显示，鱼道选型及布置合理，过鱼效果好。。

关键词　枕头坝一级水电站；鱼道设计；鱼道运行

1　工程概况

枕头坝一级水电站为大渡河干流水电梯级规划的第十九个梯级，位于四川省乐山市金口河区。坝址处控制流域面积73 057 km^2，多年平均流量1 360 m^3/s。枢纽由左岸非溢流坝段、河床厂房坝段、排污闸、泄洪闸坝段以及右岸非溢流坝段组成，采用堤坝式开发，为河床式厂房，正常蓄水位624 m，坝顶高程626.50 m，坝顶总长317.55 m，最大坝高86.5 m，电站装机容量720 MW，多年平均发电量32.90亿kW·h，正常蓄水位以下库容0.435亿m^3，水库总库容0.469亿m^3。开发任务为发电，兼顾下游用水。

根据国家的有关法律法规，工程在建设和运行过程中，应当实施环境和生态保护措施；在珍稀保护、特有、具有重要经济价值的鱼类洄游通道建闸、筑坝，须采取过鱼措施。根据以上规定，对大渡河流域的鱼类进行调查。由于枕头坝一级水电站上下游均有已发电运行的电站，其中上游为深溪沟电站，下游为龚嘴电站，故对深溪沟坝址—龚嘴坝址进行调查。

工程河段没有江海洄游型和长距离洄游型鱼类，因此修建过鱼设施的主要作用为一定程度上改善大坝上下游鱼类种群交流。

2　过鱼设施设计

在珍稀保护、特有、具有重要经济价值的鱼类洄游通道建闸、筑坝，须采取过鱼措施。拦河闸和水头较低的大坝，宜修建鱼道、鱼闸等永久性的过鱼建筑物；对于高坝大库，宜设置升鱼机，配备鱼泵、过鱼船，以及采取人工网捕过坝措施。

枕头坝一级水电站坝址两岸山体雄厚，地形陡峭，无天然垭口，鱼道不具备岸边布置条件。为改善大坝上下游鱼类种群交流，缓解水电工程建设对重要鱼类的阻隔影响，结合电站枢纽布置，本工程采用了单侧竖缝式鱼道方案。

作者简介：李丹丹（1982—），女，河南邓州人，工程师，从事水电工程设计及研究工作。E-mail：503223557@qq.com。

2.1　鱼道结构布置

枕头坝一级水电站位于大渡河干流上,是以发电为主的大(2)型电站,鱼道与大坝结合段为2级建筑物,相应建筑物结构安全级别为Ⅱ级;其他部位段为次要建筑物,为3级建筑物,相应建筑物结构安全级别为Ⅱ级。

鱼道建筑物结合1#堆积体下挡墙、抗滑桩承台及进厂公路下挡墙等建筑物呈“之”字形布置(见图1、图2)。鱼道布置在大坝左岸,建筑物主要由鱼道进口、诱鱼系统、梯身、休息池、观察室、鱼道出口和附属设施等组成,总长1 228.25 m,采用竖缝式横隔板鱼道槽身。池室坡度 i 约为0.03,鱼道设置池室和休息室,池室内设置隔板及竖缝。主进口布置在厂房尾水渠左侧,主出口布置于坝轴线上游240 m处。鱼道进出口各设置一个观察室。坝轴线上游设置应急闸门。鱼道侧墙预埋诱鱼设施管路。鱼道底板铺设10~20 cm厚的干砌卵石。

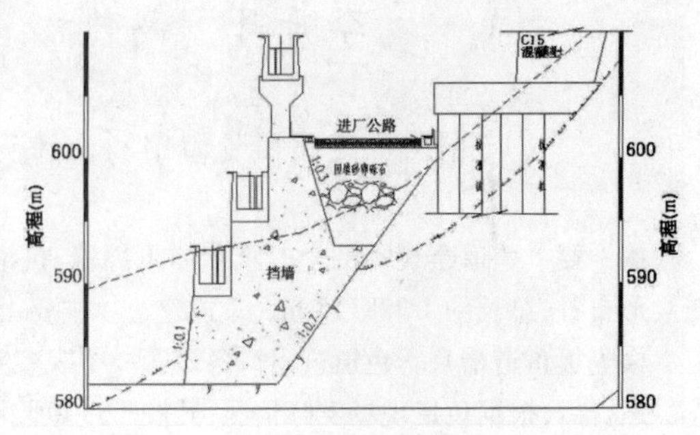

图1　鱼道断面图

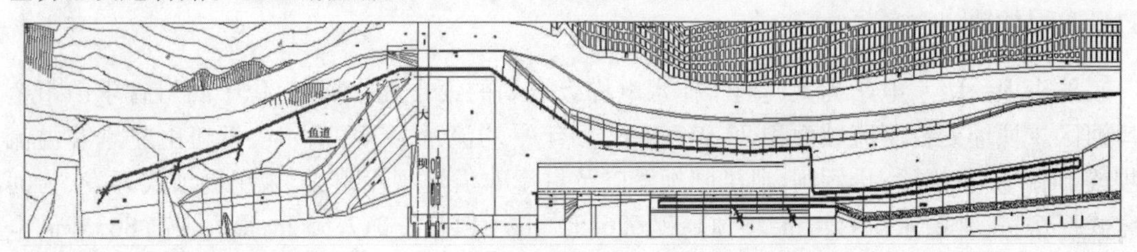

图2　鱼道布置图

2.2　鱼道进出口设计

为论证鱼道进出口位置的合理性,分别进行鱼类游泳能力试验和枢纽整体水工模型试验。

根据试验成果,3#、4#机组发电情况下,下游河道全场流速分布较适合坝址处鱼类过坝要求。在此种情况下,坝轴线下游245~325 m段河道大部分处于1.1 m/s流速范围之内,可满足进口布置。鱼道设置3个进口,运行设计水位为590~593 m。

根据鱼道进出口布置原则及模型试验成果,设置3个鱼道出口,出口运行设计水位为624 m~621 m。

2.3　池室设计

根据模型试验及本工程的布置条件,池室纵坡坡度 i 约为0.03,鱼道净宽2.0~3.0 m,池室长度为2.5~3.5 m,休息池长度为5~15 m,池室隔板厚度为0.20 m,竖缝宽度为0.30 m。

2.4　过鱼效果

2.4.1　鱼道内部监测成果

初步统计下游观测室视频监控数据(2017年4~7月)(见图3),下游观测室共观察到鱼类407尾,上游观测室视频监控数据(2017年5~7月,其中观测室装修,4月多日未记录),共记录鱼类信号约418次。鱼道内种类共计20种,可辨别到种5种,到属9种,未知6

种,个体数量上主要优势种为䱗属(Hemiculter leucisculus)(32.43%)、蛇鮈属(Saurogobio dabryi)(23.10%)、鲇属(Silurus asotus Linnaeus)(11.55%)、白缘䱀(Liobagrus marginatus)(11.55%)、青石爬鮡(Euchiloglanis davidi)(5.90%)。

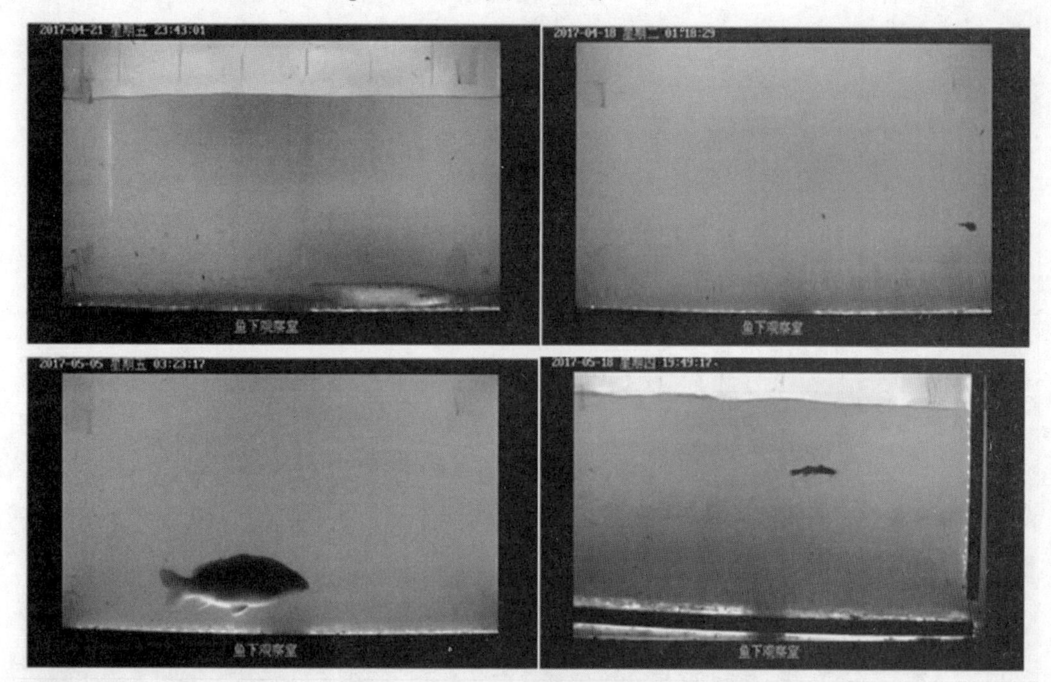

图3 观测图片

2.4.2 坝下鱼类监测

2017年6月、7月在大渡河枕头坝坝下2 km范围内的三个不同生境地点(S1、S2、S3)(见图4)捕捞渔获物,使用的工具是三层流刺网,网体长4 m,高1.5 m;网目大小1 cm×1 cm,每天于20:00下网,第二天早上8:00收网,6月采集样本21 d,7月采集8 d(见图5)。

渔获物调查6月16 d,7月8 d。采集到鱼类646尾,隶属于3目,9科,27属,39种,CPUE(g/12h/ind.)为52.68,且随距鱼道入口无显著差异($P>0.05$)。优势种有:齐口裂腹鱼、泉水鱼、䱗、泥鳅、白缘䱀、青石爬鮡。

在所有优势种中,青石爬鮡和泥鳅的个体不足50尾,其余优势种(齐口裂腹鱼、泉水鱼、䱗、白缘䱀)的体长频率分布如图6所示,其中齐口裂腹鱼、泉水鱼、䱗的体长频率分布峰值偏向左侧,说明捕捞到的个体中小个体较多;然而,白缘䱀的体长频率分布峰值偏向右侧,分析原因为:7月开始鱼类个体分为两个群体,子代个体和亲代个体,体长差异明显。

2.4.3 鱼道通过性试验

在鱼道沿程设置4个PIT信号接收主机,每个接收主机连接1个PIT线圈,探测并记录标记实验鱼通过的信息以便研究试验鱼在鱼道内的通过特性。2017年8月28~31日分3个批次在鱼道内标记放流了6种,共70尾实验鱼。

出口接收机共探测到3种鱼,分别为齐口裂腹鱼、重口裂腹鱼和泉水鱼,探测种类占标记鱼类种类的50%;探测到鱼类数量为23尾,占标记鱼类总数的24.7%;出口探测鱼类体长范围12.4~37.1 cm,与标记鱼体长范围无显著性差异($P>0.05$)。鱼类的通过性偏低,

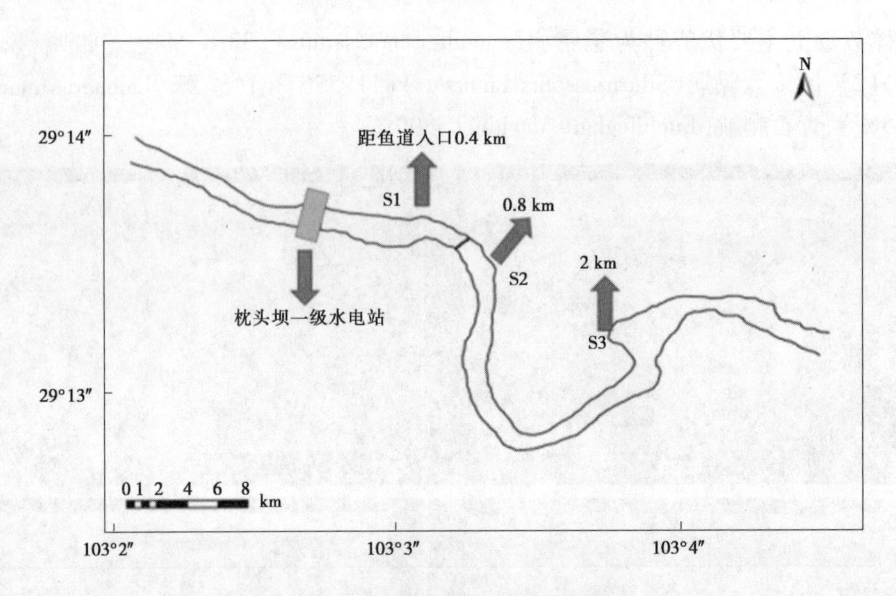

图4　坝下渔获物调查位置示意图

图5　坝下渔获物调查照片

经分析，主要与鱼道内的运行水位以及标记鱼放流时间和采集时间间隔较短有关。

2.4.4　检查评价

根据鱼道现场实际运行情况，开展了过鱼监测和过鱼效果跟踪研究。通过电站不同运行工况下鱼道的过鱼数量、种类和鱼道的通过率等指标表明，鱼道选型及布置合理，过鱼效果较好。

3　结　语

枕头坝一级水电站鱼道建筑物主要由鱼道进口、诱鱼系统、梯身、休息池、观察室、鱼道出口和附属设施组成，全长1 228.25 m。鱼道进口布置在厂房尾水渠左侧，主进口布置于坝轴线下游240 m处。沿尾水渠左岸护坡向上游穿过1#非溢流坝段，主出口设置在坝轴线上游约240 m处。采用竖缝式横隔板鱼道槽身。池室坡度 i 约为0.03，鱼道净宽2.0～3.0 m，池室长度为2.5～3.5 m，休息池长度为5～15 m，池室隔板厚度为0.20 m，竖缝宽度为0.30 m。

枕头坝一级水电站鱼道建筑物通过多方案比选，选择鱼道方案作为过鱼设施，鱼道全长1 228.25 m，结合大坝、1#堆积体下挡墙及进厂公路下挡墙呈“之”字形布置，充分利用其他建筑物综合布置，节约工程量、减少施工干扰。

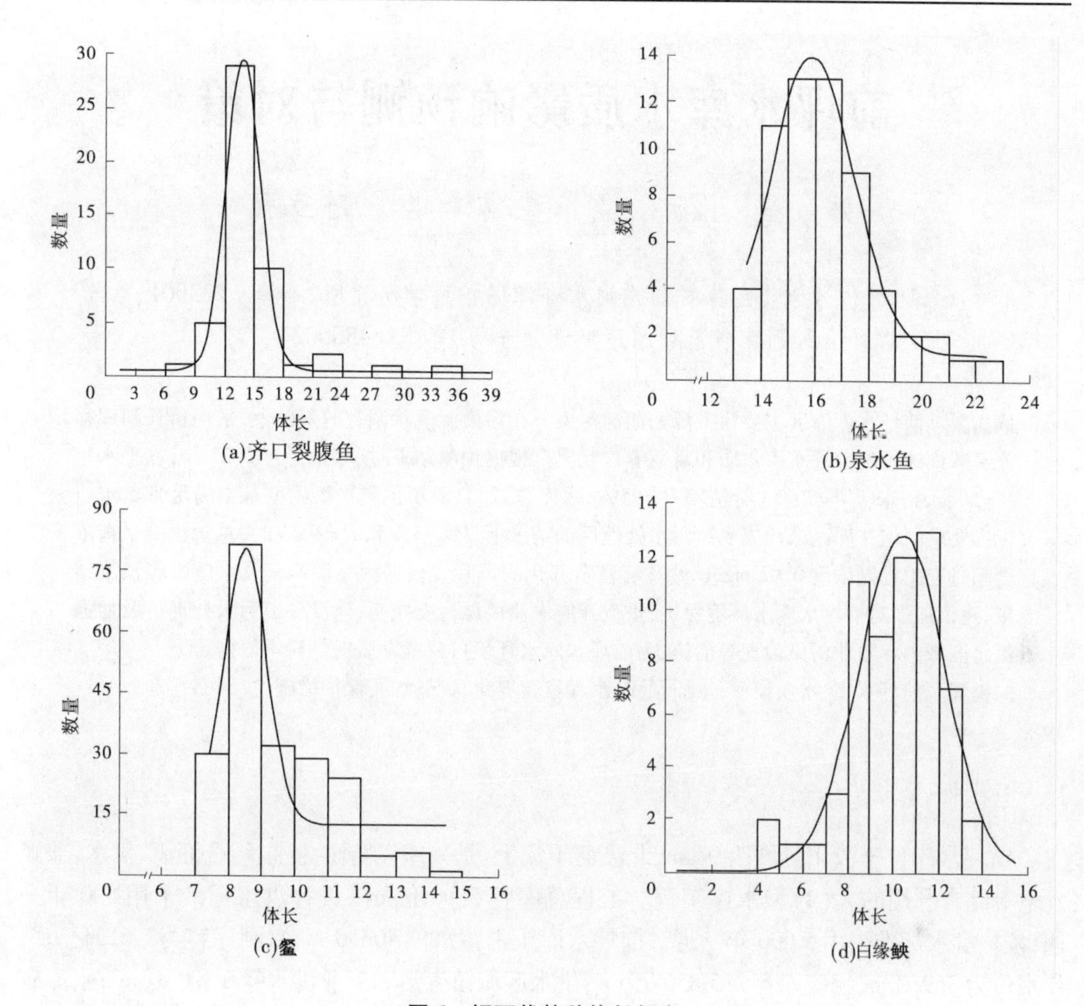

图6 坝下优势种体长频率

枕头坝一级电站的鱼道过鱼设施是大渡河流域第一个提前实施的过鱼设施建筑物。本工程过鱼设施的布置结合枢纽建筑物及边坡治理统筹考虑,不扰动天然边坡,并与厂房尾水建筑物、堆积体及过坝公路挡墙有机结合;达到结构布置协调美观、功能可靠、运行安全的目的。鱼道建筑物投入运行后,根据鱼道现场实际情况,开展了过鱼监测和过鱼效果跟踪研究。通过电站不同运行工况下鱼道的过鱼数量、种类和鱼道的通过率等指标表明,鱼道选型及布置合理、功能可靠、过鱼数量较大,过鱼效果好,可满足鱼类洄游,保持正常的繁衍生息的需要。

前坪水库水质影响预测与对策

尹 星[1] 杨 智[1] 皇甫泽华[2] 陈立强[1]

(1. 淮河流域水资源保护局淮河水资源保护科学研究所,蚌埠 233001;
2. 河南省前坪水库建设管理局,郑州 450002)

摘 要 前坪水库库区主要污染源为面源污染。在污染源现状调查的基础上,采用狭长湖库移流衰减模式预测前坪水库水质和富营养化状况。根据预测结果,规划水平年2025年,在平水年$P=50\%$、枯水年$P=75\%$,特枯年$P=95\%$,水库总氮、总磷年预测平衡浓度基本满足Ⅲ类水质标准要求。但在库区未建成乡镇污水处理厂的情况下,$P=75\%$和$P=95\%$时,总磷预测平衡浓度超过理想控制浓度0.02 mg/L,水库有富营养化的风险。根据污染源调查及水质影响预测结果,建议加强对前坪水库水环境保护,重点开展农业面源污染控制、建设乡镇污水处理厂及加强汇水区域内养殖业污染治理等措施,为前坪水库水环境可持续发展提供科学依据。

关键词 前坪水库;水质模型;水质预测;水库富营养化状况;水质保护措施

1 工程概况

前坪水库位于汝阳县城西9 km,北汝河干流上,是一座以防洪为主,结合灌溉、供水,兼顾发电等综合利用的大(2)型水库工程。工程总库容5.90亿m^3,设计洪水标准采用500年一遇,校核洪水标准采用5 000年一遇。前坪水库正常蓄水位403.0 m,兴利库容为2.613亿m^3;死水位为369.0 m,相应库容为5 836万m^3;供水区城镇生活和工业供水量6 300万m^3;水库有效灌溉面积50.8万亩,灌溉年均供水量10 098万m^3;河道基流水量4 428万~5 574万m^3。

为分析预测水库运行期对下游水质和用水用户的影响,对建库前水库汇水区水质展开调查。根据2014年7月至2015年4月对库区地表水展开的现状调查结果表明,北汝河除黄庄乡断面总磷、总氮超标外,其他指标均达到其相应的地表水Ⅰ、Ⅲ类标准,满足相应的水功能区规划要求。

2 入库污染源调查分析

根据调查,前坪水库控制流域内有嵩县车村镇、黄庄乡、木植街乡和汝阳县付店镇、十八盘乡、靳村乡等6个乡(镇),汇入库区的污染源主要来自于上述6个乡镇居民的农业面源污染、城镇生活污水、分散畜禽养殖、生活垃圾等。

2.1 面源污染量预测

前坪水库建成后规划水平年为2025年,以2012年水库控制流域内6个乡(镇)的耕地面积、畜禽养殖等情况为基准,在考虑为保护水库水质对库区的面源污染进行综合控制和生

作者简介:尹星(1988—),女,安徽界首人,硕士,工程师,主要从事水资源保护工作。E-mail:380109889@qq.com。

态补偿等措施的情况下,预测2025年入库面源污染量。

2.1.1 农田径流

2012年水库控制流域6个乡镇共有耕地9.09万亩,2025年,流域内不再新增耕地,因前坪水库淹没部分耕地,且采取减少化肥施用量等综合措施,流域耕地总面积减少。2012~2030年耕地面积年均减少率按6‰推算,2025年耕地总量为8.41万亩。结合当地地形地貌情况及种植作物种类,根据《第一次全国污染源普查:农业污染源肥料流失系数手册》,选取各种污染物输出系数,从而预测2025年流域内农业污染源污染物排放量,分别为:COD 840.77 t、总氮35.40 t、总磷5.80 t、氨氮168.15 t。

2.1.2 畜禽养殖

2012年水库控制流域内无规模化禽畜养殖场,养殖类型均为农户少量养殖。本研究将畜禽养殖种类分为猪、牛、羊、家禽四类,据统计,库区2012年牛、猪、羊、家禽分别为22 956头、53 681头、43 652只、600 701只。2025年水库建成后,将限制水库控制流域内的畜禽养殖,畜禽数量将有一定程度的减少。按2012年畜禽养殖规模,2012~2030年畜禽养殖年均减少率0.6%。按照《畜禽养殖业污染物排放标准》和《第一次全国污染源普查:畜禽养殖业源产排污系数手册》选取水库控制区畜禽养殖输出系数,预测2025年流域内畜禽养殖污染排放量:COD 3 675.70 t、总氮429.40 t、总磷18.69 t、氨氮31.42 t。

2.2 生活污染量预测

据统计,前坪水库控制流域内人口14.14万人,其中嵩县9.29万人,汝阳县4.85万人。根据嵩县及汝阳县的统计资料,2012年嵩县的人口自然增长率为5.20‰,汝阳县人口自然增长率为5.82‰;同时满足《河南省汝阳县生态县建设规划(2008—2020)》中人口自然增长率控制在5‰之内的要求,本次预测假设2012年至2025年嵩县各乡镇人口自然增长率为5.20‰,汝阳县各乡镇为5‰。参考相似流域污染源调查数据,根据各地区农村人口数、人均用水量及人均产污系数,测算农村生活污水及其污染物的排放量,COD的输出系数为5.99 kg/(人·a),总氮输出系数为1.83 kg/(人·a),总磷输出系数为0.16 kg/(人·a)[1],氨氮的输出系数为1.46 kg/(人·a)。则2025年前坪水库控制流域生活污染源主要污染物排放量分别为:COD 905.47 t、总氮276.63 t、总磷24.19 t、氨氮220.70 t。

2.3 规划水平年水库入库污染源预测结果

农业污染源污染物入库量主要来自流域耕地施用的化肥农药、分散式畜禽养殖等,污染物在降雨径流下随着产汇流路径进入水库中,入库量与降雨量、农业生产方式等密切相关。综合考虑各种因素,农业污染源污染物入河系数取0.25,生活污染源污染物入河系数取0.08[2]。则2025年农业、生活污染源主要入库污染物排放预测结果见表1。

表1 前坪水库2025年污染源主要污染物入库量预测结果

污染源	污染物排放量(t/a)			
	COD	总氮	总磷	氨氮
农业污染源	1 129.12	116.20	6.12	49.89
生活污染源	72.44	22.13	1.94	17.66
合计	1201.56	138.33	8.06	67.55

3　库区水质预测

3.1　运行期水库库区水质预测

3.1.1　预测方法

前坪水库建成后为山谷型水库，坝址至库尾长 18 km，库区水质 COD 和 NH_3-N 预测采用导则中的狭长湖库移流衰减模式：

$$c_l = \frac{c_p Q_p}{Q_h}\exp\left(-K_1 \frac{V}{86\,400 Q_h}\right) + c_h$$

式中：K_1 为湖库污染物降解系数，1/d；V 为湖库体积，m^3；c_p 为污水的污染物浓度，mg/L；Q_p 为污水量，m^3/s；c_h 为湖库污染物本底浓度，mg/L；Q_h 为湖水流出量，m^3/s；c_l 为湖库出口污染物平均浓度，mg/L。

3.1.2　水质预测污染负荷和水文条件

前坪水库水流主要考虑出入、出水量的影响。拟建前坪水库天然年径流参数：均值 w = 3.32 亿 m^3，选取水文条件平水年 $P=50\%$，枯水年 $P=75\%$，特枯年 $P=95\%$。

根据上述入库污染量计算结果，在未建成乡镇污水处理厂的情况下 2025 年 COD 入库量为 1 201.56 t/a，氨氮为 67.55 t/a。

根据 $P=50\%$、75% 和 95% 的年份调节后流入、流出月平均流量计算污染负荷入库月均分布，见表 2。

表 2　前坪水库水质预测污染负荷月均分布表

水文条件	月份	月平均流量（万 m^3/m）		库容（万 m^3）	污染负荷入库月均分布（t/m）	
		流入量	流出量		COD	氨氮
$P=50\%$，典型年份 1980 年（平水年）	6 月	7 353	1 213	24 499	300.98	16.92
	7 月	7 392	6 892	29 052	302.58	17.01
	8 月	5 144	5 075	27 936	210.56	11.84
	9 月	1 516	1 128	29 592	62.06	3.49
	10 月	4 607	2 269	31 126	188.58	10.60
	11 月	583	980	31 876	23.86	1.34
	12 月	358	954	31 384	14.65	0.82
	1 月	274	927	30 748	11.22	0.63
	2 月	317	1 474	29 931	12.98	0.73
	3 月	441	3 004	28 799	18.05	1.01
	4 月	1 165	4 148	25 466	47.69	2.68
	5 月	204	5 437	21 472	8.35	0.47
	小计/平均	29 354	33 501	28 490	1 201.56	67.55

续表 2

水文条件	月份	月平均流量(万 m^3/m)		库容 (万 m^3)	污染负荷入库月均分布(t/m)	
		流入量	流出量		COD	氨氮
$P=75\%$,典型年份 1987 年(枯水年)	6 月	5 783	1 493	12 434	370.47	20.83
	7 月	1 322	4 283	14 539	84.69	4.76
	8 月	1 124	3 157	11 277	72.01	4.05
	9 月	1 020	1 113	9 881	65.34	3.67
	10 月	3 084	877	10 281	197.57	11.11
	11 月	845	876	11 904	54.13	3.04
	12 月	585	876	11 757	37.48	2.11
	1 月	404	874	11 393	25.88	1.46
	2 月	267	1 420	10 672	17.10	0.96
	3 月	1 102	1 272	9 751	70.60	3.97
	4 月	1 875	5 359	8 996	120.12	6.75
	5 月	1 345	1 612	6 090	86.16	4.84
	小计/平均	18 756	23 212	10 748	1 201.56	67.55
$P=95\%$,典型年份 2001 年(特枯水年)	6 月	383	1 951	19 501	40.74	2.29
	7 月	2 778	3 050	17 786	295.52	16.61
	8 月	2 314	2 020	18 832	246.16	13.84
	9 月	294	1 826	18 262	31.28	1.76
	10 月	310	1 507	16 709	32.98	1.85
	11 月	245	894	15 816	26.06	1.47
	12 月	306	873	15 185	32.55	1.83
	1 月	335	888	14 613	35.64	2.00
	2 月	261	1 569	13 841	27.77	1.56
	3 月	228	2 970	12 617	24.25	1.36
	4 月	216	3 576	9 665	22.98	1.29
	5 月	3 625	1 157	7 901	385.63	21.68
	小计/平均	11 295	22 281	15 061	1 201.56	67.55

根据水文条件和入库污染负荷,计算得到 $P=50\%$、75% 和 95% 时,规划水平年 2025 年库区 COD 和氨氮月平均浓度,结果见图 1。

根据上述计算结果,在 $P=50\%$、75% 和 95% 时 COD 浓度波动较大,且在 $P=75\%$ 时表现最为明显。这是由于在 $P=75\%$ 时,典型年 1987 年 3 ~ 6 月库容相对较小,且 COD 入库量相对 $P=50\%$ 和 95% 时大,因此 $P=75\%$ 时,COD 浓度存在高于 $P=50\%$ 和 95% 的情况。

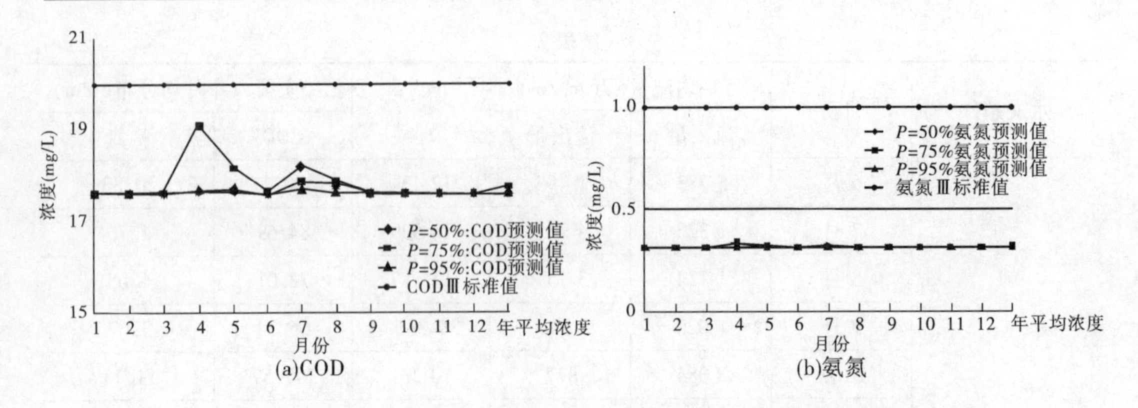

图1　$P=50\%$、75%和95%时库区COD和氨氮月平均浓度结果图

由于氨氮入库负荷量相对较少，且在不同水平年下，月平均入库浓度差异不大，因此氨氮在$P=50\%$、75%和95%时月平均浓度波动较小，且各水平年差异不大。

经过水库的调节平衡，在2025年不同水文条件下，水库整体水质能满足《地表水环境质量标准》Ⅲ类水标准。但COD最大预测浓度已达到19.07 mg/L，距Ⅲ类水标准COD 20 mg/L上限仅差0.97 mg/L，说明入库面源污染量在不利水文条件下仍威胁到前坪水库规划水平年的水质，在面源污染入库的库尾及库周等水动力不利的区域，可能使水库局部出现水质不满足Ⅲ类水标准水质要求，所以，前坪水库控制流域仍需要采取严格的面源污染控制措施。

3.2　水库富营养化预测

3.2.1　库区总氮、总磷预测

本文预测前坪水库富营养化中总氮、总磷浓度采用狄龙(Dillon)模式，水文条件仍采用$P=50\%$、75%和$P=95\%$的水文条件，预测不同水文条件下前坪水库总氮、总磷平衡浓度，具体见图2。

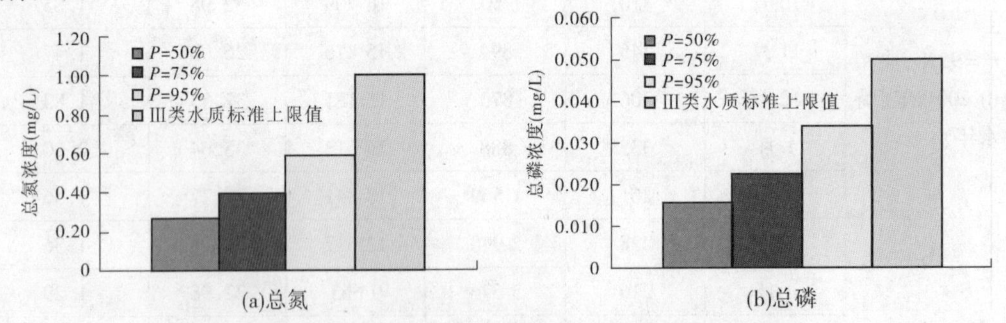

图2　前坪水库规划水平年2025年总氮、总磷平衡浓度柱状图

$P=50\%$、75%和95%时，总氮预测平衡浓度分别为0.27 mg/L、0.39 mg/L和0.59 mg/L，总磷预测平衡浓度分别为0.016 mg/L、0.023 mg/L和0.034 mg/L。总磷出现浓度大于富营养化控制理想浓度0.02 mg/L的情况。前坪水库在规划水平年不利的水文条件下，总磷预测平衡浓度值较高，需要控制入库总磷量。

3.2.2　富营养化评价

本次评价富营养化采用综合营养状态指数法，选择叶绿素、总磷和总氮为影响水体富营

养化的指标。其中叶绿素 a 的浓度采用 Bartsc H 和 Gakatatter 模型计算。根据计算结果,在 $P=50$、75% 条件下 TLI(∑)值分别为 41.92 和 46.79,水库属于中营养型;$P=95\%$ 时,TLI(∑)=52.21,水库属于轻度富营养型。说明在不利水文条件下,水库局部仍受到富营养化威胁,需要预防水库发生轻度富营养化。

3.2.3 建成乡镇污水处理厂后库区富营养化评价

由上述分析可以看出,在不拦截面源污染的情况下,水库在不利水文条件下,存在轻度富营养化的风险。为保障前坪水库水质安全,水库规划水平年库区 6 个乡镇要求建设完成污水处理设施,按淮河流域水污染防治条例执行《城镇污水处理厂污染物排放标准》(GB 18918—2002)一级 A 标准,以控制入库污染量。污水处理厂建成后,库区 6 个乡(镇)生活将得到集中处理达标后排放,能够有效减少库区乡镇生活污水入河污染量。

在库区城镇污水处理厂已建成情况下,2025 年前坪水库入库污染源主要污染物排放量分别为:COD 1 156.8 t、总氮 124.5 t、总磷 6.4 t、氨氮 54.32 t。采用上述总氮、总磷和富营养化计算方法,计算库区总氮、总磷总量:$P=50\%$、75% 和 95% 时,前坪水库总氮平衡浓度分别为 0.24 mg/L、0.35 mg/L 和 0.53 mg/L,总磷预测平衡浓度分别为 0.013 mg/L、0.018 mg/L 和 0.026 mg/L。可以看出,在建设乡镇生活污水集中处理设施后,库区总氮、总磷浓度明显降低。分析水库富营养化风险,前坪水库在建设集中污水处理厂的情况下,$P=50\%$、75% 和 95% 时,TLI(∑)值分别为 39.49、44.35、49.17,均不大于 50,即水库属于中营养型。

通过以上计算结果表明,在库区乡(镇)按水环境保护措施落实污水处理厂建设后,能明显减少上游污染物入库量,库区水质得到改善。

4 前坪水库保护措施

4.1 控制面源污染,减轻对地表水污染

为保障前坪水库的可持续发展,当地政府应在库区汇水范围内开展面源污染控制工程,科学施用农药、化肥,严格控制水库库区及灌区农药的使用品种和数量,推广农业高新生产技术,采用测土施肥、秸秆还田、病虫害综合防治、无公害生产技术,减轻农药、化肥残留对水质造成污染。同时流域范围内应整治农村生活垃圾和生活环境,配套建设农村垃圾收集和处理设施、农村垃圾定期统一集中卫生处理。农村垃圾收集和处理设施应配有防水功能,避免雨水冲淋垃圾产生大量的面源污染,以保护库区水质。

4.2 库区调整农业结构,控制肥效利用低作物播种面积

库区现在有农作物品种较多样,部分水浇地农作物耗水且对氮肥、磷肥利用效率不高,建议在库区及灌区满足粮食生产的前提下,改种其他旱地作物,特别是豆科植物,不仅能降低农作物耗水量,还可以减少库区及灌区耕地、菜地的土壤侵蚀类面源污染产生及入库量[3],以更好地保护水库水质。

4.3 加强水库汇流区养殖业管理与治理

对水库汇流区内养殖业进行监督和管理,严格控制库区畜禽业养殖规模和总量;严格要求规模化畜禽业养殖企业的环保措施和执行标准;禁止中小规模畜禽业养殖,控制家庭畜禽养殖数量。加强畜禽粪尿资源化利用,并进行统一管理,提高养殖废弃物的排放标准和处理水平,降低废水排放量。使大型畜禽养殖企业粪水资源得到合理利用,向减量化、资源化、无

害化发展,同时对大型禽畜养殖场要合理配套用地,"以地定畜",使粪便就近还田[4]。

4.4　水库流域内生活污染源的控制

在农村居住区,建立集中式和分散式农村生活污水处理系统。前坪水库控制流域面积 1 325 km^2,流域内现有嵩县车村镇、黄庄乡、木植街乡和汝阳县付店镇、十八盘乡、靳村乡等 6 个乡(镇),规划水平年 2025 年集镇人口规模 8 000~20 000 人。但是根据现在调查,集镇无污水处理设施,居民生活污水及工商企业产生的污水经化粪池、下水道直接排放进入北汝河或流域汇水范围内,对前坪水库水质保护非常不利。同时根据水库富营养化预测,在上述 6 个乡(镇)如不开展污水处理厂设施的建设,将使水库受到富营养化威胁。因此上述 6 个乡(镇)必须在水库规划水平年完成集中污水处理设施建设,以减少库区乡(镇)集中生活产生的污染量。

此外,前坪水库工程建设区有成熟的建设和使用沼气池的良好基础[5]。建议水库汇流区内分散式农户以户为单元(特别是库周居民)发展沼气池处理生活污水,采用污水、粪便和垃圾厌氧发酵,沼气能源利用及沼液、沼渣农业利用的新型农村生活污染治理技术路线。

5　结　论

本文通过前坪水库建设前库区污染调查,预测规划水平年 2025 年前坪水库污染状况及富营养化状况。结果表明,库区水质主要污染源为面源污染,经过水库的调节平衡,水库整体水质能满足《地表水环境质量标准》Ⅲ类水标准。但若不建设库区乡(镇)污水处理厂,在最不利条件下,水库存在中营养化的风险。

根据污染源调查及水质影响预测结果,建议加强对前坪水库水环境保护,重点开展面源污染控制、调整农业结构、控制流域内生活污染源和流域内养殖业管理等措施,为前坪水库水环境可持续发展提供科学依据。

参考文献

[1] 杨彦兰,申丽娟,谢德体,等. 基于输出系数模型的三峡库区(重庆段)农业面源污染负荷估算[J]. 西南大学学报(自然科学版),2015,37(5):112-119.
[2] 张文龙,程曼曼,洪玲. 论入河污染物调查分析和估算方法[J]. 北方环境,2011,23(9):136-137.
[3] 梁彦涛,徐太海,金连丰,等. 豆科植物在生态恢复方面的应用研究进展[J]. 安徽农业科学,2014,42(2):6637-6638.
[4] 邱钰棋,付永胜,朱杰,等. 农业面源污染现状及其对策措施[J]. 新疆环境保护,2006,28(4):32-35.
[5] 杨波,张蓓,李新茹,等. 河南省农村户用沼气池推广使用调查研究[J]. 贵州农业科学,2008,36(4):128-129.

前坪水库移民实物调查补偿问题的思考

远征兵[1] 皇甫泽华[2]

(1.汝阳县移民安置办公室,洛阳 471200;
2.河南省前坪水库建设管理局,郑州 450002)

摘 要 移民搬迁安置是水库工程建设的重要组成部分,移民搬迁安置工作能够顺利推进关系到工程建设能否顺利进行,而移民群众的实物调查及补偿工作是移民搬迁安置工作能否顺利推进的前提,也是实现移民"搬得出、稳得住、能发展"的前提。文章对前坪水库移民群众的实物调查及补偿问题做了简要总结,对其中存在的问题提出了探索性建议,以期对其他水库工程建设起到一定的借鉴作用。

关键词 前坪水库;实物调查;实物复核;补偿问题;思考

0 引 言

前坪水库工程已进入实施阶段,移民群众搬迁安置工作正在进行。从搬迁安置工作实践来看,凡是移民群众实物调查、补偿工作做得扎实的乡(村、组),移民搬迁安置工作进展得较为顺利;反之,移民搬迁安置工作进展缓慢,甚至出现移民群众上访,阻碍工程建设的现象。因此,文章仅对移民群众实物调查、复核及补偿过程中存在的问题进行梳理、分析,并对征地移民实物调查中容易产生歧义,以及补偿过程中容易出现的矛盾问题进行探讨,以其对其他水库工程建设起到一定的借鉴作用。

1 移民群众实物调查、复核及补偿的内容

农村调查内容包括人口、房屋及附属建筑物、土地、水利设施、农副业设施、文教卫生服务设施及其他项目,如零星林(果)木、坟墓、电话和有线电视等。

2 调查过程及特点

实物调查历经项目建议书阶段、可行性研究报告阶段、初步设计阶段、技施设计阶段,在不同设计阶段,移民实物调查的方法、深度和精度各不同。每次参与人员不完全相同,掌握的标准、尺度会有差异。

征地移民实物调查过程复杂,实物调查内容和类别多样,有的实物因从调查到项目批准实施跨越时间较长,人口、实物发生变化较大。除复杂性外,实物调查还具有公开性、多样性、主观性、广泛性、直观性等特点。这些特点决定了征地移民实物调查、复核及补偿过程中难以避免地出现一些问题和矛盾。

作者简介:远征兵(1972—),男,汝阳县移民办公室,工程师,主要从事前坪水库移民搬迁安置工作。E-mail:18739051003@139.com。

3　存在的问题

永久界桩测设问题。按照《水利水电工程建设征地移民实物调查规范》(SL 442—2009)第2.3条调查范围要求,“技施设计阶段,应测设永久界桩,确定淹没影响范围”,也就意味着在可行性研究报告阶段、初步设计阶段只可能存在临时界桩。前坪水库在项目建议书阶段,采用临时界桩,而临时界桩存在后期不易发现,且存在着被损坏或移动等因素,直接关系着移民政策宣传和移民情绪稳定及征地移民实物调查成果的精确度。没有明确的实物调查范围界桩,就难以执行“停建令”,给征地移民实物调查政策宣传及实际操作带来很大的麻烦。例如,建筑、土地是否在淹没影响范围内,特别是土地存在着一部分土地在淹没影响范围内的可能,而是否在范围内,所采取的政策是不一样的,很容易引起矛盾。

果林、经济林补偿问题。补偿采取的政策标准问题。前坪水库项目建议书阶段是在2012年,果林的补偿标准是12 000元/亩。而在2013年,河南省对果林、经济林补偿标准提高、补偿办法也变成了按该树(品)种盛果(丰产)期近三年的平均产量乘以当年或上年该产品的市场价格,再乘以折算倍数计算。这个补偿标准已远远高于12 000元/亩的标准,但在2015年前坪水库初步设计阶段,并未采用新的标准,造成群众信访,坝区群众还为此进行阻工。按照果林和零星树的补偿标准补偿金额差距较大。按照星零树补偿标准,盛果期果树500元一棵,而每亩栽植最低为42棵(密植性果树可能达到100棵),按42棵计算,每亩补偿为21 000元。按照零星树和按照附属物的补偿金额差距较大。以房屋院墙为界,院内果树为附属物,成果期每棵170元,院外为星零树,成果期每棵500元,因补偿标准差异,造成补偿金额差距较大,在实际工作中很难给群众做工作,造成搬迁安置工作难以进行。四是采取林果木处理费的补偿标准对果林欠妥。用材林移民群众可以自行处理,砍伐后损失不大,一部分林木处理费用可以作为补偿。而果树一旦砍伐,则失去价值,损失较大。特别是远迁移民,果树无处移栽,且移栽成活率低。按照林果木处理费对移民群众进行补偿,群众损失较大。

新形势下户籍管理制度与移民人口调查存在冲突。移民身份确定的基本三要素就是户籍、生产资料及房产。判断调查对象是常住人口还是空挂户,首先要结合户籍资料,实物调查主要靠地方政府参与调查的人员反映情况或群众监督。新形势下,户籍管理已经松动,作为户口管理部门,也没有强有力的理由拒绝公民更换户口,所以,经常出现非农和农业户口转变、1家人有2本户口本的情况。随之而来的,假结婚或假离婚或户口迁入造成调查对象增加,人为地增加了生产安置数量和资金投入。

实物调查及补偿中,对工业企业、工商企业与农村副业三者理解容易产生歧义。按照《水利水电工程建设征地移民实物调查规范》(SL 442—2009),工业企业应包括采矿业、制造业、电力、燃气及水的生产企业。工业企业分大、中、小型。经过注册,有固定的生产组织、场所、生产设备和从事工业生产的人员,单独账目、分开核算,全年开工时间3个月以上,固定资产原值在100万元(含100万元)以上的企业应单独调查。工商企业是指注册资金在10万元以上、100万元以下,有营业场所、营业执照,从事商业、贸易或者服务的企业。注册资金在10万元以下的,纳入商业门面房调查。农副业设施包括行政村、村民小组或农民家庭兴办的榨油坊、砖瓦窑、采石场、米面加工厂、农机具维修厂、酒坊、豆腐坊等。新形势下,部分农村工副业也在工商部门注册、有营业执照、定期缴税,这样的农村副业在实物调查、补偿过程中极容易出现理解歧义。被调查对象认为自己的副业经过一定的投资和发展,有的规模甚至超过了工商企业,将其确定为副业不合理,要求按企业补偿。

实物调查及补偿中,调查细则的法定性、确定性与移民群众的实物的复杂性存在矛盾。实物调查对象超出了调查细则范围。比如,房屋装修规定了普通地板砖、水磨石地板、木地板、吊顶四种类型。现在,人民生活水平有了较大提高,在农村较豪华的装修比较多,群众对补偿标准意见较大。调查项目已明确,但是调查及补偿方式得不到调查对象认可,如水井、粪池等,统计按照每眼补偿,调查对象认为水井深度不同,补偿价格一样,自己的利益受损。同类实物按照调查规范列为不同的调查对象,补偿差异较大。比如,附属物猪圈,每个补偿569元,但是按照混凝土地坪与砖围墙补偿,其补偿价格远高于猪圈。移民群众对此提出争议。

工程的静态投资与物价上涨及政策调整之间存在矛盾。前坪水库工程投资在初步设计阶段已经确定(其中零星树木按照2012年调查的实物量确定),但移民搬迁安置按照规划应在2020年完成。一是自然成长。比如树木生长,当时的幼树已长成大树,仍按幼树标准补偿,对群众不公平。二是物价水平上涨。因CPI以每年近3%涨幅上涨,到搬迁年,仍按照2015年标准进行补偿,不大合理。三是政策调整因素。前坪水库土地补偿补助费、社会保障费按照豫政〔2013〕11号文《河南省人民政府关于调整河南省征地区片综合地价标准的通知》规定,采用河南省国土资源厅2013年1月公布的《河南省征地区片综合地价标准》,计算土地补偿补助费。2016年3月,河南省人民政府以《关于调整河南省征地区片综合地价的通知》(豫政〔2016〕48号)对征地区片地价进行了调整,汝阳县每亩土地增加费用4 000~5 000元,增幅在20%左右。2019年,土地区片综合地价仍要调整。如仍按2013年土地区片价格进行征地,征地阻力大,且不符合政策要求。"3·7""停建令"下发后,确因生活所需,新建房屋及其他基础设施的补偿问题。2012年8月31日,河南省人民政府下发了"停建令",汝阳、嵩县两地人民政府严格执行"停建令"有关规定,保证了前坪水库工程建设顺利进行。但"停建令"下发至移民群众搬迁前,时间较长,移民群众为生活所需,新建了一批房屋及其他基础设施,应如何妥善解决省政府"停建令"的严肃性、连续性与移民群众基本生活所需之间的矛盾。

商业门面房补偿单价偏低的问题。商业门面房补偿单价与其他房屋补偿标准相同,一般按重置价计算补偿,只是补偿了商业门面的直接建设成本,其补偿单价远远不够,其商业价值未能体现。移民多次集体上访,到现在,这一问题未能得到有效解决。

4 探索性建议与思考

提前埋设永久界桩。在初步设计阶段甚至是可行性研究阶段,确定好征地移民实物调查范围时,应予埋设永久性界桩。这对后期执行"停建令",搞好实物调查及实物补偿工作具有重大意义。

妥善解决果林补偿问题。一是设计单位在国家提高补偿标准时,应及时采取新标准,特别是在初步设计规划报告之前,如标准提高,应及时予以调整。二是给予移民群众选择权。对于果林,如按照零星树补偿的多,应允许群众选择按照零星树补偿标准给予补偿。院内果树与院外零星果树采取统一的补偿标准对移民群众进行补偿。三是果林应采取补偿的形式进行补偿,而不是采取林果木处理费的方式进行补偿。

移民实物调查及补偿与调查对象户口脱离关系，只与生产资料和调查对象私有资产联系。面对当前二元制户口改革、流动户口等现象，建议可以探索实物调查中脱离人口关系，只和淹没的具体实物挂钩，移民身份的认定和生产用地调整、宅基地划分离，建议宅基地划分、生产用地调整分配由村组依据相关土地承包法、宅基地管理办法，根据各村组的实际情况，制订相应分配方案。

随着改革开放的深入，农村工副业也发生了很大的变化，应更加科学合理地调整农村工副业调查及补偿的方式方法，使农村工副业调查及补偿标准更进一步细化。如农村副业达到了企业、工商业的标准，应按照企业、工商业的补偿标准予以补偿。

实物调查类别应依据实际进行适当增补，尽量将调查实物种类覆盖，做到有据可依；对移民群众不予认可补偿方式的实物进行复核，工程量确实增加的，应按照预备费使用管理办法相关规定，予以增加补偿；对于商业门面房补偿单价偏低的问题，应适度提高补偿标准；同类实物按照调查规范列为不同的调查对象时，如补偿差异较大，应赋予移民群众选择权。

在确定工程投资时，应考虑物价上涨及政策因素等原因造成的投资增加。对于自然成长的实物，实物量以基准年登记数为依据，按照生长年限、生长量等合理确定投资；对于土地补偿补助费，如遇土地区片价格调整，给予增加投资；对于物价水平，实行动态监控，确实增幅较大时，应予以增加投资。

加大“停建令”的宣传力度，并严格执行，切实维护工程建设各方的合法权益。对“停建令”下发后确因生活所需而新增的房屋及附属物，由各乡镇政府负责，按照实物调查、复核程序予以登记并附照片等相关资料，由县移民办(局)汇总后，上报市移民办，由市移民办召集设计、监督单位并邀请有关专家进行研究，确定合理的补偿标准，对移民群众进行合理补偿。

监督评估单位应提前介入。前坪水库监督单位在实施规划阶段才确定。对于地方政府，因大型水库建设在本地区很少发生，没有经验可谈。在移民规划编制阶段，很容易按照设计部门的意见进行，而设计规划一旦经批准实施，具有法定性，一旦有设计缺陷，再次更改难度很大。《移民安置条例》(国务院令第 471 号)第 51 条规定：国家对移民安置实行全过程监督评估。因此，应在征地移民实物指标调查和移民规划编制阶段引入监督评估单位介入，监督评估单位作为独立的第三方，客观公正地依据国家移民政策对征地移民实物指标调查和移民规划编制提出咨询意见或建议，以利于促进实物指标调查和移民规划编制以及移民安置的规范化和科学化，有效地保障各方利益。

5　结　语

前坪水库工程建设已进入实施阶段，在移民群众实物补偿方面存在的问题，部分已得到有效解决，因实物调查、复核、补偿问题的复杂性，大部分还未得到有效解决，文中提出的意见，也是探索性建议，希望对其他水库建设能够起到一定的借鉴作用。

参 考 文 献

[1] 姚凯文. 水库移民安置研究[M]. 北京：中国水利水电出版社，2008.
[2] 张穹. 大中型水利水电工程建设征地补偿和移民安置条例释义[M]. 北京：中国水利水电出版社，2008.
[3] 刘艳红. 水库移民安置存在的问题及解决对策[J]. 城市建设理论研究(电子版)，2013(18).

为应对气候变化而进行的老水电站扩容研究

Hong-Yeol Choi[1], Seon-Uk Kim[2], Pil-Su Ha[3]

(1. 韩国水资源公社(K-water)业务维护部 1,韩国大田 34350;
2. 韩国水资源公社(K-water)业务维护部 1, 韩国大田 34350;
3. 韩国水资源公社(K-water)业务维护部 1, 韩国大田 34350)

摘 要 世界各地利用水资源的水电装机容量达到 1 000 GW,占世界发电量的 20%。除新增装机容量外,考虑到现有发电机的老化以及气候变化导致的水力发电所需的来水变化,对现有水电站进行扩容增效,现代化改造的需求正在增加并受到重视。本文以韩国水资源公社(K-water)老水电站现代化改造项目为案例,分析了韩国水资源公社水电站的以往运行模式,并对其老化状态进行了评估,进而讨论了老水电站的扩容问题。韩国水资源公社经营的水电站(HPP)的平均运行年限达到 33 年,水轮机运行效率平均下降 3.52%。随着对老水电站现代化改造的需求迫在眉睫,相关项目正在逐步推进当中,其中安东和 Namang 水电站的现代化改造项目正在实施当中。作为现代化改造的一个案例,我们分析了 Namang 水电站 2000~2014 年的运行模式,结果发现夏季来水量逐渐增加,无效排水量占比达到 55.42%,比其他发电站约高出 5.4 倍。从运行水位来看,我们分析了在汛期和非汛期整体上观察到的超出正常高水位运行历史。使用 Hydro CAP 评估了水轮机和发电机的老化程度,分析表明,有必要进行现代化改造。最后,通过分析以往运行条件,我们发现重新计算最佳容量,可以将发电机容量从 7 MW 增加到 9 MW。

关键词 水电站;现代化改造;老化;扩容;增效

1 引 言

世界各地水电装机容量达到 1 000 GW,占世界发电量的 20%。到 2035 年,发展中国家,包括印度、南非洲和中国的新增装机容量将达到 722 GW。除新增装机容量外,考虑到现有发电机的老化以及气候变化导致的水力发电所需的来水变化,对现有水电站进行扩容增效现代化改造的需求正在增加并受到重视。

对于已有的水电站(HPP),有必要研究未来 30~40 年水轮机和发电机扩容增效的可能性。整体而言,现代化改造可增加 10%~30% 的电力输出。此外,通过开发反映最新趋势的计算流体动力学(CFD),开发出了优化转轮形状的技术,该技术将对水电设施的运行效率产生最大的影响。相关的增效技术目前也正在开发当中。如图 1 所示,水轮机运行效率正逐渐提高,在目前开发出的水轮机中,水轮机最高运行效率达到 90%~95%[3]。

对现有水电站进行现代化改造时,有必要弄清改进发电设施的目的是扩容还是增加总发电量。此外,应分析以往运行数据,以便鉴别改造需求并促进现代化改造。

对于老水电站现代化改造项目,除通过替换长期使用的设施来加强运行稳定性外,还强调适当地应对气候变化等因素导致的来水变化。发电机运行条件的改善可以使水库的无效放水量最小化并增加发电量。因此,我们将分析韩国老水电站的总体运行状况,特别是韩国水资源公社老水电站现代化改造项目的现状,并解释由于老化进行扩容增效现代化改造的依据。

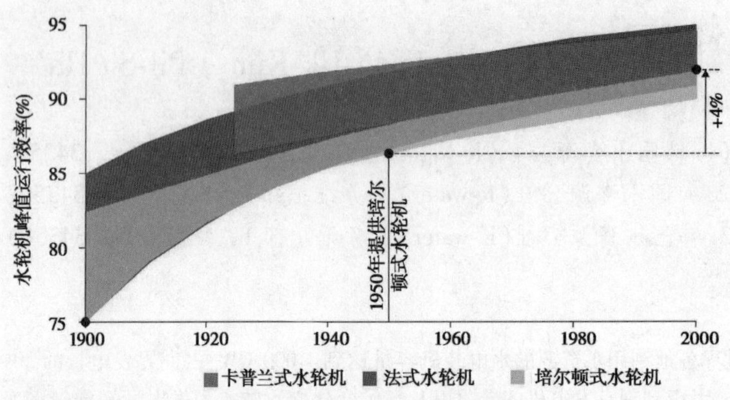

图 1 新旧水轮机运行效率比较

2 韩国水资源公社老水电站现代化改造项目方案

如表 1 所示,韩国水资源公社经营着 9 座水电站。这些水电设施容量为 1 000.6 MW,平均使用年限为 33 年。

表 1 韩国水资源公社经营的水电站的老化和运行效率下降情况

水电站	Namgang	Soyang	安东	Daechung	忠州	Hapchun	Juam	Imha	Yongdam
装机容量(MW)	14(2 台水轮发电机组)	200(2 台水轮发电机组)	90(2 台水轮发电机组)	90(2 台水轮发电机组)	412(6 台水轮发电机组)	100(2 台水轮发电机组)	22.5(2 台水轮发电机组)	50(2 台水轮发电机组)	22.1(2 台水轮发电机组)
商业化运行开始时间(年)	1971	1973	1976	1980	1985	1989	1991	1992	2001
使用年限(年)	46	44	41	37	32	30	26	25	16
运行效率下降(%)		-3.55	-3.4		-3.62				

长期使用会导致水轮机运行效率下降。如表 1 所示,Soyang、安东和忠州水电站水轮机的运行效率平均下降了 3.52%。

韩国水资源公社正在实施老水电站现代化改造项目,以确保老水力发电设施的稳定性,提高运行效率。韩国水资源公社计划到 2035 年新建 9 座大坝,新装 22 台水轮发电机,总容量达到 1 000.6 MW。目前,安东和 Namgang 水电站正在进行现代化改造。

3 Namgang 水电站现代化扩容改造案例

3.1 概述

Namgang 大坝于 1936 年开始修建,1969 年完工,目的是为邻近地区提供稳定供水和预防洪灾。为了提高防洪和和供水能力,Namgang 坝于 1989 年启动加固工程,并于 1998 年完工。在移除一些发电设施后,Namgang 坝一直运行至今。如表 2 所示,安装的水轮发电机的总容量为 14 MW(每台 7 MW),至今仍在运行当中。

表 2 大坝和水轮发电机设计参数比较

项目			大坝加固之前	大坝加固之后
大坝	FWL		EL. 40.5 m	EL. 46.0 m
	NHWL		EL. 37.5 m	EL. 41.0 m
	LWL		EL. 31.5m	EL. 32.0m
水轮发电机	类型		卧式卡普兰灯泡同步发电机	卧式卡普兰灯泡同步发电机
	额定输出		6 550 kW × 2	7 000 kW × 2
	发电机		7 000 kVA × 2	7 368 kVA × 2
	有效水头	最大	15.00 m	20.00 m
		额定	13.85 m	16.00 m
		最小	8.70 m	10.4 m
	排水量		48.5 $m^3/s \times 2$	47.5 $m^3/s \times 2$
	额定转速		189 r/min	189 r/min

从地形地貌特征来看,Namgang 坝位于近海准平原地区,与集水区相比其蓄水库容很小。防洪区和泄洪量与 Soyanggang 坝类似,但它的总库容只有 Soyanggang 坝的 1/10,防洪库容仅为 1/5。因此,Namgang 坝的防洪库容显著低于泄洪量。Namgang 坝由山区地形构成,这里分布有 Dukyu 山和 Jiris 山,地形陡峭,暴雨发生频率较高。因此,暴雨期间的河流流量快速增加。

3.2 运行模式分析

3.2.1 来水量

根据《水资源综合资讯》(WRIS)中记录的 2000 ~ 2014 年的每月来水量数据,我们对 Namgang 水库的来水流量数据进行了分析,结果发现其多年平均来水流量为 78.9 m^2/s。其中月来水流量有很大差异,汛期(6 ~ 9 月)的平均来水流量为 185.8 m^3/s,约为年均来水流量的 2.4 倍。

如图 2 所示,除了干旱年份(2008 年和 2009 年),其他年份的多年平均来水流量均超过 50 m^2/s。如图 3 所示,近几年夏季的来水流量逐渐增加,这表明近期的气候变化导致降水模式出现变化。

3.2.2 无效泄水量

根据 2000 ~ 2014 年的实际泄水量数据,我们对 Namgang 坝的泄水量数据进行了分析,

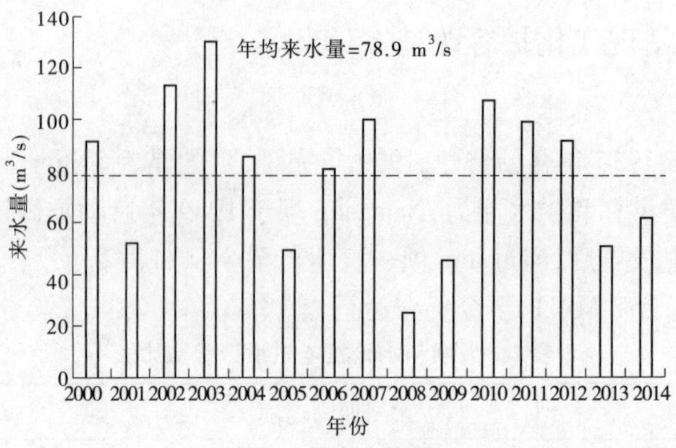

图 2　年来水流量

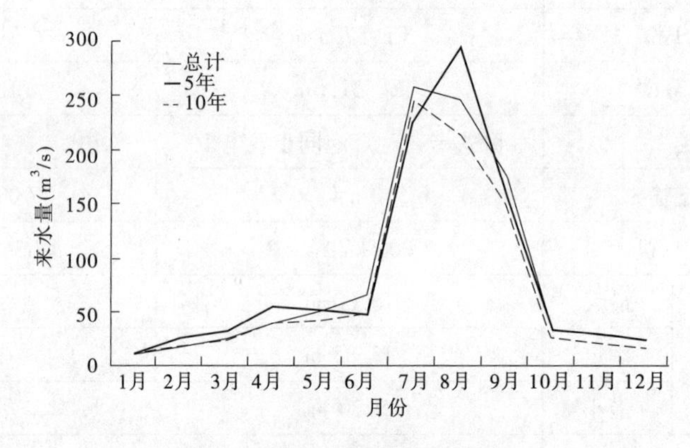

图 3　不同月份的来水流量

并将其分为有效和无效泄水量。如图 4 所示,泄水量数据存在年度差异。平均来说,有效泄水量为 35.1 m^3/s,无效泄水量为 43.4 m^3/s。

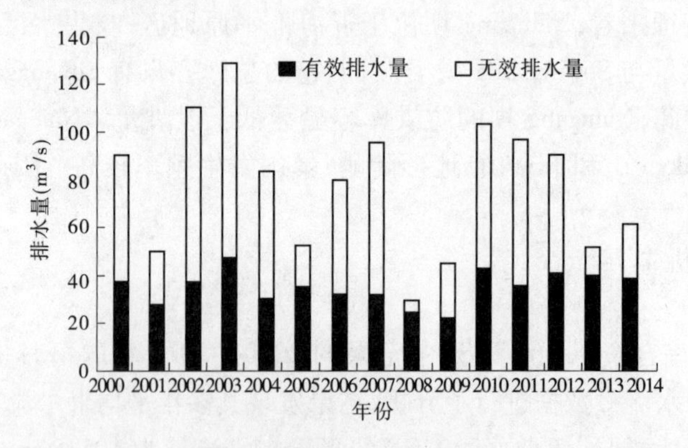

图 4　有效和无效泄水量

此外,如图 5 所示,每月有效和无效泄水量主要集中在汛期。如图 6 所示,我们分析了无效泄水量导致的预估年发电损失,分析结果表明年损失额约达到 5.6 亿韩元。

对另外 7 座水电站(Imha、Daecheong、忠州、Hapchun、安东、Soyang 和 Yongdam)进行综合分析发现,有效泄水量占比为 10.23%。其中安东水电站的无效泄水量占比最低,为 1.10%,Namgang 水电站的泄水量占比为 55.42%,如图 7 所示。Namgang 水电站的泄水量

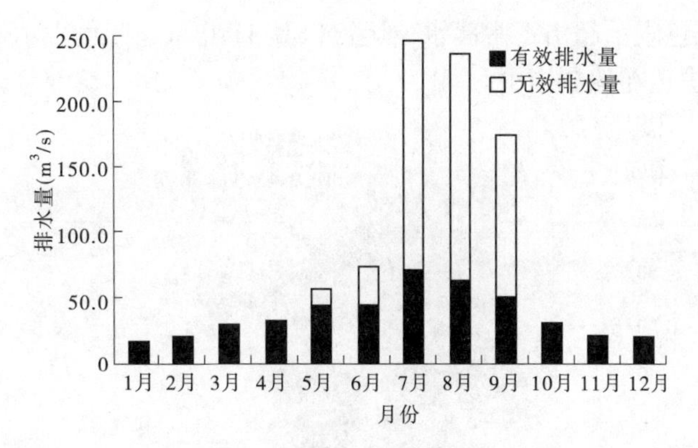

图5 有效和无效泄水量

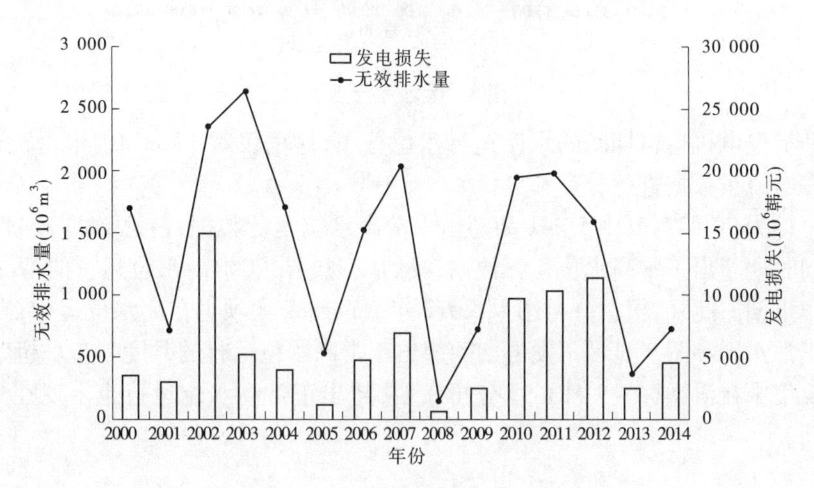

图6 无效泄水量和预期发电损失

占比约比其他水电站高出5.4倍。

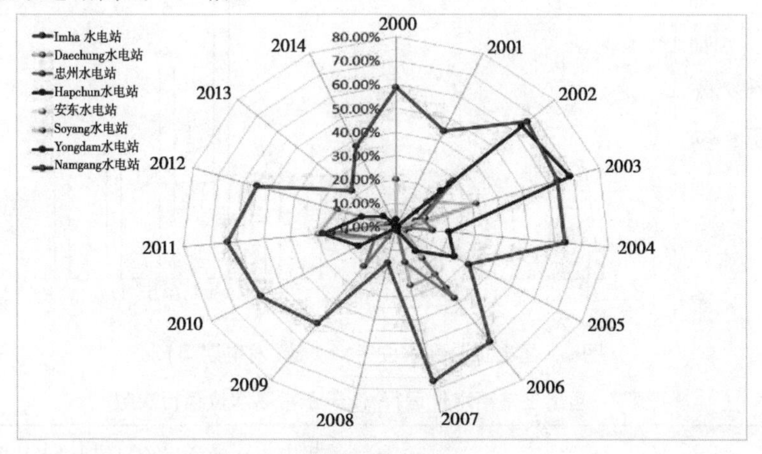

图7 水电站无效泄水量

3.2.3 运行水位(高水位运行)

根据《水资源综合资讯》(WRIS)中记录的2000~2014年的实际数据,我们对Namgang大坝的运行水位数据进行了分析。大坝一般按高水位设计,并根据正常的高水位运行。

如图 8 所示，红色表示超出正常高水位运行(EL. 41.0 m)，蓝色表示低于正常高水位运行。高水位运行历史正在编制当中。

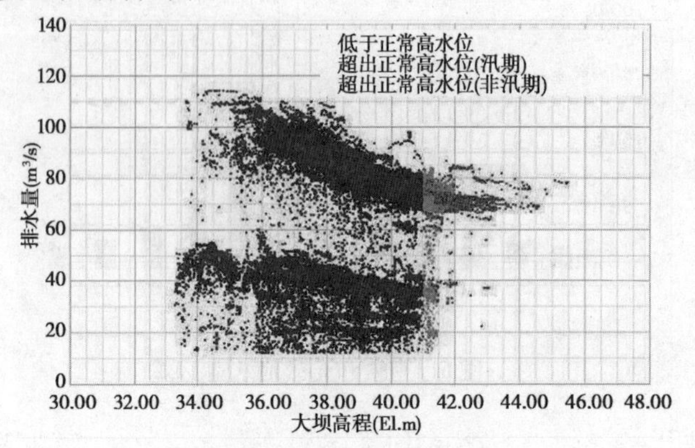

图 8　大坝运行水位

为了分析发电机运行期间的水库运行水位分布，这里仅对 12 m^3/s(水轮机最低流量)或以上的发电流量数据进行分类和分析。

数据总量为 70 827，其中 5 341 为超出正常高水位运行数据，占总数的 7.4%。通过详细分析不同时期超出正常高水位运行数据，我们发现超出正常高水位运行的情况总体出现在汛期和非汛期。此外，根据分析结果，2012 年 Namgang 大坝也在高水位运行，当时的降水量类似于正常水平。图 9 显示了发电期间超出正常高水位运行的月度分布。超出正常高水位运行主要集中在汛期(6 ~ 9 月)，但分析表明，超出正常高水位运行也出现在 10 月和 12 月的非汛期。

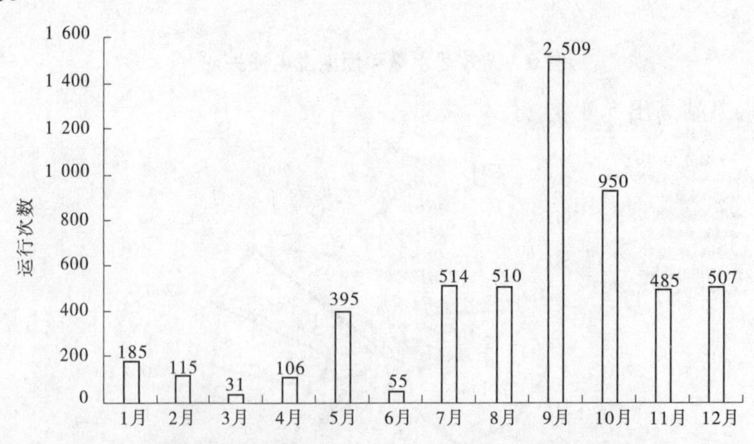

图 9　超出正常高水位运行次数(发电期间)

表 3　超出正常高水位运行/低于正常高水位运行次数

总数	低于正常高水位运行	超出正常高水位运行(EL. 41.0 m)	
		汛期(6 ~ 9 月)	非汛期(10 月至次年 5 月)
70 827	65 486 (92.4%)	2 588 (3.6%)	2 753 (3.8%)

3.3 水轮机和发电机老化评估

3.3.1 水轮机设施老化评估

我们使用韩国水资源公社开发的 Hydro CAP 工具，从使用年限、物理状况、运行历史、效率、输出等方面评估了水轮机的老化程度（见图 10）。这一老化评估分为两部分：两年期正常评估和六年期精确评估。与此同时，我们还从使用年限、物理状况、运行约束和维护历史、性能诊断，包括效率和输出等方面进行了老化程度评估，如果分值低于 3 分，则表明需要进行现代化改造。

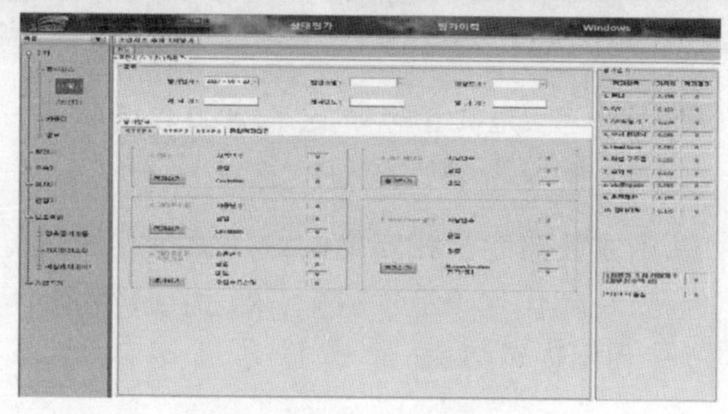

图 10　Hydro CAP 程序

如表 4 所示，Namgang 水电站的精确评估总分值为 1.974 分，低于 3 分，因此需要进行现代化改造。综合分析表明，转轮叶片出现了空蚀损坏，且导叶操作机构出现了泄漏问题。此外，由于发电机绕组温度的增加，自 2005 年以来，振动高于标准值，输出仅限于 6 500 kW 以内。

表 4　设施评估项目和分值

设施	评估项目	分值
转轮	使用年限、侵蚀、腐蚀、裂缝、间隙等	0.730
导叶	使用年限、侵蚀、腐蚀、裂缝、间隙等	0.856
操作机构	使用年限、操作环衬套厚度/开口试验等	0.173
轴承	使用年限、磨损、表面粗糙度、泄漏等	0.351
填料箱	使用年限、滑板表面磨损等	0.689
涡轮轴	使用年限、密封件磨损、无损检测等	0.595
顶盖	使用年限、磨损、侵蚀等	0.468
水下结构	使用年限、裂缝、表面粗糙度等	0.615
测试和诊断	效率、功率、运行条件、维护历史等	-2.503
总计		1.974

3.3.2　发电机设施老化评估

1989 年对 Namgang 坝进行了加固,以进一步提高防洪和供水能力。坝顶高程增加了 8 m,制造商(法国阿尔斯通)经局部维修后重新安装了水轮发电机。

发电机运行超过 20 年,期间仅经过局部维修。由于运行超过 6 500 kW 时,振动会增加,因此将发电机运行限制在 6 500 kW 以内。2004 年,1 号发电机组的定子绕组烧坏了,2005 年,根据 2 号发电机组的绝缘试验结果,替换了定子线圈和楔块。因此,运行期间发生了各种问题(见图 11)。

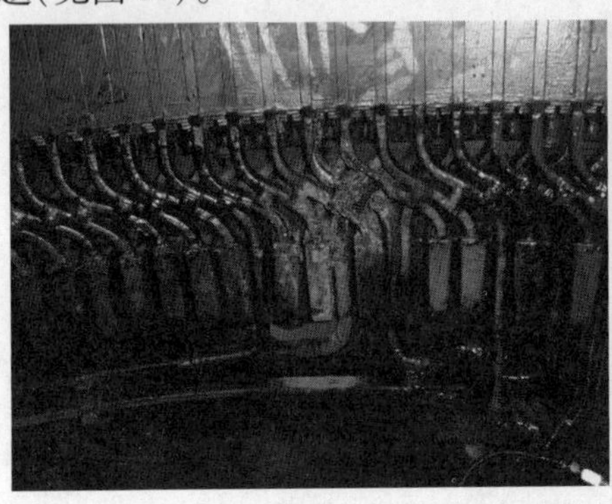
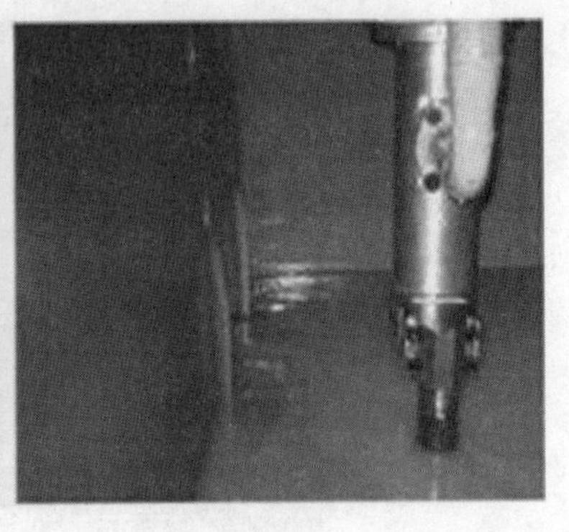

图 11　1 号发电机组烧坏的定子(2000 年)和漏油

3.4　扩容方法

在开发新水能项目中,与水轮机容量相匹配的额定流量是通过分析过流时间和装机成本的经济效益确定的。但是,在现代化改造项目中,决定增加容量时应考虑在不影响现有结构的安全情况下最大限度地利用现有结构。

3.4.1　额定泄水量

在现代化改造项目中,应最大限度地利用现有结构。在维持水轮机中心高程(EL. 16.5 m)以避免发生气蚀的前提下,将机组容量从 7 MW 加大到 10 MW。

我们通过技术文献研究了水轮机空化现象,同时通过 HEC – ResSim 分析了水轮机设计方案(TURBNPRO)和年发电量,并在此基础上综合确定了额定泄水量。

如表 5 所示,当泄水量超过 63 m^3/s 时,结构变化不可避免,因为水轮机中心高程低于现有中心高程。此外,随着机组容量的增加,年发电量也将增加,泄水量减少(见表 6)。分析还表明,在泄水量为 56.5 m^3/s 时,年发电增量达到最大值,泄水闸的泄水量达到最小值,这时实现最大经济效益。

表 5　根据泄水量分析水轮机中心高程

容量	7 MW	8 MW	9 MW	10 MW
泄水量	43.6 m^3/s	49.8 m^3/s	56.5 m^3/s	63 m^3/s
水轮机中心高程	EL. 20.64 m	EL. 19.27 m	EL. 17.72 m	EL. 16.25 m
分析结果	好	好	好	不好

3.4.2　有效水头

(1)额定水位。

确定额定水位的方法包括加权中心法、加权平均水位法和最大频率水位法。在新水电

表6 确定额定泄水量

项目	额定泄水量(m^3/s)			
	43.6	49.8	56.5	63.0
年发电增量	—	2.56%	4.01%	3.07%
闸门泄水量下降	—	0.99%	2.06%	1.61%

站开发项目中，通常采用加权中心法和加权平均水位法。在水电站现代化改造项目中，则采用最大频率水位法来计算额定水位。分析结果如表7所示，采用最大频率水位法确定的额定水位为39.0 m。

表7 额定水位的确定

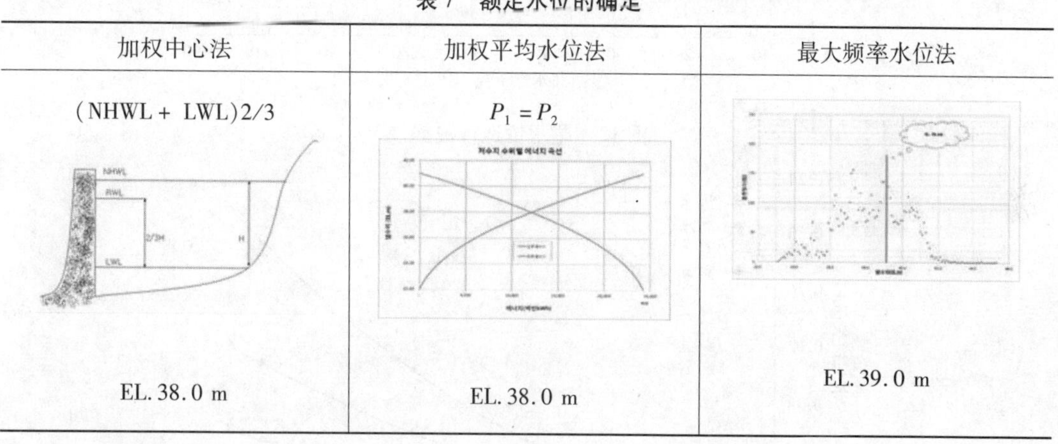

加权中心法	加权平均水位法	最大频率水位法
(NHWL + LWL)2/3	$P_1 = P_2$	
EL. 38.0 m	EL. 38.0 m	EL. 39.0 m

(2)尾水位。

尾水位法可用于分析HEC－RAS(河流分析系统)和实际尾水位。我们使用HEC－RAS预测了尾水位，但与2014年发电泄水得到的实际尾水位相比，我们预测尾水位与实际数值存在较大差异(见图12)。如表8所示，尾水位取决于发电机停机和运行等运行条件。因此，在充分考虑2台发电机组的运行条件后，确定尾水位为20.93 m。

表8 确定尾水位

项目	发电机停机($Q=0\ m^3/s$)	发电机运行	
		1台发电机组($Q=56.5\ m^3/s$)	2台发电机组($Q=113\ m^3/s$)
尾水位	EL. 17.0 m	EL. 20.60 m	EL. 20.93 m

(3)水头损失。

水头损失可分为进水损失、尾水损失及介于这两者之间的其他损失。如图13所示，额定泄水量(56.5 m^3/s)运行条件下的预期水头损失约为0.19 m。

(4)有效水头的确定。

运行水轮发电机的有效水头，应能保证从正常高水位到低水位的水位条件下进行发电。因此，Namgang水电站现代化改造项目中新水轮发电机的最大、额定和最小有效水头如表9所示。

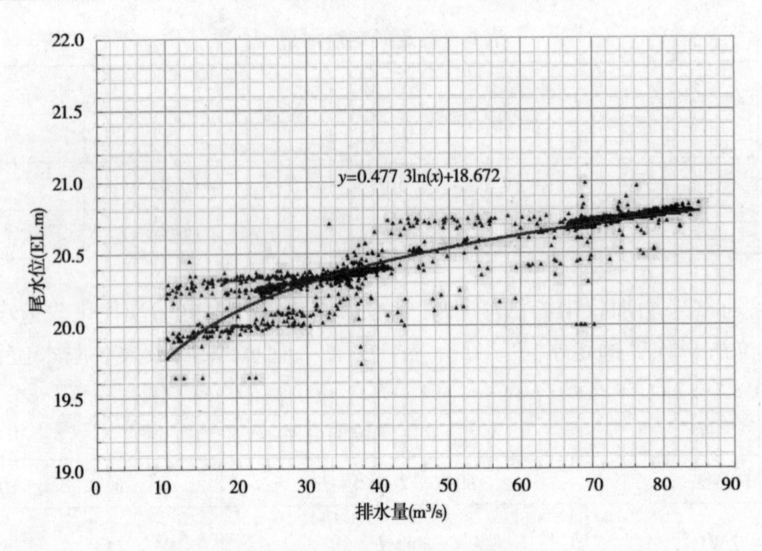

图 12　尾水位运行数据

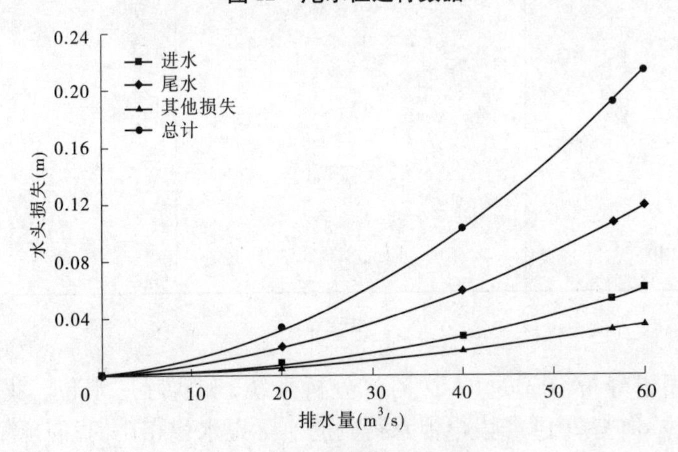

图 13　泄水量造成的水头损失

表 9　有效水头的确定

项目	坝前水位	尾水位	水头损失	有效水头
最大	46.0 m	20.60 m	0.19 m	25.21 m
额定	39.0 m	20.93 m	0.19 m	17.88 m
最小	32.0 m	20.93 m	0.19 m	10.88 m

3.5　发电量的确定

根据额定泄水量、额定有效水头和运行效率(水轮机运行效率为 93%;发电机运行效率为 98%),我们预估最佳容量为 9 MW,在现有容量(7 MW)基础上增加了 2 MW。通过分析以往运行历史,我们发现,通过现代化改造减少了结构工程增加了发电量。表 10 给出了现有设施和新建设施的技术参数。

表 10　现有设施和新建设施的技术参数比较

项目		现有设施	新建设施	说明
容量		7 MW × 2 台发电机组	9 MW × 2 台发电机组	增加 4 MW
类型	水轮机	卧式卡普兰灯泡	卧式卡普兰灯泡	
	发电机	同步	同步	
泄水量/台发电机组		47.5 m^3/s	56.5 m^3/s	增加 9.0 m^3/s
有效水头	最大	20.00 m	25.21 m	增加 5.21 m
	额定	16.00 m	17.88 m	增加 1.88 m
	最小	10.40 m	10.88 m	增加 0.48 m
泄水闸泄水量		43.4 m^3/s	27.5 m^3/s	减少 15.9 m^3/s
年发电量		44 449 MW · h	52 694 MW · h	增加 8 245 MW · h

3.6　结构稳定性分析

如果要增加 2 MW 的发电容量,则需要在现在过水断面上下额外开挖 0.5 m,因为进水口断面的适当过流直径为 5.8 m(B) ×5.8 m(H)。图 14 给出了进水口的开挖断面。

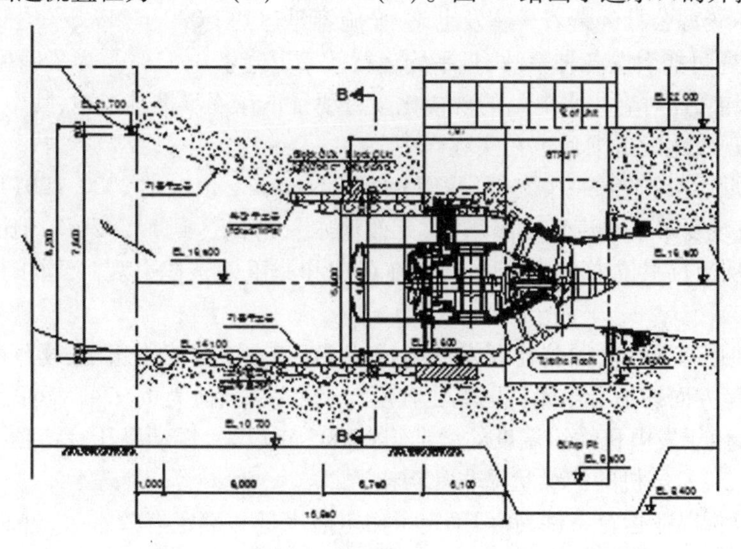

图 14　进水口开挖断面

我们还对将进水口直径从现有的 4.8 m 扩大到 6.40 m(9 MW)时结构的稳定性进行了分析。为了比较现有结构与开挖结构之间的应力,我们采用了“MIDAS CIVIL”结构分析程序。对 5.80 m 进水口最大直径(开挖宽度为 6.40 m)条件下的安全性展开分析,发现与 2 号发电机组相比,1 号发电机组断面附近发生了最大拉应力,但是仍在容许拉应力和剪应力范围内。因此,在扩大断面(6.4 m ×6.4 m)以便将 Namgang 发电站容量增至 9 MW(直径为 5.80 m)的情况下,由于 1 号和 2 号发电机组水道附近的最大拉应力和最大剪应力并未超过容许应力,因此认定结构安全得到保证(见图 15)。

4　结　论

世界各地利用水资源进行的水力发电已成为一种重要的清洁能源。近年来,对老发电

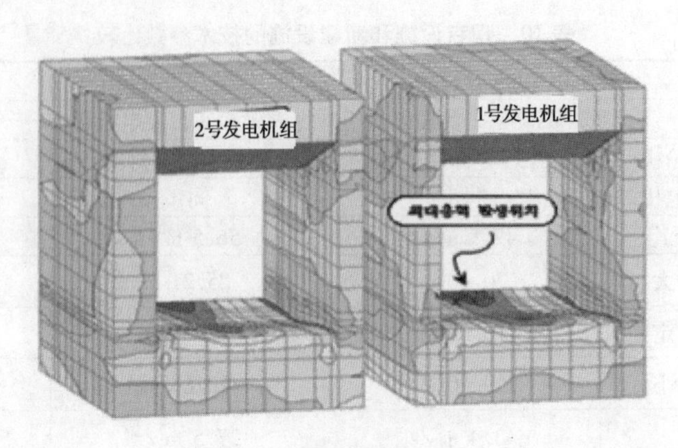

图 15　结构分析结果

设施进行的现代化改造项目逐渐受到重视，这些项目旨在应对气候变化，确保老发电站的稳定性，提高水轮机运行效率。本文概述了韩国水资源公社老水电站现代化改造项目的现状，以 Namgang 发电站现代化改造项目作为案例研究，对其以往运行模式进行了分析，并对其老化程度展开了评估，以此得出扩容依据。分析结果汇总如下：

(1)韩国水资源公社经营着 9 座发电站，设施容量达到 1 000.6 MW，平均使用年限达到 33 年。老化问题可能引发各种事故，且平均运行效率下降了 3.52%。为了确保设施的稳定性，改善设施性能，针对老化水电站的现代化改造项目正在逐步推进当中，其中安东和 Namgang 水电站的现代化改造项目也在实施当中。

(2)作为现代化改造的一个案例，我们分析了 Namgang 水电站 2000 ~ 2014 年的以往运行模式，结果发现夏季来水流量逐渐增加，无效泄水量占比达到 55.42%，约比其他发电站高出 5.4 倍。从运行水位来看，我们分析了在汛期和非汛期整体上观察到的超出正常高水位运行历史。

(3)我们使用韩国水资源公社开发的 Hydro CAP 工具，从使用年限、物理状况、运行历史、效率、输出等方面评估了水轮机的老化程度。结果，总分值为 1.974，表明需要进行现代化改造。此外，由于发电机绕组温度的增加，自 2005 年以来，振动高于标准值，输出仅限于 6 500 kW 以内，且发电机的绝缘状况非常糟糕。

(4)通过分析以往运行条件，我们确定了额定泄水量和额定有效水头，进而重新选定了最佳容量。结果，设施容量从 7 MW 增加到 9 MW。

(5)需要在进水口断面扩挖 0.5 m，以确保实现必要的设施扩容。经过结构稳定性分析证明，结构稳定性没有什么问题。

参 考 文 献

[1] IHA. 关键水电趋势，2016.

[2] 韩国进出口银行. 水电市场现状和愿景，2013.

[3] IEA. 水电技术路线图，2012.

[4] 水轮机、蓄水泵和泵轮机模型验收试验：IEC60193[S].

[5] Namgang 水电站详细设计报告[R]. 韩国水资源公社，2016.

前坪水库工程施工期环境保护初探

杜鹏程[1] 周亚群[1] 余登科[1] 皇甫泽华[2]

(1.淮河流域水资源保护局淮河水资源保护科学研究所,蚌埠 233001;
2.河南省前坪水库建设管理局,郑州 450002)

摘 要 前坪水库工程施工期对环境的影响主要集中于生产区和生活区。通过对主体工程、辅助工程、公用工程和储运工程施工顺序及作业方式的分析,可知对环境造成较大影响的施工内容主要为土石方开挖、装运、弃渣、土石方填筑,建筑物混凝土浇筑,施工人员生产生活,交通运输等。土石方工程主要对水、气、声、陆生生态、水生生物、水土流失等环境因子产生影响;混凝土工程主要对水、气、声环境等环境因子产生不利影响;施工人员施工期间将产生生活污水、生活垃圾等;交通运输主要产生噪声等不利影响。本文通过对以上施工活动产生的环境影响的分析、预测和评价,进而提出经济合理、技术可行的防护措施,从而使本工程施工期的环境影响达到可控状态。

关键词 前坪水库;施工期;环境概况;环境影响;措施

1 工程概况

前坪水库位于汝阳县城西9 km,北汝河干流上,工程由主坝、副坝、泄洪洞、溢洪道、取水构筑物、输水洞、电站、尾水构筑物等组成,总库容5.90亿m^3,兴利库容2.61亿m^3。工程建成后可使北汝河干流的防洪标准提高到20年一遇,沙颍河漯河以下干流的防洪标准提高到50年一遇;增加城市及工业供水6 300万m^3/a,增加和改善灌溉面积50.8万亩,下泄生态基流4 428万~5 574万m^3/a,多年平均发电量1 881万kW·h。工程施工总工期60个月。

前坪水库工程布置及周边环境关系见图1。

2 工程分析和环境影响识别

本工程施工特点为:①施工范围小,为点状工程;②评价范围内不涉及各类自然保护区等敏感区域;③主体工程依次渐进实施,工程完成后,施工影响也随之消失;④施工场地开阔,有利于临时设施的布置。⑤工程下游9 km为汝阳县地下水水源地,工程所在地河流北汝河水功能区划为Ⅱ~Ⅲ类。

工程施工导流采用一次拦断河床,采用全年洪水标准,利用导流洞和泄洪洞导流的导流方案。对水环境、声环境、大气环境、生态环境产生一定的影响,并新增水土流失。

主体工程施工包括土石方工程、混凝土工程和交通工程等。土石方工程主要对水环境、

作者简介:杜鹏程(1974—),男,高级工程师,主要从事水资源保护、水污染防治、环境影响评价等工作。E-mail:115352397@qq.com。

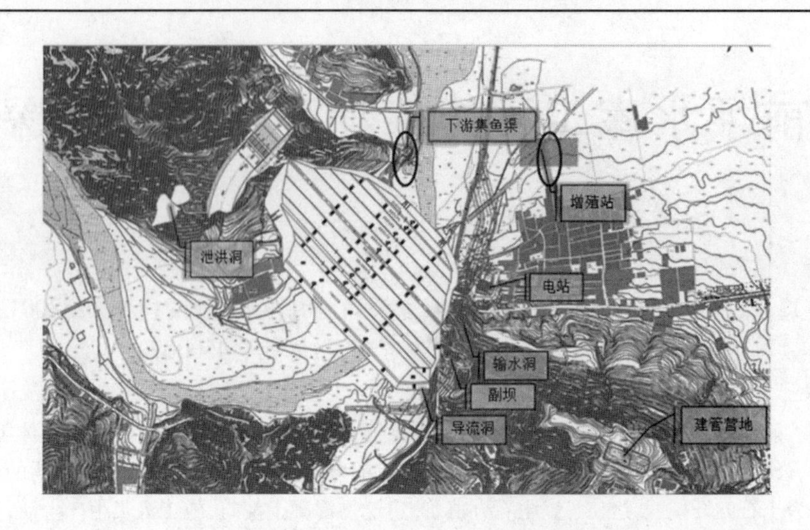

图 1　前坪水库工程布置及周边环境关系图

大气环境、声环境、生态环境、水土流失、人群健康等环境因子产生不利影响；混凝土工程主要对水环境、气环境和声环境等环境因子产生不利影响；交通工程主要对大气环境和声环境产生不利影响。

施工占地包括永久占地和临时占地，主要对陆生植被、动物和水土流失产生不利影响。

3　环境质量现状调查和评价

根据有资质的环境监测单位对北汝河前坪水库坝址上下游断面的监测结果可知，在地表水环境质量标准中的 24 项指标中，丰水期库尾黄庄乡断面总磷、总氮超出地表水Ⅰ类水质标准（该断面位于北汝河源头，河南省环保厅复函确认执行Ⅰ类标准），最大超标倍数分别为 2.2 倍和 0.1 倍；平水期坝址断面处总氮超出地表水Ⅲ类标准，最大超标倍数为 0.42 倍；枯水期库区断面均满足地表水Ⅲ类标准。总磷、总氮超标与上游黄庄乡未建设污水处理设施有关。

根据监测结果，项目区 3 个监测点环境空气质量均满足《环境空气质量标准》（GB 3095—2012）二级标准，该地区空气质量环境现状良好。

由于该地区主要为村镇，人口稀少，分布较为松散，且村镇间车流量较少，主要环境噪声为居民生活噪声。因此，该地区声环境质量较好，除黄庄乡政府夜间略有超标外，其余监测点噪声均能满足《声环境质量标准》（GB 3096—2008）1 类、2 类标准。

根据河南大学生态调查结果，项目区共发现陆生植物 61 科 160 属 213 种，其中裸子植物 2 科 2 属 2 种，被子植物 59 科 158 属 211 种；兽类 5 目 7 科 11 种；两栖类 2 目 4 科 5 种；爬行类 4 目 8 科 12 种；鸟类 10 种；浮游植物 5 门 37 种（属）；浮游植物 4 门 12 个种（属）；底栖动物 14 门 6 纲 14 目 18 种；水生维管束植物 23 种属；鱼类 4 目 10 科 37 种。评价区有国家二级保护野生动物大鲵（*Andrias davidianus*），河南省省级保护物种有灰雁（*Anser anser*）、大杜鹃（*Cuculus canorus*）、家燕（*Hirundo rustica*）和红尾伯劳（*Lanius cristatus*）。

根据调查，施工区周围 200 m 以内分布有气声环境敏感点前坪村、西庄小学、西庄、栗扒嘴、上店镇、姜庄、赵家村、布河村等村组。

4 施工期环境影响预测

4.1 地表水环境

根据施工期洪水调算成果,施工导流导致原河道的水位、流量和流速在导流期间受到轻微影响,总体水文情势受到影响较小。

大坝在围堰内施工,将产生基坑排水,分为初期排水和经常性排水。基坑排水中的悬浮物和 pH 值较高。初期排水大约 37 500 m^3,排放强度为 521 m^3/h;经常性排水为间断性排放,水质呈碱性,悬浮物浓度达 2 000 mg/L。

前坪水库砂砾料筛洗系统设计处理能力为 220 t/h,冲洗用水为 220 m^3/h,废水排放量为 198 m^3/h,悬浮物浓度一般为 30 000 mg/L,最高值达 100 000 mg/L,最低值 3 000 mg/L。

本工程混凝土最大月浇筑强度为 1.92 万 m^3,布置一台 3XJ3-1.50 型拌和楼,混凝土系统废水主要来源于拌和楼料罐、搅拌机及地面冲洗,排放方式为间歇式。混凝土加工系统冲洗用水量不大,平均每个混凝土加工系统一天冲洗 3 次,每次冲洗量约 8 m^3,废水排放量 24 m^3/d。混凝土拌和系统废水呈碱性,pH 值高达 11~12,悬浮物浓度在 2 000 mg/L 以上。

根据《环境影响评价技术手册水利水电工程》施工期环境影响预测评价,施工机械冲洗用水量为 400 L/(辆·次),产污率为 90%。前坪水库工程施工机械共约 320 辆需定时冲洗,计划每天冲洗 80 辆,每天冲洗一次,冲洗废水量约 28.8 m^3/d,废水主要污染物为石油类和 SS,其中石油类浓度为 5~50 mg/L,悬浮物浓度约为 3 000 mg/L。

根据施工进度安排,前坪水库工程施工高峰人数约 2 540 人,人均日用水量按 120 L 计算,污水排放系数按 0.8 计算,高峰期污水排放量大坝工程施工生活区为 243.84 m^3/d。生活污水中主要污染物为 BOD_5和 COD,其中 BOD_5、COD 的浓度分别为 200 mg/L、400 mg/L,此外还含有致病病菌等。

4.2 大气环境

本工程消耗汽油、柴油合 26 827 t,消耗 1 t 油料产生二氧化硫(SO_2)3.52 kg、一氧化碳(CO)27 kg、二氧化氮(NO_2)29.35 kg、碳氢化合物(CH_x)4.83 kg,施工高峰期,大气污染物排放强度二氧化硫 4 722 kg/月、二氧化氮 39 369 kg/月、一氧化碳 36 216 kg/月、碳氢化合物 6 479 kg/月。

岩石基础凿裂、钻孔和爆破过程中产生粉尘污染;砂石料加工系统湿法生产系统粉尘排放强度为 0.05 kg 粉尘/t 砂子,本工程共布置砂石料加工系统 1 处,砂石料高峰期生产量约为 220 t/h,粉尘产生量为 11 kg/h,粉尘排放速率为 0.11 $mg/(s \cdot m^2)$;混凝土拌和系统生产过程中也会产生扬尘污染。

施工中,大量的土石方开挖、填筑、地表扰动活动,以及砂石、水泥等散装建材露天堆放时,遇气候干燥又有风的情况下,会产生扬尘,主要影响下风向近距离敏感点大气环境质量。

本工程场外交通道路为Ⅳ级公路,山丘区要求车速为 20 km/h,施工道路扬尘的排放强度为 75.7 mg/(s·m);场内交通道路设计车速为 15 km/h,施工道路扬尘为 56.8 mg/(s·m)。

4.3 声环境

本工程涉及的高噪声施工机械设备及活动主要有潜孔钻、挖掘机、装载机、推土机、载重汽车、砂石料加工系统、混凝土拌和楼、爆破等,源强在 82~120 dB(A)范围内。

爆破对声环境的影响最大,白天影响距离为 1 000 m、夜晚为 3 200 m;其余固定点声源白天影响距离为 25 ~ 220 m、夜晚为 80 ~ 700 m。

交通噪声白天影响距离为 50 m，夜晚为 140 m。

4.4　固体废物

工程施工期总工期 60 个月，枢纽工程施工高峰期人数 2 540 人，施工期高峰日均产生量为 2.032 t/d，施工期间产生生活垃圾 3 536 t。

根据工程土石方平衡，工程弃渣总量 255.6 万 m^3。

4.5　水土流失

经计算，本工程扰动土地面积 784.46 hm^2，项目区新增水土流失总量为 11.66 万 t。

4.6　生态环境

工程占压耕地 709.58 hm^2，林地 197.00 hm^2，水域面积 626.35 hm^2，荒草地面积 123.67 hm^2。工程占地共损失的生物量为 42 020.16 t/a，占区域总生物量的 1.87%。

工程占地和施工将影响野生动物生境，野生动物将被迫迁徙；施工人员捕捉也会影响到野生动物的生存。

因施工产生的废水和固体废弃物如处理不当等可能引起坝下北汝河水质污染，透明度降低，影响浮游植物光合作用速率，不利于藻类生长繁殖，丰度和生物量都会明显降低；水生维管束植物也会受到影响；进而影响到浮游动物、底栖动物和鱼类的繁殖与生长。

5　拟采取的环境保护措施

5.1　地表水环境

向基坑投加适量的絮凝剂和酸处理基坑废水中悬浮物和 pH。基坑废水静置沉淀 2 h 后，用清水泵抽出外排，剩余污泥及时人工清除。

本次砂石料冲洗废水处理拟采用高效旋流净化法。该工艺运用组合和集成新技术使废水在短时间内实现多级高效净化，且占地小，处理效果好，在废水治理中可以一次性处理达标，利于实现废水的资源化利用，达到废水零排放。主要设备为 1 台 DH - CSQ - 200 型高效污水净化器，设计停留时间 1 h，去除率为 98%。

混凝土拌和系统废水拟采用絮凝沉淀池处理工艺，主要构筑物为絮凝沉淀池，面积为 60 m^2、深 1.5 m。

经比选，含油废水采用成套油水分离器，废水中悬浮物和 COD 以及部分石油类，在沉淀池中投加乳化剂，经絮凝沉淀后得以去除，为使废水排放时的石油类达标，沉淀池出水进入小型隔油池，停留适当时间待油、水分离后，清水可回用。主要设备沉砂滤油池容积为 5.2 m^3。

施工人员生活污水拟采用地埋式污水处理设施进行三级处理，该设施对生活污水中 BOD_5 和 COD 的去除率可达 80% ~ 90%，对 SS 的去除率可达 70% ~ 75%，出水水质各项指标可控制在以下浓度值范围内：$BOD_5 \leq 20$ mg/L、COD ≤ 60 mg/L、SS ≤ 70 mg/L。

以上废水处理达标后综合利用（农业灌溉、施工道路场地洒水降尘或绿化用水）或循环使用，不外排。

5.2　大气环境

各种施工机械尽量使用 0# 柴油和无铅汽油等优质燃料，在使用过程中，加强维护保养，使发动机在正常和良好状态下工作，减少有毒、有害气体的排放量；施工机械车辆应安装尾气净化和消烟除尘装置；严禁使用报废车辆。

砂石料加工系统和混凝土生产系统均采用全封闭式加工搅拌系统,各系统均需配套有防尘除尘装置。水泥装卸作业除要求文明作业外,水泥库实行全封闭作业,加强物料的管理,减少扬尘产生量。

要严格控制施工区及其附近施工临时道路的扬尘,配备洒水车2辆,在无雨日每天洒水6~8次,在干燥大风天气情况下洒水频率加密;材料堆放应采取必要挡风措施,减少扬尘;组织好材料和土方运输,防止扬尘和材料散落造成环境污染;材料运输宜采用封闭性较好的自卸车运输或采取覆盖措施;施工车辆须常清洗,尽量避免施工车辆把泥土带出施工现场。

对岩石层凿裂、钻孔、爆破尽量采用湿法作业,降低粉尘;凿裂、钻孔采用带有捕尘设备的设备,爆破方式应优先选择预裂爆破,以减少粉尘产生量。

5.3 声环境

施工单位须选用符合国家有关环境保护标准的施工机械,尽量选用低噪声设备和施工工艺,使用过程中加强设备维护和保养,保持机械润滑,降低运行噪声;施工布置时高噪声设备尽量远离居民点和施工人员生活营地等布置;合理安排车辆运输时间,限制车速,降低车辆运行噪声污染;尽量缩短高噪声施工作业、机械设备的使用时间,配备、使用减震坐垫和隔音装置,降低噪声源的声级强度。

高噪声设备尽量安置在室内,在声环境敏感点和声源间设置声屏障500 m。

在声环境敏感点设置30户通风隔音窗,必要时对受影响居民进行经济补偿。

5.4 固体废物

在各施工临时生活区设置垃圾桶50个,安排清洁工负责日常生活垃圾的清扫,并对其进行简单筛选,能重复利用的尽量集中回收,生活垃圾定期委托当地的环保部门清运处理。

施工初期产生的建筑垃圾集中后送往集中弃渣场,施工结束后,及时拆除工棚,对污水处理设施拆除,化粪池中污水、污泥清除后农用,并对池内用石炭酸或生石灰进行消毒。

5.5 水土保持

主要措施包括工程措施、植物措施和临时工程。预计完成工程量:土方开挖11.03万m^3,土方回填2.34万m^3,现浇混凝土3 786 m^3,浆砌石7.36万m^3,土地平整9.58 hm^2,编织袋装土填筑及拆除2.04万m^3,全面整地14.23 hm^2,鱼鳞坑整地36.14万个,直播种草329.89 hm^2,散铺草皮13.69 hm^2,铺植生毯3.68 hm^2,栽植花卉1.63 hm^2,栽植灌木28.47万株,植攀缘植物4.16万株,植绿篱16.60 km,植乔木15.03万株。

5.6 生态环境

优化施工区布置,严格控制施工范围,减少施工占地。加强对施工人员的生态保护宣传和教育,做好野生动植物保护;选择适宜本地区栽植的植物,落实各项水土保持措施,施工前进行表土剥离、单独堆放,施工结束后及时进行迹地生态恢复;通过导流洞和泄洪洞在施工期间保证下游生态基流;对占用的林地和耕地进行“占补平衡”或缴纳森林植被恢复费和耕地开垦费;严禁生产废水、生活污水和固体废物随意直接排入下游河道,保护野生动植物生境。

5.7 环境管理

工程业主要成立环境保护管理机构,在施工组织设计和工程造价中,充分考虑到环境保护因素,在施工过程中进行有效监督和管理。其主要职责包括:一是制定建设期环境保护实施规划和管理办法;二是编制招标文件和承包项目合同中的环保条款。在施工承包合同中订立专门条款，加强工程支付管理，充分利用工程支付的调节作用，强化施工期间的环保工作；三是制订环境保护工作年度计划；四是组织实施并监督检查环保工程措施的落实；五是负责协调环保和其他部门的关系，配合环保部门做好环境监测检查工作，发现问题及时整改；六是编写年度环境保护工作报告及月、季、年报表；七是开展环境保护宣传、教育和培训；八是认真做好工程的竣工验收工作，环保项目未按要求实施完成的，不能通过验收。

环境监理是工程监理的重要组成部分，是落实水利水电工程环境保护的有力措施，监理工程师不仅要抓好合同、进度、质量和建设资金使用的管理，还要加强环保管理，建立以总监负责制为核心的环境监理组织体系，完善各项监理制度和监理程序，落实监理具体措施，实行分工负责，对施工单位的环保工作实施情况进行监督。在施工准备阶段即应审查设计文件和施工方案是否满足环保要求，如有问题，应协助做好设计优化工作；在施工阶段应根据环境影响评价报告书确定监理的主要内容，检查环保工程设计是否得以实施、质量是否达到要求；检查环保工程资金的使用是否落到实处，配合环保职能部门做好施工期间的环保检测和监督工作。此外，对于施工单位存在的造成环境严重破坏和污染的施工活动，监理工程师必须依据相关环保法规、政策规定加以严格控制，并责成施工单位采取有效措施进行整改。在验收阶段，提交环境监理报告，参与业主组织的工程竣工环境保护验收。环境监理的内容主要包括：一是地表、地下水资源保护；二是施工区生活供水灭菌消毒的监测与检查；三是生活污水和生产废水的处理，排污口及水质监测；四是粉尘及有毒、有害气体的控制和大气监测；五是噪声污染控制和监测；六是固体废弃物的处理；七是水土流失的防治与植被恢复；八是人群健康保护；九是文物保护；十是环保设施的建设。

施工单位要高度重视环境保护工作，针对水利水电工程施工引起的环境问题，切实加强对施工活动及施工人员的管理，严格按照施工合同中环保条款的要求，指定专人负责环保工作，根据具体的施工计划制订与工程同步的施工区和生活区的环境保护措施计划，及时检查环保设施的建设及运行情况，妥善处理施工过程中出现的环保问题，对施工区域外的植物、树木尽量维持原状，防止由于工程施工造成施工区附近地区的环境污染，加强开挖边坡治理，防止冲刷和水土流失。积极开展尘、毒、噪声治理，合理排放废渣、生活污水和施工废水，最大限度地减少施工活动给周围环境造成的不利影响，改善和恢复施工区的良好环境。

施工单位应建立由项目经理领导下，生产副经理具体管理、各职能部门（工程管理部、质量安全部等）参与管理的环境保护体系。其中工程管理部负责制订项目环保措施和分项工程的环保方案，解决施工中出现的污染环境的技术问题，合理安排生产，组织各项环保技术措施的实施，减少对环境的干扰；质量安全部全面负责施工区及生活区的环境监测和保护工作，督促做好施工全过程的环境保护，加强环境监测，及时处理纠正涉及环境的有关问题，监督各项环保措施的落实，积极配合当地环境保护行政主管部门做好专项环境监督监测工作；其他各部门按其管辖范围，分别负责组织对施工人员的环境保护培训和考核，保证进场施工人员的文明和技术素质，严格执行有毒有害气体、危险物品的管理和领用制度，负责各种施工材料的节约和回收等。

5.8　环境监测

施工期业主需委托有资质的单位对项目区生产废水、生活污水、生活饮用水、河流地表水、大气环境、声环境、陆生生态和水生生态等环境因子进行定期监测，加强对项目区环境的监管和保护。

6 结 论

前坪水库工程为淮河流域北汝河上游国家重大水利工程,该工程的建设有着巨大的防洪、城市供水、农业灌溉、发电和生态等经济效益、社会效益和环境效益。但是工程建设过程中不可避免地对周围自然环境、社会环境和生态环境产生不利影响,本文尝试较系统地对其进行影响识别、环境现状评价、影响预测,并提出相应的保护措施,使该工程施工对环境的不利影响得到有效避免、减缓和控制,从而使该工程建设的经济效益和环境效益相统一,对其他水库工程或水利工程亦有借鉴作用。

参考文献

[1] 前坪水库工程环境影响报告书[R].蚌埠:淮河水资源保护科学研究所,2015.
[2] 前坪水库工程可行性研究报告[R].郑州:河南省水利勘测设计研究有限公司,2015.
[3] 环境影响评价技术导则总纲:HJ 2.1—2016[S].
[4] 环境影响评价技术导则大气环境:HJ 2.2—2008[S].
[5] 环境影响评价技术导则地面水环境:HJ/T 2.3—93[S].
[6] 环境影响评价技术导则声环境:HJ 2.4—2009[S].
[7] 环境影响评价技术导则生态影响:HJ 19—2011[S].
[8] 环境影响评价技术导则水利水电工程:HJ/T 88—2003[S].

水库泥沙淤积对西藏扎拉水电站运行影响试验研究

黄建成　王　军　李　健　吴华莉

（长江科学院河流研究所，武汉　430010）

摘　要　为了分析西藏玉曲河扎拉水电站运行后水库泥沙淤积对电站取水发电产生的影响，基于扎拉电站整体河工模型试验成果，对扎拉电站运用50年水库泥沙淤积过程，泄水建筑物及电站引水口前泥沙淤积分布、淤积高程，电站过机泥沙特性进行了试验研究。结果表明，水库运用50年末，库区泥沙基本达到冲淤平衡，水库淤积总量约占总库容的66.45%；坝前泥沙淤积高程基本与底孔进口底高程齐平，对底孔泄流排沙影响不大；电站引水口前形成较明显的冲刷漏斗，引水渠淤积对电站正常引水影响不明显；电站过机泥沙，在水库运用初期没有粒径>0.1 mm的粗沙，在水库运用50年末，遇不同含沙量洪水，过机泥沙中值粒径>0.1 mm的粗沙占总沙量的3.2%～6.6%。建议下阶段进行优化水库调度提高水库排沙效率的研究，进一步减少水库泥沙淤积，减轻粗沙对机组的磨损。

关键词　西藏扎拉水电站；水库泥沙淤积；电站引水渠淤积；过机泥沙；河工模型

1　基本情况

西藏玉曲河扎拉水电站是怒江一级支流玉曲河梯级开发方案中的第六级，主要开发任务为发电，并促进地方经济社会发展。坝址位于碧土乡扎郎村附近，距左贡县城约136 km，距河口约83 km。坝址控制流域面积8 546 km^2，多年平均流量110 m^3/s，多年平均径流量34.8亿m^3，多年平均悬移质输沙量为89.6万t，推移质输沙量为13.4万t，多年平均悬移质含沙量为0.262 kg/m^3。水库正常蓄水位2 815 m，校核洪水位2 816.25 m，总库容0.105亿m^3，总装机容量1 025.2 MW，为二等大(2)型工程[1]。

扎拉水电站采用混合式开发方式，坝址位于左贡县碧土乡扎郎村，电厂厂址位于察隅县察瓦龙乡据水村，引水线路长约5.1 km。枢纽主要建筑物由挡泄水建筑物、引水隧洞、电站厂房组成（见图1）。挡水建筑物为混凝土重力坝，坝顶长度210.5 m，坝高67 m，坝身布置泄洪设施，设1个表孔、2个底孔，表孔孔口尺寸为7 m×10 m（宽×高），底孔孔口尺寸为6 m×4.75 m（宽×高）；引水隧洞采用四机一洞，断面为圆形，内径8.5 m；电站厂房为地面式，安装4台255 MW水轮机组[1]。

扎拉水电站具有“利用水头高、库容沙量比小”的特点，如何减少水库泥沙淤积，延长水

基金项目：国家重点研发计划课题（2018YFFO212201）。

作者简介：黄建成（1962—），男，湖南长沙人，教授级高级工程师，主要从事河流工程泥沙研究。E-mail：1060912752@qq.com。

库使用寿命,确保电站引水口前“门前清”,尽量减少粗沙过机、防止机组磨蚀是本工程的重大技术问题之一,它直接关系到工程运行后的安全性和发电效益的发挥[2-3]。为此,在可研阶段应充分研究水库泥沙淤积规律、坝前及电站引水口前泥沙淤积分布、淤积高程、电站过机泥沙特性等问题,为枢纽泄流排沙建筑物布置、电站调度运行方式的确定提供科学依据。

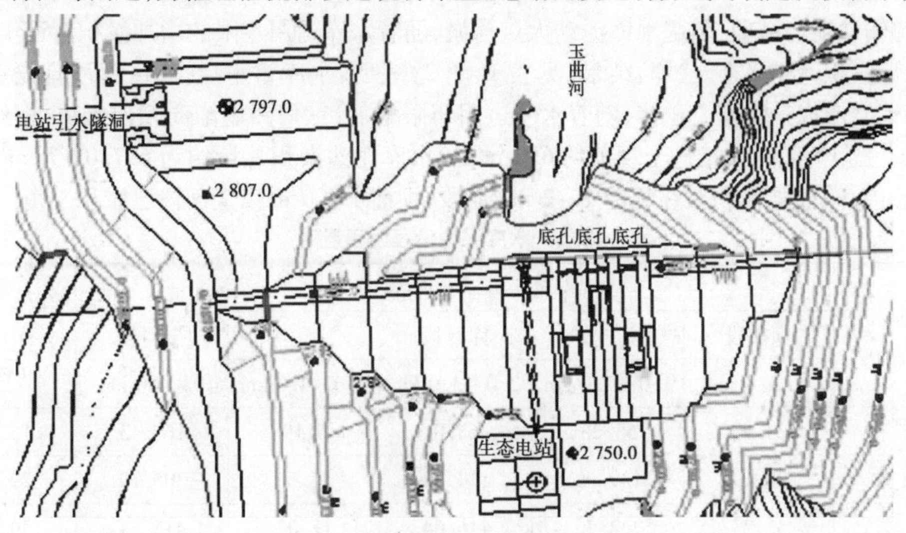

图 1 扎拉电站枢纽平面布置

2 模型试验研究内容

2.1 模型概况

扎拉水电站河工模型模拟的河段范围全长约 5.4 km,其中坝址上游段长约 4.7 km,坝址下游段长约 0.7 km。该水库正常蓄水位 2 815 m,回水长约 3.76 km,因此模型模拟了整个水库河段。模型设计按几何相似、水流运动相似、泥沙运动相似和河床冲淤变形相似准则进行。模型平面比尺 $\lambda_L=100$,垂直比尺 $\lambda_H=100$, 为几何正态[4-5]。

根据对扎拉电站坝址河段悬移质和床沙取样分析,该河段悬移质最大粒径为 0.610 mm,中值粒径 0.016 mm,粒径 >0.1 mm 的沙量约占总沙量的 9.2%。床沙最大粒径为 296.1 mm,中值粒径为 162 mm。根据三峡工程坝区泥沙模型设计经验和本河段泥沙冲淤特点[6-7],模型沙选用株洲精煤,其比重为 1.33 t/m^3。

模型采用 2015 年 6 月该河段实测地形制模,进行了水面线、断面流速分布和河床冲淤变化的验证。结果表明,各项验证指标均符合《河工模型试验规程》(SL 99—2012)要求,模型设计、选沙及各项比尺的确定基本合理,能够保证正式试验成果的可靠性[5]。

2.2 研究内容

根据一维数模计算结果,扎拉电站运用 50 年末,水库排沙比达到 91.3%,水库冲淤达到基本平衡[2]。因此,模型试验中水库运行年限定为 50 年。水库运行调度方式采用起调水位为正常蓄水 2 815 m,考虑汛期排沙要求,6 ~ 9 月水库水位死水位为 2 811.5 m。试验主要研究内容包括:①水库泥沙淤积量、淤积分布;②泄水建筑物前泥沙淤积高程变化;③电站引水口前泥沙淤积分布、淤积高程;④电站过机泥沙含沙量及粒径。

3　试验成果分析

3.1　水库泥沙淤积

扎拉电站水库蓄水运用后坝前水位较建库前抬高 53.5 ~ 57 m，使水库河道水流流速降低，河道输沙能力减弱，引起水库泥沙大量落淤，随着水库运用年限的增加淤积量逐年增大，直至水库淤积达到平衡。试验结果（见表 1、图 2）表明，水库蓄水后，库区泥沙首先在水库中上段落淤形成三角洲淤积体，随着水库运用年限增加，三角洲逐渐向坝前推进，枢纽运用 50 年末，三角洲淤积体推进至坝前约 610 m 处，水库泥沙淤积总量约为 697.02 万 m^3，占总库容 66.45%，主要淤积段在坝前 1 ~ 2 km 河段，坝前 1 000 m 以上河段已淤积平衡。

表 1　水库泥沙沿程淤积量

枢纽运行年份	水库泥沙沿程淤积量（万 m^3）					占总库容百分数（%）
	坝前段	库区段			全河段	
	0 ~ 1.0 km	1.0 ~ 2.0 km	2.0 ~ 3.0 km	3.0 ~ 4.0 km	0 ~ 4.0 km	
10 年末	23.97	63.25	68.0	5.19	160.43	15.28
20 年末	39.19	139.95	114.28	11.66	305.10	29.06
30 年末	52.73	232.76	116.04	12.02	413.54	39.39
40 年末	88.88	339.98	122.31	13.17	564.35	53.74
50 年末	190.54	366.45	123.55	16.96	697.02	66.45

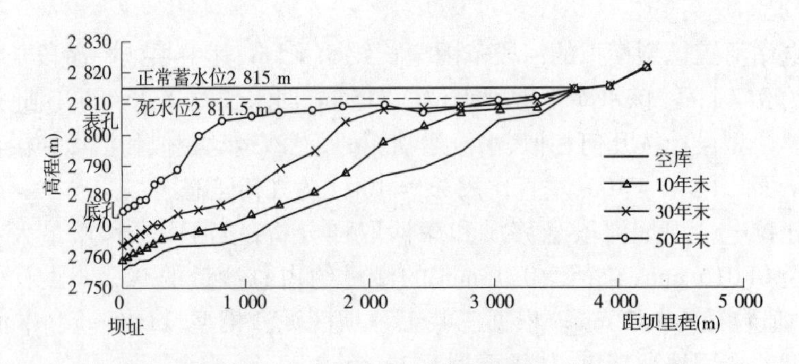

图 2　水库淤积纵剖面变化

由于水库河段河床横断面基本上呈“V”形，河道较顺直，沿程少滩，为河道型水库，因此河床横断面淤积基本上以平淤为主。

3.2　泄水建筑物前泥沙淤积

溢流坝段位于河床中部，布置 1 个表孔、2 个底孔，表孔堰顶高程 2 805 m，孔口尺寸 7 m × 10 m（宽 × 高），底孔进口底高程 2 775 m，孔口尺寸 6 m × 4.75 m（宽 × 高），坝址处原河底高程约 2 756.5 m[1]。试验结果（见表 2、图 3、图 4）表明，随着水库运用年限的增加，坝前泥沙淤积逐渐增大，枢纽运用 50 年末，坝前河床淤积高程与底孔进口底高程已基本齐平，其中 1# 底孔前淤积高程 2 775.3 m，淤厚 15.3 m，2# 底孔前淤积高程 2 775.4 m，淤厚 17.4 m，表孔前淤积高程 2 776 m，淤厚 17.0 m；坝前泥沙淤积对底孔泄流排沙影响不大。

表2 泄水建筑物前泥沙淤积高程及厚度 （单位:m）

枢纽运行年份	1#底孔		表孔		2#底孔	
	高程	淤厚	高程	淤厚	高程	淤厚
10年末	2 762.2	2.2	2 761.2	2.2	2 760.5	2.5
20年末	2 765.5	5.5	2 765.6	6.6	2 764.6	6.6
30年末	2 767.0	7.0	2 766.8	7.8	2 766.0	8.0
40年末	2 770.7	10.7	2 769.5	10.5	2 768.5	10.5
50年末	2 775.3	15.3	2 776.0	17.0	2 775.4	17.4

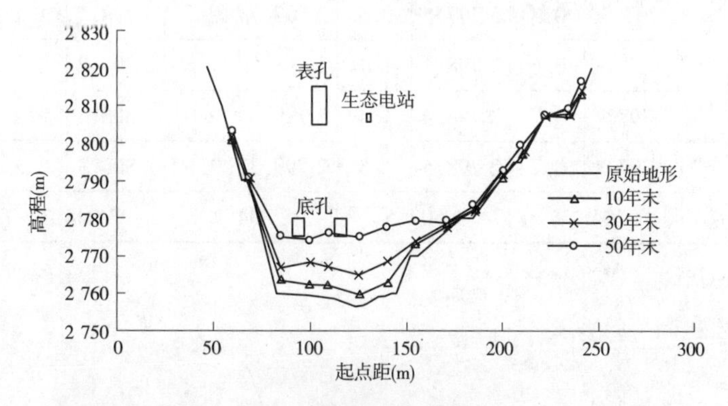

图3 坝前河床淤积断面

图4 电站运用50年末坝前淤积地形

3.3 电站引水口前泥沙淤积

电站引水口紧靠大坝右坝肩布置,进水口轴线与大坝轴线平行布置,距大坝轴线约66.5 m。进水塔采用岸塔式,依次布置有拦污栅段、进口段及闸门段,引水闸门前引水渠长60 m,底宽20.3 m,底板高程2 797.00 m。喇叭口段流道断面由11.5 m×11.1 m渐变为8.5 m×8.5 m,流道侧面与顶面均采用曲线过渡。总引水流量171.12 m^3/s[1]。

在枢纽运行过程中电站引水口前产生缓流、回流淤积,淤积量随枢纽运用年限的增加逐渐增大。试验结果(见表3、图5、图6)表明,枢纽运用50年末,坝前450 m河段内泥沙淤积高程为2 775.4 ~2 788 m,低于电站引水渠底板高程,引水渠内泥沙淤积总量4 157.4 m^3,淤积高程2 797.3 ~2 801.5 m,淤厚为0.3 ~4.5 m,淤积沿进流方向从渠首向电站进水口逐渐减小,进水口前形成冲刷漏斗,漏斗纵坡1:4.2,淤积对电站正常引水影响不明显,引水渠内未见到卵石推移质。

表3　电站引水口前泥沙淤积变化　(单位:m)

断面号	距引水口距离(m)	10年末		20年末		30年末		40年末		50年末	
		高程	淤厚	高程	淤厚	高程	淤厚	高程	淤厚	高程	淤厚
J0	0	2 797.1	0.1	2 797.2	0.2	2 797.2	0.2	2 797.3	0.3	2 797.3	0.3
J1	10	2 797.30	0.3	2 797.5	0.5	2 797.7	0.7	2 798.1	1.1	2 799.7	2.7
J2	25	2 797.60	0.6	2 798.1	1.1	2 798.5	1.5	2 799.2	2.2	2 800.8	3.8
J3	40	2 797.7	0.7	2 798.4	1.4	2 799.0	2.0	2 800.2	3.2	2 801.2	4.2
J4	60	2 797.7	0.7	2 798.5	1.5	2 799.3	2.3	2 800.3	3.3	2 801.5	4.5
引水渠内淤积量(m^3)		704.1		1 507.5		2 034.7		3 044.3		4 157.4	

注:引水渠段指进水口前开挖平台60 m×20 m(长×宽)。

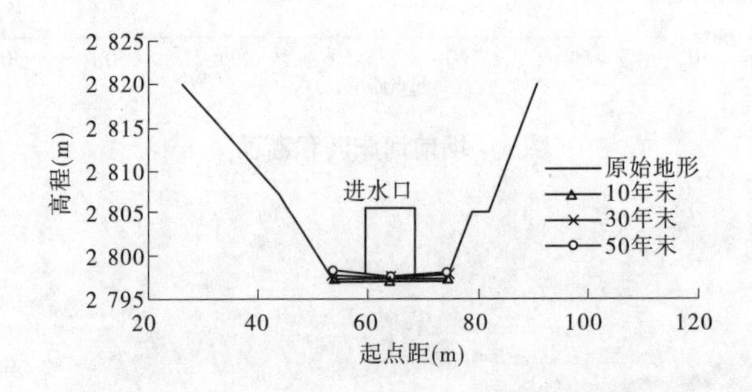

图5　电站引水口处淤积断面

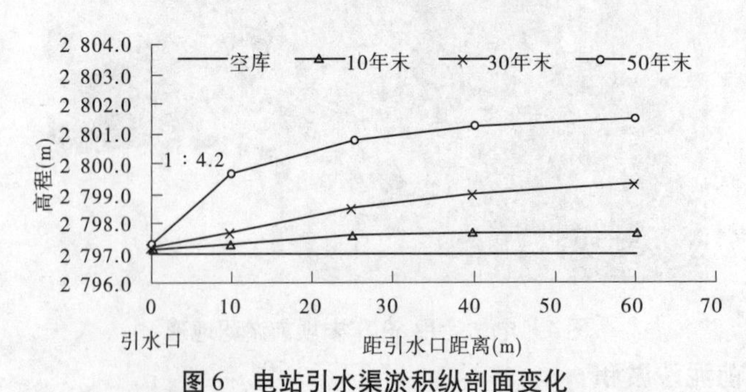

图6　电站引水渠淤积纵剖面变化

3.4　电站过机泥沙含沙量及粒径

扎拉电站运用后,进入坝区河段的泥沙以悬移质为主,推移质主要淤在水库中、上段。根据2011 ~2015年坝址断面悬移质来沙资料分析,6 ~9月输沙量占全年的91% ~94.1%,悬移质最大粒径为0.610 mm,中值粒径为0.016 mm,粒径 >0.1 mm的粗沙量约占总沙量的9.2%,中、枯水期来沙量很小,河道基本是清水[2]。试验中主要对汛期不同流量下电站引水隧洞内泥沙的含沙量及粒径级配进行了取样分析，试验结果（见表4、图7～图9）表明，电站引水隧洞内水流含沙量的大小和颗粒粒径变化主要受两个因素的影响，其一是入库水流含沙量的大小，遇高含沙量洪水时过机泥沙的含沙量和粒径明显较大；其二是水库运行年限，在水库运用初，水库沉沙作用较大，进入电站引水隧洞的水流含沙量和粒径明显小于入库泥沙的含沙量和粒径，随着水库运用年限的增加，库区淤积逐渐增大，水库沉沙效果减弱，进入电站引水隧洞的泥沙含沙量逐渐增大，粒径逐渐变粗。在汛期入库流量178～300 m^3/s，入库悬移质含沙量0.261～2.498 kg/m^3，泥沙中值粒径为0.016 mm时，枢纽运用10年末，电站引水隧洞内水流含沙量为0.121～0.642 kg/m^3，过机泥沙中值粒径为0.006～0.010 mm，粒径>0.1 mm的粗沙量占总沙量的0～2.2%；枢纽运用50年末，库区泥沙冲淤达到基本平衡，电站引水隧洞内水流含沙量为0.214～1.292 kg/m^3，过机泥沙中值粒径为0.011～0.014 mm，粒径>0.1 mm的粗沙量占总沙量的3.2%～6.6%，与入库水流的含沙量和泥沙粒径逐渐接近。

表4 电站过机泥沙含沙及粒径

枢纽运用时间	流量（m^3/s）	入库泥沙		电站引水隧洞内泥沙		
		含沙量（kg/m^3）	中值粒径（mm）	含沙量（kg/m^3）	中值粒径（mm）	粒径>0.1 mm比例（%）
第10年	178	0.261	0.016	0.121	0.006	0.0
	228	0.410	0.016	0.284	0.009	0.4
	300	2.498	0.016	0.642	0.010	2.2
第30年	178	0.261	0.016	0.162	0.008	2.1
	228	0.410	0.016	0.335	0.011	3.5
	300	2.498	0.016	0.951	0.012	4.9
第50年	178	0.261	0.016	0.214	0.011	3.2
	228	0.410	0.016	0.382	0.013	5.5
	300	2.498	0.016	1.292	0.014	6.6

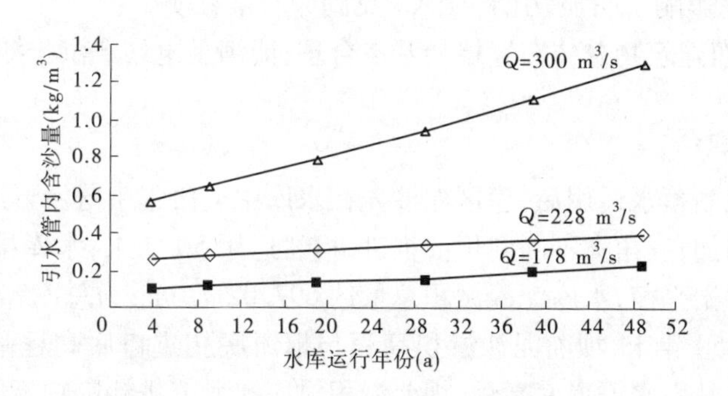

图7 过机泥沙含沙量与水库运行时间关系

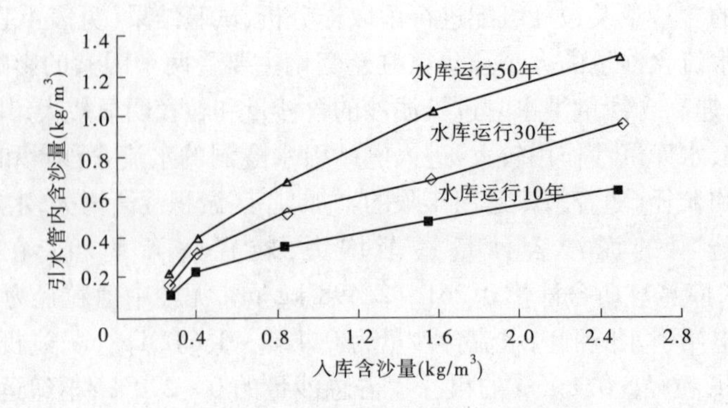

图 8　过机泥沙含沙量与入库泥沙含沙量关系

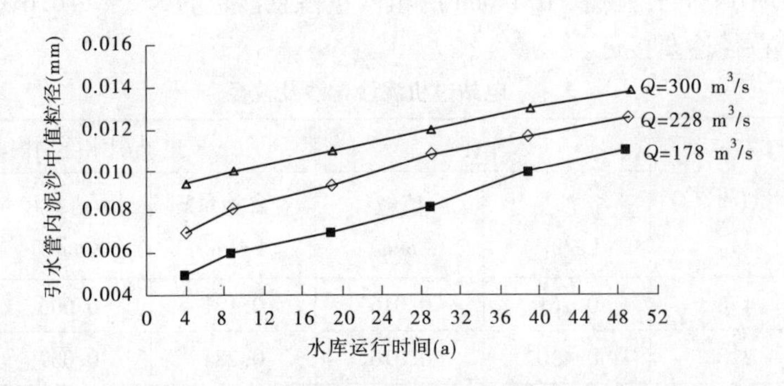

图 9　过机泥沙中值粒径与水库运行时间关系

4　枢纽建筑物布置合理性分析

扎拉水电站泄水设施布置于主河槽,正面迎流,有利于枢纽汛期泄洪排沙,试验结果表明,枢纽运用 50 年末,水库泥沙冲淤基本平衡,坝前泥沙淤积高程与底孔进口底高程基本齐平,对底孔泄流排沙影响不大,2 个底孔布置高程和泄流能力能满足水库泄洪排沙要求。

电站引水口紧靠大坝右坝肩布置,引水口底板高程 2 797 m,枢纽运用 50 年末,近坝段河床淤积高程低于引水渠底高程,在引水口前形成较稳定的冲刷漏斗,闸口处淤厚仅 0.3 m,对电站正常引水影响不明显,引水渠内未见到卵石推移质。

综上所述,枢纽建筑物总体布置格局基本合理,能满足电站泄洪排沙、取水发电的要求。

5　结论与建议

(1) 扎拉水电站蓄水运用后,库区泥沙先在水库中上段集中落淤形成三角洲淤积体,随着水库运用年限增加,三角洲不断向坝前推进,枢纽运用 50 年末,水库排沙比达 91.2%,库区泥沙基本达到冲淤平衡,水库泥沙淤积总量约 697.02 万 m^3,为总库容的 66.45%。

(2) 枢纽运用 50 年末,坝前泥沙淤积高程与枢纽底孔进口底高程基本齐平,近坝段河床淤积高程低于电站引水渠渠底高程,坝前淤积对底孔泄流排沙影响不大。

(3) 电站引水口前产生缓流、回流淤积,枢纽运用 50 年末,引水口前形成较稳定的冲刷漏斗,引水渠内泥沙淤厚 0.3 ~4.5 m,淤积分布沿进流方向从渠首向电站引水口逐渐减小,淤积对电站正常引水影响不明显,渠内未见到卵石推移质。

(4)电站过机泥沙含沙量随枢纽运用年限的增加而逐渐增大、粒径逐渐变粗,枢纽运用初期,过机泥沙中值粒径≤0.01 mm,基本没有>0.1 mm的粗沙,枢纽运用50年末,库区泥沙冲淤达到基本平衡,遇不同含沙量洪水,电站引水隧洞内水流含沙量为0.214~1.292 kg/m^3,过机泥沙中值粒径为0.011~0.014 mm,粒径>0.1 mm的粗沙量占总沙量的3.2%~6.6%。

(5)枢纽建筑物总体布置格局基本合理,水库汛期排沙调度运行方式可行,能满足电站泄洪排沙、引水发电的要求。建议遇高含沙量入库洪水时,暂停发电,降低坝前水位排沙,以尽量减少水库泥沙淤积,减轻机组磨损;同时,在水库运行后,定期测量水库淤积地形,及时掌握水库淤积状况,为实施排沙减沙措施提供依据。

参考文献

[1] 长江勘测规划设计有限责任公司.西藏自治区玉曲河扎拉水电站预可研枢纽布置及导流专题报告[R].武汉:长江勘测规划设计有限责任公司,2012.

[2] 长江勘测规划设计有限责任公司.西藏自治区玉曲河扎拉水电站可研阶段正常蓄水位选择专题研究报告[R].武汉:长江勘测规划设计有限责任公司,2015.

[3] 长江勘测规划设计有限责任公司.西藏自治区玉曲河扎拉水电站可研阶段泥沙专题研究报告[R].武汉:长江勘测规划设计有限责任公司,2016.

[4] 卢金友.长江泥沙起动流速公式探讨[J].长江科学院院报,1991,8(4):57-64.

[5] 黄建成,王军,马秀琴,等.西藏玉曲河扎拉水电站可研阶段泥沙模型试验研究报告[R].武汉:长江科学院,2016.

[6] 潘庆燊.长江水利枢纽工程泥沙研究[M].北京:中国水利水电出版社,2003.

[7] 长江三峡工程开发总公司技术委员会.长江三峡工程泥沙问题研究[M].北京:知识产权出版社,2002.

功果桥电站 2015～2017 年水库泥沙运行分析

杨骕騑

（华能澜沧江水电股份有限公司，昆明　650214）

摘　要　华能功果桥水电站是澜沧江干流水电基地中下游河段“两库八级”梯级开发方案的最上游一级电站，下游为小湾水电站，上游为苗尾水电站，在防洪、发电和灌溉上发挥着重要作用。功果桥库区河床基本上由基岩或砂卵石组成，库区河道长度约 40 km，较大支流沘江河道长度约 7 km。库区属中高山峡谷地貌，两岸地形陡峻，河谷多呈 V 形，岸坡岩石一般风化不严重，多属坚硬的岩质边坡，物理地质现象不发育。库区内地形多遭强烈切割，支流、冲沟深切，多有常年水流补给澜沧江。就全库区来看，水流流速大，输沙能力强；库区内植被覆盖较差。冲淤变化主要在河槽内，呈淤积状态，坝前河槽由于淤积发生位移。

随着上游梯级电站的投运，功果桥水库运行条件将发生较大变化，库区淤积平衡后，含沙水流将对水轮机及其配件产生冲蚀磨损，水体对坝体的侵蚀作用也将发生变化，为准确及时掌握入、出库水沙与泥沙组成，为电站运行调度提供科学依据，根据相关规范及要求，连续 3 年进行了电站泥沙含量及成分观测工作。

本文主要通过对电站 3 年以来的观测成果进行分析，分析内容包括入库水流含沙量、输沙率、水沙理化特性、水沙样品检测，汛期与枯水期泥沙分布特性及泥沙对机组与坝体的影响，为电站洪水调度、泥沙调度、电力调度、设备运行提供参考依据，保证电站正常运行。

关键词　成分观测；含沙量；水沙理化特性；泥沙分布；磨损；侵蚀作用

1　背景介绍

功果桥水电站是澜沧江干流中下游河段“两库八级”梯级开发方案的最上游一级电站，工程以发电为主，水库正常蓄水位 1 307 m，相应库容 3.16 亿 m^3，调节库容 0.49 亿 m^3，为日调节水库。电站装机容量 900 MW，年发电量 40.41 亿 kW·h。目前，上游古水至苗尾河段一库七级开发方案中的六个梯级电站正在施工建设。

功果桥库区河床基本上由基岩或砂卵石组成，库区河道长度约 40 km，较大支流沘江河道长度约 7 km。库区属中高山峡谷地貌，河谷多呈 V 形，两岸地形陡峻，岸坡岩石一般风化不严重，多属坚硬的岩质边坡，物理地质现象不发育，库区内植被覆盖较差。库区内地形多遭强烈切割，支流、冲沟深切，多有常年水流补给澜沧江。就全库区来看，天然河道平均纵坡降为 1.8‰，水流流速大，输沙能力强。

功果桥水库的库容相对较小，调节性能差，仅能进行日调节。库容与入库年沙量之比（库沙比）较小，单独运行时库沙比为 11.9，随着上游梯级电站的投运，功果桥水库运行条件将发生较大变化，随着运行时间的加长，库区淤积平衡后，含有各种粒径悬移质泥沙的水流将对水轮机及其配件产生冲蚀磨损，为准确及时掌握入、出库水沙与泥沙组成，为电站运行调度提供科学依据，根据相关规范及要求，连续 3 年进行了电站泥沙含量及成分观测工作，现根据观测报告对库区泥沙观测资料进行分析，为开展电站泥沙含量工作提出建议。

2 观测成果简介

根据相关规范及管理办法，委托具备相应资质的检测机构对电站库区进行2015～2017年为期3年的泥沙观测。

观测内容：库区水流的含沙量、泥沙理化成分组成、过机水沙理化特性、水沙样品测定等。

断面分布：功果桥库区干流最大回水位以上水流平稳河段（旧州附近）、功果桥库区沘江最大回水位以上水流平稳河段、坝下游水流平稳河段、坝前进水口、坝后尾水出口，见图1。

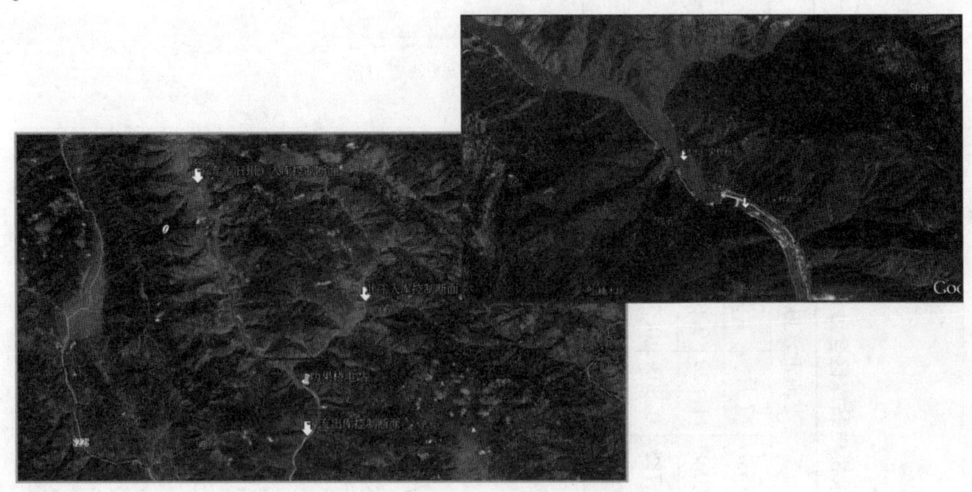

图1 泥沙观测断面分布图

观测频次：枯水期每季度进行一次断面沙样采集（3月和11月），主汛期每月进行一次断面沙样采集（6月至9月），每年共观测6次。

3 成果分析

3.1 含沙量观测成果分析

含沙量观测成果如表1所示，其断面含沙量与时间关系曲线如图2所示。

通过对干流苗尾断面、支流沘江口断面、坝下断面3年来每月泥沙含量分析可得出以下结论：

（1）总体汛期含沙量高于枯水期，且在6月、7月达到最高值，对水轮机磨损较大，11月含沙量已恢复至枯水期平均水平，对水轮机磨损小。

（2）2015～2017年3年中同期泥沙含量在减小，泥沙相关治理措施成效初显。

（3）支流沘江泥沙含量高于干流，可见库区泥沙主要来源于支流沘江，而出库后坝下泥沙含量不高，泥沙在水库形成淤积。

表 1　功果桥电站库区含沙量数据对比表

（单位：kg/m³）

年份	干流断面						支流沘江断面						坝下断面					
	3 月	6 月	7 月	8 月	9 月	11 月	3 月	6 月	7 月	8 月	9 月	11 月	3 月	6 月	7 月	8 月	9 月	11 月
2015 年	0.053	7.217	7.215	3.893	3.552	2.417	0.081	15.593	11.829	9.678	9.454	3.2	0.002	6.546	4.761	1.731	1.589	1.739
2016 年	0.133	0.748	0.814	0.275	0.185	0.118	0.08	0.785	0.803	0.565	0.242	0.08	1.2	0.27	0.4	1.72	0.49	0.49
2017 年	0.02	0.034	2.237	0.275	0.185	0.118	0.019	0.054	4.82	0.565	0.242	0.08	0.22	0.057	5.153	1.72	0.49	0.49

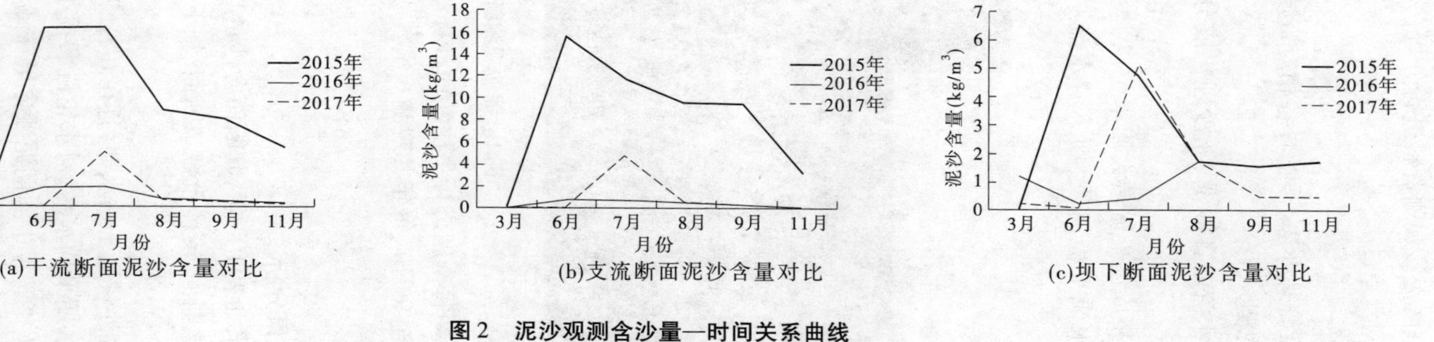

(a)干流断面泥沙含量对比　(b)支流断面泥沙含量对比　(c)坝下断面泥沙含量对比

图 2　泥沙观测含沙量—时间关系曲线

3.2 过机水沙理化特性分析

3.2.1 颗粒分布分析

泥沙级配数据对比如表 2 所示，占比对比图如图 3 所示。

表 2 功果桥电站库区泥沙级配数据对比 （%）

年份	坝上悬沙				坝上床沙			
	黏土（<2 μm）	细粉砂（2～16 μm）	粗粉砂（16～64 um）	砂（>64 μm）	黏土（<2 μm）	细粉砂（2～16 μm）	粗粉砂（16～64 μm）	砂（>64 μm）
2015 年	31.9	55.4	11.5	1.2	21.7	56.3	17.3	4.7
2016 年	17.9	8.5	57.6	26	4	21.4	59.6	25
2017 年	21.6	26.7	51.1	0.6	2.29	15.65	62.15	19.91
年份	坝下悬沙				坝下床沙			
	黏土（<2 μm）	细粉砂（2～16 μm）	粗粉砂（16～64 μm）	砂（>64 μm）	黏土（<2 μm）	细粉砂（2～16 μm）	粗粉砂（16～64 μm）	砂（>64 μm）
2015 年	30.1	45.1	19.6	5.2	—	—	—	—
2016 年	10.2	25.9	51.9	22	0	0	6.3	93.7
2017 年	11.73	20.6	44.87	22.8	2.47	2.44	8.91	86.18

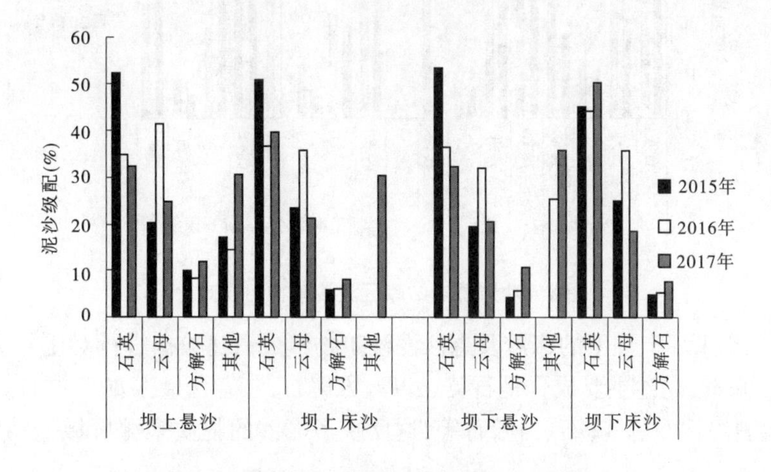

图 3 功果桥电站库区泥沙级配对比柱状图

通过对 3 年来坝上坝下的床沙及悬沙容重及颗粒占比数据进行对比分析可知：

（1）床沙容重整体大于悬沙容重，枯水期 3 月容重较大，11 月容重较小，汛期容重基本居中。可知冬季土壤表层疏松，汛前降雨对土壤表层冲刷严重，产流含沙量较大。

（2）坝上下除坝下床沙颗粒较粗外，其他位置颗粒分布基本一致，都是以粗粉砂和细粉砂为主，两者所占比例大多较大。坝下床沙较粗，主要是下泄流量冲刷河床补充较粗泥沙所致，而经过冲刷的床沙粒径则主要剩下粗砂。

（3）2015 年坝上泥沙容重整体低于 2016 年及 2017 年，2015 年泥沙颗粒中黏土及细粉砂含量较高，2016 年及 2017 年粗粉砂含量较高，进一步可推测 2016 年以来淤积程度有所减缓并趋于稳定，对照库区淤积测量报告也印证了这一结论。

3.2.2 泥沙矿物组成及硬度分析

泥沙矿物组成观测成果如表3所示,泥沙矿物组成对比如图4所示。

表3 功果桥电站库区泥沙矿物组成对比 (%)

年份	坝上悬沙				坝上床沙			
	石英	云母	方解石	其他	石英	云母	方解石	其他
2015年	52.3	20.4	10.1	17.2	50.9	23.5	6.1	19.5
2016年	35.1	41.6	8.5	14.8	36.7	35.7	6.3	21.3
2017年	32.4	25	12	30.6	39.8	21.5	8.2	30.5
年份	坝下悬沙				坝下床沙			
	石英	云母	方解石	其他	石英	云母	方解石	其他
2015年	53.5	19.6	4.5	22.4	45.3	25.1	5	24.6
2016年	36.5	32.1	5.9	25.5	44.3	35.7	6.5	13.5
2017年	32.4	20.6	11	36	50.4	18.6	7.8	23.2

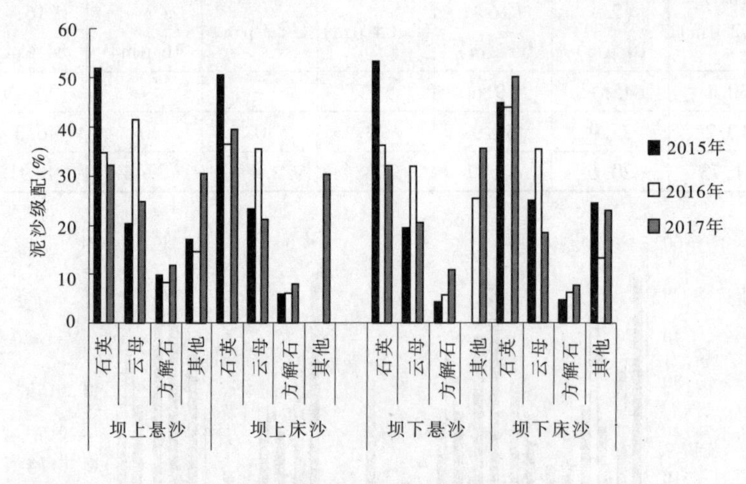

图4 功果桥电站库区泥沙矿物组成对比

通过对三年来坝上坝下的床沙及悬沙泥沙矿物组成占比数据进行对比分析可知:

(1)总体来看,泥沙主要成分是石英、云母、方解石,三者含量占80%左右。其他矿物主要为斜长石、斜绿泥石、高岭石、白云石等,这反映了泥沙的物质来源区域变动较大,成分组成较为复杂。

(2)2016年、2017年来泥沙中样品中石英成分由2015年的50%多降低至20%~30%,而沙的主要组成矿物就为石英,可看出2016年以来泥沙含量应有所减少,与前文泥沙含量分析的结论相对应。

(3)石英、斜绿泥石、长石类矿物成分高的泥沙,其硬度往往偏高,而云母、方解石、伊利石等软质矿物含量高,泥沙硬度则不高。从3年数据来看,库区泥沙硬度逐渐降低,含沙量逐步减小。

3.3 水沙样品检测成果分析

3.3.1 常规特性分析对比

常规特性分析选取水温(℃)、pH、溶解氧(mg/L)、电导率(μS/cm)。

水沙样品常规特性分析成果如表4所示，水沙样品常规特性分析对比折线如图5所示。

表4 水沙样品常规特性对比

年份	水温(℃)						pH					
	3月	6月	7月	8月	9月	11月	3月	6月	7月	8月	9月	11月
2015年	17.15	21.71	21.79	22.98	22.35	15.96	9.01	7.65	7.75	7.57	7.95	7.81
2016年	19.5	19.6	19.2	25.1	25.3	18.6	8.04	7.06	7.58	7.14	7.34	7.36
2017年	18.4	20.1	20.4	20.8	20.7	17.5	8.5	8.4	8.3	8.5	8.7	8.4

年份	溶解氧(mg/L)						电导率(μS/cm)					
	3月	6月	7月	8月	9月	11月	3月	6月	7月	8月	9月	11月
2015年	6.81	6.19	6.05	5.81	7.08	8.19	581	385	391	357	349	449
2016年	11.2	3.52	8.49	6.28	4.71	4.63	435	1 170	536	1 456	1 444	1 479
2017年	7.4	6.9	7.5	7.9	7.4	7.7	433	440	339	331	300	397

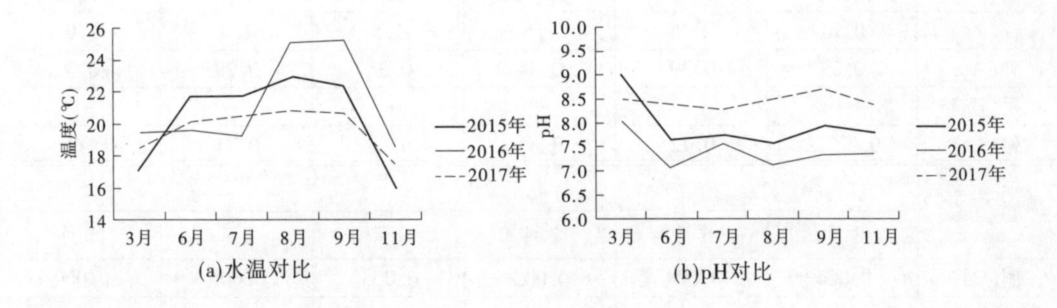

(a)水温对比

(b)pH对比

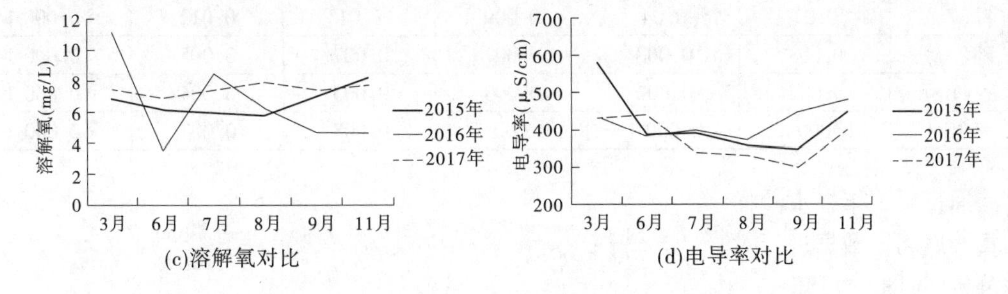

(c)溶解氧对比

(d)电导率对比

图5 水沙样品常规特性分析对比折线

通过对3年来水沙样品常规特性数据进行对比分析可知：

(1)水温变化基本遵循气温的年变化特性。

(2)pH值变化量逐渐稳定，水体对坝体侵蚀有所改善，pH值均在6～9，水质比较优良。

(3)溶解氧变化范围为7.5 mg/L上下波动，水体自净能力良好。

(4)导电率变化不大，基本稳定。

总体而言，水体水质良好，水体清澈，水体富氧，但在雨季水体由于上游来沙，水体浊度稍有上升以外，全年的常规水质指标均能够稳定在良好状态。

3.3.2 重金属离子成分分析

水沙样品重金属离子主要检测了铜(Cu)、铅(Pb)、锌(Zn)、砷(As)、汞(Hg)、铬(Cr)，分析成果如表5所示。

表5 水沙样品重金属离子分析对比 （单位:mg/L）

重金属	2015年					
	3月	6月	7月	8月	9月	11月
铜(Cu)	0.05	<0.000 1	<0.000 1	0.12	<0.000 1	<0.000 1
铅(Pb)	<0.000 1	0.003	0.001	0.001	0.015	<0.000 1
锌(Zn)	0.001	1.7	1.6	1.5	1.8	1.9
砷(As)	0.012	0.005	0.008	0.007	0.005	0.005
汞(Hg)	0.001	0.001 1	0.005	0.004	0.002 3	0.003
铬(Cr)	—	—	—	—	—	—
重金属	2016年					
	3月	6月	7月	8月	9月	11月
铜(Cu)	0.063	0.53	0.37	0.36	0.35	0.37
铅(Pb)	0.005	0.01	0.006	0.006	0.024	0.023
锌(Zn)	0.74	1.7	1.6	1.5	1.8	1.9
砷(As)	0.63	0.39	0.34	0.38	0.29	0.3
汞(Hg)	—	—	—	—	—	—
铬(Cr)	0.003 2	0.72	0.64	0.67	0.71	0.69
重金属	2017年					
	3月	6月	7月	8月	9月	11月
铜(Cu)	0.004	0.004	0.003	0.005	0.006	<0.000 1
铅(Pb)	—	—	—	—	—	—
锌(Zn)	0.02	0.04	0.009	1.01	0.012	<0.000 1
砷(As)	0.008	0.008	0.007	0.007	0.005	<0.000 1
汞(Hg)	0.002	0.002	0.003	0.005	0.004	<0.000 1
铬(Cr)	0.000 8	0.000 1	0.000 7	0.008	0.007	<0.000 1

通过对3年来水沙样品重金属离子数据进行对比分析(见图6)可知：

（1）总体而言，库区悬床沙所含重金属含量很低，检测的重金属离子都低于国家土壤一级环境标准，符合国家一级土壤环境质量规定。

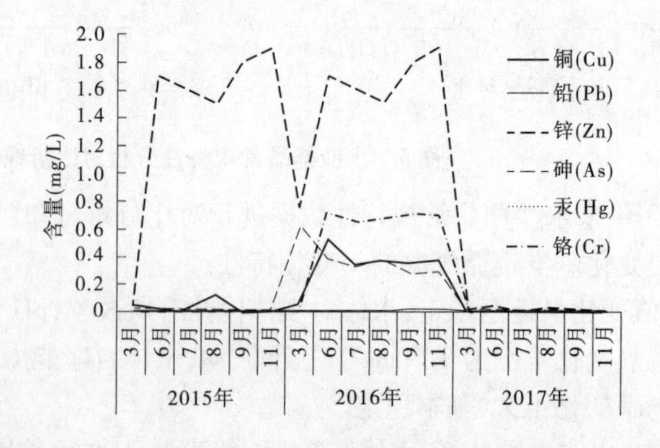

图6 水沙样品重金属离子分析对比折线图

（2）由于重金属离子随季节来水及水位变动，测值有所波动，但就整体来看，重金属离子处于合格范围，部分重金属离子浓度都低于可检测范围，尤其是2017年11月基本所有重金属离子都处于可检测范围以下；其次，由于汞在常温下呈液态，易于随水迁移，因此常年测值处于极低状态。

(3)3年以来重金属离子浓度显著降低,尤其是铜(Cu)、铅(Pb)、锌(Zn)、砷(As)、铬(Cr)含量降低较为显著,原因为持续开展防沙及防污染治理措施,上游选矿厂搬迁治理。

4 分析总结及建议

4.1 总结

(1)出入库悬移质泥沙含量支流泚江高于干流,但总输沙量干流苗尾断面更大,汛期前期(6月)含沙量最高;出库控制断面泥沙含量锐减,说明大部分泥沙淤积库区。过机泥沙含量对水轮机磨蚀效应大多属于促进磨蚀区间。

(2)断面平均与单样含沙量时间关系曲线趋势一致,3年以来断面含沙量从2015年5.03 kg/m^3 的平均水平降低至2017年0.932 kg/m^3 的平均水平,泥沙含量显著降低。

(3)泥沙理化物质组成方面,2015年泥沙颗粒以细粉砂和黏土为主,2016年及2017年以粗粉砂为主,淤积程度有所减缓。

(4)泥沙矿物成分,硬度极高的石英和长石类矿物占有更大的比例,但总体含量逐年减少,库区泥沙硬度逐渐降低。

(5)泥沙重金属含量,除了锌偶有超标,库区悬床沙所含重金属元素含量很低,符合国家一级土壤环境质量规定。

(6)水质常规指标:3年平均水温在20 ℃上下波动,波动规律符合年气温变化规律;pH值变化范围为7.1～9.1,2015年波动较大,后两年基本稳定,对坝体侵蚀破坏作用降低;溶解氧2015年波动变化比较大,后两年趋于稳定变化范围为5.8～9.0 mg/L;电导率受掺杂程度及水温等因素影响,数据起伏较大。

4.2 建议

(1)持续加强库区生态环境治理,促进水土保持,减少入库泥沙对库容的淤积。

(2)汛期前期来沙量大且颗粒较粗,硬度高,故应少蓄水、多排沙,应用蓄清排浑调度管理方案。

(3)泥沙中含有较多硬质沙且床沙中含沙量更高,对水轮机会造成磨蚀,取水发电过程中尽可能避免扰动底沙悬浮进入水轮机。

(4)泚江汇水挟带高浓度的重金属污染物,会致使库区水环境质量下降,应对此流域重点开展污染综合防控。

(5)经过3年以来的防沙治理,加之上游电站下闸蓄水,功果桥电站库区泥沙运行已基本趋于稳定状态,建议以后每3年进行一次观测,并对比以往观测资料,及时掌握库区泥沙变化规律,并及时采取相应措施。

参考文献

[1] 水库水文泥沙观测规范:SL 339—2006[S].

[2] 河流悬移质泥沙测验规范:GB 50159—92[S].

[3] 河流推移质泥沙及床沙测验规程:SL 43—92[S].

[4] 河流泥沙颗粒分析规程:SL 42—92[S].

[5] 土壤环境质量标准:GB 15618—1995[S].

[6] 地表水监测技术规范:HJ/T 91—2002[S].

黄河海勃湾水库排沙运用方式研究

韦诗涛　梁艳洁　陈翠霞

（黄河勘测规划设计有限公司，郑州　450003）

摘　要　黄河海勃湾水库位于内蒙古自治区乌海市，上距石嘴山水文站50 km，下距三盛公水利枢纽87 km，是一座以防凌、发电等综合利用的大(2)型平原水库。水库原始总库容为4.87亿m^3，于2013年8月下闸蓄水运用，至2016年7月，累计淤积泥沙0.456亿m^3。库区地形分布为“上窄下宽，上陡下缓”，近坝段地形开阔，天然比降小，为0.18‰，泥沙易于淤积，而难以冲刷恢复，对水库排沙及库容保持较为不利。因此，减缓水库淤积，长期保持应急防凌所需库容，并充分发挥工程综合效益，是本次研究黄河海勃湾水利枢纽排沙运用方式的主要目标。通过对海勃湾水库实际调度进行总结，并借鉴了多沙河流上三门峡、天桥、青铜峡等已建水库排沙运用实践经验，深入分析了海勃湾水库入库水沙特性、上下游梯级水库排沙规律、下游河道冲淤特性，并结合水库自身特点，提出水库排沙运用相关流量、含沙量、排沙水位等指标。以排沙指标为基础，考虑水库不同阶段排沙需求，分阶段（拦沙期、正常运用期）拟定不同水库排沙运用方案。通过海勃湾水库水沙数学模型进行库区冲淤模拟计算，分析采用不同排沙运用方案对水库淤积过程、防凌库容保持、发电效益等综合影响，提出推荐排沙运用方式。

关键词　海勃湾；平原水库；排沙；运用方式

1　工程概况

黄河海勃湾水库工程位于内蒙古自治区乌海市境内，坝址上距石嘴山水文站50 km，下游87 km处为已建的三盛公水利枢纽，库区左岸为乌兰布和沙漠，右岸为乌海市城区，是一座以防凌、发电为主的综合利用工程。工程为Ⅱ等工程，工程规模为大(2)型。水库原始总库容4.87亿m^3，设计死水位为1 069.00 m，设计洪水位为1 071.49 m，校核洪水位为1 073.46 m，水库正常蓄水位为1 076.00 m。电站装机90 MW，设计年发电量3.817亿kW·h。

库区地形总体呈现“上窄下宽，上陡下缓”分布。库区上段为石嘴山—乌达公路桥，长约36.5 km，属峡谷型河段，断面窄深，河道宽约400 m，河道比降0.83‰；下段为乌达公路桥—海勃湾枢纽坝址，属游荡型河段，长约20 km，河道宽2 000～4 000 m，主河槽宽约600 m，河道比降约0.18‰。可见，近坝库段地形开阔，泥沙易于淤积，而难以冲刷，对水库排沙十分不利。

2　库容分布及淤积现状

2.1　库容及淤积量分布

2007年，水库尚未投入运行，1 076 m高程原始总库容为4.867亿m^3，其中，死水位

作者简介：韦诗涛（1981—），男，广西桂林人，高工，本科，主要从事水文泥沙计算分析工作。E-mail：67478350@qq.com。

1 069 m 以下库容为0.443 亿 m^3,占总库容的9.1%,往上每抬升1 m,相应区间库容占总库容比例为7.4% ~17.7%。即水库死库容较小,90.9%的原始库容分布在高程1 069 ~1 076 m 区间,水库运用水位调整幅度仅有7 m。库容分布见表1。

表1 海勃湾水库不同高程库容分布统计

高程区间(m)	2007 年库容(亿 m^3)	2016 年库容(亿 m^3)	淤积量(亿 m^3)
1 069 以下	0.443	0.253	0.190
1 069 ~1 070	0.361	0.267	0.094
1 070 ~1 071	0.474	0.379	0.095
1 071 ~1 072	0.562	0.509	0.053
1 072 ~1 073	0.648	0.653	-0.005
1 073 ~1 074	0.725	0.736	-0.011
1 074 ~107 5	0.793	0.786	0.007
1 075 ~107 6	0.861	0.828	0.033
合计	4.867	4.411	0.456

至2016 年7 月,水库1 076 m 高程总库容为4.411 亿 m^3,库区淤积泥沙0.456 亿 m^3。其中1 069 m 以下淤积泥沙0.190 亿 m^3,占41.6%,1 069 ~1 072 m 区间淤积泥沙0.242 亿 m^3,占53.1%,1 072 ~1 076 m 区间淤积泥沙0.024 亿 m^3,占5.3%。可见,水库淤积主要集中在1 072 m 高程以下。

库区淤积泥沙沿程分布见图1。淤积量主要集中在 D5 ~D21 河段(距坝3.8 ~17.5 km),淤积泥沙0.364 亿 m^3,占总淤积量的79.9%;其次为 D26 ~D32 河段(距坝21.7 ~26.6 km),淤积泥沙0.057 亿 m^3,占总淤积量的12.4%。河道宽比降缓是 D5 ~D21 河段淤积的主要原因,D26 ~D32 河段则主要受非汛期水位抬高的影响,造成淤积部位的上移。

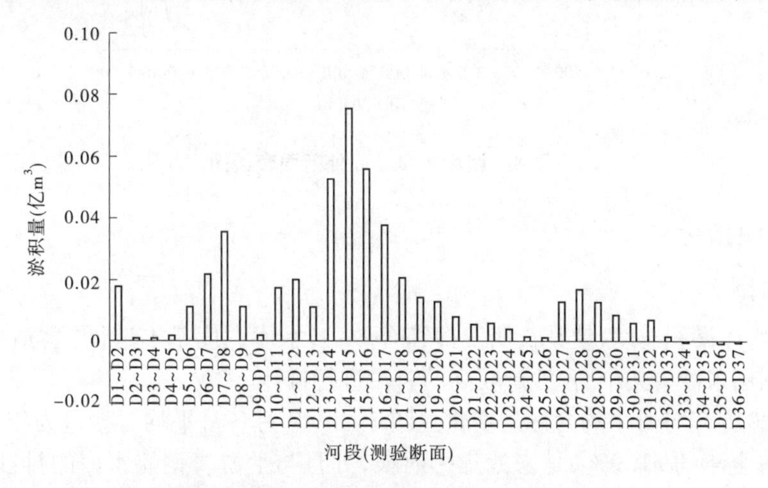

图1 海勃湾库区淤积量沿程分布(2007 ~2016 年)

2.2 库区淤积形态变化

2.2.1 纵向淤积形态变化

图2 为库区纵剖面图,水库纵向发生沿程淤积,距坝5 ~27 km 库段纵向淤积抬升相对

明显，总体呈现带状淤积。

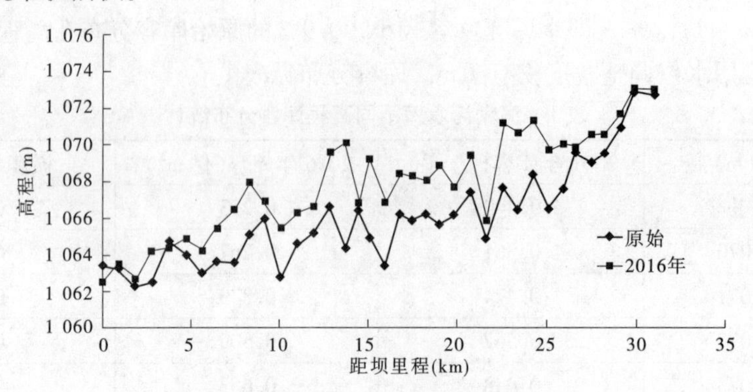

图 2　海勃湾水库河道深泓线套绘图

2.2.2　横向淤积形态变化

库区不同位置断面的河床形态套绘图见图 3 ~ 图 6。从图中可以看出，距坝 2.50 km 和 10.99 km 处断面淤积集中在主河槽；距坝 12.88 km 处断面滩槽同步淤高，距坝 17.77 km 处断面淤积幅度减小，淤积又集中在主槽内。18 km 以上的河道断面逐渐缩窄，泥沙主要淤积在主槽，局部深泓点抬升明显，但淤积量并不大。

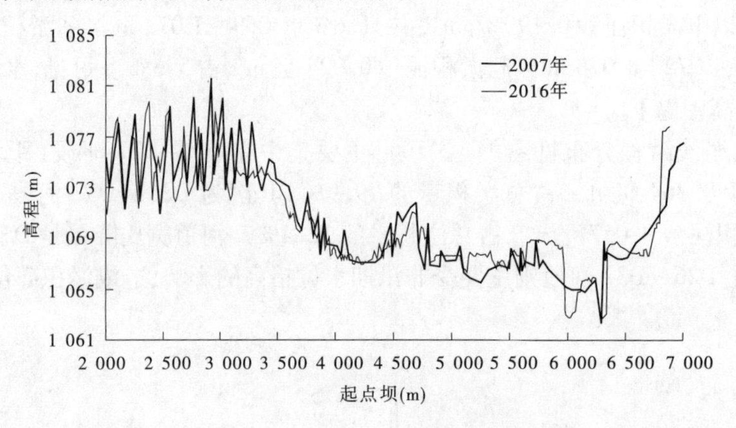

图 3　距坝 2.50 km 处断面套绘图

3　排沙运用指标

3.1　排沙时段

为减缓水库淤积速度，使其长期发挥综合效益，水库调度基本遵循“蓄清排浑”的运用原则，充分利用来沙量集中、含沙量较高的时段进行排沙。

1987 ~ 2016 年各月平均含沙量变化见图 7。7 ~ 9 月各月平均含沙量为年内最高，且入库沙量大，占全年的 51.9%，是来沙集中时段，并且与上游青铜峡水库的排沙时段基本一致。青铜峡水库至海勃湾水库区间主要支流清水沟、苦水河汛期洪水则多发生在 7 ~ 8 月。因此，海勃湾水库排沙时段宜选择在 7 ~ 9 月，既与上游水库相衔接，也涵盖了区间支流洪水多发期。

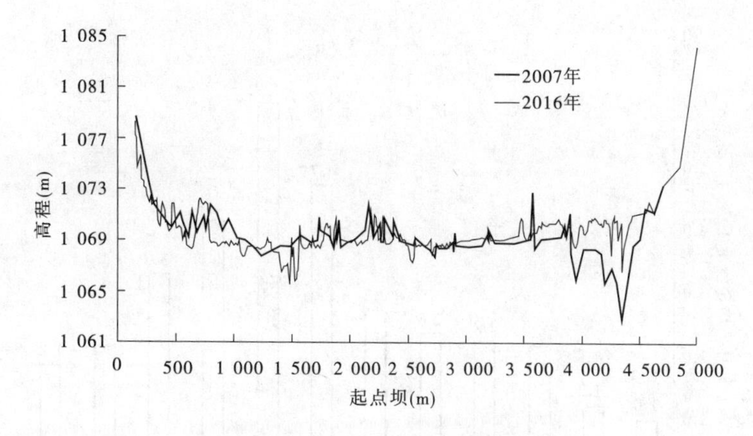

图4 距坝 10.99 km 处断面套绘图

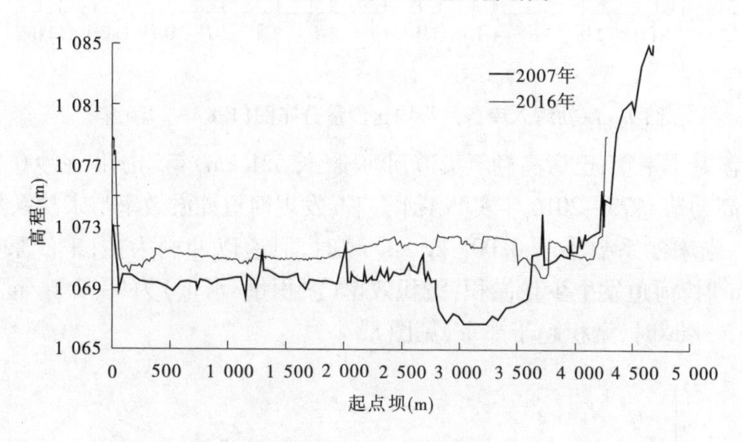

图5 距坝 12.88 km 处断面套绘图

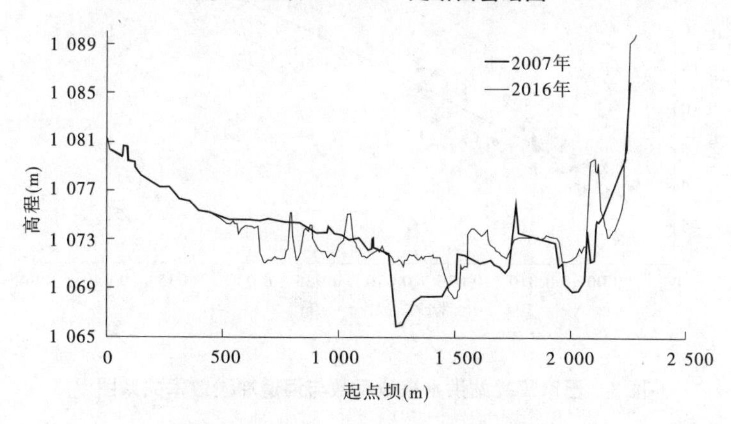

图6 距坝 17.77 km 处断面套绘图

3.2 排沙流量级

排沙流量级选择要全面考虑水库下游河道的冲淤特性、入库流量分级特性和各量级水流发生的机遇等。

3.2.1 下游河道冲淤特性

采用历年实测大断面计算水库下游河段冲淤变化,其中,海勃湾大坝至巴彦高勒河段(长

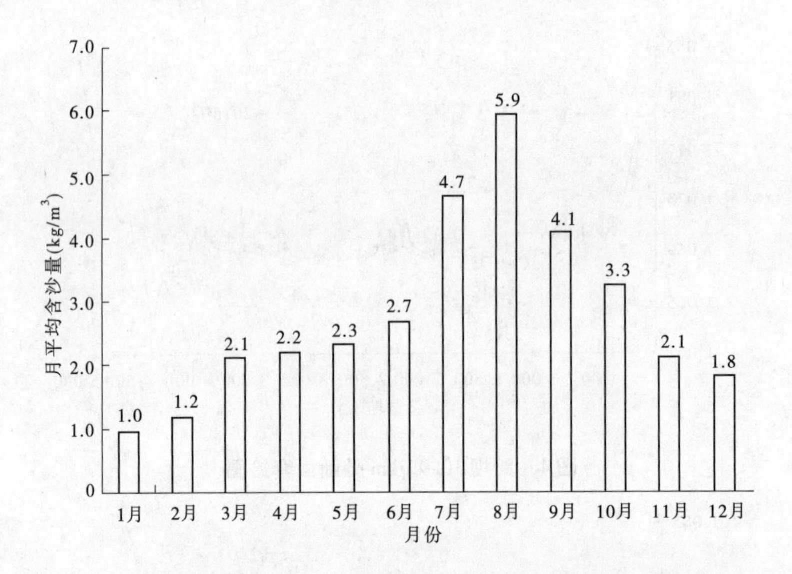

图7　海勃湾入库各月平均含沙量分布图(1987～2016年)

89 km)多年冲淤基本平衡,巴彦高勒至头道拐河段(长521 km)年均淤积泥沙0.254亿t。

统计巴彦高勒站1973～2016年实测洪水过程,发现河道冲淤效率与来沙系数(含沙量/流量)关系密切。当来沙系数小于0.005 kg·s/m^6时,河道以冲刷为主;来沙系数为0.005～0.007 kg·s/m^6时,河道发生少量淤积,淤积效率(淤积量/水量)为0～2 kg/m^3;当来沙系数大于0.010 kg·s/m^6时,淤积趋于严重,见图8。

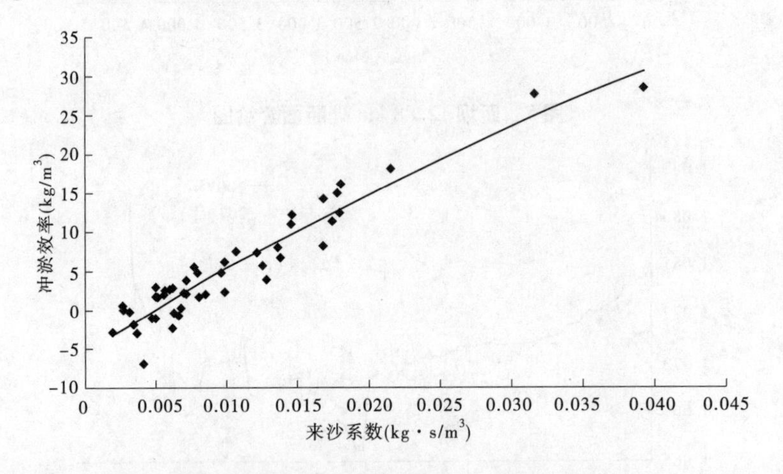

图8　巴彦高勒站洪水来沙系数与河道冲淤效率关系图

3.2.2　入库水沙分级特性及发生机遇

入库流量中,500 m^3/s以下量级发生天数较少,占11.5%,相应水量、沙量分别占4.9%和2.8%;500～1 000 m^3/s和1 000～1 500 m^3/s量级发生天数最多,年均为73.7 d,占80%,相应水量占76.5%,沙量占72.6%;1 500～2 000 m^3/s量级发生天数为4.2 d,占4.6%,水量占8.1%,但沙量占15.1%;2 000以上量级洪水发生天数3.5 d,占3.7%,水量占10.5%,沙量占9.5%。见表2。

表2 海勃湾水库7~9月入库不同流量级水沙统计(1987~2016年)

流量级 (m^3/s)	年均天数 (d)	天数比例 (%)	年均水量 (亿 m^3)	水量比例 (%)	挟带沙量 (亿 t)	沙量比例 (%)	含沙量 (kg/m^3)	S/Q ($kg \cdot s/m^6$)
0~500	10.6	11.5	3.70	4.9	0.010	2.8	2.8	0.006 9
500~1 000	48.9	53.1	32.20	42.6	0.129	34.5	4.0	0.005 3
1 000~1 500	24.8	26.9	25.63	33.9	0.142	38.1	5.5	0.004 6
1 500~2 000	4.2	4.6	6.11	8.1	0.056	15.1	9.2	0.005 5
2 000~2 500	1.4	1.5	2.79	3.7	0.015	4.1	5.5	0.002 4
2 500~3 000	1.6	1.7	3.80	5.0	0.016	4.3	4.2	0.001 5
>3 000	0.5	0.5	1.33	1.8	0.004	1.1	3.2	0.001 0
合计	92.0	100.0	75.55	100.0	0.374	100.0	4.9	0.005 2

1 500~2 000 m^3/s 量级平均含沙量最高,达到9.2 kg/m^3,其次为1 000~1 500 m^3/s 和2 000~2 500 m^3/s 量级,均为5.5 kg/m^3,而500 m^3/s 以下量级平均含沙量最小,仅为2.8 kg/m^3。

来沙系数(S/Q)随着流量级增大,S/Q 值总体表现为逐渐减小;2 000 m^3/s 以上量级平均来沙系数较小,为0.002 4~0.001 $kg \cdot s/m^6$,流量大且具有富余挟沙能力,可用于冲刷库区恢复库容。

3.2.3 排沙流量级选择

对于1 500~2 000 m^3/s 量级,出现天数相对较少,但挟带沙量较大,含沙量较高,应尽量控制较低水位排沙,且平均来沙系数分别为0.005 6 $kg \cdot s/m^6$,经水库调节后,该量级洪水进入下游河道后不会造成大的淤积。对于2 000 m^3/s 以上量级洪水,发生天数少,水量大且挟带沙量较少,来沙系数小,具有富余挟沙能力,应尽量用于冲刷库区,恢复库容。

综合来看,1 500 m^3/s 以上流量级年均发生天数为7.7 d,具有一定的概率,海勃湾水库可利用该量级洪水降低水位进行排沙运用,甚至泄空冲刷,以减少水库淤积。

3.3 排沙起始含沙量

7~9月入库不同含沙量级水流挟带沙量变化见图9。其中,含沙量小于3 kg/m^3的天数占50.3%,水量、沙量分别占45.7%和18.7%;含沙量为3~10 kg/m^3的天数占42.5%,水量占45.6%,沙量占48.7%;含沙量大于10 kg/m^3的天数占7.3%,水量、沙量分别占8.7%和32.3%。

可见,当入库含沙量大于10 kg/m^3时,发生天数少,但携带沙量多,水库应尽量降低水位多排沙;当入库含沙量为3~10 kg/m^3时,发生天数多,携带沙量也较多,水库应适当降低水位排沙,减少水库淤积,同时兼顾发电;对于3 kg/m^3 以下量级水流,携带沙量少,发生天数多,应以发电为主。

3.4 预泄流量控制指标

根据水文预报,提前预泄流量,降低库水位,待洪水入库时,采用低水位排沙,可有效地减少水库淤积。预泄流量选择需要考虑下游河道过流能力,不宜过大。水库大坝至巴彦高勒河段基本为峡谷河段,无重要防护对象;巴彦高勒至头道拐河段多为游荡型河段,河道较为宽阔,且有大量滩地,洪水漫滩会造成一定的淹没损失,该河段现状最小平滩流量为1 590

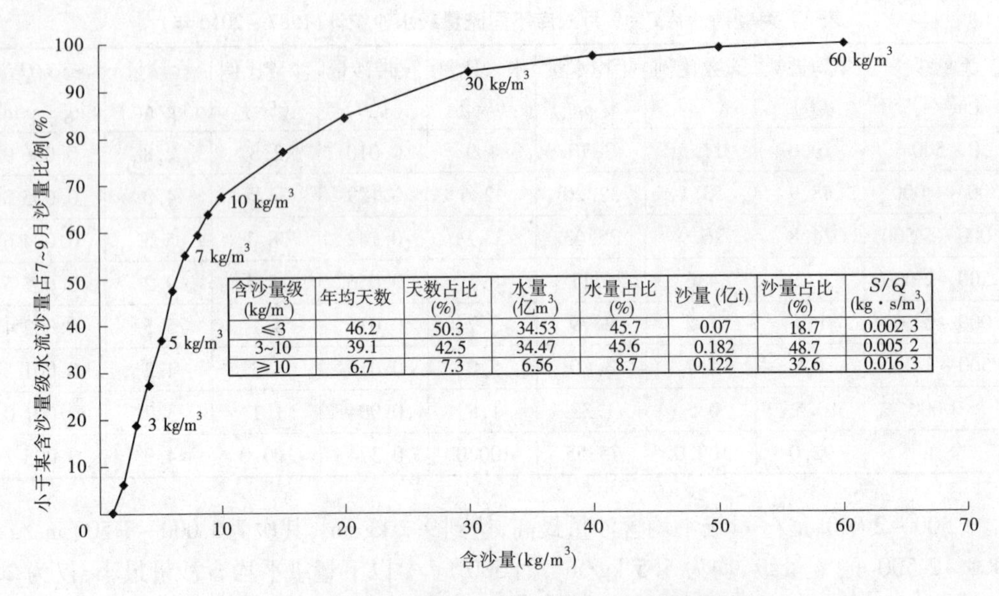

含沙量级(kg/m³)	年均天数	天数占比(%)	水量(亿m³)	水量占比(%)	沙量(亿t)	沙量占比(%)	S/Q (kg·s/m³)
≤3	46.2	50.3	34.53	45.7	0.07	18.7	0.002 3
3~10	39.1	42.5	34.47	45.6	0.182	48.7	0.005 2
≥10	6.7	7.3	6.56	8.7	0.122	32.6	0.016 3

图9　不同含沙量级水流挟带沙量占主汛期沙量比例

m³/s。在水库预泄流量时,原则上要求下泄流量不漫滩,即确保进入巴彦高勒以下河段的流量不超过最小平滩流量。

水库大坝至巴彦高勒河段区间引水量较大,7～9月多年平均引水流量为375 m³/s,区间支流来水较少,可忽略不计。考虑到海勃湾水库拦沙期将拦蓄一定沙量,对下游河道有利,下游河道平滩流量可维持在当前水平以上,故现状水库预泄流量按控制不超过1 950 m³/s;待水库进入正常运用期后,失去拦沙能力,下游河道会发生一定淤积,根据已有研究成果,未来巴彦高勒至头道拐河段可维持的最小平滩地流量约为1 500 m³/s,水库下泄流量应适当减小,按1 850 m³/s考虑,尽量控制下游河道不漫滩。

4　水库排沙运用方式

4.1　已建水库排沙运用经验

位于黄河干流的三门峡、天桥、青铜峡等已建水库,入库水沙量大,水库承担任务多,水库排沙调度容易受到限制,泄空冲刷的机遇少,敞泄排沙历时相对较短,水库汛期通过严格控制低水位运行达到延缓淤积的目的,而伺机降低水位敞泄冲刷才是水库长期保持冲淤平衡的关键。各水库运用特征水位及运用原则统计见表3。

表3　已建水库运用基本原则归纳

水库	原始库容(亿m³)	正常蓄水位(m)	汛期运用原则
青铜峡	6.06	1 156	汛期沙峰“穿堂过”结合汛末泄空冲刷排沙运用
天桥	0.67	834	汛期分阶段控制水位运行,流量超2 000 m³/s时降低水位,甚至泄空运用
三门峡	98.4	318(最高限制)	控制水位305 m运行,遇流量超1 500 m³/s时敞泄排沙运用

注:三门峡水库原始库容为335 m高程相应库容。

青铜峡水库位于海勃湾水库上游，且2000年以来长期保持冲淤平衡，两座水库为上下游梯级关系，且在入库水沙条件、库容规模、回水长度、泄流规模等方面相近，因此青铜峡水库的排沙方式和措施更有借鉴意义。考虑到水库泥沙冲淤具有"淤积一大片，冲刷一条线"的特点，海勃湾水库近坝库段水面更为宽阔，与青铜峡水库相比其排沙条件更差，应进一步加强水库排沙调度。

4.2 水库排沙运用方式拟定

海勃湾水库开发任务为防凌、发电等综合利用，水库应急防凌调度要求保持有效库容不低于0.5亿m^3。因此，长期保持一定有效库容，满足水库防凌需求，同时兼顾发电等综合效益，是拟定水库排沙运用方式的重要原则。

随着水库运用，库区将逐步淤积，有效库容也将不断减小，初步将水库运用划分为拦沙期和正常运用期。其中，拦沙期又可细分为拦沙初期和拦沙后期：①拦沙初期，水库有效库容在2.2亿m^3以上，采用经验方法估算，为水库运用的前5年，水库蓄水拦沙为主，充分发挥综合效益；②拦沙后期，水库有效库容在0.6亿～2.2亿m^3，为水库运用的5～20年之间，水库蓄水拦沙为主，充分发挥综合效益；③正常运用期，水库有效库容在0.6亿m^3及以下，为水库运用的20年以后，该阶段水库应加大排沙力度，以长期维持有效库容小于0.5亿m^3，以满足应急防凌调度需要。

结合海勃湾水库上、下游水库调度情况和入库水沙特性，同时考虑水库不同时期（拦沙期、正常运用期）库容变化特点及入库水文预报，初步拟定3种"洪水期预泄排沙，平水期按含沙量分级控制"的排沙运用方式。

4.2.1 方式1

1）拦沙期（前20年，有效库容在0.6亿m^3以上）

（1）预报未来2日出现$Q_入 \geq 1\,500\ m^3/s$，预泄排沙调度。

按下泄流量不超1 950 m^3/s降低水位至1 070 m，之后入出库平衡运用，直至入库流量小于1 500 m^3/s。

（2）预报未来2日$Q_入 < 1\,500\ m^3/s$，分级控制调度。

①若实测入库含沙量$S_入 < 3\ kg/m^3$，控制坝前水位1 076 m运行。

②若实测入库含沙量$S_入 = 3 \sim 10\ kg/m^3$，降低水位排沙，7月、9月下泄流量不超1 950 m^3/s，直至坝前水位降至1 074 m后入出库平衡运用；8月下泄流量不超1 950 m^3/s，直至坝前水位降至1 071 m后入出库平衡运用。

③若实测入库含沙量$S_入 \geq 10\ kg/m^3$，$Q_入 < 500\ m^3/s$，降低水位排沙，下泄流量不超1 950 m^3/s，直至坝前水位降至1 071 m后入出库平衡运用，$Q_入 = 500 \sim 1\,500\ m^3/s$，降低水位排沙，下泄流量不超1 950 m^3/s，直至坝前水位降至1 069 m后入出库平衡运用。

2）正常运用期（有效库容在0.6亿m^3以下，20年以后）

（1）预报未来2日出现$Q_入 \geq 1\,500\ m^3/s$，预泄排沙调度。

按下泄流量不超过1 850 m^3/s降低水位至1 069 m，之后入出库平衡运用，直至入库流量小于1 500 m^3/s。

（2）预报未来2日$Q_入 < 1\,500\ m^3/s$，分级控制调度。

①若实测入库含沙量$S_入 < 3\ kg/m^3$，控制坝前水位1 076 m运行。

②若实测入库含沙量 $S_{入}=3\sim10\ kg/m^3$,降低水位排沙,7 月、9 月下泄流量不超 1 850 m^3/s,直至坝前水位降至 1 074 m 后入出库平衡运用;8 月下泄流量不超 1 850 m^3/s,直至坝前水位降至 1 071 m 后入出库平衡运用。

③若实测入库含沙量 $S_{入}\geqslant10\ kg/m^3$,$Q_{入}<500\ m^3/s$,降低水位排沙,下泄流量不超 1 850 m^3/s,直至坝前水位降至 1 071 m 后入出库平衡运用,$Q_{入}=500\sim1\ 500\ m^3/s$,降低水位排沙,下泄流量不超 1 850 m^3/s,直至坝前水位降至 1 069 m 后入出库平衡运用。

4.2.2　方式 2

方式 2 与方式 1 相比,调度原则基本相同,只当预报未来 2 日 $Q_{入}<1\ 500\ m^3/s$,且实测入库含沙量 $S_{入}=3\sim10\ kg/m^3$时,坝前水位进一步降至 1 073 m 后入出库平衡运用。

4.2.3　方式 3

方式 3 与方式 1 相比,调度原则基本相同,只当预报未来 2 日 $Q_{入}<1\ 500\ m^3/s$,且实测入库含沙量 $S_{入}=3\sim10\ kg/m^3$时,坝前水位进一步降至 1 072 m 后入出库平衡运用。

4.3　排沙运用方式比选

本次采用水库一维水沙数学模型对各运用方式进行模拟计算,对比各方案淤积变化、有效库容维持和发电等综合效益,提出推荐方案。

4.3.1　计算条件

以 2016 年 7 月实测地形作为计算起始边界,设计入库水沙条件为长度 50 年水沙系列,年均水量、沙量分别为 246.41 亿 m^3和 0.98 亿 t。

4.3.2　不同运用方式淤积量对比

采用不同运用方式计算的水库累计淤积量过程见图 10,各方案淤积量差别不大,运用水位高方案 1 前期淤积略快,运用水位低的方案 3 淤积最慢,但最终各方案均达到长期冲淤平衡。

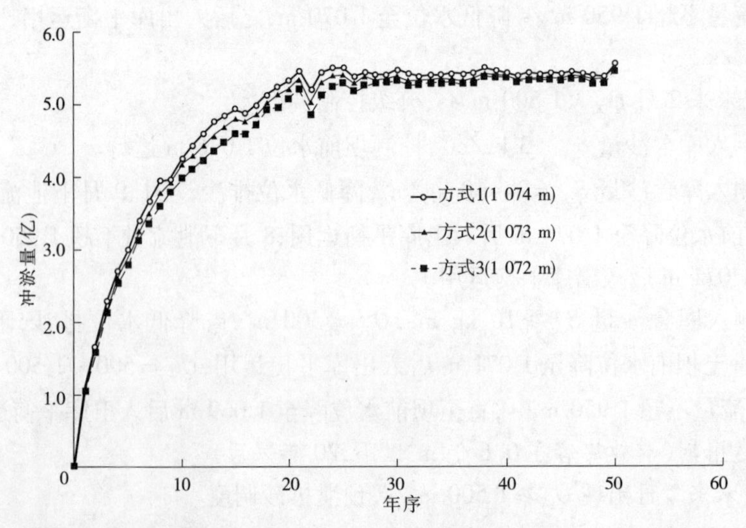

图 10　海勃湾水库累计淤积量过程

水库运用 5 年,方式 1、方式 2 和方式 3 累计淤积量分别为 3.00 亿 t、2.88 亿 t、2.79 亿 t,水库排沙比分别为 39.9%、42.3%、44.0%。

水库运用10年,方式1、方式2和方式3累计淤积量分别为4.27亿t、4.17亿t、3.99亿t,水库排沙比分别为57.7%、58.6%、60.4%。

水库运用20年,方式1、方式2和方式3累计淤积量分别为5.33亿t、5.21亿t、5.07亿t,水库排沙比分别为73.6%、74.2%、74.9%。

水库运用50年,方式1、方式2和方式3累计淤积量分别为5.56亿t、5.49亿t、5.45亿t,水库排沙比分别为88.9%、89.1%、89.2%。

4.3.3 有效库容变化

各运用方式的有效库容变化过程见表4。水库运用5年时,正常蓄水位以下库容为2.12亿~2.24亿m^3;水库运用10年时,正常蓄水位以下库容为1.31亿~1.48亿m^3;水库运用20年时,正常蓄水位以下库容为0.61亿~0.76亿m^3;水库运用50年时,正常蓄水位以下库容为0.54亿m^3。前10年水库库容损失较快,11~20年,水库库容损失趋缓,21~50年,水库基本保持冲淤平衡,长期维持0.5亿m^3以上库容,满足应急防凌基本需求。而相同条件下,汛期控制水位越低,前期水库淤积越慢,但进入正常运用期后,由于水库剩余库容小,采用不同水位排沙差别逐渐减小,最后各方案剩余库容基本相当。

表4 不同运用方式水库有效库容变化过程(1 076 m) (单位:亿m^3)

运用方式	2007年	2016年	1年	2年	5年	10年	20年	50年
方式1	4.867	4.411	3.51	3.08	2.12	1.31	0.61	0.54
方式2	4.867	4.411	3.53	3.11	2.18	1.37	0.67	0.54
方式3	4.867	4.411	3.57	3.17	2.24	1.48	0.76	0.54

4.3.4 发电量对比

三个运用方式,水库多年平均发电量分别为3.988亿kW·h、3.933亿kW·h、3.877亿kW·h,方式2较方式1年均少发电0.055亿kW·h,方式3较方式2年均少发电0.056亿kW·h,见表5。

表5 不同运用方式水库年均发电量统计

时段	方式1	方式2	方式3
1年	4.053	4.034	3.990
1~5年	4.013	3.959	3.908
1~10年	4.075	4.023	3.973
1~20年	4.138	4.089	4.043
1~50年	3.988	3.933	3.877

4.3.5 运用方式推荐

海勃湾水库的开发任务为防凌、发电等综合利用,因此长期保持水库有效库容,在满足防凌需求的同时,充分发挥水库发电等综合效益是运用方式推荐的重要原则。海勃湾水库属于平原水库,水库运用水位可调幅度为7 m,即1 069~1 076 m,在水库运用原则及各项调节指标确定后,拟定的运用方式也只能在调节水位上做小范围调整。

从数学模型计算成果看,各运用方式在水库淤积、有效库容保持以及发电效益方面总体差别不大。方式1的发电效益最好,且基本满足防凌要求,但前期淤积较快,若遇连续来水偏枯时段,水库运用存在一定风险。方式2、方式3均满足防凌基本需求,且水库淤积较初设方式慢,剩余防凌库容更大,方式2的综合发电效益略优,因此经综合比较,推荐方式2。

5 结论与认识

(1)海勃湾水库库区地形呈“上窄下宽,上陡下缓”分布,近坝段地形开阔,天然比降小,为0.18‰,泥沙易于淤积,而难以冲刷,对水库排沙是不利的,在水库运用过程中已得到了充分的体现;即水库运用3年累计淤积泥沙0.456亿m^3,且淤积量主要集中在距坝3.8~17.5 km和21.7~26.6 km两个库段,分别淤积0.364亿m^3和0.057亿m^3,分别占总淤积量的79.9%和12.4%。

(2)年内入库沙量主要集中在7~9月,占全年的51.9%,且含沙量高,有利于水库进行集中排沙调度,同时考虑水库下游河道冲淤特性,应充分利用大于1 500 m^3/s的流量过程多排沙,利用较大流量过程输沙,以减少下游河道淤积;当入库流量小于1 500 m^3/s时,则应根据入库含沙量进行分级控制,按水库拦沙能力适当拦截,尽量塑造流量与含沙量相和谐的水沙关系,即流量越大,含沙量越高;反之,流量越小,则含沙量越低。达到减少下游河道淤积的目的。

(3)海勃湾水库属于平原水库,水库运用水位可调幅度小,在入库含沙量较高,水流携沙量较为集中时期,严格控制运行水位,结合一定机遇的大流量洪水过程敞泄冲刷,是延缓水库淤积,长期保持一定有效库容的有效手段。

(4)采用“洪水期预泄排沙,平水期按含沙量分级控制”的各排沙运用方式,均能确保水库长期维持不小于0.5亿m^3的防凌应急库容;通过模型计算对比,推荐的运用方式2在拦沙期可以维持较大的防凌库容,且发电效益较好,综合效益较优。

参考文献

[1] 黄河海勃湾水利枢纽运用方式研究[R].郑州:黄河勘测规划设计有限公司,2017.

[2] 黄河干流梯级水库群综合调度方案制定[R].郑州:黄河勘测规划设计有限公司,2014.

[3] 黄河黑山峡河段开发功能定位论证项目专题报告——水沙变化及河道冲淤特性研究[R].郑州:黄河勘测规划设计有限公司,2017.

[4] 刘继祥,安催花,曾芹,等.小浪底水库拦沙初期调控流量分析论证[J].人民黄河,2000(8).

基于 AHP 的梯级水库水沙调度方案的模糊综合评价研究

李新杰[1,2] 王远见[1,2] 蒋思奇[1,2]

(1. 黄河水利委员会 黄河水利科学研究院,郑州 450003;
2. 水利部黄河泥沙重点实验室,郑州 450003)

摘 要 本文构建了梯级水库水沙联合调度综合效益评价指标体系。采用基于 AHP 的模糊综合评价方法,对黄河下游梯级水库水沙调度的三个方案的防洪调度、发电、排沙减淤和下游河床演变等效益进行了计算和综合评价。研究成果对指导水库水沙调度实践具有重要意义。

关键词 指标体系;梯级水库;AHP;模糊综合评价;水沙联合调度

1 研究背景

近年来气候变化和人类活动的加剧,使得水资源在时空上重新分布,增加了洪涝灾害发生的频率;流域的径流量和输沙量发生了较大变化[1-3]。同时,流域上的水库群联合调度不仅改变了径流时空变化,还从宏观上改变了河流泥沙的时空分布。一方面,水库内泥沙累积性淤积,影响水库长期使用,还可能影响库尾防洪[4];另一方面,水库下泄输沙量明显减少,加剧了下游河床冲刷,引起河势变化[5-6]。这些泥沙问题,都需要对水库群联合调度方法进行分析和评价。

水库水沙联合调度需要综合考虑防洪、发电、航运、泥沙淤积等诸多因素,是一个复杂的大系统多目标问题[7]。众多学者展开了深入的研究,但大都针对水沙联合调度多目标决策模型的构建与求解方法的研究[8-9],而关于水沙联调的非劣调度方案评价决策的研究成果较少,均为单一综合评价方法。如彭杨将层次分析法与理想排法序相结合,利用层次分析方法对多目标赋权,建立了层次加权均衡规划模型,用于三峡水库水沙联调非劣解集评价决策[10,11];刘媛媛在糊模式交叉迭代获取客观权重后,主观改变个别权重,采用模糊模式迭代模型优选水库水沙调度方案[12];向波主观给定等权重,将多目标问题转换成单目标问题进行求解,最后采用逼近理想点法对方案综合评价决策[13]。刘方采用层次分析法与熵权法相结合的进行主客观赋权,再采用逼近理想点法进行方案排序和优选[14]。

本文选取的 AHP - 模糊综合评价法是一种将层次分析法和模糊综合评价法相结合的评价方法[15-16]。模糊综合评价在层次分析法的基础上进行,两者相辅相成,共同提高了评

基金项目:国家自然科学基金资助项目(51609095,51879115),中央级公益性科研院所基本科研业务费专项资金资助项目(HKY - JBYW - 2016 - 26、HKY - JBYW - 2017 - 04)。

作者简介:李新杰(1977—),男,汉族,河南南阳人,博士,高级工程师,研究方向为水库优化调度。E-mail:xin_wd@163.com。

价的可靠性与有效性[17]。其中模糊综合评价法是以模糊数学为基础，应用模糊关系合成的原理，将一些边界不清、不易定量的因素定量化，从多个因素对被评价事物隶属等级状况进行综合性评价的一种方法[18]，而层次分析法用来求解模糊评价中各个评价指标的权重，只需评价人员给出各个评价元素的两两相对重要性的一个定性的描述，然后通过层次分析法就可以比较精确地求出各个评价元素的权重[19-20]。利用 AHP－模糊综合评价法进行多级模糊综合运算，不但考虑到了各种因素对所研究问题的影响，而且有效地解决了评价过程中出现的模糊性问题，进行了科学的定量化处理，将定性评价与定量计算有机地结合起来，以严格的科学理论作为基础，大大加强了评价过程中的科学性和有效性。

梯级水库水沙调度决策是一个定性和定量相结合的过程[21]。根据水库调度决策的特点，运用层次分析法将专家的经验认识和理性的分析结合起来，并且直接两两对比分析，能使比较过程中的不确定因素得到很大程度的降低，从而使决策模型更易于使用。本文以小浪底、西霞院水库为背景，建立了考虑黄河下游河道河床演变的水库调度评价指标体系，采用 2009 年日流量资料，对不同目标的调度方案进行模拟，并通过构建水库调度方案评价模型，采用模糊综合评价法对不同方案进行了效益评价，得到合理的优化方案。

2 水沙联合调度方案

小浪底、西霞院水库位于河南省洛阳市以北 40 km 的黄河干流上。其中小浪底水库总库容为 126.5 亿 m^3，其中淤沙库容为 75.5 亿 m^3，长期有效库容为 51.0 亿 m^3，开发目标是以防洪、防凌、减淤为主，兼顾供水、灌溉和发电，除害兴利，综合利用，最大发电流量为 1 800 m^3/s；西霞院水库是小浪底水库的反调节水库，位于小浪底水库下游 16 km 处，水库总库容为 1.62 亿 m^3，长期有效库容为 0.45 亿 m^3，开发目标是以反调节为主，结合发电，兼顾灌溉、供水综合利用，于 2007 年 5 月底蓄水运用，最大发电流量为 1 400 m^3/s。小浪底、西霞院水库是黄河干流梯级水库的最末两级。两库首尾相连，水沙关系联系紧密，彼此相互影响[22-25]。

小浪底水库和西霞院水库联合调度的规程如下：

(1)在泄洪、排沙、调水调沙运用时期，小浪底水库与西霞院水库需联合调度，按照黄河水调指令下泄(保证下泄流量大于 2 600 m^3/s)，西霞院水库将水位降到 131 m 以下，使得两库尽量满负荷发电，不足水量通过泄洪排沙孔洞补充，尽量用底孔排沙，兼顾两库减淤和发电效益。

(2)在供水运用期，按照黄河水量统一调令下泄基本生态流量，其中，尽量提高西霞院水库水位及日内波动幅度，提高发电水头。

基于以上调度规程，本文通过发电效益、水库减淤效益、下游河道河床演变 3 个计算子模块的耦合构建了联系水库和河道的水沙联调模型，进行三种方案模拟和计算：①方案 1 防洪效益最大；②方案 2 发电效益最大；③方案 3 水库减淤效益最大。

3 研究方法

3.1 层次分析法

层次分析法作为一种评价方法，其基本思路是评价者通过将复杂问题分解为若干层次和若干要素，并在同一层次的各要素之间简单地进行比较、判断和计算，得出不同替代方案的重要度,从而为选择最优方案提供决策依据。层次分析法的特点是:能将人们的思维过程数学化、系统化,便于人们接受;所需定量数据信息较少。但该法要求评价者对评价问题的本质、包含要素及相互之间的逻辑关系掌握得十分透彻[26]。

运用层次分析法进行水库洪水调度系统分析时,首先要把系统分解成不同的组成因素,并按照各因素之间的相互关联,以及隶属关系分成不同层次的组合,构成一个多层次的分析结构模型,最终计算出最低层的诸因素相对于最高层的相对重要性权值,从而确定出系统的综合得分,其基本步骤如下[27]:

(1)建立层次结构模型。在深入分析实际问题的基础上,将有关的各个因素按照不同属性自上而下地分解成若干层次,同一层的诸因素从属于上一层的因素或对上层因素有影响,同时又支配下一层的因素或受到下层因素的作用。最上层为目标层,通常只有 1 个因素,最下层通常为方案或对象层,中间可以有一个或几个层次,通常为准则或指标层。当准则过多时,譬如多于 9 个时,应进一步分解出子准则层。

(2)构造成对比较阵。从层次结构模型的第 2 层开始,对于从属于(或影响)上一层每个因素的同一层诸因素,用成对比较法和 1 ~9 比较尺度构建成对比较阵,直到最下层。

(3)计算权向量,并做一致性检验。权重表示在一定评价准则下各指标间相对重要程度,用于反映决策者的主观偏好。L. Saaty 提出的层次分析法(AHP)是确定指标相对权重的常用方法,步骤如下:先根据人们的主观偏好构造每一准则下各指标间的判断矩阵,然后求判断矩阵的最大特征值和对应的特征向量,再对判断矩阵做一致性检验,如果检验通过,则将求得的特征向量作归一化处理,即得到该准则下 n 个指标之间的相对权重向量$(w_1, w_2, \cdots, w_n)$;否则,重新构造判断矩阵,重复上述过程。

(4)判断矩阵的建立。根据构建的评价指标体系分解为 4 个一级目标、4 个二级指标的评价指标体系,建立了一个多层次结构的评价模型,确定模型的层次结构后,上下层次之间元素的隶属度关系就被确定了,建立并发放层次重要性排序专家调查表,通过专家打分,对各个层次的元素进行两两比较,由 1 ~9 标度法(见表 1)构造两两比较判断矩阵 A。

表 1　层次分析重要性程度 9 标度法取值表

X_i/X_j	同等重要		稍重要		重要		很重要		极重要
a_{ij}	1	2	3	4	5	6	7	8	9

按照相应准则的判断矩阵 A,本文采用常用的特征根法计算出相应的单准则下的排序权重的向量 $W=(w_1, w_2, \cdots, w_n)$。

确定决策中各个因素的权重 AHP 判断矩阵的一致性检验。

①根据公式 $AW=\lambda_{\max}W$,计算判断矩阵 A 最大特征向量 W 的特征根 $\lambda_{\max}$。

②计算一致性指标 C_I:

$$C_I = \left|(\lambda_{\max} - n)/(n-1)\right| \tag{1}$$

③计算一致性比率 C_R:

$$C_R = C_1/R_I \tag{2}$$

引入 R_I(平均随机一致性指标),做一致性检验,当判断矩阵阶数大于 2,如果计算的 $C_R <$

0.1,反映判断矩阵符合一致性要求,指标权值在允许范围之内,否则重新调整各个层次的元素重要性比值,直到判断矩阵达到一致性要求。

3.2　模糊综合评价

模糊综合评价分析方法是以模糊数学为基础的,该方法把要考察的模糊对象和反映该模糊对象的模糊概念作为模糊集合,建立一个适当的隶属函数,并结合模糊集合论的运算,对模糊对象进行定量分析[27-28]。由学者汪培庄提出了模糊综合评价,这一应用方法在众多科技工作者中得到广泛应用[29]。其优点是:模型简单易掌握,在对多因素多层次问题的评价应用中效果显著,有其他模型无法替代的优势。所谓综合评价,就是对受到多种因素影响的事物或现象做出综合的评价,而模糊数学就是运用数学的方法对客观存在的模糊现象进行处理。因此,概括地说,模糊综合评价就是运用模糊数学的方法对受到多种因素影响的事物或现象做出综合的评价。模糊综合评价法能够将各个评价主体的意见比较全面地进行汇总,从而综合、全面地对被评对象进行较为客观的反映。具体过程是:将评价目标分解成具体的多种因素组成的模糊集合,简称为因素集 C,之后对这些因素所能选取的评审等级进行设定,构成评语的模糊集合,简称为评判集 V,然后分别求出各单一因素对各个评审等级的归属程度,简称为模糊矩阵或评判矩阵 R,最后根据各个因素在评价目标中得到的权重分配,通过模糊矩阵的合成运算,求出评价的定量解值。

因此,继层次分析法计算出权重之后,要做的就是利用模糊综合评价法计算综合评价值,其具体步骤如下:

(1)建立模糊关系矩阵。设评价对象的 m 个指标的集合为 $U=\{u_1,u_2,\cdots,u_m\}$,定义每个指标的 n 种评价等级的集合为 $V=(v_1,v_2,\cdots,v_n)$,确定评价指标的评判集向量 V,根据专家评分确定的隶属度 r_{ij} 建立 $n\times p$ 的模糊关系矩阵 R。R 就是评价指标集 U 到评判级 V 的一个模糊关系。

$$R=\begin{bmatrix} r_{11} & r_{12} & \cdots & r_{1p} \\ r_{21} & r_{22} & \cdots & r_{2p} \\ \vdots & \vdots & & \vdots \\ r_{n1} & r_{n2} & \cdots & r_{np} \end{bmatrix} \tag{3}$$

(2)模糊综合评判数学模型。根据层次分析法确定的权重向量 W 和模糊关系矩阵 R,使用模糊矩阵的复合运算 $B=WR$ 并对其进行归一化处理,得到了调度方案的评价值。

4　综合评价

4.1　水库水沙联合优化调度评价指标体系

综合利用型水库通常兼具防洪、发电、供水、航运等综合效益,而泥沙淤积是影响水库发挥长期综合效益的重要因素;水库水沙联合调度即是为了满足水库长期运行效益的最大化,进而缓解排沙减淤与防洪兴利之间的矛盾。根据构建的水沙联调的多目标数学模型,本文在考虑泥沙淤积的情况下,构建水库水沙联合调度方案评价体系,如图 1 所示。

所建立的水库水沙联合调度评价指标体系共分为三层:第一层为目标层,为水库水沙联调综合效益;第二层为准则层,包括水库防洪调度效益、发电效益、下游河床演变效益、排沙减淤效益;第三层为指标层,以其在满足水库长期利用的前提下,寻求水库水沙联合调度综合效益的最大化,进而选出水库长期调度的最佳调度方案。

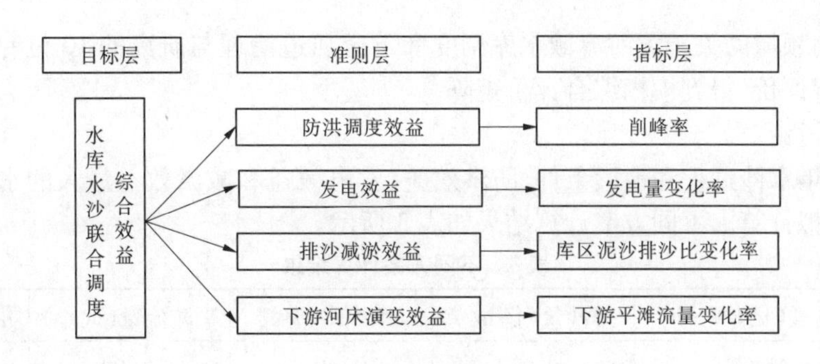

图1 水库水沙联合调度评价指标体系

(1)防洪是水库的首要任务,水库水沙联合调度必须满足既定的防洪任务和要求。水库防洪目标的指标可取洪峰削峰效果来表征。

(2)发电效益可以视作发电量与电价的乘积,在电价一定的情况下,与发电量成正比,本文以发电量与多年平均发电量的比值来表征发电效益。发电效益属于效益型指标。

(3)对水库泥沙淤积效益进行描述通常有库区淤积量、有效库容等不同表现形式。本文排沙减游效益用采用库区总淤积量表示,属成本型指标。

(4)维持下游河道的中水河槽,是下游河床演变效益的与下游河道控制水文断面平滩流量变化率相关,可用平滩流量与维持4 000 m^3/s 的偏离程度加以表征。

4.2 评价权重的确定

基于以上评价指标体系,本文选取不同调度方案进行模拟和评价。依据 AHP 法中的问卷设计方法,结合具体的指标,选择从事黄河流域水沙联合调控等相关研究人员 10 人对本指标体系的各个指标进行调查和打分评价,采用最小二乘法对评价数据进行计算,根据已经建立的评价递阶层次模型,得到水库水沙联合调度综合效益判断矩阵。

$$A = \begin{bmatrix} 1 & 1/3 & 2 & 3 \\ 2 & 1 & 3 & 4 \\ 1/2 & 1/3 & 1 & 2 \\ 1/3 & 1/4 & 1/2 & 1 \end{bmatrix} \tag{4}$$

求得权重 $W=(0.28,0.45,0.16,0.10)$,计算求得 I 级指标的隶属度及权重见表2。

表2 评价指标判断矩阵及层次因子权重

目标层	I 级指标及权重	II 级指标及权重
水库水沙联合调度综合效益	防洪调度效益 B_1 0.28	削峰率 C_1
	发电效益 B_2 0.45	发电量变化率 C_2
	排沙减淤积效益 B_3 0.16	库区泥沙排沙比变化率 C_3
	下游河床演变效益 B_4 0.10	下游平滩流量变化率 C_4

经检验,判断矩阵最大特征根 $\lambda=4.31$,计算一致性指标 $C_I=0.01$ 和 $R_I=0.012<0.10$,均符合一致性要求。

影响滩区防洪减灾能力评价的12个因素可以组成评价因素集 U,对因素集中各个因素的评价集为{好,较好,一般,较差,差},具体分值为$(v_1,v_2,v_3,v_4,v_5)=(100,80,60,40,20)$。

组建来自不同领域的关于黄河流域水库调度和下游河道治理与研究的10位专家对不同的调度方案进行评价，得到模糊综合评价矩阵。

4.3　结果与讨论

以2009年水沙过程和地形条件，防洪效益、发电效益和减淤效益最大的水沙联合调度方案，进行模拟计算。不同方案计算结果如表3所示。

表3　不同方案计算结果

方案	发电量(亿kW·h)	排沙量(亿m^3)	排沙比(%)	平滩流量(m^3/s)	削峰效果(%)
方案1	41.90	0.03	1.9	4 500	5.36
方案2	47.08	0.08	4.9	4 000	4.07
方案3	46.09	1.28	79.0	4 100	5.11

4.4　构建隶属度矩阵

通过邀请一定数量的专家(10人)对每一方案的的每一评价因素优劣进行评定，结果如表4所示。

表4　方案1评价结果

效益	好	较好	一般	较差	差
防洪调度效益	2	3	3	1	1
发电效益	1	3	3	2	1
排沙减淤积效益	1	2	4	2	1
下游河床演变效益	3	3	2	1	1

得到方案1的模糊评价矩阵

$$R_1 = \begin{bmatrix} 0.2 & 0.3 & 0.3 & 0.1 & 0.1 \\ 0.1 & 0.3 & 0.3 & 0.2 & 0.1 \\ 0.1 & 0.2 & 0.4 & 0.2 & 0.1 \\ 0.3 & 0.3 & 0.2 & 0.1 & 0.1 \end{bmatrix} \tag{5}$$

计算方案1的综合评价结果

$$B_1 = W \times R_1 = (0.28, 0.45, 0.16, 0.10) \begin{bmatrix} 0.2 & 0.3 & 0.3 & 0.1 & 0.1 \\ 0.1 & 0.3 & 0.3 & 0.2 & 0.1 \\ 0.1 & 0.2 & 0.4 & 0.2 & 0.1 \\ 0.3 & 0.3 & 0.2 & 0.1 & 0.1 \end{bmatrix} \tag{6}$$

$$= (0.147, 0.281, 0.303, 0.170, 0.099)$$

$$N_1 = B_1{}' \times v = 63.74$$

得到方案2的模糊评价矩阵

$$R_2 = \begin{bmatrix} 0.2 & 0.5 & 0.1 & 0.1 & 0.1 \\ 0.6 & 0.3 & 0.1 & 0 & 0 \\ 0.2 & 0.2 & 0.4 & 0.1 & 0.1 \\ 0.1 & 0.4 & 0.3 & 0.1 & 0.1 \end{bmatrix} \tag{7}$$

计算方案 2 的综合评价结果

$$B_2 = W \times R_2 = (0.368, 0.347, 0.167, 0.099, 0.054)$$

$$N_2 = B_2' \times v = 79.62$$

计算方案 3 的模糊评价矩阵及综合评价结果

$$R_3 = \begin{bmatrix} 0.5 & 0.3 & 0.1 & 0.1 & 0 \\ 0.5 & 0.3 & 0.1 & 0.1 & 0 \\ 0.6 & 0.3 & 0.1 & 0 & 0 \\ 0.3 & 0.2 & 0.3 & 0.1 & 0.1 \end{bmatrix} \tag{8}$$

$$B_3 = W \times R_3 = (0.491, 0.287, 0.119, 0.083, 0.055)$$

$$N_3 = B_3' \times v = 83.02$$

方案 1 的优先度为 N_1 -63.74,方案 2 的优先度为 N_2 =80.52,方案 3 的优先度为 N_3 =83.02。

对于减淤效益最大的优化调度结果,适当加大下泄沙量并没有导致黄河下游河道的严重淤积,尽管相比发电量最大和防洪效益最大方案,减淤效益最大方案向下游多输送了 1 亿多立方米的泥沙,造成下游河道平滩流量变小,但基本在 4 000 m^3/s 附近,维持了中水河槽,虽然发电效益有所降低,但是由于利用了汛期的人造洪水,减少了水库的淤积,保证了水库长期发电效益,该方案与发电量最大的调度方案相差无几,且各典型断面基本维持在 4 000 m^3/s 左右的平滩流量,综合评价最优。

5 结 论

集成层次分析法与模糊综合评判法的数学模型有一定的科学性、合理性和可操作性,能有效地解决各因素对研究问题的影响和评价过程中的模糊性问题,将定性评价与科学的定量计算有机地结合起来,从而提高了调度方案评价的精确度。基于库区防洪效益、发电效益和减淤效益最大的水沙联合调度方案,构建了黄河小浪底水库水沙联合调度的评价指标体系,并对三个方案的防洪调度效益、发电效益、排沙减淤效益和下游河床演变效益进行了计算与综合评价。计算结果表明,发电效益最大方案相比防洪效益最大调度方案,其发电量增加 20.7%,排沙比为 4.9%;而减淤效益最大方案相比防洪效益最大调度方案,其发电量增加 10%,而排沙比增至 79%。在两种方案下,下游河道均能维持 4 000 m^3/s 左右的中水河槽。因此,正确认识库区及河道水沙演进规律,利用好水库大流量排沙过程,在下游河道维持中水河槽的前提下适当排沙出库,延长小浪底水库的使用寿命,从本研究看是完全可能的,现有的调度方案仍有进一步提升的潜力。

参 考 文 献

[1] 柴元方, 李义天, 李思璇,等. 2000 年以来黄河流域干支流水沙变化趋势及其成因分析[J]. 水电能源科学, 2017(4):106-110.

[2] 代稳, 谭芬芳, 于亚文,等. 水利工程和降水波动对洞庭湖水沙过程的定量分析[J]. 水电能源科学, 2017(7):47-51.

[3] 柴元方, 李义天, 李思璇,等. 长江流域近期水沙变化趋势及成因分析[J]. 灌溉排水学报, 2017, 36(3):94-101.

[4] 金兴平, 许全喜. 长江上游水库群联合调度中的泥沙问题[J]. 人民长江, 2018, 49(3):1-8.

[5] 李洁, 夏军强, 邓珊珊,等. 近 30 年黄河下游河道深泓线摆动特点[J]. 水科学进展, 2017, 28(5):

652-661.
[6] 卢金友，朱勇辉，岳红艳，等. 长江中下游崩岸治理与河道整治技术[J]. 水利水电快报，2017，38(11):6-14.
[7] 潘庆燊. 三峡工程泥沙问题研究60年回顾[J]. 人民长江，2017，48(21):18-22.
[8] 吴巍，周孝德，王新宏，等. 多泥沙河流供水水库水沙联合优化调度的研究与应用[J]. 西北农林科技大学学报(自然科学版)，2010(12):221-229.
[9] 白涛，阚艳彬，畅建霞，等. 水库群水沙调控的单－多目标调度模型及其应用[J]. 水科学进展，2016，27(1):116-127.
[10] 李继伟，纪昌明，彭杨，等. 基于三阶段逐步优化算法的三峡水库水沙联合优化调度研究[J]. 水电能源科学，2014(3):57-60.
[11] 彭杨，纪昌明，刘方. 梯级水库水沙联合优化调度多目标决策模型及应用[J]. 水利学报，2013，44(11):1272-1277.
[12] 练继建，胡明罡，刘媛媛. 多沙河流水库水沙联调多目标规划研究[J]. 水力发电学报，2004，23(2):12-16.
[13] 向波，纪昌明，罗庆松，等. 多目标决策方案评价的免疫粒子群模型研究[J]. 水力发电，2009，35(7):67-69.
[14] 彭杨，纪昌明，刘方. 梯级水库水沙联合优化调度多目标决策模型及应用[J]. 水利学报，2013，44(11):1272-1277.
[15] 韩利，梅强，陆玉梅，等. AHP－模糊综合评价方法的分析与研究[J]. 中国安全科学学报，2004，14(7):86-89.
[16] 叶珍. 基于AHP的模糊综合评价方法研究及应用[D]. 广州:华南理工大学，2010.
[17] Yang W, Xu K, Lian J, et al. Multiple flood vulnerability assessment approach based on fuzzy comprehensive evaluation method and coordinated development degree model[J]. Journal of Environmental Management, 2018, 213:440.
[18] Jin J L, Wei Y M, Ding J. Fuzzy comprehensive evaluation model based on improved analytic hierarchy process[J]. Journal of Hydraulic Engineering, 2004(2):144-147.
[19] 金菊良，魏一鸣，丁晶. 基于改进层次分析法的模糊综合评价模型[J]. 水利学报，2004，35(3):65－70.
[20] 卢文喜，李迪，张蕾，等. 基于层次分析法的模糊综合评价在水质评价中的应用[J]. 节水灌溉，2011(3):43-46.
[21] 肖杨，彭杨. 梯级水电站水库水沙联合优化调度研究进展[J]. 现代电力，2012，29(5):55-60.
[22] 刘树君. 小浪底与西霞院水库联合优化调度[J]. 人民黄河，2013，35(2):83-85.
[23] 王怀柏，赵淑饶，陈卫芳，等. 西霞院水库运用对小浪底站水文测报的影响[J]. 人民黄河，2011，33(11):18-20.
[24] 翟家瑞. 西霞院水库汛期的优化调度[J]. 人民黄河，2011，33(7):1-2.
[25] 翟家瑞. 从黄河“96·8”洪水谈泥沙优化调度的必要性[J]. 人民黄河，2008，30(12):26-27.
[26] 覃敏，徐必根，唐绍辉，等. 基于关系矩阵和模糊理论的采矿方案优越性综合评价[J]. 采矿技术，2012(4):1-3.
[27] 李学平. 用层次分析法求指标权重的标度方法的探讨[J]. 北京邮电大学学报(社会科学版)，2001，3(1):25-27.
[28] 冯俊文. 模糊德尔菲层次分析法及其应用[J]. 数学的实践与认识，2006，36(9):44-48.
[29] 汪培庄. 模糊数学及其应用[J]. 河南大学学报(自然科学版)，1983(2):40-41.

石门水库排沙减淤技术研究

居 浩 李 刚

（中国电建贵阳勘测设计研究院有限公司，成都 610091）

摘 要 汉中石门水库淤积已达4 000多万 m^3，严重影响了水库功能，排沙减淤势在必行。本文通过梳理石门水库淤积情况，分析水库淤积主要因素为流域水沙条件、泄洪规模过小、调度运行中的供需矛盾、人为破坏活动等。经过研究分析，结合石门水库实际情况，提出了“拦”“排”“清”结合的排沙减淤思路；重点研究水库泥沙调度方式，提出了通过改造左岸非常规泄洪洞增大泄洪排沙规模的工程措施并采用一维非平衡输沙模型，论证了泄空冲沙的时机、效果和周期。根据库尾泥沙粒径特点制定了水库中尾部的水位变动区利用挖泥船清淤措施，提出了清淤物综合利用思路并实际应用，为同类水库排沙减淤工作提供了参考和借鉴。

关键词 排沙减淤；异重流排沙；泄空冲沙；机械清淤

1 石门水库简介

石门水利枢纽工程位于陕西省汉中市汉江上游支流褒河上，是以灌溉为主，结合发电、城市供水等综合利用的大（Ⅱ）型水利工程。水库总库容1.098亿 m^3，有效库容0.607亿 m^3，死库容0.443亿 m^3，设计灌溉农田51.5万亩，电站装机40.5 MW，设计年发电量1.41亿kW·h。水库工程于1969年10月动工兴建，1972年4月下闸蓄水。枢纽由混凝土双曲拱坝、坝身泄洪中孔、放水（排沙）底孔、右岸河床电站、东西高干渠渠首电站、下游反调节池、南干渠渠首等组成。拦河大坝为混凝土拱坝，最大坝高88 m。泄水建筑物主要由泄水中孔、左岸泄洪洞和底孔组成。泄水中孔为6孔，孔口尺寸7 m×8 m，进口高程596.0 m，最大总泄量5 598 m^3/s。左岸泄洪洞进口底坎高程596.0 m，最大泄量528.74 m^3/s，为非常规泄洪洞。排沙（放空）底孔孔口尺寸2 m×2 m，底坎高程550.0 m，设计泄量120 m^3/s。

2 水库淤积情况

石门水库建库以后，20世纪80年代和90年代初连续发生了多场较大洪水，特别是1981年洪水达300年一遇，1990年洪水达50年一遇，这些年份暴雨和洪水致使泥石流、山体滑坡等灾情发生，水土大量流失，河流泥沙严重，水库库容急剧减小。其间人为破坏活动严重，如库区附近公路建设等废渣进入水库；又如库区支流青桥河流域中有石矿开采多处，造成植被破坏和石渣冲入河道等。1986年库容比1972年减少了2 579万 m^3，1991年库容比1986年又减少了781万 m^3。1991年以后褒河流域进入枯水段，水库淤积速率有所缓解。2002年比1991年库容减少380万t。

作者简介：居浩（1982—），男，湖北人，高级工程师，主要从事水工设计工作。E-mail:93662454@qq.com。

根据石门水库淤积实测资料，自 1972 年建成以来，水库泥沙淤积形态基本为椎体淤积，年平均淤积量为 106.35 万 m^3，平均淤积速率为 1.01%。虽然近几年流域内退耕还林，水土保持工作起到良好效果，库区整体淤积速率下降，但并不能改变水库面临严峻的水库淤积形势。目前水库淤积量为 4 466.59 万 m^3，其中死水位 595 m 高程以下的淤积量为 3 302.39 万 m^3，占死库容的 74.55%，595 m 高程以上有效库容淤积量 1 164.2 万 m^3，泥沙淤积情况已非常严重，水库排沙减工作显得非常重要和必要。

3　水库排沙减淤技术研究

3.1　水库淤积成因分析

（1）流域水沙条件：流域降水多系暴雨，洪水陡涨陡落，峰高量小、汇流快、历时短的来水特征使得遭遇较大暴雨洪水时入库水流挟沙能力大增，库区淤积变化幅度较大。

（2）排沙能力：石门水库按照少沙河流设计仅布置有一孔 2 m×2 m 排沙底孔，底坎高程 550.0 m，设计泄量 120 m^3/s；泄洪中孔底槛高程为 596.0 m，位置较高，无法发挥排沙功能。遭遇大洪水时，水库主要通过泄洪中孔泄水，而现有排沙底孔泄流能力不足，入库洪水泥沙不能被完全排出，库区淤积逐年加剧。

（3）水库调度运行：石门水库兴利调度的主要任务是以农业灌溉为主，结合发电。灌溉期间，优先保证灌区需水。年运行调度过程一般为，第一季度为蓄水期，库水位较高；第二季度为夏灌插秧期，库水位逐渐降至最低；第三季度为蓄、泄交替的洪水季节期；第四季度为蓄水冬灌期。由于坝高水深，库面狭窄，库容较小，洪水峰小量大时，容易形成全断面淤积；而峰高量小的来水过程，促使淤积向坝前推进；特别是考虑到灌区农田灌溉、发电用水要求，常常采取截尾复蓄的办法来恢复库内水量和水位，使得部分入库泥沙在库区内滞留落淤，坝前淤积难以充分排出。

（4）人为活动加剧泥沙入库：20 世纪 80 ~ 90 年代，库区及其上游的道路施工建设连年进行，大量弃渣除极少被利用，大多数直接倾倒在河道或者沿河两岸的溪沟中。同时公路开挖造成的山体崩塌和泥石流，也全部就近弃入河道，随洪水进入库区。此外，公路沿岸矿石开采业的发育，也带来了大量的弃渣和水土流失，加剧了库容淤积进程。

3.2　水库排沙减淤方式分析

防治水库淤积的措施，不外乎“拦”（上游拦截，就地处理）、“排”（水库排沙，保持库容）、“清”（清除淤沙，恢复库容）等几方面的措施。国内外部分水库排沙减淤方式见表 1。

表 1　国内外部分水库排沙减淤方式

水库名称	地点	坝高（m）	总库容（万 m^3）	排沙减於方式
黑松林水库	陕西省	45.5	1 430	运行后期就采用了空库排沙结合人工机械辅助清淤（高渠拉沙）的方法
郭家寨水库	山西省	14	99	运行后期采用了水力挖塘机组辅助式的高渠拉沙方法
田家湾水库	山西省	29.5	942	运行后期则采用水力吸泥管排沙

续表1

水库名称	地点	坝高（m）	总库容（万 m^3）	排沙减於方式
小浪底水库	河南省	160	1 288 300	空库排沙与异重流排沙、自吸式排沙管道组合方式
石堡川水库	延安市	58.90	6 220	采用滞洪排沙与泄洪排沙结合机械挖沙的方式
丹江口水库	湖北省	176	2 905 000	修建旁引蓄沙水库结合机械挖沙方式
南秦水库	陕西省	31.50	715	采用泄空冲沙和异重流
王瑶水库	延安市	55	20 300	最初蓄水泄洪、低水位泄洪排沙，异重流排沙，后期采用空库排沙结合人工机械辅助清淤的方式
回龙水库	广东省	35.38	500	采用绞吸式抽沙船清淤
默拉纳水库	印度	16.913	2 426	采用200 mm的虹吸管清淤
莲花山水库	广东省	19.46	390	采用环保绞吸式挖泥船清淤
尚希庄水库	山西省	16.913	2 426	采用放空水库后挖掘机清淤
阿斯旺水库	埃及	111	16 890 000	泥浆泵抽吸泥沙，通过HDPE管输送至沉砂池

借鉴国内外水库排沙减淤的经验，结合石门水库实际情况，石门水库排沙减淤治理采取“拦”“排”“挖”相结合的方法。“拦”即上游水土保持，减少和杜绝水土流失，降低进入库区的泥沙量；“排”利用现有或新增泄洪冲沙设施，增加泄洪排沙规模和排沙通道，通过合理的水库泥沙调度运行方式排沙，如蓄清排浑和异重流排沙等，主要排出坝前12 km范围内淤沙；“挖”是在低水位时，对库区淤积利用机械挖沙清除库中尾部12 km以上范围内淤积。

4 水库泥沙调度方式研究

4.1 异重流排沙

石门水库入库泥沙主要集中在汛期(7～9月)，占全年的88.7%，汛期来沙又集中于较大洪水过程中。据库区泥沙取样分析，入库悬移质泥沙中值粒径在0.01 mm以下，按照山溪性河流洪水峰高量小、挟沙能力极强的特点，汛期入库洪水在库内具备形成异重流的条件。

石门水库异重流排沙调度运用方式为：

(1)库水位在汛限水位以下时，上游来水含沙量较大（含沙量小的洪水排沙耗水率太大），来流量大于底孔泄量加发电引水流量，为了减少库区淤积可以进行异重流排沙（主动排沙），洪水入库5 h左右或观测到异重流到达坝前，即可开启排沙底孔，只要库水位没有超过汛限水位就不用开启泄洪洞，待洪水过后观测到底孔出流含沙量明显降低时，即可关闭排沙底孔。

(2)库水位接近或超过汛限水位时,上游发生洪水,为了防洪需要,必须放水,首先开启排沙底孔(被动排沙),当底孔泄量不足时,再开启泄洪洞。

4.2 泄空冲沙

异重流排沙只能减缓库区及坝前的淤积,要排除库内已有的淤积物还要靠水库的泄空冲刷。泄空冲刷是解决库区淤积特别是较粗颗粒淤积的有效方法。石门水库泄空冲刷过程利用水流泥沙数学模型进行计算,采用扩展一维非平衡输沙模型,考虑到整个库区淤积物泥沙颗粒粒径沿程差别甚大,采用非均匀沙模型。根据石门水库灌溉运用资料及来水来沙情况,泄空排沙的时机选在来水偏丰年份,排沙期从9月11~30日,共20 d。

计算结果表明,在现状泄洪设施状态下,泄洪洞进口高程596.0 m,对泄空排沙基本起不到作用,靠现有底孔排沙,排沙期流量稍大便会形成壅水,排沙条件不理想。如2001年,平均冲刷流量为142.9 m^3/s,20 d冲刷量仅34.7万 m^3。

对泄洪洞进行改造,进口高程降低到560.0 m。在水库泄空排沙时可以通过比较大的流量,在排沙期入库流量稍大或出现小的洪水时,不至于坝前水位快速升高,使得排沙期充分利用比较大的流量,提高排沙效果。

计算各组次排沙量见表2,可以看出,泄洪洞改造之后,较大流量年份,如2001年的排沙效果显著提高,一次泄空排沙量超过400万 m^3。

表2 泄洪洞改造各计算组次冲刷量

组次	1	2	3	4	5	6	7	8
资料年份	2001	1984	1985	1982	1990	1993	1988	2000
冲刷期(d)	11~30	11~30	11~30	11~30	11~30	11~30	11~30	11~30
平均流量(m^3/s)	142.9	114.0	84.0	72.6	52.6	37.7	30.0	26.1
最大流量(m^3/s)	373.0	211.0	293.0	241.0	120.0	94.7	49.5	79.6
最高水位(m)	570.21	564.73	566.17	565.28	562.81	562.17	560.64	561.74
平均水位(m)	562.26	562.44	560.61	561.03	559.71	556.77	555.54	554.25
冲刷量(万 m^3)	451.2	408.5	357.2	316.3	298.6	296.0	242.8	206.1

石门水库泄空冲沙调度运用方式为:

(1)泄洪冲沙时机选择中等或偏丰年份的9月中下旬,如果到9月底入库流量还比较大,也可以根据实际情况适当延长5~10 d的排沙时间。

(2)泄空冲沙时,底孔与泄洪洞均敞泄。

(3)一个泄空冲刷时段可恢复库容300万~450万 m^3,相当于近3~4年的水库淤积量,石门水库泄空排沙周期可以定为4~5年,枯水枯沙系列年库区淤积量小,排沙周期可以长一些。当遇到排沙有利的年份,且库水位及水流条件有利,可以多次次泄空排沙。

5 水库清淤方式研究

5.1 清淤范围

根据本工程情况,机械挖沙清淤库尾宜选择水库水位变幅区,即高程595~618 m,该高程范围大概位于库中尾部12~17 km河段范围,所以机械挖沙清淤范围为坝址上游12~17

km 河段范围。在 12 ~ 17 km 河段范围根据地形条件选择青桥驿、青桥河汇口处、蔡家坡、盐家湾四处河段设置清淤点,每个清淤点设置简易的停靠码头,码头附近设置临时堆渣区,根据需要可设置简易的筛分设备,每个堆渣区容量约 5 万 m^3。在水库运行管理中,石门水库管理局可采取常年挖沙办法,每年选在冬灌、春灌、夏灌后期及枯水期的低水位时对水位变动区的淤泥实施清除。

5.2 清淤机械

挖沙机械种类应根据淤积物的组成成分不同选择。在卵石和粗砂砾石这一区间,一般水比较浅,可采用挖沙船进行常年清淤,低水时裸露部分的泥沙可采用挖掘机进行清挖,在变动回水区与常年回水区的交界处,分布的淤积物多为细沙和黏土,水比较深,在这一区间可采用绞吸式或深水吸仰式等更先进的挖泥船进行清淤。

根据挖泥船的工作原理,绞吸式挖泥船有利于搅动石门水库多年沉积固结泥沙,又可用于搅动坝前淤积,形成人工异重流;且清淤范围大,作业污染适中,取料浓度小,工作性能可靠,中短距离的挖沙单价相对较低;可作为石门水库清淤常用机械。

5.3 清淤物的利用与堆放

清淤物的处理应遵循长远规划、综合利用、安全堆放和有利环境的原则。清淤物的综合利用:对不同粒径的清淤物泥沙,应按其用途的不同进行综合利用处理。卵石和粗砂可用于工程建筑材料。通过政府制定政策性法规,使适合作工程建筑材料的卵石和粗砂进入周围的建筑市场,既可以变害为利,又可以有效制止基建用料中的乱采、乱挖而导致水土流失现象的发生。细颗粒泥沙是一些营养物质和有机质的载体,是建造肥沃良田的优质原料。变动回水区周围的陆地,大多是山区,可耕地贫乏,因此可把清淤的细颗粒泥沙用于填沟造田,造福农业。对于未经处理和不能进行综合利用的清淤物,应堆放到安全地带,防止清淤物再次流入库区和对环境造成污染及其他不良影响。

6 结 论

(1)石门水库泥沙淤积情况已非常严重,石门水库泥沙淤积 4 466 万 m^3,占总库容 1.05 亿 m^3 的 42.54%,水库排沙减工作已显得非常重要和必要。

(2)由于水库调节库容较小、水量供需矛盾突出、调度运用理念、现有排沙设施规模过小等因素制约,石门水库排沙效果不理想。

(3)经综合分析,石门水库通过“拦”“排”“清”结合的方式能较好地解决石门水库淤积问题,“拦”即上游水土保持,减少和杜绝水土流失,降低进入库区的泥沙量。“排”即通过工程措施增加泄洪排沙规模,根据数学模型计算结果,左岸泄洪洞改建泄洪冲沙洞方案能加大排沙泄量,迅速降低坝前水位,排沙效果理想。泄空冲刷时机为偏丰水年 9 月中下旬,冲刷周期为 4 ~ 5 年;“清”是购置挖泥船,在水库中尾部的水位变动区选取合适的位置挖沙,确保水库功能实现。

(4)机械清淤范围选在库区 12 ~ 17 km 范围内,设置青桥驿、青桥河汇口处、蔡家坡、盐家湾四处清淤点,清淤机械以绞吸式挖泥船为主,同时对清淤物合理的利用和堆放,既解决环境污染问题,又能变废为宝,为社会造福,值得类似工程借鉴和参考。

参 考 文 献

[1] 韩其为. 水库淤积[M]. 北京:科学出版社,2003.

[2] 焦恩泽,张清,刘燕.闹德海水库运用与防淤[J].人民黄河,2012(9).
[3] 姜乃森.潘家口水库泥沙淤积问题的研究[J].泥沙研究,1997(3).
[4] 伍秀云.莲花山水库清淤方案设计[J].科技信息,2011(22).
[5] 曹叔尤.细沙淤积的溯源冲刷试验研究[C]//中国水力水电科学研究院.科学论文集(第11集).北京:水利水电出版社,1983.
[6] 汤德意.深水条件下水库生态清淤的关键技术[J].环境科学与技术,2017,40(S2):71-75.
[7] 何亮,龚涛.中小型水库清淤措施研究进展[J].黑龙江科技信息,2008(4):46.

新疆某引水枢纽内库引水闸排沙效果试验研究

程 锐[1] 潘 丽[2] 武彩萍[2]

(1.中国水利学会,北京 100053;2.黄河水利委员会黄河水利科学研究院,郑州 450003)

摘 要 该引水枢纽是灌区最重要的骨干工程之一,是以灌溉为主,兼顾发电为一体的综合性水利工程。由于地域水沙特性,该工程采用新型的内外库布置形式,粗颗粒泥沙落淤在外库,悬移质则被引入内库,通过模型试验量测内库特征引水流量时的水流流速分布、含沙量分布特性,绘制含沙量分布图,研究内库入库水流含沙量与引水闸引水含沙量的关系,为设计提供科学依据,合理布置引水设施,延长内库使用寿命。

关键词 内外库布置;排沙;悬移质

1 工程概况

引水枢纽建成至今历经多次改建、增建,历史演变过程较为复杂,但一直没有解决好渠首引水与排沙的矛盾。专家组根据工程实际情况,结合水闸安全鉴定报告,依据《水闸安全鉴定规定》(SL 214—98)的规定,鉴定该水闸为“四类闸”,工程无法安全运行,应立即进行改建。

工程的主要任务是改变目前渠首引水防沙条件,防止大量泥沙进入下游工程造成危害,以保证灌区农业用水安全,确保下游水利工程安全运行并充分发挥效益。采用内外库式布置,工程等别为Ⅲ等,工程规模为中型。枢纽建筑物由溢流堰、引水闸、泄洪闸、冲砂闸组成。主要建筑物设计洪水标准为30年一遇洪水($P=3.33\%$);校核洪水标准为100年一遇洪水($P=1\%$)。内库正常蓄水位871.0 m,对应库容93.4万 m^3;引水闸设计引水流量35.5 m^3/s,加大引水流量42.6 m^3/s;外库设计洪水位872.17 m,校核洪水位873.10 m,正常引水位871.75 m;泄洪冲砂闸869 m高程以下不淤时,设计泄量($P=3.33\%$)322 m^3/s,校核泄量($P=1\%$)471 m^3/s,溢流堰设计流量42.6 m^3/s。

2 模型试验概况

引水枢纽工程水工模型设计为正态模型,模型几何比尺取40,流速场与流态试验按照重力相似、阻力相似准则及水流连续性,采用弗汝德(Froude)数相似条件,考虑到工程水沙

基金项目:水利部技术示范项目(SF-201712),国家自然科学基金青年基金(51709124),中央级科研院所基本科研业务费专项(HKY-JBYW-2017-15)。

作者简介:程锐(1979—),男,北京人,高级工程师,主要从事水利水电建筑工程研究工作。E-mail:271480137@qq.com。

特点和具体情况,并参考多年动床模型试验经验,试验按照黄河泥沙模型相似律设计[1][2]。

流向内库的泥沙以悬移运动为主,模型主要考虑泥沙沉降相似。确定模型泥沙运动相似的基本条件是:沉降和悬浮相似、挟沙能力相似。

由于无原型实测悬沙级配资料,我们对渠首引水枢纽拦沙库闸、大闸、下游输砂渠道等位置取样分析,得出了不同位置悬沙级配,如图 1 所示,拦沙库闸闸下水流及大闸闸前水流悬沙的中值粒径为 0.006 mm 左右,而大闸闸前淤积物及输沙渠淤积物的中值粒径为 0.19 mm 左右。

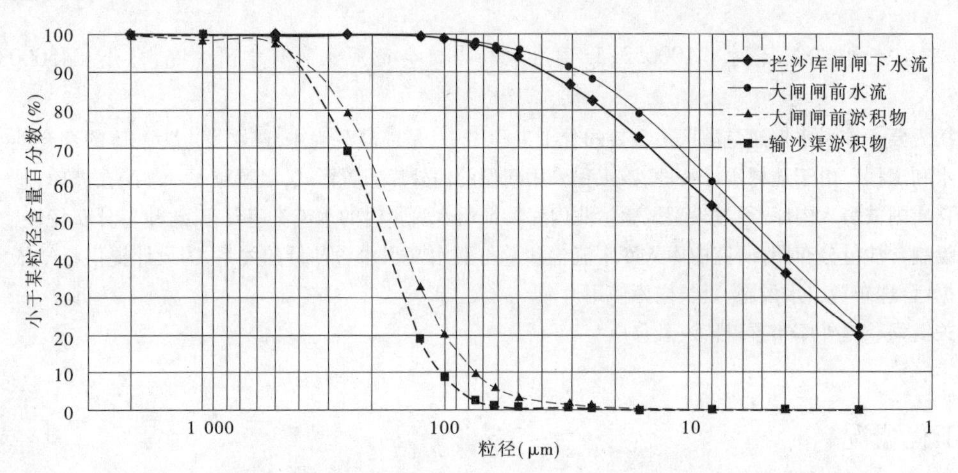

图1　原址不同位置处悬移质泥沙颗粒级配曲线

由于表层粒径与淤积物粒径相差较大,采用河道挟沙水流垂线上任一点悬沙平均粒径与含沙量之间的函数关系式[3],即 $\frac{d_{cpy}}{d_{cpa}} = (\frac{S_y}{S_a})^{[f(n)-1]}$,计算得出悬移质的中值粒径为 0.044 mm 左右,根据悬移质泥沙模型比尺计算得出模型沙悬沙粒径为 0.018 mm。

其中,d_{cpy}、d_{cpa} 分别是水深为 y、a 处的测点悬沙平均粒径,S_y、S_a 分别是水深为 y、a 处的测点含沙量,$f(n) = 0.92e^{\frac{0.78}{n^{1.1}}}$,$n = 0.42\left[\tan(1.49\frac{D_{50}}{D_{cp}})\right]^{0.61} + 0.143$。

模型沙的选择是悬沙模型试验的关键问题之一,选取的模型沙一般要求满足沉降、起动流速和糙率等方面的相似条件,本模型主要研究内库的泥沙淤积问题,重点满足泥沙沉降相似。目前人们常用的模型沙有粉煤灰、天然沙、塑料沙、煤屑、电木粉等。由于由外库进入内库的泥沙以悬移质为主,悬沙粒径较细,所以需要选用比重和凝聚力较小的轻质沙。郑州热电厂粉煤灰的物理化学性能较为稳定,同时还具备造价低、易选配加工等优点。该模型沙用来模拟三门峡、小浪底等水库以及胜利油田广北水库沉沙池、黄河小北干流放淤以及厄瓜多尔水电站沉沙池泥沙淤积等模型也取得了成功的经验。因此,试验选用郑州热电厂粉煤灰作为本模型的模型沙,是较为理想的材料。模型选用粉煤灰的颗粒级配曲线如图 2 所示,中值粒径为 0.017 mm,基本符合原型悬移质的颗粒级配。

3　模型试验成果分析

挟悬移质水流出溢流堰后形成非常明显的主流速区,在流速断面的基础上取断面含沙

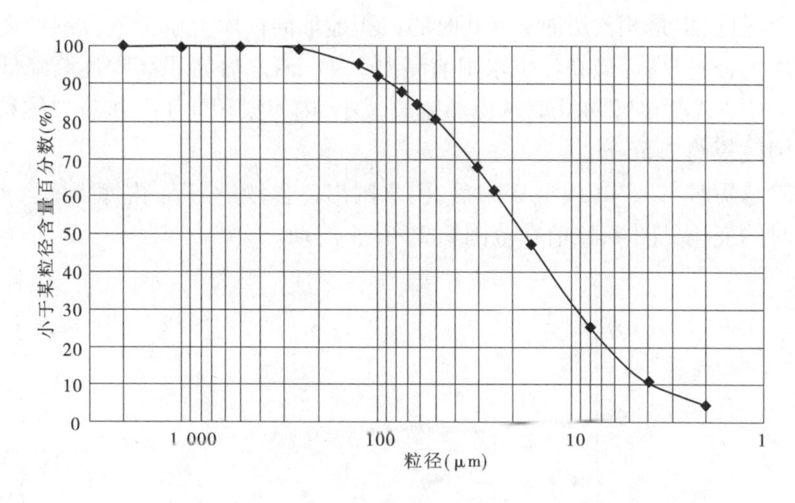

图2 粉煤灰的颗粒级配曲线

量,每个断面布设5条垂线。

内库运行2.4 d(模型4.5 h),每间隔3.16 h(模型0.5 h)取一次含沙量。由于水深较浅,试验中仅仅取表面含沙量进行分析,内库含沙量分布图如图3所示。可以看出,溢流堰至引水闸间的含沙量相对较大,而内库主流带区域含沙量相对较大,低流速区含沙量较小,说明当溢流堰与引水闸之间落淤后,在推移作用下,内库其余部分逐渐有淤积,但是淤积量比主流带区域的淤积要少得多。

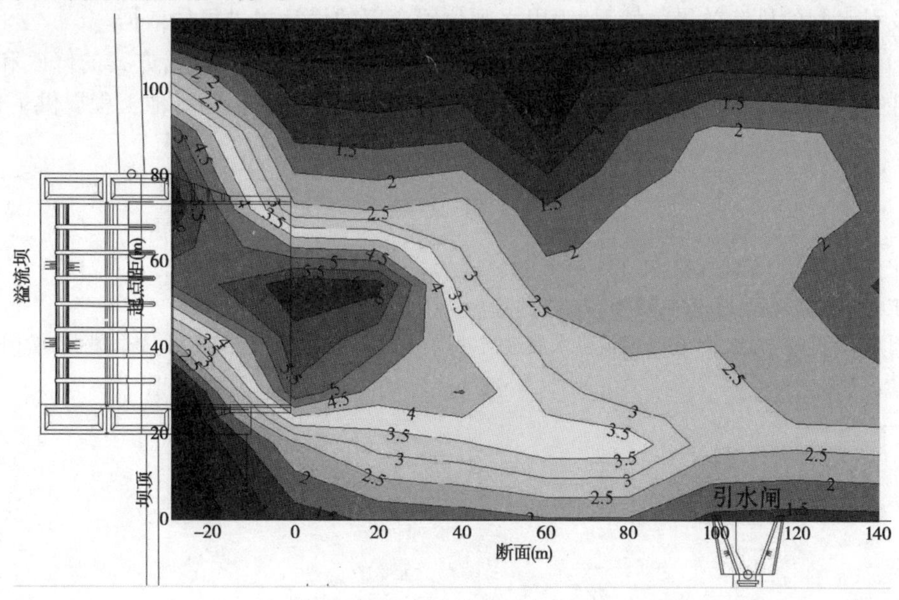

图3 内库含沙量等值线图 (单位:kg/m^3)

内库淤积带主要在溢流堰至引水闸的主流速区内,溢流堰消力池后有非常明显的落淤点,较引水闸前高出3 m,然后向内库平缓推移,淤积高程逐渐降低,至引水闸闸前淤积高程高出引水闸底板0.2 m,闸前拉沙漏斗距离引水闸进口中心线约为12 m。

内库继续不断淤积,内库运行4.75 d(模型9 h)后,内库淤积带仍然主要在溢流堰至引水闸的主流速区内，但是相比历时 2.4 d 时的淤积地形向内库上游扩散范围增大，内库淤积高程也继续增大，淤积高程最高较引水闸前高出 3.44 m；之后淤积高程逐渐降低，闸前拉沙漏斗距离约为 8 m，较历时 2.4 d 时的漏斗距离减小，内库淤积向引水闸进口推移，漏斗顶高程高出引水闸底板约 2.56 m。

淤积试验总历时 4.75 d(模型 9 h)后，引水闸出口含沙量与 S_c 内库入库含沙量 S_j 的相对关系随历时的变化见图 4，比值在范围 0.2～0.4 波动。

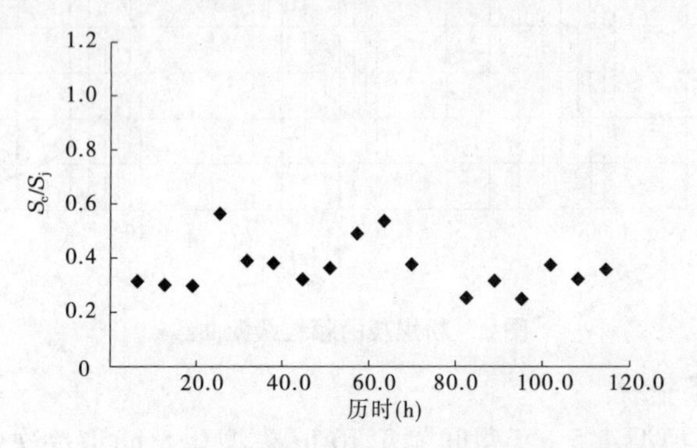

图 4　引水闸出口含沙量与内库入库含沙量关系

4 结　语

(1) 通过本次水工模型试验，观测出内库流速分布、不同时间段的内库悬移质含沙量变化，以及引水闸的排沙效果等情况，为引水闸位置布置的设计提供可靠依据。

(2) 试验研究的成果能够验证内库引水闸的合理性，并能指导设计方案的修改和优化，尤其对内库及时清淤具有重要的意义，建议设置清淤配套措施，也为其他工程提供了合理化的参考。

参 考 文 献

[1] 水工(常规)模型试验规程:SL 155—95[S].

[2] 河工模型试验规程:SL 99—95[S].

[3] 江恩惠，赵连军，张红武. 多沙河流供水演进与冲淤演变数学模型研究及应用[M]. 郑州：黄河水利出版社，2008.

万家寨水库库区冲淤特点分析

任智慧[1,2]　王　婷[1,2]　曲少军[1,2]

（1. 黄河水利科学研究院 黄河小浪底研究中心，郑州　450003
2. 水利部黄河泥沙重点实验室，郑州　450003）

摘　要　自万家寨水库 1998 年 10 月下闸蓄水至 2017 年 10 月，万家寨库区淤积量达到 4.548 亿 m^3。从淤积高程分布来看，泥沙主要淤积在汛限水位 966 m 以下，淤积量为 4.226 亿 m^3，占总淤积量的 93%；从淤积纵向分布来看，2010 年以前库区淤积主要集中在 WD54 断面以下，2011～2017 年，库区总体呈现上冲下淤趋势；从淤积形态看，库区干流纵剖面呈三角洲淤积形态，三角洲洲面段不断抬高；水库淤积末端未上延。

关键词　库区淤积；淤积分布；淤积形态；万家寨水库

1　库区概况

黄河万家寨水利枢纽位于黄河中游托克托至龙口峡谷上段，工程主要任务是供水结合发电调峰，同时兼有防洪、防凌作用。万家寨水库于 1998 年 10 月下闸蓄水，2000 年 12 月，全部 6 台机组建成投产。枢纽原始总库容 8.96 亿 m^3，设计调洪库容 3.02 亿 m^3。水库最高蓄水位 980 m，排沙期（8～9 月）运用水位 952～957 m[1]。2010 年之前万家寨水库以拦沙运用为主；自 2011 年开始，排沙期 8～9 月按照设计运用方式进行调度。

2　水库淤积分布特点

自万家寨水库 1998 年 10 月下闸蓄水至 2017 年 10 月，全库区淤积 4.548 亿 m^3，占原始库容的 50.7%，年均淤积 0.239 亿 m^3。其中，干流淤积 4.414 亿 m^3，占淤积总量的 97%；支流淤积 0.135 亿 m^3，占淤积总量的 3%（见表 1 和图 1）。2013 年以前，干流逐年淤积，支流有冲有淤；2014～2017 年，除 2016 年度表现为淤积外，剩余 3 个年度干支流均表现为冲刷。

受来水来沙及水库运用影响，库区历年淤积量差别较大。其中，2006 年淤积量最大，为 0.605 亿 m^3；2014 年冲刷量最大，为 0.076 亿 m^3。

2.1　库区淤积高程分布

表 2 为万家寨库区 1997 年 7 月至 2017 年 10 月不同高程区间淤积量，可以看出，各高程区间均产生不同程度的淤积，其中 930～966 m 是淤积的主体，该区间淤积量为 3.323 亿 m^3，占总淤积量的 73%；汛限水位 966 m 以下淤积量达到了 4.226 亿 m^3，占总淤积量的

基金项目：国家重点研发计划项目（2018YFC040701－01），国家自然科学基金资助项目（51509100），中央级公益性科研院所基本科研业务费专项资金资助项目（HKY－JBYW－2017－19）。

作者简介：任智慧（1986—），女，河南卫辉人，工程师，硕士，主要从事水库泥沙及调度工作。E-mail：zhihuiren2010@126.com。

93%。汛限水位 966 m 至校核洪水位 979.1 m 之间库容 2.723 亿 m^3，较设计防洪库容减少 0.297 亿 m^3。

表 1　万家寨水库运用以来逐年淤积量(断面法)

年份	淤积量(亿 m^3)			年份	淤积量(亿 m^3)		
	干流	支流	总量		干流	支流	总量
1999	0.522	0.003	0.525	2010	0.278	0.019	0.297
2000	0.174	0.029	0.203	2011	0.155	0.009	0.164
2001	0.190	0.002	0.192	2012	0.115	0.004	0.120
2002	0.315	-0.013	0.303	2013	0.107	0.003	0.110
2003	0.433	0.012	0.446	2014	-0.080	0.004	-0.076
2004	0.164	0.043	0.207	2015	-0.011	0.004	-0.008
2005	0.478	0.007	0.485	2016	0.189	0.003	0.192
2006	0.608	-0.003	0.605	2017	-0.070	0.002	-0.068
2007	0.396	-0.013	0.383	合计	4.414	0.135	4.548
2008	0.124	0.007	0.131	平均	0.232	0.007	0.239
2009	0.327	0.013	0.340				

注：表中 1999 年断面法淤积量计算时段为 1997 年 7 月至 1999 年 10 月。

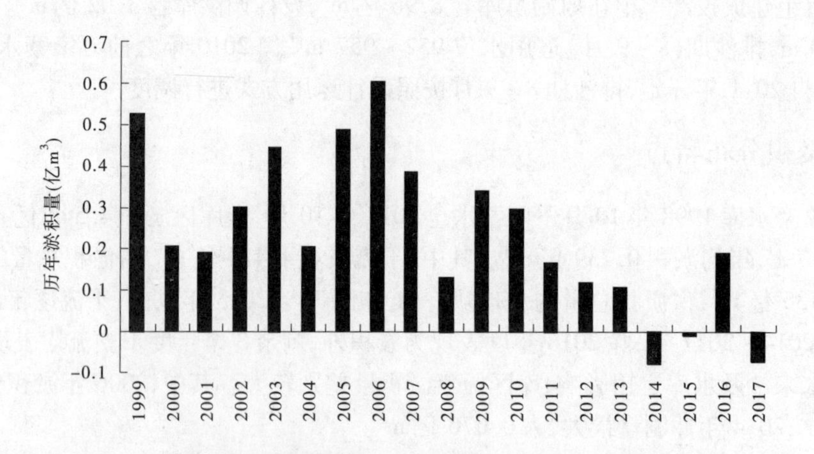

注：图中 1999 年淤积量计算时段为 1997 年 7 月至 1999 年 10 月。

图 1　万家寨水库运用以来逐年淤积量(断面法)

根据不同时期万家寨库区 966 ~ 980 m 不同高程区间淤积量(见图 2)，可以得到，至 2017 年 10 月，966 ~ 980 m 高程间淤积总量为 0.322 亿 m^3。其中，万家寨水库蓄水以来至 2010 年 10 月，966 ~ 980 m 高程间淤积 0.323 亿 m^3；2010 年 10 月至 2017 年 10 月，966 ~ 980 m 高程间冲刷了 0.001 亿 m^3。说明自水库运用以来，966 ~ 980 m 的淤积主要发生在 2010 年以前。

表 2　万家寨库区不同高程区间淤积量

高程区间	淤积量(亿 m^3)	高程区间	淤积量(亿 m^3)
920 以下	0.368	950～955	0.565
920～925	0.241	955～960	0.510
925～930	0.295	960～966	0.409
930～935	0.393	966～970	0.173
935～940	0.435	970～975	0.136
940～945	0.482	975～978	0.037
945～950	0.529	978～980	-0.025
合计			4.548
966 m 以下淤积量(亿 m^3)	4.226	966 m 以下占总淤积量比例(%)	93
966～980 m 淤积量(亿 m^3)	0.322	(966～980 m)占总淤积量比例(%)	7

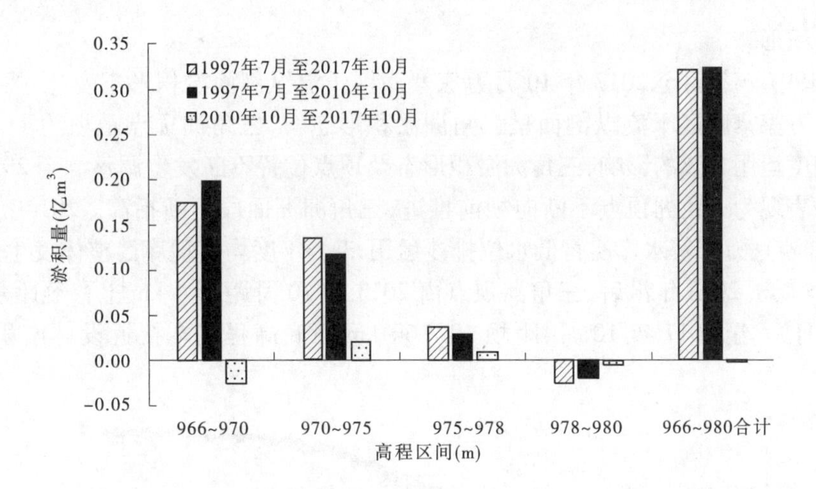

图 2　不同时期万家寨库区 966～980 m 不同高程区间淤积量

2.2　泥沙淤积位置分布

万家寨水库不同时期不同库段的冲淤量分布情况见图 3。可以看出,库区 1997～2017 年除 WD64—WD72 库段发生少量冲刷外,其他库段均表现为淤积。而从不同时期不同库段淤积情况来看,随着运用时间的增加与水库调度方式的不断变化,泥沙淤积位置也不断发生变化。2005 年以前库区淤积主要集中在 WD54 断面以下,淤积量为 2.466 亿 m^3,仅 WD64—WD72 断面间发生少量冲刷;2005～2010 年,WD54 断面以下,淤积量为 1 748 亿 m^3,WD54—WD64 断面间发生冲刷,冲刷量仅为 0.010 亿 m^3;2011～2017 年库区淤积主要集中在 WD23 断面以下,淤积量为 0.585 亿 m^3,WD23—WD54 断面间发生冲刷,干流冲刷量为 0.143 亿 m^3,总体呈现上冲下淤趋势。

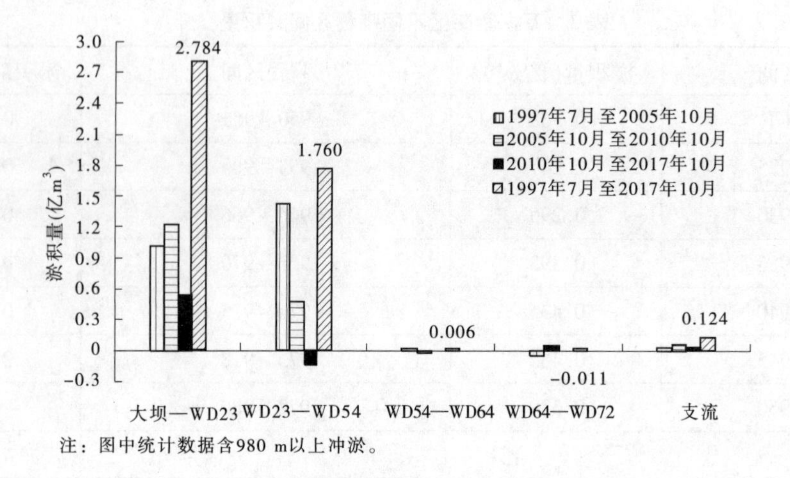

图3 万家寨库区不同库段淤积量

3 库区淤积形态

3.1 干流淤积形态

图4为1997年7月至2017年10月万家寨库区干流纵剖面淤积形态变化过程。1999年9月开始，万家寨库区干流纵剖面呈三角洲淤积形态[2]，三角洲顶点距坝约41 km。此后，受水库调度运用方式的影响，三角洲淤积形态及顶点位置不断发生调整。至2013年10月，总体趋势表现为三角洲顶点不断向坝前推进，三角洲洲面段不断抬高。2014~2017年(2016年未排沙)，万家寨水库实行低水位排沙运用，3个年度均实现库区整体发生冲刷，三角洲洲面段均低于2013年汛后，三角洲顶点由2013年10月距坝4 km上移至距坝11 km(2017年10月)。至2017年10月，距坝10~60 km河底高程基本接近设计淤积平衡高程。

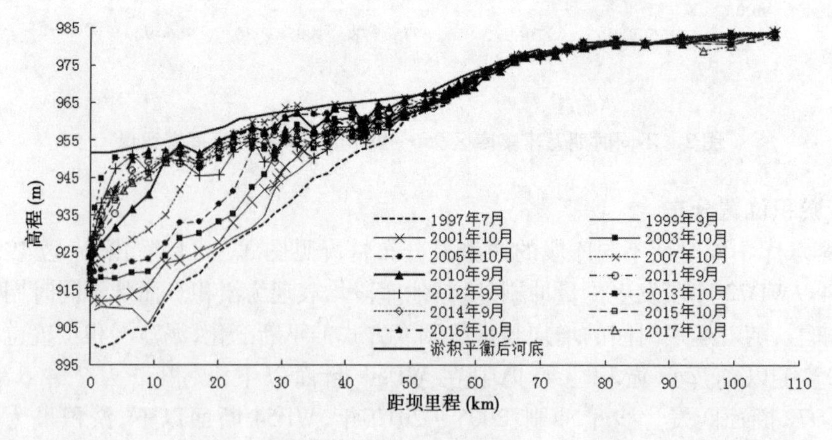

图4 万家寨库区历年干流纵剖面(深泓点)

由图4还可得，WD54断面(距坝55.2 km)以上库段冲淤变化不大，淤积主要集中在WD54断面以下库段，淤积末端大致在WD58断面(距坝58.468 km)附近。表3为万家寨水库历年淤积末端及主槽淤积相对高程，可以看出，水库淤积末端自2004年之后即保持相对稳定，2013~2017年，淤积末端一直稳定在WD58断面。

表 3　2002 年 10 月至 2017 年 10 月万家寨库区淤积末端及主槽淤积相对高程表

日期	淤积末端位置	淤积末端高程(m)	日期	淤积末端位置	淤积末端高程(m)
2002 年 10 月	WD50	960.50	2010 年 9 月	WD58	968.40
2003 年 10 月	WD52	963.10	2011 年 9 月	WD57	967.93
2004 年 10 月	WD57	967.80	2012 年 9 月	WD57	968.06
2005 年 10 月	WD57	968.04	2013 年 10 月	WD58	970.20
2006 年 10 月	WD57	967.00	2014 年 9 月	WD58	970.28
2007 年 10 月	WD57	968.01	2015 年 10 月	WD58	970.67
2008 年 11 月	WD58	970.33	2016 年 10 月	WD58	969.19
2009 年 10 月	WD57	968.34	2017 年 10 月	WD58	970.80

3.2　支流淤积形态

支流相当于干流河床的横向延伸。支流淤积主要为干流来沙倒灌所致,淤积程度与天然的地形条件、干支流交汇处干流的淤积形态、干支流来水来沙过程等因素密切相关[3]。万家寨库区支流入汇水沙量较少,可忽略不计,支流淤积主要集中在位于库区下段的杨家川、黑岱沟和龙王沟,距坝较近支流沟口淤积厚度较大,沿程向上沟口淤积厚度逐渐减小(见图 4 和图 5)。例如自水库运用以来至 2017 年 10 月,距坝最近的支流杨家川(距坝约 13 km),沟口淤积面深泓点高程增加了 36.5 m,淤积面逐年抬升;而距坝相对较远的红河(距坝约 57 km)淤积较少,沟口淤积面深泓点高程增加了 0.9 m。自 2011 年万家寨水库排沙期按设计排沙运行方式调度以来,支流淤积速度变缓(见图 5)。

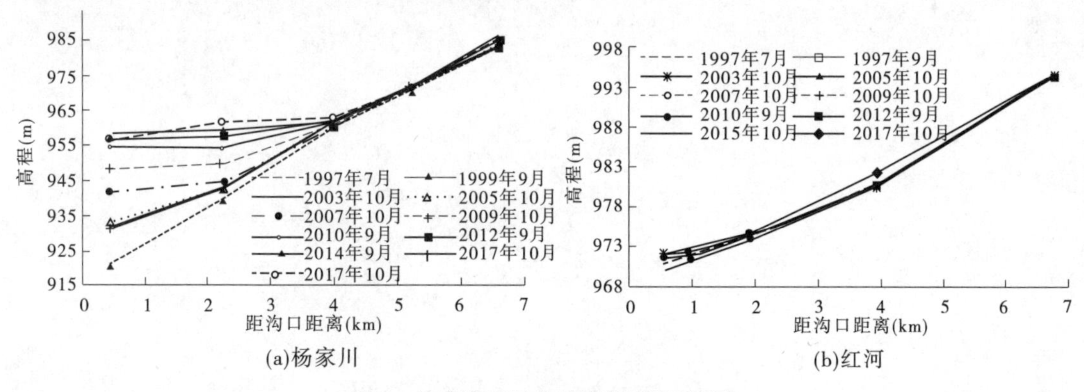

图 5　万家寨库区支流纵断面淤积形态

4　结　论

自 1998 年 10 月下闸蓄水至 2017 年 10 月,万家寨水库已投入运用 19 年,通过对其库区淤积状况分析得出:

(1)至 2017 年 10 月,万家寨水库入库沙量为 7.664 亿 t,出库沙量 3.074 亿 t,沙量平衡法计算淤积量为 4.591 亿 t,年均淤积 0.242 亿 t;断面法计算全库区淤积 4.548 亿 m^3。自万家寨水库实施汛期排沙运用以来,淤积总体呈逐年减缓趋势。

(2)从高程分布来看,泥沙主要淤积在汛限水位 966 m 以下,该区间淤积量达到了 4.226 亿 m^3,占总淤积量的 93%;从淤积部位来看,2010 年以前库区淤积主要集中在 WD54 断面以下;2011 ~ 2017 年,淤积主要集中在 WD23 断面以下,冲刷集中在 WD23—WD54 断面间,库区总体呈现上冲下淤。

(3)万家寨库区干流纵剖面呈三角洲淤积形态。自 1999 年 9 月至 2013 年 10 月,总体表现为三角洲顶点不断向坝前推进,三角洲洲面段不断抬高;2014 ~ 2017 年,库区 3 个年度发生整体冲刷,三角洲洲面段高程降低,三角洲顶点上移,库区淤积形态得到有效改善。至 2017 年 10 月,淤积末端大致在 58 km 附近,水库淤积末端保持稳定并未上延。

(4)万家寨库区支流淤积主要集中在位于库区下段的杨家川、黑岱沟和龙王沟,距坝较近支流沟口淤积厚度较大,沿程向上沟口淤积厚度逐渐减小。自 2011 年万家寨水库排沙期按设计排沙运行方式调度以来,支流淤积速度变缓。

参考文献

[1] 黄河万家寨水利枢纽有限公司. 万家寨水利枢纽工程:设计工作报告[R]. 太原:黄河万家寨水利枢纽有限公司,2002.

[2] 程立军,刘涛,姚景涛. 黄河万家寨水利枢纽淤积形态分析[J]. 地下水,2012,34(2):138-139.

[3] 王婷,陈书奎,马怀宝,等. 小浪底水库 1999 – 2009 年泥沙淤积分布特点[J]. 泥沙研究,2011(5):60-66.

黄河上游典型平原水库水沙调控数值模拟研究

梁艳洁　李超群　韦诗涛　陈翠霞

（黄河勘测规划设计有限公司，郑州　450003）

摘　要　黄河上游干流水库在防凌、防洪、发电等方面发挥了重要作用，库区泥沙的淤积造成有效库容减少，尤其是河道宽浅的库区泥沙淤积速度更快，很大程度地影响了水库功能的发挥。针对库区河道断面宽浅、输沙能力较弱的平原水库，建立了库区一维水沙动力学模型和平面二维水沙数学模型，对水沙调控下库区冲淤发展过程进行了数值模拟研究。库区一维水沙动力学模型为非恒定流数学模型，对长时段的水库水沙输移进行模拟，分析库区淤积及库容变化。平面二维水沙数学模型针对库区地形划分贴体四边形网格，控制方程选择有限体积法离散，采用高精度（WENO）数值格式结合三阶 Runge－Kutta 方法求解，对库区泥沙冲淤分布进行模拟。黄河海勃湾水库是典型的平原水库，坝前河道宽浅，宽度为 2～5 km，河道纵比降约 0.16‰。结合实测资料分析，针对 3 种“洪水期预泄排沙，平水期含沙量分级控制”的海勃湾水库运用方案，选择 4 个长度为 50 年的水沙系列，进行一维水沙动力学模型计算和结果对比分析。结果表明，入库含沙量为 3～10 kg/m^{3}时降低坝前水位至 1 073 m 的排沙方案，库区总体淤积速度较慢，且能长期保持一定有效库容，能满足防凌需求且发电效益较好。采用平面二维水沙数学对海勃湾库区河床冲淤进行模拟，结果表明，水库运用初期泥沙淤积主要分布在宽浅弯曲的河段，坝前轻微淤积，随后淤积部位逐渐向坝前宽河段移动。

关键词　平原水库；水沙调控；数值模拟；有效库容

1　前　言

黄河上游干流水库在防凌、防洪、供水和发电等方面发挥着重要作用[1]，水库淤积则会造成库容减少，影响水库功能发挥。如果库区河道宽浅，在来沙量较多时更易淤积。

海勃湾水利枢纽位于黄河干流内蒙古自治区，左岸为乌兰布和沙漠，右岸为乌海市[2]。海勃湾水库库区地形呈“上窄下宽，上陡下缓”分布，近坝段地形开阔，坝址以上 18 km 库区河道宽度 2～4 km，河道比降仅为 0.16‰，河道宽浅，为累积性淤积河道[3]。

海勃湾水库于 2013 年 10 月下闸蓄水，至 2016 年 6 月水库正常蓄水位 1 076 m 以下库容剩余 4.411 亿 m^3，较 2007 年淤积 0.456 亿 m^3。水库迅速淤积对水库防凌运用和发电效益产生了极其不利的影响，而淤积部位主要集中在坝前 18 km 以内的宽河段[4]。通过水沙调控在汛期尽量多排沙，可使海勃湾水库尽可能较长时期保持较大的有效库容。拟建立库区一维水沙动力学模型，对海勃湾水库水沙调控进行数值模拟研究，对水库冲淤特点和水沙输移进行研究，并建立库区宽河段平面二维水沙数学模型，对泥沙淤积分布规律进行探讨。

基金项目：国家重点研发计划项目（2016YFC0402506）。

作者简介：梁艳洁（1984—），女，汉族，河南洛阳人，高级工程师，博士后，研究方向为水力学及河流动力学。E-mail：iamlyj_2006@163.com。

2　海勃湾水库水沙调控

2.1　泄洪排沙时机

海勃湾水库入库水沙 7 ~ 9 月平均含沙量为年内最高，入库沙量大，占全年的 51.9%，是来沙集中时段，也是水库排沙的有利时机。上游青铜峡水库每年 7 月和 8 月易发生含沙量较高的洪水，水库采用“沙峰穿堂过”的方式排沙。下游三盛公水库每年汛期优先满足供水需求，常规排沙时段安排在非汛期，当水库淤积较严重时则选择在 8 月中旬进行短历时敞泄排沙。海勃湾泄洪排沙需兼顾上游青铜峡和下游三盛公水利枢纽的排沙时间，在 7 ~ 9 月适时泄洪排沙。

2.2　排沙流量级

2000 年以来，上游青铜峡水库汛末敞泄冲刷排沙期间所采用的排沙流量平均为1 000 ~ 1 500 m^3/s，瞬时出库流量控制在2 000 m^3/s 以内。由此塑造的洪水过程加上区间支流来水及灌区退水，虽有泥沙大量沿程淤积，但至石嘴山断面相应流量多为1 500 m^3/s 左右，且携带一定沙量。海勃湾水库可利用流量1 500 m^3/s 以上量级洪水降低水位进行排沙运用。

2.3　含沙量指标

从不同含沙量级洪水分析情况看，入库含沙量大于 10 kg/m^3时，发生天数少，但携带沙量多，水库应尽量降低水位多排沙；当入库含沙量为 3 ~ 10 kg/m^3时，发生天数多，携带沙量也较多，水库应适当降低水位排沙，减少水库淤积，同时兼顾发电；对于 3 kg/m^3 以下量级水流，携带沙量少，发生天数多，应以发电为主。

2.4　排沙流量指标

考虑巴彦高勒至头道拐河段平滩流量及区间引水情况，水库排沙调度预泄过程中，控制下泄流量不超 1 950 m^3/s；水库进入正常运用期后，失去拦沙能力，下游河道进一步淤积，水库下泄流量按 1 850 m^3/s 考虑，尽量控制下游河道不漫滩。

2.5　3 种汛期排沙控制水位

汛期实测入库含沙量为 3 ~ 10 kg/m^3时，适当降低水位排沙，7 月、9 月按排沙流量指标下泄，直至坝前水位降至控制水位(1 074 m、1 073 m 和 1 072 m)后入出库平衡运用；8 月按排沙流量指标下泄，直至坝前水位降至 1 071 m 后入出库平衡运用。

共制定了 3 种水沙调控方式，区别在于 7 月和 9 月的排沙控制水位，方式 1、方式 2 和方式 3 的坝前控制水位分别为 1 074 m、1 073 m 和 1 072 m，其他指标均相同。

3　数学模型

3.1　库区一维水沙数学模型

3.1.1　控制方程及求解

一维非恒定流模型控制方程如下：

水流连续方程

$$B\frac{\partial z}{\partial t} + \frac{\partial Q}{\partial x} = q_l \tag{1}$$

水流运动方程

$$\frac{\partial Q}{\partial t}+2\frac{Q}{A}\frac{\partial Q}{\partial x}-\frac{BQ^2}{A^2}\frac{\partial z}{\partial x}-\frac{Q^2}{A^2}\frac{\partial A}{\partial x}\Big|_z=-gA\frac{\partial z}{\partial x}-\frac{gn^2|Q|Q}{A\left(\frac{A}{B}\right)^{\frac{4}{3}}} \tag{2}$$

式中:x 为沿流向的坐标;t 为时间;Q 为流量;z 为水位; A 为断面过水面积;B 为河宽;q_l 为单位时间单位河长汇入(流出)的流量;n 为糙率;g 为重力加速度。

将悬移质泥沙分为 M 组,以 S_k 表示第 k 组泥沙的含沙量,可得悬移质泥沙的不平衡输沙方程为:

$$\frac{\partial(AS_k)}{\partial t}+\frac{\partial(QS_k)}{\partial x}=-\alpha\omega_kB(S_k-S_{*k})+q_{ls} \tag{3}$$

式中:α 为恢复饱和系数;ω_k 为第 k 组泥沙颗粒的沉速;S_{*k} 为第 k 组泥沙挟沙力;q_{ls} 为单位时间单位河长汇入(流出)的沙量。

将以推移质运动的泥沙归为一组,采用平衡输沙法计算推移质输沙率:

$$q_b=q_{b*} \tag{4}$$

式中: q_b 为单宽推移质输沙率; q_{b*} 为单宽推移质输沙能力,可由经验公式计算。

河床变形方程:

$$\gamma'\frac{\partial A}{\partial t}=\sum_{k=1}^{M}\alpha\omega_kB(S_k-S_{*k})-\frac{\partial Bq_b}{\partial x} \tag{5}$$

式中: γ' 为泥沙干容重。

模型进口给流量和含沙量过程,出口给水位过程,采用有限体积法结合 SIMPLE 算法求解。

3.1.2 验证

模型验证水沙条件采用 2014 年 1 月至 2016 年 6 月实测入库水沙过程,初始地形采用 2007 年实测断面,库区河道长 48.84 km,共布设 56 个测验断面,断面间距 0.63 ~ 1.13 km。进口边界为石嘴山的流量、含沙量和悬沙级配,出口边界条件为坝前实测水位。表 1 为库区冲淤量计算结果与实测值对比,误差不超过 3.86%。

表 1 海勃湾水库冲淤量

年份	淤积量(亿 t)		误差(%)
	实测值	计算值	
2014	0.337	0.350	-3.86
2015	0.291	0.289	0.69
2016-01 ~ 2016-06	0.046	0.045	2.17
2014-01 ~ 2016-06	0.674	0.684	-1.48

3.2 库区平面二维水沙数学模型

3.2.1 水流控制方程及求解方法

水流控制方程可写为如下形式:

$$\frac{\partial U}{\partial t}+\frac{\partial F}{\partial x}+\frac{\partial G}{\partial y}=S \tag{6}$$

式中，$U=[h,hu,hv]^{\mathrm{T}}$，$F=[hu,hu^2+gh^2/2,huv]^{\mathrm{T}}$，

$G=[hv,huv,hv^2+gh^2/2]^{\mathrm{T}}$，$S=J+\tau_b+\tau_t$，

其中，$J=\left[0,-gh\dfrac{\partial Z_b}{\partial x},-gh\dfrac{\partial Z_b}{\partial y}\right]^{\mathrm{T}}$，$\tau_b=\left[0,-\dfrac{gU}{C^2}\sqrt{u^2+v^2},-\dfrac{gV}{C^2}\sqrt{u^2+v^2}\right]^{\mathrm{T}}$

$$\tau_t=\left[0,\varepsilon_x\frac{\partial^2 hu}{\partial x^2}+\varepsilon_x\frac{\partial^2 hv}{\partial y^2},\varepsilon_y\frac{\partial^2 hu}{\partial x^2}+\varepsilon_y\frac{\partial^2 hv}{\partial y^2}\right]^{\mathrm{T}}$$

其中，h 为水深；u 为 x 方向垂线平均流速；v 为 y 方向垂线平均流速；g 为重力加速度；ε_x 和 ε_y 为水流运动黏性系数；C 为谢才系数。

针对计算区域平面形状的复杂性，对计算区域进行贴体四边形网格划分，再进行相应坐标系进行转换，如图 1 所示。

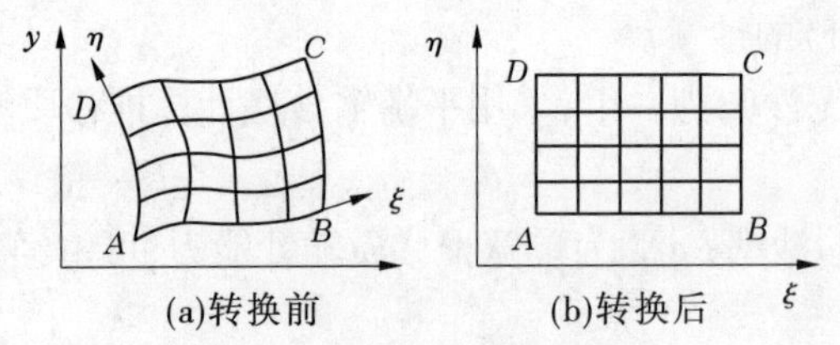

(a)转换前　　(b)转换后

图1　坐标系转换示意图

$$\begin{cases}\mathrm{d}t=\mathrm{d}\lambda\\ \mathrm{d}x=A\mathrm{d}\xi+L\mathrm{d}\eta\\ \mathrm{d}y=B\mathrm{d}\xi+M\mathrm{d}\eta\end{cases}\tag{7}$$

式中 A、B、L、M 为坐标变化系数，$A=\dfrac{\partial x}{\partial \xi}$，$B=\dfrac{\partial y}{\partial \xi}$，$L=\dfrac{\partial x}{\partial \eta}$，$M=\dfrac{\partial y}{\partial \eta}$。

将(t,x,y)空间中贴体四边形单元变换到(λ,ξ,μ)空间的矩形网格，控制方程就转换为：

$$\frac{\partial U}{\partial \lambda}+\frac{\partial F}{\partial \xi}+\frac{\partial G}{\partial \mu}=S\tag{8}$$

$$U=\begin{bmatrix}h\\ h\Delta u\\ h\Delta v\end{bmatrix},\quad F=\begin{bmatrix}hu\\ hIu^2+gh^2M/2\\ hIv^2-gh^2L/2\end{bmatrix},G=\begin{bmatrix}hJ\\ hJv-gh^2B/2\\ hJv+gh^2A/2\end{bmatrix},$$

$$S=\begin{bmatrix}0\\ -gh(Mb_\xi-Bb_\eta+\Delta S_{fx})\\ -gh(-Lb_\xi+Ab_\eta+\Delta S_{fy})\end{bmatrix}$$

其中 $\Delta=AM-BL$，$I=uM-vL$，$J=vA-uB$。S_{fx}、S_{fy} 分别为 x、y 方向的阻力，$S_{fx}=n^2u\sqrt{u^2+v^2}/h^{4/3}$，$S_{fy}=n^2v\sqrt{u^2+v^2}/h^{4/3}$。

采用有限体积法将计算区域划分为若干单元控制体，对每一个控制体积分进行通量守恒计算，得出各个时段末每个单元的流速和水深。采用高精度加权无震荡数值格式(WENO)进行空间项离散求解，时间项采用三阶 Runge－Kutta 方法离散求解。

3.2.2　泥沙控制方程

泥沙运动方程：

$$\frac{\partial(hS)}{\partial t}+\frac{\partial(hS)}{\partial t}+\frac{\partial(hS)}{\partial t}+\rho'\frac{\partial z_{bs}}{\partial y}=\frac{\partial}{\partial x}\left(D_x\frac{\partial(hS)}{\partial x}\right)+\frac{\partial}{\partial y}\left(D_y\frac{\partial(hS)}{\partial y}\right)\tag{9}$$

河床变形方程：

$$\rho' \frac{\partial \eta'}{\partial t} = \alpha\omega(S - S_*) \tag{10}$$

式中：ρ'为泥沙干密度；h 为水深；u、v 分别为 x 和 y 方向的流速；D_x、D_y 为泥沙扩散系数；S 为含沙量；S_* 为水流挟沙力；η'为冲淤厚度。

相应对泥沙方程进行坐标转换，在求出水深和流速的基础上，采用交替方向隐式（ADI）方法进行求解。

3.2.3 关键问题处理

水流挟沙力采用张瑞瑾公式

$$S_* = k\left[\frac{(\sqrt{u^2 + v^2})^3}{gh\omega}\right]^m \tag{11}$$

式中：k 和 m 分别为挟沙力系数和指数，参考黄河其他水库计算情况，取值为 k =0.15～0.35，m =0.92。

沉速由下式计算：

$$\omega = \sqrt{(13.95\frac{\nu}{d})^2 + 1.09\frac{\rho_s - \rho}{\rho}gd} - 13.95\frac{\nu}{d} \tag{12}$$

式中：d 为悬沙粒径；ν 为水的运动黏滞性系数。

淤积时恢复饱和系数取值0.25，冲刷时取值1.0。根据河段地形的不同和库区淤积发展的不同，糙率范围在0.015～0.035。

3.2.4 验证

采用2014年1月至2016年6月石嘴山站日均水沙过程作为进口水沙边界条件，坝前水位和磴口站流量作为出口边界条件。将宽河段断面D13和D15计算断面与2016年实测断面进行对比（见图2），主槽滩地淤积面基本一致。

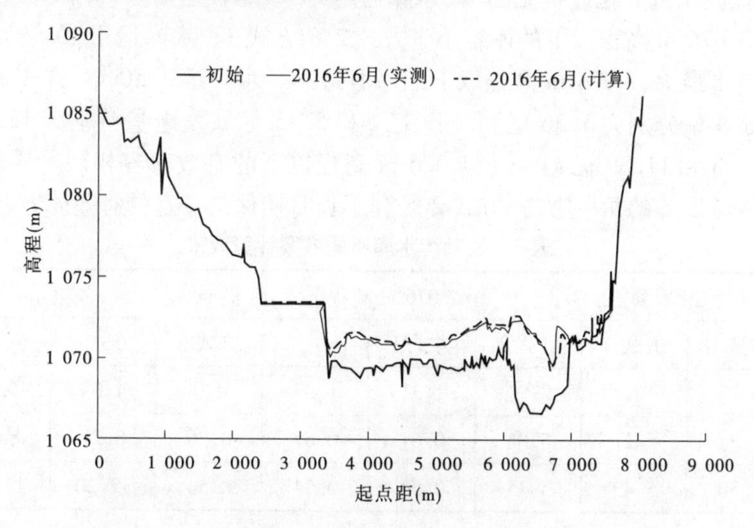

图2 断面计算值与实测值对比（距坝12 km）

4　结果分析

4.1　设计水沙条件

在石嘴山断面1956～2010年设计基础系列中，选择了3个水沙系列，分别为1968～2006＋1956～1966年系列（简称1968系列）、1976～2009＋1958～1973年系列（简称1976系列）和1997～2007＋1956～1994年系列（简称1997系列），均为50年。其中，1968系列为平水平沙系列，1976系列为前10年偏丰系列，1997系列为前10年偏枯系列。考虑到当前黄河来沙情势，在设计的1968系列的基础上，将前10年水沙过程替换为2002～2011年实测水沙过程，形成新的2002～2011（实测）＋1978～2006＋1956～1966年系列（简称2002系列），为前10年来沙特枯系列。各系列年均水沙量见表2。

表2　各系列年均水沙量

系列	50年		前10年	
	年均水量（亿 m^3）	年均沙量（亿 t）	年均水量（亿 m^3）	年均沙量（亿 t）
1968系列	246.41	0.98	251.08	0.99
1976系列	249.00	0.99	289.64	1.15
1997系列	250.88	0.99	213.33	0.79
2002系列	240.75	0.90	222.78	0.58

4.2　水库淤积过程分析

4.2.1　水沙调控方式对比

采用数学模型对不同水沙调控运用方式下1968系列水沙进行计算，水库淤积量计算成果见表3，累计淤积量变化过程见图3。水库运用10年，3种运用方式相比，方式1淤积量和发电量最大，1 076 m高程以下的库容小于方式2和方式3。水库运用20年，方式1的累计淤积量和发电量最大，1 076 m高程以下的库容最小。水库运用50年，方式1、方式2和方式3的累计淤积量分别为5.56亿t、5.49亿t和5.45亿t，发电量分别为12.2亿kW·h、12.05亿kW·h和11.89亿kW·h，1 076 m高程以下的有效库容相同。从兼顾水库库容保持和发电效益发挥的角度考虑，方式2既利于长时期保持一定的有效库容，又利于发电。

表3　海勃湾水库不同方案计算成果

年份	淤积量（亿 t）			1 076 m高程下库容（亿 m^3）			发电量（亿 kW·h）		
	方式1	方式2	方式3	方式1	方式2	方式3	方式1	方式2	方式3
第10年	4.27	4.17	3.99	1.31	1.37	1.48	4.08	4.02	3.97
第20年	5.34	5.21	5.06	0.61	0.67	0.76	8.21	8.11	8.02
第50年	5.56	5.49	5.45	0.54	0.54	0.54	12.20	12.05	11.89

4.2.2　水沙系列敏感性分析

根据数学模型计算结果，不同系列水库泥沙累计淤积量过程见图4。水库运用50年，1968系列、1976系列、1997系列和2002系列的累计淤积量分别为5.49亿t、5.51亿t、5.52

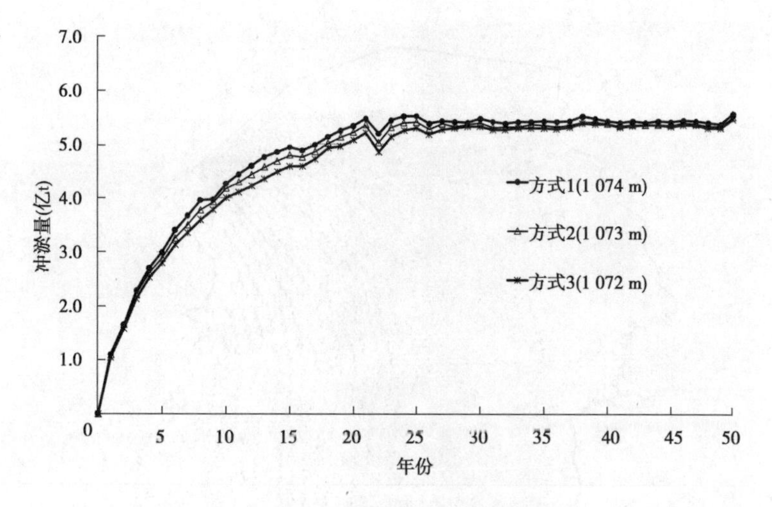

图3 海勃湾水库累计淤积量过程图

亿 t 和5.39 亿 t,排沙比分别为89.07%、89.04%、89.02%和88.33%。各系列前10年的水沙丰枯差别明显,水库淤积速度也存在差别。从图4中可以看出,前10年1968系列淤积速度较快,1976系列和1997系列略慢,2002系列淤积速度最慢;第20年除2002系列外,其他各个系列基本达到冲淤平衡,而2002系列则推迟至第25年达到冲淤平衡。

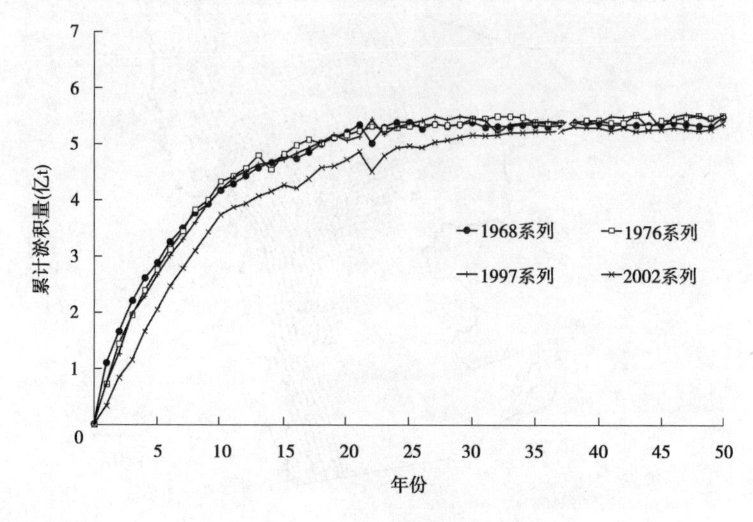

图4 不同水沙系列水库累计淤积过程

4.3 库区淤积形态分析

采用库区平面二维水沙数学模型对水库运用第1年的库区河床变形分别进行模拟,河道初始地形采用2016年实测大断面结果插值生成。图5为海勃湾库区流速分布示意图,范围为坝前18.55 km,此处河道过水断面宽度约1.2 km,水流流速较大,随着河宽增大,流速明显减小,直至坝前流速增大。

图6为海勃湾库区第1年淤积分布示意图,从图中可以看出,淤积厚度1.0 m的范围集中在D5至D15断面、D18至D20断面。D11至D15断面河道宽浅,淤积严重,且河道在D11至D8断面呈弯曲型,泥沙输送至此受弯曲河道影响,易沉积落淤。D3至D8断面之间局部淤积,D3断面至坝前轻微淤积。

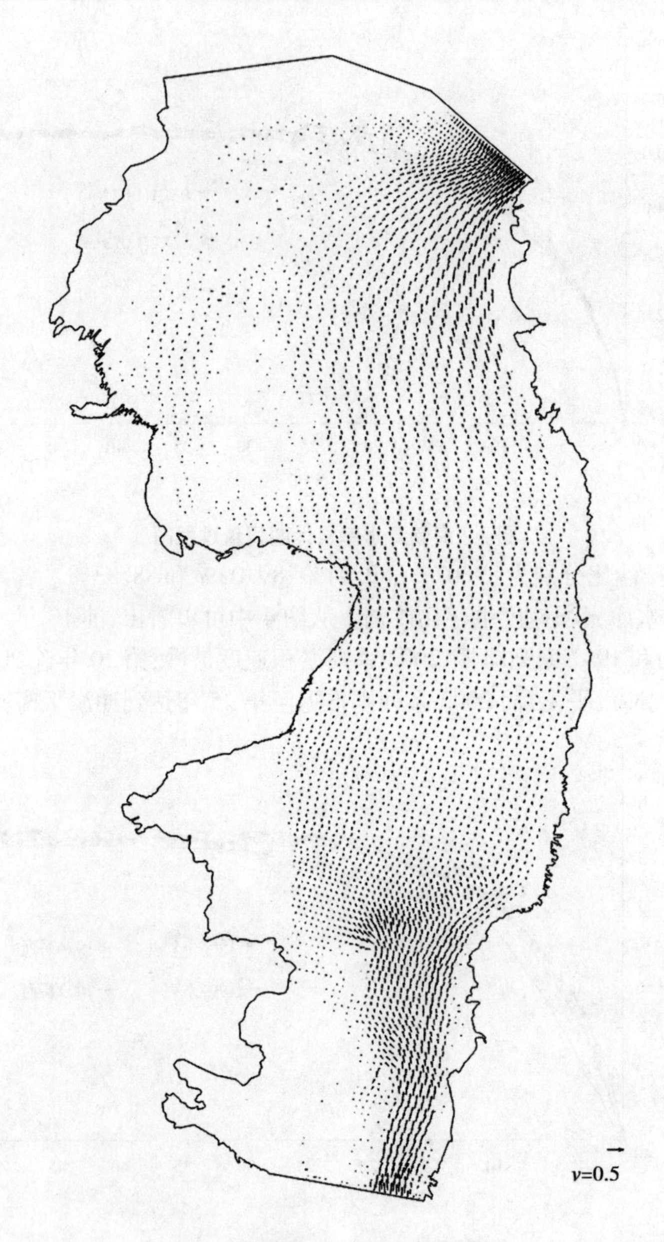

图5　海勃湾库区流速分布示意图

5　结　论

(1)海勃湾水库坝前 18 km 河段河宽 2～4 km,河道宽浅,输沙能力较弱。水库运用以来淤积速度较快,有效库容持续减小,不利于水库防凌和发电。水库水沙调控可以减缓水库淤积速度,使海勃湾水库尽可能较长时期地保持较大的有效库容。建立了库区一维水沙数学模型,对水沙调控运用下的长系列水沙进行数值模拟,通过 3 种“洪水期预泄排沙,平水期含沙量分级控制”的海勃湾水库水沙调控方案计算对比,结果表明,汛期入库含沙量为 3～10 kg/m^{3}时降低水位至 1 073 m 排沙的方案满足水库运用需求,库区总体淤积较慢且长期保持一定的有效库容。

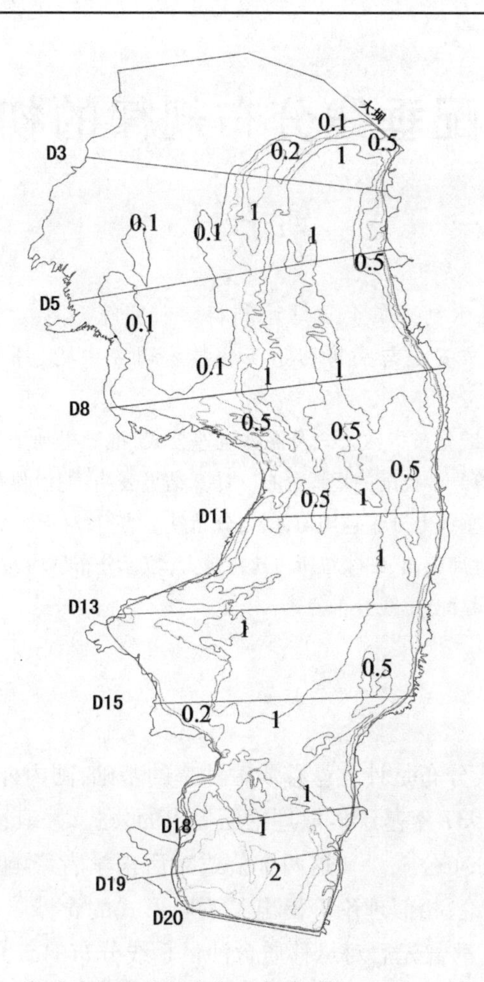

图6　海勃湾库区淤积分布示意图(第1年)　(单位:m)

(2)建立了库区平面二维水沙数学模型,针对库区地形划分贴体四边形网格,控制方程选择有限体积法离散,采用高精度(WENO)数值格式结合三阶 Runge－Kutta 方法求解。通过库区水流流速分布、第1年库区淤积分布规律等分析,可以看出,水库运用初期泥沙淤积主要分布在宽浅弯曲的河段,坝前轻微淤积,随后淤积部位逐渐向坝前宽河段移动。

参考文献

[1] 申冠卿,张原峰,侯素珍,等.黄河干流水库调节水沙对宁蒙河道的影响[J].泥沙研究,2007(1):67-75.

[2] 常温花,王平,侯素珍,等.黄河宁蒙河段冲淤演变特点及趋势分析[J].水资源与水工程学报,2012,23(4):145-147.

[3] 田世民,邓从响,谢宝丰,等.龙刘水库联合运用对宁蒙河道冲淤的影响[J].水利水电科技进展,2013,33(3):59-63.

[4] 陈雄波,杨振立,鲁俊,等.龙刘水库运用方式调整对宁蒙河道冲淤的影响[J].人民黄河,2013,35(10):45-47.

悬沙粒配垂线分布规律的初步研究

马子普[1,2]

(1.黄河水利委员会黄河水利科学研究院,郑州 450003;
2.水利部堤防安全与病害防治工程技术研究中心,郑州 450003)

摘 要 基于含沙量垂线分布指数公式及泥沙沉速公式,推导得到了悬沙粒配的垂线分布公式,所得公式可用于计算悬沙粒配的垂线分布。计算结果表明:泥沙粒径以明显的"上细下粗"规律分布,粒径越细,在垂线上分布越均匀,反之分布越不均匀;对于非均匀沙,垂线上不同位置处的粒配各不相同,越远离床面,细颗粒所占比重越大,粒径分布越均匀。

关键词 悬沙;含沙量;粒配;垂线分布公式

1 研究背景

悬移质含沙量的垂线分布是计算悬移质输沙率的基础,国内外相关研究成果很多,应用最为广泛的是 Rouse 于 1937 年基于扩散理论而提出的公式[1],其次为维利卡诺夫基于重力理论提出的悬移质指数分布公式[2-3],这两个公式对后来学者影响很大。近年来,部分学者又基于混合理论、随机理论、相似理论等提出了不同形式的含沙量垂线分布公式[4-8]。汪福泉、倪晋仁、赵连军等[9-11]都曾先后对悬移质含沙量垂线分布的研究成果进行了系统梳理和总结。虽然针对含沙量垂线分布的研究很多,但对悬沙粒配垂线分布的研究却非常缺乏。垂线上的差别不仅是含沙量的差别,还有粒径及粒径级配的差别,不考虑后者,既容易掩盖粒径与级配对含沙量的影响,也无法完整体现泥沙在垂线上的差异,这实际上制约了人们对悬移质泥沙垂线分布规律的深刻认识。本文将在含沙量垂线分布指数公式及泥沙颗粒沉速公式的基础上,推导悬沙粒配的垂线分布公式,并给出计算粒级配的具体步骤。

2 悬沙粒配的垂线分布公式

含沙量垂线分布公式选用基于重力理论得到的指数公式[12]:

$$\begin{cases} S = S_a \exp\left(-\dfrac{6\gamma Z}{h}\right) \\ Z = \dfrac{\omega}{\kappa u_*} \end{cases} \tag{1}$$

由式(1)可得

基金项目:国家自然科学基金青年基金(51509099)。

作者简介:马子普(1988—),男,河南辉县人,工程师,博士,主要从事水力学及泥沙基础理论研究。E-mail:ma.zi.pu@163.com。

$$\omega = -\frac{\kappa u_* h}{6y}\ln\left(\frac{S}{S_a}\right) \tag{2}$$

泥沙颗粒沉速公式

$$\omega = \sqrt{\frac{4}{3C}\frac{\gamma_s - \gamma}{\gamma}gD} \tag{3}$$

式中:S 为含沙量;S_a 为参考水深 $y = a = 0.05\ h$ 处的含沙量;y 为垂线上任一点到床面的距离;h 为水深;Z 为悬浮指标;ω 为泥沙颗粒沉速;κ 为卡门常数,通常取 $\kappa = 0.4$;u_* 为摩阻流速;C 为系数,通常取 1.2;γ_s 为泥沙容重;γ 为水的容重;g 为重力加速度;D 为泥沙粒径。

联立式(2)、式(3),并取各参数 $\eta = y/h$,$\frac{\gamma_s - \gamma}{\gamma} = 1.65$,$g = 9.81\ \text{m/s}^2$, $u_* = \sqrt{ghJ}$,可得

$$D = 0.002\ 424\frac{hJ}{\eta^2}\ln^2\left(\frac{S}{S_a}\right) \tag{4}$$

该式即为泥沙粒径的垂线分布公式。当为均匀沙时,该粒径即为实际粒径;当为非均匀沙时,该粒径为该层泥沙中的一个具有代表粒径的泥沙,不一定等于平均粒径或中值粒径。

$$\frac{D}{hJ} = 0.002\ 424\ln^2\left(\frac{S}{S_a}\right)/\eta^2 \tag{5}$$

该式即为无量纲泥沙粒径的垂线分布公式。

天然条件下悬移质泥沙为非均匀沙,此时垂线上各处含沙量不同,粒配也不同。设 $y = a$ 水深处第 i 组粒径为 D_i 的泥沙颗粒所占的含沙量为 S_{ai},则粒径为 D_i 的泥沙其含沙量 S_i 的垂线分布为

$$S_i = S_{ai}\exp\left(-\frac{6yZ_i}{h}\right) = S_{ai}\exp(-6\eta Z_i), Z_i = \frac{\omega_i}{\kappa u_*} \tag{6}$$

则含沙量的垂线分布为

$$S = \sum S_i = \sum S_{a_i}\exp(-6\eta Z_i), Z_i = \frac{\omega_i}{\kappa u_*} \tag{7}$$

由式(6)、式(7),可得含沙量 S_i 在该水深处所占的重量百分比 P_i 为:

$$P_i = \frac{S_i}{S} = S_{ai}\exp(-6\eta Z_i)/\sum S_{ai}\exp(-6\eta Z_i), Z_i = \frac{\omega_i}{\kappa u_*} \tag{8}$$

根据式(6)、式(8),即可得不同水深处各粒径组泥沙的含沙量及其级配。若水深 h、河道坡度 J、$y = a$ 水深处的含沙量及级配可知,那么便可得到悬沙粒配在垂线上的分布规律。

3 悬沙粒配的垂线分布规律

由式(5),可得到不同相对含沙量 S/S_a 时无量纲粒径随相对水深的变化,不同相对水深 η 时无量纲粒径随相对含沙量的变化,分别见图 1 及图 2。

图 1、图 2 表明,泥沙无量纲粒径随着相对水深及相对含沙量的增大将减小,在相对水深及相对含沙量较小时减小尤为迅速,在相对水深及相对含沙量较大时减小速度则较慢。图 1 更深层次则表明,泥沙粒径随着水深的增加而迅速减小,底部减小迅速上部减小缓慢,这实际上直接解释了泥沙粒径的"上粗下细"现象。图 2 同时表明,要使垂线上各处的相对含沙量更大,可通过减小悬沙粒径来实现,即细颗粒泥沙更易悬浮,更易在垂线上均匀分布。

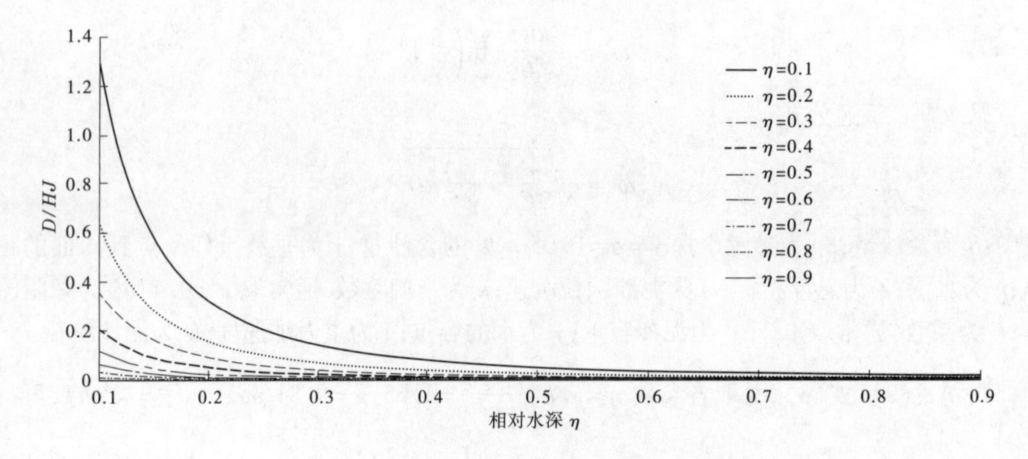

图1　无量纲粒径与相对水深的关系曲线

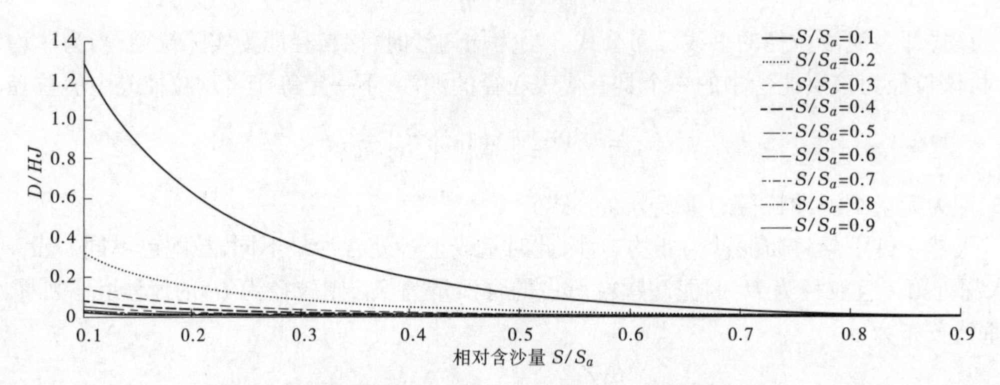

图2　无量纲粒径与相对含沙量的关系曲线

当悬沙为均匀沙时,图1及图2即为实际泥沙粒径的分布规律;当悬沙为非均匀沙时,图1及图2为各层代表粒径泥沙的垂线分布规律。

4　非均匀沙的垂线分布计算实例

设水深 $h=5$ m,河道坡度 $J=0.001$,参考水深 $y=a=0.05h$ 处的含沙量 $S_a=20$ kg/m³,对应级配见表1,求悬沙粒配的垂线分布。

表1　参考水深 $y=a$ 处的粒配

粒径 D_i(mm)	2	0.5	0.25	0.1	0.05	0.02	0.01	0.005	0.002	0.001
累计重量百分数 p(%)	100	74	63	42	26	16	10	6	3	1

计算方法及步骤:①根据参考水深处的级配表,内插出更多粒径及其所占的重量百分数,并根据式(8),由参考水深处的含沙量 S_a 计算各粒径所占的含沙量 S_{ai};②根据粒径 D_i、水深 h、坡度 J,计算各粒径的对应的 Z_i;③根据式(6),计算各粒径 D_i 在不同相对水深 η 时的含沙量 S_i;④对同一 η 时的 S_i 求和得到该处水深对应的 S,由 S_i/S 得到各粒径在该处水深处所占的重量百分数,进而得到小于该粒径的累计重量百分数 P。

通过上述方法计算得到了相对水深 $\eta=0.1$、0.2、0.5、0.8 处的级配,并与参考水深 $\eta=$

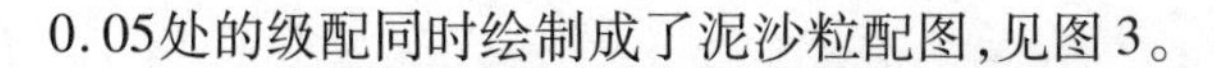
0.05处的级配同时绘制成了泥沙粒配图,见图3。

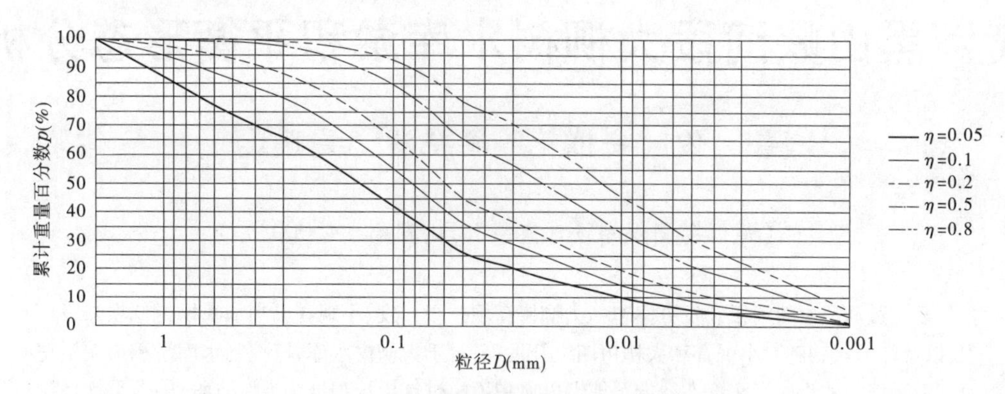

图3 不同水深处对应的泥沙级配

由图3可知,处于不同相对水深的泥沙级配宽度并无差异,不同的是最大粒径与最小粒径之间各粒径组之间的重量分配。不同相对水深处的泥沙级配差异很大,相对水深越大,小于同一粒径的泥沙重量百分数越大,这表明离床面越远,细颗粒泥沙所占的比例越大,泥沙颗粒的粒径分布越均匀。

5 结 论

在含沙量垂线分布指数公式及泥沙颗粒沉速公式的基础上,推导出了悬沙粒径及级配的垂线分布公式,不仅直接量化了“下粗上细”的垂线分布规律,也为计算非均匀悬沙粒配的垂线分布提供了有效方法。公式表明,若得到了参考水深处的含沙量及其粒配,则可得到悬沙在垂线上各处的粒配分布。本文仅是对泥沙粒径及级配垂线分布规律的初步研究,部分因素如含沙量等对泥沙颗粒沉速的影响并未考虑,若要得到更趋完美的含沙量粒配垂线分布公式,则需进一步深入研究。

参 考 文 献

[1] Rouse H. Modern conceptions of the mechanics of turbulence[J]. Trans. ASCE,1937(102):436-507.

[2] 王昌杰. 河流动力学[M]. 北京:人民交通出版社,2001.

[3] 邵学军,王兴奎. 河流动力学概论[M]. 北京:清华大学出版社,2013.

[4] Drew D A. Turbulent sediment transport over a flat bottom using momentum balance [J]. Journal of Applied Mechanics, 1975,42(1): 38-44.

[5] Mc Tigue D F. Mixture theory for suspended sediment transport [J]. ASCE,1981,107(6):659-673.

[6] 蔡树棠. 相似理论和泥沙的垂直分布[J]. 应用数学和力学,1982(5):605-612.

[7] 朱鹏程. 从紊流脉动相似性结构推论悬浮泥沙的垂线分布[C]//中国力学学会第二届全国流体力学学术会议论文集. 1983.

[8] 邵学军,夏震寰. 悬浮颗粒紊动扩散系数的随机分析[J]. 水利学报,1990(10):32-40.

[9] 汪福泉,丁晶,曹叔尤,等. 论悬移质含沙量沿垂线的分布[J]. 水利学报,1998(11):44-49.

[10] 倪晋仁,梁林. 水沙流中的泥沙悬浮[J]. 泥沙研究,2002(1):13-19.

[11] 赵连军,吴国英,王嘉仪. 不平衡输沙含沙量垂线分布理论研究展望[J]. 水力发电学报,2015,34(4):63-69.

[12] 韩其为,陈绪坚,薛晓春. 不平衡输沙含沙量垂线分布研究[J]. 水科学进展,2010(4):512-523.

黄河黑山峡河段大柳树水库淤积平衡形态分析

鲁 俊 安催花 梁艳洁 吴默溪

（黄河勘测规划设计有限公司，郑州 450003）

摘 要 黄河黑山峡河段开发方案包括大柳树高坝一级开发、小观音高坝加大柳树低坝二级开发，以及红山峡、五佛、小观音和大柳树四级开发等，对于大柳树水库，以控制水库淤积末端不超过红山峡坝址的水库淤积形态研究。笔者以淤积不超过红山峡坝址为控制，通过输沙平衡理论公式计算和青铜峡、刘家峡等已建水库实测资料分析，研究了大柳树水库淤积平衡形态，得出大柳树水库淤积平衡河槽纵比降为2.2‰，并根据库区地形、来水来沙条件和运用方式等，将库区分为上、中、下三段，上、中、下三段淤积平衡河槽纵比降分别为2.8‰、2.2‰、1.8‰，相应滩地淤积纵比降分别为1.2‰、1.1‰、1.0‰，同时分析得到了水库淤积平衡河槽横断面和淤积末端高程。

关键词 黄河；黑山峡河段；大柳树水库；淤积；平衡形态

黄河黑山峡河段位于黄河上游甘肃省和宁夏回族自治区接壤处，河段开发论证工作始于20世纪50年代，有关部门、省区和学者开展了大量研究论证工作，其中开发方案主要涉及大柳树高坝一级开发、小观音高坝加大柳树低坝二级开发，以及红山峡、五佛、小观音和大柳树四级开发，不同开发方案的坝址位置[1]如图1所示。

对于大柳树水库，以控制水库淤积末端不超过红山峡坝址的水库淤积形态研究较少。笔者结合大柳树水库库区基本条件、水沙条件与运用方式等开展了大柳树水库淤积平衡形态分析，分析结果可为今后黑山峡河段开发方案论证提供参考。

1 库区基本条件

1.1 河道条件

大柳树水库坝址位于黄河上游黑山峡河段隶属宁夏回族自治区中卫县，与上游的红山峡坝址距离约151 km。大柳树水库坝址控制集水面积为25.19万km^2。库区河道弯曲，峡谷段和川滩河段相间（见图2），其中五佛川段河面最为开阔，发育大片滩地，其他河段多为峡谷河道，河道较窄。库区河道纵向变化较为均匀，大柳树坝址至红山峡坝址落差107 m，河道平均比降0.7‰。库区河床组成以砂卵石为主，川滩表面有少量细砂、沙壤土、粉土等覆盖层，下部为砂卵石层，抗冲性强，两岸多为山体，河床和河岸可变性小。

库区两岸支沟发育，有大小支沟25条，但支沟一般都不长，高程1 380 m以下超过5 km

基金项目：国家重点研发计划，课题“黄河下游河道输沙阈值及水沙调控作用潜力”，课题编号2016YFC0402503。

作者简介：鲁俊（1981—），男，四川资阳人，主要从事水沙研究与规划设计工作。E-mail：393956425@qq.com。

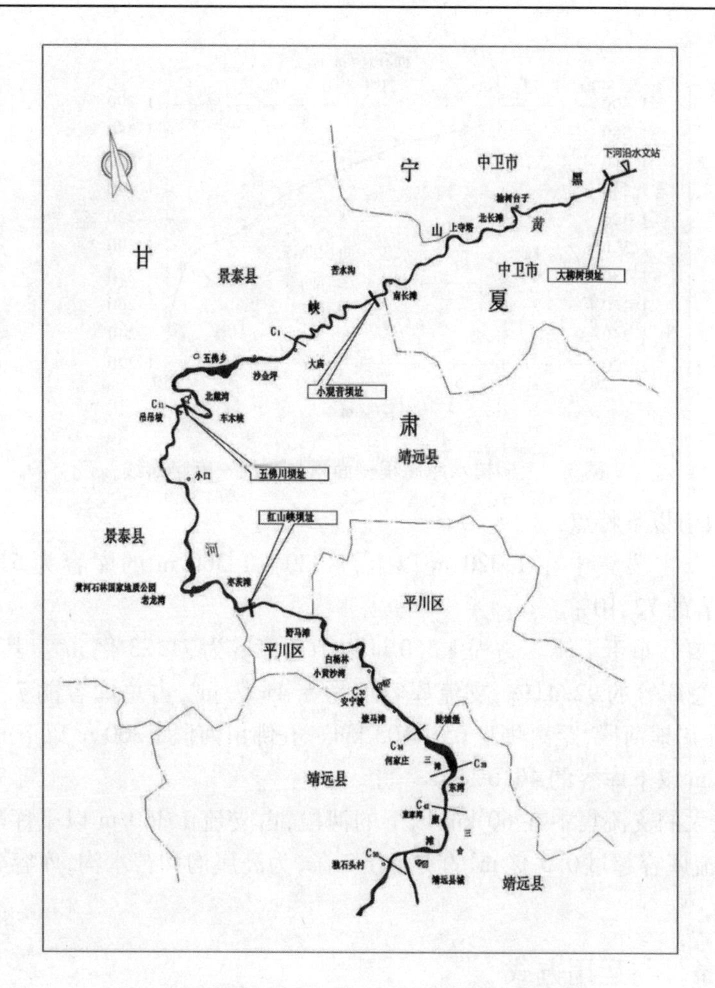

图1 黑山峡河段不同开发方案坝址位置示意图

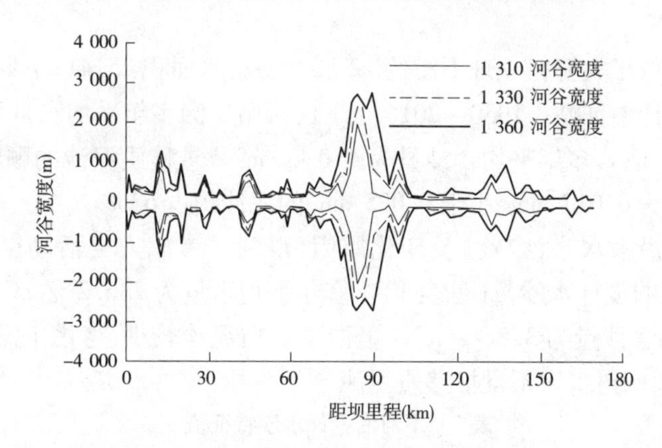

图2 大柳树水库库区河谷宽度示意图

的仅有3条,最长的支沟为高崖沟,长约11 km。

1.2 库容条件

大柳树库区原始高程—面积和高程—库容曲线采用2014年11月航测的1/2 000地形图量算得到,见图3。1 360 m高程以下库面面积为182.4 km^2,库容为71.23亿m^3。

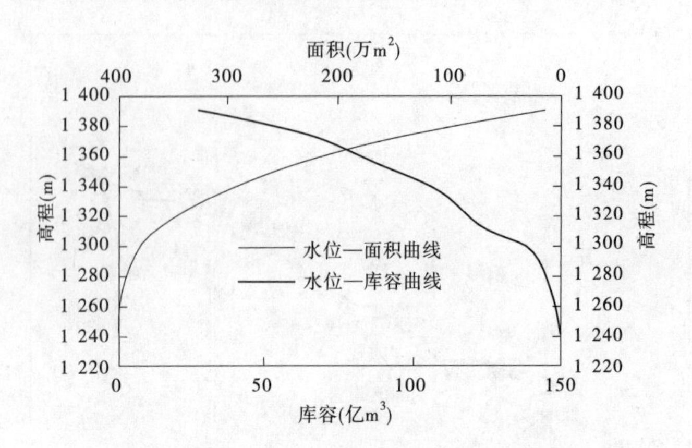

图3　大柳树水库高程—面积与高程—库容曲线

库容分布具有以下特点：

(1)库容分布主要集中在1 320 m以上，1 320～1 360 m的库容为51.36亿m^3，占1 360 m以下库容的72.10%。

(2)库容主要分布于干流。高程1 360 m以下总库容为71.23亿m^3。其中干流库容为65.82亿m^3，占总库容的92.41%，支流库容仅为5.41亿m^3，占总库容的7.59%。干流库容又主要集中在川地河段，距离坝址65～103 km。五佛川河段1 360 m以下的库容为30.38亿m^3，占1 360 m以下库容的46.6%。

(3)库容较大的支流集中在60 km以下的河段，占支流1 360 m以下库容的94.20%。1 360 m以下支流库容超过0.5亿m^3的支流仅2条，为高崖沟和苦水沟，库容分别为0.63亿m^3、0.64亿m^3。

2　来水来沙条件与运用方式

2.1　来水来沙条件

下河沿水文站位于大柳树坝址下游约12 km处，集水面积25.41万km^2，可作为大柳树水库来水来沙的设计参证站。1950～2015年下河沿站实测多年平均水量为297.8亿m^3，多年平均沙量为1.18亿t，多年平均含沙量为4.0 kg/m^3。悬移质泥沙的颗粒组成相对较细，多年平均中值粒径为0.017 mm，小于0.025 mm的泥沙约占63%。

通过分析下河沿来水来沙特性及变化原因，得到了考虑人类活动影响后的下河沿站1956～2009年系列的设计水沙量(见表1)。多年平均水量为286.2亿m^3，多年平均沙量为0.95亿t，多年平均含沙量为3.3 kg/m^3。上游推移质泥沙较少，考虑上游红山峡水库对推移质泥沙的拦截，大柳树水库不设推移质泥沙。

表1　下河沿设计水沙特征值

水沙系列	水量(亿m^3)			沙量(亿t)			含沙量(kg/m^3)		
	汛期	非汛期	年	汛期	非汛期	年	汛期	非汛期	年
1956～2009年	127.4	158.8	286.2	0.76	0.19	0.95	5.97	1.17	3.30

2.2 水库运用方式

以不影响红山峡坝址为控制的大柳树水库,可与上游龙刘水库一起承担协调黄河水沙关系和防凌(洪)减淤、供水、发电等综合利用任务,水库正常蓄水位1 355 m、死水位1 317 m。与上游龙刘水库联合运用,凌汛期11月至次年3月,主要按照宁蒙河段防凌要求控制下泄流量,水库蓄水;4月以后至宁蒙河段灌溉用水高峰期,按照供水和最小生态流量要求泄放流量;进入主汛期(7~9月),利用死水位以上剩余的存蓄水量,泄放有利于宁蒙河段中水河槽恢复和维持、有利于稀释支流高含沙洪水的大流量过程;10月视情况,适当蓄水,须为防凌预留足够的库容。

3 淤积平衡形态

水库淤积过程中,纵向形态可呈不同类型,包括三角洲、带状、锥体、锯齿状等。这些形态都具有过渡的性质,最终会过渡到水库淤积平衡后的锥体淤积形态[2]。水库淤积形态与水库运用方式、库区边界条件、入库水沙条件以及支流汇入情况等因素有关,以大柳树水库淤积控制不影响红山峡坝址,且适当留有余地,分析未来大柳树水库淤积平衡形态。

3.1 平衡河槽纵比降

3.1.1 河床纵比降

平衡比降是指输沙平衡的河槽比降,即水沙条件与河槽状况是相互适应的,河槽处于冲淤平衡状态下的比降。

(1)平衡比降计算。

平衡比降计算,可根据水流连续方程、水流阻力(曼宁公式)方程、水流挟沙力方程、泥沙沉速方程联解得以下公式:

$$J = K\frac{Q_S^{0.5} n^2 d_{50}}{B^{0.5} h^{1.33}} \tag{1}$$

式中:J为平衡比降;K为经验系数;Q_S为汛期河段出口输沙率,t/s;d_{50}为汛期河段悬移质泥沙中值粒径,mm;n为河段综合糙率;B、h为与汛期平均流量相应的水面宽(m)与水深(m)。

韩其为研究了河槽平衡比降[3,4],提出了考虑动流量影响,结合河相关系的计算公式:

$$J = \frac{6.11 \times 10^5 n_{k1}^2 W_S^{0.678} \zeta_{k1}^{0.4} \omega^{0.73}}{Q_{k1}^{0.878} T^{0.678}} \tag{2}$$

式中:Q_{k1}为计算平衡比降的代表性流量,采用主汛期确定的造床流量;n_{k1}、ξ_{k1}为在流量Q_{k1}下的糙率和河相系数值;T为造床期的天数;W_S为造床期的总输沙量;ω为泥沙沉速,与中数粒径有关系,$\omega = d_{50}^m$。

除理论推导公式外,通过统计水库尾部段比降和其上河段比降、下河段比降资料,得到水库尾部段比降具有上游天然河道比降过渡到下游库区河段比降的性质,关系式如下:

$$J_{尾} = 0.054 J_{上}^{0.67} \tag{3}$$

式中:$J_{尾}$为水库尾部段比降;$J_{上}$为水库尾部段上游天然河段比降。

该公式也可用于淤积平衡河槽纵向比降沿程变化的推算。水库蓄水后,沿程水深逐渐变大,水流挟沙能力降低,泥沙分选落淤,淤积物组成沿程变细。因此,一般水库淤积纵剖面有多级比降,从库尾至坝前依次减小。

考虑大柳树水库库区地形变化特点:距离大柳树坝址约63 km进入五佛川河段,河道宽度由 220 m 左右逐渐放宽，最宽达到 5 300 m，其后逐渐收窄，距离大柳树坝址约 103 km 处缩窄至 400 m 左右，同时较大的支沟主要分布距离坝址 60 km 以下的河段。结合库区水流泥沙运动特点，参考有关实测资料，将大柳树库区淤积平衡比降为上、中、下三段，各自长度分别为 63 km、43 km、43 km。利用上述 3 个公式，计算库区淤积平衡的分段比降，结果见表 2。从计算结果看，3 个公式计算的比降差别不大，式(1)计算比降 2.0‰最小，式(3)计算比降 2.4‰最大，式(2)计算比降 2.2‰居中。

表 2　不同方法计算的库区河床平衡比降成果表　　(‰)

方法	悬移质淤积段			全库区
	坝前段	第二段	第三段	
式(1)	1.6	2.0	2.6	2.0
式(2)	1.7	2.2	2.8	2.2
式(3)	2.0	2.4	2.9	2.4
平均值	1.8	2.2	2.8	2.2

(2)已建水库实测资料类比分析。

黄河上游盐锅峡、青铜峡、刘家峡等水库与大柳树水库同处上游河道，来水来沙条件和库区地形条件有相似之处，根据已达到淤积平衡的盐锅峡、青铜峡水库纵比降资料和刘家峡水库三角洲顶坡段比降资料，进一步论证大柳树水库淤积平衡比降。

①盐锅峡水电站位于黄河上游甘肃省永靖县境内，1961 年 3 月建成蓄水运用。盐锅峡库区长度约 30 km，峡谷川地相间，峡谷段一般宽 300 ~ 400 m，川地段宽 1 000 ~ 1 500 m，平均宽度在 450 m 左右。小川水文站是盐锅峡入库水文站，多年平均中数粒径为 0.019 mm，与下河沿水文站来沙组成差别不大。由于水库库容小(设计正常高水位以下库容为 2.2 亿 m^3)，水库运用 3 年后即达到冲淤平衡，河底比降由 8‰减少到 2‰左右(见图 4)，之后基本保持稳定。

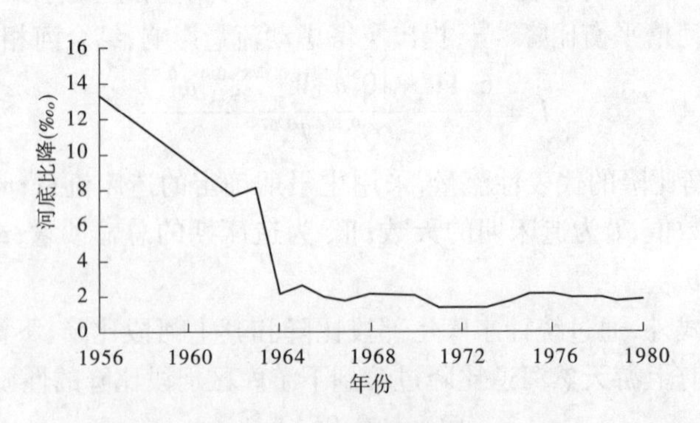

图 4　盐锅峡水库库区河底纵剖面比降变化

②青铜峡水利枢纽位于黄河上游青铜峡谷出口处，是一座以灌溉、发电为主的综合利用大型水利枢纽，1967 年 4 月建成蓄水运用。青铜峡水库库区长度 34 km，天然河床平均比降 7‰，坝前峡谷段长 8 km，河道宽 300 ~ 500 m，峡谷以上为川地开阔段，河道宽 2 000 ~ 4 000 m。下河沿来沙是青铜峡入库泥沙的主要组成部分，除此之外，清水河等支流还有部分来

沙。水库运用5年(1971年)基本达到冲淤平衡,库容由设计的6.06亿m^3减至0.79亿m^3。自水库达到冲淤平衡以来,河底比降变化不大(见图5),平均2.3‱左右。

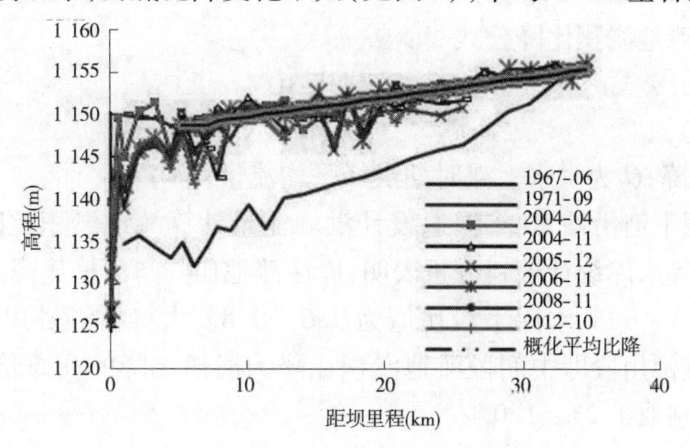

图5 青铜峡水库库区河底纵剖面变化

③刘家峡水利枢纽位于甘肃省永靖县境内的黄河干流上,是一座以发电为主,兼顾防洪防凌、灌溉、供水等综合利用枢纽,1968年10月建成蓄水运用,水库设计正常高水位1 735 m以下库容57亿m^3。刘家峡水库主要由黄河干流、右岸支流洮河及大夏河库区三大部分组成,洮河、大夏河分别在坝址上游1.5 km和26 km处汇入,干流库区长度60 km,峡谷川地相间,由刘家峡峡谷、永靖川地和寺沟峡峡谷组成。由于洮河来沙较多,库区泥沙淤积受其影响,形态较为复杂,干流来沙形成的三角洲淤积体,顶坡段为准平衡输沙,目前比降约2.2‱(见图6)。

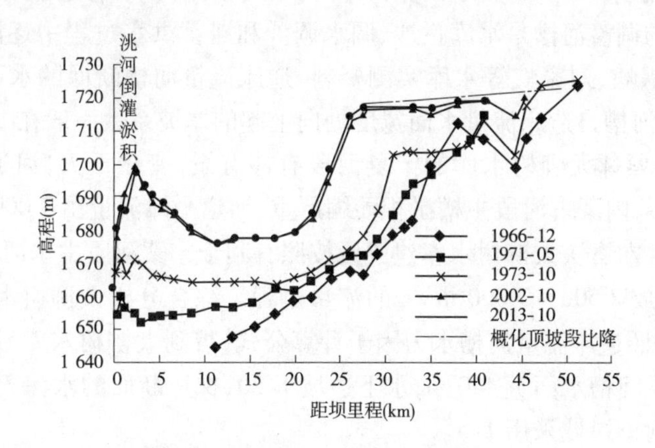

图6 刘家峡库区河底纵剖面变化

综合以上公式计算结果和实测资料分析论证情况,从大柳树入库水沙条件、库区地形条件等方面分析综合考虑,确定大柳树水库淤积平衡比降2.2‱,其中上、中、下三段比降分别为2.8‱、2.2‱、1.8‱。

3.1.2 滩地纵比降

大柳树库区峡谷河段和川滩河段相间,由于大部分峡谷型河段河宽较窄,宽度不足750 m(1 360 m高程),多数形不成滩;库区较为开阔的是五佛川河段,平均宽约3 000 m,最宽达到5 500 m,水库运行多年后,滩地将逐渐淤积形成高滩。

滩面比降与水库运用的造滩水流条件有关,大柳树水库五佛川河段主要是主汛期水库拦沙和调水调沙运用逐渐淤积形成高滩,同时水库蓄滞洪水时也会加快滩地的淤高,根据实测资料分析得到的滩地淤积比降公式[2]:

$$J_{滩} = \frac{50 \times 10^{-4}}{\overline{Q}^{0.44}} \tag{4}$$

式中:$J_{滩}$ 为滩地比降;$\overline{Q}$ 为洪水上滩时期洪峰平均流量,m^3/s。

根据上式,按照下河沿站50年一遇设计洪峰流量计算滩地淤积比降为1.09‱。三门峡、青铜峡、盐锅峡等水库统计资料分析表明,库区滩地比降与河槽比降的比值关系,一般有水库上段比值为0.3~0.5,水库下段比值为0.6~0.8。大柳树五佛川段位于库区中间靠上,综合考虑确定五佛川段即中间段滩地淤积比降为河槽比降的0.5倍,即为1.1‱,与其衔接的上下两段分别取1.2‱、1.0‱。

3.2 平衡河槽横断面水力要素

水库建成后,泥沙淤积将逐渐改变原有的河道断面形态,至水库达到淤积平衡,一般会形成高滩深槽,由死水位以下的造床流量河槽和死水位以上的调蓄河槽两部分组成。

死水位以下造床流量河槽的水力因子,根据实测资料统计分析,可概化如下公式计算:

$$\left.\begin{aligned} B &= 25.8Q_{造}^{0.31} \\ h &= 0.106Q_{造}^{0.44} \\ A &= 2.735Q_{造}^{0.75} \\ V &= 0.365Q_{造}^{0.25} \end{aligned}\right\} \tag{5}$$

式中:$Q_{造}$ 为造床流量,m^3/s;B 为水面宽,m;h 为平均水深,m;A 为过水断面面积,m^2。

死水位以上的调蓄河槽是水库拦沙、调水调沙和滞蓄洪水过程中逐渐形成的。根据三门峡、青铜峡、盐锅峡、刘家峡等水库实测资料,造床流量河槽断面的水下边坡系数一般在1∶20左右,而调蓄河槽自造床流量水面宽度处向上起的岸坡系数一般在1∶5左右。

1986年以来,紧邻大柳树水库的宁夏河段有冲有淤,变化不大,河道平均平滩流量在2 300~2 700 m^3/s;内蒙古河段主槽淤积萎缩严重,河道平滩流量由3 000 m^3/s以上减小到目前的2 000 m^3/s左右。大柳树水库建成后按照有利于宁蒙河段中水河槽恢复和维持的调控流量要求,可泄放2 500~3 000 m^3/s的流量过程。综合分析大柳树水库的造床流量,采用2 500 m^3/s。按照造床流量河槽水力因子计算公式,得到大柳树水库淤积平衡横断面:死水位以下造床流量河槽水面宽440 m,水下边坡1∶20,梯形断面的水深3.0 m、底宽320 m;死水位以上调蓄河槽岸坡采用1∶5。

3.3 淤积末端

按照上述淤积平衡河槽纵比降、横断面形态分析,绘制水库淤积平衡纵剖面(见图7),得到水库淤积末端高程1 346.8 m,距离红山峡坝址约2 km,淤积不影响红山峡。

4 结 论

(1)以淤积不超过红山峡坝址为控制条件,通过理论公式计算和实测资料分析,研究了大柳树水库淤积平衡形态,得到了大柳树水库淤积平衡河槽纵比降为2.2‱,其中上、中、下三段比降分别为2.8‱、2.2‱、1.8‱,相应滩地淤积纵比降分别为1.2‱、1.1‱、1.0‱。

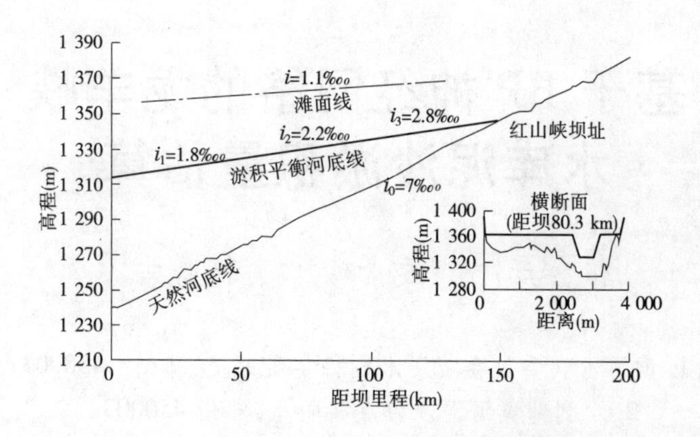

图7　大柳树水库淤积平衡纵剖面图

(2)分析了大柳树水库淤积平衡河槽横断面,包括死水位以下的造床流量河槽和死水位以上的调蓄河槽,死水位以下造床流量河槽水面宽440 m,水下边坡1∶20,梯形断面的水深3.0 m、底宽320 m,死水位以上调蓄河槽岸坡采用1∶5。

参考文献

[1] 坚持科学发展观调整黄河黑山峡河段规划[R].西安:中国水电顾问集团西北勘测设计研究院.2006.

[2] 涂启华,杨赉斐.泥沙设计手册[M].北京:中国水利出版社,2006.

[3] 韩其为.长期使用水库的平衡形态及冲淤变形研究[J].人民长江,1978(2):18-25.

[4] 韩其为,向熙珑,何明民,等.三峡水库淤积平衡后坝区附近过水面积预估研究[J].人民长江,1995(12):1-9.

基于 BP 神经网络的龙羊峡水库泥沙淤积量估算

郭　彦[1,2]　侯素珍[1,2]　郭秀吉[1,2]

(1. 黄河水利委员会黄河水利科学研究院,郑州　450003;
2. 水利部黄河泥沙重点实验室,郑州 450003)

摘　要　水库泥沙淤积带来一系列的问题,及时准确地估算其淤积量,对采取相应措施控制水库泥沙淤积和保持水库有效库容具有重要的意义。针对龙羊峡水库泥沙淤积量估算采用传统统计方法考虑因素缺失的问题,提出建立多因素与淤积量的 BP 网络模型。研究结果表明,BP 神经网络模型利用了多个因素的有效信息,因而在数据拟合和预测方面达到较高的精度,适合龙羊峡水库泥沙淤积量的估算,在水库泥沙淤积量估算中具有一定的推广应用价值。

关键词　龙羊峡水库;泥沙淤积量;输沙量平衡;BP 神经网络;估算

1　引　言

我国是世界上水库数量最多的国家,建有水库约 9.8 万座,总库容 9 323 亿 m^3,相当于全国河川径流总量的 1/5。水库在提供清洁能源、保障供水、减轻洪涝灾害发挥重要作用的同时,受库区泥沙淤积影响限制其正常功能发挥的年限,促使水库功能性、安全性和综合效益降低,进而制约当地经济社会发展。因此,系统掌握水库泥沙淤积量数据和基本特征,对因地制宜采取不同措施控制水库泥沙淤积和保持水库有效库容,更好地改善和促进水库可持续利用具有重要的意义。目前,水库泥沙淤积量的计算方法分为两大类:一类是基于野外测量地形数据的计算方法,通过对比两期地形图获取数据,该法不仅可获得淤积量数据,而且可确定冲淤位置,根据对野外地形数据处理方法的不同,分为基于等深线[1]、规则网格[2]、断面概化[2]、泰森多边形[3]等方法;另一类是基于水文及河流动力学的计算方法[4],通过水文资料或借助物理模型试验的方法,预测水库的泥沙冲淤量,比起前者,其计算方法简洁。

龙羊峡水库是黄河上游干流的大型水利工程,库容 247.0 亿 m^3,约为入库控制站唐乃亥站多年平均径流量的 1.2 倍。入库沙量较小,多年平均输沙量为 0.123 亿 t。由于龙羊峡库容沙量比很小,水库淤积量测量采用断面法测验存在一定的难度和误差。针对龙羊峡水库水多沙少的特点,有学者通过输沙量平衡法建立出入库站在水库蓄水前输沙量关系,来估

基金项目:国家自然科学基金项目(51609094);中央级公益性科研院所基本科研业务费专项(HKY-JBYW-2014-05;HKY-JBYW-2017-14)。

作者简介:郭彦(1981—),男,山西古交人,高级工程师,博士,主要从事河流泥沙及河床演变方面研究。E-mail:guoyan603@163.com。

算建库后水库淤积量[4]，该法简单易行。但仅依据出入库输沙量关系估算淤积量存在影响因素考虑不全，估算值存在误差的缺点，针对该问题本文采用BP神经网络，考虑入库径流量、入库输沙量及出库径流量等多个因素，建立多因素与淤积量的BP网络模型，估算龙羊峡近年来的水库淤积量。

2 龙羊峡水库概况

龙羊峡水库是一座以发电为主，兼有防洪、灌溉、供水等多年调节综合利用的大型水利工程，坝址位于青海省共和县与贵南县交界的龙羊峡峡谷进口2 km处，上距黄河源头1 684.5 km。坝址以上控制流域面积13.14万km^2，占全流域面积的17.5%。水库正常蓄水位2 600 m，相应库容247亿m^3；死水位2 530 m，死库容53.4亿m^3；有效调节库容193.6亿m^3，具有多年调节性能。1986年10月投入运用，一般为6～10月蓄水、其他月份进行补水运用。水库入库控制站为唐乃亥站，出库控制站为贵德站。

入库控制站唐乃亥站位于龙羊峡坝址以上134.8 km处，水文观测站建于1956年，测站控制面积12.20万km^2，占龙羊峡水库控制面积的92.8%，至坝址区间集水面积9 448 km^2。唐乃亥站1957～1985年（这里的年指运用年，即11月至次年10月，下同）水沙资料统计，多年平均径流量215.39亿m^3，多年平均输沙量0.133亿t。出库控制站贵德站位于大坝下游54.8 km处，控制面积13.36万km^2，至坝址区间集水面积2 230 km^2。对该站1957～1985年水沙资料统计，多年平均径流量222.87亿m^3，多年平均输沙量0.263亿t。

3 估算龙羊峡水库淤积量的BP神经网络模型

3.1 水库进出库水沙关系分析

点绘水库蓄水前入库站唐乃亥站与出库站贵德站1957～1985年径流量关系图（见图1）。对两站径流量作相关分析，发现相关关系显著，经最小二乘法计算得出两站年径流量关系乘幂回归近似程度最好，相关系数$r=0.998$。水库蓄水前唐乃亥站与贵德站年径流量关系式如下：

$$Q_{贵德} = 1.451Q_{唐乃亥}^{0.937} \tag{1}$$

式中：$Q_{贵德}$为贵德站水库蓄水前径流量，亿m^3；$Q_{唐乃亥}$为唐乃亥站水库蓄水前径流量，亿m^3。

上述分析可知，龙羊峡水库蓄水前两站径流量之间相关关系非常密切。

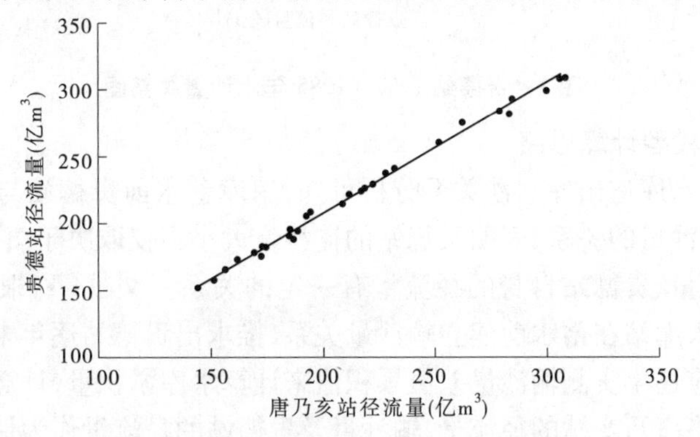

图1 唐乃亥站与贵德站1957～1985年径流量关系

同理,点绘水库蓄水前入库站唐乃亥站与出库站贵德站 1957 ~ 1985 年输沙量关系图(见图2)。对进出库站输沙量作相关分析,发现相关关系显著,与径流量类似,也是乘幂回归近似程度最好,相关系数 $r=0.905$。水库蓄水前唐乃亥站与贵德站年输沙量关系式如下:

$$Q_{s贵德} = 0.924Q_{s唐乃亥}^{0.611} \tag{2}$$

式中:$Q_{s贵德}$为贵德站水库蓄水前输沙量,亿 t;$Q_{s唐乃亥}$为唐乃亥站水库蓄水前输沙量,亿 t。

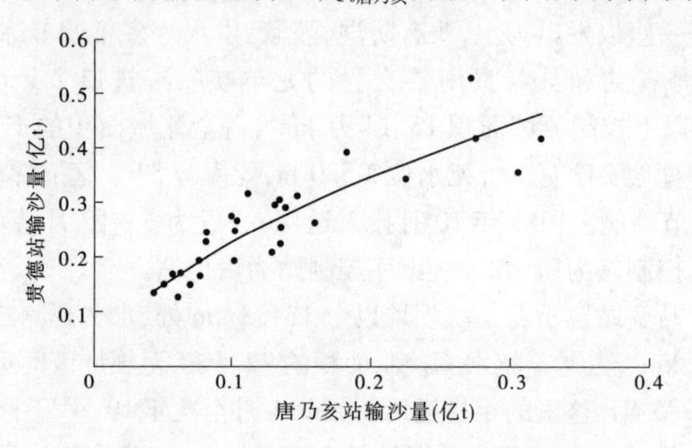

图2　唐乃亥站与贵德站 1957 ~ 1985 年输沙量关系

点绘水库蓄水前出库站贵德站 1957 ~ 1985 年水沙关系图(见图3)。对贵德站水沙量作相关分析,发现相关关系显著,经最小二乘法计算得出水沙关系线性回归近似程度最好,相关系数 $r=0.831$。表明贵德站的输沙量受其径流量大小的影响。

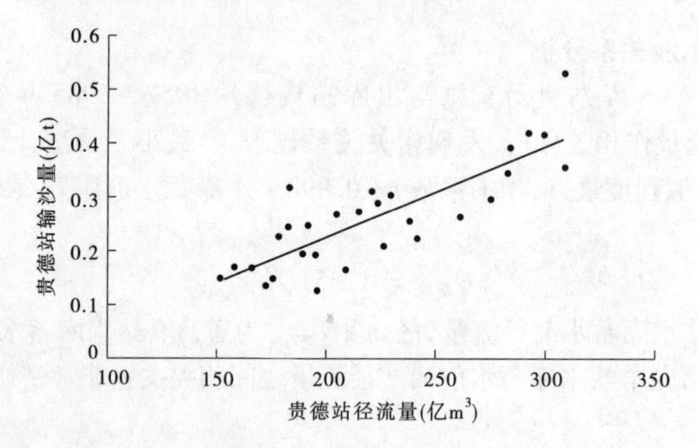

图3　贵德站 1957 ~ 1985 年水沙量关系图

3.2　BP 神经网络模型计算思路

从上述龙羊峡水库进出库水沙关系分析可知,水库蓄水前贵德站与唐乃亥站年径流量关系好于两站年输沙量的关系,表明贵德站的输沙量大小不仅取决于唐乃亥站的来沙量,还与唐乃亥站的径流量、贵德站自身的径流量有一定的关系。文献[4]根据蓄水后唐乃亥站年输沙量,利用出入库站在蓄水前建立输沙量关系,推求出贵德站逐年未受水库蓄水影响输沙量,与贵德站相应逐年实测输沙量差值累积值来计算水库淤积量,计算值可能出现一定的误差。因此,本次将唐乃亥站的径流量、输沙量及贵德站的径流量作为估算贵德站输沙量的因子,建立三个影响因子蓄水前量值与贵德站蓄水前输沙量的非线性映射关系,当网络全局误差小于预定的值或学习次数达到预定的值时，将蓄水后三因子的量值作为输入样本，输入已学习完毕的网络，其网络输出值即为贵德站逐年未受水库蓄水影响输沙量。Hecht - Nielsen 证明了在一定条件下，对于任意 $\varepsilon > 0$，存在一个三层神经网络，它能以 ε 均方误差的精度逼近任意平方可积非线性函数[5]，故采用较为常用的三层 BP 算法，具体计算步骤参见文献[5]。

文献[4]方法计算的假定条件有：①进出库区间受人类活动影响较小，区间没有加入和引出大量的水沙；②建库后固有产流、产沙规律没有大的改变；③对于多年平均而言，进库至出库区间的河道冲淤量平衡。本次计算方法也遵循上述假定。

4 计算结果与分析

选取长系列样本资料(1957 ~ 2005 年)中的 29 年(1957 ~ 1985 年)作为训练样本，采用上述方法进行数据处理与网络训练，剩余年份样本数据来检验模型。两种模型的拟合值与实测值对比结果如图 4 所示。

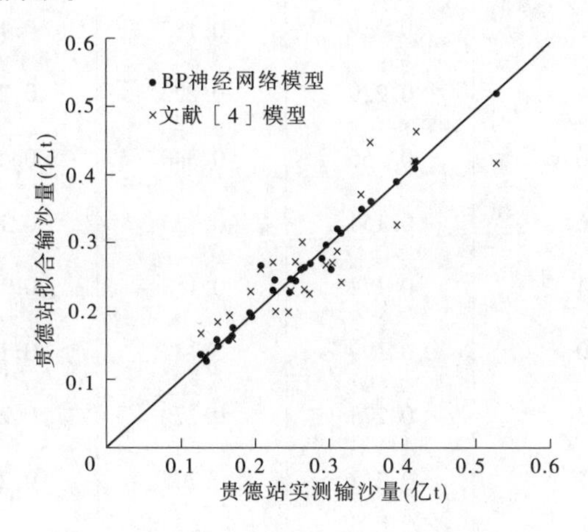

图 4 贵德站输沙量拟合值与实测值对比

由图 4 可知，两种模型分别计算 29 年的拟合值与实测值在 45°线两侧的分布程度，分布均匀且偏离 45°线点少的方法是 BP 神经网络模型，文献[4]模型相对分散，偏离 45°线点较多，说明 BP 神经网络模型比文献[4]模型能较好地模拟水库蓄水前贵德输沙量的关系。

因此采用 BP 神经网络模型计算 1986 ~ 2005 年 20 年的龙羊峡水库泥沙淤积量，同时也采用文献[4]模型进行计算，两者计算结果见表 1。

表 1 BP 神经网络模型与文献[4]模型计算结果比较 (单位：亿 t)

年份	贵德站实测输沙量	文献[4]模型		BP 神经网络模型	
		计算值	淤积量	计算值	淤积量
1986	0.266	0.269	0.003	0.311	0.045
1987	0.037	0.299	0.263	0.336	0.299
1988	0.037	0.164	0.127	0.172	0.135
1989	0.143	0.535	0.392	0.198	0.056

续表 1

年份	贵德站实测输沙量	文献[4]模型		BP 神经网络模型	
		计算值	淤积量	计算值	淤积量
1990	0.006	0.170	0.164	0.147	0.141
1991	0.008	0.196	0.188	0.221	0.214
1992	0.028	0.294	0.266	0.376	0.348
1993	0.011	0.294	0.283	0.320	0.309
1994	0.019	0.200	0.180	0.238	0.219
1995	0.020	0.166	0.147	0.180	0.160
1996	0.010	0.182	0.172	0.205	0.195
1997	0.057	0.239	0.182	0.191	0.134
1998	0.004	0.229	0.225	0.275	0.271
1999	0.026	0.366	0.340	0.459	0.433
2000	0.016	0.154	0.139	0.139	0.123
2001	0.024	0.177	0.153	0.196	0.172
2002	0.020	0.199	0.179	0.150	0.130
2003	0.003	0.273	0.270	0.271	0.268
2004	0.007	0.212	0.205	0.227	0.220
2005	0.007	0.238	0.232	0.143	0.136
合计	0.747	4.857	4.109	4.755	4.007

从表 1 看出，1986～2005 年龙羊峡水库淤积泥沙量 BP 神经网络模型的结果为 4.007 亿 t，文献[4]模型的结果为 4.109 亿 t，根据刘家峡水库淤积物干容重测验资料，泥沙干容重取 1.20 t/m^3，由此推出两种模型计算的龙羊峡水库淤积量分别为 3.34 亿 m^3 和 3.42 亿 m^3，文献[6]中给出截至2005 年 6 月龙羊峡水库已淤积库容为 3.2 亿 m^3，表明 BP 神经网络模型计算的结果跟接近调查结果，该模型具有一定的适用性和可行性。

5　结　语

大型水库淤积量测量是水库基础数据库的关键之一，本研究通过分析找出三个与出库站输沙量有关的因子，并以此为基础，建立了龙羊峡水库淤积量估算的 BP 神经网络模型。与传统的统计方法相比，其拟合精度和预测精度有所提高，为今后水库泥沙淤积量估算提供了一种新的途径。BP 神经网路模型实质上还是一种黑箱模型，无法将输入变量与输出变量之间复杂的非线性关系直观地表达出来，因此还存在继续改进的空间。

参考文献

[1] 王延亮,王宝山. 由等高线计算水域体积[J]. 测绘工程, 1999, 8(3): 52-55.
[2] 张幕良,叶泽荣. 水利工程测量[M]. 北京: 中国水利水电出版社, 1994.
[3] 黄波,李蓉蓉. 泰森多边形及其在等深面生物量计算中的应用[J]. 遥感技术与应用, 1996, 11(3): 35-39.
[4] 高学军,冯玲. 龙羊峡水库泥沙淤积量估算[J]. 泥沙研究, 2002(1):78-80.
[5] 金菊良,丁晶. 水资源系统工程[M]. 成都:四川科学技术出版社,2002.
[6] 田勇,林秀芝,李勇. 不同时期黄河泥沙淤积灾害分析[J]. 水利科技与经济, 2009, 15(6):471-473.

第二篇　高质量发展中的水库大坝建设创新技术进展

智慧工程在大渡河水电建设中的探索与实践

涂扬举　李善平　段　斌

（国电大渡河流域水电开发有限公司，成都　610041）

摘　要　针对工程建设领域推进智慧化管理面临的难题，基于智慧企业理念，结合水电工程建设管理实际情况，提出了智慧工程基本概念、主要特征和总体思路。在回顾智慧工程在大渡河水电建设中历经的先期探索、试点建设、全面实践三个阶段基础上，总结出大岗山、猴子岩、沙坪二级、双江口水电站智慧工程实践成果，重点介绍了双江口水电站智慧工程全面实践过程中的工程预警决策中心、智能大坝工程、智能地下工程、智能机电工程、智能安全管控、智能服务保障、智能环保水保、智能资源调控的技术体系和管理模式。提出智慧工程是信息技术、工业技术与管理技术的高度融合，指出智慧工程必将引领世界水利水电行业乃至工程建设领域的全新发展。

关键词　智慧工程；大渡河；水电建设；实践

1　引　言

近年来，云计算、大数据、物联网、移动终端、人工智能等一大批新兴技术层出不穷，社会各界和各行各业都在努力适应新技术带来的社会结构和经济模式变化，都在主动探索实践，智慧地球、智慧城市、智能工厂、智能制造等概念相继提出并付诸实践[1]。在智慧浪潮下，我国传统行业、传统企业也正在悄然面临着重大变革。为了避免传统企业在这一轮科技革命和产业革命中被颠覆、被改造，涂扬举等人根据企业管理的特点，提出了智慧企业理论，以指导企业的智慧化管理[2]；并根据水电企业的特点，在智慧企业体系框架下提出了包括智慧电厂、智慧检修、智慧调度、智慧工程这四大业务单元的建设方法[3-8]。智慧工程作为智慧企业重要业务单元，已在大渡河流域水电工程建设管理过程中进行了大量尝试，发挥了重要作用[9]。本文对大渡河流域智慧工程建设背景、实施内容、总体思路、实践成果等内容进行了系统阐述。

2　智慧工程提出背景

大渡河流域水能资源丰富，在我国13大水电基地中位居第5，规划布置3库28个梯级电站，总装机容量约2 708万kW，设计年均发电量约1 160亿kW·h，占四川省水电资源总量的24%，被喻为四川水电“一环路”。大渡河流域是长江流域防洪体系重要组成部分，也是国家首个综合管理试点的大型流域。大渡河流域水电工程建设面临以下技术和管理挑

作者简介：涂扬举（1964—），男，四川邛崃人，工学博士，教授级高级工程师，主要从事水电工程建设和电站运行管理工作。

战，这两方面的挑战催生了智慧工程解决方案的产生。

2.1 技术挑战需要智慧化技术突破

（1）地理位置偏远。大渡河流域水电工程大都位于深山峡谷，交通不便；工程地处青藏高原与四川盆地过渡带，自然生态环境脆弱；工程分布在大渡河干流 850 km 的河段上，遍及四川省 3 州 2 市 14 县（区），位置相对分散，管理难度大 。

（2）地质条件复杂。大渡河流域河床覆盖层厚度普遍在 50 ~ 120 m，2212 处已勘探的较大地质灾害隐患点分布在流域多个梯级，多个地震断裂带穿过大渡河流域且最近距离坝址仅 4 km，大岗山坝址处最大设计地震加速度达 0.557 cm/s^2，为同类世界第一。

（3）水情气象难测。大渡河全流域面积77 400 km^2，年径流量 470 亿 m^3，流域地形地貌极其复杂，受太平洋副热带高压、青藏高压、西伯利亚高压及西南暖湿气流等几大典型天气系统交替影响，成为全球气象水情预报难度最大的区域之一。

（4）高坝大库多样。大渡河流域梯级电站群的拦河大坝涵盖了心墙堆石坝、面板堆石坝、拱坝、重力坝、闸坝等常见坝型，其中有最大坝高达到 312 m 的双江口心墙堆石坝，在世界已建在建工程中处于首位；水库类型包括多年调节、年调节、季调节、周调节、日调节、径流式等多种类型，库容最大的瀑布沟水库库容达 54 亿 m^3，流域总库容超过 150 亿 m^3，可储存约 1 000 个西湖水量。

上述技术挑战对大渡河流域水电工程建设安全、质量、进度、环保、投资等“五控制”方面的困难非常大，迫切需要采用先进的智慧化技术加以破解。

2.2 管理挑战需要智慧化管理创新

水电工程建设管理具有参与方众多、管理对象复杂、相关利益关系复杂、协调工作量大、管控内容多且要求高等特点，使得水电工程建设管理单位大多采用金字塔式多层级、多专业、行政化的传统管理模式。在这种传统管理模式下，工程建设管理存在以下问题：

（1）数据碎片化、孤岛化的问题。由于不可避免的条块分割和人为因素影响，工程建设管理存在众多数据碎片和信息孤岛，参建各方和专业版块的数据无法打通，集成集中的工程建设管理大数据难以形成。

（2）管理层级偏多、运行机制不畅的问题。由于管理的多层级和多专业，管理规则相对宏观，流程管控不够精细，业务量化基础薄弱，导致工程管理运行机制不够顺畅，工作效率不高。

（3）风险反馈较慢、精准决策困难的问题。由于缺乏现场真实数据的及时收集，没有整体规划和风险管控的平台，难以形成智能协同的风险分析和决策支持系统，导致无法进行科学应对和处理。

（4）工作强度大、重复劳动多的问题。由于水电工程大多地处深山峡谷，地理位置偏远，大批从事工程建设管理的一线职工长期远离家人、远离城市，从事的工作强度很大，重复劳动频繁，难以做到工作和生活的平衡。

由于上述管理挑战，特别是随着经济社会的快速发展，员工个性化、多元化需求日益增多，对改善工作生活条件的期盼越来越高。这就要求我们必须通过智慧工程建设进行管理创新，实现管理更加精细化、科学化、柔性化、人性化，将员工从艰苦、繁重、单调、重复的工作环境中解放出来，提高工作效率，提升幸福指数。

3 智慧工程基本涵义与总体思路

智慧工程作为破解上述技术挑战和管理挑战的智慧化解决方案,其基本概念、主要特征如下。

3.1 基本概念

基于智慧企业的定义和智慧工程特征的描述,智慧工程概念描述如下:智慧工程是以全生命周期管理、全方位风险预判、全要素智能调控为目标,将信息技术与工程管理深度融合,通过打造工程数据中心、工程管控和决策指挥平台,实现以数据驱动的自动感知、自动预判、自主决策的柔性组织形态和新型工程管理模式。

3.2 主要特征

智慧工程是将信息技术、工业技术和管理技术进行深度融合的产物,它是大渡河智慧企业的重要业务单元,这样的特点决定了它与其他智慧建设和数字化、智能化应用有明显不同,归纳起来有以下四个方面特征:

(1)风险防控特征:更加注重风险防控。智慧工程始终围绕风险管控,通过建设风险自动识别、智能管控体系,实现风险识别自动化、风险管控智能化。

(2)人的因素特征:更加注重人的因素。智慧工程除了应实现物物相联外,还应充分考虑人的因素,做到人人互通、人机交互、知识共享、价值创造。

(3)管理变革特征:更加注重管理变革。智慧工程通过信息技术、工业技术和管理技术“三元”融合,实现管理层级更加扁平,机构设置更加精简,机制流程更加优化,专业分工更加科学。

(4)系统全面特征:更加注重全面推进。智慧工程是全面系统的网络化、数字化和智能化,应按照全面创新进行规划和建设,做到全面感知、全面数字、全面互联、全面智能。

3.3 总体思路

针对主要挑战,通过业务量化、集成集中、统一平台、智能协同的路径;打造大感知网络,提高大传输效率,构建大存储平台,提升大计算能力,形成大分析水平;构筑基于各种要素量化感知的云计算与大数据中心和智能建设与管理平台;通过技术创新和管理创新相互融合,真正实现全生命周期管理、全方位风险预判、全要素智能调控的目标。智慧工程建设总体思路见图1。

4 大渡河智慧工程探索历程

智慧工程在大渡河水电建设中的探索与实践经历了三个阶段:

(1)先期探索阶段:2011~2014年。在此期间,基于工程管理的信息化、数字化理念,国电大渡河公司在大岗山水电站实施了“数字大岗山”系统建设,在猴子岩水电站实施了“智能猴子岩”系统建设,为智慧工程在大渡河水电开发中的实施进行了先期探索。

(2)试点建设阶段:2014~2016年。在此期间,基于先期探索成果,智慧工程理念正式提出,并在沙坪二级水电站试点建设。通过工程建设与电站运行的经验总结和系统思考,为实现智慧工程与智慧电厂互联互通,国电大渡河公司在沙坪二级水电站以物联网、大数据、虚拟模型为创新驱动,应用大数据分析技术,打通工程与电厂之间的专业壁垒,积累了一定的智慧工程建设经验。

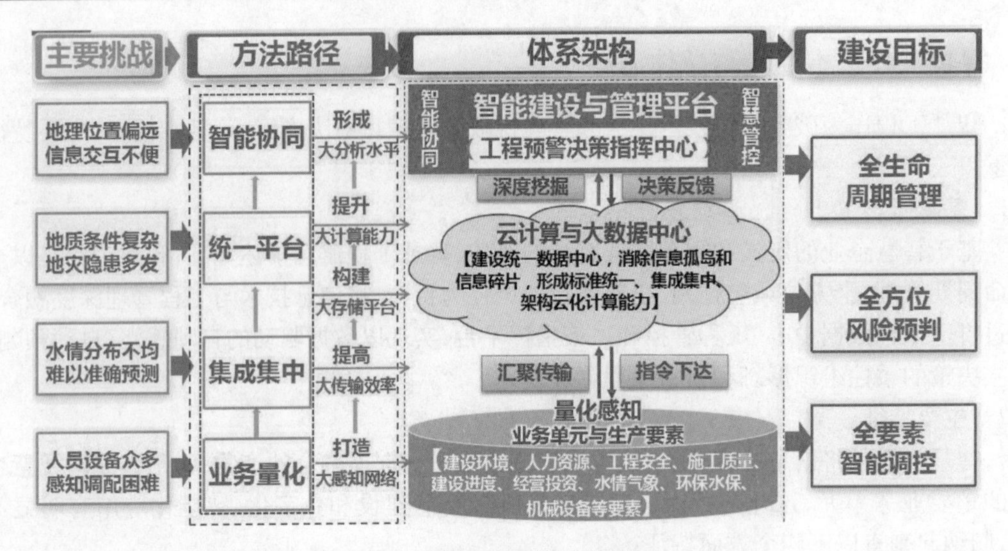

图1　智慧工程建设总体思路

(3)全面实践阶段:2016年至今。先期探索和试点建设更多侧重在五控制中的进度、质量方面,工程建设涉及的“五控制”还没有全面实施。2016年,国电大渡河公司在世界第一高坝——双江口水电站开启了智慧工程全面实践,智慧工程管控深入到双江口工程建设管理“五控制”各个方面和环节,并设置了与之相适应的管理模式,标志着大渡河水电工程建设步入智慧管理的新阶段。

5　大渡河智慧工程实践成果

5.1　以数字化建设为特点的先期探索

5.1.1　大岗山水电站

大岗山水电站装机260万kW,枢纽工程由坝高210 m混凝土双曲拱坝、左岸引水发电系统、坝身深孔泄洪及右岸泄洪洞等组成。“数字大岗山”系统通过对大坝混凝土浇筑过程、温控过程、基础处理过程、安全监测、缆机运行监控、拌和楼运行监控等过程的综合管理,实现了施工全过程的安全、质量、进度、计量等数据的综合查询,达到了施工过程全面可控、施工质量全面管理、成果分析直观有效的管理目的,实现了工程建设过程控制的可追溯性。“数字大岗山”具体实施内容包括工程信息管理系统平台、混凝土生产监控系统、吊罐定位系统、缆机运行监控系统、大坝施工进度仿真系统、大坝混凝土数字测温系统、大坝混凝土温控仿真分析与决策支持系统、大坝基础灌浆过程管理系统、安全监测信息管理系统、数字监控图像信息采集系统等。

“数字大岗山”各系统的成功应用,实现了对大坝施工过程温度控制、进度仿真、基础处理、安全监测的全面控制,对有效管控工程发挥了重要作用。一在安全管理方面。缆机防碰撞系统保证缆机安全入仓运行50余万次,提供预警提示超过3 000次,实现紧急避险5次,保证了大岗山工程连续安全生产无事故3 409 d。二在质量管理方面,拌和楼监控平台采集混凝土系统生产的近70万罐混凝土实时生产数据和配合比信息,为混凝土制备质量提供了保证;大坝内部安装有2 434支温度计,实时反映混凝土温度变化情况,温控决策系统累计收集大坝混凝土21项关键温控数据共450余万条,混凝土的浇筑温度合格率、最高温度合格率与日降温合格率达90%以上，其中大坝浇筑温度合格率提高10个百分点，大坝未出现一条危害性裂缝；坝体28条横缝安装测缝计517个，及时反馈横缝张开情况，指导现场接缝灌浆施工；灌浆监控系统收集灌浆记录近10万份，避免了人为因素操控，保证了灌浆质量；拱坝体型控制成绩显著，测量数据显示月合格逐步提升，始终保持优良；大坝强度指标设高于设计要求，混凝土强度保证率达到99%。三在进度管理方面，借助大坝施工进度仿真系统，将大坝施工进度计划编制的效率提高了50%以上，计划编制的科学性大大提高；通过拌和楼监控平台和缆机远程监控系统、缆机防碰撞系统联合作用，混凝土施工工效整体提高7%，最大月浇筑强度13.6万m^3，浇筑工期较原计划缩短68 d。四在投资控制方面，利用数字管控系统，拌和楼混凝土生产能力由4×4.5 m/h提高至4×5 m/h，缆机单罐调运混凝土方量由9 m^3提高至9.6 m^3，减少缆机吊罐吊运及运行次数超过2.2万次。

5.1.2　猴子岩水电站

猴子岩水电站装机170万kW，枢纽工程由坝高223 m混凝土面板堆石坝、两岸泄洪及放空建筑物、右岸地下引水发电系统组成。“智能猴子岩”系统建设主要包括面板堆石坝填筑碾压质量监控系统和智能机电工程系统，分别见图2和图3。

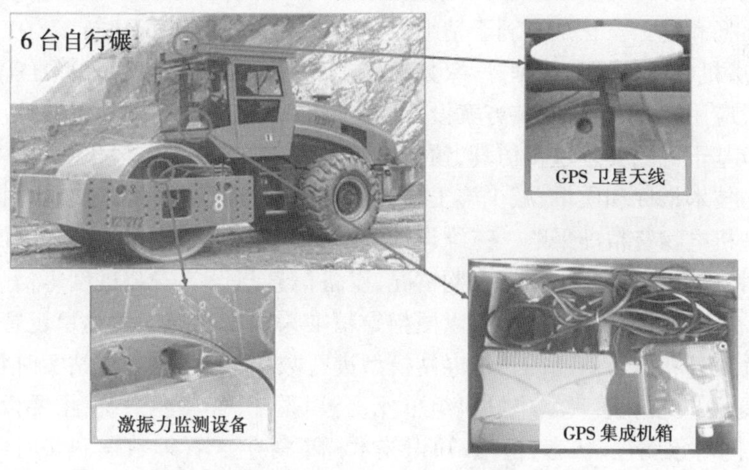

图2　猴子岩大坝碾压机械GPS机箱集成图

图3　猴子岩智能机电工程系统可视化管理示意图

猴子岩大坝填筑质量监控系统通过对大坝填筑碾压的重要技术参数的监控，实现对碾压全过程、全天候、实时、在线监控，确保了工程质量始终处于受控状态；同时，建立了以监控系统为核心的“监测—分析—反馈—处理”的施工质量监控体系，显著提高了猴子岩大坝建设管理水平。截至目前，大坝坝体累计沉降为坝高的 0.51%，一期混凝土面板裂缝条数控制在 1.9 条/1 000 m^2，达到国际先进水平。

猴子岩智能机电工程系统主要实施内容包括：三维整体展示机电工程，直观表达机电设备、管路系统、桥架等与建筑物的空间逻辑关系，设计主要设备的主要技术参数，设计主厂房、副厂房、主变洞、开关站各层各主要部位的设备布置三维图和母线洞设备布置三维图，设计主要设备、管路、桥架的三维图，完成动力电缆、控制电缆及通信电缆的路径设计等。该系统实施后的主要成效包括：一是实现了方案仿真与优化。以三维精细化、多专业协同设计为基础，通过模型碰撞检测，从设计源头减少机电设备布置方案的错漏碰缺，减少施工过程中的返工。二是使得技术交底更加直观有效。利用三维模型的可视化特点，辅助工程技术人员以任意视角观察结构设备的动态装配过程并直观展现建筑物和机电设备的三维形象面貌及时空逻辑关系，提高设计与施工环节的信息沟通效率，避免基于二维图纸的技术交底引起的信息沟通不畅和返工。三是有利于精细控制装配质量。基于 BIM 技术，在三维模型的基础上，集成厂房机电设备设计数据、厂家数据、施工工艺要求、安装验收标准等信息，并全面移交施工阶段应用，用于指导安装方案设计、施工组织、物资采购和质量验评。四是科学监控安装进度。基于机电安装过程仿真，预演施工过程，实现工程方案优化及多方案的比较，以提高工程的技术指标和质量、减少施工冲突、缩短安装周期，并为二次设计提供参照和依据。五是实现机电物资精准采购。三维设计可以更为精确地统计物资、材料工程量，结合施工仿真，可以将机电设备清单、招标采购情况、设备信息与设备安装进度等信息进行关联汇总，科学准确制订机电物资需求计划，以便指导精准采购与物流。六是奠定智能运维基础。将集成了设计信息和施工信息的三维电站模型进行数字移交，进行电站实时状态和缺陷信息的可视化展示，可视化管理水电站机组单元、公用系统、各功能系统、主要设备、主要部件 5 个层级的空间对象属性、状态、检修、知识技术标准等生产管理数据和实时监控数据。智能机电工程系统集成了电站设计信息、设备属性信息、施工进度与质量信息，为电站运行、维护、检修提供接口和依据。

5.2　以智能化应用为特点的试点建设

沙坪二级水电站装机 34.8 万 kW，枢纽工程主要由左岸河床式发电厂房、右岸泄洪闸、两岸混凝土接头重力坝等组成，挡水建筑物最大坝高 63 m。沙坪二级水电站智慧工程建设主要包括施工资源监控、混凝土生产监控、3D 数字厂房建设等。

施工资源监控系统利用 GIS 技术、GPS 定位及手机 APP + Wi-Fi 技术，实现对工区范围内车辆及人员坐标方位的全过程、全天候在线实时监控。同时，实施轨迹回放，查询任意时段人员、车辆的行走轨迹。此外，对人员和车辆监控数据进行统计分析，提高对施工资源的管理水平。

混凝土生产监控系统基于现场真实数据实现传统混凝土制备、运输与生产等工作任务的量化管理，为工程现场混凝土制备、运输、浇筑全过程提供信息查阅、实时监控、统计分析、预警报告等数据服务，提升混凝土生产管理效益。

3D 数字厂房建设系统包含三维进度面貌查询、三维可视化施工仿真、仓面统计分析、埋管埋件管理等模块,见图4。系统基于BIM、RIFD等技术,对施工过程中的施工进度进行量化分析、埋管埋件进行统计,实现工程建设的计划进度和实际进度之间的差异分析,并提供三维动态可视化模拟演示、任意时刻工程形象面貌的查询,防止埋管埋件过程中的错埋漏埋,全面提升水电工程施工精细化管理水平。

图4 沙坪二级智慧工程系统平台展示图

智慧工程在沙坪二级的试点探索产生巨大的经济效益,有效管控工程安全、质量和进度。其中,混凝土生产监控单元的建成运行,使得工程进度的周完成率由约80%提高到100%左右,混凝土浪费率减少约10%。2016年8月28日,沙坪二级水电站管理模型研究与管控平台开发应用项目通过了行业科技鉴定,上述3项开拓性创新成果达到了国际领先水平。

5.3 以智慧化建设与管理为特点的全面实践

双江口水电站是大渡河上游控制性水库工程,电站装机容量200万kW,最大坝高312 m,在目前世界已建和在建水电工程中位居第一。双江口智慧工程体系由技术措施和管理模式两方面组成,将信息技术与管理技术深度融合,成为全面实践的典型。

5.3.1 技术体系

双江口水电站枢纽工程构建了“一中心、七系统”技术保障体系。

(1)工程预警决策中心。

该中心作为双江口智慧工程“决策脑”,是工程建设管理七系统的集中集成展示、综合分析和决策预警的平台。通过建立统一数据标准和数据关系,实现数据、文档、模型等信息的集中统一管理,利用跨平台模型融合、设计与施工数据标准协同、三维可视化与交互、远程控制等技术,基于云平台建立知识库、专家库及管控分析模型,构建工程管控与决策会商平台,科学管控和预警风险,智能制订有效解决方案,提高企业整体风险管控能力。

(2)智能大坝工程系统。

该系统由大坝施工进度智能监控、质量智能监控、灌浆智能监控及信息集成展示四个模块组成,旨在实现质量监控全覆盖、进度管理动态化、施工过程可追溯、灌浆过程全控制的目标。创新运用了含水率快速检测、防渗土料掺砾均匀度智能判别、智能掺水、摊铺厚度监控、自适应无人碾压、质量验评APP等智能化管控措施,从料源开采、掺和、运输、加水、铺摊、填筑、检测、验评等进行全过程质量实时监控,全面提升土石坝施工质量管控水平。智能大坝工程系统中的坝体碾压监控模块示意图见图5。

图5　双江口智能大坝工程之碾压监控示意图

(3)智能地下工程系统。

该系统由设计管理、进度管理、质量管理、混凝土全过程管控等四个模块组成，旨在实现双江口地下工程安全实时监控、质量全程可追溯、进度动态控制、信息可视化集成展示的目标。利用物联网、全球定位技术、建筑信息模型技术、移动互联技术等现代先进信息技术，首次实现大型水电站地下工程 Wi-Fi 通信及高精度定位(厘米级)网络全覆盖，并基于室内高精度定位等技术，实现对大体积混凝土人工振捣过程质量的实时监控与预警；首次构建地下工程设计施工一体化全信息模型，可视化集成各施工单元的地质、测绘、设计、施工计划、进度、质量、安全等信息，为地下工程设计动态优化和工程建设风险识别、分级预警提供大数据支撑。智能地下工程系统展示见图6。

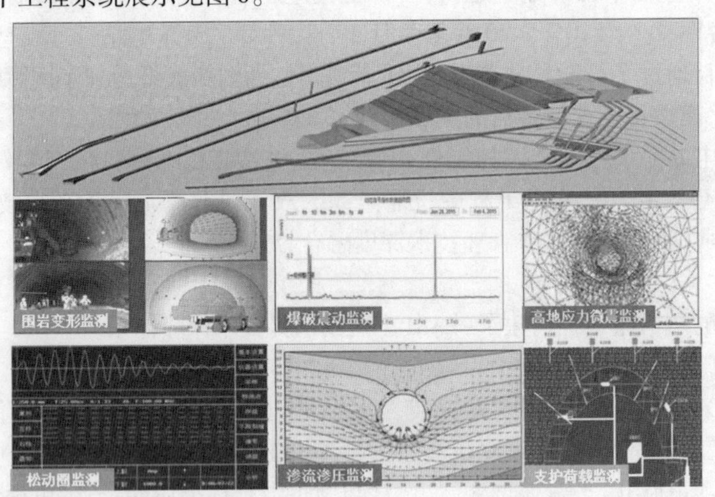

图6　双江口水电站智能地下工程系统展示图

(4)智能机电工程系统。

该系统由设备全生命周期管理、设备验收标准管理、安装施工仿真及进度管理、设备综合信息管理、埋管埋件可视化等模块组成，旨在实现机电工程全生命周期管理、三维数字化管理、进度风险预警管理、质量标准化管理等功能和目标。根据建设期和运维期设备管理要求，建立统一的机电设备信息管理库和三维仿真模型，从机电设备设计、采购、运输、安装、验收及移交等进行全生命周期管理。该系统建成后将为机电工程全生命周期管理、进度风险预警管理、质量标准化管理等奠定基础，也为后续智慧电厂建设创造有利条件。

(5)智能安全管控系统。

该系统由安全生产标准化管理、文明施工标准化管理、危险源分级管控、地质灾害防治管理、施工设备(设施)管理、安全监测、关键指标分级预警等模块组成,旨在实现危险源和安全风险自动识别与自动感知,促进安全管理智能化、高效化、可视化和集成化水平的提升。以通信领域、工程三维设计领域、物联网领域、信息集成等领域的前沿技术为支撑,率先研发和使用安全管理APP系统,首次将智能安全帽用于水电工程建设,并建立危险源实时动态跟踪监控系统,实现了危险源分级管控。同时利用雨情水情气象预报系统、地灾远程监控系统,结合无人机巡查,自动评估灾害隐患点或易发点安全状态。另外,率先在水电工程实现了虚拟技术、VR设备、电动机械相结合,建立首个大型水电工程安全管理体验馆,切实提升培训效果。

(6)智能服务保障系统。

该系统是双江口智慧工程业务办理、数据收集、管埋优化的主要载体,旨在实现工程管理信息收集处理标准化、业务管理规范化、流程化,提高工程质量、进度、投资、环保等管控能力。应用现代项目管理思想和信息技术,建设以项目管理为基础、以计划进度为主线、以资金控制为核心,以业主为主体、各参建单位协同参与的水电基建项目全过程管理信息系统,形成以工程管理为中心的矩阵式管理模式。

(7)智能环保水保系统。

该系统是双江口水电站环境保护管控的主要系统,由环保信息综合展示、智慧管控平台、监测数据分析、环境质量趋势预警等模块组成,旨在实现水电工程建设环保水保管理专业化和标准化,提升工程建设环保水保现场管理效率和环境事件智能响应预警能力。它以物联网领域、信息集成、无人机等领域的前沿技术为支撑,快速识别和处置环境保护不合格项,充分挖掘环境监测和智能大坝工程、智能地下工程、智能服务保障等管控模块中环境数据,评估环境保护措施效果和工程环境质量状态,建立水电工程建设环境保护智能监管和预警体系。

(8)智能资源调控系统。

通过集成施工现场人员及机械设备数据信息,规范工程建设人力资源及机械设备管理,实现施工资源的高效调配利用和全方位管控。从智能大坝工程、智能地下工程、智能机电工程、智能安全管控、智能服务保障、智能环保水保等系统中收集人力资源和机械设备相关数据,以及监控视频、身份识别、操作痕迹、管理行为、航拍、门禁、道闸等数据,通过建立数据关联和分析,不断完善、优化人力资源和机械设备的管控,提升工作效率。

5.3.2 管理模式

针对前文所述的水电工程传统建设管理模式存在的弊端,基于智慧企业管控模型[5],在双江口工程管理过程中建立全数据驱动的管理模式,即业务实施决策在中心、统筹保障在部门的中心制管理模式(见图7),每个中心均有相应的技术系统加以支撑;每个中心既是管理的中心,也是数据的中心。在该模式下,中心与部门职责分工明确,管理界面清晰。

6 结 语

智慧化已是大势所趋。工程建设是传统行业、传统领域,智慧化建设与管理面临重重难题。本文基于大渡河水电工程建设智慧化探索与实践成果,提出了智慧工程基本概念、主要特征和建设思路,这为工程建设的智慧化升级提供了一套全新的解决方案,可供其他传统的

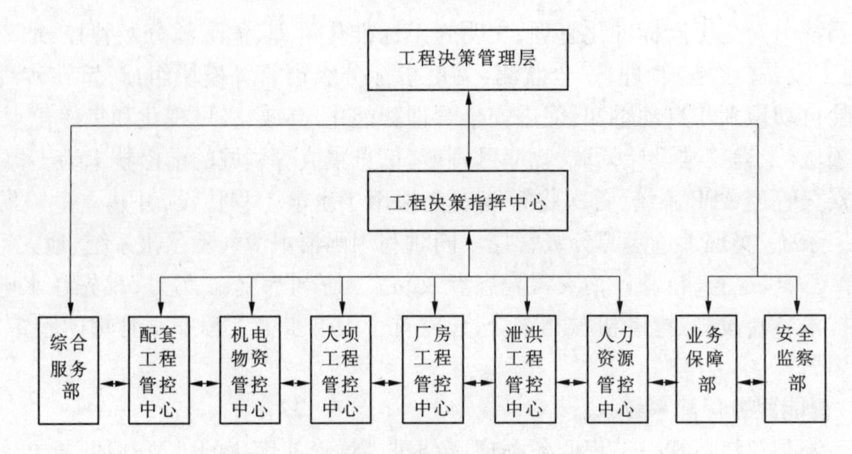

图7 双江口枢纽工程管理组织架构图

工程建设管理企业在推进智慧化过程中参考借鉴。

智慧工程成为全新实践。从大渡河智慧工程探索历程和实践成果可以看出,智慧工程不是简单的信息化、数字化、智能化技术在工程建设管理中的运用,而是一种融合了信息技术、工业技术和管理技术的全新管理系统,它突破了传统的管理理念、管理手段和管理模式。随着智慧工程理念的持续推广,我国乃至世界的工程建设管理将全面进入智慧时代,建议在现有成果基础上积极制定智慧工程领域的技术标准和管理标准,推动行业进步,抢占智慧工程发展的制高点。

参 考 文 献

[1] 涂扬举, 郑小华, 何仲辉, 等. 智慧企业框架与实践[M]. 北京:经济日报出版社, 2016.
[2] 涂扬举. 瀑布沟水电站建设管理探索与实践[J]. 水力发电,2010(6):12-15.
[3] 涂扬举. 建设智慧企业,实现自动管理[J]. 清华管理评论,2016(10):29-37.
[4] 涂扬举. 水电企业如何建设智慧企业[J]. 能源,2016(8):96-97.
[5] 涂扬举. 智慧企业关键理论问题的思考与研究[J]. 企业管理,2017(11):107-110.
[6] 国电大渡河流域水电开发有限公司. "国电大渡河智慧企业"建设战略研究与总体规划报告[R]. 成都:国电大渡河流域水电开发有限公司,2015.
[7] 涂扬举. 数据驱动企业管理[J]. 企业管理,2018(2):100-103.
[8] 涂扬举. 基于自主创新的智慧企业建设[J]. 企业管理,2018(5):21-22.
[9] 李善平,肖培伟,唐茂颖,等. 基于智慧工程理念的双江口水电站智能地下工程系统建设探索[J]. 水力发电,2017(8):67-70.
[10] 唐茂颖,段斌,肖培伟,等. 双江口水电站智能地下工程系统建设方案研究[J]. 地下空间与工程学报,2017(11):508-512.
[11] 耿清华,张海滨,冯治国. 水轮发电机组智慧检修建设探析[J]. 水电与新能源,2016(9):8-12.
[12] 吕鹏飞,卢军. 大岗山水电站数字化管理平台开发与应用[J]. 人民长江,2014(22):13-16.
[13] 唐茂颖,黄润秋,李家亮,等. 高土石坝心墙砾石土料自动掺合系统研究[J]. 水利水电技术,2017(11):26-32.
[14] 涂扬举,令狐克海,王永飞. 大渡河流域危险源(点)分级管控体系建设探索与实践[J]. 水力发电,2018(5):77-81.
[15] 吕鹏飞. 大岗山大坝数字化管理[C]//国大坝协会 2015 学术年会论文集. 2015:33-40.

新疆山区水库电站建设与“四新”技术的应用实践

李 江 柳 莹

(新疆水利水电规划设计管理局,乌鲁木齐 830000)

摘 要 “科技是第一生产力”,水库电站的建设一直提倡采用新技术、新工艺、新材料、新设备,以充分发挥科技在工程建设中的先导、保障作用,从而更好地满足水库电站功能的发挥。新疆水库已建成超过600座、在建40余座,在新疆干旱区水资源调配方面发挥了极其重要的作用,在“四新”技术应用方面也一直与国内外工程建设保持同步。针对新疆高严寒、高地震、高海拔、深厚覆盖层、多泥沙、缺少水文资料的独特筑坝环境条件,多个工程开展了大量有益的探索,在勘测设计新技术应用、沥青心墙坝砾石骨料应用、覆盖层超深防渗墙施工、面板砂砾石筑坝与抗冻防裂、混凝土坝温控防裂、高坝过鱼设施、坝体填筑智能控制压实、水电站“以阀代井”等方面引进吸收了大量经验,取得了许多独特的创新成果,为类似环境条件下的建设技术提供了宝贵经验。

关键词 水库;电站;筑坝环境;新技术;新工艺;新材料;新设备;创新

0 前 言

为有效地降低工程成本,减轻工人的操作强度,提高工人的操作水平和工程质量,满足工程建成后的使用功能,新疆水库电站工程的建设一直提倡采用新技术、新工艺、新材料、新设备,以充分发挥科技在工程建设中的先导、保障作用,从而更好地满足水库大坝功能的发挥。新技术与新工艺、新方法、新设备有时可能同时存在,在工程实践当中,每产生一项新技术,其相应的新工艺、新工法、新设备也应运而生。如RCC混凝土新技术的应用,伴随着施工技术进步产生了斜层浇筑工法、坝体保温新材料、夏季仓面喷雾机新设备等。

进入20世纪以来,新疆严寒山区砂砾石筑坝技术取得极大进展,自乌鲁瓦提砂砾石面板坝(坝高138 m)、吉林台一级面板坝(坝高157 m)建成以来,高地震区的面板砂砾石坝不断突破,百米级以上的多达15座,其中在建的阿尔塔什面板砂砾石坝(坝高164.8 m,覆盖层100 m)、大石峡面板砂砾石坝(坝高247.0 m,装机750 MW)、即将建设的玉龙喀什面板砂砾石坝(坝高230.5 m),均达到250 m量级,为业界关注[1-2]。在建大石门沥青心墙坝(坝高128.8 m)为国内沥青坝第一高坝(水利行业),奴尔水库(坝高80 m)沥青混凝土全部采用砾石骨料配置,大河沿水库(坝高74 m)防渗墙最深更是达到186 m。山口拱坝在国内率

基金项目:新疆维吾尔自治区天山英才工程第二期(2016~2018)项目联合资助。

作者简介:李江(1971—),男,河南平顶山人,教授级高级工程师,在职研究生,主要从事水利水电工程规划设计。E-mail:lj635501@126.com。

先建成第一座高 80 m 的升鱼机。虽然新疆水库库容不大(最大水库总库容约 25 亿 m^3)、没有超大型水电站(最大电站装机 750 MW)、泄洪建筑物规模相对较小(最大工程泄洪流量 4 000 ~ 5 000 m^3/s),但其筑坝环境所独有的高严寒(多年平均温度≤5 ℃)、高地震(基本地震烈度≥Ⅷ度)、高海拔(海拔≥2 000 m)、深厚覆盖层(覆盖层深度≥100 m)、多泥沙(多年平均泥沙含量≥10 kg/m^3)、少水文资料(连续观测资料超过 30 年的河流很少)等条件给水库电站建设带来巨大挑战[3]。

1 新技术的应用

1.1 勘测设计新技术的应用

1.1.1 勘测设计新技术

在建的阿尔塔什、大石峡等高面板砂砾石(堆石)坝工程均地处高地震区,其筑坝安全性备受关注。阿尔塔什进行了超大三轴试验(直径 1 000 mm)、现场大型载荷和砂砾料密度试验等,较系统和全面地研究了砂砾料筑坝工程特性;大石峡(坝高 247 m)是目前世界最高的以砂砾石填筑体为主的面板坝,河床设置混凝土重力式高趾墩,开展了超大型渗流模拟试验,通过合理分区设计以控制坝体变形和提高抗震性能[4]。这些 200 ~ 250 m 级高面板坝关键技术已突破现行设计规范的适用范围,其建设难度、大坝变形控制与抗震技术等处于世界领先水平。工程应用技术发展与创新尚待工程建设与运行检验[5]。

吐木秀克水电站压力管道为目前国内管径最大、长度最长、混凝土壁厚与管径比值最小的砂砾石基础钢衬钢筋混凝土浅埋管,在疆内首次研究并成功取消了钢管伸缩节,达到了安全经济的目的。该设计也达到了国内领先水平。压力前池在有限的范围内集中了多项排冰、排沙措施,结构紧凑,功能完善,运行效果良好,解决了新疆引水式电站排冰、排沙问题[6]。

东延供水工程是目前新疆扬程最高、装机规模最大、供水距离最长、穿越地段地质条件最恶劣的长距离输水工程,二级及三级装机规模分别为:3 ×2 800 kW、3 ×1 400 kW,设计扬程为 64.5 m、79.5 m,均采用卧式水平中开双吸离心泵,其中二级泵站单级泵加压输水距离达 80.6 km(穿越沙漠距离),是目前国内单级加压长度最长的泵站[7]。

在建的某供水工程堪称水利建设的“万花筒”,集中了拱坝、黏土心墙坝、沥青心墙坝、碾压混凝土重力坝、软岩隧洞、大型倒虹吸、沙漠渠道、平原均质土坝、大型渡槽、超长输水隧洞(单洞 280 km)等各类水工建筑物[8]。

叶尔羌河防洪工程利用少量水准点结合 EGM2008 模型的拟合方法,快速获取像控点和部分控制点的高程,减少大量水准测量工作,采用飞机低空航拍数字影像,保证了观测成果的可靠性和准确性。实现了测量精度高、速度快、各项精度指标满足设计要求,优于规范限差要求[9]。

1.1.2 BIM 技术的应用

传统的工程设计基于 CAD 技术,不利于信息共享,且难以与成本、进度等项目管理对接。BIM 技术集成了 3D 建模 +4D 施工组织设计管理的建筑信息建模系统,相比传统 CAD 具有可视化、时序化、集成化的仿真模拟效果[10]。目前市场上主流的 BIM 应用软件有 Autodesk、CATIA、Bentley 三大系列,各有特点,在建筑结构、厂房、机电、电器、金属结构等方面应用广泛,但与地质结合还有待进一步突破。

达克曲克水电站、大西沟水库[11]、卡拉贝利水利枢纽、阿尔塔什水利枢纽等工程以CAD和CAE的无缝结合为手段，采用“三维参数化模型—模型数值分析—模型结构优化”的设计方法，实现参数化建模，从而降低模型修正量，提高设计精度和效率，利用Autodesk Revit软件进行三维参数化建模，把实体钢岔管处理为壳体结构，并进行网格剖分，通过受力分析计算出钢岔管管壁的应力，根据规范规定校核管壁应力，确定合理的管壁厚度[12]。

山口水电站金属结构设计全部采用inventor软件，实现模型构造、工程图生成、CAE计算、标准化及参数化驱动，实现金属结构三维设计常态化，极大地提高了工作效率。Civil 3D则在渠道、道路、移民设计专业已经取得了很好的效果。

1.2 胶结颗粒材料坝

新技术发展日新月异，坝型发展也在不断进步，堆石混凝土坝、胶凝砂砾石坝的提出丰富了坝型选择，短短十几年已由初期的围堰工程发展到永久工程，堆石混凝土技术已应用在拱坝、重力坝上，坝高已突破90 m；胶凝砂砾石坝也已突破60 m。新疆山口围堰率先采用堆石混凝土修筑围堰(28 m)[13-14]，阿拉沟溢洪道跨越冲沟(49 m)采用胶凝砂砾石填筑[15]。

1.2.1 堆石混凝土围堰在山口电站的应用

山口电站工程围堰采用堆石混凝土技术，堰高28 m，围堰顶宽度为6 m，围堰上游面直立，下游坡度1:0.75，浇筑层高1.8 m。堆石混凝土围堰工程后经过一个冬季和度汛检验后，堰体外观未发现裂缝产生，没有冻融破坏，混凝土质量良好，应用取得了较好的效果，达到了预期的目标。堆石混凝土坝型是第一次在新疆北部严寒、高蒸发地区水利工程筑坝上应用。

1.2.2 胶凝砂砾石坝在阿拉沟水库中的应用

阿拉沟水库工程限于坝址区的地形地质条件，溢洪道需跨越一条深达49 m的冲沟，为满足工程安全运行，须将冲沟底填筑至泄槽底板下部高程，以保证泄槽平顺。原设计为现浇C15混凝土的刚性基础，浇筑方量达7万 m^3，施工期通过优化，采用胶凝砂砾石做为溢洪道通过冲沟的人工基础，既方便了施工，又极大地降低了造价。胶凝砂砾石28 d抗压强度≥5 MPa，压实度 $P \geqslant 0.98$。

1.3 智能压实技术

目前水利水电工程大坝碾压施工采用施工参数和压实度同时满足的“双控”方法来控制压实质量，施工参数包括碾压设备的型号、振动频率、行进速度、铺料厚度、碾压遍数、含水率等。有效地控制铺料厚度、碾压遍数、压实度均匀性，以及行驶速度、碾压错距搭接等是保证碾压施工质量的重要手段[16]。传统的技术存在漏压、欠压、错距、搭接、检测等问题，而新近发展的智能过程控制系统成功地解决了该问题，智能压实技术为实现数字化大坝提供了很好的技术支撑。在建的阿尔塔什水利枢纽面板堆石坝(164.8 m)坝体填筑方量2 500万 m^3，全面采用了该项技术进行大坝填筑施工，更是率先使用无人振动压实技术，大大提高了施工效率；大河沿水利枢纽沥青心墙坝(75 m)坝体填筑方量410万 m^3，目前也正在进行智能化压实控制的试验。

水利施工的信息化、智能化和数字化发展步伐日趋明显，数字化大坝概念更被多次提出，其核心就是对水库大坝进行全方位准确、及时的监控，改变传统的管理模式，实现对大坝的高度数字化管理。质量监控与管理是数字化大坝的重要组成部分，智能压实控制技术为实现数字化大坝提供了重要支撑，并将为大坝施工整体质量管理水平的提高带来质的飞跃。

1.4　面板堆石坝表层止水一体化技术

面板堆石坝表层止水一直采用传统的人工嵌填方式,效率低且嵌填质量并不理想,这种缺陷会造成大坝防渗可靠性的降低,甚至失效,危及大坝的安全稳定。中国水科院历经多年研发的表止水机械施工组合台车技术[17-18],可以实现周边缝和张拉缝填料的现场一次挤出成形。该项技术先后在吉勒布拉克、柳树沟、吉音、卡拉贝利、温泉等面板坝工程上得到成功应用。利用表面止水机械施工技术进行表层止水施工,可以显著提高施工质量,降低工人劳动强度,提高施工效率,为确保300 m级高面板坝的接缝止水质量提供有力的技术支撑和保障。

肯斯瓦特水利枢纽工程面板堆石坝[19](坝高129.4 m)应用表止水机械施工组合台车进行止水施工,取得很好的效果(见图1)。混凝土面板接缝技术可用于新建面板坝坝面止水施工和已建面板堆石坝坝面止水后期修补加固,尤其适合严寒地区面板堆石坝渗控体系效果的发挥,该项技术推广应用具有很大的经济效益和社会价值。

图1　面板坝接缝表止水机械施工效果

2　新工艺的应用

2.1　超深防渗墙施工技术

新疆深厚覆盖层坝基防渗一般采用垂直防渗墙或倒挂井等防渗措施。对于大多数大坝工程,一般均采用防渗墙至基岩,基岩下再接帷幕进行基础防渗处理。阿尔塔什、托帕水库、38团石门水库防渗墙深度均超过100 m,且全部采用封闭混凝土防渗墙,施工质量良好。大河沿水库覆盖层防渗墙最深达186 m,为世界水库工程第一深墙,可参照的实例甚少,目前建成的是西藏旁多水利枢纽工程158 m防渗墙(试验段201 m)。通过一系列技术攻关,成功解决了造孔、泥浆固壁、混凝土浇筑、孔斜控制等技术难题[20]。

大河沿防渗线总长度711 m,两岸坡采用混凝土防渗墙结合帷幕灌浆防渗,河床深厚覆盖层采用封闭式混凝土防渗墙防渗方案。帷幕灌浆采用单排,孔距2 m,深入5 Lu线以下5 m;混凝土防渗墙厚度1 m,深入下部基岩1 m,最大墙深186 m。防渗总面积42 604.45 m^2,其中防渗墙成墙面积24 106.32 m^2,帷幕灌浆面积18 498.13 m^2。本工程防渗墙施工采用“钻抓法”,局部结合“钻劈法”造孔成槽。混凝土浇筑采用泥浆护壁、气举清孔、泥浆下直升导管法施工。墙段连接采用接头管法,浅槽段采用钻凿法。孔斜率控制保持在1‰的世界领先水平,远远低于4‰的规范要求[21]。

2.2 沥青心墙冬季施工技术

针对新疆地区冬季气候条件低温、多雪、大风及早晚温差较大的特点,沥青心墙冬季施工一直是个难题,研究表明,碾压式沥青心墙在配合比和施工工艺上采取一定的措施后可在低温条件下施工,不仅可以缩短工程建设时间,而且可以提前发挥经济和社会效益。

阿拉沟水库工程(最大坝高105.26 m),为满足来年防洪度汛高程需要适当延长施工工期,对原设计配合比进行适当优化,提出适合低温季节施工的沥青混凝土配合比,并对心墙沥青混凝土低温施工(最低温度达到 -17 ℃)的结合面温度控制进行了相关试验。通过精细化施工和监测,论证了适当降低温度后结合面的力学性能,现场钻取芯样的试验结果表明,沥青混凝土各项物理、力学性能指标均满足规范要求,为寒冷区碾压式沥青混凝土心墙的施工提供了依据[22-24]。

库什塔依水电站大坝碾压式沥青混凝土心墙防渗体最大坝高90.1 m,在极端寒冷气候条件下(环境温度 -16 ~ -5 ℃、风力3级冬季施工期),以碾压式沥青混凝土室内 -25 ℃条件下配合比试验研究为基础,进行了室内外的试验研究工作。对冬季碾压式沥青混凝土低温季节施工质量控制,从多个方面进行了现场试验,在极端环境下实现了碾压式沥青心墙施工技术的突破,沥青心墙上、下层面结合良好,结合面和非结合面的密度(孔隙率)均匀,防渗性能满足规范要求。

近几年建设的下坂地水库[25]、克孜加尔水库、阿拉沟水库[26]、五一水库、库什塔依水电站沥青心墙坝在快速筑坝、心墙与坝体冬季施工、层面结合关键技术研究上取得了长足进步。经过认真细致的研究工作,通过改进施工保温措施、优化沥青混凝土配合比等成功解决了冬季施工的难题,在 -25 ℃环境下实现碾压式沥青心墙的正常施工,为水库提前蓄水、发电创造了条件。

3 新材料的应用

3.1 面板堆石坝SK手刮聚脲涂层

面板堆石坝混凝土防渗面板属于薄型结构,长期暴露在自然环境下容易产生裂缝,为了防止面板渗漏、提高混凝土的耐久性,有必要在面板表面增加一层有效的防护层。中国水科院、中水科海利公司等单位选择10种涂料在十三陵抽水蓄能电站上库混凝土面板进行了现场试验,并进行两年多的跟踪检查和测试。研究结果表明,在混凝土面板表面采用SK手刮聚脲涂层和喷涂聚脲涂层防护方案效果最佳[27],从工程造价及效果等方面综合考虑,建议对面板坝分区域(高程)采用不同涂层材料对混凝土表面进行防护的方案。

新疆喀腊塑克水利枢纽溢流面抗冲磨防护、吉林台一级混凝土面板、温泉水电站面板、苏巴什混凝土面板、卡拉贝利混凝土面板、吉音水库面板等工程采用了单组分涂刷聚氨酯(聚脲),尤其是涂刷在水位变动区,取得了良好的效果(见图2)。

(a) 吉林台水电站混凝土面板处理

(b) 苏巴什混凝土面板抗冻害防护涂刷

(c) 卡拉贝利混凝土面板抗冻害防护涂刷

图2　面板坝表面防裂新技术

SK手刮聚脲涂层具有良好的柔韧性、抗渗性、耐磨性、抗冻性和抗老化性;开发的潮湿混凝土界面剂保证了聚脲与混凝土之间的良好黏结;涂覆型柔性盖板止水结构可以单独作为一道独立的防水结构层,提高了面板接缝防渗的可靠性,便于维修,经济社会效益显著;这种新型止水结构在我国的新建面板坝工程以及面板坝除险加固工程中具有广阔的应用前景。

3.2　混凝土坝新型保温材料

混凝土坝表面保温在严寒地区一直是个大难题,传统材料抗冰拔、防水、老化等都存在一定问题,现在已由过去传统的聚氯乙烯保温板、聚苯乙烯泡沫板等发展为XPS保温板、聚氨酯泡沫等新型保温材料,以进一步提高保温效果及耐久性。喀腊塑克重力坝、特克斯重力坝、山口拱坝、石门子碾压混凝土薄拱坝等混凝土坝建设为提高保温防裂及耐久性,经室内外试验研究采用了XPS保温板、聚氨酯泡沫等新型保温材料,取得较好的保温、保湿效果[28]。

喀腊塑克混凝土重力坝针对保温材料开展了大量的现场试验,重点研究XPS挤塑板、聚氨酯的保温效果,并根据原型观测资料,拟合气温及混凝土内部温度的变化规律;定量分析气温变化尤其是寒潮及日照对混凝土内部温度的影响;研究混凝土导温、放热系数等随时间的变化规律,为今后我国在高寒地区建设类似工程积累宝贵的经验[29-30]。

3.3　沥青心墙应用天然砾石骨料

国内外建设的沥青混凝土防渗工程多采用石灰岩、白云岩等岩石加工骨料,俗称“灰岩骨料”。新疆建坝区大多具有丰富的砂卵砾石料,俗称“砾石骨料”,卵石用作沥青混凝土骨料存在两方面问题:一是卵石粒形圆滑,内摩擦角小,沥青混凝土强度较低;二是卵石岩性复杂,由多种不同的矿物成分组成,其中也有酸性岩石,与沥青的黏附性无法保证[31-32]。

新疆农业大学采用天然砾石骨料配制了五一水库围堰心墙沥青混凝土,以水泥作填料又兼作提高骨料黏附性的措施,通过恶化试验条件的方法(如延长浸水时间、提高浸水温度、增加冻融次数等)系统地评价了水泥对心墙沥青混凝土水稳定性的改善作用。将研究成果又进行了工程应用推广,已施工完成的乌苏市特乌勒水库(坝高65 m)、吉木萨尔县水溪沟水库(坝高55.3 m)等均采用当地天然砾石骨料配置了沥青混凝土。已填筑完成的青河县喀英德布拉克水库(坝高59.6 m)心墙沥青混凝土采用了破碎砾石骨料[33-34]。

新疆策勒县奴尔水库(最大坝高80.0 m)心墙沥青混凝土采用了破碎砾石骨料。长科院对天然砂砾石作为沥青混凝土骨料进行了沥青混凝土的水稳定性、间接拉伸、小梁弯曲、单轴压缩、渗透、静三轴、动三轴及耐久性试验,研究表明:①以呈酸性的天然砂砾石(碱度模数 $M=0.21$)为骨料,推荐的沥青混凝土配合比的水稳定性、孔隙率、渗透系数、直接拉伸、间接拉伸、单轴压缩、静三轴、动三轴等性能指标能够满足技术要求;②掺抗剥离剂的破碎砂砾石沥青混凝土长期耐久性能与灰岩骨料沥青混凝土接近;③当酸性填料掺量增加到6%时,抗弯强度及挠跨比下降幅度明显加快,说明酸性填料替代灰岩填料超过一定范围,对沥青混凝土受拉应力情况下的耐久性能有不利影响。施工过程中需要严格控制。通过大量的试验研究,奴尔水库沥青心墙坝(80 m)成功采用砾石骨料建造,取得了质的突破。不仅节省投资数百万元,而且开展的天然砂砾石料沥青混凝土的长期耐久性能、沥青混凝土水稳定性和劈裂性能、渗透性能等均满足要求[35]。研究成果对于类似缺乏碱性骨料的碾压式沥青混凝土心墙坝建设具有重大的推广应用和参考价值。

4 新设备的应用

4.1 沥青心墙坝施工联合摊铺机

国产水工沥青混凝土心墙摊铺机(XT120-95)(见图3)的研制始于20世纪80年代,主要是由西安理工大学完成的[36]。研制的心墙摊铺机先后在新疆坎尔其、四川洞塘等沥青混凝土心墙工程中得到应用。随后新疆施工的大量沥青心墙坝都采用了此项技术,取得较好效果。已建百米级阿拉沟水库、五一水库、库什塔依等沥青心墙坝施工,均采用了过渡料与沥青心墙同时施工的联合摊铺机,取得较好效果。

4.2 面板堆石坝边墙挤压成型设备

挤压边墙混凝土施工技术是一种面板坝垫层料坡面施工方法,因其替代了传统工艺中垫层料的超填、削坡、修整、碾压、坡面防护等工序,加快了施工进度,施工质量得到了保证和提高,因而在多座面板堆石坝工程中推广应用。肯斯瓦特面板砂砾石坝、吉音面板砂砾石坝、斯木塔斯水电站[37]、温泉水电站等百米级面板坝工程均得以采用。

察汗乌苏水电站混凝土面板砂砾石坝(坝高110 m),垫层料相对密度设计要求达到0.90以上,施工难度较大。经系统研究论证,最后确定采用垫层料移动边墙施工技术[38]。垫层料移动边墙也是将坐落在垫层料上的边墙做为垫层料的约束体,边墙安装在靠近已碾压完毕的垫层料斜面处,靠自重维持稳定。

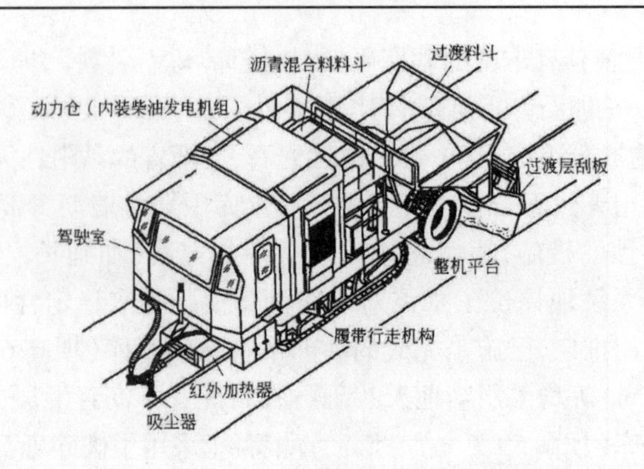

图3 XT120-95 型沥青混凝土心墙摊铺机

4.3 “以阀代井”技术

传统的引水式水电站大多需要调压处理时一般采用调压井,这种深大的结构投资高、施工复杂。在无条件布置调压井时,采用调压阀是行之有效的,此方式也是安全的,已被长期的实践证明。调压阀一般用在单机容量 20 MW 以下电站。通过“以阀代井”的研究与试验,水电站“以阀代井”技术取得关键性突破,在建的卡伊尔特水电站(2×45 MW+1×20 MW)将取消传统的调压井,采用“以阀代井”设备[39]。依托“以调压阀代替调压井的水轮机调节系统过渡过程研究”和“带有调压阀的水轮机调节系统综合测试装置的研发”等科技项目,表明在非线性特性条件下,水轮机调节系统由大波动演变为小波动时,如自动开机、空载扰动,甩 25%、50%、75%、100%负荷时,水轮机调节系统自动调节条件下可以稳定运行。

4.4 高坝升鱼机

水库拦河大坝的建设,阻隔了鱼类的洄游通道,水文情势改变、低温水下泄、下游减水河段的形成,影响了鱼类赖以生存繁衍的“三场”的水量和水温。目前,新疆所采取的鱼类保护措施主要有:①鱼类人工增殖放流;②过鱼设施,新疆已实施采取的过鱼设施有鱼道、鱼梯、升鱼机[40]、集运鱼船[41];③临时性方法——捕捞过坝;④合理调度运行方案;⑤建立保护水域,禁止捕捞。

针对高坝过鱼的难题,山口拱坝(坝高 94 m)率先在新疆建成了第一座高坝升鱼机,在厂房尾水处修建诱鱼、集鱼、运鱼设施,通过轨道将鱼槽运至大坝脚下的升鱼机,提升放入坝内。升鱼机主要由鱼箱、竖井、升降机三大部分组成。每至 4~7 月,通过布置在电站厂房附近集鱼箱将鱼引入,利用专门转运平台将集鱼箱通过轨道输送到大坝升鱼机底部,提升倒入水库,帮助鱼类完成上溯产卵繁衍过程。

在建的阿尔塔什水利枢纽(面板砂砾石坝,坝高 164.8 m)、大石峡水利枢纽(面板砂砾石坝,坝高 247 m)、精河二级水电站(拱坝、164 m)均将采用升鱼机作为主要的鱼类保护措施。

5 结 语

新疆水库已建成超过 600 座、在建 40 余座,在新疆干旱区水资源调配方面发挥了极其重要的作用[1],在“四新”技术应用方面也一直与国内外工程建设保持同步。针对新疆独特筑坝环境条件下,多个工程开展了大量有益的探索,紧随国内外先进技术,在勘测设计新技术应用、沥青心墙坝砾石骨料应用、覆盖层超深防渗墙、面板砂砾石筑坝与抗冻防裂、混凝土坝温控防裂、高坝过鱼设施、坝体填筑智能控制压实、水电站“以阀代井”等方面引进吸收了大量经验，取得了许多独特的创新成果，很多成果荣获国家及自治区科技进步奖、水利部大禹奖、勘察设计金银奖等奖项，为类似环境条件下的筑坝技术提供了宝贵的实践经验。

参考文献

[1] 邓铭江，于海鸣. 新疆坝工建设[M]. 北京：中国水利水电出版社，2011.

[2] 邓铭江，李湘权. 定居兴牧水源工程及技术支撑[M]. 北京：中国水利水电出版社，2015.

[3] 李江，李湘权. 新疆特殊条件下面板堆石坝和沥青心墙坝设计施工技术进展[J]. 水利水电技术，2016，47(3)：2-8.

[4] 范金勇. 阿尔塔什深厚覆盖层上高面板砂砾石堆石坝坝体变形控制设计[J]. 水利水电技术，2016，47(3)：29-32.

[5] 关志诚. 高混凝土面板砂砾石(堆石)坝技术创新[J]. 水利规划与设计，2017(11)：9-14，36.

[6] 卢军，邹德华. 渠道防渗技术在吐木秀克水电站工程中的应用[J]. 水利技术监督，2010(1)：44-47.

[7] 王旭，李湘权，代立新. 水利水电勘测设计新技术在新疆的应用与发展[J]. 陕西水利，2011(6)：51-52.

[8] 于海鸣，李江. 新疆北疆一期供水工程关键技术与设计实践[C]//中国水利水电勘测设计协会调水工程应用技术交流会，2009.

[9] 李玉平. EGM2008 在叶尔羌河防洪工程测量中的应用[J]. 工程勘察，2017(8)：61-65.

[10] 李敏. 基于 BIM 技术的可视化水利工程设计仿真[J]. 水利技术监督，2016，24(3)：12-16.

[11] 陈艳，吴俊杰. 大西沟引水工程中对称钢岔管应力应变分析[J]. 人民黄河，2016(6)：112-114.

[12] 韩守都，吴俊杰，王小军. 钢岔管三维参数化设计方法的研究与应用[J]. 水电能源科学，2015，(3)：175-178.

[13] 李江，王健. 布尔津山口水电站围堰型式选择与风险分析[J]. 水利规划与设计，2014(8)：73-76.

[14] 丁照祥. RFC 技术在新疆山口电站围堰施工中的应用实践[J]. 人民长江，2012(43)：35-38.

[15] 张傲齐，凤炜，何建新. 胶凝砂砾石在阿拉沟水库溢洪道基础中的应用[J]. 水资源与水工程学报，2015，26(3)：217-220.

[16] 于子忠，黄增刚. 智能压实过程控制系统在水利水电工程中的试验性应用研究[J]. 水利水电技术，2012，43(12)：44-47.

[17] 邓正刚，郝巨涛，王爱玲，等. 混凝土面板堆石坝面板表层止水施工技术及发展[J]. 水力发电，2016，42(12)：65-68.

[18] 何旭升，鲁一晖，等. 混凝土面板堆石坝面板表层止水机械化施工技术[J]. 水力发电，2012，8(38)：55-57.

[19] 张黎明. 肯斯瓦特水利枢纽工程关键技术问题探析[J]. 石河子大学学报(自然科学版)，2010，28(4)：506-509.

[20] 李江，黄华新，柳莹. 大河沿水库坝基深厚覆盖层防渗形式研究[C]//土石坝工程－面板与沥青混凝土防渗技术论文集. 北京：中国水利水电出版社，2015.

[21] 中国水利水电基础局有限公司. 新疆大河沿引水工程超深防渗墙施工综合技术[R]. 中国水利水电基础局有限公司，2018.

[22] 何建新，等. 采用砾石骨料的心墙沥青混凝土水稳定性能试验研究[J]. 中国农村水利水电，2014(11)：109-112.

[23] 郭鹏飞，等，采用天然砾石骨料的浇筑式沥青混凝土配合比设计及性能研究[J]，水资源与水工程学报，2012，23(3)：148-150.

[24] 何建新，伦聚斌，杨武. 碾压式沥青混凝土越冬层面结合工艺研究[J]. 水利水电技术，2016，47(11)：

48-51.

[25] 朱西超,何建新,凤炜. 上层恒温下层变温浇筑时碾压沥青混凝土心墙结合面劈裂抗拉试验研究[J]. 水电能源科学,2014,32(6):77-80.

[26] 覃新闻,黄小宁,彭立新,等. 沥青混凝土心墙坝设计与施工[M]. 北京:中国水利水电出版社,2011.

[27] 郭淑敏,孙志恒,张秀梅. 混凝土面板表面防护材料现场试验研究[C]//第十届全国水工混凝土建筑物修补与加固技术交流会. 北京:中国水利水电出版社,2009:238-242.

[28] 杜彬. 聚氨酯硬质泡沫在大坝工程中的应用研究[J]. 水利水电科技进展,2002(4):14-16.

[29] 牛万吉,罗纬邦,罗清萍. 严寒地区 RCC 重力坝保温材料对比试验研究[J]. 新疆水利,2009(5):23-27.

[30] 吴艳,周富强,等. 干旱、严寒地区混凝土大坝保温材料研究[J]. 新疆水利,2008(6):3-7.

[31] 中华人民共和国水利部. 土石坝沥青混凝土面板和心墙设计规范:SL 501—2010[S]. 北京:中国水利水电出版社,2010.

[32] 张应波,王为标,兰晓. 土石坝沥青混凝土心墙酸性砂砾石料的适应性研究[J]. 水利学报,2012,43(4):460-466.

[33] 何建新,朱西超,杨海华,等. 采用砾石骨料的心墙沥青混凝土水稳定性能试验研究[J]. 中国农村水利水电,2014(11):109-112.

[34] 杨耀辉,宋建鹏,何建新,等. 沥青混凝土水稳定性影响分析[J]. 新疆农业大学学报,2016,39(6):495-499.

[35] 长江科学院. 新疆奴尔工程沥青混凝土心墙应用天然砂砾石试验报告[R]. 长江科学院,2016.

[36] 余梁蜀,任少辉,孙振天,等. 碾压式中小型沥青混凝土心墙坝施工设备与施工技术研究[J]. 水力发电学报,2007,26(2):72-74.

[37] 贾运甫. 混凝土挤压边墙在温泉水电站中的应用[J]. 青海水力发电,2015(1):4-6.

[38] 张成龙. 混凝土面板堆石坝垫层料移动边墙施工新技术[J]. 水力发电,2007,33(3):52-53.

[39] 孔昭年,田忠禄,等,阿勒泰水电站以阀代井研究[J]. 水电站机电技术,2016(1):1-4.

[40] 乔娟,石小涛. 升鱼机的发展及相关技术问题探讨[J]. 水生态学杂志,2013,34(4):80-84.

[41] 吴天祥. 冲乎尔水电站集运鱼系统设计方案及实施[J]. 广西水利水电,2016(2):88-89.

特强岩溶地区堆石坝基础处理关键技术

杨和明　吕理军　孙洪涛　丁　静　杨　俭

（中国水利水电第十一工程局有限公司，郑州　450001）

摘　要　本文介绍了隘口水库大坝通过扩大沥青混凝土心墙基座宽度、深度与宽范围深孔固结灌浆加固处理，实现了强岩溶坝基大坝的沉降稳定；成功解决了在平均线岩溶率28.9%的条件下201 m深即中国第一深帷幕灌浆的技术难题，创新采用洞中筑坝与自密实混凝土回填大型溶洞，实现了强岩溶坝基渗透稳定问题。修建百米级沥青混凝土心墙堆石坝关键施工技术在重庆秀山隘口水库成功的实施，是继贵州乌江渡水电站、广西大化水电站之后，在典型喀斯特地形地貌地质条件下筑坝技术的又一个成功案例，对今后类似工程建设具有一定的借鉴与应用价值。

关键词　喀斯特岩溶；坝基处理；关键技术

1　工程概况

隘口水库位于重庆市秀山土家族苗族自治县隘口镇，水库大坝位于岑龙河与凉桥河汇合口下游500 m处的平江河上，距下游隘口镇1.5 km，距秀山县城中和镇30 km，国道326线从左坝肩附近通过，工程位于贵、湘、俞三省（市）交汇区，坝址区属典型的喀斯特地貌，岩溶极其发育，河床及右岸近河岸段平均线岩溶率在30%以上，右岸揭露了K5、K6、K8等大型溶洞群，地质条件极为复杂。

隘口水库设计以农业灌溉与城乡供水为主、发电为辅等综合效益目标。隘口水库设计灌溉面积20.12万亩，其中新增灌溉面积13.82万亩、改善灌溉面积6.3万亩。防洪保护下游农田5万亩，保护人口3万余人，城镇年供水933.5万m^3，农村人畜饮水年供水630.37万m^3，电站总装机3 600 kW，多年平均发电量1 072.8万kW·h。

隘口水库枢纽工程主要由坝高100.3 m的沥青混凝土心墙堆石坝（心墙高度86.2 m）、宽16 m开敞式溢洪道、高55.10 m岸边斜卧式取水塔及引水隧洞等组成。大坝坝基开挖底高程EL448.9 m，坝顶高程EL549.2 m，坝顶长度233.87 m，坝顶宽度10 m。设计洪水位548.0 m，设计校核水位548.90 m，总库容3 580万m^3。

2　工程地质

2.1　地形地貌

防渗线河床段的河床枯水位高程487.15 m，相应河面宽10～20 m，水深小于0.5 m。河谷底宽约110 m。河床覆盖层厚度8～27 m，最厚达38 m（为砂砾卵石夹泥及块石），基岩面高程452～482 m，河谷形态呈"U"形。左岸自然边坡30°～50°，右岸自然边坡约45°，右坝肩600 m高程有一台地为古河床基面，两岸山顶高程890 m，相对高差约400 m。河流流向15°～25°，岩层走向与河流流向夹角35°～60°，为斜向谷，坝址左岸分布有Ⅰ级阶地，高程489～494 m，长250 m、宽80 m，上部为黏土，下部为砂卵石。

2.2 地层岩性

与防渗有关的地层主要为寒武系(∈)与奥陶系(O)地层。

(1)寒武系地层:包括上统后坝组($\in_{3h}$)及毛田组($\in_{3m}$),主要分布在防渗线河床段及右岸,其岩性为:

①后坝组($\in_{3h}$):顶部浅灰色—灰白色微晶白云岩,以下为灰—深灰色微—细晶白云岩,厚270.00 m。

②毛田组($\in_{3m}$):浅灰—灰色微晶—致密灰岩,白云质灰岩与白云岩互层,厚140.80 m,细分为以下三段:

$\in_{3m1}$:灰—深灰色微晶—致密灰岩,白云质灰岩与灰质白云岩互层,厚85.80 m;

$\in_{3m2}$:浅灰色微晶—致密白云岩夹浅灰—浅肉红色灰岩,厚30.00 m;

$\in_{3m3}$:浅灰微晶—致密白云岩与灰色—浅肉红色致密灰岩互层,厚25.00 m。

(2)奥陶系地层:包括下统的桐梓组(O_{1t})、红花园组(O_{1h})及大湾组(O_{1d}),主要分布在河床左岸。

2.3 地质构造

防渗区(坝址区)在大地构造上属武陵坳陷褶皱束(Ⅲ级),主构造线呈北北东至北东向展布,主要包括褶皱、断层、裂隙等。

2.4 岩溶水文地质条件

主要岩溶形态:岩溶峡谷、溶蚀洼地、落水洞、暗河、岩溶泉。影响岩溶发育的主要因素:主要受岩性及厚度、构造、地形地貌、地下水的补排条件、地下水水质特征等条件控制。

2.5 帷幕轴线揭露的地质条件

隘口水库坝基地层属典型的喀斯特地貌,通过平洞开挖、防渗帷幕先导孔钻孔及电磁波CT探测等手段探明坝基防渗线部位地层岩溶极为发育(见图1~图3)。

图1 大坝上游天然溶洞

图2 开挖后揭露的地质情况

右岸在施工过程中又揭露了K4、K5、K6、K8、K9等大体积溶洞或溶洞群,属于岩溶强烈发育区,对水库防渗及右坝肩稳定构成巨大威胁。

3 强岩溶坝基沉降稳定处理关键技术

3.1 坝基开挖与沥青混凝土心墙基座混凝土回填处理

随着基坑开挖深度的逐步增加,基坑开挖出现数处溶岩块体,并全面发展为溶岩体系,且被分割成纵横交错的断裂岩体,断裂体间为不贯通的淤积体充填。由于基坑岩体溶蚀强

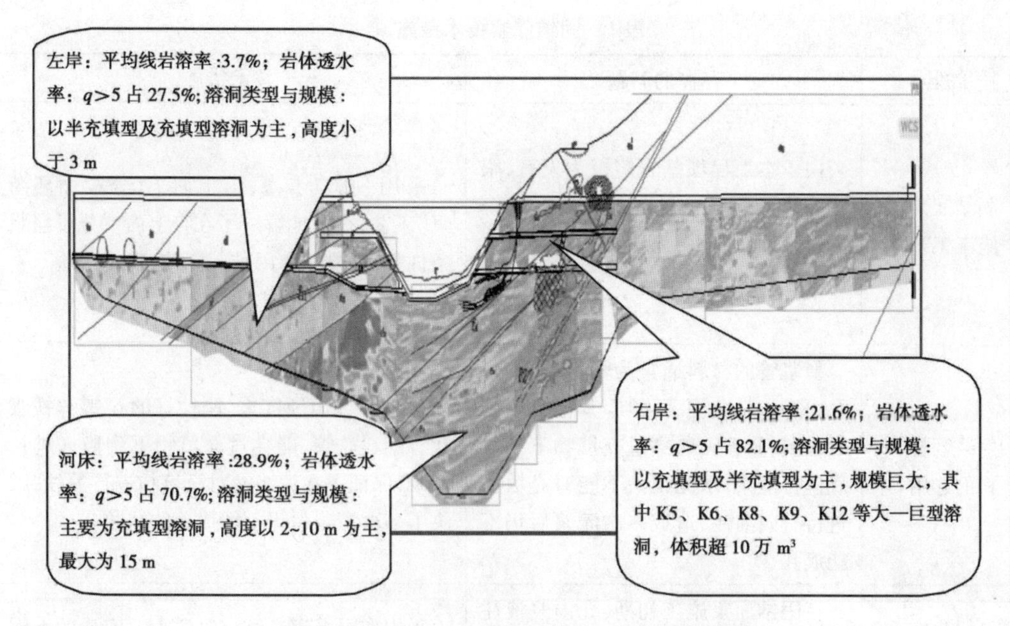

图3　隘口水库防渗帷幕电磁波 CT 探测成果图

烈,基坑中部溶蚀残留的石芽、石柱林立,与原勘探的地质条件发生了巨大的改变。

开挖至原设计坝基高程后未见完整基岩,经专家多次论证,设计采取了继续下挖的方案;为保证沥青心墙基座稳定,坝轴线上游 50 m 至下游 30 m 心墙基座范围内开挖至相对较为完整的岩体;同时增加了溶沟溶槽混凝土回填覆盖的范围,增加了基座的混凝土浇筑厚度。基坑开挖量增加至约 30 万 m^3,混凝土回填约 8.9 万 m^3。

3.2　坝基固结灌浆施工关键技术

3.2.1　固结灌浆的布置及设计参数

在坝轴线上游 50 m 及坝轴线下游 30 m 范围布置固结灌浆。设计孔纵、横间距均为 3 m,单孔深度为 15 ~ 30 m。

3.2.2　施工工艺及参数

固结灌浆应按先边排孔再中间孔的顺序进行施工,自上而下、孔内循环,孔口卡塞的灌浆方法,灌浆压力:Ⅰ序孔 0.6 MPa,Ⅱ序孔 0.8 MPa,Ⅲ序孔 1.0 MPa。

3.2.3　固结灌浆技术措施

固结灌浆技术措施如表 1 所示。

3.2.4　质量验收标准

质量检查合格标准:①地基承载力不小于 2.0 MPa,岩体声波速度≥4 000 m/s,低于 3 200 m/s波速点小于 2%,岩溶充填物声波速度≥2 200 m/s,低于 1 800 m/s 波速点小于 5%。②灌后透水率 $q \leq 5$ Lu。

3.2.5　固结灌浆效果与评价

隘口水库大坝基础固结灌浆自 2009 年 3 月开始,到 2011 年 2 月施工完成,历时近 2 年时间。共完成进尺 3.2 万 m,注入水泥 5.1 万 t,平均单耗达 1.6 t/m。

表 1　固结灌浆技术措施

技术难点	存在的问题	技术措施
固结灌浆施工工艺	由于本工程坝基岩溶极为发育，跟塞灌浆试验施工过程中孔段发生绕塞返浆现象严重，无法进行跟塞自上而下分段灌浆	采用“孔口卡塞、自上而下、分段循环灌浆”工艺，很好地解决了在自上而下分段灌浆条件下，跟段压塞困难、绕塞返浆的问题
射浆管材料的选用	射浆管的材料通常为塑料软管，当孔内有大量黄泥、河沙等其他充填物时，塑料软管无法穿过充填物下到段底进行灌浆，水泥浆液不能对充填物进行有效灌注，造成多次灌浆后仍不能成孔	射浆管选用硬度大，刚性好的 6″镀锌铁管代替塑料软管，能穿过充填物下到段底进行灌浆，保证了水泥浆液对充填物进行灌注，解决了多次灌浆后仍不能成孔的问题
固结灌浆快速施工技术	在固结灌浆施工初期，孔内浆液往往待凝 72 h 后仍未凝固，钻孔时，风对浆液有较大扰动，出现了钻孔过程中塌孔、冲击器堵塞等现象，必须经过更长时间的待凝后才能进行钻孔施工，施工进度非常缓慢	采用在限量灌浆结束时注入一定量的水泥水玻璃浆液，孔内浆液待凝时间能大大缩短，既可以提前孔壁周边浆液的凝固时间，又可保证注入孔内浆液的质量，更大大提高了成孔率，加快了施工进度

以固结灌浆检查孔压水试验和灌后岩体声波速度情况进行固结灌浆质量分析。

(1)固结灌浆共完成了 36 单元，布置检查孔 90 个，灌后压水试验透水率为 0.04 ~ 4.97 Lu，平均透水率为 2.19 Lu，共计压水试验 364 段，合格 364 段，合格率 100%，灌后透水率均满足设计要求。

(2)固结灌浆物探孔共完成 17 个物探测试，灌前物探测试波速在 1 700 ~ 6 460 m/s，岩体声波速度差异大。主要分布在 1 750 ~ 3 000 m/s；经过固结灌浆后，从灌后声波波速来看，测试在灌后灰岩中平均波速高达 5 139 ~ 5 225 m/s。

3.2.6　大坝沉降观测及成果

大坝沉降观测及成果如表 2 所示。

表 2　大坝沉降观测及成果

观测高程(m)	大坝填筑高度(m)	大坝累计沉降量(cm)	沥青混凝土心墙沉降量(cm)
484	24	11.7	
521	61	28.9	3.2
549.2	89.2	34.25	6.32

2014 年 6 月大坝封顶后，进入大坝永久观测期，至 2016 年 12 月大坝累计最大沉降量为

34.25 cm,约为坝高的0.396%;说明大坝坝基是稳定的。灌后效果明显,灌后声波波速值满足设计要求。

4 高岩溶坝基201 m超深帷幕灌浆设计与施工关键技术

4.1 帷幕灌浆设计

大坝防渗帷幕采用悬挂式帷幕,防渗线设计总长1 383 m。左右岸沿高程分别布置3条灌浆平洞。各层灌浆平洞之间的高差在15~80 m,大坝帷幕主要在基础廊道和灌浆平洞内完成。

防渗帷幕灌浆孔位布置Ⅰ区(坝前水深大于60 m)按三排孔布置,Ⅱ区(坝前水深小于60 m)按二排孔布置,Ⅲ区按一排孔布置,排距1.2 m,孔距2.0 m。最大灌浆压力为3.5 MPa,单孔最大孔深为201 m,为中国坝工界之最,总灌浆量约为15万m^3。

左岸帷幕分二期施工,暂按一期帷幕方案实施,如水库蓄水后发现O_1t_2页岩层已经被击穿,再按原设计帷幕线做帷幕灌浆处理。

质量检查合格标准:压水检查的合格标准为灌后透水率$q \leqslant 5$ Lu。

4.2 防渗线岩溶发育分区

鉴于现行水利水电工程勘察规范无岩溶发育程度的定量分区指标,根据原地矿部《岩溶地区工程地质调查规程》(DZ T0060—1993)中的相关规定,结合隘口水库各种岩溶定量指标的综合统计分析,通过岩溶探察方法总结,第一次在水利水电行业内提出岩溶发育程度综合分类定量指标(见表3)。

表3 岩溶发育程度综合分类定量指标

岩发育分区	建议分区指标			岩溶发育简述
	钻孔线岩溶率(%)	钻孔遇洞率(%)	面岩溶率(%)	
强	>10	>60	>10	以大中型溶洞为主
中等	10~5	60~30	5~10	以小型溶洞及溶蚀裂隙为主
弱	<5	<30	<5	以溶蚀裂隙为主

隘口水库防渗线岩溶发育分区图如图4所示。

4.3 帷幕灌浆施工关键技术

隘口水库帷幕灌浆孔的深度大多在100 m以上,基础和右下的帷幕灌浆孔深大多在150 m以上,在施工基础和右下的帷幕灌浆孔时发现,经常遇到全充填型溶洞,溶洞高度一般在5~10 m,最深达十几米,充填物均为黄泥沙。这些充填物有很强的透水性,利用灌浆处理几次后,大多会出现吸水不吸浆现象,因此这些溶洞得不到有效处理,将给帷幕的形成带来严重后果。工程中采取的帷幕灌浆工关键技术如表4所示。

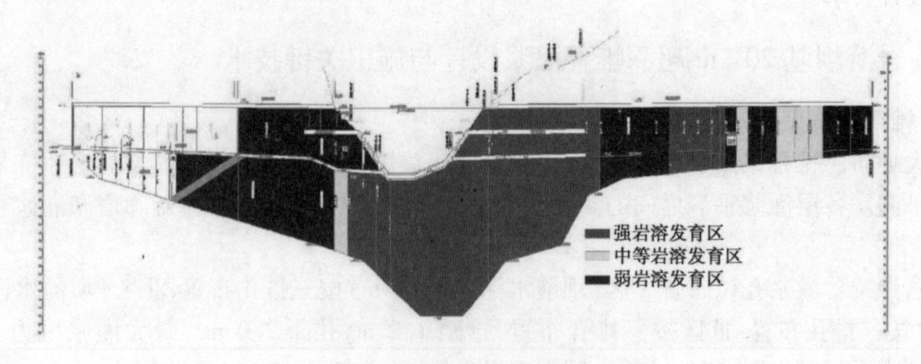

图4　隘口水库防渗线岩溶发育分区图

表4　帷幕灌浆工关键技术

施工技术难点	采取的措施	适用地质条件
深层充填型溶洞成孔技术	高压冲洗置换技术	适用于深层岩溶发育地层，特别是深层全充填溶洞段的成孔
	返砂技术	
溶蚀裂隙和溶洞灌浆技术	溶蚀反复充填灌浆技术	溶蚀裂隙
	自上而下分层综合处理施工工艺	溶洞
孔口封闭灌浆法中易出现的“铸管”问题	发明了“可通冷却水旋转式孔口封器”	各类地层
强岩溶发育段压水试验孔内阻塞问题	发明了“顶压式阻塞器”	适用各类地层的压水试验

4.3.1　*充填型溶洞成孔技术的应用研究*

遇深层溶洞难以成孔时，先采用“高压冲洗置换技术”成孔，如果溶洞段无法进行联合高压冲洗，可采用“返砂技术”成孔，有效地解决了钻进难题。钻孔钻至溶洞返出大量的黄泥沙等充填物。

4.3.2　*溶蚀裂隙和溶洞灌浆技术的应用研究*

针对隘口水库坝基溶蚀裂隙和深层溶洞灌浆，探索和总结出“溶蚀反复充填灌浆技术”和“自上而下分层综合处理施工工艺”。

(1)反复充填灌浆技术:溶蚀裂隙灌浆是一个复杂的过程，呈现“低压充填→高压密实→击穿渗漏→ 高压密实→再次击穿、低压充填→高压密实”的循环(见图5)。

①灌浆压力≤1.5 MPa，注入率明显随压力变化。灌浆压力>1.5 MPa时，注入率增大，采取限压措施，使注入率稳定在20 L/min左右。

②经过长时间低压限流灌注，注入率迅速降低，直至不吸浆，压力快速上升至设计灌浆压力3.5 MPa。

③在短暂高压作用下，溶蚀裂隙重新被击穿，注入率加大，灌浆压力降低，其控制过程与第1阶段相同，仍采用低压、限流、浓浆等措施进行灌注。

④通过复灌，渗漏通道逐渐封闭，注入率减小至0，压力迅速上升至设计灌浆压力3.5

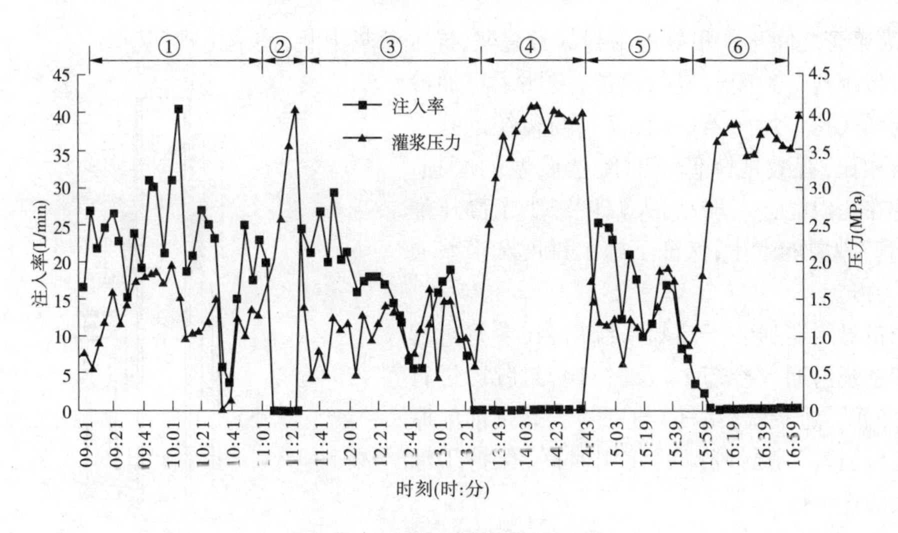

图5 反复充填灌浆过程

MPa,并持续较长时间,接近1 h。

⑤在持续高压作用下,溶蚀通道再次被击穿,注入率加大,灌浆压力降低,第3次采用低压、限流、浓浆等措施进行灌注。

⑥经过反复灌浆后,溶蚀通道被完全堵塞,注入率降至0,灌浆压力上升到设计值3.5 MPa,延续灌注1 h,按正常结束标准结束。

(2)自上而下分层综合处理施工工艺(溶洞灌浆)。

溶洞段施工时,一是,查明岩溶发育的顶底板高程和充填物的性质;二是按特殊情况进行施工,即采取自上而下分层综合处理方法施工;三是根据其他工程经验,需要灌注砂浆时,可根据注入量的大小,掺砂比例可按10%、20%、30%、…、100%逐级增加;四是遇到充填黄泥的溶洞或溶蚀时,取消裂隙冲洗和简易压水。

自上而下分层综合处理施工工艺流程图如图6所示。

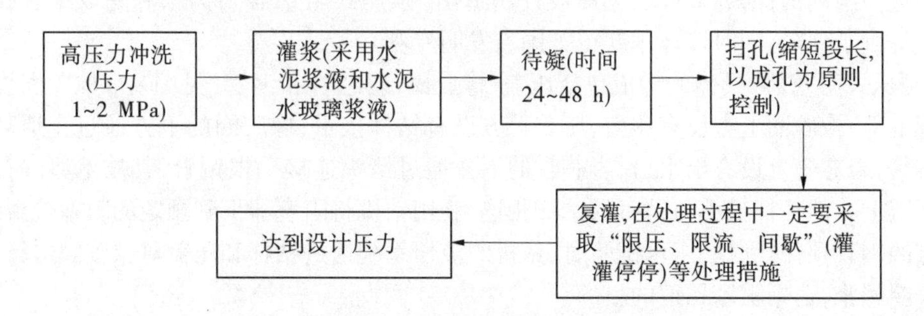

图6 自上而下分层综合处理施工工艺流程图

4.3.3 孔口封闭灌浆法易出现“铸管”问题的研究

孔口封闭灌浆法的主要缺点是:在灌注浓浆时间较长时,灌浆管容易在孔内被水泥凝住,我们称为“铸管”,为此开展技术攻关,成功解决了这一技术难题。

采用传统孔口封闭器,灌浆管活动一段时间后,灌浆管与孔口封闭器内的密封胶球之间出现漏浆。主要原因是灌浆管转动时与孔口封闭器内的密封胶球因摩擦发热,密封胶球软化,使灌浆管之间不能很好地密封导致漏浆,导致灌浆中断,甚至出现“铸管”。

对传统孔口封闭器进行改造,发明了可通冷却水旋转式孔口封闭器(见图7),与传统的孔口封闭器相比,有效地降低了封闭器胶塞的磨损,灌浆管在孔内能连续转动,大幅度减少了高压灌浆“铸管”现象的发生,保证了施工进度和灌浆质量。

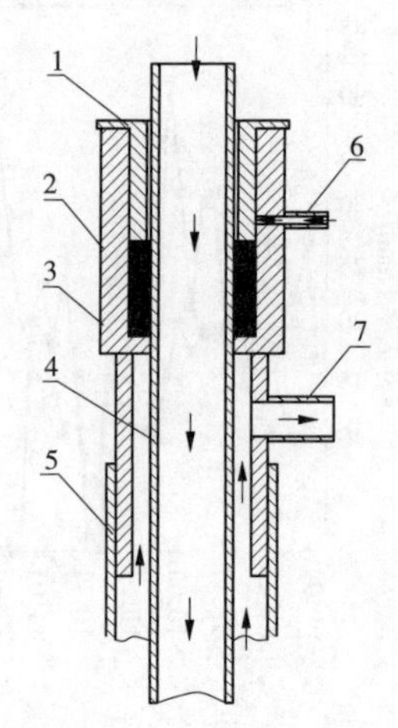

1—压盖;2—橡胶圈;3—基座;4—钻杆;5—孔口管;6—冷却水接头;7—回浆管接头

图7　孔口封闭器冷却循环原理示意图

孔口封闭器加装了冷却系统后,在灌浆过程中冷却系统内通入冷却水,及时对密封胶球进行冷却,降低了灌浆管(钻杆)与密封胶球之前的摩擦温度,延长了密封胶球的使用时间,保持了灌浆过程的连续性。

在灌浆过程中保持灌浆管(钻杆)一直转动,不易被孔内的水泥凝住,即使因灌注时间太长,灌浆管被水泥凝住,也能及时发现,大大减少了“铸管”事故,降低了处理的难度。

在孔口封闭器上没有增加冷却系统前,每灌注一个灌浆段需要更换两次以上密封胶球,在增加了冷却系统后,一个密封胶球可以连续灌注多个灌浆段。不仅降低了成本,也保持了灌浆的连续性。

4.3.4　强岩溶发育段压水试验孔内阻塞问题的研究

根据工艺要求,阻塞器须下至压水试验段以上0.5 m处,由于常规阻塞器(水压塞)由人工下入,人工拔出,检查孔的孔深较深,孔内一旦出现掉泥(沙)块或卡塞现象,水压塞很难由人工拔出,出现孔内事故,造成一定的经济损失。因此,需要找到一种适合隘口水库地质条件的阻塞器,才能用于本工程帷幕灌浆检查孔的压水试验。

经过一系列的探索和试验,创新设计制造出“顶压式阻塞器”,为顺利完成检查孔的压水试验提供了保障,同时该技术获得了国家发明专利。

“顶压式阻塞器”具体的构成包括压盖、橡胶圈、岩芯管和钢管(见图8),橡胶圈设置在进水管上部,橡胶圈上方设有压盖,压盖上方设有钻杆接手,橡胶圈的下方通过止退环连接有岩芯管,岩芯管上设有出水口,岩芯管的下方通过堵头连接一根钢管,其技术原理在于所述的压盖上方的钻杆接手与钻机的钻杆相连,利用钻机将阻塞器下到预定的阻塞位置,岩芯管下方的钢管顶住孔底。压水试验时,钻机的液压系统通过钻杆和压盖对橡胶圈进行加压,使橡胶圈膨胀,达到阻塞孔道的目的。

与常规阻塞器相比,顶压式阻塞器的优点如下:

(1)顶压式阻塞器通过钻杆连接钻机,通过钻机将阻塞器下入孔道和取出孔道,利用钻机的液压系统能够很容易将阻塞器从孔道取出。

(2)顶压式阻塞器通过钻杆连接钻机,当阻塞器上部孔道掉块或者有石块、泥沙从孔道口落入时,钻机可以带动阻塞器进行转动,通过阻塞器的转动磨碎石块或泥沙,最后将阻塞器从孔道取出。

(3)顶压式阻塞器结构简单,利用钻机的液压系统对橡胶圈进行加压,取消了手压泵

(氧气瓶)等加压设备,能够现场加工,成本低。

(4)顶压式阻塞器解决了深孔帷幕灌浆压水试验时孔道阻塞的问题,避免了因阻塞器取不出来,造成孔内事故的发生。适用于任何地层深孔帷幕灌浆物探孔、先导孔及检查孔压水试验的施工作业。

(5)操作劳动强度低,只需2人操作即可完成下塞和起塞工序,操作简单,使用方便、快捷,避免了人工将阻塞器下入和取出孔道。

(6)使用寿命长,重复利用次数多,综合效益显著。

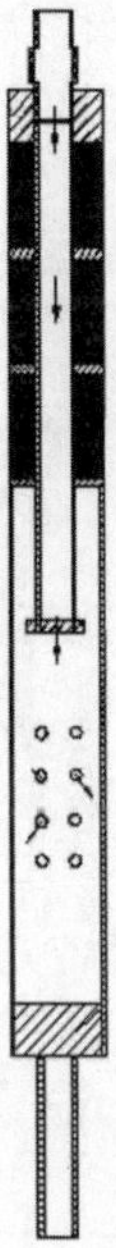

图8 顶压式阻塞器

4.4 检查孔成果分析与灌浆效果评价

帷幕灌浆检查孔除进行常规压水检查(合格性检查)外,在强岩溶发育区还进行了大功率声波CT检查及耐久性压水检查。

4.4.1 合格性检查

帷幕灌浆共施工完成检查孔196个,压水试验3 107段,透水率最大值4.84 Lu,平均值1.84 Lu,透水率全部满足设计值($q \leqslant 5$ Lu)。

4.4.2 耐久性压水检查

通过对耐久性压水试验资料(见表5)分析,在1.5~2.0倍水头(压力1.5~2.0 MPa)并经过48 h的不间断作用下,各孔透水率均满足设计要求,说明防渗帷幕的耐久性能也是较好的。

表5 耐久性压水验资料

部位	试验孔数	试验压力(MPa)	吕容值(Lu)
左下平洞	6	0.5~2.0	0.01~0.16
坝基廊道	7	0.5~2.0	0.04~0.09
右下平洞	12	0.5~2.0	0.02~0.15

4.4.3 大功率声波CT检查

通过强岩溶发育区检查孔大功率声波CT检查证实,灌浆前的岩溶异常区域在灌浆后明显缩小或分散分布,且声波值提高了10%以上,说明灌浆置换或挤密了原岩溶异常区的充填物,也说明灌浆效果较为明显(见表6、图9)。

表6 帷幕灌浆灌前灌后物探测试情况表

部位	灌前声波(m/s)			部位	灌后声波(m/s)			最小波速提高率(%)	平均波速提高率(%)	备注
	最大值	最小值	平均值		最大值	最小值	平均值			
坝基段	5 500	1 600	3 300	坝基段	5 500	1 700	3 650	6.3	10.6	
左下平洞段	5 500	1 700	4 200	左下平洞段	5 500	1 720	4 200	1.2	—	
右下平洞段	5 500	1 620	3 330	右下平洞段	5 500	1 710	3 710	5	10.3	

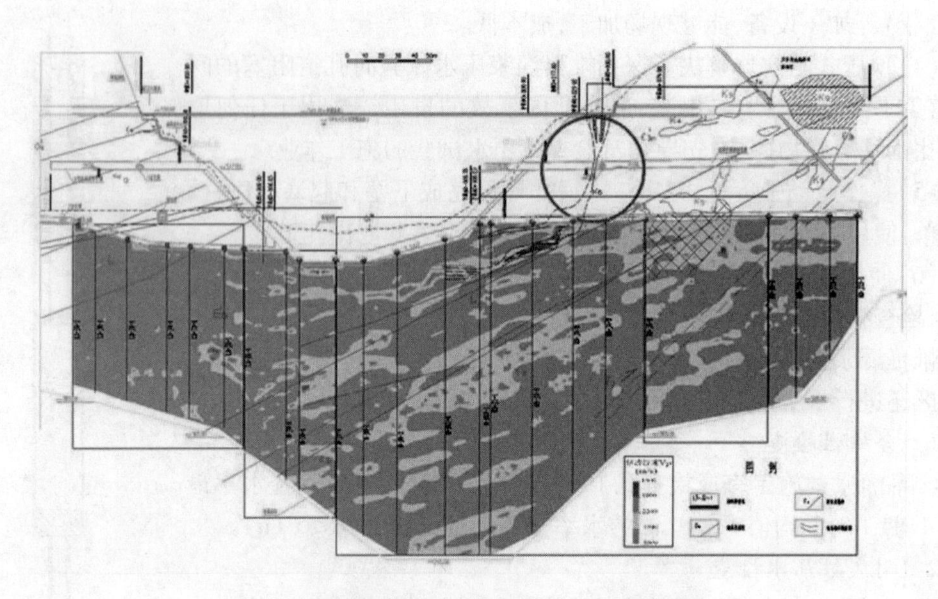

图 9　帷幕灌浆灌后大功率声波 CT 检测成果图

5　大型溶洞处理设计与施工关键技术

5.1　研究区典型溶洞系统及工程影响

经前期各勘测阶段及前述的复核探查，查明了隘口水库坝址区发育的多个岩溶系统，其中左岸发育有 KW1、KW2、KW3、KW7、KW8 等岩溶系统，右岸发育有 K4、K5、K6、K8、K9、KW12、KW51 等岩溶系统，呈现为分布广、规模大、类型多样等特征。研究区岩溶系统主要发育在右岸，包括 K5、K6、K8 等，其发育分布特征如图 10、表 7 所示。

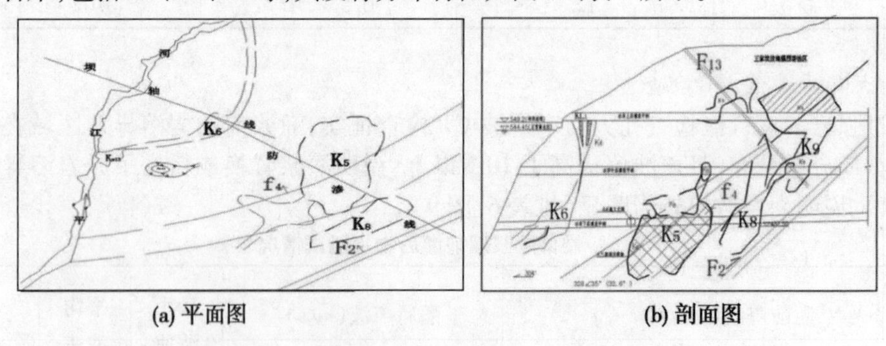

(a) 平面图　　(b) 剖面图

图 10　研究区右岸溶洞系统发育分布示意图

5.2　溶洞处理设计方案研究

5.2.1　K5 溶洞

K5 溶洞通过对“全混凝土回填”“灌浆帷幕改线”“全防渗墙”“高喷防渗墙加帷幕防渗 + 钢管桩支撑 + 洞中筑坝”等方案进行优化比选，分析结果如表 8 所示。

表7 右岸典型溶洞的特征、规模及工程影响

名称	特征与规模	对工程影响
K5 溶洞	经现场实测,K5 溶洞空洞部分发育在高程 559.53 ~ 493.34 m,充填部分发育在高程 493.34 ~ 451.62 m,揭露总高差 107.91 m,溶洞空腔高 3 ~ 24 m。K5 溶洞空洞部分在平面上最大投影面积约 2 420 m^2,计算出溶洞总体积约 11.18 万 m^3。溶洞在 510 m 高程以下呈现为岩溶大厅,最大水平断面约 80 m × 45 m,510 m 高程经上呈不规则管道状发育	对水库防渗及右岸坝肩及地下洞室稳定有较大影响,施工过程中将会存在严重安全隐患
K6 溶洞	发育在右坝肩并贯穿至坝基以下,最低发育高程为 450 m。溶洞顶部为溶沟、溶槽、溶洞,并夹强烈溶蚀岩体;溶洞中部为空洞,呈宽缝状,宽 1.0 ~ 1.5 m,贯穿整个中层灌浆平洞,无充填,洞壁附钙华。溶洞下部则为充填型溶洞,主要充填黏土、溶蚀残留岩体、砂卵砾石等	由于 K6 溶洞由右坝肩顶到河床、由上游至下游贯穿右坝肩,形成一个分离面,对右坝肩稳定及水库防渗都有较大影响
K8 溶洞	为半充填溶洞,高程 494.20 ~ 522.5 m 为空腔,最大断面面积为 291 m^2,估算其体积约 1.2 万 m^3;高程 522.5 m 以宽 1.5 ~ 10 m 的管道在防渗轴线上游 5 ~ 40 m 与 K9 溶洞相连	K8 溶洞既影响坝肩防渗,也影响坝肩变形稳定。溶洞中的充填物稳定性差,在施工过程中也存在安全隐患

表8 K5 溶洞处理方案比较分析

方案	优点	缺点
方案一(全混凝土回填)	1. 施工难度小; 2. 全部填充后对边坡稳定有利	1. 本方案工程量大,投资大,工期长; 2. 大面积开挖后,最后的空腔体最大高度达 58 m,整个右岸山体的整体稳定性得不到保证; 3. 开挖施工受到作业面积狭小的影响,开挖速度缓慢
方案二(灌浆帷幕改线)	1. 工程投资小; 2. 施工难度小	1. 地质风险大,由于该方案防渗线修改段无勘探孔控制,新防渗线可能在 KW12 溶洞(在右岸上坝公路有出露点)发育范围内; 2. 新灌浆平洞必须穿过 K6 溶洞,施工难度大
方案三(全防渗墙)	1. 工程量较小; 2. 工程风险较小。溶洞处理完成,便于进行安全检测	1. 施工难度相对较大(特别是充填物防渗墙的施工难度大); 2. 结构复杂
方案四(洞中筑坝方案)	1. 工程量适中,投资相对较小; 2. 充填物处理后均能满足防渗及上部结构承重要求	1. 结构相对复杂; 2. 施工工艺较多

最终的处理方案为方案四即洞中筑坝方案。

根据 K5 溶洞充填物及边壁的实际情况,设计处理方案:帷幕线上采用高喷防渗墙加帷

幕防渗+钢管桩支撑+(C20混凝土)洞中筑坝方案(见图11)。

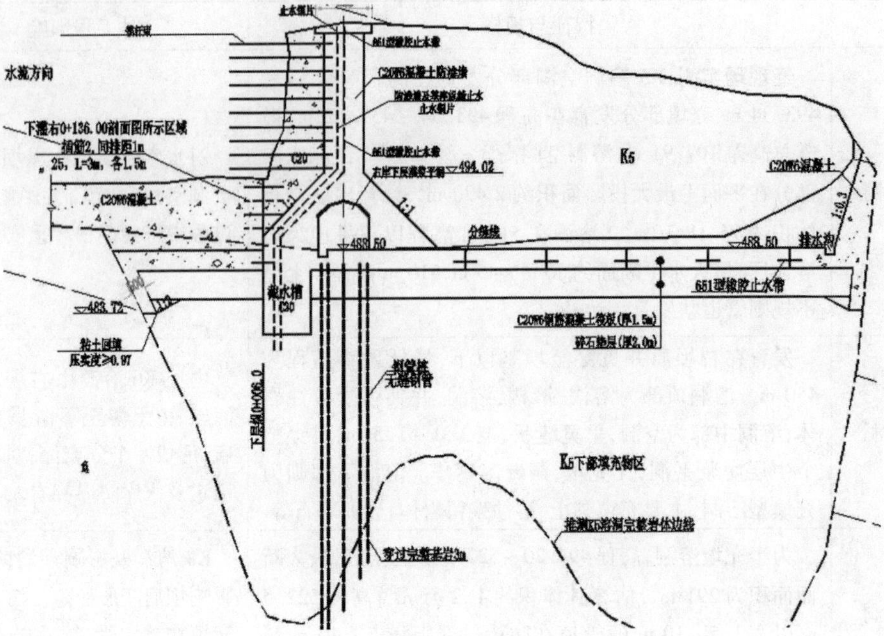

图11　K5防渗体系布置图

5.2.2　K6溶洞

高程485.5 m以下,主要采取了钢管桩、自密实细石混凝土或自密实砂浆回填与水泥灌浆补强相结合的工程措施。

高程485.5~521 m,采取分别在中层与下层灌浆平洞K6溶洞出露处采用平洞追踪清挖后回填,并辅以深孔固结灌浆补强的工程措施。

高程521 m以上至坝顶(高程544.45 m),利用坝顶平台采用钻孔回填自密实混凝土、自密实砂浆与深孔固结灌浆补强相结合的工程措施(见图12)。

5.2.3　K8溶洞

K8溶洞处理方案比较分析表如表9所示。

表9　K8溶洞处理方案比较分析

方案	优点	缺点
方案一(自密实混凝土全部填充)	1.施工难度小、可靠性高; 2.全部填充后对K8、K5溶洞及山体整体稳定有利	本方案工程量大,投资大
方案二(帷幕改线)	工程投资小	1.地质风险大,由于该方案防渗线修改段无勘探孔控制,新防渗线可能在Kw12溶洞(在右岸上坝公路有出露点)发育范围内; 2.新灌浆平洞必须穿过K6溶洞,施工难度大; 3.帷幕后的山体单薄,有帷幕失效的可能性
方案三(防渗墙)	溶洞处理便于进行安全监测及管理	1.工作面狭窄,施工难度相对较大; 2.K8溶洞大多数位于帷幕线上游,即便做了防渗墙也需要对上游空腔回填

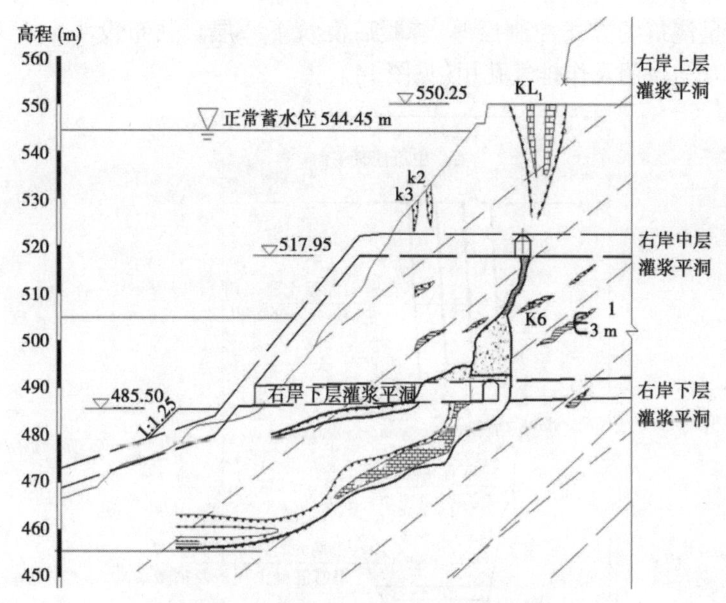

图 12 K6 溶洞剖面图(坝轴线剖面)

最终选定方案一:自密实混凝土全部填充(见图 13)。

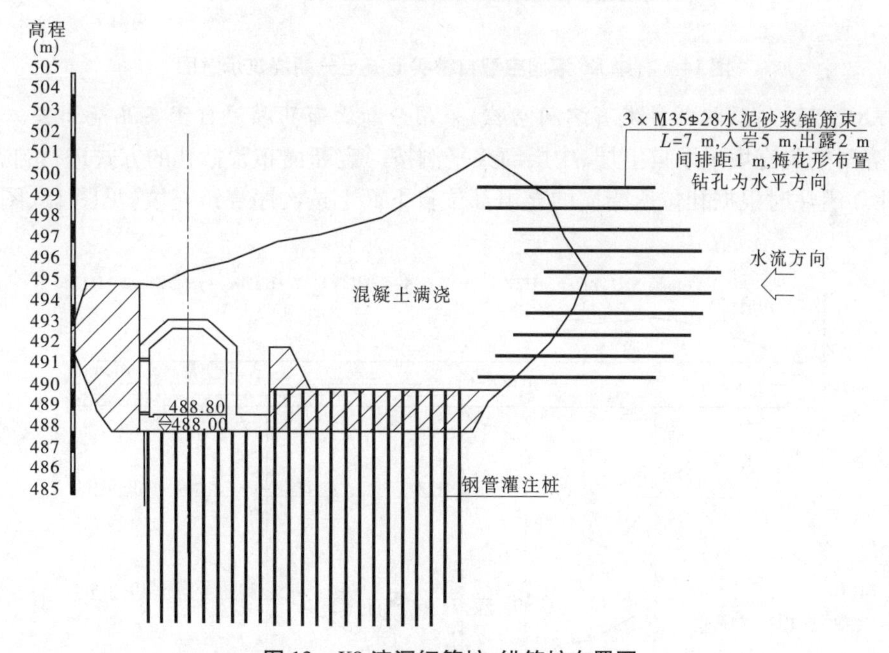

图 13 K8 溶洞钢管桩、锚筋桩布置图

5.3 自密实混凝土在溶洞处理施工中的应用

针对隘口水库右岸无法进入溶洞的处理,采用地质钻钻孔穿入狭窄的溶洞(沟、槽),灌注自密实混凝土进行充填,并取得了良好的效果。

5.3.1 K6 溶洞(高狭型溶洞空腔)采用单排钻孔灌注自密实混凝土法

K6 溶洞空腔充填采取分期混凝土浇筑:先浇筑溶洞空腔下部永久衬砌结构线以外一期简易防护混凝土,再自中层平洞钻孔灌注自密实混凝土充填。自密实混凝土按 3 m 高度分层浇筑,采取定量浇筑的方式控制层厚,待凝后浇筑下一层。共布设 4 个Φ 150 mm@ 2 m 的钻孔,浇筑时互为备用及作排气孔用(见图 14)。

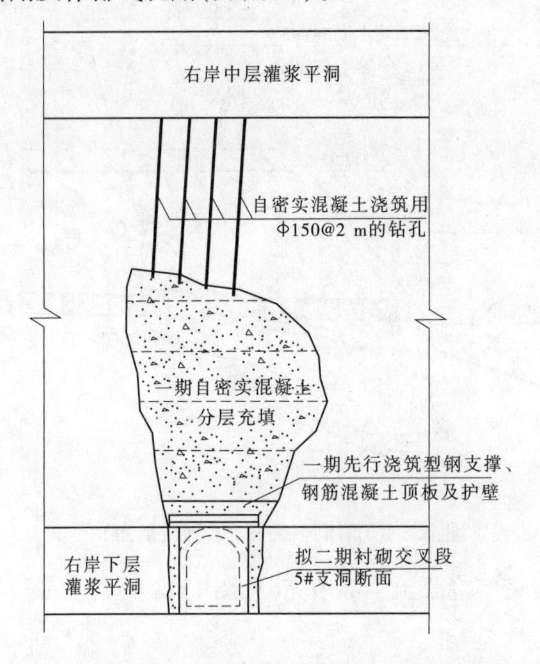

图 14　右岸 K6 溶洞空型自密实混凝土分期浇筑示意图

5.3.2　K8 溶洞(斜层状顺层发育溶洞空腔)采用分断面布孔灌注自密实混凝土法

K8 溶洞空腔充填采取自上层、中层灌浆平洞按一定断面布置钻孔的方式进行自密实混凝土灌注。灌注时根据孔位所指向的充填部位自下而上按次序浇筑充填(见图 15、图 16)。

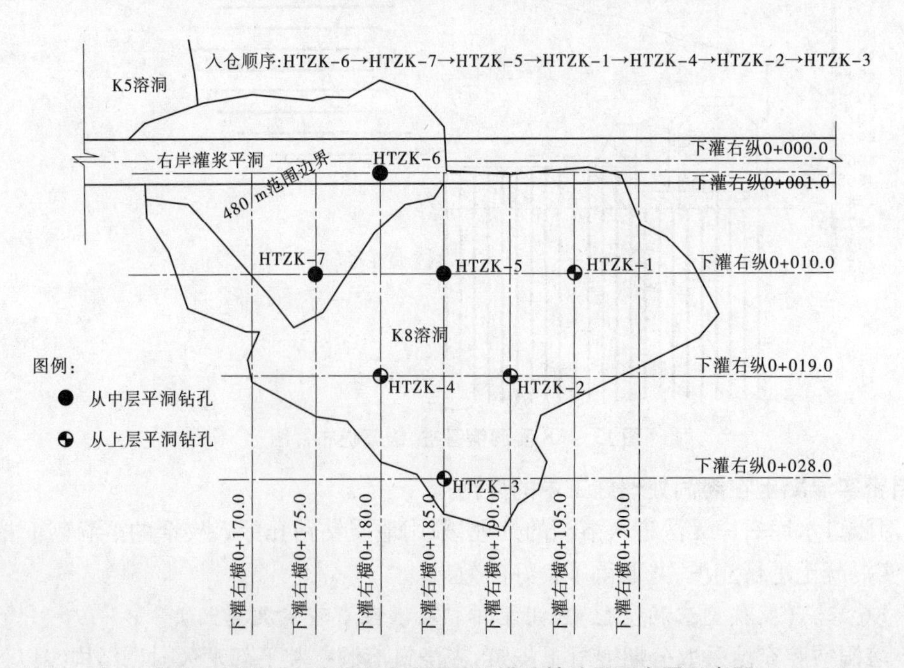

图 15　右岸 K8 溶洞自密度混凝土灌注钻孔平面布置示意图

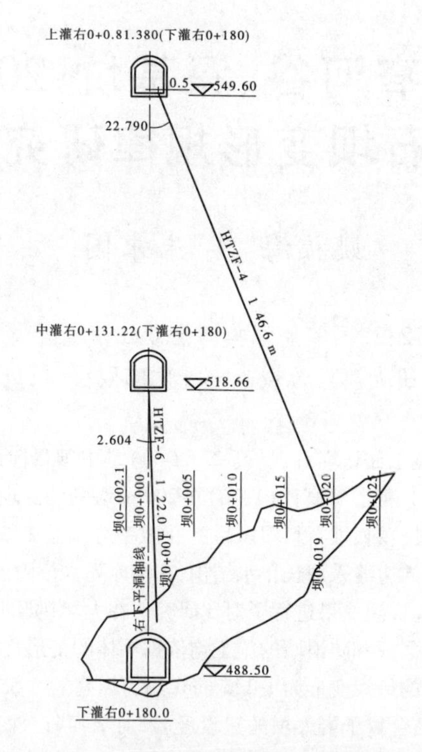

图16 右岸K8溶洞自密实混凝土灌注钻孔剖示图

6 大坝渗流观测及成果

工程建成之后大坝基础稳定;通过分级蓄水,观测渗流量相对较小(见表10),说明坝基防渗处理是成功的。建设过程中荣获国家3项发明专利,成功解决了在平均线岩溶率28.9%的条件下进行最深201 m深帷幕灌浆即中国第一深帷幕灌浆的技术难题,创新采用洞中筑坝与自密实混凝土回填大型溶洞等技术,成功解决了强岩溶坝基渗透稳定问题。修建百米级沥青混凝土心墙堆石坝关键施工技术在重庆秀山隘口水库成功的实践,是继贵州乌江渡水电站、广西大化水电站之后,又一在典型喀斯特地形地貌地质条件下筑坝技术的成功案例,对今后类似工程建设具有一定的借鉴与推广价值。

表10 大坝渗流观测及成果

序号	蓄水时间	蓄水高程(m)	坝前水深(m)	渗流量(L/s)
1	2015-03	510	47	1.86
2	2015-11	521	58	2.42
3	2017-02	544.45	81.45	4.91

大渡河猴子岩窄河谷、深基坑、200 m级混凝土面板堆石坝变形规律研究与启示

姚福海[1,2]　朱永国[3]

(1. 武汉大学,武汉　430072;2. 国家能源集团金沙江水电开发有限公司,成都　610041;
3. 国家能源集团大渡河流域水电开发有限公司,成都　610041)

摘　要　大渡河猴子岩混凝土面板堆石坝(高223.5 m)是中国目前已建成的第二高面板堆石坝。其基坑开挖深度(71 m)、河谷宽高比(1.26)在200 m级的同类坝型中位居世界第一。主要变形控制措施有:垫层料、过渡料、堆石料碾压后的孔隙率分别按17%、18%、19%控制;岸坡与堆石接触区域设立过渡区;周边缝采用长止水结构;在水库死水位附近设置永久水平结构缝等。作者对两家高校的变形计算反演成果进行了对比研究。在大坝建设期,利用变形监测分析手段指导大坝施工,三期混凝土面板和防浪墙的施工均依据坝体的变形规律安排浇筑时段。水库蓄水两年多来,坝体最大断面的最大变形为1 226 mm(约为坝高的0.55%),坝体的渗流量为117 L/s,大坝运行性态正常。结合猴子岩大坝的建设经验,对窄河谷、深基坑条件下的200 m级混凝土面板堆石坝变形规律进行了较深入研究,还对与变形控制与大坝安全运行进行了有益的探讨。

关键词　堆石体;窄河谷;深基坑;变形;猴子岩面板堆石坝

1　概　述

1.1　猴子岩混凝土面板堆石坝的设计特点

猴子岩混凝土面板堆石坝坝顶高程1 848.5 m,防浪墙顶高程1 849.7 m,最大坝高223.5 m,坝顶宽度14 m。趾板部位的河床覆盖层全部挖除,河床部位趾板基础位于新鲜基岩上。上游坝坡1∶1.4,下游坝坡1 802.00 m高程以上1∶1.7,1 752.00～1 802.00 m高程为1∶1.6,1 752.00 m高程以下为1∶1.4。

坝体分上游盖重区、上游铺盖区、面板、垫层区、过渡区、主堆石区、次堆石区、下游压重区,周边缝后设有特殊垫层区。面板厚30～110 cm,垫层区水平宽度为4.0 m,过渡区水平宽度为6.0 m,其后为主堆石、次堆石区及下游堆石区,各区分界线初拟为:主、次堆石区的分界线为上部高程1 801.00 m、底部高程为1 718.00 m,上游坡度1∶0.5(偏下游),顶部宽度40 m。面板上游游盖重区顶高程1 752.50 m,顶宽20 m,上游坡度1∶2.5,可利用坝址区的开挖料填筑。大坝结构尺寸见图1。

作者简介:姚福海(1964—),国家能源集团金沙江总工程师,教授级高级工程师,国家注册土木工程师。E-mail:1309040406@qq.com。

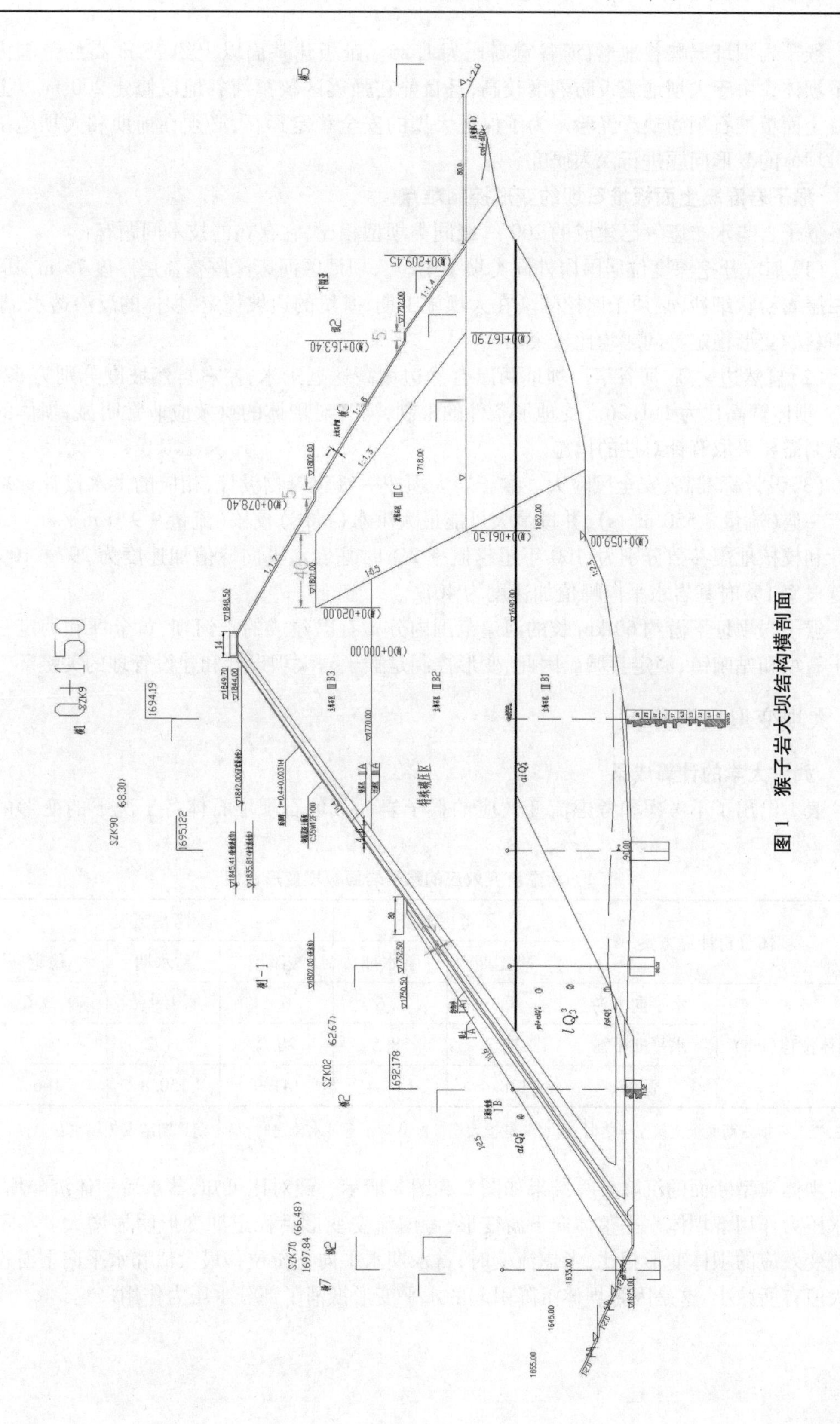

图1 猴子岩大坝结构横剖面

猴子岩坝址属峡谷地形,河谷宽高比为 1.26。趾板建基面以上约 75 m 高的范围内属水下坝体。由于大坝地震设防烈度较高,且目前在强震区狭窄河谷地段修建 200 m 以上高混凝土面板堆石坝尚缺乏经验。为了保证大坝的安全稳定运行,必须在前期和大坝施工阶段对坝体的变形问题进行深入研究。

1.2　猴子岩混凝土面板堆石坝的变形控制难点

猴子岩与水布垭等已建成的 200 m 级同类坝型相比,它存在的技术问题有:

(1)基坑开挖深度位居国内外同类坝型第一。坝址区河床深厚覆盖层厚度 75 m,其中,第二层属粉状细沙,必须予以挖除。在大坝施工期,基坑的边坡稳定、坝体的反渗透水、基坑回填料的变形稳定等问题均比较突出。

(2)自然边坡高、河谷窄。坝址两岸自然边坡高达近千米,左右自然坡度分别为 52°和 54°。坝体宽高比为 1∶1.26。受地形条件的限制,河谷对坝体的拱效应非常明显,坝体的变形控制需要采取有针对性的措施。

(3)设计标准高、安全风险大。猴子岩大坝按一级建筑物设计,相应的洪水设计标准为千年一遇(流量 7 550 m^3/s),并按最大可能最大洪水(PMF)校核(流量 9 940 m^3/s)。大坝设计和校核地震参数分别为:100 年超越概率 2% 时基岩水平向峰值加速度为 297g,100 年超越概率 1% 时基岩水平向峰值加速度为 401g。

猴子岩坝址下游约 60 km 长的河道范围内分布有已建成的长河坝、黄金坪和泸定三座高土石坝和姑咱镇、泸定县城。因此,变形控制是猴子岩大坝设计和建设管理的关键环节。

2　大坝变形反演分析

2.1　武汉大学的计算成果

表 1 给出了不考虑和考虑流变效应的猴子岩面板堆石坝堆石体各工况下的变形的极值。

表 1　考虑流变效应的猴子岩面板坝变形极值

坝体分析计算方案		不考虑流变		考虑流变		
		竣工期	蓄水期	竣工期	蓄水期	稳定期
坝体位移(cm)	水平向上游	5.7	2.6	6.4	1.9	3.6
	水平向下游	27.7	38.5	20.0	31.2	39.7
	沉降	138.4	144.4	141.9	150.8	166.2

注:竣工期指三期面板浇筑完毕之时;蓄水期是指大坝首次蓄到正常蓄水位之时;稳定期是期结束 7 年左右。

坝体典型断面的沉降计算结果如图 2 和图 3 所示。经对比可知,蓄水后坝体沉降增大,在水压力作用下坝体水平整体向下游变形,考虑流变变形后稳定期变形明显增大。与不考虑流变效应的坝体变形相比,考虑流变时,蓄水期水平向下游位移最大值和水平向上游位移最大值有所减小,这是因为坝体沉降引起的水平变形抵消了部分水压力作用。

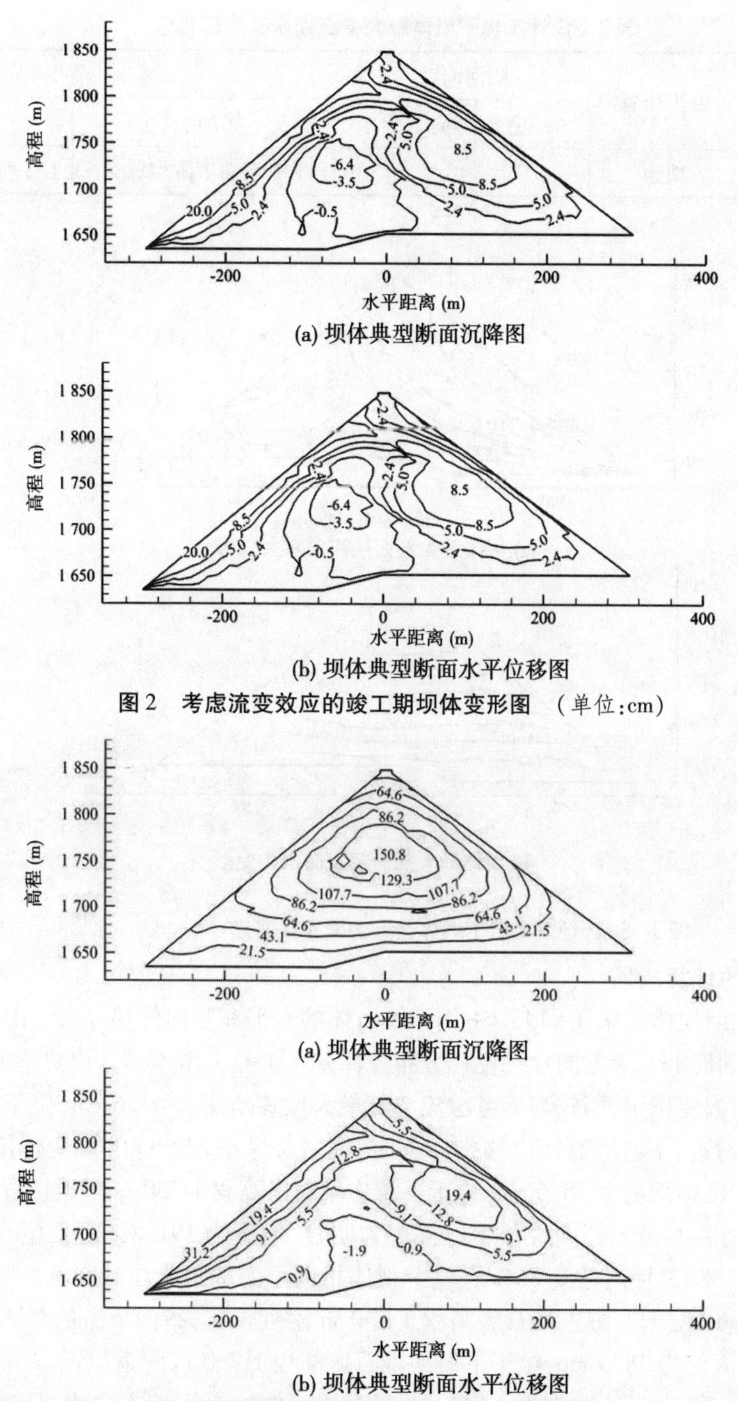

(a) 坝体典型断面沉降图

(b) 坝体典型断面水平位移图

图2　考虑流变效应的竣工期坝体变形图　（单位:cm）

(a) 坝体典型断面沉降图

(b) 坝体典型断面水平位移图

图3　考虑流变效应的蓄水期坝体典型断面变形图　（单位:cm）

在设计地震作用下,坝体的竖直向及顺河向永久变形等值线如图4所示,永久变形极值如表2所示。由图可知,竖向残余变形随坝高增加而增大,最大震陷出现在坝体顶部位置,震陷值为160.8 cm,约为最大坝高的0.70%。坝体顺河向永久变形基本指向下游,在下游坝坡位置发生向上游的变形,最大值出现在坝顶上游堆石体的表层附近,为43.5 cm。

表 2　设计工况下坝体最大横断面永久变形极值　　（单位:cm）

竖直向	发生位置	顺河向		发生位置	
		向上游	向下游	向上游	向下游
160. 8	坝顶	5. 3	43. 5	1/2 坝高下游坝坡	1/2 坝高上游坝坡

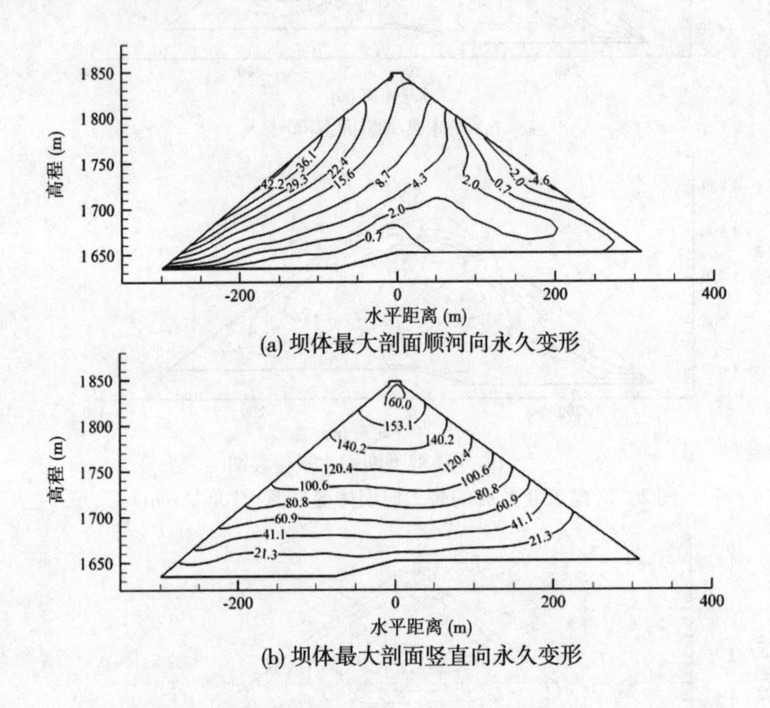

(a) 坝体最大剖面顺河向永久变形

(b) 坝体最大剖面竖直向永久变形

图 4　设计地震工况下坝体最大剖面永久变形　（单位:cm）

2. 2　河海大学的计算成果

图 5 为竣工期坝体河床 0 + 143. 64 剖面堆石体的水平和竖向位移分布。由于堆石体的泊松效应,使得剖面上下游方向水平位移分布规律基本上是上游堆石区位移指向上游,同时又考虑堆石体的流变作用,相较与不考虑流变其最大位移增至为 43. 6 cm,位于上游主堆石区高程1 720 m 附近;下游堆石区位移指向下游,同时又考虑堆石体的流变作用,相较与不考虑流变其最大位移增至为 38. 6 cm,位于下游次堆石区高程 1 730 m 附近位置。由于考虑堆石体的流变作用,其最大竖向位移增加得更为明显,增至为 191. 8 cm,发生在高程 1 755 m 附近的堆石区域,占坝高的 0. 86%。整个坝体指向上游的最大位移在 0 + 143. 64 剖面,最大值为 43. 6 cm,位于上游主堆石区高程 1 730 m 附近位置;指向下游的最大位移在 0 + 143. 64 剖面,最大值为 38. 6 cm,位于下游次堆石区高程 1 730 m 附近位置。

图 6 为蓄水至正常蓄水位时 0 + 143. 64 剖面堆石体的上下游方向水平和竖向位移分布。水库蓄水后,在水荷载的作用下,坝体向上游的位移明显减小,0 + 143. 64 剖面向上游最大位移减少至 0 cm,向下游最大位移增加至 52. 8 cm,位于下游次堆石区高程 1 755 m 附近位置。由于堆石体的流变作用,其最大竖向位移增至 201. 4 cm,发生在高程 1 755 m 附近的堆石区域,占坝高的 0. 9%。整个坝体指向下游的最大位移在 0 + 143. 64 剖面,最大值为 52. 8 cm,位于下游次堆石区高程 1 755 m 附近位置。

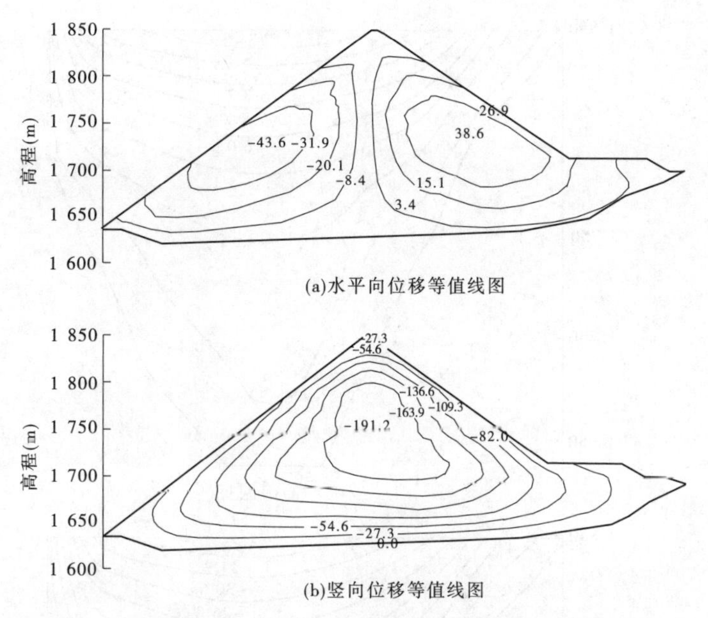

(a)水平向位移等值线图

(b)竖向位移等值线图

图5　竣工期河床0+143.64剖面位移等值线图　(单位:cm)

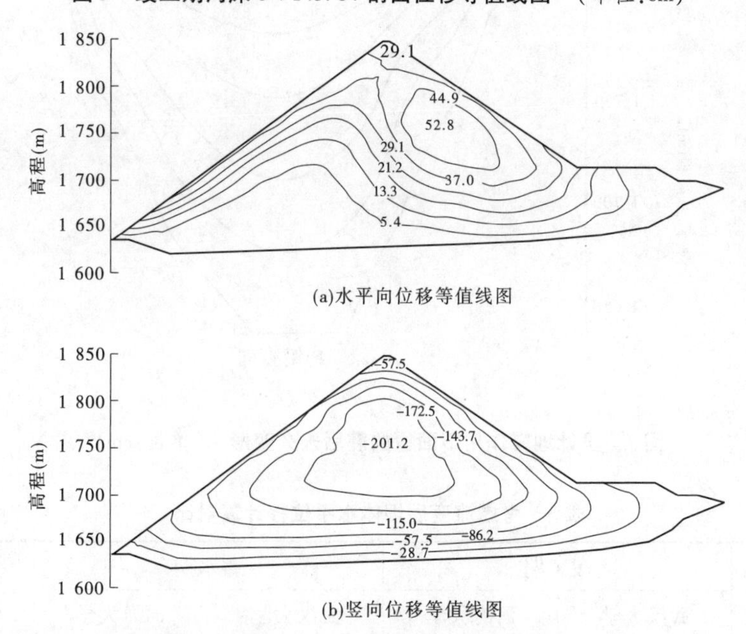

(a)水平向位移等值线图

(b)竖向位移等值线图

图6　满蓄期河床0+143.64剖面位移等值线图　(单位:cm)

图7为面板震后永久变形。由图可以看出,水平顺河向面板震后永久变形由面板底部向面板顶部逐渐增大,最大值出现在面板顶部,最大值为17.3 cm;竖直向面板震后永久变形分布规律和水平顺河向面板震后永久变形分布规律一致,最大值也出现在面板顶部,最大值为39.3 cm;坝轴向面板变形与坝体坝轴向震后永久变形一致,都是由面板两端向中间挤压,其中面板右岸最大值为0.3 cm,面板左岸最大值为4.0 cm。

2.3　变形反演对比分析

(1)坝体的水平向位移。坝体的水平位移计算对比见表3。

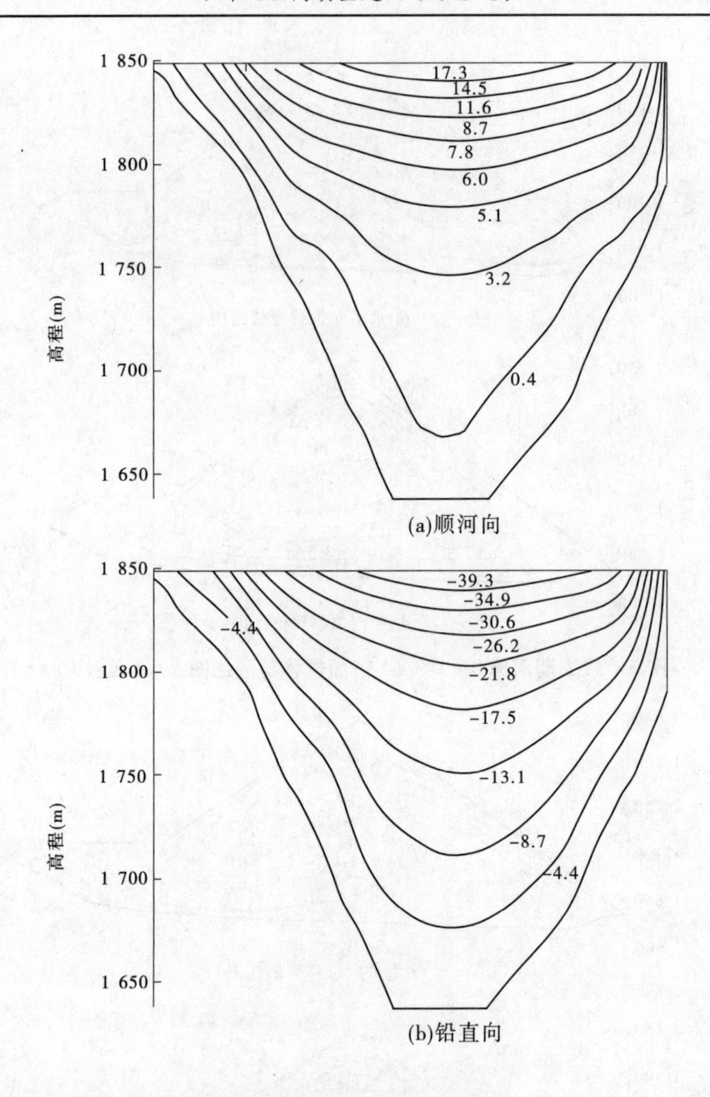

图 7　设计地震作用下面板的震后永久变形　(单位:cm)

表 3　考虑流变后坝体水平位移计算对比　　(单位:cm)

水平位移方向	竣工期		蓄水期		稳定期
	武汉大学	河海大学	武汉大学	河海大学	(武汉大学)
向上游	6.4	43.6	1.9	0	3.6
向下游	20.0	38.6	31.2	52.8	39.7

从表 3 可以看出,不同计算方法对应的坝体水平位移相差较大,该数值需要和监测数据进行对比分析。

(2)坝体沉降。武汉大学所完成的竣工期、蓄水期、稳定期对应的最大沉降分别为 141.9 cm、150.8 cm 和 166.2 cm。河海大学所完成的竣工期和蓄水期分别为 191.8 cm 和 201.4 cm。后者的计算结果相对偏大约 35%。

(3)面板的轴向位移和挠度。面板的轴向位移和挠度计算对比见表4。

表4 面板的轴向位移和挠度计算对比 (单位:cm)

面板变形名称	竣工期		蓄水期		稳定期(武汉大学)
	武汉大学	河海大学	武汉大学	河海大学	
向左岸轴向位移	6.8	0.6	10.9	19.1	13.1
向右岸轴向位移	6.4	0.6	10.2	13.7	12.4
挠度	38.9	0.2	56.9	96.4	72.1

从表4可以看出,在面板未受力的竣工期,武汉大学的计算结果偏大。在蓄水期,河海人学的挠度计算结果偏大。

(4)面板竖缝张开度。武汉大学所完成的竣工期、蓄水期、稳定期对应的面板竖缝张开度分别为38.4 mm、49.3 mm和54.5 mm。河海大学所完成的竣工期和蓄水期分别为4.0 mm和15 mm。经类比其他工程,武汉大学的计算结果偏大。

(5)周边缝的沉陷值。武汉大学所完成的竣工期、蓄水期、稳定期对应的周边缝沉陷值分别为6.45 mm、7.86 mm和8.46 mm。河海大学所完成的竣工期和蓄水期分别为5.0 mm和10 mm。计算结果比较接近。

(6)设计地震工况下最大横断面的永久变形极值。在设计地震工况下,武汉大学计算的坝顶竖向位移为160.8 cm,向上游的顺河向位移为5.3 cm,向下游的顺河向位移为43.8 cm。而河海大学计算的坝顶竖向位移为42.2 cm,向下游的顺河向位移为23.0 cm。经分析"5·12"地震工况下,紫坪铺和碧口两座土石坝的坝顶沉陷值(分别为74.4 cm和32 cm),计算结果可作为分析参考。

综上对比分析结果,两所高校在变形计算方面的结果,除个别指标外,大部分比较接近。变形计算结果表明,猴子岩200 m级高坝受特殊地形地质条件的影响,相对同类工程,其变形控制难度偏大,需要在大坝细部结构设计中提出专门的对策。

3 大坝施工规划和变形监测分析

3.1 大坝施工规划

大坝混凝土面板分三期施工。经综合比选,确定一期面板顶部高程为1 738 m。根据导流洞下闸后大坝死水位高程(1 802 m)、首台机组发电水位高程、混凝土面板斜长等综合因素,确定二期面板顶部高程为1 810 m。剩余三期面板到坝顶防浪墙底部高程1 845 m。面板混凝土施工规划见表5。

表5 面板施工分期规划

面板分期	面板起迄年月	面板施工期间填筑高程(m)	面板斜长(m)	预沉降时间(月)
一期	2014年11月至2015年1月	下游侧1 740~1 760	175.5	5
二期	2016年2月至2016年4月	已到顶部有两个月	123.9	7
三期	2016年10月至2016年12月	已到顶部有11个月	60.2	11

3.2 施工期变形监测规律总结

(1)一期面板浇筑前变形控制。一期面板顶部高程1 738 m以下坝体填筑于2014年5月31日完成。施工平台1 760 m以下坝体填筑于2014年8月31日完成。一期面板混凝土于2014年11月1日开仓浇筑,相应的坝体预沉降期5个月。挤压边墙1 738 m高程三个外观监测点在当年7月的沉降变化速率分别是为1.8 mm/月、2.6 mm/月、4.0 mm/月;8月的沉降变化速率分别为8.7 mm/月、10.1 mm/月、1.0 mm/月。

一期面板浇筑前,内观刚开始监测,月沉降变化较离散,且偏离设计要求的不大于5 mm/月较多。当时,主要以挤压边墙上的外观监测数据为指导。7月外观监测点的月沉降量均小于5 mm;8月受降雨偏多影响,外观监测点的月沉降量在1.0~10.1 mm。

从图8和图9可以看出,在一期面板(1 828~1 738 m)施工期(2014年11月至2015年1月),面板水平施工缝(1 738 m)下部24.5 m处和上部5.5 m处,坝体的沉降变形分别仅完成了约20%和约15%。

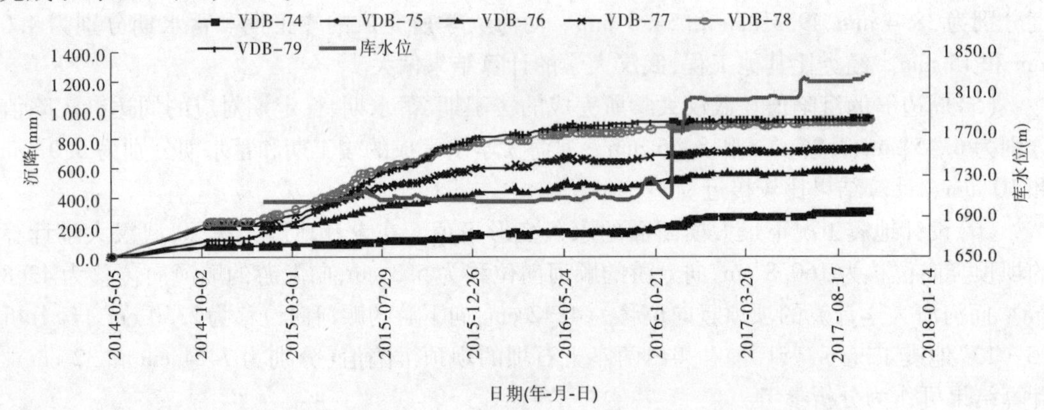

图8　坝体1 713.50 m高程、0+162.80 m条带坝轴线上游侧测点沉降过程线

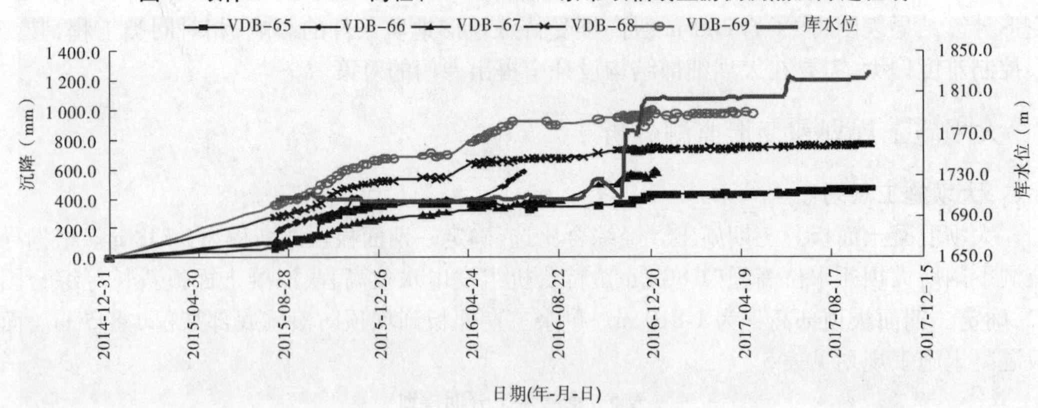

图9　坝体1 743.50 m高程、0+162.80 m条带坝轴线上游侧测点沉降过程线

(2)二期面板浇筑前变形控制。二期面板顶部高程1 810 m以下坝体填筑于2015年7月31日完成。施工平台1 845 m以下坝体填筑于2015年12月16日完成。二期面板混凝土于2016年2月17日开仓浇筑,相应的坝体预沉降期7个月。挤压边墙1 810 m高程二个外观监测点2月的沉降变化速率分别为11.4 mm/月、10.4 mm/月。

二期面板浇筑前,挤压边墙上的外观监测点的月沉降量在10.4~11.4 mm,较设计控制要求略微偏大。坝体内部水管式沉降仪的月沉降量在6.2～29.4 mm,也较设计控制要求偏大。

从图10和图11可以看出,在二期面板(1 738～1 810 m)施工期(2016年2～4月),面板水平永久缝(1 810 m)下部6.5 m处,坝体的沉降变形已完成了约80%。

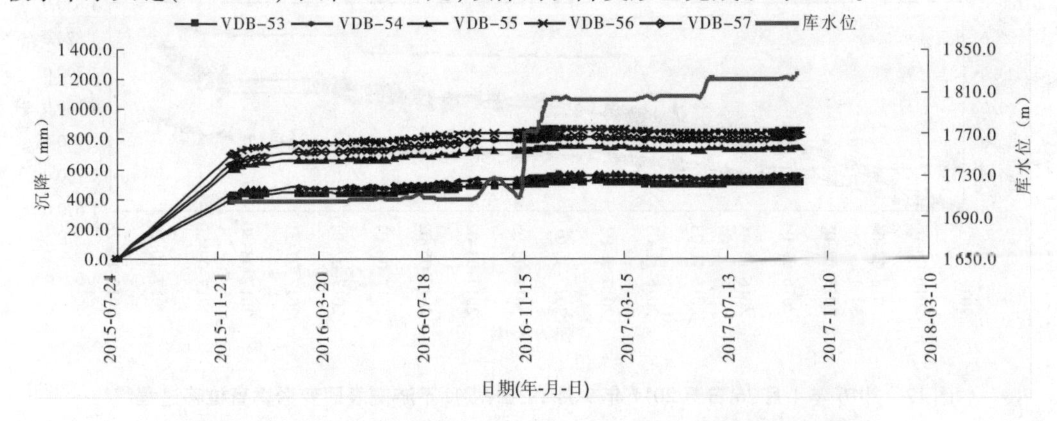

图10 坝体1 803.50 m高程、0+162.80 m条带测点沉降过程线

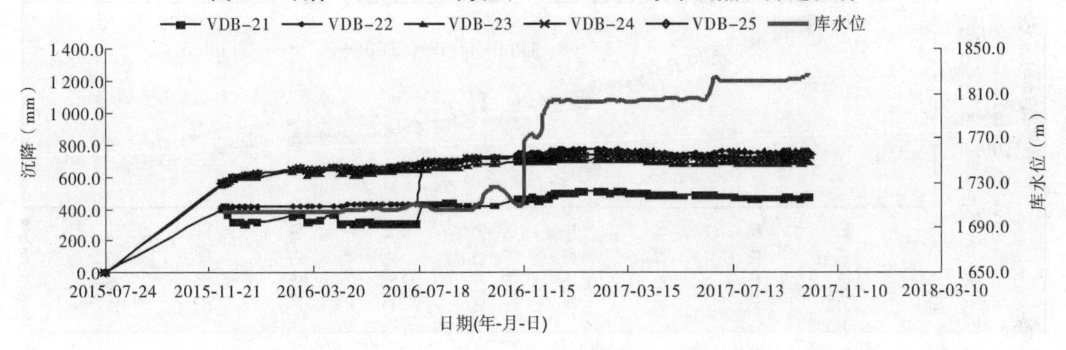

图11 坝体1 803.50 m高程、0+117.50 m条带测点沉降过程线

(3)三期面板浇筑前变形控制。三期面板顶部高程1 845 m以下坝体填筑于2015年12月16日完成。三期面板混凝土于2016年10月1日开仓浇筑,相应的坝体预沉降期9.5个月。

挤压边墙1 815 m高程3个外观监测点9月的沉降变化速率分别为7.7 mm/月、8.8 mm/月、7.4 mm/月;挤压边墙1 840 m高程3个外观监测点9月的沉降变化速率分别为8.2 mm/月、7.6 mm/月、5.8 mm/月。

三期面板浇筑前,挤压边墙上的外观监测点的月沉降量在5.8～8.8 mm,较设计控制要求略微偏大。坝体内部水管式沉降仪的月沉降量在3.9～25.3 mm,也较设计控制要求偏大。

(4)坝顶防浪墙浇筑前变形控制。坝顶防浪墙于2017年6月12日开仓浇筑。坝顶1 845 m高程6个外观监测点5月的沉降变化速率分别为1.4 mm/月、3.2 mm/月、1.9 mm/月、5.7 mm/月、5.4 mm/月、3.3 mm/月。

坝顶防浪墙浇筑前,坝顶外观监测点的月沉降量在1.4～5.7 mm。水管式沉降仪的月沉降量在－13.8～11.5 mm。

从图12和图13可以看出,防浪墙于2017年9月20日浇筑完成后,受蓄水位上涨的影响，河床坝段的防浪墙基础沉降了 120 mm，这说明猴子岩的防浪墙基础预留的沉降时间偏短。

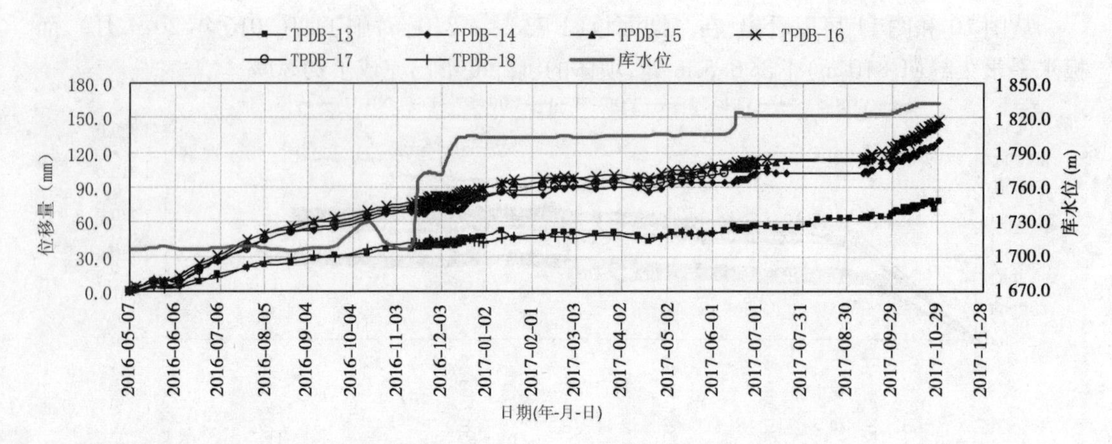

图 12　2016 年 4 月 26 日至 2017 年 9 月 19 日，坝顶下游侧表面变形垂直位移过程线

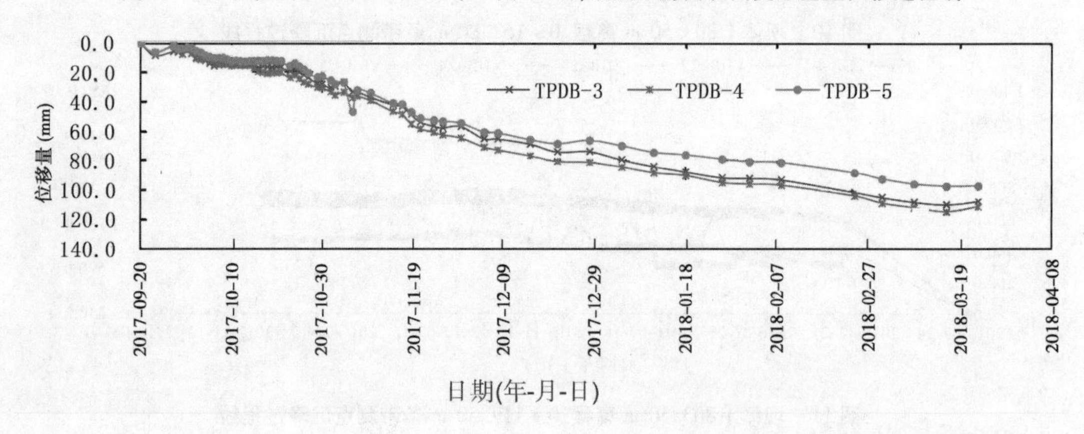

图 13　2017 年 9 月 20 日至 2018 年 3 月 20 日，坝顶下游侧表面变形垂直位移过程线

3.3　运行初期变形监测规律总结

2017 年 11 月 19 日，猴子岩水电站首次蓄水至最高水位 1 841.56 m。2018 年 3 月的监测成果表明：

(1)变形规律。坝基累计变形 4.9 ~ 98.5 mm，蓄水期坝基最大变形 2.4 mm。坝体内部最大累计沉降 1 276.9 mm 发生在 0 + 162.80 断面 1 773.50 m 高程坝轴处，月变化 14.8 mm，蓄水期变化 86.4 mm。蓄水期垫层料沉降变化较大，最大 195.2 mm 发生在 0 + 117.50 断面 1 743.50 m 高程，该处累计沉降 479.1 mm，堆石区蓄水期沉降相对较小。从左右岸来看，河床中部 0 + 117.50、0 + 162.80 两断面沉降较大，0 + 087.50、0 + 207.50 断面较小。竖向沉降分布来看，整体上坝轴处附近沉降最大，两侧呈递减趋势。

坝体内部堆石区最大水平位移为 107.7 mm，由 0 + 087.50 断面 1 743.50 m 高程坝 0 + 076 桩号的测点测得，蓄水期变化 20.5 mm。蓄水期各测点位移 2.3 ~ 77.5 mm，测点表现为向下游位移，且数据量级基本呈顺水流递减分布，最大位移 77.5 mm 由 0 + 087.50 断面 1 773.50 m 高程坝 0 - 096 垫层料测点测得。

面板 0 + 162.80 断面 EL1 687.26 m ~ EL1 828.54 m 范围内 6 m 等间距安装 41 套固定

式测斜仪,2018年3月面板挠度在-174.9~36.4 mm,月变化-88.2~-0.1 mm,由面板挠度监测成果来看,3月面板整体向上游位移,最大位移-88.2 mm,出现在二期面板1 806.60 m高程。

(2)接缝裂缝变化规律。蓄水后受压区板间缝呈闭合,最大闭合4.5 mm(左1—右1缝EL1 775.64 m),左右岸受拉区板间缝普遍张开,最大张开7.6 mm(右岸右12—右13缝EL1 814.21 m)。

由监测成果来看,脱空数值大部呈负值,表明面板在库水荷载作用下与垫层料之间呈闭合,其中1 736 m高程闭合最大,闭合28.1 mm,1 805~1 844 m高程闭合在8 mm以内。面板与垫层料之间蓄水期错动变形在±5 mm之间,量级较小。

蓄水期,面板相对趾板最大沉降出现在左岸1 716 m高程(沉降45.8 mm),右岸1 779.14 m高程(沉降42.7 mm)。面板相对趾板错动在±23 mm以内。周边缝在蓄水期存在不同程度的张开,其中1 716~1 835 m高程张开10.8~16.6 mm,其他部位在10 mm以内。后期应重点关注左岸周边缝三向测缝计$Z_{DB}-19$(1 736.50 m)、$Z_{DB}-20$(1 716.79 m),右岸周边缝$Z_{DB}-31$(1 750 m)、$Z_{DB}-32$(1 779 m)变化情况。

4 猴子岩混凝土面板堆石坝变形控制的有关启示

4.1 地震作用下永久水平结构缝的抗裂安全问题

对于高混凝土面板堆石坝而言,在顺河向的下游方向的地震作用下,坝体顶部一定范围内会产生较大的水平变位,受此影响,面板会和堆石体脱空,对大坝的安全构成严重影响。

为了解决地震作用下坝体上部的变形安全问题,水布垭、猴子岩等高混凝土面板堆石坝在死水位附近设置了永久水平结构缝。该缝的止水结构和坝体垂直缝一样,但上下层钢筋均做过缝处理,缝面填充了2~3 cm厚的柔性材料。

水布垭、猴子岩的水平永久结构缝形式还未经受时间和地震工况的检验。经分析认为,上下层钢筋均过缝形成的连接属双绞结构,缝面以上的面板自由度并不大,在过大水平变形(如猴子岩坝顶向下游的计算值43.8 cm)情况下还容易在缝面处产生挤压破坏。鉴此,可把钢筋在缝面处的布置改为交叉过缝。钢筋过缝形式调整后,面板的连接就变成自由度较大的单绞结构。

4.2 面板局部塌陷变形引起的修复问题

近年来湖南、四川等地的高混凝土面板堆石坝在蓄水后的运行初期,部分面板出现了严重的塌陷变形破坏。产生这种变形破坏的主要原因是施工期对堆石的变形控制不够严格,造成面板与堆石之间产生脱空。湖南某面板堆石坝因部分面板塌陷破坏带来的渗水量超过了1 240 L/s,为了保证大坝安全,不得不耗资0.7亿元重新炸掉导流洞封堵体,放空水库对塌陷变形严重的面板重新进行了浇筑。在放空水库后发现,原面板有60%的范围有脱空问题。由于堆石的变形历时很长,岸坡坝段与河床坝段因变形协调难度大也极易造成局部塌陷。解决该安全隐患最彻底的办法是:①对于承受水头在150 m以下的导流隧洞封堵体,可在封堵体末端安装有水库放空功能的弧形闸门,一旦大坝中下部位的面板出现塌陷破坏,可在枯水期放空水库对面板进行修复处理。②对于承受水头超过150 m的导流隧洞封堵体,可在大坝运行初期的10年内,先做成临时结构,大坝一旦出现险情,则炸除临时封堵体,放空水库进行处理。10年后堆石变形收敛,则完成永久封堵体施工。

4.3　对 DL/T 5016—2011 与变形相关条款的修改建议

(1)适用范围。近年来,我国陆续建成了水布垭、猴子岩、巴贡等 200 m 以上高混凝土面板堆石坝。在建的高混凝土面板堆石坝还有江坪河、玛尔挡、羊曲、大石峡等。在坝体变形控制方面积累了丰富的经验,该设计规范的适用范围可从原来 200 m 以下扩充为 250 m 以下。

(2)关于设置放空设施的必要性。实践证明,坝体中下部局部面板塌陷变形引起的安全问题对大坝长期运行而言是致命的。因此,原规范第 5.1.4 条所规定的“应结合泄洪、排沙、供水、后期导流、应急和检修的需要,研究设置用于降低库水位的放空设施的必要性”已经过时。该条建议修改为:“应结合泄洪、排沙、供水、后期导流、应急和检修的需要,设置用于降低库水位的放空设施”。

(3)关于孔隙率。规范第 6.4.2 条,对于 200 m 以下的高坝,垫层料、过渡料、上游堆石料、下游堆石料的控制孔隙率分别为 15% ~18%、18% ~20%、19% ~22%、19% ~23%。近年来,随着大型碾压设备的快速发展,堆石的孔隙率可较上述指标再适当下降 1% 左右。另外再增加 200 m 以上高坝的孔隙率限制。在水布垭和猴子岩的建设经验的基础上,200 m 以上高坝的上下游堆石区建议采用 17% ~19% 的同等孔隙率标准。

(4)在接缝和止水章节中增加水平永久结构缝的设置规定。

4.4　对 DL/T 5128—2009 与变形相关条款的修改建议

(1)在面板坝变形控制中,最忌讳抢进度。因此,在坝体填筑施工一章的一般规定中,将第 7.1.6 条修改为:“当坝料填筑、趾板及面板浇筑、地基灌浆与溢洪道等建筑物开挖同步施工时,应科学规划,避免相互干扰,保证坝体施工期有充分的变形控制时间”。

(2)关于面板施工前,坝体的预沉降时间。建议将第 8.3.1 条中,“面板施工前,坝体预沉降时间宜为 3 ~6 个月”,修改为:“面板施工前,坝体预沉降时间应为 5 ~7 个月”。

(3)增加防浪墙施工前的预沉降时间限制,并规定不少于两个汛期。

5　有关启示

(1)高混凝土面板堆石坝的最大变形普遍位于坝高的 1/3 ~1/2 处。而猴子岩大坝的计算和监测结果表明,其最大垂直变形位于 1 775 m 高程附近,该高程位于最大坝高的 2/3 处,位于从原河床高程以上坝高的 1/2 处,这说明 70 余米的深基坑回填料在有孔隙水压力的情况下,其变形远小于干燥区的堆石料。

(2)猴子岩大坝堆石料施工期的变形约占总变形的 80% 以上。混凝土面板堆石坝质量控制的核心是控制好施工期的变形,为此不提倡抢临时度汛断面的快速填筑。对于不占直线工期的部分混凝土面板堆石坝,可创造条件和控制工期的项目同步开工,人为延长填筑周期,为堆石变形留够充分的时间。

(3)根据猴子岩三期面板浇筑前的坝体变形规律,面板浇筑前预留 5 ~7 个月的沉降期是必要的,且面板浇筑顶部的堆石覆盖厚度宜不小于 20 m。一期面板浇筑前,同高程的堆石体尽管预留了 5 个月的沉降期,但因上部自重荷载远未达到要求,其沉降也仅完成设计值的 20% 以下,要保证一期面板与堆石不发生脱空现象,需要增大堆石体的水平变形。坝顶部位的堆石体变形主要由地震工况确定,施工期的变形要求都能满足面板的浇筑要求。猴子岩坝顶防浪墙浇筑时间过早,在浇筑完成后的半年内,河床部位的防浪墙沉降了 12 cm。

因此,高堆石坝的防浪墙在浇筑前应预留两个汛期以上的沉降时间。

(4)受岸坡的顶托作用影响,峡谷区岸坡坝段和河床坝段的堆石存在变形上的不同步,为此在岸坡接触区域设置过渡料是必要的。猴子岩面板堆石坝竣工期的最大沉降(1 190.3 mm)、蓄到正常蓄水位后的最大累计沉降(1 226.0 mm)和面板最大挠度(向临空面累计挠度最大值187.75 mm,向坝内累计挠度最大值36.82 mm)等监测变形指标都比计算值小,这说明狭窄河谷的拱效应比较明显。

(5)目前,坝体下游填筑边坡在地震工况下控制变形的工程措施主要有上部放缓坝坡、采用浆砌石护坡、设置水平加紧网格等。其中,糯扎渡大坝上部下游坡为了满足地震工况下长期稳定的需要,设置了较为昂贵的不锈钢水平钢筋网。猴子岩曾研究过预制混凝土水平梁,但因影响进度而放弃。紫坪铺和碧口两座土石坝经受“5·12”大地震的经验表明,不设置水平加紧网而采用浆砌石护坡能够满足地震工况下的变形稳定要求。

(6)峡谷区的高混凝土面板堆石坝,控制变形的措施之一是采用下部回填碾压混凝土的复合坝型。猴子岩因故仅在河床趾板基础部位回填了5 m厚的混凝土。今后在峡谷地区修建高混凝土面板堆石坝,为了进一步从严控制变形,可对复合坝型做进一步的研究。

(7)相对堆石体而言,混凝土面板是一种刚体结构,为了保证二者之间的变形协调,猴子岩大坝在死水位附近设置了水平永久结构缝。目前,水平永久结构缝的细部设计还有待进一步完善。

(8)堆石的流变因素加大了混凝土面板堆石坝的变形。堆石要完全达到变形收敛需要20~30年的时间。根据湖南白云、四川等地面板堆石坝运行初期出现的部分面板塌陷的情况,要保证高混凝土面板堆石坝在塌陷变形情况下的安全,放空洞的设置高程需要慎重研究。

(9)河床覆盖层经历了长时间的冲蚀和自重作用,其抗变形能力一般优于人工填筑的堆石,猴子岩的坝基砂砾石在大坝填筑完成之后,其变形趋于收敛。因此,除高坝的趾板基础外,坝体下游部位保留河床覆盖层并采用强夯处理对坝体是有利的。

参考文献

[1] 武汉大学,河海大学.猴子岩混凝土面板堆石坝反演分析报告[R].

[2] 猴子岩水电站水库蓄水安全鉴定技术文件[R].成都:成都勘测设计研究院.

[3] 杨泽艳,等.中国混凝土面板坝30年[M].北京:中国水利水电出版社,2016.

沥青混凝土面板全库防渗水库坝顶高程设计

王　珏　李沁书

（国网新源控股有限公司技术中心，北京　100161）

摘　要　抽水蓄能电站对于水库防渗要求比较高，当地质条件不良时通常会采用全库盆防渗形式。本文选取北方某抽水蓄能电站的上水库作为研究对象，该上水库采用库内开挖和库周圈筑坝方式兴建，采用全库盆沥青混凝土面板挡水。因上水库库盆面积较小、风速较大、波浪和护坡计算较为有代表性，对其进行坝顶超高相关计算与设计，从而确定堆石坝的坝顶、防浪墙顶高程，为工程决策提供依据。

关键词　抽水蓄能电站；防渗；超高；坝顶高程

1　工程概况

某抽水蓄能电站位于内蒙古自治区，上水库位于电站所在河流左岸山体顶部玄武岩台地上，地形平缓，地面高程 1 550 ~ 1 600 m。根据上水库库区地形、地质条件及调节库容要求，上水库采用库内开挖和整个库周圈筑坝方式兴建，库内采用沥青混凝土面板挡水，开挖坡 1:1.75，利用库盆开挖石料填筑坝体。上水库正常蓄水位 1 595.0 m，死水位 1 555.0 m，库底高程 1 554.0 m。上游坝坡 1:1.75，下游坝坡 1:1.4，上水库不设置专用的泄水建筑物。

2　基本资料

2.1　建筑物等级及结构安全级别

本工程装机容量 1 200 MW，正常蓄水位 1 595 m，最大坝高约 50 m，相应调节库容约 723.1 万 m^3。根据《水电枢纽工程等级划分及设计安全标准》（DL 5180）的规定，本工程为大（1）型一等工程，拦河坝为 1 级建筑物[1]。

2.2　洪水标准及计算水位

上水库大坝为 1 级建筑物，按 200 年一遇洪水设计[2]，24 h 降雨量为 173 mm，设计洪水位为 1 595.173 m，1 000 年一遇洪水校核[2]，24 h 降水深度为 218 mm，校核洪水位为 1 595.218 m。

2.3　设计原则

大坝坝型为沥青混凝土面板堆石坝，故按照《碾压式土石坝设计规范》（DL/T 5395）[3]、《水电枢纽工程等级划分及设计安全标准》（DL 5180）[2] 确定土石坝坝顶、防浪墙顶高程。对以下 3 种工况进行计算，取其最大值为防浪墙顶高程：

（1）设计洪水位 + 正常运用条件的坝顶超高；

作者简介：王珏（1982—），男，河南南阳人，高级工程师，本科，主要从事水电站设计、水利水电工程建设咨询。E-mail：jue - wang@ sgxy. sgcc. com。

(2)正常蓄水位+正常运用条件的坝顶超高;

(3)校核洪水位+非常运用条件的坝顶超高。

2.4 计算风速

重现期为50年的年最大风速为26.4 m/s,多年平均年最大风速为18.2 m/s。历年最大风速31.0 m/s,对应风向WSW。最多风向为W。

2.5 风区长度

因为大多的抽水蓄能电站水库面积较小,部分为全封闭式近对称趋圆形水域,故抽水蓄能电站水库的风区计算方法存在一定的争议。本例所示上水库,即为此类工程中的典型。依据笔者观点和经验:其风区长度计算,宜取最多方向W、由大坝至库区最远端距离为风区长度。

风区长度按《水工建筑物荷载设计规范》(DL 5077)附录G(3)确定:当沿风向两侧的水域较狭窄或水域形状不规则,或有岛屿等障碍物时,可自计算点逆风向做主射线与水域边界相交,然后在主射线两侧每隔7.5°作一条射线,分别与水域边界相交。计D_0为计算点沿主射线方向至对岸的距离,D_i为计算点沿第i条射线方向至对岸的距离(可通过CAD作图法量取),a_i为第i条射线与主射线的夹角,$a_i = 7.5i$(一般取$i = 0$、±1、±2、±3、±4、±5、±6),同时令$a_0 = 0$,则等效风区长度D可按下式计算:

$$D = \frac{\sum_i D_i \cos^2\alpha_i}{\sum_i \cos\alpha_i} \quad (i = 0, \pm 1, \pm 2, \pm 3, \pm 4, \pm 5, \pm 6)$$

经相关计算,本工程等效风区长度D约为516.77 m。

2.6 基本资料汇总

针对于不同工况、不同水位,风区内水域平均深度H_m、坝迎水面前水深H、安全加高A等基本资料如表1所示。

表1 基本资料表

项目	正常蓄水位	设计洪水位	校核洪水位
风速(m/s)	26.4	26.4	18.2
水位(m)	1 595	1 595.173	1 595.218
H_m(m)	41	41.173	41.218
H(m)	41	41.173	41.218
A(m)	1.5	1.5	1

3 设计原则及假定

分析本工程所处地理区域、工程区地形条件,按《碾压式土石坝设计规范》(DL/T 5395)附录A所列的莆田试验站公式计算确定大坝坝顶高程[3]。

3.1 坝顶超高确定

根据《碾压式土石坝设计规范》(DL/T 5395—2007),在正常运用条件下,坝顶应高出静水位0.5 m;在非常运用条件下,坝顶应不低于静水位,其与静水位的高差,按下式计算,应选择最大值作为选定高程[3]：

$$y = R + e + A$$

式中：y 为坝顶超高，m；R 为最大波浪在坝坡上的爬高，m；e 为最大风壅水面高度，m；A 为安全加高，m。

3.2 波浪要素确定方法

按《碾压式土石坝设计规范》(DL/T 5395)附录 A 所列的莆田试验站公式[3]，确定波浪要素、坝坝高程。

$$\frac{gh_m}{W^2} = 0.13\text{th}\left[0.7\left(\frac{gH_m}{W^2}\right)^{0.7}\right]\text{th}\left\{\frac{0.0018(gD/W^2)^{0.45}}{0.13\text{th}[0.7(gH_m/W^2)^{0.7}]}\right\}$$

$$T_m = 4.438h_m^{0.5}$$

$$L_m = \frac{gT_m^2}{2\pi}\text{th}\frac{2\pi H}{L_m}$$

式中：h_m 为平均波高，m；L_m 为平均波长，m；T_m 为平均波周期，s；H 为挡水建筑物迎水面前的水深，m。

4 分析与确定

4.1 波浪及爬高设计

根据第 2 部分基本资料及参数，进行 3.1 及 3.2 中公式计算，相关结果如表 2、表 3 所示。

表 2 波浪要素

项目	正常条件		非常条件
	正常蓄水位	设计洪水位	校核洪水位
平均波高 h_m(m)	0.358 9	0.359 1	0.238 6
平均波周期 T_m(m)	2.658 9	2.659 4	2.167 9
平均波长 L_m(m)	11.038 0	11.042 0	7.337 7

表 3 风壅高度、波浪爬高

综合摩阻系数 K	0.000 003 6	0.000 003 6	0.000 003 6
风壅水面高度 e(m)	0.002 21	0.002 20	0.001 0
糙率渗透 K_Δ	1	1	1
坡度系数 m	1.75	1.75	1.75
平均波浪爬高 R_{m1}(m)	1.000 0	1.000 3	0.656 5
大坝级别	1	1	1
波列累计频率 P(%)	1	1	1
平均波高/坝迎水面前水深	0.008 8	0.008 7	0.005 8
设计波浪爬高/平均爬高	2.23	2.23	2.23
设计波浪爬高 R_p(m)	2.230 1	2.230 7	1.464 0

4.2 坝顶超高

水库大坝为1级建筑物，根据《碾压式土石坝设计规范》(DL/T 5395)表7.3.1，其安全加高值[3]如表4所示。

表4 坝顶超高

项目	设计	设计	校核
安全超高 A(m)	1.5	1.5	1
超高计算公式	R_p+e+A	R_p+e+A	R_p+e+A
超高值 y(m)	3.732 3	3.732 9	2.465 0

4.3 坝顶高程确定

坝顶高程分别按以下三种方式计算，然后取最大值：

(1)设计洪水位+正常运用条件的坝顶超高；

(2)正常蓄水位+正常运用条件的坝顶超高；

(3)校核洪水位+非常运用条件的坝顶超高。

从表5可以看出，三种工况计算值中，工况1正常蓄水位+正常运用条件下的坝顶超高为坝顶高程控制工况，坝顶高程按坝顶计算高程确定，且应高于校核洪水位。本水库为库内开挖和整个库周圈筑坝方式兴建，防渗形式采用全库沥青混凝土面板防渗方案，故坝顶可不设置防浪墙，坝顶高程按坝顶计算高程确定，且应高于校核洪水位。

综合以上因素，设计坝顶高程为1 599 m。

表5 坝顶高程计算值

项目	工况1 设计洪水位	工况2 正常蓄水位	工况3 校核洪水位
水位(m)	1 595.173	1 595	1 595.218
坝顶超高(m)	3.732 9	3.732 3	2.465 0
坝顶高程(m)	1 598.906	1 598.73	1 597.68

5 结 论

抽水蓄能电站的水库与常规水电站多有不同，比如库盆面积较小、风速较大、水位边幅大且变化迅速等，这就决定了其波浪和坝顶超高计算较为复杂。本文以某典型抽水蓄能电站的沥青混凝土面板全库防渗水库作为研究对象，采用莆田公式计算超高、坝顶高程，可作为典型示范案例为同类型工程参考。相关分析、计算过程清晰、明确，可以为工程决策提供充分依据。

参 考 文 献

[1] 水电枢纽工程等级划分及设计安全标准：DL 5180[S].

[2] 防洪标准：GB 50201[S].

[3] 碾压式土石坝设计规范：DL 5395[S].

前坪水库大坝设计及三维应力变形分析

宁保辉[1]　皇甫泽华[2]　于　沭[3]　董振锋[1]　张幸幸[3]　历从实[2]

(1. 河南省水利勘测设计研究有限公司,郑州　450016;
2. 河南省前坪水库建设管理局,450002;3. 中国水利水电科学研究院,北京　100038)

摘　要　前坪水库大坝坝型为黏土心墙砂砾(卵)石坝,大坝砂砾石覆盖层细粒缺失,F_2 断层顺河向穿过大坝坝基,右岸坝肩为陡峻岸坡等特点,针对以上工程难点,本文提出了设计方案。并根据大坝的设计分区、地形条件以及覆盖层的土层分布,建立三维模型。根据设计的填筑过程及蓄水过程对大坝的填筑及蓄水过程进行模拟,对各关键时刻包括竣工期、满蓄期大坝的应力、变形特性等进行了研究。计算结果表明,坝体应力和变形分布符合一般规律,大坝设计方案经济、合适。

关键词　前坪水库;心墙坝;设计;陡峻岸坡;三维应力变形分析

1　引言

前坪水库位于淮河流域沙颍河支流北汝河上游、河南省洛阳市汝阳县县城以西 9 km 前坪村,水库以防洪为主,结合灌溉、供水,兼顾发电的大(2)型水库,是国务院批准的 172 项重大节水工程之一。水库总库容 5.84 亿 m^3,控制流域面积 1 325 km^2。水库设计洪水标准采用 500 年一遇,校核洪水标准采用 5 000 年一遇。主要建筑物包括主坝、副坝、溢洪道、输水洞、泄洪洞、电站等。大坝采用黏土心墙砂砾(卵)石坝,坝顶长 818 m,最大坝高 90.3 m,目前为河南省坝高最高的心墙坝。

大坝设计存在坝体高度大,地基条件复杂,右岸坝肩岸坡陡峻,料场砂砾(卵)石料级配不良等特点,针对上述特点,在大坝设计中,采取多种工程措施,本文对大坝设计难点进行分析,并提出了设计方案,根据前坪水库心墙坝的设计分区、地形条件以及覆盖层的土层分布,建立三维心墙砂砾石坝模型。根据设计的填筑过程及蓄水过程对大坝的填筑及蓄水过程进行模拟,对各关键时刻包括竣工期、满蓄期大坝的应力、变形特性等进行了研究。

2　大坝设计

2.1　坝基处理

2.1.1　*覆盖层处理*

坝基覆盖层以卵砾石层为主,厚度 12.5 ~ 26.2 m,最大厚度 28 m。级配良—不良,结构多呈松散—稍密,强度不均匀,承载力采用值 200 ~ 300 kPa,存在压缩变形和不均匀沉降变

基金项目:国家重点研发计划项目课题(2017YFC0404803);中国水科院基本科研业务费项目(GE0145B562017)。

作者简介:宁保辉(1986—),男,工程师,E-mail:415944686@ qq. com。

形较大等问题;下部中密—密实,承载力采用值400~500 kPa,变形模量35.0~40.0 MPa。左岸一级阶地表层壤土、中细砂强度低,且河床段砂卵石受人工采砂影响(深度2~6 m),仅余粗颗粒,地面高程处于动态变化之中。下伏岩体为安山玢岩,主要呈弱风化状态。

现状天然河道表层砂砾卵石层由于挖砂影响,细颗粒含量偏少,尤其是砂粒含量,若采用振冲碎石桩处理,效果不理想,处理深度不易掌握,设计采用开挖换填方案,坝基处理方案为大坝河槽段建基面开挖至密实砂卵石层($Dr \geqslant 0.67$),阶地段建基面开挖至基岩。河槽段坝基砂砾(卵)石层挖除深度1.7~10.4 m,阶地段坝基粉质壤土层挖除深度7~20 m。

2.1.2 坝基防渗设计

坝基覆盖层以卵砾石为主,渗透系数为5.2×10^{-1} cm/s,属强透水性。阶地上分布的壤土、粉质黏土渗透系数5.25×10^{-5} cm/s,属弱透水性。右岸坝肩分布的砾岩渗透系数4.02×10^{-4} cm/s(透水率4.8~5.9 Lu),属弱透水性。弱风化砾岩透水率一般小于5.0 Lu,属弱透水性。

覆盖层采用混凝土防渗墙,下伏透水岩体采用帷幕灌浆处理。根据计算及相关工程经验[1-2],防渗墙厚度按混凝土的允许渗透比降控制设计,防渗墙厚度1.0 m。混凝土采用C25钢筋混凝土防渗墙,抗渗等级为W8。防渗墙布置于黏土心墙轴线上游5 m处,全长665.0 m,墙深11~29 m。防渗墙插入防渗体内长度为7.0 m。防渗墙深度穿过砂砾石层深入至弱风化安山玢岩内不小于1 m。混凝土防渗墙顶填筑含水率大于最优含水率的高塑性土区。在防渗墙每个槽段均设置纵横向Φ 25的钢筋网,以防止防渗墙局部开裂渗水。伸入心墙部分防渗墙采用现浇,钢筋网通长布置,跳仓浇筑,施工缝部位设1.60 mm厚紫铜止水,表面上游侧粘贴一层碳纤维布(规格300 g/m^2)。防渗墙下部布置帷幕灌浆,防渗墙内预埋帷幕灌浆钢管(ϕ110 mm),帷幕底进入相对不透水层(3.0 Lu)5 m。布置1排帷幕灌浆孔,孔距1.5 m。

2.1.3 F_2断层处理

坝基F_2断层在桩号0+409与坝轴线相交,产状345°~355°∠70°,走向75°~85°,倾向NW,倾角70°~85°。断带宽5~10 m,断层影响带宽度上盘14~22 m,下盘1~3 m,为压扭性正断层。断带呈棕红色,为碎块岩、糜棱岩、角砾岩、断层泥组成。断层影响带为强风化安山玢岩,灰黄色、棕红色,风化深度15~25 m,岩芯多呈泥质含碎块。破碎带压水试验透水率0.96~3.40 Lu,一般在1.20~1.80 Lu,断层影响带内压水试验透水率2.20~3.00 Lu,属弱透水,根据在断层带露头处试坑注水试验的成果,渗透系数为$2.50 \times 10^{-3} \sim 2.90 \times 10^{-3}$ cm/s。整体上渗透性不均,一般属弱—中等透水性。

F_2断层靠近左岸顺河穿过坝址,断裂带以断层角砾岩和碎块岩为主,断层埋藏较深。鉴于F_2断层发育的不均一性,沿F_2断层破碎带的渗漏可能会引起渗透变形问题。措施为沿F_2断层影响范围内(宽度为30 m)防渗墙沿断层走向深入到坝基3 Lu线下1 m,此处防渗墙深度为46.0 m,该段防渗墙远大于两侧防渗墙深度,在两侧变化区防渗墙由较大拉应力区,经计算及现场监测,配筋后,防渗墙满足抗拉要求。

2.1.4 右坝肩坡脚覆盖层处理

根据右岸坝肩地形,右坝肩坡脚黏土心墙基础部分坐落在基岩开挖边坡上,部分坐落于砂(卵)砾石覆盖层上,该段心墙为河槽段向右坝肩过渡段。为防止心墙产生不均匀沉降,在心墙范围内的覆盖层采用高喷灌浆处理,孔、排距2 m;相邻高喷灌浆孔间再增加进行覆盖层固结灌浆措施,固结灌浆孔、排距2 m,固结灌浆孔与高喷灌浆孔交错布置;心墙与岩基及覆盖层接触部位设1.2 m厚混凝土盖板。

2.2　右岸坝肩陡峻岸坡设计

右岸岸坡陡立,平均坡度为59°,基岩裸露,为弱风化安山玢岩,强度高,但裂隙发育,多微张。右岸山体陡立,岩体裸露,卸荷裂隙发育。受河流侵蚀及人类活动修路切坡影响,右岸边坡发育有强卸荷带,坡体呈悬坡,厚度为垂直地表 5 ~10 m,深度自边坡坡顶,延伸至河谷底,裂隙张开局部达 1 ~2 cm,连通性好,裂隙面普遍锈染,雨季沿裂隙见线状水流。坝肩轴线位置有一交通隧洞,洞长 80 m,雨后洞顶部出现渗水、漏水。

在满足黏土心墙与岸坡连接、岸坡帷幕灌浆施工要求的前提下,减少石方开挖。设计以坡脚为起点,开挖深槽,槽底宽 20.0 m,坝轴线方向坡比为 1∶ 0.674,两侧开挖边坡坡比为 1∶ 0.75,坡高为 86.3 m,坡长 104 m。坝肩黏土心墙均位于深槽内。对右坝肩原交通隧洞采用微膨胀混凝土进行全段封堵,混凝土强度达到设计强度 70% 后进行充填、接触灌浆。

2.3　坝体横断面设计

主坝坝顶高程 423.50 m,坝顶设高 1.2 m 钢筋混凝土防浪墙,坝顶宽度 10.0 m。上游边坡坡度从上至下分别为 1∶ 2,1∶ 2.25、1∶ 2.5,利用临时工程的施工围堰作为主坝坝体的一部分,上游戗堤截流施工完成后,在 353.0 m 填筑顶宽 20 m 平台与上游施工围堰结合。下游坝坡坡比从上至下均为 1∶ 2.0。上游坝面 364.0 m 高程以上采用 C20 混凝土连锁块砌块护砌,护砌厚度为 0.24 m,下游坝坡 350.0 m 高程以上采用预制混凝土块生态护坡,350.0 m 高程以下(水位变动区)采用块石护坡。

黏土心墙顶宽 4.0 m,顶部高程 422.70 m,河床段心墙上下游坡比选用 1∶ 0.3。左、右岸坡段坡比为 1∶ 0.4,中间设置 30 m 长渐变过渡段。心墙上、下游侧填筑反滤料,心墙上游与坝壳砂砾石料之间填筑两层反滤料,分别为粗砂反滤料厚 2.0 m、小于 50 mm 级配反滤料2.0 m;心墙下游与坝壳砂砾石料之间填筑两层反滤料,分别为粗砂反滤料厚 2.0 m、小于 50 mm 反滤料 3.0 m。

下游利用溢洪道、坝肩开挖料填筑粗堆石区[3-5],填筑顶高程 353.0 m。粗堆石料与心墙反滤料间另设一层洞挖石渣过渡料,厚度 3.0 m;粗堆石料与坝基砂卵砾石层填筑一层反滤料、一层过渡料,反滤料为小于 50 mm 反滤料,厚度 1.0 m,过渡料为导流洞、泄洪洞洞挖石渣过渡料,厚度 1.0 m。大坝典型横断面见图 1。

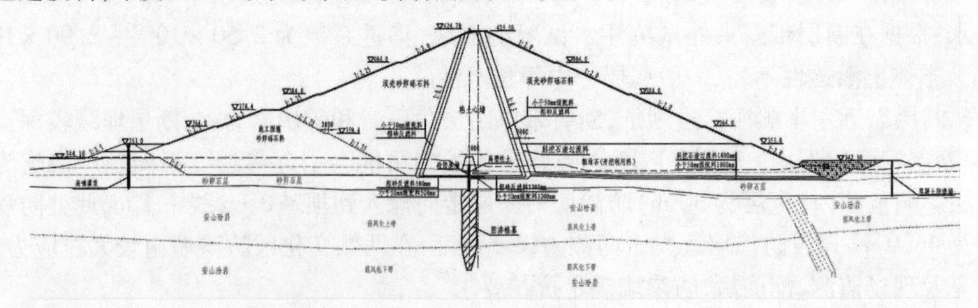

图 1　大坝典型横断面图

3　坝体三维有限元应力变形分析

3.1　计算方法

3.1.1　有限元模型

根据实际设计方案和坝址区地形地质条件建立了三维有限元模型。模型包括黏土心墙堆石坝、坝基覆盖层和防渗墙[6-7]。在防渗墙与土体之间、防渗墙与基岩等接触部位设置了薄层接触单元。整体有限元模型共包含52 745个单元和55 314个节点。大坝和坝基的整体有限元模型如图2所示。

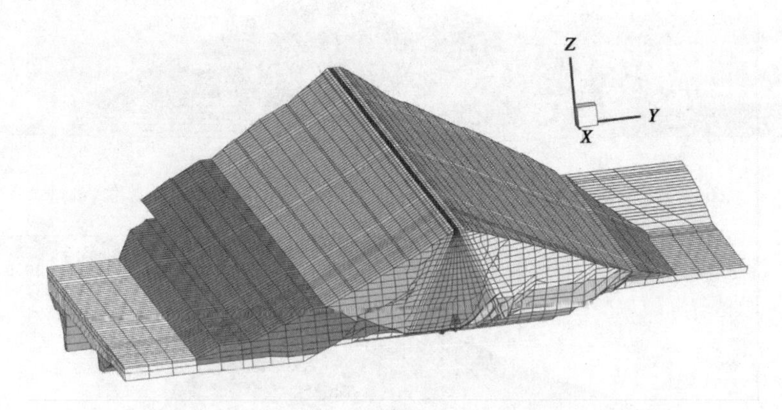

图2　坝体和坝基整体有限元网格

3.1.2　本构模型

在应力变形的计算过程中，土体材料（包括覆盖层和坝体填筑材料）均采用邓肯E-B模型[8]，混凝土防渗墙采用线弹性模型进行计算。

3.1.3　计算参数

计算过程中采用的参数如表1所示。

表1　前坪水库筑坝材料邓肯模型参数

土样名称	φ_0	$\Delta\varphi$	R_f	K	n	K_{ur}	K_b	m
心墙土	33	—	0.79	212	0.34	424	91	0.29
反滤料1	50.1	8	0.83	297	0.47	594	265	0.31
坝壳料	50.5	7.6	0.709	630	0.328	1 260	400	0.179
反滤料2	49.9	8.5	0.579	500	0.273	1 000	310	0.141
高塑性土	25.8	—	0.79	220	0.45	440	130	0.28
覆盖层	44.5	4	0.825	825	0.45	1 650	650	0.25

3.2　计算结果

计算分析坐标系采用笛卡尔直角坐标系，以顺坝轴线从左岸到右岸方向为x坐标正向，以顺河向从上游到下游方向为y坐标正向，以沿竖直向从低海拔到高海拔为z坐标正向。

分析整理中的位移竖直表示自坝体相应位置填筑后开始计，至特定时刻的累计变形量。位移正值表示变形指向相应坐标轴正向，负值反之。计算中的应力以压应力为正，拉应力为负。坝体内大小主应力分别按照有效主应力进行整理。

3.2.1　竣工期计算结果

竣工期，典型横断面的顺河向位移和沉降量分布如图3、图4所示。竣工期坝体的最大沉降量出现在坝体心墙中部，最大值为1.41 m；坝体的顺河向位移基本上以坝轴线呈对称分布，上游堆石区向上游移动，最大值为0.22 m，下游堆石区向下游移动，最大值为0.13 m。

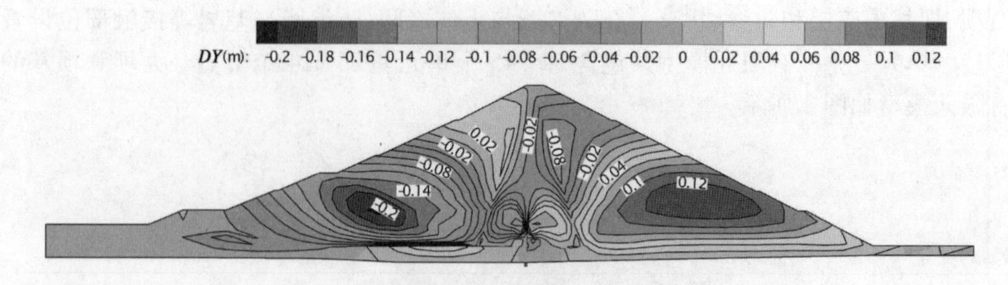

图3　竣工期典型横断面 $X = 550$ 顺河向水平位移分布　（单位：m）

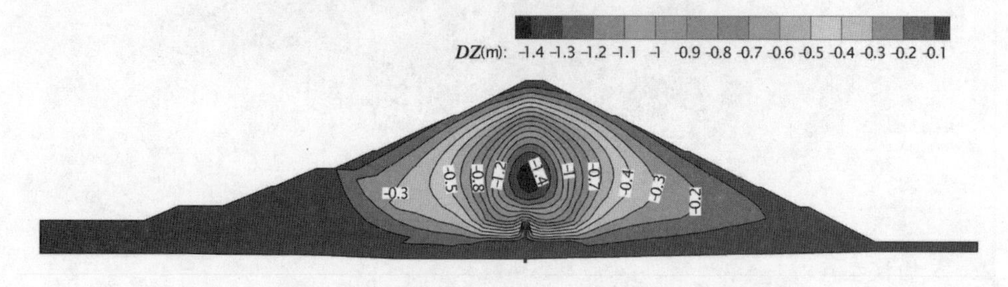

图4　竣工期典型横断面 $X = 550$ 竖向位移分布　（单位：m）

图5～图7为坝体及坝基的应力分布情况。坝体的大、小主应力极值均出现坝壳底部靠近心墙的位置，大主应力最大值约为1.9 MPa，小主应力的最大值约为0.6 MPa。竣工期坝体的应力水平整体不大。

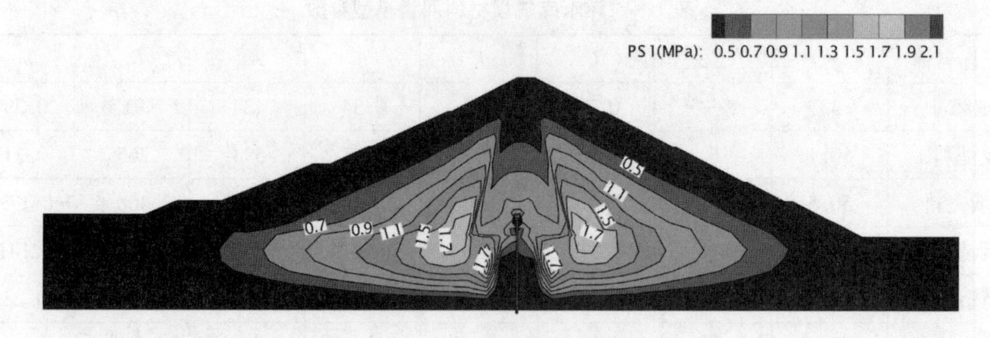

图5　竣工期典型横断面 $X = 400$ 大主应力分布　（单位：MPa）

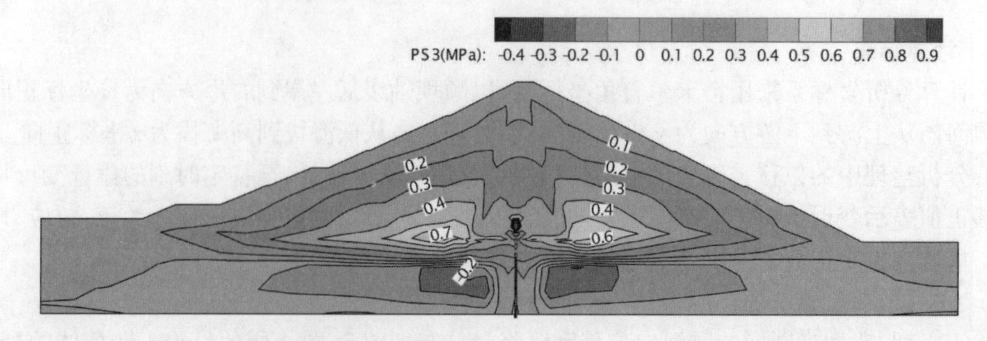

图6　竣工期典型横断面 $X = 400$ 小主应力分布　（单位：MPa）

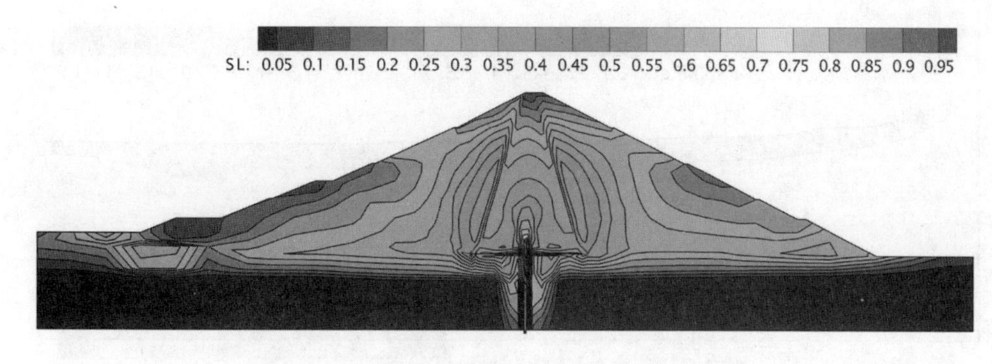

图7 竣工期典型横断面 $X=400$ 应力水平分布

图8、图9为竣工期沿坝轴线剖面计算结果。由结果可知,坝体的顺轴向位移较小,坝体的最大沉降量随覆盖层深度的增加而增加,右岸坝体的沉降值大于左岸坝体,坝体的大小主应力整体较小,心墙底部和覆盖层接触部分应力水平较大。

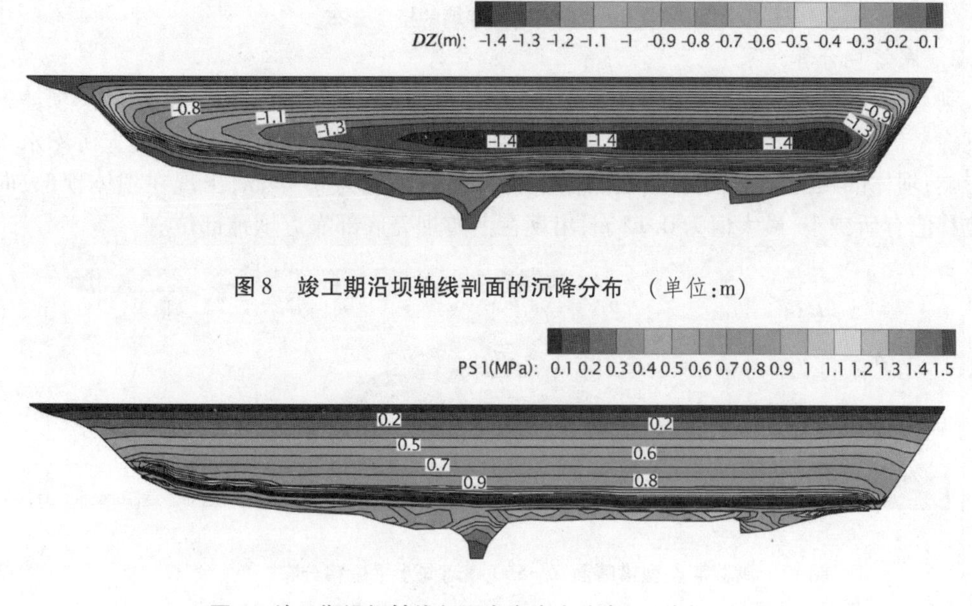

图8 竣工期沿坝轴线剖面的沉降分布 (单位:m)

图9 竣工期沿坝轴线剖面大主应力分布 (单位:MPa)

图10~图12为防渗墙的应力和变形分布,由结果可知,防渗墙的最大大主应力出现在河谷最深处,数值为6.4 MPa;在地形变化处,防渗墙有较大的拉应力;防渗墙的挠度值较小,最大值为0.02 m,方向指向上游。

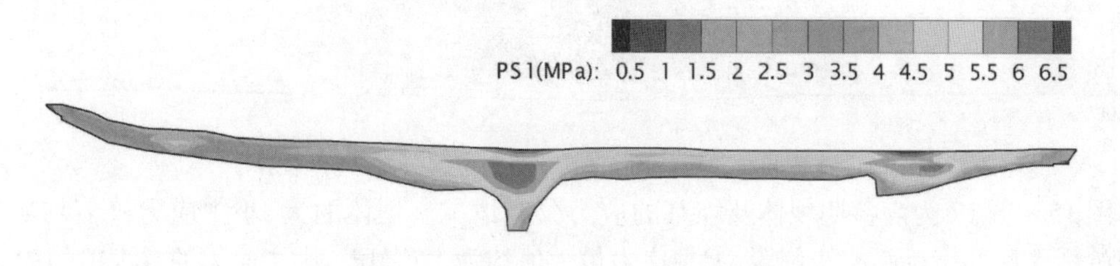

图10 竣工期防渗墙的大主应力分布

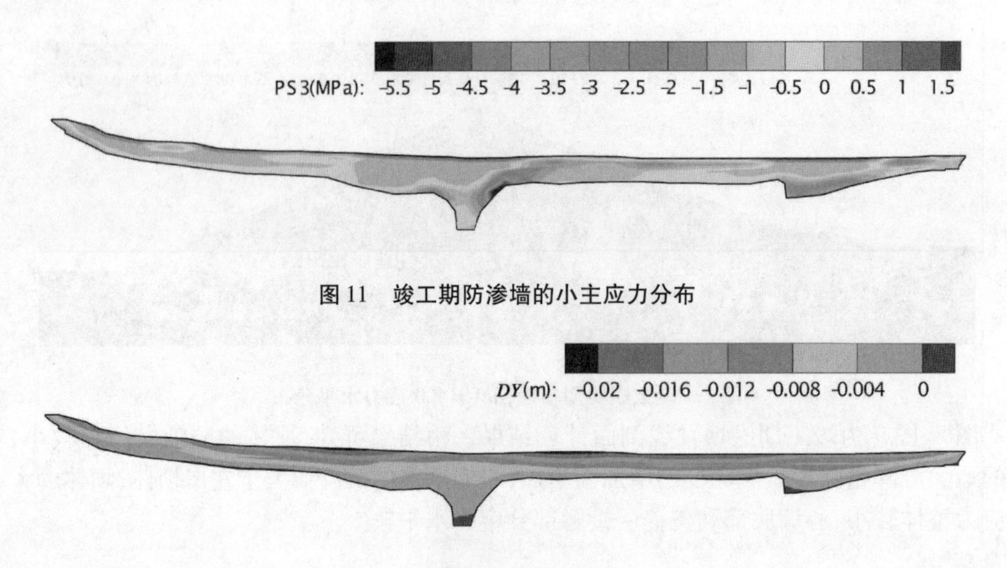

图 11　竣工期防渗墙的小主应力分布

图 12　竣工期防渗墙的挠度分布

3.2.2　满蓄期计算结果

满蓄期,典型横断面的顺河向(水平)位移和沉降量分布如图 13、图 14 所示。坝体的最大沉降量仍然出现在坝体心墙中部,最大值为 1.28 m,较竣工期有所减小;受上游库水推力的影响,坝体的顺河向位移变化较大,向下游位移最大值为 0.44 m,出现在坝体顶部,向上游位移值有所减小,最大值为 0.12 m,出现在上游坝壳底部靠近坝踵部位。

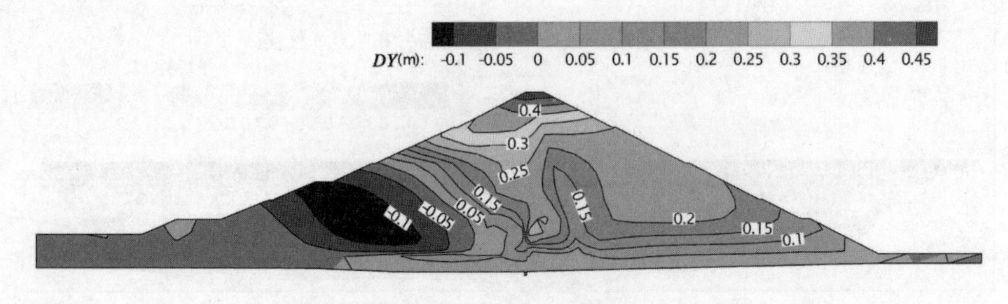

图 13　满蓄期典型横断面 $X=550$ 顺河向水平位移分布　(单位:m)

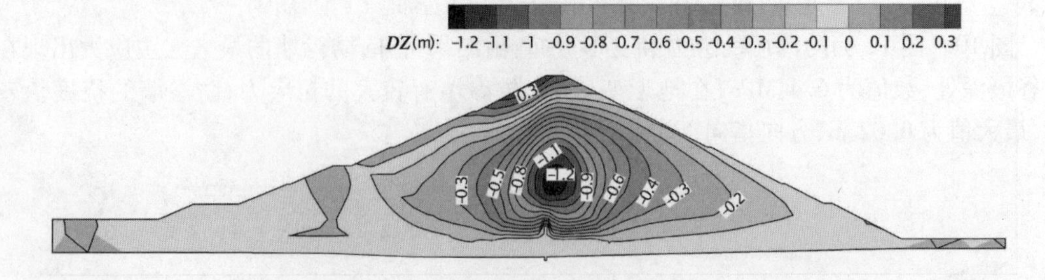

图 14　满蓄期典型横断面 $X=550$ 竖向位移分布　(单位:m)

图 15 ~ 图 17 为满蓄期坝体及坝基的应力分布情况。坝体的大、小主应力极值均出现在下游坝壳底部靠近心墙的位置,大主应力最大值约为 1.7 MPa,小主应力的最大值约为 0.58 MPa,数值大小与竣工期计算结果基本相当,分布趋势有所变化,上游坝壳的主应力值明

显减小。满蓄期,由于库水推力的影响,上游坝壳的应力水平整体较大。

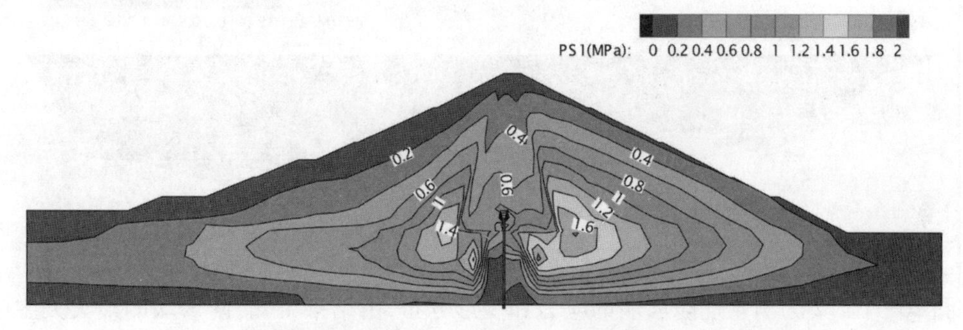

图 15 满蓄期典型横断面 $X=400$ 大主应力分布 (单位:MPa)

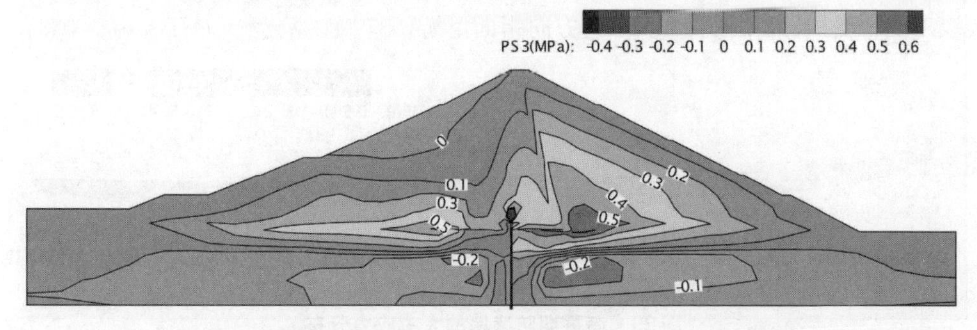

图 16 满蓄期典型横断面 $X=400$ 小主应力分布 (单位:MPa)

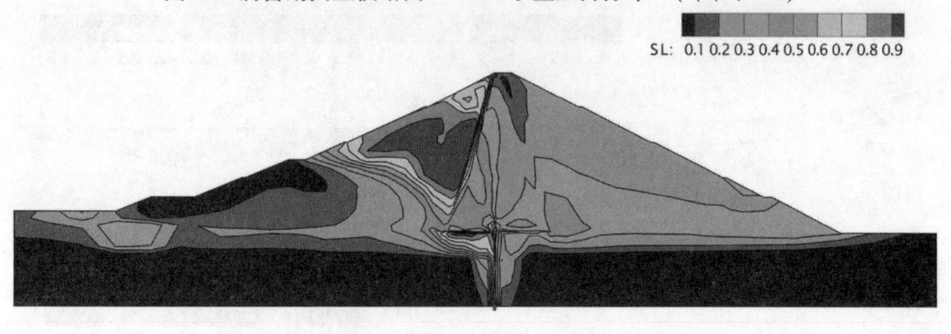

图 17 满蓄期典型横断面 $X=400$ 应力水平分布

图 18、图 19 为满蓄期沿坝轴线剖面计算结果。由结果可知,坝体的顺轴向位移及沉降的分布与竣工期基本相同,坝体沉降最大值有所减小,顺坝轴线位移有所增加。坝体的大小主应力值较竣工期也有所减小。

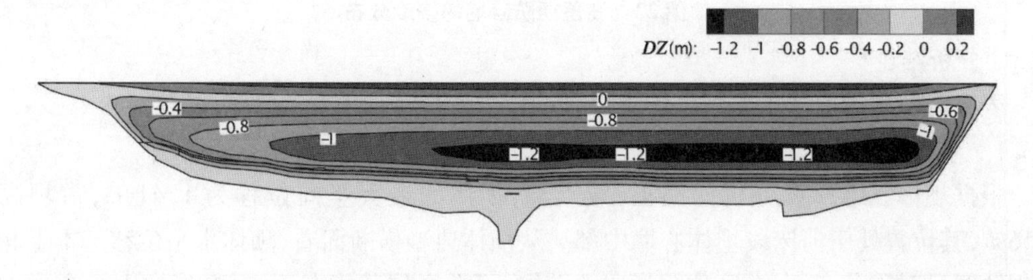

图 18 满蓄期沿坝轴线剖面的沉降分布 (单位:m)

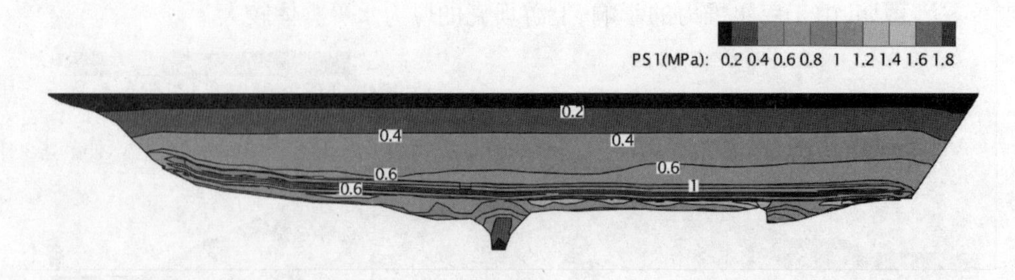

图 19　满蓄期沿坝轴线剖面的大主应力分布　(单位:MPa)

图 20 ~ 图 22 为满蓄期防渗墙的应力和变形分布,由结果可知,防渗墙的最大大主应力出现在河谷最深处,数值为 5.5 MPa;在地形变化处,防渗墙有较大的拉应力;防渗墙的挠度值较竣工期有增加,最大值为 0.13 m,方向指向下游。

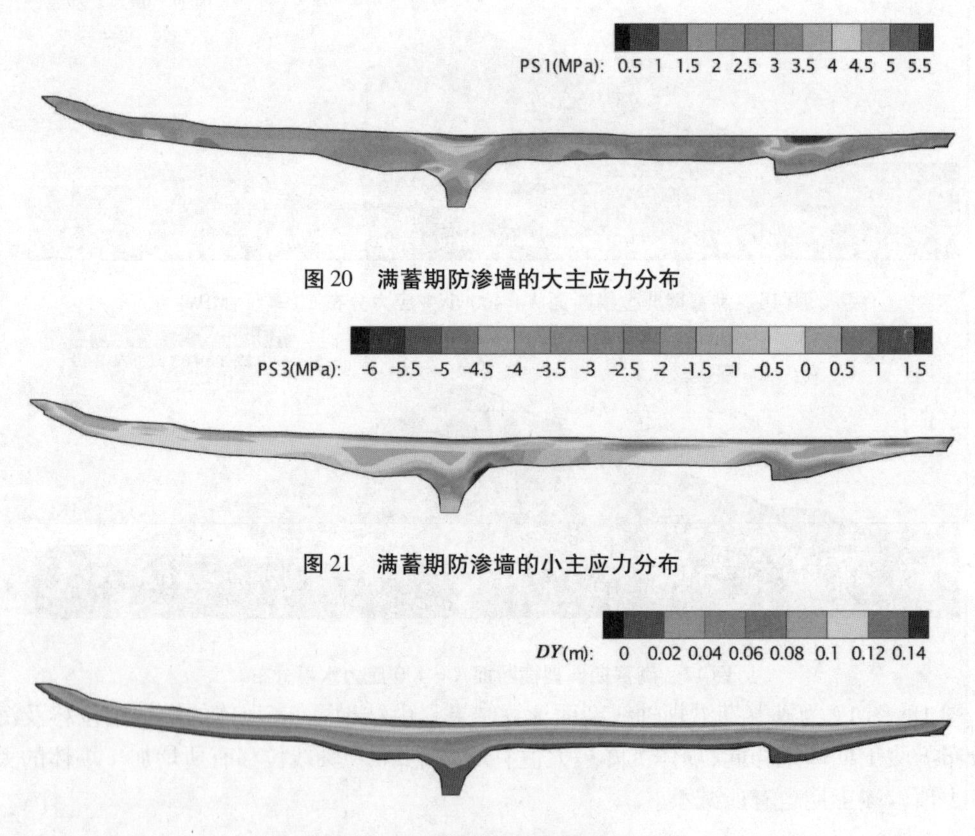

图 20　满蓄期防渗墙的大主应力分布

图 21　满蓄期防渗墙的小主应力分布

图 22　满蓄期防渗墙的挠度分布

3.3　分析结论

表 2 为整理的前坪水库坝体计算得到的应力变形特征值。

3.3.1　坝体应力和变形

根据坝体三维计算分析的结果,竣工期,坝体的最大竖向位移为 1.41 m,占坝高的 1.56%,其位置处于河床段坝体心墙中部。从坝体典型横断面看,坝体水平位移基本上相对于坝轴线呈对称分布,上游区位移指向上游侧,下游区位移指向下游侧,指向上游方向的位移最大值为 0.22 m,指向下游方向的位移最大值为 0.13 m。竣工期,坝体大主应力的最大值约为1.9 MPa,小主应力的最大值约为0.6 MPa,主应力最大值的位置均在上下游坝壳底部靠近心墙位置。竣工期,从坝体沿坝轴线方向的水平位移分布看,其总体趋势是岸坡段坝体的位移均指向河谷中央,数值不大。

表2 计算结果特征值

计算工况		竣工期	满蓄期
最大沉降(m)		1.41	1.28
最大顺河向水平位移(m)	向上游	0.22	0.12
	向下游	0.13	0.44
坝体	大主应力最大值(MPa)	1.9	1.7
	小主应力最大值(MPa)	0.6	0.58
防渗墙	大主应力最大值(MPa)	6.4	5.5
	小主应力最大值(MPa)	-5.5	-5.7

满蓄期,坝体横断面上位移分布的变化较为明显,在上游库水压力的作用下,坝体上游区指向上游的水平位移减小,指向下游区的水平位移增大。受水荷载的作用,坝体的沉降有所减小,满蓄期最大沉降约为1.28 m,其最大值位置与竣工期基本相同。

满蓄期,坝体大主应力分布与竣工期有较大变化,上游坝壳的大主应力值有所减小,下游坝壳的大主应力值有所增加,坝体大主应力的最大值约为1.7 MPa。水库蓄水以后,坝体小主应力值有一定减小,小主应力分布等值线与竣工期相比呈明显的上抬趋势,最大值出现在下游堆石区,数值为0.58 MPa。

竣工期,坝体大部分区域的应力水平数值均较低,且应力水平分布相对均匀。蓄水后,由于库水推力作用,坝体上游堆石区应力水平较大。

3.3.2 防渗墙应力和变形

竣工期,防渗墙的最大大主应力出现在河谷最深处,数值为6.4 MPa;在地形变化处,防渗墙有较大的拉应力区。防渗墙的主要部分基本都处于受压状态,在一些地形变化处有较小范围的拉应力,在施工中可进行适当处理。

满蓄期,防渗墙的挠度值较竣工期有所增加,最大值为0.13 m,方向指向下游,出现在河谷最深处的防渗墙顶部。

4 结 语

前坪水库大坝为黏土心墙砂卵砾石坝,坝基及防渗处理、坝体与坝肩连接、筑坝材料等均为决定大坝是否安全的决定性因素,本文提出了防渗墙局部加深、岸坡梯形槽开挖、砂砾石地基注浆等设计方案,取得了良好的效果。数值模拟计算结果表明,竣工期,坝体的最大竖向位移为1.41 m,占坝高的1.56%;坝体大部分区域的应力水平数值均较低,且应力水平分布相对均匀;防渗墙的主要部分基本都处于受压状态,在一些地形变化处有较小范围的拉应力,坝体应力和变形分布符合一般规律[9-11]。证明大坝设计采取的工程措施是经济、合适的。

参考文献

[1] 杨西林,张忠东,黄云.下坂地水库沥青混凝土心墙砂砾石坝及基础设计[J].水利规划与设计,2012(6):50-53.

[2] 黎劭.铜鼓县大塅水库除险加固工程大坝防渗墙设计探讨[J].水利技术监督,2014(4):103-104.

[3] 张家发,张迟,定培中.基于筑坝材料适用性的土石坝工程质量风险讨论[J].人民长江,2016,42(21):72-76.

[4] 邓铭江,夏新利,李湘权,等.新疆粘土心墙砂砾石坝关键技术研究[J].水利水电技术,2011,42(11):20-37.

[5] 徐泽平.当代高堆石坝建设的关键技术及岩土工程问题[J].岩土工程学报,2011,33(1):27-33.

[6] 祁伟强,彭云枫,袁玉琳,等. 坝基混凝土防渗墙应力变形三维有限元分析[J].水电能源科学,2012,30(8):63-66.

[7] 安静华.小浪底引黄工程地下连续墙应力变形分析研究[J].水利规划与设计,2014(3):46-50.

[8] 李广信. 高等土力学[M]. 北京:清华大学出版社,2004:54-56.

[9] 王柏乐. 中国当代土石坝工程[M].北京:中国水利水电出版社,2004:18-19,30-31,67-72.

[10] 雷红军,冯业林,刘兴宁. 糯扎渡水电站大坝应力变形及抗水力劈裂特性研究[J].云南水力发电,2013,30(1):4-6.

[11] 吴梦喜,余挺,张琦. 深厚覆盖层潜蚀对大坝应力变形影响的有限元模拟[J].岩土力学,2017,38(7):2087-2095.

智能喷雾技术研发

朱振泱[1] 张国新[1] 刘 毅[1] 樊启祥[2] 刘有志[1]

(1. 流域水循环模拟与调控国家重点实验室 中国水利水电科学研究院,北京 100038;
2. 中国长江三峡集团公司,北京 100083)

摘 要 水电工程外界环境复杂,需要研究智能化的喷雾系统的开发和管理,从而减少危害性裂缝的产生。本文介绍一套气候自动控制系统,根据混凝土和外界环境温度,调节喷雾机的喷雾强度、开启和关闭实现仓面气候的自动调节,控制混凝土浇筑温度在合理范围内。

关键词 智能;喷雾;裂缝;浇筑温度

1 前 言

随着信息化技术的发展,利用数字技术进行大坝施工质量、施工期运行期工作性态的监控已成为保障大坝安全的新手段,混凝土坝智能监控也成为当今坝工领域的重要研究方向。三峡集团应用结合大体积混凝土施工全过程和基础灌浆等智能控制技术,实现了高坝施工质量全过程的全天候、精细化、在线实时监控和预报、预警及智能控制[1]。清华大学详细阐述智能大坝,提出了基于物联网、自动测控和云计算技术实现个性化管理与分析,并实施对大坝性能进行控制的综合构想。清华大学根据能量守恒和传热学的傅里叶定律确定实时通水流量,并采用智能技术建立了大体积混凝土通水冷却智能温度控制方法与系统,在溪洛渡工程得到应用[2-3]。河海大学基于 Visual C + + 编程环境开展大体积混凝土智能通水系统开发研究,建立了系统的基本构架,具备温控方案的评价和调整等功能[4]。中国水利水电科学研究院的朱伯芳院士于 2006 年提出了数字水电站的概念,开发出国内第一个数字化温控系统——混凝土温度与应力控制决策支持系统,并在周公宅工程获得应用[5-7]。中国水利水电科学研究院的张国新教高在温控防裂方面提出了“数字大坝”朝“智能大坝”转变的设想,指出可将智能化技术应用于浇筑温度、仓面温度控制、通水冷却、混凝土养护等各个环节,并将智能通水技术应用于藏木水电站、丰满重建工程、鲁地拉等工程[8]。

水电工程外界环境复杂,许多大坝的坝址均具有大风、干热和强日照等复杂多变气象条件,大坝施工面临仓面小环境控制难度大,单纯依靠传统的经验方式已无法保障仓面小环境的实时控制,气候条件和地理位置的特殊性决定了必须突破常规的大坝混凝土仓面环境监控模式,才能满足大坝高质量建设的需要。需要研究智能化的喷雾系统的开发和管理,加强对温控施工的管控,从而减少危害性裂缝的产生。智能喷雾是在优良喷雾效果喷雾机的基础上,实现智能化控制。控制的基本原理为监测仓面外环境信息,根据仓面自动收集外环境信息至服务器上,服务器根据仓面外环境信息和仓面所需要达到的温度计算喷雾机的参数。

作者简介:朱振泱(1985—),男,福建三明人,高级工程师,博士研究生,主要从事大体积混凝土温度控制和裂缝研究。E-mail:1219921552@ qq. com

智能喷雾的研究内容包括有效降温和保障降雨符合规范要求,具体内容如图 1 所示。仓面环境的调节靠喷雾机实现,喷雾机的设计参数包括喷雾强度、喷雾温度、喷雾倾斜角。喷雾强度和喷雾的风速需要通过仓面外部的环境温度和喷雾的水温确定;同时喷雾强度和喷雾的温度还需要通过混凝土的湿度确定。喷雾倾斜的角度主要依靠风速确定。故仓面喷雾系统控制模型主要包括以下几个方面内容:

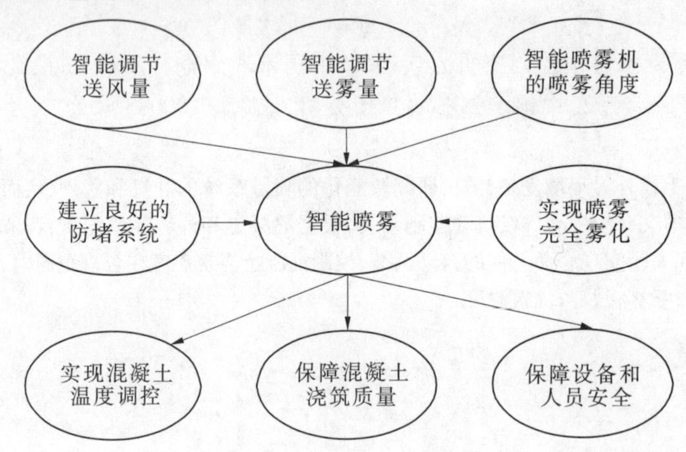

图 1　智能喷雾研究内容

(1)雾化效果研究。目前合理的喷雾方式是合理地降低仓面的温度,但不能有任何的降雨量。雾化效果与喷嘴的孔径有密切关系,孔径越小则雾化效果越好,但是喷孔越容易被堵。

(2)喷雾机的工作状态和仓面内外环境温度关系的研究。喷雾机工作状态包括送风量和送雾量,仓面的环境、仓面外的环境和喷雾机工作状态的关系是重点研究内容。本文介绍一种室内方法确定仓面的环境、仓面外的环境和喷雾机工作状态的关系。

(3)硬件配置方面研究。该系统包括仓面外环境自动监控系统、仓面内环境自动监测系统、智能喷雾机。研究合理的硬件配置,能实现仓面温度的有效调控。

(4)系统开发。系统控制主要研究内容是如何将风机的工作状态和仓面内外环境温度关系、仓面外环境自动监控系统、仓面内环境控制系统、智能喷雾机联系起来,实现一个可以控制仓面环境温度的有机体。

2　雾化效果试验

为更好地展示喷雾效果和喷嘴孔径以及喷头数量的关系,本章重点介绍了喷嘴和雾化效果的相关试验。

在喷雾孔径为 0.25 mm,喷嘴数量为 33 ~ 99 个情况下,地面均能保持干燥状态,即水汽可完全消散在空气中。喷头数量为 99 个的情况下,雾颗粒喷射较远;而喷嘴数量为 66 个的情况下,与喷嘴稍远区域的雾颗粒即完全汽化,并呈现透明状态。试验人员站在距离喷头 10 m 处的正下方,衣服完全干燥。因此,喷嘴孔径为 0.25 mm 时,喷雾效果满足规范要求。

在喷雾孔径为 0.50 mm 时,在喷嘴数量为 33 ~ 99 个情况下,地面均略潮湿,雾颗粒呈现半透明状态。左右摇摆时,即使为 99 个喷头,仍无可监测雨量。因此,喷嘴孔径为 0.50 mm 时,喷雾应满足施工要求,可进行相应的作业。

在喷雾孔径为0.80 mm时,喷嘴数量为33~99个的情况下,地面十分潮湿,雾颗粒呈现乳白色,降雨效果明显。试验人员站在距离喷头10 m处的正下方,衣服完全湿透。因此,喷嘴孔径为0.80 mm时,喷雾可能会对混凝土施工作业和混凝土浇筑质量造成不利的影响。

根据冬季施工实际观测结果,在低温情况下(温度20 ℃左右),喷雾机底座距离仓面0.5 m时,采用80个喷头左右摆喷雾,仓面无监测雨量,故采用80个喷头进行喷雾不会影响增加施工用水比例,不会对混凝土浇筑质量造成不利影响。而采用80个喷头左右摆动喷雾时,如喷雾机为水平角度喷雾,如底座距离仓面仅0.5 m,空气含水的饱和度可能突破85%,继续增加喷头或降低喷雾角度存在影响施工、阻碍仓面水分蒸发的风险。

根据夏季施工的实际观测结果,即使喷头达到100个,采用水平喷雾的方式,喷雾机距离仓面达到0.5 m以上均可做到仓面无可监测降水,故对于夏季施工的仓面,喷雾机的喷头建议在100个以上。如图2所示,在喷雾量最大情况下,仓面无任何可观测降水。距离喷雾机20 m左右位置且与喷雾机同高程的电器设备无损坏,仓面的作业人员无被喷雾机淋湿现象。雾化效果明显,完全符合规范要求。根据雾化试验效果,喷头的孔径为0.50 mm最适合喷雾,喷头的数量可选择在80~120个,应根据季节变化选择喷头数量。

图2 夏季喷雾的雾化效果

3 喷雾与降温关系试验

喷雾和降温关系试验分别在北京大兴基地以及在乌东德现场进行,为喷雾机运行参数和环境温降关系模型提供数据基础。

3.1 北京大兴基地试验

为监测实雾化效果,研究喷雾量和温降关系,为试验仪器的选型做支撑,于2017年4~9月进行喷雾相关的试验。试验地点在中国水利水电科学研究院大兴试验基地,基地位于北京市大兴区半壁店森林公园附近。喷雾机和测点的布置方式如图3和图4所示。试验场地边上有水力学试验室楼,受大楼遮蔽影响,试验场地上午部分区域无阳光照射,中午和下午阳光照射情况较好。为获得准确的试验数据,试验地点需要避免部分区域有阳光而部分区域阴暗情况,故试验主要在中午后进行。

试验采用4台喷雾机,喷雾机间距为20 m,并布置4个温度测点,其中1#测点监测外部环境温度,2#测点为内部环境中心点,其余测点距离风机5 m。

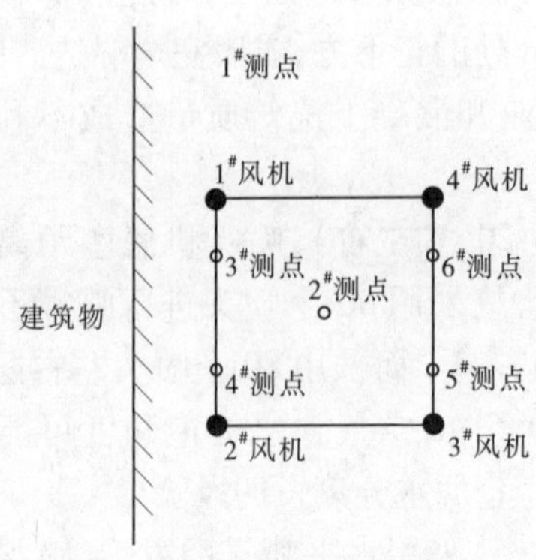

图3　试验仪器布置

图4　大兴试验基地喷雾试验实景图

研究喷嘴孔径为0.5 mm时喷雾过程中的雨量和降温情况。喷雾过程中喷雾机左右摆动，喷雾机间距20 m，喷雾机垂直方向的角度为水平向下7°。喷嘴的数量为60个，研究不同喷雾量和风机频率情况下，喷雾形成的内部环境和外部环境的温差。图5为试验结果之一，根据试验结果，即使仅采用60个喷头，仍可达到较好的温降结果。

3.2　乌东德现场试验

在乌东德施工现场的条件下，采用99个喷头情况下时，外部环境和仓面环境温度的关系见图6、图7。

距离喷雾机10～20 m范围内，在该范围内可做到有效降温。距离喷雾机16 m左右的温度在22～25 ℃。距离喷雾机5 m左右的温度在26～28 ℃。外界环境温度在29.5 ℃左右。

由试验结果可知，一台喷雾机，喷雾效果在距离喷雾机15 m处达到最佳效果，降温幅度可达到7 ℃；一台喷雾机，距离喷雾机5～25 m处均可有效降温，但降温幅度相差较大；四台喷雾机预计可做到通常降温，最大喷雾温降效果可达到10～13 ℃。

4　硬件设备和系统开发

4.1　喷雾机的配置

喷雾机的配置依据温降效果、雾化效果制定。

(1)根据北京大兴试验和现场试验测量结果，喷雾降温能有效降低空气的温度，但对太阳辐射所造成的温度升高并不能起到有效的控制作用。乌东德和白鹤滩最高气温可达到35 ℃，考虑到强太阳辐射作用，环境温度可达到45 ℃以上，为在高温季节有效控制环境温度在30 ℃左右，需要采取有效喷雾措施。根据现场试验的结果，在采用80个喷头的情况下，如果喷雾机和浇筑仓在同一仓时，即满足温度降低效果。

(2)根据实测结果，出风口的风速和频率在30～50 Hz期间成明显的线性关系。根据实测结果，在风机频率达到40 Hz时，有效的喷雾距离仅10 m，为保障风机有足够的抗风能力，在5级风的情况下能够有效喷雾，建议采用11 kW的风机。风速和频率的关系见表1。

(3)根据冬季施工实际观测结果，在低温情况下(温度20 ℃左右)，喷雾机底座距离仓面0.5 m时，采用80个喷头左右摆喷雾，仓面无监测雨量，故采用80个喷头进行喷雾不会影响增加施工用水比例，不会对混凝土浇筑质量造成不利影响。而采用80个喷头左右摆动

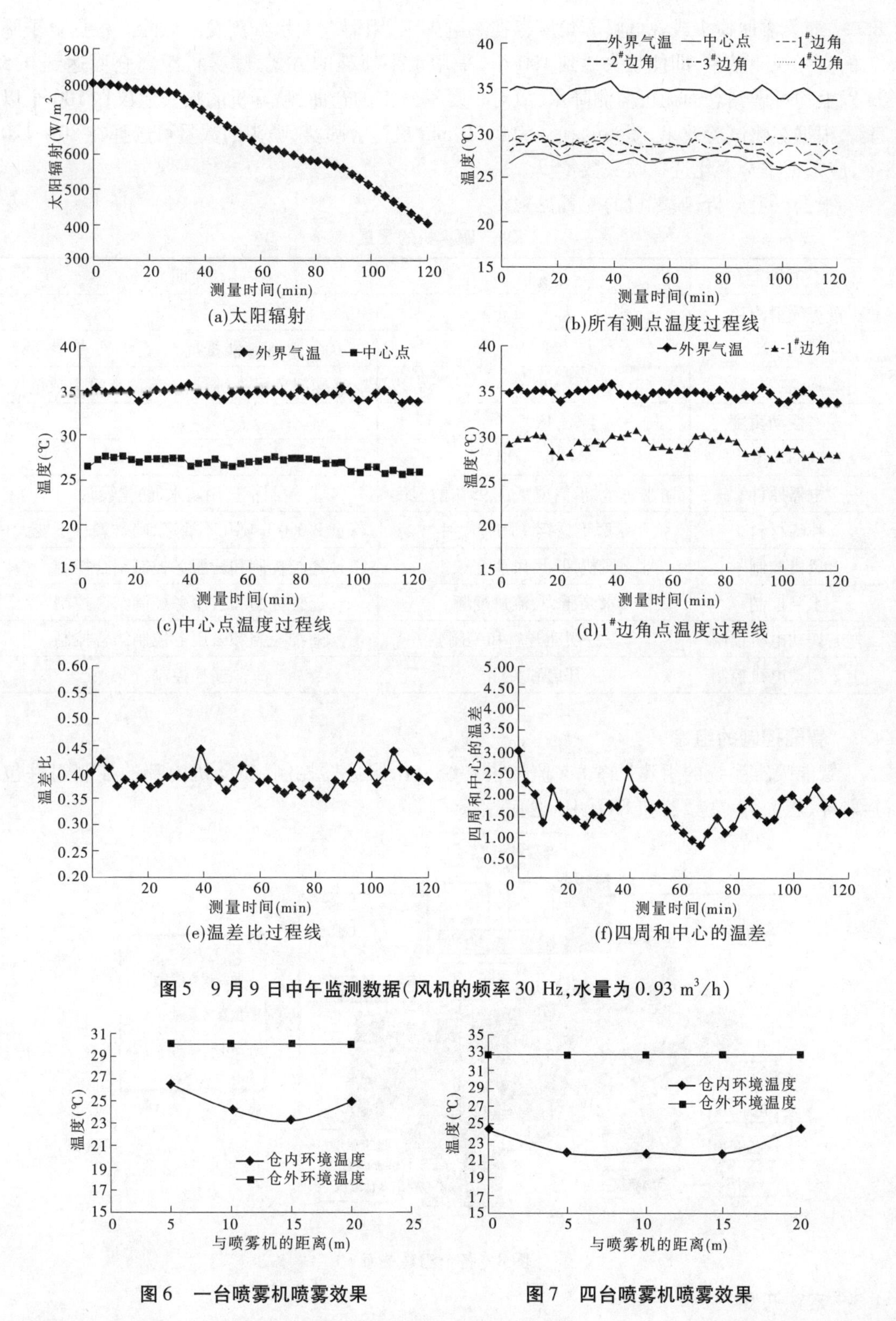

图5 9月9日中午监测数据(风机的频率30 Hz,水量为0.93 m^3/h)

图6 一台喷雾机喷雾效果

图7 四台喷雾机喷雾效果

喷雾时,如喷雾机为水平角度喷雾,如底座距离仓面仅0.5 m,空气含水的饱和度可能突破

85%，继续增加喷头或降低喷雾角度存在影响施工、阻碍仓面水分蒸发的风险。根据夏季施工的实际观测结果，即使喷头达到100个，采用水平喷雾的方式，喷雾机距离仓面达到0.5 m以上均可做到仓面无可监测降水，故对于夏季施工的仓面，喷雾机的喷头建议在100个以上。根据雾化试验效果，喷头的孔径为0.50 mm最适合喷雾，喷头的数量可选择在80～120个，应根据季节变化选择喷头数量。

根据以上分析，喷雾机的配置见表1。

表1 喷雾机的配置

项目	规格	说明
静态喷射距离	大于30 m	
风机功率	11 kW	保障能抵抗4～5级风
雾炮喷嘴个数	120个	选配部分堵头，根据季节调整喷头数量
左右摆动角度	170°	
俯仰角度	-10°～20°	
电器原件	防水防尘设计，能抵抗95%的湿度	控制柜选用防水、防尘设计
喷嘴材料	耐磨不锈钢+陶瓷喷片	保证2 000 h喷孔不变形，喷雾颗粒不变大
风机控制	风机风量、风速变频	遥控控制和云服务控制结合控制
水泵控制	水泵压力、流量变频	遥控控制和云服务控制结合控制
左右摆动电机控制	左右摆动开启和关闭	遥控控制和云服务控制结合控制
上下摆动电机控制	开启和关闭	遥控控制

4.2 智能控制的组建

智能喷雾系统的组建见图8。监控设备统一由服务器控制，喷雾机内部的控制组件包括触屏、压力计、变频器和DTU 4G通信设备。

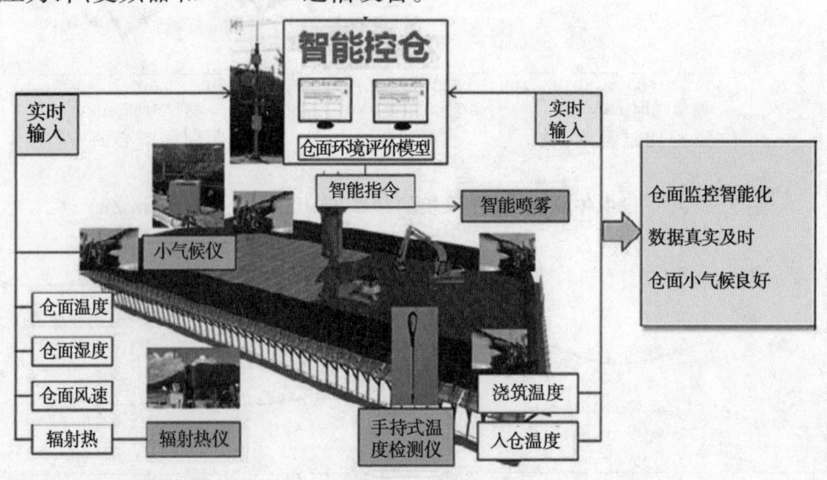

图8 各个组建关系

4.3 系统开发

智能控制系统的整体工作模式如图9所示。

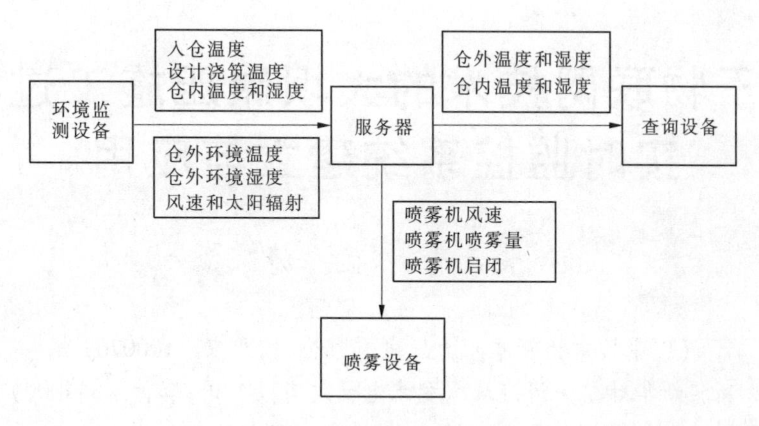

图9 系统控制包含内容

由气候监测设备监测外界环境信息包括风速信息、气温信息、湿度信息和太阳辐射信息等,根据喷雾与降温关系试验获取出仓外环境—仓内环境气温模型以计算出喷雾机的工作指令。

5 总 结

水电工程外界环境复杂,许多大坝的坝址均具有大风、干热和强日照等复杂多变气象条件,为了适应水电工程复杂环境,确保大坝浇筑质量,本章介绍了一种智能喷雾系统的研发过程及其应用。该系统由气候监测设备、云服务器、喷雾设备组成。喷雾设备安装完成后即可根据外部的环境调节仓面内部的环境,进而实现仓面全自动环境控制,即做到仓面环境的精确无人为干涉控制,可较好地保障大坝混凝土的浇筑质量。

参 考 文 献

[1] 樊启祥,周绍武,林鹏,等. 大型水利水电工程施工智能控制成套技术及应用[J]. 水利学报,2016,47(7):916-923.

[2] 李庆斌,林鹏. 论智能大坝[J]. 水力发电学报,2014,33(1):139-146.

[3] 林鹏,李庆斌,周绍武,等. 大体积混凝土通水冷却智能温度控制方法与系统[J]. 水利学报,2013,44(8):950-957.

[4] 王恺,李同春,陈祖荣,等. 基于VC的大体积混凝土智能通水系统开发研究[J]. 三峡大学学报(自然科学版),2013,35(3):16-20.

[5] 朱伯芳,张国新,许平,等. 混凝土高坝施工期温度与应力控制决策支持系统[J]. 水利学报,2008,39(1):1-6.

[6] 朱伯芳. 混凝土坝的数字监控[J]. 水利水电技术,2008,39(2):15-18.

[7] 朱伯芳,张国新,贾金生,等. 混凝土坝的数字监控——提高大坝监控水平的新途径[J]. 水力发电学报,2009,28(1):130-136.

[8] 刘毅,张国新,王继敏,等. 特高拱坝施工期数字监控方法、系统与工程应用[J]. 水利水电技术,2012,43(3):33-37.

基于物联网技术的大坝碾压施工过程实时监控系统建立与应用

裴彦青[1]　孟　涛[2]

(1. 中核集团新华水力发电有限公司,北京　100070;
2. 新疆新华叶尔羌河流域水利水电开发有限公司,喀什　844000)

摘　要　结合阿尔塔什项目特点,通过设置信息感知节点实现大坝碾压过程信息全覆盖、全采集;并对采集到的数据进行压缩融合,减小推送数据量,提高了系统运行效率。截至2018年8月已经采集1.4亿条位置信息及0.7亿条碾压设备震动信息,系统运行良好。针对互联网和移动通信网络基础建设不完备地区,提出局域网与物联网交互使用、本地控制与云服务技术双重应用、局域网内实现四层控制的系统交互模型,为类似地区物联网建设提供参考。通过大坝碾压监控系统总体平台建设,实现工程管理、数据管理、实时分析、历史分析、平面分析、剖面分析等模块,为提高大坝碾压质量提供平台支持。

关键词　物联网;大坝碾压;施工过程;信息化

1　引　言

在水利枢纽工程中,挡水建筑物的建设质量直接关系到整个工程长期运行与安全,一直是工程建设质量控制的重点[1]。2015年颁布的《混凝土面板堆石坝施工规范》[2]9.2.3条中第二款明确指出,“对于坝高150 m以上的坝体填筑,宜建立实时监控系统,确保施工质量”。

对于土石坝施工质量控制要点主要包括铺料厚度、坝料洒水量、碾压设备行走速度、碾压设备振动状态、碾压遍数、坝料层间结合部分、不同坝料分区结合部位施工质量、坝体与岸坡结合部位施工质量等。其中碾压设备行走速度、碾压设备振动状态与碾压设备施工过程及状态直接相关,铺料厚度、碾压遍数、坝料层间结合部分等方面与碾压设备施工过程控制及状态直接相关。因此,如何获取碾压设备施工过程及状态是建立坝体填筑实时监控系统的关键环节。

物联网是信息技术领域的一次重大变革,被认为是继计算机、互联网和移动通信网络之后的第三次信息产业浪潮[3],为大坝碾压施工过程实时监控系统建立提供了一条可行的途径。物联网是在互联网基础上延伸和扩展的网络,通过信息传感设备,按照约定的协议,把任何物品与互联网连接起来,进行信息交换和通信,以实现智能化识别、定位、跟踪、监控和管理的一种网络。物联网的基本特征是信息的全面感知、可靠传送和智能处理,其核心是物

作者简介:裴彦青(1966—),北京人,高级工程师,从事水利水电工程技术管理工作。E-mail:925187771@qq.com。

与物以及人与物之间的信息交互[4]。

基于物联网技术,结合阿尔塔什水利枢纽工程实际工程特征,建立了阿尔塔什大坝碾压施工过程实时监控系统(以下简称大坝碾压监控系统),本文主要从以下几个方面介绍大坝碾压监控系统:

(1)大坝碾压监控系统信息感知技术;

(2)大坝碾压监控系统信息交互的基本模型;

(3)大坝碾压监控系统总体平台及现场质量控制。

2　大坝碾压监控系统信息感知技术

信息感知主要包括关键感知节点的确定、感知节点的软硬件条件及节点数据的收集、清洗、压缩、聚集和融合等。

对于阿尔塔什大坝碾压监控系统而言,感知节点即为碾压设备,如图1(a)所示,为保证信息的完整性及有效性,要求所有碾压设备的全覆盖,即所有碾压设备均需作为感知节点。针对土石坝施工质量控制要求。为全面获得碾压过程及状态,在每个感知节点上布置了三种硬件:位置传感器(中海达高精度 GPS 定位设备 M30 及基站,见图1(b))、震动传感器(见图1(c))、工业平板(见图1(d)),其中位置传感器用于记录碾压过程,震动传感器用于记录碾压过程中的震动状态,工业平板用于碾压过程、状态数据的收集、清洗、压缩、聚集和融合及推送。

(a)碾压设备

(b)位置传感器

(c)震动传感器

(d)工业平板

图1　信息感知硬件

与其他碾压监测系统不同,对采集到的数据进行压缩、融合。经过压缩、融合和通过平板向交互平台提供碾压设备钢轮左、右坐标及震动参数,使得数据与实际碾压位置完全吻合(见图2)并减小推送数据量,提高了系统运行效率,特别是实时显示时的运行效率,截至2017年10月已经采集1.4亿条位置信息、0.7亿条碾压设备震动信息。

大坝碾压施工过程监测系统信息感知层结构如图3所示。

3　大坝碾压监控系统交互的基本模型

对于互联网和移动通信网络基础建设完备,通信保证率高的地区,通过感知层获取基础信息进入平台后,可根据平台开发功能及用户权限设置实现物与物、人与物、人与人之间的交互。而对于像阿尔塔什水利枢纽工程这种互联网和移动通信网络基础建设不完备地区,采用上述模型很难真正实现物与物、人与物、人与人之间的交互。

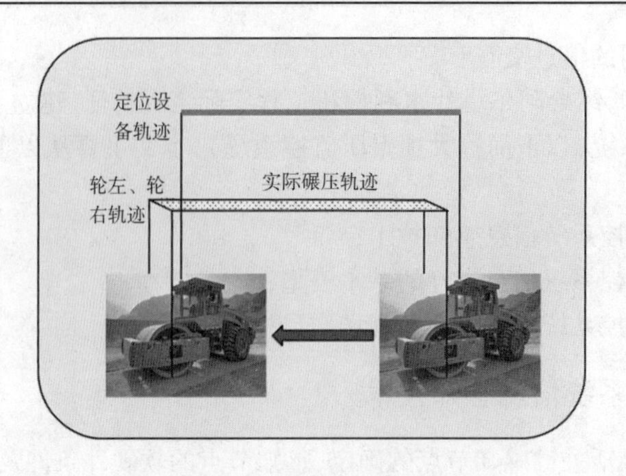

图2　数据压缩与融合

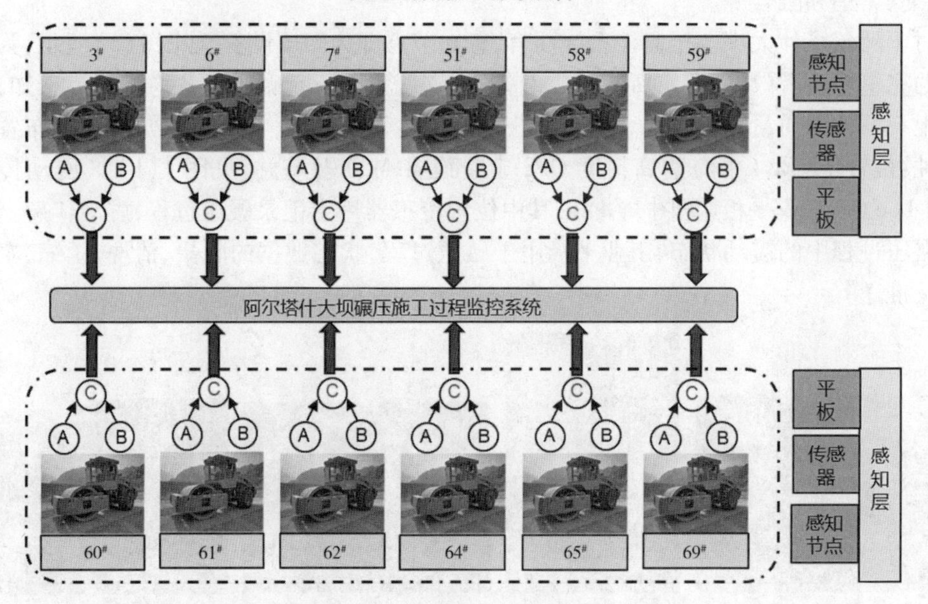

图3　感知层结构示意图

因此,结合阿尔塔什工程实际情况,提出基础通信不完备地区的系统交互基本模型:依靠无线传输设备、数据采集设备、现场服务器及手机、Pad 等移动终端构建无线局域网,用于现场施工数据及时传递与共享,并实现质量控制;构建局域网与互联网接口,借助云服务器实现阿尔塔什大坝碾压施工过程监控系统的云服务,实现更为广泛的物与物、人与物、人与人之间的交互。上述模型可为类似基础条件地区物联网技术提供参考。

大坝碾压监控系统的局域网建设示意图如图 4 所示,为实现大坝碾压质量控制,在局域网内实现了四级控制:①Ⅰ级控制,阿尔塔什水利枢纽工程数字化监控中心(位于左岸1 827 m 平台,坝顶高程 1 825 m),在数字化监控中心实现 24 h 值班,施工、监理集中办公实现对大坝碾压质量控制。②Ⅱ级控制,坝面上施工员通过手机、Pad 等移动终端根据实际施工情况实现开仓、闭仓等操作,并与数值化监控中心配合对欠碾部位进行定位、补碾。③Ⅲ级控制,中国水利水电第五工程局有限公司后方营地监控中心,基于产序列、大数据的碾压信息统计,对施工工序进行优化,提高大坝碾压效率及质量。④Ⅳ级控制,机械队通过实时监控、录像回放等功能回溯机手碾压过程,提高机手碾压水平及不同机手之间协同作业水平,提高大坝碾压质量;同时提供所有设备运行状态的碾压长度、碾压面积、碾压遍数合格面、碾压频次等指标,提高机械设备的调度和管理水平。

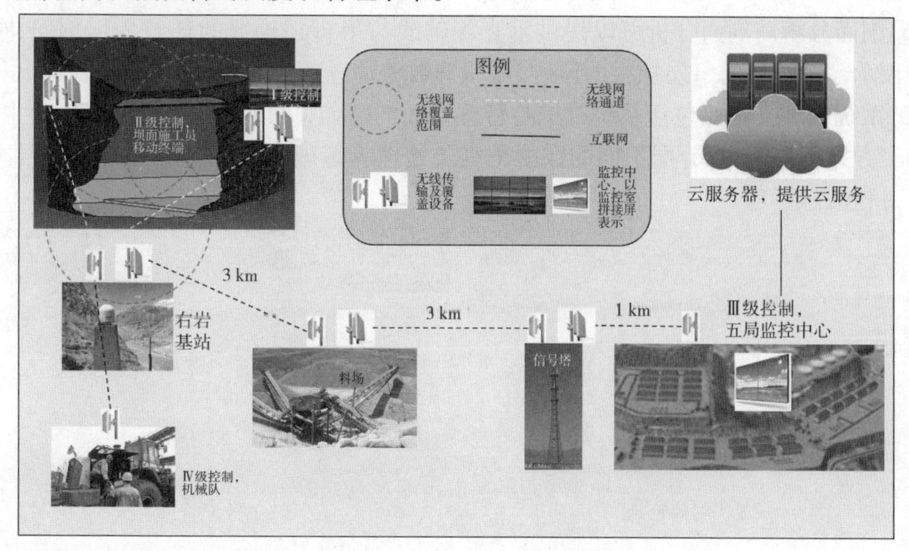

图4　大坝碾压监控系统交互的基本模型

4　大坝碾压监控系统总体平台及现场质量控制

4.1　大坝碾压监控系统总体平台建设

为满足阿尔塔什水利枢纽工程大坝碾压质量控制需求,基于物联网技术开发大坝碾压监控系统平台,系统主要包括7个功能模块(模块示意如图5所示):

(1)工程管理模块。利用该模块,可以将大坝单元工程划分建立起来,并且通过单元工程的划分,可以直接查询不同单元工程大坝填筑施工过程信息,包括碾压遍数、碾压速度、碾压机械振动状态、该单元工程大坝坝料铺厚等信息。

另外利用该模块可以实现大坝施工机械与驾驶员的管理。

(2)数据管理。数据管理主要提供两种数据上传与查询的方式:①利用文件管理模块,可以实现因为网络原因没有实时上传的数据,通过已有格式的数据文件上传的功能;另外也能够实现利用文件名进行数据查询;②历史数据功能,利用该模块,可以实现通过不同的查询条件对数据库中任意数据进行查询,包括每一条数据内的各个参数,并且可以利用该模块对数据库中的无效数据进行删除。

(3)实时分析。利用本模块可以设置不同高程的大坝平切面作为大坝填筑施工面,并且显示在当前大坝施工面中各辆碾压机械的实时施工状态。另外,可以自动添加或者屏蔽该施工平面中的碾压机械施工状态。

(4)历史回放。利用本模块可重现大坝碾压过程,可以根据车辆、时间及工作仓交叉选择重现内容,为工程管理及碾压技术提升提供技术支持。

(5)平面分析。可以利用该模块进行不同高程、不同区域的已经结束的大坝碾压信息的查询与动态展示,主要可以实现施工区域内坝料的碾压遍数,包括振动碾压与静碾、碾压机械行走速度、碾压机械振动状态等。

利用行车轨迹功能实现碾压机械提供按照时间维度回放车辆运行轨迹,在回放过程中,需实时显示当前时间和速度。当有多个车同时碾压时,则同时播放多个车的轨迹。

(6)剖面分析。剖面分析可以提供垂直坝轴线与平行坝轴线的任意大坝剖面,在大坝剖面中展示已经填筑的每层坝料的厚度、碾压遍数等信息。

(7)系统管理。主要包括系统维护与管理方面的功能,可以根据工程建设中业主、监理以及施工方等不同用户,分配不同的数据浏览及处理等管理权限,实现分角色、分层次的工程建设过程信息管理。

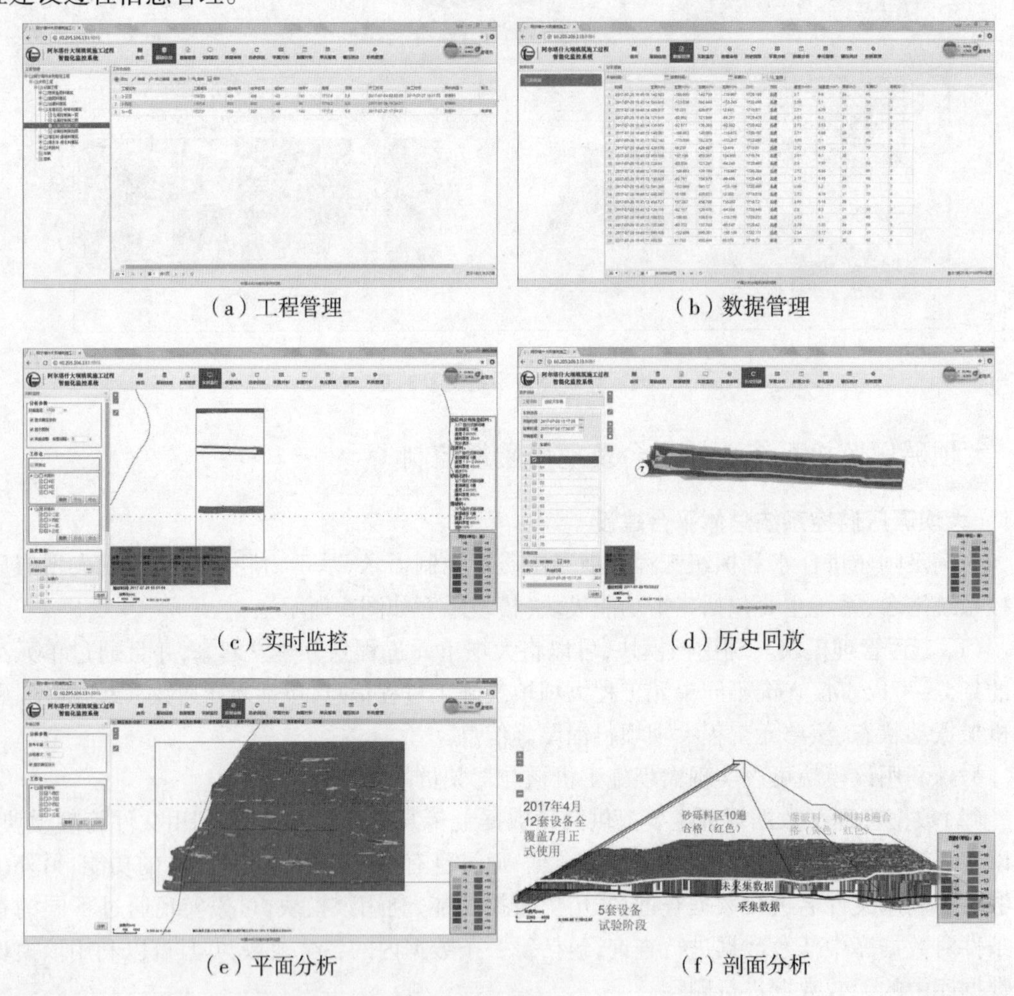

(a)工程管理　(b)数据管理

(c)实时监控　(d)历史回放

(e)平面分析　(f)剖面分析

图5　大坝碾压监测系统部分功能示意图

4.2　大坝碾压分仓施工及仓面控制原则

为提高大坝碾压施工质量,结合大坝施工流程(大坝碾压施工流程主要包括建仓、卸料平料、厚度及含水率控制、碾压、闭仓、质检),开发了适合分仓施工控制方法,具体流程如图6所示,并提出了智能化施工基本原则:

(1)碾压前开仓原则。待上一层坝料碾压结束验收合格之后,方可进行新的坝料碾压施工开仓,且仓位信息需与工程项目划分中的单元工程相一致,以便施工过程管理与单元工程质量评定能够平顺对接。

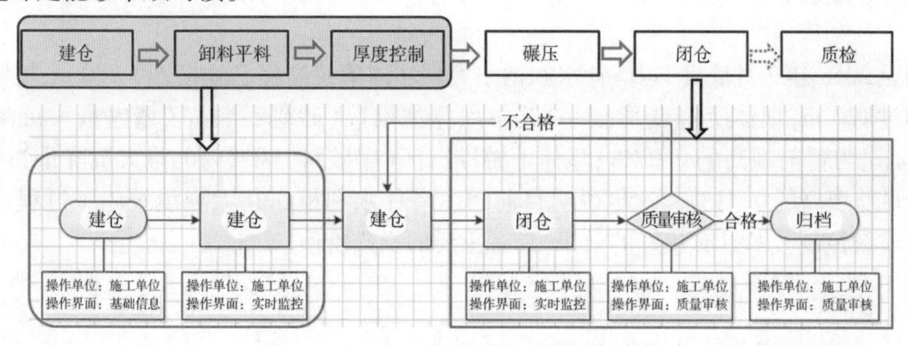

图6 大坝填筑智能化施工流程

(2)仓面闭合原则。本仓坝料碾压施工结束之后,现场施工管理员利用便携式数据终端登录系统,选择本仓施工数据进行查看,无漏碾、欠碾的等区域后方可闭仓。有漏碾、欠碾情况需要进行该区域补碾合格之后方可闭仓。

(3)搭接碾压,过程控制原则。根据碾压试验确定的碾压遍数,以及施工工艺,设置搭界碾压宽度或者错距宽度,保证碾压施工能够满足设计要求,如碾压机械操作偏离设置宽度,则系统与机械驾驶室内会自动报警,进行实时纠偏,保证施工过程控制的及时性。

(4)下层建仓前闭仓归档管理原则。闭仓归档管理与单元工程质量评价中的相关程序与档案相匹配,保证施工仓位归档档案能够为工程质量评定提供有效支撑,保证单元工程施工质量的管理与溯源能够有效进行。

4.3 大坝碾压监控系统应用效果分析

通过该系统的实施,阿尔塔什水利枢纽大坝碾压施工过程,按照单元工程划分标准,又进一步划分为“上料仓”、“碾压仓”、“检验仓”及“备查仓”四个区块,通过四个区块施工的协调与统一安排,不仅大大提高了大坝填筑碾压施工效率,而且保证了大坝碾压施工质量。从工程管理者角度而言,为其精细化、实时化的全程大坝施工管理提供了重要平台与手段。

通过现场管理人员在现场利用手持数据终端,进行实时的大坝碾压施工实时监管,可以根据施工现状,实时现场施工机械动态调度,实现最大程度的大坝施工机械效益发挥,为施工单位的大坝施工工效的提高、施工进度的把握提供了重要的技术支撑。

通过阿尔塔什水利枢纽大坝填筑施工过程实时智能化系统的实际应用可知,目前该系统的先进性主要体现在以下几个方面。

(1)在国内较早地采用我国自主研发的北斗定位导航系统,进行水利工程大坝填筑施工过程的实时智能化监控,为下一步我国北斗导航定位技术的推广应用积累了重要的经验。

(2)利用先进的云计算技术,将系统服务器布置在了云服务器中,节省了在现场进行工程分控中心、中控中心等服务器与存储设备的硬件费用,具有较好的经济性,也提高了数据应用与数据存储的安全性和可靠性。

(3)该系统通过功能强大的数据分析与展现功能,通过海量数据的深入挖掘与分析,可以提供大坝碾压施工过程的平面分析、剖面分析以及施工过程回放等,有效地提高了施工管理水平,保证了大坝施工质量。

(4)利用该系统,能够对大坝施工机械的施工工效进行强有力的分析,实现对不同的碾压机械进行绩效管理,这对于提高工程施工效率、实现多劳多得的分配制度有重要的支撑作用。

截至 2018 年 7 月底,阿尔塔什水利枢纽大坝坝体填筑高程已经接近 1 780 m,坝体填筑高度超过 120 m,坝体沉降变形较小,其中坝体主堆区(砂砾石料)区域内最大沉降量为 309.1 mm,为目前坝高的 0.27%;坝体下游堆石区(爆破料)区域内的最大沉降量为 475.1 mm,为目前坝高的 0.41%。这也说明目前阿尔塔什水利枢纽在大坝填筑施工过程中采用的施工质量控制技术具有较好的效果,具有重要的推广价值。

5 结 论

(1)结合阿尔塔什项目特点,通过设置信息感知节点实现大坝碾压过程信息全覆盖、全采集;并对采集到的数据进行压缩、融合,减小推送数据量,提高了系统运行效率。截至 2017 年 10 月,已经采集 1.4 亿条位置信息、0.7 亿条碾压设备震动信息,系统运行良好。

(2)针对互联网和移动通信网络基础建设不完备地区,提出局域网与物联网交互使用、本地控制与云服务技术双重应用、局域网内实现四层控制的系统交互模型,为类似地区物联网建设提供参考。

(3)通过大坝碾压监控系统总体平台建设,实现工程管理、数据管理、实时分析、历史分析、平面分析、剖面分析等模块,为提高大坝碾压质量提供平台支持。

参 考 文 献

[1] 胡永利,孙艳丰,尹宝才. 物联网信息感知与交互技术[J]. 计算机学报,2012,35(6):1147-1163.

[2] 中华人民共和国水利行业标准. 混凝土面板堆石坝施工规范:SL 49—2015[S].

[3] 陈祖煜,杨峰,赵宇飞,等. 水利工程建设管理云平台建设与工程应用[J]. 水利水电技术,2017,48(1):1-6.

[4] 钟登华,石志超,杜荣祥,等. 基于 CATIA 的心墙堆石坝三维可视化交互系统[J]. 水利水电技术,2015,46(6):16.

[5] 钟登华,王飞,吴斌平,等. 从数字大坝到智慧大坝[J]. 水力发电学报,2015,34(10):1-13.

阿尔塔什趾板混凝土配合比设计及防裂研究

谭小军　周天斌　王红刚

（中国水利水电第五工程局有限公司，成都　610066）

摘　要　趾板是面板堆石坝防渗体系中的重要组成部分，作为防渗体的趾板混凝土，对耐久性能要求较高。文章通过对新疆阿尔塔什水利枢纽工程趾板混凝土配合比设计，提高混凝土自身的抗拉强度，使混凝土具有低绝热温升、高抗拉强度、低收缩、低弹模、高极限拉伸特性，同时利用混凝土抗裂设计及评价方法，研究纤维及抗裂防水剂在阿尔塔什趾板混凝土中的应用效果，提高趾板混凝土自身抗裂及耐久性能。

关键词　趾板；配合比；抗裂性；耐久性

1　工程概况

阿尔塔什水利枢纽工程被誉为“新疆三峡”，是国家“十三五”计划的重点工程，也是目前新疆在建的最大水利枢纽工程项目，位于南疆莎车县霍什拉普乡和阿克陶县的库斯拉甫乡交界处。本工程地处高寒干燥地区，昼夜温差大，气候干燥，日照长，雨量少。多年平均气温为11.4 ℃，极端高温39.6 ℃，极端低温－24 ℃，多年平均降水量51.6 mm，多年平均蒸发量2 244.9 mm，最大风速22 m/s，全年平均风速1.8 m/s，最大冻土深98 cm，最大积雪厚度14 cm。

2　趾板混凝土设计要求

趾板混凝土设计指标见表1[1]。

表1　趾板混凝土设计指标

强度等级	级配	设计坍落度（cm）	抗渗等级	抗冻等级	极限拉伸值（$\times10^{-4}$）	最大水胶比	最小胶材用量（kg/m^3）	入仓方式
C30	二	14～16	W12	F300	≥1.0	0.45	300	泵送

3　原材料检测

3.1　水泥

新疆地区普硅水泥碱含量普遍较高，多为1%左右，有少数水泥厂生产低碱水泥，但成

作者简介：谭小军（1976—），男，四川射洪人，高级工程师，分局总工程师，从事试验检测工作。E-mail：443850029@qq.com。

本较高,约是普通硅酸盐水泥的2倍。本工程采用叶城天山普通硅酸盐水泥,水泥物理化学指标检测均满足《通用硅酸盐水泥》(GB 175—2007)的要求,但总碱含量为0.92%,不利于混凝土总碱含量的控制。通过厂家控制水泥比表面积在300~350 m^2/kg(15年均值为400 m^2/kg),熟料生产中控制C_3A的矿物成分小于6%(15年均值8.2%),有利于减小水泥早期强度过高、水化热过快、凝结快、干缩变形大而造成混凝土裂缝的产生。

3.2 粉煤灰

采用华电喀什电厂生产的Ⅰ级粉煤灰,需水量比、细度、烧失量、碱含量、氯离子含量均满足规范要求。

3.3 骨料

采用阿尔塔什工程现场的C3料场砂石骨料(天然骨料混掺部分人工破碎),经检测粗细骨料物理指标均满足《水工混凝土施工规范》(SL 677—2014)的要求。采用砂浆棒快速法试验进行骨料碱活性检验,结果表明,天然骨料具有潜在碱活性。

3.4 外加剂

采用建宝天化的高性能减水剂、引气剂和抗裂防水剂,经检测均满足规范要求。

3.5 纤维

纤维采用聚乙烯醇PVA纤维,该纤维是一种低弹模纤维,在混凝土中有较好的分散性,与混凝土具有较好的协调变形能力,起到阻裂增韧作用。经检测满足长度(12±1)mm、断裂强度大于1 500 MPa、初始模量大于36 GPa、断裂伸长率6%~8%的技术要求。

3.6 拌和用水

混凝土拌和用水采用叶尔羌河河水,检测结果满足拌和用水技术要求。

4 混凝土配合比参数选择

混凝土配合比参数选择主要从配制强度、含气量、粗骨料级配、粉煤灰掺量、砂率和用水量等六个方面进行试验[2]。

趾板混凝土设计等级为C30W12F300,配制强度为37.4 MPa;当骨料最大粒径为40 mm时,适宜含气量为5.5%±1.0%。

粗骨料级配采用最大振实容重法进行紧密密度与孔隙率的测试,当小石和中石比例40:60时,紧密密度最大、孔隙率最小,最佳级配比例为40:60。

混凝土中掺用粉煤灰具有改善混凝土和易性及物理力学性能,减小混凝土温升,抑制碱活性,降低工程成本等。在保证工程质量的前提下,合理掺用粉煤灰,易于施工及节约成本。当掺量为30%时,对混凝土28 d强度值影响较大;掺量小于30%时,强度值影响较小,粉煤灰掺量小于30%较为适宜。砂浆棒快速法抑制骨料碱活性试验表明,掺入15%的粉煤灰不能很好地抑制碱骨料反应,当掺入大于20%的粉煤灰后,14 d膨胀率在0.028%~0.045%。从工程的安全性和耐久性考虑,结合不同粉煤灰掺量对混凝土强度的影响和对碱骨料反应的抑制效果分析确定粉煤灰的掺量为25%。

砂率指在保证混凝土拌和物具有良好的黏聚性、保水性,能达到最好的工作性能,用水量最小的砂率。合理的砂率不仅可以使拌和物具有良好的和易性,而且能使硬化的混凝土获得较好的力学性能、耐久性能。试验结果表明,当水胶比为0.35、0.38、0.41时,二级配混凝土最佳砂率为37%、38%、39%。

用水量是在固定水胶比，采用最佳的粉煤灰掺量、砂率等的前提下，使混凝土具有良好工作性能的用水量。

5 混凝土强度和水胶比的关系

试验选用三个经验值水胶比（0.35、0.38、0.41）进行拌和物性能和力学性能试验，最后通过数据回归分析计算混凝土的水胶比取值。趾板混凝土水胶比取值见表2，混凝土28 d强度（f_c）与胶水比（B/W）的关系图见图1。

表2 趾板混凝土水胶比取值

设计等级	设计龄期(d)	级配	强度保证率 P(%)	粉煤灰(%)	配制强度(MPa)	回归关系方程式	水胶比	
							计算值	取值
C30	28	Ⅱ	95	25	37.4	$f_{cu}=19.64(C+F)/W-14.91$	0.375 5	0.37

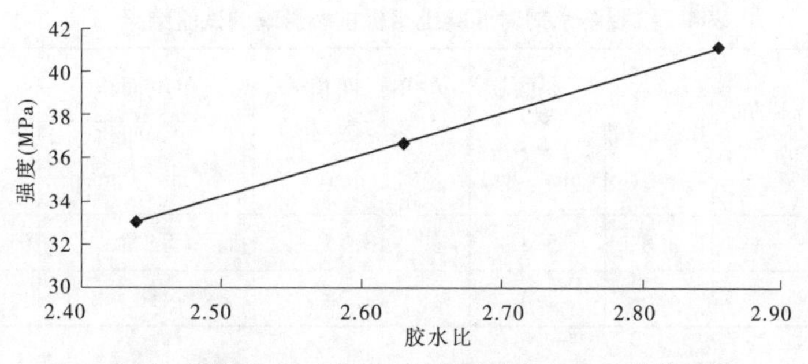

图1 混凝土28 d强度（f_c）与胶水比（B/W）的关系图

6 不同抗裂方案对混凝土性能的影响分析

通过不同的材料组合，研究纤维、抗裂防水剂对混凝土性能的影响，从中寻找出混凝土自身抗裂能力[3]最优，性能可靠的混凝土配合比。

6.1 掺纤维混凝土的性能

从混凝土拌和物的性能来看，纤维的加入略微地减小了混凝土的含气量，较好地改善了混凝土的和易性，说明纤维在混凝土中的均匀分布，阻碍了集料的沉降，减少了混凝土的泌水通道，使混凝土中的孔隙率有所降低。力学性能方面，掺纤维后，混凝土抗压强度变化不大，但劈裂抗拉强度增长6% ~8%，轴向拉伸强度平均增长6%，极限拉伸值平均增长8%，弹性模量降低1%。说明掺入纤维可以提高混凝土的韧性、抗拉力，阻止开裂。变形性能方面，混凝土掺纤维后可以减小混凝土的干缩。通过混凝土抗裂试验－平板试件试验评价混凝土的塑性收缩，试验结果表明，掺PVA聚乙烯醇纤维的混凝土明显提高了混凝土的抗裂性能，抗裂等级为Ⅰ级，未发现有裂缝的出现，纤维对混凝土平板抗裂影响的试验结果见表3。

表3 纤维对混凝土平板抗裂影响的试验结果

编号	水胶比	纤维（kg/ m^3）	开裂时间	开裂面积 A（mm^2/根）	单位面积裂缝数目（根/mm^2）	单位面积开裂面积 C（mm^2/ m^2）	抗裂性等级
JZ-1	0.37	—	358	5.4	13.7	84.3	Ⅱ
XW-1		0.9	—	0	0	0	Ⅰ

6.2 掺抗裂防水剂混凝土的性能

掺入2%的抗裂防水剂，可在一定程度上改善混凝土拌和物的性能，增加了混凝土拌和物的黏稠度，具有较好的流动性和保水性；力学性能变化不大；变形性能方面，单掺抗裂防水剂，混凝土的干缩值有所降低。从平板抗裂试验结果来看，单掺抗裂防水剂延迟了混凝土的开裂时间，裂缝的宽度变小，开裂面积降低，但还是出现了开裂，开裂等级为Ⅱ级，试验结果见表4。

表4 抗裂防水剂对混凝土平板抗裂影响的试验结果

编号	水胶比	抗裂防水剂（%）	开裂时间	开裂面积 A（mm^2/根）	单位面积裂缝数目（根/mm^2）	单位面积开裂面积 C（mm^2/ m^2）	抗裂性等级
JZ-1	0.37	—	358	5.4	13.7	84.3	Ⅱ
WHDF-1		2	486	2.4	12.2	45.3	Ⅱ

6.3 复掺纤维和抗裂防水剂混凝土的性能

复掺纤维和抗裂防水剂，混凝土拌和物的和易性良好，力学性能与单掺纤维一致，但混凝土的干缩值降低幅度较大。由此看来，材料组合中复掺纤维和抗裂防水剂能更有效地减小混凝土的干缩变形。不同材料组合干缩值与时间关系图见图2，不同材料组合混凝土抗冻抗渗试验结果见表5。

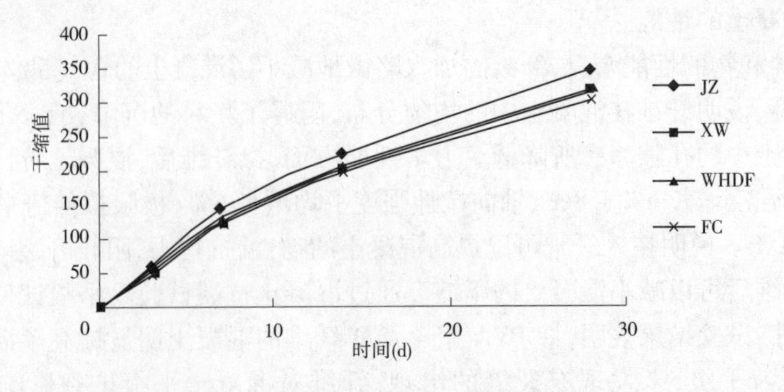

图2 不同材料组合干缩值与时间关系图

表5 不同材料组合混凝土抗冻抗渗试验结果

编号	水胶比	实测压力（MPa）	平均渗水高度（mm）	冻融次数	平均相对动弹模量（%）		平均质量损失率（%）	
					标准要求	检测结果	标准要求	检测结果
JZ	0.37	1.4	4.8	F300	>60	70	<5	3.02
XW	0.37	1.4	3.4			83		2.72
WHDF	0.37	1.4	2.2			76		3.64
FC	0.37	1.4	1.8			87		2.47

7 推荐趾板混凝土施工配合比

综合阿尔塔什趾板混凝土配合比设计和不同抗裂方案试验结果[4]，推荐的阿尔塔什趾板混凝土配合比见表6，推荐配合比总碱含量和氯离子含量计算结果见表7。

表6 阿尔塔什趾板混凝土推荐配合比

设计等级	水胶比	砂率（%）	级配	粉煤灰（%）	纤维（kg/m^3）	WHDF（%）	减水剂（%）	引气剂（/万）
C30W12F300	0.37	38	Ⅱ	25	0.9	2	1.3	0.25

混凝土材料用量（kg/m^3）

水	水泥	粉煤灰	砂子	小石	中石	减水剂	引气剂	抗裂防水剂	纤维
130	263	88	729	476	714	4.563	0.009	7.02	0.9

表7 推荐趾板混凝土施工配合比总碱含量和氯离子含量计算结果

设计等级	总碱含量（kg/m^3）	氯离子含量（%）
C30W12F300	2.91	0.06

8 结 语

（1）阿尔塔什项目天然骨料具有碱活性，且当地所产水泥碱含量较高，通过现有的材料控制总碱含量小于3 kg/m^3，有效地抑制了碱硅反应对趾板混凝土的危害，并提高了混凝土的耐久性能，节约了工程成本。

（2）通过不同抗裂方案分析可得出单掺纤维及单掺抗裂防水剂均能起到一定的抗裂作用，综合比较分析，在保证各项指标满足设计要求的前提下，复掺纤维及抗裂防水剂使抗裂性能达到最佳状态。

（3）经过一年多的实践验证，浇筑的趾板混凝土自身抗裂性能较强，阿尔塔什水利枢纽工程中施工的趾板混凝土极少发现开裂。

参考文献

[1] 新疆新华叶尔羌河流域水利水电开发有限公司. 新疆阿尔塔什水利枢纽工程大坝工程施工. 招标文件第Ⅲ卷技术条款[AETS－2015－JZ－DS003]:5-6.
[2] 水工混凝土配合比设计规程:DL/T 5330—2015[S].
[3] 混凝土结构耐久性设计与施工指南:CCE S01—2004[S].
[4] 水工混凝土施工规范:SL 677—2014[S].

非完整宽尾墩在出山店库表孔泄洪中的应用

王桂生　詹同涛　马东亮　杨　中　韩福涛

（中水淮河规划设计研究有限公司，合肥　230601）

摘　要　出山店水库重力坝表、底孔泄洪具有水流单宽流量大、弗劳德数低等特点，根据消能计算成果，表、底孔下泄水流的弗劳德数为2.61～3.45，均属低水头、大单宽、低弗劳德数消能范畴，消能效率较低。设计采用非完整宽尾墩消能工，有效提高了消能率，为类似低水头、大单宽、低弗劳德数联合消能工设计提供了很好的参考和借鉴。

关键词　非完整；消能；效率；泄洪

出山店水库混凝土重力坝共由23个坝段组成，其中5#～13#坝段为溢流坝段，为开敞式结构，堰顶高程为83.0 m，共8孔，每孔净宽15.0 m，墩尾采用非完整宽尾墩，闸墩顺水流向长33.0 m。堰面为WES曲线，堰顶中部设1.5 m宽的水平段，下游采用幂曲线，幂曲线后接1∶0.8斜坡，斜坡末端通过半径18.0 m的反弧段与消力池相接。溢流表孔消能方式经论证采用底流消能、尾坎式消力池，池底顶高程为65.0 m，池深5.0 m，池长73.5 m。

1　问题提出

出山店水库重力坝溢流表孔坝段消力池采用底流消能，池内顺水流向依次布置梯形墩、T形墩。根据模型试验，在百年一遇水位、千年一遇水位、万年一遇水位条件下泄流时，其消能率提高仍不是十分明显，且水流在消力池出池后流速较大，仍形成连续波状水跃，为提高消能效率，需在表孔闸墩部位增加消能设施，改善溢流表孔消力池内消能防冲问题。考虑在不影响过流能力的同时，设置非完整宽尾墩提高消能效率，满足本工程的消能防冲要求。

2　非完整宽尾墩设计

2.1　设计参数

宽尾墩（见图1）主要设计参数有三个，分别为收缩比、侧收缩角和闸孔起始收缩点位置参数。

（1）收缩比：宽尾墩的设置使得溢流堰面下泄水流在墩尾产生横向收缩，溢流表孔闸墩末端断面矩形缺口的宽度B'与上游闸墩宽度B之比，定义为宽尾墩收缩比β，即

$$\beta = \frac{B'}{B} = 1 - \frac{b' - b}{B}$$

（2）侧收缩角：宽尾墩一侧闸墩在末端断面加宽的宽度$b' - b$与收缩段的水平投影长度L之比为正切值的角度，即

作者简介：王桂生（1980—），男，江苏如东人，高级工程师，主要从事水工结构工程的研究与设计工作。E-mail：18856925285@163.com。

$$\theta = \tan^{-1}\frac{b' - b}{L}$$

(3)闸孔起始收缩点位置参数:从溢流堰顶算起的向下游的水平和垂直距离与设计定型水头的比值,即

$$\xi_x = \frac{x}{H_d}, \xi_y = \frac{y}{H_d}$$

宽尾墩的设计几何参数会直接影响消能率和泄流能力,因此确定几何参数时,必须协调考虑,使得宽尾墩既不影响泄洪,同时消能效率高,不影响下游防冲效果。

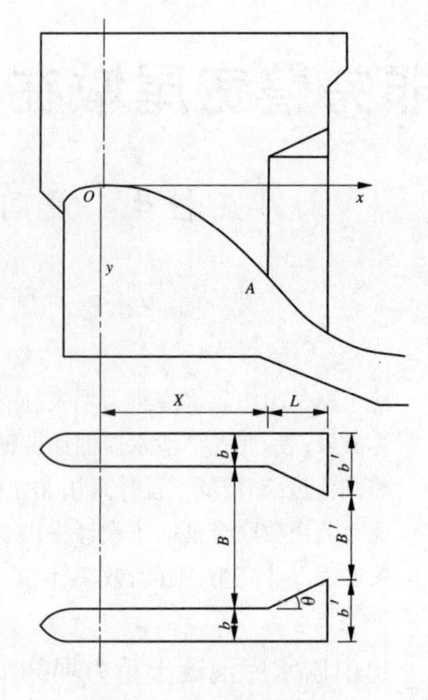

图1　宽尾墩示意图

2.2　理论分析

宽尾墩的主要作用是强迫过堰水流形成收缩射流,使过堰水流到达墩尾之前在空中强制形成纵向切开的片状,为下游消力池创造有利的入流条件。收缩射流依靠收缩比和侧收缩角形成。在恒定收缩比时,侧收缩角影响水流在收缩段的平顺度与墩后水流的对冲流速。侧收缩角越小,水流越平顺,相应有利于墩体的结构安全与闸孔的泄流能力,但水流对冲消能效果差;在侧收缩角不变时,收缩比即是水流经宽尾墩时被束窄的程度,收缩比越小,其入池形成的流束越高,相应对冲也更加剧烈,消能效果更好,但过小的收缩比会影响闸孔的泄流能力。

2.3　设计参数

根据上述的理论分析,结合已建工程的宽尾墩设计经验,本工程宽尾墩取 $B' = 9$ m、$L = 6.5$ m,由此确定 $\theta = 25^{o}$ 。

2.4　非完整宽尾墩布置

为保证宽尾墩的设置满足消能防冲要求,提高溢流表孔下泄水流消能率,但不影响整个溢流表孔坝段的泄流能力,在2[#]、4[#]、5[#]、7[#]溢流表孔设置宽尾墩,1[#]、3[#]、6[#]、8[#]溢流表孔设置平尾墩,为非完整宽尾墩(见图2)。

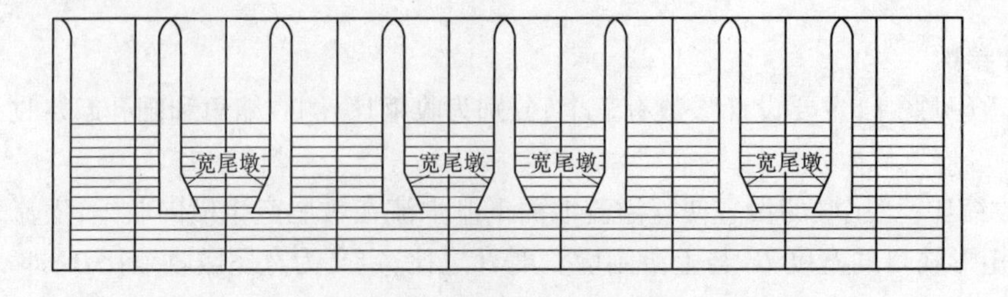

图2　非完整宽尾墩布置图

3　模型试验验证

3.1　试验工况及过程

根据流体运动相似原理和佛氏模型相似律进行模型设计,模型几何比尺1∶65。通过模型试验验证上述非完整宽尾墩设置前后的消能效率的提高及对过流能力的影响。试验根据

水库调度运行方案，分别试验了百年一遇控泄、千年一遇设计、万年一遇校核等三种工况条件下的出池流速和消能效率（见图3～图5）。模型测量速度对比以及消能率分别见表1、表2。

图3 非完整宽尾墩百年一遇工况泄洪

图4 非完整宽尾墩千年一遇工况泄洪

图5 非完整宽尾墩万年一遇工况泄洪

3.2 泄流能力验证

模型试验验证了设置宽尾墩前、后对溢流表孔坝段泄流能力的影响，对比无宽尾墩条件下的泄流能力成果见表3。

表 1　安装宽尾墩前后 0 + 182 m 处流速比较

工况		0 + 182 m(出池坡顶)中部流速(m/s)		
		左	中	右
百年一遇	加宽尾墩前	5.97	6.45	5.80
	加宽尾墩后	5.32	5.64	4.60
	降幅	0.65	0.81	1.20
千年一遇	加宽尾墩前	6.69	6.53	6.45
	加宽尾墩后	4.72	5.28	4.78
	降幅	1.97	1.25	1.67
万年一遇	加宽尾墩前	6.77	6.61	5.80
	加宽尾墩后	4.92	5.48	4.68
	降幅	1.85	1.13	1.12

表 2　溢流坝段各工况下消力池消能率计算值

工况	消能工	断面 a 流速(m/s)	断面 a 水深(m)	断面 a 能量(m)	断面 b 流速(m/s)	断面 b 水深(m)	断面 b 能量(m)	消能率(%)
百年一遇	T 形墩	17.95	13.54	29.98	4.10	17.17	18.03	39.87
	宽尾墩 + T 形墩	19.23	14.03	32.90	4.13	17.21	18.08	45.04
千年一遇	T 形墩	16.20	13.81	27.20	3.84	17.83	18.58	31.68
	宽尾墩 + T 形墩	18.13	14.10	30.87	3.83	18.00	18.75	39.27
万年一遇	T 形墩	19.11	14.70	33.33	4.80	18.97	20.15	39.56
	宽尾墩 + T 形墩	19.46	15.37	34.69	4.18	19.06	19.95	42.49

表 3　泄流能力对比表

工况	百年一遇	千年一遇	万年一遇
上游水位(m)	94.80	95.78	98.12
未加宽尾墩流量(m^3/s)	12 467.07	14 374.60	17 665.09
加宽尾墩后流量(m^3/s)	12 160.51	14 170.22	17 440.28
开孔数	八孔全开	八孔全开	八孔全开
流量偏差(%)	2.46	1.42	1.27

对比原方案和本方案中在百年一遇、千年一遇、万年一遇水位下的泄流能力结果，在相同闸门开度和上下游水位的条件下，闸门过流量有所差别。百年一遇、千年一遇、万年一遇水位条件下，设置局部宽尾墩后，其泄流流量在三种工况下分别降低了 2.46%、1.42%、

1.27%,流量越大泄流能力影响越小,流量越小泄流能力影响越大。分析认为,流量越大,宽尾墩束缚、拉伸水流的作用越弱,流量越小,宽尾墩对水流的阻碍作用越明显。整体发现,三种工况下设置宽尾墩后溢泄流流量偏差都较小,表明设计采用的宽尾墩体型对溢流坝泄流能力影响较小。

(1)在百年一遇水位,原设计方案在仅安装T形墩消能工下溢流坝段消能率为39.87%,在宽尾墩和T形墩联合消能工运用下,消能率提升到45.04%,说明在百年一遇水位下,宽尾墩+T形墩联合消能工使消力池消能率得到改善。

(2)千年一遇水位,溢流坝段消力池消能率为31.68%,在宽尾墩和T形墩联合消能工运用下,消能率提升到39.27%,消能率得到明显提高。

(3)万年一遇水位,溢流坝段消力池消能率为39.56%,在宽尾墩和T形墩联合消能工运用下,消能率提升到42.49%,消能率得到改善。

宽尾墩+T形墩联合消能工的运用使溢流坝段消力池消能率得到明显改善,说明宽尾墩的运用是改善本工程溢流坝消能防冲效果的有效措施。

4　结　论

本文通过对出山店水库泄流表孔设置非完整宽尾墩,在基本不影响其过流能力的条件下,有效提高了消能效率,降低了平均出池流速,为类似联合消能工的设计提供了重要参考,并得出以下结论:

(1)对于低水头、大单宽、低弗劳德数消能工况溢流坝,为提高消能效率,应该寻求联合消能工模式。

(2)非完整宽尾墩+T形墩联合消能工使溢流坝段消力池消能率得到明显改善,且基本不影响过流能力,表明非完整宽尾墩的运用是改善具有上述消能特点的溢流坝消能防冲效果的有效措施。

(3)选择合适收缩比和侧收缩角,对于宽尾墩的设计是关键,需通过模型验证其过流能力和消能效率。

参考文献

[1] 谢省宗,李世琴,李桂芬.宽尾墩联合消能工在我国的发展[J].红水河,1995(3):3-11.

[2] 李中枢,潘艳华,韩连超,等.宽尾墩联合消能工体型选择及水力特性的研究[J].水科学进展,2000,11(1):82-87.

[3] 陈俊英,张新燕,张宽地,等.T形墩应用于低弗氏数水流消能的试验研究[J].中国农村水利水电,2005(10):54-57.

[4] 张挺,周勤,伍超,等.新型宽尾墩和阶梯式溢流坝面一体化消能工数值模拟[J].福州大学学报(自然科学版),2007,35(1):111-115.

[5] 周喜德,殷彤,雷云华,等.低 *Fr* 数宽尾墩消力池流场三维数值模拟[J].四川大学学报(工程科学版),2010,42(6):17-24.

[6] 何冲,赛春宇.重力坝下游宽尾墩联合消能工三维数值模拟[J].研究与探索,2013,27(3):300-305.

[7] 李连文,王丽杰,程丽.宽尾墩-跌坎底流消能工试验研究[J].人民长江,2012,43(21):79-81.

[8] 包中进,王月华.宽尾墩联合底流消能三维数值模拟[J].人民黄河,2015,37(4):102-104.

[9] 李乃稳,许唯临,刘超,等.高拱坝表孔宽尾墩水力特性试验研究[J].水力发电学报,2017,36(3):31-37.

溢流面板坝的三维非线性数值分析

王政平　湛　杰

（中水珠江规划勘测设计有限公司，广州　510610）

摘　要　溢流面板坝可以避免岸坡溢洪道开挖，降低工程造价和减少水土流失，但坝体和溢洪道应力、变形复杂，控制性参数难以确定。为了分析溢流面板坝在各工况下的响应，研究结构设计的安全性、合理性和主要控制参数的敏感性，以某溢流面板坝为背景，建立"河谷—面板坝—坝顶溢洪道"三维非线性有限元数学模型，对面板坝和溢洪道的填筑过程、正常蓄水情况和最大溢流情况分别进行仿真和分析。发现面板各缝的最大张量不超过 9 mm；溢洪道在蓄水情况下最大侧向沉降量 14 mm，最大拉应力 1.2 MPa；最大溢流量时，溢洪道沉降增量 1.5 mm，最大拉应力 1.1 MPa，表明结构设计和控制参数均能满足规范要求。然后分析坝体和溢洪道的变形、溢洪道的应力和缝对坝体材料参数的敏感性，发现均对内摩擦角 φ 最敏感，而对其他参数相对不敏感。因此，为控制溢洪道结构的应力和变形，施工过程中应对 φ 进行重点监控。研究表明：溢流面板坝结构设计、控制参数和施工顺序合理时，坝体和溢洪道的应力和变位是可控的，并能满足规范要求；考虑了接触算法的三维非线性的数学模型可较好地反映溢流面板坝的变位特性，为复杂坝工设计、加固和方案比选提供参考与依据。

关键词　坝顶溢流；面板坝；变位；有限元；数值分析

1　引　言

溢流面板坝具有简化枢纽布置，可避免岸坡溢洪道开挖，降低工程造价，方便施工等优点[1-2]，但溢洪道应力和变形对坝体变形十分敏感，对大坝填筑材料、填筑标准、施工工艺和技术要求有着很高的要求，技术难度大，制约了这种坝工结构的应用。

随着面板坝振动碾压技术的进步，使得在混凝土面板堆石坝上修建溢洪道成为可能[3]。1991 年，澳大利亚建成了世界上第一座溢流式面板堆石坝克洛蒂坝[4]，目前运行良好；国内首座坝顶溢流面板堆石坝是 2000 年建成的新疆榆树沟水库大坝，之后又建成几座，但很少[5-6]。目前，溢流面板坝成功经验很少，没有相应的规范和标准，还有许多问题需要深入研究[7-9]。

溢流面板堆石坝的应力和变形是十分复杂的非线性空间力学问题，常规的解析法等难以对其进行分析和判断。结合云南某溢流面板堆石坝，考虑不同分区的力学特性和接触面特性，建立"河谷地基—坝体—溢洪道"三维有限元数值模型，运用数值仿真方法，揭示溢流面板坝在完建期、正常蓄水位情况和校核洪水位情况的应力变形特点及其分布规律。

作者简介：王政平（1978—），男，湖南邵东人，高级工程师，注册土木工程师（水利水电工程水工结构、工程地质），硕士，主要从事水利、岩土工程的设计和数值仿真研究。E-mail：17512355@qq.com。

2 工程概况

坝址两岸受地形地貌影响,均缺失全风化,且风化均较浅。左岸覆盖层厚度 2.0 ~ 3.2 m,右岸覆盖层厚 1.0 ~ 4.9 m,河床砂砾卵石层厚 3.0 ~ 4.8 m,地基岩体主要由细砂岩、粉砂岩及二者互层组成,河床冲积层以下即为弱风化,左岸强风化较厚,右岸较薄。

水库总库容 295 万 m^3,水库校核洪水位为 1 699 m,正常蓄水位为 1 685 m。拦河大坝为坝顶溢流的混凝土面板堆石坝,最大坝高 51.5 m,坝顶宽度 6 m,坝顶总长 230 m。大坝上下游坡比均为 1: 1.4。坝顶溢洪道最大下泄流量 94.7 m^3/s,净宽 8 m,堰顶高程 1 696 m,溢洪道 1 676 m 高程以上部分建在坝身之上,1 676 m 高程以下部分建在基岩上。泄槽采用矩形断面,底坡为 1: 1.6,导水墙厚 1.0 m,水平全长 63.3 m,为混凝土矩形槽结构。泄槽底板采用厚度 1.0 m 钢筋混凝土结构,泄槽底板下分别铺垫厚 1.0 m 的垫层区和 1.5 m 的过渡区。

3 计算理论

3.1 本构模型

堆石体的本构模型可采用非线性弹性模型或弹塑性模型。规范推荐非线性弹性模型 E ~ B 模型[10],该模型应用广泛,且参数确定也积累了丰富的经验,所以计算采用 E ~ B 模型,其非线性弹性矩阵为:

$$[D] = \frac{3B}{9B - E_t}\begin{bmatrix} 3B + E_t & 3B - E_t & 3B + E_t & 0 & 0 & 0 \\ 3B - E_t & 3B + E_t & 3B - E_t & 0 & 0 & 0 \\ 3B - E_t & 3B - E_t & 3B + E_t & 0 & 0 & 0 \\ 0 & 0 & 0 & E_t & 0 & 0 \\ 0 & 0 & 0 & 0 & E_t & 0 \\ 0 & 0 & 0 & 0 & 0 & E_t \end{bmatrix}$$

式中:E_t 为材料的切线模量;B 为材料的体积模量,表达式为:

$$E_t = E_i(1 - R_f S_t)2$$

$$B = K_b P_a \left(\frac{\sigma_3}{P_a}\right)^m$$

式中:K_b、m 为材料的试验参数;P_a 为标准大气压力;S_t 为应力水平,为实际主应力差与破坏时主应力差的比值,即

$$S_t = \frac{(1 - \sin\varphi')}{2c'\cos\varphi' + 2\sigma_3\sin\varphi'}$$

R_f 为破坏比,其定义为破坏时的主应力差与主应力差渐进值的比值。

E_i 为初始切线模量,即

$$E_i = KP_a \left(\frac{\sigma_3}{P_a}\right)^n$$

式中:K、n 是由实验确定的两个材料参数。

材料的卸荷模量

$$E_{ur} = K_{ur} P_a \left(\frac{\sigma_3}{P_a}\right)^n$$

式中：K_{ur}为材料的试验参数。

3.2　接触面算法

接触面采用 Goodman 单元模拟。Goodman 单元为无厚度平面 4 结点接触面元，可应用于节理、各种边界接触[11-12]。

Goodman 建立了接触面上的法向应力和剪应力与法向相对位移和切向相对位移的关系，但不考虑法向与切向的耦合作用，即

$$\begin{Bmatrix}\Delta\tau_1\\ \Delta\tau_2\end{Bmatrix}=\begin{bmatrix}K_{s1} & 0\\ 0 & K_{s2}\end{bmatrix}\begin{Bmatrix}\Delta\gamma_1\\ \Delta\gamma_2\end{Bmatrix}$$

式中：k_{s1}和k_{s2}分别为切向和法向劲度系数；$\Delta\gamma_1$ 和 $\Delta\gamma_2$ 分别为切向和法向相对位移。切向刚度系数 k_{s1}取值与应力—应变状态有关。根据直剪试验，采用双曲线表示相对切向位移与节点切向应力之间的非线性关系，则刚度系数可推导为：

$$K_{s1} = \left(1 - R_f\frac{\tau_1}{\sigma_n\tan\varphi}\right)K_1\gamma_w\left(\frac{\sigma_n}{P_a}\right)^n$$

$$K_{s2} = \left(1 - R_f\frac{\tau_1}{\sigma_n\tan\varphi}\right)K_2\gamma_w\left(\frac{\sigma_n}{P_a}\right)^n$$

式中：R_f、K_1、K_2 为非线性试验参数；φ 为接触面上的外摩擦角。

4　计算方案

4.1　有限元计算模型

根据设计方案和地质资料建立了“河谷地基—坝体—溢洪道”三维有限元网格模型。坝体各分区单元尺寸为0.5～2 m，溢洪道单元尺寸为0.5 m，河谷地基单元为2～30 m。单元共计226 360 个，节点118 666 个。坝体及坝基主要采用三维八节点六面体等参元来模拟，面板垂直缝和周边缝之间、溢洪道结构段与坝体及溢洪道结构段之间采用 Goodman 接触单元。三维有限元网格模型见图1和图2。

地基边界均采用法向位移约束。

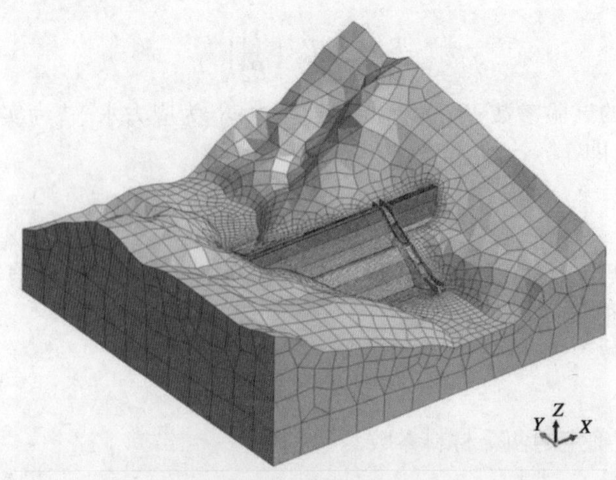

图1　三维有限元网格模型

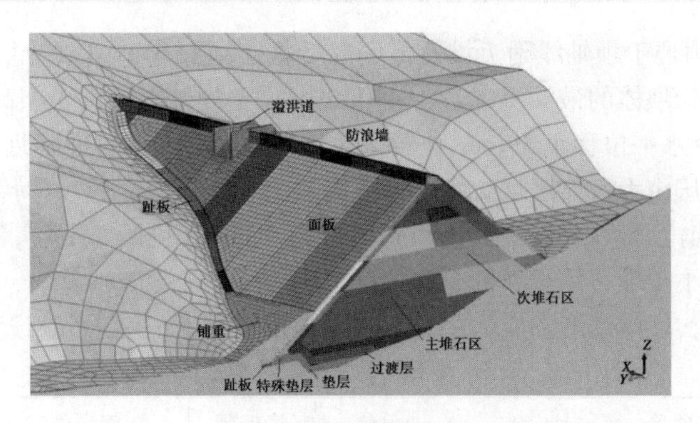

图2 大坝分区示意图

4.2 计算参数

根据地质特性、地质参数建议值和已建成的类似工程的经验值选用本构模型的计算参数,见表1。

表1 坝体材料 $E\sim B$ 模型参数

部位	容重 γ (kN/m³)	黏聚力 C (kN/m²)	内摩擦角 φ (°)	K	n	R_f	K_{ur}	K_b	M
主堆石区	21.5	0	52.0	1 000	0.30	0.82	2 980	500	0.12
次堆石区	20.0	0	48.0	600	0.35	0.76	2 200	300	0.05
垫层	22.0	0	51.0	950	0.40	0.70	3 300	750	0.20
特殊垫层	22.0	0	54.0	1 000	0.42	0.72	3 500	800	0.22
过渡层	22.0	0	45.0	900	0.30	0.80	3 000	450	0.15

4.3 计算工况与荷载组合

水库校核洪水位 1 699 m,下游对应水位 1 653 m;正常蓄水位 1 685 m,下游对应水位 1 650 m。计算考虑施工完建情况、正常蓄水位情况和校核洪水位情况三种控制工况,其中施工完建情况按照施工顺序模拟坝体填筑过程。计算工况见表2。

表2 计算工况

工况	坝前水位(m)	坝后水位(m)	说明
完建情况	/	/	分层堆载
正常蓄水位情况	1 685	1 650	
校核洪水位情况	1 699	1 653	溢洪道泄洪

5 计算成果与分析

计算了堆石体、面板、缝和坝顶溢洪道的应力和位移。其中压应力为负,拉应力为正;竖直位移以竖直向上为正,水平位移以 Y 轴正向和 X 轴正向为正。

5.1 堆石体

坝体完建时,坝体最大沉降为 25.7 cm,位于 2/3 坝高处次堆石区(见图 3(a))。向下游最大水平位移 6.8 cm,向上游水平位移 4.5 cm,水平位移小于垂直位移的一半(见图 4

(a))。最小主应力位于坝轴线附近堆石体底部折角处,为 1.01 MPa(见图 5(a))。

校核洪水位时,坝体的最大沉降量为 4.06 cm,位于坝体上游 1/3 坝高处(见图 3(b))。堆石体向下游最大水平位移 4.39 cm,位于 2/3 坝高处上游坝坡表面附近(见图 4(b))。由于水压力的作用,压应力极值区域较完建情况略往上移。压应力经坝体传递分散,因此压应力极值与完建期相比增量不大,最大主压应力为 1.08 MPa(见图 5(b)),位于坝轴线附近堆石体底部折角处,小于堆石体材料的允许抗压强度。

正常蓄水位时,坝体变形和应力的分布规律与校核洪水位时十分相近,数值上略小。

表 3　堆石体的主要位移和应力

项目		单位	完建工况	正常蓄水位工况	校核洪水位情况
顺河向水平位移	向上游	cm	4.50	/	/
	向下游	cm	-6.84	-4.28	-4.39
竖直向变形		cm	-25.70	-3.94	-4.06
第三主应力极值		MPa	-1.01	-1.05	-1.08

注:正常蓄水情况和校核洪水情况下的位移均为完建情况下的增量值,下同。

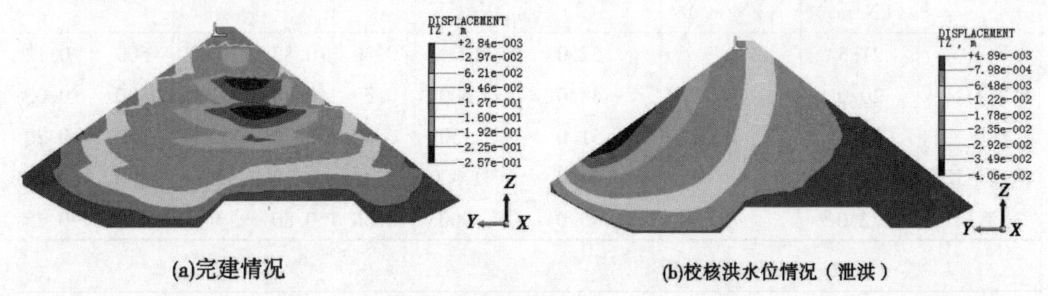

(a)完建情况　　(b)校核洪水位情况(泄洪)

图 3　堆石体竖向位移云图

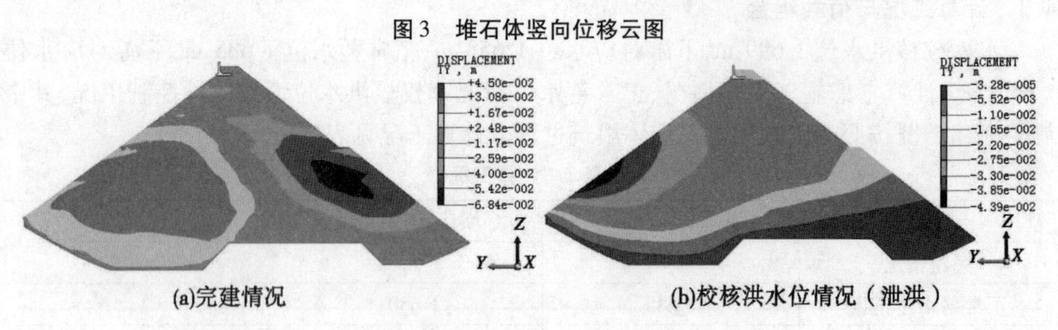

(a)完建情况　　(b)校核洪水位情况(泄洪)

图 4　堆石体水平位移云图

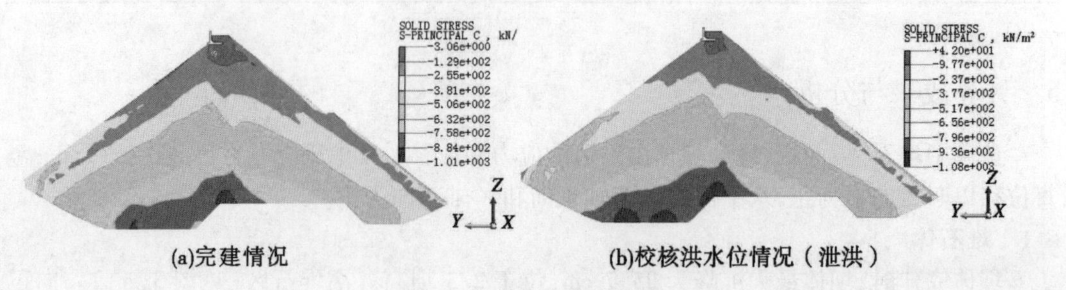

(a)完建情况　　(b)校核洪水位情况(泄洪)

图 5　堆体最小主应力图

5.2 面板

校核洪水位时,面板受到水压力最大。由于河谷左缓右陡,面板位移的最大值发生在河床偏左处,第10号面板中部挠度最大。面板竖向变形最大值为4.63 cm,顺河向水平位移最大值4.05 cm出现在面板的1/3坝高处,见图6。面板沿坝轴水平方向有向河谷中间变形的趋势,最大位移为0.54 cm。

表4 面板的主要位移和应力

项目	单位	校核洪水情况
坝轴向水平位移	cm	0.54
顺河向水平位移	cm	-4.05
竖直向变形	cm	-4.63
顺坡向拉应力极值	MPa	2.10
坝轴向拉应力极值	MPa	1.45

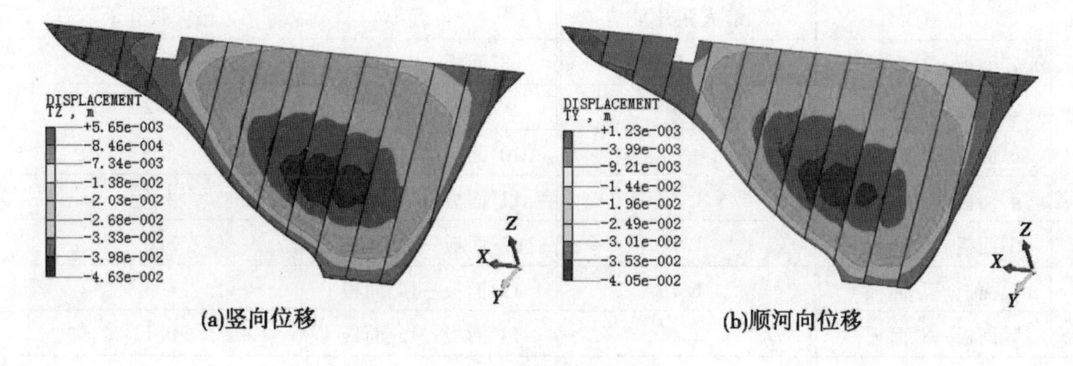

图6 面板位移分布图

5.3 缝

库水位越高时,缝的张压特征越突出,因此这里仅对校核洪水情况进行展列和分析。面板共15块,从左岸向右岸编号依次为1# ~15#。

5.3.1 周边缝

周边缝均为张缝,在水压力的作用下,面板翘曲变形,与趾板、防浪墙的接触面均有一定程度的错开。由于坝体整体向下变形,坝体上部周边缝张开量大于下部周边缝。周边缝张开量的最大值在8#面板与趾板之间,最大值为9.0 mm。

面板与溢流堰之间的缝为压性缝。

面板中部下凹,靠近两岸的面板向中间挤压,与趾板之间横向错动,12#面板与趾板之间横剪量最大值为4.8 mm,周边缝张开量和横剪量见表5。

5.3.2 垂直缝

垂直缝中部均为张缝,下部为压缝。张缝最大张开量发生在9#面板与10#面板之间,最大张开量为6.2 mm。选用止水时,应大于最大张开量,并留有一定安全富余。各垂直缝张开量见表6。

表5　周边缝张开量和横剪量

位置	张开量(mm)	横剪量(mm)	位置	张开量(mm)	横剪量(mm)
1#面板—趾板	7.8	0.8	9#面板—趾板	7.9	2.6
2#面板—趾板	7.7	1.0	10#面板—趾板	6.3	3.6
3#面板—趾板	7.0	1.0	11#面板—趾板	4.5	4.0
4#面板—趾板	6.8	2.4	12#面板—趾板	3.8	4.8
5#面板—趾板	7.4	1.4	13#面板—趾板	6.3	3.6
6#面板—趾板	8.0	1.9	14#面板—趾板	4.5	1.8
7#面板—趾板	8.7	2.1	15#面板—趾板	3.8	1.4
8#面板—趾板	9.0	1.9			

表6　垂直缝的张开量

位置	最大张开量	位置	最大张开量
1#面板—2#面板	0.2	8#面板—9#面板	2.8
2#面板—3#面板	0.3	9#面板—10#面板	6.2
3#面板—4#面板	0.6	10#面板—11#面板	5.5
4#面板—5#面板	1.3	11#面板—12#面板	4.4
5#面板—6#面板	1.9	12#面板—13#面板	3.8
6#面板—7#面板	1.5	13#面板—14#面板	4.3
7#面板—8#面板	2.4	14#面板—15#面板	0.1

5.4　坝顶溢洪道

完建时，坝上溢洪道结构段（溢流堰段及其下游两个泄槽段）最大竖向沉降为1.43 cm（见图10（a）），坝轴向水平位移最大值为0.53 cm（见图8（a）），顺河向水平位移最大值为0.38 cm（见图9（a）），向河谷倾斜约3 mm。溢洪道结构整体变位较小，可以通过预留变形量来平衡。

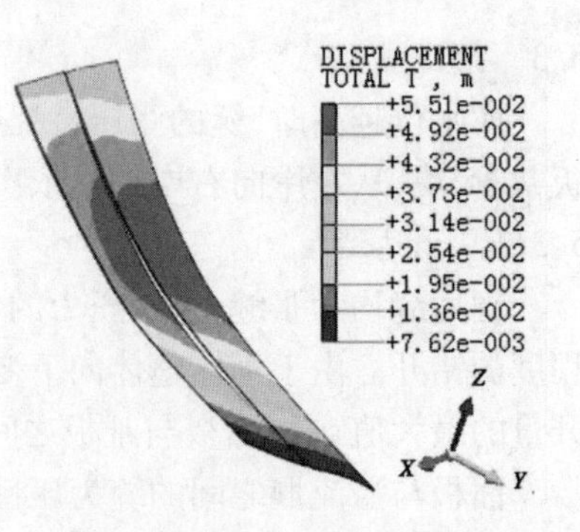

图7　9#和10#面板之间的缝

正常蓄水位时，坝上溢洪道结构段随坝体变形而变位，最大水平位移8.8 mm（向下游），最大沉降4 mm，各结构段的位移存在差异而出现错动；基岩上的溢洪道结构段位移甚微。

校核洪水位时，坝体受上游水压作用外，还受泄槽水荷载作用。溢流堰段最大水平位移9.3 mm（见图9（b）），最大沉降5.4 mm（见图10（b））。从正常蓄水情况到校核洪水情况，水平位移增量0.5 mm，沉降增量1.5 mm。

表7 坝顶溢洪道的主要位移和应力

项目	单位	完建工况	正常蓄水位工况	校核洪水位情况
坝轴向水平位移	cm	-0.53	-0.33	-0.35
顺河向水平位移	cm	-0.38	-0.88	-0.93
竖直向变形	cm	1.43	0.38	0.54
第一主应力极值	MPa	0.66	1.19	1.12

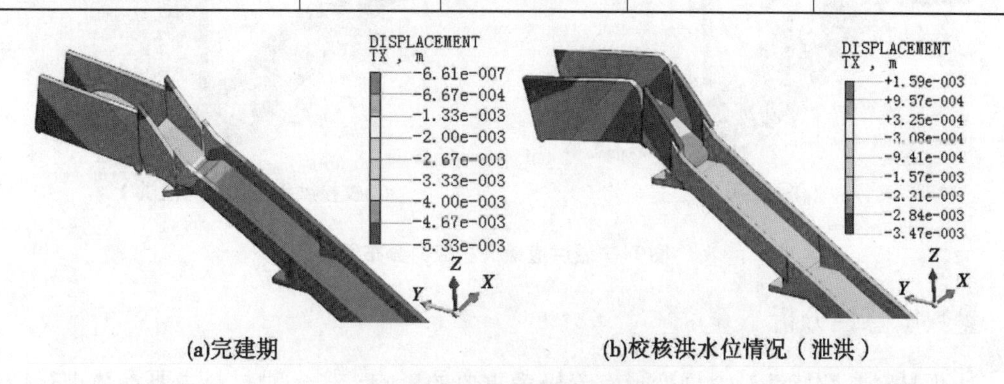

(a)完建期 (b)校核洪水位情况（泄洪）

图8 溢洪道坝轴向位移分布图

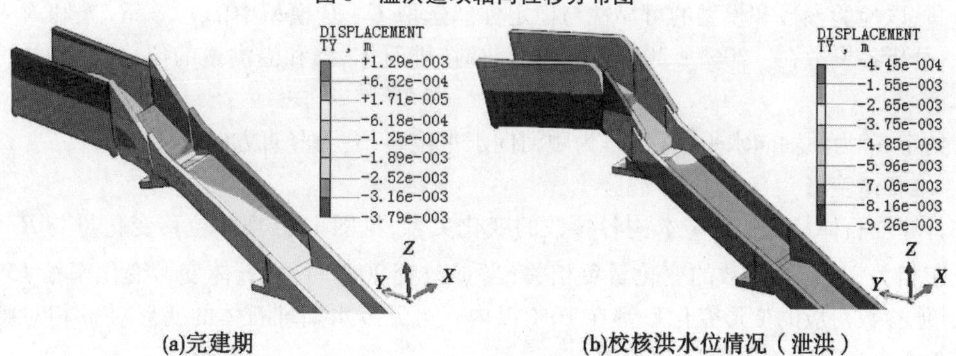

(a)完建期 (b)校核洪水位情况（泄洪）

图9 溢洪道顺河向位移分布图

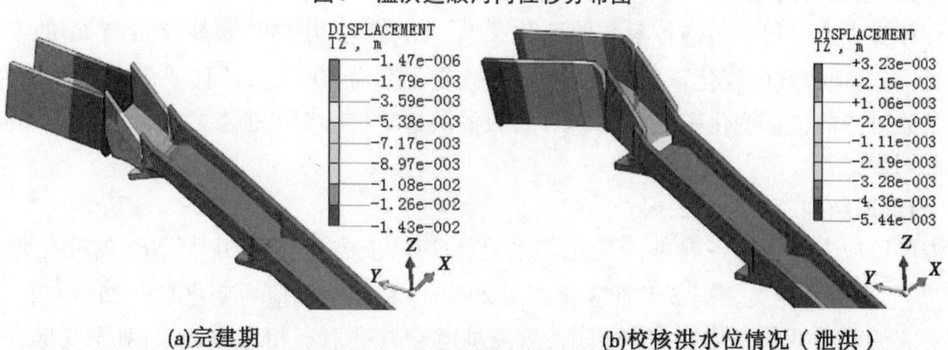

(a)完建期 (b)校核洪水位情况（泄洪）

图10 溢洪道竖直向位移分布图

完建时,溢洪道上部泄槽接口处存在较大的拉应力,最大主应力可达0.66 MPa,见图11(a)。

正常蓄水情况时,由于坝体压缩变形,溢流堰段的水平位移较第2结构段(其相连结构段)大,第2结构段前端受溢流堰段的挤压而向上微抬,底部产生拉应力。溢洪道斜坡接口处的水平锚固段根部应力较大,最大拉应力 1.2 MPa,需要配筋。

校核洪水位情况时,溢洪道泄槽底板锚固段出现较大的拉应力,第一主应力极值为 1.1 MPa(见图 11(b)),与正常蓄水情况相比略有减小,可见泄水期坝体虽然有水流通过,但对溢洪道的应力影响不大。

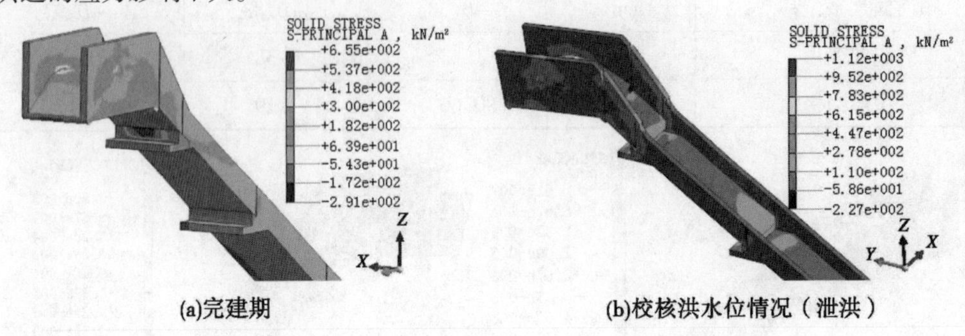

图 11　溢洪道最大主应力分布图

6　参数敏感性分析

大坝材料参数特性对大坝变形有着极为重要的影响[14-16]。对材料主要参数进行敏感性分析,以检验参数和模型的可靠性与稳定性。选取 $E \sim B$ 模型中的 K、φ、R_f、n 和 K_b 五个参数,分析各参数在 -20% ~20% 范围内变化时,堆石体、缝和溢洪道的位移或应力的变化规律。

约定 S_x 为坝轴向水平位移,S_y 为顺河向水平位移,S_z 为竖直方向位移。

6.1　堆石体变形

计算堆石体最大变形与本构各参数的变化关系,见图 12。坝体位移变化量与 R_f 的变化量正相关,与其他参数的变化量负相关;当 φ 改变 20% 时,堆石体变形变化率在 15% 左右;其他参数对应的变形变化率都在 10% 以内。可见蓄水期堆石体的变形对 φ 相对敏感,对其他 4 个参数均不敏感。

6.2　溢洪道结构位移

计算溢洪道位移与本构各参数的变化关系,见图 13。坝体位移变化量与 R_f 的变化量正相关,与其他参数的变化量负相关;当 φ 参数变化率为 20% 时,位移变化率在 10% 左右,其他参数对应的位移变化率多在 5% 以内,故溢洪道的位移对五个参数的敏感性均不明显,对 φ 相对敏感。

6.3　溢洪道结构应力

溢洪道应力与本构各参数的变化关系见图 14。应力变化量相对于 R_f 的变化量正相关,与其他参数负相关。当 φ 参数变化率为 20% 时,溢洪道的应力变化率在 25% 左右,其他参数对应的位移变化率均在 10% 以内,故溢洪道应力对于 φ 相对敏感,而对于其他参数相对不敏感。

6.4　缝张开量

计算溢流堰结构段之间最大缝对本构各参数的敏感性,见图 15。缝张开量的变化量与 R_f 的变化量正相关,与其他参数的变化量负相关;缝张开量对 φ 相对敏感,对其他参数相对不敏感。

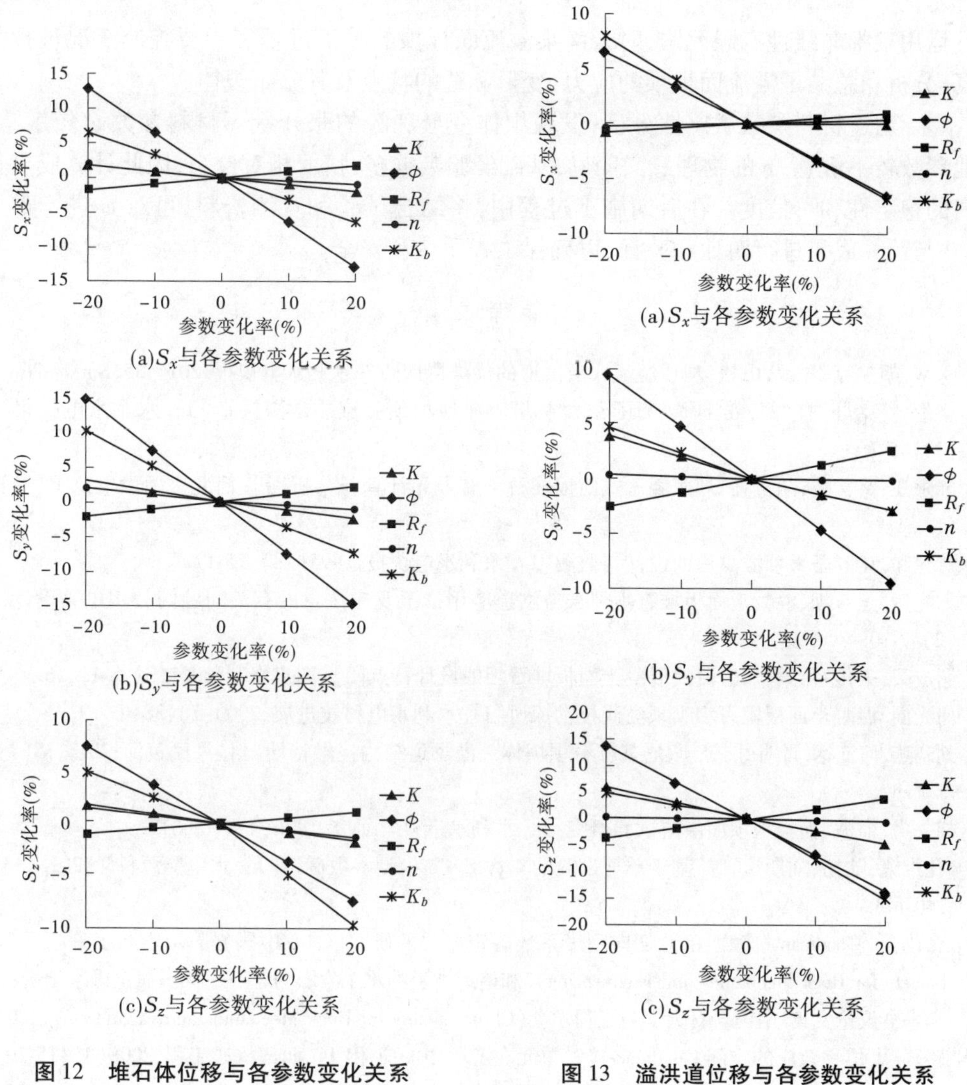

(a)S_x与各参数变化关系

(b)S_y与各参数变化关系

(c)S_z与各参数变化关系

图 12 堆石体位移与各参数变化关系

(a)S_x与各参数变化关系

(b)S_y与各参数变化关系

(c)S_z与各参数变化关系

图 13 溢洪道位移与各参数变化关系

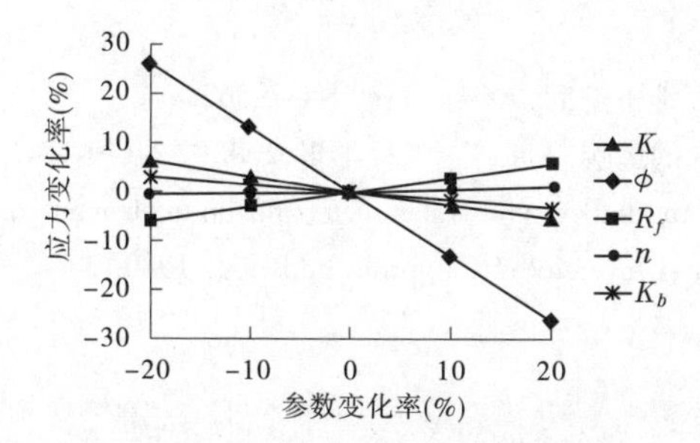

图 14 溢洪道应力与各参数变化关系

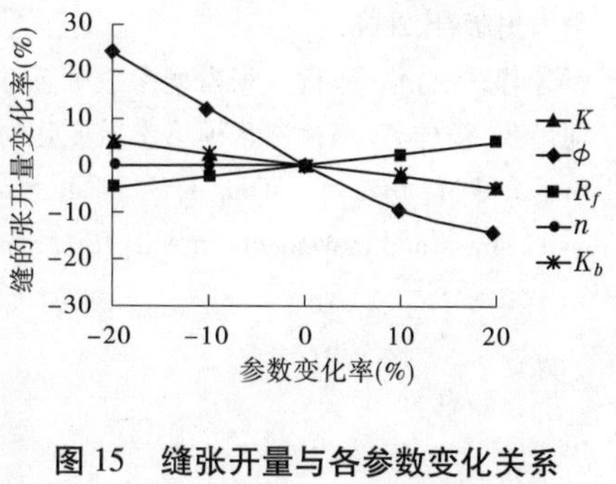

图 15 缝张开量与各参数变化关系

缝的张开量是结构不均匀沉降的反映,为控制缝的张开量,应重点对参数 φ 进行监测和控制。

7 结 论

运用三维非线性有限元法，对云南某溢流面板坝的施工过程和主要控制工况进行数值仿真，分析和总结了溢流面板坝的应力、变形和缝的特点及其分布规律。

通过材料参数敏感性分析，发现坝体变形和缝的张开量对材料参数 φ 较敏感，对其他参数较不敏感；φ 的物理意义明确，基础经验数据多，精度相对校高，因此计算成果具有较高的稳定性和可信度。在后期施工过程中，将结合试验和观测资料，可对 φ 进行重点监控，并与计算成果进行对比和验证，以确保工程质量和安全。

参 考 文 献

[1] G. W. 胡多克，郑毅，山松. 坝顶溢流式溢洪道的优势再探[J]. 水利水电快报，2014，35(3)：24-26.

[2] 格伦. 麦克丹纳尔德，龚玉锋. 美国蒙大拿州唐河坝坝顶溢流非常溢洪道[J]. 水利水电快报，1999(13)：5-7.

[3] 苏永江，路文波，胡再强. 坝面溢流式面板堆石坝有限元计算与分析[J]. 西北水力发电，2007(1)：41-44.

[4] 黄建和. 克罗蒂大坝溢洪道的设计与监测[J]. 水利水电快报，1995(18)：15-17.

[5] 方光达. 土石坝、混凝土面板堆石坝坝身溢洪道应用情况及应注意的有关问题[J]. 水电站设计，2004(2)：7-10.

[6] 谢成荣，王传智，梁军. 溢流式混凝土面板堆石坝的设计特点[J]. 四川水利，2001(3)：8-12，16.

[7] 何光同. 混凝土面板堆石坝坝顶溢流技术探讨[J]. 水利水电科技进展，2000(3)：38-40，70.

[8] 刘晓燕，何江达，肖明砾，等. 印尼某堆石坝坝体 - 溢洪道结构接触特性[J]. 人民黄河，2013，35(4)：89-92.

[9] 胡去劣，俞波. 面板坝坝面溢流试验研究[J]. 水利水运科学研究，1996(4)：309-317.

[10] 孔维耀，陆扬，刘斯宏，等. 基于单剪试验的邓肯 E - B 模型参数确定[J]. 水电能源科学，2015，33(2)：140-143.

[11] 张茂会. Goodman 接触面单元切向刚度系数确定方法的研究[C]//中国岩石力学与工程学会(China Society for Rock Mechanics and Engineering). 和谐地球上的水工岩石力学——第三届全国水工岩石力学学术会议论文集. 中国岩石力学与工程学会(China Society for Rock Mechanics and Engineering)，2010：5.

[12] 路菁. 大位移效应的空间 Goodman 接触单元在工程中的应用[J]. 西部探矿工程，2008(4)：15-19.

[13] 中华人民共和国国家发展和改革委员会. 碾压式土石坝设计规范：DL/T 5395—2008[S]. 北京：中国电力出版社，2008.

[14] 尹蓉蓉，朱合华. 邓肯 - 张模型参数敏感性分析[J]. 地下空间，2004(4)：434-437，562.

[15] 何昌荣，杨桂芳. 邓肯 - 张模型参数变化对计算结果的影响[J]. 岩土工程学报，2002(2)：170-174.

[16] Duncan J M, Byme P, Wong K S, et al . Stress-strain and bulk modulus parameters for finite element analysis of stress and movements in soil[R] . San Francisco：University of California Berkeley, 1980.

运行中的大坝升级改造工程的水力设计

Toshiyuki Sakurai[1] ,Takayuki Ishigami[2]

(1. 日本大坝工程中心,日本东京 110 - 8000;
2. 公共工程研究所水利工程研究组,日本筑波 305 - 8516)

摘 要 日本政府土地、基础设施、交通运输和旅游省(MLIT)于 2017 年 6 月发布了《日本政府土地、基础设施、交通运输和旅游省升级改造运行中大坝的愿景》。该愿景提出了推进现有大坝升级改造的对策,包括采取结构性和非结构性措施提高现有大坝的利用效率。以往日本也采取过提高坝体和增加坝洪流设施泄流量等一系列措施。目前,一些针对现有坝的改造工程也正在推进当中。与修建新的坝不同,对现有坝的泄流设施进行升级改造或安装新的泄流设施在水力设计方面将面临种种挑战。应对这些挑战的方法已通过水力模型试验等进行了检验。本文概述了通过坝升级改造工程增加坝泄流设施泄流量的三大技术:坝体开凿、坝体钻孔和洞式溢洪道,并以 Nagayasuguchi 坝改造工程为例,阐述了现有坝改造工程水力设计的内容。

关键词 坝升级改造;增加坝的泄流设施泄流量;坝体开凿;坝体钻孔;洞式溢洪道;水力设计

1 引 言

日本已建成的坝在防洪和供水方面发挥了重要作用。另外,在生产年龄人口逐渐下降和面临严峻财政状况的背景下,高效利用现有基础设施同时降低总成本变得越来越重要。基于这一认识,日本政府土地、基础设施、交通运输和旅游省(MLIT)于 2017 年 6 月发布了《日本政府土地、基础设施、交通运输和旅游省升级改造运行中坝的愿景》[1]。该愿景提出了推进现有坝升级改造对策,包括采取结构性和非结构性措施提高现有坝的利用效率(见表 1)。

表 1 发展和加快坝升级改造的措施

(1)延长坝使用年限
(2)提高坝的运营效率,加强坝的维护
(3)通过灵活可靠运营,充分利用设施功能
(4)改造设施,升级设施功能
(5)应对气候变化
(6)增加水力发电
(7)保护和恢复河流环境
(8)充分利用坝促进区域发展
(9)引进海外先进的坝升级改造技术
(10)开发和实施促进坝升级改造的技术

该愿景将“(4)改造设施,升级设施功能”列为其中一项措施,而以往日本也采取过提高坝体和增加坝泄流设施泄流量等措施。目前,一些针对现有坝的改造工程也正在推进当中。

与修建新的坝不同,对现有坝的泄流设施进行升级改造或安装新的泄流设施在水力设计方面将面临种种挑战。应对这些挑战的方法已通过水力模型试验等进行了检验。本文概述了通过坝升级改造工程加大坝泄流设施泄流量的技术,并以 Nagayasuguchi 坝改造工程为例,解释了现有坝改造工程水力设计的内容。

2　增加坝的泄流设施泄流量的技术

对于现有坝设施的升级改造,日本目前出于不同原因采取措施来增加坝的泄流设施泄流量和提高坝体,例如,变更防洪规划、用水规划,改善功能等。以下概述了增加坝的泄流设施泄流量的三大典型技术:改造坝顶泄流设施、改造坝体泄流设施、新建泄洪隧洞。

2.1　改造和扩展坝顶泄流设施(开凿坝体)

该技术可用于改造或扩展坝顶溢流设施,以及设计水头在 25 m 以内的孔泄流孔。通常采用坝体顶部开凿技术。由于改造部分位于坝顶附近,因此无须处理大水压方面的问题。此外,如果无须降低水库水位来安装临时围堰设施,那么施工也相对更简单。

对于早期修建的坝,溢洪道和应急溢洪道可能采用闸门式泄流设施。对于这种坝,在集水区较小且洪水期流速快速增加的情况下,泄流设施应改造为非闸门式设施,以便增加防洪功能的确定性。

改造为非闸门式泄流设施也将减少运行和维护负担。为了将应急溢洪道改造为非闸门式泄流设施,通常采用扩大溢流宽度的方法。这种方法面临的挑战是,此类设施是否可置于坝体顶部,或者此类设施能否解决消能问题,使水流安全流到下游河道。为了解决这些挑战,可在水库库岸建新的应急溢洪道,或者在坝下游修建导流堤,同时扩大坝顶溢流宽度。

除了增加坝的泄流设施泄流量的目的,九州电力株式会社(Kyushu Electric Power Co.)正对宫崎县的 Yamasubaru 坝和 Saigo 坝进行升级改造,目的是提高输送泥沙的功能,降低现有坝体,以及改造泄流设施。

对于坝体开凿方法,MLIT 正在改造的德岛县 Nagayasuguchi 坝的开凿深度将创下日本历史最高纪录。预计坝体最大开凿深度将达到约 37 m,且将建设两个新的泄流设施。第 3 部分将详细描述 Nagayasuguchi 坝的水力设计内容。

2.2　改造和扩展坝体中的泄流设施(坝体中钻孔)

该技术将在现有坝体中钻孔,并安装新的泄流设施。这种方法通常适用于混凝土重力坝。在日本,由于供水目的的水库调度的限制,有时难以降低水库水位,需要在大水深条件下进行施工,因此在坝上游侧修建临时围堰的技术非常重要。

水头差超过 25 m 的泄流设施称为高压泄流设施,其泄流期间的流速很大,因此有必要预防由于局部负压产生的空蚀损坏。为此,需要降低管道内的流速,但是由于坝体中钻孔的大小和数量受到坝体结构的限制,从经济的角度来看,通过增加流速来增加泄流量是有利的。此外,新建的泄流设施难以将泄流管道的入水口和出水口直接布置在现有泄流设施上。在这种情况下,可采用复杂的曲线型管道,但是大直径泄流管道的弯曲部分可能发生局部负压。为了解决这些问题,通过水力模型试验检验了作用在弯曲部分内壁上的水压[2]。目前,可以实现合理的设计。

作为坝体钻孔方法的一个示例,MLIT 正对鹿儿岛县的 Tsuruda 坝进行升级改造,这是日本最大规模的坝改造工程。该工程计划新建三条新的泄流管道(直径 4.8 m,钻孔横截面:高 6.0 m,宽 6.0 m)和两条用于发电的替换压力管道(直径 5.2 m,钻孔横截面:高 6.4 m,宽 6.4 m)(见图 1)。在 Tsuruda 坝改造施工过程中使用了临时围堰设施,除了在坝上游水中安装混凝土基座后组装钢质围堰闸门的传统施工方法外,还开发了一种无须基座的新型浮动式围堰设施技术。这一技术减少了大深度潜水工作,同时降低了成本,加强了安全保障。

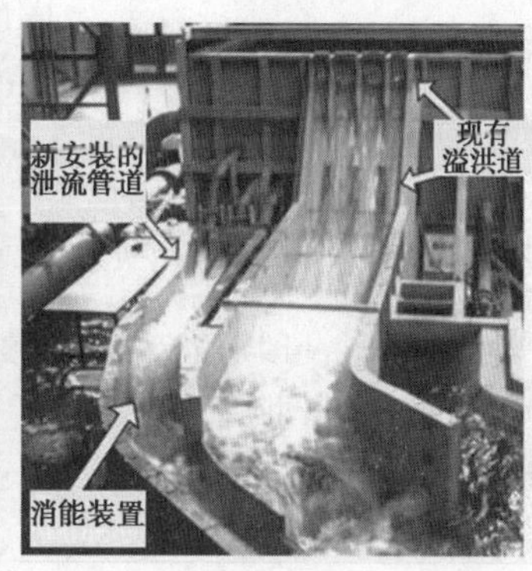

图 1 Tsuruda 坝(2017 年 6 月)的施工情况(左图)与水工模型(右图)

如果坝体泄流设施的泄流量较小,可以将水流排放到原有的消能设施中,但对于像 Tsuruda 坝这样的大型泄水设施,则需要新建专门的消能设施。

对于 Tsuruda 坝和 Nagayasuguchi 坝,通过水力模型试验检验了坝的水力设计,同时验证了其流态(见图 1)。

2.3 新建洞式溢洪道

如果由于坝型和坝体结构的限制难以通过对现有坝体进行开凿或钻孔来增加泄流设施的泄流量,则可选择在坝址附近选择适合地点修建新的洞式溢洪道。爱媛县的 Kanogawa 坝和京都府的 Amagase 坝就是两个代表性示例。这两座坝均由 MLIT 管理,目前正在进行施工改造。

Kanogawa 坝的洞式溢洪道:直径为 11.5 m,长 457 m,泄流量约为 1 000 m^3/s;Amagase 坝的洞式溢洪道:直径为 10.3 m,长 617 m,泄流量约为 600 m^3/s。

这两个洞式溢洪道是有压长管道,因此它们被设计成管流设施,流速控制为约 10 m/s。由于是有压管流,进水口的空气吸入可能导致出水口的闸门振动和紊流。为了减少空气吸入,可加深进水口的位置,但考虑到它们是大型设施,这种布置很难实现,因此通过水力模型试验对进水口形状进行了研究,以避免吸入涡的产生。

在建造 Amagase 坝泄水洞的进水口时,采用了一家私营公司开发的轴式水下工作机,这种机器可在水下进行挖掘作业,并可在陆地上对其进行远程控制。

两座坝的泄流设施的泄流量均较大,需要消能装置,但是由于下游河道的布置限制,Kanogawa 坝设计了一个小型消力池,带有台阶和消力礅(见图 2),Amagase 坝的消能装置则布置在山下。

图 2　Kanogawa 坝洞式溢洪道的水力模型试验情况

3　NAGAYASUGUCHI 坝改造工程的水力设计

3.1　Nagayasuguchi 坝改造工程概述

Nagayasuguchi 坝是一座多用途水坝,1956 年建于德岛县,主要用于防洪、发电和灌溉供水。坝型为重力式混凝土坝,坝高 85.5 m,总库容为 54 278 000 m^3,有效库容为 43 497 000 m^3,集水面积为 538.9 km^2。Nagayasuguchi 坝改造工程的目的是,提高水库的防洪能力,维持下游河水流量的正常功能,改善排水水质[3]。对于提高防洪能力,为了确保所需的防洪能力,将根据中川水系的防洪规划,切断右岸的一部分坝体,并修建两条新的溢洪道(见图 3)。

图 3　Nagayasuguchi 坝改造工程示意图

3.2　通过水力模型试验进行的水力设计

2008 ~ 2012 年,日本公共工程研究所通过水力模型试验,对 Nagayasuguchi 坝改造工程的新建溢洪道进行了水力设计。水力模型试验性验证了以下内容:在预定水位和泄流量等条件下确保以下所述的所需功能和安全性;确保所需的泄流量;作用于导流渠部分和消能装置等设施的水压在允许范围内;以及形成稳定的流态。如果未能确保这些要求,则对设施进行重新设计。

具体来说,对以下内容进行了检验:溢流顶部分、导流渠部分、消能装置(现有设施和新建设施泄洪时相互兼容)和下游河道改造(见图4)。

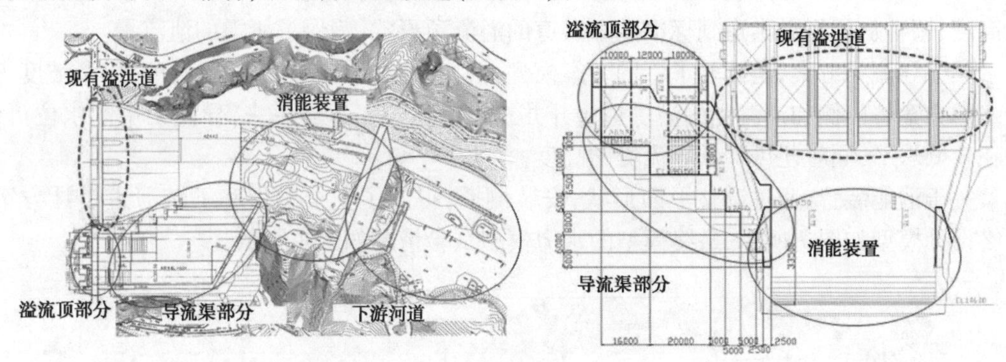

图4 初始设计模型俯视图(左图)和卜游立视图(右图)

首先,通过理论计算设计水力模型,确定预定水位和泄流量等条件下水流流态。考虑到顶部溢流对于决定坝的防洪功能很重要,因此有必要确认某一预定水位满足设计流量,得出水位与泄流量之间的关系方程。通常除了整体模型(见图5)外,还要做了一个大比尺的局部模型研究这个问题(见图5右),这个局部模型仅限于溢流坝顶部分。

图5 整体模型(左图)与溢流顶部局部模型(右图)

图6给出了 Nagayasuguchi 坝初始设计模型的水力模型试验情况。

图6 水力模型试验的流态(导流渠部分:初始设计)

对初始设计进行的试验结果发现存在以下问题:在溢流顶部分,预定水位时的泄流量不足;在导流渠部分,来自坝顶溢流的水流将冲击导流堤,并在未消散能量的情况下落到消力池中;对于仅安装在子坝的消能装置的初始设计模型,左岸的水流很大程度上将流入现有溢洪道与新建溢洪道泄流相汇合的区域。

为了解决初始设计模型中的这些问题,对于顶部溢流,通过降低河流一侧泄流设施的堰顶高度,调整从梯形溢洪道到标准型溢洪道的溢流顶形状,确保了所需的泄流量。

关于导流渠方案,是试验了不同方案模型,例如,调整导流堤的位置、角度,以及坡度等。最终的方案将山侧和河流侧的溢洪道分开并扩散其水流。这样一来,导流渠中的水位可保持在较低水平,同时还可降低导流堤的高度。

关于消能装置,通过调整平面形状,安装侧墙,得到了安全的坝和下游河道设计方案。最终设计模型如图 7 所示,最终模型的水力模型试验情况如图 8 所示。

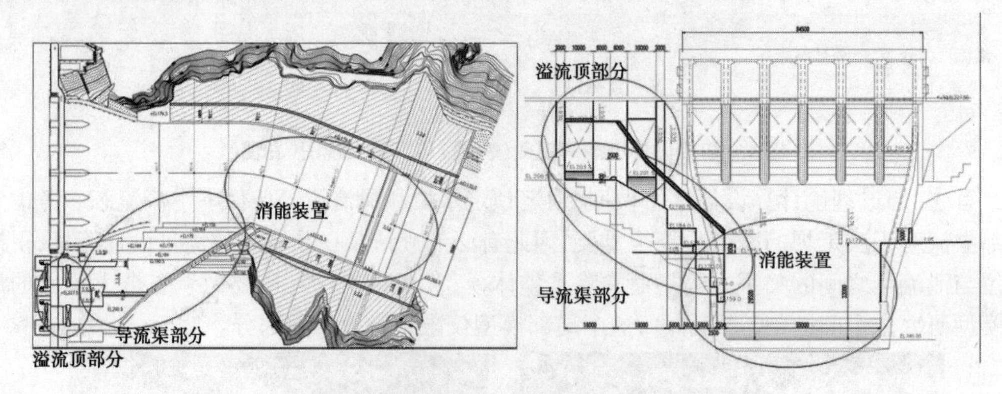

图 7　最终设计模型俯视图(左图)和下游立视图(右图)

图 8　水力模型试验的流态(导流渠部分:最终设计)

此外,水力模型试验还检验了新的消能装置施工期间,现有溢洪道泄流时的流态,如图 9所示。

4　结　语

在坝升级改造工程的水力设计中,必须考虑由于增加坝的泄流设施的泄流量而导致坝下游流态出现的显著变化,进而确保所需的泄流功能,以及坝体和下游河道的安全。

此外,由于有必要在运行现有坝的同时对坝进行升级改造,为此必须研究如何确保正在进行升级改造的现有坝的功能,以及如何最大程度上减少现有坝泄流对施工工作的影响。

对于增加坝泄流设施泄流量的技术,日本在过去几年采用了三种具有代表性的方法:坝体开凿、坝体钻孔和洞式溢洪道,启动了日本历史上最大规模的坝升级改造工程,这些工程目前仍在推进当中。通过实施这些设计和工程,日本积累了不同领域的许多技术经验和知

图 9 施工阶段水力模型试验的流态

识,预计这些经验和知识将用于未来运行中的坝升级改造工程。

参考文献

[1] 日本政府土地、基础设施、交通运输和旅游省水与灾害管理局. 日本政府土地、基础设施、交通运输和旅游省升级改造运营坝的愿景. 2017.

[2] Kashiwai J, Miyawaki C. 圆形导管弯曲部分的压力特性[J]. 坝工程(*Dam Engineering*), 1999, 9(4): 245-252.

[3] 日本政府土地、基础设施、交通运输和旅游省中川办公室(Nakagawa River Office). 网站:"Nagayasuguchi 坝改造工程", http://www.skr.mlit.go.jp/nakagawa/dam/outline/index.html.

通过离心模型评估大坝的抗震性能

Dong Soo Kim

(韩国科学技术院(KAIST)土木与环境工程系教授)

摘　要　本文将介绍离心模型技术及其在评估大坝抗震性能中的应用。讨论了离心试验的概念和优点,验证了离心模型的可靠性。还讨论了本方法在土质心墙堆石坝(ECRD)、混凝土面板堆石坝和混合式土石坝研究中的应用。

关键词　动态离心试验;土质心墙堆石坝;混凝土面板堆石坝;混合式土石坝;抗震性能;地震

1　引　言

过去的几十年里,世界各地建造并利用了大量的水坝,但许多震区近期都发生了强烈的地震,这些水坝也处于岌岌可危当中。为此,大坝抗震性能的调查就变得尤为重要,但由于缺乏地震时的试验或现场数据,这种调查受到限制。另外,目前已经开发并使用了各种先进的数值分析技术,这种技术无须使用现场或试验数据进行验证。

离心模型是一种缩小比尺的物理建模技术,通过在模型中应用离心加速度,可以将相同的应力条件复制为原型。这一技术在验证新设计概念、校准数值模拟、评估现场性能以及识别各种大坝的潜在失效模式方面具有一定的优势。

本文将介绍离心模型技术及其在评估大坝抗震性能方面的应用,同时还将介绍离心模型的原理。本文还将讨论本方法在土质心墙堆石坝(ECRD)、混凝土面板堆石坝(CFRD)和混合式土石坝(混凝土坝与 CFRD 的混合型坝)研究中的应用。

2　KAIST 离心机和性能评估

使用离心机进行物理建模的基本思路是,将缩小比尺的岩土结构加速到适当的重力加速度水平,以模拟模型结构中的原型应力场。使用振动台设备的离心模型为在比例模型中观测水坝的抗震性能提供了极好的机会。

使用 KAIST 的梁式离心机设施来执行本文中的所有试验。该设施的平台半径为 5 m,最大容量为 240 g - ton(Kim 等,2012)。通过安装在离心机上的自平衡电液地震模拟器,可以在原型上生成 $0.5g$ 以下的正弦波和真实地震运动。模型上的允许频率范围为 20 ~ 300 Hz,此外还验证了自平衡振动台的利用率(Kim 等,2013)。

为了验证离心模型,Lee 等(2012 年)进行了动态离心试验,以评估 ESB 模型箱的自由场运动和动态性能。他们表明,ESB 盒中土壤模型测得的自由场运动与 1 - D 响应分析估计的运动十分吻合。Ha 等(2013 年)模拟了花莲大比尺结构地震试验(LSST),以评估离心模型对 SFSI 研究的有效性。他们展示了使用动态离心试验模拟花莲 LSST 的潜力,并验证了将离心试验方法应用于 SFSI 研究的可靠性。

3 模型制备

对韩国的三种坝体进行了调查:ECRD、CFRD 和混合式土石坝。依据韩国现有水坝的数据库,设计了三个模型的典型横截面。图 1(a)和(b)分别显示了 ECRD 和 CFRD 模型的设计。ECRD 模型的坡度为 1∶1.7,CFRD 模型的坡度为 1∶1.4。混合式土石坝的建模如图 2所示。混合式土石坝的混凝土部分坡度为 1∶0.7,堆石部分的坡度为 1∶2.0。

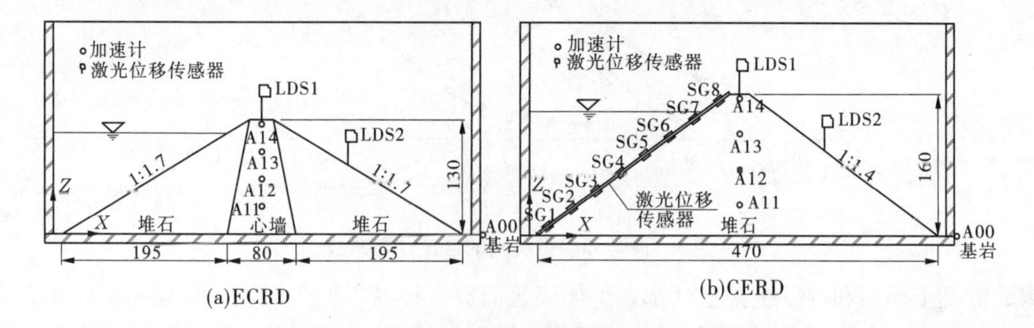

图 1 水坝模型和组件的布局

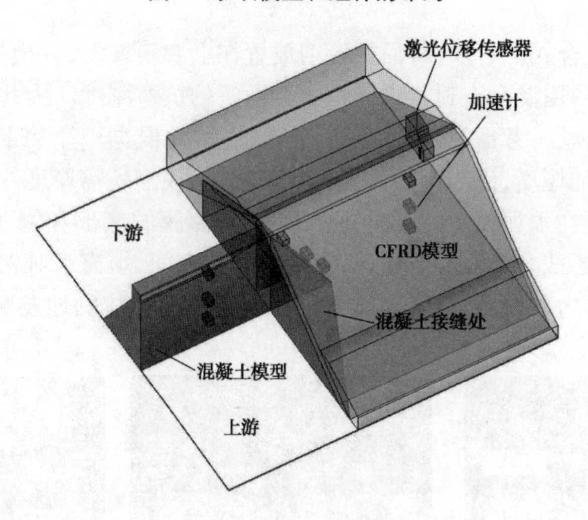

图 2 混合式土石坝模型和组件的布局

由于模型箱尺寸和离心加速能力的限制,与实际水坝相比,模型的尺寸相对较小。因此,本研究旨在提供试验方案,定性评估地震期间大坝的抗震性能。

CFRD 模型仅考虑堆石区,而 ECRD 模型由堆石区和心墙区组成,混合式土石坝模型包含混凝土和堆石部分。三种坝体的堆石区采用从大坝施工现场采集的堆石材料建造。由于实际堆石材料的粒度太大,因此必须将其按比例缩小到适合模型。模型堆石材料通过使用 20 mm 筛网筛分原位堆石材料获得。通过类似的粒度分布法缩减材料,其中模型的粒度分布曲线与原型材料的粒度分布曲线平行(见图 3),主要是尝试适当地模拟其原始特性,尤其是其机械变形特性(Xu 等,2006 年)。心墙材料通过混合净砂和硅质粉土获得,以满足韩国心墙区相关的标准规范,心墙区应包含 20% 以上小于 0.1 mm 的细粒材料。

混合式土石坝的混凝土部分用于模拟混凝土重力坝。混凝土模型的模具由钢板制成,

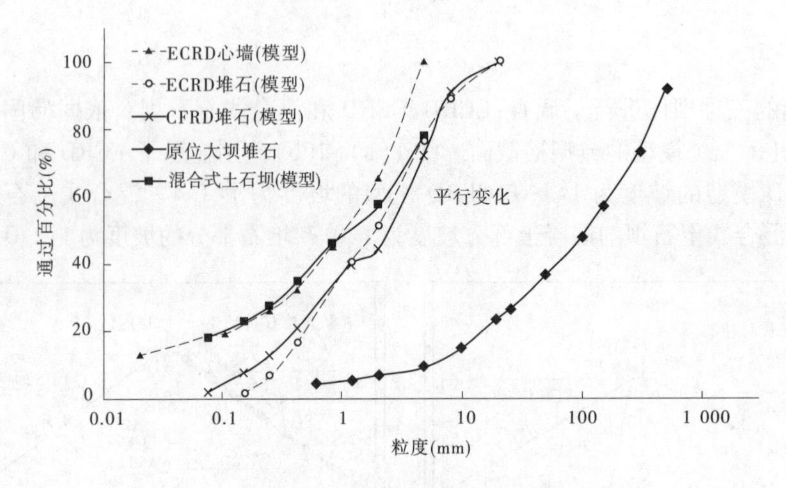

图3　原型和模型材料的粒度分布曲线

因此混凝土模型和混凝土接缝处都是整体浇筑而成。将混凝土按水、水泥、混凝土以1∶2∶6的比例混合。三周后，将钢模与固化的混凝土模型相分离，并使用黏合剂将该模型附着到模型箱的底板上。

对于CFRD和混合式土石坝，将面板模型放置在上游斜坡上，以模拟混凝土面板。在简化模型试验中，难以使用混凝土材料来模拟原型面板的抗弯刚度。因此，面板模型采用高密度聚乙烯（HDPE）制成。考虑到缩放定律，模型的厚度根据以下方程式确定（Zhang等，1994）。根据原型面的厚度，以与坝体相同的比尺缩减，模型所需厚度约为3 mm。

将一块薄膜放置在水坝模型的上游斜坡上，并将薄膜的底部和侧面粘在硬质箱上以防止水渗入坝体，将水拦截在上游侧。因此，在地震模拟期间，填充水对上游斜坡施加水负荷。本研究并未考虑坝体内的渗流，因为该研究旨在调查典型坝体的地震响应。完成的模型如图4所示。

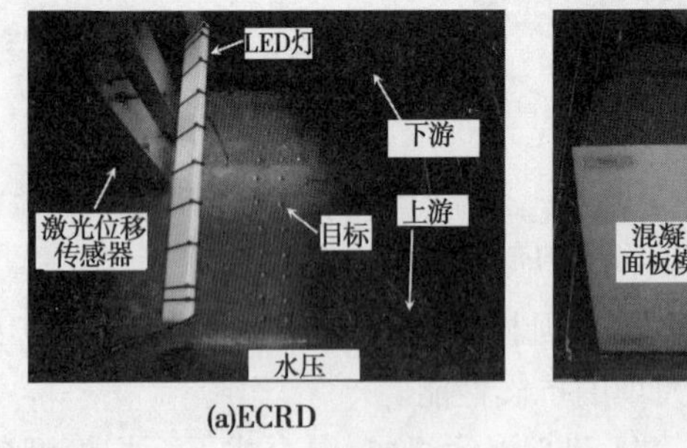

(a)ECRD

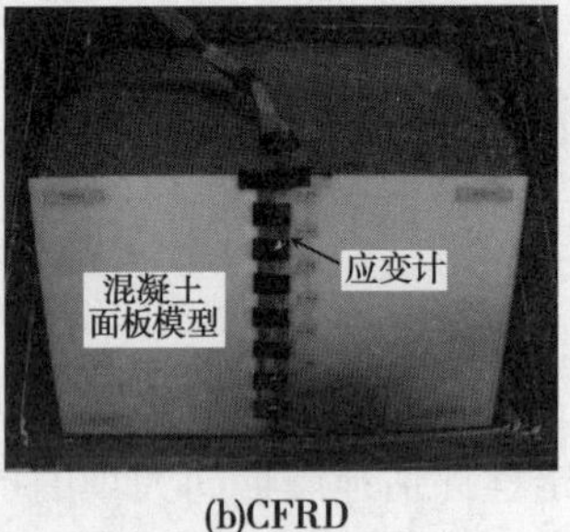

(b)CFRD

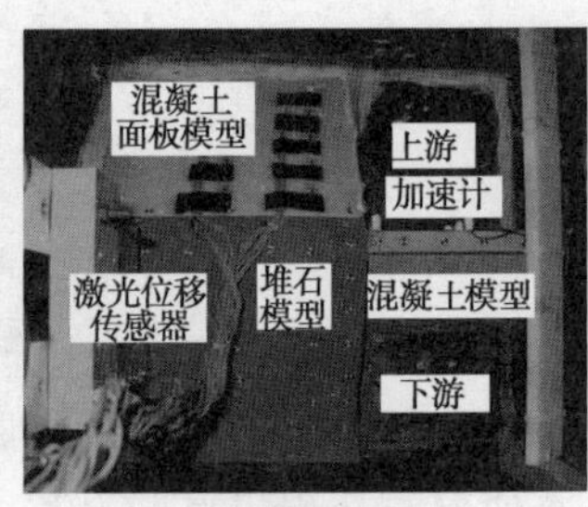

(c)混合式土石坝

图4　建成模型的照片

4　试验和观测程序

在包含各水坝模型的硬质箱的底部激发输入地震波。使用大船渡地震记录作为上游—下游输入波动。对各水坝模型先后进行分阶段试验，范围为$0.04g \sim 0.5g$。

为了观测ECRD和CFRD模型中坝体的变形情况，分别使用激光传感器和高速摄像机测量坝面的垂直与水平位移。同时在ECRD和CFRD水坝模型内嵌入加速计，以研究水坝模型的加速度增大情况。在混合式土石坝模型中,在图2所示的位置布置了三组加速计。对于CFRD,在面板的两侧连接了八对应变计,以测量弯矩和轴向力。

5 试验结果

5.1 ECRD和CFRD的抗震性能

图5显示了四个不同震级下,不同坝高的峰值加速度分布及其归一化分布。对于ECRD,峰值加速度从基岩到坝顶连续增加,其中基岩加速度约为0.1g。在较大的基岩加速度下,水坝下部的增大系数变化不大,但上部的放大率随高度的增加而显著增大。CFRD的放大率分布显示出与ECRD在较小的基岩加速度下相似的增加趋势。当基岩加速度超过0.4g时,上部的放大率出现显著增大,而下部的放大率变化不大。当激发0.57g的最大基岩加速度时,坝基材料的松动效应会导致地面加速度的显著增大。

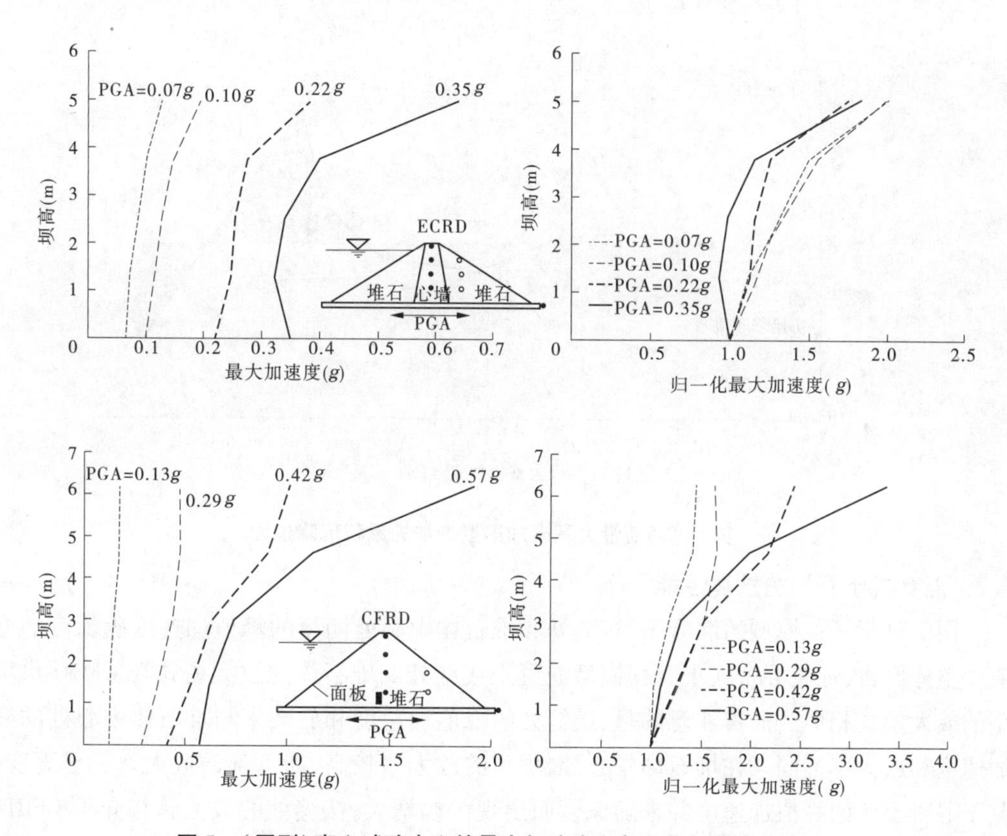

图5 (原型)离心试验中心的最大加速度和归一化加速度分布

坝顶残余沉降的累积沉降如图6所示。在ECRD模型中,坝体从0.1g的输入基岩加速度开始沉降。发生小型地震(0.1g~0.2g)时,出现了相对较小的沉降。最后,在0.35g的最大基岩加速度下,出现了大量沉降。另外,在CFRD模型中,在0.37g以下的输入基岩加速度下,坝顶出现了非常小的沉降。随后,在0.37g~0.45g的基岩加速度下,出现了大的负沉降(升沉),随后在最后一次摇晃时出现了相当大的正沉降。这种升沉可能是由紧密堆筑的堆石材料出现松动造成的。在发生此类松动之后,由于堆石材料的松动,上部的加速度显著增大,导致大的沉降量,坝面朝着下游方向滑动。

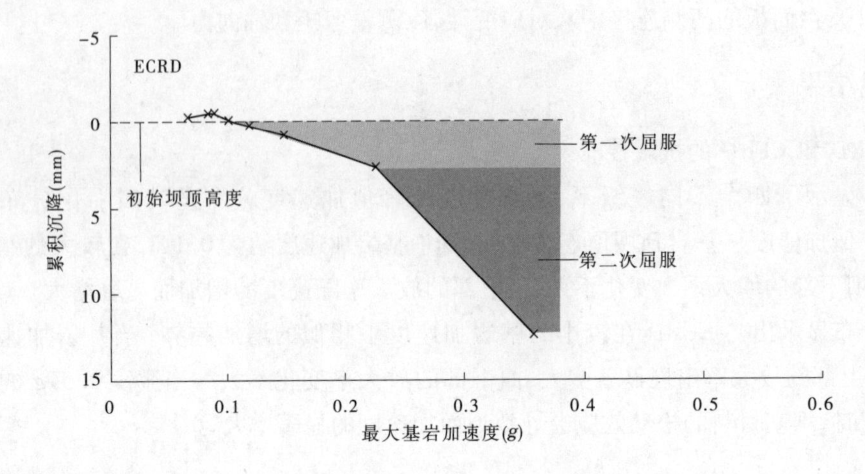

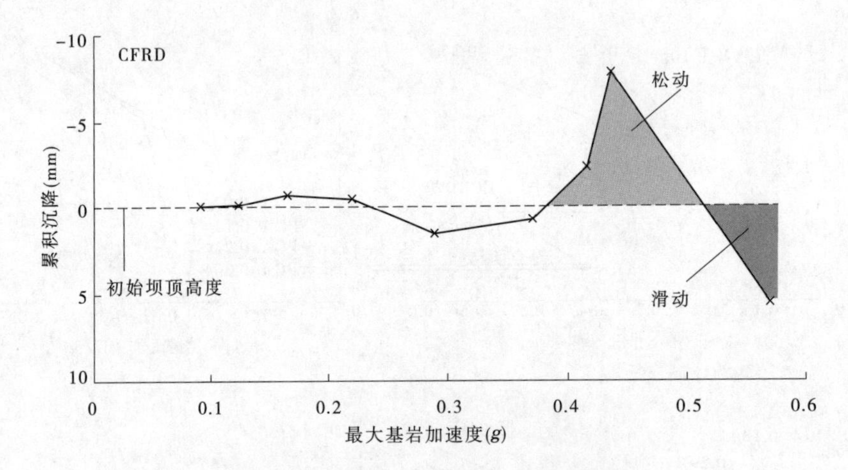

图 6　随着最大基岩加速度增加的累积沉降过程

5.2　混合式土石坝的抗震性能

图 7 显示了在模型的混凝土、接缝处和堆石体中心处测量的峰值加速度随深度的变化值。整体而言,远离混合式土石坝模型混凝土接缝处的堆石体的放大模式与 CFRD 水坝模型的放大模式相似。值得注意的是,接缝处的峰值加速度和放大率与堆石体中心处的峰值加速度和放大率不同。在堆石体中心处,坝顶的放大率较高,而下部的放大率无显著变化。鉴于混凝土体的峰值加速度并未随深度而出现大幅增大,接缝处的放大趋势介于 CFRD 模型与混凝土体之间。

为了有效地比较模型中混凝土、接缝处和堆石体之间的抗震性能,坝顶的加速度—时间历时记录如图 8 所示。值得指出的是,基岩、混凝土、接缝处和堆石之间存在相位差。可以注意到,接缝处的抗震性能介于混凝土和堆石之间。

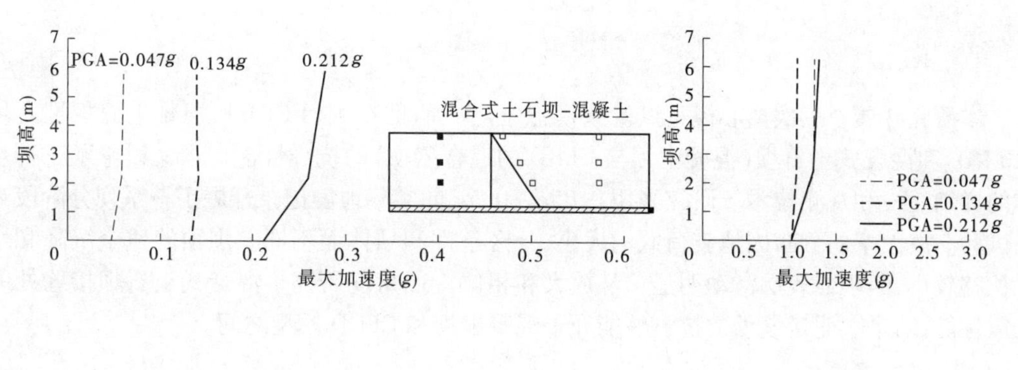

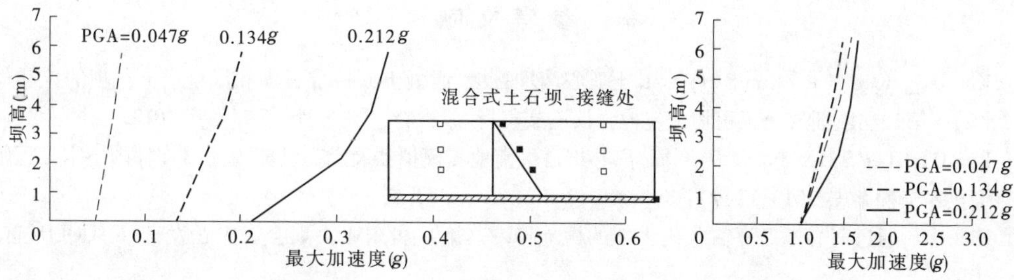

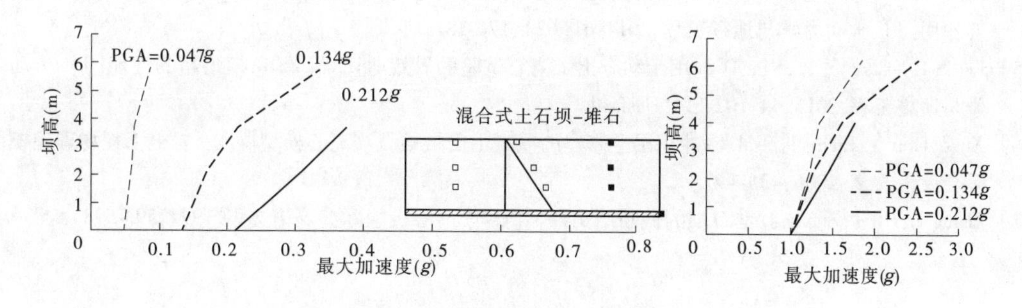

图7 （原型）混合式土石坝混凝土、接缝处和堆石中心处的最大加速度和归一化加速度分布

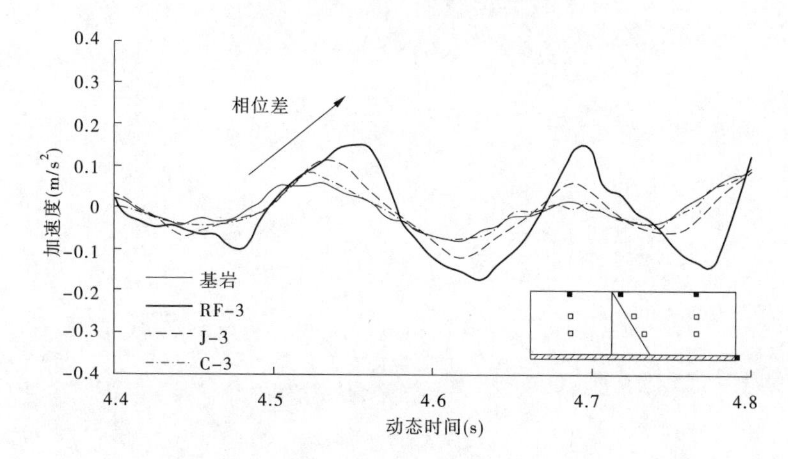

图8 （原型）混凝土模型、接缝处和堆石模型坝顶处的加速度记录

6 结　论

本研究开展了三次离心模型试验来模拟土质心墙堆石坝(ECRD)、混凝土面板堆石坝(CFRD)和混合式土石坝(混凝土坝与CFRD的混合型坝)的抗震性能。本文讨论了三种坝体的详细建模和观测技术。研究采用0.05g~0.5g的实际地震记录开展了一系列分阶段离心试验。放大率的分布因地震荷载的大小、分区条件和坝体而不同。坝顶的残余沉降和水平位移较小,但坝面表层滑动明显。从放大和相位特征角度研究了混合式土石坝接缝处的抗震性能,结果表明接缝处的抗震性能介于混凝土坝和CFRD模型之间。

参考文献

[1] Kim D S, Kim M K, Kim S H,et al. 土质心墙堆石坝、混凝土面板堆石坝和混合式土石坝的抗震性能[C]//第二届欧洲岩土工程物理建模会议论文集.代尔夫特:代尔夫特理工大学,2012.

[2] Kim D S, Lee S H, Choo Y W,et al. 离心机自平衡地震模拟器及动态性能验证[J].韩国土木工程师学会土木工程杂志,2013,17(4): 651-661.

[3] Kim D S.通过离心模型评估老化水坝的性能[C]//第八届东亚大坝会议主题发言. KNCOLD,首尔,2014.

[4] Ha J G,Lee S H, Kim D S,et al.通过动态离心试验模拟花莲大比例结构地震试验土-基-结构的相互作用[J].土动力学与地震工程,2014,61(62):176-187.

[5] Lee S H, Choo Y W,Kim D S.用于动态土工离心试验的等效剪切梁(ESB)模型箱的性能[J].土动力学与地震工程,2013,44:102-114. Dasfasd.

[6] Xu Z,Hou Y,Liang J,et al.深冲积层上修建的混凝土面板堆石坝离心模型[C]//岩土工程物理建模国际会议论文集.2006:436-440.

[7] Zhang L,Hu T,Zhang J.堆石坝的截断结构评估[C]//离心机国际会议论文集.1994:593-598.

龙滩碾压混凝土重力坝建设关键技术和大坝运行情况综述

王进攻[1,2]

(1. 中国大唐集团有限公司大坝安全监督管理中心,北京 100033
2. 中国大唐集团科学技术研究院有限公司,北京 100033)

摘 要 龙滩水电站大坝是200 m级碾压混凝土重力高坝的里程碑。大坝是水电站枢纽中首要的建筑物,其建造水平往往决定着电站功能是否正常发挥甚至整个电站成败。龙滩大坝在勘测、论证、关键技术研究和建设管理等方面进行了大量而充分的工作,关键技术和一些重要细节问题受到了重视和正确处理,电站建设过程以精品、绿色、和谐为理念,通过严格组织管理,工程顺利提前实现目标。10个完整水文年的运行情况证明,大坝运行安全性态良好。作者简要回顾了大坝建造关键技术实施情况,展示运行以来主要监控技术指标和运行情况,并基于大坝特点、运行实践和社会发展新要求,对大坝和电站今后运行管理、功能扩展、价值提升及工程后续建设提出了建议。

关键词 碾压混凝土重力坝;关键技术;大坝运行;价值提升;龙滩水电站

1 概 述

龙滩水电站工程是21世纪初开发建设的“西电东送”标志性工程、西部大开发的重点工程之一,也是珠江流域治理的骨干工程。工程任务是以发电、防洪和航运等的综合利用。控制流域面积98 500 km^2,占红水河流域总面积的71%。工程按正常蓄水位400 m设计,分两期建设:一期按正常蓄水位375 m建设,大坝高192 m,正常蓄水位库容162.1亿m^3,兴利库容111.5亿m^3,防洪库容50亿m^3,为年调节水库,装机容量4 900 MW;二期正常蓄水位400 m,坝高216.5 m,相应库容272.7亿m^3,兴利库容205.3亿m^3,防洪库容70亿m^3,为多年调节水库,装机容量6 300 kW。枢纽工程主要有拦河大坝及泄洪闸、左岸地下引水发电系统和右岸通航建筑物。

一期工程于2001年7月开工建设,2006年9月下闸蓄水,2007年5月首台机组投产发电,2008年底全部机组完成投产。通航工程正在建设中。

2 大坝设计

2.1 勘测设计历程

工程勘测规划始于20世纪50年代,1990年能源部批复并同意了初步设计报告。之

作者简介:王进攻,河南平顶山人,工程硕士,水利工程专业。E-mail:wangjingong@ sina. com。

后,在建设单位组织下,以设计单位为主,有关科研机构、高校参与,由权威院士和专家咨询、把脉,对电站建设关键技术,特别是大坝有关的水文气象、坝址、地质、工程布置、坝型、结构设计、筑坝材料、碾压混凝土配比与施工工艺、基础处理、温控技术、施工组织等一系列关键技术和建设难题开展了全面、透彻的研究[1,2]。

开工前的这些工作,为龙滩超大型水电站工程顺利建设和工程功能的良好发挥打下了坚实基础。

2.2　大坝布置与地质条件

经过长期勘测论证,大坝坝址选择在河谷呈较宽坦的"V"形、宽高比为3.5、岸坡坡度为32°~42°的区域,避开了下游溶蚀发育的灰岩地带,坝址地层主要为砂岩和泥板岩,砂岩占比较高,砂岩强度也高,微风化—新鲜岩石单轴饱和抗压强度100~130 MPa,泥板岩平均值为60 MPa,部分泥板岩中劈理发育[3]。根据河谷地形、右岸坡地质结构和左岸发电系统进水口布置需要,坝线呈倒"八"字形布置。大坝主要分为河床溢流坝段、底孔坝段、左岸进水口坝段、右岸通航建筑物坝段,其他为左右岸挡水坝段。

工程区域地震烈度为Ⅵ度,大坝抗震烈度按Ⅶ度设计。

2.3　大坝结构设计

坝型比选确定为碾压混凝土重力坝。一期坝顶高程382.00 m,坝顶长761.26 m。泄水建筑物布置在河床坝段,由7个表孔和2个底孔组成,表孔堰顶高程355.00 m,采用高低坎大差动挑流消能,2个底孔对称布置于表孔溢洪道两侧,用于施工后期导流和运行期降低库水位;考虑到大坝结构的整体性,一期坝顶高程以下按后期方案断面一次建成,但溢流坝段按375 m正常水位确定的堰面尺寸建设。大坝布置参见图1。

根据结构和温控需要,坝体横向分缝情况为:溢流坝段20 m,底孔坝段30 m,进水口坝段25 m,挡水坝段22 m。重点说明:左岸在21#坝段向上游转折27°,该坝段水平断面上游窄下游宽,为尽量控制下游宽度,上游沿坝轴线宽度仅为12.485 m,下游坝趾水平折线投影仍然有60 m左右宽度,但下游左侧基岩呈左岸下游向右岸上游倾斜的坡状,有利于缓解大坝降温后基岩约束,坡面设置了插筋,以加强与坝基连接;右岸处理方法基本相同;通航坝段88 m宽,按整体式结构设计,坝基中间基本高程为397.00 m,左右侧为斜坡,航槽以下分三块浇筑,在327.00 m高程并缝,并采用153束2 000 kN锚索加固。

针对于坝体纵向分缝与否的问题,温控防裂专题研究表明[4],施工过程中可以通过严格合理地选择原材料、配合比和浇筑季节等,采取多种温控措施,控制好碾压混凝土最高温度,不设纵缝是可行的。这样,溢流坝段最大的长宽比达8.429,为行业先例。

3　大坝施工关键技术回顾

3.1　坝基处理

大坝基础开挖均采取了光面、斜孔柔性垫层缓冲等控制爆破技术,最大程度减小爆破对基岩的破坏影响。较陡的岸坡坝段,依地质、地形条件尽量将坝基开挖成向上游倾斜的平台状,以利于大坝稳定。

增强坝基岩体的整体性,提高坝基承载和抗滑能力,对坝基全面固结灌浆是必然的。综合试验成果、地质条件和防渗需要等因素,固结灌浆密度以3 m×3 m为主,断层、裂隙发育

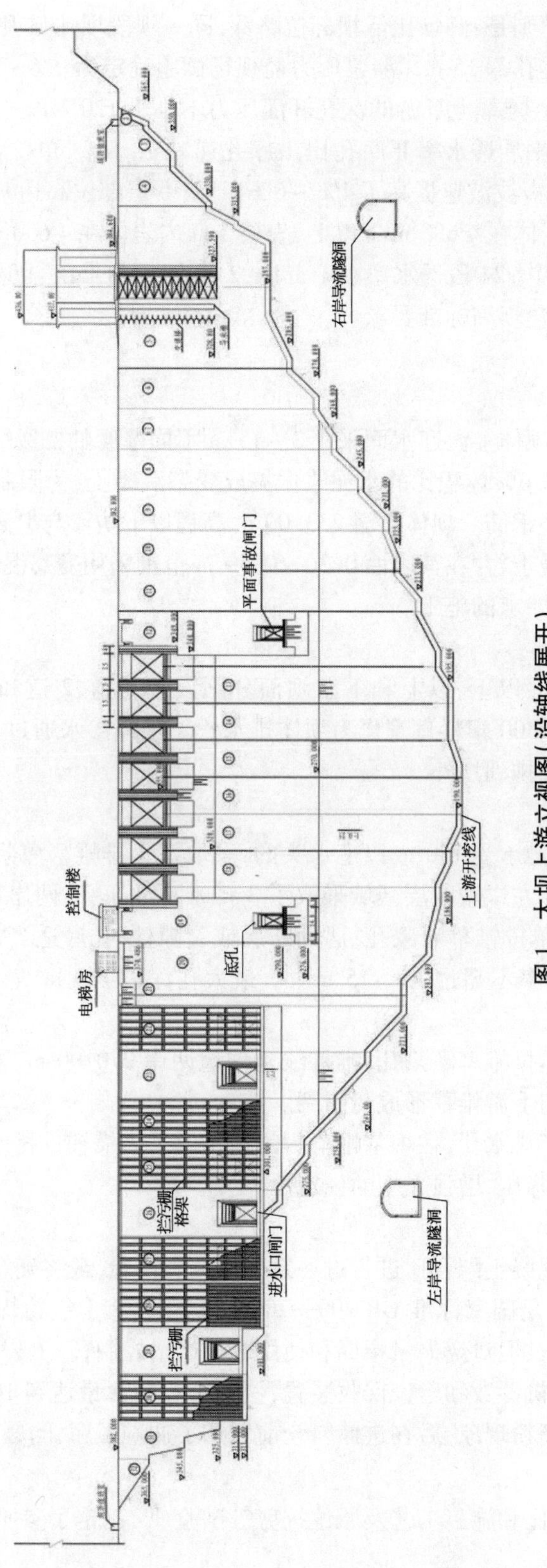

图1　大坝上游立视图（沿轴线展开）

部位适当加密。孔深确定原则是:高坝比低坝部位略深,同一坝段坝踵与坝趾比中间部位略深,防渗帷幕上下游1~2排孔深15 m。灌浆压力经现场试验确定为0.6~1.0 MPa,无盖重灌浆孔口段不超过0.3 MPa,帷幕上下游的深孔开灌压力不小于1.0 MPa[5]。

灌浆效果:固结灌浆孔平均透水率Ⅱ序孔比Ⅰ序孔递减73.9%,单位耗灰量Ⅱ序孔比Ⅰ序孔递减了77.7%;岩体声波波速提高了4%~6%以上,断层部位高达11.6%,实测新鲜岩体在5 050 m/s、微风化岩体在4 680 m/s以上,表层3 m内岩体在4 650 m/s以上;对534个孔分926段压水试验,其中924段透水率小于1 Lu,2段在1~3 Lu。上述表明,大坝基础固结灌浆效果非常好,满足建坝高标准要求。

3.2　大坝防渗

3.2.1　坝体防渗

根据所受水压力不同,坝体上游迎水面采用3~15 m不同厚度的二级配碾压混凝土,在面层1~1.5 m范围加4%~6%体积比的水泥浆振捣成变态混凝土,为限制面层裂缝,在变态混凝土中布设了一层限裂钢筋。坝体下游233.00 m高程以下防渗与上游方法相同,该高程以上采用三级配碾压混凝土,并在其表面0.30~0.50 m范围采用变态混凝土保证外观的密实性和美观,不再按防渗要求的施工。

3.2.2　坝体横缝止水与排水

坝体横缝上游342.00 m以下、以上和下游坝面分别设置3道、2道和1道铜片止水。止水背水侧1 m处设置了D300塑料盲管作为坝体排水管。坝体渗水通过各层排水廊道汇集排出坝外或到积水井后抽排到坝外。

3.2.3　坝基防渗与排水

上游帷幕布置:河床深槽承受150 m以上水头的,采取了3排帷幕灌浆孔;两岸坝段承受70~150 m作用水头的和左岸坡断层区域采取了2排帷幕灌浆孔;两岸坝肩山体中承受70 m以下作用水头的采取单排帷幕灌浆孔;遇到断层或裂隙处,孔底适当加深。孔底原则上深入相对不透水层(透水率不超过1 Lu)5 m[6]。最大孔深为110 m,最大灌浆压力为5 MPa。

河床坝段下游设置了单排帷幕灌浆孔,帷幕线延伸至两岸270.00 m基岩,通过左右坝段基础廊道实施两道帷幕与上游帷幕形成封闭圈。

在帷幕背水侧均设置了排水孔,在坝基帷幕封闭圈布设了纵横辅助排水廊道,布设了2 m间距的排水孔,采取抽排降压,增强大坝的稳定性。

3.3　碾压混凝土材料

龙滩大坝筑坝材料及混凝土配合比进行过一系列研究和试验,最终确定的主要材料为:①42.5中热硅酸盐水泥,满足国家标准GB 200—2003的要求;②Ⅰ级粉煤灰为主,若因供料紧张使用部分Ⅱ级粉煤灰,但对烧失量指标和使用部位严格控制;③工程区域大法坪灰岩人工砂石料,通过调整破碎机参数和增设回收装置,使砂的石粉含量达到16%~20%要求。施工初期发现了大中石有裹粉现象,后在进储料仓前增加了冲洗工序,问题得到较好解决。

3.4　碾压混凝土配合比

根据大量室内、现场配比和施工工艺及原位抗剪等试验[7],确定了参照配合比,见表1。

表1 碾压混凝土参考配合比

坝体部位	90 d强度(MPa)	水胶比	最大骨料粒径(mm)	级配	水泥用量(kg/m³)	粉煤灰用量(kg/m³)
下部 $R_{Ⅰ}$	25	0.42	80	三	90	110
中部 $R_{Ⅱ}$	20	0.46	80	三	75	105
上部 $R_{Ⅲ}$	15	0.51	80	三	60	105
上部 $R_{Ⅳ}$	25	0.42	40	二	100	140
上游面变态混凝土 $Cb_{Ⅰ}$	25	0.42	40	二	100+现场加浆水泥量	140

注:①90 d强度指标是指按标准方法制作养护的边长为150 mm试件,在90 d龄期用标准试验方法测得的保证率为80%的抗压强度标准值;②层面原位抗剪断强度在180 d龄期测得的保证率为80%的原位抗剪断指标。

3.5 大坝温控措施

工程所在地区属亚热带季风气候,每年4~10月是高温和高辐射热季,混凝土温控是重大难题。在大量的理论研究、工程类比、仿真计算和室内室外试验,最终形成了龙滩大坝施工温控的一整套综合措施。

3.5.1 大坝温控标准

基础温差是整个大坝混凝土温控重点。混凝土极限拉伸值按 0.85×10^{-4}(常态混凝土28 d)和 0.8×10^{-4}(碾压混凝土90 d)考虑,相应地,大坝混凝土强、弱约束区允许基础温差分别按16 ℃和19 ℃控制,混凝土最高温度控制要求分别是33 ℃和36 ℃,浇筑温度分别按照17 ℃和20 ℃控制。

3.5.2 碾压混凝土施工主要温控措施

3.5.2.1 优化配比

采用中低热水泥、大级配粗骨料、高石粉含量细骨料、高掺量粉煤灰、高温型高效缓凝减水剂等材料和外加剂降低混凝土温升。

3.5.2.2 控制施工过程温升

(1)采取骨料预冷、加冰(或冷水)拌和控制出机口温度。1 475个样本分析表明,实测出机口温度低于12 ℃的占90.8%。

(2)减少运输过程热量回灌。汽车运输做了尾气通道、车厢遮阳、厢板隔热改造;皮带运输做了封闭保温、冷风降低环境温度、拌和楼联控供料等,下料过程控制橡胶管孔口与仓面间的高度在1.2 m以内,最终,皮带运输过程温升一般在1.5%~2.5 ℃[8]。

(3)仓面管理。①实践分析确定脱离约束区以后,升层一般为3~6 m及以上,曾经最大一次升层为13 m,大升层浇筑仓可以减少外部热量辐射,还有利于提高层间结合质量和坝体外部观感;②根据仓面大小,足量配置施工设备,以平层摊铺为主,辅以台阶或斜层铺层方法,并保证入仓强度,及时摊铺、及时碾压,缩短层间覆盖时间,减少空气热量回灌和太阳辐射;③施工过程中及时对已碾压区域覆盖保温被;④进行仓面喷雾,气温可降低3~5 ℃,

湿度≥80%；⑤高温季节，待混凝土终凝后对混凝土表面进行洒水或流水养护。

3.5.2.3　通水冷却

通水冷却以初期通水为主，上游二级配区辅以中期通水，有接缝灌浆和接触灌浆的部位还要辅以后期通水。

上述综合措施实施后，从2004年9月至2006年7月的样本统计分析表明，坝体最高温度超过设计允许温度最高温度的时间段仅为全时段的1.44%，坝体温度总体得到较好控制。

3.6　混凝土入仓技术配置

大坝共浇筑混凝土658.4万 m^3，其中碾压混凝土442.8万 m^3，占比67.25%。混凝土入仓布置：①碾压混凝土主要采用2条高速皮带配2台塔式布料机为主和1条高速皮带配3条真空溜槽、自卸汽车及部分低高程仓位汽车入仓为辅[9]；②左岸进水口及非溢流坝段常态混凝土采用3台门机入仓；③右岸坝肩非溢流坝段和通航坝段常态混凝土主要采用1台门机、2台中速20 t缆机和1套自制的皮带布料机入仓。

大坝混凝土施工时段从2004年9月到2008年1月，高峰时段发生在2005年1月至2006年9月。特征施工记录是：单个塔式布料机月最高产量13.5万 m^3，最高浇筑38.67万 m^3，最高年浇筑318万 m^3。实测资料证明，高强度的施工，有利于高温环境碾压混凝土温控要求和层面结合。最终，龙滩坝体混凝土钻孔芯样获得率超过99%，层面折断率在2.5%以下，芯样表面光滑、结构致密、骨料分布均匀，最长达15.03 m，过程两次刷新行业芯长记录。

4　大坝运行情况

4.1　水库蓄水情况

工程蓄水后，于2007年7月26日发生了15 342 m^3/s 流量的洪水，是蓄水至今最大的一次洪水。2008年1月大坝施工全线达到设计高程382.00 m，大坝进入设计正常运行状态。2008年至2017年的10年间，大坝蓄水位在死水位330.00 m和正常蓄水位375.00 m之间按水文年规律和防汛管理要求循环升降，汛末最高库水位达到370.00 m以上的有7次，接近或达到375.00 m正常蓄水位的有4次，年度最低库水位接近或达到死水位的有5次。来水丰枯情况是：2009～2014年径流总量均低于多年平均值508亿 m^3，其余年份则高于多年平均值；2008年11月中上旬和2017年7月、9月进行了开闸泄洪；由于水库面积大，滞洪能力强，加上上游水库调蓄作用，流域自然中、小洪水特征在龙滩显现不明显，没有发生大洪水。

大坝较为完整地通过了10个水文年的蓄水试验和验证，没有发现异常现象。

4.2　大坝安全监测情况

龙滩大坝目前有2 028支(点/台/套)仪器处于良好运行状态，时刻监控着大坝的安全，主要包括环境、变形、应力应变、渗流测、变形监测网和地震等监测内容，监测系统全面而系统。

4.2.1　大坝温度

典型坝段温度变化情况是：①河床坝段坝踵处和上游坝面温度最低，在19 ℃左右，240 m高程坝体中部温度相对较高，在29 ℃左右(见图2、图3)，下游坝面受气温影响存在一定周期性变化，坝体温度至今仍处于缓慢的下降过程，尚未达到准稳定状态。②左岸进水口坝段(常态混凝土)坝体温度已处于相对稳定状态,在 19 ~28 ℃。

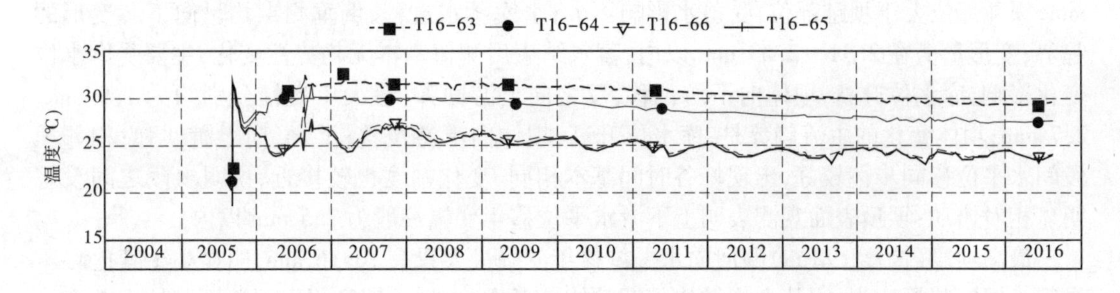

图2 河床最高坝段坝体 247.00 m 高程温度过程线

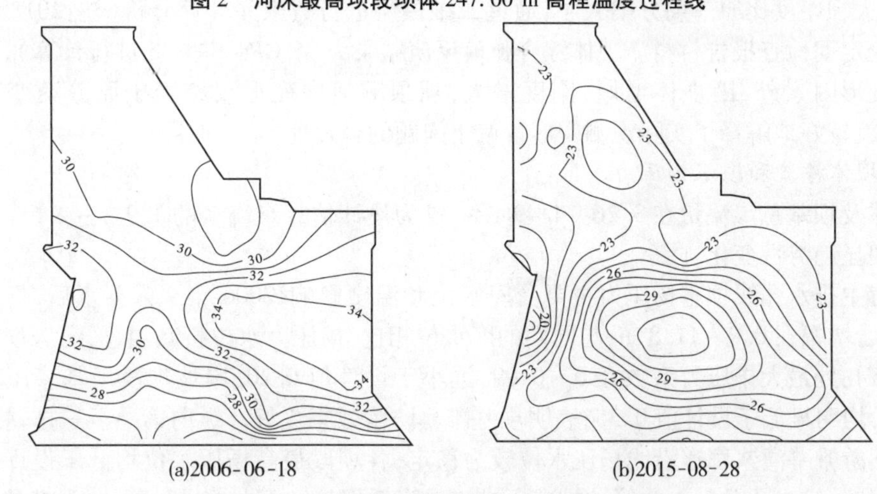

图3 河床最高坝段坝体典型时期温度场

注:国家能源局大坝安全检查中心《龙滩大坝安全定期检查安全监测资料分析报告》

基岩温度在埋设初期受混凝土水化热影响,温度明显升高,随着水化热消散和水库蓄水,基岩温度逐渐降低,受气温影响较小,目前温度在 22 ℃左右,且仍处于下降阶段,但变化速率较小,变化速率在 -0.17 ~ -1.1 ℃/a。

4.2.2 坝体应力应变

根据无应力计观测成果计算,大坝碾压混凝土的温度膨胀系数在(7.27 ~10.78) × 10^{-6}/℃,大坝常态混凝土的温度膨胀系数在(6.25 ~8.44) ×10^{-6}/℃,坝体混凝土温度膨胀系数平均为 8.08 ×10^{-6}/℃,混凝土自身体积变形均表现为单调膨胀型,对坝体应力有利,扣除温度变化引起的量值变化基本稳定,大坝混凝土的自身体积变形已基本稳定。

以河床最高坝段为例,目前主要表现为压应变,最大值 189.07 με,与同类工程相比,在正常范围之内。根据应变测值计算,坝踵部位的垂直向压应力和最大主压应力接近 2 MPa,坝体中部的垂直向压应力和最大主压应力在 4 MPa 左右,与设计成果进行比较,实测坝踵部位混凝土均为受压状态,压应力量值略大于设计值,坝踵部位应力状态正常。靠近坝趾部位的两个压应力计监测到的垂直向压应力为 0.5 ~1.5 MPa,坝趾部位混凝土均为受压状态,压应力量值略小于设计值,坝趾部位应力状态正常。

4.2.3 大坝水平位移和垂直位移

通过垂线、引张线、几何水准、静力水准、真空激光准直、观测墩、多点位移计等观测成果综合分析表明,在大坝浇筑上升过程,坝基表现我压缩下沉,河床深槽坝段下沉量为3~8 mm,坝踵部位大于坝趾部位,受蓄水影响不大;水库蓄水过程,倒垂测点均呈向下游变形的趋势,变形量值在2.31~2.59 mm以内,蓄水结束后测值基本无趋势性变化,主要受库水位变化影响,库水位升高,坝体向下游位移,反之向上游回弹,最大年变幅分别约为1.9 mm、2.7 mm;坝体变化的主流趋势是:库水位升高,坝体向下游位移;反之,向上游回弹;相邻坝段间水平位移同步性较好,出现峰谷时间基本相同,变化幅度也较接近,说明坝段之间没有明显相对错动;坝顶表面观测表明上下游水平位移年变幅一般为7.5 mm以内。

最高坝段(高度192 m)顺河向水平位移年变幅最大只有10.16 mm,明显小于其他碾压混凝土坝。分析认为,因从大坝结构长期整体性考虑,大坝一期高程以下断面已按全断面一次施工,大坝厚度比原一期方案大了,通过二维模型进行有限元计算分析(注:2017年龙滩大坝安全定期检查报告材料。坝体综合弹模反演结果为35 GPa,并按此进行计算),排除温度引起变形因素外,因坝体增厚,刚度增大,坝顶顺河向变形仅相当于原方案变形量的60%,这就较好地解释了实际观测变形量偏小问题的合理性。

4.2.4 坝体渗流和坝基扬压力

坝体及坝基总渗流量在3.26~4.49 L/s,仅为设计估算渗流量的1.9%~2.6%。渗流量未见明显趋势性变化迹象。

上游主排水孔线坝基扬压力主要受库水位和温度影响,2006年9月蓄水后,扬压力均有所增大,增幅在0.0~11.8 m,与同期的库水位相比,扬压力水位折减明显,河床坝段帷幕后主排水孔处最大扬压力系数在0~0.09,远小于设计值0.20,岸坡坝段坝基渗压系数在0~0.21,均明显低于设计值0.35,表明坝基帷幕防渗效果良好。纵向第一至三排辅助排水沿线和下游帷幕灌浆廊道沿线扬压水位较为稳定,各坝段最高扬压水位均低于设计值。说明帷幕灌浆、排水孔及集水井等抽排减压措施对降低坝基扬压力效果显著,非常有利于河床坝段抗滑稳定。典型工况坝基扬压水头分布情况见图4。

4.2.5 大坝巡视检查

大坝运行过程中,严格按照规范规程要求开展定期检查、专项检查和日常巡查,至今未发现任何危害性裂缝。

4.2.6 水库淤积和坝后冲刷

分别在工程建设期的2004年和工程蓄水运行后的2010年、2016年对水库库容进行了复测。水库整体表现为淤积,正常蓄水位375 m高程以下的淤积量为2.146亿m^3,约占总库容的1.3%。水库淤积主要集中在水库中部河段(北盘江淤积比例最大)的220~330 m高程范围,基本不占兴利库容。水库淤积情况好于预期,主要得益于蓄水以后河水水质变化:蓄水前,即使在枯水季节,上游发生2年一遇以下的小洪水,河道水质就立刻变得浑浊,而蓄水以后,水库和坝下水质基本上保持全年清澈,水库水质大多时间达到国家Ⅱ类水标准,过去的“红水河”已经变成了“清水河”。初步分析认为,蓄水后,上游河道水位提高,过去常被冲刷的坡地相当一部分不再遭受冲刷,即使上游支流来水因受到库水顶托,入库以后流速减慢,较快得到沉淀。同时,上游电站建成投产后,也在发挥着同样的作用。这些联合作用的结果,促成了库区水土流失少,泥沙沉淀快,水质清澈,库水淤积少。

5 结语与建议

(1)龙滩碾压混凝土重力坝施工完毕后,经过了10个标准水文年运行,各项监测指标

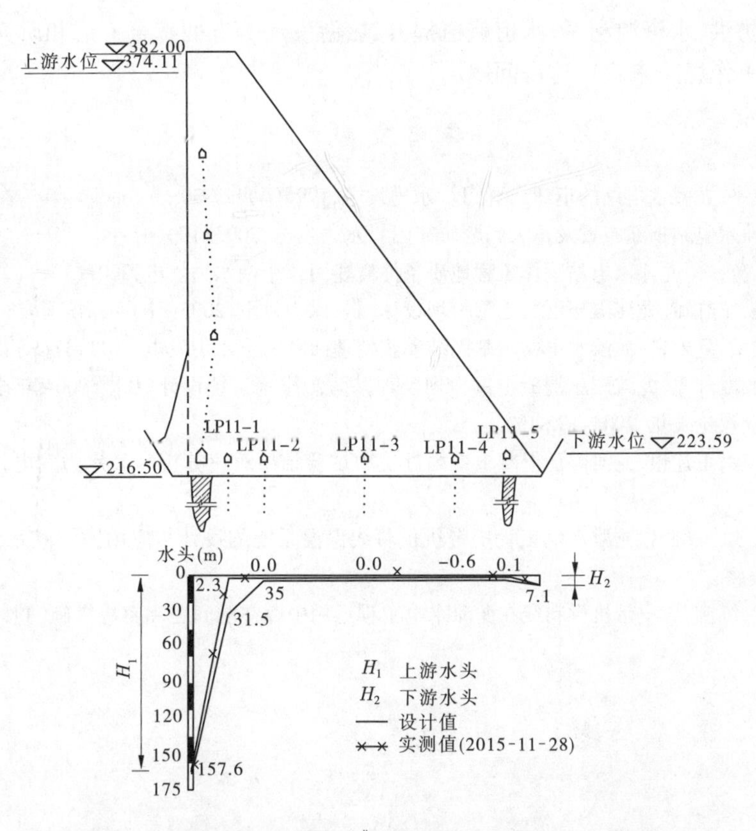

图4 典型高水位工况下11[#]坝段坝基实测扬压水头横向分布图

和检查情况表明，大坝处于良好的安全运行性态，这为今后安全可靠运行和二期建设奠定了良好基础。

(2)大坝的成功建设，证明了之前所研究、拟定的各项关键技术措施以及工程建设组织管理是有效的、可行的。

(3)大坝运行以来，尚没有遇到过大洪水，坝体温度相对稳定，但没有降至稳定温度，在今后运行管理中须继续重视大坝和导流洞堵头等的监测与巡视检查，做好大洪水、特大洪水预案研究和演练工作。

(4)工程在防洪、电力供应、珠江和澳门供水、流域环境和上下游航道改善等多方面彰显了巨型电站的综合功能优势，并取得了巨大的综合效益。然而，随着人们对水利水电工程、水资源认识的改变，对社会发展和生活水平提高需求动力的增强，以及信息化、智能化技术的快速发展，促使电站业主和政府多部门综合考虑全流域防洪、区域或跨区电力调配、电力结构互补和改善、环境改善大坝安全等多方面因素深度研究水资源利用和工程功能的发挥将成为必然趋势。譬如，用信息化智能化手段精准管理和调度整个珠江流域水资源，进一步增强流域水库群的联合防洪和洪水资源的利用能力；充分认识枯水季节闲置库容的价值，采取政策机制和经济杠杆，对缓解当前新能源储能和区域电力调配有现实与示范意义。这些工作付诸实施，将会大大提升工程的价值。

(5)根据现今社会发展情况和库区实际，驱使大坝续建的主要动力已不再是单一的因续建而增发的电量，因为这些发电效益不足以承担库区征地移民等费用，更需要有关省区甚至国家层面从防洪、水资源利用、水道航道提升、旅游发展等方面综合考虑和研究，并在移民问题方面创新工作思路来解决这一问题。

参 考 文 献

[1] 关沛文，周建平. 龙滩水电站的枢纽布置[J]. 水力发电，1996(6)：27-30.

[2] 冯树荣．龙滩水电站枢纽布置及重大问题研究[J]. 水力发电，2003(10)：41-44.

[3] 夏宏良，蒋作范，等. 龙滩水电站主体工程地质条件概述[J]. 中南水力发电，2007(1).

[4] 肖峰，欧红光，王红斌. 龙滩碾压混凝土重力坝设计[J]. 水力发电，2003(10)：42-43.

[5] 奉伟清，赵红敏，夏宏良. 龙滩水电站坝基固结灌浆处理回顾[J]. 水力发电，2011，37(3)：28-31.

[6] 周英，李文洪，欧红光. 龙滩碾压混凝土重力坝及坝基防渗排水系统设计[C]//2004 年全国 RCCD 筑坝技术交流会议论文集. 2004：192-197.

[7] 潘罗生，王进攻，王述银. 龙滩碾压混凝土室内外抗剪试验结果对比分析[J]. 水力发电，2007(4)：54-58.

[8] 喻俊杰，王进攻，练柳君. 龙滩水电工程皮带机供料线保温系统的设计与应用[J]. 红水河，2006(4)：76-80.

[9] 熊雄，王进攻，练柳君. 皮带机供料线在龙滩水电工程运用中存在的问题和解决措施[J]. 红水河，2006(4)：92-94.

高泥沙河流抽水蓄能工程的泄洪布置研究

张建国　张永涛　胡育林　张金婉

（中国电建集团中南勘测设计研究院有限公司，长沙　410014）

摘　要　洛宁抽水蓄能电站位于豫西北高山峡谷区，工程区具有黄河水系山区河流“大水大沙”“峰高量小”的水文特点，因蓄能电站高水头机组对过机含沙量的控制要求，洛宁抽水蓄能下水库采用专用库的设计模式，泄水建筑物由库尾拦沙坝和泄洪排沙洞、库内放空洞组成。库尾拦沙坝上游天然河道狭窄、河床纵坡大，拦沙坝库盆不具备调蓄能力，按常规全排思路设计，泄洪排沙洞规模按频率洪水洪峰流量设计，导致泄洪排沙洞洞身尺寸大、施工工期长、经济指标差等突出问题，成为工程控制性关键线路。鉴于此，本工程拟拦沙坝、泄洪排沙洞分流设计，研究在解决日常过机泥沙问题的基础上，减小泄水建筑物工程规模，为类似抽水蓄能工程设计提供参考。

关键词　大水大沙；过机含沙量；专用库；分流设计

1　概　况

洛宁抽水蓄能电站位于河南省洛阳市洛宁县城东南的涧口乡境内，电站距郑州市直线距离201 km。本工程下水库位于洛河一级支流白马涧中段，上水库位于白马涧右岸支流大鱼沟的源头，属黄河水系。工程主要开发任务是承担河南电网的调峰填谷、调频调相、紧急事故备用和黑启动等[1]。

洛宁抽水蓄能电站装机容量为1 400 MW，属一等大(1)型工程，枢纽布置包括上水库区、输水系统、发电厂房、下水库区。上、下水库大坝均为混凝土面板堆石坝，上水库无泄水建筑物，下水库泄水建筑物包括拦沙坝、泄洪排沙洞和放空洞，引水及尾水系统采用两洞四机布置，设引水和尾水调压室，地下厂房采用中部开发方式。

2　工程特点

2.1　洪水峰高量小

工程位于黄河中游洛河南岸支流白马涧上，白马涧发源于熊耳山，其最高海拔为1 587 m，流域呈羽毛状，南高北低，集雨面积68.6 km^2，河长21.6 km，比降5.4%。工程区洪水为暴雨造成，大暴雨集中出现在7～8月，由于支流发源于山区，源短流急，洪水涨落较快，短历时暴雨最大，流域平均比降大，洪峰模数大，洪水具有典型的山区河流“峰高量小”的特点，洛宁抽水蓄能下水库坝址设计洪水过程线见图1，洪水过程线近似为三角形，$P=0.1\%$最大洪峰流量996 m^3/s，而洪峰流量超400 m^3/s以上的时段仅在1 h左右。

作者简介：张建国(1983—)，男，安徽庐江人，高级工程师，硕士研究生，主要从事水工结构、岩土工程设计工作。E-mail:493148227@qq.com。

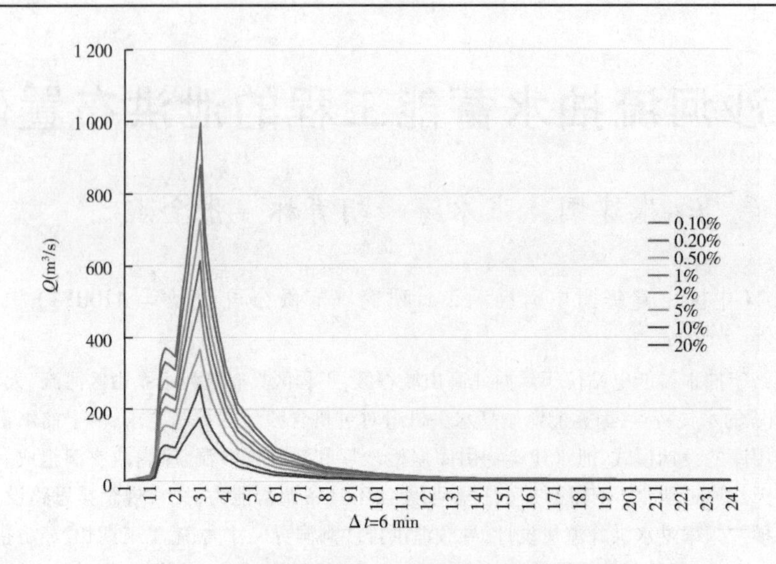

图1　洛宁抽水蓄能电站下水库设计洪水过程线

2.2　大水大沙

工程区属山区，植被较为茂密，以低矮的灌木为主，来沙量主要集中在汛期，具有典型的北方河流“大水大沙”特点。工程所处的白马涧无实测泥沙资料，附近洛河北岸支流韩城河韩城水文站、伊河北岸支流蛮峪河下河村水文站有短系列的悬移质泥沙测验资料。根据相邻参证站的长系列月平均含沙量，统计洛宁抽水蓄能电站悬移质输沙模数为520 $t/(km^2 \cdot a)$，下水库多年平均悬移质输沙量为1.349万t，多年平均悬移质含沙量为3.05 kg/m^3。下水库运行100年总入库沙量为162万t，库内泥沙淤积量较大。

通过实测资料分析：

下河村站1966年7月30日水沙过程，洪峰流量191 m^3/s，相应含沙量93.5 kg/m^3，日平均流量11.3 m^3/s，日平均含沙量67.0 kg/m^3，估算为本工程20年一遇洪水对应的含沙量。

韩城站1966年7月30日水沙过程，洪峰流量1 240 m^3/s，相应含沙量266 kg/m^3，日平均流量80.7 m^3/s，日平均含沙量146 kg/m^3，估算为本工程50年一遇洪水对应的含沙量。

2.3　过机泥沙控制严

在机组的运行过程中，水流中的泥沙颗粒借助水流运动的动能对过流部件磨损和撞击，产生多变应力使金属表面造成破坏，引起金属表面微细颗粒逐步脱落，形成沟道、波纹或鱼鳞坑，具有明显的方向性且与水流特征方向吻合。长时间的泥沙磨损将导致机组过流表面的材料磨损、过流条件及特性改变，增大调相功率损失，影响调相运行，甚至导致机组效率及稳定性下降。

常规水电站机组过机含沙量较高，泥沙磨损问题不可避免，对于混流式水轮机，常见磨损部位为转轮、导水机构和止漏装置。如葛洲坝估计初期平均过机含沙率为0.4 kg/m^3，经1～2个汛期，叶片表面即出现大面积的波纹，局部不平整与材质缺陷处还出现了凹坑与沟槽；在各机组运行6～12个汛期后，大部分波纹已发展成鱼鳞状或沟槽，叶片头部、吊孔区、外缘边（啃边）、焊缝等区域坑穴最深的达到30～50 mm[2]。相比常规水电站，抽水蓄能电站水质一般较好，过机含沙量相对较低，磨损程度相对常规机组轻微。目前已建、在建或拟建抽水蓄能电站的过机含沙量见表1。

表1　已建、在建、拟建电站过机含沙量一览表

电站	装机容量(MW)	额定水头(m)	多年平均过机含沙量(kg/m³)		平均 D_{50} 中值粒径(mm)
			发电	抽水	
白莲河抽水蓄能电站	4×300	195	0.093	0.093	—
黑麋峰抽水蓄能电站	4×300	295	0.050	0.050	—
镇安抽水蓄能电站	4×350	440	0.046	0.049	0.007
清原抽水蓄能电站	6×350	390	0.042	0.042	—
天池抽水蓄能电站	4×300	510	0.040	0.040	0.007
梅州抽水蓄能电站	4×300	400	0.034	0.034	0.004
厦门抽水蓄能电站	4×350	545	—	0.002 9	0.038
蟠龙抽水蓄能电站	4×300	428	0.034	0.034	0.007
溧阳抽水蓄能电站	6×250	259	0.029	0.029	—

由表1可知,统计范围内抽水蓄能电站的多年平均过机含沙量为0.029～0.093 kg/m³,远小于常规电站过机泥沙要求。泄洪布置方案不能将过机含沙量控制在合理水平,在机组制造时,转轮叶片、上冠、下环、导叶等主要过流部件需采用抗磨损能力强的不锈钢材料及特殊的热处理工艺,蜗壳、座环、固定导叶采用优质结构钢,势必增加机组制造的成本;在运行期,过高的过机含沙量将加剧空蚀和磨损的联合作用,缩短检修周期,增大过流件更换概率,不利于机组安全、稳定运行。虽然通过错开过机含沙量较高时段的避峰运行方式可实现对机组的保护,但会减少机组的有效运行时间,削弱机组在电网中的调节作用,从电站运行的经济性以及对电网的动态调节效应角度而言都是非常不利的。因此,针对白马涧多年平均含沙量为3.05 kg/m³的高含沙特点,控制机组过机含沙量,保证机组安全、稳定运行,成为当务之急。

3　分流设计研究

3.1　蓄能专用库设计

为避免高悬移质洪水入库影响水库有效库容和水电站机组长期稳定运行,国内高泥沙河流上的抽水蓄能工程多采用专用库[3]的布置格局,如呼和浩特、阜康等抽水蓄能工程[4],其泄水建筑物有库尾泄洪排沙建筑物和库内泄洪放空建筑物,库尾泄洪排沙建筑物由拦沙坝和泄洪排沙洞组成,采用拦沙坝拦蓄,通过泄洪排沙洞将拦沙坝以上流域各频率洪水全部从水库外侧绕道排向大坝下游,含沙水流不汇入下水库,库尾拦沙坝和水库拦河坝围成一个蓄能电站专用库。该种布置方式,一般易导致库尾泄洪排沙建筑物规模大,洛宁抽水蓄能下水库按此原则布置,泄洪排沙洞布置于河床左岸,采用直线布置,泄洪排沙洞洞长1 570 m,洞身尺寸9.0 m×(8.0～12.00)m,其下水库泄洪布置见图2。

3.2　分流设计思路

按照传统高泥沙河流上抽水蓄能工程泄洪布置方式,洛宁蓄能受地形条件制约,泄洪排沙洞采用裁弯取直布置方案是合适的,洞线长度是确定的,若要解决泄洪排沙洞规模大的问题,只能在缩小其洞身尺寸上下功夫。

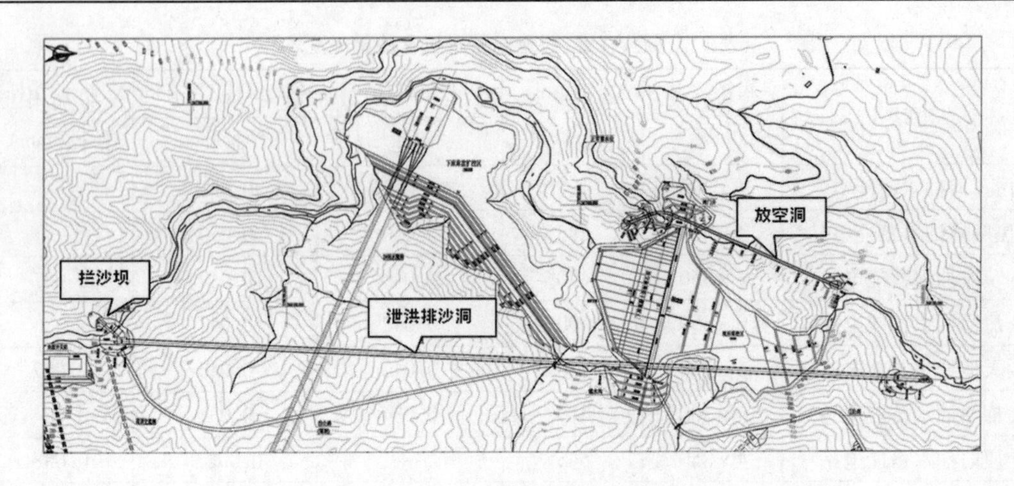

图2　洛宁抽水蓄能下水库泄洪布置

洞身尺寸设计依据于过流流量，要降低泄洪排沙洞洞身尺寸，就必须减小其设计的最大过流流量，但在工程洪水标准、频率洪水洪峰流量确定的情况下，减小泄洪排沙洞的过流流量，就须考虑泄洪排沙洞以外的通道来消纳洪水。结合该工程的实际情况，在保证日常运行情况下挟沙洪水不入库的前提下，可考虑在小频率洪水时，部分尖峰洪水翻越拦沙坝进入下水库，再通过库内放空洞下泄至下游河道，达到给泄洪排沙洞削峰的目的，从而实现降低泄洪排沙洞洞身尺寸的目标。

分流设计实现的整体思路：拟定一个分流标准，当遭遇分流标准以下的洪峰流量时，拦沙坝上洪水均通过泄洪排沙洞下泄，拦沙坝坝址以上洪水不入库，如图3(a)所示；当遭遇分流标准以上的洪峰流量时，泄洪排沙洞、拦沙坝溢流堰共同承担拦沙坝坝址以上洪水，部分尖峰洪水翻过拦沙坝进入下水库，如图3(b)所示。

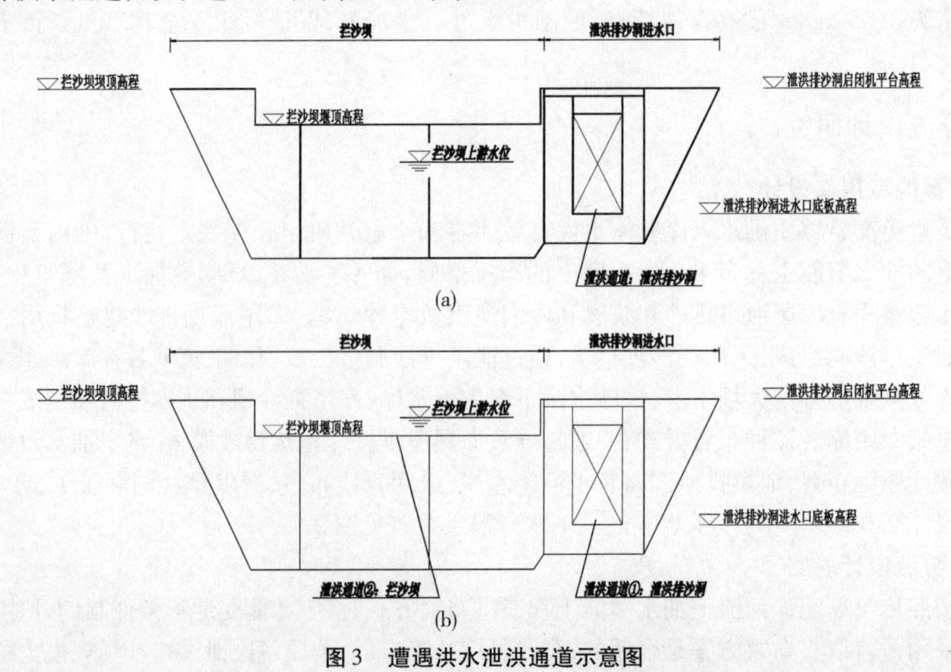

图3　遭遇洪水泄洪通道示意图

3.3 分流设计标准

分流设计标准的选定，成为泄洪排沙洞规模选定的决定性因素，在维持洛宁抽水蓄能洪水设计标准、工程整体布置和设计原则的基础上，保证设计功能需求，即泄洪排沙洞必须能同时满足运行期泄洪排沙和施工期施工导流的双重任务，可确定分流设计条件下的泄洪排沙洞泄洪能力区间，即最大泄洪能力为拦沙坝上校核洪水（$P=0.1\%$）相应洪峰流量 911 m³/s，最小泄洪能力为施工期临时度汛标准（$P=2\%$）相应洪峰流量 459 m³/s。

当泄洪排沙洞最大泄洪能力按校核洪水设计时，拦沙坝上所有洪水均可通过泄洪排沙洞排至下水库大坝下游河道，拦沙坝无须承担分流任务，即为传统意义上的不分流方案，如呼和浩特、阜康等抽水蓄能工程；当泄洪排沙洞最大泄洪能力小于拦沙坝上校核洪水相应洪峰流量时，需考虑拦沙坝分流部分洪水，即为分流方案，分流方案随着分流标准的降低，泄洪排沙洞泄洪能力随之降低，分流入库的流量随之增加，进而泄洪排沙洞洞径随之减小，而下水库专用库的泄洪措施便随之增大，从经济性来说，能找到经济最优的分流标准。洛宁抽水蓄能按此原则，随之分流标准降低至 50 年分流标准后，需重新考虑导流度汛措施，确定最优控制标准为 50 年分流标准，即遭遇 50 年一遇相应洪峰流量 459 m³/s 时，拦沙坝（溢流堰）开始分流。

相较于传统蓄能专用库方案，洛宁抽水蓄能 50 年分流方案，与不分流方案相比，泄洪排沙洞投资减少 1 170 万元、工期缩短 3.5 个月，且根据经验公式计算，电站在日常运行时平均过机含沙量约 0.17 g/m³，最大过机泥沙粒径不超过 0.1 mm，过机泥沙含量及粒径符合规范和工程经验要求，仅在遭遇超 50 年一遇洪水，出现洪水分流入库时，需考虑机组避峰运行。

3.4 分流设计

本工程拦沙坝位于山区河道，天然河道狭窄、河床纵坡大，拦沙坝及泄洪排沙洞进水口前洪水流态紊乱。传统设计模式下，拦沙坝以上洪水均通过泄洪排沙洞排走，只要泄洪排沙洞洞身尺寸够大、拦沙坝够高，就能比较直接地实现该目标。但分流设计条件下，需要准确找到分流的时刻，对应洞口前的紊流状态，采用常规水力学计算难以准确把握这个点，在设计过程中特采用水力学计算和水工模型试验综合评价泄洪建筑物的分流情况。

水工模型试验中，特在泄洪排沙洞上游设置了 3 个测点进行水位测量，分别位于泄洪排沙洞洞前 35.00 m、洞口和拦沙坝前 3 m，实测水位流量关系如表 2 所示。

表 2 泄洪排沙洞泄流能力试验成果[5]

工况	洪水频率 P(%)	设计流量 (m³/s)	设计上游水位 (m)	实测上游水位(m)		
				桩号 排 0－035.000	桩号 排 0±000.000	桩号 拦 0－003.000
工况 1	0.1	605	670.46	669.52	669.08	669.79
工况 2	0.5	537	669.40	668.65	668.92	668.10
工况 3	1	505	668.81	668.01	668.20	667.67
工况 4	2	459	668.02	667.67	667.02	668.07
工况 5	5	334	665.71	664.21	664.34	—
工况 6	20	159	661.91	661.16	661.18	—

注：1. 设计上游水位为计算时计入行近流速的堰上水位；

2. 实测上游水位为实测水面水位。

从表2可知,3个测点位置实测水位都明显低于设计上游水位,其主要原因在于:其一,拦沙坝上游河道纵坡在8%左右,泄洪排沙洞上游流态紊乱,回流现象明显,水面波动较为强烈,实际测点成果难以与设计计算静水位对应;其二,实测各工况下泄洪排沙洞进水口上游的行近流速多在3~5 m/s,相应行近流速水头多在0.46~1.27 m,表2中实测水位较设计上游水位低0.35~1.38 m,水位差异和相近流速水头的影响基本上还是呼应的。鉴于泄洪排沙洞上游流态紊乱,将水工模型试验测点水位成果与设计水位成果一一对应可操作性不强,就本工程而言,通过水工模型试验来验证设计拟定的拦沙坝堰顶高程是否满足50年一遇洪水开始分流、在1 000年一遇洪峰911 m^3/s时泄洪排沙洞和拦沙坝分流比成为分流设计的关键。

(1)50年分流设计目标验证。

从表2可知,在遭遇50年一遇洪峰流量459 m^3/s时,水工模型试验拦沙坝前3 m测点水位为668.07 m,与设计拟定的拦沙坝堰顶高程668.02 m仅相差0.05 m,可说明设计拟定的拦沙坝堰顶高程668.02 m能满足50年一遇洪水开始分流的设计目标。

(2)1 000年一遇洪峰分流比目标验证。

在1 000年一遇洪峰流量911 m^3/s时,泄洪排沙洞与拦沙坝溢流堰相应分配流量情况见表3。在遭遇1 000年一遇洪峰时,泄洪排沙洞分流流量模型试验值、设计值分别为615 m^3/s、605 m^3/s,泄洪排沙洞与拦沙坝溢流堰分流比试验值、设计值分别为2.1、2.0,模型值与设计值都基本相当,说明泄洪排沙洞、拦沙坝溢流堰按设计拟定分流流量进行泄洪能力设计是合适的。

表3 泄洪排沙洞与拦沙坝溢流堰下泄流量分配比成果

洪水频率	设计流量(m^3/s)				试验流量(m^3/s)			
	$Q_{总}$	$Q_{排}$	$Q_{溢}$	$Q_{排}/Q_{溢}$	$Q_{总}$	$Q_{排}$	$Q_{溢}$	$Q_{排}/Q_{溢}$
0.1(校核)	911	605	306	2.0	911	615	296	2.1

4 泄洪建筑物布置

拦沙坝位于下水库库尾上游约400 m处,结合泄洪排沙洞进水口布置,坝型采用混凝土重力坝,最大坝高23.0 m,坝顶长度52 m(不包括泄洪排沙洞进水口平台),由挡水坝和开敞式溢流堰组成。开敞式溢流堰位于拦沙坝右侧,靠近泄洪排沙洞进水口,溢流堰溢流前缘总宽40 m,堰顶高程668.02 m,等同于泄洪排沙洞单独泄放50年一遇洪峰流量459 m^3/s时拦沙坝上游水位。在拦沙坝下游桩号拦0+017.250~拦0+047.250范围内设置混凝土护坦和护坡,混凝土护坦厚度1.0 m,为适应河床地形宽度由40 m渐缩至30 m,混凝土护坡厚度0.5 m,顶高程656.00 m。

泄洪排沙洞布置于拦沙坝上游河道右岸山体内,由进水口、隧洞和挑流鼻坎组成,平面上呈直线布置,进水口底板高程656.00 m,洞身采用城门洞形隧洞,洞身尺寸沿程为7.00 m×(12.00~8.00)m,泄洪排沙洞洞身长度1 570.00 m,出口采用挑流消能。泄洪排沙洞按设计流量537 m^3/s满足明流设计,按校核流量605 m^3/s时洞身高流速段满足明流复核。

放空洞位于下水库河床左岸山体内,由引水渠、进水口、有压隧洞、闸门井、无压隧洞和挑流鼻坎组成，平面上呈曲线接直线布置，进水口底板高程 578.00 m。有压隧洞为圆形断面，断面直径 D4.00 m，布置于平面曲线段；无压隧洞为城门洞形断面，断面尺寸 4.0 m × 4.5 m，布置于平面直线段。放空洞洞身长 422.00 m，出口采用挑流消能。在正常蓄水位下，放空洞闸门全开最大泄流能力为 183.82 m^3/s。

拦沙坝、泄洪排沙洞进水口布置及拦沙坝溢流堰典型剖面见图 4、图 5。

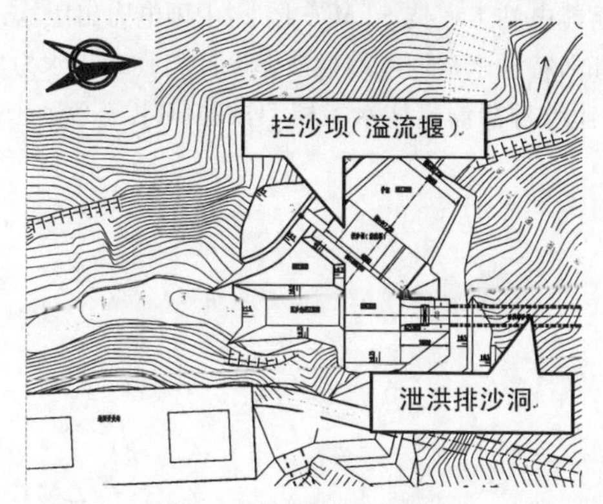

图 4　拦沙坝、泄洪排沙洞进水口布置

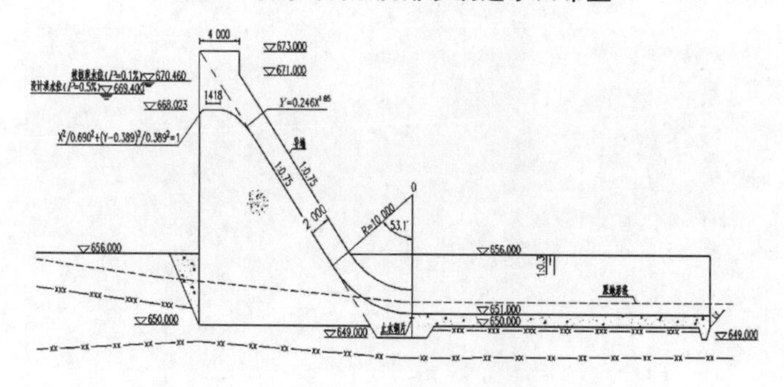

图 5　拦沙坝溢流堰典型剖面图

5　结　论

《水电发展“十三五”规划》提出，“十三五”新开工抽水蓄能电站达到 6 000 万 kW，抽水蓄能迎来建设高峰期。相较于常规水电项目，抽水蓄能项目通常额定水头高，水库库容小，在高泥沙河流上，过机泥沙的控制、水库有效库容的保护已成为工程布置选择的关键因素。泄水布置方案选择时，在保证工程功能需求的前提下，洛宁抽水蓄能引进分流设计思路，通过比选拟定经济最优的分流标准，可为同类工程提供参考。但目前在泄水布置格局确定的基础上，仍存在以下关键问题有待进一步工作：

(1) 目前国内外泥沙研究对水沙关系的机制、特点、水沙时空演变特征的研究尚存在局限性，对水沙关系的外延，尚无成熟的方法，难以准确分析出频率洪水对应的含沙量，针对当前分流设计下频率洪水入库泥沙淤积的影响有待进一步研究并总结经验。

(2) 该泄洪布置模式下，泄洪排沙洞洞线长、水头高，常规泄洪洞泄洪，洞内高流速段长，安全风险较大，采用合适的洞内消能措施有待进一步研究推广。

参考文献

[1] 河南省洛宁抽水蓄能电站泄洪排沙洞复核研究专题报告[R]. 长沙:中南勘测设计研究院有限公司,2017.

[2] 吴培豪. 长江泥沙与葛洲坝、三峡水电站水轮机磨损问题[J]. 人民长江,1994.

[3] 邱斌如,刘连希,等. 抽水蓄能电站工程技术[M]. 北京:中国电力出版社,2008.

[4] 鲁红凯,赵轶,陈建华. 呼和浩特抽水蓄能电站拦沙库设计[J]. 四川水力发电,2015.

[5] 河南省洛宁抽水蓄能电站泄洪排沙洞整体水工模型试验[R]. 长沙:中南勘测设计研究院有限公司,2018.

立洲水电站水工隧洞关键技术研究及应用

贺双喜

（中国电建集团贵阳勘测设计研究院有限公司，贵阳 550081）

摘　要　我国西南地区大型水电工程的引水隧洞普遍存在着水文地质条件复杂，地形条件特殊，隧洞埋深大、洞线长、施工条件复杂等突出特点，勘测设计及施工过程中存在高地应力、高外水压力、岩溶发育等诸多难题，这些问题往往会成为制约整个工程的关键因素。本文以立洲水电站为工程背景，从复杂地质条件下开挖支护设计、钢筋混凝土衬砌结构设计、关键技术研究、施工质量检测等方面阐述水工隧洞工程在实施过程中遇到的难题，提出解决方案或思路，分享经验，为类似工程提供借鉴意义。

关键词　引水隧洞；埋深；高地应力；关键技术

1　工程概况

立洲水电站系木里河干流（上通坝—阿布地河段）水电规划“一库六级”的第六个梯级，坝址区位于四川省凉山彝族自治州木里藏族自治县境内博科乡下游立洲岩子。本工程为二等大(2)型工程，引水发电建筑物等主要建筑物为2级建筑物。电站正常蓄水位2 088 m，装机容量355 MW。电站采用混合式开发，枢纽工程由碾压混凝土双曲拱坝、右岸地下长输水隧洞及右岸地面发电厂房组成。

引水隧洞布置于右岸山体中，单机引用流量72.5 m^3/s，总长16 747 m。隧洞进口中心线高程2 055.10 m，隧洞末端中心线高程2 004.95 m，内径8.2 m，钢筋混凝土衬厚0.45～1.0 m。引水隧洞较长(16.7 km)，内径较大(8.2 m)，地质条件复杂，隧洞区区域地质背景较为复杂，构造活动较为强烈，岩性多变，围岩较差，开挖揭示Ⅳ类、Ⅴ类围岩所占比例约达84%。承担内水水头较高，最高达140 m。

本文从复杂地质条件下开挖支护设计、钢筋混凝土衬砌结构设计、关键技术研究、施工质量检测等方面阐述水工隧洞工程在实施过程中遇到的难题，提出解决方案或思路，分享经验，为类似工程借鉴。

2　地质条件

引水隧洞区出露地层以中生代地层为主，古生代地层次之，新生代零星分布，宏观上可将测区地层归并为本地系统及异地系统两大类，从上游到下游隧洞依次穿越Pk、D_1yj、$J_{1-2}l$、$T_{2-3}w$、T_3q地层。隧洞区区域地质背景较为复杂，构造活动较为强烈，飞来峰及构造窗展布全区，断层发育较多，主要为一系列北东向、北西向脆性断层带组成。隧洞沿线穿越断层多，

作者简介：贺双喜(1980—)，男，陕西蒲城县人，高级工程师，本科，主要从事水电水利工程设计及研究工作。E-mail:41134537@qq.com。

主要断层,均为逆断层。

隧洞区区域地质背景较为复杂,构造活动较为强烈,飞来峰及构造窗展布全区,断层发育较多,主要为一系列北东向、北西向脆性断层带组成,构造破碎带清楚,多显示左行走滑特点。隧洞沿线穿越断层多,主要有 F_{10}、f_1、F_{11}、F_{29}、F_{30}、F_{34}、F_{36}断层,均为逆断层,陡倾为主,仅 F_{29}断层倾角较缓。

受区内构造强烈影响,裂隙极发育,隧洞区岩层产状较为杂乱,裂隙倾角缓倾与陡倾兼并,地表裂隙统计规律性较差。

根据地质测绘资料,隧洞区裂隙延伸长度与岩性密切相关,千枚状板岩、板岩为软质岩,其内发育的节理短小、零乱,以层面裂隙为主;变质石英砂岩为坚硬岩类,岩质坚硬性脆,裂隙极为发育,延伸长度较大,连续性较好。

引水隧洞实际开挖揭露围岩比例为Ⅲ类围岩占总长 16%;Ⅳ类围岩占总长 65%,Ⅴ类围岩占总长 19%。岩体结构为极薄层、薄层状以及散体结构。总体而言,工程区构造作用强烈,岩体完整性差,地下水较为丰富,围岩较破碎,隧洞成洞条件较差,开挖后极易发生塌方、掉块等现象。

3　工程建设难点

本工程施工过程中经历过大小塌方、变形、涌水、岩溶等复杂地质洞段处理,经过研究,采取了合理的处理方式,积累了经验。对于复杂地质条件下水工隧洞开挖支护施工中应重视以下几个问题:

(1)由于隧洞区域构造及岩性极为复杂,岩体总体较破碎,成洞条件差,洞线较长,施工周期长,施工过程中应采取"短进尺、弱爆破、勤观测、及时支护"的原则,施工期间建立监测预警系统,发现问题及时处理,确保长隧洞施工安全。

(2)隧洞过冲沟段埋深较浅,围岩稳定性差,冲沟内常年流水且水量较大,隧洞施工到该洞段时必须加强支护处理与排水,避免因坍方冒顶增加工程处理难度。

(3)由于隧洞大部分位于地下水位之下,而工程区受构造运动强烈,裂隙极为发育,隧洞开挖后可能存在渗水、流水或局部涌水现象,需做好施工排水设计,遇涌水时先保障人员安全。

(4)隧洞区穿越地层岩性复杂,以变质岩为主,可能存在有害气体,施工中需加强监测,进洞人员应做好防毒安全措施。

(5)施工过程根据揭露围岩情况,动态调整支护参数,满足围岩稳定要求,开挖支护过程中严格控制系统锚杆、连接钢筋与钢支撑焊接施工质量,保证支护措施联合受力。

4　关键技术研究及应用

立洲电站水工隧洞规模较大,地质条件复杂,施工过程中经历了塌方、变形段、溶洞、涌水等复杂工程处理技术研究,本文针对典型位置桩号 1 + 695 m 塌方处理、桩号 14 + 271.000 m ~ 14 + 422.000 m 段变形段加固处理为例,应用如下。

4.1　塌方处理

2010 年 9 月 2 日引 1 +695.000 m 桩号处掌子面左侧出现大量渗水、泥石流。之后引 1 +684.000 m ~ 1 +695.000 m 发生大塌方,根据现场情况并结合 TSP 超前预报成果,引 1 +

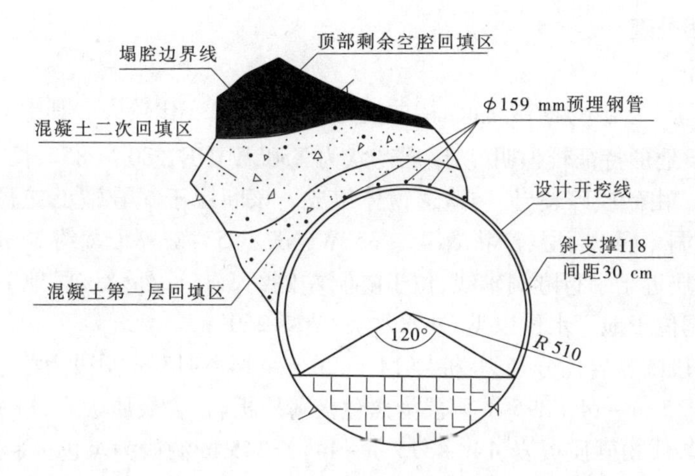

图1 引 4+502~4+510 m 段塌方处理支护示意图

695.000 m~引 1+746.000 m 段围岩破碎且富水，岩性较差。为探明该桩号范围及下游洞段围岩情况，同时也为了加快塌方施工进度，在 1+668.500~1+760.000 m 之间增设临时交通洞。

(1)对临时交通洞挂口处上下游引水隧洞进行锁口加强支护，桩号为引 1+663.000 m~引 1+668.000 m 和下游引 1+674.500 m~引 1+684.500 m 之间洞段，间距 1 m，钢支撑之间采用Φ 25 钢筋连接，喷 20 cm 厚 C20 混凝土封闭钢支撑。

(2)临时交通洞进口与主洞相交段：对引 1+668.000 m~引 1+674.500 m 段主洞原设置的每榀钢支撑钢的顶拱及拱腰共采用 4 根ϕ25、$L=6$ m 砂浆锁脚锚杆进行加强支护。对临时交通洞进口洞脸拱部范围采用 1 排ϕ25、$L=6$ m、间距为 1 m 的砂浆锚杆进行加强支护。

(3)临时交通洞断面为城门洞形，净断面尺寸为 5.0 m×5.5 m(宽×高)。临时交通洞进出口各 10 m 洞段为锁口段，采用 I18 工字钢，间距 0.5 m；ϕ25、$L=3$ m 的砂浆锚杆，间排距 1.25 m。隧洞主洞完成支护后，对临时交通洞进行封堵。临时交通洞布置及开挖支护见图 2。

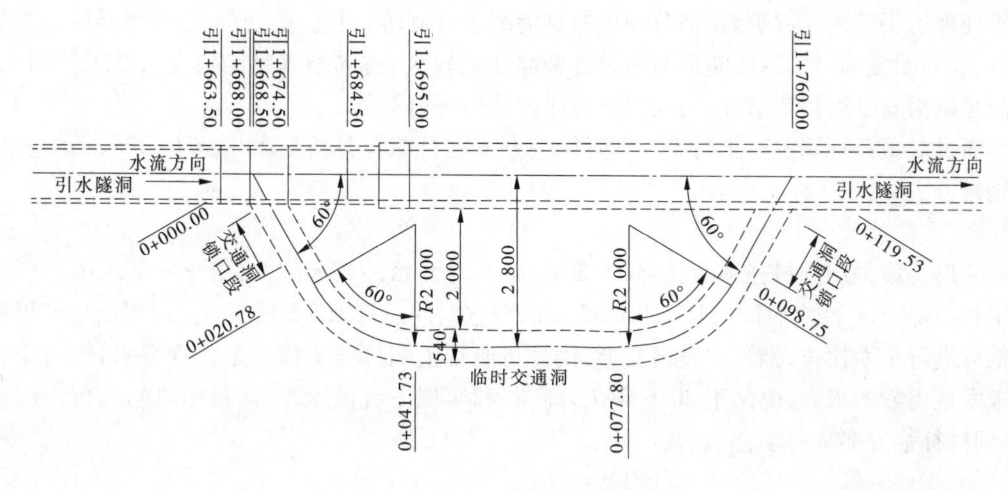

图2 临时交通洞平面布置图

4.2 变形段加固处理

4.2.1 地质条件

变形洞段位于 F_{34} 与 F_{40} 断层之间,褶曲发育,岩层产状变化较大。其中 F_{34} 断层,为一逆断层,沿断层带负地形特征较为明显,断层产状为 N50°W,NE∠80°~85°,长度 5 km,断层带宽大于 10~20 m,由砂质碎裂岩、构造透镜体组成。该断层于 6 号施工支洞与主洞交叉口上游附近斜穿主洞。F40 断层,产状 N14°~35°W,NE∠85°,破碎带宽约 20 m,为糜棱岩、角砾岩组成。该断层近于平行隧洞轴线,位于隧洞左侧约 500 m 外。该段地下水主要类型为基岩裂隙水,隧洞位于地下水位以下,外水水头 220~260 m。

自下而上各段围岩岩性分别为:桩号 14+420 m~14+415 m 洞段为黄色厚层含钙质泥质粉砂岩,14+415 m~14+395 m 洞段为黑色极薄层板岩、含炭质板岩,14+395 m~14+375 m 洞段为含炭质粉砂质板岩,14+375 m~14+345 m 洞段为黑色极薄层板岩、含炭质板岩,14+345 m~14+320 m 洞段为含炭质粉砂质板岩,14+320 m~14+271 m 洞段为黑色极薄层板岩、含炭质板岩,围岩以软岩为主,遇水极易软化。地下水不太活跃,开挖后洞壁多为干燥、潮湿、局部渗水。

4.2.2 处理过程

变形洞段在开挖施工期支护采取超前预固+钢支撑的支护形式,局部洞段发生过塌方。支护完成后进行混凝土衬砌时发现钢支撑不同程度发生变形弯曲,顶拱最大变形将近 100 cm。衬砌过程中采取二次扩挖,实施过程中采用管棚+超前小导管等处理措施保证施工安全,控制长度 3~5 m,衬砌混凝土按上下半洞进行。变形洞段衬砌完成后进行衬砌厚度、回填灌浆效果、混凝土强度等级及围岩变形模量测试等现场试验工作。从现场试验成果分析混凝土衬砌厚度和强度等级基本满足设计要求,回填灌浆初次检测局部存在脱空,二次灌浆后进行检测满足要求。存在的主要问题为围岩的变形模量不能满足设计要求,隧洞顶部衬砌混凝土发生局部脱落,通过测量发现隧洞发生严重变形。

变形洞段按照相关规程规范进行设计,考虑衬砌钢筋混凝土和围岩整体联合受力。鉴于变形洞段围岩经固结灌浆处理后达不到要求,上下半拱分期浇筑形成的两条纵向施工缝虽经处理后仍存在局部裂缝,部分顶拱衬砌混凝土有剥落、裂缝、露筋等现象,削弱原结构整体性;经断面复测衬砌结构断面与原设计断面变化较大,衬砌不满足结构受力要求等问题。为满足结构安全运行要求,应对变形洞段衬砌结构进行补强。

通过对拟订钢筋混凝土衬砌和钢衬两种方案进行综合分析后采用施工简捷、结构安全的钢衬方案。

4.2.3 实施效果

变形洞段采用钢衬补强后,隧洞于 2016 年 6 月开始冲放水试验,由于立洲水电站引水系统长约 17 km,冲水时间共计 109 h 35 min,放水时间总计 105 h 39 min。放水后对变形洞段钢衬进行全面检查,钢管未发现变形,钢衬与混凝土端部连接部位未发现渗水,钢衬段山坡未发现出露渗水点,电站于 2016 年 7 月底顺利实现三台机组发电,目前电站运行情况良好,钢衬补强方案是科学合理的。

5 结 论

(1)立洲电站隧洞区域构造及岩性极为复杂,洞线较长,围岩条件差,施工过程中采取

“短进尺、弱爆破、勤观测、及时支护”的原则,动态调整支护参数,对于塌方、变形洞段,结合现场情况及施工条件,研究并实施了合理的处理方案,保证了施工期满足围岩稳定要求。

(2)开展引水隧洞衬砌结构与围岩固结圈联合受力分析研究,结合目前国内隧洞衬砌配筋设计现状、设计理念、类似工程研究经验及成果,通过现场试验、理论分析、计算、对比分析、敏感性分析等对隧洞衬砌配筋进行了一些分析研究,得出更为合理、更符合工程实际的隧洞衬砌配筋形式,对节约工程投资和加快水电站建设具有积极意义。

(3)本工程引入第三方质量检测,科学、合理评价工程质量,对存在的质量缺陷采取合理、有效的处理方式,消除安全隐患,保证引水隧洞安全运行。由此可以看出第三方质量检测在工程质量监督和检查中能发挥积极的作用,可以运用于类似水工隧洞的隐蔽工程,对提高工程质量具有十分重要的现实意义。

参考文献

[1] 雷军,张金柱,林传年.乌鞘岭特长隧道复杂地质条件下断层带应力及变形现场检测分析[J].岩土力学,2008,29(5):1367-1371.

[2] 刘涛.锦屏二级电站引水隧洞围岩高压固结灌浆试验[J].人民长江,2013,44(9):41-43.

[3] 白学翠,余波,卢昆华.天生桥二级水电站强岩溶深埋长大隧洞勘察与设计[M].北京:中国水利水电出版社,2011.

[4] 罗远纯,张高.四川省木里河立洲水电站引水隧洞围岩失稳处理[J].贵州水力发电,2011,25(6):8-11.

采空区上输水管线的设计方法研究

房　刚　王　健　薛一峰

(陕西省水利电力勘测设计研究院,西安　710001)

摘　要　彬长矿区输配水工程的部分主要建筑物位于采空区上方,该采空区若造成地表塌陷和不均匀沉降,极易造成输水管道接头脱开、断裂,危及下游用户的用水安全。本工程在深入调查研究的基础上,提出了一套较完整的采空区输水管线设计方法,可为类似工程提供参考。

关键词　输水管道;采空区;抗变形;措施

随着经济的飞速发展,在原采煤区遗留下的采空区上方,正进行着大量工程建设。由于工程规模不断增大,投资不断增加,如何保证建设工程的安全耐久、经济合理,给设计人员提出了新的课题和更高的要求。

彬长矿区位于陕西省关中地区西北部的彬县、长武两县境内,是陕西省水资源极为贫乏的地区之一。长期以来,水资源短缺及开发不足,在新的形势下,开发建设咸阳市彬长矿区输配水工程的作用十分必要。因工程建设重点区域涉及压煤采空问题,为保证拟建工程满足安全、经济、耐久,设计单位和建设单位对该工程的科学设计进行了反复研究和分析,并找到合理适用的设计方法和保障措施。

本文主要通过彬长矿区输配水工程彬长服务区管线段(2#采空区)、福银高速彬县服务区管线段(3#采空区)采用的结构设计措施,提出了一套完整的采空区输水管线设计方法:对拟建建筑场地开展全面深入的地质勘察分析及稳定性评价,优化建设在采空区上方的输水管线,提出涵管内置PE管的新型输水管线设计方案,并在输水管道建成后对建立地表及建筑物沉降观测点定期进行动态观测。

1　工程概况

拟建的彬长矿区输配水工程为Ⅱ等大(2)型工程,由两个取水口、57.9 km输水管道、4处加压泵站等建筑物组成,主要建筑物级别为2级,次要建筑物为3级,临时建筑物为4级。该工程管线长、供水保证率高、伴行福银高速段安全性要求高,沿线布局复杂。本工程建筑物受采空区影响的范围为亭口配水站(1#采空区)、彬长服务区管线段(2#采空区)、福银高速彬县服务区管线段(3#采空区),本文主要对2#采空区、3#采空区抗变形设计进行论述,1#采空区处理方案见后续论文。

2　彬长矿区厚湿陷性黄土大采高条件下岩移特征

彬长矿区大部分为黄土残塬沟壑地貌,开采沉陷损害不但有山区地表山体滑移的特征,

作者简介:房刚(1979—),中共党员,学士,高级工程师。从事水利水电工程设计等方面的工作。E-mail:50110640@qq.com。

而且具有湿陷性黄土裂缝破坏的特征。厚湿陷性黄土覆盖层显现的开采沉陷损害为台阶式切落裂缝破坏,这种破坏具有衍生损害性,即遇到雨水侵蚀冲刷后,裂缝变宽甚至发展为塌陷坑破坏,对地表危害极大。裂缝分布相对密集。

目前彬长矿区主要采用机械化综采,工作面开采推进的速度快、采厚大、强度大,基岩顶界面跨落幅度很大,造成弯曲带的变形较大,而其上的黄土层垂直裂隙发育很好,抗拉伸能力较小,因此基岩变形在黄土层中以块体的形式传递,水平变形集中释放导致地表产生密集的裂缝。

3 采空区地基稳定性安全评价

根据《煤矿采空区岩土工程勘察规范》(GB 51044—2014)、《采空区公路设计与施工技术细则》(JTG/T D31－03－2011)及《建筑物下、水体下、铁路下及主要井巷煤柱留设与压煤开采规程》,依据采空区地表剩余变形量确定采空区稳定等级,主要结论为2#采空区、3#采空区剩余变形量较大,处于不稳定状态,采空区场地稳定性对工程建设影响大,建设场地适宜性差,则在采空区上方的输水管线急需进行优化。具体评价结果见表1。

表1 稳定性评价结果

稳定等级		2#采空区			3#采空区			综合等级
		计算结果	评价标准	评价等级	计算结果	评价标准	评价等级	
地表残余变形值	倾斜 i(mm/m)	2.013~2.038	<3	稳定	3.130~3.595	3~10	基本稳定	不稳定,主要表现为整体下沉
	曲率 K(mm/m^2)	0.017~0.018	<0.2	稳定	0.035~0.046	<0.2	稳定	
	水平变形 ε(mm/m)	0.939~0.951	<2	稳定	1.461~1.678	<2	稳定	
	下沉量 w(mm)	355.51	>200	不稳定	428.21	>200	不稳定	

注:采取就上原则,只要有一条满足某一级别,应定为该级别。

(1)2#采空区拟建场区内地表最大剩余下沉为355.5 mm;最大倾斜变形、曲率及最大水平变形均小于Ⅰ级;3#采空区拟建场区内地表最大剩余下沉为428.2 mm;最大倾斜变形、曲率及最大水平变形均小于Ⅰ级;为了保证新建建筑物今后的正常安全使用,必须对拟建建(构)筑物采取能够抵抗地表剩余变形的抗变形结构技术措施。

(2)拟建输水管道建筑物的荷载影响深度不会使垮落断裂带重新移动。采空区的活化导致变形不均匀,对输水管道局部产生应力集中,在结构设计时应充分考虑,且必须对建筑物实施相应的抗变形措施。

(3)建议建立地表及建筑物沉降观测站,定期进行观测,以便监测采空区地表及建筑物的下沉情况,发现问题,及时处理。

4　输水管道设计优化

4.1　管道失效问题

常规的输水管道均为刚性体,如预应力钢筒混凝土管、球墨铸铁管、钢管、玻璃钢管等,地表产生较大范围的不均匀沉降时会使管道断裂、爆管,影响供水保证率以及周边人民生命财产的安全。输水管道的主要失效模式如图1所示,其失效原因一般如图2所示。

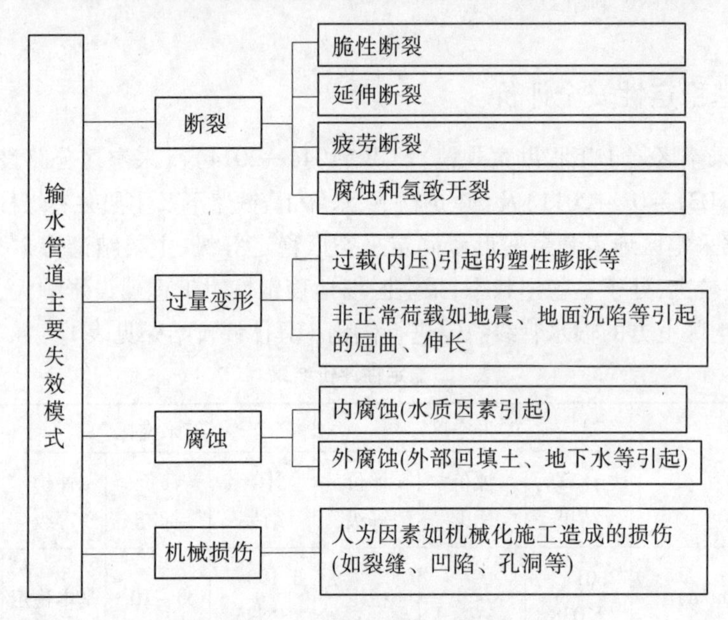

图1　输水管道失效模式

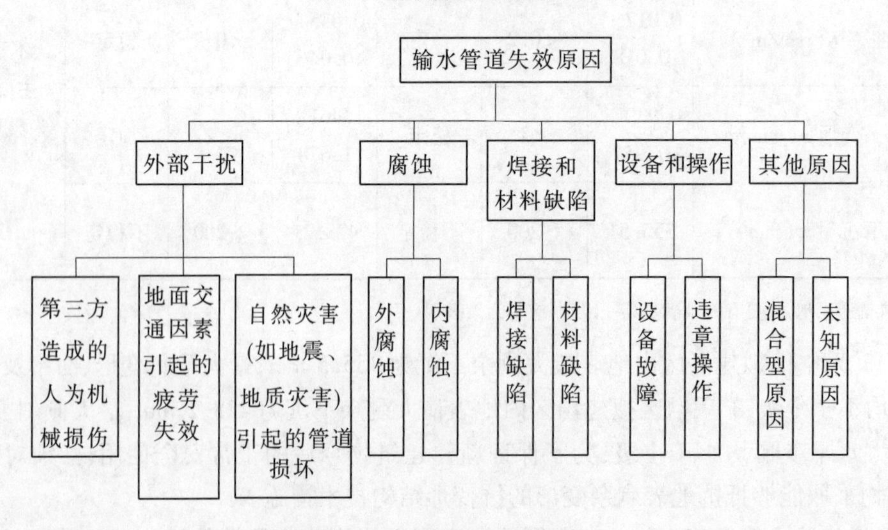

图2　输水管道失效原因

综合上述采空区稳定性评价结果和输水管道失效模式及原因分析结论,对输水管道设计时应注重管材、管压及管道防腐,特别是非正常荷载造成的管道失效问题,如采空区造成的地基不均匀沉降对其管道结构稳定的影响问题应重点研究判别。国内外常用的输水管道为钢波纹涵管和聚乙烯PE管。钢波纹涵管结构是一种特殊的受力合理的结构,兼具刚性和柔性,钢波纹涵管适用于对地基承载力要求较低,或可能发生较大沉降与变形的回填土中,在公路行业中应用较广。聚乙烯 PE 管具有耐腐蚀、不易泄漏、高韧性、挠性强、反抗刮痕能力强、裂纹传递反抗能力快等特点,在 1995 年日本神户地震中,唯一未造成大规模损坏的管道就是 PE 燃气管和给水管,但聚乙烯 PE 管的缺点是承压能力相对较弱。

4.2 管道形式优化

该工程 2#采空区、3#采空区的最大地表剩余沉降量为 428.2 mm,而最大倾斜变形、曲率及最大水平变形均小于Ⅰ级,即该采空区是以最大剩余沉降变形为主、倾斜变形和水平拉伸变形为次。考虑到该段管道内压不大(小于 0.6 MPa),通过计算分析和经济性比较,结合国内外已建工程经验和施工经验,最终采用波纹涵管内置聚乙烯 PE 管方案,即采用聚乙烯 PE 管过水承担内压,波纹涵管承担外压。组合管道设计形式如图 3 所示。

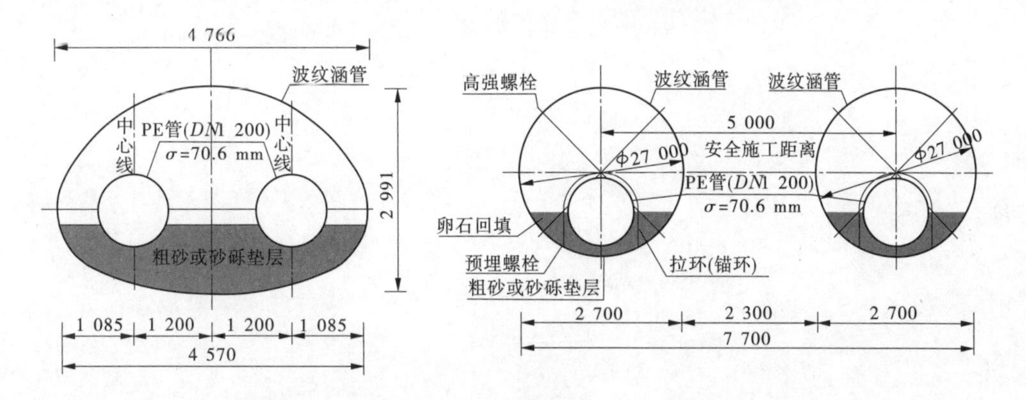

图3 新型输水管线设计方案 (单位:mm)

选用的波纹涵管内置 PE 管方案短距离整体刚度大,长距离整体柔性大,抗变形能力强,可以较好地抵抗剩余变形的不利作用。同时也控制了工程的造价,节约了成本。波纹涵管内部除输水管道外,还预留了检修空间,在事故工况下,人员可以进入内部进行检修;当遇到突发爆管情况时,管道流水首先在波纹涵管内,不会涉及周边福银高速、居民及生命财产的安全,是保护采空区建筑物免受损坏、经济而有效的方法。

4.3 监测预防措施

在工程建设过程中及工程完工后,都要建立完善的观测制度和观测方法,并由专人定期进行监测数据分析,客观准确地记录采空区地表及建筑物的下沉情况,如发现问题,应及时采取措施。

5 结 论

彬长矿区输配水工程多座主要建筑物地处采空区,本工程通过收集资料,对该工程已形成和未形成的采空区进行了深入的地质勘察研究,分析了工程沿线采空区稳定性,提出了对抗采空区沉降变形的新型输水管道设计方法——涵管内置 PE 管的组合输水管道设计方案,该组合形式短距离时刚度大,长距离时柔性大,抗变形能力强,可以较好地抵抗剩余变形对管道结构受力状态的不利作用。本文可对同类工程的输水管线设计提供借鉴。

参考文献

[1] 煤矿采空区建(构)筑物地基处理技术规范:GB 51180—2016[S].
[2] 咸阳市彬长矿区输配水工程初步设计报告[R].2018.
[3] 咸阳市彬长矿区输配水工程地质勘察报告[R].2018.
[4] 咸阳市彬长矿区输配水工程采空区稳定性分析评价报告[R].2017.
[5] 咸阳市彬长矿区输配水工程采空区勘察与稳定性评价报告[R].2018.
[6] 李鹤林,等.油气管道基于应变的设计及抗大变形管线钢的开发与应用[J]. 焊管, 2007, 30(5): 5-11.
[7] 林洁.采空区上复杂建筑的抗变形设计[J]. 城乡建设, 2013(15).

托帕水库泄洪冲沙洞和溢洪洞水力学关键问题研究

王　莉[1]　张林波[2]　任艳粉[3]

(1. 哈密榆树沟水库管理总站,哈密　839000;
2. 黄河水利委员会供水局,郑州　450003;
3. 黄河水利委员会黄河水利科学研究院,郑州　450003)

摘　要　通过整体水工模型试验,研究了托帕水库泄洪冲沙洞和溢洪洞水力学关键问题,优化了托帕水库泄洪冲砂洞和溢洪洞不同部位的体型,结果表明:泄洪冲沙洞导流期采用平底出流体型、正常运行期采用差动式挑流鼻坎体型,能满足不同运行期实际情况,达到预期的消能效果;溢洪洞进口、竖井段以及出口挑坎体型的优化,改善了洞身水流流态、减轻了下游河道冲刷严重的情况,也达到了预期效果。

关键词　托帕水库;泄洪冲沙洞;溢洪洞;出口挑坎体型;导墙曲线方程;竖井段

1　工程概况

拟建托帕水库位于新疆维吾尔自治区克孜勒苏柯尔克孜自治州乌恰县境内恰克玛克河干流上,是喀什噶尔河流域规划中推荐的恰克玛克河上控制性水利枢纽工程。水库总库容6 098.93万 m^3,死库容1 802.12万 m^3,调节库容3 907.69万 m^3(考虑水库运行30年泥沙淤积后,兴利库容2 380.69万 m^3),具有不完全年调节性能,兼具灌溉、防洪等综合利用效益。托帕水库工程主要建筑物有拦河坝、导流兼泄洪冲沙洞、表孔溢洪洞、灌溉洞等,工程为Ⅲ等中型工程,沥青混凝土心墙坝为3级建筑物。

托帕水库枢纽泄水建筑物及灌溉洞均布置在左岸,表孔溢洪洞由引渠段、控制段、渐变段、斜井段、反弧段、平洞段、挑坎段及护坦段组成,设计泄量952.830 m^3/s,校核泄量1 161.080 m^3/s。泄洪冲沙洞承担导流、泄洪冲沙的功能,由引渠段、进口闸井段、渐变段、平面转弯段、有压洞身段、渐变段、工作闸井段、无压洞身段、挑坎段组成,设计泄量117.960 m^3/s,校核泄量444.580 m^3/s。根据枢纽布置以及下游河道地形地质条件,泄水建筑物均采用挑流消能方式,下泄水流直接挑入下游河道。

枢纽在设计、校核洪水时的最大下泄流量见表1。

基金项目:十三五国家重点研发计划项目(2017YFC0405204);国家自然科学基金青年基金项目(51709124);中央级科研院所基本科研业务费专项(HKY-JBYW-2016-05)。

作者简介:王莉(1971—),女,陕西米脂人,工程师,主要从事水利工程管理研究工作。E-mail:1450191551@qq.com。

表1　枢纽最大下泄流量

序号	工况	运行建筑物	库水位(m)	泄量(m^3/s)
1	设计洪水(100 年一遇)	溢洪洞 + 泄洪冲沙洞	2 394.5	1 070.8
2	校核洪水(2000 年一遇)	溢洪洞 + 泄洪冲沙洞	2 396.1	1 605.7

2　泄洪洞冲沙洞水力学关键问题研究

2.1　导流期相关问题研究

本工程导流建筑物由泄洪冲沙洞、上游围堰、下游围堰组成,导流洞与泄洪冲沙洞完全结合。导流洞出口挑流鼻坎体型存在一定的水力学问题,导流洞原设计出口为挑流鼻坎体型,鼻坎坎顶高程高,10 年一遇以下洪水时,在工作闸门下游明流挑坎段形成壅水。借助1:60整体水工模型试验[1],经过对出口几种不同体型挑流鼻坎的优化研究,提出了导流期泄洪冲沙洞平底出流的挑坎体型,解决了导流期泄洪冲沙洞洞内壅水,出口不能形成完整挑射水流的问题(见图1)。

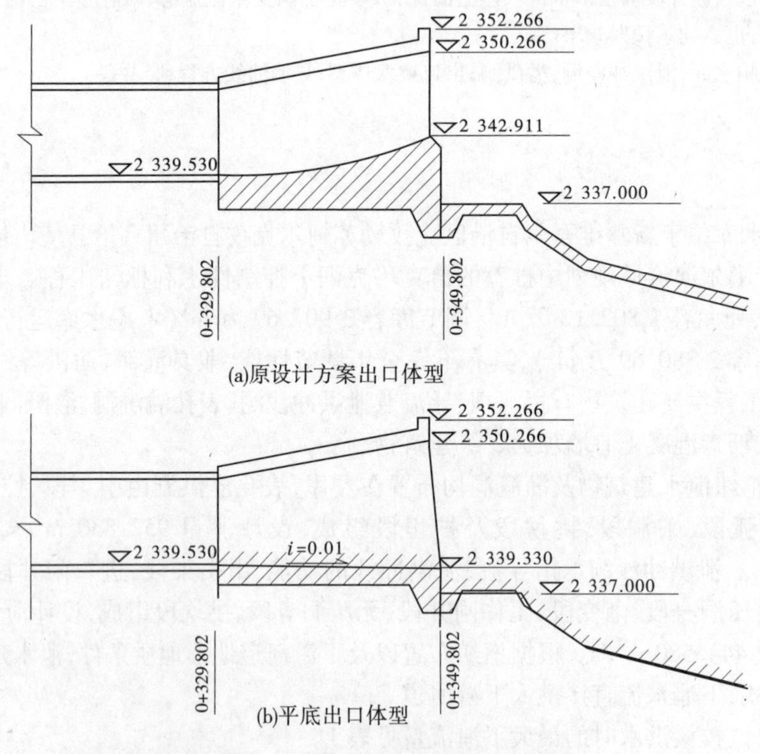

(a)原设计方案出口体型

(b)平底出口体型

图1　泄洪冲沙洞导流期出口体型

2.2　正常运行期相关问题研究

正常运行期泄洪冲沙洞由导流洞改建而成,洞身体型及尺寸不变,仍为有压洞,出口由平底出流改为挑流鼻坎出流。正常运行期泄洪洞冲沙洞主要存在的水力学问题是,各种工况下,泄洪冲沙洞下游冲坑位置离挑坎坎顶较近,且校核工况下,泄洪冲沙洞与溢洪洞联合运用,两股水流挑入下游开挖的泄水渠中,在出口下游形成冲坑,坑内形成水跃,水流淘刷左右岸开挖边坡,造成左右岸局部均产生岸坡坍塌。随着泄流时间加长,形成大范围的冲坑。

为了提高泄洪冲沙洞消能效果,减轻水流对下游河道冲刷和对开挖渠道两岸的淘刷,泄洪冲沙洞出口挑坎由连续式挑流鼻坎改为差动式挑流鼻坎,即在5.5 m宽的挑流鼻坎段设置了两个高坎,坎宽1.1 m,高坎坎顶高程为2 342.81 m,低坎高程为2 339.429 m,高低坎相差3.381 m(见图2)。结果表明,差动式挑流鼻坎水舌总挑距减小,水舌纵向拉长。该出口挑坎体型不仅改善了水舌特性,而且减轻了下游河道冲刷及两岸开挖边坡淘刷。

泄洪冲沙洞出口挑流鼻坎两种体型相比,差动式挑流鼻坎起挑流量小,但结构复杂,连续式挑流鼻坎起挑流量为90 m^3/s,大于差动式挑流鼻坎,结构简单。

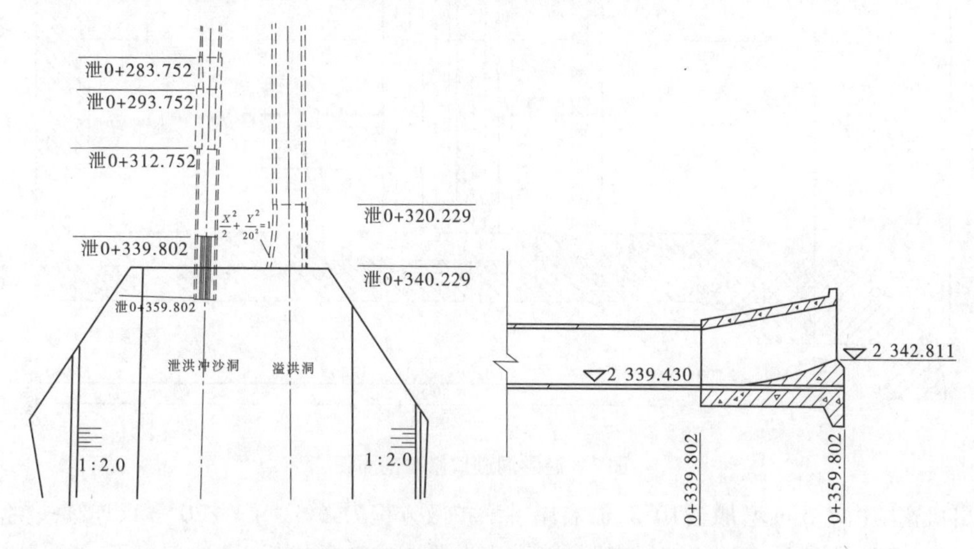

图2 泄洪冲沙洞和溢洪洞出口修改平面及剖面示意图

3 溢洪洞水力学关键问题研究

3.1 溢洪洞进口导墙曲线方程研究

正常运行期溢洪洞在各级洪水条件下,由于溢洪洞进口引渠右侧导墙绕流作用,导致闸室进流不均匀,在经过渐变收缩段后洞内水流冲击波先偏向洞的一侧,而后再转向另一侧,洞内水面波动较大。对溢洪洞进口渠道体型进行修改,将溢洪洞进口渠道裹头曲线方程调整为$X^2/10^2+Y^2/6^2=1$后,解决了各级洪水时溢洪洞进口闸室进流不均匀的问题(见图3)。

3.2 溢洪洞竖井段优化体型研究

正常运行期溢洪洞在各级洪水条件下,由于溢洪道竖井段体型设计不合理,竖井段渐变段收缩角度过大,渐变段下游出现水翅冲击洞顶、洞身段水面波动,模型将渐变段加长,渐变段的长度由原设计的15 m加长到29 m,经过试验验证,竖井段体型修改后,解决了由于渐变段收缩角度过大导致的洞内水翅冲击洞顶、水流冲击波左右摆动、水面波动较大等水力学问题(见图4)。

3.3 溢洪洞出口挑流体型研究

溢洪洞出口主要存在的水力学问题与泄洪冲沙洞的问题类似,模型上为改善溢洪洞出口挑坎的水力特性及减轻下游河道冲刷严重的情况,将溢洪洞出口改为单边扩散鼻坎,溢洪

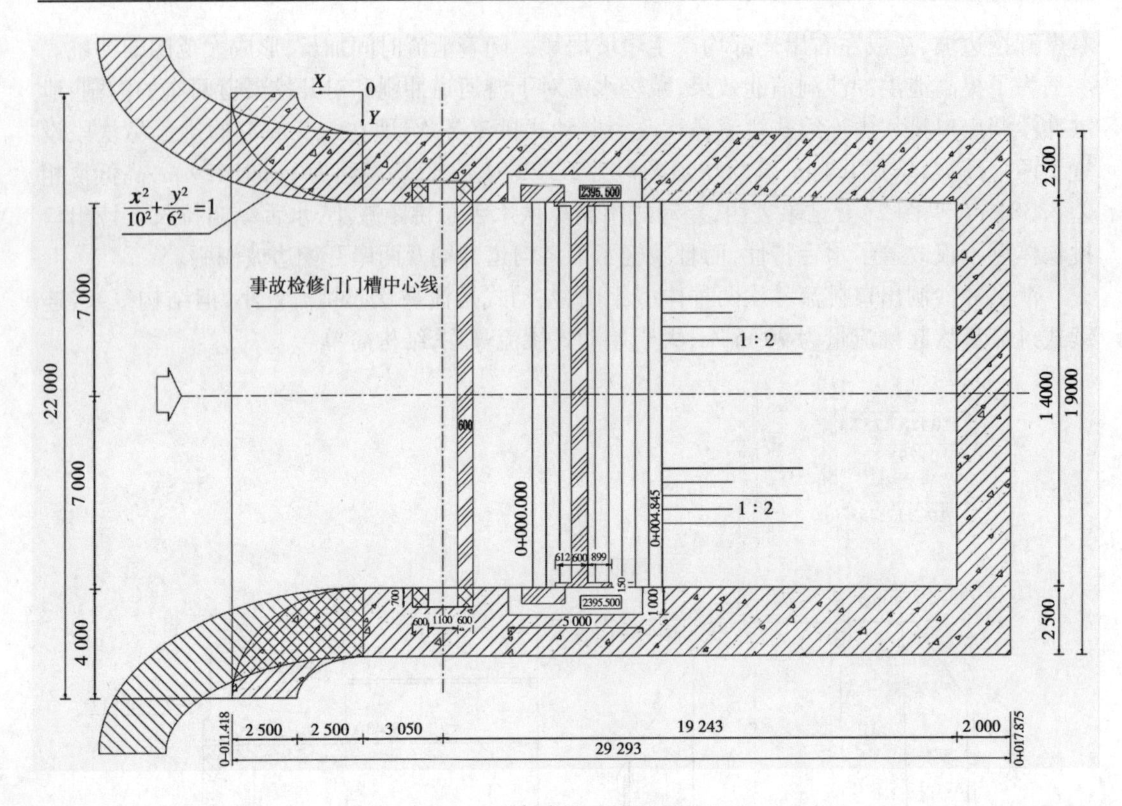

图 3　溢洪洞进口修改剖面图

洞出口宽度由 8. 5 m 增加至 10. 5 m，右岸挑坎扩散方程为 $X^2/2^2+Y^2/20^2=1$，连续式挑流鼻坎型式不变(见图 5)。试验结果表明，挑坎改为单边扩散鼻坎后，设计工况下，溢洪洞水舌最大入水宽度为 31. 8 m，比修改前增加了 11. 8 m；校核工况下，溢洪洞挑流水舌与泄洪洞水舌交汇碰撞，增加了空中消能，溢洪洞单边扩散鼻坎消能效果显著。

4　结　论

托帕水库泄洪冲沙洞为前有压后无压隧洞，施工期承担工程导流任务，运行期承担工程泄洪排沙任务，水流流态复杂；溢洪洞承担运行期泄洪任务，最大泄量达 1 161. 08 m^3/s，泄量较大，水流流态复杂，所以泄洪冲沙洞和溢洪洞的体型选择是该工程的一个重要课题。经过初步设计阶段的方案比选和模型试验研究，基本确定了泄洪冲沙洞和溢洪洞关键部位的布置形式。在施工图设计阶段，根据施工需要仍需对关键部位进行更进一步的细化研究，如泄洪冲沙洞出口挑流鼻坎两种体型即连续式挑流鼻坎和差动式挑流鼻坎的体型的选择，根据施工具体要求，通过模型试验，对体型进一步优化，推荐最终的出口体型的施工方案。溢洪洞出口主要存在的水力学问题与泄洪冲沙洞的问题类似，也要根据施工情况，对溢洪洞进口引渠两侧导墙的体型进一步优化，以保证进口水流的平顺，对溢洪洞出口初步采用的单边扩散鼻坎，通过模型试验，进行不同方案比选，推荐最终的出口鼻坎体型，保证施工顺利进行和水利工程建成后能安全可靠运行。

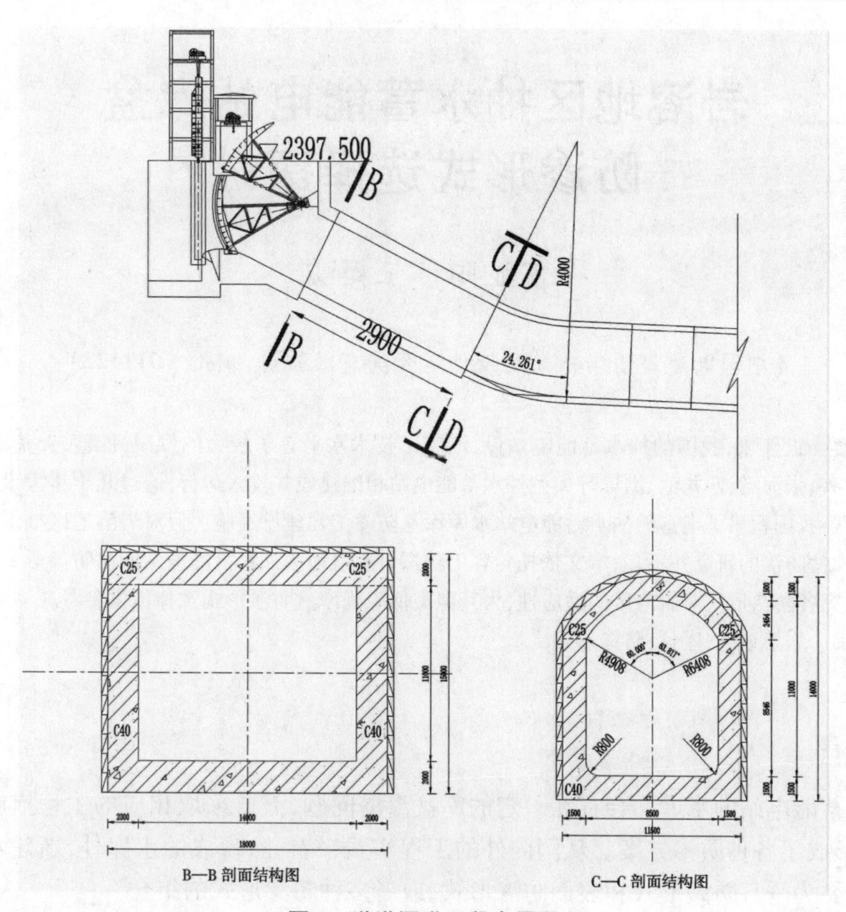

图4 溢洪洞进口段布置图

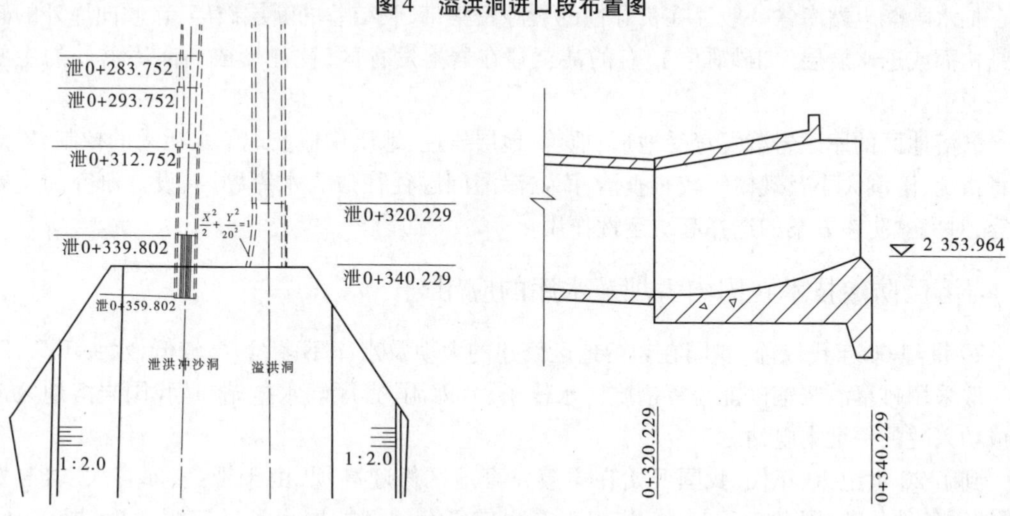

图5 溢洪洞出口修改平面及剖面示意图

参 考 文 献

[1] 新疆克州恰克玛克河托帕水库整体水工模型试验报告[R]. 郑州：黄河水利科学研究院,2018.

岩溶地区抽水蓄能电站库盆防渗形式选择探讨

雷显阳 王樱畯

（中国电建集团华东勘测设计研究院有限公司，杭州 311122）

摘 要 近年来，我国的抽水蓄能电站设计、施工技术水平有了较大的发展，广蓄、天荒坪、泰安、宜兴、张河湾、西龙池、洪屏等大型抽水蓄能电站相继建成并投入运行，通过几十年大量的工程实践，我国积累了丰富的抽水蓄能电站水库库盆防渗工程建设经验。但对岩溶地区抽水蓄能电站库盆防渗的研究并不多，本文依托句容工程探讨岩溶地区抽水蓄能电站库盆防渗形式的特点，研究各防渗形式对岩溶区的适应性，为其他类似工程库盆防渗形式选择提供参考。

关键词 岩溶地区；库盆；防渗形式

1 前 言

抽水蓄能电站的水库均会存在一定的库盆渗漏问题，需要采取相应的工程措施进行处理，也就形成了各种防渗方案。从国内外的工程实践来看，除现成的水库外，新建水库的防渗形式主要为垂直防渗形式和表面防渗形式，或者多种防渗形式的组合。

抽水蓄能电站库盆一般存在贯穿性的裂隙密集带、胶结差的断层破碎带、倾向库外的软弱结构面或透水岩层（如砂砾岩），有的甚至建在岩溶发育区，往往形成通向库盆外的主要渗漏通道。

岩溶地区的库区岩溶发育受地形、地貌、地层岩性、地质构造及地下水活动的控制，岩溶发育情况、溶洞大小及规模等较难查清，库盆渗漏问题往往成为水库勘测、设计研究的主要内容，对库盆防渗方案的选择起决定性作用。

2 岩溶区防渗技术在国内大坝及水库的应用

20 世纪 60 年代以前，我国在岩溶地区修建的大坝及水库不多，坝高较低，水头不高，防渗一般采用帷幕灌浆辅以铺盖等措施。水槽子、六郎洞、官厅等水电站，是我国岩溶地区最早成功兴建的一批水电站。

到了 20 世纪 70 年代，我国开始在岩溶发育地区修建高坝，由于坝高、库容大、岩溶发育、地质条件复杂，因此工程量大、施工工艺也较复杂。例如贵州省乌江渡大坝，坝高 165 m，灌浆帷幕设计工程量 19 万 m^3，采用“小口径钻孔、孔口封闭、自上而下分段灌浆”的工艺，1977 年底水库蓄水发电，1982 年大坝基本建成，经受了洪水考验。乌江渡大坝帷幕灌浆

作者简介：雷显阳（1987—），男，江西南昌人，硕士，工程师，主要从事坝工设计与水工水力学研究工作。E-mail：lei_xy@ ecidi. com。

成功的实例,为我国后来在岩溶地区修建高坝,进行坝基处理提供了有益的经验。

1985 年以后,我国在岩溶发育地区又相继修建了湖北省隔河岩大坝(坝高 151 m)、贵州省东风大坝(坝高 162 m)、辽宁省观音阁大坝(坝高 82 m),以及 1992 年开工兴建的云南省五里冲无坝水库。这几个工程大坝坝基帷幕灌浆工程量均在 19 000 m 以上,均取得了良好的防渗效果。此后,我国又相继在岩溶地区建成了湖南省江垭大坝(坝高 131 m),湖北省高坝洲大坝(坝高 57 m)、索风营大坝(坝高 121.8 m)、构皮滩大坝(坝高 232.5 m),贵州省北盘江中游的光照水电站(坝高 200.5 m)等多座水利枢纽或水电站。

近年来,岩溶地区防渗技术在抽水蓄能电站工程中得到了广泛应用,国内较大的抽水蓄能工程主要有安徽琅琊山、江苏句容抽水蓄能电站等。

于 2007 年 1 月投产的安徽琅琊山抽水蓄能电站是我国建于岩溶地区的电站。工程区出露的地层主要为上寒武统琅琊山组及车水桶组、下奥陶统上欧冲组及燕山期侵入的蚀变花岗闪长斑岩岩脉。上水库位于岩溶地区,库区岩溶发育受地形、地貌、地层岩性、地质构造及地下水活动的控制。受地下水活动及断裂构造的影响,以车水桶组中段灰岩分布的副坝垭口地段岩溶发育最为强烈,共发现不同规模的地表溶洞 102 个,并有规模较大的地下洞穴型溶洞。工程实施阶段,根据库区水文、地质条件,上水库采用以垂直防渗为主,结合库区、防渗线上溶洞掏挖回填混凝土或混凝土防渗墙,库区局部黏土铺盖为辅的综合处理方案。水库蓄水后至目前运行良好。该工程对地质条件复杂地区的库盆防渗具有较好的借鉴意义。

目前在建的江苏句容抽水蓄能电站为日调节纯抽水蓄能电站,总装机容量 1 350 MW。工程区内地层发育复杂,包含有多种碳酸盐岩、非可溶岩地层,以及燕山期侵入的闪长玢岩脉。电站处于仑山掀斜上升的断块区,构造发育。岩溶形态主要以溶蚀裂隙、溶沟、溶槽、溶洞为主,上、下水库库周地下水位低,存在岩溶水渗漏、涌水、涌泥等问题。上水库结合坝体高度大、库底填渣深、变形大等特点,防渗形式采用“库岸沥青混凝土面板 + 库底土工膜”;下水库半库盆处于岩溶区,库盆开挖料中黏土较多,采取“库岸沥青混凝土面板 + 库底黏土铺盖”防渗形式,充分利用了当地材料。

可以说,目前我国在岩溶地区的高坝、水库防渗处理方面已经取得了十分丰富的经验,可以较有把握地处理好这方面大大小小的技术问题。

3 岩溶地区库盆防渗形式选择原则

抽水蓄能电站水库库盆防渗形式的选择,应根据地形、地质、水文气象、施工、建材等条件,通过技术经济比较,因地制宜地确定。

由于岩溶地区工程地质及水文地质条件复杂,要查明所有的渗漏通道,摸清渗漏情况、渗流规律,存在相当大的技术难度。经验证明,只要有一个渗漏通道未查明或在防渗工作中被遗漏而未做处理,当水库蓄水后,由于水头压力大,就会造成危险性渗漏,危及岸坡及坝基的稳定、安全。因此,在岩溶较发育地区建造抽水蓄能电站时,若条件许可,尽量不采用垂直防渗形式,采用表面防渗较为稳妥可靠。

在进行表面防渗形式选择时,应结合具体工程特点,进行较全面的分析对比,比如防渗方案是否可靠,是否适应基础变形,施工设备、施工工序、施工干扰对施工工期的影响,工程投资合理性等进行仔细研究,通过分析对比,合理选择防渗方案。

对于基岩为主的库岸,水库蓄水后变形较小,可选用钢筋混凝土面板防渗;深厚覆盖层、全风化土层的库岸,可选用适应基础变形能力较强的沥青混凝土面板、土工膜防渗。对于开挖的库底或基岩为主的库底,可选用钢筋混凝土或沥青混凝土面板防渗;若是库底为深厚覆盖层、全风化土层或是高填渣,水库蓄水后存在较大的变形及不均匀变形,采用沥青混凝土面板、土工膜或黏土铺盖较为合适。

当上水库附近或库内有足够的满足防渗要求的黏土料,水库库底的防渗宜尽量选用黏土铺盖防渗。由于黏土的强度指标低,土内的孔隙压力不易消散,不能适应抽水蓄能电站水位大幅变动,因此黏土防渗形式很少用于抽水蓄能电站库岸防渗,一般只能在库底防渗中采用。这样做可以最大限度地减少工程弃渣,尽可能做到挖填平衡,减少对环境的影响。句容工程下水库利用开挖的黏土料,对库底岩溶发育部位进行防渗,大大减少了弃渣。

在岩溶、断层、构造带发育部位,可采取加强帷幕灌浆等方式处理。水库的大断层、构造带等部位,往往是水库的集中渗漏区。为了保证垂直帷幕防渗质量,一般在此部位采取加密、加深帷幕的措施,也有采用截水墙、防渗墙或铺设黏土的设计方案。应注意不同的地质年代灰岩的岩溶发育程度是不同的,还应考虑到岩溶往往沿层面发育,由此来考虑库盆的防渗方案和工程处理措施。

在岩溶地区建造水库,多是以其中一两项防渗措施为主,而辅以其他项措施,根据工程地质条件及方案适合性进行综合分析,提出综合防渗方案,可以取得较好的防渗效果。

4 防渗方案选择实例

4.1 水文地质条件

上水库库岸由高程 288.3 ~ 400.4 m 的山脊和山峰构成,东库岸为仑山,山顶高程 395.8 ~400.4 m,山体雄厚,北、西库岸为山脊,山体较宽厚,沿山脊分布有多个垭口,垭口处山体较单薄,最低垭口为北库岸。库区内分布有较多的通向库外的闪长玢岩脉和断层,库周外围均有地形低洼(高程 50 ~ 70 m)的沟谷分布,因此上水库具备库水向外渗漏的地形、地质条件。

主坝址位于西南侧大哨沟,库岸由中—厚层的弱—微风化白云岩类岩层构成,为中硬岩,闪长玢岩脉呈 NNW 向大规模侵入,覆盖层主要分布在中下部,沟底厚度大;库区构造发育,断层、岩脉总体上以 N30 ~ 40°W 陡倾角为主,节理主要发育 NNW 及 NEE 两组。库岸扩容开挖后山脊变薄,库外有沟谷切割,岩体以弱—微透水性为主,断层、岩脉发育,岩溶发育程度弱—中等。

上水库溶洞最低分布高程在 43.67 m,大部分分布高程 170 ~ 270 m,较大规模的溶洞主要分布在断层带上,存在岩溶、构造带等渗漏通道;库周山脊地下水位和相对隔水层顶板($q \leq 1$ Lu)埋藏高程均低于正常蓄水位高程 267.00 m,存在库水外渗地形地质条件。岩溶区地下水补给、径流、排泄途径及岩溶发育规律复杂、构造发育,岩体透水性受构造、岩溶的影响很大,水库蓄水后存在渗漏问题。

4.2 方案比选

上水库库盆采用半挖半填方式布置,库底填筑体高达 120 m,回填料差且成分较为复杂,库底沉降比较大,可考虑土工膜防渗。沥青混凝土面板、钢筋混凝土面板适应基础变形能力稍差,但可通过一定的工程措施予以弥补,也是成立的技术方案。

对库岸沥青混凝土面板 + 库底土工膜、全库盆沥青混凝土面板、全库盆钢筋混凝土面板、库岸钢筋混凝土+库底土工膜四个防渗方案,进行深入分析比较。

(1)四个方案的防渗形式在已建的抽水蓄能电站中均已普遍采用。因上水库库盆为半挖半填,库底需回填石渣,石渣的回填成分较为复杂且回填深度达120 m,存在着库底沉陷量大、库底防渗体与周边连接结构的变形协调难度大等问题,库底采用土工膜防渗方案较优。土工膜是一种渗透性小、拉伸性很好、能适应较大变形的土工合成材料,可满足本工程库底防渗要求,采取适当的结构措施可以解决好土工膜与设置在基岩上的廊道以及与在堆石体上的连接板之间可能产生的不均匀沉降问题,可以达到经济、可靠的防渗要求。采用土工膜防渗时,上水库作用水头约为30 m,在工程经验的范围内;库底分区设土工管,库底漏水可以通过库底观测廊道监测到,较易发现和修补;土工膜上面设保护层,且运行期长期位于水下,可有效防止土工膜老化。

沥青混凝土具有良好的柔性,具有适应变形能力强的特点,其不易损坏且容易修补,基本能适应库底基础条件较差的工作条件。

全库盆钢筋混凝土面板方案,对库底堆渣体变形的适应性较差,库底面板需设置较多的结构缝,其止水易因不均匀变形而损坏,且面板裂缝和止水修补相对困难,一旦拉开就形成渗漏通道。因此,在表面防渗方案中,防渗可靠性相对较差。

(2)采用沥青混凝土面板防渗需专门设置沥青砂石加工及混凝土生产系统,系统布置较常态混凝土系统略微复杂;从施工方法上看,沥青混凝土施工从生产、运输、摊铺等程序上较常态混凝土均要复杂,同时沥青混凝土施工受气候制约因素较多;从施工工期及施工强度上看,各方案相差不大。

沥青混凝土面板方案库盆以上高程坝体填筑坡比为1∶1.7,钢筋混凝土面板方案为1∶1.4,致使坝体上游堆石填筑量增加约100万m^3。

从施工方法上看,沥青混凝土从制备、运输、摊铺、碾压等施工程序上较常态混凝土均要复杂,施工受气候影响较大,存在不确定性因素较多。钢筋混凝土施工受制约因素较少。各方案的上水库总施工工期相差不大,对工程总体进度不会造成明显影响。

(3)与全库盆沥青混凝土面板、全库盆钢筋混凝土面板方案相比,库岸沥青混凝土面板+库底土工膜方案工程可比投资分别节省投资13 027万元(2015年价格水平,下同)、19 998万元,与库岸钢筋混凝土面板+库底土工膜方案相比,投资要多5 630万元。

经综合分析比较认为,各方案在技术上均可行,工程措施的安全可靠性均较好。“沥青混凝土面板+库底土工膜”方案虽然比“库岸钢筋混凝土面板+库底土工膜”方案投资略大,但运行期渗漏量小,同时考虑到上水库大坝坝体及部分库底填筑高度较大,可能存在一定的不均匀变形,而沥青混凝土具有良好的柔性,具有适应变形能力强的特点,且损坏后易修补,因此上水库库盆防渗选定“库岸沥青混凝土面板+库底土工膜”方案(见图1、图2)。

5 结束语

安徽琅琊山抽水蓄能电站上水库防渗采取“灌、堵结合,因地制宜,深层防渗以灌为主,浅层防渗以堵为主”的综合处理方法,取得了良好的防渗效果。在岩溶地区建造水库,一般是根据工程地质条件及方案适应性,采用多种措施并举的综合防渗方案,可以取得较好的防渗效果。

虽然近年来我国在岩溶地区筑坝成库方面积累了一定经验,考虑到其地质条件的复杂

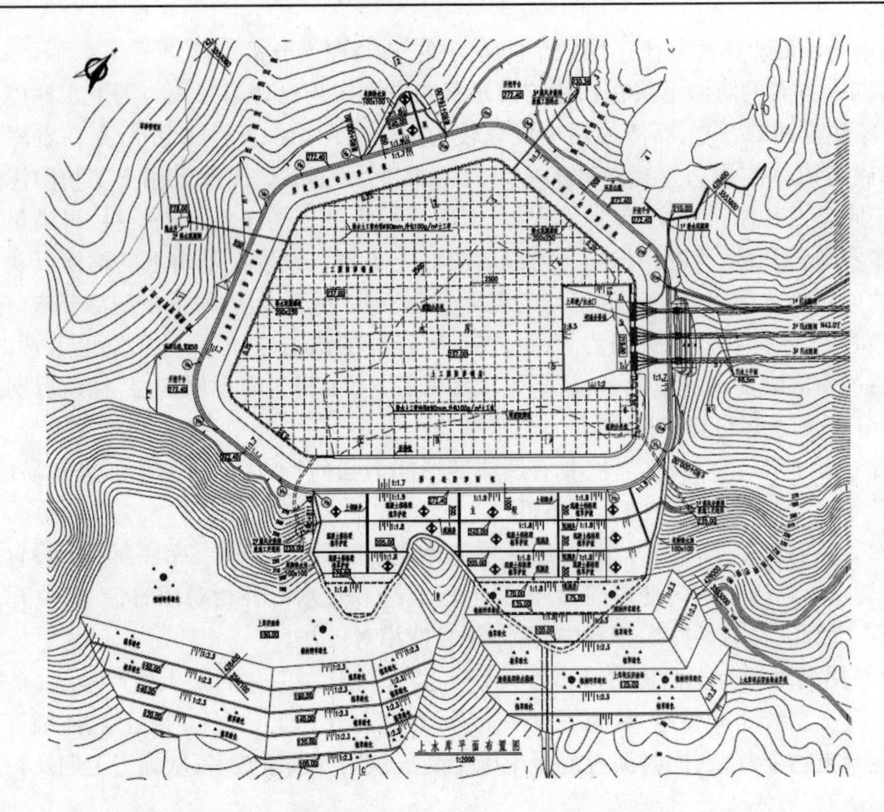

图1　上水库库岸沥青混凝土面板+库底土工膜防渗方案

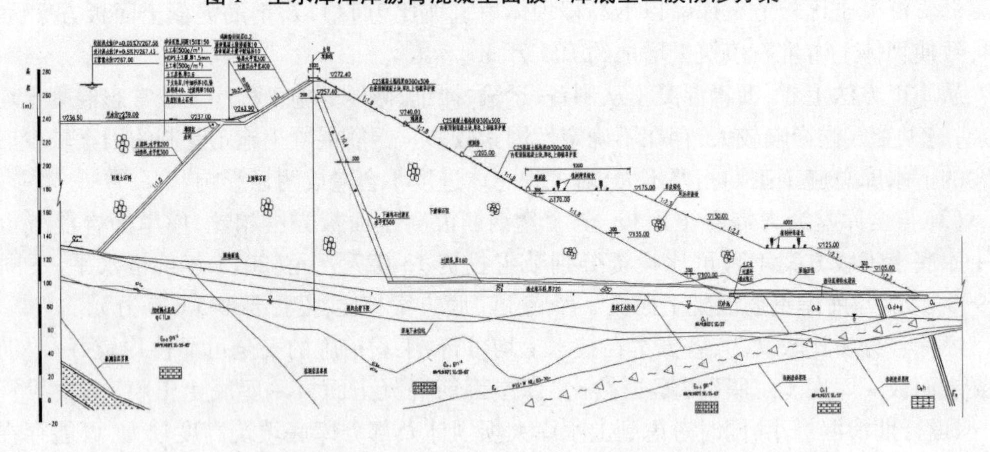

图2　上水库库岸沥青混凝土面板+库底土工膜防渗方案典型断面图

性,在实际工程中还得小心谨慎,不断总结经验,提高认识问题、分析问题和解决问题的能力,促进岩溶地区水库防渗技术的发展。

参考文献

[1] 王樱畯,等.抽水蓄能电站库盆防渗技术研究报告[R].中国水电顾问集团华东勘测设计研究院,2011.3.

[2] 姜忠见,王樱畯,等.某抽水蓄能电站可行性研究报告[R].中国电建集团华东勘测设计研究院,2015.3.

[3] 任德林,张志军.水工建筑物[M].南京:河海大学出版社,2001.

小浪底转轮新型喷涂技术涂层微观组织与宏观性能研究

刘焕虎 于 跃 万永发 何瑞龙
李亚洲 刘钢钢 康聪芳 任海洲

(水利部小浪底水利枢纽管理中心,济源 4549017)

摘 要 小浪底转轮叶片采用不锈钢板材,是国内较早开展碳化钨防护的水轮机组,针对碳化钨的涂层剥落,作者也在探索一种更加有效的保护工艺和配方。本试验采用氧气-煤油超音速火焰喷涂技术(HVOF)分别制备了微米结构、纳米结构 WC-10Co4Cr 涂层。通过扫描电子显微镜(SEM)分析了不同结构 WC-10Co4Cr 粉末和涂层的微观组织结构,并对涂层的显微硬度、结合强度、抗磨蚀性能进行了对比,探讨了涂层泥沙磨蚀机制。结果表明,HVOF 制备的纳米结构 WC-10Co4Cr 涂层组织致密,涂层的显微硬度、结合强度高于微米涂层,磨蚀失重也小于微米涂层;纳米结构细化了涂层晶粒,增强了涂层的显微硬度和韧性,提高了涂层的抗微切削和抗疲劳剥落性能,有利于涂层的抗泥沙磨蚀性能。

关键词 小浪底转轮;超音速火焰喷涂;WC-10Co4Cr;微米结构涂层;纳米结构涂层;泥沙磨蚀

泥沙的磨蚀是导致水力机械失效的主要形式之一,它广泛存在于水轮机、水泵等机械的过流部件中,造成水力机械效率降低甚至失效,带来巨大的资源和经济的浪费[1-3]。小浪底水利枢纽地处黄河干流,装机 6×300 MW ,2000 年全部投产发电。水轮机形式为主轴混流式,额定水头 112.0 m,转轮公称直径 6.356 m,额定转速 107.1 r/min,设计年利用小时数 3 250 h,设计允许的多年平均过机含沙量 37.5 kg/m^3,泥沙中值粒径 d_{50} 为 0.023 mm。转轮叶片采用不锈钢板材(0Cr13Ni5Mo)。

碳化钨金属陶瓷涂层具有硬高度、孔隙率低等特点[4],拥有优良的耐磨性能,非常适合用于水轮机的抗磨蚀表面强化。小浪底电站水轮机是国内第一家大规模开展碳化钨防护的水轮机组,碳化钨防护保证了小浪底机组安全稳定运行,但是在设计寿命内仍有 10% 左右的涂层剥落。为此,作者也在探索一种更加有效的保护工艺和配方。

目前普遍采用微米碳化钨涂层对水轮机表面进行防护处理。有研究表明,纳米结构材料的小尺寸效应赋予材料更高的硬度、致密度[5-7]等力学性能,结合纳米材料技术制备纳米结构涂层的研究已受到了广泛的关注[8]。因此,本研究中,以微米 WC-10Co4Cr 粉末和纳米 WC-10Co4Cr 粉末为原料,采用氧气-煤油超音速火焰喷涂技术分别制备涂层,表征和分析了不同涂层的微观组织结构、硬度、结合力、抗磨蚀性能,并探讨了涂层结构特征对涂层在含沙水流中的磨蚀机理的影响,旨在寻找水轮机抗磨蚀更好的配方和工艺。

作者简介:刘焕虎(1984—),男,山东聊城人,工学硕士,工程师,主要研究方向为水电站运行管理。E-mail:lhhxfp@163.com。

1 试验材料与方法

1.1 涂层制备

采用SLHV-50氧气-煤油超音速火焰喷涂设备在06Cr13Ni5Mo不锈钢集体上制备微米结构涂层和纳米结构涂层,用航空煤油为燃料,氧气作为助燃气体,氮气作为送粉载气。用丙酮和乙醇对喷涂基体表面进行超声波清洗以除油、除污,再用30目的白刚玉对试样喷涂面进行喷砂粗化处理,两种粉末采用的喷涂工艺参数如表1所示。

表1 超音速火焰喷涂WC-10Co4Cr涂层的工艺参数

粉末	煤油流量(L/h)	氧气流量(L/min)	喷涂距离(mm)	送分速度(g/min)
微米粉末	26	865	380	86
纳米粉末	26	850	380	80

1.2 试验方法

采用HXD-1000TMC/LCD型显微硬度仪对涂层试样显微硬度的进行测试,载荷:200 gf,加载时间10 s,每个试样随机测量10个点,取平均值。采用WDW-50 kN微机控制电子万能试验机测试试样涂层与基体的结合强度,用3M公司FM 1000薄膜胶对试样进行黏结并固化,拉伸速率为0.5 mm/min,制备三组试样进行测试取平均值。

用料浆磨蚀磨损试验机对涂层的抗磨蚀性能进行检测,试样的样品尺寸为18.7 mm×18.7 mm×4.5 mm(长×宽×高)。磨蚀试验机主轴转速为1 200 r/min,浆料中石英砂浓度为40%(质量百分比),磨蚀试验时间为6 h。将试样固定在夹具上,夹具围绕主轴高速旋转的过程中,试样表面与浆料的相互作用,以模拟水轮机表面在含泥沙水域下的磨蚀状况,采用精度为0.000 01 g的分析天平称量试样磨蚀失重。采用Zeiss Supra 55扫描电子显微镜(SEM)对涂层表面及截面进行形貌观察和显微组织分析,并对磨蚀后涂层表面的形貌进行观察,以对比分析不同结构涂层磨蚀失效机制。

2 结果与分析

2.1 涂层的力学性能

对制备的两种涂层进行显微硬度测试和结合强度测试,其试验结果如表2所示。数据显示,微米结构涂层平均显微硬度为1 159 HV0.2,结合强度为70 MPa。而纳米结构涂层的涂层平均显微硬度达1 398 HV0.2,结合强度达89 MPa,远高于微米结构涂层。通过对涂层的微观组织观察表面,喷涂后纳米结构涂层的WC颗粒仍保留为纳米尺寸,颗粒未出现明显的晶粒长大。材料的晶粒细小,晶界增多,对材料起到很好的强化作用,有效地保证了涂层材料的硬度,导致纳米涂层材料显微硬度的提高。同时,通过涂层的表面及截面的微观形貌观察也可以看出,纳米结构涂层组织更致密、分布均匀,且扁平化程度更好,因此在孔隙率和结合强度方面要好于微米涂层。

表2 WC-10Co4Cr涂层性能

涂层	显微硬度(HV0.2)	结合强度(MPa)
微米结构WC-10Co4Cr	1 159	70
纳米结构WC-10Co4Cr	1 398	89

2.2 涂层粉末材料微观形貌分析

试验采用的微米粉末为烧结破碎工艺,采用的纳米粉末为团聚烧结工艺。图1为喷涂所采用的粉末微观形貌,粉末的WC颗粒包裹在黏结相中。微米粉末的WC颗粒大小为0.5~1 μm,经团聚后形成的粉末粒径为5~45 μm;纳米粉末的WC颗粒大小为50~200 nm,经团聚后形成的粉末粒经为15~45 μm。

(a)微米粉末;(b)纳米粉末

图1 WC-10Co4Cr粉末微观形貌图

对微米结构和纳米结构粉末表面形貌进行扫描电镜观察,得到的表面微观形貌如图2所示。通过微观组织形貌对比发现,微米结构涂层的表面呈现圆形颗粒堆积,部分粒子仍保留颗粒状。颗粒状现象的存在说明微米粉末在喷涂过程中颗粒熔融不充分,仅表面黏结相产生熔化,在喷涂过程中撞击表面时扁平化程度低,形成了这种圆形粒子的堆积形貌。纳米结构涂层的表面粒子扁平化较充分,涂层堆积紧密。纳米粉末的WC颗粒尺寸小,比表面积大,活性高,喷涂过程中更容易熔化[9],在高速撞击表面时粒子更易发生扁平化,形成致密的涂层。

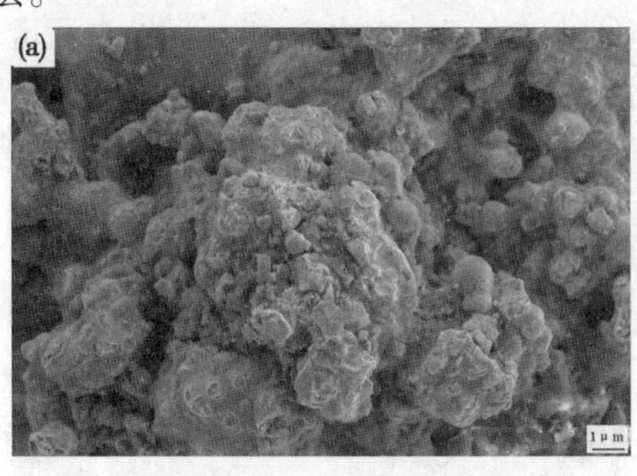

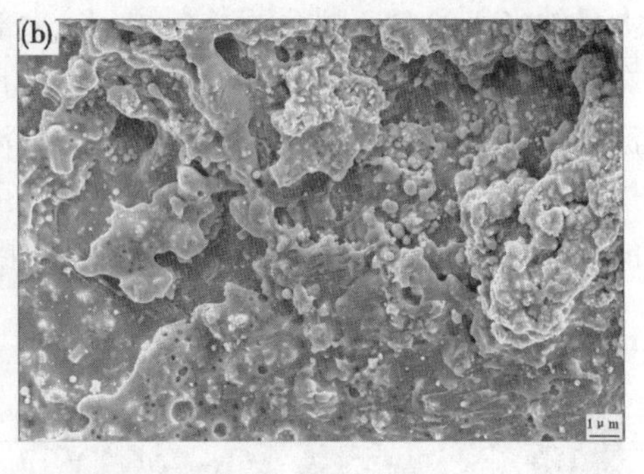

(a)微米粉末;(b)纳米粉末

图2 WC-10Co4Cr涂层的表面形貌

2.3 涂层抗磨蚀性能及机制分析

采用料浆磨蚀磨损试验机对微米、纳米结构涂层的抗磨蚀性能进行检测,模拟材料在含泥沙水域下的磨蚀状况,并与基体0Cr13Ni5Mo不锈钢材料进行对比。在高含沙量的泥浆中运转360 min后,测量和计算同等尺寸的涂层试样和基体试样的平均失重,结果如表3所示。测量数据显示,基体平均失重量为0.982 47 g,微米结构涂层的平均失重量为0.262 89 g,而纳米结构涂层的平均失重量仅0.041 76 g。两种结构涂层的磨蚀失重量远小于基体材料,说明涂层材料具有良好的抗泥沙磨蚀性能。但同样条件下,纳米结构涂层的磨蚀磨损失重最小,仅 0.041 76 g,表现出更加优良的抗磨蚀性能。

表 3　涂层与基体的磨蚀失重量结果　　(单位:g)

涂层磨蚀失重	0Cr13Ni5Mo	微米结构涂层	纳米结构涂层
试样 1#	0.965 86	0.218 91	0.043 62
试样 2#	0.983 31	0.274 44	0.041 11
试样 3#	0.994 30	0.280 05	0.044 31
试样 4#	0.978 88	0.244 32	0.039 95
试样 5#	0.990 02	0.296 75	0.039 81
平均值	0.982 47	0.262 89	0.041 76

对磨蚀试验后的试样表面形貌进行扫描电子显微镜观察,涂层的磨蚀后表面 SEM 形貌如图 3 所示。通过微观组织形貌可以发现,在泥沙的磨蚀磨损下,两种涂层的表面都留下了明显犁沟,并伴随有碳化钨颗粒脱落留下的凹坑。砂粒的硬度大,在含沙水流的不断冲击作用下,对涂层的黏结相造成严重的切削作用。涂层的黏结相受到冲刷粒子的微切削和犁削作用而去除,导致 WC 颗粒裸露在涂层表面,图中白色颗粒即为犁削作用后裸露在外的 WC 颗粒。随着表层黏结相的逐渐减少,黏结相对表层 WC 颗粒的黏结作用也渐渐减弱,并在随后粒子的冲击下产生脱落,造成了图中的凹坑。但通过对比发现,微米碳化钨涂层的磨蚀表面犁沟很深,且凹坑大,而纳米碳化钨涂层的表面犁沟浅、凹坑小。主要是由于微米碳化钨颗粒大、分布不均匀,容易造成黏结相偏析。在碳化钨颗粒脱落后,失去了对黏结相的保护作用,导致黏结相磨损严重,进一步又使得碳化钨颗粒失去了黏结作用,并在外应力的反复作用下,涂层的孔隙及层间萌生裂纹并沿着涂层薄弱区扩展形成,造成了涂层间的断裂引起整块脱落,形成较大的凹坑[11]。而纳米结构涂层表面存在细小的犁沟和微变形,并均匀分布着大量纳米级的 WC 颗粒,颗粒度细小,大部分晶界为细晶粒边界,粒子间结合面增多,晶粒分布均匀,对黏结相起到了很好的“钉扎作用”,提高了涂层的显微硬度和韧性,高硬度增强了涂层的耐微切削和犁削性能。明显的犁沟是典型塑性材料的磨损形式,证明了纳米结构涂层具有良好的韧性和塑性。良好的韧性可以有效吸收磨蚀粒子的冲击能量,缓解疲劳应力的扩散,进一步提高了涂层的抗磨蚀性能。

(a)微米粉末;(b)纳米粉末

图 3　磨蚀后涂层表面 SEM 形貌

3 结 论

(1)利用超音速火焰喷涂技术制备的纳米结构 WC－10Co4Cr 金属陶瓷涂层微观组织致密,其显微硬度、结合强度和抗磨蚀性能方面优于微米结构涂层。

(2)纳米结构粉末活性大,氧气－煤油超音速火焰喷涂纳米结构 WC－10Co4Cr 粉末熔化更充分,沉积过程中扁平化程度更高。

(3)在含有泥沙流水环境的作用下,微米涂层的磨蚀机制以切削和疲劳剥落为主,而纳米结构提高了涂层的显微硬度和韧性,有助于涂层的抗磨蚀性能。

参考文献

[1] 任岩. 高速氧燃喷涂碳化钨在水轮机磨蚀防护中的应用[J]. 水力发电,2009(8):61-63.
[2] 朱晓斌. 水轮发电机组过流部件抗磨蚀技术研究[J]. 水电与新能源,2013(6):151-152.
[3] 黄明. 葛洲坝电厂水轮机转轮磨蚀情况分析与检修工艺[J]. 焊接技术,2006(4):35-36.
[4] 饶琼,周相林,张济山,等. 超音速喷涂技术及应用[J]. 热加工工艺,2004(10):49-52.
[5] 张光钧,李军,李文戈,等. 激光熔覆纳米 WC/Co 复合涂层组织与抗裂性能的研究[J]. 金属热处理,2007,32(2):1-5.
[6] 张云乾,丁彰雄,范毅. HVOF 喷涂纳米 WC－12Co 表面材料的性能研究[J]. 中国表面工程,2005,18(6):25-29.
[7] 王群,丁章雄,陈振华. HVOF 制备亚微米结构 WC－12Co 涂层性能研究[J]. 湖南大学学报,2007,30(2): 56-59.
[8] Ying C Z, Chuan X D, Ken Y, et al. Deposition and characterization of nanostructured WC－Co coating[J]. Ceramics International, 2001, 27(6): 669-674.
[9] Nerz J, Kushner B, Rotolico A. Microstructural evaluation of tungsten carbide－cobalt coatings[J]. Therm Spray Technol, 1992, 1(2): 147-152.
[10] 马光,于艳爽. 王国刚,等. 活性燃烧高速燃气喷涂 WC－CoCr 涂层的微观组织及性能[J]. 金属热处理,2008,33(2):36-40.
[11] Shipway P H, McCartney D G, Sudaprasert T. Sliding wear behaviour of conventional and nanostructured HVOF sprayed WC － Co coatings[J]. Wear, 2005, 259(7－12):820-827.

抽水蓄能电站拦污栅的流激振动机制研究

张　帝　刘亚坤　张　栋　王秋绎　高　琦

（大连理工大学建设工程学部水利工程学院水力学研究所，大连　116024）

摘　要　抽水蓄能电站拦污栅在抽水和发电两种工况下要承受频繁变化的双向水流作用，由于栅前来流扩散不充分、栅前平均流速较高、栅条与来流冲角较大以及栅前流速分布不均匀等原因，会在栅叶上形成旋涡的释放，从而诱生横向的推力和顺流向的曳引力，进而引起拦污栅构件的疲劳破坏或强烈振动破坏。本文对圆柱形和矩形栅条的流激振动机制进行了总结与分析。当圆柱形栅条的自振频率与旋涡脱落频率并不相近时，圆柱的振动是尾涡激振力引起的强迫振动，激振频率就是旋涡脱落频率；但当圆柱的自振频率和旋涡脱落频率相近时，圆柱振动对尾流有很强的整理作用，沿圆柱体轴线旋涡脱落的相关性显著增强，即旋涡沿柱体的全跨度在同一时间、以相同频率均匀地脱落，旋涡激振力增大，脱落频率和振动频率同步。此外，本文分析了矩形栅条的三种旋涡释放机制（前缘释放涡（Leading - Edge Vortex Shedding，LEVS）、冲击前缘涡（Impinging Leading - Edge Vortices，ILEV）与尾缘释放涡（Trailing - Edge Vortex Shedding，TEVS）），研究了三种类型的棱柱形栅条（矩形截面，前缘为半圆形的矩形截面，以及前、后缘均为半圆形的矩形截面）的旋涡释放频率 f_s（斯特罗哈数 S_h）与参数 e/d（e、d 分别是栅条截面沿顺流向与横流向的长度）和攻角 α 的函数关系。

关键词　抽水蓄能电站；拦污栅；流激振动；振动机制；旋涡释放频率

1　前　言

水电站进水口拦污栅在运用过程中出现严重振动并导致栅条乃至整个栅叶被破坏的现象早已引起国内外学者和水利工程师们的广泛关注与研究。最近几十年来，国内外均有大批抽水蓄能电站投入运行。与常规水电站的拦污栅相比，抽水蓄能电站的拦污栅要承受双向水流作用，其运行条件要复杂得多、恶劣得多。例如，抽水蓄能电站下库拦污栅，在发电工况时，栅前来流常不能充分扩散，栅前平均流速较高，部分栅条与来流有较大冲角，栅前流速分布不均匀，最大流速与平均流速之比一般为 1.2 ~ 3.3，某些工程的栅前局部流速高达 10 m/s 左右[1,2]。这种流速较大且分布不均匀的水流流过拦污栅时，会在栅叶上形成各种旋涡，且旋涡的运动与释放会进一步诱生横向推力和顺流向曳引力，从而引起构件乃至整扇栅叶的强烈振动，最终导致拦污栅构件的疲劳破坏或强烈振动破坏。国外初期修建的抽水蓄能电站，由于缺乏实践经验，对上述特点认识不足，导致拦污栅失事多起，其中尤以发电工况时下库电站尾水拦污栅的破坏为主。抽水蓄能电站拦污栅损坏的工程实例在奥地利、比利

基金项目：国家自然科学基金（51479022）；中央高校基本科研业务费专项资金资助（DUT17RC(3)100）。

作者简介：张帝（1986—），男，副研究员，硕士生导师。E-mail：di. zhang@ dlut. edu. cn。

时、德国、日本及苏联等国普遍存在,美国抽水蓄能电站的拦污栅约有一半遭到不同程度的损坏。大量的工程实例表明,拦污栅损坏的部位既有垂直和水平栅条,也有栅叶螺栓,甚至还有整个栅叶;从拦污栅栅条损坏的截面形状来看,流线形栅条损坏的工程实例较多,而长宽比为 8 ~ 10 的矩形栅条则鲜有被损坏的报道[3,4]。从损坏的时间来看,有的工程运行 1 ~ 2 年后,甚至在 7 年后才损坏,有的工程经数小时试验后就损坏,前者主要是由于湍流激振而疲劳破坏,后者主要与水流旋涡脱落共振机制引起的不稳定振动密切相关[5,6]。引起拦污栅破坏的原因,主要是抽水蓄能电站机组在抽水和发电工况下,高压管道和尾水管的流速较大,加之渐变段产生的偏流和尾水管的回流等影响,使拦污栅上的流速分布极不均匀。这种流速分布不均匀的水流在流经拦污栅时会形成分离和旋涡,产生水流振荡,加强紊动程度,造成拦污栅振动。如果拦污栅固有频率和旋涡脱落频率相接近,就会发生强烈的共振,使得拦污栅材质性能差、焊接质量不好的部位发生破坏,从而导致拦污栅失事[7,8]。

2 栅条流激振动机制

2.1 旋涡释放机制

圆柱形栅条的激振机制和矩形栅条的激振机制是不一样的。当矩形栅条的宽厚比不同时,其激振机制也是不一样的。

旋涡的脱落频率 f_s 习惯上以无量纲的斯特劳哈数 sh 表示,其定义如下:

$$sh = \frac{f_s D}{v} \tag{1}$$

式中:D 为圆柱体直径;v 为来流速度,如果来流与圆柱体存在夹角,则 v 表示垂直于圆柱体轴线的来流速度分量。圆柱体旋涡脱落的斯特劳哈数 sh 与雷诺数 Re($Re = \frac{vD}{\nu}$)的关系如图 1 所示。需要注意的是,当 Re 在 $3 \times 10^5 \sim 3.5 \times 10^6$ 范围内时,脱落频率变化较大,频带较宽,脱落频率近似用宽频带的优势频率确定。

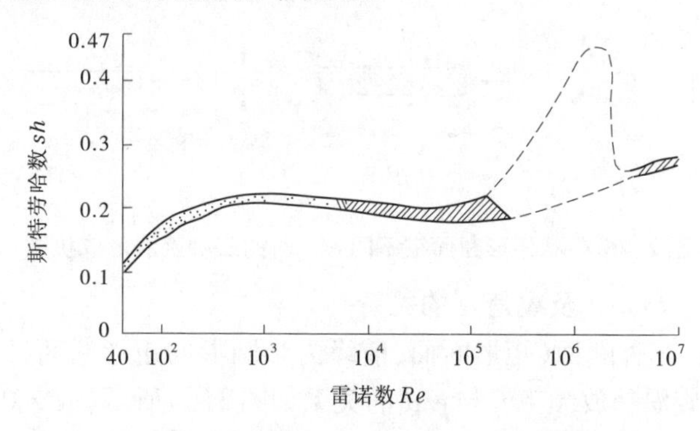

图 1 圆柱体旋涡脱落的斯特劳哈数—雷诺数间的关系

当圆柱的自振频率与旋涡脱落频率不接近时,圆柱的振动是尾涡激振力引起的强迫振动,激振频率就是旋涡脱落频率。当圆柱自振频率与旋涡脱落频率相近时,圆柱振动对尾流有很强的整理作用,沿圆柱体轴线旋涡脱落的相关作用显著增强,即旋涡沿圆柱体的全跨度在同一时间、以相同的频率均匀地脱落,旋涡激振力增大,脱落频率和振动频率同步,这就是连锁效应或称同步效应,也就是尾涡与圆柱运动的耦合振动,振幅很大。如果圆柱的振动频率是旋涡脱落频率的倍数或约数，此时也可以引起连锁效应。

目前，圆形断面的竖向栅条在实际工程中已经被使用得很少，下面着重介绍矩形断面栅条的旋涡脱落特征和流激振动机制。

矩形断面棱柱状栅条的旋涡释放方式随着 e/d 的变化而不同（其中 e、d 分别表示矩形截面沿顺流向和横流向的长度）。如图 2 所示，①前缘释放涡（Leading-Edge Vortex Shedding，LEVS）：当 e/d 值相对较小时（如来流紊流强度较低，相应的 $e/d\approx0\sim3$；如来流紊流强度较高，相应的 $e/d\approx0\sim2$），前缘分离涡在棱柱体两侧不附着，这种流态受棱柱体下游压强及下游涡街反馈的控制。②冲击前缘涡（Impinging Leading-Edge Vortices，ILEV）：当参数 $e/d\approx2\sim8$ 时，前缘分离层很快在棱柱两侧再附，并形成再附边界层，前缘分离涡以对流速度 v_c 越向尾缘，并释放尾涡，在下游形成脉动压强并向上游反馈，触发新的前缘涡的形成。但当 $e/d\approx8\sim16$ 时，若棱柱体静止，则一般不周期性释放旋涡。③尾缘释放涡（Trailing-Edge Vortex Shedding，TEVS）：当几何参数 $e/d>16$ 时，越过前缘后的再附点边界层持续发展至紧靠尾缘并释放尾涡，形成稳定的涡街，这种流态受边界层特性的强烈影响。对前缘为半圆头的矩形棱柱体，只有图 2 中的流态（a）和流态（c），过渡点位于 $e/d\approx1.2$。对于中等宽厚比矩形断面栅条而言，由于前缘涡附壁，然后再次分离，打击后缘，与尾涡形成自封闭的反馈系统，从而建立起新的激振机制，已有研究表明，只要物体开始振动或只要形成前缘涡，那么尾流卡门涡街激振作用将大大削弱，新的激振机制变得非常突出[1,4~6]。由于此时栅条的流向刚度大，而流向作用面相对较小，因此在流向不易发生振动，常发生横向的涡激振动，其与常规的卡门涡街激振之间存在着明显区别。对于长矩形断面栅条而言，水流与栅条的侧表面不分离，只是在尾缘分离，无前/后涡的耦合。与同样厚度的短矩形断面相比，长矩形断面的卡门涡街尾流更窄，涡距缩短，激振频率增高，斯特劳哈数 Sh 增大。由于侧边很长，因此紊流边界层的脉动压力也会引起振动，又因为尾流很窄，所以横流向的激振力很小，在大多数情况下，紊流边界层脉动压力是主要振源，属于宽带激振的强迫振动，无明显主频[2,4,8]。

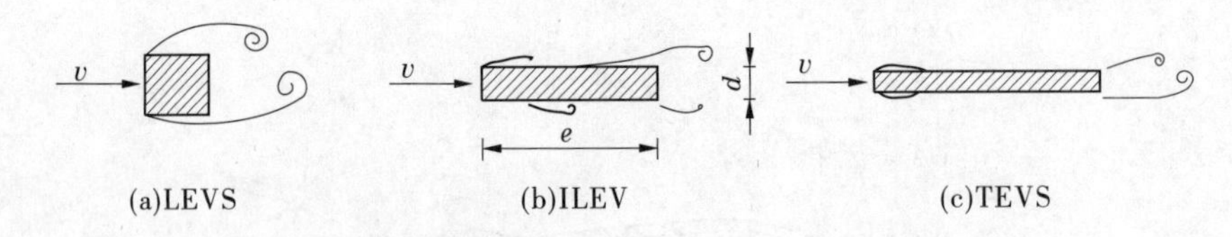

图 2　棱柱状矩形断面在不同 e/d 时的三种旋涡形成机制

2.2　旋涡释放频率 f_s 与 e/d 及攻角 α 的关系

当攻角 $\alpha=0$ 时，三种断面（矩形断面，前缘为半圆形的矩形断面，以及前、后缘均为半圆形的矩形断面）的旋涡释放频率 f_s 与 e/d 的关系如图 3（a）所示（$\alpha\neq0$ 时矩形断面的 f_s 与 e/d 的关系如图 3（b）所示）。优势频率 f_s 与无量纲斯特劳哈数 sh 及 sh' 的关系为

$$sh=\frac{f_s d}{v},\alpha=0 \tag{2}$$

$$sh'=\frac{f_s d'}{v},\alpha\neq0 \tag{3}$$

式中：d 和 d' 的定义均已以示于图 3 中。

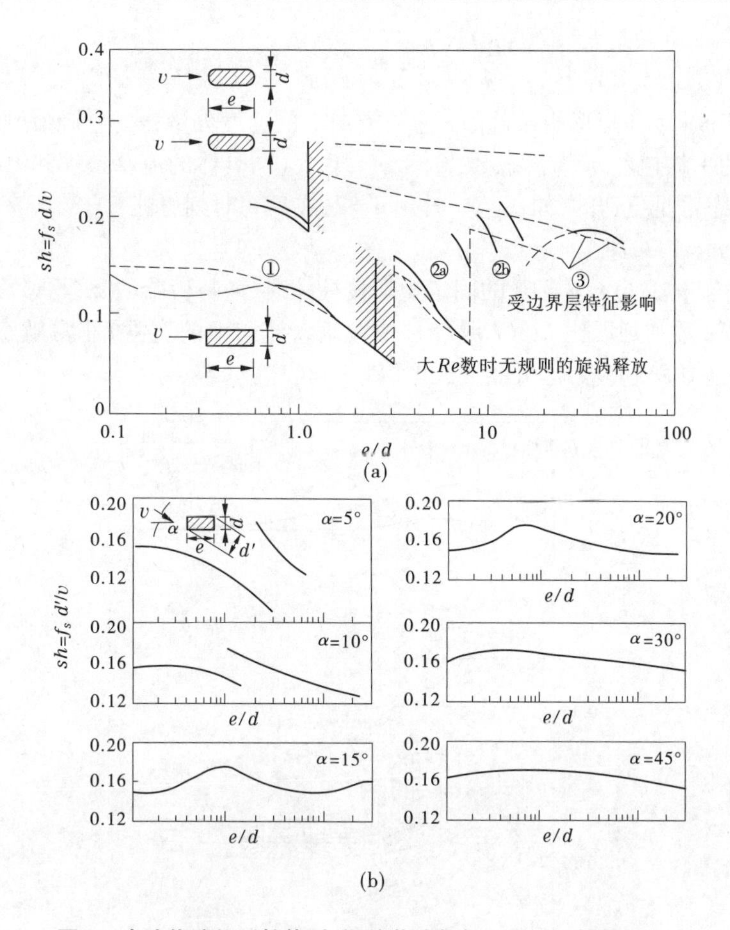

图 3 水流绕流矩形柱体时，斯特劳哈数与 α 及 e/d 的关系

(a) $\alpha=0°$：— —，— · —，Parker & Welsh(1981)，$Tu=0.2\%$，$1\ 700<Re<3\ 500$；

— — —，Knisely(1985)，$Tu=0.5\%$，$720<Re<31\ 000$；

—Nakamura，ohka & Tsuruta(1991)，$Tu=0.3\%$，$Re\approx1\ 000$；

— · · · —，Nguyen & Naydascher(1991)，$Tu=4.5\%$，$Re=1\ 300$。

图3(a)中，矩形断面的 $sh \sim e/d$ 关系图比较完整地反映了前述三种旋涡的释放机制。整根曲线分成①、②a、②b和③四个区。①区对应于LEVS流态；阴影区表示紊流强度较大，当 $e/d\approx3$ 时 sh 数由①区跃变至②a区；若紊动强度较小，当 $e/d\approx2$ 时 sh 数由1区跃变至②a区。②a区对应于ILEV流态；当 $e/d\approx8$ 时 sh 值由②a区跃变到②b区，②b区也对应于ILEV流态，但当棱柱体固定时，尤其在高 Re 数时无周期性旋涡释放，这时就不出现②b区。当 $e/d\approx16$ 时，sh 值由②b区跃入③区，③区与TEVS流态对应。图3(a)也表明前缘为半圆形的矩形棱柱体约在 $e/d\approx1.2$ 时，sh 值直接由①区过渡到③区。

图3(b)给出了矩形断面棱柱体，当攻角为5°~45°时 sh' 与 e/d 的关系。当 $\alpha\geqslant15°$ 后 sh' 与 e/d 呈单值关系。对于ILEV流态，sh 与 e/d 的关系不是单值的，这表示与图3(a)中②a、②b区对应的是不同的模态，就像多自由度体系有不同的模态相似，与 n 阶模态对应的是 n 阶斯特劳哈数 sh_n，根据试验结果，可以写成：

$$sh_n = \frac{f_s d}{v} \approx (n + \varepsilon)\frac{v_c d}{v_e}, n = 1,2,3\cdots \tag{4}$$

式中：v_e 为入流速度在矩形栅条截面 e 边长方向上的速度分量；v_c 为前缘涡脱离结构传递到后缘过程中的平均速度；n 为模态数，$0 \leqslant \varepsilon \leqslant 0.5$（与具体的流动条件和模态有关）。在实际流动中，模态常是更迭的，如在某一时刻 $n=2$，在后一时刻可能 $n=3$，当来流的 $Re=1\ 000$ 时，可能出现 $n=1$、2，甚至 $n=4$。

图4 表示流体经过 $e/d=10$ 的固定矩形棱柱体时，斯特劳哈数 sh' 和攻角 α 的关系。sh' 值对紊流度、Re 数和延展比 L/e（L 是棱柱体在垂直流向上的宽度）非常敏感。在中等 α 值的范围，可能是 ILEV 模态，也可能形成尾涡。

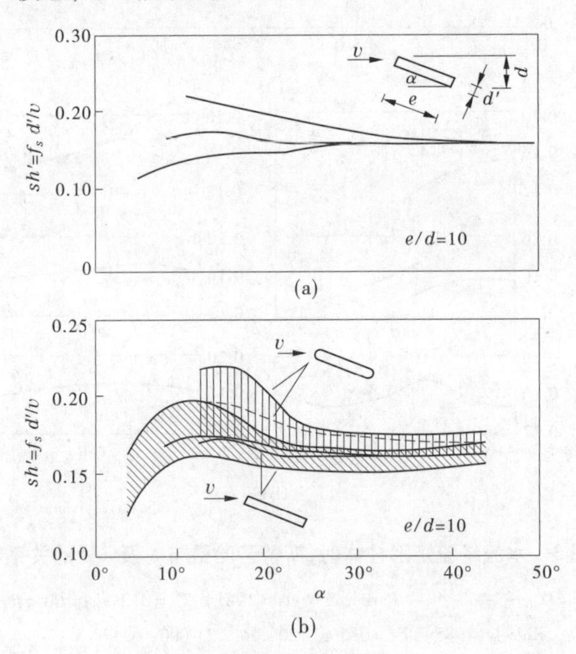

图4　当 $e/d=10$ 时，固定棱柱体，$sh' \sim \alpha$ 关系

(a)矩形前、后缘的棱柱体

—，Wang(1992)，$Tu=0.8\%$，$Re=1\ 500$，$L/e=10$；

- - -，Knisely(1985)，$Tu=0.5\%$，$Re=2\ 000$，$L/e=3.2$；

- -Novak(1972)，$Tu=2.4\%$，$1\ 000<Re<2\ 500$，$L/e=8$；

(b)矩形，前后缘均为半圆 Wang(1992)，$Re=1\ 500$，$L/e=10$

—，- -，Tu=0.8%；▥，▨，$Tu=2.1\%$

2.3　结论

本文对圆柱形和矩形栅条的流激振动机制进行了总结与分析。当圆柱形栅条的自振频率与旋涡脱落频率并不相近时，圆柱振动是尾涡激振力引起的强迫振动，激振频率就是旋涡脱落频率；但当圆柱自振频率与旋涡脱落频率相近时，圆柱振动对尾流有很强的整理作用，沿圆柱体轴线旋涡脱落的相关性显著增强，即旋涡沿柱体的全跨度在同一时间、以相同频率均匀地脱落，旋涡激振力增大，脱落频率和振动频率同步。此外，本文分析了矩形栅条的三种旋涡释放机制（前缘释放涡(LEVS)、冲击前缘涡(ILEV)与尾缘释放涡(TEVS)）；研究了三种类型的棱柱形栅条（矩形截面，前缘为半圆形的矩形截面，以及前、后缘均为半圆形的矩形截面)的旋涡释放频率f_s与参数e/d(e、d分别是矩形栅条截面沿顺流向和横流向的长度)和攻角α的函数关系。

参考文献

[1] 潘钦. 抽水蓄能电站拦污栅流激振动研究[D]. 大连:大连理工大学,2007.

[2] 申永康,方寒梅,赵春龙,等. 大型拦污栅结构液固耦合流激振动分析[J]. 振动与冲击,2014,33(21):137-141.

[3] 高学平,张家宝,叶飞,等. 抽水蓄能电站进/出水口拦污栅数值模拟[J]. 水利水电技术,2005(2):61-63.

[4] 苑润保. 白山抽水蓄能泵站拦污栅栅条流激振动的水弹性模型试验研究[D]. 大连:大连理工大学,2002.

[5] Naudascher E, Wang Y. Flow-Induced Vibrations of Prismatic Bodies and Grids of Prisms[J]. Jour of Fluids and Structures ,1993(7):341-373.

[6] 皮仙槎. 抽水蓄能电站拦污栅的设计[J]. 水力发电学报,1990(4):86-93.

[7] 曹善安. 水电站进水口拦污栅振害分析[J]. 东北水力发电学报,1990(3):1-8.

[8] 柳海涛,孙双科,郑铁刚,等. 大型水电站叠梁门进水口拦污栅流速分布特性分析[J]. 水利水电技术,2018,49(3):89-96.

[9] 吴一红,等. 抽水蓄能电站拦污栅流激振动试验研究[M]//泄水工程与高速水流. 长春:吉林人民出版社,2004:35-61.

[10] 阎诗武. 水电站拦污栅的振动[J]. 水利水运工程学报,2001(2):74-77.

[11] 王正中,袁驷,李宗利. 拦污栅栅条的稳定计算[J]. 水力发电学报,2000(2):25-33.

某水电站滑模施工质量控制要点的分析探讨

顿 江

（中国葛洲坝集团第二工程有限公司，成都 610091）

摘 要 作者从滑模原理、滑模结构组成、滑模模体装置、牵引机具及设施、滑模提升控制、滑模混凝土浇筑施工过程控制要点、施工方法、施工流程等方面进行了详细介绍，对类似工程的制作、施工具有一定的参考价值。

关键词 滑模体系；施工流程；施工方法；质量控制

1 工程概况

四川硕曲河去学水电站位于定曲河（金沙江一级支流）最大支流硕曲河干流上，工程区处于四川省甘孜藏族自治州得荣县境内，而水库库区大部分（约 15 km 长）位于云南省迪庆藏族自治州香格里拉县境内。电站正常蓄水位 2 330 m，水库总库容 1.326 亿 m^3，电站装机容量 246 MW。

去学水电站引水隧洞压力管道立面采用斜井布置，斜井角度 53.81°，高程 EL.2179.193 以上采用钢筋混凝土衬砌（含 10 m 长渐变段），衬砌总长度为 87.53 m。衬砌混凝土厚度 60 cm，内径 7 m。混凝土采用 C25 二级配混凝土，钢筋保护层厚度 5 cm。

2 滑模结构组成

本斜井滑模主要由滑模模体系统、牵引系统、运料小车系统三大部分组成，用 LSD 连续拉伸式液压千斤顶沿钢绞线爬升来提升滑模模体，钢绞线与斜洞段的洞轴线平行。

主要以液压千斤顶为滑升动力，在成组千斤顶的同步作用下，带动 1 米多高的工具式模板或滑框沿着刚成型的混凝土表面或模板表面滑动，混凝土由模板的上口分层向套槽内浇灌，每层一般不超过 30 cm 厚，当模板内最下层的混凝土达到一定强度后，模板套槽依靠提升机具的作用，沿着已浇灌的混凝土表面滑动或是滑框沿着模板外表面滑动，向上再滑动约 30 cm，这样如此连续循环作业，直到达到设计高度，完成整个施工。滑模施工技术作为一种现代（钢筋）混凝土工程结构高效率的快速机械施工方式，在土木建筑工程各行各业中，都有广泛的应用。

3 滑模模体装置

滑模模体主要由模架中主梁、上操作平台、钢筋平台、模板平台、抹面平台、后吊平台、滑模模板、前行走支撑及滚轮、后行走支撑及滚轮、抗浮花篮螺杆、支模花篮螺杆、受力花篮螺

作者简介：顿江（1977—），男，湖北荆门人，工程师，长期从事大中型水电站及水电站工程滑模施工技术工作。E-mail：515782703@qq.com。

杆、纠偏液压千斤顶、支模环形框架、中心框架等部件组成。

模架中主梁长为 15 m，截面长×宽=2 m×2 m,整体主要是用角钢和槽钢等型钢焊接而成的桁架结构。

上操作平台、钢筋平台、模板平台、抹面平台和后吊平台均为型钢焊接的构件,通过 M16×50 螺栓与模架中主梁连接,上满铺竹跳板或木板。上操作平台用于递运材料、浇筑混凝土和对下层操作空间起安全防护作用,钢筋平台用于堆放钢筋和绑扎钢筋,模板平台用于搁置模板,抹面平台用于修整墙面,后吊平台用于检修和施工后处理工作。

滑模模板搁置在模板平台上,整个模板为椭圆形,上口大、下口小,锥度为 8‰。滑模模板通过支模花篮螺杆与支模环形框架连接,拔模锥度可以通过支模花篮螺杆调节,通过抗浮花篮螺杆可以防止模板在混凝土浇筑时上浮,确保施工质量。

支模环形框架和中心框架使用型钢焊接而成的框架结构,中心框架通过螺栓与模架中主梁紧固连接;支模环形框架外侧通过支模花篮螺杆与模板连接,里侧通过纠偏液压千斤顶和受力花篮螺杆与中心框架连接。

纠偏千斤顶共两个,用于纠正模体偏移,一旦纠偏工作完成,通过受力花篮螺杆锁住模板位置。

3.1 牵引机具及设施

牵引机具及设施主要由预应力钢绞线及连接器、穿心式液压千斤顶、液压控制站、P38 行走轨道组成。

预应力钢绞线直径为 15.24 mm,规格为 15－7Φ5,可承受拉力为 2 300～2 500 kN,每束钢绞线由 7 根组成。整个滑模采用两根钢绞线进行提升作业,钢绞线锚固端锚深为 15 m,锚固水泥浆水灰比为 0.4。通过受力计算,滑模最大提升拉力为 700 kN,钢绞线强度满足滑模混凝土施工规范要求。

滑模轨道采用 P38 型钢轨,测量员采用全站仪全程放线和监控, 轨道支撑为“人”字形普通桁架,施工速度较快,整体结构可靠、稳定。轨道随滑随拆,滑模前行走机构滑过轨道连接节点后,拆除下边一节。

滑模提升的前卡式穿心液压千斤顶型号为 YCQ250 型(额定油压 50 MPa),共两个,1 台 JZMB1000 液压泵站(主顶油路 31.5 MPa,夹持油路 10 MPa)、1 套 JZKC－6 控制系统及高压油管组成。

3.2 运料小车系统

运料小车系统主要由 10 t 变频双绳双筒卷扬机、钢丝绳、限载装置、平衡油缸及钢结构运料小车组成。

10 t 变频双绳双筒卷扬机配 6×19 丝、准 32(钢芯)钢丝绳牵引钢结构运料小车,小车质量为 4.5 t,10 t 卷扬机布置在井口平地上。

根据规定,对于提升设施应设置超载保护装置、限速保护装置、断绳保护装置及上、下限位装置,由于斜洞开挖时已有卷扬机及运料小车等设备,所以不需重作,只需现场略微改造即可。

3.3 滑模提升质量控制

首次进行混凝土浇筑时,当浇筑时间接近混凝土初凝时间时,进行模体初滑,滑升 2～3 cm,以防止模体被混凝土粘牢。直至模体浇满混凝土后,进入正常滑升。正常浇筑每次模体滑升为5 cm左右,浇筑速度必须满足模体滑升速度要求。

对初始脱模时间不易掌握，必须在现场进行取样试验来确定。脱模强度为0.3~0.5 MPa,一般模板滑升速度不得大于10 cm/h,遵循"多动少滑"的原则。滑升过程中,应由有滑模施工经验的专人观察和分析混凝土表面,确定合适的滑升速度和滑升时间。滑升过程中能听到"沙沙"声,出模的混凝土无流淌和拉裂现象;混凝土表面湿润不变形,手按有硬的感觉;指印过深应停止滑升,以免有流淌现象;若过硬则要加快滑升速度。滑升过后,应采用抹子将不良脱模面抹平压光。

4 混凝土浇筑施工过程控制要点

4.1 混凝土拌制

在混凝土拌和楼设置保温棚，对混凝土拌和系统进行全封闭保温，脚手架管外侧铺设棉被和用塑料布封闭，提高拌和楼内温度；对骨料、水泥及拌和用水进行提前预热，用锅炉加热拌和用水，提高混凝土出机温度。

4.2 洞内保温

由于斜井高差较大，冬季洞内外温差较大，空气对流较为明显。因此，对洞内需进行隔离保温。必要时,可在模板上设置加热板，提高混凝土养护温度，使初凝时间减短。

4.3 混凝土运输

可采用2台12 m^3混凝土搅拌车进行运输,为减小混凝土运输过程中温度损失,对混凝土搅拌车用棉被进行保温。

4.4 调整配合比

混凝土浇筑前,在实验室进行贯入阻力试验,测试不同温度下混凝土未加外加剂和加入早强剂参数的初凝时间试验，并根据洞内实际气温情况灵活调整,选择合理参数,降低了初凝时间，保证模板滑升顺利。

4.5 滑模提升控制

在首次进行混凝土浇筑时，当浇筑时间接近混凝土初凝时间时，进行模体初滑，滑升2~3 cm，以防止模体被混凝土粘牢。直至模体浇满混凝土后，进入正常滑升。正常浇筑每次模体滑升为5 cm左右，浇筑速度必须满足模体滑升速度要求。

对于承重的顶拱部分，根据取得的混凝土不同时间的强度试验决定滑升时间。由于初始脱模时间不易掌握，必须在现场进行取样试验来确定。脱模强度为0.3~0.5 MPa,一般模板平均滑升速度不得大于10 cm/h，遵循"多动少滑"的原则,每1 h不少于4次,每次滑升约25 mm。脱模混凝土须达到初凝强度,最好能原浆抹面。模板连续爬升12 m为一个循环,当爬升至中梁上锁定架时,停止混凝土入仓,准备提升中主梁。

手推车取料入仓,入仓顺序大致为先顶拱,再腰部,最后底拱。入仓混凝土应摊铺均匀,摊铺厚度差应控制在±15 cm范围内,以保证模板不发生偏移。混凝土添加剂的掺量,以保证在模板爬升时模板底沿以上20 cm处的混凝土达到初凝强度(0.5 MPa)为宜。混凝土的振捣以及钢筋的绑扎都在滑模平台上进行。滑升过程中,应由有滑模施工经验的专人观察和分析混凝土表面,确定合适的滑升速度和滑升时间。滑升过程中能听到"沙沙"声，出模的混凝土无流淌和拉裂现象;混凝土表面湿润不变形，手按有硬的感觉，指印过深应停止滑升，以免有流淌现象；若过硬则要加快滑升速度。滑升过后，在用抹子将不良脱模面抹平压光。

4.6 滑模纠偏控制

轨道及模板制作安装的精度是斜井全断面滑模施工的关键。模板滑升时，应指派专人检测模板及牵引系统的情况，出现问题及时发现并报告，认真分析其原因并找出对应的处理措施。

在斜井滑模滑升过程中，应通过模板下的管式水平仪或激光扫平仪随时检查模板整体水平度和中主梁的倾斜度(52.8°)，一旦模体的水平偏差超过2 cm，应立即采取以下措施：

(1)对千斤顶分动方式进行调整；

(2)通过调整混凝土入仓顺序并借助手动葫芦予或10 t手动千斤顶纠正。

垂向偏差依靠精确的轨道铺设来控制。

纠偏措施具体如下：

(1)滑模多动少滑。技术员经常检查中主梁及模板组相对于中心线是否有偏移，始终控制好中主梁及模板组不发生偏移。

(2)保证下料均匀，两侧高差最大不得大于40 cm。当下料原因导致模板出现偏移时，可适当改变入仓顺序，并借助于手动葫芦对模板进行调整。

(3)在模体中梁设一个水准管，当模体发生偏移时，可通过观察水准管判断模板偏移方向，并采取措施调整偏差。

(4)每滑升6 m对模板进行一次全面测量检查，发现偏移及时纠正。

4.7 抗浮处理

在混凝土浇筑过程中，因先浇筑底板部位，混凝土浮托力较大，模体会出现上浮。为确保衬砌后尺寸满足设计要求，在模体就位时采用沿圆周均布6条抗浮花篮螺杆支撑于岩面壁上。全断面浇筑过程中，下料顺序为先顶拱和两侧，再底板。下料不应过于集中，高度不大于50 cm。

4.8 混凝土浇筑质量控制

仓面验收之后，混凝土下料前先用水泥砂浆湿润溜槽。混凝土入仓时应尽量使混凝土先低后高进行，使混凝土均匀上升，并注意分料不要过分集中，每次浇筑高度以不大于30 cm为宜。两侧边墙及顶拱的混凝土应均衡上升，下料时应及时分料，严禁局部堆积过高，以防止一侧受力过大而使模板、支架发生侧向位移。下料时对混凝土的塌落度应严格控制，一般在10~14 cm，也要根据气温等外部因素的变化而做调整。对塌落度过大或过小的混凝土严禁下料，既要保证混凝土输送不堵塞，又不至于料太稀而使模板受力过大变形，延长起滑时间。

为保证混凝土成型质量，若仓内有渗水时应安排专人及时将水排出，以免影响混凝土质量及模板滑升速度。严格控制好第一次滑升时间。滑模进入正常滑升阶段后，可利用台车下部的抹面平台对出模混凝土面进行抹面压光。

选用软轴式振捣器，避免直接接触止水片、钢筋、模板，对有止水的地方应适当延长振捣时间。在振捣第一层混凝土时，振捣棒的插入深度以振捣器头部不碰到基岩或老混凝土面，相距不超过5 cm为宜；振捣上层混凝土时，则应插入下层混凝土5 cm左右，使上下两层结合良好。振捣时间以混凝土不再显著下沉，水分和气泡不再逸出并开始泛浆为准。振捣混凝土时应严防漏振，模板滑升时严禁振捣混凝土。

5 结束语

钢筋混凝土滑模工程施工技术是我国现浇混凝土结构工程施工中机械化程度高、施工速度快、现场场地占用少、结构整体性强、抗震性能好、安全作业有保障、环境与经济综合效益显著的一种施工技术。

随着施工技术的发展和施工工期要求越来越短,滑模施工以其少周转材料、施工速度高、一次成型、外观质量好等优点,在水电工程施工中,得到大量的使用。加强施工过程控制,还需从滑模工艺角度,对钢筋、混凝土、垂直度、水平等方面进行质量控制。采取切实有效的措施避免和解决滑模施工中出现的问题,确保滑模的施工质量,将会对滑模施工技术的发展起到有力的推动作用。

参考文献

[1] 水工建筑物滑动模板施工技术规范:SL 32—2014[S].
[2] 水工混凝土钢筋施工规范:DL/T 5169—2013[S].
[3] 水工建筑物滑动模板施工技术规范:DL/T 5400—2016[S].
[4] 水电水利工程模板施工规范:DL/T 5110—2013[S].
[5] 液压滑动模板施工安全技术规程:JGJ 65—2013[S].

基于涔天河水库扩建工程对混凝土面板裂缝成因及处理效果分析

张文举[1,2] 欧阳清泉[2] 胡兰贵[1,2]

(1. 湖南澧水流域水利水电开发有限责任公司,长沙 410014;
2. 湖南涔天河工程建设投资有限责任公司,永州 425500)

摘 要 本义基于涔天河水库扩建工程典型工程实例对混凝土面板裂缝产生的原因及其处理效果进行分析,并采用岩石破裂过程分析软件((RFPA2D)模拟单裂缝在胀性和缩性荷载效应下的动态扩展过程,揭示混凝土面板裂缝形成的主要原因及影响因素。数值裂缝动态扩展模拟和涔天河水库扩建工程一期面板裂缝混凝土芯样研究结果表明:①利用RFPA2D模拟混凝土内部单裂缝胀性和缩性条件动态演化过程,可以看出混凝土面板主要裂缝(水平贯穿裂)与缩性裂缝形态和力学机制更为一致;②缩性裂缝形态特征与混凝土芯样裂缝更符合,混凝土收缩(干缩和温缩)是产生裂缝的主要原因;③涔天河水库扩建工程大坝一期面板产生的裂缝的主要原因是面板施工期间温度高、温差大、水泥水化热偏高混凝土干缩和温缩。此外,现场压水试验和取芯试验结果表明,化学灌浆和刮涂聚脲是处理混凝土面板表面裂缝有效措施。

关键词 混凝土面板堆石坝;裂缝;化学灌浆;收缩

1 概 况

国内外大量理论研究、科学试验和工程实践表明,混凝土内部缺陷、外部约束条件和温度影响对裂缝萌生、起裂、扩展过程起决定性的作用[1-5]。西北口是我国现代技术修建的混凝土面板堆石坝的代表,但面板出现严重开裂。目前,国内坝高在100 m以上的面板堆石坝有20多座,其中,水布垭水电站大坝是已建成的世界最高的面板堆石坝,坝高233 m,江坪河水电站大坝为混凝土面板堆石坝,坝高219 m,也在全球最高的10座面板堆石坝之中。面板裂缝一直是该类型坝的通病,国内学者对混凝土面板裂缝引起的原因及防治措施进行大量的研究[6-8],由于面板混凝土裂缝影响因素较为复杂,除受混凝土自身(缺陷、温度效应)的影响外,还与外界环境、约束条件和多种力学效应相关,每一个工程项目裂缝特性和开裂的主要原因都不尽相同。因此,基于现代软件技术的动态模拟和典型工程实例对面板裂缝扩展机制、预防及处理措施值得进一步研究。

涔天河水库扩建工程位于江华瑶族自治县,挡水建筑物为混凝土面板堆石坝,最大坝高114 m,坝顶长328 m。大坝面板总面积36 510 m^2,设计共分25块板,面板为不等厚的板结构,面板顶部厚度为30 cm,底部最大厚度68.3 cm。一期施工共18块板,单块最大方量846 m^3,大坝一期面板发现裂缝后,共检测到一期面板裂缝249条,共计2 570.2 m,通过对裂缝

作者简介:张文举(1984—),男,河南驻马店人,工程师,博士,主要从事水利水电工程施工技术研究工作。E-mail:zwj@ whu. edu. cn。

产生原因进行科学分析,采取化学灌浆和表面刮涂聚脲处理,经检验处理效果良好,值得同类工程问题借鉴。

2　裂缝分类及开裂原因分析

2.1　裂缝分类及统计

在水利水电工程中,根据裂缝宽度、深度及其是否贯通(贯穿),通常将混凝土裂缝分为以下四类,如表1所示。

表1　混凝土裂缝分类

裂缝类型	名称	特征指标	是否需要处理
Ⅰ类裂缝	细微裂缝	表面缝宽≤0.1 mm且裂缝深度<100 mm	不需要
Ⅱ类裂缝	浅层裂缝	0.1 mm<表面缝宽≤0.2 mm,裂缝深度<100 mm	一般不需要
Ⅲ类裂缝	深层裂缝	表面缝宽>0.2 mm,或裂缝深度≥100 mm但未贯穿	需要
Ⅳ类裂缝	贯穿裂缝	一般表面缝宽>0.2 mm,贯穿裂缝,包括竖向贯穿(深度方向)和水平贯穿(长度方向与两侧永久缝连通)	必须处理

涝天河水库扩建工程大坝一期面板发现裂缝后,采用智能裂缝宽度观测仪对大坝一期面板裂缝的宽度、深度、长度分类进行了检测,共检测到一期面板裂缝249条,共计2 570.17 m。按缝宽分类<0.1 mm有190条,但裂缝深度大于100 mm或贯通的有100条;0.1~0.2 mm有50条,这两类缝总共占比96.4%。按表1标准分类:Ⅰ类裂缝为90条,Ⅱ~Ⅳ类裂缝计159条,且多为水平向贯通,以Ⅳ类为主。最长裂缝18.4 m(溶蚀、渗水),最大宽度0.3 mm,最大深度186 mm,一期混凝土面板裂缝统计如表2所示。

表2　一期混凝土面板裂缝统计

宽度	长度(m)	深度(mm)	渗漏、溶蚀	水平连通
宽度≥0.2 mm,9条;0.1 mm≤宽度<0.2 mm,50条;0.1 mm≤宽度,190条;最大宽度0.3 mm	大于10 m共169条,最长裂缝18.4 m	最大深度186 mm,50 mm≤h<100 mm,共68条	渗漏8条;溶蚀135条	159条

2.2　裂缝产生的原因分析

刘伟等[9]通过分析工程施工过程中温度效应产生的混凝土裂缝,认为施工阶段混凝土硬化后开裂的主要形式是收缩裂缝。孙维刚等[10]研究表明,大体积混凝土水化热温度浇筑后(28.5 ℃)先经历温升至50~60 ℃然后逐渐降低的规律,混凝土温度效应是混凝土开裂的重要原因。由于面板混凝土裂缝影响因素较为复杂,除混凝土自身(缺陷、温度效应)的影响,还和外界环境、约束条件和力学效应影响,每一个工程项目裂缝特性和开裂原因都不尽相同,国内典型面板堆石坝面板裂缝特征及引起裂缝的主要原因统计如表3所示。

表3 混凝土面板裂缝特征及主要原因

水库名称	坝高(m)	面板厚度(m)	裂缝特征	主要原因
水布垭[11]	233	0.3~1.1	水平贯穿裂缝为主,裂缝集中在中偏左部位面板	坝体沉降变形、干缩和温度应力和两岸坝坡地形
天生桥一级[12]	178	0.3~0.9	一期较少,二期次之,三期较多,近水平向裂缝为主	沉降变形,水位变化,温度应力及混凝土干缩
乌鲁瓦提[13]	133	$0.3+0.003H$	主要集中在两岸坝座部分、左右趾板及二、三期面板顶部,水平分布为主	温差大,面板(拉)应力和干缩应力
白溪[14]	124.4	$0.3+0.003H$	水平向贯穿裂缝为主,靠近左右岸面板存在斜纵向裂缝	混凝土干缩和温度应力
西北口[15]	95	0.3~0.6	水平贯穿裂缝为主,靠近左右岸面板存在斜纵向裂缝,大于3 mm的有135条以上	温度应力和干缩拉应力
塘巴湖[16](加固)	—	—	裂缝252条,裂缝延伸长度大于6 m的50条,裂缝宽度大于0.25 mm的37条	温度、收缩及基础约束

注:H为计算断面至面板顶部的垂直距离。

以上典型工程分析表明,混凝土面板厚度相对较小,下部堆石体随时间推移产生的不均匀沉降,温度及湿度的变化,混凝土干缩将使面板内产生拉应变,混凝土自身不均匀性(或内部缺陷)均能引起面板裂缝的产生。混凝土中存在大量的孔隙和裂隙等缺陷,混凝土裂缝产生过程实质上就是内部缺陷应力集中引起微裂缝产生、扩展及贯通的过程。混凝土内部缺陷部位应力集中有受拉应力效应和应力效应,混凝土抗拉强度远低于抗压强度,因此拉应力效应可能是混凝土面板裂缝产生的主要原因,尤其是干缩或温缩引起的拉应力可能是混凝土内部裂缝产生的最直接原因。

3 数值模拟及芯样分析

岩石破裂过程分析系统(RFPA)是基于材料的非均匀性能够模拟材料渐进破裂直至失稳全过程的数值试验工具[17,18]。采用RFPA^{2D}模拟混凝土内部单裂缝胀性(边界条件约束产生压应力效应)和缩性(拉应力效应,主要为温缩和干缩)条件演化过程,研究温胀和温缩条件开裂机制及形态异同。为简化分析,对单裂缝以直线式施加动态压应力和拉应力,胀性压应力峰值为缩性拉应力峰值的12倍,动态加载过程共计算80步。单裂缝胀性和缩性动态应力作用下裂缝发展演化过程如图1所示。从图中可以看出,微裂缝在缩性力学效应下更容易贯通,对混凝土面板影响更大。

涔天河扩建大坝面板一期裂缝深度采用裂缝深度测试仪进行检测,为了进一步验证裂缝深度,并进行钻孔取芯检测裂缝,检测结果对比表明,两种裂缝深度检测手段的检测结果

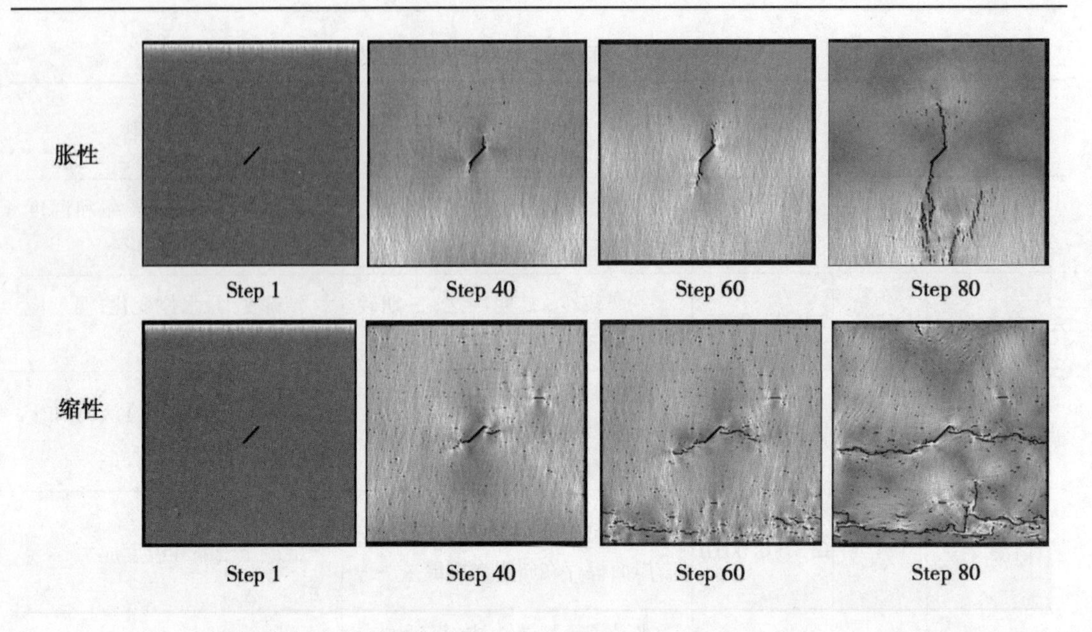

图1　RFPA^2D^模拟温胀和温缩条件单裂缝发展演化过程

基本接近,仅存在细小差异。典型裂缝芯样如图2所示。其中,MB16－1:Ⅰ类缝,长8.2 m,宽度为0.05 mm,深度为82 mm,裂缝为水平走向,未贯穿;MB17－18:Ⅳ类缝,长度为12.2 m,宽度为0.24 mm,深度为95 mm,水平走向,贯穿;MB15－14:Ⅳ类缝,长度为12.21 m,宽度为0.3 mm,深度为111 mm,水平走向,贯穿。

通过数值模拟和混凝土芯样分析可以得出如下结论:同样条件下,胀性效应引起裂缝沿垂直方向扩展,缩性效应引起裂缝沿水平方向扩展;缩性效应引起的裂缝更容易扩展贯通,对混凝土面板力学性能影响更大;主要面板混凝土芯样裂缝特征与温缩效应引起的裂缝形态更为一致(表2、表3中大坝面板裂缝主要沿水平向扩展和贯通),通过裂缝扩展数值模拟进一步印证温缩和干缩是面板裂缝形成的主要原因;涝天河扩建水库工程一期混凝土面板施工记录资料分析表明,施工期间温度高、温差大,所用水泥水化热偏高因素造成的混凝土收缩是产生裂缝的主要原因。

4　裂缝处理分析

4.1　裂缝处理方法

根据表1面板混凝土裂缝分类与面板裂缝的宽度和面板厚度等参数,对涝天河水库扩建工程大坝一期贯穿性面板裂缝(Ⅳ类裂缝)采用化学灌浆处理,非贯穿裂缝采用表面封闭处理,具体处理方法如下:

(1)Ⅰ、Ⅱ类裂缝。可不对此类裂缝进行专门处理,仅在表面刮涂聚脲。

(2)Ⅲ类裂缝。先对裂缝内部进行环氧树脂灌浆补强处理,再对裂缝表面环氧胶泥封闭。工艺流程为:清洗缝面→钻孔→安装灌浆塞→封缝→压水试验→化学灌浆→拆卸灌浆塞、封孔→表面清理。

为进一步检查裂缝化学灌浆处理效果,可随机布置点位进行压水试验,水压力为1.5 MPa,保持压力3 min。压水后,面板缝面均未出现渗水现象,说明灌浆效果良好,满足设计要求。压完后采用环氧灌浆进行封孔。

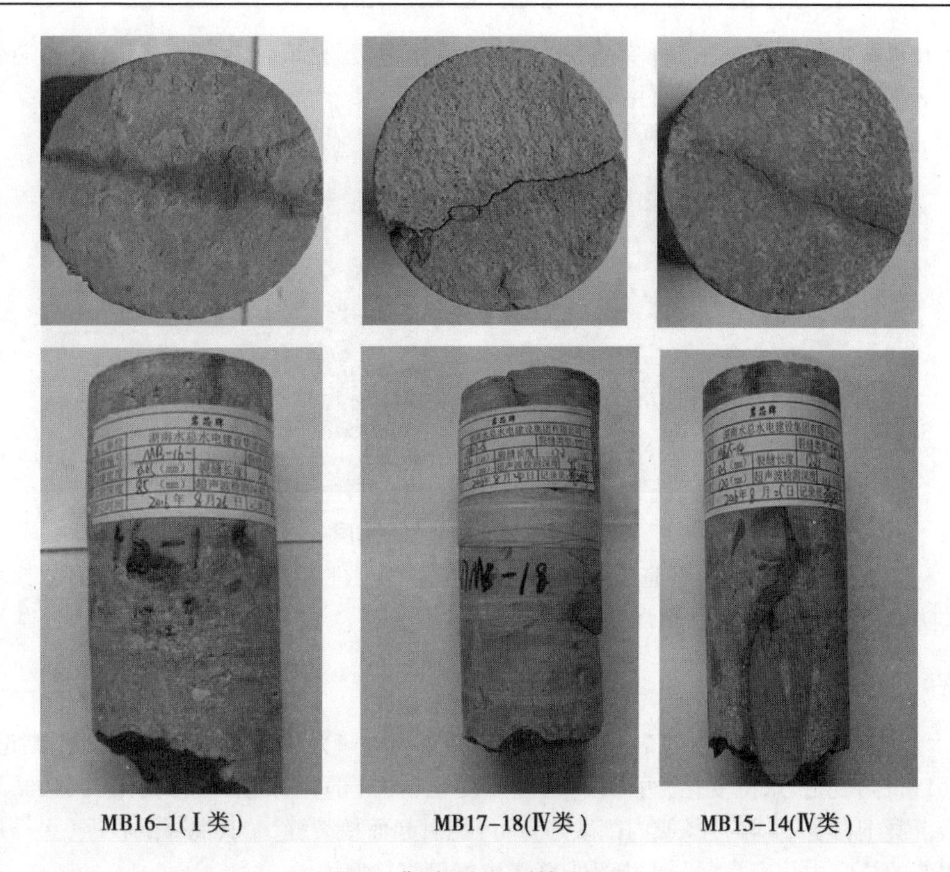

MB16-1(Ⅰ类)　MB17-18(Ⅳ类)　MB15-14(Ⅳ类)

图2　典型混凝土裂缝芯样图

(3)Ⅳ类裂缝。先对裂缝内部进行环氧树脂灌浆补强处理,再对裂缝表面进行环氧胶泥封闭,处理工艺流程与Ⅲ类裂缝相同。

因Ⅳ类裂缝属于贯穿性裂缝,为了使低黏度环氧浆液扩散范围受控,避免大量浆液扩散至面板下挤压边墙混凝土(渗透性较强)内,在缝内环氧灌浆前需先对裂缝两端及面板与挤压边墙混凝土接触层进行 LW 水溶性聚氨酯封闭阻断灌浆处理。裂缝两端的封闭阻断灌浆方法可采用在裂缝两端钻骑缝孔(孔径 20 mm,孔深 3/4 板厚),孔内低压注入 LW 水溶性聚氨酯浆液,利用聚氨酯浆液快速固化后形成的栓塞阻断环氧浆液向裂缝两端扩散;裂缝底部的封闭采用在缝一侧 20 cm 处钻斜孔穿透面板至裂缝底部,孔距 30 cm,通过钻孔低压定量灌注 LW + HW 聚氨酯浆液,聚氨酯浆液固化后在缝底部形成封闭带,可在一定程度阻止环氧浆液扩散至面板下面的挤压边墙混凝土内。聚氨酯浆液凝固后拆除灌浆塞,用环氧胶泥封孔,再进行裂缝环氧树脂灌浆补强处理。

4.2　处理效果分析

大坝一期面板混凝土裂缝处理完成后,为检查裂缝处理效果,分别进行了压水试验钻孔取芯,检验结果如下:

(1)压水试验。对每条试验裂缝随机布置点位进行压水试验,水压力为 0.4 MPa,保持压力 3 min。压水后,面板缝面均未出现渗水现象,说明灌浆效果良好,满足设计要求,压完后采用环氧砂浆进行封孔。

(2)钻孔取芯。对宽度大于 0.3 mm 的裂缝逐条取芯检测,其他按照 5% 的比例抽样取芯,共取芯样 24 个,混凝土芯样完整,裂缝缝面填充密实,充填化学灌浆材料(典型芯样见图 3),而且具有一定强度,说明化学灌浆取得预期的效果。

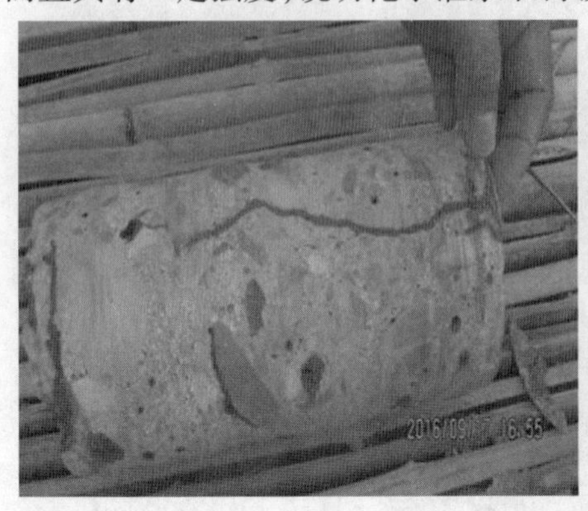

图 3　化学灌浆后典型芯样图

(3)表面效果。刮涂聚脲完成后,完整覆护在整个工件表面,表面裂缝得到有效充填或覆盖,防渗、防腐能力也得到增强。

5　结　语

本文基于典型工程实例对混凝土面板裂缝成因及处理效果分析,主要得出如下结论:

(1)沉降变形、水位变化、边界约束、温度变化(内外部)引起的应力变化(或膨胀和收缩)及混凝土自身不均匀性(或内部缺陷)都可能引起面板裂缝,尤其混凝土收缩(干缩或温缩)引起的拉应力效应是混凝土内部裂缝产生的最直接原因。

(2)利用 $RFPA^{2D}$ 模拟混凝土内部单裂缝胀性和缩性条件动态演化过程,研究结果表明混凝土面板主要裂缝(水平贯穿裂缝)与缩性裂缝形态和力学机制更为一致。

(3)分析表明,涔天河水库扩建工程大坝一期面板产生裂缝的主要原因是面板施工期间温度高、温差大、水泥水化热偏高混凝土干缩和温缩。

(4)对处理后的裂缝进行了质量检测,结果表明涔天河水库扩建工程大坝一期面板混凝土裂缝处理满足设计要求,裂缝处理后对大坝工程的安全性能、使用功能和运行无影响,值得处理同类混凝土面板裂缝问题参考。

参 考 文 献

[1] Aly T, Sanjayan J G. Shrinkage – cracking behavior of OPC-fiber concrete at early – age[J]. Materials and Structures, 2010, 43(6): 755-764.

[2] Kim J K, Han S H, Song Y C. Effect of temperature and aging on the mechanical properties of concrete: Part I. Experimental results[J]. Cement and Concrete Research, 2002, 32(7): 1087-1094.

[3] 朱伯芳. 大体积混凝土温度应力与温度控制[M]. 北京:中国电力出版社, 1999.

[4] 王海波, 周君亮. 大型水闸闸墩施工期温度应力仿真和裂缝控制研究[J]. 土木工程学报, 2012, 45(7): 169-174.

[5] 林鹏, 胡杭, 郑东,等. 大体积混凝土真实温度场演化规律试验[J]. 清华大学学报(自然科学版), 2015(1):27-32.

[6] 张文举, 袁国金, 潘宣何. 涔天河水库泄洪隧洞混凝土裂纹开裂原因及处理措施分析[J]. 湖南水利

水电，2016(6):72-73.
[7] 孙役，燕乔，王云清. 面板堆石坝面板开裂机理与防止措施研究[J]. 水力发电，2004，30(2):142-146.
[8] 王子健，刘斯宏，李玲君,等. 公伯峡面板堆石坝面板裂缝成因数值分析[J]. 水利学报，2014，45(3):343-350.
[9] 刘伟，董必钦，李伟文,等. 大体积混凝土的温度应力分析及温度裂缝研究[J]. 工业建筑，2008，38(7):79-81.
[10] 孙维刚，倪富陶，刘来君，等. 大体积混凝土水化热温度特征数值分析[J]. 江苏大学学报(自然科学版)，2015，36(4)：475-479.
[11] 罗福海，张保军，夏界平. 水布垭面板堆石坝施工期裂缝成因及处理措施[J]. 水利水电快报，2010，31(12):5-8.
[12] 刘泽钧. 天生桥一级水电站大坝面板裂缝特点成因及处理技术[C]// 中国水利发电工程学会大坝安全检测专业委员会2006年学术年会. 2006.
[13] 吴国强，罗玉忠，于秋月. 乌鲁瓦提混凝土面板砂砾石坝面板裂缝处理技术探讨[J]. 新疆水利，2008(5):18-20.
[14] 付磊，曹敏，苏玉杰. 白溪水库面板堆石坝混凝土面板裂缝成因分析与处理[J]. 小水电，2014(2)：68-72.
[15] 麦家煊，孙立勋. 西北口堆石坝面板裂缝成因的研究[J]. 水利水电技术，1999，30(5):32-34.
[16] 李文鹏，李连喜，张增涛. 大坝砼面板裂缝处理应用与研究[J]. 长江科学院院报，2010，27(9):70-73.
[17] Zhu W C，Tang C A. Micromechanical model for simulating the fracture process of rock[J]. Rock Mech. Rock Eng，2004，37(1)：25-56.
[18] Tang C A，Wong R H C，Chau K T，et al. Modeling of compression-induced splitting failure in heterogeneous brittle porous solids[J]. Eng Fract. 2005，72(4)：597-615.

盘县水库溢洪道窄缝消能效果试验对比

梁旸杰[1] 朱 超[2] 秦晨晨[1]

(1.河海大学,南京 210098;2.黄河水利委员会黄河水利科学研究院,郑州 450003)

摘 要 由于盘县水库溢洪道原设计出口采用连续式挑流鼻坎且下游河道比较窄,挑流水舌冲击两岸边坡。采用物理模型试验,通过比较不同工况下不同收缩比的窄缝消能工对水流的消能效果,最终确定收缩比为0.25的窄缝消能工体型相对较优,在校核洪水时达到良好的消能效果。

关键词 溢洪道;窄缝消能工;收缩比;冲坑深度

1 概 述

由于盘县溢洪道河道较窄,挑流鼻坎挑射水流横向扩散作用会冲击河道两岸边坡,从而导致边坡稳定性受到影响;除此之外,溢洪道出口水流动能过大将会对河道下游产生严重冲刷。基于以上两个因素,需要提出一个较为合理的消能方案。窄缝消能工在国内的应用始于1975年,林秉南院士把窄缝消能工引入国内[1]。现如今,窄缝消能工广泛适用于高水头、窄河谷、大流量的水电工程中,其理论和技术已经日趋完善,消能机制与体型设计在国内泄水建筑物中已有较多的研究成果[2]。如广东省的河源市老炉下水库溢流坝[3]和阳春市张公龙水库溢流坝[4]、贵州省双河口水电站[5]、水布垭岸边溢洪道[6]等都采用了窄缝消能工。本文对溢洪道窄缝消能工不同收缩比的消能效果进行试验研究,不同体型窄缝消能工收缩角均为13.83°。根据挑坎的水流流态、流速以及下游河道冲刷深度与原设计出口比较,得出最优收缩比窄缝消能工体型,从而减少鼻坎挑射水流对下游河道的冲刷。

本工程混凝土面板堆石坝坝顶高程1 449.50 m,坝顶长度300.00 m,坝顶宽度10.00 m,最大坝高109.5 m,溢洪道位于左岸台地上,进口高程1 386.00 m,溢洪道由进水渠、控制闸、泄槽、挑流鼻坎和尾水渠防护段等五部分组成。本文通过不同试验工况验证窄缝消能工的消能效果。

2 模型比尺及工况设定

该水库模型设计为正态,根据试验要求和水工(常规)模型试验规程,按照重力相似、阻力相似及水流连续性准则[7-8]可确定模型的几何比尺为40。

根据本工程下游河道两侧地质条件以及挑坎导向的要求,本次试验收缩比为0.2、0.25和0.3,采取3种流量工况进行试验观测。

基金项目:国家自然科学基金重点项目(51539004);水利部技术示范项目(SF-201712);中央级科研院所基本科研业务费专项(HKY-JBYW-2018-10)。

作者简介:梁旸杰(1995—),男,江西新余人,硕士。E-mail:1572314482@qq.com。

3 溢洪道布置和问题探究

3.1 溢洪道模型布置

溢洪道进水渠段底板高程 1 436 m,平面布置为喇叭口状。控制闸段采用开敞式闸室结构,后接直线布置的泄槽段,泄槽末端为连续式鼻坎,溢洪道平面布置如图 1 所示。

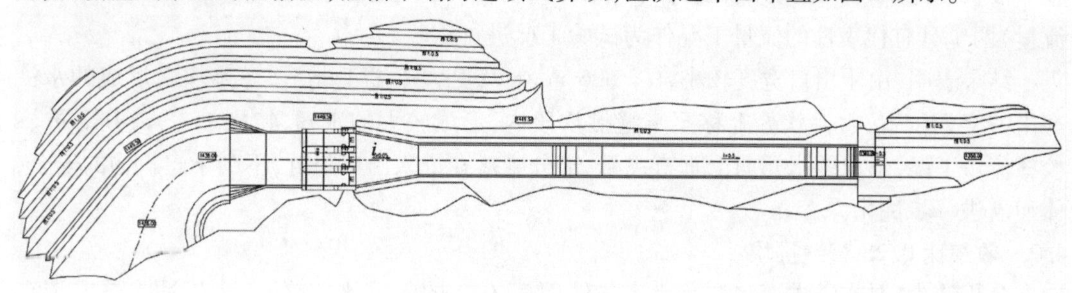

图 1 溢洪道平面布置图

溢洪道模型包括溢洪道闸室、泄槽、挑流鼻坎及上下游部分河道,模拟上游库区 200 mm,坝址下游河道 600 m,下游河道模拟宽度约为 100 m。溢洪道模型选用有机玻璃制作。有机玻璃的糙率系数 $n_m = 0.007 \sim 0.008$,由模型比尺计算原型的糙率系数 $n_p = 0.013 \sim 0.015$,基本满足混凝土表面糙率 0.014 的要求,制作过程中严格按建筑物尺寸控制,模型制作控制精度为 0.1 mm。下游河床采用抗冲流速相似法进行模拟[9]。

3.2 问题探究分析

溢洪道原设计出口采用的是连续式挑流鼻坎,由于下游河道比较窄,水流出挑流鼻坎后横向扩散,各级工况时挑流水舌均冲击两岸边坡,且下游冲刷较为严重,将影响两岸山体边坡稳定。为了改善下游冲刷状况,将溢洪道出口改为窄缝消能工。收缩比为 0.2 和 0.25 的窄缝消能工出口体型分别如图 2、图 3 所示。

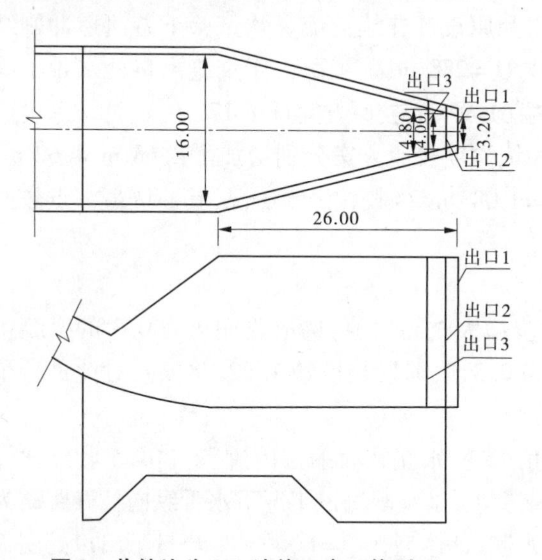

图 2 收缩比为 0.2 消能工出口体型

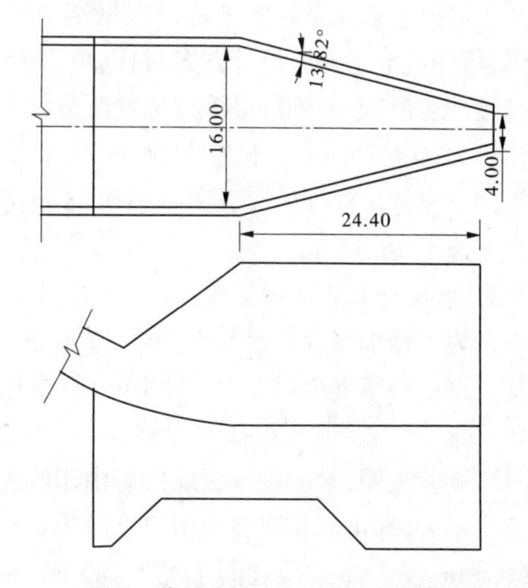

图 3 收缩比为 0.25 消能工出口体型

4　试验结果分析

4.1　收缩比 0.2 窄缝挑坎

试验首先对出口收缩比为 0.2 的模型进行了放水观测，该窄缝挑坎出口宽度为 3.2 m，收缩段长度为 26.0 m。该方案选取 Q = 606 m^3/s（30 年一遇洪水）和 Q = 1 083 m^3/s（校核流量）两个具有代表性的流量工况作为试验工况进行试验。

结果表明，由于出口宽度较小，Q = 606 m^3/s 及更大流量工况下，在挑坎段形成的水流冲击波交汇位置，由挑坎处上移至窄缝挑坎段内，形成较大的水翅，特别是 Q = 1 083 m^3/s 校核流量工况，形成的水翅向上垂直飞溅，部分溅落在挑坎出口附近，不利于建筑物的安全，体型需进一步优化。

4.2　收缩比 0.25 窄缝挑坎

分析认为，对本溢洪道体型及泄流条件而言，0.2 的收缩比值略小，水流冲击波交汇点太靠上游，需增大收缩比值。对收缩比 0.25 的窄缝消能工的试验结果表明：各级工况下，水流进入窄缝鼻坎后，受边壁收缩影响，水流受阻，靠近两边壁水流沿边壁向上爬高，形成中间低、两侧高的"凹"面形状，水流冲击波在挑坎后交汇碰撞，并形成水翅，随着溢洪道下泄流量的增大，水翅越高，水舌掺气越充分，水舌在空中裂散越剧烈，水舌在空中沿纵向可以充分散开，达到良好的消能效果。

窄缝挑坎的水舌与原设计连续式挑流鼻坎不同，窄缝挑坎水舌以纵向拉开为主。试验量测 5 种工况下（五个流量级依次由小到大），窄缝挑坎挑流水舌外缘挑距分别为 62.8 m、85.6 m、90.4 m、96.1 m、119.6 m，挑流水舌内缘挑距分别为 24 m、26.4 m、26.8 m、28.4 m 和 30 m，水舌纵向扩散宽度随着流量增加而增大，5 个工况下水舌纵向扩散宽度分别为 38.8 m、59.2 m、63.6 m、67.7 m、89.6 m。各工况下水舌内缘入水点较连续式挑流鼻坎近。

各级工况下挑流水舌射入下游水垫塘后，都会形成强烈漩滚，消耗大量的动能，使得下游主河道水流流态逐渐平稳。根据窄缝挑坎和原设计连续挑流鼻坎试验下游河道冲刷结果，将冲坑形态与原设计方案对比，可以看出，Q = 288 m^3/s 工况由于窄缝出口处水舌下缘直接冲至河床，冲刷坑最深点位置距鼻坎末端 61.93 m，较原方案近了 17.79 m，冲坑深度变化不大；Q = 528 m^3/s 和 Q = 606 m^3/s 工况冲坑深度较原方案分别增加了 4.68 m、4.62 m；第四工况冲坑深度较原方案减小 0.48 m；Q = 1 083 m^3/s 校核洪水工况，其冲坑最深点较原方案浅了 16.12 m。

4.3　收缩比 0.3 窄缝挑坎

为了增加窄缝段水流平稳性，试验进一步增大收缩比值，选取收缩比为 0.3 的窄缝挑坎。该体型窄缝出口宽度为 4.8 m，收缩比为 0.3，收缩段长度约为 22.78 m。对此进行了 Q = 606 m^3/s 流量工况放水量测。

试验表明，水流进入收缩段后由于收缩角未变，水流在收缩段内流态与 0.25 收缩比时变化不大，冲击波在窄缝段出口下游 3.6 m 处交汇，试验观测该工况下水舌纵向拉开距离为 60.6 m，较 0.25 收缩比同工况下短 3 m。经观测，该体型在 Q = 606 m^3/s 流量下出口处底板及侧墙压力与收缩比 0.25 窄缝挑坎相比变化不大。经过 3 h 模型冲刷试验，流量为 Q = 606 m^3/s 时，下游冲坑深度为 16.13 m。较同工况 0.25 收缩比窄缝消能工深 1.24 m。

5 结 论

通过对三种不同收缩比的窄缝消能工的流态、流速以及下游河道底部冲刷深度等方面综合分析可知,收缩比为0.2的窄缝消能工出口水流流态不利于建筑物的安全。在窄缝消能工中,通过水舌纵向拉开,减少了水舌入水单位面积上的能量,可达到较好的消能效果。通过改变窄缝体型来增加水舌入水面积是提高消能效果的主要手段之一,而水舌内缘挑距和外缘挑距是水舌入水面积的重要反映。本工程综合比较,认为收缩比为0.25的窄缝消能工体型相对较优。

参考文献

[1] 周志平. 异常狭窄河道窄缝消能工的研究[D]. 杨陵:西北农林科技大学, 2014.
[2] 吴比. 窄缝消能工急流冲击波与水翅特性试验研究[D]. 武汉:长江科学院, 2015.
[3] 黄智敏,钟伟强,钟勇明. 老炉下水库溢流坝工程布置和试验优化[J]. 水利水电工程设计,2005,24(3):47-48.
[4] 黄智敏,钟勇明,何小惠. 张公龙水电站溢流坝除险改造消能试验研究[J]. 广东水利水电,2012(4):6-8.
[5] 曾红, 余玉亮. 双河口水电站窄缝式挑流消能鼻坎体形设计[J]. 人民长江, 2013, 44(20):4-6.
[6] 王才欢, 侯冬梅, 王思莹,等. 高水头大流量岸边溢洪道窄缝消能工研究与实践[J]. 水力发电学报, 2012, 31(1):123-128.
[7] 中华人民共和国水利部. 水工(常规)模型试验规程:SL 155—95[S]. 1995.
[8] 武汉水利电力学院. 河流泥沙工程学[J]. 中国学术期刊文摘, 2008(16):227-228.
[9] 李炜. 水力计算手册[M]. 2版. 北京:中国水利水电出版社, 2006.

水利水电工程智能化“工期—费用”综合控制方法

陈广森

（华能澜沧江水电股份有限公司，昆明　650214）

摘　要　水利水电工程建设期长、地下工程多，工程所在地的水文、地质条件复杂，不可预见因素较多，导致工期及施工组织方案发生重大变更，工期、费用控制难度大。所有项目业主都期望在合理工期内实现项目目标且费用投入最少。本文提供一种智能化的工期费用控制模型，以快速解决工程施工过程中的工期、费用控制技术，对工期、费用实现自反馈和智能化快速纠偏纠错。跟踪计算施工均衡性、工期偏差、费用偏差，将输出的数据反馈到模型中，再对工期、费用投入情况进行动态化再控制，实现对“工期—费用”综合控制模型的动态化、智能化。

关键词　水利水电工程；工期；费用；综合控制；数学模型；均衡系数；智能化

0　引　言

大型水利水电工程建设工期长，地下工程多，项目耗资额百亿元乃至千亿元人民币，投资额巨大。工程实施期间，难以预测的技术经济条件发展趋势，不可预见的水文地质条件等，给项目工期、费用控制带来诸多困难。为了有效控制工期和费用，本文给出了一种智能化的“工期—费用”综合控制方法。

1　基本假设

1.1　施工强度数据可货币化假设

施工强度一般指单位时间内完成的某项实物工程量，利用实物工程量乘以相应单价计算的工程费用即是货币化的进度。设某工程仅石方开挖和锚杆支护，1 月开挖石方 10 万 m^3 记作 100 000 m^3/月，完成 10 000 根锚杆记作 10 000 根/月。由于计量单位不同，无法直接计算整体强度，可将各分部分项工程施工强度货币化，即 1 月石方完成合同额 500 万元，锚杆完成 200 万元，那么，1 月施工强度为 700 万元/月。

1.2　均衡施工效率最优假设

均衡施工就是施工强度保持稳定、资源利用率相对较高的施工状态，即工效最优的施工状态。理想的均衡施工效率条件下，每月结算数据基本一致。以时间 x 为横坐标，累计结算数据 y 为纵坐标，则均衡线为一条斜线，用数学表达式表示为 $y = ax$，a 是月结算额。

1.3　不均衡系数定义

理想的均衡线与时间横坐标之间的图形面积 A，累计进度或费用曲线与时间横坐标之

作者简介：陈广森（1976—），男，高级工程师，高级经济师，硕士，注册一级建造师，英国皇家特许工料测量师（CQS），主要从事水利水电工程建设管理及工料测量工作。E-mail：ferestchen2001@163.com。

间的图形面积 B,则不均衡系数定义为 $\frac{A-B}{A}$ 的百分比[1]。

2 收集项目基础数据并货币化

收集特定水利水电工程的进度计划、概算单价或总价、投标报价,进度计划一般以实物工程量表示,并区分关键项目。工程量乘以对应的概算单价,得出货币化的概算进度;乘以合同价得出货币化的合同进度。在项目实施过程中,实际完成工程量乘以合同价就是货币化的实际进度。关键线路的资源配置是整个工程资源配置的瓶颈,为精确计算“进度—费用”变动关系,用关键线路数据计算误差较小,如果不方便区分,也可使用整个工程的进度、投资数据进行估算。

我们使用 BCWS(Budgeted Cost Work Scheduled)表示计划工作量的概预算费用,指项目实施过程中某阶段计划要求完成的工作量所需的概预算费用,主要反映进度计划应当完成的工作量;ACWP(Actual Cost Work Performed)表示完成工作量的实际费用,指项目实施过程中某阶段实际完成的工作量所消耗的工时或费用,主要反映项目执行的实际消耗指标;BCWP(Budgeted Cost for Work Performed)表示完成工作量的概预算成本,指项目实施过程中,某阶段实际完成工作量按概预算定额或单价计算出来的费用,即挣得值(Earned Value)。

一般而言,对于土木工程,按时间序列完成的累计投资曲线近似“S”形曲线,通用数学表达式为:

$$y = e^{b_0 + \frac{b_1}{x}} \tag{1}$$

为了简化计算,按时间序列完成的累计投资曲线也可拟合一元高次方程[2],表达式为:

$$y_{BCWS} = \alpha_0 x + \alpha_0 x^2 + \alpha_0 x^3 \quad 0 \leqslant x \tag{2}$$

式(1)及式(2)中:y 为时间序列上的累计投资,使用货币单位;x 为工期(本文以月为计算单位);b_0,b_1 为表达式的系数;e 为数学常数,自然对数的底,无理数。

3 施工均衡性评价

3.1 均衡施工分析

由于实际工期延迟或偏离最佳工期时,施工功效下降,可根据施工均衡性状态评价费用控制情况;由于工效降低主要由不均衡性施工引起,可用施工不均衡系数近似替代工效损失系数,以评价、计算并控制项目进度。

工效损失是指预期劳动生产率与实际劳动生产率的差值,当实际劳动生产率低于预期时,就会产生工效损失。尽管如何计算因工效损失而导致的额外费用是一件举世公认的难题,但是,无论如何,它不能成为承包商追偿因工效损失而造成额外费用损失的一个障碍[3]。在同等条件下,即使关键线路各作业的逻辑关系未发生变化,由于放缓施工,每月完成的工作量少于计划时,将直接带来工效损失。赶工时,由于每月工作量加大,原计划的施工资源不能完成加大后的工作量,需增加施工资源,但增加的施工资源受工作面合理配置限制,不能有效发挥其工效,导致增加施工资源后的总工效降低。

3.2 均衡施工建模及分析

以中国某水电站骨料运输洞数据为例建模，其计划结算曲线及实际结算曲线均服从三次方程，x 为工期变量(月)，y 为累计结算额，变量取值均为非负(下同)，用 BCWS 表示计划，BCWP 表示实际，N 为总工期。

(1)采用数理统计回归分析方法及假设检验技术[4]，得到计划结算曲线、实际结算曲线的数学表达式参数，标准化后的方程为：

$$y_{BCWS} = 1.479\,x_0 - 0.408\,x_0^2 - 0.102\,x_0^3 \quad 0 \leqslant x_0 \leqslant N_{BCWS} \tag{3}$$

$$y_{BCWP} = 0.049\,x_1 + 0.824\,x_1^2 + 0.129\,x_1^3 \quad 0 \leqslant x_1 \leqslant N_{BCWP} \tag{4}$$

(2)计划均衡线 y_0 和实际均衡线 y_1 为每月结算数据一致的斜线，表达式为：

$$y_0 = 406.67\,x_0 \quad 0 \leqslant x_0 \leqslant N_{BCWS} \tag{5}$$

$$y_1 = 609.67\,x_1 \quad 0 \leqslant x_1 \leqslant N_{BCWP} \tag{6}$$

(3)标准化后为：

$$y_0 = x_0 \quad 0 \leqslant x_0 \leqslant N_{BCWS} \tag{7}$$

$$y_1 = x_1 \quad 0 \leqslant x_1 \leqslant N_{BCWP} \tag{8}$$

(4)计算计划状态下的不均衡系数

$$PJ = \frac{\int_0^N (-0.479\,x_0 + 0.408\,x_0^2 + 0.102\,x_0^3)\,dx_0}{\int_0^{18} (x_0)\,dx_0} = 15.41\% \tag{9}$$

(5)计算实际状态下的不均衡系数

$$PJ = \frac{\int_0^N (y_1 - y_{BCWP})\,dx_1}{\int_0^N y_1\,dx_1} = \frac{\int_0^N (0.951\,x_1 - 0.824\,x_1^2 - 0.129\,x_0^3)\,dx_1}{\int_0^N (x_1)\,dx_0} = 33.31\% \tag{10}$$

(6)实际状态下与计划状态下的生产均衡性差异

$$|\,PJ_{BCWS} - PJ_{BCWP}\,| = 33.31\% - 15.41\% = 17.90\% \tag{11}$$

因施工工效降低主要由施工不均衡性引起，故利用施工不均衡系数近似替代工效降低系数，即认为工效差异 17.90%。

4 挣值法与均衡性评价联合分析

4.1 挣值法简介

挣值法实际上是一种分析目标实施与目标期望之间差异的方法，又被称为偏差分析法，它通过测量和计算已完成工作的预算费用与已完成工作的实际费用和计划工作的预算费用，得到有关计划实施的进度和费用偏差，从而达到判断项目预算和进度计划执行情况的目的。它的独特之处在于以预算和费用来衡量工程的进度。在项目费用进度控制的实际执行过程中，最理想的状态是 ACWP、BCWS、BCWP 三条曲线靠得很近且平稳上升，表示项目按预定计划目标进行；如果这三条曲线离散程度不断上升，则预示可能发生关系到项目成败的重大问题。

经对比，如出现费用超支，需进一步分析原因，有经济的、技术的、管理的、合同的原因，详细而言可能是总工期延误、物价上涨、工作效率低、协调不好、返工、材料消耗增加、天气原因、其他。在其他目标保持不变的情况下,压缩已超支的费用是十分困难的,需选择更有利的措施,优化施工组织措施,采取管理措施提高生产效率,成本才能降低,如寻找新的、更好的、效率更高的技术方案。

4.2 挣值分析与均衡性评价联合

结合施工状态均衡性评价情况(不均衡系数)中 $\int_0^N y_{ACWP}\mathrm{d}x$、$\int_0^N y_{BCWS}\mathrm{d}x$ 之间的数量关系(PJ_{BCWS} 与PJ_{BCWP}),结合挣值分析中 y_{BCWS}、y_{BCWP}、y_{ACWP} 三条曲线之间的关系。建立数学模型,对不同的数量关系给出不同的问题分析情况并采取不同的、具体的解决法方案,具体见表1。

表1 均衡关系数学模型对应的问题分析及解决方案对照

序号	图型[5]	施工状态均衡关系数学模型	问题分析及解决方案
1	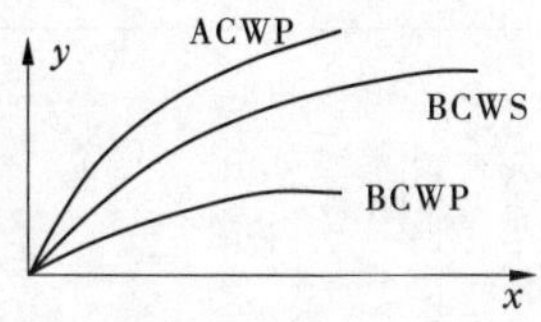 y, ACWP, BCWS, BCWP, x	$\begin{cases}\int_0^N y_{ACWP}\mathrm{d}x \geqslant \int_0^N y_{BCWS}\mathrm{d}x \geqslant \int_0^N y_{BCWP}\mathrm{d}x \\ \mid PJ_{BCWS} - PJ_{BCWP} \mid < 5\% \end{cases}$	1.1 进度慢、工效低成本高。提高管理水平,增加现场激励,加快进度
		$\begin{cases}\int_0^N y_{ACWP}\mathrm{d}x \geqslant \int_0^N y_{BCWS}\mathrm{d}x \geqslant \int_0^N y_{BCWP}\mathrm{d}x \\ \mid PJ_{BCWS} - PJ_{BCWP} \mid \geqslant 5\% \end{cases}$	1.2 进度慢、工效低成本高。优化或更换施工组织措施,采取管理措施,加快进度,降低成本
2	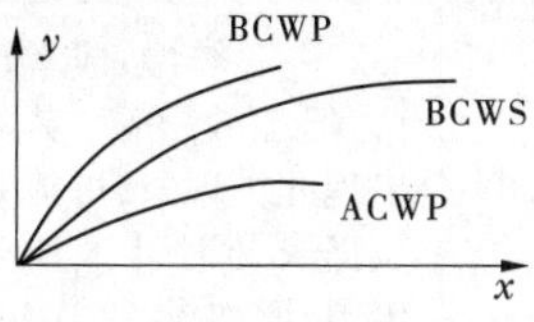 y, BCWP, BCWS, ACWP, x	$\begin{cases}\int_0^N y_{BCWP}\mathrm{d}x \geqslant \int_0^N y_{BCWS}\mathrm{d}x \geqslant \int_0^N y_{ACWP}\mathrm{d}x \\ \mid PJ_{BCWS} - PJ_{BCWP} \mid < 5\% \end{cases}$	2.1 工效及进度均理想,继续保持
		$\begin{cases}\int_0^N y_{BCWP}\mathrm{d}x \geqslant \int_0^N y_{BCWS}\mathrm{d}x \geqslant \int_0^N y_{ACWP}\mathrm{d}x \\ \mid PJ_{BCWS} - PJ_{BCWP} \mid \geqslant 5\% \end{cases}$	2.2 工效及进度均理想,在满足工期条件下,适当减少资源,继续降低成本
3	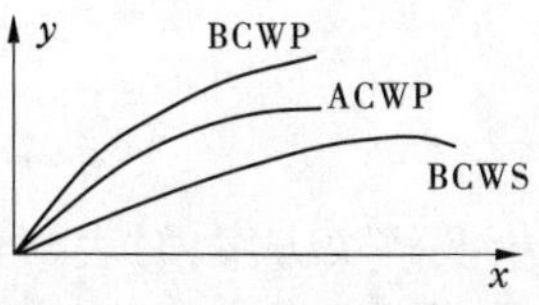 y, BCWP, ACWP, BCWS, x	$\begin{cases}\int_0^N y_{BCWP}\mathrm{d}x \geqslant \int_0^N y_{ACWP}\mathrm{d}x \geqslant \int_0^N y_{BCWS}\mathrm{d}x \\ \mid PJ_{BCWS} - PJ_{BCWP} \mid < 5\% \end{cases}$	同2.1
		$\begin{cases}\int_0^N y_{BCWP}\mathrm{d}x \geqslant \int_0^N y_{ACWP}\mathrm{d}x \geqslant \int_0^N y_{BCWS}\mathrm{d}x \\ \mid PJ_{BCWS} - PJ_{BCWP} \mid \geqslant 5\% \end{cases}$	同2.2,工效及进度均理想,在满足工期条件下,适当放慢进度、减少资源投入并继续降低成本(超理想状态,实际很少出现)

续表 1

序号	图型[5]	施工状态均衡关系数学模型	问题分析及解决方案
4	y ACWP BCWP BCWS x	$\begin{cases}\int_0^N y_{\mathrm{ACWP}}\mathrm{d}x \geqslant \int_0^N y_{\mathrm{BCWP}}\mathrm{d}x \geqslant \int_0^N y_{\mathrm{BCWS}}\mathrm{d}x \\ \lvert PJ_{\mathrm{BCWS}} - PJ_{\mathrm{BCWP}} \rvert < 5\% \end{cases}$	同 2.1
		$\begin{cases}\int_0^N y_{\mathrm{ACWP}}\mathrm{d}x \geqslant \int_0^N y_{\mathrm{BCWP}}\mathrm{d}x \geqslant \int_0^N y_{\mathrm{BCWS}}\mathrm{d}x \\ \lvert PJ_{\mathrm{BCWS}} - PJ_{\mathrm{BCWP}} \rvert \geqslant 5\% \end{cases}$	4.2 工效及进度均理想，成本略高。适当加快进度、加强管理，更换低效人员，减少资源投入，继续降低成本
5	y BCWS ACWP BCWP x	$\begin{cases}\int_0^N y_{\mathrm{BCWS}}\mathrm{d}x \geqslant \int_0^N y_{\mathrm{ACWP}}\mathrm{d}x \geqslant \int_0^N y_{\mathrm{BCWP}}\mathrm{d}x \\ \lvert PJ_{\mathrm{BCWS}} - PJ_{\mathrm{BCWP}} \rvert < 5\% \end{cases}$	同 1.1
		$\begin{cases}\int_0^N y_{\mathrm{BCWS}}\mathrm{d}x \geqslant \int_0^N y_{\mathrm{ACWP}}\mathrm{d}x \geqslant \int_0^N y_{\mathrm{BCWP}}\mathrm{d}x \\ \lvert PJ_{\mathrm{BCWS}} - PJ_{\mathrm{BCWP}} \rvert \geqslant 5\% \end{cases}$	同 1.2
6	y BCWS BCWP ACWP x	$\begin{cases}\int_0^N y_{\mathrm{BCWS}}\mathrm{d}x \geqslant \int_0^N y_{\mathrm{BCWP}}\mathrm{d}x \geqslant \int_0^N y_{\mathrm{ACWP}}\mathrm{d}x \\ \lvert PJ_{\mathrm{BCWS}} - PJ_{\mathrm{BCWP}} \rvert < 5\% \end{cases}$	6.1 进度较慢，在施工组织方案保持不变的情况下，平行增加投入，加快进度
		$\begin{cases}\int_0^N y_{\mathrm{BCWS}}\mathrm{d}x \geqslant \int_0^N y_{\mathrm{BCWP}}\mathrm{d}x \geqslant \int_0^N y_{\mathrm{ACWP}}\mathrm{d}x \\ \lvert PJ_{\mathrm{BCWS}} - PJ_{\mathrm{BCWP}} \rvert \geqslant 5\% \end{cases}$	6.2 进度较慢，成本出现结余，但工效不高，实际很少出现此类现象，可能是成本数据未及时计入所致。若出现，增加投入，加快进度，必要时优化施工组织方案

关于问题原因分析，可采用因果关系分析图进行定性分析、挣值分析及均衡系数评价定量分析，再决定采取具体的解决方案，包括是否改变施工组织方案。

5　对“工期—费用”模型进行智能化

5.1　数学模型简化为流程图

根据表 1 中的施工状态均衡关系数学模型对应的问题分析及解决方案，对表格化的模型程序进行流程化（见图 1）。根据模型输出的解决方案、进度安排估算下月结算数据，再将估算下月计算数据输入模型，核对输出结果，进行动态反馈，实现模型程序智能化。为了有效评价改变施工组织措施后的“进度—费用”控制效果，也可将采取措施后的某一段时间作为评价、对比对象。

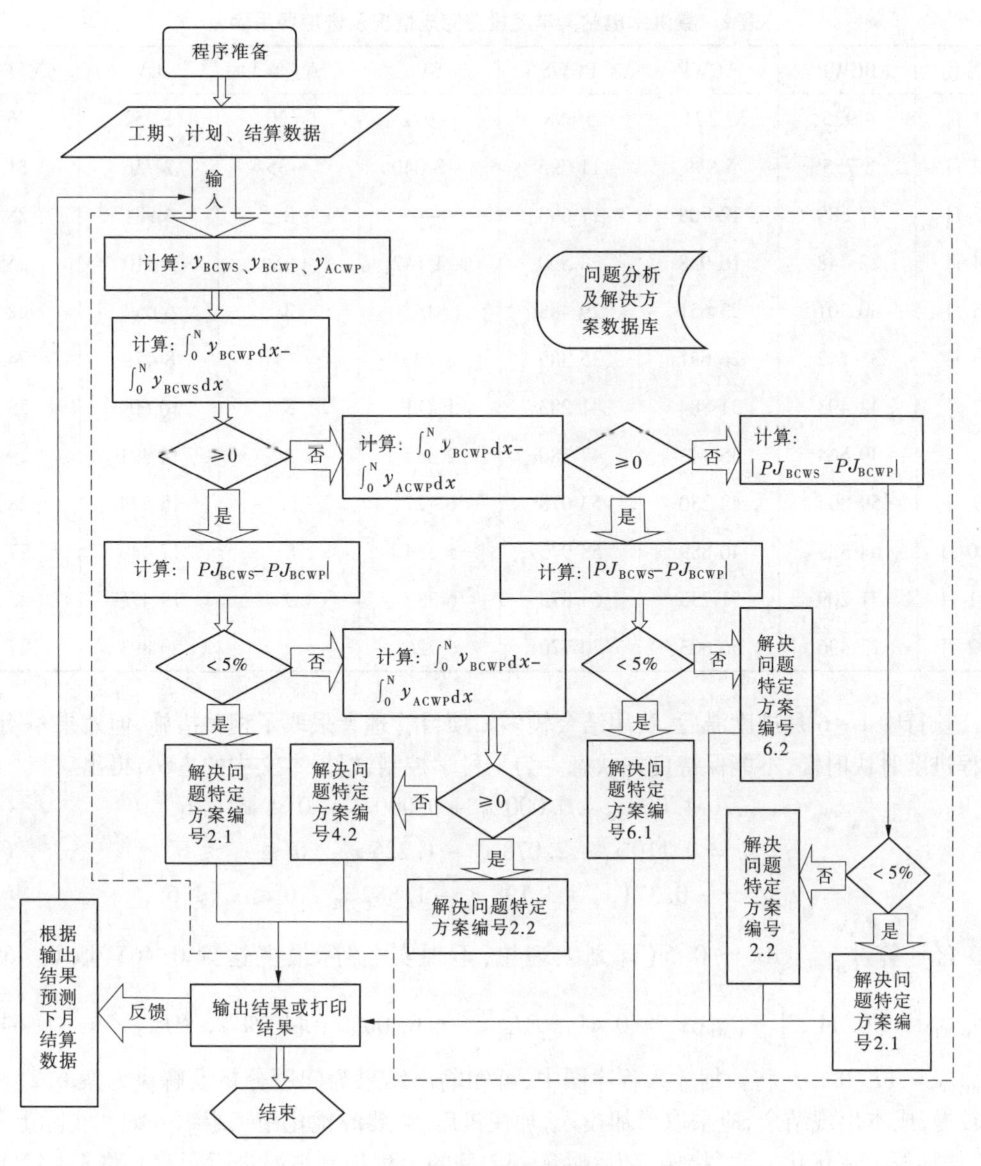

图1 模型程序流程

5.2 动态反馈并计算机程序化

计划进度曲线 y_{BCWS} 是已知数据,每月结算时,截至当期的 y_{BCWP} 、y_{ACWP} 也已知。根据流程图的程序,将智能化的"工期—费用"综合控制模型编制成计算机程序,提供可视化的输入、输出界面,实现计算机程序化"工期—费用"控制模型。

6 工程应用及效果

澜沧江景洪水电站某年度建筑安装工程"进度—费用"控制数据见表2。

表2 景洪水电站某年度投资完成情况及进度费用偏差 (单位:万元)

月份	BCWP	ACWP	BCWS	SV	SV(%)	CV	CV(%)
1月	4 925	3 174	5 898	-972	-20	1 752	36
2月	8 755	5 999	11 795	-3 040	-35	2 756	31
3月	17 689	12 708	17 693	-4	0	4 981	28
4月	22 448	16 938	23 590	-1 142	-5	5 510	25
5月	30 301	23 651	29 488	814	3	6 650	22
6月	35 142	26 691	35 385	-243	-1	8 451	24
7月	42 493	31 884	41 283	1 211	3	10 609	25
8月	49 564	35 143	47 180	2 384	5	14 421	29
9月	59 804	43 230	53 078	6 727	11	16 574	28
10月	64 329	46 889	58 975	5 354	8	17 440	27
11月	71 209	51 733	64 873	6 337	9	19 476	27
12月	77 496	56 603	70 770	6 726	9	20 893	27

执行中1~6月进度滞后,费用结余较多。项目管理者采取了相关措施,但效果不明显,工程进度时快时慢,不能保持良好状态。为了科学控制,根据本文中的方法,得出

$$y_{BCWS} = 1.000x_0 + 0.000\,x_0^2 + 0.000\,x_0^3 \quad 0 \leqslant x_0 \leqslant 6 \tag{12}$$

$$y_{BCWP} = 0.110\,x_1 + 2.078\,x_1^2 - 1.225\,x_1^3 \quad 0 \leqslant x_1 \leqslant 6 \tag{13}$$

$$y_{ACWP} = -0.371\,x_2 + 3.198\,x_2^2 - 1.882\,x_2^3 \quad 0 \leqslant x_2 \leqslant 6 \tag{14}$$

经计算 $\int_0^N y_{BCWS}\mathrm{d}x = 0.5$(计划太理想,不现实,实际最多达到0.465,取0.465),$\int_0^N y_{BCWP}\mathrm{d}x = 0.44$,$\int_0^N y_{ACWP}\mathrm{d}x = 0.41$,$PJ_{BCWS} = 0.00\%$(取5%),$PJ_{BCWP} = 11.64\%$,$PJ_{ACWP} = 17.78\%$。将数据输入程序图中,可知输出结果为问题分析及解决方案6.2,即进度较慢,成本出现结余,应采取增加投入,加快进度,必要时优化施工组织方案。实际上采取了“增加投入+优化方案”措施,随后对7~12月的工程控制情况进行跟踪。将1~12月数据进行计算如下:

$$y_{BCWS} = 1.000x_0 + 0.000\,x_0^2 + 0.000\,x_0^3 \quad 0 \leqslant x_0 \leqslant 12 \tag{15}$$

$$y_{BCWP} = 0.663\,x_1 + 0.702\,x_1^2 - 0.376\,x_1^3 \quad 0 \leqslant x_1 \leqslant 12 \tag{16}$$

$$y_{ACWP} = 0.980\,x_2 + 0.035\,x_2^2 - 0.160\,x_2^3 \quad 0 \leqslant x_2 \leqslant 12 \tag{17}$$

经计算 $\int_0^N y_{BCWS}\mathrm{d}x = 0.5$(取0.465),$\int_0^N y_{BCWP}\mathrm{d}x = 0.474$,$\int_0^N y_{ACWP}\mathrm{d}x = 0.461$,$PJ_{BCWS} = 0.00\%$(取5%),$PJ_{BCWP} = 5.65\%$,$PJ_{ACWP} = 7.73\%$。符合程序图中的问题分析及解决方案2.1,即工效及进度均理想,继续保持。

7 结束语

水利水电工程影响施工进度、项目成本的因素多而复杂,每月都会发生变化,积极跟踪

测量实际进度与实际进度曲线发展趋势。建立自我反馈的动态智能化的“工期—费用”控制模型,快速纠偏纠错。将跟踪测量的数据及时输入计算机,根据输出结果为项目管理人员提供现场管理决策依据,工作效率显著提高,事半功倍,值得推广应用。

参考文献

[1] 陈广森.景洪电站骨料生产强度及均衡性分析[C]//中国水利水电工程第二届砂石生产技术交流会论文集.2008:412-419.

[2] 陈广森.基于挣值技术的工期索赔数学分析方法[J].水力发电, 2014, 40(3):79-81.

[3] Reg Thomas,Construction Contract Claims[M].Palgrave Macmillan,2001:152.

[4] 陈胜可. SPSS 统计分析从入门到精通[M].北京:清华大学出版社,2013.

[5] 白思俊.现代项目管理[M].北京:机械工业出版社,2002:243.

琴键式堰的动力反应特征

Masayuki Kashiwayanagil[1] ,Zengyan Cao[2]

(1. 日本茅崎市电力开发有限公司,253 -41;2. 日本东京 JP 商业服务公司,135 -135)

摘　要　为了提供比常规堰更好的水力特性,发展了一种具有自由面流双曲线堰顶的琴键式堰(PKW)。由于倒悬式结构,PKW 的基座占地面积小,可以更容易地建在坝顶上。截至 2017 年,已在全球范围内运行 30 座 PKW。由于 PKW 的结构特征,地震安全性评估成为将 PKW 应用于地震多发区域大坝上的一个基本问题。利用简单的 PKW 模型和大坝与 PKW 的组合模型,通过数值模拟研究了 PKW 的动力特性。PKW 振动的方向效应是水坝与 PKW 之间发生共振的关键因素。研究了 PKW 堰面与水的相互作用。

关键词　PKW;主导频率;传递函数矩阵;结构 - 水相互作用;定向干扰

1　引　言

大洪水近来来频发,有时也会造成灾难。气候变化会影响当前的降水特征。已预测到今后世界范围内也会出现类似情况。这也在水坝和水库运行中增加了洪水风险。

迷宫堰范畴中的琴键式堰(称为 PKW)呈自由流双曲线形堰顶,平面上呈非直线形。PKW 和迷宫堰连续组成矩形或锯齿形几何形状的多个单元,增加了堰顶长度,从而比常规直线型堰有更大的泄水能力。PKW 示例如图 1 所示。自 20 世纪 60 年代以来,作为欧洲现有大坝溢洪道容量的增强措施,现已命名并研究了这些非直线型堰[1]。经改进,PKW 在低水头下获得比迷宫堰多出数倍的泄水能力。由于悬臂结构,它还具有基底面积小的特点,可以更容易地建设在坝顶上[2]。自 2006 年以来,法国已经建造了几个 PKW 作为溢洪道,不是新建大坝,而是由现成大坝改造而成的。截至 2017 年,全世界已有 30 个 PKW 被列入 PKW 数据库[3]。

Figure 10 View of a PK weir spillway of Gloriettes dam in France during construction (Photo : EDF)

(a)Gloriettes水坝(法国)[1]

(b)Van Phong水坝(越南,笔者摄[4])

图 1　PKW 示例

日本的 Tomata 坝和 Kin 坝新建了两座迷宫堰。然而,人们发现 PKW 既没有被当作新建大坝,也没有被当作日本现有大坝。鉴于 PKW 由薄壁钢筋混凝土结构组成,并且由于

PKW 建在坝顶上，因此地震安全评估成了 PKW 应用于地震多发区（如日本）水坝上的一个关键性问题。然而，文献[1]、[2]中有关 PKW 地震安全性校核的研究很少，本文重点研究了 PKW 的动力反应特征。通过数值模拟研究了这些动力反应特征，为 PKW 地震安全评价提供了依据。

2 数值模拟方法

研究对象是针对数值模型、PKW 固有动力特性，以及大坝与 PKW 在坝顶上的相互作用的表现形式。PKW 的数值模型由几个单元组成，包括入口和出口键，以及边界部分，以避免边界影响。它被称为简单的 PKW 模型。另一个数值模型是具有坝、基础和 PKW 的组合模型。通过使用简单 PKW 模型的特征值分析和动力分析来探索动力特性。基于通过动态分析获得的传递函数矩阵[5]检查了定向振动之间的干扰。通过使用复合模型的动力分析研究了坝与 PKW 之间的相互作用。

3 数值模型的表现形式

设计的 PKW 在顶部以下 3.5 m 增加 1 100 m^3/s 的流量，如图 2 所示。本文略去设计细节。它有 9 个单元，按桥墩分为三部分。简单的 PKW 模型由 6 个带边墙的单元组成。中心单元的性能主要是减少边界影响。为了精确分析，FEM 单元的组成需满足式(1)和式(2)。

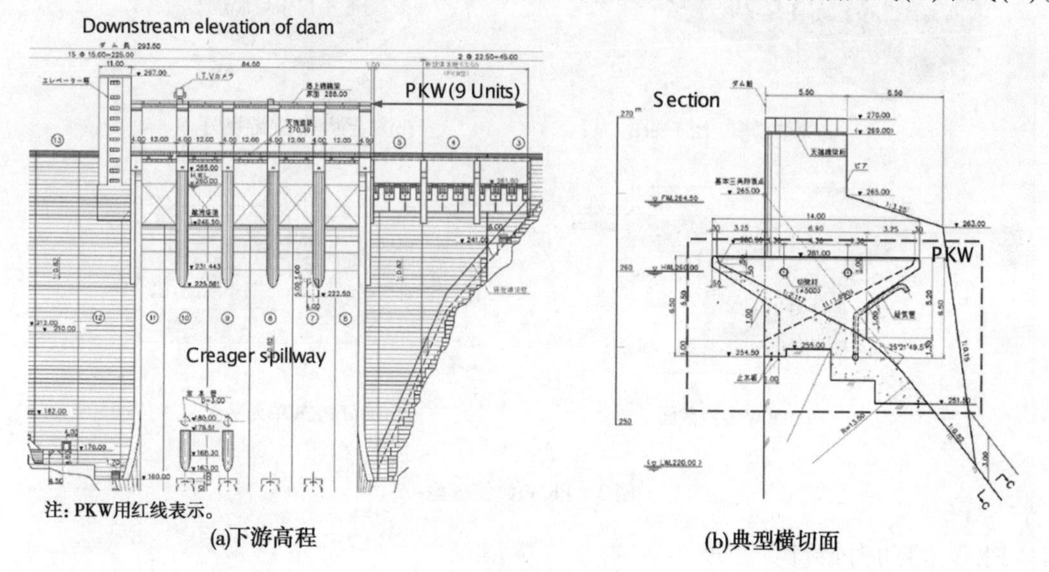

注：PKW用红线表示。

(a)下游高程　　(b)典型横切面

图 2　布置在坝顶上的 PKW 设计

$$\frac{\Delta L}{V_s} \leqslant \frac{T_{\min}}{\pi} \tag{1}$$

$$\Delta t < \frac{T_{\min}}{\pi} \tag{2}$$

式中：ΔL 为单元的最大尺寸，m；V_s 为材料的剪切速度，m/s；$T_{\min}$ 为最小振动周期，s；Δt 为动力分析的时间增量。

推算主频率和 PKW 的 V_s 分别低于 30 Hz 和 2 000 m/s。通过式(1)和式(2)估算 ΔL 和

Δt 分别小于 21 m、0.01 s。然后确定坝的 ΔL 和 Δt 分别为 10 m 和 0.01 s。同样地，通过假设基础的剪切速度为 2 000 m/s，确定基础的 ΔL 为 21 m。通过在入口和出口键之间的墙中布置三层，PKW 的 ΔL 为 1 m。表 1 汇总了这些 FEM 尺寸。50380 和 92397 的单元分别用于简单 PKW 模型和组合模型。模型如图 3 所示，标有详细尺寸。流向、纵向到坝轴和垂直方向的坐标分别定为 X、Y 和 Z。

表 1　数值模型的 FEM 尺寸

结构	单元规格(m)		计算的时间增量(s)	
	最大限度	实用	最大限度	实用
坝	21	10		
PKW	21	小于 1	0.01	0.01
基础	21	21		

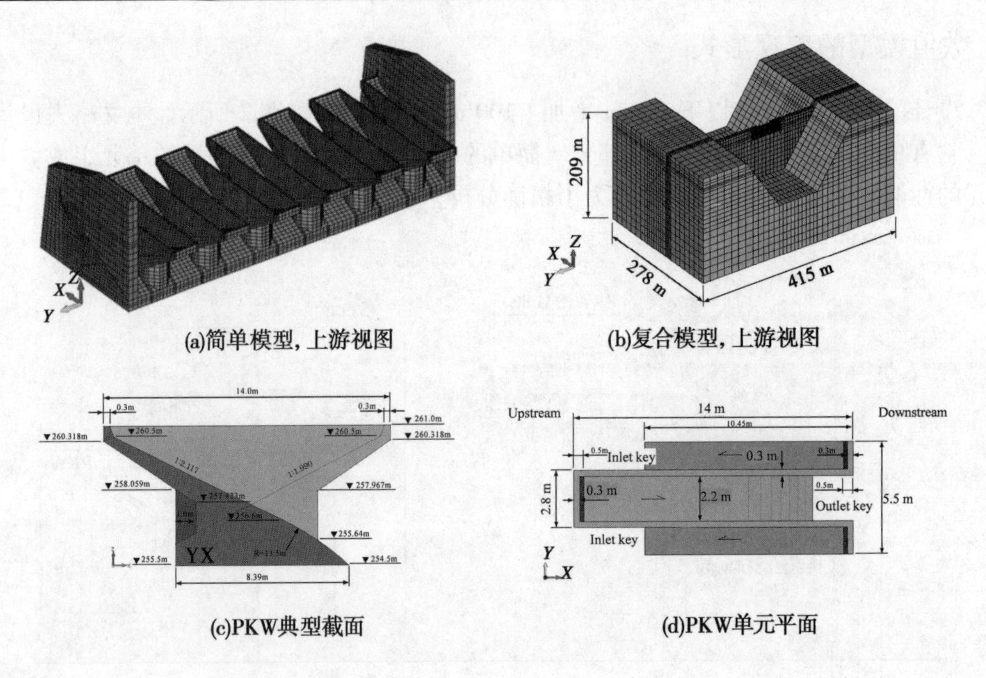

(a)简单模型，上游视图　　(b)复合模型，上游视图

(c)PKW典型截面　　(d)PKW单元平面

图 3　PKW 数值模型

4　PKW 的动力特性

4.1　概述

图 2(a)所示的简单模型固定在底部和两侧进行计算。不考虑进口键中有水。材料的特征值以动态属性表示，指的是常见混凝土结构在地震期间坝的动力反应的分析结果。表 2 总结了这些内容。

4.2　特征值分析

表 3 和图 4 总结了特征值分析的结果。在入口和出口键之间的隔墙中发现了主振动。它被认为是在坝轴方向(Y 方向)上的墙的弯曲变形。主频率 28.5 Hz 远高于高度 150 m 以下的混凝土坝。

表 2 PKW 数值模型的材料特性

材料	$G(N/mm^2)$	比重 (g/cm^3)	泊松比值	阻尼(%)
PKW	13 541.0*	2.40	0.20	2
坝体混凝土	12 000.0	2.40	0.20	5
基础	6 690.0	2.60	0.30	5
自由场	6 690.0	2.60	0.30	5

注:静剪切模量的 1.3 倍。

表 3 特征值分析

模型	频率(Hz)	周期(s)	有效质量(t)		
			流向(*X*)	坝轴方向(*Y*)	垂直方向(*Z*)
1	28.57	0.04	0.00	189.54	0.00
2	28.64	0.03	0.00	0.00	0.00
3	28.78	0.03	0.00	0.43	0.00
4	28.81	0.03	0.00	0.00	0.00
5	28.81	0.03	0.00	0.03	0.00
6	28.94	0.03	0.00	0.00	0.00
7	29.76	0.03	0.07	0.03	0.00
8	29.81	0.03	0.05	0.02	0.00
9	29.90	0.03	0.11	0.04	0.00
10	30.00	0.03	0.13	0.12	0.00

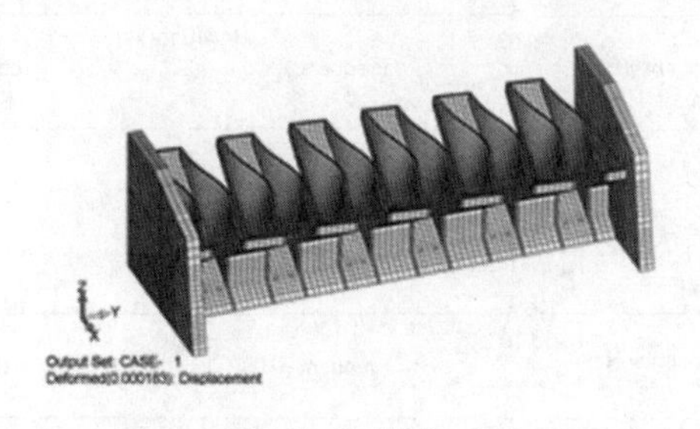

图 4 主导模式,模式 1(28.57 Hz)

4.3 动态分析

基于传递函数矩阵[5],更深入地研究了 PKW 的动力特性。需要使用简单 PKW 模型的三组动态响应来估算传递函数矩阵。在现有拱坝(61 m 高)基础上监测三套地震记录。这些最大加速度范围为 11 ~65($10^{-2}m/s^2$)。计算条件与特征值分析相同,并且 PKW 混凝土增加了弱阻尼。PKW 的加速度响应在 PKW 波峰的代表点处估算,如图 5(c)所示。图 5(a)中作为示例显示了其中一个。

墙顶中心(节点 56805)的传递函数矩阵示于图 6,其加速响应较为明显。矩阵表示 i 方向对 j 方向输入的响应的方向传递函数(S_{ij})。矩阵的对角分量(S_{xx}、S_{yy}和 S_{zz})表示对同一方向输入响应的传递函数。发现主频率并且伴随着在水流方向(X 方向)和坝轴方向(Y 方

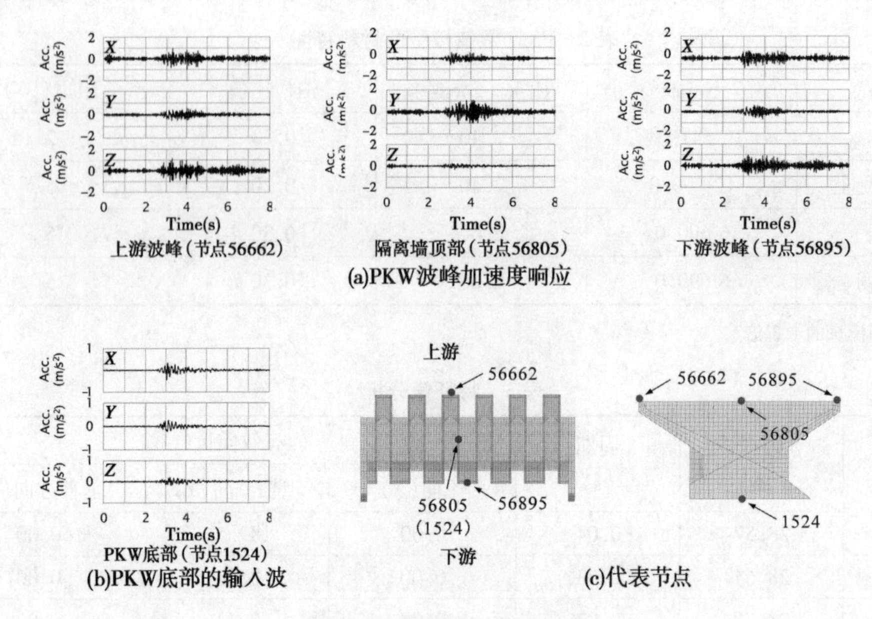

图5　PKW 加速度响应示例

向）上的较大响应比。它们分别是 30 Hz 和 15 倍，23 Hz 和 90 倍。垂直方向（Z 方向）是刚体的响应，没有显示主频率和较小比率。矩阵的非对角分量（S_{ij}，其中 i 不等于 j。它被称为贡献传递函数）表示对不同方向输入的特定响应中的响应特性。在贡献传递函数中找到类似的 X 和 Y 方向的峰值频率。这些值更小。这意味着对不同方向的贡献很小。

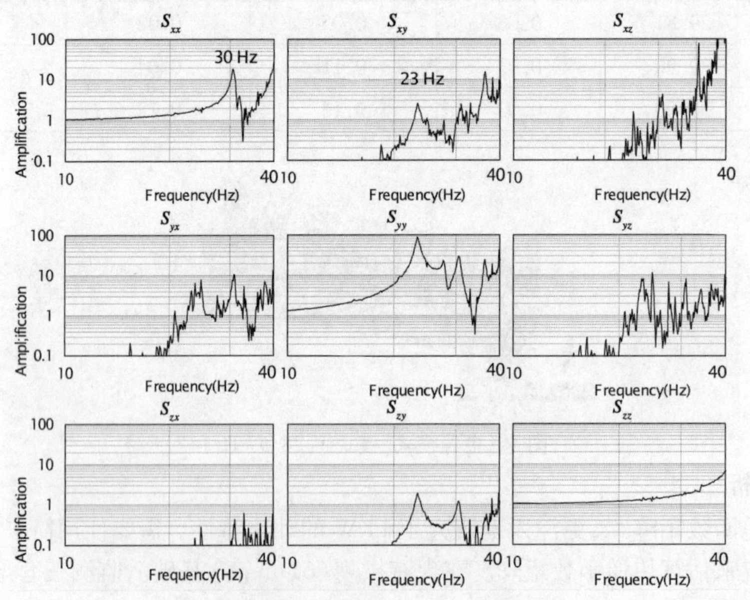

图6　隔墙顶部 PKW 的传递函数矩阵

表 4 总结了以上内容，PKW 的响应特性在 Y 方向是水平的，并且在振动方向上的干扰较小。Y 方向的主要振动源于薄隔离墙的结构特征。在 Y 方向上的主频率，23 Hz 显示出与第一模式不一致，在特征值分析中估算值为 28 Hz。特征值分析得出单独墙的相对局部响应。传递函数矩阵表示从 PKW 的底部到顶部的整个结构响应。在任何一种情况下，隔离

墙的弯曲振动均占主导地位,在 PKW 地震安全评价中具有重要意义。

表4　PKW 动态特性检查汇总

振动方向	特征值分析,主要模式	动态分析,传递函数的峰值
流向 (*X* 方向)	第 9 和第 10 模式 29.9 Hz 和 30 Hz 有效质量 0.11 t 和 0.13 t	30 Hz 比值 15
坝轴方向 (*Y* 方向)	第 1 模式 28.57 Hz 有效质量 189 t	23 Hz 比值 90
垂直方向 (*Z* 方向)	第 10 模式下未见	无主导频率

5　坝体与 PKW 的相互作用

5.1　分析条件

通过使用复合模型的动态模拟,研究了在 100 m 高的混凝土重力坝上布置的 PKW,以检查坝体与 PKW 之间的相互作用(见图 3(b))。纳入进口键中的静水。大地震发生在坝的底部。利用三维(坝 – 基础 – 水库)模型,将这些模型转换为数值模型底部的模型。模拟情况列于表5 中。组合模型在底部和外围侧布置有黏性边界[6],以模拟虚拟的无限自由场。应用了表 2 中的材料特性。

表5　使用复合模型的动态模拟案例

案例	坝高	水位	地震	水相互作用
案例 1	100 m	低,对应于 PKW 底层	巨大	不包含
案例 2		高,对应于 PKW 波峰水平	严重(上面的 1/2)	包含

静水和 PKW 之间的动态相互作用应纳入案例 2。进口处水中的静水的动态效应将对隔墙的特性产生影响。通常,通过 FEM 以及附加质量法直接模拟水和结构的相互作用。由于目前配置复杂,这两种方法都难以应用于 PKW。对于 PKW 进口键,还没有建议方法,其特征在于相对陡峭的斜面和隔墙之间的狭窄区域。未来对于 PKW 的地震安全性评估应该是技术问题。在本研究中,进口键中的水被认为是承压水(例如水箱中的水)。如图 7 的红色区域所示,通过将进口键中的水添加到墙上来表示水在进口键上的动态效果。进口键中的水与墙一起表现为刚体。此外,Westergaard 方程估算的附加质量被加载到 PKW 的上游表面,如图 7 的蓝色区域所示。这些额外的负荷用于静水和 PKW 之间的相互作用,如图 7 所示。

5.2　加速度响应

PKW 底部和顶部的响应加速度分别如图 8 和图 9 所示,为时间过程和传递函数。传递函数分别估算为坝顶部和 PKW 顶部相对于坝底的响应特征。图 10 中情况 1 和 2 的对比显示了水的影响。

在若干特定频率下,坝顶在 *X* 方向上的放大作用占主导地位。PKW 中的一个在 23 Hz

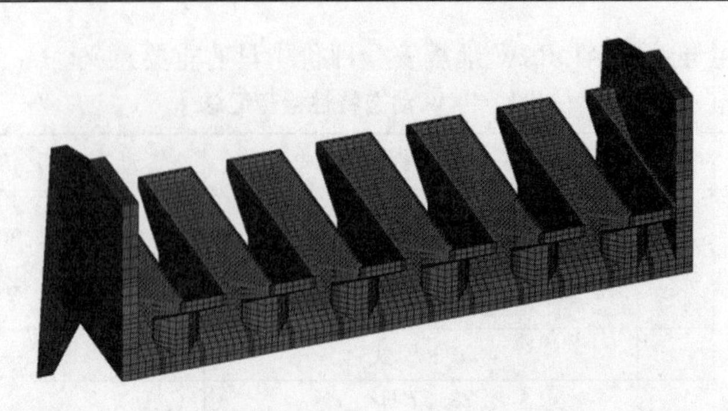

蓝色区域:Westergaard 等式估算出的附加质量;红色区域:进口键中的水质量

图 7　PKW 上的水相互作用

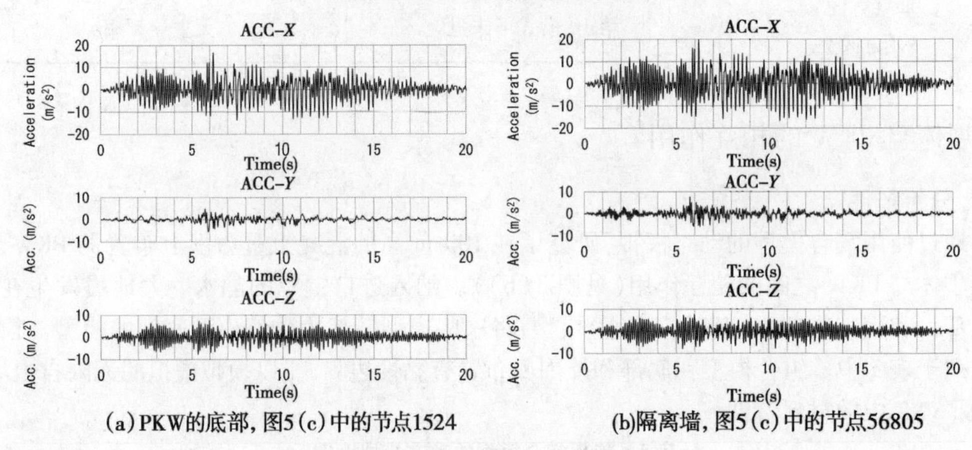

图 8　PKW 加速响应(案例 1)

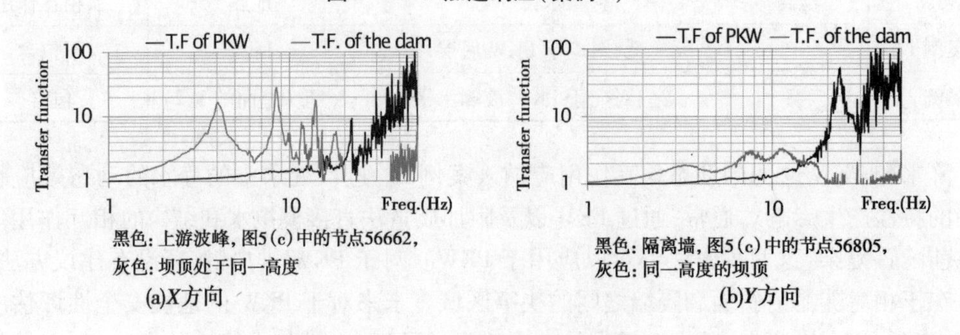

图 9　案例 1 中 PKW 和水坝响应传递函数的比较

时在 Y 方向上占主导地位,这个频率远远不是大坝的主频率。这意味着大坝和 PKW 之间的相互作用将会减弱。坝高越低,在更高的主导模式中预期的频率越高。它可能会引起大坝和 PKW 共振。然而,我们认为 PKW 在 Y 方向上的响应不会被坝响应过度放大,因为大坝在 Y 方向上表现出较低的放大率,并且在 PKW 中定向干扰较小,即使大坝将在 X 方向提供大量放大。如图 10 所示,水的相互作用影响抑制振动并降低主频率。除节点 56 895 的下游波峰(水深最低)外,在有代表性的节点上一致确认了频率的降低。

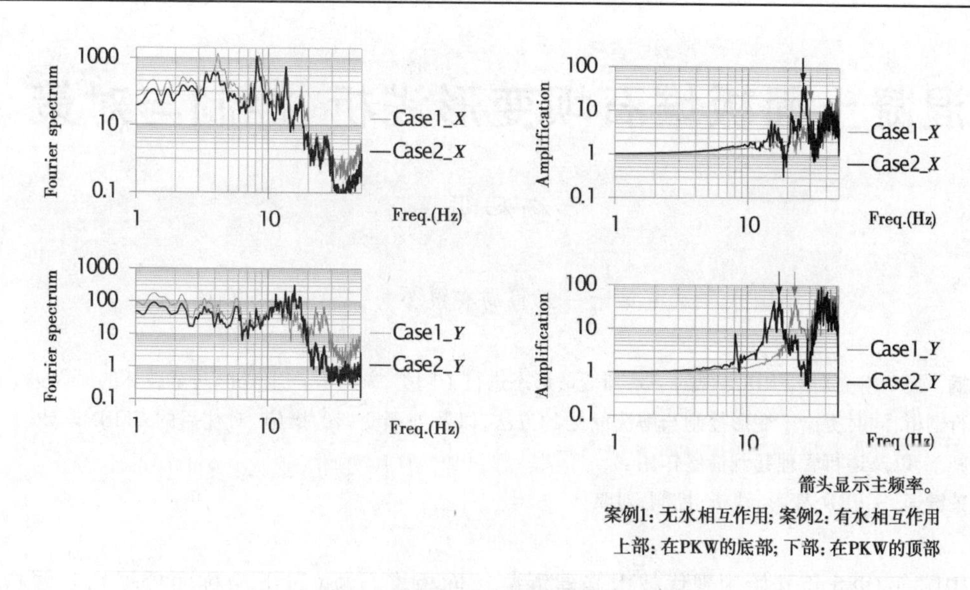

图 10 水相互作用对隔墙顶处的影响

6 结 论

通过数值模拟检验了 PKW 的动力行为特征。为方便进行模拟,开发了简单的 PKW 模型以及大坝和 PKW 的组合模型。这些研究得出的结论如下。

(1)在隔墙中,PKW 的振动占主导地位,其特征在于在坝轴方向上的弯曲变形和 23 Hz 的主频率。PKW 的频率远高于大坝的主频率,而 PKW 则是布置在坝顶上。

(2)PKW 的传递函数矩阵表明在 PKW 振动中定向干扰较小。这表明 PKW 独立地振动到地震活动的相应方向。

(3)坝体的响应放大了位于坝顶的 PKW 的动力响应。然而,考虑到坝体的响应不会过度放大 PKW 在 Y 方向上的响应,因为坝体在 Y 方向上的幅值较低,而在 PKW 中方向干扰较小,即使大坝在 X 方向上的幅值也较大。

(4)水体的影响是阻尼 PKM 的振动和降低它的主频率。然而,水体对于 PKW 进口键的影响的估算方法尚未建立,其特殊之处在于隔墙之间相对陡峭的斜面和空间狭窄。对于 PKWs 地震安全评价来说,这是今后需要研究的问题。

参 考 文 献

[1] Schleiss A J.“从迷宫堰到琴键式堰 - 历史回顾 迷宫堰和琴键式堰” - PKW2011,2011:3-15.

[2] Erpicum S,等.(2011 年、2014 年和 2017 年),“迷宫堰和琴键式堰琴” - PKW2011、2013 及 2017,CRC 出版社.

[3] http://www.pk - weirs.ulg.ac.be.

[4] Kashiwayanagi,M.(2017).第 3 届迷宫堰和琴键式堰国际研讨会新闻,PKW 2017,电力土木工程,2017,390:101-104.

[5] Kashiwayanagi M,Cao Z. 传递函数矩阵法在大坝工程中的应用 [C]//ICOLD 第 26 届大会.维也纳,C4,2018:59-73.

[6] Miura F ,Okinaka H.基于虚功原理的粘性边界三维结构相互作用系统动力学分析方法[C]//土木工程师学会会议录.1989,第 404/I - 11 期,395-403 号(日文).

混凝土面板堆石坝变形浅析、控制与对策

杨和明

（中国水利水电第十一工程局有限公司，郑州　450001）

摘　要　本文对CFRD出现的一系列变形形态进行了归类，并对其产生变形乃至破坏的原因进行剖析，同时提出了变形控制与解决问题的方法，以及处理变形的措施，对往后的CFRD设计、施工，以及运行管理起到借鉴作用。

关键词　CFRD；变形；浅析；控制；对策

中国自1985年开始用现代技术修建混凝土面板堆石坝（以下简称面板坝），自建成以来，已经走过30年发展历程。在已建成高30 m以上的220多座各类面板坝中，坝高100 m级的有64座，坝高150 m级的有15座，并陆续建成了天生桥一级（178 m）、洪家渡（179.5 m）、三板溪（185.5 m）和水布垭（233 m）等一批200 m级高坝，积累了丰富的科研、设计、施工、运行管理及监测等现代技术经验，虽说起步较晚，但起点高，发展速度快，为混凝土面板堆石坝向更高更广的方向迈进奠定了坚实的基础。

但在施工和运行过程中也不同程度地出现各类变形问题，这些问题的出现给大坝的运行安全构成威胁，及时得当处理这些问题，对大坝的运行及安全是积极有益的。

1　CFRD变形问题的主要表现

混凝土面板堆石坝变形问题，有的在施工期就有表现，有的发生在蓄水期，有的发生在运行期等阶段，具体的表现归类为以下几个方面：混凝土面板脱空，混凝土面板裂缝，混凝土面板侧向挤压破坏与水平断裂，混凝土面板局部塌陷，周边缝止水撕裂造成大坝漏水，反渗水造成混凝土面板裂缝和推动，大坝防浪墙挤压破坏，渗漏等。

2　CFRD变形问题的原因分析、控制与对策

2.1　混凝土面板的脱空

混凝土面板的脱空表现在施工期和运行期，其主要原因是随着大坝的逐步加高和自然沉降造成的，因大坝填筑使用的石料料源各异和成分及特性不同，施工过程碾压密实度的不同，造成大坝的沉降量也各不相同，目前还不能够精确计算获得，设计阶段沉降值计算仅为参考值。混凝土面板在浇筑成型后是刚性的，而大坝堆石体相对是柔性的，由于大坝沉降造成脱空是必然的，但要看其脱空度值的大小。尤其是大坝在运行期的脱空，给混凝土面板造成的危害更大。

超过100 m级高度的混凝土面板堆石坝一般要采用分期施工混凝土面板，各期施工混凝土面板前，预沉降一般设为3～6个月，最好过一个雨季（汛期），但要看沉降值收敛情况，高坝一般以月沉降率小于5 mm作为判断能否浇筑面板的标准。对软岩填筑的坝体更应延

长其沉降期，待沉降基本稳定后浇筑面板。

对分期施工的混凝土面板，要求大坝临时填筑高度高出该期面板顶部高程10～15 m以上，以期坝体继续升高压实有良好的变形的协调性。在不影响工程发挥效益的前提下，可据情适当推迟最后一期面板的施工时间。

在大坝浇筑混凝土面板时，面板与挤压混凝土边墙间可预埋φ1～1.5 吋塑料灌浆花孔管，为了防止浇筑混凝土时进浆堵孔，制作时在打梅花孔的灌浆管外侧缠绕透明塑料胶带，灌浆管引至防浪墙底板以上，灌浆管的间距以2～3 m为宜，灌浆相互作为排气管。分期对面板脱空空腔进行回填灌浆，填实脱空区域，实施时务必控制灌浆压力，不得过大形成对面板的顶托力。

对设有放空洞的大坝，在放空库水后，可在混凝土面板根据监测到的脱空部位进行钻孔，分为进浆孔和排气孔，采用低压或无压灌浆，脱空空间尺寸大的部位可灌注水泥(掺粉煤灰)砂浆，灌浆应分三个等级，先灌注稠浆、浓浆，再灌注稀浆，直至回填密实。但在灌浆时对面板的抬动及时监测，发现有抬动变形，及时停止注浆。

在200 m级以上高坝分期面板间设置铰缝，铰缝顶部设置水平柔性止水，使得面板随大坝沉降而贴紧垫层料的混凝土挤压边墙坡面转动。

2.2 混凝土面板裂缝

面板混凝土裂缝从其成因主要分为温度裂缝、干缩裂缝、结构裂缝。

温度裂缝是由于水泥水化热作用或外界温度影响，特别是气温骤降，形成混凝土内外温差过大，产生拉应力超出混凝土抗拉强度，或者超出混凝土极限拉伸值时，造成混凝土产生的裂缝。

干缩裂缝是由于外界气温和湿度条件影响，混凝土面板因失去过多水分而产生收缩裂缝，混凝土干缩通常是一个渐进的过程，可能要延续到1年以上。虽然混凝土的徐变可以使其松弛并延缓开裂，但后期有温度应力和干缩叠加，对混凝土裂缝产生重要威胁。所以，尽量减少混凝土的干缩仍然是十分必要的。另外，新浇混凝土尚未终凝，由于表面蒸发过快失水引起混凝土塑性收缩而产生浅表的细微裂缝，也应采取措施预防和及时处理。

结构裂缝主要是由于面板长而薄的特点，外荷载或坝体、坝基的不均匀变形所引起的，需要采取一系列结构和施工措施研究解决。

施工期和运行期面板裂缝的处理对策如下：

(1)施工期的裂缝。

优化混凝土配合比设计：从原材料砂石骨料、水泥、粉煤灰、外加剂的选择开始，选用热膨胀系数小的灰岩骨料，选用普通硅酸盐水泥，Ⅰ级粉煤灰，到混凝土配合比设计试验，配合比的现场验证等工作入手，到混凝土的生产、运输、下料浇筑的设备配套性，生产管理现场组织的协调性和指挥的有效性，混凝土浇筑振捣、抹面、养护等各个环节，只有每个施工环节和工序、工艺要求做到位。这是最为关键的第一步。

在混凝土配合比中，掺聚丙烯纤维，防止混凝土浇筑初期收缩裂缝的产生。还可在配合比中掺加适量的膨胀剂，抵消混凝土早期收缩变形，补偿收缩防止混凝土裂缝的产生。

混凝土面板选择在温和季节浇筑施工。混凝土采用塑料薄膜加草袋保湿保温养护，7 d后白天揭去塑料薄膜，覆盖草袋沿高程布设多道喷淋花管喷淋养护，直到蓄水前。

对施工期各种因素出现的裂缝，要求组织人员进行普查，对缝宽小于0.2 mm的裂缝，采用涂刷一层环氧，再贴 1 ~ 2 层玻璃丝布；对缝宽大于 0.2 mm 的裂缝，采用化学灌浆或开 U 形槽回填预缩砂浆、涂刷环氧加贴 1 ~ 2 层玻璃丝布处理（见图 1）。

图 1　某大坝混凝土面板施工期裂缝处理

（2）运行期裂缝处理。

运行期的裂缝基本上是结构外力作用所致。处理需要放空库容，可结合发电、供水等细致检查进行统计，分类进行处理（见图 2）。

图 2　某大坝混凝土面板运行期裂缝处理

（3）对于软岩筑坝，不均匀材料筑坝，或者因填筑质量不均匀造成大坝亏坡，面板施工前进行测量，采用人工局部干硬性细石混凝土填筑补坡，采用小型机械碾压。

2.3　混凝土面板侧向挤压破坏与水平断裂

混凝土面板侧向挤压破坏，主要是大坝沉降变形的不协调造成的。从受力变形角度分析，肯定受到来自侧向不均匀集中力的作用，使得面板的受力存在张性缝面板向河床中部位移的趋势与变形超出了面板的极限承受能力而产生。在河谷相对较窄的大坝，大坝施工完成后，一般大坝最高断面在河床中部，沉降量最大值发生在大坝中部，这时面板向中部位移挤压的趋势加剧。在河床较宽的大坝，也会出现挤压破坏现象，这是由于大坝沿坝轴线方向大坝填筑材料及碾压密实度不均匀，大坝高度不同，或者临时度汛预留防护槽式断面存在高差，大坝的沉降差导致侧向位移和受力。而不能说只有河谷较窄的面板坝存在侧向受力与变形，而河床较宽的大坝河床中部面板也存在侧向位移与受力变形的可能（见图3）。因此，对于有度汛要求的面板坝，为保证在汛前达到大坝度汛高程，一般采用复式梯形断面填筑，或者导流有保护过流要求的大坝，纵横填筑高差一般不宜大于40 m，以减少大坝沉降变形的不均匀性。从施工组织来讲，大坝填筑有条件的尽可能采用全断面平起。

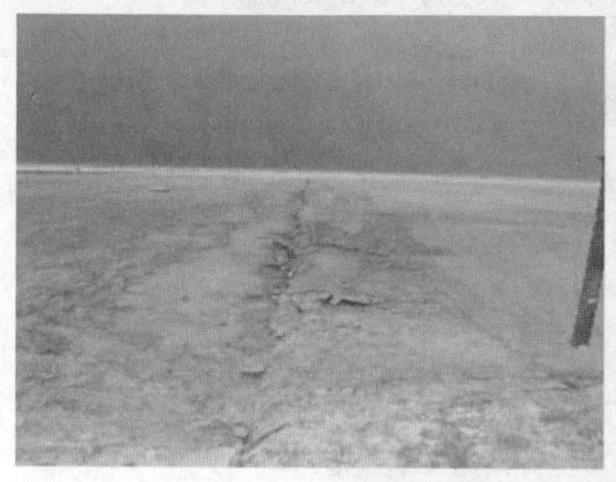

图3　混凝土面板发生挤压破坏

混凝土面板的断裂主要是面板脱空造成的，大坝蓄水受力变形超出面板的变形能力。

大坝坝体主堆石区的填筑材料特性要求做到基本均匀，尽可能选用填筑石料与材质一致，填筑碾压质量一致，以及大坝运行期沉降同步，使得面板不至于局部存在沉降差异过大。在河谷中央的面板宜设置3～5条吸收纵向位移的垂直变形缝。

运行期由于库水位的变化，混凝土面板的受力及变形也是不断变化的，面板受到的拉应力和拉应变随之而变。因此，对坝高大于100 m的大坝混凝土面板，宜根据工程特点确定是否需要配置双层钢筋，板缝两侧均采用倒“U”形钢筋加固。

研究面板混凝土改为高性能混凝土，提高混凝土抗压（拉）强度和变形能力，将过去传统C25提高到C50高性能混凝土。

对大坝混凝土面板脱空及时回填灌浆处理。

对于有抗震要求的面板坝坝体，分期施工混凝土面板顶面端缝应设置为法向缝，不宜设置成水平缝，并设置键槽。浇筑下期面板混凝土前，应打毛冲洗干净，铺筑2～3 cm的砂浆，这样做对抗震有利（见图4）。

一旦出现面板间挤压破坏，放低水位，人工凿除，割除变形钢筋，重新安装钢筋，安装止水，立模浇筑面板混凝土并加强养护。

水平方向出现断板，首先要对断板上下游方向的破损部位进行人工凿除，割除变形钢

图 4　地震造成面板混凝土分期施工缝脱落

筋,重新安装钢筋,浇筑混凝土并养护。

2.4　混凝土面板局部塌陷

面板局部塌陷(见图 5),一是大坝填筑局部区域碾压不密实,蓄水后面板受力变形所致;二是大坝面板受到挤压破坏或脱空断裂后,或者板缝止水撕裂,库区水渗流将垫层料逐渐带入主堆石坝体产生坑洼所致。

图 5　某大坝运行期混凝土面板局部塌陷

首先放低库水位要低于处理部位,做好安全防护。检查坍塌区域,对塌空区探查清楚,用人工局部开挖,视塌空区域原设计填料的种类,分层用小型机具夯实,恢复混凝土面板。

2.5　周边缝止水撕裂造成大坝漏水

周边缝止水撕裂一是大坝沉降变形过大,铜止水的伸长量超标;二是大坝上游两岸主堆石区,以及大坝上游过渡料、垫层料,尤其特殊垫层料,碾压不密实受外力沉降塌陷,或者止水局部缺陷(小孔洞或破损)漏水渗流逐步将垫层料细颗粒带向下游流失所致。大坝趾板是随两岸地质条件设计选定的,应对周边缝的止水结构形式,在不同方位、不同段落应研究加强型止水不同的形式,以及不同伸长量,以适应周边缝的变形需要。

首先在施工时严格按照碾压试验确定技术参数组织施工与检测,填筑料按照设计或者试验要求洒水，确保大坝填筑质量，对大坝两岸接触边缘，务必要配置液压夯板，或者小型振动碾碾压，提高岸坡或小区料填筑料的密实性，尤其是大坝上游岸坡 30 ~ 50 m 的填筑质量显得更为重要，岸坡的主堆石料，包括趾板下的过渡料、垫层料，特殊小区垫层料的施工质量，这是保证大坝周边缝不出现质量问题的前提。

由于趾板是随大坝两岸的岩石状况勘探选定的，应研究趾板的方向性、方位性对止水材料的结构形式和适应性，以更好地适应周边缝的变形。不同部位铜止水鼻子高度和形式应有所不同。

大坝填筑期制作专用槽型木盒，锚扣在趾板止水上，保护止水不被施工人员踩踏或滚石砸坏，保证止水安全。

混凝土面板施工期，在拉每块起始面板前，务必安排专人认真仔细检查趾板止水的完好情况，就是有个绿豆大的小眼也不能放过，对砸坏或破损部位安排专业人员进行补焊或修复。

铜止水材质务必采用熟铜，因为熟铜的变形适应性优于生铜（见图 6）。橡胶止水要使用真正的橡胶制品，最好不要使用塑料止水材料。

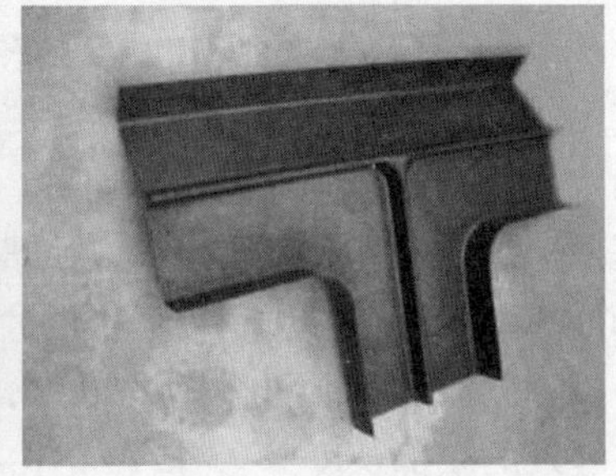

图 6 机械压制的整体铜止水接头

对周边缝与板缝 T 形或十字形接头部位的铜止水，在工厂制作专业模具压合成型，减少人工焊接质量风险，确保铜止水安装质量。

一旦出现周边缝止水撕裂造成大坝漏水（见图 7）时，这是需先将大坝水位放至修复部位高程以下，局部凿除，对冲蚀的过渡料、垫层料按照设计要求，分层进行回填或灌注砂浆填充；安装好新止水，再分别立模浇筑趾板和面板混凝土。

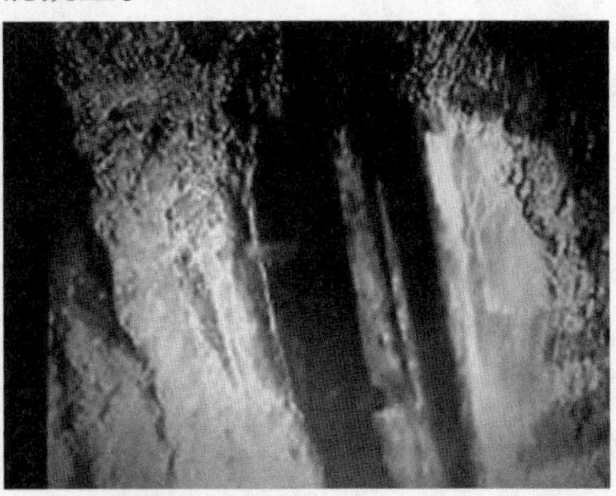

图 7 某坝周边缝铜止水撕断止水失效

2.6 反渗水造成混凝土面板裂缝或抬动

反渗水往往是由于河床大坝趾板高程低于其下游河床高程，造成施工期大坝坝体水位高，如果不设防排出，主要对一期面板产生向上游的顶托力，导致混凝土面板密集的裂缝。如果坝体内水位过高，顶托力过大，则有可能将面板向上游推动(见图8)。

图8　某大坝施工期反渗水钻孔喷出

例如200 m级的高坝，大坝面板的厚度仅才1 m，而1 m水头形成的压力为1 t/m^2，1 m高混凝土容重为2.4 t/m^2，那么仅2.4 m的水头就与1 m高混凝土面板相平衡。因此，施工期坝体内部的水位监测和控制显得十分重要。

在大坝基础填筑期，在河床趾板头以上，要根据河床下游填筑的基面与趾板基础的高差大小，5～10 m的高度布设一层排水管，直径大于100 mm的钢管，深入大坝堆石料区，反渗管的间距20～30 m，通向大坝面板厚度以外，从而实现降低施工期间坝体内水位的目的。预埋的钢管在埋入的端部长度2～3 m打花孔，包扎2～3层滤网防止堵塞。在汛期基坑往往被淹没，可在反向排水管出口设置逆向止水阀，具备自动平压而水不会通过反向排水管进入坝体，那么其反渗管可不预封堵，但考虑到耐久性和安全大坝蓄水前需要封堵。

在高寒地区筑坝，冬季相对时间长、气温低，可在反渗管内安装加热电阻丝，通电加热，保证反渗管通畅；或者采用围堰基坑冬季充水，提高冰盖高度，反渗管置于冰盖最大厚度以下。

施工期要在大坝坝体内建基面上安装数支水位观测管，以便掌握大坝坝内水位高程。

在完成面板混凝土和表面止水施工即将下闸蓄水前，作为反向排水的永久性封堵，有必要分析封堵时机。通常，坝前黏土铺盖及盖重施工与反向排水管封堵存在一定的冲突，倘若在铺盖还没有施工前，就将反向排水管封死，则面板内的反渗水水压无法平衡。为此，以往水电站面板坝采用分层、分序封堵，每层预留反向排水管中的1根，引出到铺盖上游，引出管在面板周围浇筑混凝土盖帽，待铺盖填至厚2 m以上后，再封堵引出的反渗管，较好地解决了封堵时机不当可能造成的反渗水推动面板或破坏止水的问题(见图9)。

反渗管的封堵，一般安排在大坝蓄水前进行。在大坝上游铺盖料填筑之前，分层用细石混凝土分段进行回填密实，且要求在反渗管与面板接触面上，立模打毛浇筑约1 m^{3}的盖帽混凝土，并打上8根以上非穿透面板插筋锚固，确保万无一失。

反渗管封堵最好选择在汛后的无雨季节，封堵后及时组织盖重料的回填，并提前组织好大坝的安全鉴定和预验收，为及早下闸蓄水创造条件，以减少蓄水前反渗水给混凝土面板带来的不安全风险。

图9 某大坝施工期反渗水喷出

施工期一旦出现反渗水过大,面板出现顶托而推动或者造成裂缝,首先可在面板低位或者水平趾板上钻排水孔(可设排水竖井抽排),将压力水及时地释放排出,对面板抬动尽量自动复位,对脱空部位进行无压灌浆,保证面板与垫层料坡面的紧密接触,对面板出现的裂缝(见图10)缝宽大于0.2 mm的裂缝采用化学灌浆,对小于0.2 mm的裂缝采用人工切槽3~5 cm,用橡皮锤将预缩砂浆分层夯实,表面粘贴1~2层玻璃丝布。

图10 某大坝施工期面板产生密集裂缝

2.7 大坝防浪墙挤压破坏

大坝防浪墙挤压破坏是由于大坝沉降尚不稳定,故一般均滞后修建防浪墙。大坝运行期由于大坝填筑高度差异,导致沉降值的差异,防浪墙在伸缩缝处一般发生挤压破坏(见图11)。

防浪墙施工尽可能地安排在大坝蓄水后一段时间,以减少大坝沉降对防浪墙结构的影响。

常规处理方法采用凿除伸缩缝破坏的混凝土,检查面板与防浪墙底板连接止水,以及防浪墙伸缩缝的情况,对损坏的要及时修复安装,立模浇灌细石混凝土。同时,对防浪墙伸缩缝破坏,采用沥青玛琋脂进行填塞或者灌注沥青。

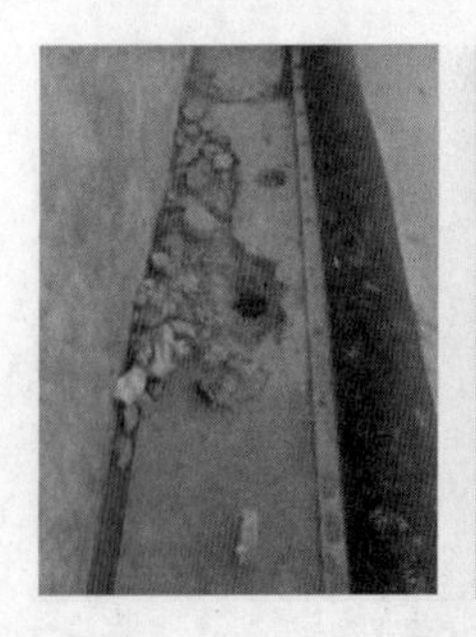

图 11　某大坝运行期防浪墙产生破坏

2.8　渗漏

渗漏分为大坝坝体渗漏、坝基渗漏和坝肩绕渗。

大坝坝体渗漏主要发生在周边缝、面板板间缝的止水，防浪墙的连接止水，以及大坝变形的面板脱空、面板裂缝、断裂、挤压破坏等。深覆盖层上采用防渗墙加连接板、趾板与面板连接的止水也是渗漏的危险源。对于大多数面板坝而言，渗漏量保持在 20 ~ 300 L/s(100 L/s 以内)范围属于正常现象。如果渗漏量过大，但要加强监测，分析并检查工程可能存在的问题，需要时维修加固。

坝基渗漏往往与坝基地质条件相关，应细致勘探并拿出经济安全的处理方法，如：断层与挤压破碎带的加固处理，趾板的固结灌浆、帷幕灌浆等。坝肩绕渗，往往是坝肩地质条件相对较差，或者岩梁单薄、岩石风化程度高且破碎等造成的(见图 12)。因此，在大坝建设过程中，不仅要重视坝体防渗，而且要重视坝基的防渗问题，及坝肩的绕渗处理问题。

图 12　某大坝坝肩绕渗水量大

参 考 文 献

[1] 混凝土面板堆石坝施工规范：DL/T 5128—2009[S]. 北京：中国电力出版社，2010.

[2] 蒋国澄，赵增凯. 中国的高混凝土面板堆石坝[C]//CrvdI 混凝土面板堆石坝国际研讨会. 2000.

[3] 赵增凯. 高混凝土面板堆石坝质量控制几个问题的启示[M]. 北京：中国电力出版社，2002.

[4] 中国水力发电工程学会混凝土面板堆石坝专业委员会. 高混凝土面板堆石坝筑坝技术交流会论文集[C]. 2004.

[5] 中国水力发电工程学会混凝土面板堆石坝专业委员会. 高寒地区混凝土面板堆石坝的技术进展论文集[C]. 北京：中国水利水电出版社，2013.

[6] 杨晟，胡旺兴. 关于面板堆石坝反渗水处理方法的探讨[J]. 水力发电，2005，31(8)：44-46.

金寨抽水蓄能电站大坝趾板基础开挖质量控制分析

王 波 文 臣 万 秒 马国栋 卢 强

（中国水利水电建设工程咨询北京有限公司，北京 100024）

摘 要 面板堆石坝趾板作为混凝土面板的基座，通过设有止水的周边缝与面板连为一体，形成坝基以上防渗体，同时又与经过基础处理后的基岩连接，封闭地面以下的渗漏通道，从而使上、下防渗结构连为整体，其主要作用除防渗外，还作为基础灌浆的盖板和面板的基座。混凝土面板堆石坝坝基开挖的重点是趾板基础开挖，这是整个大坝开挖能否取得成功的关键。安徽金寨抽水蓄能电站上、下水库均为面板堆石坝，目前正在进行趾板基础开挖及坝基清理施工。2018年1月随机质量抽查巡检时提出上水库趾板基础开挖有提高空间，监理及施工单位组织专题会议等各种形式反思开挖质量有待提升的原因，针对原因制定对策，通过优化趾板保护层开挖方法、加强过程控制、开挖质量总结反思等一系列的管控措施，趾板基础开挖质量得到明显改善，超欠挖均控制在合同要求范围内，平整度也大大提高，总体开挖质量满足设计和规范要求。2018年5月质量巡检时各位专家（傅方明：面板堆石坝专家）充分肯定了上水库趾板开挖质量，作为金寨电站工程施工的主要亮点之一予以点评，充分体现质量控制措施的实施效果。本文主要介绍了金寨电站工程趾板基础开挖施工质量指控具体措施以及采取措施所取得效果，总结趾板开挖施工经验，同时也为其他抽水蓄能电站趾板基础开挖质量控制方法提供一些借鉴。

关键词 抽水蓄能电站；面板堆石坝；趾板基础开挖；质量控制

1 概 况

安徽金寨抽水蓄能电站位于安徽省金寨县张冲乡境内，地处大别山脉西段北麓，站址距金寨县城公路里程约53 km，距合肥市、六安市的公路里程分别为205 km、134 km。电站为日调节纯抽水蓄能电站，建成后承担安徽电网调峰、填谷、调频、调相及紧急事故备用等任务。

金寨抽水蓄能电站为一等大（1）型工程，电站上水库正常蓄水位593.00 m，死水位569.00 m，有效库容1 049万 m^3；下水库正常蓄水位255.00 m，死水位225.00 m，有效库容981万 m^3。电站装机容量1 200 MW（4×300 MW），多年平均发电量20.1亿kW·h。电站枢纽主要由上水库、下水库、输水系统、地下厂房及开关站等建筑物组成。

趾板是混凝土面板堆石坝中布置在面板周边、坐落于地基上的混凝土结构，又称垫座[1]。趾板通过设有止水的周边缝与面板连为一体，形成坝基以上的防渗体，同时又与经过基础处理后的基岩连结，封闭地面以下的渗漏通道，从而使上、下防渗结构连为整体。其

作者简介：王波（1969—），男，本科，高级工程师。E-mail：412883873@qq.com。

主要作用除防渗外，还作为基础灌浆的盖板和面板的基座[2]。

金寨抽水蓄能电站上、下水库均为混凝土面板堆石坝。上水库面板堆石坝趾板长593.93 m，下水库面板堆石坝趾板长459.26 m。

上水库坝址区沟谷地形不对称，覆盖层浅薄，基岩为角闪斜长片麻岩和二长片麻岩，岩石坚硬，岩体较完整，风化较弱。下水库坝址为"V"形谷，覆盖层及全强风化层厚度较大，基岩为二长片麻岩和角闪岩。

2　开挖方法

大坝趾板土石方开挖主要包括趾板覆盖层清理及石方开挖。趾板基础开挖的方法，原则上自上向下分层开挖，先边坡后河床，边开挖边支护（见图1）。坝基边坡采用预裂爆破施工，趾板槽采用预留保护层的方式开挖。

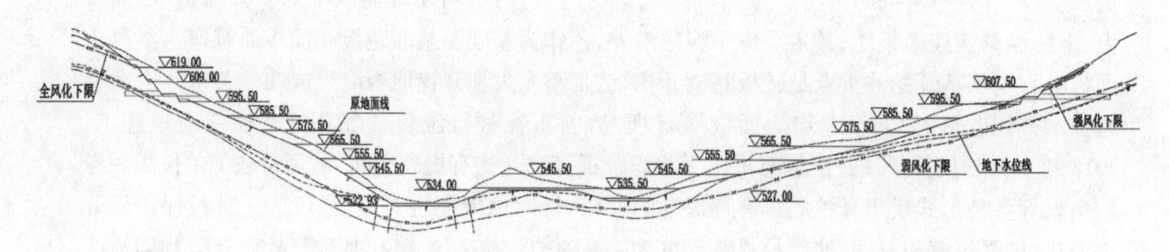

图1　坝基开挖分层施工示意图

2.1　土方开挖

土方开挖采用自上而下分层的施工方法。因冲沟两岸边坡坡面较陡，利用1.0 m^3及1.2 m^3挖机自上而下分层剥离，形成集料平台后集中出渣，20 t自卸汽车运输。冲沟缓坡段采用1.0~2.0 m^3挖机清表集渣，并直接挖装，20 t自卸汽车运输出渣。黏土堆存于库盆内，下水库弃渣运输至下水库坝前弃渣场，上水库弃渣运输至上水库坝后弃渣场。

2.2　石方开挖

沿趾板设计线进行覆盖层剥离后，设计进行地质查勘，再进行地形测量，并将资料提交监理人和设计单位，进行趾板"二次定线"和绘制趾板基础最终开挖图纸。再根据最终开挖设计蓝图进行趾板的石方开挖。趾板槽采用预留保护层的方式开挖，保护层厚度为1.5~2.0 m。

施工顺序如图2所示。

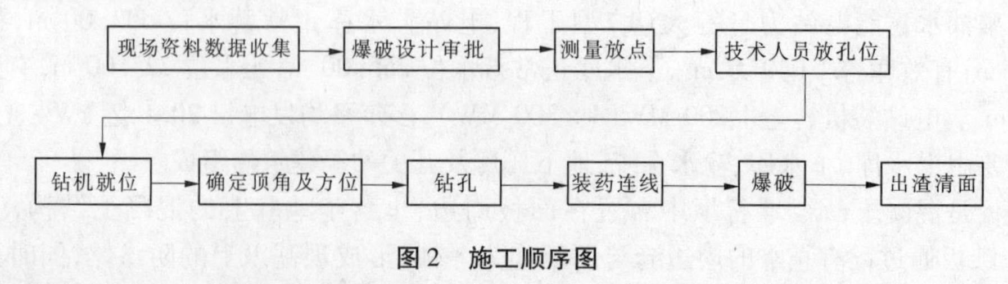

图2　施工顺序图

2.2.1　保护层竖直密集孔开挖

2017年底，上水库趾板槽建基面BX11~BX10段开挖采用竖直密集孔爆破方式施工，采用YT-28手风钻造孔，孔径为ϕ42 mm，孔深1.0~1.5m，孔间距a=1.5 m，排间距b=

1.0 m(见图3、图4)。爆孔采用不耦合连续装药,药卷为Φ32 mm直径乳化炸药。孔口采用黏土堵塞,堵塞长度0.7~1.0 m。采用非电雷管入孔,导爆管连接起爆。

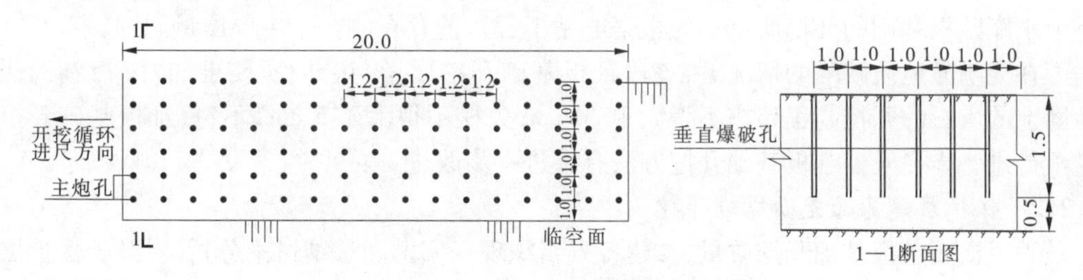

图3 建基面保护层开挖炮孔布置平面图

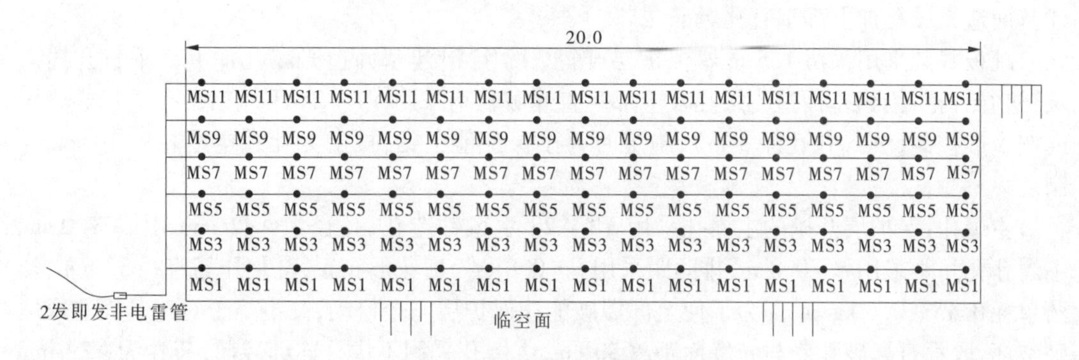

图4 建基面保护层爆破网络图

保护层开挖爆破参数见表1。

表1 保护层开挖爆破参数

钻孔设备	类别	孔径(mm)	孔深(m)	孔距(m)	排距(m)	药径(mm)	炸药单耗(kg/m^3)
手风钻	爆破孔	42	1.0~1.5	1.5	1.0	32	0.30~0.35

对采用密集孔爆破开挖后的效果进行检查,发现存在大量的超欠挖(见图5)。

图5 开挖完效果图

通过现场测点检查,检查10个断面60个测点,发现超挖20 cm以上的点数达到了

30%，最大达到了42.1 cm；欠挖超过5 cm的测点超过15%，最大欠挖19.8 cm；最大不平整度为53.2 cm。该结果不满足合同要求的质量标准，同时在2018年1月的随机质量检查时，将上水库趾板基础的开挖质量作为金寨电站工程目前存在的一个主要质量问题。

在无明显地质缺陷的情况下，该段趾板基础开挖质量与合同所要求的"趾板基础任何断面上的岩石的开挖高程超挖不得大于20 cm，欠挖不得大于5 cm"不符，趾板基础开挖质量亟待进一步提升。趾板基础开挖方法有待进一步改进。

2.2.2　*保护层建基面光面爆破开挖*

为了提高趾板基础开挖质量，参建各方组织现场实勘和总结讨论分析，对趾板保护层开挖方法做了进一步的调整，由以前的竖直密集孔开挖调整为"保护层单独光面爆破施工，沿建基面造光爆孔加上部垂直孔爆破法"。

趾板基础采用预留1.5 m厚保护层开挖，采用"沿建基面造光爆孔加上部垂直孔爆破法"进行开挖，沿建基面造光爆孔及上部垂直爆破孔均采用YT－28手风钻钻孔。每梯段长度按3 m控制（光爆孔孔深3 m），施工时为了保证能上钻，按上一茬孔空地超挖10 cm控制。

主爆孔：保护层开挖的主爆孔采用YT－28手风钻造孔，孔径为Φ42 mm，孔深1.0 m。主爆孔孔间距采用$a=0.8$ m，排间距采用$b=0.8$ m。梅花形布置，乳化炸药直径32 mm，炸药单耗0.45～0.6 kg/m^3。为了使上部爆破能让保护层完全松动，又不至于对建基面造成爆破破坏，取垂直爆破孔底与光爆面距离50 cm，主爆孔采用不耦合连续装药，药卷为Φ32 mm直径乳化炸药。孔口采用岩粉堵塞，堵塞长度0.6 m。采用非电雷管入孔，导爆管连接起爆。

光爆孔：光爆孔采用YT－28型钻机造孔，孔径$d=42$ mm，孔间距$a=(8\sim12)d=40$ cm控制，乳化炸药直径32 mm，根据经验公式求线装药密度：$\Delta_{线}=0.589\times$孔间距a(40 cm)$\times$岩石强度(80～130 MPa)0.5＝210～270 g/m，线装药密度暂取200～300 g/m。

光爆孔装药形式为用间隔装药方式，采用导爆索引爆，将药卷绑扎在竹片上，使竹片靠设计建基面侧，并尽量使药串在孔内居中，考虑到孔底岩石的夹制作用，为保证光爆缝贯穿，孔底段装药量适当增大（按2～3倍线装药密度控制），孔口堵塞60～100 cm，用岩粉堵塞。爆破设计见图6、图7。

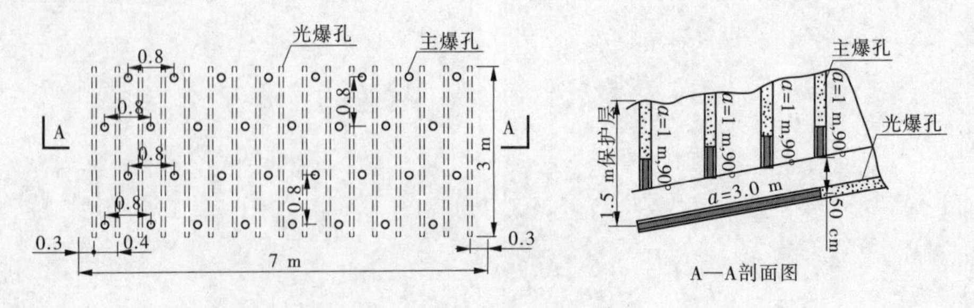

图6　爆破孔平面布置图

保护层开挖爆破参数见表2。

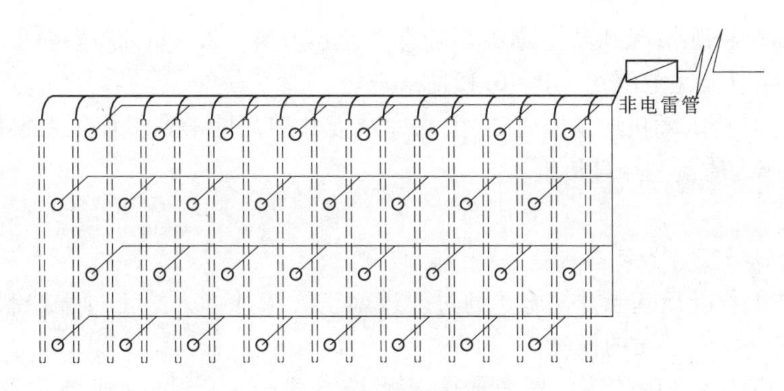

图7 起爆网络图

表2 保护层开挖爆破参数

钻孔设备	类别	孔径（mm）	孔深（m）	孔距（m）	排距（m）	药径（mm）	炸药单耗（kg/m^3）	线装药密度（g/m）
手风钻	主爆孔	42	1.0	0.8	0.8	32	0.45～0.60	—
手风钻	光爆孔	42	3.0	0.4	—	32	—	200～300

进一步对光爆孔、主爆孔的钻孔施工环节的钻孔质量过程控制（见图8、图9），严格监控钻孔质量，设专职质检员旁站检查指导施工。

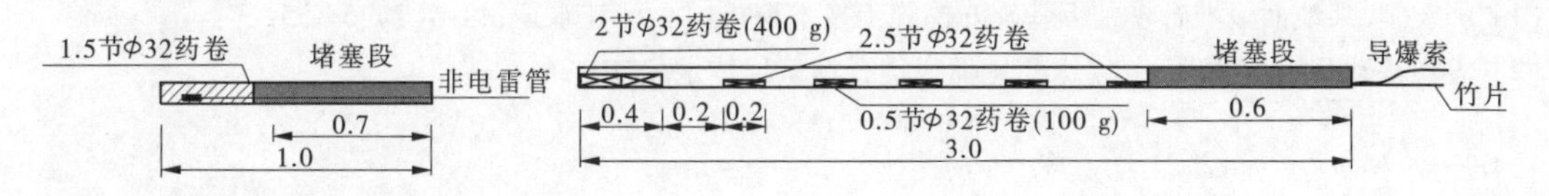

图8 主爆孔装药结构图

图9 光爆孔装药结构图

采用坡度尺对主爆孔、光爆孔的钻孔角度量测（见图10），控制光爆孔的钻孔角度偏差不大于1°，主爆孔的钻孔角度偏差不大于2°；控制光爆孔的钻孔孔深偏差为±5 cm，主爆孔的钻孔孔深偏差为0～+20 cm。已完成的钻孔，孔内岩粉和积水予以清除，孔口必须保护；孔如被堵塞无法装药，需要扫孔或重钻。

图10 过程控制及开挖完后效果图

对趾板BX10～BX9段基础光爆后，观察发现现场基础岩面平整，半孔率成型达85%。进行测点检查，共检查10个断面60个点，因地质原因最大超挖26 cm，没有欠挖，满足合同规范的要求（合格点数达90%以上）。

2018年5月对趾板建基面单孔声波检测，共检测钻孔37个，孔深4.6～5.4 m，建基面以下受岩体卸荷松弛情况和开挖爆破影响深度范围 0.4～2.8 m,波速范围 2.221～5.714 km/s;未受影响段波速范围 4.740～6.151 km/s。

2018 年 5 月全国随机质量监督中,上水库趾板基础开挖得到了坝工专家傅方明等的充分肯定,并被作为质量亮点宣传推广。

3 总　结

金寨电站工程趾板基础开挖施工通过改进施工方法并加强施工过程控制等措施,趾板基础开挖平整度达到了质的提升。

(1)趾板基础在采用传统的竖直密集孔爆破方式施工后,岩面成型质量差,不平整度高。金寨工程参建各方总结经验教训,创新尝试采用光面爆破施工工法后,趾板基础开挖从典型质量问题成功转变为工程亮点。

(2)趾板基础开挖中应严格做好过程管控,并做好岩面保护工作。

(3)趾板采用光面爆破施工工艺,爆破造孔施工更加简单快速,缩短了趾板基础开挖工期,整个上水库趾板基础开挖实际工期比采用密集孔的计划工期减少两个月,采用光面爆破,不仅提高了趾板基础开挖质量,也有力地保证了施工进度。其施工效果可以为其他类似工程提供借鉴。

参考文献

[1] 郭友刚. 某地面板堆石坝趾板基础开挖施工技术探析[J]. 珠江水运,2016(7):54-55.
[2] 大坝基础开挖与处理[C]//水布垭面板堆石坝筑坝技术. 2010:26.

智慧工程理念下的双江口水电站建设管理探索

唐茂颖 李善平 段 斌 李永利

（国电大渡河流域水电开发有限公司，成都 610041）

摘 要 随着水电工程建设内外部环境的不断变化，传统建设管理模式面临新的挑战。在我国建设数字中国、智慧社会的背景下，依据智慧企业理论，提出了智慧工程基本概念，阐释了智慧工程主要特征、建设目标、技术架构、管控模型、实施路径，形成了智慧工程解决方案，并成功应用于双江口水电站枢纽工程建设管理过程中。双江口水电站智慧工程建设的理论和实践成果为水电工程建设提供了一套全新的理念和思路，可供我国水利水电行业和同类企业参考借鉴。

关键词 水电工程；智慧工程；管理模式；双江口

1 引 言

水电工程通常规模大、投资高、技术复杂、建设周期长、管理内容多[1]，在我国现行的项目法人制、招投标制、监理制的主导体制下，水电工程的建设管理具有参与方众多、管理对象复杂、协调工作量大、管控内容多且要求高等特点。这种特点使得水电工程建设管理单位大多采用“金字塔”型多层级、多专业、行政式管理模式。

当前，水电工程建设的内外部环境正在发生着深刻变化，传统建设管理模式遇到了新的挑战。一方面，由于不可避免的人为因素影响，该模式普遍存在信息和数据碎片化、孤岛化问题，水电工程建设管理的“大数据”难以形成，导致工作效率不高，工程管控和决策能力不能满足日益提高的工程管理精细化、科学化要求。另一方面，随着经济社会的快速发展，水电工程建设大批一线职工长期远离家人、远离城市的现状，与职工日趋增长的改善工作、生活条件的需求之间的矛盾越来越突出。因此，必须充分利用新兴技术实施管理创新，提高工程建设管控水平，提升工作效率和员工幸福指数。

近年来，随着云计算、大数据、物联网、移动互联、人工智能等众多信息化、数字化、智慧化技术的飞速发展，“智慧地球”“智慧中国”“智慧城市”等智慧概念相继诞生，智慧化浪潮风起云涌。与此同时，各类新技术的快速发展也为探索创新企业管理模式奠定了基础。在这样的背景下，涂扬举等人从企业管理的角度，率先在国内提出了智慧企业理论[2-5]，并结合水电企业的特点，提出了包括智慧电厂、智慧检修、智慧调度、智慧工程四大“业务单元”的智慧企业建设方法[6-7]。智慧工程作为智慧企业重要业务单元，将在水电工程建设管理过程中发挥重要作用。

作者简介：唐茂颖（1980—），男，四川仁寿人，博士，高级工程师，主要从事水电工程建设技术和管理工作。E-mail：42803157@ qq. com。

通讯作者：段斌（1980—），男，四川北川人，博士，高级工程师，主要从事水电工程建设技术和管理工作。E-mail：iamduanbin@ 163. com。

2　智慧工程理论探索

作为智慧企业四大业务单元之一的智慧工程,其不仅涵盖信息技术、工业技术,还包括了管理技术,并将新技术产生的先进生产力与管理塑造的新型生产关系有机结合。在智慧企业理论体系下,本文从智慧工程的基本概念、主要特征、建设目标、技术架构、管控模型、实施路径等方面进行思考与研究,并初步探索智慧工程的理论体系。

2.1　基本概念

智慧工程是以全生命周期管理、全方位风险预判、全要素智能调控为目标,将信息技术与工程管理深度融合,通过打造工程数据中心、工程管控平台和决策指挥平台,实现以数据驱动的自动感知、自动预判、自主决策的柔性组织形态和新型工程管理模式。

2.2　主要特征

智慧工程是将信息技术、工业技术和管理技术进行深度融合的产物,它是大渡河智慧企业的重要业务单元,这样的特点决定了它与其他智慧建设和数字化、智能化应用有明显不同,归纳起来有四个方面的主要特征:一是智慧工程始终围绕风险管控,通过建设风险自动识别、智能管控体系,实现风险识别自动化、风险管控智能化,与传统工程管理相比更加注重风险防控。二是智慧工程除了应实现物物相联外,还应充分考虑人的因素,做到人人互通、人机交互、知识共享、价值创造,与传统工程管理相比更加注重人的因素影响。三是智慧工程通过信息技术、工业技术和管理技术“三元”融合,实现管理层级更加扁平,机构设置更加精简,机制流程更加优化,专业分工更加科学,在工程管理方面更加注重管理变革。四是智慧工程是全面系统的网络化、数字化和智能化,应按照全面创新进行规划和建设,做到全面感知、全面数字、全面互联、全面智能,在系统建设方面,更加注重统筹布局、全面推进。

2.3　建设目标

智慧工程主要有三大建设目标,即全生命周期管理、全方位风险预判、全要素智能调控。

(1)全生命周期管理,即通过实施信息化基础建设和打造标准统一、流程规范、业务量化的工程管控体系,形成全面感知、全面数字、全面互联、全面智能的管理形态,实现从发展规划、项目立项、前期设计、建设实施、竣工验收、移交运营到工程寿命终止的全阶段、全周期管理。

(2)全方位风险预判,是通过对工程建设过程中各种风险数据管理和管控模型分析,形成大感知、大传输、大储存、大数据、大计算、大分析的管控体系,实现全方位、全过程风险识别和预控。

(3)全要素智能调控,即通过打造工程建设中业主、设计、监理、施工、政府等相关方互联互通,彼此协调,形成枢纽工程安全、质量、进度、投资、环保与物资供应、移民搬迁、电力送出等专业专项智能协同和统一高效的管控体系,实现全专业、全要素智能调控。

2.4　技术构架

围绕工程建设管理的核心内容,以枢纽建设过程中的关键项目为目标,提出了以下由基础感知层、数据管理层、业务支撑层、综合管理层、智慧决策层组成智慧工程技术架构(见图1)。

基础感知层为一体化数据平台提供信息采集功能,并可实时掌握工程建设状态。数据管理层是对感知层信息的集成,包含平台所需的基础空间地理、三维模型、工程图档、业务流程等方面的数据信息。业务支撑层主要针对水电工程的枢纽工程、移民工程、送出工程三大业务板块,以对工程状态的全面感知、信息的即时传达为基础,借助物联网、三维数字移交、BIM等前沿技术,实现对工程建设各个环节的高效管控。综合管理层以水电工程“五控制”的内容划分管控目标,以三维可视化单元工程为载体,集成安全、质量、进度、投资、环保水保数据和信息,实现工程建设过程的信息关联分析与综合管理。智慧决策层利用多设备终端,通过关键信息的快速获取、风险预警和决策支持,建立跨平台、多终端、可视化决策会商平台,以实现“风险识别自动化、决策管理智能化”的总体目标。

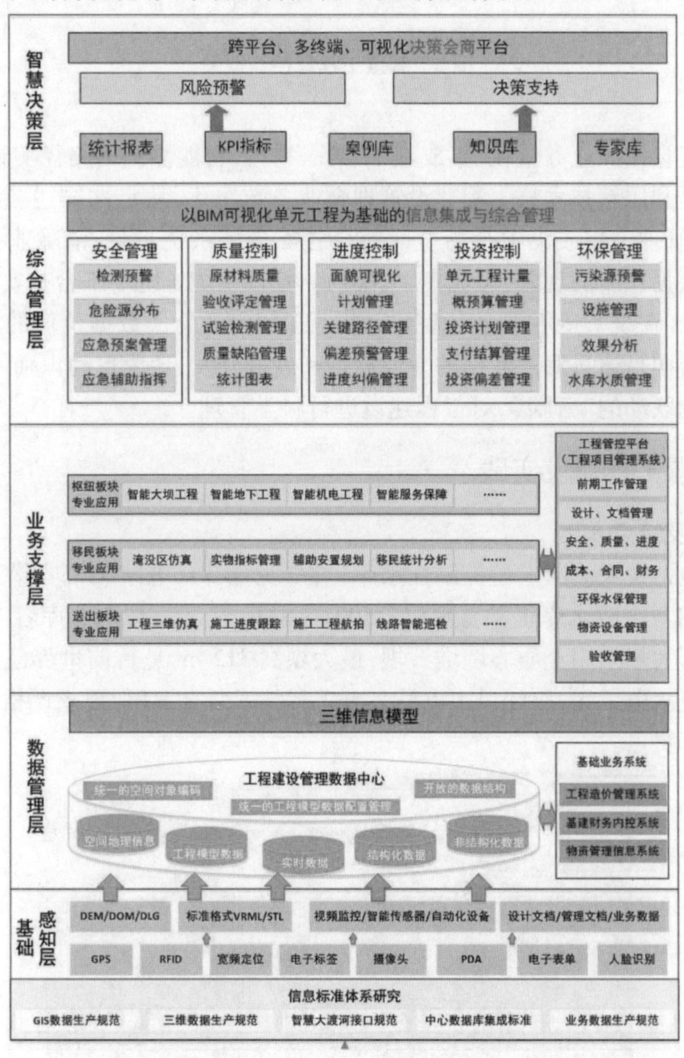

图1 智慧工程技术架构图

2.5 管控模型

智慧工程管控模型呈现数据驱动管理特点,是网络化、数字化、智能化技术的综合应用。

智慧工程管控模型围绕数据采集、挖掘,制定规则和开发应用,做好“决策脑”“专业脑”“单元脑”等人工智能脑的业务保障和人资、党群、后勤服务等综合保障,将传统层级式管理转变为数据驱动管理。智慧工程管控模型见图2。

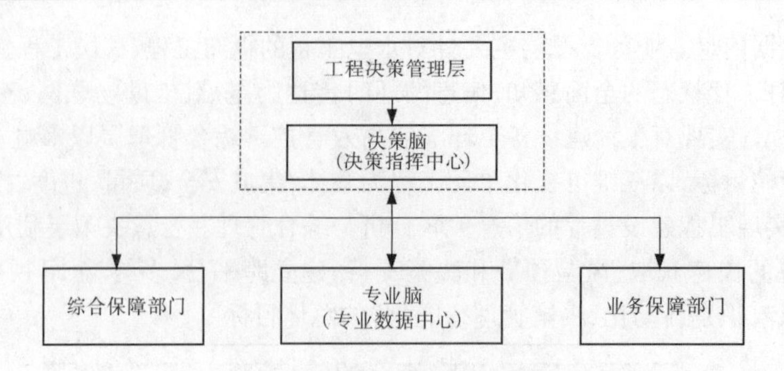

图 2　智慧工程管控模型图

2.6　实施路径

智慧工程建设按照业务量化、集成集中、统一平台、智能协同的路径实施。

业务量化是利用新技术将工程建设管理全业务数字化，从定性描述、经验管理，转变为数据说话、数据管理。集成集中是指全面整合各类分散系统平台，消除业务系统间分类建设、条块分割、数据孤岛的现象，形成集中、集约的管理系统。统一平台是实现各类专业口径的数据标准化，并在统一运用平台上相互交换、实时共享，为大数据价值的持续开发利用提供支撑。智能协同是通过对大数据的专业挖掘和软件开发，形成自动识别风险、智能决策管理以及多脑协调联动的“云脑”，对工程建设进行科学管理。

3　双江口智慧工程建设实践

3.1　工程概况及特点

双江口水电站是大渡河上游控制性水库工程（见图 3），电站装机容量 200 万 kW，设计年发电量 77 亿 kW · h，水库正常蓄水位 2 500 m，总库容 29 m^3，调节库容 19 亿 m^3，具有年调节能力。拦河大坝采用土质心墙堆石坝，最大坝高 312 m，是目前世界已建在建的第一高坝。作为世界级水电工程，双江口水电站具有工程技术复杂、环保要求严格、移民安置困难、综合效益显著等特点。

图 3　双江口水电站效果图

3.2 管理模式

针对前文所述的水电工程传统建设管理方式面临的挑战，基于智慧工程管控模型，在双江口工程管理过程中建立全数据驱动的决策管理体系，即业务实施决策在中心、统筹保障在部门的中心制管理模式（见图4）。该模式为职能部门及各参建单位搭建了高效的信息化协作平台，中心与部门职责分工明确，管理界面清晰，在精简人员机构的同时，缩短了管理流程，强化了目标责任机制，有效提升了工程全面管控水平，提高了工程决策能力和决策效率。

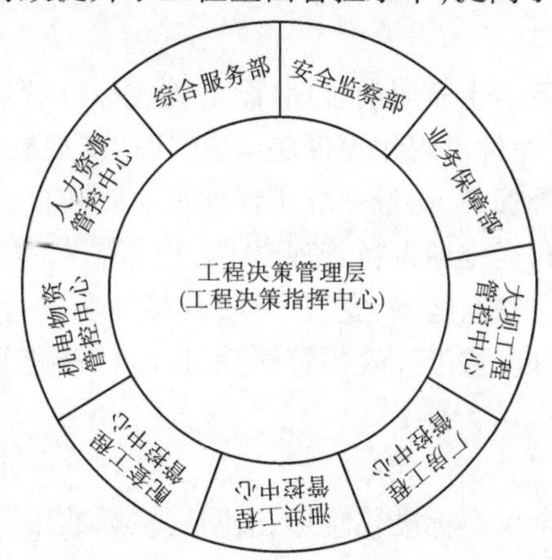

图4 双江口枢纽工程管理“中心制”管理模式图

3.3 技术方案

为保证上述创新管理模式的高效运转，双江口水电站结合枢纽工程特点构建了“一中心、七系统”技术方案。

3.3.1 工程预警决策中心

目标定位：该中心作为双江口智慧工程“决策脑”，是工程建设管理五系统的集中集成展示、综合分析和决策预警的平台。

实施方案：通过建立统一数据标准和数据关系，实现数据、文档、模型等信息的集中统一管理，利用跨平台模型融合、设计与施工数据标准协同、三维可视化与交互、远程控制等技术，基于云平台建立知识库、专家库及管控分析模型，构建工程管控平台与决策会商平台，科学管控和预警风险，智能制订有效解决方案，提高企业整体风险管控能力。

3.3.2 智能大坝工程系统

目标定位：该系统由大坝施工进度智能监控、质量智能监控、灌浆智能监控及信息集成展示四个模块组成，旨在实现质量监控全覆盖、进度管理动态化、施工过程可追溯、灌浆过程全控制的目标。

实施方案：创新运用含水率快速检测、防渗土料掺砾均匀度智能判别、智能掺水、摊铺厚度监控、自适应无人碾压、质量验评APP等智能化管控措施，从料源开采、掺和、运输、加水、铺摊、填筑、检测、验评等进行全过程质量实时监控，全面提升土石坝施工质量管控水平。

3.3.3 智能地下工程系统

目标定位：该系统由设计管理、进度管理、质量管理、混凝土全过程管控等四个模块组成，旨在实现双江口地下工程安全实时监控、质量全程可追溯、进度动态控制、信息可视化集成展示的目标。

实施方案：利用物联网、全球定位技术、建筑信息模型技术、移动互联技术等现代先进信息技术，首次实现大型水电站地下工程 Wi-Fi 通信及高精度定位（厘米级）网络全覆盖，并基于室内高精度定位等技术，实现对大体积混凝土人工振捣过程质量的实时监控与预警；首次构建地下工程设计施工一体化全信息模型，可视化集成各施工单元的地质、测绘、设计、施工计划、进度、质量、安全等信息，为地下工程设计动态优化和工程建设风险识别、分级预警提供大数据支撑。

3.3.4　智能机电工程系统

目标定位：该系统由设备全生命周期管理、设备验收标准管理、安装施工仿真及进度管理、设备综合信息管理、埋管埋件可视化等模块组成，旨在实现机电工程全生命周期管理、三维数字化管理、进度风险预警管理、质量标准化管理等功能和目标。

实施方案：根据建设期和运维期设备管理要求，建立统一的机电设备信息管理库和三维仿真模型，从机电设备设计、采购、运输、安装、验收及移交等进行全生命周期管理。该系统将为机电工程全生命周期管理、进度风险预警管理、质量标准化管理等奠定基础，也为后续智慧电厂建设创造有利条件。

3.3.5　智能安全管控系统

目标定位：该系统由安全生产标准化管理、文明施工标准化管理、危险源分级管控、地质灾害防治管理、施工设备（设施）管理、安全监测、关键指标分级预警等模块组成，旨在实现危险源和安全风险自动识别与自动感知，促进安全管理智能化、高效化、可视化和集成化水平的提升。

实施方案：以通信领域、工程三维设计领域、物联网领域、信息集成等领域的前沿技术为支撑，率先研发和使用安全管理 APP 系统，首次将智能安全帽用于水电工程建设，并建立危险源实时动态跟踪监控系统，实现了危险源分级管控。同时利用雨情水情气象预报系统、地灾远程监控系统，结合无人机巡查，自动评估灾害隐患点或易发点安全状态。另外率先在水电工程实现了虚拟技术、VR 设备、电动机械相结合，建立首个大型水电工程安全管理体验馆，切实提升培训效果。

3.3.6　智能服务保障系统

目标定位：该系统是双江口智慧工程业务办理、数据收集、管理优化的主要载体，旨在实现工程管理信息收集处理标准化、业务管理规范化、流程化，提高工程质量、进度、投资、环保等管控能力。

实施方案：应用现代项目管理思想和信息技术，建设以项目管理为基础、以计划进度为主线、以资金控制为核心，以业主为主体、各参建单位协同参与的水电基建项目全过程管理信息系统，形成以工程管理为中心的矩阵式管理模式。

3.3.7　智能环保水保系统

目标定位：该系统主要由流域环境信息管理、环保水保设施信息管理及运行监控、环保水保数据监测及专题调查、环境影响和效益后评价、环保水保信息与文档管理等模块组成，通过集成环保水保日常管理信息和流程，实现环保项目进度与检测指标在线监控、动态反馈和及时预警。

实施方案：通过建设环境监控、监测系统，整合工程环境数据，以数据存储中心为基础，对施工过程中水、土、声、光等环境量进行监测，实现环保水保实施效果的自动化监测和反馈分析,实现环保水保措施效果的自动化监测和环保水保问题及时报警和处理,科学评估环保水保措施效果,确保环水保工作与主体工程同时设计、同时施工、同时投产使用的“三同时”要求。

3.3.8 智能资源管理系统

目标定位:该系统主要由人员管理、设备管理、单位管理、统计分析等模块组成,通过集成施工现场人员及设备数据信息,规范工程建设人员、物资、设备等管理,实现施工资源的高效调配利用和全方位管控。

实施方案:以施工现场的人员、设备实时定位数据、进退场信息、资源投入计划等信息为核心,基于工区航测三维实景地形图,实现施工人员、设备、物资等的实时在线浏览、筛选、统计、调配,以及上述施工资源的全过程、全方位调控与管理。

4 结语与展望

为有效提高工程管理水平,高标准推进工程建设,双江口智慧工程技术方案中的智能大坝工程系统、智能地下工程系统、智能安全管控系统、智能服务保障系统以及预警决策中心的主要功能模块已建成投入应用;同时,以“中心制”为核心的创新管理模式已在枢纽工程管理中正常运行并取得实效。

智慧工程不仅是信息化、网络化、数字化、智能化技术在工程建设管理中的简单集成,更是在此基础上实现的先进信息技术(IT)、工业技术(OT)和管理技术(MT)的高度融合,以及由此创造出的柔性组织形态和新型工程管理模式。本文基于双江口水电站智慧工程建设的理论和实践成果提出的一套全新的管理理念及思路,可供其他水利水电工程建设管理和同类企业在管理变革过程中参考借鉴。

随着以互联网产业化、工业智能化等为特征的“第四次工业革命”的不断深化发展,“互联网+”的下一站——“智能+”时代的来临已成为不可阻挡的趋势[8]。智慧工程管理方案的提出为传统工程管理企业提供了一套全新管理思路,可以预见,随着智慧工程理念的持续推广,由此产生的全新管理模式和技术方案,将在不久的将来成为水电开发企业转型升级的重要推动力,在水电项目管理中得到广泛的应用,并创造丰硕的成果。

参考文献

[1] 涂扬举.瀑布沟水电站建设管理探索与实践[J].水力发电,2010(6):12-15.

[2] 涂扬举,郑小华,何仲辉,等.智慧企业框架与实践[M].北京:经济日报出版社,2016.

[3] 涂扬举.建设智慧企业,实现自动管理[J].清华管理评论,2016(10):29-37.

[4] 涂扬举.水电企业如何建设智慧企业[J].能源,2016(8):96-97.

[5] 涂扬举.智慧企业建设引领水电企业创新发展[J].企业文明,2017(1):9-11.

[6] “国电大渡河智慧企业”建设战略研究与总体规划报告[R].成都:国电大渡河流域水电开发有限公司,2015.

[7] “国电大渡河智慧企业”建设之“智慧工程”总体方案[R].成都:国电大渡河流域水电开发有限公司,2016.

[8] 王冠雄.迎接不可阻挡的“智能+”时代[EB/OL].2016-06-28.

向家坝水电站坝基混凝土防渗墙研究及应用

刘要来　周红波　邹阳生　张永涛

（中国电建集团中南勘测设计研究院有限公司，长沙　410014）

摘　要　向家坝水电站大坝为混凝土重力坝，河床部位存在由挠曲核部破碎带构成的复杂地质构造。为了满足坝基深浅层抗滑稳定、渗透稳定、承载力及变形控制要求，采用“扩大坝基＋坝踵齿槽＋深孔固结灌浆”综合处理方案，但河床泄水坝段坝踵部位仍保留约60 m厚的Ⅳ～Ⅴ类挠曲核部破碎带岩体，其强度较低、遇水泥化、可灌性差，采用塑性混凝土防渗墙的防渗形式，成功地解决了工程软弱破碎岩体的渗透变形问题。本文对向家坝水电站坝基防渗墙的研究过程进行回顾，并对防渗墙的运行情况进行评价，为类似工程建设提供技术参考。

关键词　重力坝；混凝土坝基；破碎带岩体；塑性混凝土防渗墙

向家坝水电站是金沙江下游河段规划的最末1个梯级，坝址位于四川省宜宾县和云南省水富县交界处。电站距下游宜宾市33 km，离水富县城1.5 km。工程的开发任务以发电为主，同时改善航运条件，兼顾防洪、灌溉，并具有拦沙和对溪洛渡水电站进行反调节等作用。电站坝址控制流域面积45.88万 km^2，正常蓄水位380.00 m，水库总库容51.63亿 m^3，装机容量6 400 MW。大坝采用混凝土重力坝，最大坝高162.00 m。

工程于2004年7月开始筹建；2006年11月26日，向家坝水电站主体工程开工建设；2008年12月28日截流；2012年10月下闸蓄水；2012年11月右岸地下电站首批2台机组投产发电；2013年4月大坝全线浇筑至坝顶；2013年7月水库水位由354 m抬升至死水位370 m，9月蓄至正常蓄水位380 m；左岸坝后电站第1台机组于2013年10月投产发电；2014年7月，全厂8台机组全部投产发电。

1　防渗墙部位工程地质条件

1.1　挠曲核部破碎带分布特点

挠曲核部破碎带在平面上斜穿左泄水坝段坝踵、右泄水坝段消力池，在高程240 m的分布宽度为：坝踵部位40 m，坝趾部位70 m。破碎岩带总体走向NW，倾向SW（右岸偏上游），倾角在30°～40°。

针对坝踵部位出露的挠曲核部破碎带及其影响带，采取开挖坝踵齿槽的方式截断潜在的主滑面，以保证大坝的深层抗滑稳定，同时挖除坝踵部位Ⅳ～Ⅴ类岩体，改善坝踵部位应力变形条件；对于在坝基中部、坝趾及消力池出露的挠曲核部破碎带，采用适当深挖40 m深齿槽并置换混凝土的方法。通过上述开挖处理设计，大坝建基面均为$Ⅲ_2$及以上岩体，大坝及消力池齿槽底面仍保留部分Ⅳ～Ⅴ类挠曲核部破碎带岩体，其中泄④～⑧坝段位于坝踵

作者简介：刘要来（1984—），男，河南洛阳人，高级工程师，硕士研究生，主要从事水利水电工程及岩土工程设计咨询工作。E-mail：369067021@qq.com。

部位,最大厚度约60 m。

1.2 挠曲核部破碎带物质组成

挠曲核部破碎带顶、底界面不规则、起伏大,铅直厚度多在10~60 m。勘探孔揭露该破碎岩带岩体多呈碎块状,夹碎屑状和短柱状,碎屑状结构的占31.4%~37.0%。经颗粒分析,挠曲核部破碎带内的碎块结构岩体的颗粒组成是以粒径大于5 mm的为主,一般占70%~90%;碎屑结构岩体则以粉细砂为主,一般占30%~60%,黏粒占10%左右。

1.3 挠曲核部破碎带物理力学特性

按照岩体结构和物质组成,将挠曲核部破碎带及其影响带分为三类:钻孔岩芯以短柱状为主的块裂结构砂岩为Ⅲ$_2$类;以碎裂结构或碎块结构的砂岩及泥质岩的为Ⅳ类,岩芯以碎块状为主;碎屑结构岩体为Ⅴ类,原状岩芯呈灰色土柱,受扰动冲洗呈松散的砂。碎屑结构岩体在开挖过程中刚暴露时一般呈浅灰色或灰白色,局部夹灰黑色的炭质和泥质条带,含水率低,很密实。现场采取原状样测试,其含水率一般在5%~7%,天然密度多在2.2~2.4 g/cm^3,干密度一般在2.1~2.3 g/cm^3。但暴露后很容易吸水软化,逐渐呈灰色,泡水呈泥状。

1.4 挠曲核部破碎带岩体渗透特性

试验成果分析,挠曲核部破碎带岩体的渗透性差异较大,其中碎屑结构岩体的渗透系数在A×10^{-6} cm/s左右,临界坡降在8.33~13.84,破坏坡降在16.8~54.63,破坏形式既有管涌也有流土;碎块结构岩体的渗透系统则在A×(10^{-4}~10^{-5}) cm/s,临界坡降为4.21~5.58,破坏坡降为44.4~49.8。破坏形式既有管涌也有流土。

2 防渗型式研究

2.1 常规水泥灌浆

挠曲核部破碎带主要呈碎块结构和碎屑结构,其中碎屑结构物质颗粒细,具有原位条件下含水率低(5%~7%)、密实度高(2.2~2.4 g/cm^3)、强度低、透水率小(10^{-4}~10^6 cm/s)、遇水易塌孔、可灌性差等特点。

参照《水力发电工程地质勘察规范》(GB 50287—2006)附录L中无黏性土允许水力比降确定方法的规定,以试验成果的临界坡降除以1.5~2.0的安全系数取允许比降,挠曲核部破碎带内碎屑结构岩体的允许比降建议取4~5,碎块结构岩体的允许比降建议取2~3。对比坝基渗流计算分析成果,如果防渗体质量不理想,沿挠曲核部破碎带存在产生渗透破坏的可能。现场灌浆试验成果表明,常规水泥灌浆成孔困难、可灌性差,对坝基存在的挠曲核部破碎带地质缺陷处理难以达到设计要求。

2.2 化学灌浆

针对该部位软弱破碎岩体的物理力学性质,对挠曲核部破碎带进行“水泥-化学复合”帷幕灌浆试验,以研究化学灌浆的适宜性。试验用化学灌浆材料选用CW510环氧树脂灌浆材料和AC-Ⅱ丙烯酸盐灌浆材料进行对比分析,AC-Ⅱ丙烯酸盐化学灌浆材料和CW510系环氧类化学灌浆材料各4个孔,孔距1.0 m。

灌浆试验成果表明,湿磨细水泥+AC-Ⅱ丙烯酸盐复合灌浆对改善抗渗性能有一定的效果,但对改善不良地质体强度效果不明显;湿磨细水泥+CW环氧材料复合灌浆对改善坝基不良地质体强度和抗渗性能改善效果有限。从取芯及芯样偏光显微镜检查情况看,CW

环氧材料对微细裂隙结构风化疏松岩体(属Ⅴ类岩体)的充填和浸润效果一般,不良地质体灌后透水率、疲劳压水试验和破坏性压水指标基本满足设计要求,声波值有一定程度改善。同时,化学灌浆存在灌浆材料单耗偏大、部分柱状岩芯中未见明显环氧材料充填等现象。

2.3 塑性混凝土防渗墙

为了对防渗墙的效果及适宜性进行分析,对典型坝段泄⑥建立坝体—地基二维有限元整体模型,采用非线性有限元法分别对工程完建工况和正常蓄水位工况进行渗流及应力分析。

2.3.1 渗透比降

取防渗墙的渗透系数为 10^{-8} cm/s,考虑固灌后固灌范围岩体渗透系数的变化,以及防渗帷幕和排水孔的影响进行渗流计算,得到的防渗墙渗透比降分布图如图1所示。可见防渗墙最大水力梯度为50.0,发生在防渗墙与大坝接头处,从接头处到底部水力梯度递减,底部的水力梯度为12.0。

2.3.2 防渗墙与周围岩体位移和应力协调性

计算分析成果表明,从完建工况和正常蓄水工况位移分布图来看,防渗墙底端与周围岩体面的位移差别非常小,没有明显的相互错动。从完建工况和正常蓄水工况应力图来看,在防渗墙顶部、底部、与 JC_{2-10} 交界处以及150 m高程附近的Ⅳ~Ⅴ类岩与 $Ⅲ_1$ 类岩交界处均存在突变。其中防渗墙顶部和底部的应力突变是由于边界点应力奇异造成的,而 JC_{2-10} 交界处以及150 m高程附近的Ⅳ~Ⅴ类岩与 $Ⅲ_1$ 类岩交界处均存在突变则是由于岩体材料特性突变造成的。从整体上看,除个别应力集中点外,完建工况和正常蓄水位工况防渗墙的主拉应力值都很小,主压应力值也普遍比较小,完建工况主压应力值基本小于1 MPa,正常蓄水位工况主压应力值基本小于1.5 MPa。

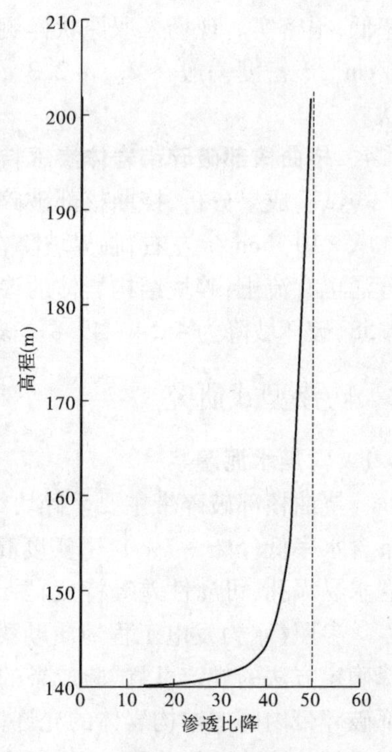

图1 防渗墙渗透比降分布图

2.4 防渗形式比选

泄④~⑧坝段坝踵深齿槽底部挠曲核部破碎带岩体,通过对其水力学特性试验研究,其可灌性较差,常规水泥灌浆难以满足设计要求;化学灌浆试验表明,灌浆工艺复杂、水泥及化学浆材耗浆量大,对于破碎带强度及抗渗处理效果有限;防渗墙能够满足坝基渗透稳定的要求,且与周围岩体的变形基本协调。最终确定坝基挠曲核部破碎带采用混凝土防渗墙的防渗形式。

3 防渗墙设计

3.1 防渗墙设置范围

泄④以左坝段坝踵齿槽已将包括挤压破碎带、挠曲核部破碎带为代表的地质缺陷全部挖除,齿槽底部坐落在Ⅲ类岩体上,其防渗处理采用常规帷幕灌浆;泄水坝段泄⑦~泄⑦坝踵齿槽底部高程为203.00 m,其下部尚存有最大深度达60 m的挠曲核部破碎带;泄⑧~泄⑩坝段坝踵高程抬高至高程240.00 m,建基岩体为Ⅱ~$Ⅲ_1$类,其厚度基本在35 m以上,挠曲核部破碎带下伏在Ⅱ～Ⅲ$_1$类岩体以下，且越往右岸，破碎带厚度越薄，埋藏越深；泄⑧以右坝段挠曲核部破碎带埋深已达40 m以上，可采用常规复合灌浆进行处理。因此，泄④～泄⑧采用混凝土防渗墙作为坝基挠曲核部破碎带防渗处理方案。

坝基防渗墙总长88 m，墙厚1.2 m，顶部高程为210 m，底部高程为148 m，最大墙深62 m，墙底进入Ⅲ类岩体至少2 m，共计3 432 m^2。对防渗墙与基岩的接触面及以下岩体进行常规灌浆，防渗帷幕采用2排孔，孔底高程均为80.00 m，2排帷幕孔均在防渗墙内埋管设置；另外，在防渗墙的下游设置深孔固结灌浆，孔底高程140.00 m，基本与防渗墙底部高程相同，重点对防渗墙下游经冲击扰动的Ⅳ～Ⅴ类挠曲核部破碎带岩体进行灌浆。防渗墙布置图见图2及图3。

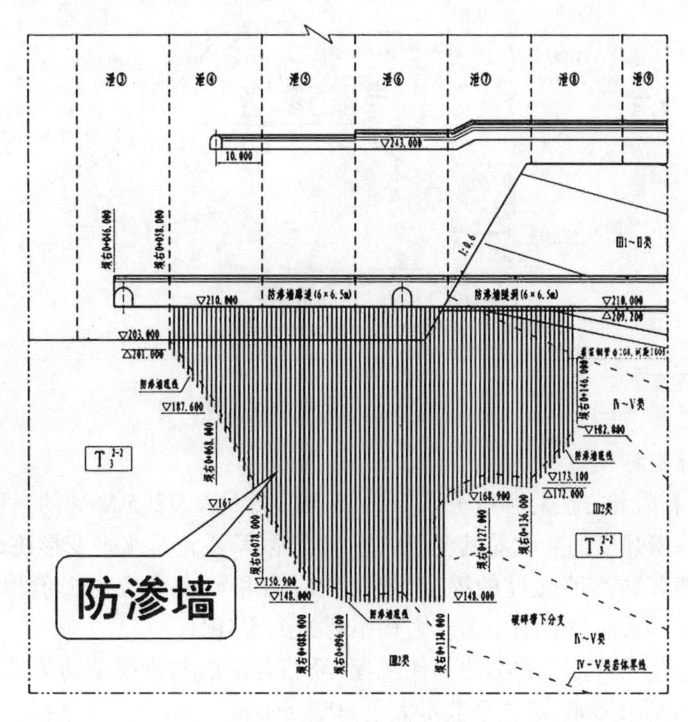

图2 坝基防渗墙布置图

3.2 防渗墙设计指标

3.2.1 墙厚

混凝土防渗墙厚度的确定，主要取决于墙体混凝土的抗渗比降、施工技术水平和机械设备能力。防渗墙的渗透稳定性取决于混凝土的抗渗比降。混凝土自身的抗渗比降随其强度的增大而提高，可以达到很大的值，考虑一定的安全储备，允许比降通常在100左右。考虑混凝土防渗墙是在泥浆下浇筑而成的，且为隐蔽性工程，其质量控制较为困难，国内混凝土防渗墙的抗渗比降一般采用70～90。防渗墙厚度主要根据墙体所承担的水头，即混凝土的抗渗比降确定。槽孔墙混凝土是在泥浆下浇筑而成，为隐蔽性工程，其质量控制较为困难，国内外防渗墙混凝土的抗渗比降一般采用70～90。按照渗流分析成果防渗墙墙体承担110 m水头计算，确定墙厚为1.2 m，相应抗渗比降为92。其次定墙厚时也考虑了当前国内外造孔机械设备的现状和施工难度，以加快防渗墙的建造速度，否则将会增加工程造价。

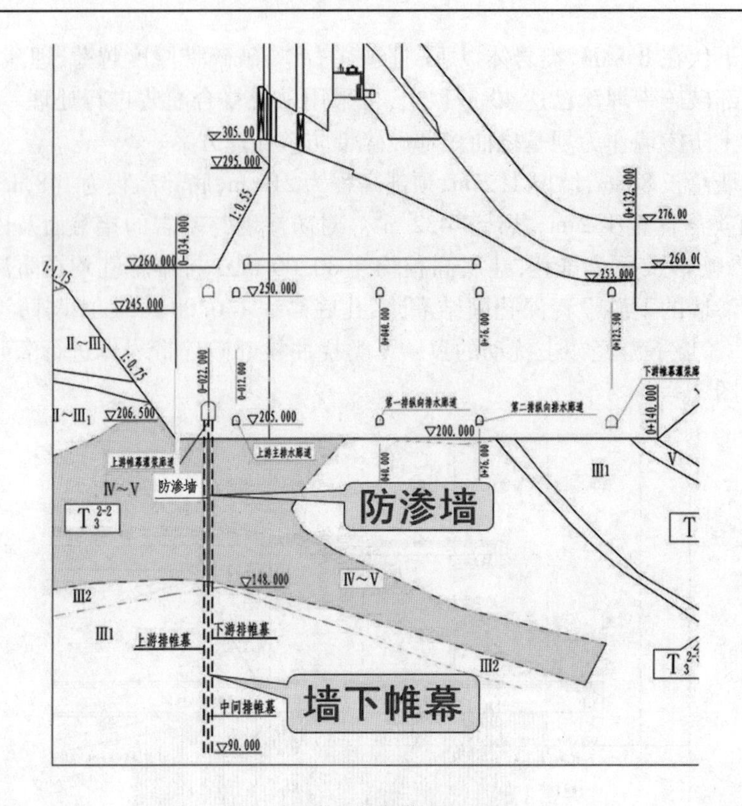

图3　坝基防渗墙典型断面图

3.2.2　墙的设计指标

采用非线性有限元方法对强度分别为1.25 MPa、5 MPa、12.5 MPa的三种防渗墙参数分析成果表明，防渗墙强度的变化对其变形的影响不显著，不论是水平变形还是垂直变形均只有微小的变化；随着防渗墙强度的提高，最大主应力和最小主应力极值均逐渐增大；在5 MPa的防渗墙强度下，防渗墙的主压应力均不超过1.5 MPa。

根据本工程防渗墙特点，并类比其他工程，经综合考虑初步拟定防渗墙指标如下：抗压强度3~5 MPa、模强比500、渗透系数不大于10^{-8} cm/s。

3.3　防渗墙细部设计

3.3.1　防渗墙与大坝的衔接

根据防渗墙非线性有限元分析成果，在5 MPa强度防渗墙参数情况下，坝体自重工况下，大坝水平位移以倾向上游为主，防渗墙的水平位移最大值为-0.75 cm，竖向最大位移为-3.85 cm，均出现在防渗墙顶部。正常蓄水位工况下，防渗墙的水平位移最大值为3.44 cm，出现在JC_{2-9}和JC_{2-10}之间的防渗墙中部，竖向最大位移为-3.22 cm，出现在防渗墙顶部。

根据有限元分析成果，结合工程类比，防渗墙与大坝连接接头初步拟定如下：防渗墙顶部伸入坝体导槽1.3 m，接头顶部和上、下游侧与坝体之间均设有铜片止水，并设置闭孔泡沫板，作为弹性变形空间。防渗墙接头顶部、上游侧、下游侧闭孔泡沫板厚分别为10 cm、3 cm、5 cm。

3.3.2　防渗墙与帷幕的衔接

按照坝基渗控系统总体布置，防渗帷幕采用3排同深孔，排距1.5 m，孔距2 m，孔底高程均为90.00 m。在泄④～泄⑥坝段防渗帷幕穿过Ⅳ～Ⅴ类挠曲核部破碎带部位采用塑性混凝土防渗墙代替第二排帷幕灌浆,防渗墙厚1.2 m,墙底进入$Ⅲ_2$类岩体至少2 m。第二排帷幕孔在防渗墙内埋管施工,重点对防渗墙与基岩的接触面及以下岩体进行帷幕灌浆;第一排和第三排帷幕孔对防渗墙上下游经冲击扰动的Ⅳ～Ⅴ类挠曲核部破碎带及以下岩体进行灌浆。泄⑦～泄⑩坝段坝基高程210.00 m隧洞以下防渗墙和灌浆布置同泄④～泄⑥坝段,防渗墙隧洞顶拱以上Ⅱ～$Ⅲ_1$类岩体帷幕灌浆待坝基高程210.00 m隧洞回填混凝土后,在坝体高程245.00 m帷幕廊道施工。

4 防渗墙运行效果分析

向家坝水电站2012年10月下闸蓄水,初期蓄水位354 m;2013年7月水库水位由354 m抬升至死水位370 m,9月蓄至正常蓄水位380 m;坝基防渗系统经历了工程蓄水及初期运行的实践检验。

为了监测坝基防渗墙的运行情况及防渗效果,在基础防渗墙部位共埋设安装渗压计31支,起测时间为2012年4月至2013年4月。

首次蓄水354 m期间,防渗墙渗压计折算水位随库水位上升呈增大趋势,防渗墙上游侧渗压计的折算水位比防渗墙后的折算水位高出约50 m水头,说明防渗墙起到了一定的防渗效果。蓄水370 m后,防渗墙渗压水位随着库水位上升而升高,蓄水结束后,防渗墙上游渗压水位上升近9 m,下游侧渗压水位上升近5 m,防渗墙基础渗流趋缓。蓄水380 m后,防渗墙上游渗压水位最大上升4.46 m,下游侧渗压水位最大上升3.57 m。

2013年底至今,防渗墙上游测点测值比下游测点测值高40～70 m水头,防渗墙部位渗压基本稳定,说明防渗墙起到了良好的防渗效果。图4为截至2016年11月防渗墙监测断面渗压计监测分析图。

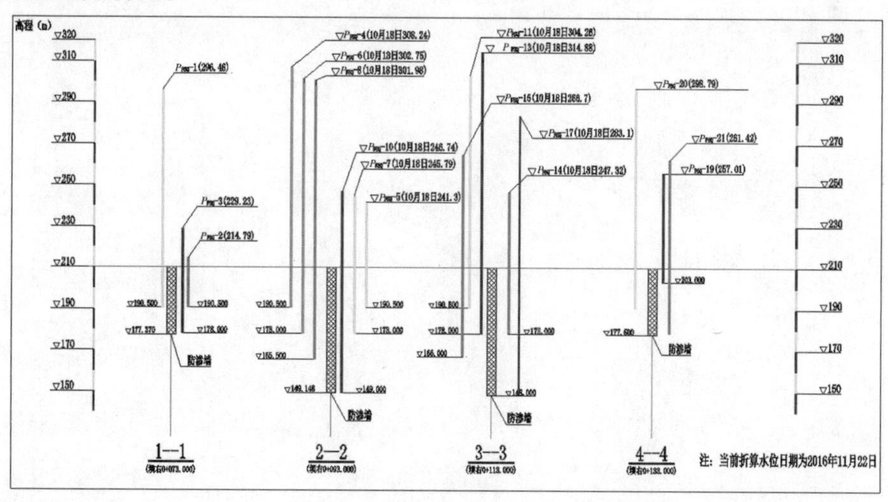

图4 防渗墙监测断面渗压计监测分析图

5 结 语

在水电工程中,混凝土防渗墙多用于土石坝深厚覆盖层的坝基防渗中,混凝土坝坝基地质条件相对较好,通常采用帷幕灌浆作为防渗体。向家坝水电站大坝虽为混凝土重力坝,但坝址地质条件极为复杂,通过综合的技术经济分析,基础采用"扩大坝基+坝踵齿槽+深孔固结灌浆"综合处理方案,但河床泄水坝段坝踵部位仍保留约60 m厚的Ⅳ~Ⅴ类挠曲核部破碎带岩体,其强度较低、遇水泥化、可灌性差。设计采用塑性混凝土防渗墙的防渗形式,成功地解决了工程软弱破碎岩体的防渗问题。

初期蓄水至今防渗墙已在设计运行条件下正常工作4年多,充分说明了软弱破碎岩体中防渗墙良好的防渗效果。

参考文献

[1] 金沙江向家坝水电站大坝基础处理设计专题报告[R]. 中国电建集团中南勘测设计研究院有限公司,2016.

[2] 混凝土防渗墙墙体材料及接头型式研究[R]. 中国水电顾问集团国家"八五"科技攻关项目.

[3] 张永涛,曾祥喜,等. 向家坝水电站大坝基础处理设计[J]. 人民长江,2016(2):76-80.

[4] 陈鹏,邹阳生. 向家坝软弱破碎岩体渗控处理措施及实施效果评价[J]. 水利水电快报,2014(10):23-26.

阿不都拉水库施工导流的一种创新及实践

克里木[1]　郭坚强[2]　马小甜[2]

(1. 新疆水利水电规划设计管理局,乌鲁木齐　830000;
2. 新疆塔城地区水利水电勘察设计院,塔城　834700)

摘　要　阿不都拉水库大坝布置在"V"形狭窄河沟内,由于特殊地形、严寒气候条件、水文特性的制约和开工时间的滞后等因素,使导流放水洞完工后留给围堰施工的有效时间非常紧张。按原导截流设计方案,截流后至来年汛前这一时间段把上游围堰抢至设计高程的难度极大。本文主要介绍在特殊施工条件下对常规施工导流设计方案进行改进,使上游围堰能够在导流隧洞工程几乎同步施工,为上游围堰赢得宝贵的施工时间,将达到围堰在汛前的一个枯水期内提前施工完成,并保证汛期来临之前大坝基础处理能够在围堰保护下在干地上正常施工,降低基坑将被淹没的安全风险的一种创新和实践经验。

关键词　严寒地区;"V"形河谷;混凝土面板砂砾石坝;施工导流;临时导流支洞

1　工程概况

阿不都拉水库工程位于新疆塔城市境内,阿不都拉河出山口以上 2.1 km 处,是一座以生态灌溉为主,兼顾供水和防洪任务的控制性水利枢纽工程,工程规模为Ⅲ等中型。水库正常蓄水位 1 033.50 m,总库容为 3 560 万 m^3。枢纽工程建筑物由混凝土面板砂砾石坝、左岸导流放水隧洞、右岸开敞式溢洪道等组成,最大坝高 98.54 m。大坝级别 2 级,其余永久性主要建筑物级别为 3 级,次要建筑物和临时导流建筑物级别为 4 级,其他临时性水工建筑物级别为 5 级。设计洪水重现期为 50 年,最大洪峰流量 120 m^3/s,校核洪水重现期为 1 000 年,最大洪峰流量 262 m^3/s。

阿不都拉水库工程于 2014 年 8 月 20 日开工建设,2018 年 6 月坝体与挤压边墙同步填筑至设计顶高程,预计 2018 年年底主体工程完工,图 1 给出了阿不都拉水库大坝 0 + 100 最大横断面图,图 2 给出了阿不都拉水库工程平面布置图。

施工导流改变了大坝电站的建设进度,同时也改变了下游河道的水文情势,给水电站建设施工带来了风险[1],优化的导流洞布置设计,不仅可以改变导流洞的工程量,特别是土石方明挖和边坡支护工程量较大幅度减小,而且能有效降低风险,又节约了投资,并为工程截流创造了有利条件[2-3]。增加临时导流支洞的设计方式,为上游围堰赢得宝贵的施工时间,降低基坑将被淹没风险,同时也节约了投资成本。

作者简介:克里木(1970—),男,新疆乌鲁木齐人,高级工程师,主要从事水利水电规划设计管理工作。E-mail:Kelimu2008@126.com。

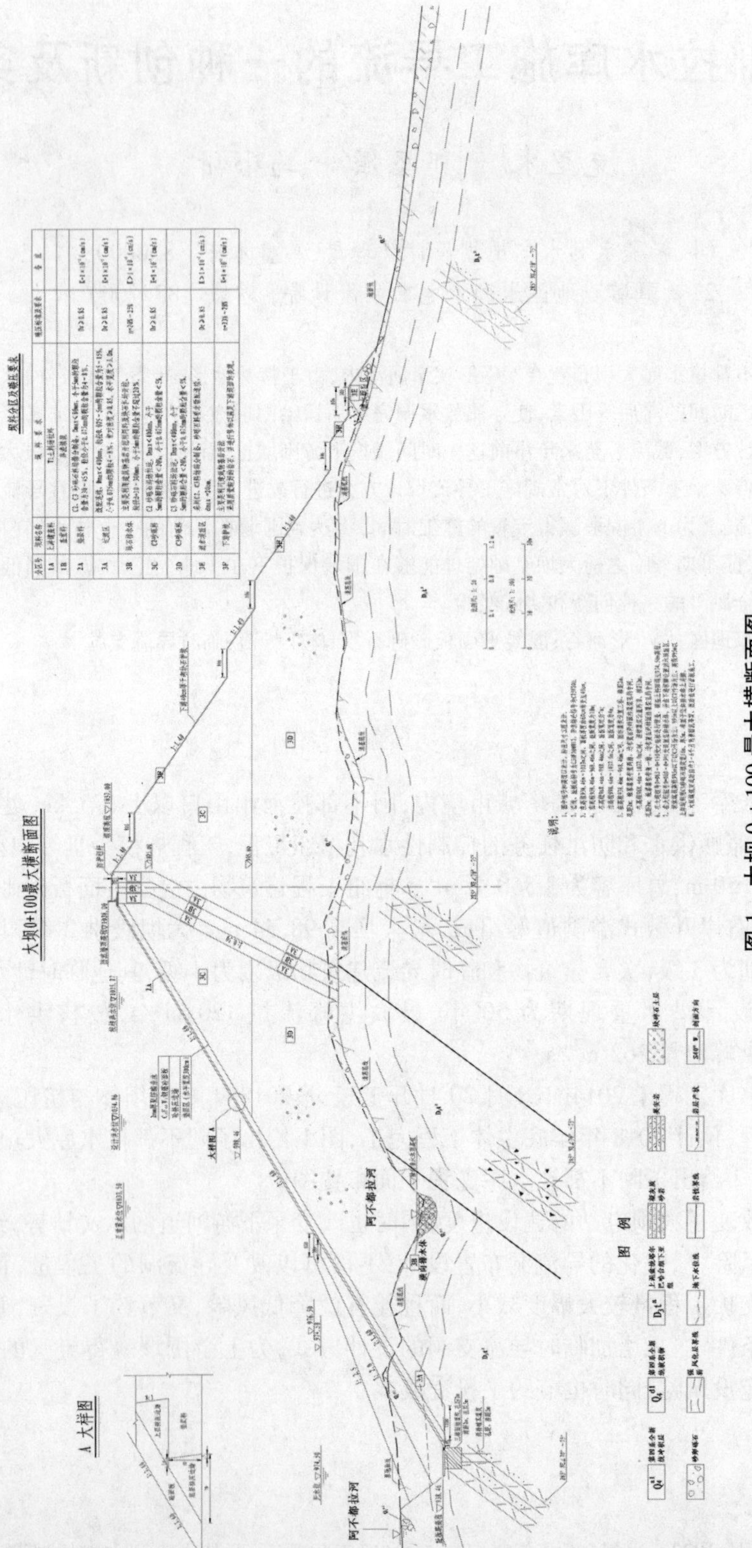

图1 大坝0+100最大横断面图

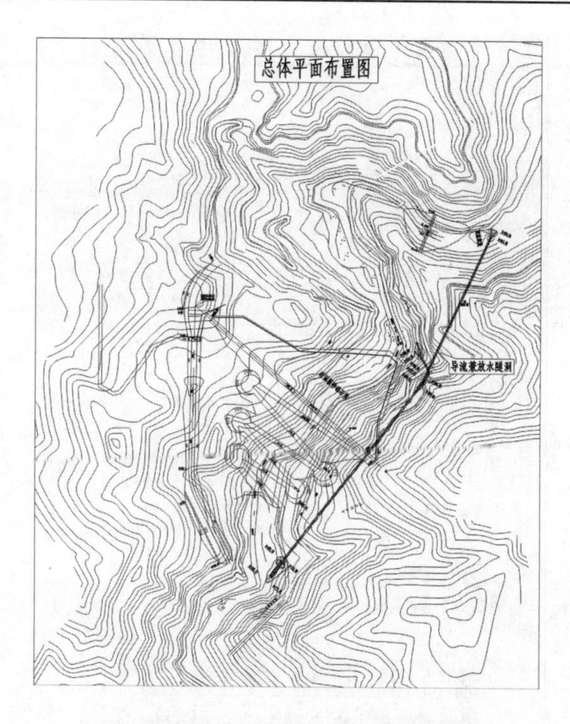

图2 阿不都拉水库工程平面布置图

2 工程条件

阿不都拉河洪水类型以融雪洪水+雨雪混合型洪水为主,其洪水特点是峰高量大,呈多峰型,对水利工程威胁较大。洪水划分为主汛期(4~6月)及次汛期(7~9月)。项目区多年平均气温3.6 ℃,属于严寒地区,全年有效施工期6~7个月。坝址区河谷为"V"形谷,谷底宽10~20 m,阶地不发育,左右岸坡度较陡,山体雄厚。工程区地震基本烈度为Ⅵ度,区域内地震动峰值加速度0.05g,主要建筑物均按Ⅵ度设防。图3给出了阿不都拉水库工程典型地质剖面图。

3 施工导流设计

3.1 导流及度汛标准

阿不都拉水库工程级别为Ⅲ等,永久性主要建筑物级别为3级,且坝高超过70 m,大坝级别可提高一级,由3级提高到2级,洪水标准不提高,在确定度汛标准时,因导流建筑物保护对象为2级永久性水工建筑物。使用年限为1.5~3年,围堰高度在15~50 m,根据规范[4,5],确定导流建筑物级别为4级,洪水标准为20~10年。由于阿不都拉水库坝址处无完整水文实测资料系列,故本工程导流标准采用4级建筑物对应的重现期20年的洪水标准,其对应的洪峰流量Q =82.5 m^3/s。

坝体临时断面挡水期,拦蓄库容达0.05亿m^3,根据规范规定[4-5],坝体施工期临时度汛洪水标准为50~20年,由于本工程设计洪水重现期为50年,坝体施工期临时度汛洪水标准采用重现期30年,相应洪峰流量103 m^3/s,表1给出了工程施工期导流度汛特性表。

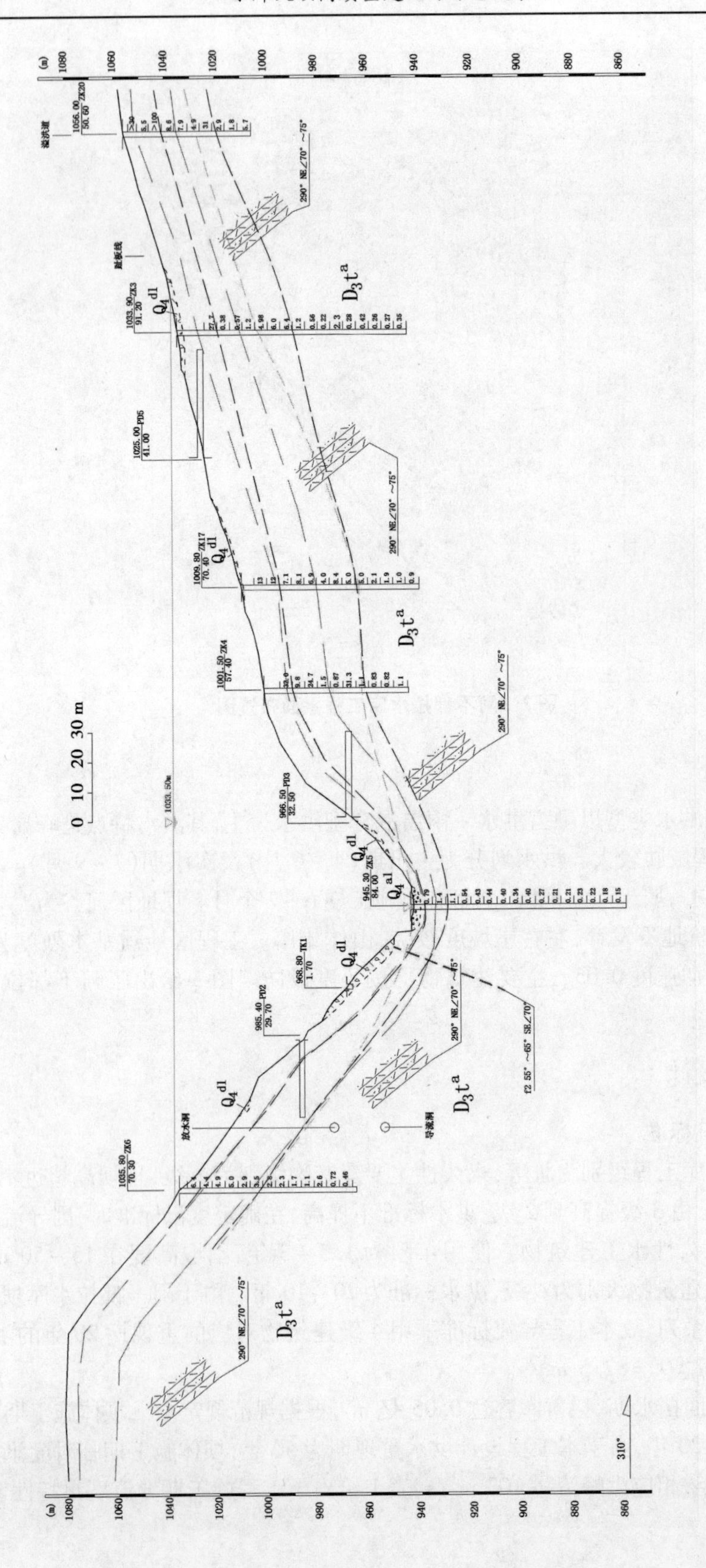

图3 阿不都拉水库典型地质剖面图

表1 工程施工期导流度汛特性表

施工汛期	导流度汛标准 $P(\%)$	洪峰流量 (m^3/s)	挡水建筑物				泄水建筑物		
			型式	水位 (m)	拦蓄库容 $(10^4 m^3)$	坝顶高程 (m)	泄洪方式	导流隧洞孔口尺寸	下泄流量 (m^3/s)
第二~三年	5%	82.50	围堰	987.51	344.91	989.00	导流隧洞与放水隧洞相结合	2.5 m×2.3 m 矩形断面	49.09
第四~五年	3.33%	103	坝体临时断面	993.14	521.20	994.7	导流隧洞与放水隧洞相结合	2.5 m×2.3 m 矩形断面	53.72

3.2 导流方式选择

根据工程枢纽布置、工程规模、施工条件的要求和意见，施工总工期定为4年。全年有效工期7个月左右，主要为4月初至11月初，而主汛期为4月至5月下旬，经分析，一个枯水期内永久建筑物不能修筑至汛期洪水位以上，根据坝址处水文、地质及河谷地形条件，经综合分析确定采用河床一次断流，上下游围堰全年挡水，左岸导流洞泄洪的施工导流方式。

3.3 导流时段及导流程序

综合考虑枢纽水文气象条件、施工总进度计划，大坝施工导流时段初拟划分为4个阶段：

第一阶段：第一年开春(4月)至第二年汛后(7月)。该阶段原河床过流，主要完成导流隧洞、放水隧洞及大坝岸坡两岸趾板开挖处理的施工，导流洞具备通水条件，大坝具备截流条件。

第二阶段：第二年汛后(7月)至第四年汛前(4月)。计划第二年7月进行大坝截流，第三年汛前(4月)将围堰具备挡水条件，第三年主汛期(4~6月)至第四年汛前由全年围堰挡水，导流洞泄流，主要进行大坝基坑处理、大坝岸坡处理、坝体填筑至坝体临时断面挡水设计高程或更高位置、永久泄水建筑物施工。

第三阶段：第四年主汛期(4~6月)至第五年汛后(8月底)为止。由坝体临时断面挡水度汛。9月坝体施工至坝顶高程，导流洞具备下闸封堵条件，水库开始蓄水。

3.4 导流建筑物布置

导流建筑物由上下游围堰、导流放水隧洞组成。

导流放水隧洞设计：位于大坝左岸山体中，采用两洞(导流洞和放水洞)合一布置，由进口段、洞身段、出口闸室段、出口明渠段及挑流消能段组成。其中0+000~0+350为导流洞段，属于临时工程；0+350~0+725及出口闸室段、出口明渠段及挑流消能段与放水隧洞公用段，属于永久工程。导流洞纵坡 $i=0.02$，横断面为圆形，内径为2.5 m，采用有压洞设计，钢筋混凝土衬砌。等水库下闸蓄水后对导流洞临时段进行永久封堵。

上游围堰设计：位于坝轴线上游380 m的河道弯道处。围堰高度是依据拦蓄 $P=5\%$ 洪水的调节计算(起调水位为959.00 m)确定，堰前最高水位为987.51 m，调洪库容344.91万 m^3，导流隧洞最大下泄流量为49.09 m^3/s。考虑风浪爬高等影响，初步确定堰高程989.00 m，最大堰高29 m。围堰形式为砂砾石围堰，堰顶宽5 m，长76 m，上游坝坡为1:2.5，下游坝坡为1∶2,堰体采用土工膜防渗,土工膜底部设阻滑墙与基岩相连,迎水面采用现浇混凝土板护砌。

下游围堰设计:根据放水隧洞出口水位流量关系曲线,围堰前最高水位为948 m,最大堰高6.0 m,堰顶高程950 m,堰顶宽4 m,堰顶长46 m,上游边坡均为1∶3.0,下游边坡均为1∶1.6。围堰填筑材料为大坝河床段清基砂砾石,上游采用水平宽度2 m黏土防渗,黏土防渗体底部设结合槽与岩体相连,结合槽底宽2.5 m,最大深度6 m。

4　施工期间导流方案的调整

4.1　问题的提出

本工程2014年8月20日正式开工建设,导流放水洞于2014年10月20日开工,根据进度计划安排导流洞总工期约13个月,预计2015年11月底才能完工。一般导流(泄洪)建筑物工程作为关键工程,其施工进度直接影响河道导截流、围堰施工、大坝基坑处理、大坝填筑、大坝度汛等一系列关键点和关键工期的确定。由于本工程开工时间比原计划滞后导致原导流工程施工进度计划中的导流时段划分、导流程序需从新调整。另外,阿不都拉水库大坝布置在"V"形狭窄河沟内,受特殊地形、严寒气候条件和水文特性的制约,大坝基础处理施工进度比预期可能长一些,若按常规施工程序等待围堰闭气后再进行基坑处理,将会影响大坝整个工期安排。

本工程在整个施工期内将经历四个汛期,其中2015年由原河床过流,2016年由围堰挡水导流,估计2017年和2018年具备坝体临时断面度汛的条件。由于工程开工时间的推迟及其他原因,导流洞完工时间比原计划有所滞后。2015年6月(主汛期)导流洞还在施工当中,其中洞身段前200 m基本完工并具备通水条件,但其下游段还需要约6个月的工期。根据工程实际进展情况,问题的难点就是导流洞完工后至2016年汛前有效施工期不能满足上游围堰填筑的工期要求,围堰未能按时完成将会直接影响至2016年汛期由上下游围堰挡水、导流洞泄流,完成大坝河床段基础处理方案的实施,影响工程整体进度计划。

在这种情况下为克服关键工程进度调整和严寒地区狭窄河谷内混凝土面板砂砾石坝基础处理难度大、工期紧张等一系列问题所带来的不协调和不利影响,结合现场水文气象地形地质条件和以往一些工程的经验教训,要研究提出能否在导流隧洞工程未完成的前提下利用2015年枯水期通过临时增设泄洪通道,将用截流堤挡水抢上游围堰填筑工期的措施,要在2016年汛前提前完成大坝上游围堰填筑,提前开始大坝河床段基础处理,为大坝基础处理赢得珍贵施工时间的方案。

4.2　导流方案调整的新思路

为保证大坝上游围堰能够在导流隧洞工程未完成的前提下填筑完成,在总体导流方案的基础上,提出导流隧洞内新增一段导流支洞,提前进行导截流,上游围堰和导流洞同时进行施工的附加方案(见图4)。

具体方案为:在导流隧洞桩号0+165处右侧新增一段导流支洞,在导流隧洞桩号0+165下游5 m处进行临时封堵,临时封堵段后段继续抢修,当导流隧洞工程具备过水条件时,大坝上游围堰工程已施工完成,可对导流支洞采取永久封堵措施,同时拆除导流隧洞临时封堵。在围堰施工期由加固后的截流堤挡水,导流洞前段+导流支洞泄流。导流支洞长101 m,断面为3.3 m×3.3 m城门洞形,临时封堵段长度10 m。导流洪水标准为重现期20

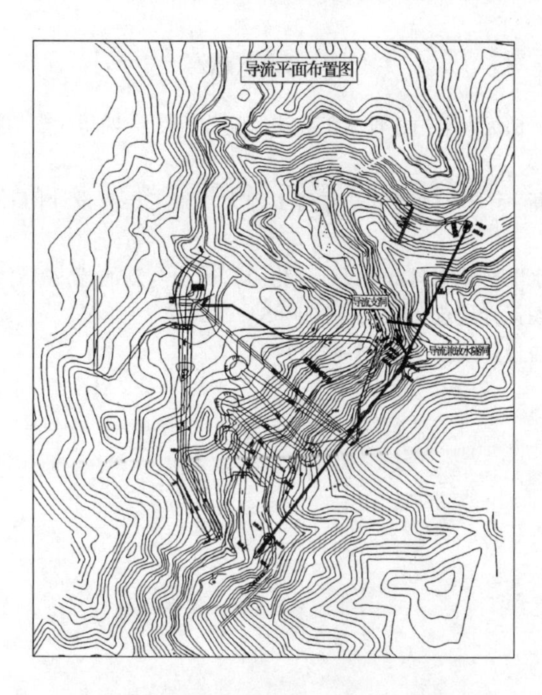

图4　方案调整后增加导流支洞的平面布置

年,其对应的洪峰流量为枯水期 $Q=19.8\ m^3/s$。

根据新调整的导流方案,在2015年6~7月顺利完成导流支洞施工并与导流洞顺利衔接。2015年枯水期完成了利用截流堤挡水,导流洞前段+导流支洞进行泄流的目标,同时完成了上游围堰填筑和导流洞后段施工,保证了大坝基坑处理提前开工。2015年11月20日导流放水洞全线完工,并具备了通水条件。经过增加上述导流附加方案,保证了大坝上游围堰能够在导流隧洞工程未完成的前提下填筑完成,2016年汛期做到上下游围堰挡水导流放水洞顺利泄洪的目标,使该段导流进度与原导流方案基本吻合,加快了工期,降低了淹没风险。

5　结　论

对于严寒地区布置在狭窄"V"形河沟内的混凝土面板砂砾石坝的基础处理而言,由于坝址处施工空间狭窄、截流后有效工期较短,具有施工布置困难、前后工序干扰大、施工强度高、工期紧张等特点。如果导流洞与永久泄洪洞结合布置,且施工条件比较复杂,存在工期滞后的情况下,将影响整个导流度汛方案的顺利实施。在这种特殊的施工条件下,等导流洞具备通水条件后进行截流、围堰填筑,再进行大坝基础处理的常规施工程序和进度安排可能存在的问题,将会出现上下游围堰在一个枯水期内达不到设计高程,而汛期基坑被淹没或大坝基础处理滞后,影响大坝进度计划等问题。

本工程所采用的导流隧洞内新增一段导流支洞的导流方案,使上游围堰能够在导流隧洞工程几乎同步施工,为上游围堰赢得宝贵的施工时间,将达到围堰在2016年汛前的一个枯水期内提前完成,并保证2016年汛期来临之前大坝基础处理在围堰保护下在干地上正常施工,降低基坑将被淹没的安全风险。本工程对于布置在严寒地区狭窄"V"形河沟内混凝土面板砂砾石坝工程施工导流设计提供一种新的设计理念和方式。

参考文献

[1] 薛进平,胡志根,刘全. 梯级水电站建设施工导流风险分析[J]. 四川大学学报(工程科学版),2014,46(1):75-81.

[2] 史有福,王福运,冯吉新,等. 丰满水电站重建工程大坝施工导流设计[J]. 水利水电技术,2016,47(6):29-33.

[3] 鲁德标. 南欧江6级水电站导流洞布置设计优化[J]. 水电与新能源,2018(5):11-15.

[4] 水利水电工程施工组织设计规范:SL 303—2004[S].

[5] 水利水电工程施工导流设计规范:SL 623—2013[S].

堆石料的不同类型相对密度试验方法研究及其应用

车维斌　田中涛　江万红　王森荣

（中国水利水电第五工程局有限公司，成都　610066）

摘　要　通过对堆石料进行现场相对密度试验和现场原位碾压试验，得到堆石料的最大、最小干密度，并相互验证其合理性，进而说明堆石料孔隙率施工检测数值的合理性。试验结果表明，现有相对密度试验无法适应堆石料的最大、最小干密度测试，存在较大的偏差，采取现场大型原位碾压试验取得的孔隙率数据较为真实客观。大型碾压机械可以将堆石料压实到理想效果，我国现有的碾压设备可以满足当前高土石坝建设的需要。

关键词　堆石料；最大干密度；最小干密度；孔隙率；相对密度试验；原位碾压试验

1　引　言

目前《碾压式土石坝设计规范》（DL/T 5395—2007）[1]要求堆石料填筑控制标准为孔隙率，根据类似工程经验可在20%～28%选取，高土石坝常选取19%～21%，糯扎渡为20.5%，长河坝为21%，溧阳为19%。近年来，工程施工实际检测堆石料平均孔隙率一般在18%～19%，最小数值达到16%，根据统计数值糯扎渡平均孔隙率为19.7%，长河坝为19.2%，溧阳为18.07%。从以上工程可以看出，堆石料孔隙率的设计数值与施工实际取样数值差距较大，堆石料孔隙率能否碾压到18%～19%，堆石料18%～19%的孔隙率与其他相同料相比较到底是什么水平，一直是行业非常关注和需要搞清楚的问题。

为保证两河口300 m级高坝工程质量的可靠性，针对堆石料进行了不同类型的大型专项相对密度试验，力图找到其不同孔隙率下对应的相对密度以与同样条件下砂石料相比较，根据堆石料相对密度是否合理来说明现场碾压孔隙率数据的合理性。

根据《土石筑坝材料碾压试验规程》（NB/T 35016—2013）[2]，采用直径100 cm的小环和400 cm的大环对原级配堆石料筑坝材料进行现场大型相对密度试验（包括最大干密度试验和最小干密度试验）来评价其指标的合理性。

2　现场相对密度试验

按照NB/T 35016—2013规范要求，分别采用直径100 cm的小环和400 cm的大环进行试验。

2.1　试验方法

现场相对密度试验时先进行最小干密度试验，然后通过碾压设备进行振动碾压至最大

作者简介：车维斌（1987—），男，甘肃定西人，工程师，主要从事水利水电工程施工技术与管理工作。E-mail：531381300@qq.com。

干密度。最小干密度试验采用人工配合反铲松填法。试验按环的大小分别进行最大粒径为 100 mm、200 mm、400 mm、800 mm 的现场试验(上、中、下包线)。

按照 DL/T 5356—2006[3]、NB/T 35016—2013 规范要求,通过人工筛分把每一级料全部筛分出来,筛完后人工配料、人工装样、获取试样体积。碾压机械采用 32 t 自行式振动平碾碾压了 26 遍。在每个试验环范围内微动进退振动碾压 15 min。在碾压过程中,根据试验料及周边料的沉降情况及时补充料源,使振动碾不与试验环直接接触。碾压完成后进行现场灌水,获取碾压后土体的体积,计算最大干密度值,均进行 2 组平行试验。试验环下部封闭,上部碾压前采用粒径 20 mm 的砾石进行填平,并称取砾石质量(高度约 20 cm)。根据装填的总土质量和试样环的体积计算最小干密度和最大干密度。

2.2　试验成果

100 cm 环按最大粒径为 200 mm、100 mm 分别进行 6 组最大、最小干密度试验,具体试验成果见表 1。

表 1　100 cm 堆石料现场最大、最小干密度试验成果

最大粒径(mm)	级配曲线	最大干密度 ρ_{dmax}(g/cm³)	最小干密度 ρ_{dmin}(g/cm³)	破碎率(%)
200	上	2.18	1.81	1.34
200	上	2.18	1.81	1.96
200	中	2.12	1.78	2.51
200	中	2.08	1.74	2.89
200	下	1.89	1.59	4.91
200	下	1.90	1.60	4.92
100	上	2.15	1.83	0.4
100	上	2.14	1.85	0.2
100	中	2.18	1.90	0.1
100	中	2.20	1.88	0.2
100	下	2.12	1.80	0.9
100	下	2.13	1.80	0.8

400 cm 环按最大粒径为 400 mm、800 mm 分别进行 6 组最大、最小干密度试验,具体试验成果见表 2。

表2　400 cm 环堆石料现场最大、最小干密度试验成果

最大粒径(mm)	级配曲线	最大干密度 ρ_{dmax}(g/cm^3)	最小干密度 ρ_{dmin}(g/cm^3)	破碎率(%)
400	上	2.18	1.98	4.0
800	中	2.24	2.00	5.0
800	下	2.08	1.89	8.4
400	上	2.20	2.01	3.4
800	中	2.27	2.02	8.8
800	下	2.09	1.90	9.2

3　现场原位大型碾压试验

3.1　试验方法

参照 NB/T 35016—2013 规范类似原理进行现场原位大型碾压试验确定最大干密度。选择大坝已填筑沉降基本趋于稳定的下游堆石 Ⅰ 区部位进行现场原位大型碾压试验，填筑堆石料约 900 m^3，现场大型填筑总质量为 1 852 480 kg，面积 1 089 m^2。通过现场地磅称量得到堆石料的质量，经过布置测量点测量得到精确的体积，计算对应的铺料厚度与不同碾压遍数下的密度。主要步骤如下：

(1)基础面处理。基础采用 32 t 自行式平碾振动碾压 26 遍后，现场划定 30 m×30 m 的试验区域，在场地周边填筑厚度为 100 cm 的堆石料，振动碾压 26 遍，对靠近试验区一侧的坡面进行坡面修整(坡比为 1∶1.3)，剔除较大粒径石料，采用反滤料 1 + 反滤料 2，各占 50% 的混合料对修整后的坡面进行找平处理，然后用振动夯板进行振动夯实(≥80 s)。

(2)基础面测量。现场测量网格点采用 1 m×1 m 布置，包括斜坡面中部与坡顶，采用全站仪进行精确测量。

(3)料源。专项试验料源采用坝面堆石料，首先进行直观判断，再进行颗粒级配试验，满足要求后进行试验。

(4)质量控制流程。在试验前，对试验流程进行规定，对相关人员进行技术交底。采用“堆石料相对密度试验质量控制卡”的方式对堆石料的上料质量进行控制。料场质检人员对堆石料的料源质量进行控制，并指导堆石料的装车质量，要求混合均匀、级配连续，满足试验要求，并对车辆发放控制卡，控制卡上由质检人员填写编号、车号，交于运输司机；运输司机依次经 2 个地磅进行重车称量，然后运输至试验场地，试验场有指定专门收料的人员对控制卡进行签字、拍照、记录，将签字的控制卡再交于运输司机，空车依次再进行称量，由最后 1 个地磅收集控制卡。经数据核对后确定填筑到试验区堆石料的总质量。

(5)铺料。在刚开始上料时，为防止试验区斜坡面边沿压塌，采用铺设钢板的形式对斜坡面进行保护。铺料厚度由测量进行跟踪测量，靠近边沿容易造成大粒径石料集中的部位安排有反铲进行处理。

(6)碾压测量。在铺料完成后，对应下层的点位进行铺料厚度测量，并对 32 t 自行式平碾振动碾压 2～26 遍间每两遍的沉降进行测量，以计算对应不同碾压遍数下的体积与密度。

(7)试验检测。铺料完成后，采用附加质量法和坑测法分别对松铺料、振碾 8 遍、振碾 26 遍时的堆石料密度进行检测，每种状态检测 3 个点。

3.2 试验成果

现场原位大型碾压试验采用坑测法、附加质量法、沉压值法测量得到的密度成果分别见表3～表5和图1。

表3 堆石料原位大型碾压试验密度成果统计(坑测法)

铺料厚度(cm)	碾压遍数 *N*	碾压设备	试验编号	湿密度(g/cm³)	含水率(%)	干密度(g/cm³)
100	松铺	33 t自行式振动平碾，低频、高振	XDMD－SP－1	1.76	0.2	1.76
			XDMD－SP－2	1.78	0.2	1.78
			XDMD－SP－3	1.75	0.3	1.74
			平均值	1.76	0.2	1.76
	8		XDMD－8－1	2.19	0.4	2.18
			XDMD－8－2	2.21	0.5	2.20
			XDMD－8－3	2.24	0.4	2.23
			平均值	2.21	0.4	2.20
	26		XDMD－26－1	2.25	0.7	2.23
			XDMD－26－2	2.26	0.9	2.24
			XDMD－26－3	2.28	0.9	2.26
			平均值	2.26	0.8	2.24

表4 堆石料原位大型碾压试验密度成果统计(附加质量法)

铺料厚度(cm)	碾压遍数 *N*	碾压设备	干密度(g/cm³)					
			1#	2#	3#	4#	5#	6#
100	松铺	33 t自行式振动平碾，低频、高振	1.88	1.90	1.90	1.86	1.91	1.90
	2		2.03	2.07	2.05	—	—	—
	4		2.13	2.16	2.11	—	—	—
	6		2.18	2.22	2.15	—	—	—
	8		2.24	2.24	2.22	2.26	2.23	2.24
	10		2.26	2.25	2.25	—	—	—
	12		2.27	2.26	2.27	—	—	—
	14		2.27	2.26	2.27	—	—	—
	16		2.27	2.26	2.27	—	—	—
	18		2.28	2.26	2.28	—	—	—
	20		2.28	2.27	2.28	—	—	—
	22		2.28	2.27	2.28	—	—	—
	24		2.28	2.27	2.28	—	—	—
	26		2.28	2.28	2.28	2.27	2.26	2.28

表5　堆石料原位大型碾压试验密度成果统计(沉压值法)

碾压遍数(遍)	底板高程	基础面	2遍	4遍	6遍	8遍	10遍	12遍
点号		松铺	2	4	6	8	10	12
平均高程(m)	2 629.715	2 630.597	2 630.544	2 630.503	2 630.487	2 630.463	2 630.453	2 630.454
平均厚度(cm)		0.881 9	0.829 5	0.787 5	0.772 4	0.748 2	0.738 4	0.739 3
面积(m^2)	1 089							
体积(m^3)		960.34	903.30	857.62	841.18	814.80	804.07	805.06
质量(kg)	1 852 480							
干密度(g/cm^3)		1.929	2.051	2.160	2.202	2.274	2.304	2.301
比重		2.76	2.76	2.76	2.76	2.76	2.76	
孔隙率(%)		30.1	25.7	21.7	20.2	17.6	16.5	16.6

碾压遍数(遍)	14遍	16遍	18遍	20遍	22遍	24遍	26遍	
点号	14	16	18	20	22	24	26	
平均高程(m)	2 630.453	2 630.451	2 630.451	2 630.451	2 630.451	2 630.447	2 630.447	
平均厚度(cm)	0.738 4	0.735 8	0.735 9	0.735 7	0.735 8	0.731 9	0.732 0	
面积(m^2)	1 089							
体积(m^3)	960.34	903.30	857.62	841.18	814.80	804.07	805.06	
质量(kg)	1 852 480							
干密度(g/cm^3)	1.929	2.051	2.160	2.202	2.274	2.304	2.301	
比重	2.76	2.76	2.76	2.76	2.76			
孔隙率(%)	30.1	25.7	21.7	20.2	17.6	16.5	16.6	

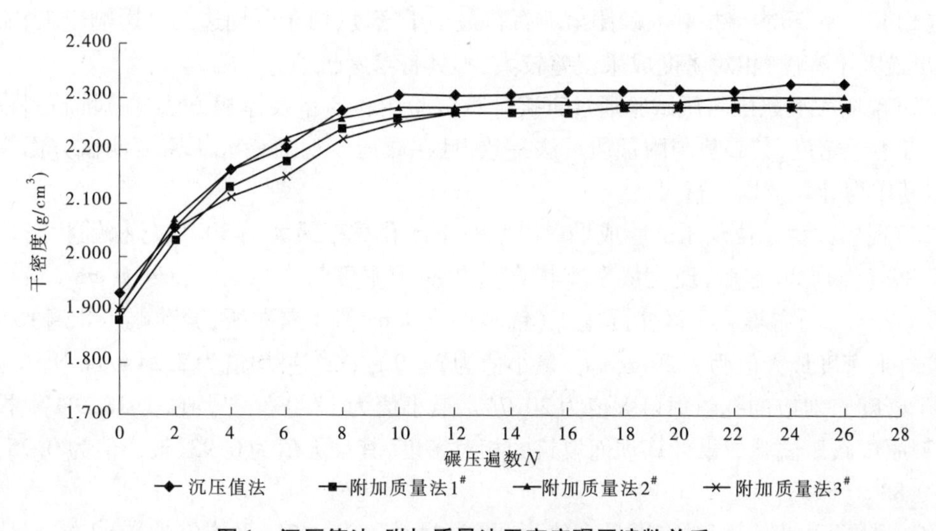

图1　沉压值法、附加质量法干密度碾压遍数关系

由图 1 可知,沉压值法干密度略微比附加质量法偏大,但干密度与碾压遍数的趋势与附加质量法相同;当碾压遍数在 0 ~ 10 遍时,干密度随碾压遍数的增加而增加,增长的速率较快,当碾压遍数超过 10 遍时,干密度增长速率极为缓慢,基本趋于稳定,现场最小干密度 1.76 g/cm^3,最大干密度为 2.324 g/cm^3。

4　试验成果分析

4.1　成果汇总

100 cm 环由于受填料缩尺及周边约束影响较大,不能准确测出堆石料最大干密度、最小干密度,相对密度成果误差较大,不具备参考价值,将现场相对密度试验(400 cm 环)、现场原位大型碾压试验测得的堆石料密度成果汇总于表 6。

表 6　400 cm 环、现场原位大型试验坑测法、沉压值法、附加质量法数据汇总

检测项目		最大干密度(g/cm^3)	最小干密度(g/cm^3)	最大孔隙率(%)	最小孔隙率(%)
4 m 环	上	2.18	1.98	28.3	21.0
	中	2.24	2.00	27.5	18.8
	下	2.08	1.89	31.5	24.6
4 m 环	上	2.20	2.01	26.9	20.0
	中	2.27	2.02	26.3	17.2
	下	2.09	1.90	30.7	23.7
现场坑测法		2.24	1.75	36.6	18.8
沉压值法		2.324	1.929	30.1	15.8
附加质量法		2.28	1.89	31.5	17.4

4.2　成果分析

(1)400 cm 环能够相对准确测出堆石料最小干密度,由于受周边约束影响较大,不能准确测出最大干密度,相对密度成果误差较大,不具备参考价值。

(2)现场大型原位碾压试验通过直接计算试验用料质量及体积方法推算堆石料最大干密度、最小干密度,其趋势与附加质量法一致,且在碾压 8 遍后最大干密度测试方面规律性强,以其作为计算依据可行。

(3)现场大型原位碾压试验成果得出堆石Ⅰ区孔隙率最大为 30.1%(松铺状态)、最小为 15.8%(碾压 26 遍后,理论最密实状态),相应干密度最大值为 2.324 g/cm^3、最小值为 1.929 g/cm^3。下游堆石Ⅰ区实际施工(铺料厚度 1 m、32 t 碾碾压、振动碾压 8 遍)64 组检测情况,干密度最大值为 2.29 g/cm^3、最小值为 2.19 g/cm^3、平均值为 2.24 g/cm^3(作为施工填筑干密度),对应的孔隙率最大值为 20.7%、最小值为 17.0%、平均值为 18.9%。根据现场大型原位碾压试验成果计算坝面填筑的相对密度,其最大值为 0.93、最小值为 0.75、平均值为 0.83。

综上,堆石料填筑相对密度最大值为 0.93、最小值为 0.75、平均值为 0.83,经对比砂砾石料具有较高的可信度。

5 结　论

对堆石料进行现场相对密度试验和大型原位试验,根据试验结果可知,现有相对密度试验方法无法适应堆石料的最大干密度、最小干密度测试,存在较大的偏差,采取现场大型原位碾压试验取得的孔隙率数据较为真实客观。另外,当前我国堆石料施工碾压设备能够满足现今高土石坝、超高土石坝建设要求,施工质量有保证。

参 考 文 献

[1] 碾压式土石坝设计规范:DL/T 5395—2007[S].

[2] 土石筑坝材料碾压试验规程:NB/T 35016—2013[S].

[3] 水电水利工程粗粒土试验规程:DL/T 5356—2006[S].

爆破管理系统的开发及其在随钻测井地面验证中的应用

Kenji Nagai[1], Masahito Yamagami[2], Saburou Katayama[3]

(1. 大成建设株式会社建筑工程部,日本东京 163-0606;
2. 大成建设株式会社基础设施技术研究部,日本神奈川 245-0051;
3. 大成建设株式会社先进技术部,日本神奈川 245-0051)

摘 要 大坝施工中的混凝土骨料生产是根据钻孔勘探和地球物理勘测等初步勘测预估的优质岩石分布进行规划的。优质岩石分布预估的准确性通常较低,取决于勘测成果的数量。而这可能限制骨料生产效率的提高。为了解决这一问题,我们开发了一个岩石爆破管理系统,该系统包括一项合理的施工技术、信息和通信技术(ICT),以及在坝址进行的示范实验。在本文中,我们将概述五箇山(Gokayama)坝的骨料生产作业、开发的岩石爆破管理系统,以及钻孔勘测的验证实验结果和在骨料生产场址进行的示范实验结果。

关键词 大坝混凝土骨料生产;信息和通信技术;履带式潜孔钻机;机器引导;钻孔勘测

1 引 言

大坝施工中的混凝土骨料生产是根据钻孔勘探和地球物理勘测等初步勘测预估的优质岩分布进行规划的。优质岩分布预估的准确性通常较低,具体取决于勘测的数量。而这可能限制骨料生产效率的提高。为了解决这一问题,我们开发了一个岩石爆破管理系统——"T-iBlast DAM",该系统包括一项合理的施工技术、信息和通信技术(ICT),以及应日本福冈县要求在五箇山坝骨料生产场址进行的示范实验。"T-iBlast DAM"由两个子系统组成:"智能履带式潜孔钻机系统(ICDS)"(见图1)和"地面评估系统(GES)"。ICDS具有随钻测井和钻孔引导功能。前一功能可以在使用履带式潜孔钻机进行爆破的钻孔作业过程中,根据钻进比功来预估岩质,后一功能则可使用全球导航卫星系统(GNSS)来引导钻孔位置、方向和深度。GES可以通过三维方式管理岩质信息。将钻测井结果应用于信息化施工的方法已经在大型地下洞室中得到验证[1]。我们的研究就提到了该方法。在本文中,我们将概述五箇山坝的骨料生产作业、"T-iBlast DAM",以及随钻测井功能的验证实验结果和在坝址进行的示范实验结果。如果可以评估采石场内的岩质,就可以更准确地采集优质岩骨料。此外,如果累积勘测数据的管理实现三维集成,那么不仅可以减少废石材料,而且可以减少整个施工过程中的处理损耗。在报告的最后部分,我们提出了一种在未来坝骨料生产中使用ICT的合理化技术,该技术将与"现场分析方法"相结合,后一种方法正在单独开发当中[2]。

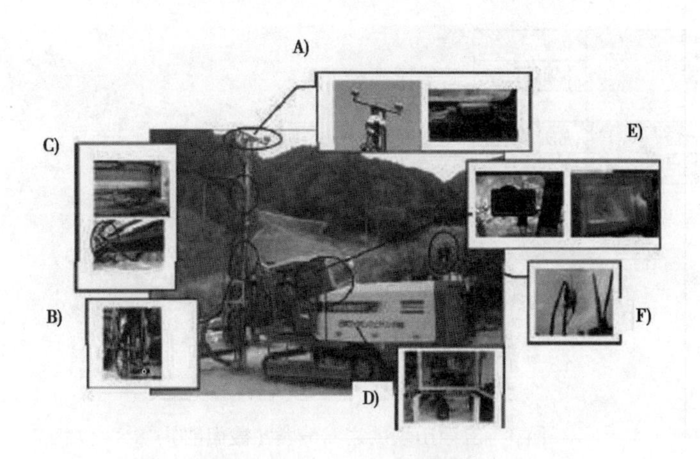

图1 智能履带式潜孔钻机(各组件详情参见第3.1.1节)

2 五箇山坝骨料生产作业

2.1 概述

五箇山坝是日本福冈县的一座混凝土重力坝,主要用于防洪和供水(见图2)。分布的岩石是黑云母花岗岩。从骨料的岩石分类来看,合格石材为Ⅰ-1(B-CH类)和Ⅰ-2(CH-CM类),不合格石材为Ⅱ(CL类)和Ⅲ(D类)(见图3)。

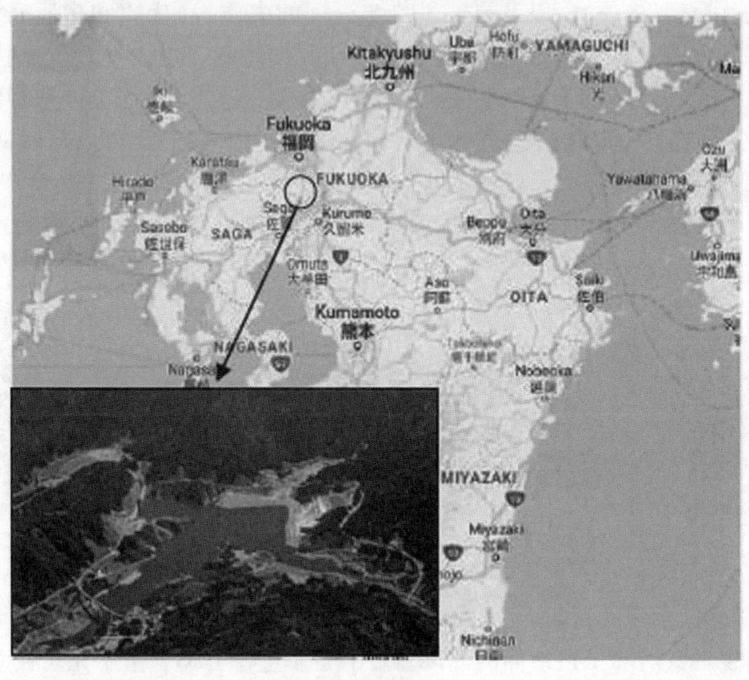

图2 五箇山坝的位置

2.2 作业流程

骨料生产作业流程如下:

(1)清除覆盖在岩石上的表土(土壤和沙子);

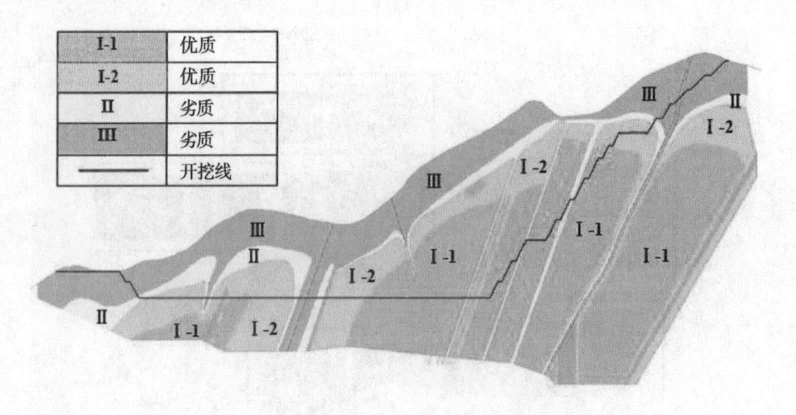

图3　五箇山坝的岩石分类（截面图）

(2)采用台阶法通过爆破进行岩石开挖；

(3)对岩质进行分类；

(4)采集和装载岩石材料。

2.3　从不合格石材中分离出合格骨料[3]

在五箇山坝，经过风化和热液蚀变作用的劣质岩石夹杂在优质岩石中，在爆破之前不可能将二者分开。由于担心爆破过程中劣质材料的数量会增加，因为爆破会导致劣质岩与优质岩相混合，因此我们没有选择将岩石材料分为合格（优质）岩和不合格（劣质）岩，而是将岩石材料分为优质岩、劣质岩，以及有待进一步处理的中质岩（优质和劣质岩混合物）。通常劣质岩在坚硬程度上不及优质岩，而且在爆破和后续作业（例如，使用重型机械进行材料采集和运输）中，劣质岩趋向于粉碎得更彻底。利用这一趋势，中质岩首先将使用格筛（见图4），然后使用筛桶（见图5）进行进一步处理。这样一来，我们就可以从中回收优质岩石并减少弃渣的数量。尽管如此，预计运输成本会随着中质岩数量的增加而增加。因此，最好在爆破之前对岩体内部进行评估，以便能够采用不同的爆破方案，将优质岩与劣质岩分开。

图4　格筛设备[3]

图5　筛桶[3]

2.4　开发爆破管理系统的背景

一般用目视观察对堆积在地面的爆破岩石的岩质进行分类。由于无法在采石场内进行检查，因此岩质预估的准确性受到限制。此外，随着中质岩数量的增加，运输成本也将增加。如上所述，最好能在爆破之前对岩体内部进行评估，以便能够采用不同的爆破方案，将优质岩与劣质岩分开。此外，与钻孔爆破有关的作业，例如确定钻孔位置和钻孔长度，通常是人工进行的。强烈建议通过机械化来节省人力。本文介绍“T－iBlast DAM”系统及其在五箇山坝骨料生产场址进行的示范实验。

3 T-i Blast DAM

以下描述了“T-iBlast DAM”的两个子系统:ICDS 和 GES 。

3.1 ICDS

3.1.1 系统概述

该系统融合了使用 GNSS 勘测系统(Trimble DPS 900 Nikon Trimble Co., Ltd.)的定位引导技术和使用钻进功率的岩质评估技术。钻孔作业通常以约 3 m 的间隔进行,因此可以通过获取高密度岩质信息来准确判定岩质。以下列出了安装在履带式潜孔钻机上的主要组件及其作用,如图 1 所示。

(1)GNSS 天线和接收器:获取坐标和方向;

(2)井斜仪:测量钻杆的倾斜角度;

(3)导引传感器:测量钻孔长度;

(4)液压计:计算钻进功率;

(5)平板电脑:监控引导和判定岩质;

(6)无线电设备:实时动态定位和接收 GNSS 校正信息。

3.1.2 GNSS 机器引导功能

台阶钻孔将产生阶梯形状的钻孔表面,同时对天然地面进行爆破作业,以便作业台面的高度保持均匀。此外,有必要钻到相同的高度,以确保同一方向的坡度保持恒定。我们将传统施工法与该功能作业流程中使用的方法进行了比较(见表 1)。该功能的最大特点是,履带式潜孔钻机本身就具有勘测功能,因此可以省略“测量”和“检查”等程序。此外,将“终点高程”而非“钻孔长度”设定为一定值,即使作业台面的起伏很大,也可以使孔底高程保持恒定,且可以轻松实现作业台面的水平对齐。另一个特点是,方向和角度引导功能。如果可以始终将履带式潜孔钻机朝向孔的倾斜方向,则可以通过附接到履带式潜孔钻机的井斜仪导向器和助手来调整履带式潜孔钻机。实际上,很难调整履带式潜孔钻机。另一方面,无论履带式潜孔钻机对着哪一方向,该功能都能够将钻杆引向孔底的预期位置和倾斜度,与设计钻孔方案相匹配(见图 6)。

表 1 比较 ICDS 与传统作业流程

系统	工人	位置测量	引导	钻孔	校验
ICDS	操作人员:1	不需要	在操作室的监控器上显示	在操作室的监控器上显示	不需要
传统作业	操作人员:1 助手:1	使用测量仪器并做标记	目视判定	根据操作人员的意识进行钻孔	使用测量仪器

3.1.3 随钻测井功能

使用液压驱动凿岩机进行履带式潜孔钻机钻孔。钻头通过钻杆施加给岩石的旋转、锤击和推进压力(将钻头压向岩石的力)而钻进岩石中。随钻测井功能可以计算钻进比功,即旋转和锤击压力以及单位体积钻孔的钻进速率。预先研究钻进比功与岩石分类之间的相关性,可以根据钻进比功对岩石进行分类。此外,操作人员可以实时评估岩石状况。图 7 给出了操作室随钻测井功能的示例。

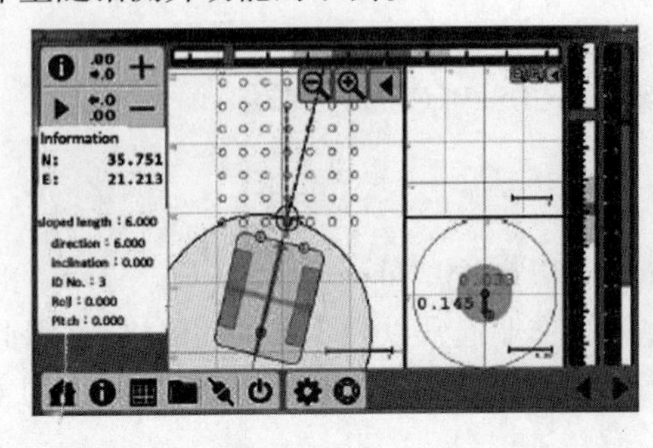

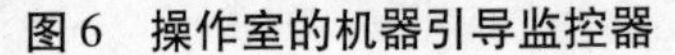

图6　操作室的机器引导监控器

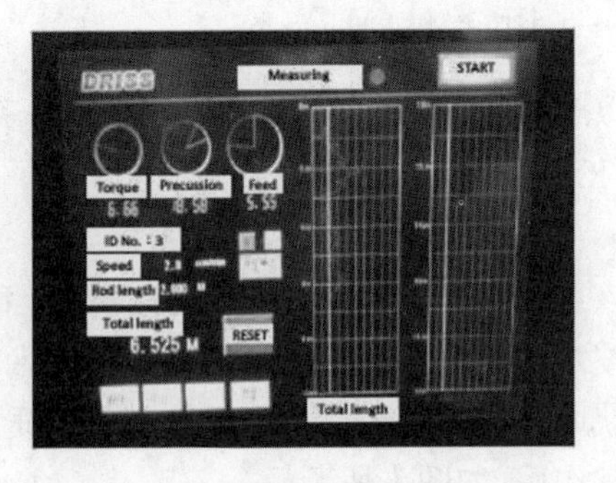

图7　操作室的钻孔勘测监控器

3.2　GES

可以使用 Geo - Graphia(地球科学研究实验室的一个三维集成可视化软件)来显示随钻测井的结果(使用地理统计方法显示 3D 等高线)和每类岩石的体积比。

4　随钻测井功能的验证实验

在评估履带式潜孔钻机钻进功率与岩石分级之间的关系之前,通过对已知强度的分层混凝土块进行钻孔来开展基础验证实验。

4.1　实验概述

为了评估随钻测井功能,对 4 层作为人工岩样的混凝土砌块进行了钻孔。每层混凝土为 50 cm 厚、200 cm 长和 200 cm 宽。混凝土强度自底层开始分别为 50 N/ mm^2、100 N/ mm^2、30 N/ mm^2、50 N/ mm^2。将底层和顶层强度设置为 50 N/mm^2 的原因是为了确认数据的重现性。在用土壤和沙子回填之后,对分层混凝土块进行了钻孔,以模拟真实钻孔场址的条件(见图 8 和图 9)。

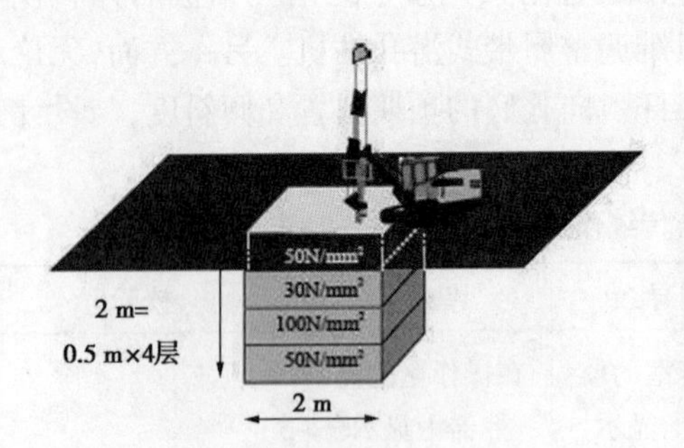

图8　分层混凝土块钻孔勘测图

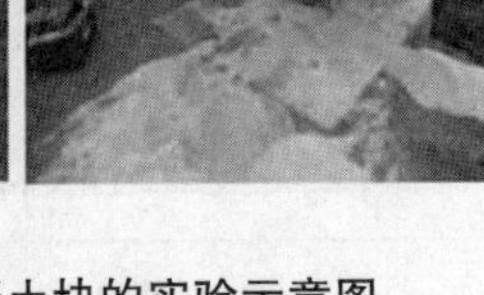

图9　分层混凝土块的实验示意图
(左图:实验混凝土块;右图:钻孔状态)

4.2　实验结果

实验结果如图 10 和图 11 所示。钻进功率和抗压强度之间的关系如式(1)所示。

$$\text{抗压强度} = 0.0862 \times (\text{钻进功率})^{1.56} \tag{1}$$

由于中硬岩(相当于 CM 类岩)的抗压强度约为 30 N/mm^2,因此该功能最终可以确定哪部分岩石可用作混凝土骨料。

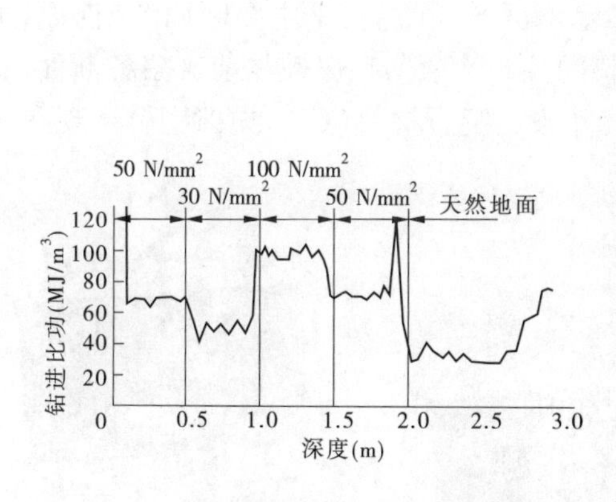

图10 分层混凝土块钻孔勘测的实验结果

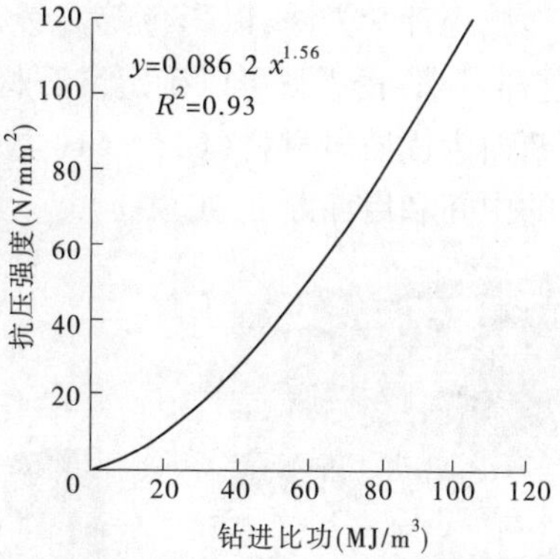

图11 分层混凝土块钻孔勘测示意图

5 “T－iBlast DAM”示范实验

应日本福冈县要求,我们在五箇山坝骨料生产场址开展了一项示范实验,以确认“T－iBlast DAM”系统的有效性。以下对这一示范实验进行了概述。

5.1 实验概述

将“T－iBlast DAM”应用于某一爆破循环,对地面条件进行了评估,并对实验结果进行了验证。

5.1.1 阈值设定

为了设定使用随钻测井获得的钻进功率从废石材料中分离优质岩的阈值,我们在距离初步勘测期间已经钻取岩芯的50 cm的位置开展了示范实验。根据相应深度的钻进功率与岩石分类之间的关系,我们确立了每类岩石钻进功率的频率分布(见图12),并将每类岩石的主导钻进功率设定为阈值。结果,D类或CL类岩的钻进功率低于35 MJ/m³,CM类岩的钻进功率在35～70 MJ/m³,CH类岩的钻进功率超过70 MJ/m³(见图13)。

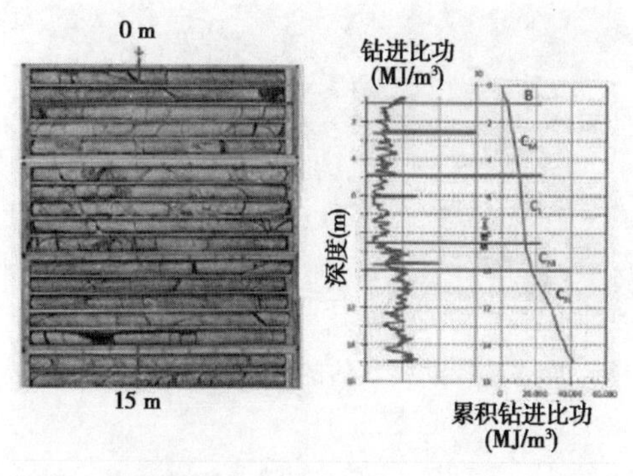

图12 钻进功率与岩石分类之间的对应关系

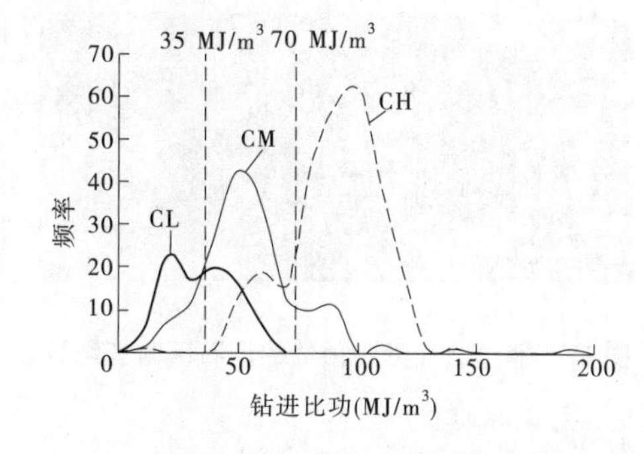

图13 钻进功率的频率分布及每类岩石的阈值设定

5.1.2 通过随钻测井功能进行数据采集

在第二天中午计划进行爆破的作业区,从当天下午开始到第二天的爆破时间,我们使用智能履带式潜孔钻机在15个地方(钻孔长度为11 m,间隔4 m)进行了随钻测井作业。

5.1.3 通过地面评估系统(GES)进行分析(见图14)

我们首先使用三维可视化软件通过阈值给出了带有颜色编码的钻进功率数据。然后,我们使用地质统计学方法，以彩色等高线显示出区域，并建立了主要断面图（前面、中间和后面）。这样一来，我们就可以确定废石材料的分布情况。在爆破之前观察各断面，我们确认了前面断面为优质岩材料（CM－CH 类），并假定废石材料（CL 类或以下）出现在爆破目标岩块内的中间和后面断面中。

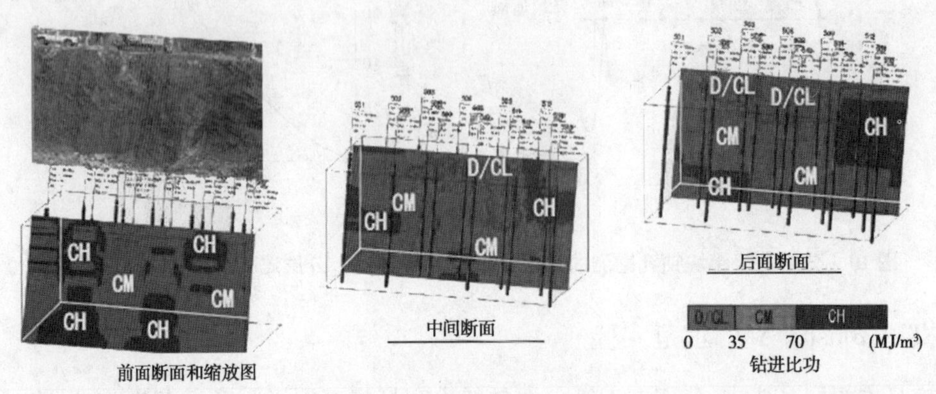

图 14　钻孔勘测的分析结果
（从左到右：前面断面和缩放图、中间断面和后面断面）

5.1.4　结果验证

在进行爆破后，我们确认了爆破岩块内废石材料的分布情况。可以找到由于预期位置的热液蚀变作用而劣化的废石材料。这些岩石非常柔软，用锤子轻敲一下即碎（见图 15）。同样，可以在废石材料附近的预期位置找到 CM 类优质岩。这些岩石很坚硬，只有通过重击才会碎裂（见图 16）。

图 15　通过钻孔勘测预估的废石区验证结果　图 16　通过钻孔勘测预估的优质岩区验证结果

5.1.5　未来研究

除了这里介绍的“T－iBlast DAM”，我们正在开发一种在坝施工现场快速地评估岩石材料的方法。该方法使用便携式磁化率计、比色计、荧光 X 射线分析仪（现场分析仪），通过干密度与水分含量的相关性定量评估岩石材料。图 17 给出了在坝骨料生产作业中使用 ICT 的合理化施工方案，其将“T－iBlast DAM”与使用现场分析设备的评估方法相结合。

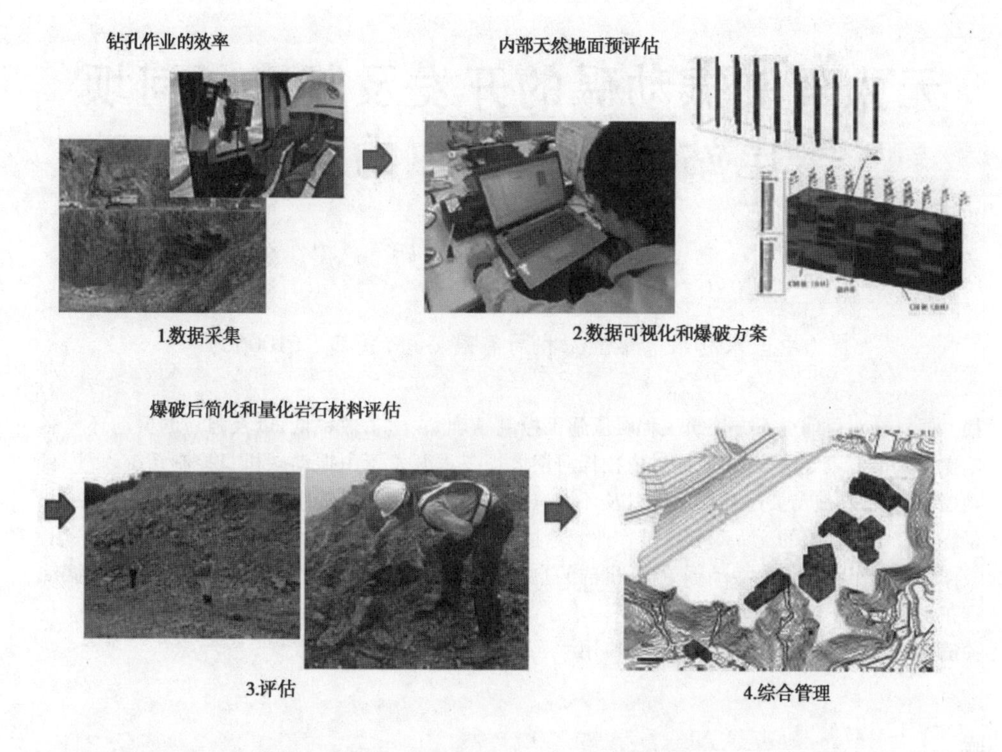

图 17　未来使用 ICT 进行坝混凝土骨料生产的智能施工程序流程

6　结　论

我们开发了一种名为"T - iBlast DAM"的岩石爆破管理系统,该系统由合理的施工技术和 ICT 组成。使用机器引导功能,我们可以减少监控时间和调整钻头位置所需的人力成本。对于随钻测井功能,我们可以获得混凝土强度与钻进功率之间的相关性。另外,在将"T - iBlast DAM"应用于骨料生产现场后,我们发现可以评估有待爆破的岩块内部,而这是传统目视观察方法所无法实现的。如果相关作业人员在爆破之前获得相关评估结果,那么他们不仅可以预先掌握废石材料的数量,而且可以根据评估结果将优质岩与劣质岩分开爆破,进而减少运输成本。此外,这些累积结果还可用于骨料生产管理。根据这些实验,我们确认了"T - iBlast DAM"的有效性。

参 考 文 献

[1] Takeda N, Nishimura T, Yamagami M. 钻孔勘测在地下开挖信息化施工中的适用性[J]. 电力土木工程,2012,359.

[2] Ichiki T, Yamagami M, Takemoto T. 坝施工岩石材料质量的简单快速现场评估——以花岗岩和安山岩为例[J]. 大成建设技术中心报告,2015,48:26.

[3] Nishiyama Y, Sumiyoshi M, Toyomasu T. 使用格筛设备对五箇山坝的骨料进行取样现场报告[J]. 坝工程,2016,353:72-86.

无人驾驶振动碾的开发及其在长河坝电站大坝工程中的应用

韩 兴 张俊娇

（中国水利水电第五工程局有限公司，成都 610066）

摘 要 针对目前土石方填筑工程碾压施工控制精度差、施工效率低，以及强烈的振动环境影响操作人员健康等诸多问题，通过依托长河坝大坝工程开发了由振动碾机身控制系统、程序自动控制系统、导航与姿态补偿系统以及环境识别与自动避让系统等组成的无人驾驶振动碾，并最终实现了振动碾的无人驾驶精准作业。论述了国内首次研制的无人驾驶振动碾的技术原理，并详细介绍了无人驾驶振动碾单机、机群的自动化、信息化与智能化作业情况。无人驾驶振动碾在实际工程中的运用取得良好效果。

关键词 无人驾驶；振动碾；开发；应用

1 概 述

长河坝水电站位于四川省甘孜藏族自治州康定县境内，为大渡河干流水电梯级开发的第10级电站。该电站水库正常蓄水位1 690 m，总库容为10.75亿m^3，电站总装机容量2 600 MW。拦河大坝为砾石土直心墙堆石坝，最大坝高240 m，且修建在60～70 m的深厚覆盖层之上，其填筑总量约3 417万m^3，统计大坝填筑单层最大碾压面积达17.23万m^2，各种坝料的碾压参数见表1。

表1 长河坝水电站大坝各种填料填筑碾压施工参数

填料种类	铺料厚度(cm)	碾压机械	行走速度(km/h)	碾压遍数
堆石料	100	26 t平碾	2.7±0.2	静2+振8
砾石土料	30	26 t凸块碾	2.5±0.2	静2+振12
接触性黏土	30	18 t平碾	2.5±0.2	静2+振6
反滤料	30	26 t平碾	2.7±0.2	静2+振8
过渡料	50	26 t平碾	2.7±0.2	静2+振8

超大规模填筑体量，加之严格的填筑碾压参数要求，使得大坝工程碾压设备配置与管理成为确保施工质量和保障进度履约的关键。

长河坝大坝碾压全过程应用了GPG数字化大坝碾压实时监控系统，对施工全过程进行监测和预警控制，全方位实时监控各项碾压参数的功能，避免漏碾、欠压。该系统设计有人

作者简介：韩兴(1986—)，男，河北保定人，工程师，项目总工程师，从事水电工程施工技术与管理工作。E-mail:407826979@qq.com。

工控制碾压超速行驶报警功能,使超速碾压可有效控制。但在施工中人工驾驶控制振动碾碾压平均速度仅为2 km/h,较设计行驶速度偏低20%,控制精度低,漏碾返工或搭接宽度过大、驾驶员劳动强度高、强烈的振动环境影响操作人员身体健康等问题不断显现。为使碾压施工实现精准控制,确保施工质量,提高施工效率,使振动碾驾驶员从单调、乏味、高强度的碾压作业中解脱出来,研究开发了振动碾机身电气及液压自动控制系统,集成应用了卫星导航定位、状态监测与反馈控制、超声波环境感知等技术,实现了振动碾压机械的无人驾驶精确碾压机群作业。

2 技术原理

2.1 系统总体架构

振动碾自动控制系统主要由以工控机、遥控器、车载控制器PLC(可编辑程序控制器,Programmable Logic Controller)形成的程序控制系统,以实现行驶、振动、转向、制动等自动控制的振动碾机身控制系统;以GPS定位、角度编码器、倾角传感器等形成的导航与姿态补偿系,以及加装在车身的超声波传感器形成的环境识别与自动避让系统等组成。系统设计架构见图1。图中CAN、A1、D1为通信协议,GPS设备输出信号经过RS232转CAN模块的转换,输入到车载控制器。

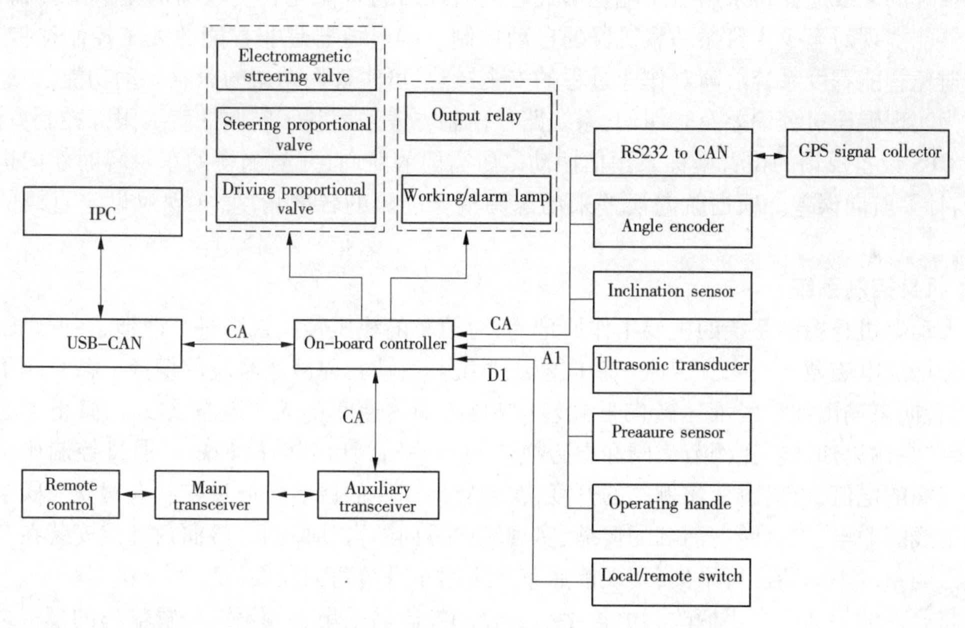

图1 振动碾自动控制系统架构图

2.2 程序控制系统

程序控制系统中工控机作为改造电控系统中的控制终端,主要负责振动碾工作状态的实时监控和系统工作参数的设定。车载控制器是振动碾改造电控系统的核心控制器,主要功能分为信号采集及处理功能、逻辑运算及路径控制功能和输出驱动功能。根据工控机和遥控器的指令实现振动碾的行驶与振动控制。同时,车载控制器还负责GPS数据和传感器数据的采集及处理,并结合工控机设定的工作参数进行作业路径的规划和自动路径跟踪。

路径规划采用的方式为:设定工作区域的四个角点(如图2中A、B、C、D点所示),根据这四个角点来确定作业区域的边界，然后设定当前或最近的角点作为起点(图2中设定A为起点)，再设定车身前进方向的角点来确定作业的方向(图2中设定从A至B)。完成设定后，控制器会自动根据设定的起点和方向来计算直线行驶的航向，并计算出所需碾压的轨迹数量(图2中轨迹数为4)，待启动自动程序后控制器会根据所计算的航向完成设定区域内所需碾压轨迹的自动碾压作业。

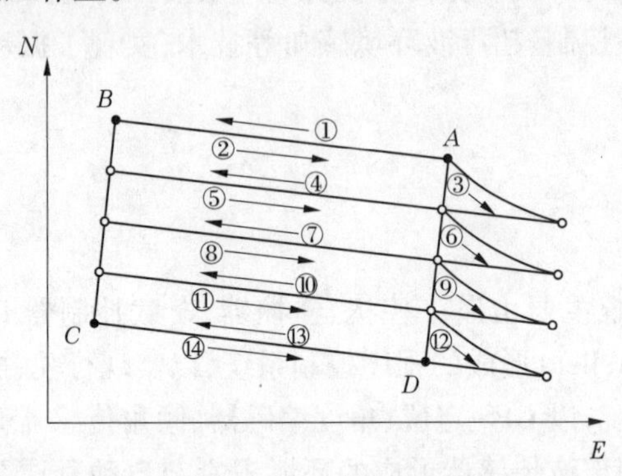

图2　程序控制系统完成的路径规划图(碾压2遍)

设计的无线遥控器采用主副配置形式。主遥控器为智能化程度较高的集成遥控器，该遥控器能实现对至少4台振动碾机群的自动控制。副遥控器是非智能的人工控制遥控器，用以避免智能程度系统故障对作业过程的安全风险，可实现振动碾的紧急制动功能。

为实现碾压过程偏差及时纠偏，系统路径控制方案采用基于航向的直线跟踪控制算法。根据GPS设备反馈的位置坐标来预估振动碾所需要的航向，并与测得的车身实时航向进行比较，计算航向误差。根据航向误差来动态调整振动碾的转向角度，实现对设定直线的跟踪。

2.3　机身控制系统

振动碾机身控制系统的主要工作原理为：对原车的液压转向系统进行改造，在原车转向器部分增加电磁截止阀来实现原车转向液压系统与改造转向液压系统的切换。截止阀不通电时，转向泵输出油液经液压转向器到转向油缸，即为原车的人工转向方式。截止阀通电时，转向泵输出油液经比例节流阀和电磁换向阀与平衡阀后到转向油缸。通过控制比例节流阀线圈的电流，可以改变比例阀的开度，实现转向速度的调节。通过控制电磁换向阀两端不同的线圈通电，控制转向油缸的伸缩，实现转向方向的自动控制。转向角度由安装在车身铰接点的角度编码器进行采集，实现前后车架之间车身转角的反馈。

将原来的手动操纵手柄改为电控手柄。自动控制器采集手柄不同位置输出的模拟量值来进行前进/后退的判断与行驶速度的控制。通过控制加装的行驶电控比例阀两端线圈的电流，改变比例阀的开度，改变泵的斜盘角度和泵的输出排量，实现了振动碾自动行驶速度的控制。通过控制比例阀两端不同的线圈通电，改变了泵的液流输出方向，从而实现了振动碾行驶方向的控制。

2.4　导航与姿态补偿系统

导航与姿态补偿系统是实现振动碾自动行驶和自动转向以及控制精度的关键。要实现自动导航，振动碾的位置和行驶方向这两个信息的获取需要借助于GPS位置接收机和GPS航向接收机。通过建立卫星、GPS基站、车载GPS流动站与自动控制系统间的联系，实现振动碾位置、行驶速度、航向的定位与导航。

同时为进一步提高振动碾压实际作业过程中可能出现的转向和倾斜偏差影响作业精度等问题,系统设计了角度编码器和倾斜传感器。角度编码器:由于振动碾为铰接转向形式,在实现振动碾自动作业路线跟踪控制的过程中,需要采集钢轮与车身之间的转角信息来检测车身的位姿。转角由安装在车身铰接点的角度编码器进行采集,角度编码器输出信号通过 CAN 总线输入控制器。倾斜传感器:为解决振动碾自动作业过程中,工作路面状况恶劣,车身倾斜导致的 GPS 定位位置与车身实际位置偏移。在振动钢轮一侧增加设计安装了倾角传感器,提高了振动碾自动作业的精度。

2.5 环境识别与自动避让系统

考虑影响作业安全影响因素,系统设计了环境识别与自动避让系统,利用超声波传感器检测车身周围是否有物体靠近,当在一定范围内检测到有物体靠近时,振动碾能自动停止作业,待物体远离后能继续完成作业。考虑到超声波传感器的检测范围和检测对象(人、设备),在振动碾前方和后方各均匀布置了 3 个超声波传感器。超声波传感器检测范围的参数如图 3 所示。

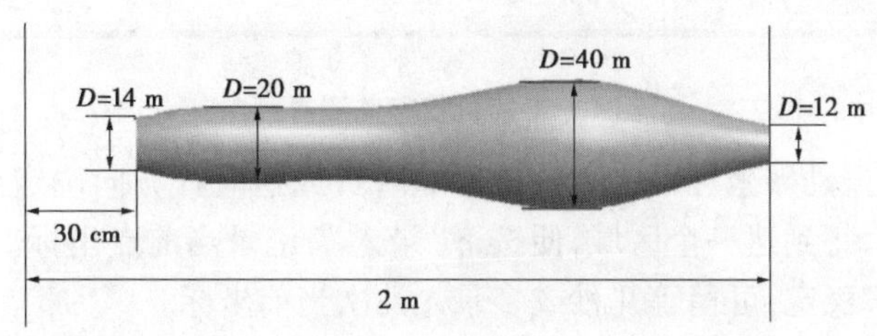

图 3 超声波传感器检测范围的参数

3 工程应用

3.1 无人驾驶振动碾作业步骤

3.1.1 基础配套设施

无人驾驶振动碾作业需首先完成对振动碾的升级改造,包括机身液压及点控系统改装、搭载 GPS 接收发射装置、搭载安全避障装置、构建无人驾驶中控系统,并需在施工区域内规划建设 GPS 信号基站等。

3.1.2 作业前的准备

无人驾驶振动碾施工的作业准备工作分为设备运行状态检查及设备搭载的无人驾驶系统运行状态检查。设备运行状态包括设备水箱、油箱、交接班记录等是否满足作业要求。系统运行状态包括设备通电后工控机上电启动打开上位机程序,检查上位机通信是否正常、卫星数量是否达到 GPS 定位要求(4 颗以上卫星方能实现 RTK 状态固定)、安全避障系统是否正常。工控机状态监测界面见图 4。

3.1.3 作业区域及施工参数设定

碾压作业区域边界设定有两种方法,可在工控机直接录入测得的工地坐标完成作业区域的设定,亦可通过驾驶振动碾至作业区域边界点,对振动碾机身定位直接录入工控机作业区域。完成边界点录入后,点击“检查参数”按钮,显示起始点和方向选择按钮后进行作业起始点和方向的确定。

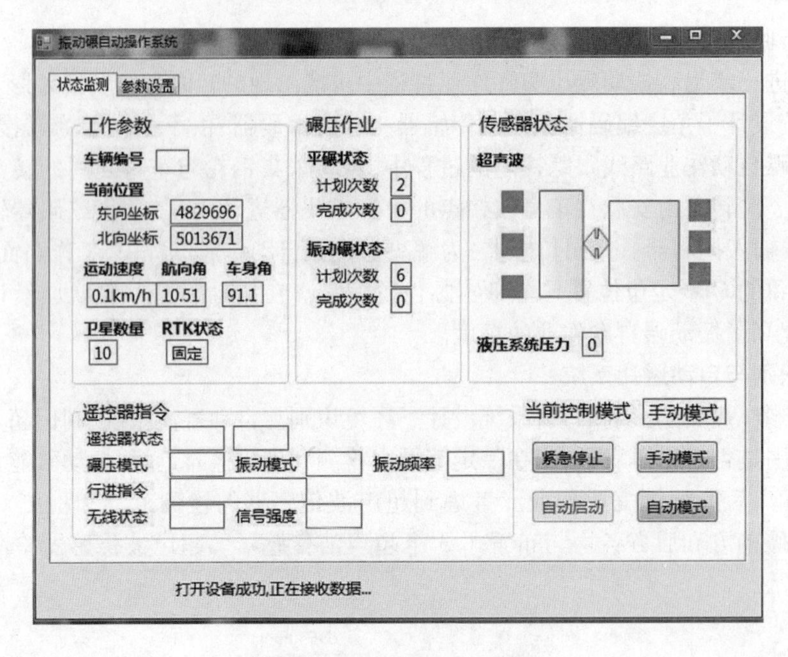

图4　工控机状态监测界面

值得注意的是,振动碾坐标录入方法按照顺时针或逆时针方向确定好碾压区域的边界点;人工驾驶振动碾,每到达一个区域,便按下"录入",记录当前点坐标。振动碾刚到达时,GPS 坐标数据可能不稳定,可稍等几秒或多录入几次当前坐标。

上述操作完成后,可在工控机上进行振动碾参数水位设置,包括行驶速度、碾压遍数、循环次数、换行距离、接行宽度等。完成参数设定后,点击"发送"按钮。当发送完成后,可以观察"路径监测"界面。路径监测界面会出现相应碾压作业面的区域面积。

3.1.4　碾压作业

工作参数设置完成后,将振动碾刹车松开,并通过油门拉杆将振动碾发动机转速调至 2 400 r/min 左右,将"就地/远程"切换开关旋至远程挡。在上位机状态监控界面上,点击"自动"模式,即可进行振动碾的无人驾驶模式,进行自动作业。碾压作业过程中,远程碾压监控系统实施监控碾压速度、碾压状态、行走轨迹等主要信息。在完成一个仓位碾压施工作业后,无人驾驶振动碾会自动停止作业,可重复以上操作进行下一仓位碾压施工作业。

当出现紧急情况时,可使用远程遥控器对控制器进行紧急断电,停止作业。若操作员正在设备内,中控机界面上设有"紧急停止"按钮,操作员可按下"紧急停止"按钮,使振动碾紧急停止来进行避险。

3.2　应用效果

首台振动碾完成技术改造后,现场进行了应用试验,典型的试验场地为 25 m×8 m 的长方形区域,场地表面平整度 ±30 cm,振动碾分 4 条轨迹碾压,沿每条轨迹标准线每 5 m 布置一个偏差测点,偏差值偏向上游为负,偏向下游为正。试验设定碾压速度为 2.7 km/h,静碾 2 遍 + 振碾 4 遍,主要试验偏差值记录见表 2,行驶速度随时间变化关系见图 5。

表2 无人驾驶振动碾自动碾压偏差值记录表 （单位：cm）

测点	轨迹数	第一次往返偏差值(静碾)		第二次往返偏差值(振碾)		第三次往返偏差值(振碾)	
1	第一条轨迹	0	3	5	5	5	-5
2		-5	-4	10	0	10	0
3		0	0	12	-5	0	-10
4		-10	-5	10	-10	-15	0
5		-10	-5	15	0	-5	-10
6		-5	-5	5	5	0	0
7	第二条轨迹	4	15	12	5	5	-10
8		0	-10	15	-5	5	-30
9		-10	-10	10	-5	-5	0
10		-10	-12	10	-15	-5	-15
11		-15	-15	-5	-15	-5	-18
12		-10	-10	0	0	-20	-15
13	第三条轨迹	-5	-10	-10	-30	-30	10
14		-10	15	20	5	10	-15
15		-10	-20	30	-10	15	-10
16		-10	-10	15	-30	10	-10
17		-10	-5	20	10	5	-5
18		-5	-5	5	5	0	0
19	第四条轨迹	0	-20	-15	-15	-12	-10
20		5	0	0	-10	5	-5
21		0	0	10	-5	8	20
22		0	10	15	-8	10	-5
23		5	0	10	-10	0	-10
24		0	0	5	5	5	5

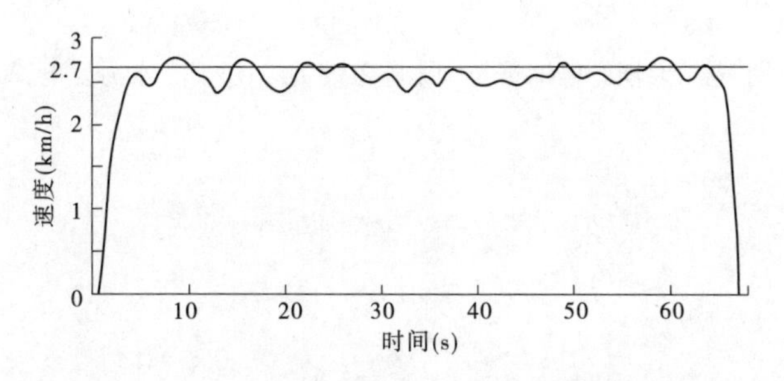

图5 堆石区振动碾前进作业速度—时间关系曲线

实践证明,振动碾自动控制碾压直线偏差值基本控制在 ±10 cm,最大偏差值不超过 30 cm,碾压速度偏差控制在 ±0.1 km/h,考虑一定的搭接宽度,一次碾压合格率完全能够满足质量要求。首台振动碾在长河坝电站进行了长达 7 个月的实践应用,在运行过程中,对振动碾的程序又进行了系列改进:①新增了自动寻址功能,振动碾可在自动记录自当前位置到作业起点的作业情况;②作业区域新增坐标系选择功能,通过程序设定建立世界坐标系与施工坐标系的换算关系,可实现不同工地坐标的录入;③新增循环次数的设定功能,可实现对各条碾压车道的连续碾压遍数设定;④系统增设了安全自锁功能,当振动碾机身出现油料不足或机械故障时,振动碾会自动停止作业。

为进一步扩大实用效果,后续又改造了 4 振动碾,实现了 5 台无人驾驶振动碾的机群化作业。通过近 5 000 h 的应用,成效如下:质量控制,避免漏压、欠压、超压,确保一次碾压合格率(均值 97.1%);施工效率,对比人工驾驶作业施工效率提高约 10.6%,同时可缩短间歇时间约 20%;安全风险,可降低人为影响和夜间施工安全风险;劳动保护,可有效减少振动环境下对人体损伤。

4　结　语

振动碾无人驾驶技术首次实现了施工机械无人驾驶,实现了振动碾行驶速度、碾压遍数、搭接宽度等的精确控制,可采用导入测量坐标或机身定位完成作业区域的设定,通过显示控制器实现作业区域、作业环境、施工参数及行驶状态等的实时显示与数据记录。无人驾驶系统充分考虑到振动碾机身(油料不足或机械故障)及外部环境影响等影响作业安全因素,实现了环境自动识别与自动制动、避让。振动碾无人驾驶技术的实现,避免了强烈振动环境对操作人员的伤害,保护了操作人员的健康。该技术目前已获相应专利,具有大中型土石方工程碾压的通用性,推动了施工机械装备的技术进步,经济和社会效益显著,具有较广阔的推广应用前景。

参考文献

[1] 崔树华,汪学斌,周峰. 压实度实时检测及智能压实技术的发展现状[J]. 筑路机械与施工机械化,2013(3):18-22.

[2] 杨璐,冯占强. 智能压实技术发展概况[J]. 工程机械文摘,2011(1):50-53.

[3] 碾压式土石坝施工规范:DL/T 5129—2013[S].

[4] 吴高见. 高土石坝施工关键技术[J]. 水利水电施工,2013(3): 1-7.

[5] 黄声享,刘经南,吴晓铭. GPS 实时监控系统及其在堆石坝施工中的初步应用[J]. 武汉大学学报(信息科学版),2005(9): 814-816.

[6] 韩兴,段超. 长河坝水电站大坝心墙铺筑与碾压施工设备综述[J]. 水力发电,2016,42(10): 73-75.

溧阳抽水蓄能电站上水库库底防渗土工膜施工与质量控制

刘新星　刘　聪　韩敬泽

（中国水利水电第五工程局有限公司，成都　610066）

摘　要　江苏溧阳抽水蓄能电站上水库全库底采用 HDPE 土工膜防渗，土工膜防渗面积 25.4 万 m^2，底部基础分开挖区和回填区，其中最大回填高度 70 m，土工膜与趾板、进出水口、交通桥等结构物连接部位较多，根据工程的实际情况，本文从土工膜施工程序、施工方法、安全和质量控制等方面进行了总结，可供其他类似工程参考借鉴。

关键词　HDPE 土工膜；防渗；施工技术；质量控制；溧阳抽水蓄能电站

1　工程概况

溧阳抽水蓄能电站地处江苏省溧阳市，枢纽建筑物主要由上水库、输水系统、地下发电厂房及下水库等组成，电站总装机容量 1 500 MW。电站上水库库盆由主坝、两座副坝、库岸和库底组成，主坝和副坝均为面板堆石坝，库周全部采用混凝土面板防渗，库底采用全库盆 HDPE 土工膜防渗，库底防渗总面积 25.4 万 m^2。库底为半挖半填区，库底最大回填高度 70 m，蓄水期最大水头 54 m。

2　土工膜防渗体系施工特点及难点

（1）库底为不规则地形，土工膜防渗面积达 29.7 万 m^2，需要进行合理的布置和分区顺序施工，才能保证工程质量、减少工程投入、减少材料浪费、加快施工进度。

（2）库底土工膜与库周的混凝土面板、排水廊道、库底的进出水塔和交通桥等结构建筑物连接，只有选择正确的连接结构方式，采取合适施工方案，才能保证连接结构的稳定性和连接处的防渗质量。

（3）该工程土工膜防渗面积大，纵、横搭接形成的 T 形接头多，此处是焊接质量较为薄弱的部位。对于这部分，只有选择合适的参数和严格质量控制措施进行加强处理，才能保障焊接质量，避免留下隐患。

3　设计及施工规划

3.1　土工膜防渗体系设计

库底土工膜防渗体系设计结构从下至上分别由 0.4 m 厚碎石垫层、5 cm 厚级配砂、

作者简介：刘新星（1987—），男，湖南益阳人，项目副总工程师，工程师，从事水利水电施工技术与管理工作。E-mail：240435809@qq.com。

1 800 g/m^2 三维复合排水网、1.5 mm 厚 HDPE 土工膜、500 g/m^2 土工布及 0.1 m 混凝土预制块护面组成，具体结构见图 1。考虑上水库库底地形情况、运行期水流方向等因素，库底土工膜铺设计划分为三个区，具体见图 2。

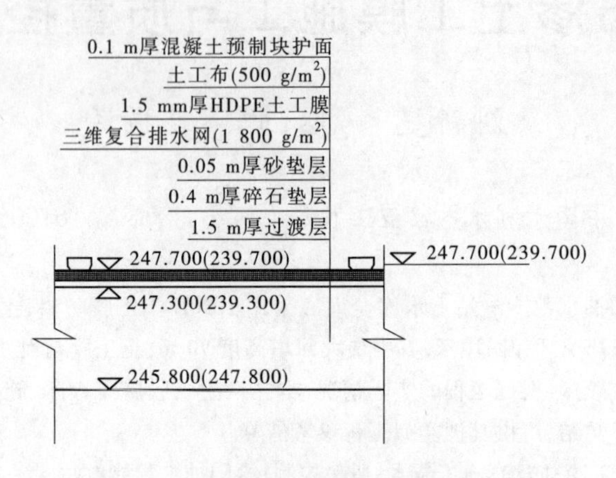

图 1　上水库库底防渗体系结构图

3.2　施工分区

土工膜施工时，周围作业面多，在尽可能减少交叉作业的前提下，既考虑到施工作业的连续性，又能保证土工膜整体的施工工期，将施工分四期（见图 3）：先施工一期，再施工二期，在斜坡以上的二期施工快结束前开始施工三期，最后施工四期。其中一期主要指库底 247.7 m 高程以上的中间区域；二期主要指库周 20 m 区域，该区域在对应面板混凝土、垂直缝表面止水及防浪墙混凝土施工结束后施工；三期指 247.7 m 高程以下的、除进出水口之间

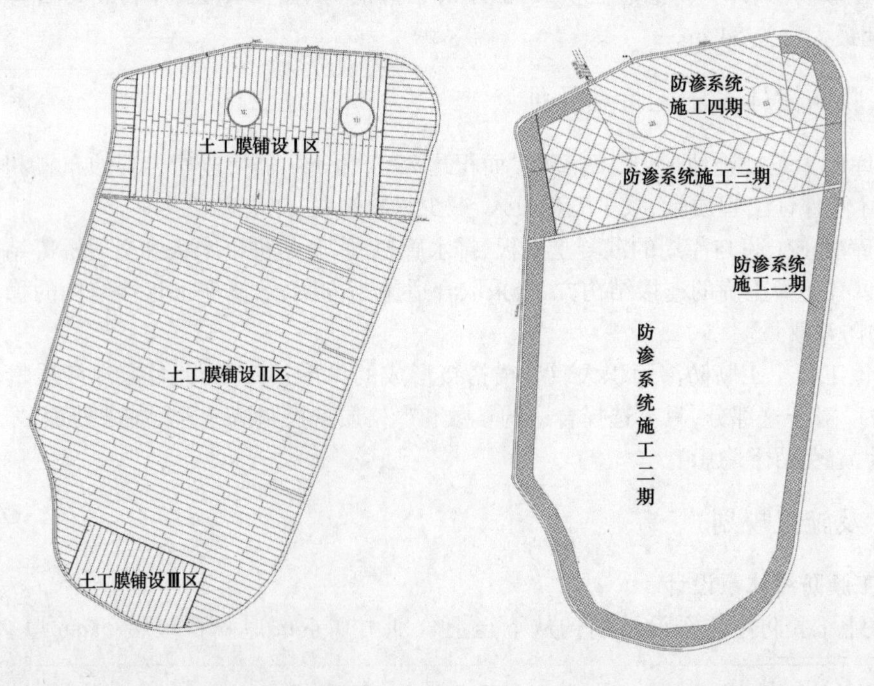

图 2　土工膜规划分区示意图　　　图 3　土工膜施工分区示意图

及其周围 30 m 以外和 1#排水洞出口附近的区域；四期为剩余区域，该区域在进出水塔启闭机安装结束后再进行施工。

根据设计和施工分区，同时结合土工膜生产厂家的设备情况，土工膜单卷加工尺寸定为 100 m×8 m×1.5mm（长×宽×厚），单卷重量 1 128 kg。

4 库底土工膜施工技术

4.1 库底大面积平面土工膜施工

土工膜施工前，先用摊铺机在已经施工完成的碎石垫层上部摊铺一层 7 cm 厚的人工砂，摊铺后的再用 26 t 振动碾静碾 2 遍，碾压后的厚度为 5 cm。土工膜施工时，先采用 8 t 汽车吊将土工膜吊至作业面最近位置，然后由人工抬至指定地点进行摊铺。土工膜铺设展开并完成后，采取瑞士 LEISTER（Fusion3）焊接机热熔焊接，对于热熔焊机达不到的地方，用瑞士 LEISTER（Comet 70 mm）焊接机焊接。

在土工膜正式焊接前需进行试焊，焊接参数要求如下：

（1）在现场温度为 10～30 ℃的条件下，现场焊机焊速为 2～2.5m/min、焊接温度调节在 270～350 ℃，焊接压力采用 700～800 N。

（2）在现场温度为 5～10 ℃的条件下，现场焊机焊速为 2 m/min、焊接温度调节至 300～420 ℃，焊接压力采用 800～900 N。

土工膜焊接完成并通过验收后进行土工布铺设，土工布运输和摊铺方式与土工膜一致。人工摊铺时，在相邻块土工布预留 25 cm 的搭接宽度，用于后期人工手持 CH－9 型手提式封包机缝合。土工布缝合后，由人工搬运 0.1 m 厚的混凝土块压覆。

4.2 土工膜与库盆面板连接

4.2.1 连接部位设计结构

库底土工膜与库盆面板连接结构由两部分组成，首先是在库底排水廊道或者主坝连接板混凝土顶部的锚固（见图 4），然后是与库周混凝土面板周边缝的连接（见图 5）。

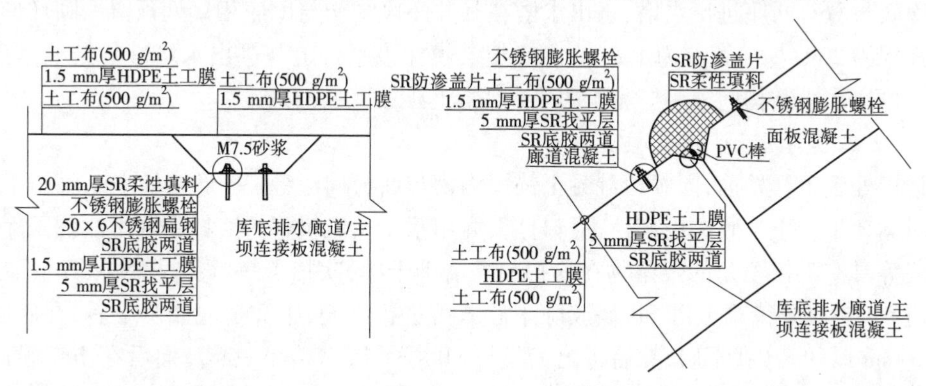

图 4 土工膜与周边锚固结构详图　　图 5 土工膜与周边面板的周边缝连接结构详图

4.2.2 土工膜与面板连接施工

周边缝表面接缝止水施工前，首先将混凝土面板与库底排水廊道在浇筑时预留的“V”形槽内及两侧 20 cm 范围内混凝土打磨并清理干净，然后在打磨面及“V”形槽内涂刷 2 道 SR 底胶，第 2 道 SR 底胶要待第 1 道 SR 底胶晾干后方可进行涂刷；在扁钢压覆部位和“V”

形槽的下平面在涂刷第 2 道 SR 底胶后适时铺设 5 mm 厚的 SR 填料找平层，而后将土工膜伸入槽内，用手按压土工膜，使土工膜与找平层黏结在一起；土工膜安装完成后，在周边缝填料范围内的土工膜上涂刷 2 道 SR 底胶，然后在槽内安放氯丁橡胶棒；填充 SR 填料，形成一个半径约 110 mm 的鼓包，SR 填料采用专用设备直接压制而成指定形状，最后用 SR 防渗盖片覆盖填料鼓包，并利用 50 mm × 6 mm 不锈钢扁钢及 M10 × 180 mm 不锈钢螺栓将 SR 防渗盖片固定在面板与廊道混凝土结构面上。

SR 防渗盖片固定前，使用专用注射枪往螺栓孔底部注入喜得利锚固剂，以填充螺栓与混凝土间的空隙，确保孔内充实。螺栓固定后，对螺栓表面和盖片侧模刷封边剂封闭。考虑到土工膜的伸缩性，在进行周边缝土工膜裁剪时，预留 5 ~ 10 cm 的余量，并尽可能在一天之中的早晚裁剪。

4.2.3 土工膜与廊道及连接板的锚固施工

施工开始前，首先将梯形槽内混凝土面打磨平顺，局部低洼处采用预缩砂浆填平，利用吹风机将沟槽内的灰尘等吹扫干净，然后及时人工涂刷 SR 底胶 2 道，底胶晾干后，在沟槽底部粘贴 5 mm 厚的 SR 填料找平层，再将土工膜铺入梯形槽内与 SR 填料找平层黏结在一起。在槽内土工膜面预铺设不锈钢扁钢，按照扁钢上的预留孔眼钻孔，孔深 130 mm，锚固范围内的螺栓孔钻完后，将不锈钢扁钢移开，用吹风机将钻孔内和土工膜表面粉尘吹扫干净，在土工膜表面再刷 2 道 SR 底胶，然后用 50 mm × 6 mm 不锈钢扁钢及 M10 × 180 mm 不锈钢螺栓将土工膜固定在梯形槽内；最后，在梯形槽内填充 20 mm 厚 SR 填料，并在填料上浇筑 M7.5 砂浆进行压覆，砂浆在场外拌制好后由人工挑运至仓面，人工用木抹拍实（需注意砂浆顶面低于沟边 5 mm 左右）。浇筑完成后，另外裁取 600 mm 宽土工膜覆盖住压覆砂浆并与梯形槽两侧原土工膜焊接在一起。

4.3 土工膜与进出水塔连接施工

4.3.1 连接部位设计结构

库底布置有两座进出水塔，进出水塔在其井座段结构与库底相接处预留一圆环形平台，平台高程为 239.7 m，宽度为 1.5 m，库底土工膜在该平台上与进出水塔进行结构连接。土工膜与进出水塔结构间采用“螺栓锚固 + 混凝土压覆”的连接方式。

4.3.2 土工膜与进出水塔连接施工

连接处施工开始前，同廊道混凝土锚固沟槽与面板周边缝“V”形槽处土工膜施工相同。首先对圆环平台土工膜铺设部位进行打磨，并用手持吹风机将打磨掉的灰尘吹扫干净，混凝土残渣等具有尖锐菱角的残留物在吹扫前需清理干净；吹扫干净后及时涂刷 SR 底胶 2 道，第 2 道 SR 底胶要待第 1 道 SR 底胶晾干后方可进行涂刷；第 2 道底胶晾干后，在底胶表面粘贴 5 mm 厚的 SR 找平层，然后将土工膜与 SR 找平层黏结在一起。而后在土工膜面上预铺设不锈钢扁钢，按照扁钢上的预留孔眼钻孔，孔深 130 mm，锚固范围内的螺栓孔钻完后，将不锈钢扁钢移开，用吹风机将钻孔内和土工膜表面粉尘吹扫干净，在土工膜表面再刷 2 道 SR 底胶，底胶晾干后用 50 mm × 6 mm 不锈钢扁钢及 M10 × 180 mm 不锈钢螺栓将土工膜固定在进出水塔混凝土结构面上。

土工膜固定完成后，在进行压覆混凝土施工时，出于保护底部成品土工膜考虑，施工时不能采用电焊和钉子等尖锐物品进行施工。

5 土工膜施工期的安全防护

土工膜施工期间,存在分区施工前后时间跨度大、相邻作业面多、交叉干扰大的情况,加之土工膜容易被尖锐和高温物体破坏,如果铺设过程中防护不到位,容易破坏已完成的土工膜,留下质量隐患,因此对其进行安全防护非常重要。

5.1 施工期分区边缘安全防护

由于受周边施工影响,土工膜施工时无法一次与库底排水廊道及面板混凝土进行连接,因此而先进行一区施工。一期土工膜施工前,在周围设置隔离网,在大门旁设岗哨,非施工车辆严禁入内,进出人员实行登记制度,进出人员一律穿软底鞋。为尽可能地减少土工膜焊缝,在一区施工时根据面板与一区距离将二区施工所需土工膜进行预留,不将其进行裁剪;预留的土工膜卷不展开,并用500 g/m^2 的长丝土工布覆盖进行保护,避免了土工膜长期在日光下暴晒,并用砂袋对土工布进行压覆,防止大风吹开土工布后损坏土工膜。

5.2 施工期与相邻建筑物上下垂直作业安全防护技术

溧阳抽水蓄能电站采用了上下双重防护措施,确保了土工膜施工安全。首先进行上部防护,在面板及进出水口顶部位置搭设简易的脚手架,然后在其上挂阻燃式密目网,使上部施工时不慎掉下的杂物等无法对土工膜施工造成影响,同时对下部施工完成的土工膜在相邻建筑物周边3 m范围内全部覆盖棉被,即使上部施工有杂物遗漏下来,也不能对土工膜产生破坏,同时将铺设的棉被用做施工通道,避免施工人员直接在土工膜上行走。该方法投入成本少,操作简单且实用。

6 土工膜施工期质量控制技术

土工膜焊缝焊接质量控制是库底土工膜防渗施工中的重中之重,溧阳抽水蓄能电站采用热熔焊法完成焊缝21 127.91 m,采用挤压焊接法完成焊缝3 201 m,完成“T”形接头加强729个。通过采用合理的质量控制措施和检测手段,采用挤压焊接法完成的焊缝及“T”形接头非破坏性检测一次合格率为100%,热熔焊焊接法完成的焊缝非破坏性检测一次合格率为99.29%,同时焊缝取样后进行破坏性检测,检测结果均为合格。所采取的具体措施和手段如下。

6.1 焊接参数控制

焊接作业人员在土工膜正式焊接前均需进行试焊。试焊前,先测定环境温度、湿度及风速,并依据此参数初步确定热熔焊焊机预热温度、焊接温度及焊接速度。试焊时,记录试焊样品编号、焊接人员、焊接设备、焊接参数、焊接时间及焊缝样品检测结果。试焊完成后,进行焊缝剥离、剪切检测。若样品的剪切、剥离检测达到设计指标,则进行土工膜正常焊接;反之,则需对焊接参数进行适当调整,重新进行试焊,直至连续两次试焊结果均能达到设计指标时方可进行正常焊接。

土工膜焊接受环境温度影响较大,现场安排专人对环境温度及风速不定时进行观测。当环境温度变化超过5 ℃时,必须重新进行试焊以确定新的焊接施工参数,且试焊结果满足设计指标后方可进行正常焊接。另外,焊接时周边风力大于3级、环境温度在5 ℃以下或者至35 ℃之上暂停焊接施工。

6.2 焊缝检测

本工程土工膜焊接采用了热熔焊接及挤压焊接两种。在焊缝起焊的位置用不易磨去的墨水粗体记号笔记录焊缝编号、焊接设备编码、焊接人员编号及姓名、焊接日期和时间。在焊接完成后及时填写司焊记录。焊接完成后采用充气法、真空罩或电火花法对每一条焊缝及接头进行非破坏性检测,对于检测不合格的焊缝及时进行修补,修补完成后再进行复检,直至合格。焊缝非破坏性检测合格后,部分关键部位焊缝还需取样送第三方进行焊缝的破坏性检测,确保焊缝的剪切及剥离值符合设计指标。

6.3 土工膜与周边建筑物连接质量控制

土工膜与周边建筑物采用锚固的形式进行连接,土工膜锚固前,对连接部位的混凝土表面进行处理,确保混凝土表面无任何可能破坏土工膜的尖锐杂物。整个锚固过程安排专人负责,从涂刷 SR 底胶开始对每一道工序进行验收并做好相关记录,上道工序验收合格后方可进行下一道工序施工。同时,在指定位置的土工膜表面铺设棉被,作业人员将施工所用器具放置在棉被上,防止施工器具对土工膜造成破坏。

7 结 语

溧阳抽水蓄能电站根据上水库库底土工膜防渗体系的特点,针对大面积土工膜施工中的分区规划、与周边结构建筑物连接施工、施工期的土工膜保护、质量控制等各方面采取了切实可行的施工技术,共完成 25.4 万 m^2 的防渗土工膜铺设,共 157 个单元工程,合格率 100%,优良率 95.5%。在上水库蓄水至正常蓄水位后,整个库区的渗漏量基本保持在 10 L/s 以内,不足库容的 0.04‰。所取得的经验在其他类似工程施工时可以参考借鉴。

参 考 文 献

[1] 李岳军. 抽水蓄能电站水库土工膜防渗技术的研究和应用[J]. 水力发电,2006,32(3):67-69.

[2] 孙晓博. 泰安抽水蓄能电站上水库库底土工膜防渗工程质量控制[J]. 水利水电技术,2010,41(1):58-60.

地下工程智能化质量验评系统研究与应用

钟　为　唐茂颖　朱忠平　段　斌　林开盛

（国电大渡河流域水电开发有限公司，成都　610041）

摘　要　地下工程质量验评则是水电工程质量管理的重要组成部分。现今，信息化、智能化飞速发展，低效的传统质量验评手段已经不能适应新的环境，智能化的地下工程施工质量验评手段亟待研究。本文主要对地下工程智能质量验评系统的构架和功能设计开展研究，并就系统在双江口水电站工程中的应用情况进行了阐述，研究成果可供同类行业参考借鉴。

关键词　水电工程；地下洞室；智能；质量验评

1　引　言

水电工程规模大、投资高、技术复杂、建设周期长、管理内容多[1]。传统的人工填录、纸质归档的方式，存在表单格式不统一、填录随意性大、事后补录、统计及归档工作量大等问题。而当前，在云计算、移动互联、物联网、大数据、人工智能等大批新兴技术层出不穷的时代[2]，“智慧社会”“智慧城市”“智慧企业”“智慧工程”等概念相继诞生，并投入研究及实践。只有顺应时代潮流，引入新的技术知识与管理方式，才能提升自身可持续发展能力[3]。然而，却几乎没有针对采用智能化手段进行水电工程地下洞室质量验评而开展的研究，因此研发一个智能化的质量验评系统显得尤为必要。

本文以实现高效、实时、智能的质量过程管理为目标，设计了基于质量表单框架的地下洞室施工智能化质量验评系统。该系统利用移动物联网技术，实现在移动端实时、便捷地采集现场施工数据，填写质量验收表单，上报评定结果，形成竣工资料等功能。同时在实践过程中，还实现了验评系统与质量管理平台联用，提供工程质量大数据分析基础数据，为工程建设过程管控辅助决策提供准确依据，为竣工验收保留完整的质量记录。

2　系统构架

2.1　质量表单框架

系统的质量数据采集方案主要基于质量表单框架来实现，该框架充分考虑施工现场移动应用场景，从指标定义、表单配置、数据录入、指标分析与输出等方面入手，实现了面向工程质量表单采集的综合性解决方案，达成质量指标及表单的快速可配置、操作界面直观方便、录入手段高效、质量指标自动计算与评价、离线采集与数据异步提交、集成工作流及签字认证功能等目标。框架的总设计图见图1。

作者简介：钟为（1992—），男，四川金川人，助理工程师，硕士研究生，主要从事水电工程建设管理工作。E-mail：191442197@ qq. com。

2.2　数据结构与接口方式

本模块可以采取多种接口访问技术与其他模块、应用系统做数据通信访问,如表 1 所示。

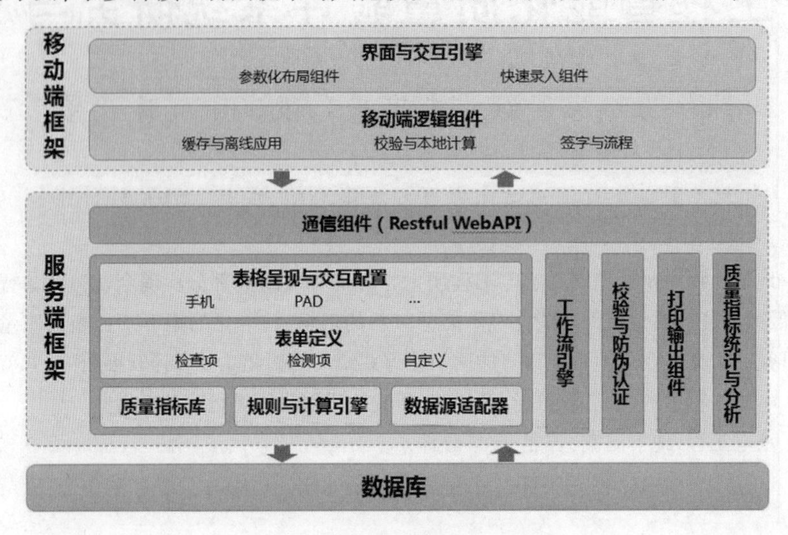

图 1　质量表单框架设计图

表 1　数据接口方式

	移动端 APP	智能工程管理信息系统	人员定位	其他第三方应用
接口方式	WebAPI	数据库访问	Web Service	WebAPI
数据结构	JSON	数据集	XML	JSON

3　系统设计

3.1　标准参数库设计

水电工程地下洞室施工质量验评主要包括岩石地下开挖工程、岩石地基灌浆工程、回填灌浆工程、基础排水工程、锚喷支护工程、预应力锚固工程、混凝土防渗墙工程、高压喷射灌浆工程、混凝土工程、钢筋混凝土预制构件安装工程[4]等十余类单元工程的质量验评。各类工程质量验评项目主要分为主控项目和一般项目,各项目的检查类型主要分为人工观察和人工测量,验评信息可以分为事中、事后,主要评定结果分为优良、合格、不合格。根据系统需求,分析整理质量参数如图 2 所示。

3.2　评定标准库设计

本文以行业标准为基础,分析总结了质量验评层级关系(见图 3)。同时,将 3.1 中提到的十余类单元工程质量验评相关标准进行了归纳整理,形成了适用于软件系统设计的,包括混凝土工程工序/土石方工程单元/地基处理与基础工程等单元评定标准、基础面或混凝土施工缝工序评定标准、预埋件工序评定标准等在内的十余类基础评价指标的基础标准库。得到的层级关系与基础标准库共同建立了评定标准库,系统以评定标准库为基础,实现了单元工程质量等级的自动评定。建立的评定标准库在遵循中华人民共和国电力行业标准的同时,也遵循行业标准更加精细化的质量控制标准,也可以在已有的评定标准库基础上,根据工程项目特点,建立个性化的评定标准。

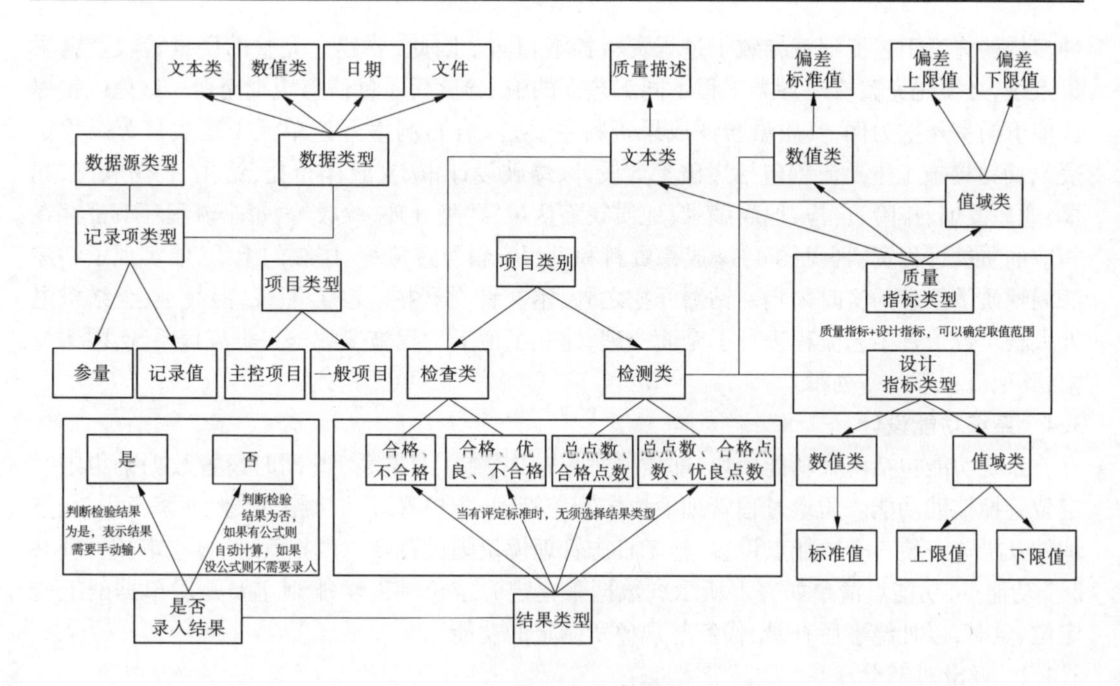

图2 质量标准参数组成

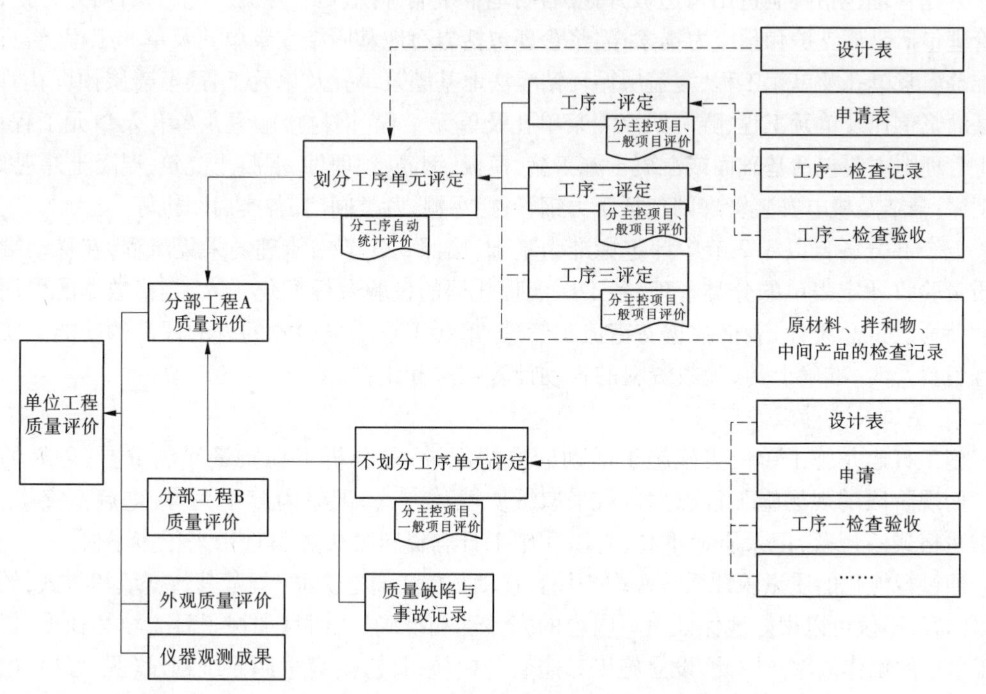

图3 工程质量验收与评价层级关系图

3.3 数据采集设计

质量验评资料包括成果资料和过程资料，成果资料较为简单，但过程资料往往与施工流程存在直接联系。水电工程地下洞室施工主要涉及开挖、支护、灌浆、混凝土、金结机电等五类，各类工程具有不同的施工过程，即使同类工程，当采用不同工艺时也具有不同的流程，多种多样的施工工艺流程就导致了过程资料各不相同。因此,要建立完整的质量验收资料采集系统,必须先完整梳理各类工程不同工艺下的施工流程、质量信息填报流程。这里以钻爆法地下洞室开挖为例,其质量验评成果资料主要是《岩石洞室开挖单元工程质量等级评定表》,而钻爆施工主要流程包括爆破参数设计、爆破设计审定、放样布孔、钻孔、装药联网、起爆、通风散烟、排险、自检、地质编录、地质缺陷认定、缺陷处理、验收等,每个流程环节都存在相应的质量过程资料(见图4)。成果资料和过程资料经过流程、层级的组织,便实现了钻爆法洞挖质量信息的实时采集。钻爆开挖之外,本文针对开挖、支护、灌浆、混凝土、金结机电五大板块数十种工艺流程进行了全面梳理,建立了地下工程施工数据采集流程系统,限于篇幅,其他流程不一一列举。

3.4 系统功能设计

系统功能包括两大功能模块,即质量过程管理、施工日志管理,同时设置数据采集定时定位管控辅助功能。质量过程管理模块按开挖管理、支护管理、混凝土管理、灌浆工程、金结埋件及机电安装5个功能点设置;施工日志管理模块则设置日志填报管理、日志审核管理共2个功能点,功能点清单如表1所示。数据采集定时定位辅助功能则主要是对单据的上传定位、定时,以杜绝事后补录、代签等现象所制定的功能。

3.4.1 质量过程管理

开挖管理包括隧洞进出口边坡开挖、岩石地下平洞开挖、岩石竖井开挖、岩石斜井开挖;支护管理包括锚喷支护和预应力锚索;灌浆管理包括岩石地基固结灌浆单孔及单元工程、岩石地基帷幕灌浆单孔及单元工程、覆盖层循环钻灌法地基灌浆单孔及单元工程、覆盖层预埋花管法地基灌浆单孔及单元工程、隧洞回填灌浆单孔及单元工程、钢衬接触灌浆单孔及单元工程;混凝土管理则主要包括基础面或混凝土施工缝、模板、钢筋、预埋件、混凝土浇筑、混凝土外观等6个工序;金结及机电安装管理则包括压力钢管、拦污栅、各类闸门、各类启闭机等。

五个部分各自以3.2节中评定标准为基础,按照3.3节中梳理的采集流程,在移动端实现质量验收评定表单的分类管理、各工序流程数据的校验及标准化录入、表格数据的引用和自动计算及汇总统计、表格数据签审流程管理、单元工程质量验收的自动评定的功能。实现过程资料及时、准确上传,验收资料的自动计算汇总和组织。

3.4.2 施工日志管理

施工日志是施工单位实施施工活动的原始记录,是分析工程质量问题重要、可靠的材料。而现阶段的现场施工日志大多数采取纸质填写方式,记录内容不完善,重点不突出,并且书写格式不规范,记录质量不高,对以后施工日志资料分析和整理带来很多不便。

通过智能化的质量验评系统采取现场直接填写施工日志方式,规范其数据填写方式,约束填写内容,不仅可以很好地保证填写内容的完整性和准确性,而且加快了日志填写速度,提高施工单位的工作效率。因此,设立施工日志管理模块,日志内容采用系统预设(见表2),由施工单位现场生产管理人员填报,施工单位负责人审批,进而确保质量问题的可追溯性。

4 系统应用

4.1 工程概况

双江口水电站位于四川省马尔康市、金川县境内,枢纽工程由拦河坝、引水发电系统、泄洪系统组成。其拦河大坝最大坝高312m,为同类心墙堆石坝中的世界第一高坝。工程的

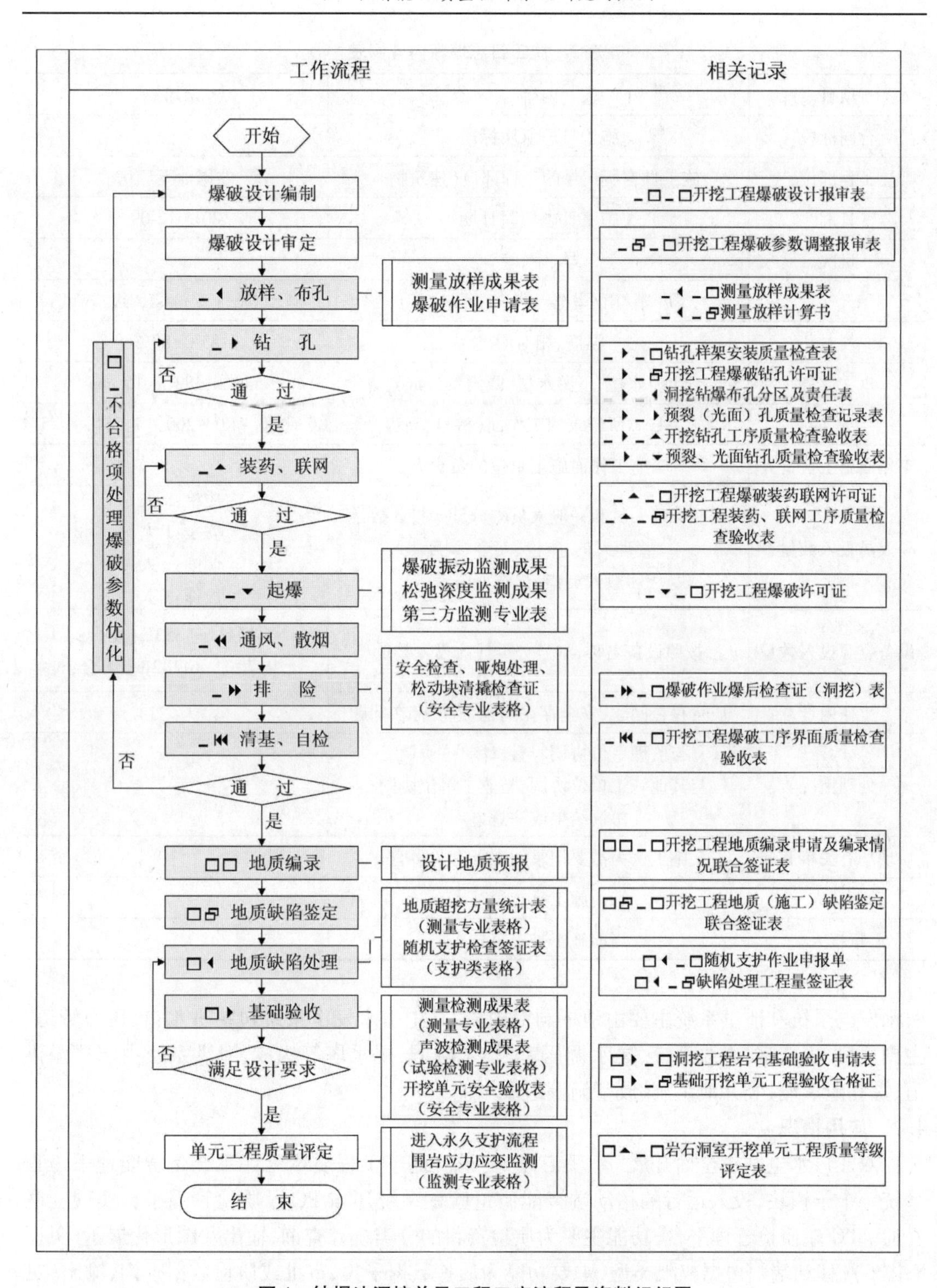

图4 钻爆法洞挖单元工程工序流程及资料组织图

表2 施工日志填写内容例表

项目	内容	示例
合同标段	施工日志所属标段	
工程部位	施工日志所记录的工程部位(建筑物)	左岸地下厂房
日期	施工日志填写日期	2015-12-09
班次	早、中、晚	
天气	阴/晴/雨/雪/雾、风向、风速(力)	晴、北风、1.6 m/s(2级,轻风)
气温	温度,相对湿度	25℃,80%
水文信息	上游水位,下游水位,降雨量(mm)	540 m,382 m,10 mm
工作面	施工日志所记录的工作面(桩号,高程)	K0+100~K0+200, ▽564~▽574
工作面施工负责人	当前工作面施工单位的负责人	
人员投入数量	按照管理人员和一般人员划分计入投入数量 管理人员:质检、安全、调度 一般人员:参与施工内容	质检:3人; 安全:1人; 调度:1人; 放样:3人;
设备资源投入数量	按照设备名称,型号分类计入投入数量	多臂钻车[353E],1台; 装载机[d61142jb],1台;
工作内容	质量存在问题、安全存在问题、进度存在问题	
处理情况	与监理单位协调、与设计单位协调、 与其他施工单位协调、与业主单位协调; 协调结果或注意事项	
现场有关事宜	施工认为需要记录的现场有关事宜	
填写人	当前施工日志填写人	
审核人	当前施工日志审核人	

引水发电系统和泄洪系统主要由地下洞室构成,其中引水发电系统包括进水口、压力管道、主副厂房、主变室、出线系统、尾水调压室、尾水隧洞、尾水塔等构成,泄洪系统由洞式溢洪道、深孔泄洪洞、竖井泄洪洞、放空洞等组成[5]。

4.2 应用情况

双江口水电站正全面开展“智慧工程”建设。地下工程质量验评系统是智能地下工程系统一个子模块,投入运行的移动端智能质量验评系统还与PC段质检管理平台实现互联互通。PC端质检管理平台,功能主要为质检资料的分类统计查询、输出及图形化展示(见图5、图6);移动端则根据权限类型,主要功能为质检数据采集、审批或质检数据查询、输出(见图7)。整个系统实现了第3节所述的主要功能。

4.3 成效情况

该系统已经在双江口水电站引水发电系统、泄洪系统施工过程中应用到日常质量管理中。施工单位现场采集施工工序和单元工程质量验评信息、拍照上传现场质量图片、自动评

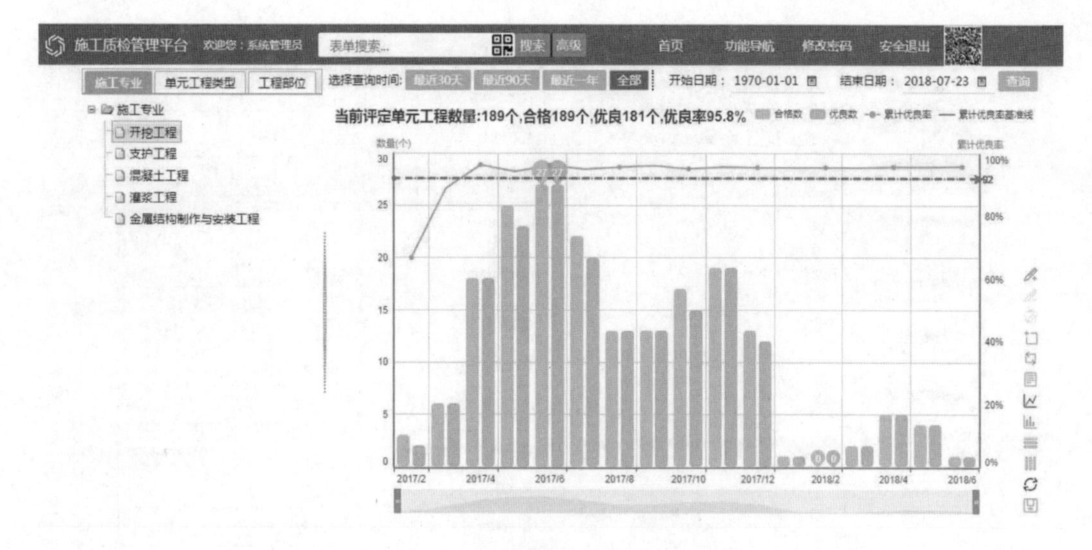

图 5　PC 端系统数据汇总统计界面

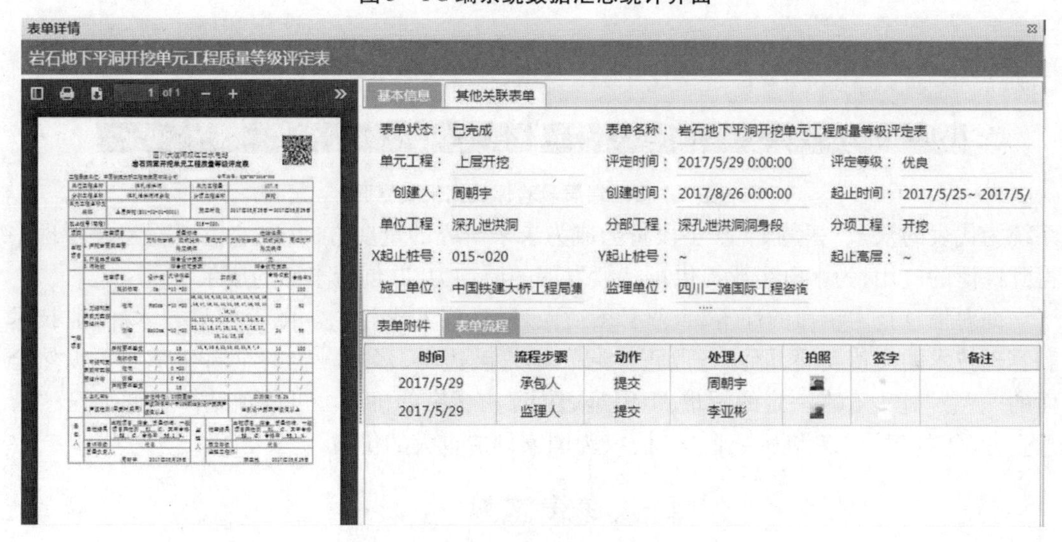

图 6　PC 端系统质量验评表单查询界面

判质量等级，以现代化先进移动终端设备代替传统纸质打印表单。同时，系统的定时定位功能起到了良好效果，所有质量验评资料的传递都做到了按时、保质。目前，双江口工程地下洞室施工过程中，已通过系统顺利而快捷地进行了近 200 个地下单元工程的质量验评；质检信息汇集在 PC 端质检平台中一目了然；质量单据按系统流程归类整理，组织有序而科学。下一步，双江口地下工程质量验评系统还将开发面部识别功能，实现定员质检，全面达成质量验评按时、定岗、保质的效果，实现质量管理流程化、标准化、信息化，提升质量验评效率，强化施工过程中的质量控制。

5　结　语

水电工程地下洞室施工智能化质量验评系统的成功开发与应用，是智慧化时代提高工程管理水平、提高工程建设质量的具体体现。智能化质量验评系统在其他地面工程，乃至于交通、建筑等其他行业都具有很强的推广前景。同时，在新技术的背景下，以智能质量验评

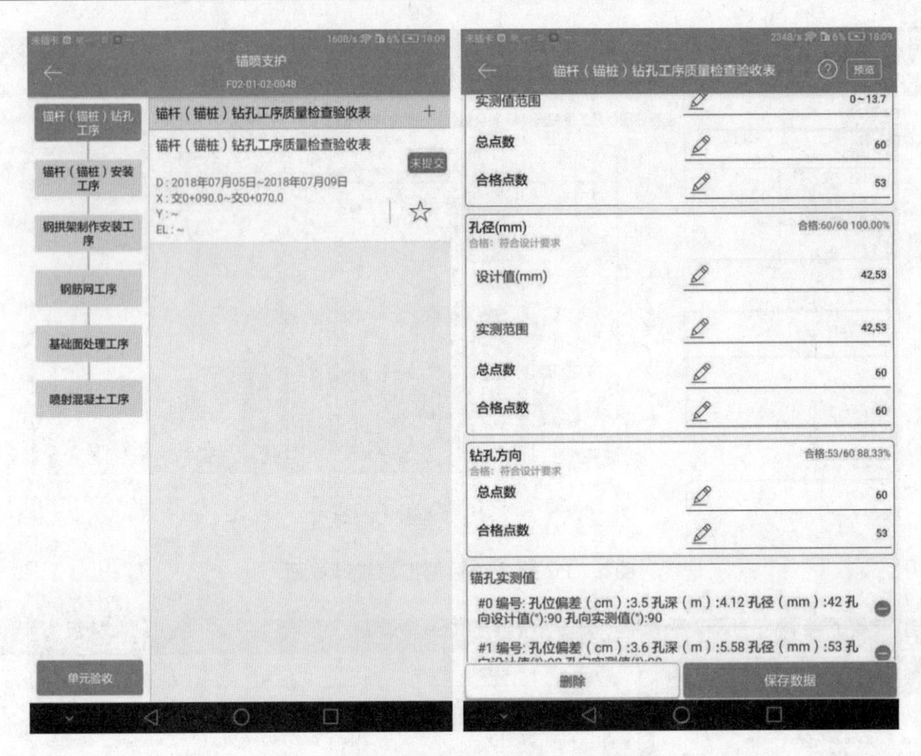

图7 移动端质量验评数据采集界面

系统为代表的众多“智慧工程”手段将会成为未来研究的重要方向，在水电工程建设管理中得到广泛的应用，为水电企业提供可持续发展的原动力，并创造丰硕的成果[6-7]。

面对信息技术革命的冲击，企业必须适应环境，突变求生[8]。随着信息技术、工业技术和管理技术的飞速发展，能源行业正掀起一场打破边界、多方融合的全新变革[9]。纵然全面的“智慧”建设存在一定的困难，但困难之中又有无穷的机遇。可以预见，“智慧工程”“智慧企业”等的建设，终将为企业、为社会、为国家创造重大的价值。

参考文献

[1] 涂扬举. 瀑布沟水电站建设管理探索与实践[J]. 水力发电，2010(6)：12-15.

[2] 涂扬举，郑小华，何仲辉，等. 智慧企业框架与实践[M]. 北京：经济日报出版社，2016.

[3] 涂扬举. 水电企业如何建设智慧企业[J]. 能源，2016(8)：96-97.

[4] 水电水利基本建设工程单元工程质量等级评定标准：DL/T 5113. 1—2005[M]. 北京：中国电力出版社，2008.

[5] 唐茂颖，段斌，肖培伟，等. 双江口水电站智能地下工程系统建设方案研究[J]. 地下空间与工程学报，2017(S2)：508-512.

[6] 李善平，肖培伟，唐茂颖，等. 基于智慧工程理念的双江口水电站智能地下工程系统建设探索[J]. 水力发电，2017，43(8)：67-70.

[7] 涂扬举. 智慧企业关键理论问题的思考与研究[J]. 企业管理，2017(11)：107-110.

[8] 涂扬举. 建设智慧企业，实现自动管理[J]. 清华管理评论，2016(10)：29-37.

[9] 涂扬举. 数据驱动智慧企业[J]. 企业管理，2018(2).

广安龙滩水库工程坝顶边坡处理

熊雨扬

（中国电力建设集团贵阳勘测设计研究院有限公司，贵阳 550081）

摘 要 广安龙滩水库工程坝顶边坡稳定性较差，存在安全隐患。现场施工中，应针对现场边坡地质条件较差及边坡存在安全隐患等问题提出边坡处理方案，选择出合适的最优方案。

关键词 边坡处理；边坡稳定；安全监测

1 概 述

1.1 工程概况

龙滩水库位于渠江左岸一级支流龙滩河上游的前锋区桂兴镇大店村龙滩子口处，坝址以上控制集水面积65 km^2，多年平均来水量3 153万m^3。拦河大坝为抛物线双曲拱坝。龙滩水库工程是一座以农业灌溉、乡村供水、发电等综合利用的中型水利工程。

工程所处区域位于新华夏构造体系第三沉降褶皱带内，工程区气候温和湿润，雨量充沛，各种岩溶形态均有发育，主要有岩溶洼地、落水洞、溶洞、暗河、岩溶管道、溶蚀槽谷及溶缝、溶隙等。龙滩水库为典型的峡谷型水库，大部分河段为横向谷，局部为斜向谷，库盆全部位于三叠系中统雷口坡组和三叠系下统嘉陵江组第四段—第三段地层内；库区测绘范围内未见滑坡体、规模较大的崩塌堆积体存在，岸坡整体稳定。

坝址区发育3条小断层(f_1～f_3)，其中f_2、f_3为平硐内揭露断层，其规模均较小，破碎带宽度小于0.5 m，断距小于0.2 m，未见明显影响带。坝线两岸陡、缓倾角裂隙均较发育，其中左岸主要发育四组裂隙：①N40～80W，NE(SW)∠6～30；②N60～85W，NE(SW)∠60～85；③N50～80W，NE(SW)∠40～60；④N30～40E，NW∠5～10。右岸主要发育三组裂隙：①N20～70W，NE(SW)∠6～30；②N40～80W，SW(NE)∠60～80；③N50～70W，SW(NE)∠40～60。其中陡倾角裂隙多延伸长，裂面较粗糙，充填方解石或岩屑，局部夹泥质，连通率在70%～80%；缓倾角裂隙多光滑或稍粗糙，断续延伸，多充填方解石(岩屑)，连通率在60%～75%。

根据坝址区平硐及钻孔揭露，河谷两岸坡表层岩体风化溶蚀相对较强，右岸山体相对单薄，风化程度较左岸为深。左岸地层弱风化带上部水平深2～8 m，弱风化带下部水平深20～30 m；右岸地层弱风化带上部水平深2～12 m，弱风化带下部水平深25～40 m。

广安龙滩水库工程边坡处理难点在于地质条件复杂、边坡高陡、开挖支护工程量大、施工质量要求高。

作者简介：熊雨扬(1991—)，男，四川成都人，工程师，本科，主要从事结构设计工作。E-mail：4180744169@qq.com。

1.2　工程地质条件与问题

广安龙滩水库坝顶边坡处理现场施工时主要面临的问题如下：

(1)龙滩水库库区坝顶以上左岸边坡揭露地层为灰色、浅黄灰色中厚层、薄层灰岩、泥质灰岩夹极薄层泥灰岩、泥质灰岩，岩层产状为 N26°E,NW∠81°，受裂隙切割岩体较为破碎。大坝下游侧开挖形成“棱脊”状，稳定性较差；且大坝边坡开挖施工期间，下游开口线外坡面上散落大量孤石、块石，影响下部厂房安全。

(2)大坝右岸 EL. 445.00 m 高程以上坡面表层覆盖层厚约 3 m，下部为强风化岩体，溶蚀强烈，岩体破碎，完整性差；EL. 445.00 m 至坝顶拱端下游侧揭露地层为灰色、浅黄灰色薄层、极薄层灰岩、泥质灰岩夹极薄层泥灰岩，岩层产状为 N26°E,NW∠78°~83°，拱端上游侧边坡性状与 EL. 445.00 m 高程以上基本相同，较为破碎，且该部位与施工便道连接段开挖尚未完成，局部为倒悬，存在安全隐患。

(3)左坝肩上游库区边坡因施工单位修建施工临时便道，对大坝坝肩边坡开口线外侧的原始边坡形态影响较大，边坡开挖质量较差，整体外凸严重，局部崩塌为坑洞，深度达 50 cm；加上表层植被清理后，边坡长期裸露，风化严重，边坡破碎易掉块，局部存在倒悬、崩塌等现象。岩体表层呈现“碎块”状，受多层施工便道切脚影响，极易掉块、崩塌，对枢纽建筑物和施工期车辆、行人通行安全构成威胁。

2　边坡处理设计

根据施工现场坝顶边坡处理面临的三个问题，分别提出了处理方案。

2.1　左岸坝肩 EL. 430.00 m 高程以上边坡开挖支护局部调整方案

(1)将 EL. 430.00 m 高程马道下游内侧边线控制点 Kk16(x = 3 382 392.433 1，y = 399 192.101 5)调整为 TZ(x = 3 382 393.141 4，y = 399 177.831 0)，以便挖除 EL. 430.00 ~ EL. 445.00 m 楔形体，如图 1、图 2 所示。

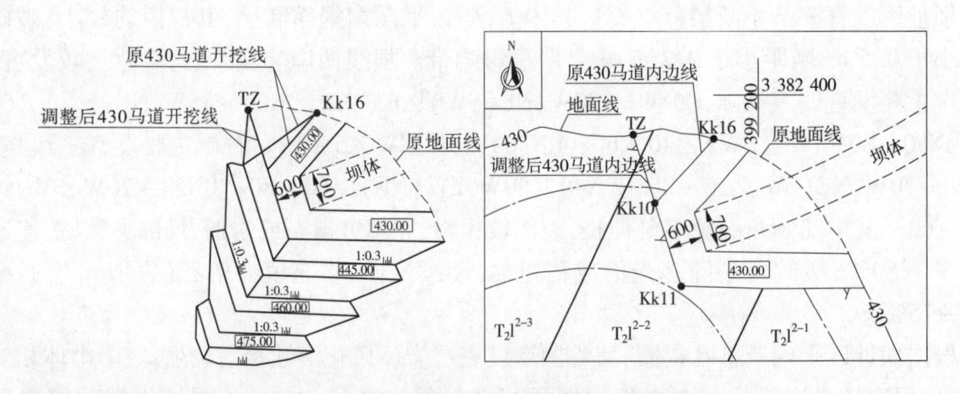

图 1　430.00 m 高程马道调整平面示意图

(2)对开挖边坡坡面适当修整，清除倒悬、松动块石等突出物；对较大的空腔采用 C15 混凝土进行回填修补，并利用坡面系统锚杆锚固。

(3)根据现场岩层产状，对坝肩边坡范围内锚杆钻设角度适当调整，确保锚杆与岩石层面大角度相交。下游侧边坡锚杆钻设方位可调整为 N64°W；上游侧边坡锚杆钻设方位为 N50°W。

(4)清除左岸坝顶边坡开口线至截水沟之间坡面内松动岩块、树枝等不稳定体,截水沟至边坡开挖开口线范围内坡面采用喷混凝土 C20 混凝土封闭,厚 10 cm;内设挂网钢筋Φ 8@20 cm×20 cm,如图 2 所示。

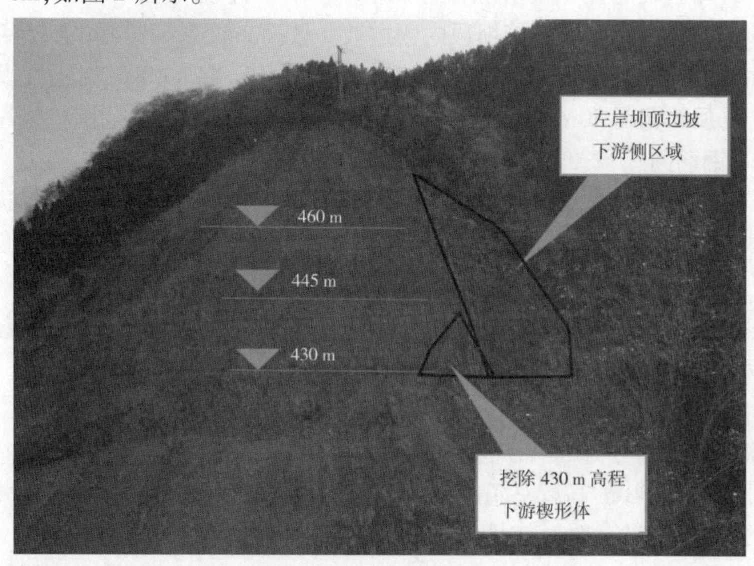

图 2 坝顶下游坡面开挖支护调整示意图

(5)左岸坝肩边坡锚索间距调整为 5 m;结合边坡实际情况,在左岸坝肩 EL. 440. 50 m 高程及 EL. 464. 50 m、EL. 470. 50 m、EL. 478. 00 m 高程增设 10 根锚索,间距为 5 m,锚索布置示意图见图 3。

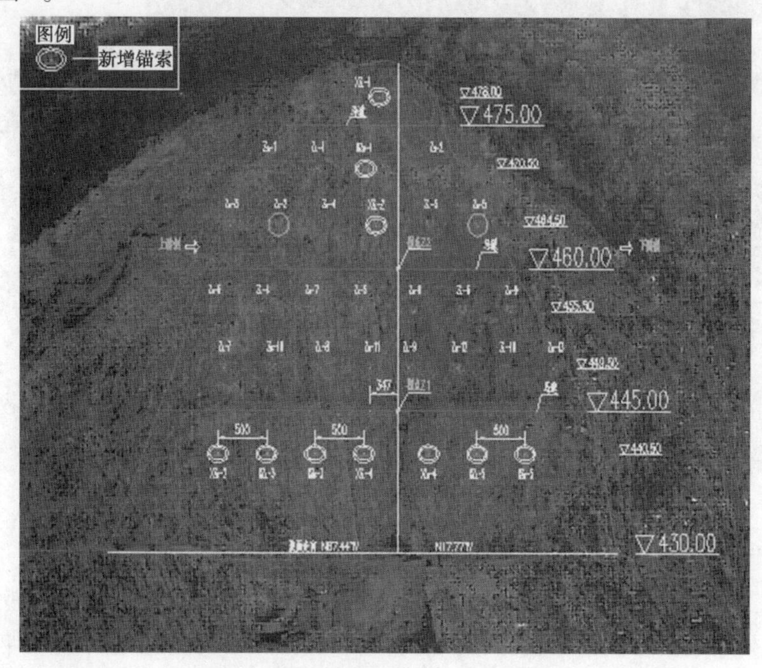

图 3 左岸坝肩新增锚索位置示意图

2.2 右岸坝顶 EL. 430. 00 m 高程以上边坡开挖支护局部调整方案

(1)对 EL. 445. 00 m 高程以上边坡适当修整,确保坡面平整,及时采用喷混凝土封闭,厚度 10 cm,取消 ϕ8 钢筋网;坡面增设 C20 混凝土贴坡挡墙。贴坡顶部宽度 50 cm,坡比可结合坡面做适当调整。

(2)区域 A:库区临时上坝路由现有约 EL.440.00 m 高程降至 EL.430.00 m 高程,清除边坡松动碎石,坡面修理平顺,顺接坝顶内侧边坡。坡面布置系统锚杆(Φ25@3×3 m,L=6 m/4.5 m,梅花形布置),外露 40 cm。EL.430.00 m～EL.445.00 m 高程增设 C20 混凝土贴坡挡墙。贴坡顶部宽度 50 cm,坡比可结合坡面做适当调整,贴坡范围内采用素喷混凝土 10 cm,取消 ϕ8 钢筋网。

(3)区域 B:右岸坝顶 EL.430.00 m 高程马道宽度局部调整,使下游开挖边坡顺接永久上坝公路边坡,开挖坡面布置系统锚杆(Φ25@2×2 m,L=6 m/4.5 m,梅花形布置),采用喷 C20 混凝土封闭,厚 10 cm,挂网钢筋Φ8@20 cm×20 cm。

(4)坝肩边坡开口线外侧截水沟与边坡开挖开口线之间坡面采用喷 C20 混凝土封闭,厚 10 cm,挂网钢筋 ϕ8@20 cm×20 cm。

(5)将坝顶 EL.445.00 m 高程以上锚索 YM-1、YM-4、YL-3 下移至 EL.440.00 m 高程,并新增 2 根锚索(编号为 XZYL-1、XZYM-1),锚索间距为 5 m,锚索结构参数不变。

(6)坝顶 EL.430.00 m 高程马道内侧增设排水沟,断面尺寸为 30 cm×20 cm(宽×高),底部坡比 0.01,与上下游公路内侧排水沟相接,保证排水通畅。

根据现场岩层产状,对边坡范围内锚索、锚杆钻设角度可适当调整,确保锚索、锚杆与岩石层面大角度相交(见图 4)。

图 4　右岸边坡开挖现状

2.3　左岸坝顶边坡开口线上游侧边坡支护处理

(1)清除上游侧边坡坡面倒悬、松动块石等突出物;对较大的空腔采用 C15 混凝土进行回填修补,并利用坡面系统锚杆锚固;将坝肩 EL.460.00 m 马道往上游侧延伸至施工便道处,原则上 EL.475.00 m 高程以下边坡坡面按 1∶0.3 进行开挖或修整,确保其平整度满足设计要求,清理区域如图 5 所示。

(2)左岸上游侧边坡坡面布置系统锚杆Φ25@2×2 m,L=6 m/4.5 m,梅花形布置,外

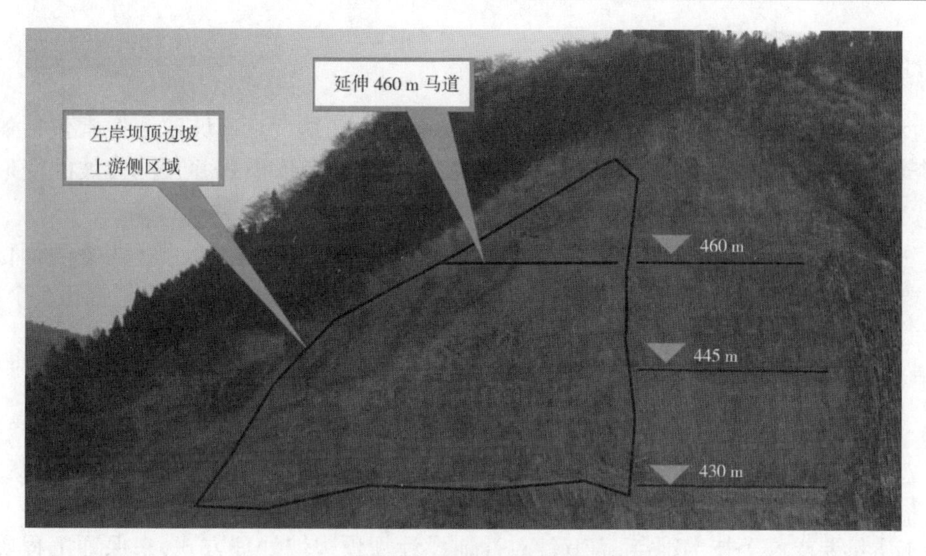

图 5　左岸坝肩上游近坝段边坡示意图

露 10 cm；Φ8 挂网钢筋@20 cm×20 cm，喷 C20 混凝土，厚度 10 cm。

(3)在开挖坡面布置 15 颗 1 500 kN 预应力锚索，其中 EL. 467.00 m 高程布置 2 颗，EL. 457.00 m 高程布置 2 根，EL. 452.00 m 高程布置 3 根，EL. 442.00 m 和 EL. 437.00 m 高程各布置 4 根。编号 ZMs－1～7 长度 $L=30$ m，编号 ZMl－1～8 长度 $L=38$ m，锚索间距 5 m，长短交错布置，施工中适当调整锚索高程和孔位，确保其与坝肩锚索在空间上错开，如图 6 所示。

图 6　左岸坝肩上游近坝段边坡锚索布置示意图

3　边坡安全监测

边坡监测对于预防边坡失稳、保障边坡安全稳定意义重大。边坡监测通常包括数据采集和资料分析两项内容，从繁多的监测资料中找出边坡的变形模式并预测边坡的变形及稳定的状态[1]。

广安龙滩水库工程边坡由于边坡植被茂密，通视条件不好，边坡监测不考虑表面位移监测，主要考虑内部变形监测，采用测斜孔和多点位移计对其进行监测，预留测斜孔 5 个，多点位移计 8 套，锚杆测力计 8 支，锚索测力计 10 台。

根据广安龙滩水库工程坝顶边坡各项监测成果表明，坝顶边坡基本稳定。

4　结　论

(1)广安龙滩水库工程坝顶边坡由于存在地质条件复杂、边坡高陡、开挖支护工程量大、施工质量要求高等技术难点，需有针对性地设计坝顶边坡处理方式，来保证工程质量及施工安全。

(2)对于边坡的稳定处理，可采用降低坡比、挂网喷混、打锚杆、打锚索及做贴坡混凝土挡墙等处理方式来进行处理，在可达到预定可使用用途前提下，根据现场实际情况，综合考虑施工情况、造价因素等，选取最优方案。

(3)前期更为精确有效的地质勘探是施工质量和施工进度的保障。在施工过程中也需要时刻对开挖揭露出的地质条件进行跟踪分析。

(4)国内外大量工程实践表明，采取排水措施降低边坡岩体内的地下水水位是提高边坡稳定性的最有效的措施之一[2]。故在进行边坡处理时，需要同时采取便捷有效的排水措施。

(5)边坡处理时，应同时开展边坡安全监测。

参考文献

[1] 孟永东，张永瑞，许真，等. 水电工程边坡安全监测实时在线预警系统研究[J]. 水电能源科学，2015，33(12)：165-168.

[2] 蔡大咏，湛正刚，杨秋，等. 洪家渡水电站进水口顺向坡加固处理技术[J]. 贵州水利发电，2005，19(3)：42-45.

水坝的抗震设计准则与抗震性能评估

Jin - Kwon Yoo, Seon - Uk Kim, Byung - Dong Oh, Seung In Yang

(韩国水资源公社(K - water)业务维护部，韩国大田 34350)

摘 要 地震引起的水坝损坏将对社会造成巨大损失。因此,应该进行大坝及相关附属设施的抗震性能评估和维护,以保护人民的生命和财产。在韩国,随着2017年修订的抗震设计准则的发布,水坝的抗震设计准则也在修订中,以反映修订的抗震设计准则的变更。根据韩国水资源公社对水坝及其附属设施进行抗震性能评估的经验和结果,本文详细讨论了2011年发布的现行水坝的抗震设计准则存在的问题及后续的问题。此外,本文还介绍了韩国水资源公社经营的水坝及其附属设施的抗震性能评估现状。

关键词 抗震设计准则;水坝设计准则;抗震性能评估;水坝设施

1 引 言

水坝是服务于一个国家和城市的典型基础设施,包括为国家和城市的经济运行提供所需的服务和设施。因此,为了确保水坝的安全,应在竣工前进行安全设计和施工,并在竣工后进行安全维护和检查。抗震性能评估是水坝安全检查最具代表性的程序,随着相对强烈的地震事件频繁发生,抗震设计准则也在不断修改和完善当中。

截至2018年,国内水坝的抗震设计和抗震性能评估符合2011年修订的水坝设计准则。根据现行标准,高度在45 m以上、总容量在5 000万 m^3以上的水坝被归为最重要的抗震类别。与其他基础设施不同,水坝的地震危险指数适用于最重要的抗震类别和I,其重现期分别为1 000年和500年。水坝的抗震性能基于地震系数法,通过施加静力来评估,但是如果使用时程分析,则2或1.4的地震危险指数分别适用于最重要的抗震类别和I。

本文分析了2017年发布的修订抗震设计准则,并介绍了运行水坝和水坝附属设施的抗震性能评估现状。此外,本文还详细讨论了将于2018年底完成修订的水坝的抗震设计准则中要考虑的问题。

2 2017年修订的抗震设计准则

2017年发布的修订抗震设计准则修正的内容如下:

(1)新的地面(土壤)分类系统;

(2)标准设计反应谱特征描述;

(3)抗震性能等级分类系统的细分。

本文详细讨论了2017年发布的修订抗震设计准则的变更。

2.1 场地条件

在确立2017年修订抗震设计准则之前,一直采用美国西部的抗震设计准则(UBC - 1997),但其场地条件与韩国有所不同。由此产生的一个问题是,韩国与美国场地反应分析结果的不一致性愈发凸显。为了解决这些问题，考虑到基岩的浅层土壤条件，韩国提出了一种新的地面分类系统。为此，对现有的采用距地面 30 m 的平均剪切波速（v_{S30}）的分类方法进行了修改。此外，根据基岩深度和基岩上面土层的平均剪切波速（$v_{S,\ soil}$），建立了新的地面（土壤）分类，如表 1 所示。

表 1　土壤分类（修订的抗震设计准则，2017 年）

分类	土壤类型	分类标准	
		基岩深度（m）	平均剪切波速（m/s）
S1	岩石	＞1	—
S2	浅但密实	1～20	≤260
S3	浅且松散		＞260
S4	深且密实	＜20	≤180
S5	浅且松散		＞180
S6	需要进行场地反应分析的土壤条件		

这里，基岩是指剪切波速为 760 m/s 或以上的地质层，平均剪切波速为 120 m/s 或以下的土壤，不考虑基岩深度，归类为 S5。在现行的水坝的抗震设计准则中，岩石被分类为硬岩和中岩。因此，与中岩相比，硬岩条件下的地震荷载将减少。但是，根据修订的抗震设计准则中的土壤分类，地震荷载取决于岩性。

2.2　标准设计反应谱

反应谱是指在地震期间，不同周期的结构在各自振周期时出现的最大值的曲线图。它通常表示地震期间结构的地震荷载。通常，设计准则提供 5% 阻尼比的“标准设计反应谱”，且地震载荷应以标准设计反应谱表示。在 2017 年发布的修订抗震设计准则中，分别提出了岩石和土壤的标准设计反应谱（见图 1）。而长周期条件下的地震载荷进一步减小。

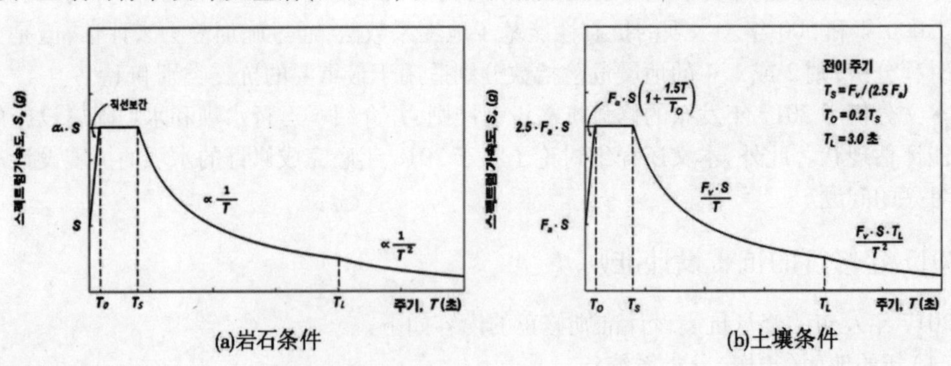

(a)岩石条件　　(b)土壤条件

图 1　标准设计反应谱

与土壤的光谱加速度相比，岩石的标准设计反应谱略有增加。这意味着设计地震荷载加强，因为韩国的水坝主要建在岩石上。

3 抗震性能评估

自2001年起,韩国水资源公社一直在对水坝及其附属设施进行大规模的抗震性能评估。采用Newmark方法或先进的动态分析方法,以及广泛使用的传统静态分析方法对运行中坝的抗震性能评估。近期,韩国水资源公社正对坝的附属设施进行抗震性能评估,根据抗震性能评估结果,对于不安全的坝附属设施,韩国水资源公社将制订一份加固方案。

3.1 坝

抗震设计始于不到100年之前,而水坝是第一个引入抗震设计概念的结构。Mononobe(1929年)引入了地震系数法,以考虑混凝土坝设计中的等效静载荷。

韩国于1979年制定了坝的标准,反映了抗震设计的概念,重点关注多用途坝。之后,韩国于2001年制定了水坝设计准则,并在2003年和2005年对其进行了修订,现行的水坝设计准则是2011版的准则。表2列出了水坝的设计准则的修订历史。

表2 水坝设计准则的修订历史

年份	修订
1979	·制定首个水坝设施标准(多用途坝)
1983	·修订案
1993	·土坝:约20%的附加地震荷载 ·混凝土重力坝:2倍的附加地震荷载
2001	·地震危险区:1类(0.11g),2类(0.07g) ·地震危险指数(千年一遇):1.4倍的附加地震荷载 ·拱坝:2倍的附加地震荷载
2005	·修订案
2011	·在动力分析中采用Newmark法评估塑性

除现有的静力和动力分析方法外,近期修订的水坝设计准则的最重要特征是,采用Newmark方法进行坝坡塑性位移稳定性评估。如果采用Newmark方法评估的位移量在0.6 m以内,视为安全,但如果超出了0.6 m,则需要进行更精确的塑性分析。

2012~2014年,韩国水资源公社采用了先进的评估技术,对韩国的34座坝进行了抗震性能评估。考虑到新修订的抗震设计准则,分别采用了0.22g、0.176g和0.154g的地震系数,同时分别对输入运动、动力特性、本构模型和地震加速度系数进行敏感性分析,验证了坝的稳定性。

韩国水资源公社采用了等效静态分析方法来开展数值分析(见图2),基于Newmark变形分析进行了详细的动态分析,并基于增加的地震荷载和流体—土—结构相互作用进行了高级动态分析(见图3)。在所有的数值分析中,预计0.154g(千年一遇)和0.22g(2 400年一遇)的最大地面加速度的抗震稳定性是安全的。对于混凝土坝,预计易损部件某些接头处的应力集中会导致损坏,但普遍预测是安全的。

3.2 水坝的附属设施

在评估水坝的抗震性能时,还应同时对与水坝一起运行的水坝的附属设施开展抗震性

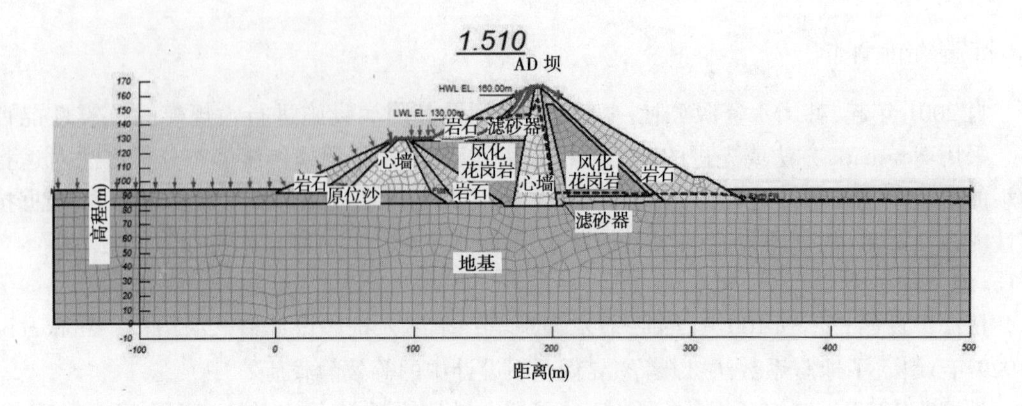

图2　等效静态分析的结果

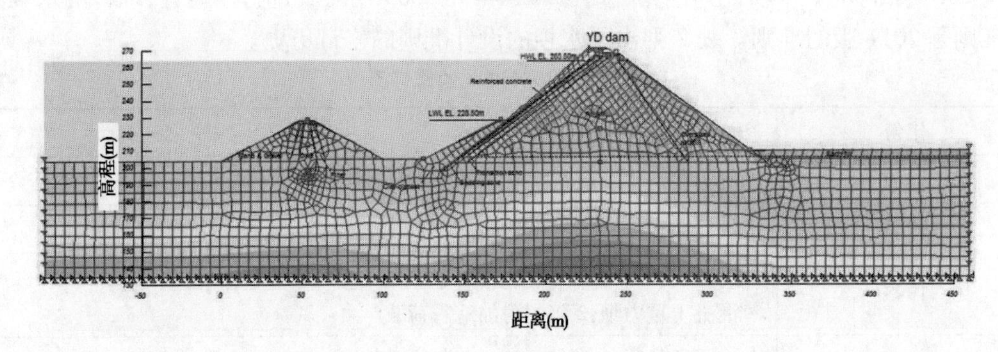

图3　高级动态分析的结果

能评估。但是，水坝的附属设施的抗震设计准则确实不如水坝的抗震性能评估准则那样明确。虽然2011年修订的水坝的抗震设计准则指出应该评估水坝的附属设施的抗震设计，但设计者在没有任何明确准则的情况下，只能任意判断水坝附属设施的抗震设计。

韩国水资源公社自2017年起一直在对韩国31座水坝的附属设施进行抗震性能评估。水坝的附属设施包括在坝体中安装和运行的所有附加设施，如溢洪道、进水塔、桥梁、隧道、发电站、水闸和锚机。在数值分析中，通过参考相关的设计准则，对所有附属设施采用等效静态分析方法（见图4）。对于被认为不安全或危险的设施，考虑土壤与结构之间的相互作用，开展详细的动态分析（见图5）。

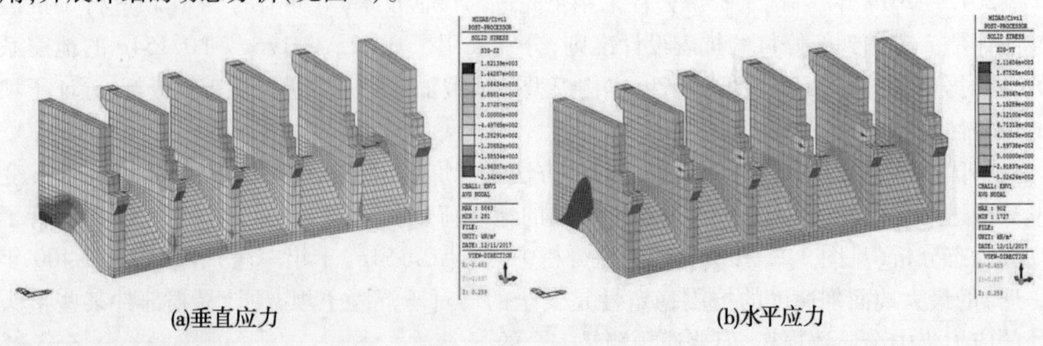

图4　等效静态分析的结果（溢洪道）

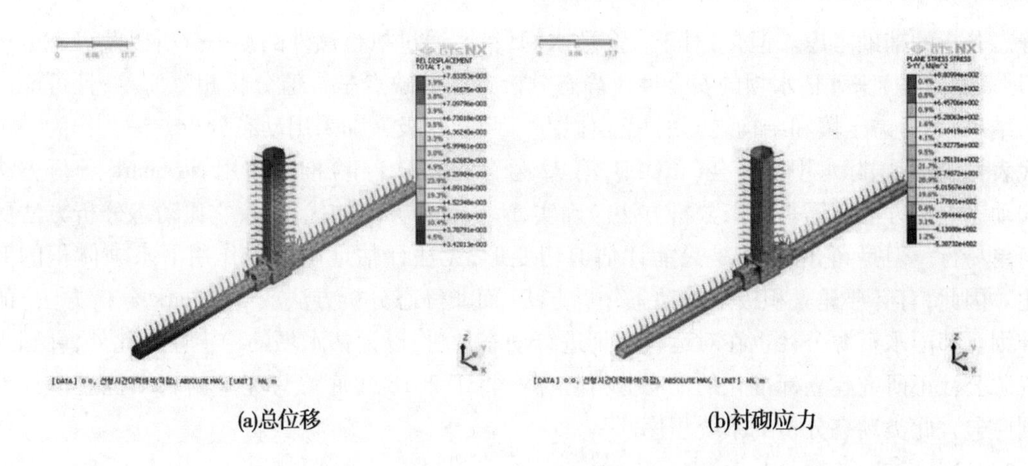

(a)总位移 (b)衬砌应力

图5 动态分析的结果(导流隧洞—进水塔)

八户地震波(1968 年),具有长周期和短周期特征的大船渡地震波(1978 年),以及光谱与标准设计反应谱相匹配的三个合成波被用于水坝的附属设施的抗震性能评估。此外,考虑到不同性能的设施的地震重现期,所有地震波都被缩放到最大地面加速度。图 6 给出了采用标准设计反应谱的光谱匹配结果和生成的合成波。

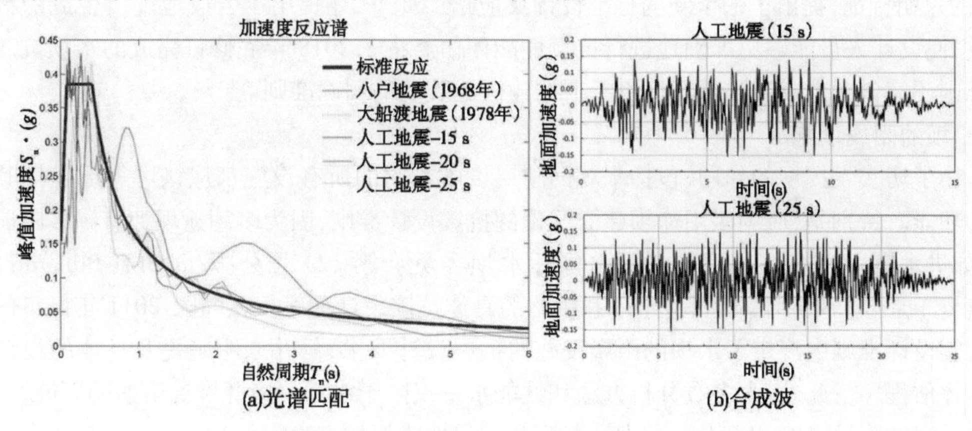

(a)光谱匹配 (b)合成波

图6 光谱匹配结果和生成的合成波

第一年(2017 年),对 26% 的水坝附属设施进行了抗震性能评估。目前,韩国水资源公社正对剩余的水坝的附属设施进行抗震性能评估,并为不具备抗震性能的脆弱设施制订了加固方案。

4 2018 年水坝抗震设计准则

如上所述,随着通用设计准则的制定和修订,韩国修订了水坝抗震设计准则。最新修订的抗震设计准则于 2017 年发布,而坝的抗震设计准则的修订工作也在积极推进当中。本节根据水坝及其附属设施的抗震性能评估结果,讨论了将于 2018 年底修订完成的水坝抗震设计准则中应考虑的问题。

4.1 动态分析程序

抗震性能评估准则(2017 年)和水坝抗震设计准则(2011 年)将动态分析方法界定为对

静态分析的辅助考虑。但是,对于大多数水坝设计,通过执行额外的动态分析以及静态分析(地震系数法)来评估水坝的安全性。静态分析方法的缺点是数值分析相对简单;且可能高估结果,不考虑土壤和结构之间的相互作用。因此,积极鼓励采用动态分析方法。作为一个代表性示例,国际水坝委员会(ICOLD,第 72 号公报,2010 年)推荐使用 Newmark 分析方法和动态分析方法而不是静态分析方法。确实,Newmark 方法的优点是,它比动态分析方法更简单易行。但是,它的缺点是只能评估剪切变形,无法评估地震荷载作用下水坝体积的变化。因此,有必要建立积极采用动态分析方法(而非静态分析方法或 Newmark 分析方法)的准则。韩国水资源公社也在对运行水坝进行动态分析,以评估水坝的稳定性。此外,韩国水资源公社正研究建立标准化的动态分析程序。将于 2018 年底修订完成的水坝抗震设计准则应包含此类动态分析的系统程序。

4.2　输入运动

在水坝设施的抗震性能评估中,日本记录的大船渡或八户地震波和合成波被广泛使用。尽管大船渡和八户地震波很好地代表了地震波的长周期或短周期特征,但它们与韩国的地震记录特征有所差异。重要的是,在普通水坝的抗震分析中,根据地震波的特征,坝体中发生的变形量也存在差异。幸运的是,根据近期发生的庆州地震(2016 年)和浦项地震(2017 年)的短期特征,提出了一个新的标准设计反应谱。此外,还提出了合成地震波生成的具体条件,使设计人员能够更准确地进行抗震性能评估。将于 2018 年底修订完成的水坝抗震设计准则还应包含生成反映韩国地震特征的输入地震波的明确准则。

4.3　坝的附属设施

为了切实发挥坝的作用,包括水坝的附属设施在内的所有设施都应该可靠地发挥其自身的功能。特别是,应为多用途坝建立明确的抗震设计准则,因为多用途坝拥有许多附属设施,如进水塔、发电站、闸门和隧道。国际水坝委员会第 123 号公报(ICOLD Bulletin123,2004 年)提出了针对溢洪道、进水塔和桥梁的具体抗震设计程序。在韩国,2011 年修订的水坝抗震设计准则中规定了水坝的附属设施的抗震设计要求,但并未明确提及具体的设计方法和评估程序。此外,大多数分析方法和性能水平仅限于水坝。应开展更全面的研究,以便建立水坝的附属设施的标准抗震设计程序和抗震性能评估方法。

5　结　论

本文分析了 2017 年发布的修订抗震设计准则,并介绍了运行中的水坝及其附属设施的抗震性能评估现状。此外,本文还详细讨论了将于 2018 年底完成修订的水坝的抗震设计准则中要考虑的问题。尽管已经制定了水坝的抗震设计准则,但与其他国家的抗震分析技术相比,仍有许多问题需要加以补充。

对于新修订的 2018 年水坝抗震设计准则,有必要建立积极采用动态分析方法(而非静态分析方法或 Newmark 分析方法)的准则。此外,还应考虑在新准则中包含估算输入运动(在抗震性能评估中,输入运动将对坝体性能产生显著影响)的方法,以及水坝的附属设施抗震设计和抗震性能评估程序相关的具体指南。

致谢:本研究得到韩国水资源公社的支持。

参考文献

[1] Mononobe N,Matsuo H. 关于地震期间土压力的确定[C]//世界工程大会论文集. 1929:9.
[2] Newmark N M. 地震对大坝和堤防的影响[J]. 岩土工程,1965,15(2):139-160.
[3] ICOLD. 大坝附属结构的抗震设计与评估[R]. 第 123 号公报,国际大坝委员会,法国巴黎,2002.
[4] ICOLD. 大坝抗震参数选择指南[R]. 第 72 号公报,国际大坝委员会,法国巴黎,2010.
[5] 国土、基础设施和交通部. 大坝设计准则[S]. 2011.
[6] 韩国水资源公社. 现有大坝高级抗震评估研究(一)[R]. 2012.
[7] 韩国水资源公社. 现有大坝高级抗震评估研究(二)[R]. 2013.
[8] 韩国水资源公社. 现有大坝高级抗震评估研究(三)[R]. 2014.
[9] 内政和安全部. 抗震设计准则[S]. 2017.

张庄渡槽结构有限元抗震分析研究

郭博文　宋　力　鲁立三　王　荆

（黄河水利科学研究院，郑州　450003；
水利部堤防安全与病害防治工程技术研究中心，郑州　450003）

摘　要　渡槽是水工建筑物中应用最广泛的输水建筑物之一。针对张庄渡槽整体结构各项设施及组成部件存在一定程度损坏的情况，建立张庄渡槽整体结构三维有限元模型，并对其进行静动力工况下整体安全性评价。计算结果表明：①张庄渡槽整体结构在各种静力工况下总位移的最值均小于跨度的1/400，满足规范要求；②静力工况无水和满槽情况下张庄渡槽整体结构最大第一主应力均已超过混凝土的静态抗拉强度标准值，但该区域有进行配筋，相对安全；③张庄渡槽整体结构在动静叠加情况下，上、下游排架柱横梁处等区域出现较大拉应力区，会造成混凝土的开裂，甚至裂缝会贯穿排架柱或横梁截面，为了安全起见，建议采取相应的抗震加固措施，以此来满足结构的整体安全性。

关键词　渡槽；有限元法；自振特性；反应谱

1　工程概况

渡槽是我国目前远距离调水工程和灌区水工建筑物中应用最广泛的一种交叉建筑物之一[1]。它把水资源较为充沛地区的水输送到水量缺乏的城市和乡村，从而满足人们的引用水和农田灌溉的需求[2-3]。

青州市仁河水库灌区张庄百米渡槽位于山东省青州市庙子镇东张村东，是仁河水库灌区主干渠穿越翻沟溜、省道博临路的河、路、渠重要交叉建筑物。渡槽全长265.0 m，为二肋单波悬半波双曲拱排架壳槽，壳槽为12.0 m，有拉杆双悬臂预应力混凝土U形槽，槽身21节。渡槽由壳槽、主拱圈、排架、槽台、上下游连接段等组成，其中主拱圈跨度100.0 m，排架最大高度17.0 m。壳槽设计最大断面1.4 m×2.0 m，过水流量4.5 m^3/s。

张庄渡槽工程于1980年建成通水，现已运行36年。目前，现场检测情况表明，张庄渡槽整体结构各项设施及组成部件存在一定程度的损坏，因此有必要对其整体结构进行安全性评价。本文针对张庄渡槽整体结构，结合现场检测情况，拟建立张庄渡槽整体结构三维有限元模型，并对其进行静动力工况下整体安全性评价。

2　有限元模型及相关参数

根据张庄渡槽实际结构尺寸，建立壳槽、横梁、排架和主拱圈三维有限元模型，具体模型如图1所示。模型共计182 474个节点，88 409个单元，全部采用八结点六面体单元进行空

作者简介：郭博文（1988—），男，河南鹿邑人，工程师，博士，主要从事水工结构数值模拟工作。E-mail：guobowen21@126.com。

间离散。采用笛卡儿坐标系,顺槽身为 X 方向,横槽身方向为 Y 方向,铅直方向为 Z 方向。排架支座和拱圈两端进行三项固定约束,其他部分不施加约束。模型的材料参数见表1,各混凝土构件材料均按线弹性材料进行计算,各计算工况的荷载组合见表2。

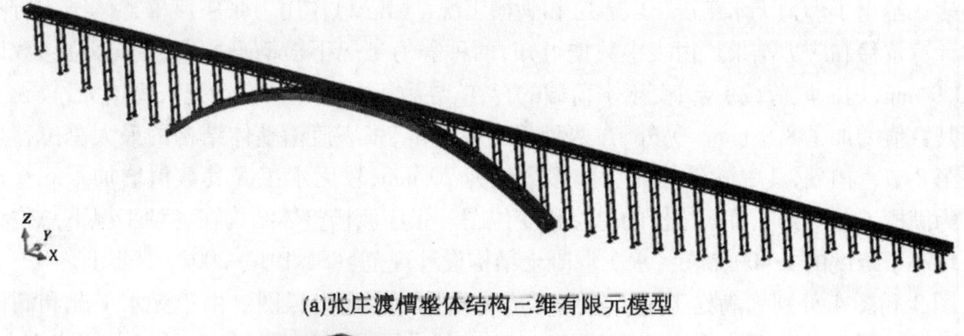

(a)张庄渡槽整体结构三维有限元模型

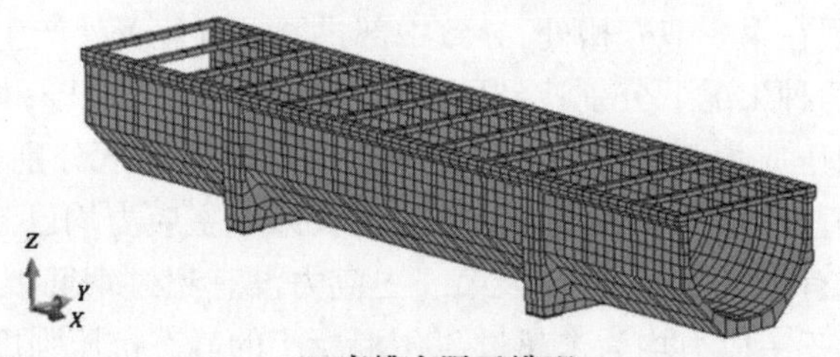

(b)壳槽有限元模型

图1 张庄渡槽三维有限元模型

表1 材料参数

材料号	材料名	密度 (kg/m³)	弹模 (GPa)	泊松比	线膨胀系数 (10^{-6})
1	拱圈材料(300#)	2 500	31.9	0.167	10
2	槽体材料(250#)	2 500	29.4	0.167	10
3	排架材料(250#)	2 500	29.4	0.167	10
4	排架间纵梁材料(250#)	2 500	29.4	0.167	10

表2 各计算工况的荷载组合

<table>
<tr><td rowspan="3" colspan="3">工况</td><td colspan="5">荷载名称</td></tr>
<tr><td>自重</td><td>风压力</td><td>水压力</td><td>地震</td><td rowspan="2">备注</td></tr>
<tr><td>①</td><td>②</td><td>③</td><td>④</td></tr>
<tr><td rowspan="2">静力工况</td><td>自重+风压力(无水)</td><td>①</td><td>√</td><td>√</td><td></td><td></td><td></td></tr>
<tr><td>自重+风压力+水压力(满槽)</td><td>②</td><td>√</td><td>√</td><td>√</td><td></td><td></td></tr>
<tr><td rowspan="2">动力工况</td><td>自重+风压力+地震(无水)</td><td>③</td><td>√</td><td>√</td><td></td><td>√</td><td>三向地震作用</td></tr>
<tr><td>自重+风压+水压(满槽)+地震(考虑满槽动水压力)</td><td>④</td><td>√</td><td>√</td><td>√</td><td>√</td><td>三向地震作用</td></tr>
</table>

3 结果分析

3.1 静力计算结果分析

表3给出了静力无水工况(工况1)和满槽工况(工况2)作用下张庄渡槽整体结构有限元静力计算位移和应力结果。由表中数据可知,两种静力工况下横槽身方向(Y向)位移数值均为10.9 mm,均由风荷载引起;由于水荷载的存在,导致第8节壳槽位置处沉降增大,较无水工况下其数值增加了8.9 mm。另外,在两种静力工况下,张庄渡槽整体结构的最大总位移均出现在第8节壳槽处,其中满槽工况总位移最值为20 mm,较无水工况其数值增加了6.6 mm。图2为满槽工况下张庄渡槽结构的总位移变位图。张庄渡槽整体结构在各种工况下总位移的最值均小于跨度的1/400,满足《水工混凝土结构设计规范》(SL 191—2008)[4]要求。

图3和图4分别为满槽工况下第一主应力和第三主应力云图。由于无水工况和满槽工况下总位移最值均出现在第8节壳槽处,导致中部拱圈下方位置处产生了较大的拉应力区,其第一主应力最值在两种工况下分别达到了3.15 MPa和3.66 MPa,相应地在上下游拱圈位置处,出现了较大的压应力,其第三主应力最值在两种工况下分别达到了9.22 MPa和10.98 MPa。张庄渡槽整体结构在各种工况下的最大第一主应力均已超过300#混凝土的静态抗拉强度,但该区域有进行配筋,且最大第一主应力没有超过钢筋混凝土的抗拉强度,因此相对安全;其最大第三主应力均为未超过300#混凝土的静态抗压强度,较为安全。

另外,图5给为满槽工况下24#~30#排架柱的第一主应力,由于自重、风荷载和水荷载的共同作用,在排架柱的横梁两端上下位置处出现了较大的拉应力,呈反对称的形式分布,其最大第一主应力为2.1 MPa,已超过250#混凝土的静态抗拉强度,但该区域有进行配筋,且最大第一主应力没有超过钢筋混凝土的抗拉强度,因此相对安全。

表3 静力工况计算结果

工况1(无水)	位移最值(mm)	X向位移	1.1	上、下游拱圈中部位置,呈一定的对称性
		Y向位移	10.9	第7、8、9节壳槽位置
		Z向位移	7.7	第8节壳槽位置
		总位移	13.4	第8节壳槽位置
	应力最值(MPa)	第一主应力	3.15	中部拱圈的下方中间位置
		第三主应力	9.22	上、下游拱圈的拱脚处(内侧)
工况2(满槽)	位移最值(mm)	X向位移	2.3	上、下游拱圈中部位置,呈一定的对称性
		Y向位移	10.9	第7、8、9节壳槽位置
		Z向位移	16.6	第8节壳槽位置
		总位移	20.0	第8节壳槽位置
	应力最值(MPa)	第一主应力	3.66	中部拱圈的下方中间位置
		第三主应力	10.98	上、下游拱圈的拱脚处(内侧)

注:表中所示数值仅代表大小,其中第一主应力为拉应力,第三主应力为压应力。拱圈的混凝土材料为300#混凝土(相当于强度等级C29.5混凝土),壳槽和排架柱的混凝土材料为250#混凝土材料(相当于强度等级C24混凝土),根据《水工混凝土结构设计规范》(SL 191—2008)查得其静态抗拉强度分别为1.987 MPa和1.732 MPa。

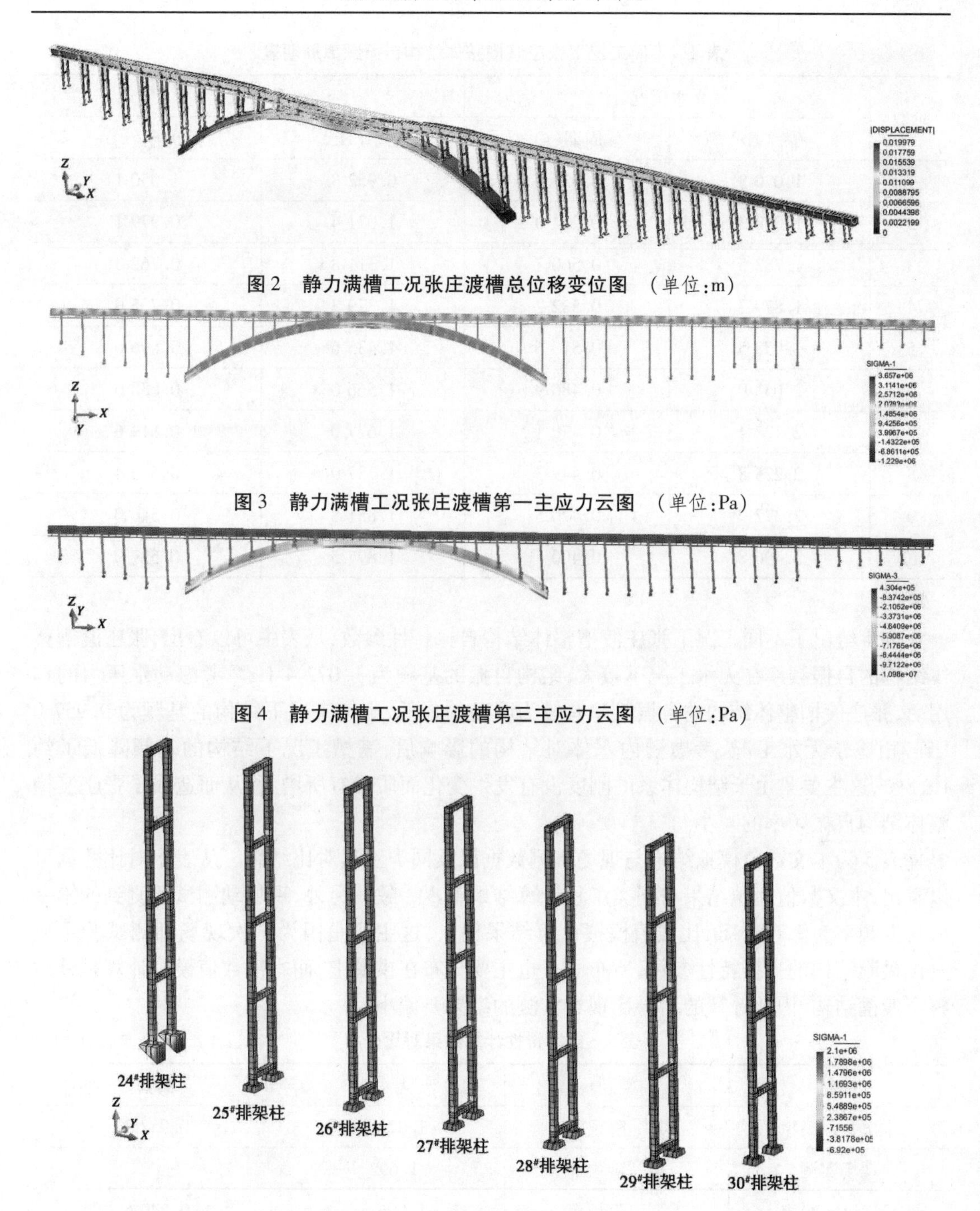

图 2　静力满槽工况张庄渡槽总位移变位图　(单位:m)

图 3　静力满槽工况张庄渡槽第一主应力云图　(单位:Pa)

图 4　静力满槽工况张庄渡槽第三主应力云图　(单位:Pa)

图 5　静力满槽工况 24# ~30# 排架柱第一主应力云图　(单位:Pa)

3.2　自振特性分析

采用附加质量法考虑槽体内水体对结构的影响,对结构进行自振分析。根据《水电工程水工建筑物抗震设计规范》[5](NB 35047—2015),混凝土材料弹模在静弹模的基础上提高 50%。

表4　不同工况下张庄渡槽整体结构自振频率周期表

阶数	无水工况		满槽工况	
	频率(Hz)	周期(s)	频率(Hz)	周期(s)
1	1.070 8	0.933 9	0.952 3	1.050 1
2	1.082 3	0.924 0	1.021 4	0.979 1
3	1.783 5	0.560 7	1.311 8	0.762 3
4	1.879 2	0.532 2	1.379 3	0.725 0
5	1.958 5	0.510 6	1.435 6	0.696 6
6	2.053 9	0.486 9	1.566 0	0.638 6
7	2.127 4	0.470 1	1.627 0	0.614 6
8	2.225 8	0.449 3	1.737 9	0.575 4
9	2.377 9	0.420 5	1.851 8	0.540 0
10	2.496 8	0.400 5	1.897 5	0.527 0

表4给出了不同工况下张庄渡槽整体结构自振特性参数,从表中可以看出,张庄渡槽整体结构的自振频率在无水工况下较大,结构自振的基频为1.072 4 Hz。考虑动水压力的作用后,张庄渡槽整体结构的自振频率有较为明显的降低,满槽工况下结构的基频为0.957 0 Hz。相比于无水工况,考虑槽内水体对结构的影响后,满槽工况下结构的基频降低了约10.8%,这主要是由于结构体系的刚度没有发生变化而质量有所增大,从而造成了张庄渡槽整体结构自振频率的减小。

表5为本文数值模拟结果与现场实测数据以及同类工程对比结果。从表中对比数据可以看出,本文数值模拟结果与同类工程计算结果基本一致。另外,现场动测试验测到的第一阶自振频率为1.692 Hz,比数值模拟计算结果偏大,这主要是因为本次现场动测试验主要测试拱圈结构的自振特性参数,所布测点也主要分布在拱圈上,而本次数值模拟计算是针对整个渡槽结构,因此计算的结果比现场实测的结果要偏小。

表5　自振特性计算结果对比分析　(单位:Hz)

工况	类别	无水	满槽
本次数值模拟	第一阶频率	1.070 8	0.952 3
现场实测	第一阶频率	1.692	/
东滑峪拱式渡槽[1]	第一阶频率	1.096 6	0.849 6

3.3　动力计算结果分析

采用水电工程水工建筑物抗震设计规范(NB 35047—2015)提供的标准反应谱分别对张庄渡槽整体结构在无水工况(工况3)、满槽工况(工况4)下进行动力计算,其中,β_{max}取2.25,阻尼比取0.07,反应谱特征周期为0.20 s,地面峰值加速度取0.15 g,计算时考虑了三项地震作用对张庄渡槽整体结构的影响。将纯动力计算得到的结果与静力计算的结果进行叠加,得到静动力共同作用下渡槽结构的位移和应力分布规律。

表6给出了工况3和工况4作用下张庄渡槽整体结构有限元动静叠加后位移和应力结果。由表中数据可知,不同工况下总位移和第一主应力的最不利工况均为静载+规范谱情况,第三主应力的最不利工况均为静载-规范谱情况。其中,地震作用无水和满槽两种工况下,总位移最值在其最不利工况下分别为56 mm和63.5 mm,均出现在第7、8、9节壳槽处,如图6所示。另外,地震作用无水和满槽两种工况下,第一主应力最值在其最不利工况下分别为12.67 MPa和14.085 MPa,其具体位置出现在$5^{\#}$、$26^{\#}$、$27^{\#}$、2^{8}#、$42^{\#}$排架柱及其横梁位置处,如图7所示;第三主应力最值在其最不利工况下分别为24.88 MPa和27.93 MPa,具体位置出现在上、下游拱圈拱脚位置处,如图8所示。

表6　动力工况下计算结果

工况3(地震作用无水)	总位移最大值(mm)	静载+规范谱	56.0	第7、8、9节壳槽位置
		静载-规范谱	41.1	第7、8、9节壳槽位置
	第一主应力最值(MPa)	静载+规范谱	12.67	$25^{\#}$、$26^{\#}$、$27^{\#}$、$28^{\#}$、$42^{\#}$排架柱及其横梁位置处
		静载-规范谱	2.49	中部拱圈下方中间位置处
	第三主应力最值(MPa)	静载+规范谱	6.01	中部拱圈中间位置及下游拱圈拱脚位置处
		静载-规范谱	24.88	上、下游拱圈拱脚位置处
工况4(地震作用满槽)	总位移最大值(mm)	静载+规范谱	63.5	第7、8、9节壳槽位置
		静载-规范谱	48.9	第7、8、9节壳槽位置
	第一主应力最值(MPa)	静载+规范谱	14.08	$25^{\#}$、$26^{\#}$、$27^{\#}$、$28^{\#}$、$42^{\#}$排架柱及其横梁位置处
		静载-规范谱	2.53	中部拱圈下方中间位置处
	第三主应力最值(MPa)	静载+规范谱	7.00	中部拱圈中间位置及下游拱圈拱脚位置处
		静载-规范谱	27.93	上、下游拱圈拱脚位置处

注:《水电工程水工建筑物抗震设计规范》(NB 35047—2015)规定混凝土的动态强度的标准值可较静态标准值提高20%,其动态抗拉强度的标准值可取为动态抗压强度标准值的10%。因此,拱圈混凝土材料的动态抗压强度为35.4 MPa,动态抗拉强度为3.54 MPa;壳槽和排架柱混凝土材料(相当于强度等级C24混凝土)的动态抗压强度为28.8 MPa,动态抗拉强度为2.88 MPa。

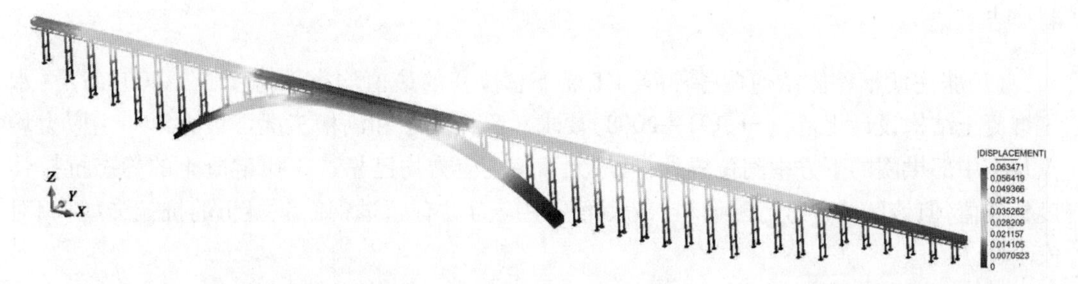

图6　地震作用满槽工况静载+规范谱总位移云图　(单位:m)

工况3和工况4的第一主应力在最不利工况下的最值分别为12.67 MPa和14.08 MPa,均远超$250^{\#}$混凝土的动态抗拉强度,会造成混凝土的开裂,甚至裂缝会贯穿排架柱或横梁截面,虽然该区域进行了配筋,但由于运行时间较长,为了安全起见,建议采取相应的抗

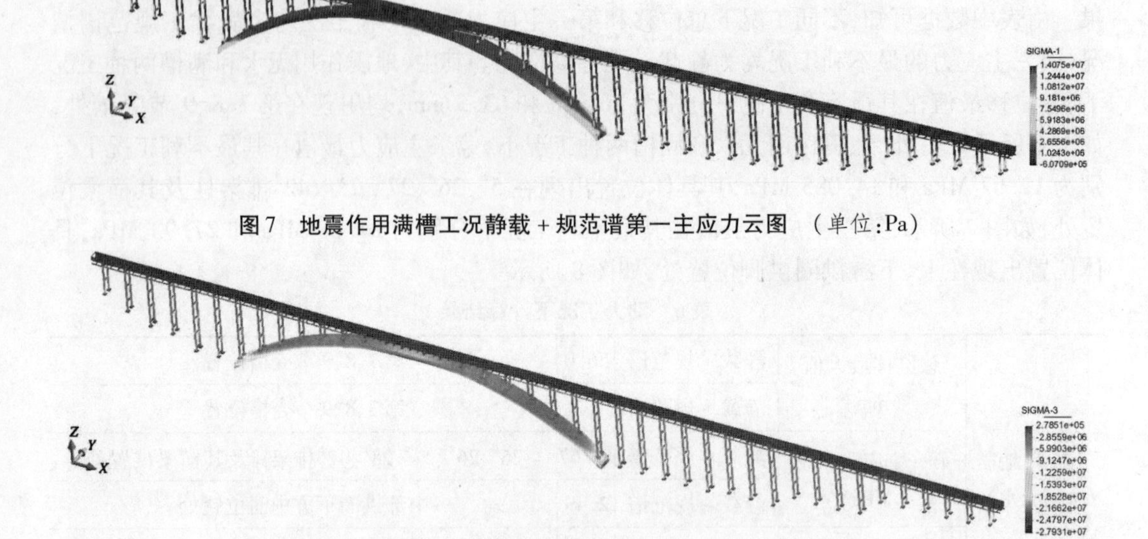

图7 地震作用满槽工况静载+规范谱第一主应力云图 （单位:Pa）

图8 地震作用满槽工况静载-规范谱第三主应力云图 （单位:Pa）

震加固措施，以此来满足结构的整体安全性；第三主应力在最不利工况下的最值分别为24.88 MPa和27.93 MPa，均未达到300#混凝土的动态抗压强度，因此相对安全。

另外，张庄渡槽整体结构在静载+规范谱的情况下，除25#、26#、27#、28#和42#排架柱外，上、下游其他排架柱横梁处和上、下游拱圈拱脚处以及中部拱圈下方中间位置处也产生较大第一主应力。图9给出了静载+规范谱情况下张庄渡槽整体结构第一主应力超过300#混凝土动态抗拉强度的所有区域，图中所示区域主要集中在上、下游排架柱横梁处和上、下游拱圈拱脚处以及中部拱圈下方中间位置处。该区域的第一主应力超过了混凝土的动态抗拉强度，会造成混凝土的开裂，甚至裂缝会贯穿排架柱或横梁截面，虽然该区域进行了配筋，但由于运行时间较长，为了安全起见，建议采取相应的抗震加固措施，以此来满足结构的整体安全性。

4 结 语

(1)张庄渡槽整体结构在各种静力工况下总位移的最值均小于跨度的1/400，满足《水工混凝土结构设计规范》(SL 191—2008)要求。静力无水和满槽工况下最大第一主应力均出现在中部拱圈的下方中间位置处，且最大第一主应力均已超过300#混凝土的静态抗拉强度标准值，但该区域有进行配筋，且最大第一主应力没有超过钢筋混凝土的抗拉强度，相对安全。

(2)张庄渡槽整体结构的自振频率在无水工况下较大，结构自振的基频为1.070 8 Hz。考虑动水压力的作用后，张庄渡槽整体结构的自振频率有较为明显的降低，满槽工况下坝体的基频为0.952 3 Hz。与无水工况相比，考虑水体附加质量后，满槽工况下降低了约11.1%。现场动测试验测到的第一阶自振频率为1.692 Hz，比数值模拟计算结果偏大，这主要是因为本次现场动测试验主要测试拱圈结构的自振特性参数，而本次数值模拟计算是针对

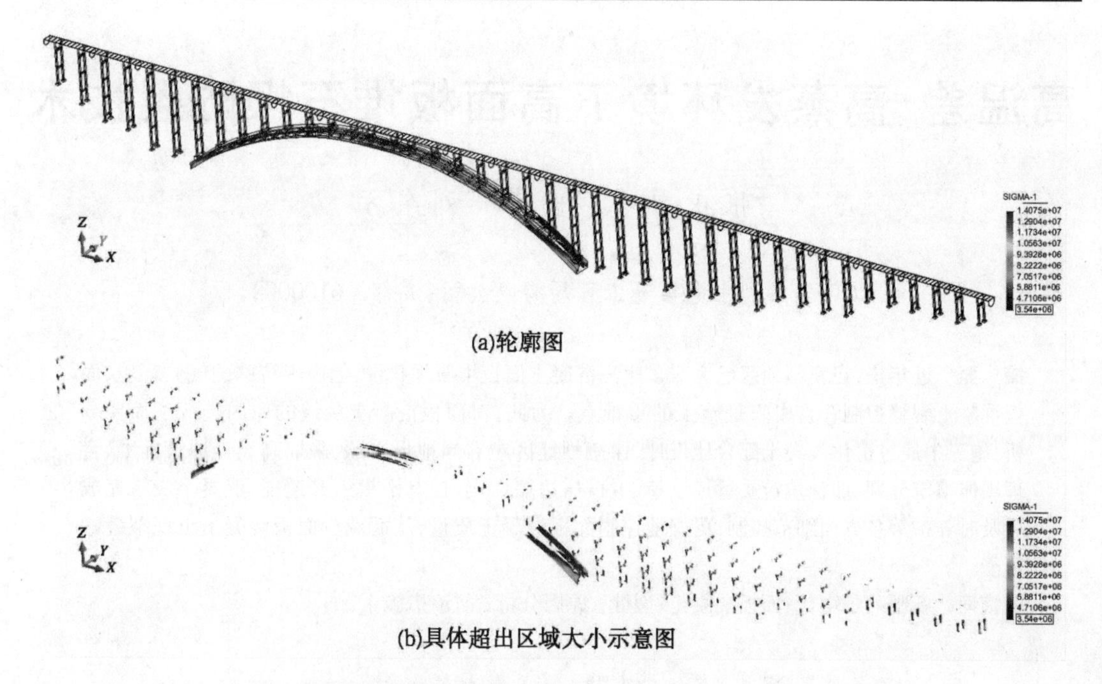

(a)轮廓图

(b)具体超出区域大小示意图

图9　地震作用满槽工况下张庄渡槽整体结构第一主应力范围图

整个渡槽结构，因此计算的结果比现场实测的结果要偏小。

（3）张庄渡槽整体结构在动静叠加情况下，除25[#]、26[#]、27[#]、28[#]和42[#]排架柱外，上、下游其他排架柱横梁处和上、下游拱圈拱脚处以及中部拱圈下方中间位置处也产生较大第一主应力。这些区域的第一主应力远超混凝土的动态抗拉强度，会造成混凝土的开裂，甚至裂缝会贯穿排架柱或横梁截面，虽然该区域进行了配筋，但由于运行时间较长，为了安全起见，建议采取相应的抗震加固措施，以此来满足结构的整体安全性。

参考文献

[1] 刘桃溪. 拱式渡槽结构抗震研究[D]. 陕西：西北农林科技大学, 2012.

[2] 邵岩. 考虑水体作用的渡槽动力响应计算[D]. 南京：河海大学, 2006.

[3] 林继镛. 水工建筑物[M]. 北京：中国水利水电出版社,2006.

[4] 水工混凝土结构设计规范：SL 191—2008[S]. 北京：中国水利水电出版社, 2008.

[5] 水电工程水工建筑物抗震设计规范：NB 35047—2015[S]. 北京：中国电力出版社, 2015.

高温差、高蒸发环境下高面板堆石坝防裂技术

张正勇　巫世奇　刘东方

（中国水利水电第五工程局有限公司，成都　610000）

摘　要　近年来，在新疆地区已完成多座高混凝土面板堆石坝建设，但由于特殊的气候环境，面板混凝土裂缝控制一直以来是施工的重难点。为此，对面板混凝土裂缝的原因进行了简要分析，施工中通过优化混凝土配合比设计、保持坝址区左右岸地形平顺、采取高设计填筑标准、合理坝体填筑分期、加强填筑质量控制、减少挤压边墙影响、控制滑模上升速度、混凝土浇筑完成后及时养护等各方面细节控制，更好地控制面板混凝上质量，从而减少面板混凝土出现裂缝的可能。

关键词　新疆阿尔塔什；面板混凝土；裂缝；原因分析；防治措施

1　阿尔塔什水利枢纽工程概述

阿尔塔什水利枢纽工程是叶尔羌河干流梯级规划中“两库十四级”的第十一个梯级。工程坝址距喀什地区莎车县约120 km，距喀什约310 km。工程区位于新疆塔里木盆地西部，气温年内变化较大，日温差大，日照长，蒸发强烈，降水量稀少，全年1月最冷，7月最热。多年平均降水量69.98 mm，平均蒸发量1 758.0 mm。空气极度干燥。混凝土面板施工期为每年3～5月，多年平均风速为2～2.2 m/s，平均月蒸发量为143～382 mm。平均月降水量3.6～8.5 mm，平均相对湿度40%～47%。

工程区域具有高寒（冬季极端温度低于－23 ℃）、温差大（春秋季中午高温达到30 ℃以上，夜间低温低至0 ℃左右）、湿度小的气候特点。这是混凝土面板施工及养护很大的难题。为此，本文对新疆地区已施工完成的面板堆石坝面板裂缝的成因及其防裂措施和效果进行分析、总结，以为阿尔塔什水利枢纽工程提出相应的面板裂缝防治措施。

2　面板混凝土裂缝原因分析

2.1　坝体变形协调

（1）坝址区地形地势。位于高山峡谷地带的工程，其坝址左右岸多为不对称地形。这种不对称地形在坝体沉降过程中不利于坝体整体变形协调，易导致面板裂缝的产生。

（2）设计填筑标准。各种坝料设计填筑标准对坝体质量起主要作用。根据统计分析，采取较高的压实设计指标，坝体变形沉降值较小，混凝土面板产生裂缝较少。

（3）坝体填筑分期。合理的坝体填筑分期是保证坝体施工质量的重要部分，也是防止面板开裂的关键环节之一。根据对部分面板堆石坝填筑分期统计，在分期进行面板混凝土浇筑时，面板顶部坝体填筑超高较少，有的仅为2～3 m，在下一期坝体填筑时，上一期面板

作者简介：张正勇（1983—），男，重庆永川人，工程师，从事水利水电工程施工技术与管理工作。

下部坝料沉降未收敛,导致面板下部脱空,易出现裂缝。另外,部分面板堆石坝分期填筑到设计高程后,坝体预沉降时间较短,坝体变形未收敛,也导致面板脱空及裂缝的产生。

(4)填筑质量。混凝土面板是一个超大型的薄板结构,大坝作为混凝土面板的最重要支撑体,其坝体填筑质量对坝体沉降变形影响较大,根据统计分析,部分面板堆石坝填筑完成后,坝体沉降值超过坝高1%,且较长时间内沉降不收敛,造成面板混凝土在水库运行期仍出现挤压破碎、错台、开裂等问题。

(5)挤压边墙影响。由于挤压边墙位于垫层料和面板混凝土之间,作为一个需均匀受力的承载体,挤压边墙表面不平整,会对薄板结构面板产生影响。

2.2 混凝土配合比设计

混凝土原材料和配合比对混凝土的性能影响较大,很多工程由于配合比未充分考虑新疆当地“温差大、蒸发大、湿度小”的气候特点,在进行室内试验时,混凝土各项性能均能满足设计指标要求,但实际施工时,混凝土运输至现场后,在大风、高温、湿度小的自然条件下,混凝土坍落度损失大,流动性差,无法顺利地在溜槽内流动,作业人员被迫加水,改变水灰比,导致混凝土性能改变,混凝土易产生裂缝[3]。

2.3 约束对面板的影响

混凝土面板是一个超大型的薄板结构,混凝土约束底面积尺寸远远大于板厚尺寸,约束影响对薄板混凝土沿厚度方向十分突出,由于约束面的约束限制了混凝土的变形,而薄板混凝土温度沿板高度产生的拉应力变化很快,从而使得薄板混凝土表面产生的裂缝很快向下开展,形成贯穿性裂缝。同时,通过对新疆地区混凝土面板堆石坝面板裂缝规律的分析,发现混凝土面板Ⅰ序浇筑板块裂缝明显少于Ⅱ序浇筑板块,在一个混凝土面板上,面板底部裂缝明显多于面板上部裂缝。

2.4 混凝土浇筑的影响

面板混凝土施工与常规混凝土施工相比有很大区别,面板混凝土是超大薄板结构,混凝土施工工艺等一切活动,都是围绕尽量减少混凝土面板裂缝进行的,在面板浇筑过程中易出现以下几个问题[4]:

(1)浇筑时段。由于新疆特殊的气候条件,夏季高温、秋季短暂、冬季高寒,面板混凝土施工黄金时节仅为春季4~5月。因此,做好面板混凝土浇筑各项准备,安排4月、5月黄金浇筑时段进行施工,是有利于面板混凝土裂缝控制的重要手段。

(2)滑模提升速度。在一些工程实践中发现,当滑模提升相对较缓慢时,混凝土面板裂缝数量和规模明显较少。滑模上升速度宜控制在2 m/h左右。

(3)振捣。混凝土振捣在面板混凝土施工中是重要工序,振捣质量对裂缝产生有较大的影响。过振会使混凝土产生离析,水泥浆和粗骨料分离,粉煤灰及胶凝材料上浮,混凝土表面强度明显降低,易产生表层裂缝;漏振则会造成混凝土表面气泡过多、蜂窝、狗洞等缺陷。

(4)收面。滑模提升后要及时收面,当滑模滑升速度慢、温度较高时,混凝土表面易出现“假凝”或接近半初凝状态,混凝土面与滑模间的摩擦系数增大,滑模滑升后易在混凝土表面形成裂纹,虽然这样形成的裂纹不会太深,但若养护不当易形成裂缝。

(5)现场加水。由于混凝土配合比设计在大风、高蒸发等气候特点时适应性不足,导致配合比设计坍落度在现场损失严重,无法在溜槽内溜送,施工人员私自加水,改变混凝土水灰比。

2.5 养护

(1)保湿。由于新疆河水多来自冰川融雪水,温度低,一般为几摄氏度,当混凝土内部温度较高,若直接采用河水养护,会使混凝土面板内外温差大而产生温度裂缝,若养护水对混凝土形成的温降应力与干缩应力叠加,混凝土必将产生裂缝。

(2)保温。对新疆地区部分面板堆石坝的统计分析表明,较大的裂缝一般都是温度应力的结果,面板的温度应力来自于内外温差和均匀温降两个方面。在温度骤降的情况下,若施工期不采取保温措施,即使是在骤降温差仅为5 ℃的情况下,温度应力仍会超过混凝土的允许应力,导致混凝土的开裂。

3 防治措施

3.1 做好坝体变形协调控制

(1)坝址区左右岸地形平顺。坝址选址时,尽量选择坝址左右岸地形较为对称,变形均匀部位。同时,开挖时将左右岸边坡突出岩体部位等进行处理,使得两岸岸坡整体变形协调,从而保证好的适应性。

(2)采取高设计填筑标准。为减小坝体沉降变形,建议在新疆地区超过150 m以上面板堆石坝,设计阶段采取设计规范中填筑标准的上限进行控制,同时针对砂砾石面板堆石坝,在确定砂砾石最大、最小干密度时,应按照NT/B 35016进行现场原型级配相对密度试验[1]。阿尔塔什面板堆石坝,采取了《混凝土面板堆石坝设计规范》(SL 228—2013)中最高指标,垫层料、过渡料和主堆石区砂砾石相对密度不低于0.9,次堆石区爆破料孔隙率不低于19%。

(3)合理坝体填筑分期。做好坝体填筑分期,对加快坝体施工进度,保证阶段节点目标实现十分有益。在坝体分期填筑时,分期上游临时断面顶高程应至少超过分期面板浇筑顶高程10 m以上,超过150 m的高坝,临时断面顶高程超高不得低于15 m[2]。同时,在坝体填筑时,尽可能采取"反抬式填筑方法",以减小次堆石区的变形。

(4)加强填筑质量控制。应加强对料源质量控制,做好各种坝料碾压试验,确定最优碾压参数,施工时严格控制施工参数;同时,针对垫层料、过渡料、岸坡料、台阶和接缝等重要和薄弱部位,尤其要加强对碾压过程的控制。在阿尔塔什大坝填筑过程中,引进了数字化实时监控系统,对坝料填筑层厚、振动碾激振力、行走速度、碾压遍数等各个重要参数实现自动化监控,从而减少人为管理中的薄弱环节,更有利于坝体填筑质量的控制。

(5)减少挤压边墙影响。减少挤压边墙的影响首先要做好挤压边墙的配合比试验,保证挤压边墙的低强度、低弹模属性,以适应坝体变形协调。同时,在挤压边墙施工时,做好挤压边墙表面平整度控制,减小表面不平整对薄板结构面板的影响。新版《混凝土面板堆石坝施工规范》(SL 49—2015)中强调,坝高超过150 m的混凝土面板堆石坝如采取挤压边墙护坡,需进行专题论证研究。

3.2 优化混凝土配合比设计

混凝土原材料和配合比对混凝土的性能影响较大,在很多工程中进行了科研研究。如采用中低热硅酸盐水泥,掺加优质混凝土矿物掺合料,掺加一定量的纤维,掺加优质外加剂(减水剂、抗裂减缩剂等),降低混凝土入仓温度和采用人工破碎骨料等。同时,为确保混凝土配合比满足新疆特殊的气候条件,应在与施工现场相似的施工环境中进行模拟试验,通过模拟试验,对配合比的适宜性进行检查、调整。

3.3 减少面板混凝土的约束

(1)减小挤压边墙对面板约束。面板仓位准备前,应对挤压边墙表部平整度进行处理,形成一个平整的承载体,更有利于面板受力时均匀传递,目前规范允许挤压边墙体型偏差为+50 mm、-80 mm,在新疆阿尔塔什工程中,将挤压边墙表部平整度要求提升到+20 mm、-30 mm,能有效减小对面板混凝土影响;在挤压边墙表部喷涂乳化沥青或沥青砂浆,将面板混凝土和挤压边墙隔离;在钢筋仓位准备时,采取混凝土预制垫块或者马凳筋等替代架立钢筋,减小架立钢筋对面板的约束。

(2)减小面板Ⅰ、Ⅱ序垂直缝约束。首先,做好垂直缝模板的设计,确保模板平整度满足要求,模板拆除后及时对Ⅰ序垂直缝面进行处理。在部分工程中,针对受压垂直缝,设计上采取设置沥青模板或喷涂沥青等,以便适应Ⅰ、Ⅱ序缝面沉降。在洪家渡面板堆石坝中,垂直缝面设置苯板。在阿尔塔什面板堆石坝中,受压区Ⅰ、Ⅱ序垂直缝间设置2 cm结构缝,缝面间隔填充沥青木板,减小缝面约束。

3.4 做好混凝土浇筑过程控制

(1)控制滑模上升速度。从部分工程实践得知,滑模提升速度在低于2 km/h时,出现裂缝数量和规模明显减小,在滑模提升时,控制滑模提升速度,尽可能确保滑模提升速度不超过2 m/h。滑模每次提升高度控制在30~50 cm,避免长时间不提升滑模,混凝土蠕动造成裂缝。

(2)做好混凝土平仓及振捣。面板仓位宽度较宽时(12 m),仓内均布两条溜槽入仓,减小混凝土平仓难度,加强对混凝土振捣,避免漏振或过振对混凝土影响;做好防晒和防风措施,在溜槽上部安设牢靠的封闭式防风遮阳棚,减少混凝土水分蒸发和坍落度损失,有利于混凝土在溜槽内流动;由于新疆地区昼夜温差变化较大,应加强混凝土坍落度检测,对出机口、入仓、仓面坍落度实时控制,及时调整混凝土配合比,确保混凝土获得良好的和易性,提高面板混凝土实体质量。

(3)及时收面。由于混凝土的凝结是随着气温、气候和温差等改变,为了消除混凝土早期出现的干缩裂缝,在常规收面工作后增加一次收面工序,在第一次收面与第二次收面之间,增加临时覆盖措施,减少水分散失,防止干缩缝的出现,在二次收面后开始养护覆盖,边覆盖边用水管喷洒养护,保证混凝土面保持湿润,面板浇筑完成后,用铺设的养护花管进行长流水养护直至蓄水。

3.5 及时养护

常用的养护方法是洒水和覆盖,而且要保证90 d以上,不能因为浇Ⅱ序板和做表层止水而中断,最好能延长到水库蓄水。

(1)保湿。吉音水库、卡拉贝利水电站等工程,面板混凝土养护均采用温水,坝顶安装热水锅炉,面板混凝土内部埋设温度探头,专人负责监测气温、水温及混凝土内外温度,及时调整养护水温,确保面板混凝土内外温差小于20 ℃。新疆的气候特点是昼夜温差大,3~4月气温较低,养护水从顶部流到面板下部水温损失较大,应采取工程措施避免这种现象的发生,养护水管应按高程分层布设。

(2)保温。混凝土表面采取覆盖措施后,内部最高温度与表面温度之差就会降低很多,混凝土内部受外界影响将减小,产生裂缝的可能性变小。这一点对气温骤降频繁、昼夜温差较大的地区尤为重要。

(3)混凝土收面以后要及时覆盖。及时覆盖一方面可以避免混凝土表面水分蒸发产生干缩裂缝,另一方面可降低混凝土内外温差避免产生温度裂缝。覆盖材料多种多样,要选择既能避免混凝土表面水分蒸发又能保温的覆盖材料,工程上常用的保温材料有线毯、棉被和无纺布,避免混凝土表面水分蒸发的覆盖材料有塑料布和土工膜。

(4)由于新疆地区春季风速较大,大风天气频繁,在混凝土面板施工时,要注意在面板两侧埋设地锚,用于固定面板养护覆盖物。

4 结 语

新疆地区"高寒、大温差、湿度低"等自然环境对面板型的薄板混凝土影响极大,被誉为新疆"三峡工程"的阿尔塔什水利枢纽的面板防裂问题尤为突出。施工中应通过优化混凝土配合比设计、加强混凝土浇筑过程控制、混凝土浇筑完成后及时养护等各方面细节控制,才能更好地控制面板混凝土质量,减少面板混凝土出现裂缝的可能。

参 考 文 献

[1] 土石筑坝材料碾压试验规范:NB/T 35016—2013[S].

[2] 混凝土面板堆石坝施工规范:SL 49—2015[S].

[3] 谢玉杰,张光碧,冯景德.混凝土面板堆石坝裂缝原因分析的成因及对策探讨[J].四川水力发电,2007,26(5):76-78.

[4] 刘昭.混凝土面板裂缝的因素迭加分析[J].陕西水力发电,2001(4):38-41.

滑坡碎屑流冲击拦挡结构的动力堆积特性离散元数值研究

来志强[1] 周 伟[2,3] 赵连军[1]

(1. 黄河水利委员会黄河水利科学研究院,郑州 450003;
2. 武汉大学 水资源与水电工程科学国家重点实验室,武汉 430072;
3. 武汉大学 水工岩石力学教育部重点实验室,武汉 430072)

摘 要 采用离散单元法模拟了滑坡碎屑流冲击拦挡结构的动力堆积过程,建立了不同滑槽粗糙度下碎屑流运动机制、碎屑颗粒尺寸分离效应和宏细观堆积特征之间的相关关系。研究结果表明,当滑槽粗糙度增大时,碎屑流运动机制逐渐由剪切摩擦向剧烈碰撞转变,碎屑颗粒尺寸分离效应发展加快,颗粒体冲击至拦挡结构时长度增加,运动时间增大。此外,碎屑流宏细观堆积特征受碎屑颗粒尺寸分离效应影响显著。当碎屑颗粒的尺寸分离发展程度增大时,堆积体不同粒径颗粒分层结构更加明显,堆积体内部中小粒径颗粒增多,孔隙率减小,内部结构密实度提高。颗粒体与滑槽的堆积角度随滑槽粗糙度的增大而沿顺时针方向线性偏转减小。在细观堆积组构方面,颗粒体强弱力链分布差异减小,强力链比重增大,弱力链比重减小,从概率上讲,外界扰动将会有更大概率影响到堆积体的稳定特性。

关键词 滑坡碎屑流;运动机制;尺寸分离;堆积特性;离散元

1 引 言

滑坡碎屑流是自然界中常见的一种地质现象,它是指在风化、地震、火山爆发或其他外界因素触发下,碎屑岩体失稳沿沟谷坡面冲击运动的现象。滑坡碎屑流高速远程特性使其具有巨大的冲击力,往往对沿程拦挡结构产生灾难性破坏(见图1(a))。此外,滑坡碎屑流撞击河道两岸山体后常常堆积形成堰塞体(见图1(b))。此类天然形成的堆积体结构松散,由于未经专门的安全设计,在湖水冲刷和暴雨条件下极易发生溃坝,形成的洪水会严重损害下游人类生命财产。我国多地震环境条件和地质条件的耦合分布导致西部地区经常发生此类自然灾害。因此,有必要从机制上研究滑坡碎屑流冲击拦挡结构时的动力堆积特性,为此类灾害的防治提供理论支撑和科学依据。

目前,国内外学者多将滑坡碎屑流概化为干颗粒流动(Dry Granular Flows)问题,通过斜槽式碎屑流冲击拦挡结构试验(见图2),从颗粒介质力学的角度研究滑坡碎屑流的运动堆

基金项目:国家自然科学基金重点项目(51539004);十三五国家重点研发计划项目(2017YFC0405204);中央级科研院所基本科研业务费专项(HKY-JBYW-2017-15)。

作者简介:来志强(1990—),男,河南安阳人,博士,主要从事水工结构及水力学数学模型计算、颗粒材料运动学研究工作。E-mail: z. q. lai@ outlook. com。

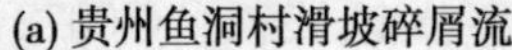
(a) 贵州鱼洞村滑坡碎屑流

(b) 云南鲁甸牛栏江堰塞体

图 1　滑坡碎屑流现场图

积特性。在物理试验方面：Moriguchi 等[1] 通过在拦挡结构上安装压力传感器，研究了不同斜槽坡度下均匀砂对刚性拦挡结构冲击力的影响；Caccamo 等[2] 研究了玻璃珠冲击拦挡结构的冲击力与其运动流态之间的关系；Marks 等[3] 分析了二元粒径砂砾系统中不同细颗粒含量下颗粒体作用于拦挡结构最大冲击力的变化规律，并与一元粒径砂砾系统产生的最大冲击力进行了对比；姜元俊等[4-6] 确定了作用于拦挡结构上各项力如曳力、重力、摩擦力和主动土压力的数学表达式，分析了颗粒滞止区的形成机制，探讨了挡墙受力分布与边界摩擦系数和颗粒材料属性的关系；Ng 等[7] 在滑动区安放了多个挡板结构，基于弗劳德相似准则研究了颗粒粒径、挡板几何特征对无黏性干砂的运动距离、溢出效果和龙头运动速度的影响；Choi 等[8] 探讨了颗粒体的弗劳德系数、颗粒粒径对其冲击特性的影响，分析了干砂分别冲击垂直型和圆弧型挡板试验中冲击力、爬高和运动机制等信息；Koo 等[9] 借助高速摄像机和激光传感器获取了颗粒体的运动速度，提出了一个新的考虑颗粒流动量变化的拦挡结构设计方法；Yang 和 Cheng 等[10] 依据重庆高速公路滑坡碎屑流事件，采用 1∶100 的比例尺度研究了碎屑流冲击建筑物的物理机制。

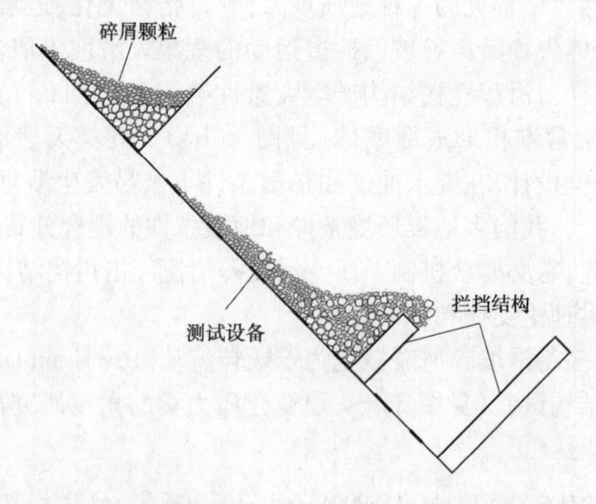

图 2　斜槽式颗粒流冲击拦挡结构试验示意图

上述物理试验研究可以直观地再现颗粒流冲击拦挡结构的动力过程和堆积形态，得到很多有意义的研究成果。但是，受限于现有的试验测试手段，物理试验大多只能记录碎屑流的局部运动速度、整体滑动距离和堆积体的几何特征等宏观信息，无法观测试验过程中每个碎屑颗粒的动力学特性和细观组构的演化规律,因此较难从细观层面上研究滑坡碎屑流运动堆积特性的产生机制。近年来,计算机性能的飞速提高,使得通过细观数值模拟方法研究碎屑流运动过程和堆积形态成为可能。目前,研究滑坡碎屑流的数值模拟方法有非连续变形分析法(Discontinuous Deformation Analysis,DDA)[11-12]、计算流体力学法(Computional Fluid Dynamics,CFD)[13]、光滑粒子流体动力学法(Smoothed Particle Hydrodynamic,SPH)[14-15]、连续模型分析法(如 Dynamic Analysis, DAN)[16]、物质点法(Material Point Method, MPM)[17]、离散单元法(Discrete Element Method,DEM)[18-31]以及连续离散耦合数值方法(Finite Element Method – Discrete Element Method,FEM – DEM)[32-33]。

离散单元法 DEM 将研究对象视为不连续离散介质,具有精确模拟大变形和大位移的功能。与基于连续介质理论数值方法相比,DEM 本构模型更符合碎屑流的离散特性,使其在研究滑坡碎屑流运动堆积特性方面得到了非常广泛的应用。Teufelsbauer 等[18]采用 DEM 重现了 Moriguchi 等[1]设计的侧限约束下干砂撞击拦挡结构的物理试验,验证了 DEM 模拟物理试验的精确性,分析了颗粒抗转动性对 DEM 数值结果的影响;Choi 等[19]运用 DEM 数值模拟了颗粒流撞击间隔排列挡墙的过程,并结合相应的物理试验探究了挡墙高度和双排挡墙间距对颗粒流阻抗效果的影响;Mead 和 Cleary 等[20]通过颗粒形状超二次模型算法,采用 DEM 研究了颗粒的形状系数、宽高比和摩擦系数对颗粒体运动特性和堆积形态的影响;毕钰璋等[21-22]采用离散元软件 $PFC^{2D/3D}$研究了坡面摩擦系数、防护挡墙形状和双层防护体对碎屑流运动冲击特性的影响,同时探讨了二元粒径颗粒系统中颗粒分选效应对碎屑流运动冲击特性的影响机制[23-24];Cagnoli 和 Piersanti[25-26]借助 DEM 模拟了 3 种规则形状的非圆球颗粒沿圆弧型滑槽运动的过程,建立了颗粒粒径、体积、初始密实度和梯形滑槽断面与颗粒体流动性之间的函数关系;Ng 等[27]采用离散元软件 LIGGGHTS 研究了拦挡结构的长度、高度和夹角对无黏性颗粒流运动特性的影响;赵川等[28]通过棱角形碎屑颗粒运动堆积 DEM 数值模拟研究,确定了碎屑流的堆积特征和不同粒径颗粒位置分布特点。来志强等[29-31]设计了一系列斜槽式颗粒流 DEM 数值试验,探究了颗粒粒径、颗粒形状、颗粒摩擦系数和基底粗糙度对碎屑流的动力特性、堆积特征和尺寸分离效应的影响机制。

综上所述,目前国内外学者采用 DEM 对滑坡碎屑流动力和堆积特性开展了丰富且卓有成效的研究工作。然而,现有研究较少涉及碎屑颗粒尺寸分离效应对其堆积形态影响机制的研究,且大多的研究工作专注于碎屑流宏观运动堆积特性,较少从颗粒介质力学如力链、堆积组构等细观角度分析宏观现象的产生机制。因此,本文采用离散元软件 PFC^{3D} 对滑坡碎屑流冲击拦挡结构进行了三维数值模拟,以滑槽粗糙度为研究的切入点,探讨了颗粒体的运动机制与碎屑颗粒尺寸分离效应的关联性,从细观角度分析了碎屑流冲击拦挡结构后的堆积特征,厘清了颗粒体运动机制、碎屑颗粒尺寸分离效应和颗粒宏细观堆积特征三者之间的相关关系,为进一步完善碎屑流运动堆积理论提供参考依据。

2 滑坡碎屑流冲击拦挡结构数值模拟

2.1 DEM 数值计算模型

本文在周公旦等[34-36]建立的经典斜槽式碎屑流试验模型的基础上设置了拦挡结构。DEM 数值计算模型由物料区、滑槽及拦挡结构组成,如图 3 所示。物料区由 PFC^{3D}中的刚性挡墙构成,尺寸为 2.1 m×1.0 m×0.4 m。在距物料区 10.0 m 处设置了垂直于滑槽的拦挡结构(足够长),以保证颗粒流冲击时不能越过拦挡结构。

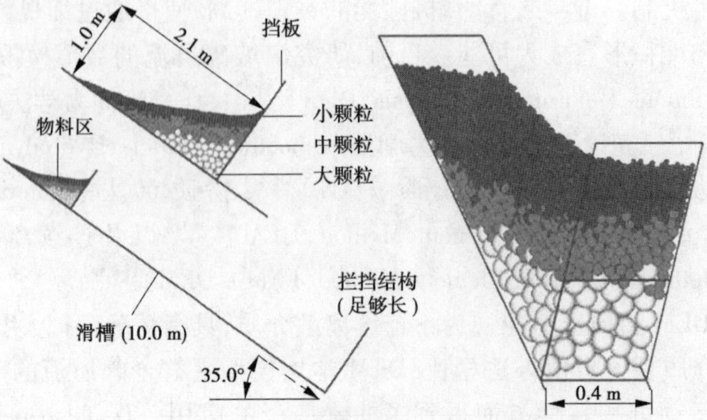

图 3　碎屑流冲击拦挡结构 DEM 数值模型

考虑到现有计算效率,采用圆球颗粒模拟碎屑流中的碎屑颗粒。物料区的碎屑颗粒集合体由三层等质量圆球颗粒在重力($9.80\ m/s^2$)作用下堆积而成,自上而下为小、中、大颗粒,直径分别为 0.02 m、0.04 m、0.08 m。颗粒总数目为 15 400 个,颗粒摩擦系数设定为 0.58,颗粒和墙体的刚度取值一致。滑槽的粗糙度能够显著影响滑坡碎屑流的运动机制[30]。为了得到不同运动机制的碎屑流,在保证其他计算参数不变的情况下,分别将墙体的摩擦系数设置为 0.10、0.30、0.50、0.58。其他计算参数选自周公旦等[34]采用的模型参数,以保证细观参数选取的合理性。本文 DEM 数值模型计算参数见表 1。

表 1　DEM 数值模型计算参数

计算参数	取值	计算参数	取值
颗粒总质量 M_{Total}	450.0 kg	重力加速度 g	$9.80\ m/s^2$
颗粒密度 ρ	$2\ 650.0\ kg/m^3$	局部阻尼 α	0.05
小粒径颗粒直径 d_f,数目 N_f	0.02 m,13 500	法向黏性阻尼 β_n	0.20
中粒径颗粒直径 d_m,数目 N_m	0.04 m,1 690	切向黏性阻尼 β_t	0.20
大粒径颗粒直径 d_c,数目 N_c	0.08 m,210	颗粒间摩擦系数 μ_{ball}	0.58
颗粒(墙体)法向刚度 k_n	10^5 N/m	边界摩擦系数 μ	0.10,0.30,0.50,0.58
颗粒(墙体)切向刚度 k_t	10^5 N/m		

2.2　接触模型和阻尼参数

本文采用经典线性接触滑移模型,如图 4 所示。线性接触滑移模型采用含有弹簧(线性接触模型)、黏壶(阻尼)和滑块(滑移模型)的组合模式,描述颗粒系统发生的弹塑性变形、摩擦能耗和碰撞能耗等,目前已被诸多学者使用[21-24,29-31]。根据周公旦等[34-36]有关阻尼的研究成果,本文的数值计算模型采用局部阻尼($\alpha=0.05$)和黏性阻尼($\beta_i=0.20$)的组合,所模拟碎屑颗粒的恢复系数约为 0.50。

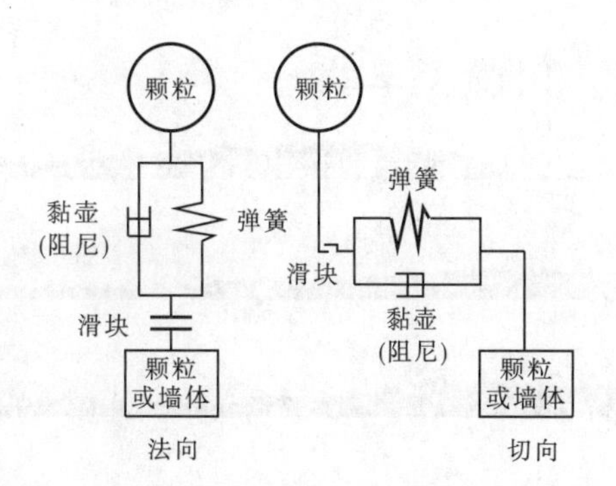

图4 考虑阻尼和滑移作用的线性接触滑移模型

3 滑坡碎屑流动力堆积特性分析

3.1 滑坡碎屑流运动机制界定

在三层不同粒径颗粒堆积稳定后,直接移除物料区挡板,颗粒体在重力作用下形成碎屑流沿滑槽向拦挡结构冲击运动。Savage[37]指出密集颗粒流的运动机制大致可分为三种状态:准静态剪切流、惯性流及两者间的过渡状态。通常采用固体力学中的弹塑性理论模型来描述准静态颗粒流的本构关系。对于稀疏的惯性流,颗粒动理学则较为适用[38]。目前,对于处于两者状态间的过渡流,如本模型中颗粒沿滑槽从静止状态发展至快速运动状态,其不同流态间转换机制尚缺乏深入的认识和理论研究。

参照周公旦等[34-36]使用的斜槽式颗粒流动力学分析方法,为了考虑颗粒尺寸效应,采用无量纲运动距离 L^*、厚度 H^* 和流速 U^* 描述斜槽式碎屑流的运动过程:

$$L^* = \frac{L}{L_{\max}}, H^* = \frac{H}{H_{\max}}, U^* = \frac{U}{\sqrt{gL_0}} \tag{1}$$

式中:L 为沿滑槽方向距离颗粒体龙尾的长度;$L_{\max}$ 为沿滑槽方向颗粒体总长度;L^* 为颗粒体内部沿滑槽方向的坐标,类似于拉格朗日坐标系(龙尾处 $L^*=0$,龙头处 $L^*=1.00$);H 为垂直滑槽方向的厚度,$H_{\max}$ 为垂直滑槽方向的最大厚度(碎屑流底部 $H^*=0$,自由表面 $H^*=1.00$);U 为颗粒沿滑槽方向的运动速度;L_0 为颗粒体初始状态下的堆积长度;g 为重力加速度。建立的坐标系如图5所示。为了便于对比观测,图5为滑槽、颗粒流和拦挡结构整体旋转35°后的结果。由图可知,当 $\mu=0.10$ 时,颗粒体较为紧凑;当 μ 增大时,颗粒体特别是龙头处变得较为松散,颗粒体运动至拦挡结构的时间增长,颗粒体由龙尾至龙头处的长度也增长。

图6为当边界摩擦系数 μ 分别为0.10和0.58时,运动时刻为1.00 s时颗粒体垂直断面上的速度分布图。由于颗粒体前端个别颗粒运动速度较大而远离颗粒主体,因此选取 L^* 在0.10~0.80范围内进行分析。由图可知,颗粒体不同位置(L^*)处速度分布均满足线性分布特征。该位置处剪切速率 $\dot{\gamma}$ 可由拟合直线斜率的倒数求得,即 $\dot{\gamma}=\mathrm{d}U^*/\mathrm{d}H^*$。可以看出,颗粒体剪切速率 $\dot{\gamma}$ 分布由颗粒体龙尾向龙头处逐渐增大,同一位置(L^*)处速度分布具有离散波动性。当 $\mu=0.58$ 时,同一位置处的速度分布较 $\mu=0.10$ 时有所增加。

同时,计算颗粒体不同位置(L^*)的Savage参数 N_{sav} 以分析颗粒体运动机制的变化。将颗粒体运动机制定义为剪切摩擦和颗粒碰撞,N_{sav} 则表示颗粒集合体中颗粒动态行为效应,其定义如下[30-31,34-35,37]:

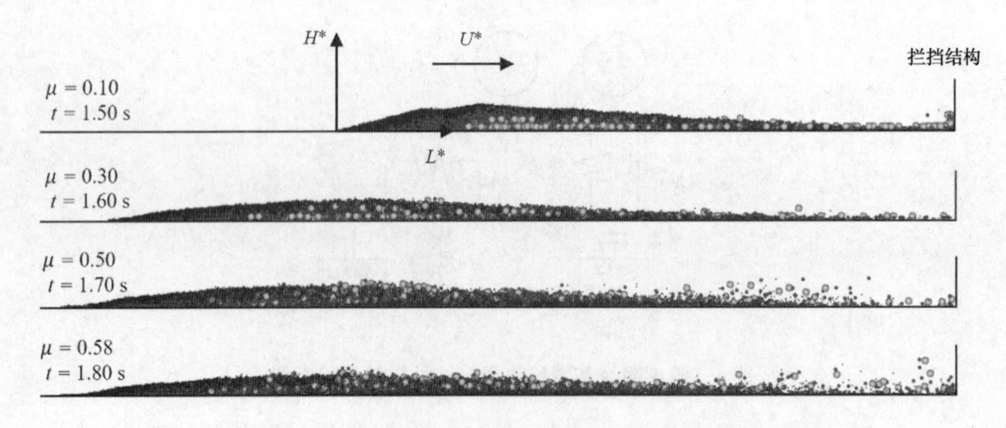

图 5　不同边界摩擦系数 μ 下颗粒体运动至拦挡结构的时间和形态图

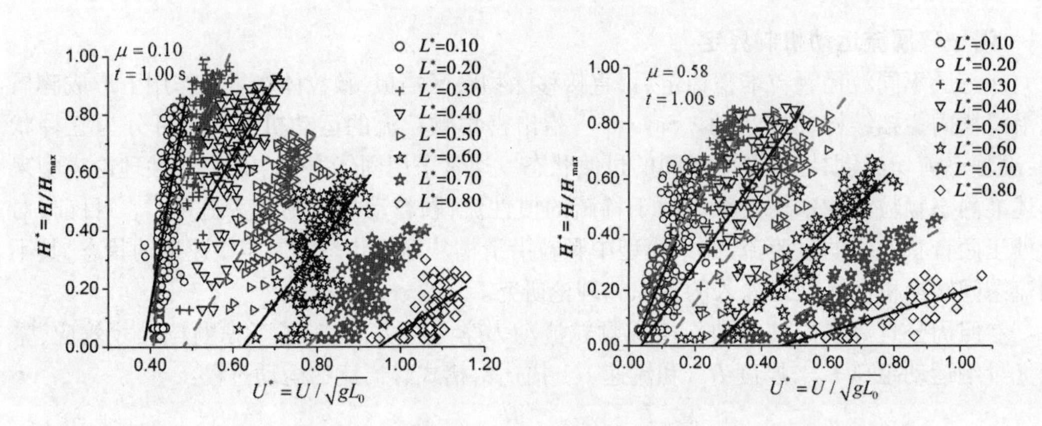

图 6　边界摩擦系数 μ 分别为 0.10 和 0.58 情况下的颗粒体内部速度分布图

$$N_{\text{sav}} = \frac{\dot{\gamma}^2 d^2}{gH\mu_{\text{ball}}} \tag{2}$$

式中：$\dot{\gamma}$ 为剪切速率，可根据图 6 计算得到，d 为断面处平均颗粒直径；g 为重力加速度；H 为断面厚度；μ_{ball} 为颗粒摩擦系数。

根据 N_{sav} 的定义，N_{sav} 越大则表示颗粒集合体中颗粒碰撞程度越大。当 $N_{\text{sav}} < 1.00$ 时，颗粒动态行为以剪切摩擦为主。

图 7 给出了不同边界摩擦系数 μ 下运动时刻为 1.00 s 时的 N_{sav} 分布图。由图可知，N_{sav} 分布由颗粒体龙尾至龙头逐渐增大。当 μ 增大时，颗粒体前半部分（$L^* \geqslant 0.50$）的 N_{sav} 值明显增大，后半部分（$L^* < 0.50$）的 N_{sav} 值非常变化不大，这意味着颗粒体龙头处颗粒碰撞较为剧烈，龙尾处颗粒动态行为仍以剪切摩擦为主。以上规律解释了图 5 中颗粒体运动形态由龙尾至龙头逐渐由紧凑变为稀疏的原因。

可以认为，当边界摩擦系数 μ 增大时，颗粒体（特别是龙头处）运动机制由剪切摩擦逐渐转变为剧烈碰撞，颗粒在运动过程中动力学特性发生转变，影响其最终的堆积特性。

3.2　滑坡碎屑颗粒尺寸分离效应

在碎屑流沿滑槽冲击运动时，碎屑颗粒发生尺寸分离效应：大粒径颗粒逐渐聚集于碎屑流自由表层，而小粒径颗粒则迁移至接近坡面的碎屑流底部。统计碎屑流冲击至拦挡结构时三种粒径颗粒与斜槽底部的平均距离来反映尺寸分离现象的发展过程：

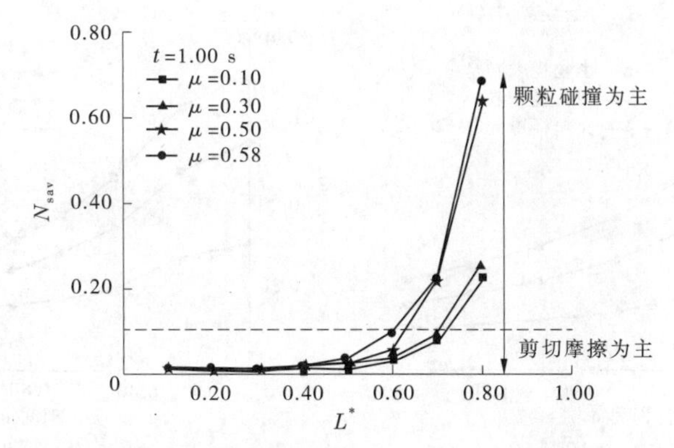

图7　不同边界摩擦系数μ下颗粒体在$t=1.00$ s时刻N_{sav}与L^*的关系图

$$H_k = \sum_{i=1}^{N_k} \frac{H_i^k}{N_k} \quad (k = f,m,c) \tag{3}$$

式中:H_i^k为k粒径颗粒i与斜槽底部的距离;N_k为k粒径颗粒的数目,当k为f,m,c时分别代表小、中、大粒径颗粒。

图8为不同边界摩擦系数μ下颗粒体冲击至拦挡结构前,颗粒体内部尺寸分离发展程度。由图可知,颗粒尺寸分离现象随时间逐渐发展:小颗粒慢慢靠近至斜槽底部,大颗粒与滑槽底部的平均距离逐渐向超过小、中粒径颗粒的趋势发展。定义三种粒径颗粒与斜槽底部平均距离相等的时刻为尺寸分离完成时间。可以看出,随着μ的增大,尺寸分离现象发展加快。当$\mu = 0.10$和$\mu = 0.30$时,颗粒体撞击挡墙时内部颗粒没有完成尺寸分离。当$\mu = 0.50$和$\mu = 0.58$时,颗粒体在撞击挡墙时内部颗粒均完成尺寸分离现象,发展程度随μ增大而越充分。

结合碎屑流运动机制的变化规律分析可知,当颗粒体运动机制由剪切摩擦逐渐转变为剧烈碰撞时,颗粒之间由于碰撞导致动量交换的频次增加,不同粒径颗粒动力学特性的差异(如垂直于滑槽方向的速度)也因此更加明显。

3.3　滑坡碎屑流宏细观堆积特征

颗粒流冲击拦挡结构后逐渐堆积至稳定状态。图9为不同边界摩擦系数μ下颗粒体撞击拦挡结构后形成的稳定堆积体。由图可知,堆积体沿挡墙方向的表层大粒径颗粒分布较多,沿滑槽方向的表层则中小粒径颗粒居多。随着μ增大,堆积体沿挡墙方向的分布长度减小,滑槽能够提供颗粒体摩擦力(沿滑槽方向向上)越大,沿滑槽方向的分布长度增大。此外,当μ增大时,靠近挡墙方向颗粒体表层大粒径颗粒数目增多,靠近滑槽方向表层中小粒径颗粒数目增多,滑槽方向自上而下颗粒堆积体表层不同粒径颗粒分层结构越明显。

图9中堆积体孔隙率计算方法为:首先在堆积体平面轮廓线的基础上,确定出一个两条直角边均沿滑槽和挡墙方向分布的直角三角形,斜边位于轮廓线之内;随后,沿垂直于剖面方向将直角三角形扩展为三棱柱,其体积为v_{tri};最后,统计球心在三棱柱内所有颗粒的体积v_{ball},得到孔隙率值$p = v_{ball}/v_{tri}$。需要说明的是,该孔隙率p仅表示颗粒堆积体内部的孔隙率,而非整体孔隙率。可以看出,μ越大,孔隙率p值越小,说明堆积体内部结构越密实。堆积体内部孔隙率p与表层颗粒分层分布结构有关。当μ较大时,更多的大粒径颗粒分布在颗粒体表层,三棱柱所包含的中小粒径颗粒则较多,粒径差异较小,颗粒体结构较密实。

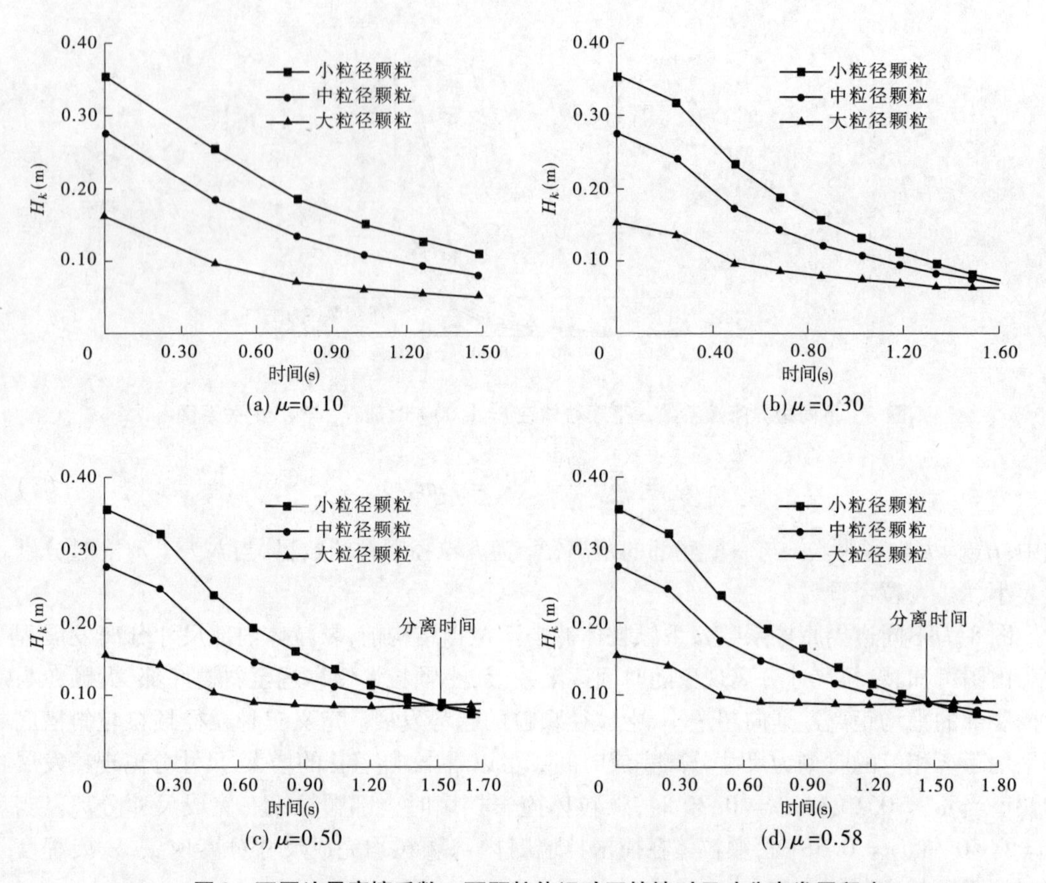

图 8　不同边界摩擦系数 μ 下颗粒体运动至挡墙时尺寸分离发展程度

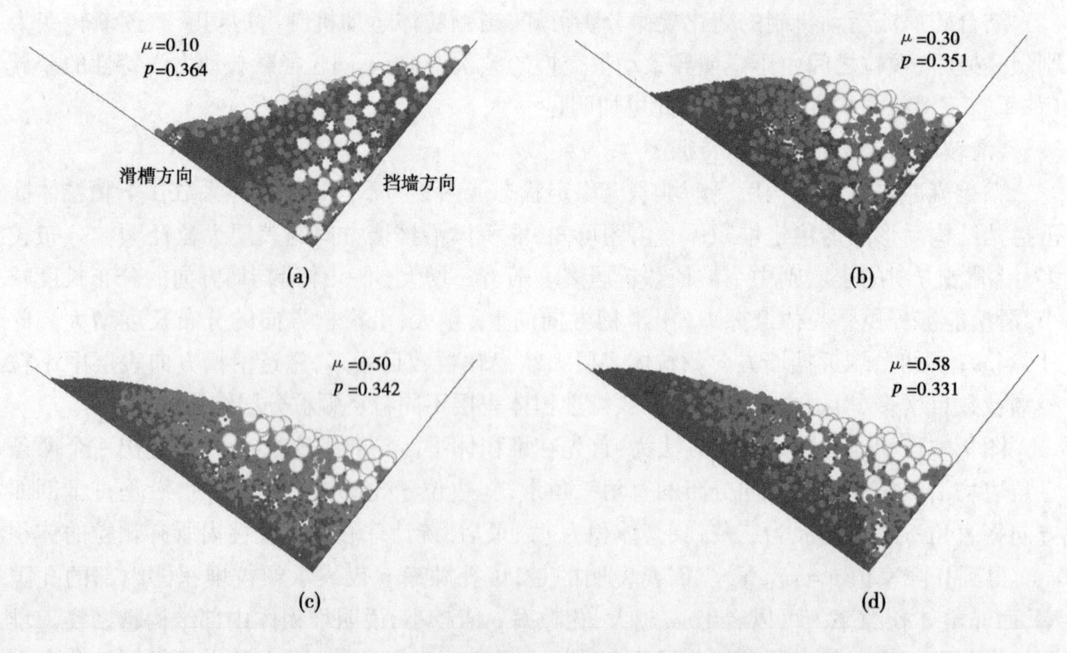

图 9　不同边界摩擦系数 μ 下颗粒体沿滑槽和挡墙堆积形态图和孔隙率

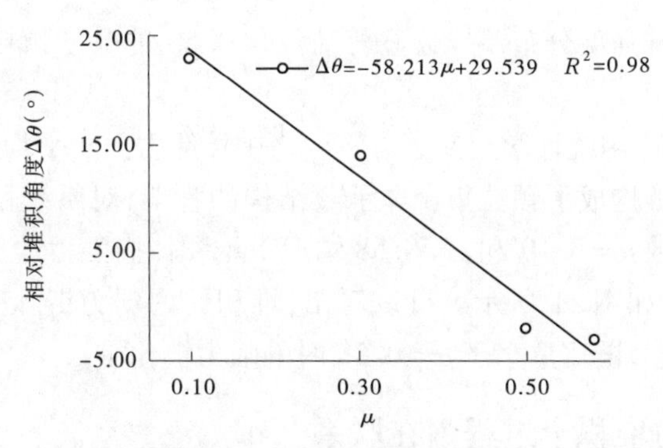

图10 不同边界摩擦系数μ下颗粒堆积体孔隙率和轮廓线分布图

由图3可知,颗粒初始状态下与滑槽的平均夹角为27.0°(瞬时针旋转至滑槽)。统计图9中不同边界摩擦系数μ下颗粒体相对于滑槽的平均堆积角度分别为50.1°、41.3°、25.2°、24.1°,相对于颗粒初始状态下堆积角度改变量$\Delta\theta$为23.1°、14.3°、-1.8°、-2.9°。通过拟合边界摩擦系数μ与堆积角度改变量$\Delta\theta$的关系可得:$\Delta\theta = -58.213\mu + 29.539$,且两者具有良好的线性关系($R^2 = 0.98$),如图10所示。可知随着边界摩擦系数$\mu$的增大,颗粒体最终的堆积角度沿顺时针方向线性偏转。

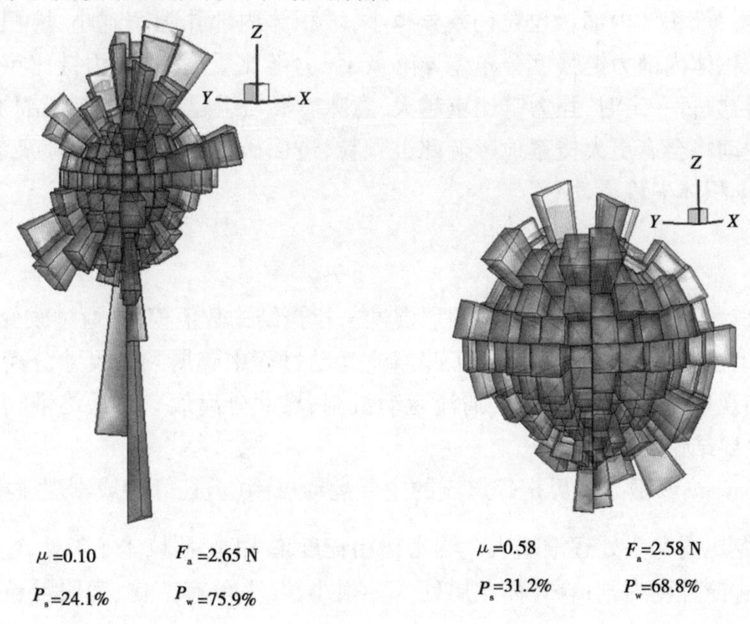

图11 边界摩擦系数μ分别为0.10和0.58情况下颗粒堆积体法向接触力空间分布图

在有限的颗粒系统内,严格意义上不存在2个接触法向完全一致的接触力。为了统计颗粒堆积体内部接触力分布规律,将三维球面等分为312组($\Delta n = \pi/12$),分别统计在每组分布范围内平均颗粒接触力$\bar{f}(n)$分布。$\bar{f}(n)$计算方法为将分布方向在n到$n+\Delta n$范围内的法向接触力相加求取平均值。图11为颗粒堆积体法向接触力空间分布图。图中F_a为颗粒堆积体平均法向接触力,计算方法为所有法向接触力相加求平均。由图可知,在边界摩擦系数$\mu = 0.10$和$\mu = 0.58$情况下,颗粒堆积体平均法向接触力F_a相差不大。但$\mu = 0.10$

情况下颗粒体内部力链强度分布差异较显著,而 $\mu=0.58$ 情况下颗粒体内部力链强度分布差异不大。

孙其诚等[39]通过应用统计学定义了力链网络中接触力大于平均接触力的为强力链,反之则为弱力链。强力链构成了颗粒集合体承载结构的骨架,对系统稳定起决定性作用。本文统计了边界摩擦系数 $\mu=0.10$ 和 $\mu=0.58$ 情况下堆积体内强力链和弱力链数目占总接触数的百分比 P_s 和 P_w,如图 11 所示。可以看出,堆积体内弱力链比重较强力链比重居多,$\mu=0.10$时颗粒系统强力链比重小于 $\mu=0.58$ 时的强力链比重。

4　滑坡碎屑流动力堆积全过程内在联系

滑坡碎屑流冲击拦挡结构的动力堆积特性受碎屑流的运动机制影响显著。当滑槽粗糙度较大时,碎屑流的运动机制逐渐由剪切摩擦向剧烈碰撞转变,颗粒间进行动量交换的频次增加,颗粒尺寸分离效应发展加快。颗粒尺寸分离效应会影响碎屑流冲击拦挡结构时不同粒径颗粒的位置分布,进而影响堆积体的堆积范围、密实度和细观力链结构分布等特征。具体表现为:颗粒尺寸分离发展越充分,碎屑流冲击挡墙后颗粒堆积体不同粒径颗粒分层结构越明显,表现为更多的中小粒径颗粒堆积于沿滑槽部位表层,更多的大粒径颗粒堆积于沿拦挡结构部位表层;堆积体内部颗粒粒径差异越小,堆积体内部孔隙率越小,堆积体密实度也越高。此外,堆积体内部力链强度分布差异降低,强力链比重增大,弱力链比重减小。当颗粒集合体的颗粒数目一定时,强力链比重越大,意味着参与组建堆积体骨架结构的颗粒数目也越多,外界扰动将会有更大概率地影响此类颗粒,进而破坏到堆积体的骨架结构,从概率上讲更易造成堆积体失稳滑动。

5　结　论

本文采用离散元 DEM 进行了滑坡碎屑流冲击拦挡结构数值模拟,通过改变滑槽粗糙度得到了不同运动机制下的碎屑流,分析了碎屑流运动过程中碎屑颗粒尺寸分离效应发展程度、碎屑流宏细观堆积特征,明确了碎屑流运动机制、尺寸分离效应和最终堆积特性之间的关系,得到的主要结论如下:

(1)采用 Savage 参数 N_{sav} 界定碎屑流的主要运动机制(剪切摩擦或剧烈碰撞)。颗粒体剪切速率 $\dot{\gamma}$ 由龙尾向龙头处逐渐增大。当滑槽粗糙度增大时,颗粒体龙头处 N_{sav} 增大,表明龙头处的颗粒碰撞程度加剧;颗粒体龙尾处 N_{sav} 很小,几乎没有变化,表明颗粒体运动机制仍以剪切摩擦为主。

(2)当颗粒体运动机制由剪切摩擦向剧烈碰撞转变时,碎屑颗粒尺寸分离效应发展也随之加快,进而影响碎屑颗粒冲击拦挡结构时不同粒径颗粒的位置分布,最终决定了碎屑颗粒的宏细观堆积特性。

(3)当碎屑颗粒尺寸分离效应发展加快时,堆积体表层不同粒径颗粒分层结构明显(沿滑槽方向自上而下分别为小、中和大粒径颗粒),堆积体内部中小颗粒增多,孔隙率减小;颗粒体与滑槽的堆积角度随滑槽粗糙度的增大而顺时针线性偏转减小;在细观堆积组构方面,堆积体内部结构密实度提高,颗粒体强弱力链分布差异降低,强力链比重增大,弱力链比重减小,从概率上分析表明该颗粒系统更多的强力链容易受到外界干扰,进而较易影响颗粒系统整体稳定性。

参考文献

[1] Moriguchi S, Borja R I, Yashima A, et al. Estimating the impact force generated by granular flow on a rigid obstruction[J]. Acta Geotechnica, 2009, 4(1):57-71.

[2] Caccamo P, Chanut B, Faug T, et al. Small - scale tests to investigate the dynamics of finite - sized dry granular avalanches and forces on a wall - like obstacle[J]. Granular Matter, 2012, 14(5):577-587.

[3] Marks B, Valaulta A, Puzrin A, et al. Design of protection structures: the role of the grain size distribution [J]. American Institute of Physics Conference Proceedings, 2013, 1542(1):658-661.

[4] Jiang Y J, Towhata I. Experimental Study of Dry Granular Flow and Impact Behavior Against a Rigid Retaining Wall[J]. Rock Mechanics and Rock Engineering, 2013, 46(4):713-729.

[5] Jiang Y J, Zhao Y. Experimental Investigation of Dry Granular Flow Impact via both Normal and Tangential Force Measurements[J]. Geotechnique Letters, 2015, 5(1):33-38.

[6] Jiang Y J, Zhao Y, Towhata I, et al. Influence of particle characteristics on impact event of dry granular flow [J]. Powder Technology, 2015, 270:53-67.

[7] Ng C W W, Choi C E, Song D, et al. Physical modeling of baffles influence on landslide debris mobility [J]. Landslides, 2015, 12(1):1-18.

[8] Choi C E, Cui Y, Liu L H D, et al. Impact Mechanisms of Granular Flow against Curved Barriers[J]. Géotechnique Letters, 2017, 7(4):330-338.

[9] Koo R C H, Kwan J S H, Ng C W W, et al. Velocity attenuation of debris flows and a new momentum-based load model for rigid barriers[J]. Landslides, 2017, 14(2):617-629.

[10] Yang H, Cheng J. Experimental investigation on the interaction between the rapid sliding body and exposed element[J]. Environmental Earth Sciences, 2017, 76(6):258.

[11] Yang Q, Cai F, Su Z, et al. Numerical Simulation of Granular Flows in a Large Flume Using Discontinuous Deformation Analysis[J]. Rock Mechanics and Rock Engineering, 2014, 47(6):2299-2306.

[12] 裴向军,黄润秋,李世贵.强震崩塌岩体冲击桥墩动力响应研究[J].岩石力学与工程学报,2011, 30(S2):3995-4001.

[13] 朱圻, 程谦恭, 王玉峰,等. 高速远程滑坡超前冲击气浪三维动力学分析[J]. 岩土力学, 2014, 35(10):2909-2926.

[14] 孙新坡, 何思明, 刘恩龙,等. 基于SPH法的岩崩碎屑流与防护结构相互作用分析[J]. 山地学报, 2016, 34(3):331-336.

[15] 孙新坡, 何思明, 肖军,等. 基于SPH法的岩崩碎屑流与挡板相互作用模拟[J]. 自然灾害学报, 2016, 25(3):96-103.

[16] 夏式伟, 郑昭炀, 袁小一,等. 芦山地震汤家沟滑坡-碎屑流过程模拟[J]. 山地学报, 2017, 35(4): 527-534.

[17] 费明龙, 徐小蓉, 孙其诚,等. 颗粒介质固-流态转变的理论分析及实验研究[J]. 力学学报, 2016, 48(1):48-55.

[18] Teufelsbauer H, Wang Y, Pudasaini S P, et al. DEM simulation of impact force exerted by granular flow on rigid structures[J]. Acta Geotechnica, 2011, 6(3):119-133.

[19] Choi C E, Ng C W W, Law R P H, et al. Computational investigation of baffle configuration on impedance of channelized debris flow[J]. Canadian Geotechnical Journal, 2015, 52(2):182-197.

[20] Mead S R, Cleary P W. Validation of DEM prediction for granular avalanches on irregular terrain[J]. Jour-

nal of Geophysical Research Earth Surface, 2015, 120(9):1724-1742.

[21] 毕钰璋, 何思明, 付跃升,等. 基于离散元方法的高速远程滑坡碎屑流新型防护结构[J]. 山地学报, 2015, 33(5):560-570.

[22] 毕钰璋, 何思明, 李新坡,等. 约束条件下粗细混合颗粒动力机理分析[J]. 岩土工程学报, 2016, 38(3):529-536.

[23] Bi Y, He S, Li X, et al. Effects of segregation in binary granular mixture avalanches down inclined chutes impinging on defending structures[J]. Environmental Earth Sciences, 2016, 75(3):263.

[24] Bi Y, He S, Li X, et al. Geo – engineered buffer capacity of two – layered absorbing system under the impact of rock avalanches based on Discrete Element Method[J]. Journal of Mountain Science, 2016, 13(5):917-929.

[25] Cagnoli B, Piersanti A. Combined effects of grain size, flow volume and channel width on geophysical flow mobility: three – dimensional discrete element modeling of dry and dense flows of angular rock fragments [J]. Solid Earth, 2017, 8(1):177-188.

[26] Cagnoli B, Piersanti A. Grain size and flow volume effects on granular flow mobility in numerical simulations: 3 – D discrete element modeling of flows of angular rock fragments[J]. Journal of Geophysical Research Solid Earth, 2015, 120(4):2350-2366.

[27] Ng C W W, Choi C E, Goodwin G R, et al. Interaction between dry granular flow and deflectors[J]. Landslides, 2017b, 14(4):1375-1387.

[28] 赵川, 付成华. 基于DEM的碎屑流运动特性数值模拟[J]. 水利水电科技进展, 2017, 37(2):43-47.

[29] 来志强, 周伟, 杨利福,等. 基于离散单元法的溜砂坡堆积形态数值研究[J]. 中南大学学报(自然科学版), 2017(7):1839-1848.

[30] Zhou W, Lai Z, Ma G, et al. Effect of base roughness on size segregation in dry granular flows[J]. Granular Matter, 2016, 18(4):83.

[31] Lai Z, Vallejo L E, Zhou W, et al. Collapse of granular columns with fractal particle size distribution: Implications for understanding the role of small particles in granular flows[J]. Geophysical Research Letters, 2017, 44(24).

[32] Zhou W, Yuan W, Ma G, et al. Combined finite – discrete element method modeling of rockslides[J]. Engineering Computations, 2016, 33(5):1530-1559.

[33] 王叶,周伟,马刚,等. 堰塞体形成全过程的连续离散耦合数值模拟[J]. 中国农村水利水电, 2017(9):156-163.

[34] Zhou G G D, Ng C W W. Numerical investigation of reverse segregation in debris flows by DEM[J]. Granular Matter, 2010, 12(5):507-516.

[35] Zhou G G D, Sun Q C. Three – dimensional numerical study on flow regimes of dry granular flows by DEM [J]. Powder Technology, 2013, 239:115-127.

[36] 周公旦, 孙其诚, 崔鹏. 泥石流颗粒物质分选机理和效应[J]. 四川大学学报(工程科学版), 2013, 45(1):28-36.

[37] Savage S B. The Mechanics of Rapid Granular Flows[J]. Advances in Applied Mechanics, 1984, 24(87): 289-366.

[38] 刘中淼, 孙其诚, 宋世雄, 等. 准静态颗粒流流动规律的热力学分析[J]. 物理学报, 2014, 63(3): 294-304.

[39] 孙其诚, 辛海丽, 刘建国,等. 颗粒体系中的骨架及力链网络[J]. 岩土力学, 2009, 30(S1):83-87.

某水电工程坝址区岩体缓倾角结构面发育模式和成因

杨伟强[1,2]　巨广宏[1,2]　刘　高[3]

(1. 中国电建集团西北勘测设计研究院有限公司,西安　710065;
2. 国家能源水电工程技术研发中心高边坡与地质灾害研究治理分中心,西安　710065;
3. 兰州大学,兰州　730000)

摘　要　某水电工程构造背景复杂,岩体受多次构造运动,缓倾角结构面十分发育,对工程建筑物基础稳定、边坡稳定、地下洞室稳定产生不利影响,通过研究其发育模式和成因类型,对工程建设具有重大理论和实际意义,可为同类工程提供借鉴。通过分别研究单条和多条缓倾角结构面发育模式,在结合其遭受的构造运动,表生改造、岩性、地形地貌等因素,对地质成因类型进行综合分析研究,认为该坝址区原生类型缓倾角结构面发育很少,主要为构造影响产生,其次为卸荷和风化等产生,其中深部岩体缓倾角结构面大量发育与构造有关,而次生改造使得坝址区表层缓倾角结构面发育增多。

关键词　缓倾角结构面;发育模式;成因类型;构造型

0　引　言

某水电工程坝址地处青藏高原腹地,大地构造位于秦岭地槽褶皱系中的青海南山冒地槽褶皱带中,区域断裂构造十分发育,构造背景复杂,新构造运动强烈。地层由三叠系变质砂岩及中生代二长岩组成,两种岩性呈侵入接触,接触带结合良好,斜切河床。岩体受多次构造运动,形成缓倾角结构面分布的构造形迹。工程区缓倾角结构面十分发育,可构成结构体底滑面或顶滑面,对工程建筑物基础稳定、边坡稳定、地下洞室稳定产生不利影响,往往是结构失稳的关键。因此,研究缓倾角结构面的发育模式和成因类型,对工程建设具有重大的理论和实践意义。

岩体结构面是在漫长地质历史演化过程中形成,其经历了由成岩建造到构造改造,再到浅表生改造的过程[1,2]。在20世纪80年代以前,多数人认为岩体结构面是岩石建造与构造改造的产物。到80年代后期,张倬元、王兰生和黄润秋等提出了岩体结构面的表生改造成因和时效变形理论,为岩体结构面的成因理论提供了丰富理论基础[3,4],结构面的成因理论正趋于发展和完善。

按地质成因类型,结构面分为原生结构面、构造结构面和次生结构面三类[5,6]。本文将对工程区缓倾角结构面成因进行研究,从单条和多条缓倾角结构面分析其发育模式,在结合

作者简介:杨伟强,(1985—),男,陕西西安人,工程师,硕士,从事地质勘察及岩土工程研究。E-mail:278689286@qq.com。

其遭受的构造运动,表生改造、岩性、地形地貌等因素,对缓倾角结构面发育模式和成因类型进行综合分析研究。

1 缓倾角结构面发育模式

1.1 单条缓倾角结构面发育模式

根据缓倾角结构面主要发育特点及其空间展布特征,坝址区缓倾结构面发育模式包括搭接型、错断型、断续型和连续型四种情况(图1)。

(1)搭接型。搭接型缓倾角结构面在其形成的时候分为几段,几段相互搭接在一起,多数没有联通,个别相互连接(见图2)。

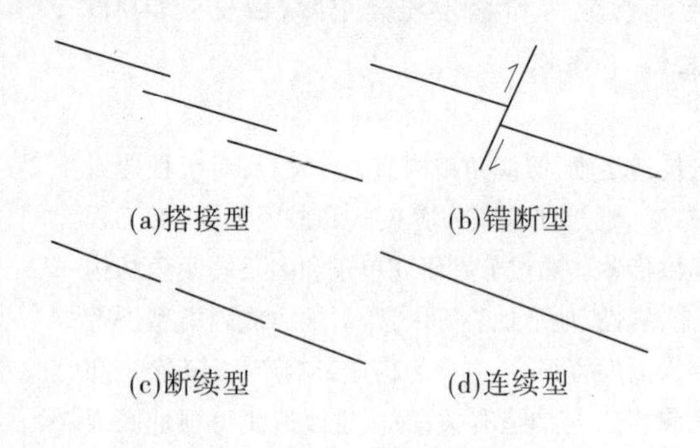

图1 缓倾角结构面的发育模式

图2 搭接型缓倾角结构面

(2)错断型。错断型缓倾角结构面原本是一条结构面,后被其他结构面剪切,相互错开(见图3)。

此种类型为从整体上为一条缓倾角结构面,但在局部地方出现断开,也就是在其发育后期由于应力的减小或者改变方向,而没有完全连通。

(3)连续型。连续型缓倾角结构面在形成之后,在受到其他因素的影响下,仍保持其原本形状,或者只是局部发生弯曲(见图4)。

图3 错断型缓倾角结构面

图4 连续型缓倾角结构面

对于四种缓倾角结构面类型,其中以连续型最为发育,其次为错断型,而搭接型和断续型发育最少。一般情况下一条结构面出现一种类型,但有些地方可能在一条结构面中出现两种或三种类型。

1.2 多条缓倾角结构面的发育模式

(1)近等间距平行展布型

多条同组缓倾结构面近平行展布是坝址区缓倾结构面空间展布的基本特征。不论是大尺度,还是小尺度,同组缓倾结构面均呈近平行展布,并可用近等间距性(第一层次间距)和第二次层间间距(密集成带性)来加以表征。

(2)共轭 X 型。

坝址区按倾向总体上发育有 8 组缓倾结构面,这是在构造运动过程中统一力场形成所致。简单看,每对应两组均构成一对共轭 X 型缓倾结构面组。因此,整个坝址区共可有 4 对共轭 X 型缓倾结构面和羽状缓倾结构面,进一步从力学成因上讲,这 4 对共轭 X 型缓倾结构面组恰构成一扁平空间透镜体,对于具体部位,因其位置不同,平硐揭露或地表出露的仅是其局部,从而显示出坝址区缓倾结构面产状的连续性、相对集中性和空间变异特征。

对于具体部位,一般出现一组共轭 X 型缓倾结构面组,当其两组缓倾角结构面都发育良好时,将岩石切割为菱形或棋盘状(见图 5、图 6)。

图 5 左岸 PD01 下游部位(局部)

图 6 左岸 PD01 下游部位(整体)

如果一组结构面比较发育,而另一组不太发育时,坝址区多发育这种缓倾角结构面,缓倾角结构面以倾向 NNE 向为主,而倾向 SSW 向也有发育,但数量相对较少,正好组成一对共轭 X 型结构面系(见图 7、图 8)。

坝址区羽状发育的缓倾角结构面,主要有一组剪切羽裂发育,羽裂面代表着主剪切面(见图 9、图 10)。

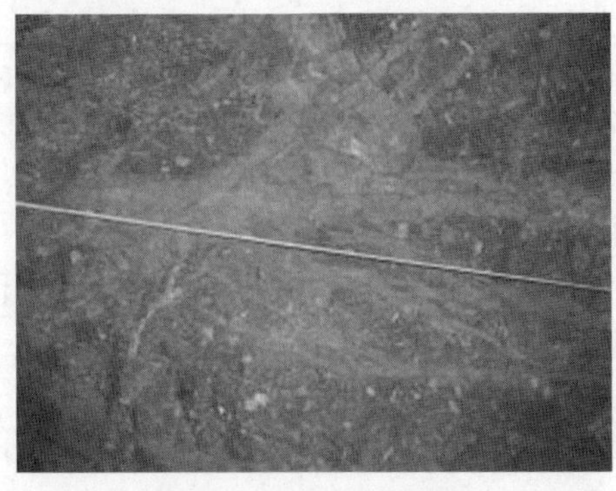

图 7 HF7 - f8(PD12)

图 8 L1 - L2(PD24)

图 9　HF19(局部)

图 10　HF19(整体)

2　缓倾角结构面成因类型及特征

2.1　缓倾角结构面分类

按地质成因,结构面可分为原生型(层理、冷凝节理)、构造型(断层、层间错动剪切带、节理或裂隙)和次生型(风化、卸荷裂隙)。

原生结构面指成岩过程中形成的结构面,包括沉积结构面(如层理面)、火成结构面(岩浆侵入、喷溢、冷凝过程中形成的结构面的原生节理和间歇喷溢面等)和变质结构面(如区域变质作用形成的片理、板理、黑云母绿泥石滑石富集带等)。

构造结构面是指岩体在改造过程中受构造应力作用产生的破裂面或裂隙,如劈理、节理、层间错动带以及断层等,是岩体中分布最为广泛的一类结构面。

次生结构面系指在地壳浅表部位,由于外动力地质作用(风化、卸荷、地下水、应力变化、人工爆破等)在岩体中形成的结构面,如常见的卸荷裂隙和风化裂隙,尤以卸荷裂隙普遍,规模较大,特别是河谷地段,由于河流深切,岩体中地应力释放与调整,卸荷回弹作用而产生的卸荷拉裂裂隙,裂隙多曲折,不连续,裂面平行谷底及两岸斜坡临空面[7]。

对于坝址区的缓倾结构面,因构造运动及层间运动影响,坝址区变质砂岩属浅变质,当前岩层产状较陡,其内的缓倾结构面非层面演化所致;二长岩属火成岩,岩浆冷凝形成的原生缓倾结构面极少,故原生类型者极少。坝址区缓倾结构面主要为受构造影响产生的构造型结构面,其次为卸荷和风化等产生的次生结构面。

2.2　缓倾角构造结构面分类及特征

坝址区同种岩性内,不管是在地表和还是岩体深部(>200 m)都发育有大量的缓倾角结构面,并且以倾 NNE 向的最为发育,这种现象比较少见,说明在岩体内部曾经有地应力发生作用。由此可以肯定玛尔挡坝区缓倾角结构面以构造型结构面为主。

对于构造型缓倾结构面,根据其形成的构造条件可分为剖面 X 型挤压破裂型、主干断裂扭动派生破裂型和结构面与围岩接触蚀变破裂型三种类型。

(1)剖面 X 型挤压破裂型。

形成于区域或局部构造应力场,以缓倾角逆断层、节理、劈理或挤压带为主。平面上呈平行或斜列,走向与区域构造线一致,剖面上呈迭互式构造或剖面“X”型断裂(见图 7、图 8),力学性质属压性、压扭性。

(2)主干断裂扭动派生破裂型。

规模较大的主干断裂一侧或两侧,由于断层上下盘的扭动作用而形成的缓倾角节理,扭性、张扭性,剖面上呈羽列状分布(见图 11)。

(3)结构面与围岩接触蚀变破裂型。

后期岩脉沿岩体缓倾角结构面侵入、蚀变,再遭构造挤压破碎,造成地下水集中渗流及加剧风化,形成软弱结构面。缓倾角构造结构面空间展布及发育程度具有不均一性和集中成带、成片分布特征。在构造应力强烈地段及主干断裂附近,缓倾角裂隙较发育,成片、成束展布(见图 12)。延伸长度小于 10 m 或 10 ~ 20 m 不等。

图 11 HF19 羽列状分布节理

图 12 HF8 不均一性、集中成带和成片发育特征

2.3 缓倾角卸荷结构面分类及特征

通过坝址区右岸平硐缓倾角结构面的整体产状和地表缓倾角结构面的产状可知,右岸平硐缓倾角结构面整体以倾 NNE 向为主,地表(右岸)以倾 SW 向为主,这就反映出地表和岩体深部缓倾角结构面的成因存在着差别,而地表主要受风化和卸荷影响,因此地表的缓倾角结构面为风化和卸荷裂隙为主,即次生结构面。在次生结构面中以卸荷结构面的发育最为普遍,按其形态特征可将卸荷结构面分为两种类型,即拉裂型卸荷裂隙和追踪型卸荷裂隙。

(1)拉裂型卸荷裂隙。

该种裂隙一般在河谷底部及两岸岸坡基岩中发育,裂隙面一般平行谷底及两岸斜坡坡面,具有不同程度的张开度,裂面起伏粗糙至极粗糙,常充填风化碎屑物或夹泥(见图 13)。在谷底以下强卸荷带中最发育,并随深度增加而减弱。坝基卸荷裂隙分布是影响坝基抗滑稳定的主要工程地质问题。

(2)追踪型卸荷裂隙。

沿原有缓倾角构造裂隙追踪拉裂,形成追踪型卸荷裂隙。裂隙面的张开度较小,裂面较平滑,充填较少,多为风化碎屑物(见图 14)。

图 13　拉裂型缓倾角结构面

图 14　追踪型缓倾角结构面

3　结　论

本文根据缓倾角结构面空间展布模式,研究了单条及多条缓倾角结构面的发育模式与空间连接关系,并从地质力学出发,研究了缓倾角结构面的成因类型,将水电站坝址区缓倾角结构面按成因分类可分为构造结构面和次生结构面。其中深部岩体缓倾角结构面大量发育与构造有关,而次生改造也使得坝址区表层缓倾角结构面发育增多。

参 考 文 献

[1] 谷德振.岩体工程地质力学基础[M].北京:科学出版社,1979:10.

[2] 孙广忠.地质工程理论与实践[M].北京:地震出版社,1996.

[3] 黄润秋,张倬元,王士天.论岩体结构的表生改造[J].水文地质工程地质,1994(4):1-6.

[4] 陶连金,常春,黄润秋,等.深切河谷岩体结构的表生改造[J].成都理工大学学报,2000,27(4):383-387.

[5] 张倬元,王士天,王兰生.工程地质分析原理[M].北京:地质出版社,2008.

[6] 张咸恭,王思敬,张倬元,等.中国工程地质学[M].北京:科学出版社,2000.

[7] 赵善国,李景山,翟彦波.对坝基岩体内缓倾角结构面的初步研究[J].黑龙江水利科技,2007,2(35):56.

缩短 Yamba 坝施工工期的措施

Masatomi Kimura, Takeshi Hiratsuka

(日本清水建设株式会社土木工程东京分公司,日本东京 105-8007)

摘 要 吾妻川(利根川的一条支流,上游流经东京地区)上正在修建的 Yamba 混凝土重力坝,高 116 m,水库总库容约 1 000 000 m^3。Yamba 坝的主要功能是防洪、供水和发电,该项目预计将提前完工。通过采取以下措施使坝混凝土浇筑期将大大缩短:采用碾压混凝土工法(RCD);增加混凝土浇筑设施来加快浇筑速度,缩短施工周期;预制安装和转移排洪管设施;出水口设施和闸门室、安装在坝体内的导流系统、检查廊道和升降机井、悬臂区和变坡段采用预制构件;采取特殊措施以增加冬季施工天数等。

关键词 RCD 施工法;施工合理化;预制;冬季施工

1 引 言

Yamba 坝是一座正在修建的多用途工程,位于吾妻川(利根川的主要支流之一)中游的群马县(见图 1)。Yamba 坝是一座混凝土重力坝,高 116 m,坝顶长 290.8 m,体积约 1 000 000 m^3,蓄水库容 107 500 000 m^3。Yamba 坝为日本政府土地、基础设施、交通运输和旅游省(MLIT)和关东地区发展局所有。

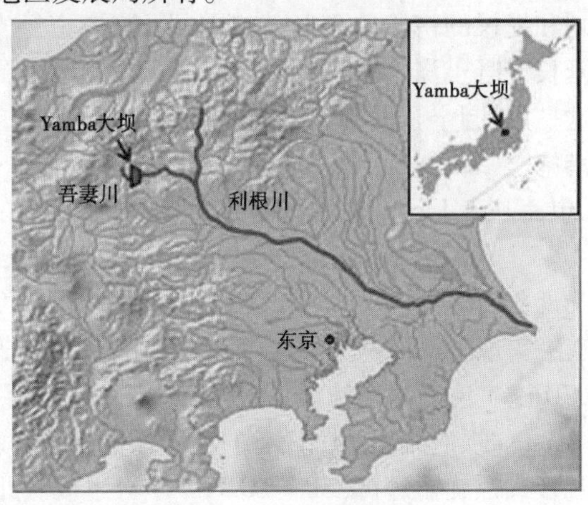

图 1 Yamba 坝的位置

清水、Tekken 和 IHI Infrasystems 的一家建筑合资公司(开展不同的施工工程业务)于 2015 年 1 月开始挖掘主坝的地基,截至 2018 年 6 月底,大坝的混凝土浇筑已到 80% 的高度。通过实施承包商提出的各种技术举措,施工周期得以大大缩短[1]。

2 Yamba 坝工程的重要意义

吾妻川是利根川的一条主要支流,约占利根川上游集水面积的1/4。迄今为止,吾妻川上尚未修建任何防洪设施。而 Yamba 坝修建完成后,将在暴雨期间提供防洪效应,不仅可以帮助减少吾妻川流域和利根川下游流域的洪涝灾害,还可以帮助减少利根川下游更广大区域的洪涝灾害。

与此同时,可以缓解京都地区在内的利根川下游流域内面临供水紧张问题,过去10年中已经实施了三次供水限制:2012年、2013年和2016年。在建成后,Yamba 坝可以向东京和下游县提供自来水,预计利根川水系的用水也将趋稳。此外,还将修建一座11 700 kW的水电站,以便促进自然能源的使用。

由于上述原因,东京和利根川下游各县都希望 Yamba 坝能够尽早完工并投入使用。此外,2020年将举办东京奥运会,因此所有项目参与者都想早日完成坝的施工。

3 推动 Yamba 坝提前完工的举措

虽然希望 Yamba 坝尽早完工,但坝体的施工周期通常为5~10年。我们相信,提高施工效率,提前完成大坝施工,将推动早期效益的出现。以下记述了为缩短 Yamba 坝施工周期而采取的各种举措。

3.1 缩短施工周期需要注意的问题

Yamba 坝是一座比较大的大坝,因此高效地浇筑混凝土非常重要。另一方面,坝体内部有很多结构物,如泄水设施、廊道等,这些内部结构将坝体分为左右两岸,已经发生了8例车辆通行受阻的情况(频率非常之高)。

此外,在所有者规划和提议的初始方案中,与泄水设施、廊道等安装时混凝土浇筑的停工期非常长,这无疑将延长混凝土浇筑期。另外,冬季的天气状况恶劣,因此设定了混凝土浇筑停工期,并且基于这一点,制定了混凝土浇筑时间表。

3.2 缩短施工周期的措施

以下记述了根据承包商基于上述考虑提出的技术建议,而采取的缩短混凝土浇筑期的措施。

3.2.1 增加混凝土浇筑设备的容量

决定采用 RCD 施工法实现 Yamba 坝体混凝土浇筑的合理化。选择具备充足容量的混凝土浇筑装置来推进 RCD 施工法的高速施工,并根据周围环境、经济和其他条件最大程度提高混凝土浇筑效率。Yamba 坝混凝土浇筑设备的特征如下:①混凝土浇筑装置由2台18 t固定缆索起重机和1台管式螺旋输送机(SP-TOM,ϕ700)组成。此外,下游侧安装了1台4.9 t级缆索起重机,用于运输杂物,以便缆索起重机能够作为输送和浇筑设备长期使用。②混凝土生产装置由2台3.0 m^3 ×2的配料机组成,以保持高浇筑容量。③此外,还引入了每次能够输送6.0 m^3 混凝土的轻型铲斗。以下将对其进行描述(见图2)。

(1)混凝土输送设备。

鉴于许多内部结构和施工作业经常分开在左右两岸,因此安装了2台缆索起重机,用于分开浇筑河道侧,并安装了1台 SP-TOM,以便能够同时浇筑左右两侧的混凝土。同时,增加混凝土生产设备的容量,以确保在分开施工条件下的最小浇筑容量。图2显示了坝址处设备的布置。初始方案中的设备用蓝色字符表示，根据承包商技术建议修改的设备用红色字符表示。除了增加 2 台缆索起重机的容量外，还安装了 SP－TOM，以确保通过 3 个系统输送混凝土。SP－TOM 是通过用电机驱动旋转输送管来输送混凝土的装置，混凝土的移动速度由安装在管内的叶片控制，以减少材料的分离。SP－TOM 是一种大容量的输送装置，可以确保混凝土的质量。

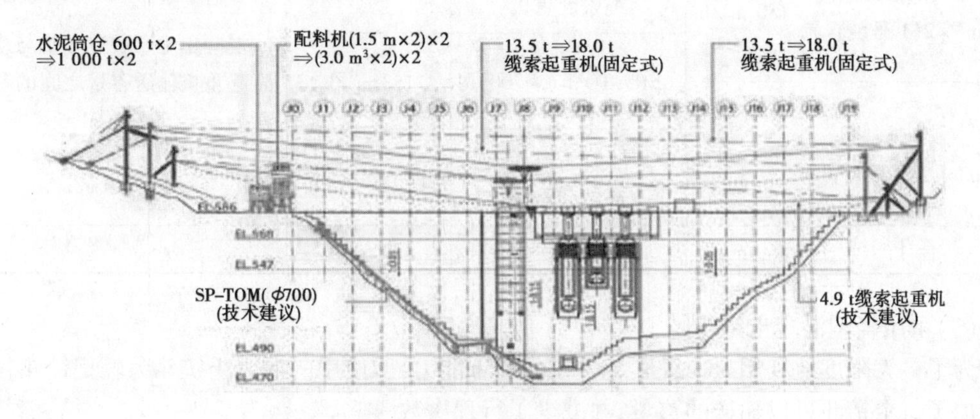

图 2　混凝土运输系统立视图

混凝土浇筑装置有富余，所以即使左右两岸分开施工，也可以用右岸的 2 台缆索起重机和左岸的 SP－TOM 和 1 台缆索起重机进行施工。因此，可以在不明显减少浇筑容量的情况下继续进行浇筑作业（见图 3）。考虑到 32 t 的自卸卡车和 21 t 的推土机无法通过缆索起重机吊起和移动，因此在左右两岸都部署了一定数量的自卸卡车和推土机，以最大限度地提高混凝土输送设备的容量。

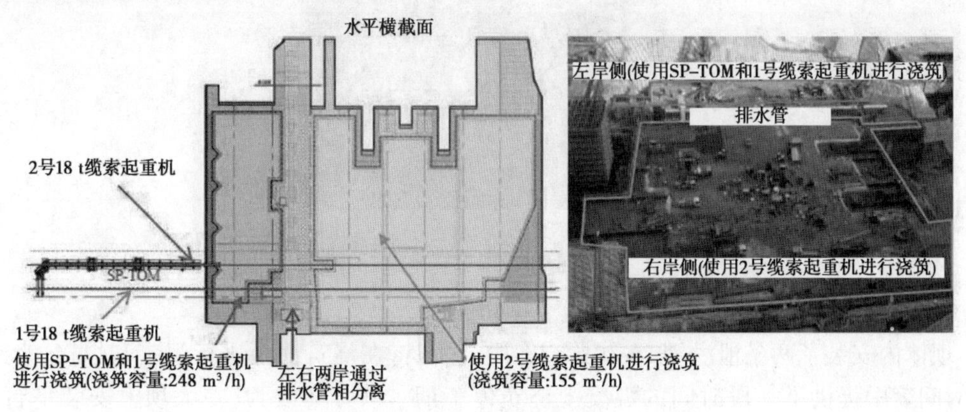

图 3　左右两岸分开施工时的场景

（2）选择混凝土生产装置。

为了确保混凝土生产装置的容量与混凝土浇筑设备相匹配，采用了 2 台 3.0 m^3 ×2 的配料机（双轴强制搅拌机）。共有 3 个输送设备系统，其中一台 18 t 固定式缆索起重机可与其中一台配料机协同作业，SP－TOM 则可与 2 台配料机协同作业。选定的混凝土生产装置的规格如表 1 所示。

表 1　选定的混凝土生产装置

混凝土生产装置		混凝土浇筑设备		附注
规格	生产容量	设备名称	设备容量	
双轴强制搅拌机 3.0 m^3 ×2(1 号装置)	180 m^3/h	1 号 18 t 固定式缆索起重机	约 110 m^3/h	混凝土生产装置容量与缆索起重机输送容量之间的差额分配给 SP－TOM
		SP－TOM（ϕ700）	153 m^3/h	
双轴强制搅拌机 3.0 m^3 × 2(2 号装置)	180 m^3/h	2 号 18 t 固定式缆索起重机	约 110 m^3/h	
合计	360 m^3/h	合计	373 m^3/h	

(3)采用轻型混凝土铲斗。

为了最大限度地利用 18 t 缆索起重机的起重能力,所使用的混凝土铲斗为轻型铲斗,从而增加了每个铲斗可以输送的重量,并减少了行程次数。

通过使用耐磨钢材料并最大限度地减少相关的机械设备,每个铲斗的质量从 3.4 t 减少到 2.2 t,从而将混凝土输送容量从 5.5 m^3 增加到 6.0 m^3(见图 4)。通过这种方式,输送容量增加了约 10%。

图 4　轻型铲斗

3.2.2　泄洪管的预制安装和转移

坝体内安装了两条泄洪管,在初始方案中,它们将在浇筑面上进行组装和焊接,为此目的,时间表中提供了一段时间的混凝土浇筑停工期。该方案改为,在大坝上安装平台(见图 5),在该平台上进行组装和焊接作业,在组装完成后,再将预装设施转移到坝体上, 这样一来,便可最大程度地缩短混凝土浇筑停工期。图 6 给出了转移过程的照片。如此一来,如承包商所建议的那样,停工期得以大大缩短。

3.2.3　使用预制混凝土构件

除泄水设施外,Yamba 坝还有许多内部结构,如导流系统、检查廊道、升降机井、泄水设备闸门室等,并有许多悬挑区和变坡点。对于这些构件采用预制混凝土构件,不仅可以提高施工效率,而且可以提高质量和安全性。Yamba 坝的许多地方都安装了预制混凝土构件,以使施工合理化,如图 7 所示。

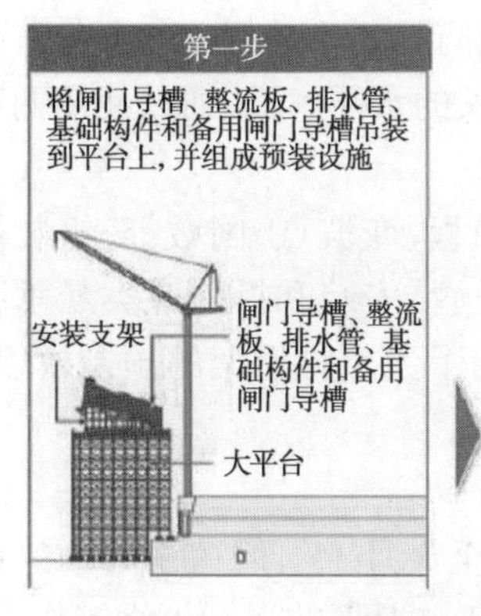

图 5　排洪管施工概览

图 6　泄洪管预装设施转移图

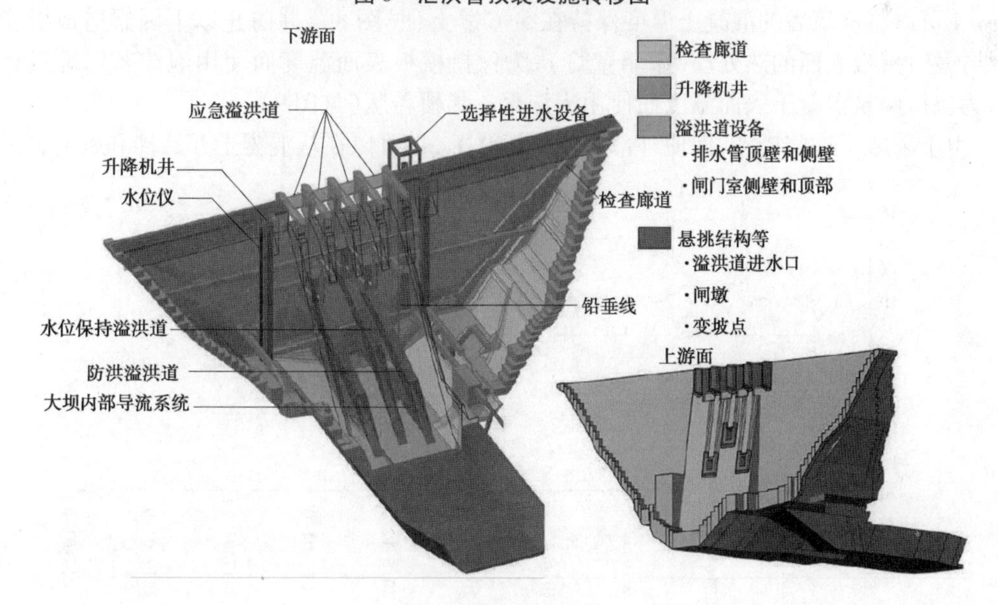

图 7　采用预制构件

许多水平检查廊道和导流系统都采用了预制混凝土构件。在初始方案中,这些部件在安装过程中必须暂停混凝土浇筑,并且采用同一个升降机进行安装。根据承包商提出的技术建议，预制构件使用 18 t 缆索起重机与浇筑过程同时进行输送和安装，并且在完成浇筑后，使用椽式起重机进行安装和固定。对于总安装长度较长的水平廊道，通过使用两队日夜轮流作业的方式缩短了施工周期。

此外，对于泄水部分的顶拱和侧墙、闸门室的侧墙和顶板、变坡点、闸墩等，组装模板和脚手架可能需要很多时间。特别是在需要悬垂脚手架的位置，安装和拆除此类悬垂脚手架是很危险的作业，因为此类作业是在高空进行。为此，采用了无须脚手架的预制模板，从而实现了合理化，缩短了作业时间，并提高了安全性。

3.2.4　冬季施工

在初始方案中，冬季混凝土浇筑停工期为 12 月 16 日至 3 月 15 日，这一时期的白天平均气温低于 4 ℃。但是，通过采取以下措施实现在寒冷天气状况下的混凝土浇筑作业，冬季混凝土浇筑天数得以增加。这些措施是：用热水预先处理接缝面，用温水拌和混凝土，浇筑后加保温覆盖材料。

(1)冬季混凝土浇筑对策。

在冬季白天平均气温低于 4 ℃的天气状况下，采用了以下措施进行混凝土浇筑：

①从 RCD 施工法改为分层施工法(ELCM)，由于水泥含量高，ELCM 施工法使用插入式振捣器和低流态混凝土，这一过程将产生大量热量。

②在浇筑之前，使用锅炉中的热水处理混凝土水平施工缝，并使用泡沫聚乙烯盖在浇筑表面上进行恒温处理，即便外部气温低于 0 ℃，这么做也可使得施工缝的温度保持在 0 ℃以上。

③使用锅炉中的热水作为拌和水制成混凝土，并使用加热器加热骨料筒仓内的骨料来使得拌和温度保持在 10 ℃以上，这么做可使得混凝土在浇筑时及初凝时的温度保持在 5 ℃以上。

④可以将浇筑后的混凝土温度保持在 5 ℃以上(见图 8)，并防止以下因素造成的初始冻结损坏：模板表面的热处理(眼睛壁灯)；为保持模板表面温度而使用泡沫苯乙烯进行处理；为保持浇筑混凝土表面温度而使用泡沫聚乙烯覆盖版(见图 9)。

由于采取了这些措施，即便外部气温低于 0 ℃，也可以在从混凝土开始拌和到初凝的这

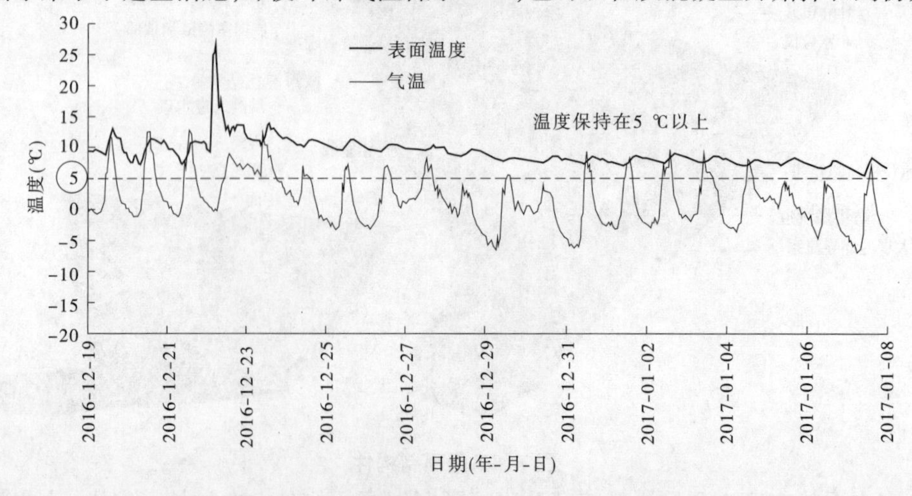

图 8　浇筑后混凝土表面温度的时间历程

一时间段里,始终将混凝土温度保持在 5 ℃以上。

图 9　冬季混凝土固化

(2)冬季施工的影响。

由于采取了这些措施,冬季混凝土浇筑作业可以在从开始浇筑时气温在 0 ℃或以上到随后降至 -5 ℃之前的时间段内进行(见图 10)。请注意,应在确认气温在 0 ℃或以上后才开始进行浇筑,并且应在气温降至 -5 ℃或以下之前完成浇筑(通过使用精确天气预报系统提前确认天气预报数据)。

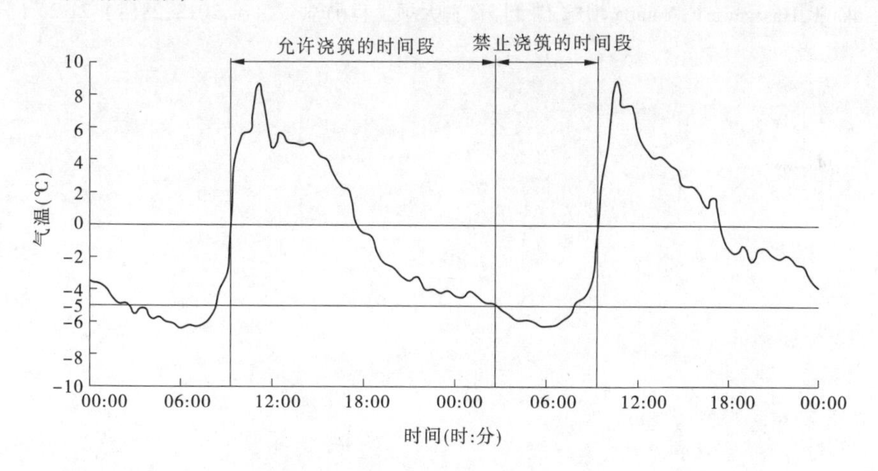

图 10　设定允许浇筑的时间段

初始方案将 12 月 16 日至 3 月 15 日设定为冬季混凝土浇筑停工期。由于在冬季采取了适当的混凝土浇筑措施,混凝土浇筑天数得以增加。

4　结　论

在修建 Yamba 坝的过程中,根据承包商基于合同订立时的需求提出的技术建议,从各个方面采取了缩短施工期限的举措。

Yamba 坝的特征包括存在大量的内部结构(如泄水设施、坝内廊道等),并且坝体经常分为左右两岸,导致车辆通行受阻。这样一来,安装泄水设施、廊道等相关的混凝土浇筑停工期很长。此外,冬季的天气状况也很恶劣,因此设定了3个月的混凝土浇筑停工期。

考虑到上述问题,通过采取以下一些措施帮助缩短了施工周期。

(1)采用RCD施工法实现坝体混凝土施工的合理化,增加了浇筑设施,即使在坝体分为左右两岸的情况下,也可以继续施工,浇筑时间得以缩短。

(2)通过预装和转移泄洪管,内部结构的浇筑时间得以缩短。

(3)泄水设施和闸门室、安装在坝体内的导流系统、检查廊道和升降机井、悬挑区和变坡点采用预制构件,施工周期因此得以缩短。

(4)通过采取适当的冬季混凝土浇筑措施,即便外部气温低于0 ℃,也可以继续进行混凝土浇筑作业。这些措施非常有效,大大缩短了施工工期。

另一方面,增加混凝土浇筑设备,通过缩短浇筑准备时间等方法来进一步增加混凝土浇筑装置的运行时间百分比,则可以进一步缩短浇筑施工期。为了尽早完成Yamba坝施工项目,预计将在确保施工质量的同时,继续采取措施进一步缩短Yamba坝主体工程的施工周期。

致谢:我们的研究工作得到了日本政府土地、基础设施、交通运输和旅游省(MLIT)关东地区发展局官员的支持和鼓励,在此对其表示诚挚感谢。

参考文献

[1] Hiratsuka T,Hasegawa E. Yamba坝施工[J]. 日本大坝工程师学会期刊,2018,28(1):21-24(日文).

软岩堆石料填筑高土石坝的技术进展

张幸幸[1]　景来红[2]　温彦锋[1]　邢建营[2]　邓　刚[1]

（1. 中国水利水电科学研究院 流域水循环模拟与调控国家重点实验室，北京　100048；
2. 黄河勘测规划设计有限公司，郑州　450003）

摘　要　本文通过文献调研，总结了国内外利用软岩修建高土石坝的技术经验，着重对国内软岩筑坝技术的新进展进行总结。目前，国内在200 m级的高混凝土面板坝、200～300 m级的高土质心墙坝及100 m级的沥青混凝土防渗和土工膜防渗土石坝的修建中都有利用软岩堆石料的成功经验。本文总结了不同坝型软岩堆石坝的断面设计经验、软岩堆石料的碾压施工经验，以及已建软岩堆石坝工程的变形规律。这些经验可供在今后利用软岩堆石料修建高土石坝的设计、施工和安全评价中参考。

关键词　软岩堆石料；高土石坝；断面设计；碾压施工；变形控制

1　国内外应用软岩填筑高土石坝的发展历程

单轴饱和抗压强度小于30 MPa的岩石统称软质岩石，包括岩性软弱和风化的岩石，代表性的岩石有泥岩、页岩、黏土岩、砂质泥岩、千枚岩以及强度较低的风化岩石。软岩具有碾压前后颗粒级配变化大、抗剪强度低、软化系数小等特点，其物理力学性质劣于一般堆石料[1,2]。

20世纪60年代开始，薄层摊铺、大型振动碾碾压密实逐渐成为堆石料筑坝的主要施工手段，软岩经碾压后可以达到较高的密度，从而具备了应用软岩修建高坝的条件。

高土质心墙坝或斜心墙坝部分应用软岩作为坝壳料的时间较早，表1列举了部分国内坝高60 m以上和国外坝高100 m以上的代表性工程。我国从20世纪60年代初就在一些土质心墙坝工程中使用部分软岩作为坝壳料，但坝高突破较晚。碧口心墙坝是我国第一座坝高达到100 m、利用软岩做坝壳料的土质心墙堆石坝。目前建成的最高的、坝壳部分利用软岩的土质防渗体土石坝是糯扎渡心墙堆石坝，坝高达到261.5 m[3]。

混凝土面板堆石坝中面板的安全与大坝的变形直接相关，因此一般认为面板堆石坝对坝体堆石料的要求要高，但经过论证也可采用软岩料上坝。国外20世纪60年代末就开始利用软岩填筑面板堆石坝，建成了袋鼠溪（澳大利亚，坝高60 m）、卡宾溪（美国，坝高76 m）等高面板坝工程。我国在20世纪末、21世纪初结合十三陵上库、大坳、鱼跳、茄子山、天生桥一级等面板堆石坝工程的建设，对软岩坝料的工程性能和软岩筑坝技术开展了较为系统

基金项目：国家重点研发计划项目课题（2017YFC0404803）；中国水科院基本科研业务费项目（GE0145B562017）。

作者简介：张幸幸（1985—），女，高级工程师，主要从事土的本构关系及土石坝工程数值仿真的有关研究。E-mail：zhangxx@ iwhr. com。

的研究,取得了一系列成果。表 2 列举了部分国内外已建、在建的坝高 100 m 以上的、应用软岩堆石料的混凝土面板堆石坝工程[4-16]。

20 世纪以来,随着新材料、新技术的发展,沥青混凝土防渗土石坝和土工膜防渗土石坝这两种新坝型发展迅速,表 3 列举了应用软岩填筑的一些新型土石坝工程[17-22]。目前,应用软岩填筑的沥青混凝土防渗体土石坝、土工膜防渗土石坝,坝高已经超过或接近 100 m。

表 1　国内外利用软岩作为坝壳料的典型高土质防渗体土石坝

名称	坝型	国家	坝高(m)	软岩坝料	竣工年份
契伏	斜心墙坝	哥伦比亚	237	溢洪道开挖的石英岩、泥质板岩、千枚岩	1980
卡赖尔	斜心墙坝		140	泥质板岩和千枚岩	1974
夏城	斜心墙坝	美国	121	中等硬度细粒砂岩和页岩	1965
鱼梁濑	心墙坝	日本	115	黏板岩、砂岩、开挖石渣	1965
濑户	斜心墙坝	日本	110.5	砂岩、页岩、砂页岩互层	1978
水洼	心墙坝	日本	105	砂岩、页岩、开挖石渣	1969
两河口	心墙坝	中国	295	板岩和砂岩混合料	在建
糯扎渡	心墙坝	中国	261.5	泥岩、粉砂质泥岩、泥质粉砂岩	2012
水牛家	心墙坝	中国	108	硅质板岩	2007
石头河	心墙坝	中国	104	砂卵石,隧洞溢洪道开挖石渣	1989
碧口	心墙坝	中国	100	千枚岩、凝灰岩	1976
白莲河	心墙坝	中国	69	花岗岩、风化砂	1960
澄碧河	心墙坝	中国	70.4	含砾土	1961
漳河	厚斜墙坝	中国	64.5	代替料	1960
岗南	斜墙坝	中国	62	风化料	1960
柘林	心墙坝	中国	62	石英砂岩、板岩石渣	1972
黄材	心墙坝	中国	60.5	板岩、页岩风化土	1963

2　应用软岩堆石料时高土石坝的断面设计

2.1　面板堆石坝

国内应用软岩堆石料的面板堆石坝可以分为两种,一种是在下游次堆石区使用软岩料,另一种是在大坝主体尽可能多地使用软岩堆石料。国外还有一种将软岩堆石料布置在坝体中间的“金包银”型,如贝雷坝(美国,坝高 95 m,1979 年建成),国内较少采用这种形式。

表2　国内外100 m以上应用软岩堆石料的混凝土面板堆石坝

工程名称	坝高(m)	地点	软岩岩性	使用部位	建成年代
阿瓜米尔帕	187	墨西哥		下游坝体	1994
萨尔瓦辛娜	148	哥伦比亚	半风化砂岩、粉砂岩	下游坝体	1985
希拉塔	125	印度尼西亚	凝灰角砾岩、火山砾凝灰岩	坝主体	1987
水布垭	233	湖南巴东	泥灰岩软硬分层填筑	下游局部	2008
天生桥一级	178	贵州	砂岩泥岩混合	下游干燥区	1999
卡基娃	171	四川甘孜	砂岩掺千枚状板岩(8:2)	下游干燥区	2014
溧阳上库	165	江苏溧阳	砂岩	下游	2013
董箐	150	贵州	砂岩夹泥岩混合	大坝主体	2008
羊曲	150	青海	砂岩和板岩混合料	下游	在建
德泽	142.4	云南沾益	砂岩、泥岩	下游	2013
瓦屋山	138.76	四川洪雅	含软岩堆石料	下游	2007
龙马	135	云南	砂岩、泥岩	下游	2007
公伯峡	132.2	青海	强风化黄岗岩、弱风化片岩	下游	2006
街面	126	福建尤溪	泥岩、砂岩	下游	2006
柯赛依	108	新疆阿勒泰	花岗岩、砂岩片岩混合	主体	2017
茄子山	106.1	云南龙陵	软硬岩混合料	下游干燥区	1999
鱼跳	106	重庆南川	泥岩、泥岩	下游干燥区	2002
盘石头	102.2	河南鹤壁	砂岩、页岩	下游干燥区	2005
金家坝	102.5	重庆酉阳	页岩、粉砂岩	下游	2011

表3　应用软岩的部分新型土石坝工程

工程名称	坝型	坝高(m)	地点	软岩岩性	使用部位	建成年代
天荒坪抽水蓄能电站上库主坝	沥青混凝土面板土石坝	72	浙江安吉	风化土与碎石层交替	下游干燥区	2008
垣曲抽水蓄能电站上库主坝	沥青混凝土面板堆石坝	111	山西运城	泥岩、砂质泥岩和页岩	下游干燥区及库盆回填	待建
金峰水库大坝	沥青混凝土心墙坝	88	四川绵阳	砂岩、泥岩	上下游坝壳	2014
官帽舟水库大坝	沥青混凝土心墙坝	105	四川	泥质粉砂岩	上下游坝壳	2015
南欧江六级	土工膜斜墙堆石坝	85	老挝	板岩	大坝主体	2013

目前国内已建的绝大多数使用软岩的面板坝,包括混凝土面板坝、沥青混凝土面板坝和土工膜面板坝,大都将软岩布置在下游次堆石区,如图 1 所示。高度方向上,软岩堆石料的布置范围,宜处于坝体的中部或中上部,坝顶附近不宜采用软岩,坝体底部宜留有一定厚度的硬岩堆石料或设一定厚度的排水体。上下游方向上,主、次堆石的分区界限可在一定范围内变化。应用软岩的面板堆石坝中,茄子山面板堆石坝(坝高 106.1 m)的主、次堆石区界限倾向上游,建成后运行情况良好;天生桥一级面板堆石坝的主、次堆石区界限竖直,建设期及运行初期发生了垫层料裂缝、面板脱空、面板裂缝和挤压破坏、渗漏量偏大等病害现象[6];墨西哥阿瓜米尔帕面板坝的软、硬岩界限也是竖直的,蓄水期也曾出现过面板裂缝、渗漏量异常增大的现象[5]。根据已有工程经验,当坝高在 100 m 左右时,软、硬岩界限部分倾向上游是可以接受的;对于 200 m 级高面板坝,则建议软、硬岩分界线倾向下游,尽量减少上、下游堆石区的模量差。

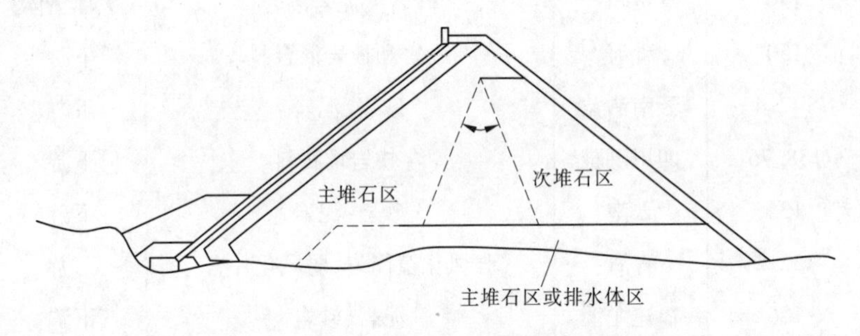

图 1　一般面板坝的典型断面示意图

大坝主体采用软岩料的面板堆石坝案例相对较少。董箐面板堆石坝[11]是国内建成最高的全断面利用软岩的面板堆石坝,也是一座建在深厚覆盖层上的面板堆石坝,其断面示意图如图 2 所示,该面板堆石坝在坝体的主要部分都使用了砂泥岩堆石料,在面板下过渡层与砂泥岩堆石料之间、上游坝体的底部、下游坝体的中下部设置了排水堆石料,在排水堆石料与其上部的砂泥岩堆石料之间,设置了水平过渡层。董箐面板堆石坝建成后运行良好,表明在 150 m 坝高左右的面板堆石坝,只要采用合理的变形控制措施,全断面利用软岩填筑也是可行的。南欧江六级土工膜面板堆石坝[22]的断面分区与董箐有类似之处,如图 3 所示,差别在于,软岩堆石区被进一步划分为主、次堆石区,次堆石区的布置与一般面板堆石坝类似。

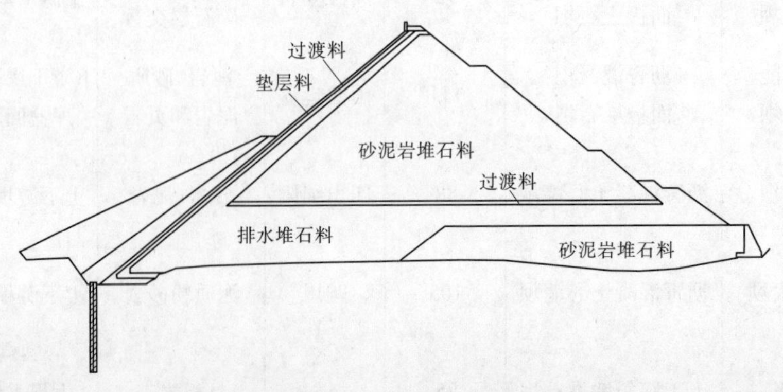

图 2　董箐面板堆石坝的典型断面示意图

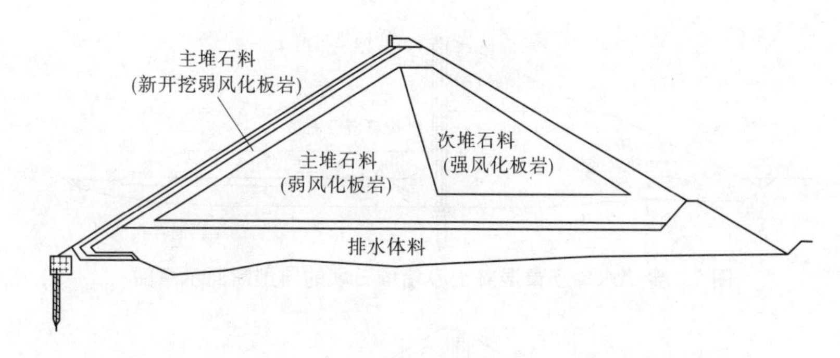

图3 南欧江六级土工膜面板堆石坝的典型断面示意图

2.2 土质心墙堆石坝

碧口心墙堆石坝[23]是国内修建的第一座坝壳利用软岩、坝高达到100 m的土质心墙坝,其断面分区较复杂,上、下游坝壳都部分利用了较软弱的开挖石渣料。碧口心墙坝建于20世纪70年代,当时国内心墙坝的断面还没有趋于标准化,碧口心墙堆石坝的剖面与国内新近建设的高心墙堆石坝有较大差别。

图4是糯扎渡心墙堆石坝[25]的典型断面示意图。糯扎渡心墙坝在下游次堆石区采用了含部分全风化泥岩和粉砂质泥岩的堆石料。糯扎渡心墙堆石坝的断面型式是目前国内200~300 m级高坝普遍采用的一种型式,双江口、两河口这两座在建的300 m级高心墙堆石坝的断面材料分区与糯扎渡类似,都将相对较为软弱的次堆石区设在下游坝壳的中部。

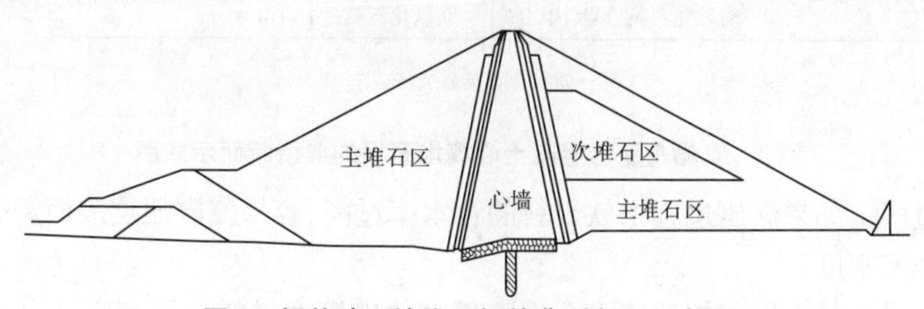

图4 糯扎渡心墙堆石坝的典型断面示意图

2.3 沥青混凝土心墙堆石坝

图5~图7分别给出了3座沥青混凝土心墙堆石坝的典型断面示意图。其中金峰水库沥青混凝土心墙堆石坝[19]和西部某沥青混凝土心墙堆石坝[21]的断面设计是类似的,坝壳可以分为4个区域:上游坝壳在死水位以下使用软岩,水位变动区及以上使用较好的堆石料;下游坝壳上部使用软岩,底部使用较好的堆石料或者设水平排水体。官帽舟沥青混凝土心墙堆石坝[18]的断面设计,则在上述4个分区的基础上,在沥青混凝土心墙的上游侧、下游侧各增加了一个三角形的主堆石区来支撑沥青混凝土心墙,为了提供较好的支撑,下游主堆石区的宽度要大于上游主堆石区。

3 软岩堆石料的压实性能和施工控制经验

针对鱼跳、盘石头、水布垭等工程软岩堆石料开展的击实试验表明[4],软岩料的压实干密度对含水率比较敏感,它近似于土的压实特性,存在最优含水率和最大干密度,而与硬岩料不同。实践表明,软岩料在振动碾压的过程中颗粒破碎强烈,经压实后可以达到较高的密度。为获得较高的压实密度,软岩需要在一定的含水率下压实,干燥的软岩碾压时宜加水,

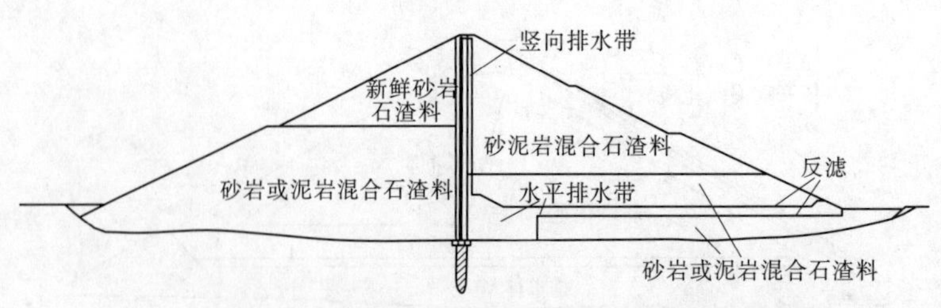

图 5 金峰水库沥青混凝土心墙堆石坝的典型断面示意图

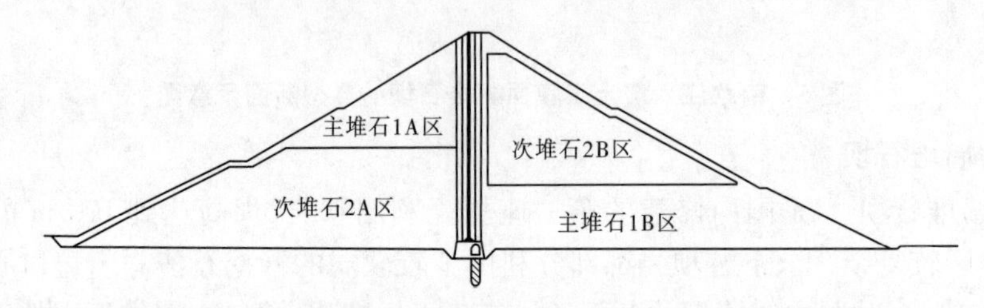

图 6 西部某沥青混凝土心墙堆石坝的典型断面示意图

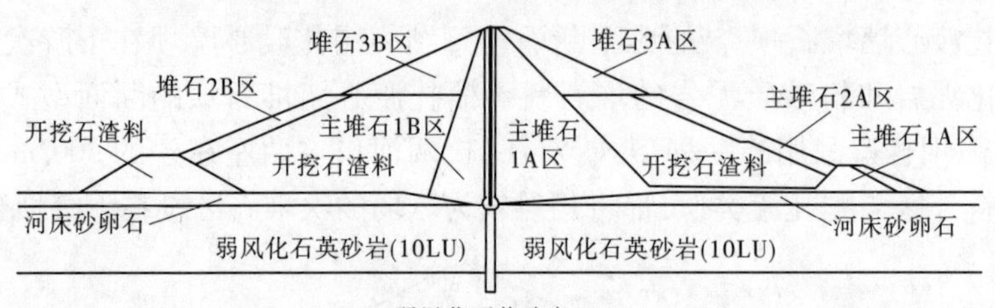

图 7 官帽舟沥青混凝土心墙堆石坝的典型断面示意图

但加水不宜过多。如果碾压过程中软岩料的含水率过高,容易使碾压层表面泥化,反而不宜获得较高的压实密度。

表 4 汇总了文献中国内外一些土石坝工程中软岩筑坝材料的压实方法,以及压实后的干密度和孔隙率,该表中除官帽舟和金峰是沥青混凝土心墙坝外,其余工程均为混凝土面板堆石坝。其中大部分工程软岩堆石料在碾压密实后干密度大于 2.0 g/cm^3,孔隙率小于 25%。实际软岩料具有多样性,软岩堆石料压实后的干密度和孔隙率很大程度上受到软岩母岩性质的影响,如金峰水库沥青混凝土心墙堆石坝的软岩料母岩孔隙率较高,因此软岩料碾压密实后的孔隙率仍较大[20]。

大多数工程都采用了压实后的干密度或压实后的孔隙率作为施工控制指标。一些文献也同时将压实后的干密度和压实后的孔隙率同时作为控制指标,但孔隙率需要根据干密度和颗粒比重计算,有时软岩料的平均颗粒比重并不容易确定。实际软岩料在振动碾压的过程中颗粒破碎强烈,室内击实试验并不能引起同样强烈的颗粒破碎,室内测得的最大干密度与现场有较大差别,远远小于现场碾压能达到的干密度,因此不建议用相对密度作为软岩料的压实控制指标。

根据表 4,绝大部分工程中,软岩料的碾压层厚度都不超过 1 m,碾重在 10 ~ 25 t,近几年国内修建的工程对软岩堆石料多采用 60 ~ 80 cm 的碾压层厚,碾重大都超过 20 t。

表4 国内外典型工程筑坝软岩料的压实和施工控制

工程名称	建成年代	压实方法	压实后干密度(g/cm^3)	压实后孔隙率	说明
萨尔瓦辛娜 Salvajina	1985	层厚0.9 m,10 t振动碾碾压6遍	2.26	17%	
贝雷 Bailey	1979	上坝时页岩为自然含水量,碾压前层厚不得超过0.3 m,先用D-9拖拉机牵引中型凸块碾碾压2遍,再用50 t气胎碾碾压4遍			
袋鼠溪 Kangaroo Creek	1969	层厚0.9 m,加水,10 t牵引式振动碾压实4遍		13% ~18% 平均15%	
小帕拉 Liffle Para	1977	层厚1.0 m,加水15%,10 t振动碾碾压1遍		18%	
天生桥一级	1999	层厚0.8 m,加水10%,10 t振动碾碾压6遍	2.24 ~2.35	15% ~19%	
十三陵上库	1994	层厚小于1 m,加水10% ~25%,13.5 t振动碾碾压6遍	2.18 ~2.20	18.5% ~19.3%	
鱼跳	2002	铺层厚度100 cm,采用YZ16J振动碾(重16 t)碾压6 ~8遍,洒水量5% ~10%,	≥2.15	≤20%	
大坳	1997	采用后退法铺料,厚度不大于100 cm,洒水湿润坝料,13.5 t拖式振动碾,碾压6遍		主堆石料16.1% ~22.3%,平均19.4%;次堆石料17.5% ~23.9%,平均21.5%	
茄子山	1999	主堆石区层厚80 cm,碾压6 ~8遍;次堆石区层厚160 cm,碾压8遍	主堆石区控制2.07、实测2.07;次堆石区控制2.00,实测2.04	控制指标:主堆石21.3%;次堆石24%	
官帽舟(沥青混凝土心墙坝)	2015	开挖料限制粒径600 mm,分层填筑厚度600 mm,含(洒)水量3% ~5%,采用25 t振动碾进行碾压,碾压10遍	≥2.09	≤24%	
卡基娃	2014		平均2.20	平均17.3%	施工检测结果
魁龙	2014	次堆石料为砾岩料,碾重22 t,层厚60 cm,碾速2.55 km/h,碾压8遍,加水5%,含水量6.2%	2.10	21.5%	

续表 4

工程名称	建成年代	压实方法	压实后干密度（g/cm³）	压实后孔隙率	说明
玉滩水库扩建工程	2010	试验选用 25 t 自行式振动平碾，由试验确定的碾压参数为：加水工况每层松铺料厚度 80 cm，碾压 8 遍，行车速度 2.5 km/h，激振力 390 kN，加水量 3% ~5%（体积）	设计要求砂岩石渣料干密度不小于 2.03，泥岩料石渣料干密度不小于 2.0		施工后检测平均干密度分别为 2.06 g/cm³和 2.09 g/cm³
金峰（沥青混凝土心墙坝）	2014	碾压设备采用 22 t 自行式振动平碾，激振力为 395 kN，振动碾压行驶速度为 2.55 km/h，碾压遍数为 14 遍，铺料厚度为 60 cm。利用石渣料极软砂岩天然含水率进行填筑，该料天然含水量在 5.6% ~ 9.8%	1.90 ~2.07	28% ~31%	施工检测结果

碾压试验的经验表明，软岩料碾压层厚一定时，随着碾压遍数的增加，压实干密度多呈单调增加趋势，有时并没有明显收敛的趋势[9,20]。同时需要注意，随着碾压遍数的增加，软岩堆石料颗粒细化越来越强烈，碾压后软岩堆石体的渗透系数迅速下降，不利于坝壳的排水和坝坡稳定[20]。因此，碾压遍数并非越多越好，而是需要通过碾压试验综合确定，以能够获得较好的压实后干密度为目标。

4　软岩堆石坝的施工和运行期变形

堆石料在堆石坝中主要起到支撑和稳定防渗体的作用，坝体的变形主要取决于堆石体的变形。一般而言，部分或全断面应用软岩堆石料的堆石坝，其沉降变形相比全部采用硬岩堆石料的堆石坝要大。对软岩堆石坝施工期实测沉降的调研反映，绝大多数部分或全断面应用软岩堆石料的堆石坝，其施工期的最大沉降与坝高之比大都超过 1%，表 5 列举了一些软岩堆石坝的施工期实测沉降，其中除碧口为土质心墙堆石坝外，其余均为面板堆石坝。

表 5　部分软岩堆石坝工程的施工期实测沉降

工程名称	坝高（m）	施工期最大沉降（cm）	比值（%）	说明
阿瓜米尔帕	187	176	0.94	
大坳	90.2	92	1.02	
碧口（土质心墙坝）	101.8	265		实测心墙最大沉降，坝壳石渣料最大沉陷率与心墙接近
董箐	150	175.53	1.17	2009 年 5 月测值
茄子山	106.1	150 ~160	1.41 ~1.51	
勐野江	79	97.8	1.24	
株树桥	78	123.3	1.58	

此外，对软岩堆石坝工程运行期沉降的观测表明，软岩堆石坝工程竣工后沉降较大，且发展过程较长，

表6列举了文献中一些软岩堆石坝的运行期沉降，可以看到国内的几座软岩堆石坝工程，运行期沉降都超过了0.2%，甚至接近0.6%，这还是在工程建成后不久的1～3年内测得的，最终运行期沉降很可能要超过表中的值。因此，应用软岩的堆石坝工程在设计中要考虑预留足够的坝顶超高。

表6 部分软岩堆石坝工程的运行期实测沉降

工程名称	坝高(m)	沉降(cm)	比值(%)	备注
阿瓜米尔帕	187	25	0.13	1993年6月25日至1995年2月6日期间最大累积沉降
大坳	90.2	19.8	0.22	1999年6月28日至2000年10月24日期间最大累积沉降
董箐	150	30.67	0.20	2009年5月至2012年6月最大沉降增量
官帽舟（沥青混凝土心墙坝）	105	24.8	0.24	2015年12月16日至2017年6月上旬最大累积沉降
魁龙	58.6	28.38	0.48	2014年10月16日至2016年3月30日大坝填筑完成后包含自然沉降期最大累积沉降
南欧江六级	85	约50	0.59	2015年2月中旬到10月中旬某测点的累积沉降

5 结论和建议

我国利用软岩筑坝的技术于20世纪60年代开始起步，至今已发展了数十年，涉及心墙坝、混凝土面板坝、沥青面板坝、沥青心墙坝、土工膜防渗土石坝等几乎所有的土石坝坝型。本文通过调研总结了国内软岩堆石坝的断面设计、软岩料的碾压施工和坝体的变形情况，主要结论如下：

(1)坝体断面设计方面：心墙坝对软岩堆石料的应用位置限制较少，上游坝壳和下游坝壳均有部分利用软岩料的成功经验，200～300 m级高坝多将较为软弱的次堆石区设在下游坝壳的中部；国内利用软岩料修建的面板的堆石坝，绝大部分软岩料位于下游干燥区，并建议200 m级高坝的软硬岩界限以倾向下游为宜，在坝高100～150 m的高面板坝中全断面采用软岩也取得了成功的经验；沥青混凝土心墙坝中，软岩堆石料一般应用在上游坝壳的死水位以下和下游坝壳的上部。

(2)软岩料的压实性能和碾压施工：软岩料的压实性能与土类似，存在最优含水率和最大干密度，宜采用压实后的干密度(或孔隙率)作为评价压实度的指标，碾压层厚宜在60～100 cm，碾压施工参数应根据碾压试验综合确定，以能获取较好的压实干密度为目标。

(3)利用软岩比例较大的高土石坝变形较采用硬岩的堆石坝要大，一般大于1%，大部

分施工期沉降超过坝高 1% 的软岩堆石坝工程都运行良好。软岩填筑的土石坝后期沉降发展过程较长，后期沉降总量大于一般堆石坝，大都超过坝高的 0.2%，因此软岩填筑的土石坝需要预留充足的坝顶超高。

参考文献

[1] 蒋国澄. 特殊土石坝材料的研究[C]// 海峡两岸土力学及基础工程地工技术学术研讨会论文集. 1994.

[2] 柏树田，周晓光，晁华怡. 软岩堆石料的物理力学性质[J]. 水力发电学报，2002(4):34-44.

[3] 水利部水利水电规划设计总院. 水工设计手册. 第 6 卷土石坝[M]. 2 版. 北京：水利电力出版社，2014.

[4] 中国水利水电工程总公司. 利用软岩筑面板堆石坝技术的应用研究[R]. 北京：2001.

[5] 贡扎. 阿瓜米尔帕坝的性能[J]. 水利水电快报，2000(2):1-6.

[6] 马洪琪，迟福东. 高面板堆石坝安全性研究技术进展[C]// 高面板堆石坝安全性研究及软岩筑坝技术进展论文集. 2014.

[7] 杨泽艳，周建平，王富强，等. 混凝土面板堆石坝软岩筑坝技术进展[C]// 中国水力发电工程学会混凝土面板堆石坝专业委员会高面板堆石坝安全性研究及软岩筑坝技术进展研讨会. 2014.

[8] 李小泉，李建，罗欣. 含部分软岩的堆石料用于高土石坝堆石区基本特性研究[J]. 水电站设计，2015(1):84-87.

[9] 邢皓枫，龚晓南，傅海峰，等. 混凝土面板堆石坝软岩坝料填筑技术研究[J]. 岩土工程学报，2004，26(2):129-136.

[10] 朱海燕. 卡基娃面板堆石坝一期填筑施工技术探讨[C]// 高寒地区混凝土面板堆石坝的技术进展论文集. 2013.

[11] 湛正刚，慕洪友，蔡大咏，等. 董箐水电站面板堆石坝设计[J]. 贵州水力发电，2009，23(5):17-21.

[12] 孔青. 软弱泥质页岩在盘石头水库砼面板堆石坝中的利用[J]. 人民珠江，1992(2):23-26.

[13] 黄继平，朱纳显. 白沙面板堆石坝软岩填筑料性能分析[J]. 水电与新能源，2009(4):12-16.

[14] 饶孝国，袁素梅，王伟，等. 玉滩水库扩建工程软岩坝壳施工及质量控制[J]. 水利水电工程设计，2013，32(1):54-55.

[15] 丰启顺. 魁龙水库软岩填筑面板堆石坝质量控制[J]. 水利水电快报，2017，38(8):51-54.

[16] 吴仕奇，杨和明，徐更晓，等. 勐野江水电站混凝土面板堆石坝软岩筑坝技术[C]// 高面板堆石坝安全性研究及软岩筑坝技术进展论文集. 2014.

[17] 李金荣. 天荒坪抽水蓄能电站上水库设计[J]. 水力发电，2001，1(6):22-24.

[18] 韩小妹，陈松滨. 软岩筑坝技术在官帽舟沥青混凝土心墙土石坝中的探索与研究[J]. 人民珠江，2015，36(6):87-91.

[19] 陈惠君，廖大勇. 金峰水库沥青混凝土心墙软岩堆石坝设计[J]. 水利规划与设计，2016(5):81-83.

[20] 叶沙锋，田中涛，郭建军. 金峰水库极软砂岩筑坝施工技术[J]. 水力发电，2018(2):55-58.

[21] 杨昕光，张伟，潘家军，等. 软岩筑沥青混凝土心墙坝的应力变形特性研究[J]. 地下空间与工程学报，2016(s1):163-169.

[22] 宁宇，喻建清，崔留杰，等. 土工膜面板软岩堆石高坝设计[J]. 水力发电，2016，42(5):57-61.

[23] 陈国胜，张福田，彭维能. 碧口水电站土石坝的施工[J]. 水利水电技术，1979(5):3-9.

[24] 高澜，胡本雄. 碧口土石坝实测变形分析[J]. 西北水电，1998(2):20-22.

[25] 张宗亮，袁友仁. 含部分软岩堆石料在糯扎渡高心墙堆石坝应用研究[C]// 高面板堆石坝安全性研究及软岩筑坝技术进展论文集. 2014.

通过示范建设开发硬填料坝技术

Kang Dae Hoon[1], Song Hyun Geun[2]

(1. 韩国水资源公社(K-water)经理,韩国大田 34350;
2. 韩国水资源公社(K-water)职员,韩国大田 34350)

摘 要 具有梯形断面的Hardfill坝是一种新型水坝,与传统的混凝土重力坝和土石坝有所不同。Hardfill坝技术是一种使用Hardfill材料来修建大坝的方法,这种Hardfill材料由水和水泥,以及施工现场的Hardfill材料混合而成。这种施工法易于使用,且从泄漏和地震角度来看具有好的成本-效益比和安全性。

作者使用从韩国丹阳潜堰采集的材料示范修建了一座Hardfill坝,以确定适合韩国施工现场的施工参数,以及Hardfill坝的优势。

关键词 Hardfill;示范建设

1 引 言

本研究的目的是,通过在各种混合条件下进行原位压实试验来确定修建Hardfill坝的最佳混合设计、压实方法(包含铺层厚度、压实次数等)和压实设备组合,以便在韩国引进Hardfill坝技术,并开发出适合当地条件的最佳施工管理系统。

2 示范建设:尺寸和条件

2.1 尺寸

Hardfill坝的示范建设需要一个不受振动式碾压机、自卸车等设备操作影响的空间。一般来说,满足上述要求的区域至少宽(B)10 m和长(L)15 m。在本示范建设中,采用了19 m(B)×44 m(L)的一层空间。

2.2 条件

Hardfill坝所需的水泥容重取决于不同类型坝体结构所需的不同设计强度。但是,在普遍接受的设计实践中,一般采用2.5%~4.5%的水泥用量或60~100 kg/m^{3}的水泥。因此,我们在该示范建设中采用了这些值的平均值,即80 kg/m^3。铺层厚度则采用了国外常用于Hardfill坝施工设计实践的两个不同值,即50 cm和75 cm。

根据韩国军威大坝相应的示范建设情况,本研究尝试进行了2次没有振动的压实,以及4次、6次和8次有振动的压实,以确定沉降和密度值收敛时的压实次数。对于湿度的变化,本研究使用了通过实验室试验(标准样本试验)计算的三种容重,即70 kg/m^3、85 kg/m^3、100 kg/m^3,以便识别任何施工问题,并提高不同容重情况下的施工效率。

根据上述情况,从质量、施工性能和材料可分离性方面来看,骨料的最大尺寸不应大于80 mm。因此,本研究制作了一个简易筛网(80 mm),用于筛除超大尺寸的骨料样本,并因此出现了18种不同的情况,具体如图1所示。

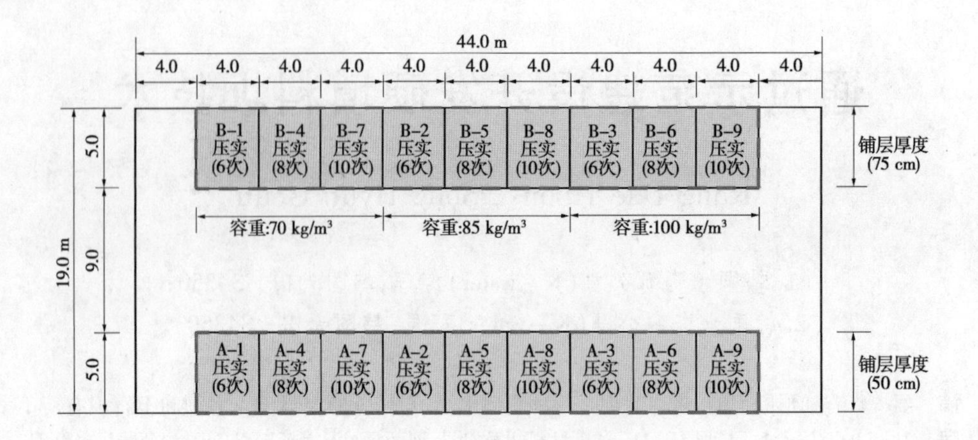

图1　现场示范修建配置

2.3　所需设备

如上所述,本研究采用了一台10 t的振动式碾压机进行压实作业,采用了一台铲斗机进行样本混合和整地作业,一辆15 t的自卸车进行运输和铺设作业,以及一辆喷水车进行固化作业。

3　现场试验

3.1　密实度试验

本研究采用了锥法(KSF 2311),通过以下公式来测量每个目标断面的现场压实度。如果使用以下公式计算的相应值至少为最大干容重的95%,则认为已达到所需的压实度:

$$C_d = \frac{\gamma_d}{\gamma_{d\max}} \times 100 \tag{1}$$

式中:C_d 为压实度;γ_d 为在现场测量的干容重;$\gamma_{d\max}$ 为根据实验室压实试验计算的最大干容重。

如表1、表2所示,随着压实次数的增加,干容重也趋于增加。但是,研究发现8次和10次有振动压实的干容重相似。对现场压实度的分析表明,断面A(铺层厚度为50 cm)和断面B(铺层厚度为75 cm)达到至少95%的实验室压实度,因此,两个断面均可以达到所需的压实度。

3.2　无侧限抗压强度试验

无侧限抗压强度(见KSF 2422)基于取样的心墙材料进行测量,意在从质量角度,基于实验室混合设计来分析材料容重。使用确定的水泥容重(80 kg/m³),通过调整铺层厚度、容重和压实次数来计算平均强度。现场试验28 d的无侧限抗压强度在4.0~10.2 MPa,大于同一期限实验室试验得出的1.9~3.7 MPa的无侧限抗压强度。实验室试验表明,骨料的最大尺寸在37.5 mm以下。但是,现场试验表明,骨料的最大尺寸在80 mm以下。这表明两者之间存在较大差异。

表1 现场密度试验结果(断面A,铺层厚度:50 cm)

项目	压实次数(2次和4次分别有振动和没有振动的压实)			压实次数(2次和6次分别有振动和没有振动的压实)			压实次数(2次和8次分别有振动和没有振动的压实)		
	A-1	A-2	A-3	A-4	A-5	A-6	A-7	A-8	A-9
湿度(%)	3.2	3.5	4.2	3.0	3.4	4.2	3.0	3.2	4.0
湿容重(g/cm^3)	2.335	2.247	2.397	2.303	2.550	2.415	2.413	2.441	2.393
干容重(g/cm^3)	2.263	2.170	2.301	2.235	2.466	2.318	2.342	2.366	2.300
压实度(%)	103	99	105	102	112	106	107	108	105

表2 现场密度试验结果(断面B,铺层厚度:75 cm)

项目	压实次数(2次和4次分别有振动和没有振动的压实)			压实次数(2次和6次分别有振动和没有振动的压实)			压实次数(2次和8次分别有振动和没有振动的压实)		
	B-1	B-2	B-3	B-4	B-5	B-6	B-7	B-8	B-9
湿度(%)	3.0	3.6	4.4	2.9	3.6	4.2	2.7	3.3	4.2
湿容重(g/cm^3)	2.265	2.397	2.361	2.526	2.436	2.326	2.541	2.423	2.336
干容重(g/cm^3)	2.199	2.313	2.261	2.455	2.376	2.232	2.476	2.344	2.243
压实度(%)	100	105	103	112	108	102	113	107	102

如图2所示,无侧限抗压强度在容重为85 kg/m^3时倾向于随着湿度的降低/增加而降低。在铺层厚度为50 cm和75 cm时观察到了相同的趋势。

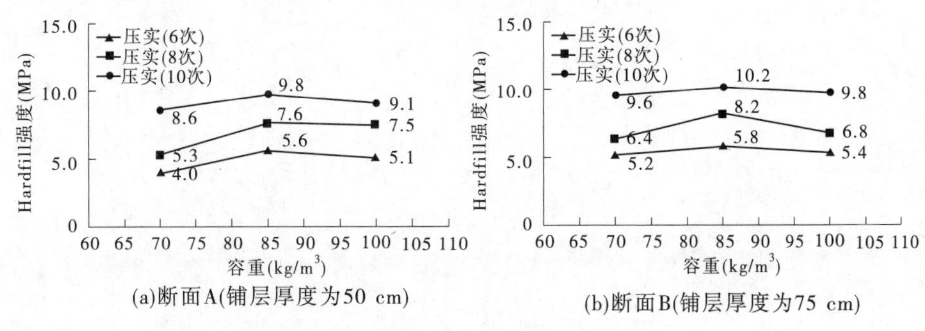

图2 无侧限抗压强度试验结果

3.3　渗透试验

如图 3 所示,在铺层厚度为 50 cm 和 75 cm 的断面插入的套管中充满水。然后,在某个时间点测量孔内的水位(h)。结果表明,在铺层厚度为 50 cm 和 75 cm 的断面,平均渗透系数分别为 1.25×10^{-5} cm/s 和 2.52×10^{-6} cm/s;结果还发现,随着铺层厚度的增加,渗透系数趋于下降。

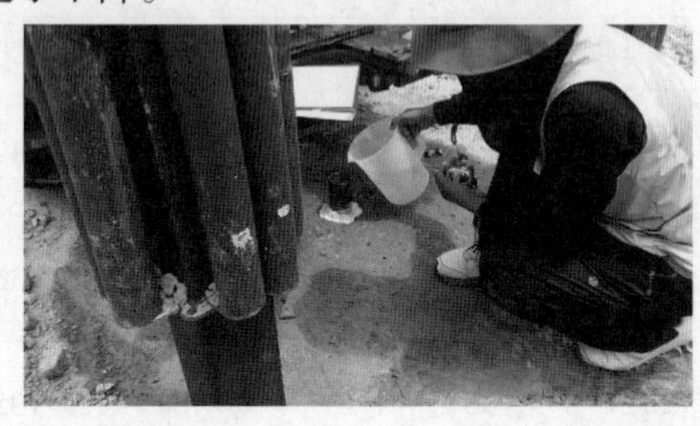

图 3　现场渗透试验图

为了验证上述试验结果,我们对"提高 CSG 大坝内部稳定性的优化设计与施工技术研究"(2008 年,韩国水资源公社)进行了审查,结果表明,韩国 Hwabuk 坝示范建设中的平均渗透系数为 2.73×10^{-7}cm/s,而 Tokuyama 坝示范建设中的平均渗透系数约为 10^{-5}m/s。这些发现显示与试验结果相似,表明即使采用较小的水泥容重,将 Hardfill 材料用作坝体也将大幅提高防渗效果。

4　结　论

鉴于上述结果,当铺层厚度、水泥容重和压实次数分别为 75 cm、85 kg/m^3 和 10 次时,即可实现 Hardfill 坝示范建设的最佳混合和压实组合。但是,这些结果基于从韩国丹阳潜堰采集的样本材料。因此,需要在大坝实际施工之前开展 Hardfill 坝的示范建设,以便分析和了解施工现场可用材料的性能,包括施工法、Hardfill 材料强度、质量管理方法等。

参考文献

[1] 韩国水资源公社. 提高 CSG 大坝内部稳定性的优化设计与施工技术研究. 2008:131-158.
[2] 日本大坝工程中心. 梯形 CSG 大坝的设计、施工与质量管理. 2012:1.1-1.9.

新疆 KT 水电站"以阀代井"技术研究

克里木[1] 武 清[1] 黄 涛[1,2] 朱新民[2] 崔 炜[2]

(1. 新疆水利水电规划设计管理局,乌鲁木齐 830000;
2. 中国水利水电科学研究院,北京 100038)

摘 要 针对 KT 水电站采用调压阀调压的技术,做了详细的大小波动过渡过程稳定性计算分析、带调压阀的水轮机调节系统的实时仿真试验研究、"以阀代井"调压的实践情况等工作。成果表明,本电站采用调压阀代替调压井,在非线性水轮机特性条件下,大波动、小波动工况(机组开机自动调节、甩负荷自动调节、扰动调节)水轮机调节系统过渡过程均是稳定的,机组孤立运行条件下也可满足稳定运行要求。通过南奔水电站大波动计算对比,文中水轮机过渡过程采用分析方法可靠且满足精度要求。KT 水电站将是国内应用调压阀装机容量最大的电站,对此项技术在国内的发展和推广有里程碑式的意义。

关键词 水电站;以阀代井;过渡过程

1 概 述

KT 水电站工程地处新疆维吾尔自治区北部,位于新疆阿勒泰地区富蕴县境内额河上游支流卡依尔特斯河段,坝址位于由盆地入峡谷段 2 km 处,距上游库威水文站约 8 km,位于可可托海电站坝址上游约 26 km 处,KT 水电站工程开发任务是发电,向北疆电网提供电力、电量,以满足经济社会的发展需求。工程主要由拦河引水坝、引水发电洞、压力管道、电站厂房等组成。KT 水电站工程大坝最大高度 50 m,总库容 1 008 万 m^3,引水系统采用一洞三机联合供水的布置形式,整个有压引水系统长约 7 km,发电最大水头 173.46 m,水流惯性常数 T_w 达到 15 s,装机容量 110 MW。

为限制压力管道内压力上升率和机组转速上升率,在长有压引水系统电站运行中,一般需要在压力管道设置调压井的方式解决引水系统压力和转速上升的矛盾,以保证电站安全运行。对 KT 水电站工程而言,设置调压井土建投资大,建设周期长,而且还受限于当地地质、地形条件,施工难度极大。一旦建成调压井,其固有特性不能更改,而调压阀性能则可通过控制系统的调整而改变,方便现场调试。若采用全油压控制水轮机调压阀代替调压井方案,可大幅度降低施工难度,提高工程施工期安全,节约投资,缩短工期。

水利行业标准《水利水电工程调压室设计规范》(SL 655—2014)在其条文说明中写道:"水电站是否需要设置调压室,最终依据压力水道布置及水道沿线的地形、地质条件,机组运行条件,机组调保参数的限制值,及机组运行稳定性和调节品质等由水电站水力—机械过

作者简介:克里木(1970—),男,新疆乌鲁木齐人,高级工程师。E-mail:kelimu2008@126.com。
通讯作者:黄涛(1978—),男,山东枣庄人,博士。E-mail:huangt@iwhr.com。

渡过程分析计算,并通过技术经济综合比较最后确定”。我国目前涉及“以阀代井”问题在机组运行稳定性和调节品质等由水电站水力—机械过渡过程分析计算方法、问题方面尚无明确的统一规定[2]。

“以阀代井”技术具有优势,同时也有一些缺点[3-4],已有学者开展研究工作[5-7]。本文从水电站大小波动过渡过程稳定性计算分析、带调压阀的水轮机调节系统的实时仿真试验研究、“以阀代井”调压的实践情况等方面进行“以阀代井”技术论证。

2　水轮机大小波动过程计算

2.1　计算条件

在国家能源局“替代调压井的新型调压阀及其控制系统研究与电站示范应用”科技项目的安排下,中国水利水电科学研究院与天津电气科学研究院有限公司合作开发了基于 Simulink 的水轮机调节系统通用仿真程序,以满足工程建设对水轮机调节系统仿真计算的需求。Simulink 是 MATLAB 中的一种可视化仿真工具,是实现动态系统建模、仿真和分析的一个软件包,被广泛应用于线性系统、非线性系统、数字控制及数字信号处理的建模和仿真中,本研究的总体目标是针对调压阀代替调压井的核心问题展开。水轮机调节系统通用框图如图 1 所示。

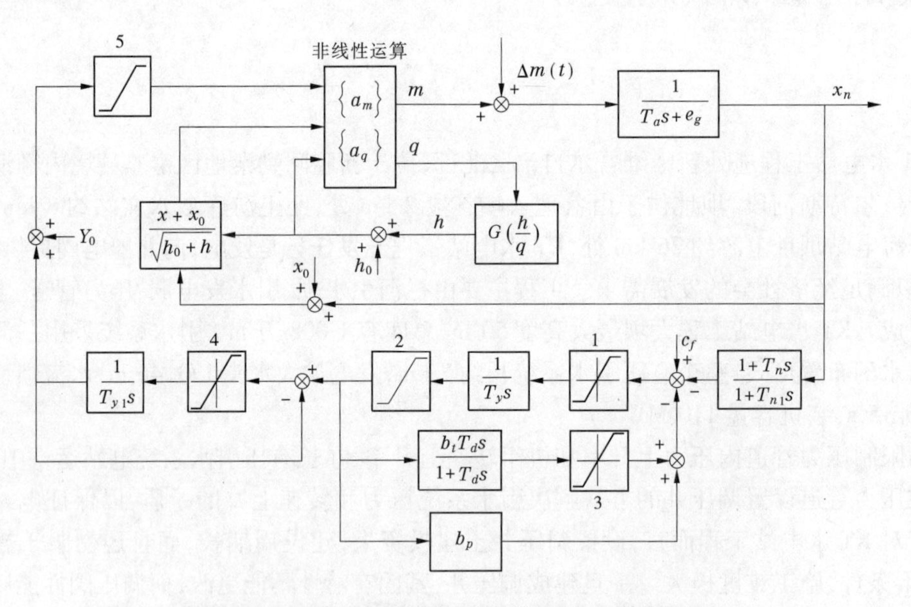

图 1　混流式水轮机调节系统过渡过程计算原理图

由图 1 可发现,该图的核心是非线性特性的水轮机特性,并开发了配套程序。技术核心之一就是研发能真实反映水轮机动态特性、调用方便、能包含水轮机型谱及其他所用常用水轮机特性、数学方法先进、在计算中总体耗时小、利于推广的数据文件。在此文件中包含有纳入水轮机型谱的所有水轮机特性。图中:T_a 为机组惯性时间常数; T_w 为水流惯性时间常数; T_r 为水击波相时间; T_d 为调速器缓冲时间;b_t 为调速器缓冲强度; T_y 为辅助接力器时间常数;T_{y1} 为主接力器时间常数;T_n 为加速度时间常数; T_{n1} 为加速度环节惯性时间; T_g 为导叶开机时间; T_f 为导叶关机时间,$T_f = T_g$。

观察图 1 可以看出,水轮机调节系统的另一个重要环节是水电站引水系统的动力学特性,已将引水系统数学模型的标准化形式加以汇总，计算采用近似弹性水锤模型，如公式(1)。

$$G\left(\frac{h}{q}\right) = -\frac{T_w S + \alpha}{\frac{T_r^{\ 2}}{\pi^2}S^2 + 1} \tag{1}$$

2.2 计算结果分析

图 2 ~ 图 8 中各物理量说明：Y/Y_{max} 为导叶相对开度，Y_f 为调压阀相对开度；X 为机组转速上升比例；h 为蜗壳内压上升比例。鉴于篇幅有限，文中只给出部分工况过渡过程曲线图。

(1) 工况 1：三台同甩 1.0 负荷。

$$q_f = 0.8 \times f(\alpha_f)\ \sqrt{h_0 + h_t} \tag{2}$$

阻尼系数 $a = 0.05$，h 最大上升 0.232，x 最大上升 0.373，工况过渡过程曲线见图 2。

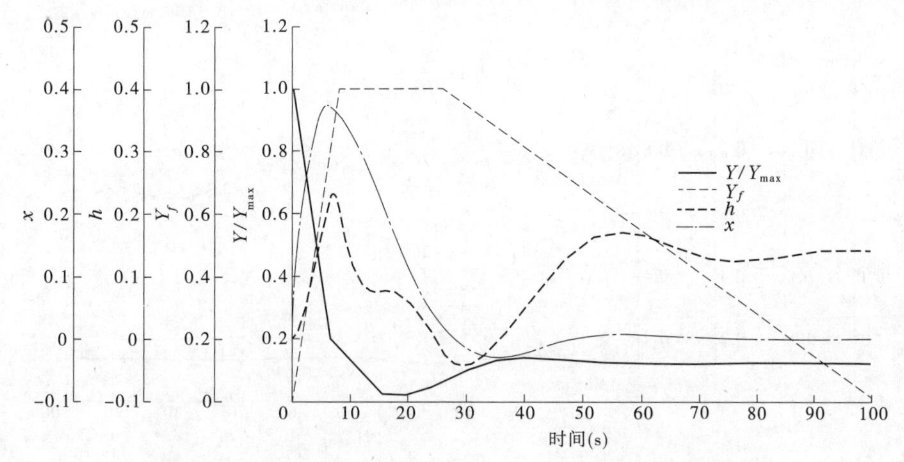

图 2　三台同甩 1.0 负荷(工况 1)时 Y/Y_{max}、Y_f、h、x 响应过程

(2) 工况 2：三台同甩 1.0 负荷。

$$q_f = 0.75 \times f(\alpha_f)\ \sqrt{h_0 + h_t} \tag{3}$$

阻尼系数 $a = 0.05$，h 最大上升 0.273，x 最大上升 0.38，工况过渡过程曲线见图 3。

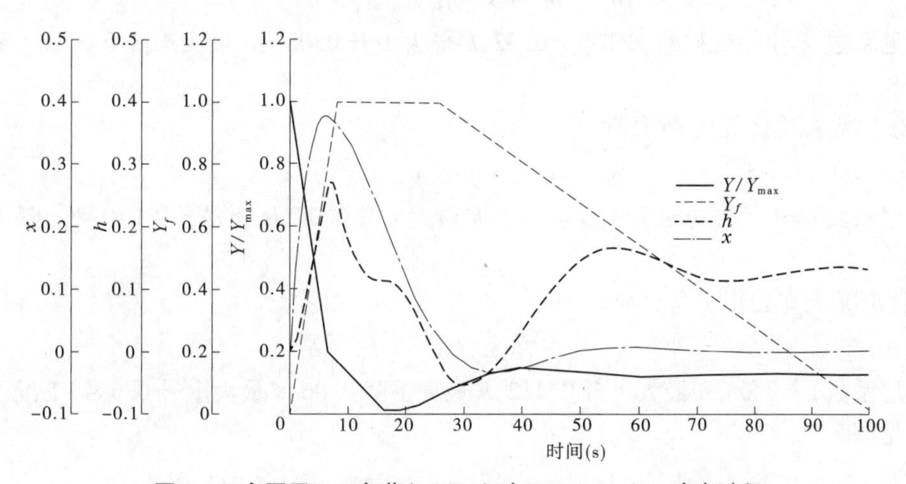

图 3　三台同甩 1.0 负荷(工况 2)时 Y/Y_{max}、Y_f、h、x 响应过程

(3)工况 3:三台同甩 1.0 负荷。

$$q_f = 0.8 \times f(\alpha_f) \sqrt{h_0 + h_t} \tag{4}$$

阻尼系数 $a = 0$,h 最大上升 0.252,x 最大上升 0.376。

(4)工况 4:三台同甩 1.0 负荷。

$$q_f = 0.75 \times f(\alpha_f) \sqrt{h_0 + h_t} \tag{5}$$

阻尼系数 $a = 0$,h 最大上升 0.297,x 最大上升 0.383。

(5)工况 5:单台甩 0.25 负荷。

$$q_f = 0.75 \times f(\alpha_f) \sqrt{h_0 + h_t} \tag{6}$$

阻尼系数 $a = 0.05$,初始 $Y/Y_{max} = 0.335$,h 最大上升 0.149,h 最大下降 0.23,x 最大上升 0.082,工况过渡过程曲线见图 4。

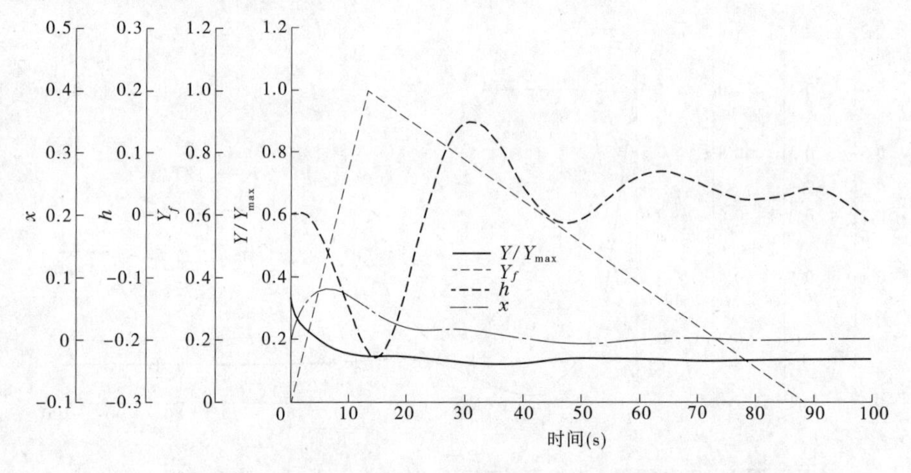

图 4　工况 5 单台甩 0.25 负荷时 Y/Y_{max}、Y_f、h、x 响应过程

(6)工况 6:单台甩 0.5 负荷。

$$q_f = 0.75 \times f(\alpha_f) \sqrt{h_0 + h_t} \tag{7}$$

阻尼系数 $a = 0.05$,初始 $Y/Y_{max} = 0.52$,h 最大上升 0.081,h 最大下降 0.179,x 最大上升 0.158。

(7)工况 7:单台甩 0.75 负荷。

$$q_f = 0.75 \times f(\alpha_f) \sqrt{h_0 + h_t} \tag{8}$$

阻尼系数 $a = 0.05$,初始 $Y/Y_{max} = 0.75$,h 最大上升 0.07,h 最大下降 0.078,x 最大上升 0.218。

(8)工况 8:单台甩 1.0 负荷。

$$q_f = 0.75 \times f(\alpha_f) \sqrt{h_0 + h_t} \tag{9}$$

阻尼系数 $a = 0.05$,h 最大上升 0.112,h 最大下降 0.06,x 最大上升 0.344,工况过渡过程曲线见图 5。

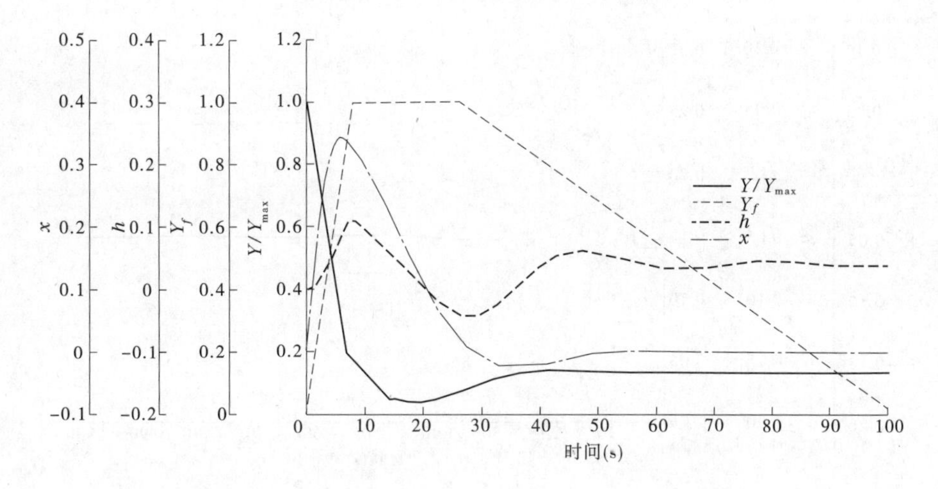

图5 工况 8 单台甩 1.0 负荷时 Y/Y_{max}、Y_f、h、x 响应过程

(9)工况 9:机组启动。

机组参数取值 $T_a=7.44$, $T_w=4$, $T_r=15$, $T_d=6$, $b_t=1.0$, $T_y=0.3$, $T_{y1}=0.3$, $T_n=2$, $T_{n1}=0.1T_n$, $T_g=8$, $T_f=T_g$。图 6 给出了过渡过程曲线,可以看出,机组在 40 s 后达到稳定。

(10)工况 10:空载扰动。

机组扰动量 $C_f=0.04$ 时,机组其他参数取值 $T_a=7.44$, $T_w=4$, $T_r=15$, $T_d=6$, $b_t=1.0$, $T_y=0.3$, $T_{y1}=0.3$, $T_n=2$, $T_{n1}=0.1T_n$, $T_g=8$, $T_f=T_g$。图 7 给出了过渡过程曲线,可以看出,机组在 40 s 后达到稳定。

机组扰动量 $C_f=-0.04$ 时,机组其他参数取值 $T_a=7.44$, $T_w=4$, $T_r=15$, $T_d=6$, $b_t=1.0$, $T_y=0.3$, $T_{y1}=0.3$, $T_n=2$, $T_{n1}=0.1T_n$, $T_g=8$, $T_f=T_g$。图 8 给出了过渡过程曲线,可以看出,机组在 40 s 后达到稳定。

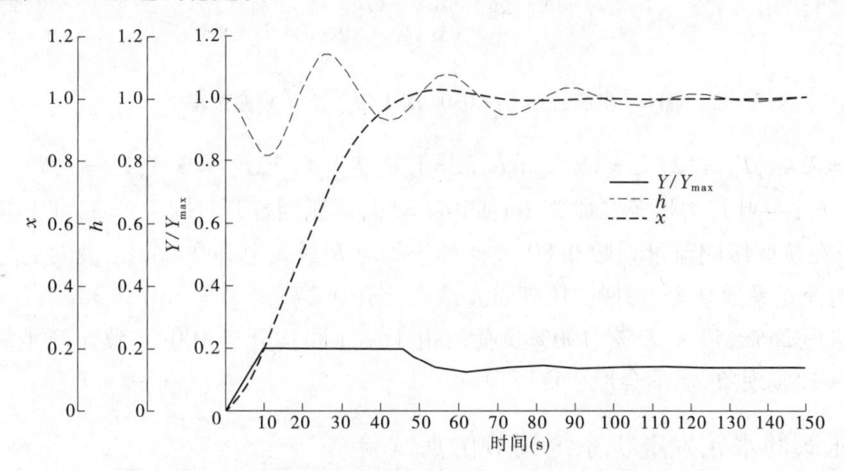

图6 工况 9 机组启动时 Y/Y_{max}、Y_f、h、x 响应过程

观察或判断过渡过程中系统是否稳定的依据是在过渡过程中被控参数—频率是否迅速稳定在额定值附近波动。通过在非线性水轮机特性条件下的甩负荷、启动、空载扰动等工况过渡过程计算分析,最终,机组频率均在约 40 s 稳定在额定频率附近摆动,通过水轮机过渡过程计算可以明确得出系统稳定的结论。

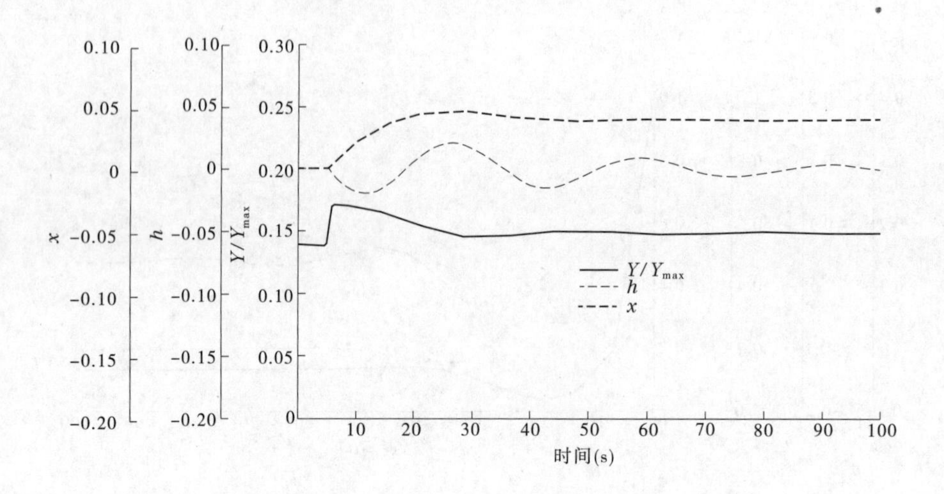

图7　机组扰动 $C_f = -0.04$ 时 Y/Y_{max}、h、x 响应过程

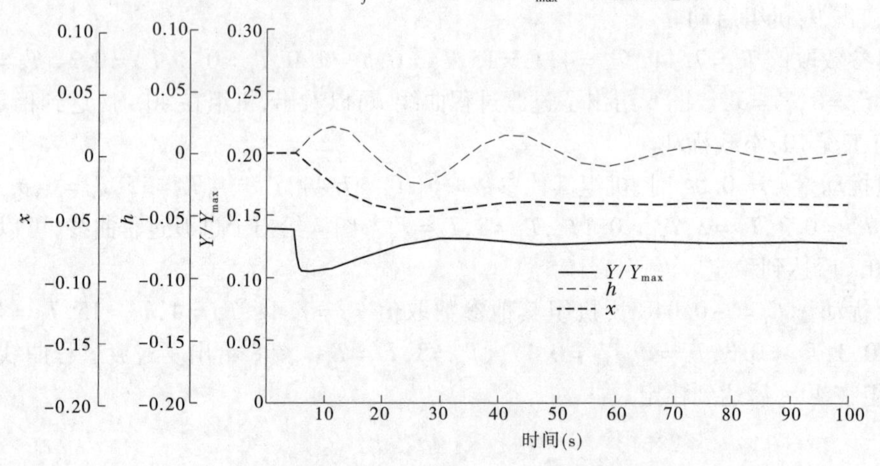

图8　机组扰动 $C_f = 0.04$ 时 Y/Y_{max}、h、x 响应过程

在 $T_a = 7.44$，$T_w = 12$，$T_r = 15$，$T_d = 6$，$b_t = 1.0$，$T_y = 0.3$，$T_{y1} = 0.3$，$T_n = 2$，$T_{n1} = 0.1T_n$，$T_g = 8$，$T_f = T_g$，导叶接力器第二段关闭时间 $T_{f2} = 50$；调压阀打开时间 $T_{gg} = 8$；调压阀关闭时间 $T_{ff} = 75$；在按调压阀流量系数0.80选择调压阀时 h 最大上升0.232；x 最大上升0.373；在按调压阀流量系数0.75选择调压阀时 h 最大上升0.273；x 最大上升0.38。

在单机甩25%、50%、75%、100%负荷时由于调压阀均开启100%，致使产生蜗壳压力下降20%～18%现象，但不会形成负压现象。

3　带调压阀的水轮发电机系统调节仿真试验

3.1　试验条件

在国家能源局“替代调压井的新型调压阀及其控制系统研究与电站示范应用”科技项目的安排下，中国水利水电科学研究院与天津电气科学研究院有限公司合作开发了“GDMS－PE01型水轮机调速系统综合测试仪”项目，已完成开发工作。立此项目的最初目的是在水轮机调速器制造厂内创造一个逼真的环境，检验带调压阀的水轮机调速器动态特性，以提高带调压阀的水轮机调速器的产品质量。本次借此设备的试验目的是检验验证新疆KT水电站的稳定性问题。该仪器基本原理是:被测试的调速器、油压设备、调压阀、导叶和调压阀接力器等都是真实的物理装置,而引水系统、水轮发电机组采用专门开发的实时仿真系统。其水轮机特性及引水系统特性均要计入新疆KT电站的有关技术参数。

3.2 试验成果及分析

机组启动试验成果见图9,本试验证明接收启动命令后100 s机组稳定控制在额定转速。

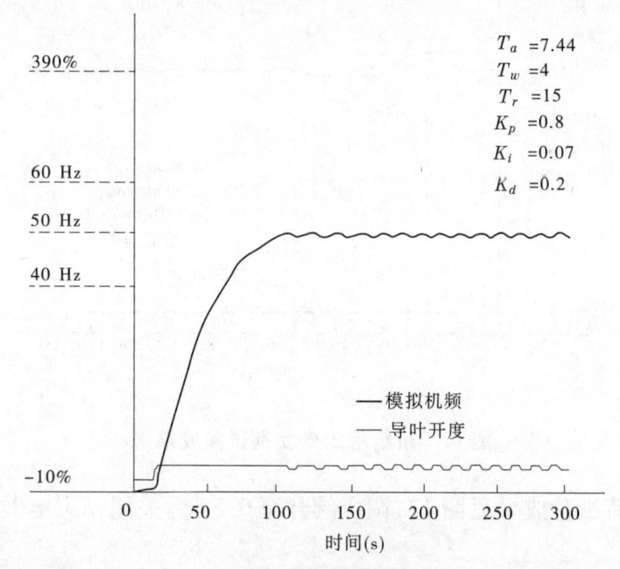

图9 机组起动试验成果

空载扰动试验成果见图10,按常规扰动量为48~52 Hz,近于单调地完成调节,系统稳定。

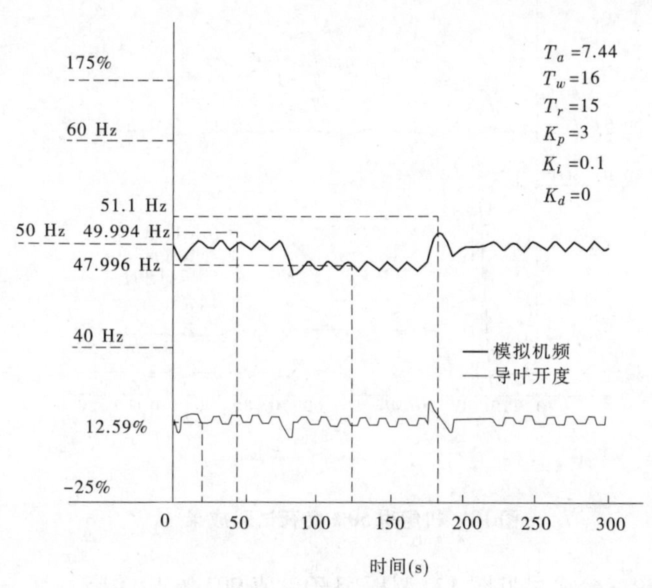

图10 空载扰动试验成果

机组甩 25% 负荷试验成果见图 11，假定此工况调压阀没有动作，$h_{max}=0.087$，$x_{max}=0.067$，最后转速调节稳定。

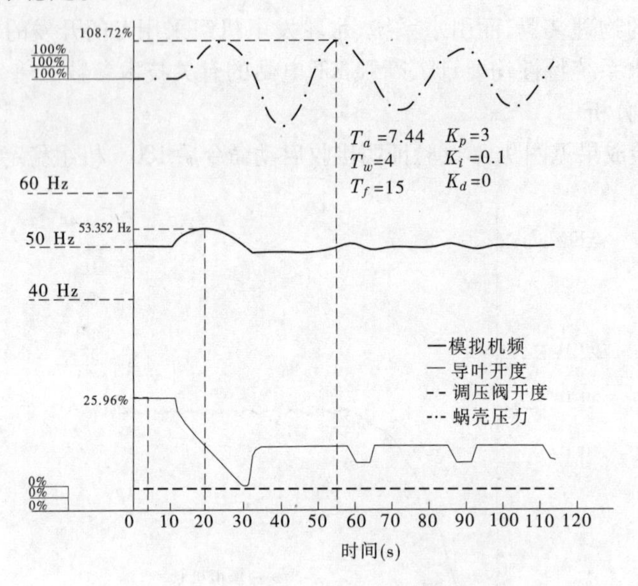

图 11　机组甩 25% 负荷试验成果

机组甩 50% 负荷试验成果见图 12，调压阀开至 0.57 后关闭，$h_{max}=0.102$，$x_{max}=0.158$，最后转速调节稳定。

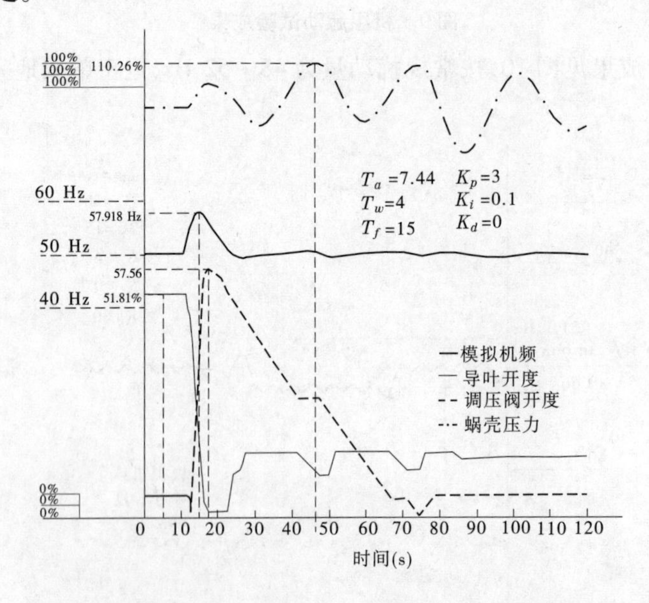

图 12　机组甩 50% 负荷试验成果

机组甩 75% 负荷试验成果见图 13，调压阀开启值 90.46 后关闭，$h_{max}=0.082\ 3$，$x_{max}=0.29$，最后转速调节稳定。

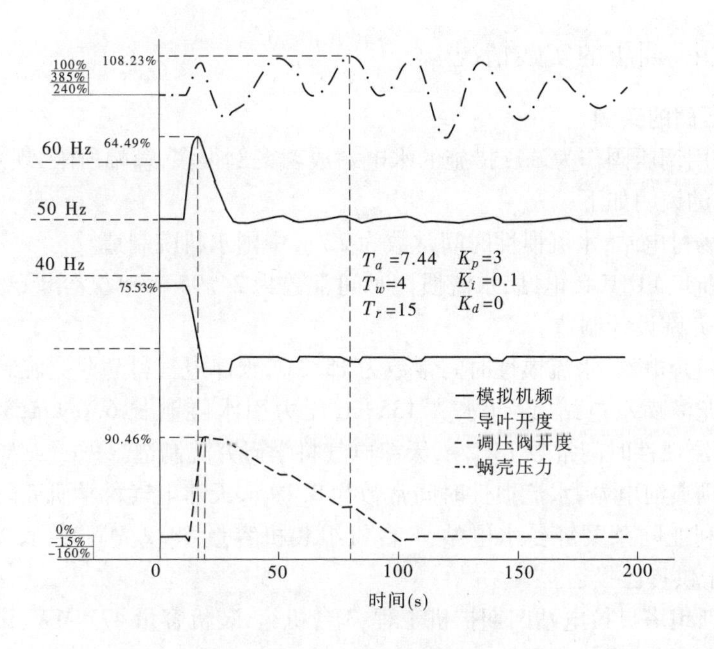

图 13 机组甩 75% 负荷试验成果

机组甩 100% 负荷试验见图 14，调压阀开至 96.94% 后关闭，h_{max} = 0.062 8，x_{max} = 0.402，最后转速调节稳定。

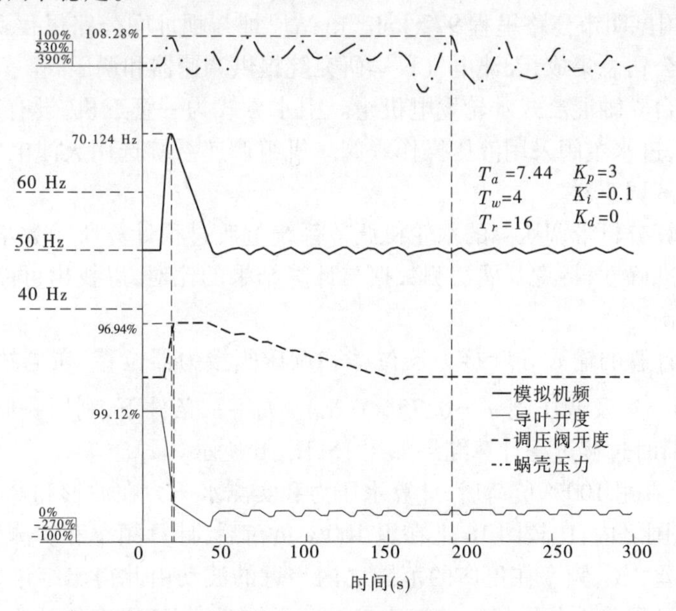

图 14 机组甩 100% 负荷试验成果

综合以上试验成果，利用由新疆 KT 电站参数组成的系统进行了机组启动、空载扰动、甩 25%、50%、75%、100% 负荷自动调节试验，在自动调节状态下，在所有试验项目中水轮机调节系统过渡过程稳定收敛，调节过程正常。

4　“以阀代井”调压的实践情况

4.1　采用调压阀的实例

世界上采用调压阀作为调压措施的水电站成功案例很多,篇幅所限,现列举本项目组参加或详细了解的说明如下:

(1)四川杨村电站,水流惯性时间常数为 22 s,中国水科院制造。

(2)巴基斯坦 PUHUR 电站,水流惯性时间常数为 24.95 s,单机容量已达 45 万 kW,天津电气科学研究院设计制造。

(3)老挝南奔电站,水流惯性时间常数为 15.3 s,天津电气科学研究院制造。

(4)湖北龙潭嘴水电站,设计水头 135 m,压力引水隧洞长 6.6 km,3 台单机容量为 11 000 kW,水流惯性时间常数 13.2 s,天津电气科学研究院制造。

(5)云南勐典河电站,水流惯性时间常数为 8.19 s,天津电气科学研究院制造。

(6)澳大利亚阿莱蒙舒曼水电站,1 台机组装机容量 58.2 MW,管长 8 km,设计水头 162.15 m,富士供货已投运。

(7)巴基斯坦塔贝拉电站四期扩机工程,3 台机组,装机容量 477 MW,设计水头 109.72 m,福伊特供货已投运。

4.2　南奔电站大波动工况

南奔水电站位于老挝人民民主共和国乌多姆赛省北本县境内的南奔河下游河段上。电站坝址距北本县城公路里程约 17 km,距孟赛约 123 km,距孟恩口岸 66 km,距中国边境磨憨 226 km,距中国昆明市公路里程 972 km。电站厂址与坝址间公路里程 5 km。电站由中国电力工程有限公司总集成,天津电气科学研究院提供调速器和调压阀。

电站装设三台立轴混流式水轮发电机组。引水方式为一管三机,设有调压阀。每台机组设置进水主阀,进水主阀采用液压操作蝶阀。机组调速系统选用天津电气院具有 PID 调节规律的微机电液调速器。

为检验在计算分析带调压阀的水轮机调节系统过渡过程计算所用数学方法、描述水轮机非线性特性的准确性,特意开展实测数据与计算结果的比对,以找出可能的误差范围,评估计算分析的准确性。

南奔大波动计算的输入导叶接力器位移和调压阀接力器位移,在电站给定参数:$T_w=15$,$T_r=10$,$T_a=4.57$,及调压阀 $q_f=0.75\times f(\alpha_f)\sqrt{h_0+h_t}$ 条件下,利用我们的通用程序,可单机甩 100% 负荷时过渡过程计算结果如图 15、图 16 所示。

比较图 15 上在甩 100% 负荷后,计算水压力和实测水压力在波形和峰值均很相近峰值相差 3% ~4% 范围之内;比较图 16 上在甩 100% 负荷后,计算频率和实测频率在波形和峰值更相近峰值相差 3%,频率在更广的范围之内相近的波动由此得出结论是在计算带调压阀的水轮机过渡过程采用分析的数学方法获得满意的精度,使文中的计算分析建立在扎实的基础上。

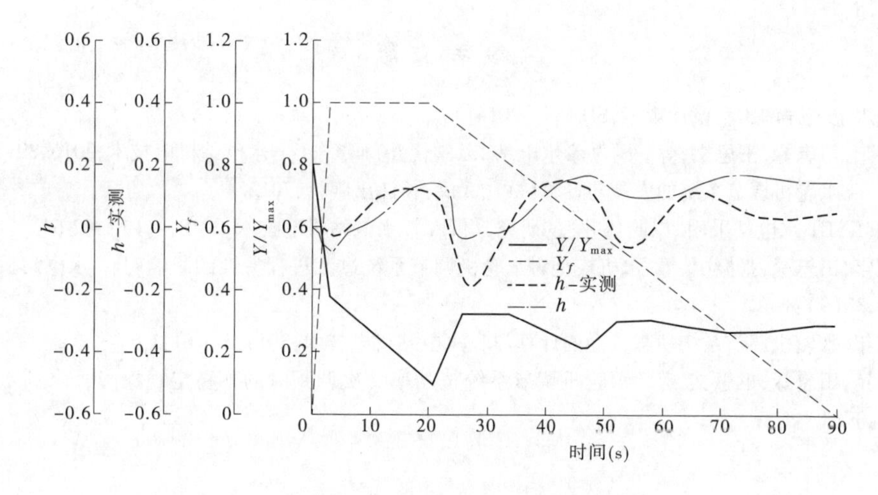

图 15　南奔甩 100% 负荷水锤计算结果(压力)对比

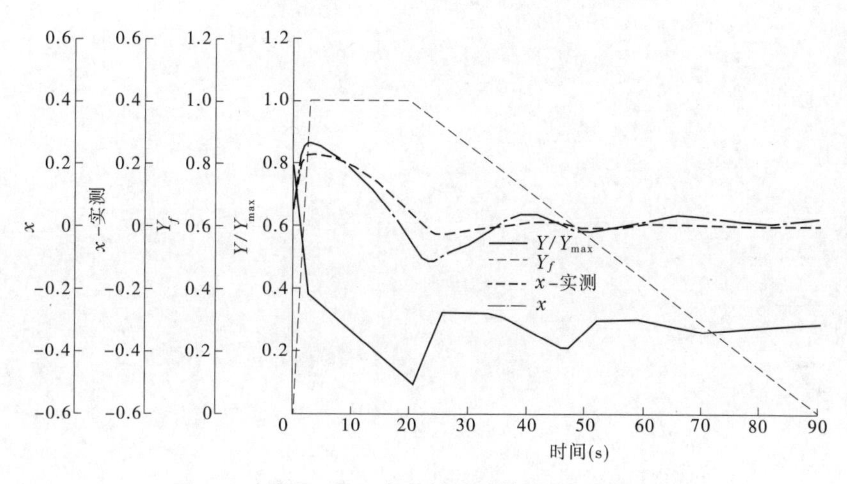

图 16　南奔甩 100% 负荷转速计算结果(压力)对比

5　结　语

新疆 KT 水电站工程调压方式进行以调压阀代替调压井的技术设计优化,开展了水电站大小波动过渡过程稳定性计算分析、带调压阀的水轮机调节系统的实时仿真试验研究、"以阀代井"调压实践情况等方面的工作,主要结论如下:

(1)本工程开展的水轮机大、小波动过渡过程计算及带调压阀的水轮发电机系统调节仿真试验结果表明,KT 水电站采用调压阀代替调压井,在非线性水轮机特性条件下,大波动工况及由大波动工况自动调节进入小波动工况,水轮机调节系统过渡过程均是稳定的。

(2)调压阀替代调压井,不仅能满足水电站稳定运行的需求,且调压阀布置简单、施工技术难度低。调压阀调压已被国内外大量电站成功采用,是一项值得推广的技术。

(3)利用南奔电站甩负荷试验数据与计算数据进行了比对,取得相当满意的结果;正向峰值误差仅为 3% ~4%,转速误差仅为 3%;验证了文中关于过渡过程计算的数学方法、计算模型及计算结果的合理性。

参考文献

[1] 水利水电工程调压室设计规范:SL 655—2014[S].

[2] 孔昭年,田忠禄,王思文,等. 阿勒泰水电站“以阀代井”研究[J]. 水电站机电技术,2016,39(1):1-5.

[3] 孔昭年.水轮机调节系统的设计与计算[M].武汉:长江出版社,2012.

[4] 刘利.KYET水电站采用“以阀代井”的研究分析[J].水电站机电技术,2018,41(1):62-64.

[5] 孔昭年,田忠禄,张振中,等.水机模型对水轮机调节系统过渡过程特性的影响[J]. 水电站机电技术,2015,38(9):1-4.

[6] 孔昭年.水轮机调节系统动态特性的计算[J].水电站机电技术,2014,37(1):1-6.

[7] 孔昭年,田忠禄,王思文,等. 水轮机调节系统按功率一次调频时的不稳定现象[J].水利水电技术,2015,39(1):1-5.

溧阳抽水蓄能电站上水库工程设计与运行

石含鑫[1]　李剑飞[2]　吴书艳[3]　李　翔[1]

(1.中国电建集团中南勘测设计研究院有限公司,长沙　410014;
2.江苏隆阳建设有限公司,无锡　214101;
3.江苏国信溧阳抽水蓄能发电有限公司,溧阳　213334)

摘　要　溧阳抽水蓄能电站装机容量1 500 MW,由上水库、输水系统、地下发电厂房和下水库等建筑物组成。上水库系利用龙潭林场伍员山工区2条较平缓的冲沟(芝麻沟和青山沟)在东侧筑坝,将库盆岸坡修挖后形成,上水库库周(主副坝及挡水库岸)采用钢筋混凝土面板,库底采用HDPE土工膜的全库盆防渗方案,经科学设计、精心施工、严格管理,上水库挡水运行投运后各水工建筑物运行性态良好,渗水量极低,达到了较好的防渗效果,为类似全库盆防渗工程累积了丰富的经验。

关键词　溧阳抽水蓄能电站;上水库防渗;HDPE土工膜;钢筋混凝土面板

1　工程概况

溧阳抽水蓄能电站位于江苏省溧阳市境内,电站装机容量1 500 MW(6×250 MW),主要任务是为江苏电力系统提供调峰、填谷和紧急事故备用,同时可承担系统的调频、调相等任务,电站于2008年8月开工建设,2017年10月全部机组投产发电,拟2018年底完成枢纽工程竣工验收。

本工程为一等大(1)型工程,枢纽建筑物由上水库、输水系统、地下发电厂房及下水库等4部分组成。上水库系利用龙潭林场伍员山工区2条较平缓的冲沟(芝麻沟和青山沟)在东侧筑坝,将库盆岸坡修挖后形成,水库正常蓄水位291.00 m,死水位254.00 m,总库容1 423万 m^3,调节库容1 195万 m^3,上水库主副坝均为钢筋混凝土面板堆石坝,坝顶高程295.00 m,主坝最大坝高165 m,坝顶全长1 113.198 m。输水发电系统布置在上水库主坝左坝头下游东北侧至下水库西侧山体中,其中,引水和尾水均采用1洞3机联合供水方式,上、下水库进出口分别采用竖井式(正式)和侧式,两条引水隧洞主洞洞径9.20 m,全段采用钢板衬砌;两条尾水隧洞主洞洞径10.00 m,采用钢筋混凝土衬砌;尾水调压室为圆形阴抗式调压室,调压室直径22.00 m,组抗孔直径10.00 m,从上水库进出水口至下水库进出水口的输水隧洞总长度为1 969.094~2 153.334 m。地下厂房采用首部式开发方式,主厂房垂直埋深240~290 m,其轴线方向N20°W,地下洞室群主要由主厂房、主变洞、母线洞、高压电缆平洞及电缆竖井等组成。主厂房开挖尺寸为219.90 m×23.50 m×55.30 m(长×宽×高,其中岩锚梁以上宽度25.00 m),主变洞开挖断面为193.16 m×19.70 m×22.00 m(长×

作者简介:石含鑫(1979—),男,教授级高级工程师,主要从事水电水利工程设计与工程管理。E-mail:80993736@qq.com。

宽×高)。开关站位于主厂房下游地势相对较平缓地段,地面高程 88.90 m,平面尺寸 123.00 m×82.00 m(长×宽)。下水库位于天目湖镇吴村,与沙河水库南源支流中田舍河为邻,在河流堆积阶地、宽缓浅冲沟和残丘处开挖并在临沙河水库侧筑坝而成,其中开挖料主要用于上水库主坝填筑,下水库呈“L”形,正常蓄水位 19.00 m,死水位 0.00 m,总库容 1 344 万 m^3,挡水大坝为均质土坝,布置在临沙河水库侧,最大坝高 12.60 m;补水泄水闸布置在大坝右坝头库岸段,孔口宽度 4.0 m,设两扇平板闸门控制。

2　上水库基本条件

上水库位于龙潭林场伍员山工区,该区地形整体趋势为西高东低,西侧与安徽省郎溪县交界。上水库及厂址区为志留系砂岩组成的低山,附近山顶高程 290~370 m,山脚高程 85~100 m。上水库利用两条较平缓的冲沟(芝麻沟和青山沟)组成,冲沟总体走向为近 EW 向,两冲沟在东面伍员山疗养院(大坝坝趾)附近交汇。两冲沟之间为一舌状小山脊,小山脊与两侧冲沟相对高差 40~60 m。库盆范围内冲沟沟底高程为 100~200 m,沟底平均坡降约 17%。主坝坝轴线以下,两冲沟汇聚了岩体内裂隙泉水,均长年有水流。除两条大冲沟外,库内岸坡共有 8 条小冲沟发育。

从整体上看,上水库库盆北、西、南三面均由山脊组成,地形上具备在东面冲沟区筑坝成库条件,但库周山体尤其是南、北两岸垭口段较单薄,需修筑副坝挡水。设计正常蓄水位 291 m 处,北岸分水岭宽度 40~100 m,南岸分水岭宽度为 10~100 m,西岸稍宽厚,大于 100 m。

上水库范围内基岩主要为志留系上统茅山组上段(S_{3m}^{3})地层,并有安山斑岩岩脉侵入,第四系地层分布广泛。岩层产状变化大,主要构造为断层及小型褶皱,节理裂隙十分发育。库坝区断层十分发育,规模大小不等,破碎带宽度 0.05~5 m,按走向大体上有 NNE 向、NNW 向、NEE 向和 NW 向 4 组。F_1、F_2、F_5、F_8 等断层穿越分水岭,蓄水后是库水集中向库外渗漏的通道。

上水库岩性复杂,构造发育,岩体完整性差,岩体风化强烈,风化深度大。地表裸露岩石多为强风化,局部裸露粉砂质泥岩为全风化,强风化下限埋深一般为 20~40 m,弱风化带较厚,下限埋深一般大于 150 m。由于岩石透水性强,地下水活动强烈,库区地下水以基岩裂隙水为主,裂隙潜水埋藏较深,库周分水岭地下水位埋深 60~150 m 不等,岸坡及两冲沟间地下水位埋深 15~60 m,部分库周地下水位低于正常蓄水位 33~150 m。地下水受降水补给,以泉水形式向冲沟排泄。山体内地下水力坡降较缓,为 5%~10%。除裂隙潜水外,库(坝)区沿破碎带有局部承压水。钻孔压水试验成果表明,强风化及以上岩体属强透水层,弱风化及其以下岩体则总体上以弱透水为主。以透水率 $q \leqslant 1$ Lu 为标准的库周分水岭相对不透水层埋藏深,为 60~150 m,顶板高程为 161~275 m,低于正常蓄水位 20~135 m。上水库植被清理后开挖前原貌见图 1,建成后全貌见图 2。

3　上水库工程总布置

受上水库受地形条件及西侧省界所限,上水库库盆范围线及坝轴线无太大的选择余地,上水库工程总布置主要根据库周地形地质条件,结合上水库特征水位、调节库容及库盆防渗型式确定。上水库主坝位于水库东面两冲沟处,坝址区地形欠整齐且较开阔,宽高比 4.5~5.0,主坝跨过青山沟和芝麻沟两大冲沟和其间的舌状小山脊,坝轴线处坝基地形成“W”

图1　上水库开挖前全貌

图2　上水库建成后全貌

形，两冲沟沟底高程分别为 130 m 和 140 m，中间小山脊高程为 180 m。两岸山顶高程左岸 309 m、右岸 292 m，两岸地形自然坡度为 30°～35°，坝址区总体为横向沟谷。

水库南、北两面均有垭口存在，此处可利用基岩面低于正常蓄水位，需修建副坝挡水。其中，①副坝位于库周北岸距主坝约 200 m 的垭口处，垭口地面最低高程 282.9 m，正常蓄水位 291.00 m 处沿山脊方向垭口宽约 125 m；②副坝位于库周南岸距主坝右岸上游约 250 m 垭口处，垭口地面最低高程 292 m，高程 295.00 m 处沿山脊方向垭口宽约 30 m。

其他部位地势较高，岸坡按调节库容量经修挖后均可作挡水库岸。库岸环库公路布置高程同大坝坝顶高程，路宽 7 m。

上水库两个竖井式进（出）水口布置在北面①副坝前，距坝前面板底坡线约 48 m。

上水库无天然径流，库口集雨面积不大可全部存于库内，库口外水流经排水沟渠引流不入库，故不修建专用泄洪建筑物。

终上所述，上水库采用开挖筑坝成库，主要建筑物包括主坝、①副坝、②副坝、挡水库岸、竖井式进（出）水口等。上水库工程总布置图见图 3。

4　上水库全库盆防渗设计

上水库库周分水岭（尤其是南岸和北岸）整体上较单薄，岩体内断层及节理裂隙密集发

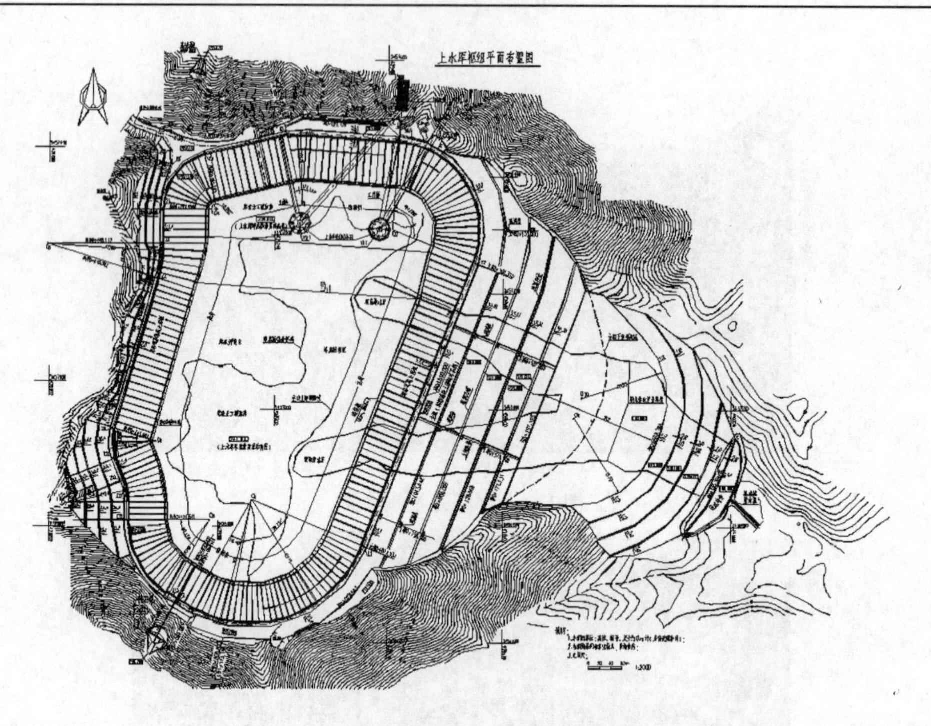

图3　上水库工程总体布置图

育,形成了较好的透水网络,使库周地下水位及相对不透水层顶板埋藏深,地下水位及相对不透水层顶板低于正常蓄水位,若未做防渗处理,水库蓄水后,库水将通过分水岭向库外渗漏。同时,虽然未发现大规模断层带穿越分水岭,但由于小断层发育,也易形成库水外渗的集中通道,并有沿其发生渗透变形的可能,危及单薄山脊地段挡水岸坡安全,因此上水库渗漏问题突出。经计算,在无防渗措施的情况下,上水库总渗漏量超过2.5万m^3/d(约占总库容的1.8‰,远大于规范0.5‰以内的要求)。此外,本工程为日调节的纯抽水蓄能电站,上库区无天然径流,上水库水量需要全部由电站机组水泵工况从下水库抽取,上、下水库间高差达290余米,蓄能电站上库水量的渗漏损失意味着电能的大量损失,所以蓄能电站上水库水量一般均十分宝贵。为尽量减少水量损失,并避免恶化地下发电厂房的水文地质条件,考虑到抽水蓄能电站对上水库防渗要求较高,经深入研究论证,对上水库库盆实施全面防渗处理。

经研究论证,库周防渗采用钢筋混凝土面板防渗,库周防渗总面积约18万m^2,主副坝坝型采用钢筋混凝土面板堆石坝,以适应坝址地基条件要求和工程土石方挖填平衡要求,主坝在上游堆石区设连接板与库底防渗体系连接,两副坝设钢筋混凝土排水廊道与库底防渗体系连接。库周环库公路以下挡水岸坡经1∶1.4修挖后采用钢筋混凝土面板防渗,面板下采用无砂混凝土进行排水,面板底端设钢筋混凝土排水廊道与库底防渗进行连接。工程多余开挖弃石渣一部分堆于主坝下游坝脚处做成反压平台,利于大坝整体稳定;另一部分用于回填库底,以利进行库底防渗处理。

库底高挖低填整平后表面采用厚1.5 mm、幅宽8 m的HDPE土工膜防渗,库底防渗总面积约25万m^2,其中进出水口前池周边区库底防渗体顶高程为240 m,南面大平面区库底防渗体顶高程为248 m。土工膜最大工作水头51 m,土工膜防渗面积及工作水头为目前国内已建抽水蓄能电站之最。土工膜防渗结构层由表及下依次为:点状及线状压护预制块(8.5 kg/块)、长丝土工布(500 g/m^2)、HDPE 土工膜(厚 1.5 mm)、三维复合排水网(1 300 g/m^2),其下为 10 cm 厚砂垫层、40 cm 厚碎石垫层和 1.3 m 厚过渡层。土工膜自身采用双规焊缝焊接,在各接头处增设直径 25 cm 圆形补片加强。土工膜防渗体结构的关键点在于与周边刚性结构的可靠连接必须做好,否则易引起渗漏。本工程土工膜与进出水口塔体、周边混凝土面板及连接板、库底排水廊道和库底锚固板等混凝土结构连接锚固图如图 4 所示。

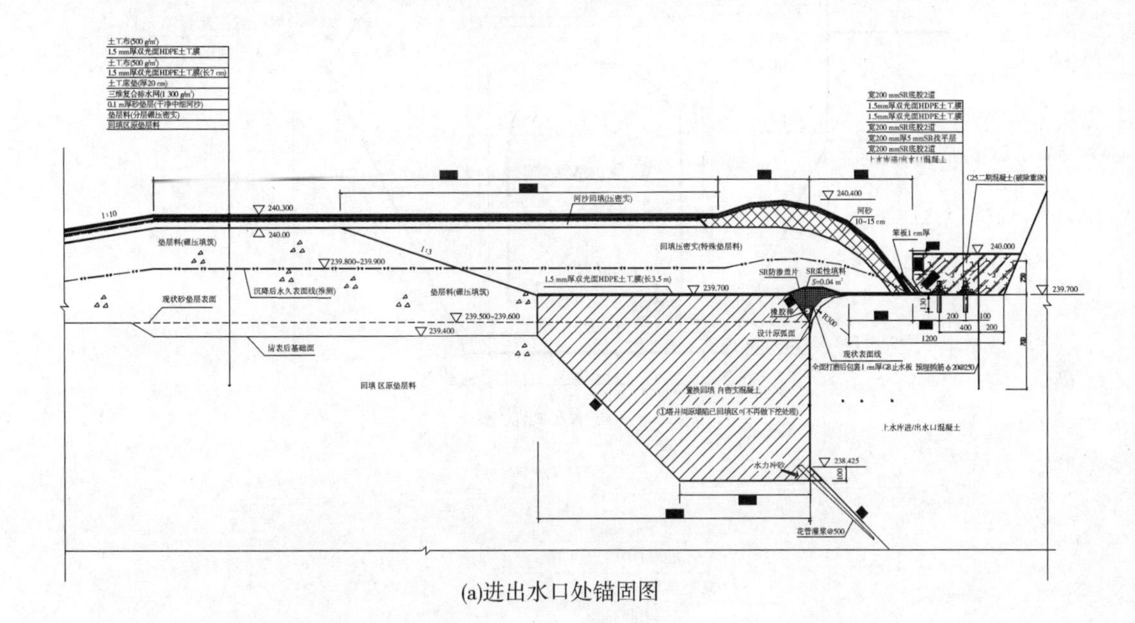

(a)进出水口处锚固图

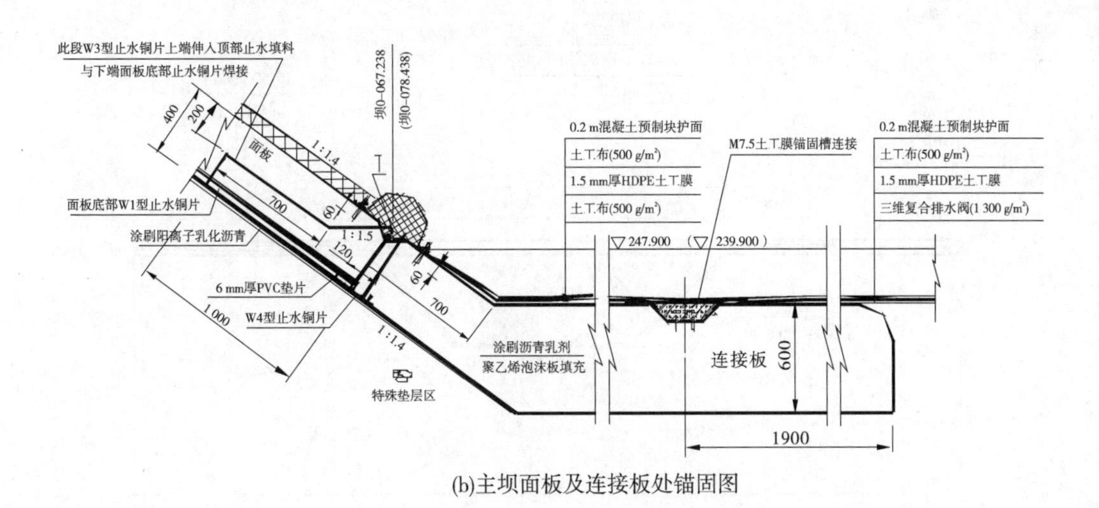

(b)主坝面板及连接板处锚固图

图 4　土工膜与周边刚性结构连接锚固图

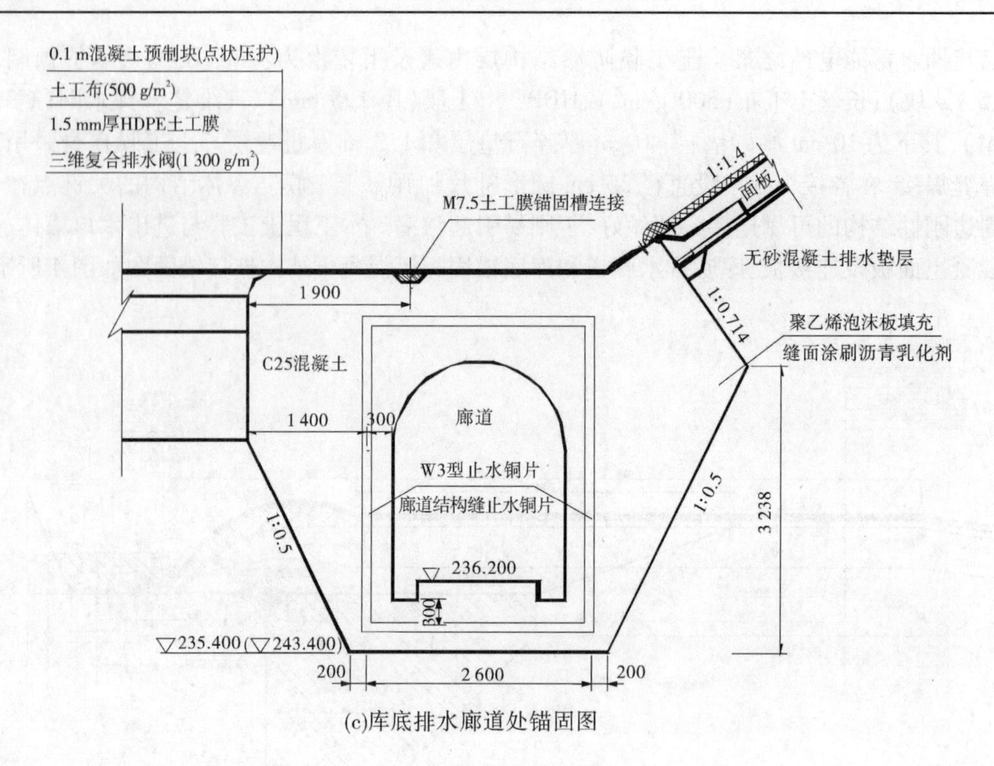

(c)库底排水廊道处锚固图

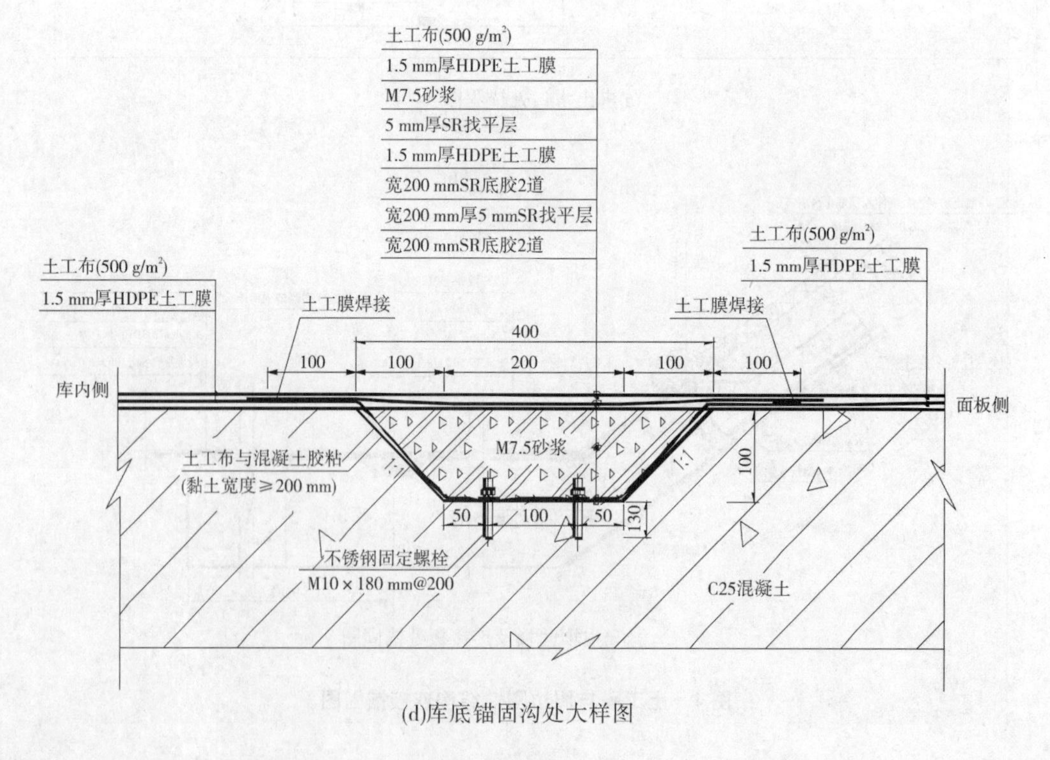

(d)库底锚固沟处大样图

续图 4

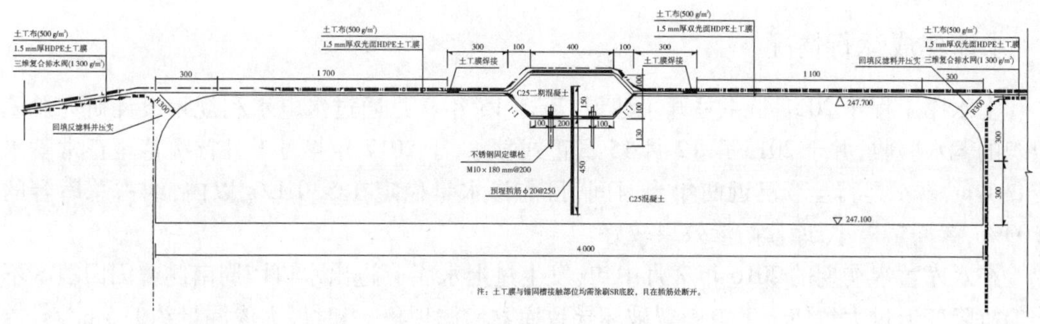

(d)库底锚固板锚固图

续图 4

5 上水库大坝设计

上水库主坝坝顶高程 295.00 m,最大坝高 165 m,坝顶宽 10 m,坝顶全长 1 113.198 m,采用中间直线加两端圆弧曲线与两岸相接,堆石填筑总量约 1 560 万 m^3。主坝坝体上游坡比 1∶1.4,下游坡布置 4 级宽 4 m 马道,高程差 29 m,综合坡比 1∶1.45。在上游坡高程 247.10 m设一宽 9.00 m 平台,平台上设置宽 5.00 m、厚 0.60 m 的连接板,连接板与混凝土面板设周边缝连接。主坝坝体堆石由垫层区(水平宽度 3 m)、过渡区(水平宽度 5 m)、沟底排水区、主堆石区、增模区和下游堆石区等组成。上游坝面钢筋混凝土面板厚度 0.4 m,标准块面板缝间距为 12 m,混凝土强度等级 C25。下游坡高程 291.50 ~ 288.00 m 设 0.4 m 厚的浆砌石护面,高程 288.00 ~ 160.00 m 采用混凝土网格梁 + 草皮植树护坡;高程 160.00 m 以下坝脚进行石渣回填对坡脚进行反压。主坝典型剖面见图 5。

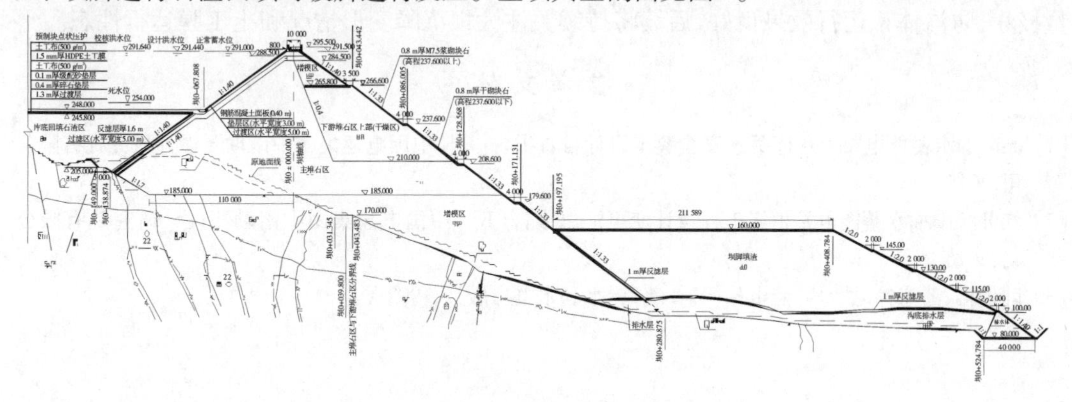

图 5 上水库主坝典型剖面图

①副坝(北岸副坝)位于主坝左岸上游约 200 m 垭口处,坝顶长度 199.192 m,坝顶高程 295.00 m,最大坝高 59.6 m(排水廊道位置),坝顶宽度 10.00 m,坝体上、下游坡比均为 1∶1.4。②副坝(南岸副坝)位于主坝右岸上游约 250 m 垭口处,坝顶高程、坝顶宽度、上下游坡比均同①副坝,坝顶长度 94.746 m,最大坝高 51.6 m(排水廊道位置)。两副坝混凝土面板厚度为 0.4 m。

6　水库建成运行情况

上水库工程于 2011 年 4 月开工建设,于 2015 年 9 月通过水电水利规划设计研究总院组织的蓄水验收,并于 2015 年 12 月 15 日正式蓄水,于 2017 年 4 月 1 日首次蓄至正常蓄水位 291 m,蓄水运行至今已近两年半时间,目前渗水量稳定在 5.0 L/s 以内,约占总库容的 0.03‰,渗漏量极小,库盆防渗效果较好。

在水库蓄水初期的 2016 年 7 月中旬,发生过上水库 1#进出水口塔周南侧曾因回填区不均匀沉降变形过大致使土工膜撕裂破坏导致库盆渗漏现象,当时最大渗漏量约 1.5 m^3/s,遂放空水库进行处理,此次渗漏历时约一周,为局部单点渗漏,未对大坝及整个库盆防渗体系造成安全危害,经处理并恢复蓄水运行后,上水库运行正常。

上水库建立了完备的安全监测监视系统,并实现了自动化监测。电站首台机组于 2017 年 1 月 10 日至末台机组 2017 年 10 月 11 日全部六台机组投产发电运行以来,华东电网调用本电站极为频繁,每天“抽二发三”高频运行,上水库库水位日变幅在 22 m/d 左右,经分析各安全监测资料及巡视检查成果,除上水库主坝沉降变形尚未收敛趋稳外,水库运行正常,可靠性有保障,且经受住了电站 1 管 3 机甩负荷试验的考验。

7　结　语

溧阳抽水蓄能电站上水库场址区地形地貌及工程地质条件复杂,水库防渗要求高,通过采用库周钢筋混凝土面板、库底石渣回填表面土工膜防渗的全库盆防渗等措施,能较好地满足工程要求。

上水库蓄水运行后,当前各项监测数据表明,上水库各水工建筑物运行正常,水库渗水量极小,防渗体系运行效果良好,后续将持续关注大坝沉降变形情况和土工膜运行性态。

参考文献

[1] 溧阳抽水蓄能电站上水库蓄水安全鉴定设计自查报告[R]. 中国电建集团中南勘测设计研究院有限公司,2015.

[2] 江苏溧阳抽水蓄能电站枢纽工程设计变更汇总报告[R]. 中国电建集团中南勘测设计研究院有限公司,2016.

[3] 陆佑楣,潘家铮. 抽水蓄能电站[M]. 北京:水利水电出版社,1992.

新疆白杨河水库拦河大坝黏土心墙碾压试验研究

马　军

（新疆头屯河流域管理局，昌吉　831100）

摘　要　新疆白杨河水库工程为中型Ⅲ等工程，水库总库容1 270.6万m^3，大坝高79 m，采用黏土心墙坝。为寻求新疆白杨河水库拦河大坝黏土心墙土料填筑质量控制指标和合理的施工工艺，复核防渗体土料设计标准的合理性，在现场复查的基础上，于室内进行了大量的土料物理力学性能试验研究。碾压试验在完成现场和室内测试的基础上，对资料进行认真的分析研究，揭示了碾压土层中出现不符合防渗透和变形要求的原因和机制，寻求到了黏土心墙质量控制指标和合理的施工工艺，包括土料含水率、铺土厚度调整和碾压遍数的关系等，以及最佳的碾压参数、碾压机具和施工工艺，保证了心墙土料填筑质量既安全又经济。

关键词　大坝；黏土心墙；碾压试验；含水率；铺土厚度；碾压遍数；干密度；渗透系数；白杨河水库

1　工程概况

白杨河水库工程位于新疆阜康市滋泥泉子镇境内，为中型Ⅲ等工程，水库总库容1 270.6万m^3，大坝高79 m，坝顶高程为1 014.00 m，大坝采用黏土心墙坝，黏土心墙顶高程1 012.00 m，心墙顶部宽度为5 m，底部最大厚度为51.2 m，为中厚心墙，心墙建基面高程最低为935.00 m，顶高程为1 012.00 m。主要填筑工程量：上游反滤料填筑89 722 m^3，砂反滤小区填筑3 880 m^3，过渡料89 722 m^3，下游反滤料填筑94 842 m^3，上游砂砾石填筑897 353 m^3，下游砂砾石填筑938 126 m^3，石渣开挖利用方回填88 600 m^3，心墙黏土填筑T1料场460 623 m^3，心墙黏土填筑T2料场200 000 m^3，高塑性黏土填筑6 000 m^3，接触性黏土填筑18 000 m^3，总填筑量约为289万m^3。

2　碾压试验目的

碾压试验目的在于复核防渗体土料设计标准的合理性，验证碾压机械的可行性，选择相应的施工参数，确定填筑施工工艺与措施等。投入了TY－220型推土机、20 t凸块振动碾、20 t自卸汽车、挖掘机等机械设备，现场干密度共取样400组。在完成现场和室内测试的基础上，对资料进行认真的分析研究，寻找碾压土层中出现不符合防渗透和变形要求的原因和机制，通过试验来寻求具体解决办法及施工工艺，包括土料含水率、铺土厚度调整和碾压遍

作者简介：马军（1972—），男，新疆昌吉市人，高级工程师，新疆头屯河流域管理局，主要从事水利工程建设与管理工作。E-mail：mjwy.728210@163.com。

数的关系等,寻求最佳的碾压参数、碾压机具和施工工艺,保证心墙土料填筑质量既安全又经济。

3　碾压试验

土料碾压试验场地,布置在 T1 料场的土料制备场附近,试验场地有效面积为 16 m×16 m,将试验区覆盖层剥离后找平碾压,20 t 自行式凸块碾碾压使其密实,碾压密实并测量整平,作为碾压试验的场地(见图 1)。试验铺土的要求:由于碾压时产生侧向挤压,试验区的两侧留出一个碾压宽度作为非检测区域。

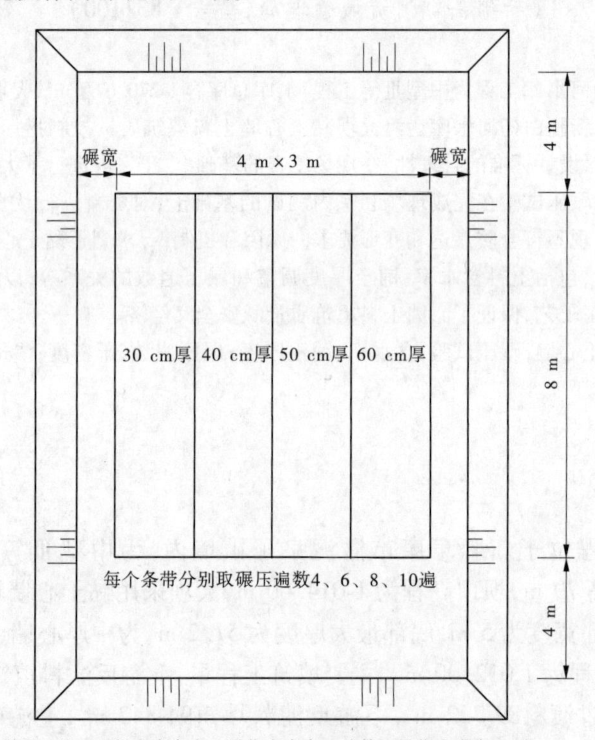

图 1　碾压场地平面示意图

3.1　碾压参数选择与试验组合

在试验前根据碾压机械的使用说明书的相关要求对激振力做适当调整,以满足土料压实性能的要求,行驶速度采用 2.63 km/h。所以,碾压参数的选择只对铺土厚度、含水量和碾压遍数等进行试验组合。

试验组合采用淘汰法,鉴于土料试验最优含水率及机械的压实功能等,配制含水率分别为 $w=11.5\%$、$w=13.5\%$、$w=14.5\%$;铺土厚度分别选用 $h_1=30$ cm、$h_2=35$ cm、$h_3=40$ cm;碾压遍数分别选用 $N_1=6$、$N_2=8$、$N_3=10$、$N_4=12$(不含动碾前的 2 遍静碾)。在现场根据室内的击实试验,所得的最大干密度和最有含水率来控制现场的密度试验,可以确定填土的压实度。

3.2　碾压试验土料的选用及试验组合

(1)第一工作面采用铺土厚度为 $h=30$ cm、3 种不同的含水率、4 种碾压遍数进行试验。

碾压过程完成后对第一工作面12个组合分别进行现场测量压实前后的土层厚度和试验（每一组合用500 cm^3环刀每个试验区域取10～15个试样做密度试验）。

（2）第二工作面采用铺土厚度为 $h=35$ cm、3种不同的含水率、4种碾压遍数组成12个组合进行试验。碾压过程和完成后分别进行现场测量并每个试验区域取10～15个试样进行密度试验。

（3）第三工作面采用铺土厚度为 $h=40$ cm、3种不同的含水率、4种碾压遍数组成12个组合进行试验。碾压过程和完成后分别进行现场测量并每个试验区域取10～15个试样进行密度试验。

碾压试验完成后对各组合试验结果等资料作图表进行分析，统计最优含水量、最佳铺土厚度和最经济的碾压遍数的组合。

4 碾压机具及技术参数

碾压机具为20 t凸块振动碾（详细参数见表1）、推土机（山推TY－220型）、自卸汽车（20 t）、挖掘机（斗容1.6 m^3）等。

表1 碾压机具主要技术性能表

碾压机具	型号	工作质量（t）	凸块高度（mm）	碾筒尺寸（mm）	振动频率（Hz）	激振力（kN）	总作用力（kN）	行驶速度（km/h）
凸块振动碾	XS202J	20	110	Φ1 600×2 130	28/33	353/245	684	2.63

5 试验程序

（1）剥离整平碾压场地原地面碾压密实，并按填筑要求压实。

（2）按计划试验组合划分区域，并用白灰线标识各试验组合的位置。

（3）对每一试验组合布置测量方格网，并测出网点的高程。

（4）在布置的试验组合区域上用自卸汽车采用进占法卸料，推土机摊铺整平，局部不平整处人工整平，使铺土厚度满足试验要求。

（5）铺料完成后按测量方格网点测高程。

（6）按各试验组合的碾压遍数，采用要求的碾压机具按规范的行驶速度进行碾压，碾压机具每前进后退一次按碾压两遍计算。

（7）每层土料碾压取样完成后，对本层重新整平碾压，再进行下一层铺土。

（8）碾压结束后，按测量方格网检测碾压面的高程，计算压实厚度及沉降量。

（9）采用500 cm^3环刀法测定各试验组合的压实干密度，用酒精燃烧法测定含水率（现场采用95%的医用酒精）。

（10）除上述现场试验外，并对制备土料进行室内标准击实试验、颗粒分析及渗透试验等。

6　试验成果分析

6.1　颗粒分析和轻型击实试验

本次碾压试验是采用T1料场的土料，对试验用土料取样进行了颗粒分析和轻型击实试验，测定了各土样的颗粒级配组成和最大干密度、最优含水率等，试验成果见表2及图2～图7。从表2及图2～图7看，试验用土料的颗粒组成 $d>0.075$ mm的砂粒含量在2%～10.8%，平均值5.7%，粉粒含量0.075～0.005 mm在69.6%～82.6%，平均值78.1%，$d<0.005$ mm的黏粒含量在14.1%～19.6%，平均值16.1%，最大干密度1.83 g/cm^3，最优含水率约14.2%，可见表2，而由于室外试验碾压机具击实功与室内试验击实功的不同，现场含水率应略小于击实试验最优含水率。

表2　T1料场碾压试验分析成果

土样组号		粒径组成(mm)					液限	塑限	塑性指数	最优含水率	最大干密度
		>5	5～2	2～0.075	0.075～0.005	<0.005	W_L (%)	W_P (%)	I_P	ω_{op} (%)	ρ_{dmax} (g/cm^3)
		小于某粒径的总土重的百分数(%)									
T1	1	0.0	0.0	6.8	79.3	13.9	24.6	14.0	10.6		
	2	0.0	0.0	3.3	82.6	14.1	24.8	14.2	10.6		
	3	0.0	0.0	5.7	77.5	16.8	24.5	14.6	9.9	14.2	1.83
	4	0.0	0.0	10.8	69.6	19.6	25.2	15.0	10.2		
	5	0.0	0.0	2.0	81.7	16.3	—	—	—		
	最大值	0.0	0.0	10.8	82.6	19.6	25.2	15.0	10.6	—	—
	最小值	0.0	0.0	2.0	69.6	14.1	24.5	14.0	9.9	—	—
	平均值	0.0	0.0	5.7	78.1	16.1	24.8	14.5	10.3	14.2	1.83

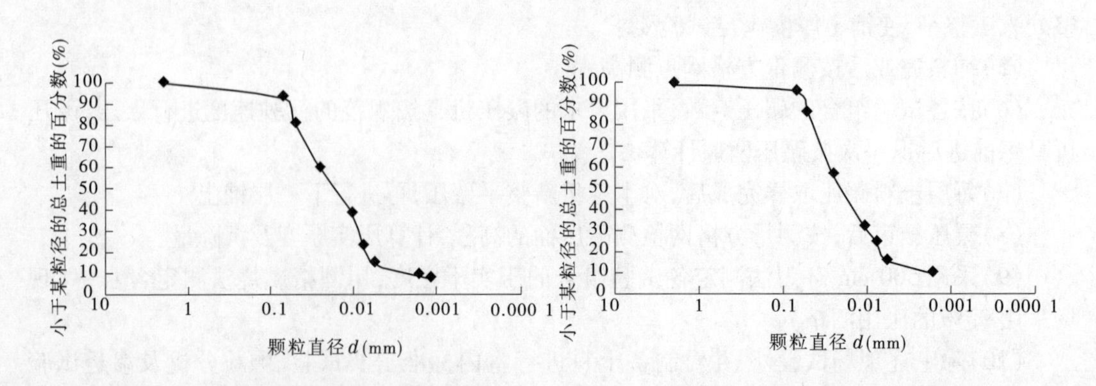

图2　T1料场碾压试验颗粒分析曲线(1)　　图3　T1料场碾压试验颗粒分析曲线(2)

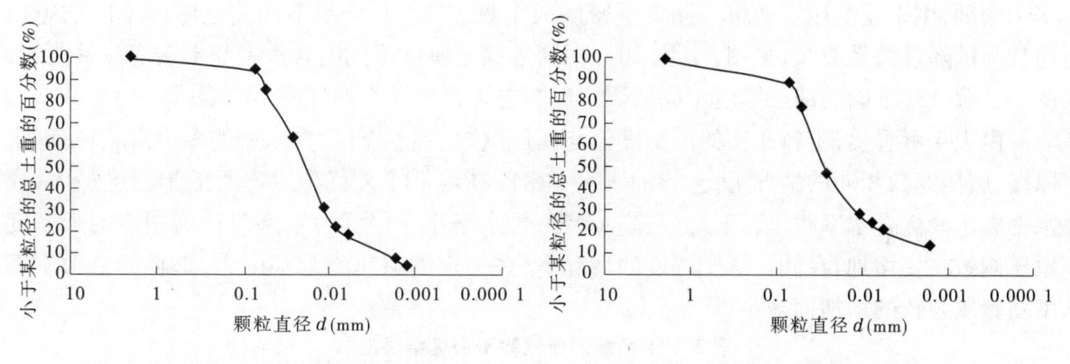

图4 T1 料场碾压试验颗粒分析曲线(3) **图5 T1 料场碾压试验颗粒分析曲线(4)**

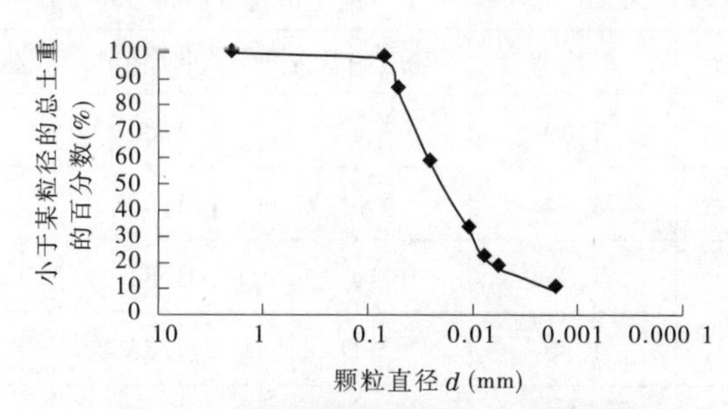

图6 T1 料场碾压试验颗粒分析曲线(5)

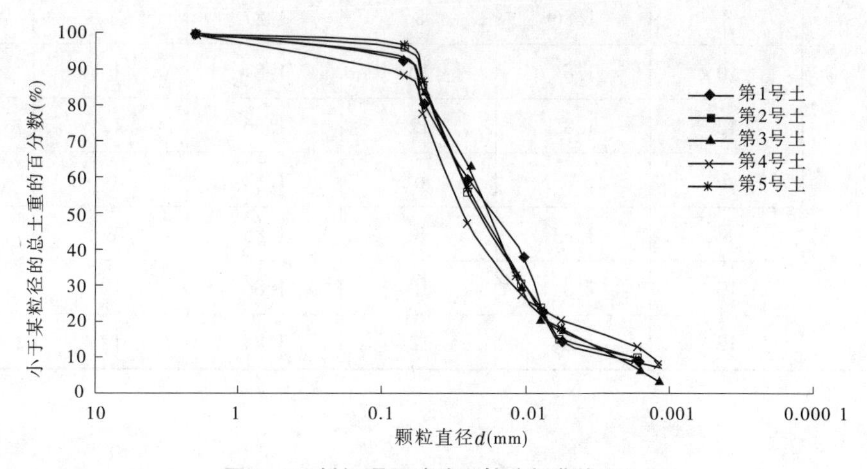

图7 T1 料场碾压试验颗粒分析曲线(6)

6.2 碾压试验成果分析

6.2.1 试验中的主要现象描述

用凸块碾的碾压过程中,凸块在各个试验组合内留下的辙迹深度均为 10 ~ 12 cm,与土料的含水率及碾压遍数的影响不明显;配制含水率超过 14.5% 碾压到 10 遍时开始出现"轻微剪切"破坏现象。

6.2.2 土料压实干密度、含水率成果分析

本次碾压试验采用 3 种不同含水率的制备土料,每种含水率的土料分为 4 种铺土厚度、每种铺土厚度又分为 4 种不同的碾压遍数。待各试验组合碾压完成后,挖去距土层表面 10 ~15 cm 厚的松土层后用环刀法测定湿密度、酒精燃烧法测定含水率,并计算出相应的压

实干密度,用以反映压实效果。测得干密度成果见表 3。并绘制不同铺土厚度不同的碾压遍数与沉降量关系曲线,见图 8 ~ 图 10。不同的铺土厚度不同的含水率与干密度关系曲线,图 11 ~ 图 13,不同的铺土厚度不同的碾压遍数与干密度关系曲线图 14 ~ 图 16。

由表 3 可看出,土料压实的干密度值与碾压遍数、铺土厚度、含水率的多少有关,在铺土厚度、碾压遍数相同的情况下,土料的压实干密度在略低于最优含水率时的干密度最大,含水率大于最优含水率时干密度均呈递减趋势;含水率小于最优含水率时达到相应的干密度碾压遍数将要增加;在同一铺土厚度的情况下,在一定的碾压遍数范围内,土料的最大干密度随碾压遍数的增加而减小。

表 3　T1 料场碾压试验干密度结果汇总

计划配制含水率(%)	铺土厚度 30 cm		铺土厚度 35 cm		铺土厚度 40 cm	
	碾压遍数 n	平均值	碾压遍数 n	平均值	碾压遍数 n	平均值
11.5	6	1.80	6	1.80	6	1.79
	8	1.84	8	1.83	8	1.81
	10	1.85	10	1.84	10	1.83
	12	1.86	12	1.85	12	1.84
13.5	6	1.83	6	1.83	6	1.82
	8	1.86	8	1.87	8	1.85
	10	1.87	10	1.87	10	1.86
	12	1.85	12	1.86	12	1.86
14.5	6	1.83	6	1.83	6	1.82
	8	1.85	8	1.85	8	1.83
	10	1.84	10	1.86	10	1.85
	12	1.84	12	1.84	12	1.85

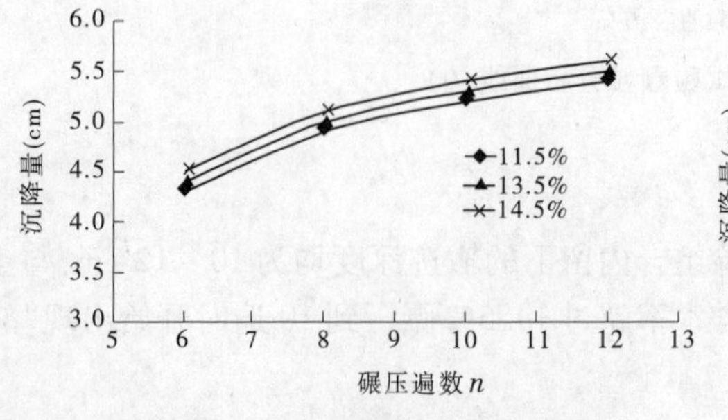

图 8　铺土 $H = 30$ cm 时 T1 料场碾压遍数与沉降量关系曲线

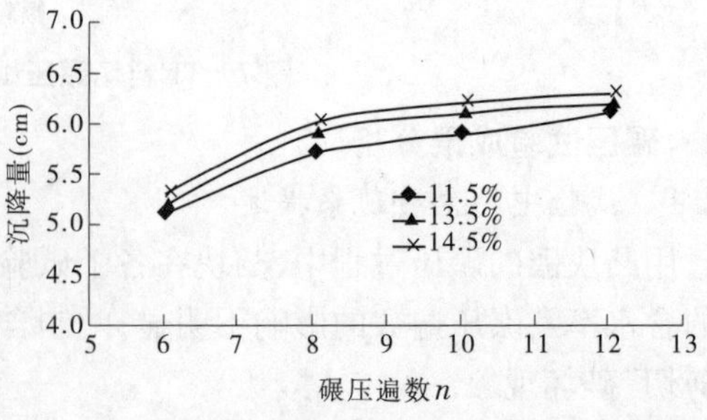

图 9　铺土 $H = 35$ cm 时 T1 料场碾压遍数与沉降量关系曲线

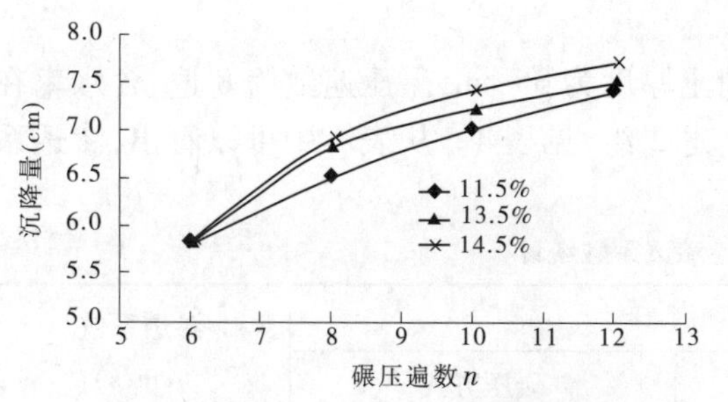

图 10 铺土 $H=40$ cm 时 T1 料场碾压遍数与沉降量关系曲线

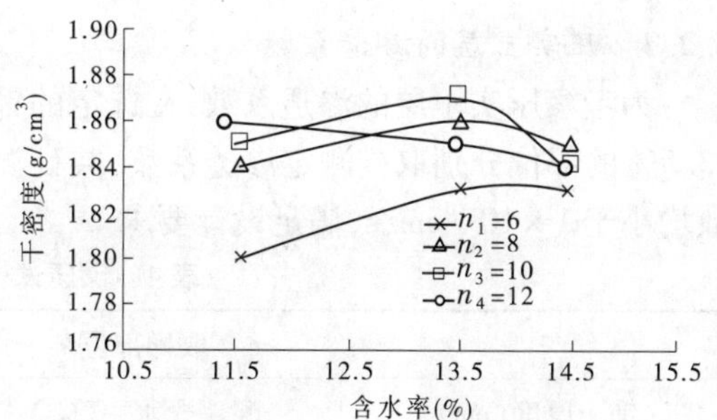

图 11 铺土 $H=30$ cm 时 T1 料场碾压试验铺土厚度含水率与干密度关系曲线

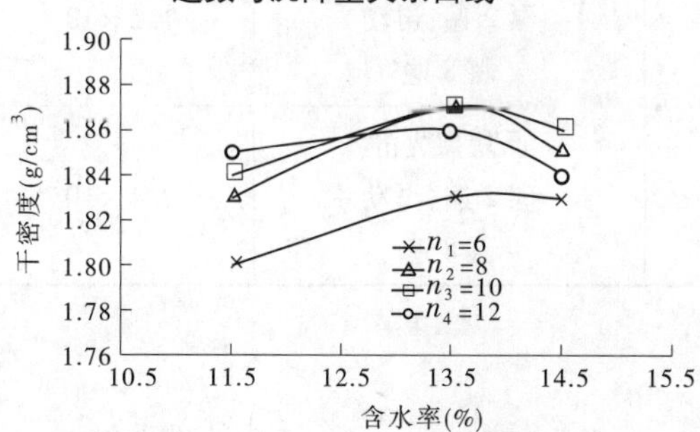

图 12 铺土 $H=35$ cm 时 T1 料场碾压试验铺土厚度含水率与干密度关系曲线

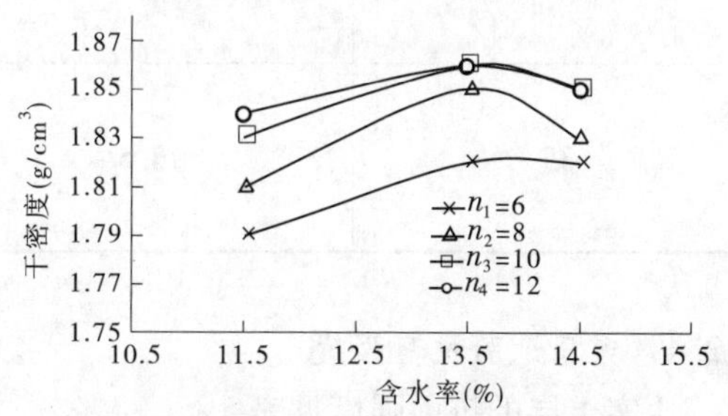

图 13 铺土 $H=40$ cm 时 T1 料场碾压试验铺土厚度含水率与干密度关系曲线

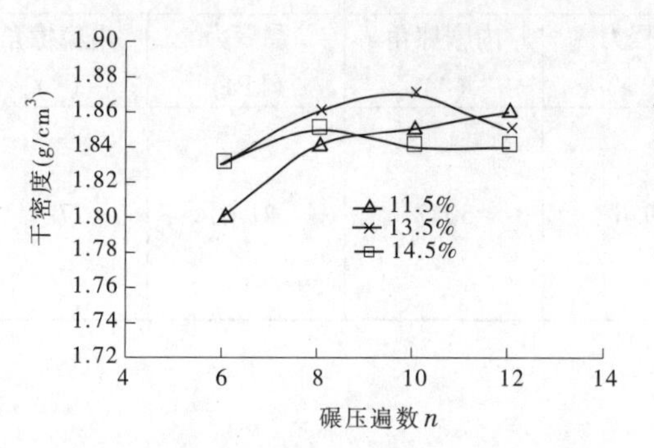

图 14 铺土 $H=30$ cm 时 T1 料场碾压试验碾压遍数与干密度曲线

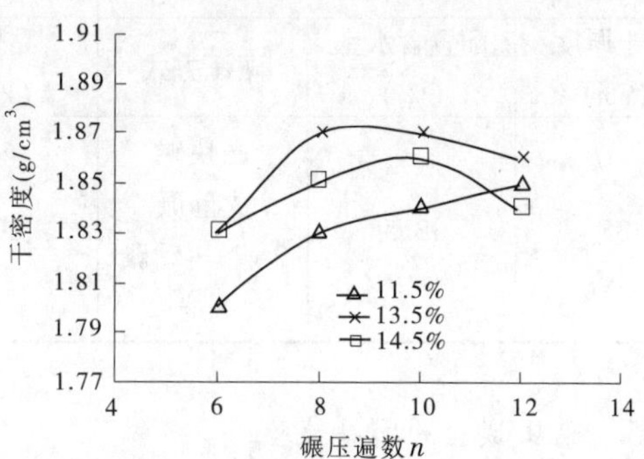

图 15 铺土 $H=35$ cm 时 T1 料场碾压试验碾压遍数与干密度曲线

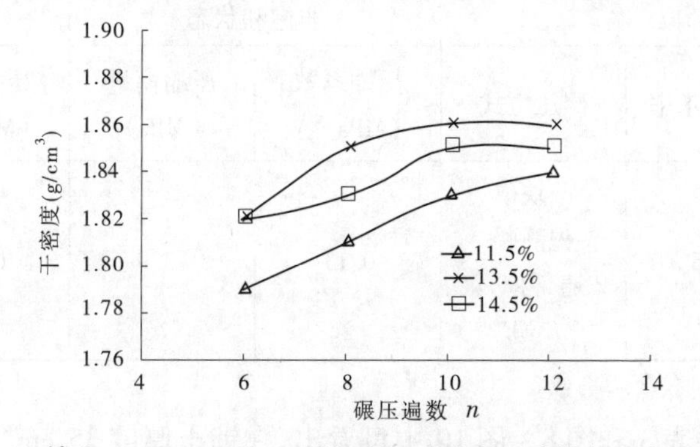

图 16 铺土 $H=40$ cm 时 T1 料场碾压试验碾压遍数与干密度曲线

6.2.3　压实土层的渗透系数

为考察压实土层的渗透系数，在选定的铺土厚度为35 cm、碾压遍数为8遍、含水率在13.5%的部位分别取样测定渗透系数，共计测定2组，见表4。从表4中可以看出，渗透系数均小于1×10^{-6}cm/s，满足设计要求。

表4　碾压试验渗透系数统计

取样部位			渗透系数(cm/s)
铺土厚度(cm)	配置含水率(%)	碾压方式	
35	13.5	凸块碾先静碾2遍，再动碾8遍	1.2×10^{-7}
35	13.5	凸块碾先静碾2遍，再动碾8遍	2.4×10^{-7}

6.2.4　碾压试验抗剪强度

压实土层的抗剪强度见表5。

表5　碾压试验抗剪强度

取样部位			非饱和状态		饱和状态	
铺土厚度(cm)	配置含水率(%)	碾压方式	黏聚力(kPa)	内摩擦角(°)	黏聚力(kPa)	内摩擦角(°)
35	13.5	凸块碾先静碾2遍，再动碾8遍	29.6	30.7	21.8	27.4

6.2.5　碾压试验的固结试验

压实土层的固结试验见表6。

表6　碾压试验的固结试验表

取样部位			非饱和状态		饱和状态	
铺土厚度(cm)	配置含水率	碾压方式	压缩系数(MPa^{-1})	压缩模量(MPa)	压缩系数(MPa^{-1})	压缩模量(MPa)
35	13.5	凸块碾先静碾2遍，再动碾8遍	0.11	13.9	0.12	12.4

从碾压试验结果表3和图8～图10中可看出，在铺土厚度35 cm、碾压遍数为8遍时，最优含水率在11%～14%的范围内，干密度检测值可以达到室内试验干密度值时，土料填

筑质量既保证又经济。

7 结 论

综上所述,依据白杨河水库黏土心墙坝工程土料防渗土料性质、室内轻型击实试验、压实试验成果,建议防渗体土料填筑标准:

(1)选用 T1 料场土料室内轻型击实试验最大干密度,现场压实度大于 100%。

(2)心墙土料的压实采用 20 t 振动凸块碾,行驶速度小于 4 km/h(1 挡中油门)。先静碾 2 遍后,再以相同的行驶速度振动碾压 8 遍。

(3)土料含水率 11% ~14%(控制在最优含水率的干侧碾压)。

(4)铺土厚度 35 cm,进占法卸料。

(5)土料铺填前宜对上一层风干土表层洒水润湿,然后再用 20 t 自卸汽车采用进占法铺土,推土机摊铺施工。

参 考 文 献

[1] 水利水电工程天然建筑材料勘察规程 :SL 251—2000[S]. 北京:中国水利水电出版社,2000.
[2] 碾压式土石坝施工规范:DL/T 5129—2001[S]. 北京:中国电力出版社,2001.
[3] 土工试验规程:SL 237—1999[S]. 北京:中国水利水电出版社,1999.

西藏地区某水库工程碾压式沥青混凝土心墙坝渗透稳定性分析

刘立鹏　王玉杰　赵宇飞　段庆伟

（中国水利水电科学研究院 流域水循环模拟与调控国家重点实验室，北京　100048）

摘　要　土石坝渗控措施设计关乎整个工程的成败，针对西藏地区某水库工程碾压式沥青混凝土心墙坝渗控措施设计方案，利用 Geostudio 软件中 SEEP/W 模块和 femwater 三维有限元软件进行二维和三维渗透稳定分析，结果表明：采用沥青混凝土心墙 + 防渗墙 + 灌浆帷幕综合渗控措施后，由于有效增加了渗流路径，总水头降低明显，浸润面自上游逐渐降低，对于该工程碾压式沥青混凝土心墙坝渗流场控制作用较为明显，坝趾部位具有一定的出逸现象，工程设计中防渗体下游及坝趾出逸处需设置反滤层；设计渗控措施下，坝体总渗流量低于坝址处多年平均径流量 1%，满足设计要求。取消 5 Lu 线以上地层任何部位灌浆帷幕则不满足设计要求，且渗流比降较大，存在极大的渗透破坏可能性，不建议取消现有设计中任何部位灌浆帷幕，以确保大坝安全。研究结果可为类似工程渗控方案设计提供一定的参考与借鉴。

关键词　土石坝；渗透稳定；渗流场模拟

1　引　言

碾压式沥青混凝土心墙坝作为重要挡水建筑物在国内外高坝大库建设中越来越多地采用[1-4]。西藏地区某水库位于西藏中南部地区，山南地区乃东县境内的雅鲁藏布江右岸一级支流雅砻河上游格曲上，拦河大坝为碾压式沥青混凝土心墙砂砾石坝，总库容为 2 206 万 m^3，坝顶高程 4 134.40 m，正常蓄水位 4 130.00 m，最大坝高 73.5 m，坝顶长 383.7 m。渗控措施由沥青混凝土心墙、防渗墙及灌浆帷幕组成。作为土石坝中最重要的组成部分，渗控措施的防渗效果一直是工程建设方关心的重点，针对每个高坝大库都需要对其防渗效果开展深入研究。徐毅等通过赋予悬挂式防渗墙合理渗透系数的情况下，利用有限元法对无限深透水地基上的土石坝建立数学模型进行理论计算，研究表明防渗墙的位置越靠近上游防渗效果越好，防渗墙的有效深度为 6 ~ 8 倍的坝前水深[5]。高江林等研究了防渗墙质量缺陷对工程渗流特性的影响，认为无限制降低防渗墙渗透特性，最终防渗效果改变不大但成本增加明显[6]。刘晓庆等基于工程实际，采用非饱和渗流分析方法，探讨了强透水地基上土石坝下游排渗系统对渗流场的影响[7]。刘桃溪等对张沟均值土石坝渗流和坝坡稳定性进行了分析计算，研究结果为工程设计提供了技术支撑[8]。刘昌军等探讨了心墙土石坝渗流场的

基金项目：国家自然科学基金项目（No. 51609266）；中国水利水电科学研究院基本科研业务费专项项目（No. GE0145B452016，No. GE0145B822017）。

作者简介：刘立鹏（1983—），男，2006 年本科毕业于中国地质大学（北京）工程技术学院土木工程专业，高级工程师，主要从事地下洞室及结构工程稳定性方面的研究工作。E-mail：liulip@ iwhr. com。

无单元法模拟方法[9]。虽然前人对于碾压式沥青混凝土心墙坝从心墙防渗功能、防渗墙参数以及灌浆帷幕缺陷等多个角度进行了研究,但对于国内拟建的高坝大库而言,针对每个具体的工程,由于坝体设计参数不同、渗控标准不同,均需针对具体工程开展特性研究,分析在不同运行工况下渗控措施的有效性,为工程优化设计、论证工程安全提供技术支撑。基于此,本文利用 Geostudio 软件中 SEEP/W 模块和 femwater 三维有限元软件对西藏地区某水库工程碾压式沥青混凝土心墙坝进行二维和三维渗透稳定分析,研究结果可为该工程安全建设及运行提供参考,为类似工程渗控方案设计提供一定借鉴。

2 基本原理

渗流计算采用达西定律,截面渗流量与渗透面积及水头差成正比,与渗流路径成反比,可表示为:

$$Q = kA\frac{H_1 - H_2}{L} \tag{1}$$

式中:Q 为渗流量;k 为渗透系数;A 为过水断面面积;H_1、H_2 为作用水头,L 为渗流路径。

式(1)两边同时除以过水断面面积,可变化为:

$$v = \frac{Q}{A} = k\frac{H_1 - H_2}{L} = kJ \tag{2}$$

式中:v 为流速;J 为水力梯度。

渗流场的连续方程和运动方程假定液体不可压缩、土骨架亦不变形,由质量守恒原理推导出稳定渗流情况下的三维连续方程如下:

$$\frac{\partial v_x}{\partial x} + \frac{\partial v_y}{\partial y} + \frac{\partial v_z}{\partial z} = 0 \tag{3}$$

式中:v_x、v_y、v_z 分别为 x、y、z 方向渗透速度。由达西定律知,土中三维恒定渗流的运动微分方程式为:

$$\left.\begin{aligned} v_x &= -k_x\frac{\partial H}{\partial x} \\ v_y &= -k_y\frac{\partial H}{\partial y} \\ v_z &= -k_z\frac{\partial H}{\partial z} \end{aligned}\right\} \tag{4}$$

式中:k_x、k_y、k_z 分别为 x、y、z 方向的渗透系数;H 为总水头。对于各向同性均质土,它们共有 4 个未知数 v_x、v_y、v_z 和 H,联立基本微分方程组可求解渗流场各点的流速和水头。根据连续性假设,dt 时间内单元体的体积变化必等于同一时间内单元体的水量变化,结合达西定律,可得渗流运动的连续性方程为

$$\frac{\partial}{\partial x}\left(k_x\frac{\partial H}{\partial x}\right) + \frac{\partial}{\partial y}\left(k_y\frac{\partial H}{\partial y}\right) + \frac{\partial}{\partial z}\left(k_z\frac{\partial H}{\partial z}\right) + Q = \frac{\partial \Theta}{\partial t} \tag{5}$$

式中:t 为时间;Θ 为体积含水率($\Theta = V_w/V$,V_w 为在水流过土体时驻留在土体结构中的水的体积,V 为土体的总体积)。

假设在 z 方向无渗流发生,即考虑平面二维渗流,则式(5)简化为:

$$\frac{\partial}{\partial x}\left(k_x\frac{\partial H}{\partial x}\right) + \frac{\partial}{\partial y}\left(k_y\frac{\partial H}{\partial y}\right) + Q = \frac{\partial \Theta}{\partial t} \tag{6}$$

3　模型情况及计算参数

二维渗流分析中数值计算模型采用最大截面位置,即桩号坝 0 + 211. 28 位置剖面,建立模型如图 1 所示。

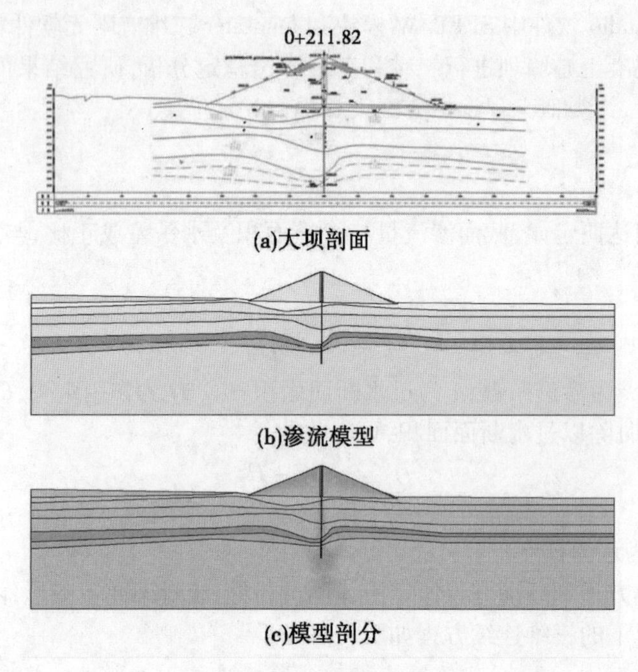

(a)大坝剖面

(b)渗流模型

(c)模型剖分

图 1　二维渗流计算模型

坐标原点和坐标的方向规定:以顺河向为 x 轴,其中指向下游为正;竖直向为 y 轴,向上为正。考虑到模型边界的影响,模型左右边界及下边界均进行了一定的延伸,其中模型 x 方向长约 1 400 m,y 方向高约 340 m,将该区域进行有限元单元离散,共划分 87 996 个单元,节点 87 135 个。三维计算模型则主要利用该工程实测地形图、水工建筑物设计图及地质勘探图建立,具体如图 2 所示。

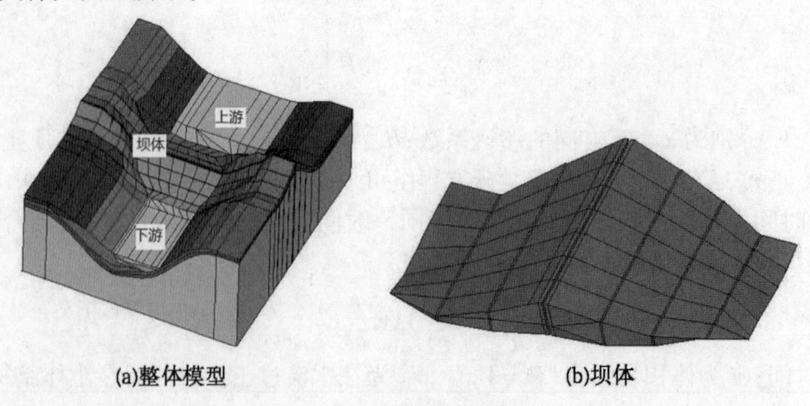

(a)整体模型　　(b)坝体

图 2　三维渗流计算模型

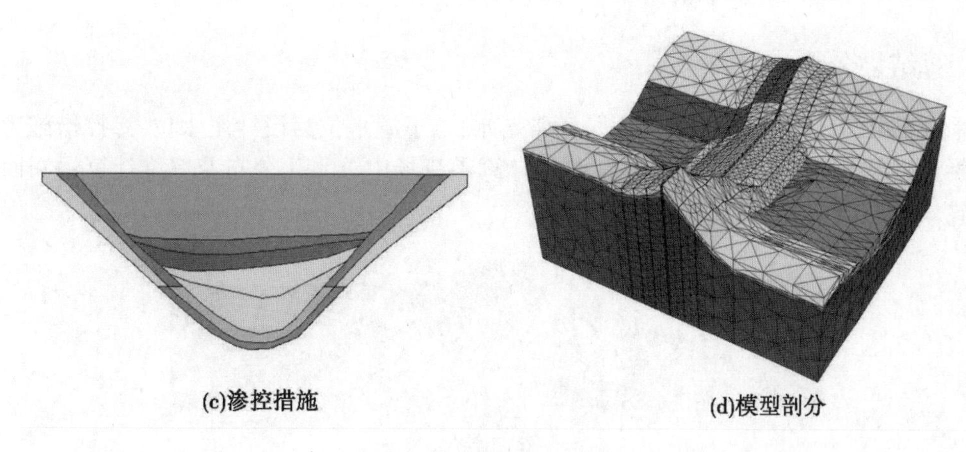
(c)渗控措施 (d)模型剖分

续图2

三维数值模型中,沿坝轴方向为 y 轴方向,沿河谷方向为 x 轴方向,z 方向为竖直方向,考虑渗流边界条件影响,建立模型是沿各方向均具有一定的延伸,其中模型 y 方向长 950 m,x 方向长 1 070 m,z 方向以高程 3 800 m 为底板高程,其中,模型剖分后含节点 18 119 个,96 174个单元。各地层渗透系数如表 1 所示。

表1 地层渗透系数

材料		渗透系数(m/s)
第四系全新通		5.0×10^{-4}
坝壳料		5.0×10^{-5}
堆石贴坡		2.0×10^{-4}
混凝土防渗墙		1.0×10^{-9}
帷幕灌浆层		5.0×10^{-9}
花岗岩	强透水	1.0×10^{-4}
	弱透水与强透水之间	1.0×10^{-6}
	5 Lu 与弱透水之间	5.0×10^{-7}
	5 Lu 以下	1.0×10^{-8}

该水库工程正常蓄水位 4 176.65 m,设计洪水位 4 177.84 m,校核洪水位 4 178.22 m,死水位 4 119.67m,其中计算工况如表 2 所示。

表2 计算工况

工况	计算条件
1	上游水位为正常蓄水位,下游水位为最低水位,正常渗控措施
2-1	上游水位为正常蓄水位,下游水位为最低水位,取消 5 Lu 线至弱透水层间灌浆帷幕
2-2	上游水位为正常蓄水位,下游水位为最低水位,取消 5 Lu 线与强透水层间灌浆帷幕
2-3	上游水位为正常蓄水位,下游水位为最低水位,取消 5 Lu 线至第四纪地层间灌浆帷幕
3	上游校核洪水位与下游相应的水位,正常渗控措施

注:表中正常渗控措施是指采用心墙+防渗墙+灌浆帷幕方式进行防渗处理。

4　计算结果分析

采用工况 1 计算方案下（上游水位正常蓄水位，下游水位为设计尾水位，渗控措施为沥青混凝土心墙 + 防渗墙 + 灌浆帷幕），二维计算渗流场中总水头分布及三维计算浸润面分布形式如图 3、图 4 所示。

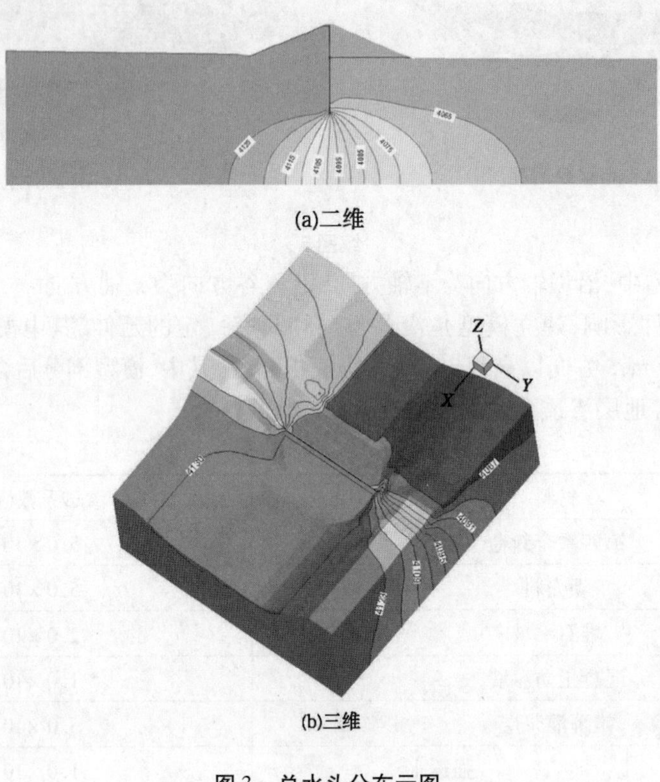

(a)二维

(b)三维

图 3　总水头分布云图

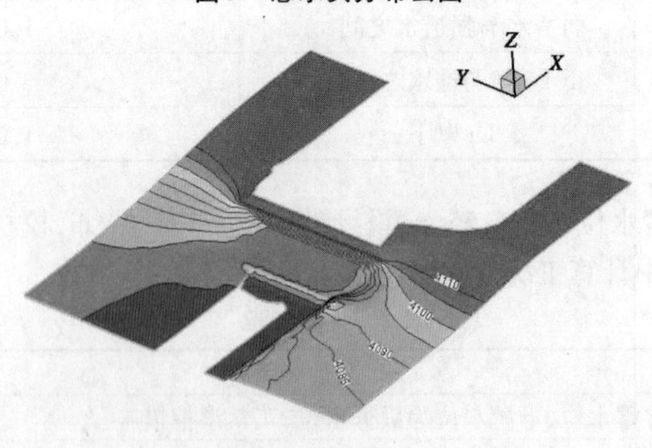

图 4　浸润面分布随高程变化（三维计算）

由图 3 可知，采用沥青混凝土心墙 + 防渗墙 + 灌浆帷幕综合渗控措施后，由于增加了渗流路径，总水头降低明显，与总水头分布形式与理论计算及常规经验相一致，总水头在灌浆帷幕下发生较大变化，即对于该工程碾压式沥青混凝土心墙坝渗流场的控制作用较为明显。同时，由渗控措施下浸润面分布随高程变化图（图 4）可知，浸润面自上游逐渐降低，即工程防渗控制措施具有明显的渗控效果，此外坝趾部位具有一定的出逸现象，工程设计中防渗体下游及坝趾出逸处设置反滤层。

有表2 可知,不同的计算工况,特别是工况 2 主要是对于不同渗控措施下的敏感性分析,为了对比分析结果,将不同计算工况下所得结果归纳整理,具体计算结果如表 3 所示。

表3　计算结果

	工况	总渗流量(m^3/a)	占坝址处多年平均径流量(%)	坝趾最大渗透比降
	1	1.85×10^5	0.46	0.004
	2-1	3.75×10^5	0.95	0.086
二维计算分析	2-2	1.19×10^6	3.01	0.245
	2-3	3.18×10^7	80.3	0.553
	3	1.89×10^5	0.48	0.005
	1	2.10×10^5	0.65	
	2-1	4.85×10^5	1.49	
三维计算分析	2-2	2.15×10^6	6.62	—
	2-3	6.15×10^6	18.89	
	3	2.15×10^5	0.66	

由表 3 可知,在设计渗控措施下,二维与三维计算分析结果较为一致,即根据单宽渗流量类推的坝体总渗流量或三维渗流量均低于坝址处多年平均径流量的 1%,满足设计要求,如果取消 5 Lu 线至弱透水层间灌浆帷幕,则三维渗流计算结果表明不符合设计要求,同样,取消 5 Lu 线与强透水层间灌浆帷幕以及取消 5 Lu 线至第四纪地层间灌浆帷幕时,二维和三维分析结果均表明不满足设计要求。同时由坝趾处最大渗流比降可知,除工况 2-1 最大渗流比较低于覆盖层渗流允许比降 0.10 外,工况 2 中其他工况渗流比降均较大,存在极大的渗透破坏可能性,故而对于该工程的碾压式沥青混凝土心墙坝不建议取消 5 Lu 线以上任何部位灌浆帷幕,以确保满足设计要求。

5 结　论

利用 Geostudio 软件中 SEEP/W 模块和 femwater 三维有限元软件对西藏地区某水库工程碾压式沥青混凝土心墙坝进行二维和三维渗透稳定分析,获得主要结论如下:

(1)采用沥青混凝土心墙 + 防渗墙 + 灌浆帷幕综合渗控措施后,由于增加了渗流路径,总水头降低明显,浸润面自上游逐渐降低,对于该工程碾压式沥青混凝土心墙坝渗流场控制作用较为明显,此外坝趾部位具有一定的出逸现象,工程设计中防渗体下游及坝趾出逸处需设置反滤层。

(2)设计渗控措施下,坝体总渗流量低于坝址处多年平均径流量的 1%,满足设计要求。取消 5 Lu 线以上地层任何部位灌浆帷幕则不满足设计要求,且渗流比降较大,存在极大的渗透破坏可能性,不建议取消现有设计中任何部位灌浆帷幕,以确保大坝安全。

参 考 文 献

[1] 余林. 寒冷地区沥青混凝土心墙坝研究现状分析[J]. 水利规划与设计, 2018(1):114-118.

[2] 张应波，王为标，兰晓，等. 土石坝沥青混凝土心墙酸性砂砾石料的适用性研究[J]. 水利学报，2012，43(4):460-466.

[3] 饶锡保，程展林，谭凡，等. 碾压式沥青混凝土心墙工程特性研究现状与对策[J]. 长江科学院院报，2014，31(10):51-57.

[4] 朱晟，张美英，戴会超. 土石坝沥青混凝土心墙力学参数反演分析[J]. 岩土力学，2009，30(3):635-639.

[5] 徐毅，侍克斌，毛海涛. 悬挂式微透水防渗墙的土石坝渗流计算[J]. 水资源与水工程学报，2014(4):138-141.

[6] 高江林，严卓. 土石坝加固工程中缺陷防渗墙渗流特性研究[J]. 人民黄河，2017，39(9):125-128.

[7] 刘晓庆，陈峰，吴宇峰. 强透水地基上土石坝非饱和渗流数值分析[J]. 人民黄河，2013，35(8):120-122.

[8] 刘桃溪，辛全才，解晓峰，等. 张沟均质土石坝渗流和坝坡稳定分析[J]. 人民黄河，2012，34(3):120-122.

[9] 刘昌军，丁留谦，宁保辉，等. 心墙土石坝渗流场的无单元法模拟[J]. 水力发电学报，2012，31(3):182-187.

新疆民丰尼雅水利枢纽水工模型泄洪冲沙洞试验研究

武 清[1] 克里木[1] 黄 涛[2]

(1 新疆水利水电规划设计管理局,乌鲁木齐 830000;
2. 中国水利水电科学研究院,北京 100038)

摘 要 通过模型试验观测了三种特征洪水下底孔泄洪冲沙洞的水流流态,量测了各特征水位下泄量、泄槽不同断面流速、沿程水面线、压力及下游河道冲刷等。经过计算分析,认为泄水建筑物设计方案基本合理,针对试验出现的水力学问题,底孔消力池池长池深进行适当增加,出口左边墙处调整为圆弧形。经试验验证,修改后的设计方案更加合理,为工程规划设计提供了技术支撑。

关键词 尼雅水利枢纽;水工模型;泄流能力

1 工程概况

泄洪洞是水利枢纽中常见的泄水建筑物,特别是对于高水头泄流,水流速度达到40~50 m/s,体型不慎易造成极大的破坏[1,2],国内外许多学者致力于泄洪洞水力学问题的研究[3,4]。

尼雅水利枢纽工程位于新疆和田民丰县尼雅河中游,控制流域面积7 146.00 km^2,多年平均径流量2.18亿m^3。工程开发的任务是合理调配自然生态和经济社会用水,提高尼雅河水资源综合管理能力,兼顾灌溉、发电等综合利用。

尼雅水利枢纽水库总库容4 220.00万m^3,校核洪水位2 673.00 m,设计洪水位2 671.20 m,正常蓄水位2 663.00 m,电站装机容量6 000 kW。尼雅水利枢纽由拦河沥青混凝土心墙砂砾石坝、表孔溢洪洞、泄洪冲沙隧洞(导流洞改建)、灌溉发电隧洞等组成。拦河坝坝顶高程为2 673.80 m,坝顶长度352.00 m,最大坝高为131.00 m。表孔溢洪洞堰顶高程为2 658.00 m,堰顶宽10.00 m,设计泄洪流量可达1 044.00 m^3/s,溢洪隧洞为城门洞形,尺寸为7.50 m×9.00 m,采用挑流式消能。泄洪冲沙洞为无压隧洞,设计泄洪流量为371.00 m^3/s,进水口底高程2 595.00 m,孔口尺寸3.50 m×3.50 m,泄洪冲沙洞从桩号0+000 m断面宽度3.5 m渐变至0+008.0 m的4.0 m,桩号0+008.0 m至0+494.05 m洞身断面尺寸为4.00 m×5.45 m城门洞形,消能方式为底流消能,布置如图1所示。

2 试验目的

通过模型试验,验证各过水建筑物的过流能力、建筑物布置方案合理性、建筑物体型的

作者简介:武清,男,高级工程师,主要从事规划设计管理。E-mail:xcfhwq@163.com。
通讯作者:黄涛,男,山东枣庄人,博士。E-mail:huangt@iwhr.com。

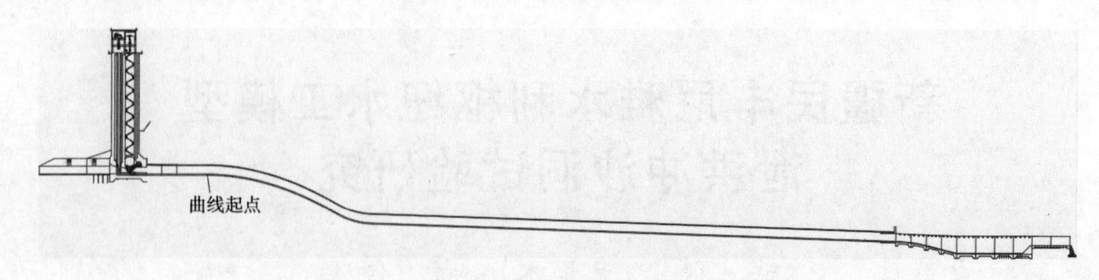

图 1　泄流底孔典型剖面图

合理性、下游消能防冲设计的合理性等;研究泄洪冲沙洞进口拉沙效果及排泄泥沙对电站尾水的影响,为工程规划设计提供技术支撑,使设计方案更加合理。

3　模型设计制作

3.1　模型设计

尼雅水利枢纽水工模型设计为正态模型,按照重力相似、阻力相似准则及水流连续性,根据试验任务要求和水工(常规)模型试验规程[5-7],几何比尺取 60,根据模型试验相似准则,模型主要比尺计算见表 1。

表 1　模型比尺汇总

比尺名称	比尺	依据
几何比尺 λ_L	60	试验任务要求及《规范》[5]
流速比尺 λ_V	7.75	$\lambda_V=\lambda_L^{\frac{1}{2}}$
流量比尺 λ_Q	27 885.5	$\lambda_Q=\lambda_L^{\frac{5}{2}}$
水流运动时间比尺 λ_{t_1}	7.75	$\lambda_{t_1}=\lambda_L^{\frac{1}{2}}$
糙率比尺 λ_n	1.98	$\lambda_n=\lambda_L^{\frac{1}{6}}$
起动流速比尺 λ_{V_0}	7.75	$\lambda_{V_0}=\lambda_V$

3.2　模型范围

设计模型模拟主要包括上游部分库区、枢纽泄洪底孔及下游河道部分,模拟范围库区长度 750 m,大坝、表孔溢洪洞、泄洪冲沙隧洞、下游河道长度 1 000 m,如图 2 所示。

模型模拟总长度约 1 750 m,宽度 500 m,模型长 30 m,模型最大宽度 9 m,模型库区部分高度为 2.5 m,下游河道部分高度为 1.0 m 模型整体布置范围及循环系统如图 3 所示。

4　模型试验泄洪冲沙洞结果

泄洪冲沙洞试验共分为 3 组工况,如表 2 所示。模型下游水位控制断面在表孔出口下游 280 m 处,下游水位按照设计部门提供水位资料求得。各工况按照设计部门提供特征水位控制,流量按照模型实测泄流能力结果。

图2　尼雅水利枢纽水力学模型整体布置

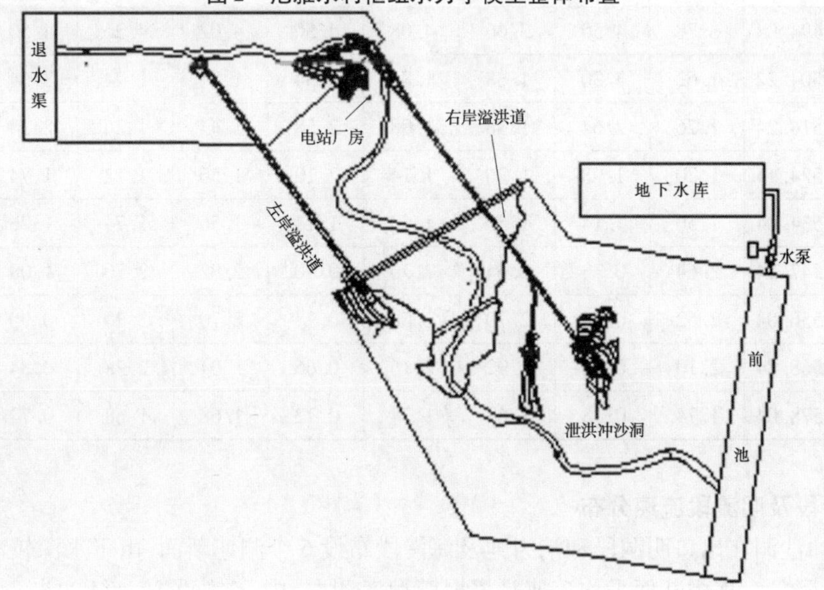

图3　尼雅水利枢纽水力学模型整体布置

表2　模型试验工况

工况名		库水位(m)	泄量(m^3/s)	下游水位(m)
Z4	正常蓄水位	2 663	398.5	
Z5	设计水位	2 667.3	412.6	
Z6	校核水位	2 671.6	426.2	

4.1　流态及水深

底孔在弧形工作门前为有压流，工作门后无突跌，后为城门洞形无压隧洞，试验观测了正常蓄水位 Z4、设计水位 Z5 和校核水位 Z6 三种工况下底孔流态。结果表明，三级水位下消力池均不能产生底流消能效果，试验观测在库水位 2 658.6 m 时，消力池水跃推出，水流呈急流状态。

试验量测三个工况下明流泄流段水深如表 3 所示，各级工况下洞内水深均大于城门洞直墙高度，洞内余幅不够，水流出隧洞后延连接消力池抛物曲线水深沿程减小，H5 ~ H8 断面水流中部水深大于两边壁处水深；由于水流冲击波影响，消力池内 H9 ~ H13 各断面水深不均匀,断面水深两侧大于中部。

表3　各工况下明流段断面水深　(单位:m)

测点	桩号	Z4 工况			Z5 工况			Z6 工况		
		左	中	右	左	中	右	左	中	右
H1	0 +297. 61	4. 32	—	4. 32	4. 38	—	4. 32	4. 44	—	4. 38
H2	0 +329. 41	4. 44	—	4. 38	4. 50	—	4. 44	4. 56	—	4. 56
H3	0 +419. 36	4. 56	—	4. 56	4. 74	—	4. 68	4. 86	—	4. 74
H4	0 +484. 05	4. 74	—	4. 62	4. 86	—	4. 98	5. 16	—	4. 92
H5	0 +494. 04	3. 78	4. 50	3. 66	4. 08	4. 50	4. 02	4. 26	4. 50	4. 32
H6	0 +504. 22	1. 62	3. 30	1. 68	1. 86	3. 54	1. 86	1. 74	3. 54	1. 68
H7	0 +514. 24	1. 26	2. 64	1. 38	1. 08	2. 58	1. 44	1. 26	2. 34	1. 68
H8	0 +524. 14	1. 20	1. 98	1. 26	1. 14	2. 10	1. 56	1. 14	1. 74	1. 26
H9	0 +534. 04	1. 50	1. 14	1. 50	1. 50	1. 14	1. 56	1. 74	1. 26	1. 92
H10	0 +547. 24	2. 64	0. 78	2. 64	2. 76	0. 90	2. 82	2. 70	1. 08	2. 46
H11	0 +556. 04	2. 52	0. 78	2. 70	2. 58	0. 78	2. 70	2. 70	0. 90	2. 70
H12	0 +568. 84	2. 10	0. 66	1. 92	2. 16	0. 66	2. 04	2. 28	0. 84	2. 22
H13	0 +578. 04	1. 74	0. 78	1. 68	1. 74	0. 72	1. 68	1. 68	0. 72	1. 56

4. 2　进口段及明流段流速分布

泄洪冲沙洞在出口明洞段和消力池及海漫段布设 6 个测速断面,由于水深较浅,每条垂线量测底部流速,表中断面平均流速是根据模型实测左、中、右位置流速通过断面平均计算得出。水流出孔口后,在消力池未形成淹没水跃,各工况下 V1 ~ V5 断面平均流速值接近,最大流速值均出现在 V3 断面,校核水位最大流速为 23. 68 m/s。水流经消力池末端反坡后在海漫段减小,校核水位时流速为 17. 29 m/s。

4. 3　压力分布

试验测量了泄洪冲沙洞压力段顶板和沿程底板时均动水压力,试验数据如表 4 和表 5 所示,各测点压力分布图参见图 4、图 5。由图、表可以看出,各工况下泄洪底孔顶板均未出现负压,各测点压力值随上游水位增大而增大。底板压力在进口及洞身段也均未出现负压,明流洞身段最大压力值出现在龙抬头末端反弧半径中心处,最大值为 17. 42 m 水柱压力。水流在明洞段斜坡部位 P5 和 P6 出现负压,最大负压值为校核水位时 - 3. 55 m 水柱。

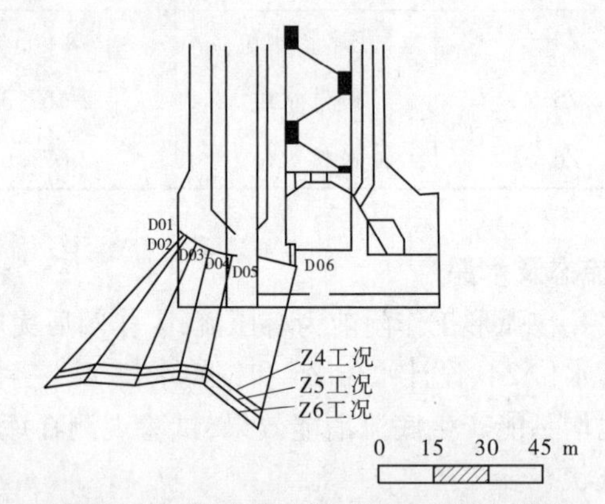

图 4　泄洪底孔底板时均动水压力分布

4.4 泄洪冲沙洞流速及冲沙试验

试验观测了下游河道流态及流速分布，水流经消力池末端海漫调整后进入下游河道，受对岸山体顶冲和河道弯道影响，河道靠左岸位置流速明显小于右岸。实测河道各量测断面表面流速均大于底部流速，在 XV1 断面海漫末端位置，模型实测靠左岸位置底部流速仅为 0.44 m/s，右岸底部流速达到 9.73 m/s，在电站尾水处 XV2 和 XV3 断面也是同样分布规律，直至表孔出口处河道水流流速分布趋于平均。

当泄洪冲沙洞闸门打开后，洞进口引渠内淤积泥沙瞬间被拉走。图 6 为试验观测 108 min（原型）内泄洪冲沙洞拉沙约 30 240 m^3 时出洞水流流态与出洞泥沙分布情况，结果表明，淤泥泥沙大都堆积于河道左岸，淤积长度约为 90 m，最大淤积厚度 2.3 m，有少量堆积在电站尾水出口。

表 4　泄洪底孔顶板时均动水压力表

测点	位置	桩号	高程(m)	压力(m 水柱)		
				Z4 工况	Z5 工况	Z6 工况
DD1	闸井段	0 - 023.58	2 601.21	50.25	52.71	56.25
DD2		0 - 023.28	2 600.96	41.68	44.32	47.62
DD3		0 - 022.38	2 600.43	36.27	38.25	41.13
DD4		0 - 021.18	2 600.02	31.58	33.32	35.66
DD5		0 - 019.13	2 599.57	31.24	32.80	35.50
DD6		0 - 013.13	2 598.50	39.88	41.80	44.68

表 5　泄洪底孔顶板时均动水压力表

测点	位置	桩号	高程(m)	压力(m 水柱)		
				工况 Z4	工况 Z5	工况 Z6
D1	闸井段	0 - 024.00	2 595.00	57.00	59.88	63.36
D2		0 - 108.20	2 595.00	36.48	38.22	40.50
D3		0 - 013.13	2 595.00	18.87	19.80	20.82
D4		0 + 000.00	2 595.00	2.04	2.34	2.46
D5	龙抬头段	0 + 040.00	2 595.00	1.68	2.28	2.46
D6		0 + 059.50	2 593.73	0.55	0.73	0.79
D7		0 + 078.00	2 590.18	0.08	0.20	0.32
D8		0 + 096.00	2 584.54	1.28	1.34	1.46
D9		0 + 113.00	2 577.23	1.57	1.90	2.11
D10		0 + 126.36	2 570.14	3.92	4.28	4.40
D11		0 + 137.53	2 565.46	15.08	16.88	17.42
D12		0 + 149.50	2 563.60	7.34	7.88	7.98
P1	平洞段	0 + 239.46	2 560.69	4.30	4.48	4.60
P2		0 + 329.41	2 557.78	4.25	4.37	4.51
P3		0 + 419.36	2 554.87	4.17	4.29	4.35
P4		0 + 494.04	2 552.46	0.40	0.70	0.92

续表 5

测点	位置	桩号	高程(m)	压力(m 水柱)		
				工况 Z4	工况 Z5	工况 Z6
P5	消能段	0 +504.22	2 551.81	-0.75	-0.87	-0.99
P6		0 +514.24	2 549.87	-3.13	-3.31	-3.55
P7		0 +524.14	2 547.40	1.92	2.04	2.10
P8		0 +534.04	2 544.93	10.93	11.35	11.65
P9		0 +537.04	2 544.93	1.75	1.93	2.05
P10		0 +556.04	2 544.93	1.15	1.21	1.33
P11		0 +575.04	2 544.93	1.03	1.09	1.21
P12		0 +578.04	2 544.93	7.69	7.93	8.11
P13		0 +580.54	2 547.42	2.50	2.62	2.86
P14	海漫段	0 +583.04	2 549.87	0.11	0.29	0.35
P15		0 +609.04	2 549.87	0.89	1.01	2.15

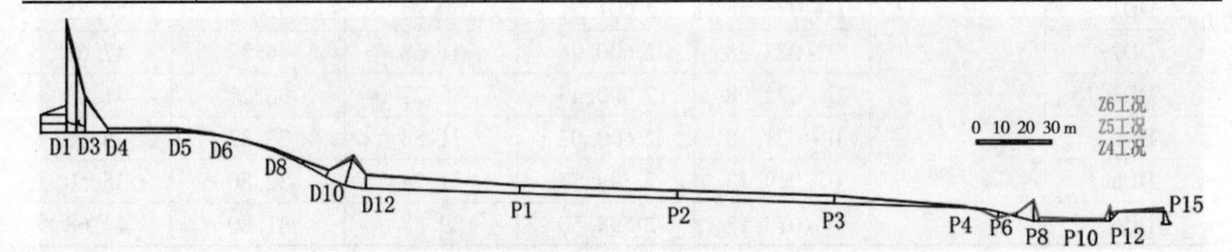

图 5 泄洪底孔底板时均动水压力分布

图 6 $H=2\ 660.6$ m、$Q=394$ m^3/s 时下游泥沙淤积形态

5 优化方案模型试验

针对泄洪冲沙洞存在问题,对泄洪冲沙洞尺寸体型进行了调整,泄洪冲沙洞明流段洞身高度由 5.45 m 增加至 6.15 m,同时将明洞段位置(桩号 0 +494.05 m)高程降低 0.8 m,消力池上段曲线方程进行了调整,消力池池深增加并增长消力池长度。消力池池底高程 2 541.82 m,尾部海漫处高程 2 549.80 m,具体见图 7。

为了进一步优化底孔泄洪冲沙洞下游河道流态,解决左右岸流速分布差异大的现象,设计将消力池末端出口处进行了进一步调整,左岸的直墙部分改为圆弧,下游护坦处也做了相应修改,见图 8。尾水渠边墙部分为改善泥沙回淤效果,也相应进行了加长,见图 9。

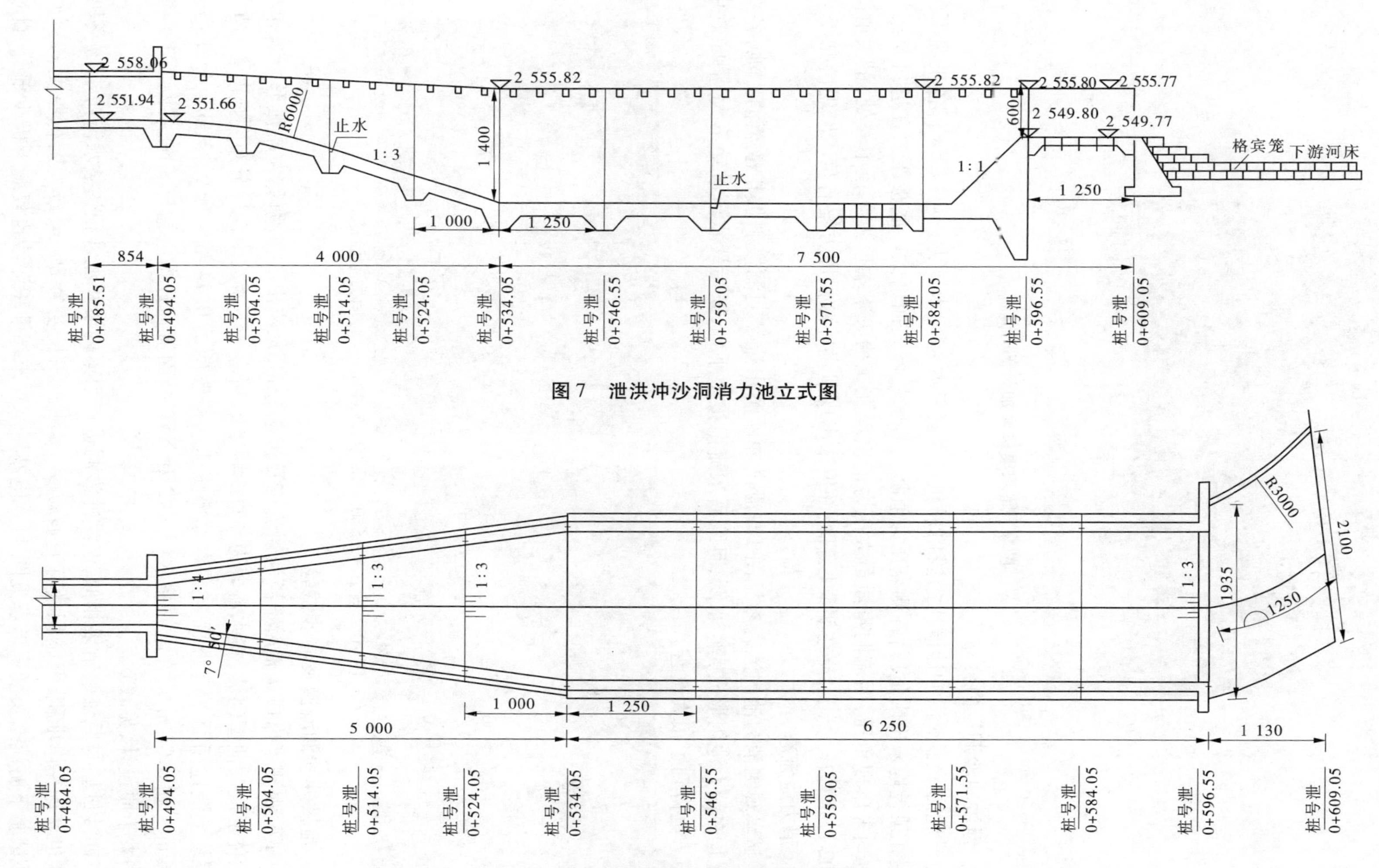

图7 泄洪冲沙洞消力池立式图

图8 泄洪冲沙洞消力池主视图(优化后)

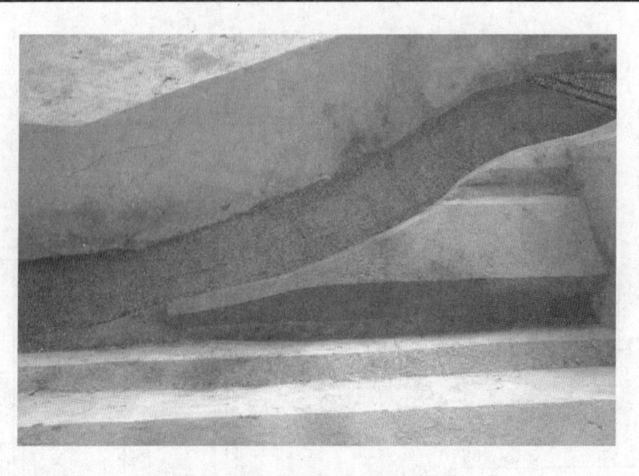

图 9 尾水渠边墙加长部分

5.1 泄洪冲沙洞压力分布

试验测量了泄洪冲沙洞压力段顶板和沿程底板时均动水压力。可以看出，各工况下泄洪底孔顶板均未出现负压，各测点压力值随上游水位增大而增大。底板压力在进口及洞身段也均未出现负压，明流洞身段最大压力值出现在龙抬头末端反弧半径中心处，最大值为 15.02 m 水柱压力。水流在明洞段斜坡部位未出现泄洪冲沙洞原方案有负压出现情况。

5.2 消力池流态

试验观测消力池内流态参见图 10，泄洪冲沙洞水流经明洞段斜坡扩散至消力池，各级工况均在消力池内形成完整水跃，且跃后水流衔接很平顺，跃后段水流波动不大，消能效果较原方案得到了很大改善。

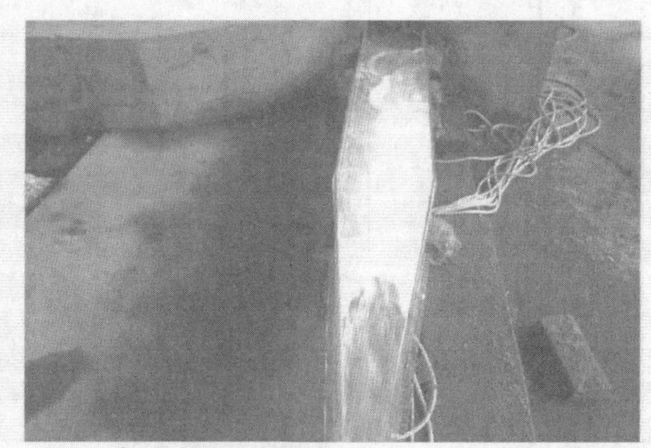

图 10 当 $H = 2\ 660.6$ m、$Q = 394\ \mathrm{m^3/s}$ 时消力池流态

5.3 泄洪冲沙洞流速及冲沙试验

试验观测了出口调整后下游河道流态及流速分布，水流出消力池后，左岸弧形边墙和右岸山体形成弯曲型河势，将水流较为顺直归顺下游河道。下游河道流速分布明显改善，消力池尾坎上测速断面 XV1 断面左右岸底部流速由修改前的 0.44 m/s 和 9.73 m/s 分别变为 6.66 m/s 和 6.04 m/s，在电站尾水处 XV2 和 XV3 断面流速分布也趋于平均，各断面平均流速略大于原设计，见表 6。

冲沙试验与原试验结果相似，泄洪冲沙洞进口引渠内淤积泥沙很快被水流拉走，淤积的泥沙也靠近左岸堆积，但淤积量有明显减少，实测淤积长度为 80 m，最大淤积厚度 0.9 m，拉沙试验下游流态及淤积形态见图 11。电站尾水渠末端堆积泥沙也仅剩下极少部分，此次整体模型未模拟电站尾水情况，试验分析实际情况运行调度时泥沙不会造成影响。

表6 $H = 2\ 660.6$ m、$Q = 394$ m^3/s 时下游河道流速 (单位:m/s)

编号	桩号	位置	底	中	表	断面平均
XV1	0+634.05	左	6.66	—	6.52	6.31
		中	6.40	—	6.43	
		右	6.40	—	5.78	
XV2	0+679.65	左	2.63	—	2.32	4.43
		中	4.54	4.57	5.19	
		右	5.11	5.53	5.55	
XV3	0+723.45	左	3.28	—	3.07	3.70
		中	3.98	3.92	4.11	
		右	4.16	3.67	3.38	
XV4	0+887.25	左	3.87	—	3.82	3.89
		中	3.59	—	4.34	
		右	3.80	—	3.95	

图11 $H = 2\ 660.6$ m、$Q = 394$ m^3/s 时下游冲刷

6 结 论

尼雅水利枢纽工程水工模型泄洪冲沙洞经试验可得:

(1)试验量测泄洪冲沙洞各级泄流较设计值有较大富余。原方案各级工况下洞内水深均大于城门洞直墙高度,洞内余幅不够。

(2)底孔泄洪冲沙洞在库水位2 637.3 m低水位,小流量时,消力池内形成水跃,三级特征水位下消力池均不能产生水跃,试验观测在库水位2 658.6 m时,消力池水跃推出,水流呈急流状态。明洞段连接消力池前部曲线出现负压,小流量时消力池边墙高度不足,大流量时消力池内不能产生设计的底流淹没消能效果,消力池体型原设计方案需进行优化。

(3)底孔泄洪冲沙洞修改方案后,在各个工况下都能满足整个水跃都在消力池中的要求,斜坡段坡度和消力池深度能满足设计要求。

(4)泄洪冲沙洞水流在洞身处水深随泄量增大而增大,校核泄量下洞身内最大水深为4.1 m,洞体尺寸满足规范要求。泄洪冲沙洞水流经明洞段斜坡扩散至消力池,各级工况均在消力池内形成完整水跃,且跃后水流衔接很平顺,跃后段水流波动不大,消能效果较原方案得到了很大改善。

(5)泄洪冲沙洞水流经消力池末端海漫调整后进入下游河道,受对岸山体顶冲和河道弯道影响,河道靠左岸位置流速明显小于右岸。泄洪冲沙洞出口调整后下游河道流速分布明显改善,断面流速分布趋于平均。

参考文献

[1] 邓军,许唯临,雷军,等. 高水头岸边泄洪洞水力特性的数值模拟[J]. 水利学报,2005,36(10):1209-1212.

[2] 田静,罗全胜. 溪洛渡水电站泄洪洞水工模型试验研究[J]. 人民长江,2009,40(7):70-72.

[3] 王洪庆,把多铎,马振海. 三道湾水电站泄洪洞水工模型试验研究[J]. 人民黄河,2006,28(1):60-61.

[4] 李松平,赵玉良,赵雪萍,等. 河口村水库泄洪洞水工模型试验研究[J]. 人民黄河,2015, 37(1):119-120.

[5] 水工隧洞设计规范:SL 279—2016[S].

[6] 水(常规)模型试验规程:SL 155—2012[S].

[7] 安盛勋,王君利. 水平旋流消能泄洪洞设计与研究[M]. 北京:中国水利水电出版社,2008.

翻模固坡工艺在金寨抽水蓄能电站上运用的可行性分析

王波　文臣　万秒　卢强　马国栋

（中国水利水电建设工程咨询北京有限公司，北京　100024）

摘　要　常规抽水蓄能电站的上、下水库大坝坝型大多为混凝土面板堆石坝，在混凝土面板堆石坝的填筑施工中，上游垫层料固坡施工技术为大坝填筑关键施工工序之一，而且垫层料上游坡面及其防护层是面板的基础，应该是密实的、平整的、均匀的。目前，国内外常用的砂浆固坡方法有传统斜坡碾压法、挤压边墙、翻模固坡等施工方法，每种施工方法都有其相应的优缺点。在具体的运用上也要与现场实际的施工情况相结合，选择合适的施工方法。安徽金寨抽水蓄能电站上、下水库大坝均为混凝土面板堆石坝，大坝高度均在百米以内，工程所在地汛期特点为多雨，工程度汛压力大，大坝上游坡面至少要经过一个汛期。本文主要从进度、质量、经济及防汛形势等现场实际环境来探讨分析翻模固坡方法在金寨电站大坝上运用的可行性。总体来说，翻模固坡施工工艺成熟，有现行标准可以遵循，在金寨电站上运用总体上可行，有多个工程实践经验可以借鉴，相比于斜坡碾压固坡法、挤压边墙法，在安全、质量、进度及防汛上有一定的优势。同时参考丰宁、沂蒙抽水蓄能电站等翻模固坡运用的实际情况，也对金寨电站大坝垫层料翻模固坡方法提供一些指导性的意见和建议，进一步完善改进翻模固坡施工方法，助力金寨电站工程建设精品优质工程，也为后续抽水蓄能电站大坝上游垫层料护坡施工提供一定的参考。

关键词　抽水蓄能电站；面板堆石坝；垫层料固坡；翻模固坡

1　概　述

混凝土面板堆石坝因其具有充分利用当地筑坝材料、施工简单、工期短、费用低等优点，已作为抽水蓄能电站建设的主要坝型之一[1]。面板堆石坝上游坡面及其防护层是大坝填筑施工的一个关键环节，垫层料上游坡面及其防护层的施工直接影响到整个大坝工程的施工安全、质量、进度及成本[2]。目前在上游垫层料常用的固坡方法有传统斜坡碾压砂浆固坡、挤压边墙、翻模固坡、喷混凝土和喷阳离子乳化沥青等方法[3]。每种方法都有其固有的优缺点（见表1），应根据现场实际施工情况及施工单位对各种固坡工艺的掌握情况具体选择应用。

安徽金寨抽水蓄能电站上、下水库大坝坝型均为钢筋混凝土面板堆石坝，坝体上游面坡比均为1∶1.405（垫层料坡比均为1∶1.4）。上库大坝坝顶高程599.00 m，防浪墙顶高程600.20 m，坝顶长530.85 m，坝顶宽8.00 m，最大坝高76.00 m；下库大坝坝顶高程260.50 m，坝顶宽10.00 m，上游设钢筋混凝土防浪墙，防浪墙顶高程261.70 m，最大坝高98.50 m，

作者简介：王波（1969—），男，本科，高级工程师。E-mail：412883873@qq.com。

坝顶长 364.03 m。坝体填筑材料分成垫层区、过渡区、主堆石区和次堆石区以及上游大坝辅助防渗区。

表 1　固坡方法优缺点对比

工法 优缺点	翻模固坡法	斜坡碾压固坡法	挤压边墙法
优点	1. 表面平整度好； 2. 不占直线工期、施工速度快； 3. 施工干扰少； 4. 大坝随时具备挡水度汛条件[4]	1. 固坡砂浆厚度小而且均匀，能够较好地适应坝体变形； 2. 碾压后具有半透水性，渗透系数达到 $10^{-3} \sim 10^{-2}$ mm/s	1. 施工速度较快； 2. 施工干扰较小； 3. 大坝随时具备挡水度汛条件
缺点	1. 机械化程度低，需要大量人工，并对施工作业人员的技术水平要求较高； 2. 施工质量受人工因素影响较大	1. 垫层料需超填，修坡时再清除，浪费大量垫层料； 2. 修坡、斜坡碾压工程量大，效率较低； 3. 填筑时对下部施工干扰大； 4. 人工修坡工作条件差，不安全； 5. 斜坡面精度难以控制，与设计位置偏差大，面板混凝土超填量大； 6. 未及时完成固坡的垫层料易受雨水冲刷破坏，且坝体不能挡水度汛[5]	1. 施工控制精度低，坡面平整度差，修整量大，占直线工期（中等规模的坝约需 1 个月）； 2. 挤压墙厚度很不均匀，不利于面板防裂； 3. 挤压墙混凝土工程量大，造价高； 4. 挤压墙刚度大，不能较好地适应坝体变形（尤其是变形较大的高坝），对面板的结构安全造成隐患[6]

2　翻模固坡在金寨电站的运用分析

2.1　工程特点

金寨抽水蓄能电站工程汛期特点为多雨，工程度汛压力大，上、下水库大坝高度均在百米以内，且上、下水库坝体填筑开始工期与合同工期对比均有所滞后，使用翻模固坡技术可实现垫层填筑与固坡砂浆同步完成，简化了工序，缩短了工期，施工效率高；固坡坡面平整，能较好适应面板堆石坝的变形，有利于混凝土面板的防裂；大坝填筑过程中坝体即具备挡水度汛条件，有利于施工度汛。采用翻转模板工艺，砂浆外观平整度及施工效果更优于碾压工艺，坝体填筑施工对下部趾板作业面干扰小，有利于施工安全和提高施工质量。

2.2　翻模固坡技术原理

翻模固坡的技术原理是在大坝上游坡面支立带楔板的模板，向模板内侧填筑垫层料，振动碾初碾完成即拔出楔板以此形成间隙，间隙采用砂浆灌注密实，最后实施终碾，利用模板的约束作用，使垫层料及其上游坡面防护层砂浆填筑密实并且表面平整。模板随垫层料的填筑逐级翻升。其施工工序见图 1。

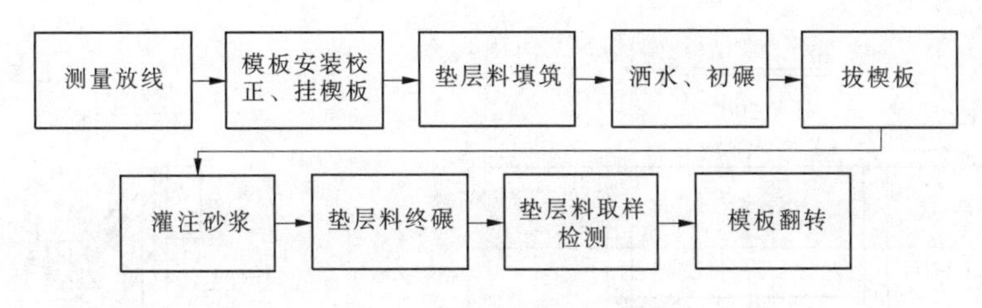

图1 翻模固坡施工工序

2.3 翻转模板

翻模固坡能否成功运用,定型模板是关键。本工程的翻转模板为钢制组合模板,由面模板、背架、楔板、连接件等组成(见图2),现场组装成型。翻模结构由上、中、下三层模板组成,上、下相邻的两层模板及左右相邻模板之间采用"U"形卡连接,并能灵活地微调其相对角度。每块面模板的长度为1 200 mm,宽度680 mm(每层垫层料压实厚度40 cm,垫层料坡比均为1∶1.4,斜长680 mm),模板面模钢板厚度2.75 mm,肋高5.5 cm(见图3)。背架采用角钢制作,与面模板铰接形成翻转模板。连接成型后的单块翻转模板的重量约45 kg,满足单人或2人翻转运输的要求。楔板为上宽下窄的梯形结构,每块楔板的长度600 mm,宽度710 mm,上口厚60 mm,下口厚40 mm(见图4),楔板的下部水平面与斜坡面形成35.54°的夹角(1∶1.4坡比)。每块模板设2个拉条孔,孔径Φ16,预埋Φ14圆钢拉筋,作为后续施工的固定装置。

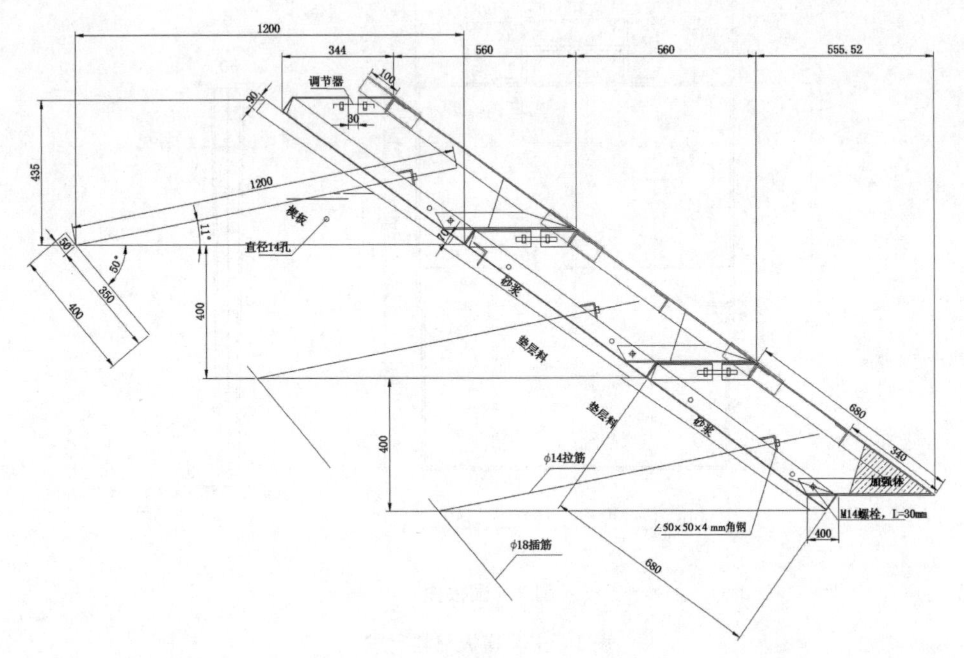

图2 翻模固坡支立结构图

上水库大坝坝轴线长约530 m,高峰期需要1 350块模板(已考虑5%损耗),单块重量约45 kg,总重约61 t;下水库大坝坝轴线长约360 m,高峰期需要900块模板(已考虑5%损耗),总重约41 t。

根据现场情况,模板有关材料具体数量见表2。

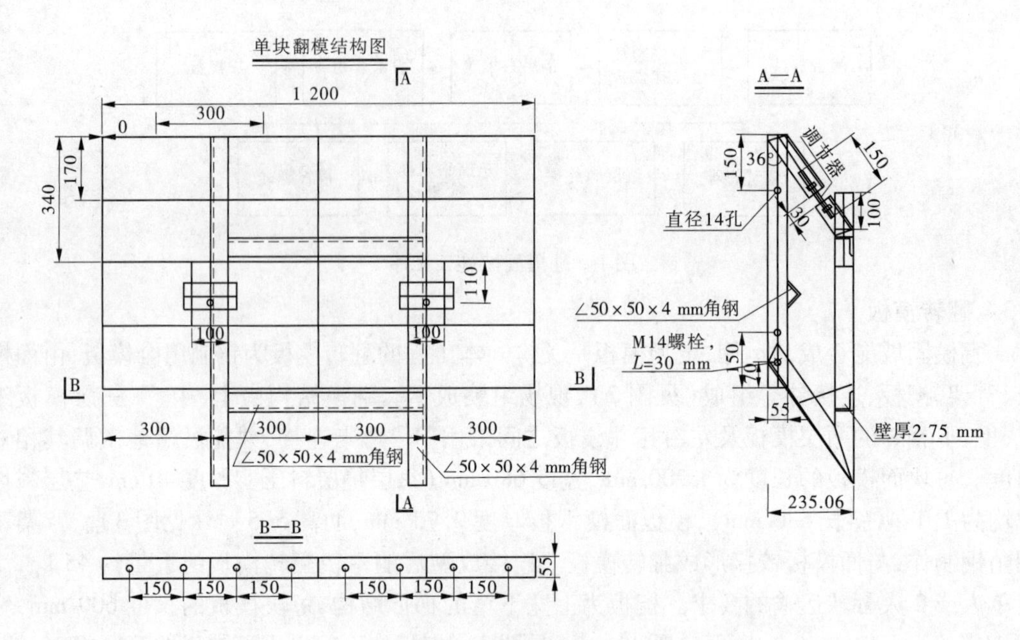

图3 翻转模板图

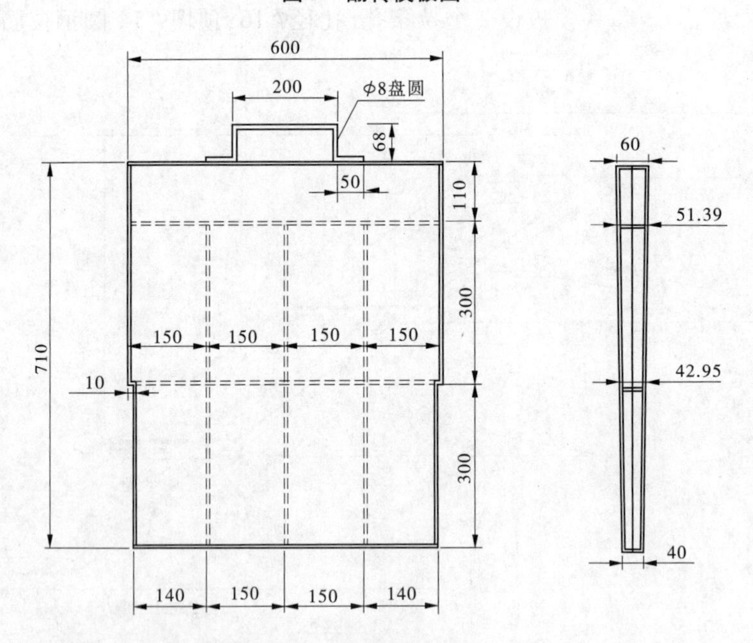

图4 楔板图

表2 主要模板材料需求

序号	材料名称	规格型号	单位	上库	下库
1	翻转模板	1.2 m×0.68 m	块	1 350	900
2	楔板	厚4~6 cm,长0.6 m	块	900	600
3	φ14 钢筋(圆钢)	单头车丝	t	90	103
4	φ18 钢筋		t	70	80.6

2.4 直线工期分析

与斜坡碾压相比,翻模固坡可以简化工序、缩短工期。翻模固坡技术可使垫层料填筑和砂浆固坡一次成形,不需要进行垫层料超填、坡面休整和斜坡碾压,斜坡碾压每约15 m高需进行一次(碾压前必须先人工修坡),人工在斜坡上摊铺砂浆,再斜坡碾压砂浆进行固坡,工序繁多、费时,进行斜坡碾压施工时,上下游坝体不能平齐填筑,对进度影响较大,按一次斜坡碾压7~10 d计算,上、下水库采用翻模固坡砂浆可缩短大坝填筑施工直线工期1~2个月。根据丰宁经验,进度上,翻模平均每天1层,可以做到与垫层区填筑同步施工作业。

金寨上、下水库大坝均要采取坝体下游临时断面先行填筑大坝,临时断面高于上游处达30 m以上,致使大坝上游填筑区(含上游垫层料坡面)施工工期更加紧张,采取翻模固坡可以加快上游填筑区的施工进度。

2.5 施工强度分析

经过统计分析,一个作业班组100 m填筑长度的测量放样、支(翻)模、垫层料摊铺、垫层料初碾、拔楔板、灌注砂浆、垫层料终碾等,工序作业循环时间见表3。

表3 100 m长填筑段翻模作业循环时间

工序	测量放样	支(翻)模	垫层料摊铺	垫层料初碾	拔楔板	灌注砂浆	垫层料终碾	合计
作业时间(h)	0.5	3	2	1	0.5	2	0.5	9.5

注:循环作业时间已考虑各工序的交叉时间。

翻模固坡的缺点是机械化程度低,模板施工用人工较多,并对作业人员的技术水平要求较高。根据在其他工程的施工经验,计划在上水库高峰期配置熟练工人40~45人,下水库高峰期配置熟练工人30~35人,确保满足每天翻模上升2层的施工需要。

2.6 质量分析

由于丰宁电站上水库大坝的设计参数与金寨工程较为相似,有一定的借鉴意义。

丰宁上水库固坡采用了斜坡碾和翻模固坡两种方法,其高程1 390~1 443 m采用斜坡碾压(前期);1 443~1 454 m采用翻模固坡;1 454~1 461 m采用斜坡碾压(冬季施工期间);1 461~1 510 m采用翻模固坡,即翻模固坡、斜坡碾压各采用60 m。针对两种固坡砂浆方法坝前砂浆垫层平整度按照2 m×2 m做测点布网设计,进行测量统计,平整度满足+5~-8为合格点。统计结果如表4所示。

表4 平整度检测对比

施工方法	合格点数	不合格点数	总点数	合格率(%)
碾压砂浆	425	226	651	65.28
翻模固坡	535	104	656	81.55

可见,采用翻模固坡法坝前砂浆的平整度提升16.27%。另外,从数据分析,还有两点情况:一是随着现场作业工人的熟练程度提升以及管理措施的不断改进,翻模固坡法平整度不断提升,后期基本能达到90%左右,在高程1 474~1 477 m的10个循环中,坝前砂浆垫层平整度达到97.06%;二是翻模固坡不合格点数大部分集中于坝体两侧三角区,而碾压砂浆无规律性。从以上数据可认为,翻模固坡在平整度方面要明显优于斜坡碾压固坡法。

三角区压实程度也是翻模固坡质量控制的重点,把斜坡碾压改为垂直碾压,利用模板对垫层料的侧向挤压,经过统计分析,三角区垫层料碾压后的孔隙率和干密度均能满足设计要求。

综合分析认为,翻模固坡技术有助于提高上、下水库大坝的上游坡面固坡质量。

2.7 安全分析

采用斜坡碾压,施工作业安全隐患较为突出,人员的设备都有较大的安全风险。相比于斜坡碾压翻模固坡,在安全上,风险点减少。采取坡面防护网措施,设置两道安全防护网,确保翻模施工安全,也有效地避免了对趾板施工安全方面的影响。同时大坝也具备挡水度汛条件,这对金寨工程安全度汛是非常有利的。

2.8 成本分析

由于翻模固坡的机械化程度较低,需要大量熟练的技术工人,同时也需要大量的模板。经过统计分析,正常情况下每平方米的成本比斜坡碾压成本高15% ~25%,这部分增加费用部分主要体现在人力成本和模板费用增多。

3 总 结

通过对其他工程经验的借鉴分析,在翻模固坡实施过程中应特别注意以下几点:

(1)坝体预留沉降变形问题,规范要求"每层模板安装前,应按设计边线位置预留坝体施工期变形值进行测量放样","预留坝体变形值时,垫层料防护层坡面上某点的变形值应为垂直方向的变形与水平方向的变形的合成"。丰宁电站根据经验值预留了法线方向10 cm,现在看来效果不理想,预留值偏小。金寨工程应根据其实际情况,采用三维有限元分析,得到坝体预留沉降变形值的范围。

(2)砂浆强度与稠度问题,砂浆稠度太小,无法在拔出楔板的空隙里自由流动,砂浆稠度太大,强度会超过设计指标,需要平衡砂浆稠度和强度之间的关系,丰宁电站采用的黏稠度是12 ~14 cm,其强度平均为8.7 MPa,最小为6.4 MPa,设计值强度值为3 ~5 MPa。砂浆强度与稠度参数需进一步改进,通过专家咨询,可以考虑采用低强度等级水泥,需通过工艺性试验来进一步验证。

(3)对于翻模固坡成型后的坡面,可以考虑对固坡砂浆分缝切割,使其具有一定的半透水性,同时减少约束。

(4)为进一步减少对混凝土面板的约束,可以考虑在面板施工前对翻模固坡砂浆表面喷涂乳化沥青。

通过以上分析,总体来说翻模固坡施工工艺成熟,有现行标准《混凝土面板堆石坝翻模固坡施工技术规程》(DL/T 5268—2012)可以遵循,有多个工程实践经验可以借鉴,相比于斜坡碾压固坡法、挤压边墙法,在安全、质量、进度及防汛上有较大优势。翻模固坡施工方法在金寨抽水蓄能电站上运用可行。

参 考 文 献

[1] 潘家铮. 序言[C]//蒋国澄. 中国混凝土面板堆石坝20年——综合 · 设计 · 施工 · 运行 · 科研. 北京:中国水利水电出版社,2005.

[2] 常焕生. 面板堆石坝翻模固坡技术[C]//第一届堆石坝国际研讨会论文集. 2009:6.

[3] 常焕生,李岱,张云山,等.面板堆石坝翻模固坡技术在双沟大坝的应用[J].水力发电,2007(06):42-44.
[4] 李岱,常焕生,张云山,等.面板堆石坝翻模固坡技术[J].水利水电技术,2008,39(12):20-23.
[5] 刘政伟,彭东海.面板堆石坝垫层固坡施工方法对比分析[J].四川水利,2015,36(02):50-51.
[6] 常鑫.面板堆石坝翻模固坡施工综合经济分析[J].水利水电施工,2012(6):104-106.

EPC模式下水利工程建设期安全生产精准化管理平台设计与应用

徐路凯[1,2]　李振国[3]　冯兴凯[1]

(1. 黄河水利委员会黄河水利科学研究院,郑州　450003;
2. 水利部堤防安全与病害防治工程技术研究中心,郑州　450003;
3. 黑河黄藏寺水利枢纽建设管理中心,海北州　812200)

摘　要　文章分析了EPC模式下水利工程建设期项目法人在落实安全生产责任,开展监督检查中面临的一些问题,如项目法人与EPC总包商、分包企业、监理单位之间缺乏高效的纵向业务流转渠道,信息报送不及时,日常管理无抓手等。针对这些问题,提出通过构建面向水利工程项目法人的,基于水利工程项目法人安全生产标准化评审要求的“水利工程建设期安全生产精准化管理平台”,建立纵向信息链,消除“信息孤岛”,实现责任划分精准化,业务流转可视化,日常管理痕迹化,数据分析智能化,业务报表电子化,全面覆盖内外业,为水利工程项目建设期科学高效管理提供支撑。

关键词　水利工程管理;建设期;安全生产;信息化;精准化

1　前　言

EPC总承包模式,是指从事工程总承包的企业,受项目法人委托,按照合同约定,对工程项目的勘察、设计、采购、施工、试运行(竣工验收)等,实施全过程或若干阶段的承包,实现了设计—采购—施工各阶段的综合集成,从而大幅度降低了项目法人的项目管理强度,同时也分担了项目法人在工程项目建设期间的投资风险、工期风险和管理责任风险等。基于上述优势,在可以预见的未来,将会有越来越多的大中型水利工程建设项目采用EPC总承包模式。

但是也应该看到,对于项目法人来说,EPC模式的优势在于分责,而不是免责。《关于贯彻落实〈国务院批转国家计委、财政部、水利部、建设部关于加强公益性水利工程建设管理若干意见的通知〉的实施意见》(水建管〔2001〕74号)中明确规定:“项目法人是项目建设的责任主体,对项目建设的工程质量、进度、资金管理和生产安全负总责,并对项目主管部门负责”,项目法人在建设阶段的主要职责是负责监督检查现场管理机构建设管理情况,包括质量、生产安全和工程建设责任制情况等。

基金项目:水利部水利技术示范类项目“安全生产元素化管理系统在黄藏寺水利枢纽的推广应用”(SF201710)。

作者简介:徐路凯(1985—),男,江苏苏州人,工程师,硕士,主要从事水利工程管理与信息化。E-mail:xulukai1985@163.com。

同时,项目法人安全生产标准化建设也是进一步督促落实项目法人安全生产主体责任的重要约束手段。《水利工程项目法人安全生产标准化评审标准》中明确定义,安全生产标准化,就是以预防为主、落实本质安全为基础,以隐患排查治理为主线的安全管理方法,对可能影响本质安全,形成隐患的各种因素进行标准化控制管理,以期从根本上防止隐患出现,并通过排查治理发现和消除隐患,防止安全生产事故的发生。

而当前很多大中型水利工程项目都存在建设地点较为偏远、自然环境相对恶劣、项目建设周期长的特点,建设管理单位由于刚刚成立,也普遍存在人员短缺、各方面管理不够规范、责任落实不到位的情况。加之,无论是 EPC 总包商还是具备一定规模的施工分包企业,往往拥有一套服务于本单位的信息管理系统,但是他们与项目法人之间,及彼此之间往往没有统一的标准、统一的平台,从而形成了一个个信息孤岛,无法实现信息共享[1,2]。

上述这些情况,都会对项目法人履行日常安全监督检查职责、开展隐患排查与治理等工作产生困难。水利工程建设期安全生产精准化管理平台将会有效地解决上述问题。该平台综合运用物联网、移动通信以及分布式计算技术,实现面向项目法人的水利工程建设期精准化管理,以《水利工程项目法人安全生产标准化评审标准》《水利水电工程施工安全管理导则》为系统基本设计依据,以落实安全生产责任为切入点,在项目法人、EPC 总包商、施工分包企业、监理单位之间建立畅通的信息渠道,构建自上而下层层监督落实和自下而上的主动上报反馈的纵向联系机制。

水利工程建设期安全生产精准化管理平台主要功能包括隐患排查与治理、监督检查、危险源监控、安全会议管理、台账管理、设施设备管理、事故登记等。真正实现内外业,全方位精准化、痕迹化管理,构建横向到边、纵向到底的责任体系[3,4]。

2 系统平台架构设计

系统整体采用 ASP. NET MVC 基础架构,应用领域驱动设计的开发模式,采用模块化思想进行程序开发和部署,结合依赖注入、分层体系、身份识别技术,实现了数据实体、业务逻辑、用户界面三者间高度解耦的程序架构设计(见图 1)。系统的开发采用以相关技术标准与规程规范和安全与运维为支撑,保证系统稳定性的同时提高了安全性。前台界面设计利用 JQuery、BootStrap 与 WEB API 等用户界面开发技术,实现了前后台与多终端的自动响应操作模式。

3 平台功能特点

(1)实现水利工程建设期与运行管理期全过程全覆盖。

系统采用模块化开发理念、标准化的通用平台,加上丰富的功能模块库,用户可根据自身实际情况选择或定制开发。不同的功能模块系统化的涵盖水利工程建设期到运行管理期,可实现项目法人在不同管理阶段的数据、档案快速无缝衔接,在充分保证数据完整性的前提下,最大化地降低软件再开发的时间和资金成本(见图 2)。

目前系统针对水利工程建设期已经上线的功能模块包括:监督检查、安全例会管理、日常会议管理、重大危险源监控、隐患排查治理、进出场设施设备管理、安全事故登记、台账管理、视频监控、日常工作流程审批(用印审批、休假审批、出差审批等)、维修养护、档案管理、教育培训等。

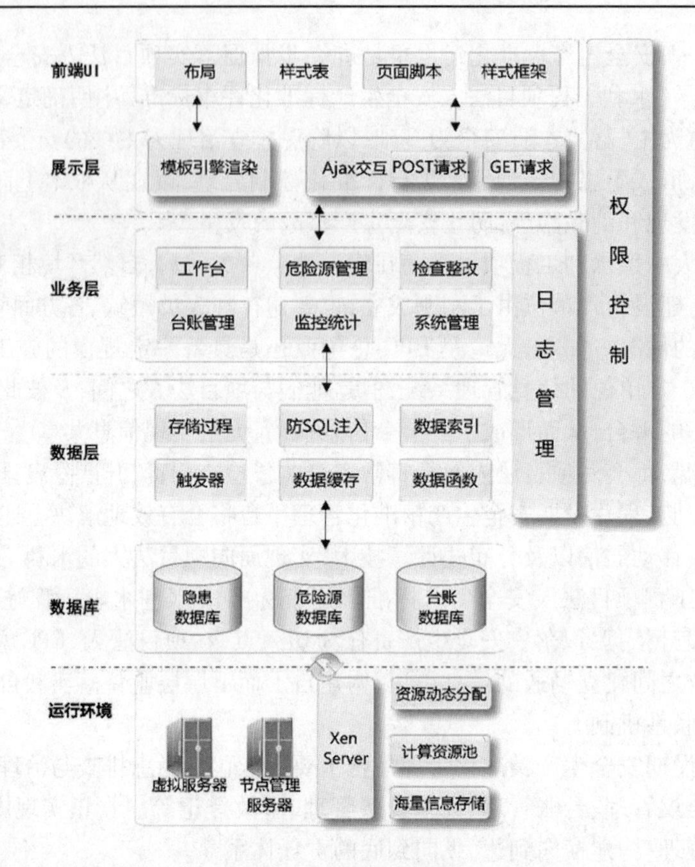

图1　平台应用架构

(2)多层级全链条。

系统面向项目法人开发,建立纵向信息链,整体划分为四级用户,分别是项目法人、监理单位、EPC总包商和施工分包企业。智能OA与安全生产管理相结合,全面覆盖内外业,使日常管理规范化、流程化、信息化,与绩效考核、安标考核相挂钩,并充分考虑各参建单位现有信息系统的数据报送格式,最大化减少重复报送,彻底解决“信息孤岛”问题,实现专业信息统一规划、集中存储和综合利用。

(3)安全高效的实名认证体系与灵活可定制的可视化流程设计。

系统与微信企业平台深度融合,采用统一认证服务进行系统集成,所有人员账号和权限设置进行统一管理,实现信息安全体系实名认证。

本系统采用了灵活可定制的可视化流程设计,可以根据客户的需要通过图形化拖曳的方式灵活地定制复杂的业务审批流程,系统将自动生成流程配置文件,便于流程的实施和修改。在隐患整改、日常工作审批流转过程中,审批人或经办人可通过图形化的方式查看当前流程的办理情况。

(4)业务数据的智能精准化分析。

系统建立有隐患整改数据库、台账数据库、危险源数据库,持续性地收集汇总业务数据及相关记录,并提供专业的智能统计分析工具,包括全局模糊字段查询、相关性分析、回归分析、数据挖掘等。另外,按照业务实际需要及安全生产标准化评审要求,进行报告模板预设,定时自动从相关数据库中获取数据,并根据需要按设定好的周期或用户自定义要求,基于专业知识智能分析自动生成月、季、年、专题等各种资料整编分析或管理报告。

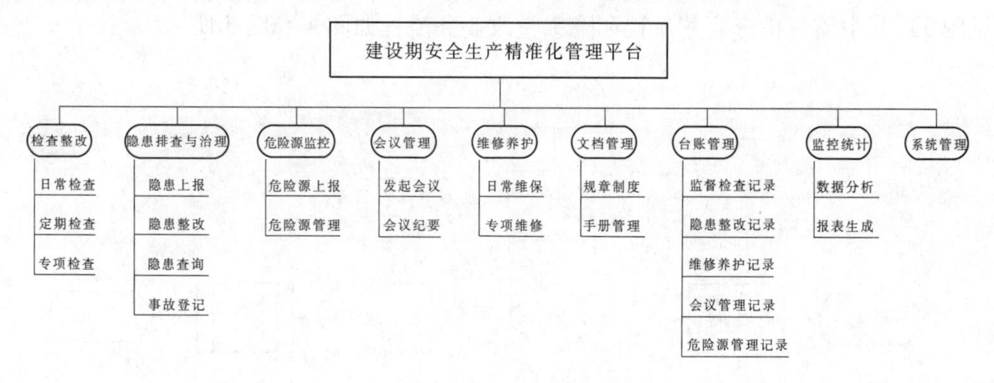

图 2　系统功能结构图

4　推广应用

水利工程建设期安全生产精准化管理平台结合 2017 年水利技术示范类项目“安全生产元素化管理系统在黄藏寺水利枢纽的推广应用”在黑河黄藏寺水利枢纽工程建设中予以推广应用。该系统已被水利部科技推广中心认定为水利先进实用技术，列入《2018 年水利先进实用技术重点推广指导目录》。

黄藏寺水利枢纽工程是国务院确定近期开工建设的 172 项重大水利工程之一。工程建设位置位于黑河上游东、西两岔交汇处下游 11 km 的黑河干流。工程建设任务为合理调配黑河中下游生态和经济社会用水，提高黑河水资源综合管理能力，兼顾发电等综合利用。工程建设模式为 EPC 总承包，项目建设周期长，管理情况复杂，工作难度大，对项目各参与方的信息交流与协同工作提出了高要求。为加强和规范其工程建设管理工作，建立信息管理系统十分必要。

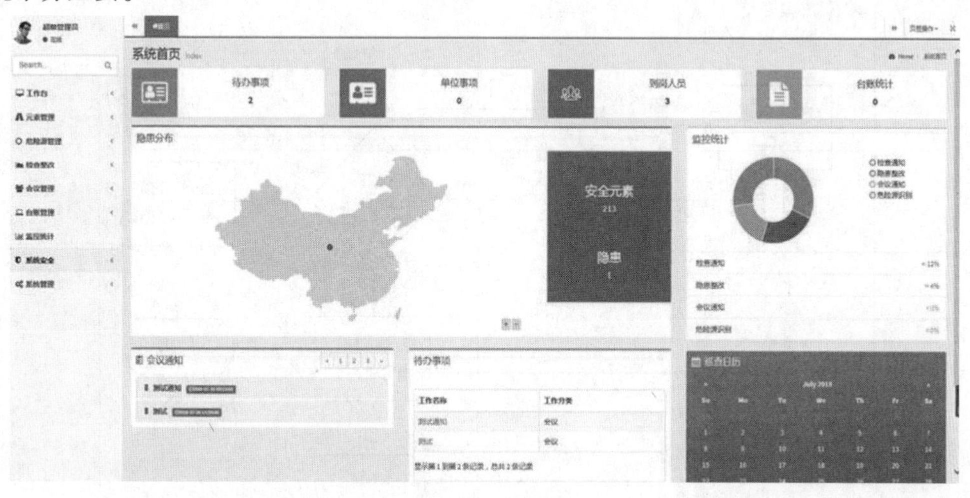

图 3　系统界面

根据黄藏寺水利枢纽建设管理中心的业务需求，“黄藏寺水利枢纽建设期安全生产精准化管理平台”由检查整改、隐患排查治理、危险源监控、会议管理、台账管理等功能组成(见图3),其中监督检查业务流程和隐患整改业务流程如图4和图5所示。

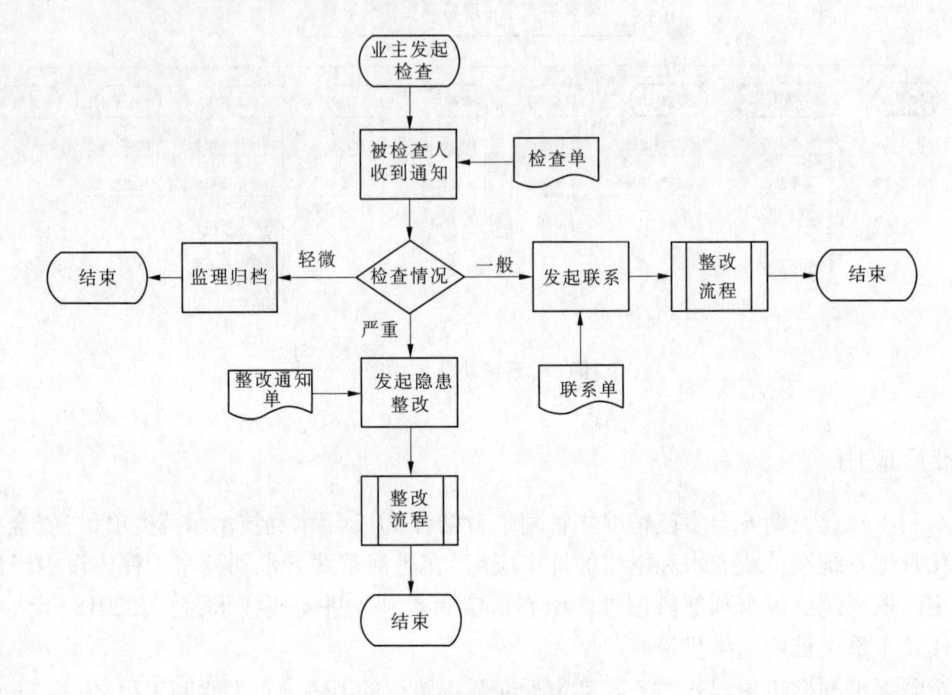

图4　监督检查业务流程

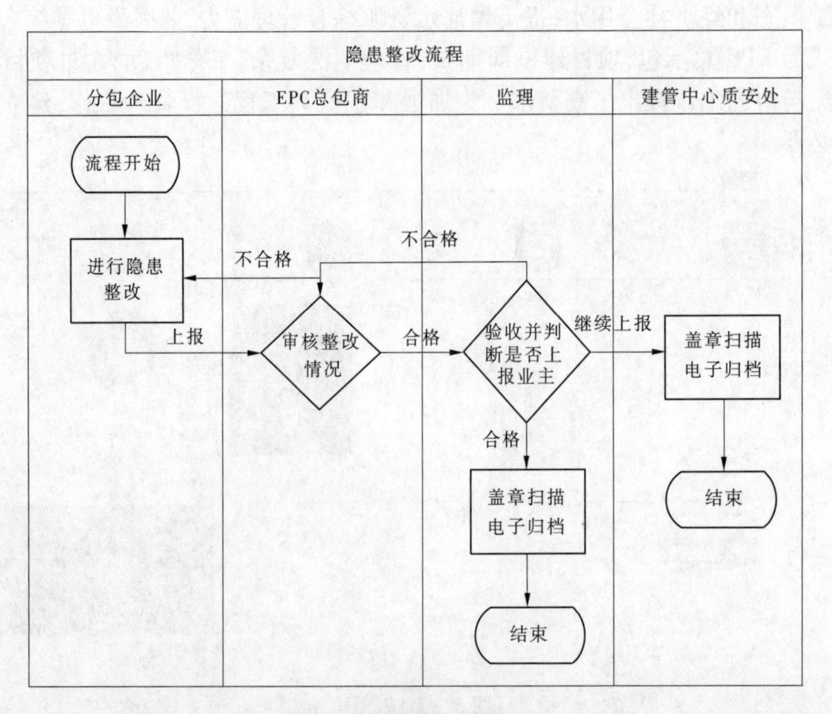

图5　隐患整改业务流程

5 结 论

系统紧密结合水利工程项目法人在工程建设期间的实际业务需求,从功能设计、数据存储和管理、性能需求、安全需求等方面做了详细设计,形成了一套既满足业务需求又具备高性能特点的体系架构,很好解决了 EPC 模式下项目法人缺少必要的管理抓手,在 EPC 总包商、分包企业、监理单位之间建立了高效顺畅的信息渠道,消除了“信息孤岛”,为落实安全生产主体责任、开展安全生产标准化建设发挥了积极作用。

参 考 文 献

[1] 钮新强.大坝安全与安全管理若干重大问题及其对策[J].人民长江,2011,42(12):1-5.
[2] 张玉炳,杨明化,何向阳,等.智慧水库一体化管理平台特点介绍[J].水利规划与设计,2018,21(2):85-88.
[3] 楼杰.水利工程标准化管理在中型水库的应用探索[J].能源管理,2017,16(2):117-118.
[4] 张冬阳.信息化助力风险分级与隐患排查治理工作[J].中国安全生产科学技术,2016,12(9):297-299.

溧阳抽水蓄能电站进出水塔高悬空重荷载整流锥施工技术

刘　聪　刘新星　刘军国

（中国水利水电第五工程局有限公司，成都　610066）

摘　要　江苏溧阳抽水蓄能电站上水库进出水口为带八道检修闸门的竖井式塔体结构。带盖板的整流锥悬空高度高、跨度大、集中荷载重、工程体量大，施工中采用预应力锚索吊拉底承式型钢平台+满堂红盘扣式钢管架的支撑体系，并采取分阶段张拉、分层浇筑、过程监控的施工方案，快速、高效地完成了整流锥施工，对同类工程施工具有指导意义。

关键词　整流锥；预应力锚索；钢桁架平台；盘扣架；溧阳抽水蓄能电站

1　工程概况

江苏溧阳抽水蓄能电站由上水库、输水系统、地下厂房系统、下水库及地面开关站等建筑物组成。地下厂房安装了6台单机容量250 MW的混流可逆式水泵水轮电动发电机组，总装机容量为1 500 MW，采用一洞三机布置。上水库主要由1座主坝、2座副坝、库岸及库底防渗体系组成。总库容1 423万m^3、死水位高程254 m，正常蓄水位高程291 m，主坝最大坝高165 m。

上水库进/出水口塔有2个，塔体高程为242～295 m，塔体上部框架主要由8个闸墩及联系板组成，8个闸墩沿塔体中心环向布置，连系板每隔6 m高布置一层，立柱及联系板中间预留闸门槽，在立柱闸门槽内部设置直径为0.8 m的通气孔。联系板厚1 m，为外直径37 m、内直径15 m的圆环形结构（见图1）。塔体242～251.5 m高程处布置有进水口整流锥，锥体呈双段异向圆弧锥体状，上下段圆弧半径分别为3.6 m、7.2 m，锥体部分高度为7.6 m，最大直径为11.335 m，锥体上部为厚2.5 m的混凝土板，其直径为37 m，悬空跨度达21 m（见图2）。单个塔体工程混凝土工程量为49 800 m^3，钢筋量为3 984 t；单个锥体混凝土工程量为123.6 m^3，钢筋量为7.5 t，锥体上部2.5 m厚板混凝土工程量为2 700 m^3，钢筋量为270 t。

2　主要施工难点

整流锥下部流道高约100 m，流道开口直径为23.4 m，整流锥悬空荷载达2 600 t，锥体结构又异常复杂；根据设计要求，整个整流锥不能竖向分缝，故其悬空部分的模板支撑是整个整流锥施工的重点和难点，也是整个进出水口塔体施工的关键点。针对这些施工难点，经

作者简介：刘聪（1972—），男，重庆云阳人，项目总工程师，高级工程师，从事水利水电工程施工技术与管理工作。E-mail：690108712@qq.com。

多次讨论分析,项目部提出了三种施工方案:

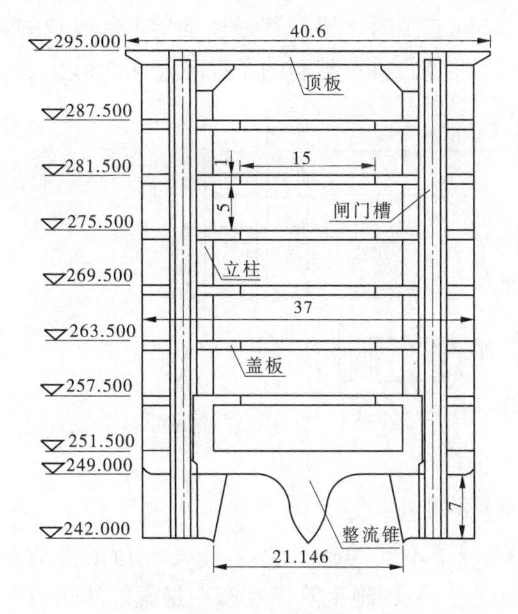

图1　进出水口塔体结构

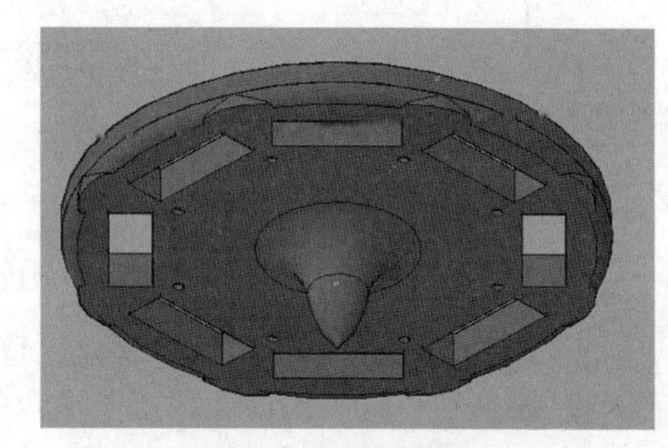

图2　整流锥三维图

(1)将整流锥下部的井座段及竖井段流道全部填满砂,在高程 242 m 形成满堂红盘扣架支撑平台,并在弯肘段末端浇筑混凝土墙封堵。

(2)在进出水口上部合适位置形成环形平台,在环形平台上搭设型钢平台,利用型钢平台搭设满堂红盘扣架。

(3)在闸墩上预埋钢管,利用钢管悬吊钢桁架平台,利用钢桁架平台吊拉模板。

通过多次对比分析,从方案可行性、安全性、经济性考虑,并结合工程工期紧的实际情况,经过细化和专家论证,确定采用第(2)种方案。即采用预应力锚索吊拉底承式型钢平台+满堂红盘扣式钢管架支撑,在底座段上部合适位置预留混凝土平台,采用张弦式钢桁架平台锚固在混凝土平台上,然后在闸墩上用无黏结预应力锚索吊拉张弦式钢桁架平台,在平台上搭设盘扣式钢管架支撑,在盘扣架上安装工字钢、木方支撑模板;型钢平台采用目前宽翼缘式 HM 型钢在钢结构厂家订制,厂家制造完成经预拼装合格后再拉到现场组装,采用汽车吊吊装。

3　整流锥施工方案

3.1　支撑体系设计方案简介

(1)吊拉的钢桁架平台的预应力锚索设计。

每个闸墩设置两排共 4 束无黏结预应力锚索,预应力锚索采用 4 根 1 860 级Φ15.24 的无黏结钢绞线,将其下端锚固于 HM 型钢桁架平台下弦节点,吊索上端穿过闸墩锚固于闸墩上(张拉调节端),无黏结钢绞线的受力特点为全长均匀受力(见图3)。

(2)预应力锚索吊拉型钢平台施工全过程计算复核。

预应力锚索吊拉型钢平台在施工过程中应重点关注其杆件应力和整体变形,其中杆件应力根据相应的材料要求确定。该工程选用的钢材为 Q345B,施工过程控制应力为 300

MPa。整流锥位置的控制要求依据模板的支撑变形作为控制指标：最大竖向变形不超过跨度的 1/1 000(20 mm)、水平位移不超过 10 mm，实际施工时水平位移通过锥尖下部设置的Φ377×20 钢管和直径 1 m 的 HW300×300 钢环予以控制，重点控制的是锥尖竖向变形。

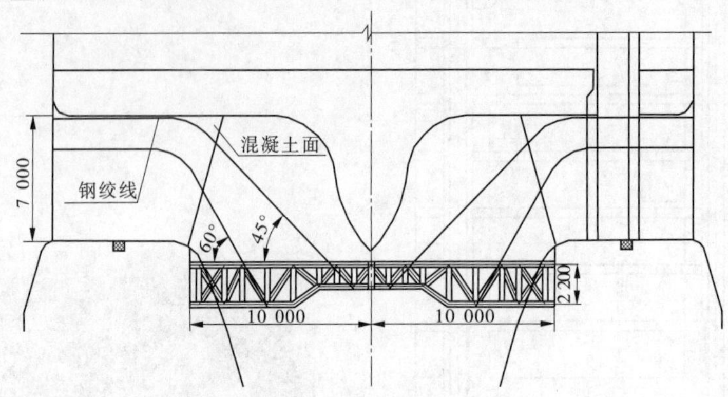

图3　预应力锚索示意图

预应力锚索吊拉型钢平台进行设计复核时模拟了不同的施工阶段，施工相应的恒荷载和活荷载，根据工程施工的特性和支撑平台的刚度等，采用施工阶段状态变量叠加法进行整个预应力锚索吊拉型钢支承平台的复核验算。经各阶段模拟计算得知，其竖向变形量、杆件应力、支反力、吊索索力等均满足施工安全要求。

3.2　总体施工方案

根据带盖板的整流锥悬空高度高、集中荷载重、跨度大、工程体量大的特点，结合现场施工设备及工艺，为减轻支撑体系的工程量及难度，整流锥采取分阶段张拉、分层浇筑、过程监控的总体施工方案。

(1)分三层浇筑：第一层浇筑整流锥锥体，浇筑高度 7.595 m(高程 241.405～249 m)；第二层浇筑整流锥中部 1 m 厚的盖板，浇筑高度 1 m(高程 249～250 m)；第三层浇筑整流上部厚 1.5 m 的盖板，高度为 1.5 m(高程 250～251.5 m)，见图 4。

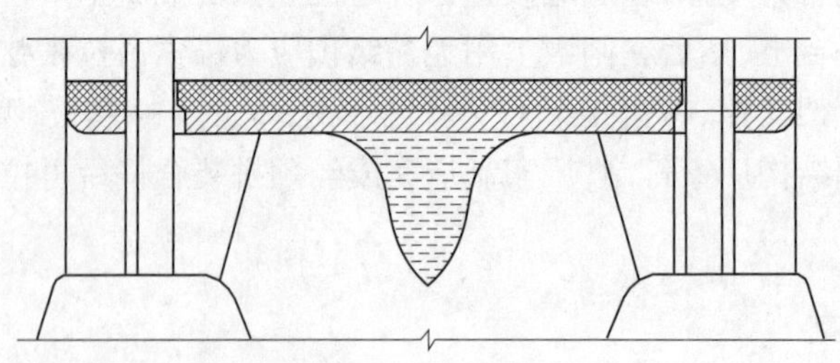

图4　整流锥分层浇筑示意图

(2)分两阶段张拉：在锥体浇筑前进行第一次张拉，在浇筑整流锥中部厚 1 m 盖板前进行第二次张拉。

(3)底承式的预应力锚索吊拉 HM 型钢平台＋盘扣式钢管支模架的组合支撑方案具体为：①在混凝土底座 238.3 m 高程处预留宽度 1.7 m 的混凝土结构后浇，在预留平台上安装直径 20 m 的张弦式钢桁架，该钢桁架由 32 束 4 支 1860 级Φ15.24 的钢绞线吊拉至 8 个闸墩柱上(见图3)。②在型钢平台上布置 I16 工字钢，以便搭设间距为 900 mm×900 mm 的盘扣架，用于支撑混凝土浇筑期间的荷载(见图 5)。③整流锥的锥体部位混凝土＋钢板的重量约 350 t,为保证锥体部分的有效支承,在型钢平台中心分别设置Φ377×20 的钢管支撑整流锥尖部、直径 1 m 的 HW300×300 钢环作为第 2 道支撑、多道 I14 工字钢制成的钢环作为第 3 道支撑,环形工字钢用盘扣架支撑,锥体部分采用Φ60 盘扣架,其余部分采用Φ48 盘扣架(见图 6)。

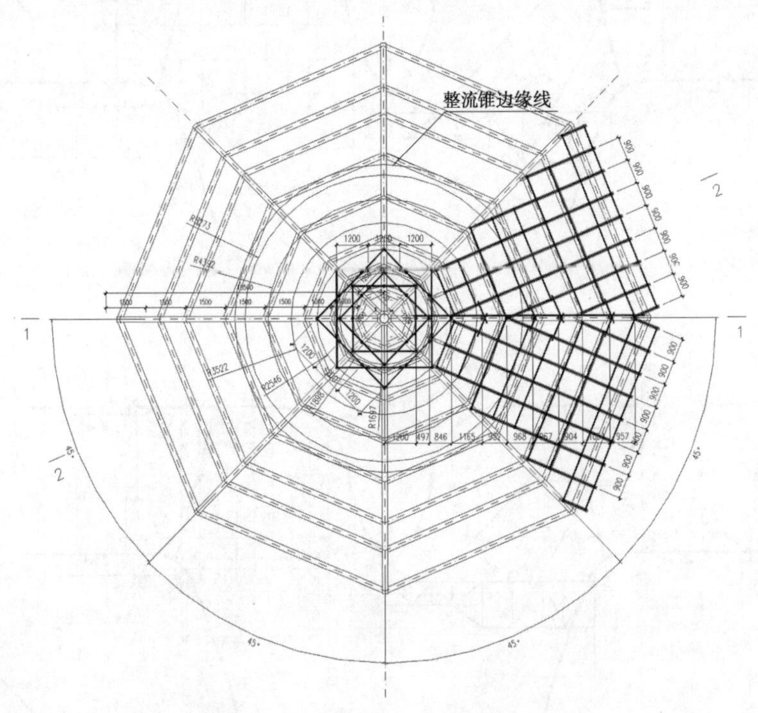

图 5　钢桁架平台上的 I16 布置示意图

(4)过程监控:在整个施工阶段,对竖向支撑体系进行了监测,监测项目有钢桁架的应力和应变、锚索索力、H 型钢的应力和应变、中心Φ377 钢管的应力和应变、盘扣架的应力和应变等,监测时机主要是每层混凝土浇筑前、浇筑后及浇筑过程中。

4　整流锥施工方法

4.1　整流锥支撑体系施工

4.1.1　钢桁架平台施工

(1)预埋件施工。

在进出水口塔体底座高程 238.3 m 浇筑前预埋钢板,根据钢桁架外侧的主桁架确定位置,埋件用全站仪定位,用钢管或钢筋焊接牢固,避免浇筑时移位或下沉。浇筑时,避免混凝土洒落在其表面,振捣棒不直接碰触埋件及其固定件。钢桁架安装前,检测埋件是否满足要求,并将其清理干净。

(2)钢桁架平台安装。

钢桁架采用 HW 型钢制作,在有资质的钢结构厂家加工并进行预拼装,经检查合格后分片运至现场。在平台混凝土达到强度要求、闸墩钢筋施工前进行钢桁架平台的安装。根据现场实际情况并考虑到施工安全,将全部主桁梁和两圈次桁梁在塔体附近拼装完成,然后

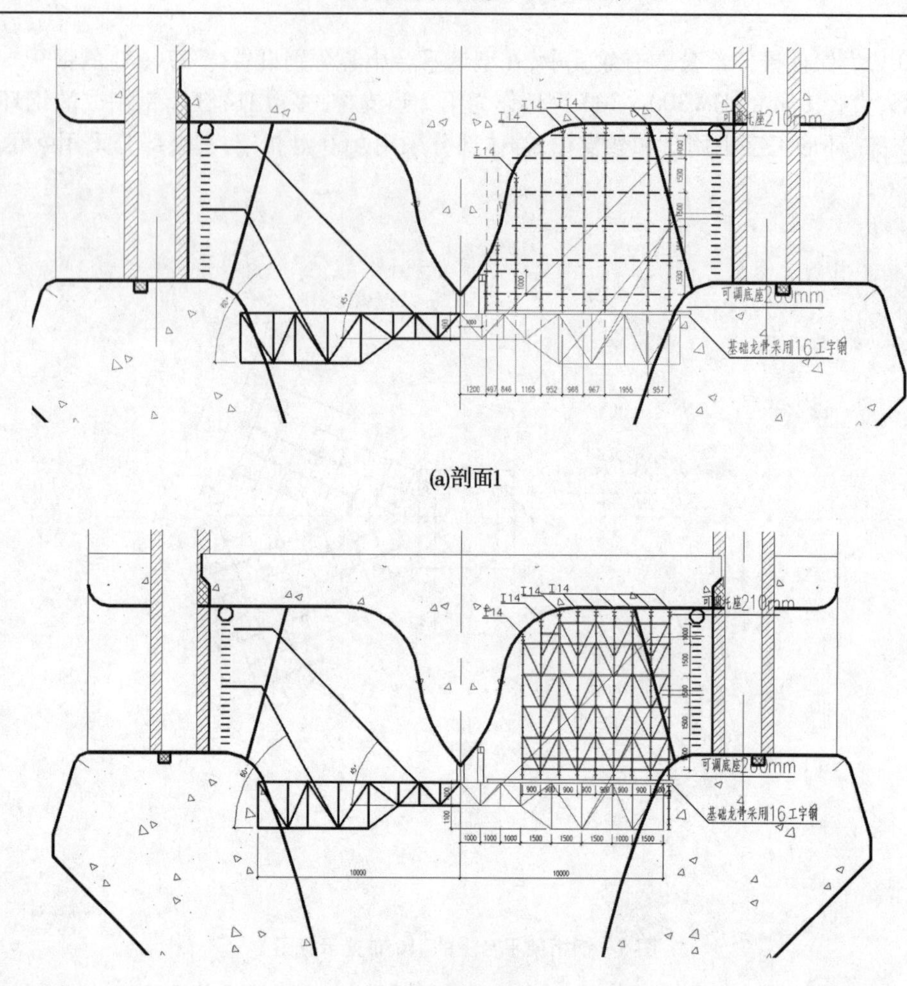

(b)剖面2

图6　整流锥锥体的竖向支撑体系

采用两台220 t汽车吊对称站位、起吊，将其抬运至井内指定位置，最后采用25 t汽车吊将次梁分片吊至指定位置拼装，形成整体钢桁架平台(见图7)。八榀主梁拼装时，采用高强螺栓与中心连接装置连接，拼装位置与预埋钢板相对应，确保吊装时钢桁架平台经“垂直提升→水平移动→垂直下降”后能够到达既定位置；主桁梁与预埋件和次桁梁间均通过焊接连接牢固，钢结构间的焊接均采用埋弧自动焊，焊缝按要求进行探伤检测，检测合格后进行I14工字钢的铺设。I14工字钢采用25 t汽车吊吊装，人工摆放就位，采用焊接方法适当固定。

4.1.2　盘扣架安装

承插型盘扣架为塔式速接型钢管施工架，是由可调底座、立杆、横杆、斜杆、上调托座组成的一套稳定、安全的结构系统支撑架，其立杆材质为Q345，其余部件材质为Q235。根据整流锥荷载分布情况，在其直径10 m范围内采用ϕ60型立杆，其余部位采用ϕ48型立杆，另在锥尖部位采用ϕ377钢管现浇混凝土支撑，在直径2 m的圆弧上采用HW300×300 mm型钢进行环向支撑。

盘扣架施工流程：施工准备及放样→排放可调底座→安装第一步距架体(立杆、横杆)→调整座标高和架体水平度→安装第一步距架体(斜杆)→安装第二步距架体→……→

图7 钢桁架安装图

安装最后一步距架体→安装可调托座→调节结构支撑高度→安装模板体系。盘扣架采用25 t汽车吊吊至作业面,由人工搭设,确保插销卡入卡槽内。盘扣架安装完毕,待闸墩混凝土达到要求的强度后进行预应力锚索安装。

4.2 整流锥钢衬制作安装

整流锥锥体中心至闸墩内侧边缘部分为钢板外包混凝土,其中锥头部分钢板厚度为12 mm,其他部分为14 mm,直接作为混凝土浇筑过程中的支承模板,钢模板内侧面设置加劲肋板,以确保混凝土浇筑过程中模板刚度满足要求。整流锥在具有相应资质的钢结构加工厂制作,采取水平分段、环向分瓣的原则分块,根据运输条件并确保组焊件不变形的情况下,尽量组焊成大件运输。

待盘扣架搭设完毕,利用25 t汽车吊进行整流锥钢衬板安装。整流锥锥尖部分在进出水塔附近焊成整体,利用钢桁架平台中心范围内的ϕ377钢管和HM环向型钢支撑,锥尖吊装前适时在ϕ377钢管内灌满混凝土,确保锥尖在混凝土初凝前吊装就位。待混凝土终凝后,进行其余钢衬板的安装,分块吊装、分块焊接,面积较大块钢衬板用手拉葫芦临时固定,在分段焊接钢衬板的同时分段焊接环向加劲肋。整流锥钢衬板安装与闸墩242~249 m高程段混凝土施工穿插进行,待整流锥钢衬安装完毕,调整盘扣架顶托,使其顶紧钢衬。

4.3 整流锥混凝土施工

4.3.1 混凝土浇筑

整流锥钢衬安装完毕后进行整流锥混凝土施工,整流锥采取分层浇筑的方法进行整流锥及其上部板浇筑,钢筋、模板等主要材料采用塔吊吊运至作业面,混凝土采用10 m^3混凝土罐车水平运输、47 m^3混凝土汽车泵垂直运输入仓,插入式振捣器振捣实。模板除外包钢板(内设加劲环和拉结筋)不用支模外,锥板外缘1 m高范围内在水平和竖直两个方向均为圆弧形,采用订制钢模板,其余部分以钢模为主、木模辅助。

整流锥锥板为圆形结构,根据支撑体系受力计算,混凝土浇筑可以从圆面上任意一点开始铺料。为了保证混凝土浇筑质量,合理配置资源,锥板混凝土浇筑时,混凝土下料从圆形锥板外缘一点开始,分别沿顺、逆时针两个方向同时布料,采用斜层铺筑法,上层振捣时,振捣棒插入下层5 cm,确保层间混凝土结合良好。混凝土养护采用土工布覆盖并经常洒水,确保土工布长期处于湿润状态。

4.3.2 预应力张拉

整流锥悬空部分支撑体系按锥体和1 m厚锥板的荷载设计,预应力张拉在锥体浇筑前、整流锥中部厚 1 m 盖板浇筑前进行两次张拉，第一次张拉力为 80 kN，第二次张拉力为 400 kN。为了操作方便，张拉采用单端、对称张拉，张拉端设置在闸墩上。

5 过程监测

为保证整流锥顺利实施，在实施过程中，对整流锥支撑体系的变形和应力进行安全监控，通过实测杆件应力、锚索索力和型钢平台变形等，与方案的计算分析结果进行对比分析，确保整个工程在实施过程中的安全性。实施过程中主要对锥尖混凝土浇筑前后、1 m 和 1.5 m 厚锥板混凝土浇筑前后及实施过程中进行监测，并重点对 1 m 厚锥板混凝土浇筑期间进行了应力应变监测。在支撑体系应力应变监测的同时，还对整流锥钢衬板进行了位移监测，其时间点为：整流锥安装完毕、第一次钢绞线张拉完毕、整流锥第一次浇筑完毕、第二次钢绞线张拉、1 m 厚锥板浇筑完毕、1.5 m 厚锥板浇筑完毕、钢桁架拆除后等。通过有效监测，为整流锥混凝土浇筑顺利进行提供了可靠依据，为整流锥支撑体系的安全运行提供了数据支持。监测数据表明：①整流锥钢衬板上监测点沉降量与钢桁架上监测点沉降量基本相符，说明施工过程中盘扣架基本无变形；②1.5 m 厚锥板浇筑前后各测点的应力和位移数值变化并不明显，说明 1 m 厚锥板承受了 1.5 m 厚锥板的大部分荷载，同预期基本一致；③整流锥钢衬板和钢桁架最大沉降量为 12 mm，钢桁架平台在整个施工过程的变形监测结果与计算分析结果基本相符，且满足支撑体系竖向变形不超过跨度 1/1 000 的变形控制要求。

6 结 语

溧阳抽水蓄能电站上水库进/出水塔整流锥由于其悬空高、跨度大、集中荷载重、工程体量大、结构复杂等特点，导致其施工难度十分巨大。通过精心设计支撑体系、准确建模和分析计算、精心施工、适时监测等科学的方法和措施，快速、高效地完成了整流锥施工任务。经过总结，笔者有如下几点体会：①类似工程施工采用底承式预应力锚索吊拉钢桁架平台的支撑体系是适宜的；②重大、复杂的支撑体系设计时，需建立符合实际受力状态的分析模型，确定相关参数；③在类似重大、复杂的支撑体系施工过程中，应严格按照施工详图施工，确保支撑体系施工质量符合设计要求；④采取科学的监控技术，适时了解支撑体系的受力情况，为施工的顺利进行提供科学的依据，这在复杂、关键结构部位施工中使用是必要的；⑤对于荷载大、结构体量大的悬空结构，采用分层浇筑时，底层结构和其支撑对于上层结构的荷载分担情况值得研究，可为施工分层和采取合适的支撑结构提供理论依据。

参 考 文 献

[1] 胡长明，刘凤云，杨建华. 新型悬挑支撑架现场实测及有限元分析[J]. 工业建筑，2015，45(4)：136-142.
[2] 庄洪志，郭清. 张河湾抽水蓄能电站引水竖井施工技术[J]. 水利水电工程设计，2012，31(4)：10-12.
[3] 冯永刚，杨丽娟，高丽芬. 高空大悬挑结构型钢承力法施工技术[J]. 施工技术，2014，43(S)：402-404.
[4] 张新林. 谈水利工程混凝土施工技术[J]. 水利规划与设计，2014(6)：95-96.

土石坝填筑施工质量控制关键技术研究与应用

王志坚[1]　孟　涛[2]　杨正权[3]　张　虎[2]

(1. 中核集团新华水力发电有限公司,北京　100070;
2. 新疆新华叶尔羌河流域水利水电开发有限公司,喀什　844000;
3. 中国水利水电科学研究院,北京　100048)

摘　要　国内建设的部分土石坝在蓄水运行过程后出现了面板断裂、渗漏严重等问题。这些问题严重影响了水利工程的效益,甚至会危及整个水利工程的安全性与可靠性。通过深入研究发现,大坝产生的不均匀沉降是导致这些问题出现的主要原因。大坝发生的不均匀沉降,在很大程度上与大坝碾压施工过程控制不到位,坝体碾压质量不合格、不均匀有重要的关系。在阿尔塔什水利项目支撑下,进行砂砾石坝的施工质量过程控制关键技术研究。研究主要包括两个方面:一是开展砂砾石坝坝料大型相对密度试验研究;二是在现场试验的基础上,开展了大坝碾压施工过程实时智能化监控系统的研发与应用。研究表明,利用大坝坝料现场相对密度试验与碾压试验方法,可以为大坝碾压质量控制提供可靠的相对密度参数,以及施工过程控制参数;利用实时智能化监控系统,可以为工程中的大坝碾压施工过程优化调度、实时管理提供重要的管理手段与平台,能够保证施工质量,保证坝体沉降变形在可控范围内,也为工程的安全与稳定运行提供了保证。

关键词　施工质量过程控制;相对密度试验;碾压试验;智能化监控系统

1　概　述

在过去的几十年,我国建设了一大批水利水电工程,其中建成的大坝中有近70%的大坝类型为土石坝。尤其是近30年来,我国面板坝的建设发展迅速,无论是坝高还是技术难度,都处于世界前列,特别是在我国的西部地区,一批高坝大库工程的成功建设,标志着我国土石坝建设处于世界领先水平。

但是部分混凝土面板坝蓄水运行后存在面板断裂、渗漏严重等故障,影响工程效益发挥,甚至危及整个水利工程的安全与可靠。通过对这些问题大坝进行深入研究发现,大坝发生的不均匀沉降是造成上述事故的主要原因。而大坝发生不均匀沉降,很大程度上是大坝碾压施工过程控制不严和碾压质量不合格导致的。

近年来,在阿尔塔什水利枢纽项目支撑下,开展了砂砾石坝的施工质量过程控制关键技术研究。研究主要包括两个方面:一方面是开展了砂砾石坝坝料大型相对密度试验研究,得到与大坝填筑施工条件相适应的逼近真实情况的坝料最大干密度,为大坝填筑碾压质量控

作者简介:王志坚(1967—)新疆库尔勒人,新疆新华叶尔羌河流域水利水电开发有限公司副总经理,高级工程师,主要从事水利水电工程技术管理工作。E-mail:2436905025@ qq. com。

制提供了重要的评价标准;另一个方面,在坝料现场大型相对密度试验与碾压试验研究成果基础上,利用高精度卫星定位技术开展了大坝碾压施工过程实时智能化监控系统的研发与应用,保证了大坝填筑过程能够严格按照大坝碾压试验得到的施工控制参数进行,保证了大坝填筑过程中无漏碾、错碾等情况发生,改变了传统旁站的大坝碾压现场管理模式,提高了大坝施工信息化管理的水平。

通过近三年来阿尔塔什水利枢纽大坝填筑的效果来看,采取大坝填筑施工过程质量控制关键技术后,大坝坝体施工质量较好,且大坝坝体沉降变形与以往体量相当的大坝比较要小得多。运用该关键技术后,大坝填筑施工过程管理水平有了较大提高,大坝填筑施工效率也有了很大提高。

目前,该项技术已经在新疆阿尔塔什水利枢纽和大石门水利枢纽、河南出山店水库、安徽江巷水库以及老挝南俄3水电站等项目中得到了推广应用,结合不同类型大坝填筑施工过程的质量控制,也进一步完善了该技术,逐渐形成了一套新的施工过程控制体系。

2 大坝填筑施工过程质量控制重要节点

2.1 坝料最大干密度——土石坝填筑施工质量评价依据

土石坝坝料的工程特性中,坝料密实度对工程质量起着关键控制作用,密实程度越高,其所表现出来的工程特性就越有利于土工构筑物的结构安全稳定。尤其是对于坝体变形这一高土石坝安全的控制性条件,控制好坝体的填筑密实度,坝体变形特性就可以得到较好的控制。在大坝的填筑压实密度标准确定后,技术方面就是采用经济合理的碾压方式和碾压参数达到设计的土体密实度要求,同时对坝料的级配进行校核,并且保证大坝施工过程严格按照制定的施工参数进行。

2.2 施工过程参数化控制——土石坝碾压施工质量保证体系

在大坝填筑施工过程中,为了保证大坝填筑施工质量,需要对大坝填筑碾压施工过程进行重点监控,保证施工质量满足设计要求,从而保证大坝在运行过程中的安全与可靠。

大坝施工过程中主要的控制参数有以下几个方面:

(1)铺料厚度。大坝坝料摊铺厚度是决定坝料是否能够达到设计所提出的压实标准的关键。通过现场碾压试验,可以确定在一定的大坝压实功下的最佳压实厚度。按照确定得到的坝料摊铺厚度进行摊铺,是决定坝料压实质量的最基本因素。

(2)坝料洒水量。坝料洒水量也是大坝填筑过程控制的重要指标,尤其是对于黏性土来说,坝料洒水量是影响大坝碾压施工的重要指标。

(3)碾压遍数。碾压遍数是保证坝料能够均匀压实的最重要和直接的控制指标,在传统的施工管理模式中,通常采用监理旁站的方式进行管理,劳动强度大,且效果不好。

(4)碾压速度。碾压速度的确定一般以相关标准规范为基础,同时结合碾压试验确定的在保证质量的条件下最大施工效率的碾压速度。在传统的施工过程中,碾压速度难以完全按照确定的参数实施。

(5)碾压振动频率。碾压振动频率是大坝碾压设备输出的坝料压实激振力的直接控制指标,通过控制碾压振动频率,可以保证大坝坝料碾压过程中的激振力的输出,是施工过程中重要的控制指标。

3 大坝填筑施工过程质量控制关键技术

3.1 大坝坝料现场大型相对密度试验

3.1.1 坝料相对密度的概念

坝料相对密度可以用最疏松状态孔隙比和实际孔隙比的差值与最疏松状态孔隙比与最紧密状态孔隙比的差值之比来表达，也可以用实际干密度和最大干密度及最小干密度间的关系来表达：

$$D_r = \frac{e_{\max} - e}{e_{\max} - e_{\min}} \tag{1}$$

或

$$D_r = \frac{\rho_{d\max}(\rho_d - \rho_{d\min})}{\rho_d(\rho_{d\max} - \rho_{d\min})} \tag{2}$$

式中：D_r 为相对密度；$e_{\max}$ 为最疏松状态下孔隙比，即最大孔隙比；e 为实际孔隙比；$e_{\min}$ 为最紧密状态下孔隙比，即最小孔隙比；$\rho_{d\max}$ 为最紧密状态下干密度，即最大干密度；$\rho_{d\min}$ 为最疏松状态下干密度，即最小干密度；ρ_d 为实际干密度。

由以上相对密度的定义可知，要确定一定干密度下坝料的相对密度，首先要确定坝料的最大、最小干密度。不同相对密度试验方法确定不同粗粒土含量的最大、最小干密度存在差异，因此对于同样的干密度，对应的相对密度也不同。

3.1.2 大坝坝料现场大型相对密度试验

目前主要通过室内缩尺土料相对密度试验来确定砂砾料的最大最小干密度，但是室内缩尺试验在很大程度上低估了坝料最大干密度。因此，用室内试验得到的指标进行大坝填筑质量控制，经常出现压实度大于 1 的结果，与实际情况不符。采用现场原级配土料大型相对密度试验的方法来找到接近真实的砂砾料的最大最小干密度指标，是解决这种不合理现象的有效途径。

现场大型相对密度试验是在工地现场中，利用大型相对密度桶，采用松填法等方法确定不同含砾量原级配砂砾料的最小干密度指标，再在最小干密度测试完成后，采用大坝实际施工碾压机械进行强振碾压方式确定最大干密度指标。现场坝料相对密度试验压实原理如图 1所示。图 2 所示为正在进行阿尔塔什面板坝筑坝砂砾料最大干密度现场测试。

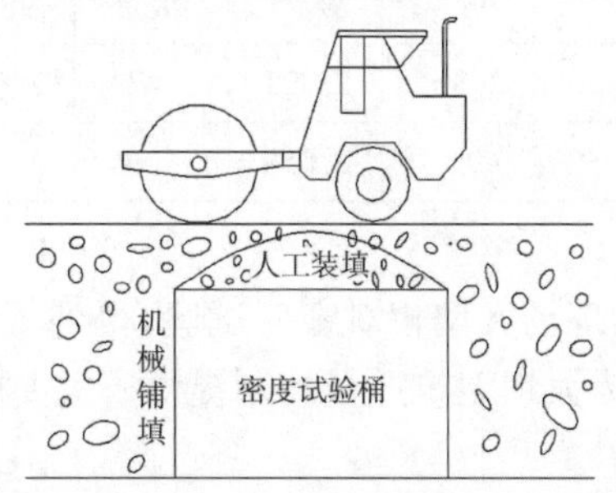

图 1 现场大型相对密度试验基本原理图

现场相对密度试验密度桶尺寸大，可以进行原级配或者接近于原级配的原型砂砾料进行试验，基本可以消除室内缩尺试验中尺寸效应对试验结果的影响。最大干密度试验，采用实际施工碾压机械进行强振碾压，这些施工机械的击实功能大，压实机制也与现场施工实际

图 2　现场大型相对密度试验的实施

情况基本一致。现场大型相对密度试验用料为原型筑坝砂砾料，最大、最小干密度确定过程与实际施工条件基本一致，试验确定的砂砾料相对密度指标可以基本反映实际，可以不加修正地直接应用于确定砂砾料填筑标准，进行大坝压实质量评价。

在阿尔塔什水利枢纽工程中，开展了现场相对密度试验，试验共对 8 个砾石含量的级配进行了最大、最小干密度试验，试验结果见表 1。从表中的试验结果可以看出，最大干密度在 2.34 ~ 2.43 g/cm^3，砾石含量在 76.4% 时其干密度达到最大值 2.43 g/cm^3。根据设计要求，阿尔塔什水利枢纽大坝主堆砂砾石的填筑标准为相对密度 $D_r = 90\%$，表 2 给出了各种含砾量在相对密度 $D_r = 90\%$ 时所对应的干密度和压实度。

表 1　现场主堆砂砾石原型级配料最大干密度、最小干密度试验成果表（平均值）

砾石含量（%）	69.0	70.0	75.0	76.4	77.8	80.7	83.6	86.5
最大干密度（g/cm^3）	2.350	2.362	2.421	2.431	2.425	2.397	2.368	2.339
最小干密度（g/cm^3）	1.958	1.977	2.058	2.066	2.057	2.018	1.976	1.945

表 2　不同含砾量在相对密度 $D_r = 90\%$ 时所对应的干密度和压实度

砾石含量（%）	69.0	70.0	75.0	76.4	77.8	80.7	83.6	86.5
$D_r = 0.90\%$ 的干密度（g/cm^3）	2.31	2.32	2.38	2.39	2.39	2.36	2.33	2.30
压实度（%）	98.3	98.4	98.5	98.5	98.5	98.4	98.3	98.3
最大干密度（g/cm^3）	2.350	2.362	2.421	2.431	2.425	2.397	2.368	2.339
最小干密度（g/cm^3）	1.958	1.977	2.058	2.066	2.057	2.018	1.976	1.945

通过对阿尔塔什水利枢纽现场大型相对密度试验，得到了大坝主堆石区砂砾石坝料接近真实的最大最小相对密度，为大坝填筑质量控制提供了重要的标准。

3.2　大坝坝料碾压试验

坝料现场碾压试验，是在工地现场采用实际施工机械针对原型筑坝料，按照设计选定的基本施工方法，进行多工况的对比试验，分析不同因素对坝料压实效果的影响，从压实质量和施工成本两方面，综合确定大坝施工碾压参数。

碾压试验最重要的测试和分析工作是对不同参数组合压实后的坝料碾压层进行干密度检测和级配分析。一方面是主要基于干密度试验成果，对大坝填筑的施工碾压参数进行研究,确定既能满足设计填筑标准又能兼顾施工成本的坝料碾压参数;另一方面,考虑到砂砾料级配特性对压实所起到的关键性作用,碾压试验级配分析工作还应当能够起到校核坝料设计级配和检验料场土料级配特性的作用,对料场料源质量进行复核。

基于当前我国碾压式土石坝施工的实际情况,现场碾压试验需要进行的影响因素(碾压参数类别)分析工作包括碾压机具的选择,行车速度、碾压遍数、铺土厚度、洒水量和振动碾振动频率的确定等。

图 3 所示为阿尔塔什水利枢纽主堆砂砾料碾压试验照片。表 3 所示为阿尔塔什水利枢纽大坝砂砾石料在 10 遍碾压条件下的试验结果,图 4 所示为阿尔塔什主堆砂砾料压实干密度同不同影响因素间的对应关系。

图 3　阿尔塔什坝料现场碾压试验洒水情况

表 3　阿尔塔什主堆砂砾料碾压试验干密度成果分析示例

试验土料及工况	洒水率(%)	试坑序号	干密度(g/cm^3)	砾石含量(%)	最小干密度(g/cm^3)	最大干密度(g/cm^3)	相对密度(%)	平均干密度(g/cm^3)	平均相对密度(%)
主堆砂砾石料(洒水铺土厚度 80 cm,碾压 10 遍)	5	1	2.385	79.610	2.033	2.408	94.936	2.353	92.664
		2	2.343	81.800	2.002	2.386	90.429		
		3	2.333	84.110	1.971	2.363	93.549		
		4	2.353	81.430	2.007	2.390	91.742		
	10	1	2.391	77.480	2.059	2.426	91.676	2.386	93.441
		2	2.370	80.950	2.014	2.395	94.463		
		3	2.374	78.910	2.042	2.414	90.724		
		4	2.409	78.020	2.054	2.423	96.899		
	15	1	2.371	81.120	2.012	2.393	95.096	2.359	93.808
		2	2.358	83.040	1.984	2.374	96.536		
		3	2.334	82.610	1.990	2.378	90.373		
		4	2.372	80.180	2.025	2.402	93.227		

通过现场碾压试验,得到经济合理的大坝填筑施工参数,既能满足大坝填筑设计要求,又能保证高效的大坝碾压施工效率,也为大坝填筑碾压施工过程的管理提供了定量的管理

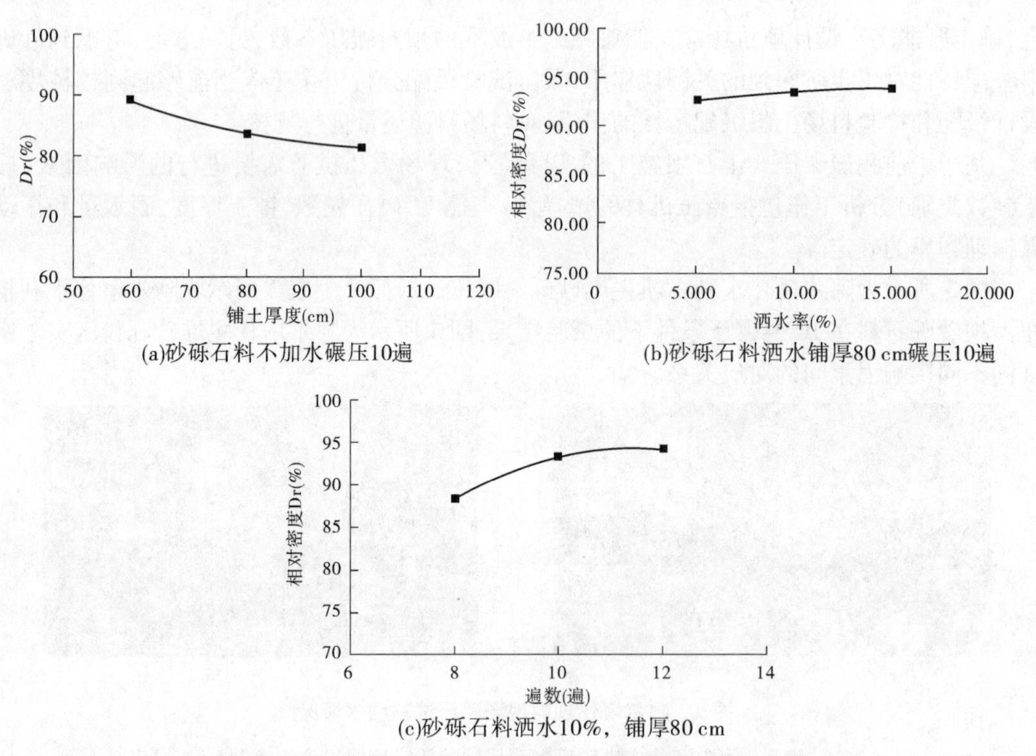

(a)砂砾石料不加水碾压10遍

(b)砂砾石料洒水铺厚80 cm碾压10遍

(c)砂砾石料洒水10%，铺厚80 cm

图4 阿尔塔什主堆砂砾料压实干密度与不同影响因素间的对应关系

参数,严格按照现场碾压试验得到的碾压参数进行大坝填筑施工管理,能够保证大坝碾压质量满足设计要求,为大坝完建后的运行安全和稳定提供重要的保障。

3.3 大坝碾压施工过程实时智能化监控系统

土石坝施工过程质量控制一直是困扰工程建设管理人员的难题,尤其是大坝碾压施工过程的控制,是整个大坝建设管理过程中的难点与瓶颈。大坝施工质量不能保证,将导致大坝坝体发生较大不均匀沉降变形,为日后的坝体运行造成重大安全隐患。

采用常规的大坝碾压施工现场管理模式,很难保证大坝施工严格按照通过碾压试验制定的施工参数进行,另外,由于大坝碾压施工环境的恶劣,碾压机械操作人员很难长时间保持清醒的工作状态,错碾、漏碾不可避免。因此,建立一种实时的大坝碾压施工过程监控系统,对大坝施工过程进行实时的图形展示,一旦大坝施工参数与既定参数有较大偏差,则能够及时对施工进行纠偏提示,保证大坝碾压施工质量。

利用高精度卫星定位技术,结合物联网、云计算及大数据技术,结合土石坝结构设计与填筑施工组织设计特点,建立大坝填筑碾压实时智能化监控系统,能够将大坝填筑施工过程中碾压机械的施工坐标点、碾压遍数、碾压速度、碾压振动频率、铺料厚度以及实时坝料压实特征实时地以图形的形式展示在工程建设管理人员的计算机屏幕上,能够为大坝填筑施工过程管理、施工质量控制以及施工现场的动态调度提供重要的技术手段。

3.3.1 系统主要组成部分

系统的主要组成部分分为三个方面,分别是硬件系统、软件系统以及数据传输与交互网络系统,如图5所示。

硬件系统主要包括安装在大坝填筑施工机械上的高精度定位接收机、工业平板电脑、压

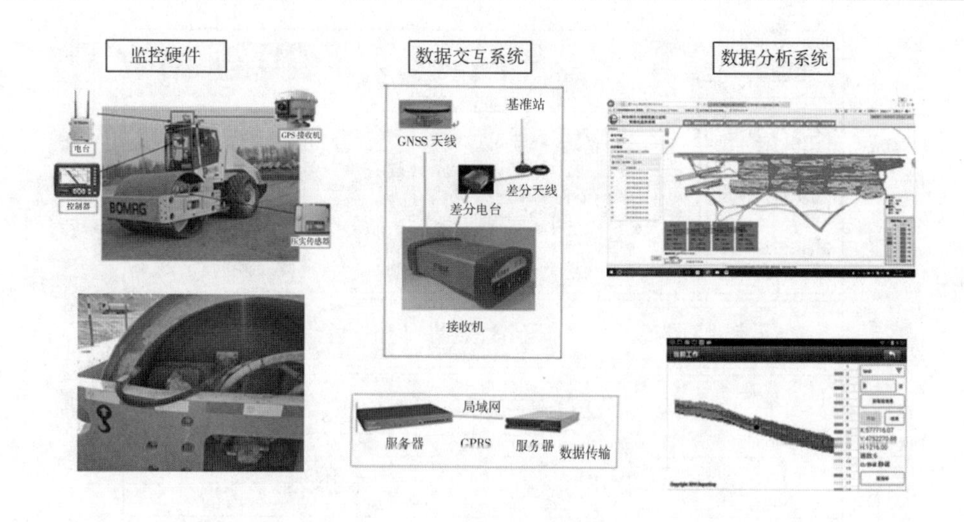

图5 大坝填筑碾压施工过程实时智能化监控系统组成部分

实度传感器等硬件设备。软件系统主要是实现大坝填筑施工数据实时展示与分析的软件系统,供现场以及后方的工程建设管理人员使用,为大坝施工现场管理与快速调度提供了重要的管理手段。另外,软件系统还包括在平板电脑中安装的单机施工数据展示软件,为大坝施工机械人员提供操作参考与纠偏提醒。数据交互系统,为了保证施工数据的实时传输与展示,可以利用自建网络系统或 GPRS 商用网络系统进行数据传输。另外,为保证定位坐标的精确,建立了以电台进行数据传输与校核的 RTK 差分网络系统。

3.3.2 软件系统简介

在大坝碾压施工过程实时智能化监控系统中,硬件与数据实时传输网络,都有现成的设备可以进行直接采购。整个系统中最关键的部分还是利用编制的软件系统对实时采集到的施工过程数据进行实时高效的整理分析与图形化展示,为工程建设施工的现场管理提供重要的依据,保证施工有序,施工质量可靠。

大坝碾压施工过程监控系统的架构如图6所示,主要可以分为三层;第一层是系统数据库及基础技术层,其中相关物联网技术是结合安装在碾压设备以及坝料运输设备上的专有仪器开发的。第二层主要是系统中间件。第三层是系统应用层,主要是将各种信息通过系统用户界面展示出来,为工程施工过程质量控制以及工程优化调整提供参考与支撑。在系统的编制中,主要以水利水电工程施工中的各种标准、规范、政策及法规为相关依据。

目前已经完成的大坝碾压施工过程实时智能化监控系统,主要的功能有以下六个方面:

(1)工程基本信息整理与展示。

根据工程建设中对大坝所进行的不同施工单元的划分与确定,利用这些基本信息对大坝施工过程中采集到的相关数据进行不同区域和施工部位的整理与分析,为数据管理与质量检测分析提供了最重要的基础信息。

(2)施工过程实时监控分析模块。

主要针对施工过程中不同高程坝面进行自动生成平面图,并且在平面图上对不同部位的桩号及比例尺进行展示,然后再加载该平面上的碾压设备及相应的驾驶员实时施工过程信息,以便施工单位、监理单位以及工程建设管理单位对大坝碾压实时施工过程进行控制与

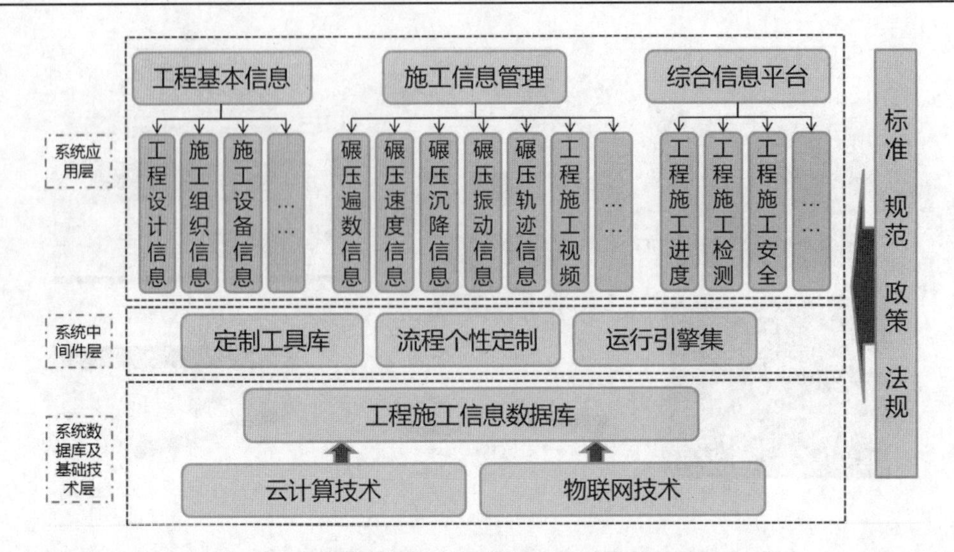

图6　大坝碾压施工过程控制系统结构示意图

实时调度。

(3)质量检测分析模块。

质量检测分析模块是大坝施工过程控制系统中最重要的模块,主要在施工结束后,对一定的施工时间中某施工区域采集到的碾压数据进行综合分析,包括碾压遍数(总数、静碾及振动碾)、速度超限次数、碾压设备速度平均值、碾压设备速度最终值、碾压设备激振力超限次数、激振力平均值、激振力最终值、碾压沉降量以及行车轨迹几个重要方面,通过这个模块可以重演大坝施工实施过程。另外,还开发任意的沿着坝轴线或者垂直坝轴线的碾压数据剖面分析功能,以便全方位地了解大坝整体碾压施工过程及数据。

(4)施工报表生成模块。

在实际工程建设中,每一个单元工程或每一个分区施工完成之后,可由系统自动生成该施工区域的施工报表,包括报表信息、自动或者手动设置的检测点位置等信息以及相关的施工状态的图形等内容,可作为施工质量评价的重要附件,为保证大坝工程施工质量检验与评价提供重要的参考和支撑资料。

(5)施工机械碾压统计分析模块。

可以进行单台碾压机械某段时间内的施工工效统计分析,包括碾压长度、碾压面积、不同碾压遍数所对应的碾压面积统计等,以及某一段时间内对所有参与施工的施工机械进行施工工效分析,主要包括某段时间所有的施工机械施工长度、施工面积以及满足施工标准的施工面积,这样可以为现场施工管理人员对不同阶段机械操作手的操作效率进行绩效管理提供了重要的手段。

(6)面向碾压设备操作员的大坝碾压施工过程监控软件系统。

安装在碾压设备驾驶室中的平板终端将会实时显示该台碾压设备的碾压遍数、设备碾压速度、碾压振动状态以及碾压轨迹等施工信息,为碾压设备操作人员提供重要的操作引导与操作纠偏,从而保证大坝碾压施工质量。平板终端系统如图7所示。

3.4　基于碾压设备无人驾驶技术的智能化施工系统

基于无人驾驶的大坝填筑智能碾压是一种可以自主行驶的智能施工系统。它的系统结

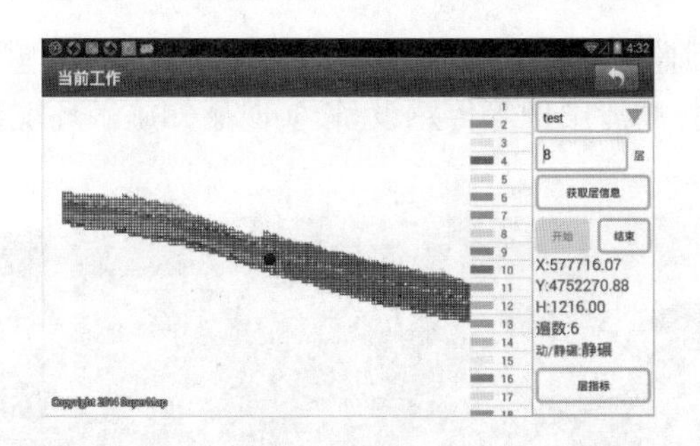

图 7　大坝碾压施工设备中平板终端系统界面

构非常复杂,不仅具备加速、减速、制动、前进、后退以及转弯等常规的车辆功能,还具有环境感知、任务规划、路径规划、车辆控制、智能避障等类人行为的人工智能。它是由传感系统、控制系统、执行系统等组成的相互联系、相互作用、融合视觉和听觉信息的复杂动态系统。随着计算机技术、人工智能技术(系统工程、路径规划与车辆控制技术、车辆定位技术、传感器信息实时处理技术以及多传感器信息融合技术等)的发展,基于无人驾驶的大坝填筑智能碾压施工在工程中逐渐得以开发和应用。利用该系统能够实现大坝碾压的无人智能化施工,保证大坝施工质量,提高施工自动化水平。同时也能使施工不受昼夜、风沙、高温等影响,提高施工效率与进度,避免碾压施工恶劣环境对人的损害。

基于无人驾驶的大坝填筑智能碾压施工管理系统通过无线网络把碾压机械上的信息上传给云服务器,操作人员看到信息后做出相应的动作(操作控制端的命令),控制端的下传命令也是通过无线网络下传无人驾驶智能碾压机械,无人驾驶智能碾压机械技术架构如图 8所示。

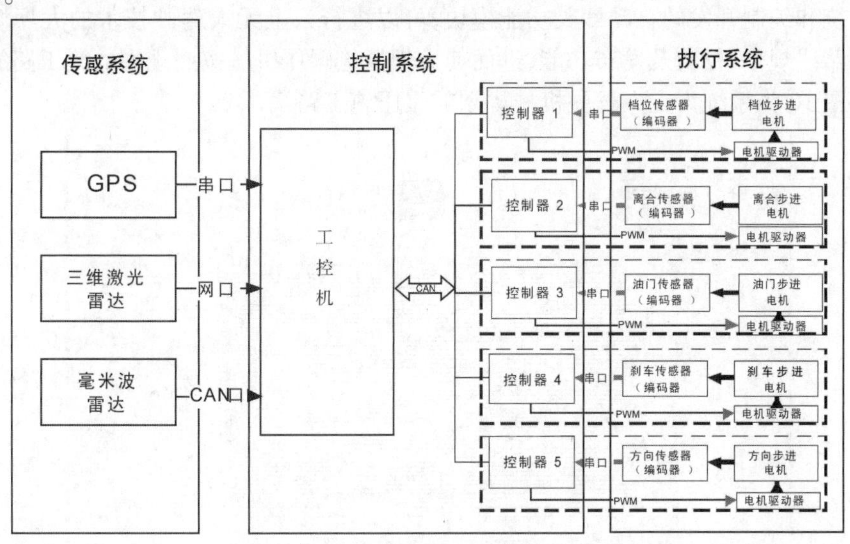

图 8　无人驾驶智能碾压机械技术架构

基于无人驾驶技术的大坝填筑智能碾压施工“智能碾”包括传感系统、决策系统和执行系统三个部分,采用的是自上而下的阵列式体系架构,各系统之间模块化,均有明确的定义接口,并采用无线网络进行系统间的数据传输,从而保证数据的实时性和完整性。该技术系统主要关键技术包括以下几个部分:

(1)传感系统。包括监控碾压质量的激振力传感器、方向传感器、定位导航外,以及三维激光雷达、毫米波雷达、高清影像等传感设备,实时感知施工环境以及机械本身运行状态。如图 9 所示。

图 9　无人驾驶智能碾压机械技术感知系统构件

(2)决策与控制系统。

①填筑碾压路径云上规划。根据大坝填筑施工相关技术要求,目前主要包含两种路径规划方法:环形碾压路径规划和折线形碾压路径规划。利用建立的大坝填筑施工实时智能化监控系统和编制开发的自动驾驶功能模块,可以进行云上无人驾驶技术的大坝填筑碾压路径实现路线规划、校验及发布功能,进而使大坝填筑碾压机械按照规划的施工路线进行碾压施工。图 10 为系统为无人驾驶机械规划的碾压施工路线。

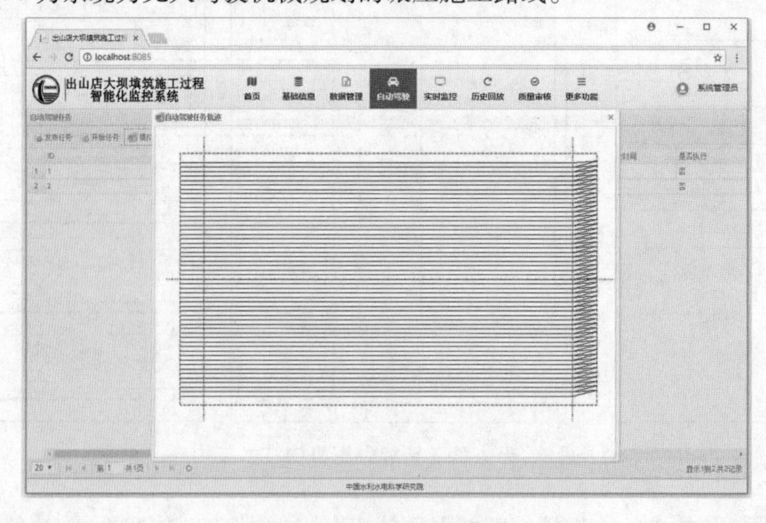

图 10　折线型碾压界面

②碾压路径的跟踪。路径跟踪控制器接收两方面的输入信号,一是规划模块的期望路径坐标点序列;二是由厘米级精度 GPS 和双天线测向设备共同输出的实时精确位置与航向

信息。两路输入相比较得到偏差信息，经跟踪控制器运算处理后得到方向盘转角，最终控制碾压设备按照期望路径行驶。路径跟踪模块原理图如图11所示。

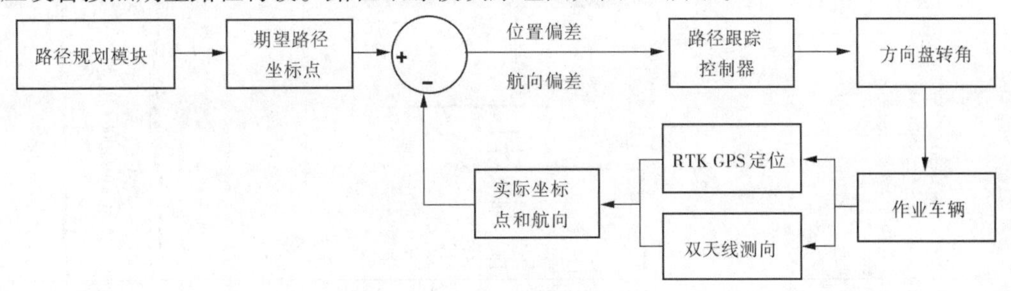

图11 路径跟踪模块原理图

4 关键技术在实际工程中的应用

目前，中国水利水电科学研究院针对土石坝施工过程质量控制的关键技术，已经在新疆阿尔塔什水利枢纽、河南出山店水库、老挝共和国南俄3水电站、新疆大石门水利枢纽等国内外重大工程中得到了推广应用，取得了很好的应用效果，为工程建设质量的控制和施工现场动态管理提供了重要的手段与技术平台。

(1)阿尔塔什水利枢纽，位于叶尔羌河干流山区下游河段的阿尔塔什村境内，是一座在保证向塔里木河干流生态供水目标的前提下，承担防洪、灌溉、发电等综合利用任务的大型骨干水利枢纽工程。水库工程正常蓄水位为1 820 m，水库设计洪水位为1 821.62 m，校核洪水位为1 823.69 m，总库容22.49亿m^3；电站装机容量755 MW。阿尔塔什水利枢纽工程为大(1)型Ⅰ等工程，是目前新疆在建的最大水利工程。由于在设计、施工等方面面临诸多技术难点，阿尔塔什水利枢纽工程被业内专家称为“新疆的三峡工程”。

阿尔塔什拦河坝为混凝土面板砂砾石堆石坝，坝轴线全长795 m，最大坝高164.8 m，面板坝直接建造于河床深厚覆盖层上，覆盖层最大厚度94 m。大坝抗震设计烈度为9度，100年超越概率2%的设计地震动峰值加速度为320.6g。大坝填筑方量约2 500万m^3，大坝施工质量对大坝运行的安全与可靠有重要的关系。利用大坝填筑施工过程实时智能化监控系统，实现了大坝施工全过程的远程实时监控，保证了大坝建设质量。图12、图13为系统在工程中应用的主要界面。

截至2018年7月底，阿尔塔什水利枢纽大坝坝体填筑高程已经接近1 780 m，坝体填筑高度超过120 m，坝体沉降变形较小，其中坝体主堆区(砂砾石料)区域内最大沉降量为309.1 mm，为目前坝高的0.27%；坝体下游堆石区(爆破料)区域内的最大沉降量为475.1 mm，为目前坝高的0.41%(大坝填筑监控曲线如图14所示)。这也说明目前阿尔塔什水利枢纽在大坝填筑施工过程中采用的施工质量控制技术具有较好的效果，具有重要的推广价值。

(2)出山店水库，是淮河上第一座龙头水库，以防洪为主，结合供水、灌溉，兼顾发电等综合利用。水库灌区灌溉面积50.6万亩，年供水8 000万m^3，河道基流3.5 m^3/s。主要建筑物有挡水及泄水建筑物(包括主坝土坝段、混凝土坝段、副坝)、电站厂房、引水建筑物(南灌溉洞、北灌溉洞)、水库管理局、交通道路等。

在出山店水库工程建设中，应用大坝填筑施工过程实时监控系统，实现了对大坝填筑碾

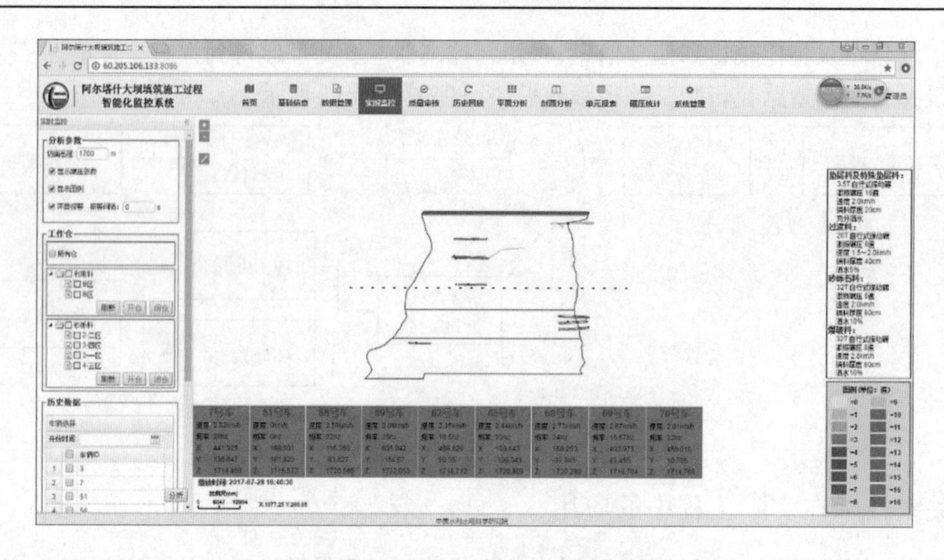

图 12　系统实时监控分析界面图

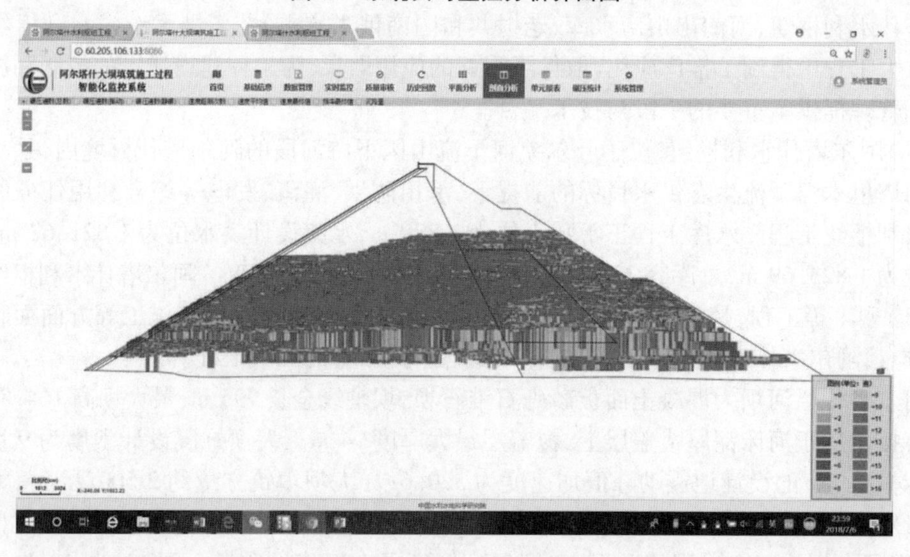

图 13　系统中生成实时监控剖面分析界面图

压施工过程的实时智能化监控，保证了大坝施工质量，并且为大坝提前封顶提供了重要的技术支撑。图 15、图 16 为系统在出山店水库中的系统应用主要界面。图 17 为大坝填筑碾压机械无人驾驶技术应用的驾驶室内景。

（3）南俄 3（Nam Ngum 3）水电站位于老挝中部赛松本省内，坝址区距首都万象公路里程约为 260 km，是南俄河干流梯级开发的第 3 级（自下游向上），为引水式电站。枢纽布置方案主要由混凝土面板堆石坝、左岸 3 孔岸边溢洪道、右岸引水发电系统和岸边地面厂房组成。工程规模为一等大(1)型工程。水库正常蓄水位 723.0 m，相应库容 14.11 亿 m^3，死水位 670.0 m，水库调节库容 9.72 亿 m^3，电站装机容量 480 MW，装 3 台 160 MW 水轮发电机组。

电站的混凝土面板堆石坝坝顶高程 729.5 m，坝顶宽度 8 m，最大坝高 210.0 m，坝顶长度 518.5 m。

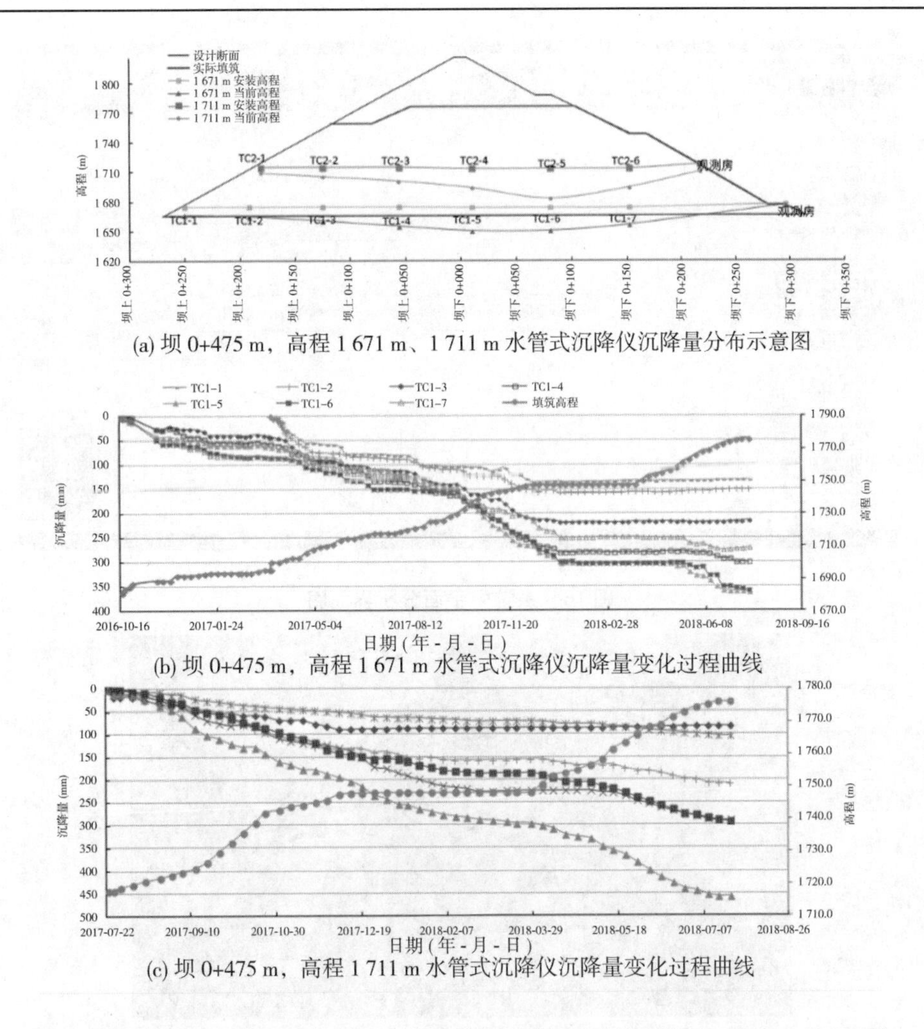

(a) 坝 0+475 m，高程 1 671 m、1 711 m 水管式沉降仪沉降量分布示意图

(b) 坝 0+475 m，高程 1 671 m 水管式沉降仪沉降量变化过程曲线

(c) 坝 0+475 m，高程 1 711 m 水管式沉降仪沉降量变化过程曲线

图 14　阿尔塔什水利枢纽大坝施工期沉降量监测成果示意图(截至 2018 年 7 月 22 日)

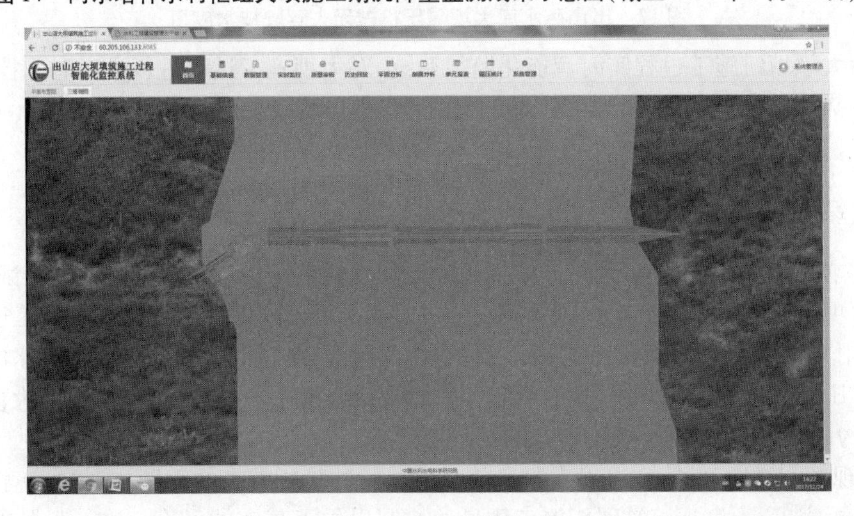

图 15　出山店水库大坝三维模型布置图

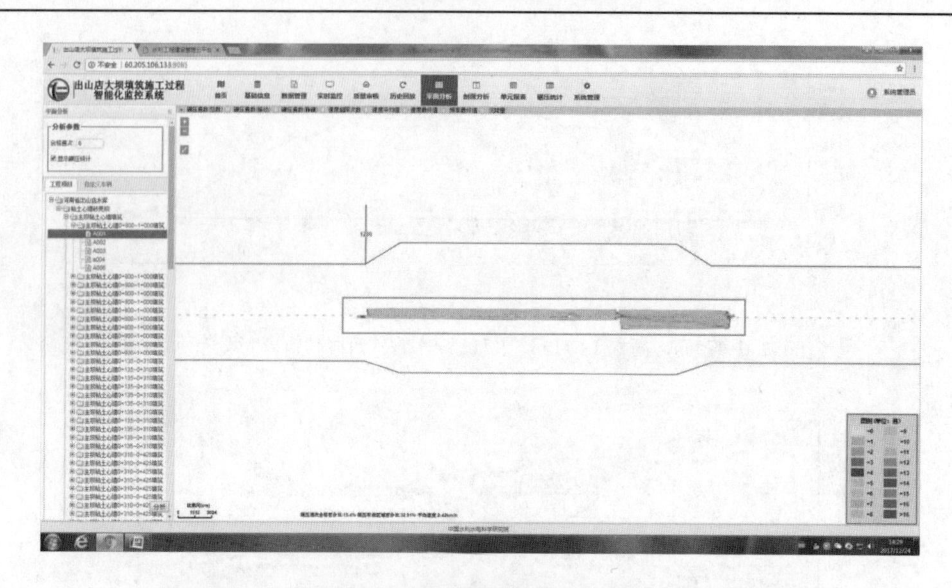

图 16　系统中平面分析界面图

图 17　出山店水库大坝碾压机械无人驾驶技术应用

利用大坝填筑施工过程实时智能化监控系统，对大坝施工过程进行了实时监控，保证了老挝第一高坝施工质量，也为工程施工动态调度与管理提供了中重要支撑（见图 18、图 19）。

5　主要结论

通过本文论述可以看出，利用文中提出的大坝坝料现场相对密度试验与碾压试验方法，可以为大坝碾压施工质量控制提供真实可靠的最大最小相对密度，以及大坝施工过程控制参数；利用文中提出的大坝填筑碾压施工过程实时智能化监控系统，可以为水利水电工程中的大坝碾压施工过程优化调度、实时管理提供重要的管理手段与平台，能够保证大坝施工质量，并且为工程运行的安全与稳定提供保证。

（1）现场相对密度试验，可以克服目前室内缩尺试验所带来的问题，求得真正接近于真实的坝料干密度，为大坝填筑碾压施工质量的控制提供了真实的尺度标准。另外在现场相对密度试验基础上的碾压试验，能够从施工高效经济角度出发，得到合理可行的大坝填筑施工过程控制参数，包括铺料厚度、碾压机械、碾压遍数、碾压速度以及碾压振动频率等，为大

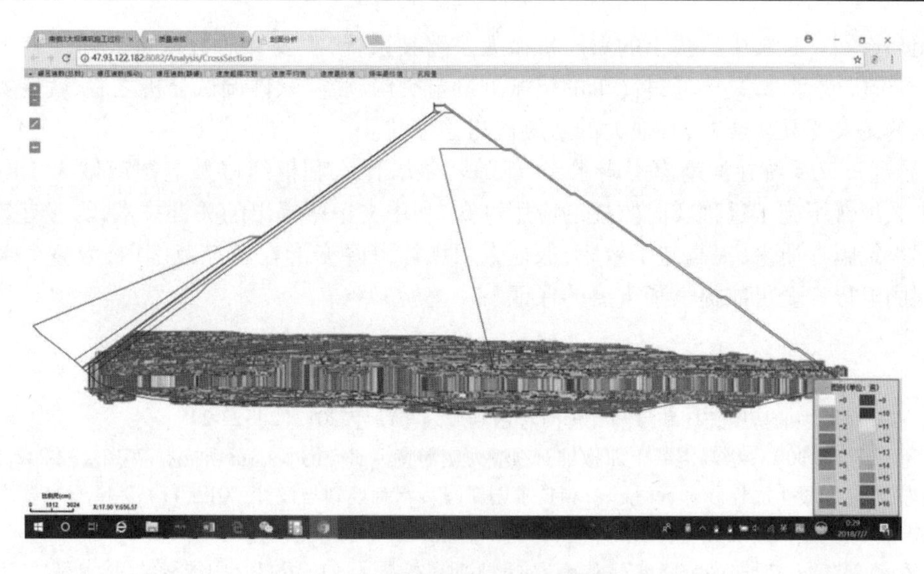

图 18　系统大坝填筑三维效果展示图

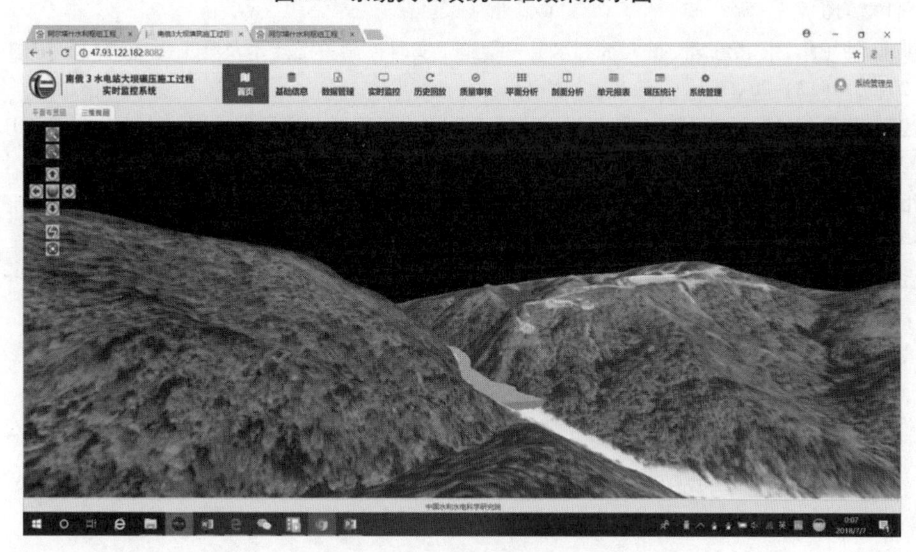

图 19　系统中生成实时监控剖面分析界面图

坝碾压施工过程的实时监控提供了最基本的参数。

(2)以现场相对密度试验与碾压试验成果为依据与标准,结合大坝设计与工程项目划分,利用建立的大坝填筑碾压施工过程实时智能化监控系统,对大坝填筑碾压施工过程进行实时化智能化管理,能够实时展示大坝碾压施工机械运行状态,包括施工坐标、碾压速度、碾压遍数等重要控制指标,可以通过系统中的相关模块,进行碾压施工质量的图形化评价与展示,包括平面与剖面的方式图形化展示,并且可以实时展示工程建设进度。另外,结合管理单位、设计单位、施工单位以及监理单位等需求,可以进行施工报表生成、施工机械效率分析等功能,为工程建设施工现场管理与动态调度提供重要的管理平台与技术手段。

基于无人驾驶技术的大坝碾压系统,具有自动感知施工环境与智慧障碍物避让、云上自动规划施工路径、碾压机械严格执行既定施工参数与规划路径等功能,能够实现大坝碾压施工的闭环控制。且文中所提出的碾压机械无人驾驶系统，主要针对数量巨大的现有车辆开发的，不论机械型号，只要通过简单的机械测量与机构调整、软件调试分析之后，就能实现施工机械的无人驾驶功能，具有强大的适应性与移植性。

(3)通过该系统在河南出山店水库、新疆阿尔塔什水利枢纽以及老挝南俄3水电站等工程中大坝碾压施工过程实时监控的应用可知，利用文中所提出的关键技术，能够有效地保证大坝填筑施工质量，提高施工效率，保证大坝坝体沉降变形在可控范围内，为整个水利水电工程的运行安全可靠提供了重要的保证。

参考文献

[1] 关志诚. 面板坝的挤压破坏和渗漏处理[J]. 水利规划与设计，2012(2):23-27.

[2] 徐泽平，邓刚. 300 m级高混凝土面板堆石坝应力变形特性研究[J]. 土石坝技术，2015:232-242.

[3] 关志诚. 高混凝土面板砂砾石(堆石)坝技术创新[J]. 水利规划与设计，2017(11):9-14.

[4] 关志诚. 混凝土面板堆石坝筑坝技术与研究[M]. 北京：中国水利水电出版社，2005.

[5] 钟登华，刘东海，崔博. 高心墙堆石坝碾压质量实时监控技术及应用[J]. 中国科学：技术科学，2011，41(8):1027-1034.

[6] 马洪琪，钟登华，张宗亮，等. 重大水利水电工程施工实时控制关键技术及其工程应用[J]. 中国工程科学，2011，13(12):20-27.

[7] 项建明，劳俭翁，周一峰. 混凝土面板堆石坝施工数字化管理系统应用技术[J]. 土石坝技术，2015:389-396.

[8] 陈祖煜，杨峰，赵宇飞，等. 水利工程建设管理云平台建设与工程应用[J]. 水利水电技术，2017，48(1):1-6.

[9] 钟登华，王飞，吴斌平，等. 从数字大坝到智慧大坝[J]. 水力发电学报，2015，34(10):1-13.

某抽水蓄能电站上库竖井溢洪道体型优化研究

窦 灿

（中国电建集团中南勘测设计研究院有限公司，长沙 410014）

摘 要 某抽水蓄能电站上水库布置有开敞式无闸竖井溢洪道，位于混凝土面板堆石坝右侧。溢洪道由井口开挖段、溢流堰、竖井、消力井、退水隧洞、出口消力池组成。溢洪道与施工导流洞结合，在导流洞正上方山体内设置竖井下接导流洞，竖井下游导流洞洞段与溢洪道退水隧洞结合。本文通过水工模型试验，对竖井溢洪道的水力特性进行了全面的试验研究，并根据模型试验成果对消能井体型、竖井至隧洞连接段进行了优化设计，以为类似工程作参考。水工模型试验对不同水位下溢流面水流流态、泄流能力，验证了环形溢流堰堰面曲线的合理性。初拟体型方案中，水流贴着堰壁下泄之后，跌落至竖井，在竖井内形成了强烈旋滚和强混掺的水流流态，消力井内水流紊动剧烈，在采取了增大消力井深度、竖井及退水洞连接段增设压坡段及平直段等措施后，消力井井底可见较大清水区，消能井底板压强分布也变为相对均匀。从消能井到退水隧洞无压段前部的总消能率在87%～93%，消能效果较好。退水隧洞出口因地形限制，水流与冲沟大角度相交，消力池依出口地形适当扩挖。隧洞出口与消力池之间斜坡段设台阶消能，消能效果较好。

关键词 竖井溢洪道；体型优化

1 研究背景

某抽水蓄能电站上库溢洪道采用竖井式溢洪道，布置于主坝右岸，堰顶不设闸门，采用自由溢流。竖井溢洪道由井口开挖段、溢流堰、竖井、消力井、退水隧洞、出口消力池组成。消力井式竖井溢洪道消能主要利用水流沿竖井下跌过程中携带空气，跌进消力井底与空气大量混掺、碰撞，急剧消耗能量。为论证溢洪道结构设计及消能设施设计的合理性，本文采用水工模型试验方法，对竖井溢洪道结构形式、尺寸及消能设施进行优化。

2 模型试验基本概况

2.1 工程地质概况

竖井溢洪道井口处地形为坝前凸入库内的山脊，岩体全、强风化岩体下限埋深分别为5～6 m、10～12 m。主要结构面为节理裂隙，边坡稳定性较好，洞身围岩坚硬完整，微风化—新鲜，地质构造较简单，未发现不利于洞壁稳定的Ⅰ～Ⅱ级结构面及其组合，存在的小断层或岩脉，胶结良好，局部顺岩脉接触面风化较强烈，破碎夹泥。出口位于坝后冲沟内，地表多为强风化基岩裸露，局部分布1～3 m厚的残坡积物或崩坡积物。岩体全、强风化岩体下限埋

作者简介：窦灿（1988—），男，山东济宁人，工程师，硕士，主要从事水电工程设计工作。E-mail：307401830@qq.com。

深分别为 1 ~3 m、2 ~6 m。边坡稳定性较好,局部需进行加固处理。

2.2 竖井溢洪道初始体型

竖井溢洪道为开敞式无闸式,进口采用环形实用堰,直径 7.0 m,堰顶高程为 815.50 m。竖井内径 4.0 m,总高度 42 m。溢流堰采用无闸墩环形实用堰,堰顶高程 815.50 m,环形堰顶上游曲线采用半径为 0.5 m 的圆弧,堰顶下游曲线为 1/4 椭圆曲线,椭圆方程为 $x^2/2^2 + y^2/10^2 = 1$,堰顶半径 3.5 m。竖井段采用内径为 4.0 m 等直径圆形竖井,井壁衬砌厚 0.5 m,竖井底部设消力井。

消力井底高程为 758.00 m,尺寸为内径 4.0 m,井壁衬砌厚 2.0 m,底板衬砌厚度 2.0 m。退水隧洞由导流洞改建而成,为无压隧洞,基本断面为城门洞型,断面尺寸为 3.5 m×4.0 m(宽×高),全断面钢筋混凝土衬砌,衬砌厚度为 0.5 m。退水隧洞出口正对下游冲沟岸,出口斜坡段采用扩散式台阶消能以降低流速,避免大流速冲刷对岸。消力池底板高程为 745.00 m,消力池水平段池长 18.0 m,宽 10 m,底板厚度为 0.6 m;在河道处设置一消力坎,对出口水流进行进一步的消能,消力坎的坎顶高程为 747.00 m,消力坎后沿河道设长 20.0 m 的抛石海漫,海漫高程 746.00 m。

2.3 模型设计及工况

为了满足各水力参数相似性要求,确定模型几何比尺 $\lambda_l = 25.00$。按重力相似准则设计试验模型[1],各物理量的比尺与几何比尺的关系见表 1。

表 1 模型试验各物理量比尺表

物理量名称	几何比尺	流速比尺	流量比尺	水头比尺	压强比尺	糙率比尺
比尺关系	λ_l	$\lambda_v = \lambda_l^{1/2}$	$\lambda_Q = \lambda_l^{5/2}$	$\lambda_H = \lambda_l$	$\lambda_H = \lambda_l$	$\lambda_n = \lambda_l^{1/6}$
比尺数值	25	5	3 125	25	25	1.71

为保证模型试验中水流与原型相似,模型设计时对环形溢流堰、竖井段、退水隧洞、出口消能段均进行了精细模拟。模型制作时,环形溢流堰采用木头制作,以便控制其精度,而竖井段、退水隧洞段用有机玻璃制作,出口消能段及下游河道用水泥砂浆制作。初始体型试验中确定的几种工况如表 2 所示。

表 2 试验工况表

项目	$P = 0.02\%$	$P = 0.2\%$	$P = 1\%$
正常蓄水位(m)	815.50	815.50	815.50
最高水位(m)	816.84	816.53	816.30

3 竖井溢洪道优化试验

3.1 修改方案一

在原方案中设计流量和校核流量下,水流贴着竖井堰壁跌落至井底,竖井内水流强烈旋滚及强混掺,水流紊动剧烈。在退水隧洞进口处,形成明满流交替的流态,流态很差,水面波动大。分析认为消力井水垫深度不够,使得跌落至竖井的水流能量没有来得及消杀,就直接进入退水隧洞，使得退水隧洞和竖井连接段的流态较差，因此对消能井段进行了加深，是为修改方案一。修改方案一将消能井加深了4.246 m，修改后的底板高程为753.754 m。修改方案一竖井及退水洞体型图见图1，竖井及退水洞流态见图4。修改方案一在加深消力井后，消力井内可以见到较大的清水区，水流偶尔触及消能井底部，这说明消能井所形成的水垫深度已足够。但是退水隧洞与消能井连接处的水流流态仍没有实质性的改善，水流仍然会跃动较高，故需对该段体型进一步修改。

3.2　修改方案二

修改方案二将消力井的深度在修改方案一的基础上减小了2 m，修改后的消力井底板高程为755.754 m，并且在退水隧洞与竖井连接部分做了压坡。修改方案二竖井及退水洞体型图见图2，竖井及退水洞流态见图5。修改方案二流态较修改方案一有所改善，在退水隧洞与竖井连接段水面仍然跃动较大但仍需要进一步地改进。

3.3　修改方案三

修改方案三保持方案二中的消能井深度不变，将压坡段的坡度进一步加大，压坡的坡度由原来 $i=0.306$ 变为 $i=0.510$ 并在后面加了一个2.5 m水平调整段。修改方案三竖井及退水洞体型图见图3，竖井及退水洞流态见图6，可见修改方案三流态较前两个方案有较大的改善，压坡整平段后面的水流流态相对而言较为平稳，以方案三为选定体型进行分析。

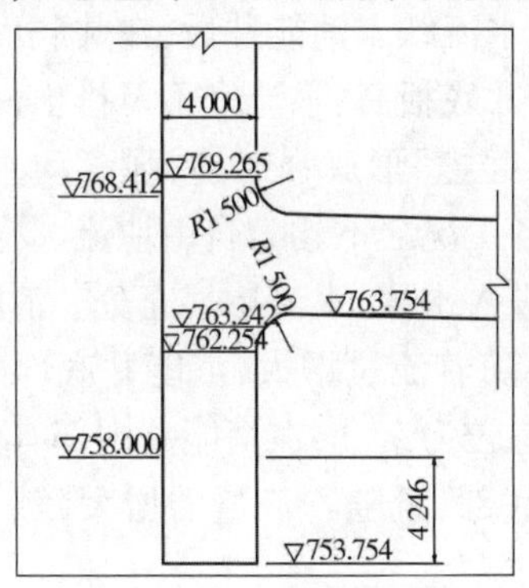

图1　修改方案一竖井及退水洞体型

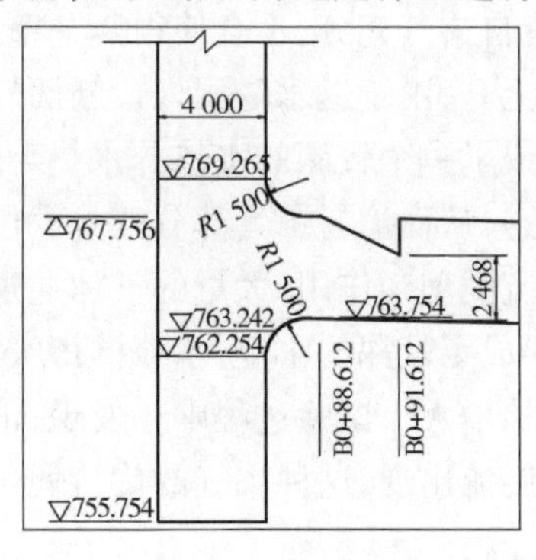

图2　修改方案二竖井及退水洞体型

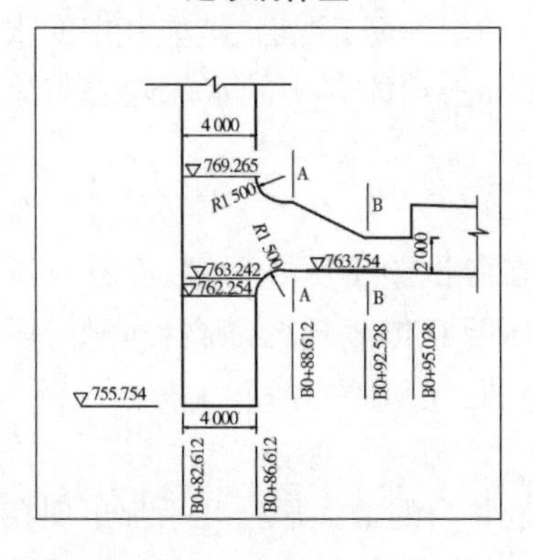

图3　修改方案三竖井及退水洞体型

图4　修改方案一竖井及退水洞模型试验成果

图5　修改方案二竖井及退水洞模型试验成果

图6　修改方案三竖井及退水洞模型试验成果

4　试验成果分析

4.1　竖井和消能井的流态

水流在流经环形溢流堰后，在重力的作用之下以脱壁式的流态跌入消能井中，然后因水流断面扩大，在竖井内的一段范围之内形成空腔，部分水流沿着井壁下泄，由于竖井内水层较薄，水流自掺气充分，不会使得竖井壁产生空蚀破坏。水流跌入消能井后，在井底反弹，再沿着井壁上升，由于退水隧洞入口断面较小，高程较消力井底板高，水流来不及排出，就在消能井中形成了一个较深的水垫。水垫与跌落的水流相互碰撞，形成强混掺、强紊动、强掺气的水流流态，从而消耗了大部分能量。由于环形堰口在各工况之下均为自由堰流，受到水汽交界面水流的剪切作用，大量的气体通过自掺气的方式进入水体，水流掺气充分。消能井底部，由于形成了较深的水垫，水流的掺气浓度明显降低。随着流量增大，消能井底部的掺气浓度也开始增大。试验过程中还发现，消能井的水流流态较为紊乱，在消能井内部有大尺度的顺时针旋流出现，这种掺气的旋流偶尔触及消能井的底部，且随着流量的增大，触及底部的频率也变大。

跌入竖井的水流以近乎射流的形式冲击消能井中的水垫，使得竖井中的水面波动剧烈，试验实测了波动的低值和高值。在 $P=1\%$ 的工况时，消能井内的水深为 10.5～12.25 m；$P=0.2\%$ 的工况时，消能井的水深为 13.75～16.5 m；$P=0.05\%$ 工况时，消能井中的水深为 13.75～17 m；$P=0.02\%$ 时，消能井中的水深为 15～18 m。消能井中的水深随着来流量的增大而增大，波动也变得剧烈。

4.2　壁面时均压强分布特性

在环形溢流堰的表面布置了 6 个时均压强测点。在各试验工况之下，堰面各点压强分布正常，负压值较小，可以满足规范要求。竖井段时均压强总体表现为随高程降低，压强增大，在泄放校核洪水时，最大量值出现在高程 759.875 m 处，量值约为 170 kPa。

4.3　竖井底板时均压强分布特性

可见在各个工况之下，竖井内的压强分布并均匀，竖井内的最大压强几乎都出现在竖井底板的边缘附近，这是由于水流是贴着竖井壁跌落至消能井中，使得底板边缘的压强稍微较其他测点偏大。但总体而言，消能井中各个测点压强的差别不大，可以认为近似均匀分布，这也从另一个角度证明了消能井的深度适中。在所布置的测点之中，实测到的 $P=1\%$ 时的底板最大时均压强值为 106.83 kPa；$P=0.5\%$ 时的地板最大时均压强值为 133.81 kPa；$P=0.05\%$ 时的地板最大时均压强值为 163.24 kPa，$P=1\%$ 时的地板最大时均压强值为 188.74 kPa。

4.4 竖井底板时均压强分布特性

竖井底板脉动压强值在底板没有特别的规律，底板上各测点紊动特性大致一致，$P=0.02\%$ 洪水频率时水流紊动要比 $P=0.2\%$ 洪水频率时更为剧烈。$P=0.2\%$ 洪水频率时脉动压强的最大幅值为 59.88 kPa，最小幅值为 -33.30 kPa，最大均方根值为 9.98 kPa。$P=0.02\%$ 洪水频率时最大幅值为 93.78 kPa，最小幅值为 -75.40 kPa，最大均方根值为 22.12 kPa。

4.5 竖井的消能率

竖井段的消能率可以结合实测资料，结合下述公式计算[2]

$$\eta = 1 - \left(h + \frac{v^2}{2g}\right)/(H_0 - h_0)$$

式中：η 为竖井消能率；h 为控制断面水深，m；v 为控制断面的平均流速，m/s；H_0 为上游水位，m；h_0 为控制断面处的底板高程，m。

由于竖井短压力出口处的流速在本次模型试验中不好量测，因此本次消能率计算的控制断面取在退水隧洞无压段的桩号 B0 + 140.696 处，此处的底板高程为 762.439 m。从消能井到桩号 B0 + 149.696 m 之间的总消能率在 90.9% ~95.3%，且消能率有随着下泄流量的增加而减小（见表 3）。这里的消能率为消能井和短压力出口到部分退水隧洞的总消能率之和，由于短压力出口段的水流紊动较为剧烈，且也占去了总消能率的一部分，因此消能井单独的消能率要略小于上述值。

表 3 竖井溢洪道的消能率

工况	流量(m^3/s)	H(m)	v(m/s)	h_0(m)	η(%)
$P=1\%$	28	816.31	7.89	1.01	95.3%
$P=0.2\%$	40	816.48	8.98	1.27	94.0%
$P=0.05\%$	52	816.62	10.10	1.64	92.4%
$P=0.02\%$	60	816.71	11.31	1.71	90.9%

4.6 压坡段和退水隧洞的水力特性

推荐方案的竖井压坡段剖面图如图 7 所示。

水流跌落至竖井后，形成强烈混掺、强烈紊动、强烈掺气的水流流态，然后经短压力出口流出至退水隧洞，压坡段内水流掺气剧烈，使水流呈乳白色。受消能井内的强紊动流态的影响，压坡段内的流态也较为复杂，在下泄 $P=1\%$ 的设计流量时，压坡段内基本为明流流态，但由于竖井内的水流为向顺时针方向偏转的流态（近似于螺旋流），压坡段内也出现了螺旋流的流态，使得水流偶尔触及短压力出口段的顶部。当下泄 $P=0.2\%$ 流量时，压坡段内的水流紊动比 $P=1\%$ 时更为剧烈，大多数情况之下，压坡段内的水流仍然保持为明流流态，但掺气的旋滚水流偶尔触及压坡段顶部；当下泄 $P=0.05\%$ 洪水时，压坡段的水流在多数情况之下为满流流态，但由于水流紊动剧烈和大量掺气，出口段偶尔脱空；当下泄 $P=0.02\%$ 洪水时，压坡段内基本上为剧烈掺气的满流流态，由于压坡段段内紊动强烈，使得出口水平段水流波动较大。压坡段压强测试（见图 8）结果表明，测点 41、42、43 在不同工况下为正值，

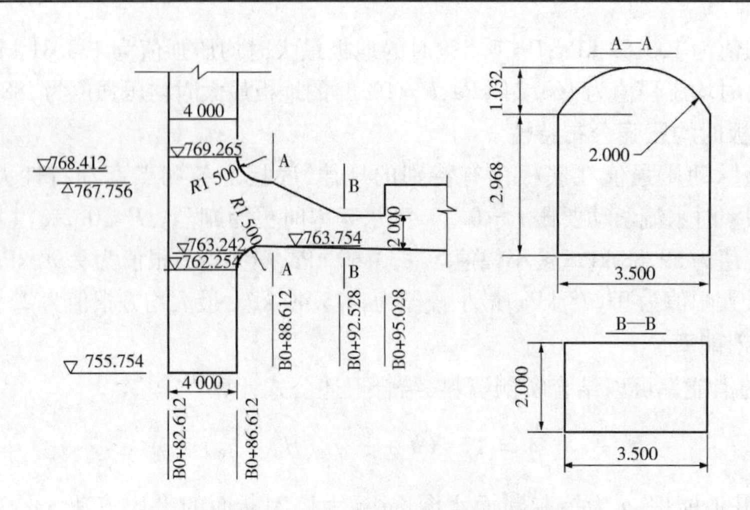

图 7　推荐方案的退水隧洞压坡段剖面图

测点 44 在各个工况之下均为负值，负压值最大为 -130 kPa，这是由于水流在这里紊动剧烈，且消能井内的水流向上波动与自堰顶跌落的水流相互碰撞，并大量掺气，导致水流在测点 44 处没有贴壁。总体而言，竖井压坡段与退水隧洞段压强分布正常，虽然压坡段有负压出现，但负压值较小，在这一区域内水流大量掺气，不会导致空蚀破坏。

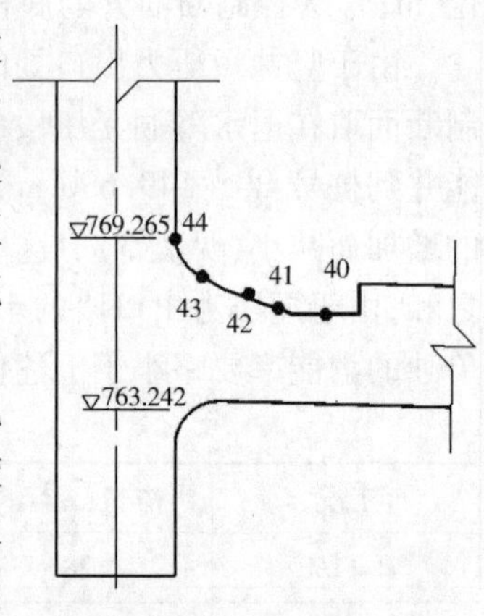

图 8　压坡段测点布置图

退水隧洞内的水流大量掺气，水面也有所波动，在各工况之下，退水隧洞进口处至退水隧洞相当长一段距离内掺气较多，水面呈乳白色，此后水面掺气浓度逐渐减小，退水隧洞内水面波动也逐渐减小。退水隧洞内流速分布较为正常，退水隧洞出口流速在 10 m/s 左右。

4.7　出口消能段的水力特性

台阶溢洪道的体型布置如图 9 所示。

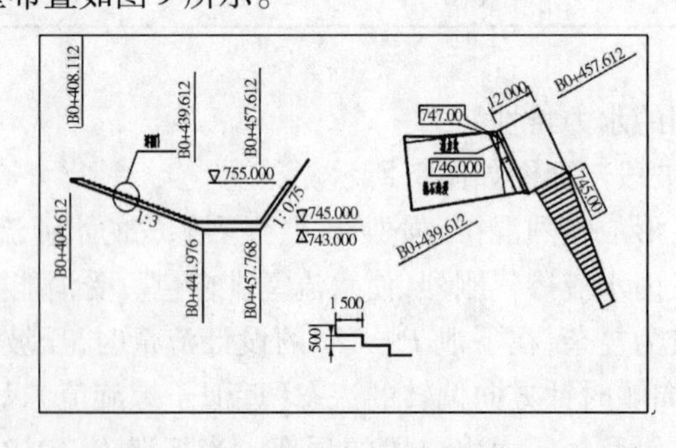

图 9　出口台阶溢洪道的体型布置图

根据试验实测到 $P=0.2\%$ 时桩号 B0 + 404.61 m 处的流速为 10 m/s 左右和水面线 1.55 m可以估计单宽流量为 15 m^3/s。消力池内水深波动随着上游来流量的增加而增大，实测的消力池内水深最大波动值为 $P=0.02\%$ 时的 1.84 m，消力池内的水深最大为 $P=0.02\%$ 时的 5.04 m。在各个工况之下，台阶溢洪道掺气不很明显，对消能率进行估算，可以得到$P=1\%$的消能率为83%，$P=0.2\%$时的消能率为80%，$P=0.05\%$时的消能率为75%，$P=0.02\%$时的消能率为75%，消能率随着来流量的增加而减小。

5 结 论

(1)流经环形溢流堰的水流为自由堰流，空气以自掺气的形式进入水体，水体掺气较多。竖井壁的水流掺气充分，不会使得竖井壁产生空蚀破坏。

(2)在各个工况之下，消能井中均存在着较大的清水区，表明消能井深度足够。竖井底板的压强分布较有规律。底板压强随着库水位的增高而增大。实测时发现消能井底板边缘压强较中间点压强稍大，总体而言，消能井底板压强差别不大，分布相对较为均匀。

(3)消能井中和压坡段中存在有大尺度的漩涡运动，水流紊动剧烈。当$P=1\%$时，压坡段的水流大部分时间为明流流态，偶尔为掺气满流；当$P=0.2\%$时，压坡段的水流也为掺气明满流流态；当$P=0.05\%$时，压坡段的水流几乎为掺气满流流态；当$P=0.02\%$时，压坡段的水流基本为掺气满流流态。竖井压坡段与退水隧洞连接段压强分布正常，虽然压坡段有负压出现，但负压值均较小，且在这一区域内水流大量掺气，不会导致空蚀破坏。

(4)在各个工况之下，台阶溢洪道掺气不很明显，消能率随着来流量的增加而减小。

参考文献

[1] 中华人民共和国电力行业标准. 溢洪道设计规范：DL/T 5166—2002[S].

[2] 郭雷，张宗孝. 竖井溢洪道水力特性试验研究[J]. 人民长江，2007，38(6)：110-112.

第三篇　水库大坝的长期运行性态与管理技术

纵向增强体土石坝安全运行性能分析

梁 军

（四川省水利厅，成都 610016）

摘 要 基于在常规土石坝中“插入”刚性结构体（亦称纵向增强体）建坝的理论研究和成功实践，本文从理论上简要分析了纵向增强体土石坝相对于常规土石坝抵御洪水漫顶破坏的安全程度，分析洪水漫顶造成下游堆石料被冲刷流失，形成坝体冲坑等水力学过程，冲坑的逐步形成将影响增强体的受力条件，最终导致增强体上游侧受力而下游侧临空的受力状态，这一新坝型的安全运行机制是将常规土石坝发生的漫顶溃坝模式改变为坝体冲坑模式，从而延迟了整个坝体的溃决，为工程抢险和下游群众转移争取到足够的时间。计算表明，增强体是否被破坏，取决于冲刷深度与墙体因此而临空的极限受力状态。纵向增强体土石坝对今后建新坝或对已建成土石坝的除险加固有着十分重要的意义和广阔的应用前景。

关键词 纵向增强体土石坝；安全运行；漫顶溃决；冲刷深度；延迟破坏

1 前 言

一般而言，由岩土散粒体材料通过外力压密填筑形成土石坝的安全运行性能较混凝土重力坝为差，存在运行风险。据中国大坝学会统计，国内土石坝溃坝案例 3 496 座，其中四川省最多，达 396 座，其他依次为山西省 288 座，湖南省 287 座，云南省 234 座。这些溃决大多发生于中低坝，主要原因是洪水漫过坝顶导致的溃决。从机制上讲，土石坝漫顶溃决是遭遇超标洪水（也有泄水设施出了故障不能有效泄洪的情况），洪水漫过坝顶冲刷下游坝坡，使得由外部强力压密的散粒体组成的下游坝体被水流逐步冲刷崩解而出现的垮塌甚至溃决的过程。四川省 2013 年水利普查各类大坝总计 8 418 座，其中土石坝约占 97%，这些土石坝中，坝高低于 70 m 的中低坝又占了 95%，这 7 757 座中低土石坝大多数修建于 20 世纪六七十年代，分布在四川省经济与社会相对发达地区，由于水库管理水平、安全运行状况、病害整治程度等情况十分复杂，随着时间的推移，这些水库大坝的运行风险也较高，每年汛期耗费大量人力物力用于巡查、检测和防汛等工作。

从严格意义上讲，土石坝漫顶溃决是不允许的，因为这可能导致下游城镇居民和经济社会蒙受重大生命财产损失，但对一些年久失养的中小水库不得不加强防范。鉴于土石坝占比高且土石坝运行风险也高的事实，对这类坝从结构上进行适当改造势在必行，研究采用“刚柔相济”的方法，在已建成的柔性土石坝中“插入”刚性结构体（亦称纵向增强体），集防渗、受力和抵抗变形为一体，从而对常规土石坝进行“改良”，形成所谓“纵向增强体土石坝”[1]。通过分析认为，这一新坝型确实提高了常规土石坝的安全运行水平和抗风险能力，本文试图从理论上开展一些初步分析。

2 纵向增强体土石坝洪水漫顶水力学分析

常规土石坝在遭遇超标洪水或一般洪水时，如果泄水设施出现故障，坝体安全将受到危害，此时，洪水漫顶翻水在所难免，在多数情况下，大坝面临溃坝风险，将对河道下游城镇居民和生产生活设施构成极大威胁。目前，针对常规土石坝漫顶与溃坝分析已有大量研究[2-5]，但对于纵向增强体土石坝洪水漫顶的研究与分析却十分少见，本文初步开展了这方面的模拟研究，假设水位持续上升直至漫顶，增强体土石坝的冲刷过程如图1所示。图1(a)表示洪水漫顶冲刷开始；(b)表示洪水冲刷致使坝顶消失并使增强体下游侧出现冲刷破坏开始形成冲坑的情形；(c)表示洪水落差增大，冲坑继续发展，增强体下游侧开始形成临空面；(d)表示冲坑达到最大的情形。

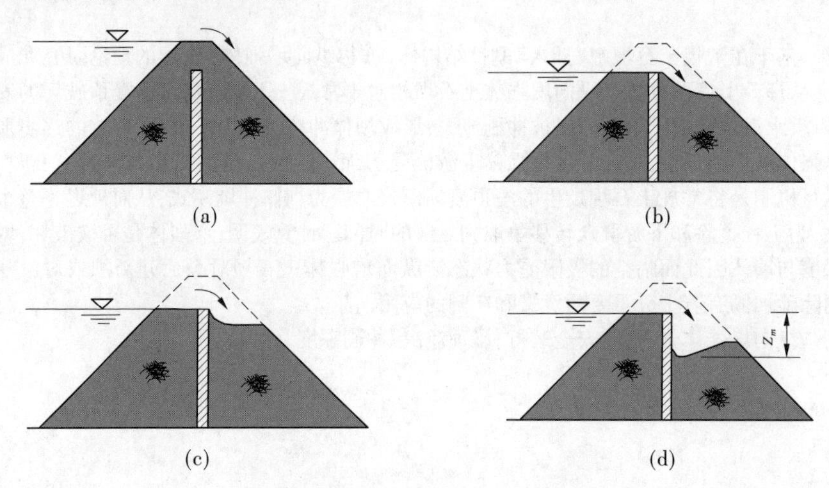

图1　增强体土石坝漫顶溃决过程

整个试验过程简述如下：在水流持续作用（冲刷）下，坝顶与下游坡接合部率先被冲蚀，下游坝坡坡面沿流向冲蚀成小沟状，较大土颗粒在下游坡脚堆积，这一过程源于增强体后下游侧坝体的冲坑形成的过程。试验中没有发现因水流冲刷而使坝体下游边坡出现失稳破坏的情况。坝顶持续被冲蚀，增强体上游部分的土体被逐步剥蚀形成类似"宽顶堰"的水力学构造，这个宽顶堰高程便是增强体顶部高程，不会再降低了。而后，水流在墙体下游逐步冲蚀形成紧贴墙体的凹槽，这个凹槽逐渐增大成冲槽（坑），但位置相对固定，靠近墙体而不会向下游变动，从冲槽向坝后坡扩散的水流更像是溢出来的，因而对坝下游坡的冲蚀力不强，水流挟带了那些原属冲槽的土颗粒向坝下游坝流下，这样冲坑将越来越深直至上面跌落的水流结束。

根据试验观察和参考文献[6-7]，下游侧冲刷坑最大深度 Z_m 由下式计算确定：

$$Z_m = \Phi H^m q^n \overline{D}^s \tag{1}$$

式中：Φ 为冲刷系数，与筑坝料的物性及密实程度、级配等有关，取 $\Phi=3.25\sim4.25$；H 为上下游水位差；q 为漫顶冲刷时的单宽流量；$\overline{D}$ 为下游堆石料平均粒径；m,n,s 均为试验系数，$m=0.16\sim0.30$，$n=0.4\sim0.56$，$s=0.18\sim0.24$；

形成最大冲坑的时间 T_m 由下式计算：

$$T_m = \omega q^{\alpha} \overline{D}^{\beta} \tag{2}$$

式中：ω 为时间系数，$\omega=3.16\sim3.88$；α、β 为试验参数，$\alpha=-(0.40\sim0.55)$，$\beta=0.12\sim0.18$。

3 增强体冲刷后的强度复核

复核增强体在冲刷深度所在断面是否满足结构强度极限要求，如果满足，表明增强体并没有产生破坏，因而整个坝体尚未溃决；否则，增强体被破坏，坝体将产生溃决。值得一提的是，不能按变形指标来进行复核（如增强体顶端的弯曲与挠度值），因为即便墙体已发生变形，但只要没有超过极限强度值，增强体没有破坏，则不会引起增强体高度以下范围的坝体溃决。坝体下游形成冲刷坑时的受力情况如图 2 所示，图中增强体是在坝底与坝基形成固端刚性连接的整体。

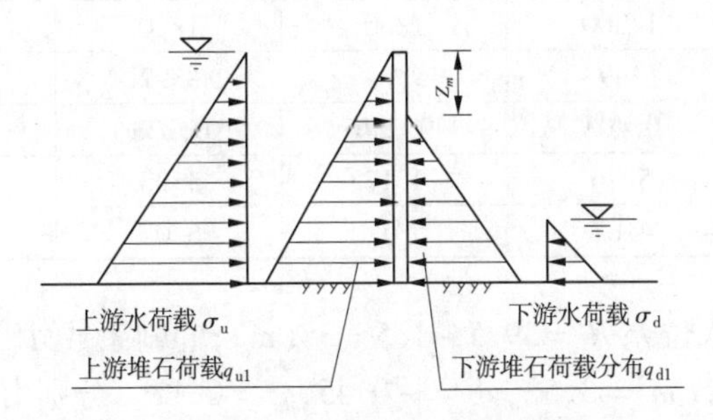

图 2 坝体下游形成冲刷坑时受力情况

增强体在冲刷坑最低点截面的剪力、弯矩由下式计算：

$$Q_a = \int_0^{Z_m} k_{a1}\rho'_1 gz\mathrm{d}z + \int_0^{Z_m} \rho_w gz\mathrm{d}z \tag{3}$$

$$M_a = \int_0^{Z_m} k_{a1}\rho'_1 gz(Z_m - z)\mathrm{d}z + \int_0^{Z_m} \rho_w gz(Z_m - z)\mathrm{d}z$$

因此：

$$Q_a \leqslant \delta \cdot K_Q[R_Q] \tag{4}$$
$$M_a \leqslant K_M[R_M]$$

式中：$[R_Q]$ 为增强体的抗剪强度值，取 $R_Q = (0.056 \sim 0.316)[R_C]$ [8]；$[R_M]$ 为增强体的抗弯强度值，取 $R_M = (\frac{1}{20} \sim \frac{1}{30})[R_C]$ [9]；$[R_C]$ 为增强体的抗压强度值，对 C25 混凝土，取 $[R_C] = 17$ MPa[10]；K_Q、K_M 分别为结构抗剪、抗弯安全系数[10]；δ 为增强体上下游方向的厚度。

达到剪切破坏和弯矩破坏时的极限深度（Z_m^Q，Z_m^M 值）由下式算出：

$$Z_m^Q = \sqrt{\frac{2K_Q[R_Q]\cdot\delta}{g(\rho_w + k'_{a1}\rho'_1)}} \tag{5}$$

$$Z_m^M = \sqrt[3]{\frac{6K_M[R_M]}{g(\rho_w + k'_{a1}\rho'_1)}}$$

式中：ρ_w 为水密度；ρ'_1 为上游堆石料的平均浮密度；k'_{a1} 为上游堆石料饱水状态的水平土压力系数；g 为重力加速度值；其余符号意义同前。

很显然，当前面计算的 $Z_m < \min(Z_m^Q, Z_m^M)$ 时，增强体心墙尚未破坏，尽管坝顶有所损坏但坝体没有产生溃决破坏，坝体尚属安全；否则，当 $Z_m \geqslant \min(Z_m^Q, Z_m^M)$ 时，由于增强体心墙

在 Z_m 处已产生剪切或弯矩破坏，将导致坝体溃决。

4 计算实例[11-12]

4.1 算例一

某水库为新建水库，最大坝高 41.5 m，坝顶长 365 m，上游水位 39.5 m，下游水位 1.5 m，采用 C25 刚性混凝土作为防渗心墙，砂岩石渣料填筑坝体，下游堆石料平均粒径 $\overline{D}$ = 0.45 m。该水库洪水特性如表 1 所示。

表 1 水库洪水特性

洪水频率 P	1/300	1/30	1/20	1/10	1/5
流量 $Q(m^3/s)$	149	93.4	83.2	66.1	49.1
单宽流量 $q[m^3/(s \cdot m)]$	0.408	0.256	0.228	0.181	0.135
坝体冲坑深 $Z_m(m)$	5.26	4.17	3.93	3.50	3.03
形成冲坑时间 $T_m(h)$	4.67	5.77	6.07	6.74	7.69

计算如下：上下游水位差 $H = 39.5 - 1.5 = 38(m)$，冲刷系数 $\Phi = 3.83$，$m = 0.25$，$n = 0.50$，$s = 0.18$；时间系数 $\omega = 3.52$，$\alpha = -0.45$，$\beta = 0.15$。分别由式(1)、式(2)计算各频率洪水冲刷坑深 Z_m 和达到计算坑深所需的时间 T_m，列入表 1。

因此，在水库遭遇 300 年一遇的校核洪水漫顶冲刷时，最大冲深可达 5.26 m，相应时间为 4.67 h；在 30 年一遇的设计工况下，如洪水漫顶，则坝下游最大冲深 4.17 m，相应时间为 5.77 h。

依据式(4)、式(5)进行增强体的强度复核，取 $K_Q = 1.3$，$K_M = 1.25$，C25 墙体混凝土的 $[R_C] = 17$ MPa[10]，则 $[R_Q] = 3.162$ MPa，$[R_M] = 7.083$ MPa，对本工程，增强体厚度 $\delta = 0.8\ m$，上游堆石浮密度 $\rho_1' = 1.62\ t/m^3$，土压力系数 $k'_{a1} = 0.24$，由此得：$Z_m^Q = 6.95$ m，$Z_m^M = 7.31$ m。

由于 $Z_m = 5.26\ m < \min(Z_m^Q = 6.95,\ Z_m^M = 7.31) = 6.95\ m$（校核工况）

$Z_m = 4.17\ m < \min(Z_m^Q = 6.95,\ Z_m^M = 7.31) = 6.95\ m$（设计工况）

因此，在遭遇 300 年一遇洪水和 30 年一遇洪水下，增强体土石坝并不会产生如同常规土石所谓溃决的极端情况，因而增强体土石坝的安全运行性能比常规土石坝更为出色。

4.2 算例二

某水库为小(1)型，在原老坝体上加高扩建，已知坝高 36.5 m，坝顶长 $L = 273$ m，上下游水位差为 30 m，C25 防渗心墙，灰岩堆石料填筑坝体，下游堆石料平均粒径 $\overline{D} = 0.30$ m。水库洪水特性如表 2 所示。

表 2 水库洪水特性

洪水频率 P	1/300	1/30	1/20	1/10	1/5
流量 $Q(m^3/s)$	238	173.5	145.0	106.7	67.9
单宽流量 $q[m^3/(s \cdot m)]$	0.872	0.636	0.531	0.391	0.249
坝体冲坑深 $Z_m(m)$	7.58	6.37	5.77	4.87	3.80
形成冲坑时间 $T_m(h)$	3.14	3.56	3.83	4.33	5.19

计算如下:上下游水位差 $H=30$ m,冲刷系数 $\Phi=4.25$, $m=0.27$, $n=0.55$, $s=0.22$;时间系数 $\omega=3.65$, $\alpha=-0.40$, $\beta=0.17$。分别由式(1)、式(2)计算各频率洪水冲刷坑深 Z_m 和达到计算坑深所需的时间 T_m,列入表1。因此,在水库遭遇300年一遇的校核洪水漫顶冲刷时,最大冲深可达7.58 m,相应时间为3.14 h;在30年一遇的设计工况下,如洪水漫顶,则坝下游最大冲深6.37 m,相应时间为3.56 h。

下面复核增强体的力学强度,依据式(4)和式(5),已知 $K_Q=1.3$, $K_M=1.25$,C25墙体混凝土的 $[R_C]=17$ MPa[10],则 $[R_Q]=3.162$ MPa, $[R_M]=7.083$ MPa,对本工程,增强体厚度 $\delta=0.8\ m$,上游堆石浮密度 $\rho'_1=1.65\ t/m^3$,土压力系数 $k'_{a1}=0.20$,由此算得: $Z_m^Q=7.10$ m, $Z_m^M=7.41$ m。

由于 $Z_m=7.58\ m>\min(Z_m^Q=7.10, Z_m^M=7.41)=7.10\ m$ (校核工况)

$Z_m=6.37\ m<\min(Z_m^Q=7.10, Z_m^M=7.41)=7.10\ m$ (设计工况)

说明,在遭遇设计洪水时,墙体仍然是安全的。而在遭遇校核洪水时,增强体将被破坏,进而可能产生溃坝,即使如此,漫顶至溃坝已有3.14 h的缓冲时间便于下游避险转移。

5 小 结

在常规土石坝中"插入"刚性混凝土体,从而提高了这种"改性土石坝"(本文称其为纵向增强体土石坝)的安全运行性能,试验和理论计算也证明了这一点,尽管本文所做的工作尚属初步。

纵向增强体土石坝将常规土石坝可能发生的漫顶溃坝模式改变成坝体冲坑模式,由增强体独自抵抗来自上游的巨大水荷载至少在时间上延缓了坝体溃决的发生,而坝体是否溃决取决于冲坑深度 Z_m 与增强体受力导致破坏的极限深度之间的计算比较。

纵向增强体土石坝的重要意义不仅在于可以依据这种建坝的理论和实践进行新坝建设,还在于对大量已存的众多土石坝(以中小型土石坝为主)进行旧坝改造、除险加固和保坝安全提供了可行的解决方案,从而最大可能地消除由此产生的溃坝风险和次生灾害。这种建坝技术具有广泛的应用前景。

纵向增强体土石坝设计与计算方法已有专文论述[1]。有关提高增强体土石坝安全运行的方法、准则和试验验证工作尚需进一步深入研究,以期取得更加科学可靠的建坝指导原则与技术措施。

参 考 文 献

[1] 梁军. 纵向增强体土石坝的设计原理与方法[J]. 河海大学学报(自然科学版),2018,46(2):128-133. DOI:10. 3876/ j. issn. 1000 – 1980. 2018. 02. 005.

[2] 崔广涛,林继镛,梁兴蓉. 拱坝溢流水舌对河床作用力及其影响的研究[J]. 水利学报,1985(8):58-63.

[3] 刘沛清,冬俊瑞,李永祥,等. 在冲坑底部岩块上脉动上举力的实验研究[J]. 水利学报,1995(12):59-66.

[4] 陈生水. 土石坝溃决机理与溃坝过程模拟[R]. 北京:水利电力出版社,2012.

[5] 杨武承. 引冲式自溃坝溃口形成时间的试验及规律[J]. 水利水电技术,1985(3):1-7.

[6] 刘新纪,徐秉衡. 岩石冲刷试验模拟方法冲深估算[R]. 沈阳:水利电力部东北勘测设计院.

[7] 尤季茨基 Г А. 跌落水流对节理岩块的动水压力作用和基岩的破坏条件[M]∥水工水力学译文集(岩

基冲刷专辑). 南京:华东水利学院,1979:27-32.
[8] 施士昇. 混凝土的抗剪强度,剪切模量和弹性模量[J]. 土木工程学报,1999,32(2):48-52.
[9] 中国建筑科学研究院. 混凝土结构设计规范:GB 50010—2010[S]. 北京:中国建筑科学出版社,2010.
[10] 中华人民共和国水利部. 水工混凝土结构设计规范:SL 191—2008[S]. 北京:中国水利水电出版社,2002.
[11] 王小雷. 四川省通江县方田坝水库扩建工程初步设计报告[R]. 成都:四川省水利水电设计勘测设计研究院,2015.
[12] 陈开武. 四川省会东县马头山水库工程初步设计报告[R]. 成都:四川省水电建筑工程监理中心,2015.

二滩大坝长期运行性态分析研究

吴世勇　聂　强　周济芳　张　晨

（雅砻江流域水电开发有限公司，成都　610051）

摘　要　高坝长期运行安全始终是国内外专家、学者广泛关注的问题。二滩大坝是我国20世纪建成的最高大坝，自1998年开始蓄水以来，至今已安全运行了20年。通过开展二滩水电站安全监测工作，建立大坝安全信息管理系统，定期进行监测资料整编分析，提升了大坝运行性态监控水平。监测资料表明，大坝运行性态良好。相关研究成果对于国内外其他大坝工程的安全运行监控具有借鉴意义。

关键词　二滩大坝；安全监测；大坝安全信息化；运行性态

1　引　言

二滩水电站位于四川省西南部攀枝花市境内的雅砻江下游，是我国20世纪建成的最大水电站，是雅砻江干流22级梯级电站开发的第一座水电站。最大坝高240 m，水库正常蓄水位1 200 m，总库容58亿m^3，有效库容33.7亿m^3，属不完全年调节水库，电站总装机3 300 MW。

二滩水电站于1991年9月开工，1993年11月26日实现大江截流，1998年8月首台机组发电，1999年12月所有机组全部并网发电。二滩大坝自1998年5月1日起首次蓄水至2017年底，经历了完整的20次水库水荷载加载和19次卸载循环，其间也经历过多次洪水考验，大坝等水工建筑物运行性态始终维持在正常状态。2008年7月、2015年1月两次大坝安全定期检查均评定为正常坝。

作为国内最早建成的特高拱坝，二滩大坝的安全稳定运行至关重要。为确保大坝等水工建筑物长期安全运行，雅砻江公司通过大坝安全监测信息化手段，不断推进大坝安全管理工作和技术水平发展[1,2]。

2　大坝安全监测

2.1　大坝安全监测设计方案

为掌握大坝等水工建筑物运行工作性态，二滩水电站开展了安全监测专项设计工作。二滩大坝（包括水垫塘和左右岸导流洞堵头）安全监测方案设计遵循仪器少而精、一种仪器多种用途、重点部位多方法监测、监测内容相互校核的布设原则。大坝安全监测项目主要包

基金项目：国家重点研发计划课题资助项目（2016YFE0102403）。

作者简介：吴世勇（1965—），男，教授级高级工程师，博士，研究方向：工程地质与岩石力学，水能经济与梯级水电优化运行等。E-mail：wushiyong@ ylhdc. com. cn。

括环境量监测、变形监测、渗流渗压监测、应力应变及温度监测等,具体有以下内容:

(1)环境量监测项目:上游库水位、下游水位、气温、库水温、降雨等。

(2)变形监测项目:坝体坝基水平位移、坝体坝基垂直位移、坝体挠度(坝体坝基倾斜)、坝基变形、接缝开合度等。

(3)渗流渗压监测项目:坝基渗压、坝体坝基渗流量、水垫塘渗流量、绕坝渗流等。

(4)应力应变及温度监测项目:坝体应力应变、坝基温度、坝面温度、中孔预应力锚索、钢筋应力等。

(5)其他监测项目:水力学及动力学观测(表孔、泄洪洞、水垫塘)、大坝强震等。

鉴于二滩水电站工程的规模和大量的监测项目,为提高监测数据采集处理效率,在工程现场建立了大坝安全监测自动化系统。大坝监测自动化系统由监测仪器、数据采集装置、通信装置、系统电源和监测信息管理系统等组成。除水力学及动力学观测、大坝外部变形观测外,其他监测项目均纳入现场大坝安全监测自动化系统。大坝主要监测项目及监测频次情况见表1。

表1　二滩水电站大坝主要监测项目及监测频次

监测类别	监测项目	监测仪器或方法	监测频次
环境量	上、下游水位	水位计	自动化1次/d
	库水温	坝面温度计	自动化1次/d
	气温	温度计	自动化1次/d
	降水量	雨量计	自动化1次/d
变形	平面控制网	全站仪	人工1次/a
	高程控制网	水准仪	人工1次/a
	坝体、坝基水平位移	大地测量法	人工2~3次/a
		垂线系统	自动化1次/d
			人工1次/周
	右岸抗力体水平位移	引张线系统	自动化1次/d
		伸缩仪	自动化1次/d
	坝体、坝基垂直位移	几何水准	人工1次/月
		静力水准	自动化1次/d
		多点位移计	自动化1次/d
	坝基深层位移($33^{\#}$坝段新增)	多点位移计	自动化1次/d
	坝体倾斜	倾角仪	人工1次/月
	坝体、坝基接缝	测缝计	自动化1次/d
	裂缝($33^{\#}$坝段新增)	测缝计	自动化1次/d

续表1

监测类别	监测项目	监测仪器或方法	监测频次
渗流	坝基扬压力	渗压计	自动化1次/d
	渗透压力(33#坝段新增)	渗压计	自动化1次/d
	绕坝渗流	水位孔	自动化1次/d
	渗流量	量水堰	自动化1次/d
内观仪器	坝体混凝土应变	应变计(组)	自动化1次/d
		无应力计	自动化1次/d
	中孔闸墩钢筋应力	钢筋计	自动化1次/d
	中孔闸墩锚索拉力	锚索测力计	自动化1次/d
	坝体温度	温度计	自动化1次/d
	温度(33#坝段新增)	温度计	自动化1次/d

2.2 日常安全监测

日常安全监测工作主要包括监测设备系统维护与更新改造、水工巡视检查、监测资料整编分析等内容。

大坝安全监测仪器设备投运后,受安装环境及仪器设备自身元件老化影响,需做好日常检查维护和更新改造工作,以保证监测系统完备性。雅砻江公司二滩水力发电厂建立了完备的监测设备系统运行检查记录台账制度,及时检查数据漏测、漏报情况,并反馈现场人员检查;定期开展月度、年度监测资料整编分析;定期开展日常巡查、年度详查等安全检查工作,检查大坝及其附属设施的运行安全,为安全监测数据做出有力补充。

2.3 大坝安全监测系统

大坝安全监测自动化系统自1998年安装运行以来,先后经过多次改造。运行初期接入系统的观测项目主要有正倒垂线、坝基扬压力、渗流量等。2004年4月,由南瑞公司负责对基础廊道静力水准及右岸EL.1 040.25 m平硐引张线系统改造;2008年12月至2009年12月,大坝安全监测自动化及分析系统进行了全面改造,主要包括部分大坝垂线坐标仪、大坝和水垫塘自动化量水堰计、部分绕渗孔渗压计的安装和更换,统一更换大坝所有自动化数据采集单元(MCU),以及部分区域组网方案调整,全面实现分布式采集、集中化管理;2010年7月,对坝内各层廊道观测间设备进行双电源改造,提高了自动化系统供电电源的可靠性,达到了监测系统独立供电和备用供电的要求。截至2017年底,除少量大地测量工作外,其余监测项目基本均接入自动化系统,二滩大坝监测自动化率达到90%以上,系统年平均无故障工作时间在6 300 h以上,运行可靠,测值精度满足要求。

大坝安全监测仪器绝大多数为振弦式监测仪器,主要为进口仪器,生产厂家有美国的GEOKON公司、加拿大的ROCTESTG公司、瑞士的HUGGENBORER公司等。2014年大坝安全第二次定期检查结束后,在765支观测仪器中,工作状态基本正常共有736支,建议封存停测的仪器有4支;拟报废的仪器25支,仪器完好率高达96.21%。仪器设备较好的耐久性与可靠性为二滩大坝安全监测工作正常开展、合理评价大坝等水工建筑物运行形态奠定坚实基础。

3 大坝安全管理数字化

根据国家能源局《水电站大坝运行安全信息化建设规划》(原电监安全〔2006〕47号)要求,雅砻江公司积极推进大坝安全管理数字化建设,通过建设流域大坝安全信息分系统、各水电站运行单位大坝安全信息子系统,实现远程管理与现场检查相结合的大坝安全管理新格局。

公司于2011年启动建设的雅砻江流域大坝安全信息管理系统(简称“流域大坝系统”)是流域化大坝安全信息系统。系统定位为公司级流域化大坝安全管理与技术管理统一平台,主要功能包括对各投运水电站安全监测、巡视检查、维护加固、定检注册等大坝安全信息进行综合管理,同时为建设期电站永久安全监测项目管理提供数字化手段,最终实现全流域所有22级梯级电站的大坝安全信息管理[2,3]。

3.1 流域大坝系统接入

流域大坝系统在二滩水电站的部署主要包括备份服务器等硬件设备和二滩电厂端原有相关大坝安全信息系统设备的接入。2013年7月,二滩水电站现场大坝安全监测自动化系统测点全部接入流域大坝系统,同时安全监测历史资料完成整理入库。至此,流域大坝系统正式在二滩水电站上线。截至2017年底,流域大坝系统接入二滩水电站安全监测点2 800余个(含停测、封存、报废类测点),管理各类安全监测数据近1 200万条。

按照国家监管要求,运行大坝安全信息需实时报送能源局大坝安全监察中心。2013年8月,流域大坝系统与国家能源局大坝安全系统进行了对接,二滩水电站大坝运行安全信息实现了每日自动报送。

流域大坝系统在二滩水电站的上线运行,是行业内首次实现大坝安全信息化建设和管理创新的有机结合,取得了良好的应用效果,具有标杆作用。

3.2 流域大坝系统功能

流域大坝系统上线后,为公司及时掌握二滩大坝运行性态、分析大坝安全状态、追溯大坝运行安全管理历史和大坝运行安全监管发挥了重大作用。

系统具有大坝安全信息导入与查询、水工点检管理、外部变形测量管理、信息统计、资料整编分析、图表绘制、系统运行状态监控等功能(见图1~图3),并可满足移动办公需求。

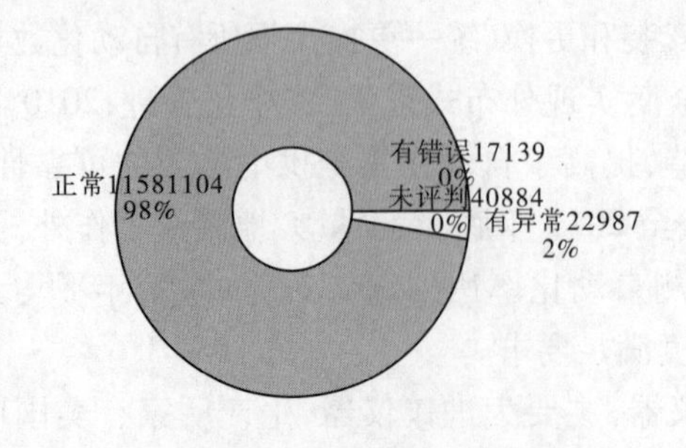

图2 二滩水电站安全监测数据状态分布情况

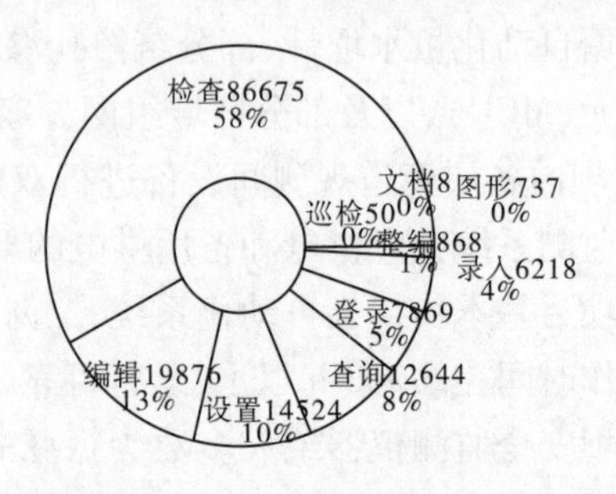

图3 流域大坝系统各模块在二滩水电站应用统计情况

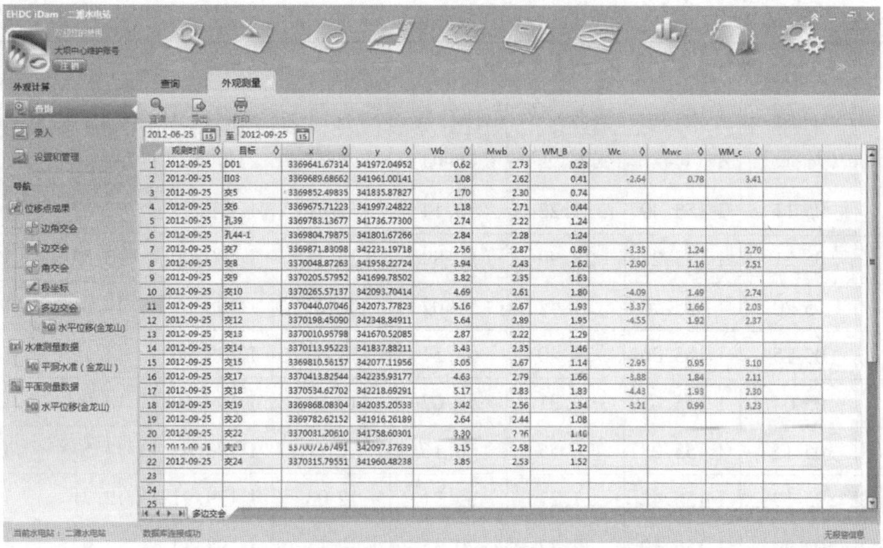

EHDC iDam - 二滩水电站

大坝中心维护账号　注销

外观计算：查询　录入　设置和管理

导航：位移点成果（边角交会、边交会、角交会、极坐标、多边交会：水平位移(金龙山)）；水准测量数据（平洞水准（金龙山））；平面测量数据（水平位移(金龙山)）

查询　外观测量　　查询　导出　打印

2012-06-25 至 2012-09-25

	观测时间	目标	x	y	Wb	Mwb	WM_B	Wc	Mwc	WM_c
1	2012-09-25	D01	3369641.67314	341972.04952	0.62	2.73	0.23			
2	2012-09-25	II03	3369689.68662	341961.00141	1.08	2.62	0.41	-2.64	0.78	3.41
3	2012-09-25	交5	3369852.49835	341835.87827	1.70	2.30	0.74			
4	2012-09-25	交6	3369675.71223	341997.24822	1.18	2.71	0.44			
5	2012-09-25	孔39	3369783.13677	341736.77300	2.74	2.22	1.24			
6	2012-09-25	孔44-1	3369804.79875	341801.67266	2.84	2.28	1.24			
7	2012-09-25	交7	3369871.83098	342231.19718	2.56	2.87	0.89	-3.35	1.24	2.70
8	2012-09-25	交8	3370048.87263	341958.22724	3.94	2.43	1.62	-2.90	1.16	2.51
9	2012-09-25	交9	3370205.57952	341699.78502	3.82	2.35	1.63			
10	2012-09-25	交10	3370265.57137	342093.70414	4.69	2.61	1.80	-4.09	1.49	2.74
11	2012-09-25	交11	3370440.07046	342073.77823	5.16	2.67	1.93	-3.37	1.66	2.03
12	2012-09-25	交12	3370198.45090	342348.84911	5.64	2.89	1.95	-4.55	1.92	2.37
13	2012-09-25	交13	3370010.95798	341670.52085	2.87	2.22	1.29			
14	2012-09-25	交14	3370113.95223	341837.88211	3.43	2.35	1.46			
15	2012-09-25	交15	3369810.56157	342077.11956	3.05	2.67	1.14	-2.95	0.95	3.10
16	2012-09-25	交17	3370413.82544	342235.93177	4.63	2.79	1.66	-3.88	1.84	2.11
17	2012-09-25	交18	3370534.62702	342218.69291	5.17	2.83	1.83	-4.43	1.93	2.30
18	2012-09-25	交19	3369868.08304	342035.20533	3.42	2.56	1.34	-3.21	0.99	3.23
19	2012-09-25	交20	3369782.62152	341916.26189	2.64	2.44	1.08			
20	2012-09-25	交22	3370031.20610	341758.60301	3.30	2.26	1.46			
21	2012-09-25	交23	3370072.67491	342097.37639	3.15	2.58	1.22			
22	2012-09-25	交24	3370315.79551	341960.48238	3.85	2.53	1.52			
23										
24										
25										

多边交会

当前水电站：二滩水电站　数据库连接成功　无报警信息

图1　二滩水电站多边交会位移测量数据分析界面

4　大坝长期运行性态分析

4.1　水平位移

坝体水平位移采用精密大地网测量系统（交会法）和垂线系统两种方法进行观测。从近10年监测数据看，大坝垂线位移与大地测量成果基本一致，表明了观测成果总体可靠，以下以大坝垂线系统监测数据进行分析。

2017年12月31日拱坝最大水平径向累计位移为139.68 mm，略微高于2016年1月1日前期历史最大值135 mm，总体看，大坝的径向位移主要受库水位和温度影响，呈现出“库水位升高或温降，坝体向下游位移，反之向上游位移”的变化规律，具体表现为高温低水位，大坝向上游回弹变形；年初和年末低温高水位，大坝向下游变形。

从2006年开始，拱坝每年最大的水平径向累计位移表现出逐年增加的趋势，坝体水平时效位移尚未停止，高水位持续作用导致的时效变形是水平径向累计位移增大的主要原因。历年来的水平径向累计位移特征值统计表见表2。历年最大水平径向累计位移柱形图见图4。近年最大水平径向累计位移与环境量关系曲线图见图5。

表2　历年来拱冠坝段坝顶水平径向累计位移特征值统计

年度	最小水平径向累计位移工况				最大水平径向累计位移工况			
	日期（月-日）	水位（m）	当月平均气温（℃）	位移量（mm）	日期（月-日）	水位（m）	当月平均气温（℃）	位移量（mm）
1999	02-26	1 156.05	17.94	51.84	11-17	1 199.86	14.94	94.57
2000	06-11	1 173.48	22.81	62.71	12-06	1 199.93	11.96	103.62
2001	05-16	1 155.00	18.56	42.93	11-12	1 200.00	14.63	106.72
2002	05-19	1 155.71	21.76	46.02	12-31	1 191.79	12.76	93.49
2003	05-13	1 155.00	24.43	45.92	12-31	1 199.93	13.04	111.22

续表 2

年度	最小水平径向累计位移工况				最大水平径向累计位移工况			
	日期（月-日）	水位（m）	当月平均气温（℃）	位移量（mm）	日期（月-日）	水位（m）	当月平均气温（℃）	位移量（mm）
2004	05-11	1 155.49	23.22	50.14	12-31	1 199.97	12.52	117.22
2005	05-21	1 155.27	28.99	50.89	12-31	1 200.00	13.55	120.43
2006	05-20	1 155.70	24.42	55.02	12-28	1 198.69	13.31	120.73
2007	05-15	1 155.36	24.40	62.51	12-07	1 199.96	14.18	126.25
2008	05-04	1 155.65	23.81	67.07	12-31	1 199.60	14.08	130.58
2009	05-11	1 155.28	26.55	66.16	12-21	1 198.66	13.57	130.60
2010	05-19	1 155.42	27.21	65.91	12-03	1 199.91	12.71	129.77
2011	04-30	1 156.10	22.72	70.35	12-13	1 198.74	12.99	125.70
2012	06-02	1 160.79	24.62	69.13	10-27	1 200.10	19.55	131.61
2013	04-29	1 157.29	23.12	74.03	12-29	1 198.29	11.78	132.84
2014	06-09	1 158.56	25.13	69.01	12-30	1 199.78	12.71	134.91
2015	06-09	1 158.82	28.36	71.20	12-31	1 199.66	12.93	134.87
2016	06-20	1 164.40	25.12	79.07	01-01	1 199.63	12.25	135.00
2017	05-11	1 161.90	21.26	82.24	12-31	1 199.60	13.41	139.68

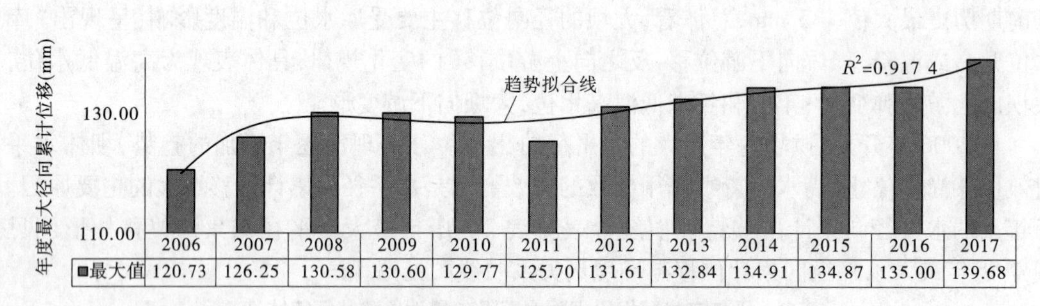

图 4 历年最大水平径向累计位移柱形图

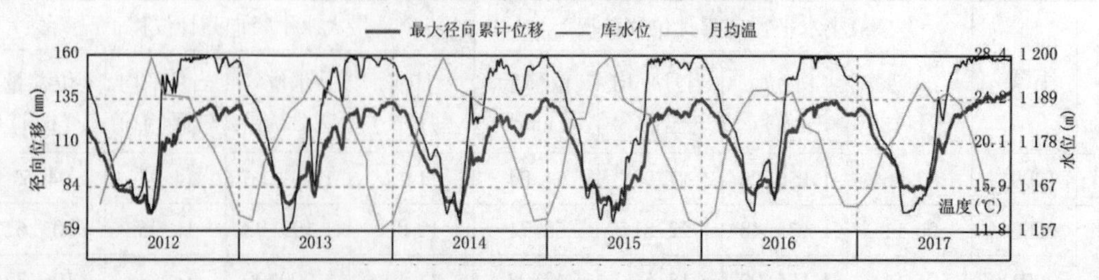

图 5 近年最大水平径向累计位移与环境量关系曲线图

截至 2017 年 12 月 31 日大坝向左岸水平切向累计位移最大值为 21.51 mm，向右岸水平切向累计位移最大值为 -20.21 mm。切向累计位移呈现“库水位升高或温降，坝体向两岸位移,反之向河床回弹”的变化规律;同时表现出“高程越高,位移越大”的分布特点。

4.2 垂直位移

垂直位移监测主要通过布设在坝顶、坝内水平廊道和基础廊道的水准点,采用几何水准方法进行测量。

近10年监测数据表明,坝顶及坝体内部各层水平廊道内(除两端靠近基础外)的测点呈明显的年周期性变化规律,表现出与库水位之间显著的负相关关系,当库水位升高时,在水压荷载的作用下坝体发生向下游方向的弯曲变形和倾转,使得位于坝体上游侧的垂直位移测点相对抬升;反之,坝体变形向上游恢复,使得位于坝体上游侧的垂直位移测点相对下沉。2017年,各水准点沉降量最大值在0.3~7.6 mm,坝内水平廊道最高水位与最低水位下的年垂直位移最大变幅为8 mm,发生EL.1 091 m廊道21#坝段。基础廊道各水准点垂直位移量均较小,且无明显增加趋势,说明大坝坝基已趋于稳定(见图6)。

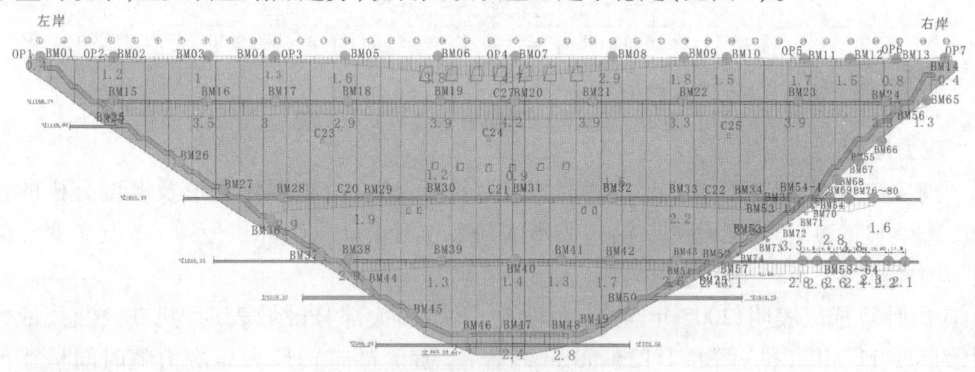

图6 大坝水准点垂直位移分布图

4.3 渗流渗压

4.3.1 渗流监测

坝体及坝基渗流量监测主要通过布设在两岸坝肩灌浆或排水平洞以及坝内水平廊道的量水堰进行观测。

历史渗流量最大值为7.32 L/s,发生在2005年1月5日,2017年大坝最大渗流量为4.52 L/s低于历史最大渗流值,各部位渗流量年变幅变化不大。渗流量受库水位及温度变化的影响,滞后现象不明显(见图7)。

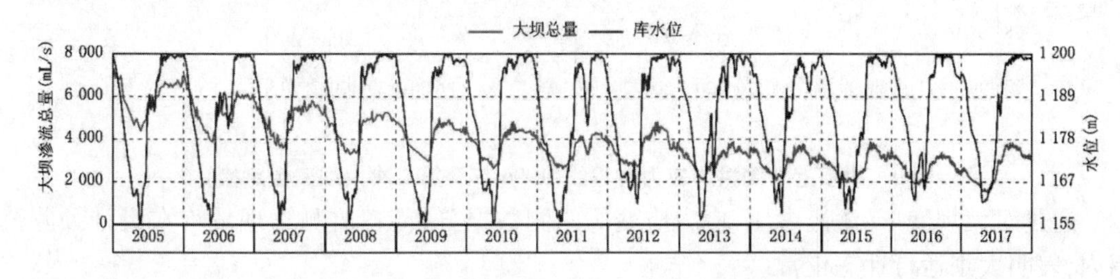

图7 大坝渗流总量与上游水位关系曲线图

4.3.2 渗压监测

渗压监测通过布置在坝基及两岸抗力体范围内沿坝基纵向布置三排的渗压计测得。第一排布置在防渗帷幕后,第二排布置在坝基排水区,第三排布置在坝趾附近。

2017 年,第一排渗压计渗压折减系数最大值为 0.38,小于设计假定值 0.50;第二排渗压计测值相对较稳定且均很小,渗压折减系数最大为 0.16,小于设计假定值 0.25;第三排渗压计测值相对稳定,最大渗压折减系数为 0.05,远小于设计假定值 0.13。监测数据表明,坝基、坝后及水垫塘排水对坝基渗压削减作用明显(见图 8)。

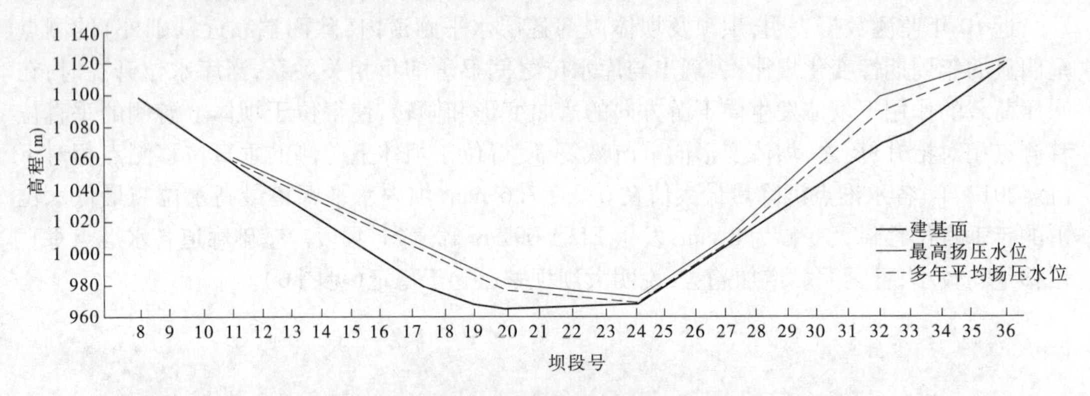

图 8　坝基排水幕扬压水位纵向分布图

4.4　应力应变

为掌握二滩大坝在不同工况条件下的应力状况,结合大坝坝体变形及温度分析的重点部位,选择 11#、21#、33# 坝段按一拱一梁形式(EL. 1 124 m 拱圈和拱冠梁)布设应变计组进行了应力监测。

应力计算成果表明,2005 年至今,大坝上、下游面大部分区域表现为受压状态,最大压应力约为 -11 MPa(拱冠 EL. 1 123. 50 m 高程,上游侧拱向),最大压应力随时间呈逐渐趋缓的变化,目前基本趋于收敛。从表面应力分布情况看,11#、21#(拱冠)、33# 坝段在 EL. 1 123. 50 m高程下游侧拱向压应力基本处于同一水平(量值在 -2 ~ -6 MPa);拱冠上游侧拱向压应力随着高程降低而逐步减小,梁向压应力随着高程降低而逐步增加,表明坝体荷载承载方式随着高程的降低逐渐由拱向承载转为梁向承载,总体应力分布情况符合一般规律(见图 9 ~ 图 12)。

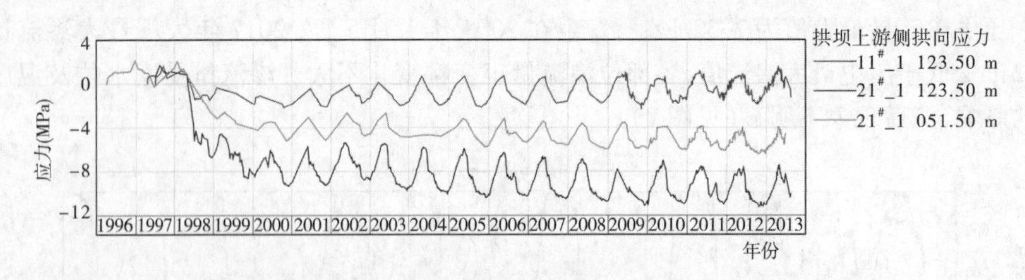

图 9　拱坝上游侧拱向应力过程线(1996 年至第二次大坝安全定检)

通过对大坝变形、渗流渗压、应力应变等监测数据分析,各监测物理量均在设计预测范围内,表明大坝运行性态正常。

5　结论与展望

作为国内最早建成的特高拱坝,二滩大坝首次蓄水至今已运行 20 年,其间多次经历洪水考验。公司依托大坝安全监测信息化手段提升了大坝安全管理工作和技术水平,通过合

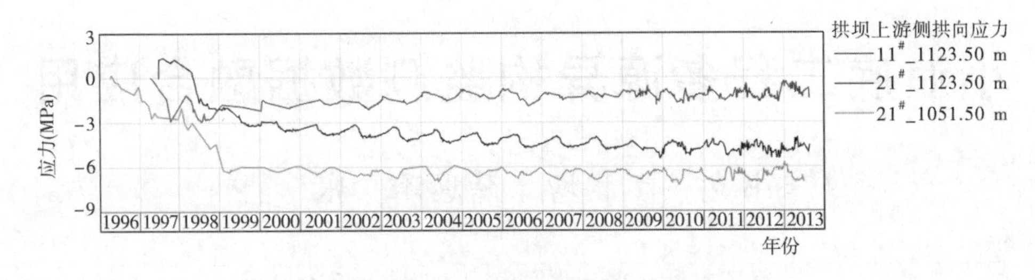

图 10　拱坝上游侧梁向应力过程线

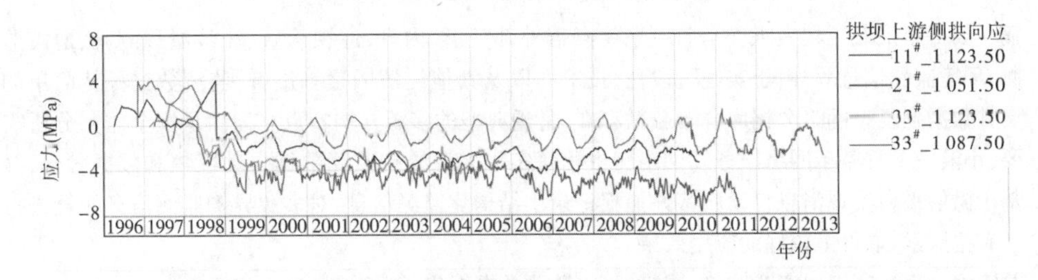

图 11　拱坝下游侧拱向应力过程线

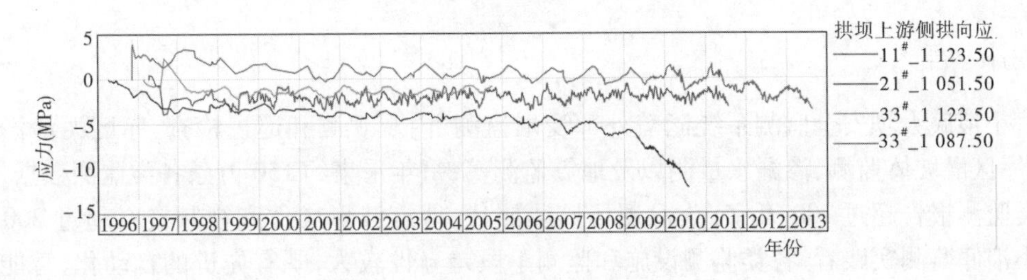

图 12　拱坝下游侧梁向应力过程线

理开展大坝安全监测项目,正常维护监测自动化系统、仪器设备,为合理评价大坝等水工建筑物运行性态,确保大坝等水工建筑物长期安全运行奠定了坚实的数据基础,通过监测数据综合分析,在掌握大坝运行性态、分析大坝安全状态、追溯大坝运行安全管理历史方面发挥重大作用。监测资料分析表明,目前二滩大坝运行性态良好。

2015 年,国家发改委颁布《水电站大坝运行安全监督管理规定》,明确要求电力企业加强大坝安全监测与安全信息化建设工作,建立大坝安全在线监控分析系统,反映了国家对高坝大库工程运行安全监管的新方向。目前,公司正在开展特高拱坝安全在线监控技术研究,参与行业标准编制,并以锦屏一级大坝为试点进行应用,后续将推广至二滩、官地等水电站,大坝运行性态分析研究工作仍然任重道远[4]。

参考文献

[1] 吴世勇,高鹏. 二滩拱坝安全监测资料分析[J]. 水力发电学报,2008,24(8):107-113.
[2] 聂强. 以信息化建设推动雅砻江流域大坝安全管理创新[J]. 大坝与安全,2016(1):1-5.
[3] 聂强. 雅砻江流域梯级水电站群大坝运行安全管理现状[J]. 大坝与安全,2017(2):7-13.
[4] 冯永祥. 水电站大坝运行安全管理综述[J]. 大坝与安全,2017(2):1-6.

小浪底工程多源异构监测数据融合应用

宋书克　尤相增　薛恩泽　张　冉

（黄河水利水电开发总公司，郑州　471000）

摘　要　小浪底工程大坝安全监测系统涵盖外部变形、内观、巡视检查、泥沙淤积测验、地震监测、环境监测信息等，由于实施阶段性、技术性以及其他经济因素等影响，监测数据源从简单的文件数据到复杂网络数据库分布分散存在，呈现典型的多源异构特点。为满足安全监测分析需要，小浪底工程基于网络服务和网络爬虫程序实现多源异构监测数据自动汇集和数据融合，并基于微信平台实现消息自动应答并捕捉记录半结构化监测信息，对多源异构监测信息融合进行了有益探索，取得了较好的应用效果。

关键词　小浪底工程安全监测；网络服务；监测数据汇集；微信消息自动应答

1　引　言

小浪底大坝安全监测系统涵盖外部变形监测、内观观测和巡视检查、库区泥沙淤积测验、库区滑坡体监测、渗漏水量测以及地震监测等，每年采集约150万条各类监测数据，编写各类监测报告超过100万字，获取现场监测照片、地震波形文件和视频资料超过200 GB。从小浪底监测实践看，各类监测设施和监测手段差异性较大，既有先进的自动化、智能化监测系统和设备，也有必不可少的人工辅助监测手段，安全监测数据源从简单的文件数据到复杂的网络数据库分布分散存在，呈现典型的多源异构特点。

本文在智慧大坝[1]和智慧监测顶层设计的框架下，主要阐述了小浪底多源异构监测数据汇集策略和网络服务（Web Service），介绍了结构化、半结构化和非结构化数据汇集技术，并以微信消息自动应答为例介绍了网络服务接口的应用。

2　多源异构数据网络服务

2.1　数据源种类和特点

小浪底监测系统随着技术的进步不断完善。1995年以来小浪底大坝安全监测逐步形成了自动化数据采集系统、安全监控分析系统、地震观测系统、泥沙信息管理系统等。各系统组建时建立了不同的局域网网段，主要采用客户端服务器工作模式（C/S）。2009年开始逐步完成水情、工情等系统的信息改造和完善，2014年建立了三维地理信息系统，2015年实现实时监测塔前泥沙淤积高程，2016年在排沙洞出口安装了泄流泥沙含量实时监测试验装置，2017年对库区阳门坡滑坡体进行了外部变形监测自动化改造。人工巡检和大坝安全会商成果报告采用Word格式，从办公网络和互联网可以及时得到工程环境量信息（库水位、

作者简介：宋书克（1971—），男，河南南阳人，教高，本科，主要从事水利工程大坝安全监测工作。E-mail：songshuke@ xiaolangdi. com. cn。

气象等)。因此,小浪底大坝安全监测系统形成了在虚拟专用网络条件下[2]以 SQL Server 数据库为主,辅以 Access 等其他关系型数据库、Excel 和 Word 文件格式并存的多源异构数据[3],数据的主要特点是混合性(包括结构化和非结构化)、分散性(数据分布在不同的系统或平台)、准确性和及时性差异明显(数据质量参差不齐,既包含实时性要求较高的淤积高程和出库水体含沙量数据,也包括每周乃至每月更新一次的数据)。

2.2 数据汇集设计

根据小浪底监测数据源种类和特点,传统的数据中心整合模式因投资巨大、数据搬迁困难等问题,短时间内无法满足小浪底监测数据汇集的要求。为满足监测数据融合的需求,需要合理规划监测信息的清洗收集策略,将各个系统的关键成果数据通过数据接口包装成网络服务,实现数据在逻辑上的汇集和整合(见图1)。

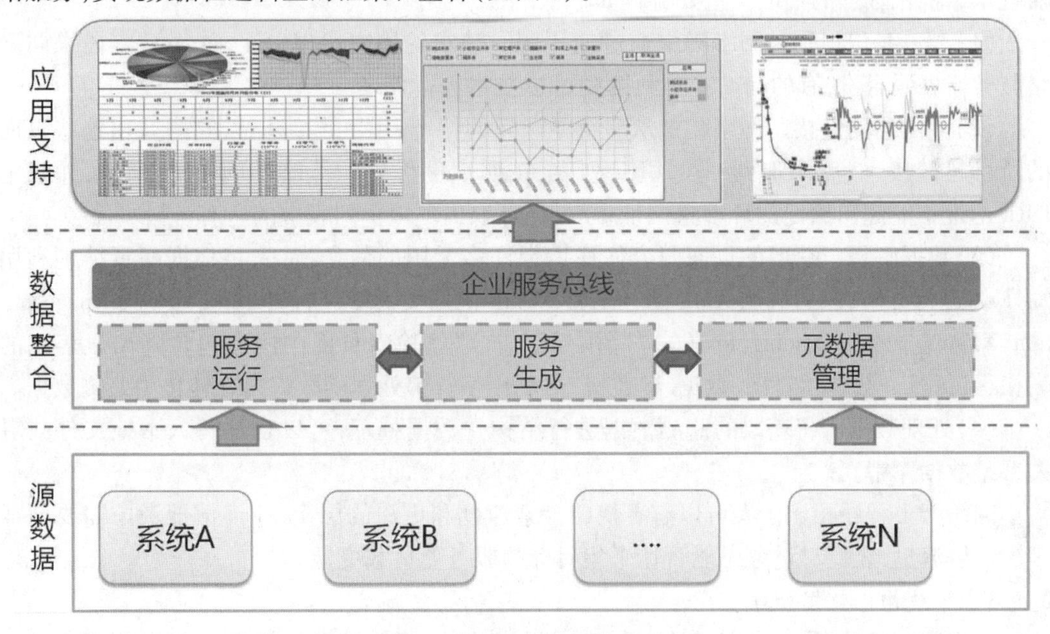

图1 网络服务接口架构设计

网络服务接口实现一般采用 Web Service[4]。网络服务功能设计按照监测项目划分为3类,一是获取监测设施布置和状态类,二是获取最新监测测值类,三是获取特定监测点历史测值类。为满足接口兼容性和扩展性设计,可通过 Web Service 配置文件(Web. Config)设置关键监测项目模版,按照统一格式由用户自定义信息进行汇集项目设置,若更改数据汇集策略,仅需要对配置文件进行修改并相应调整数据库内对应的存储过程即可完成。

2.3 数据服务实现

小浪底安全监测 Web Service 在微软开发工具 Microsoft Visual Studio®. NET 环境下使用 C#进行编码实现,并在互联网信息服务(Internet Information Services,IIS)环境下进行企业内网部署。网络服务的核心是结构化、半结构化、非结构化监测数据融合。

2.3.1 结构化数据汇集

结构化监测数据汇集处理相对简单。使用 SQL Server 链接服务器方式即可进行外部 EXCEL 文件(包括虚拟网络内的异地文件)和 ACCESS 等数据库访问,采用作业(jobs)机制可以较好地解决监测数据之间的同步问题。

结构化数据汇集应当通过数据库内置的存储过程(Stored Procedure)来处理。使用存储过程可以提高解决方案的性能并使之更安全,也可以增加数据层的抽象级别,从而保护解决方案的其他部分不受小的数据布局和格式变化带来的影响,使网络服务更可靠,更易于维护。

2.3.2　半结构化数据爬取

小浪底工程的环境量信息,如库水位、气象等源自办公网络和互联网,这些网站采用XML、HTML页面格式,页面内数据结构和文本描述内容混在一起,此前一般采取人工查询并录入或者手工导入方式进行数据收集。采用Python语言编写网络爬虫是实现半结构化数据自动汇集的较好方式[5]。设计网络爬虫程序的时候,主要采用基于网页内容分析算法实现半结构化数据的抽取。主要流程如下:

(1)爬虫身份识别。网络爬虫通过使用http请求的用户代理(User Agent)字段来向网络服务器表明身份,有的网站需要利用Cookie技术进行登录。

(2)限定访问链接。网络爬虫从一组要访问的特定URL链接开始,它辨认出这些页面的所有超链接,然后添加到一个URL列表,按照广度优先的策略访问URL列表,并限定URL地址不能超出给定的环境量网址,通过循环取出环境量列表中的所有链接页面。

(3)数据解析。获取的页面内容往往携带许多无用的信息,首先将根据网页结构利用XML树进行分解,然后利用XML路径语言XPath根据关键字进行查询定位,例如“pagecontent. XPath(‘//td[contains(text(),“降雨量”)]’)”将检索页面中所有包含降雨量信息的表格行,每行一般包括日期、数据、单位等,再利用字符串处理函数将内容转化为监测数据。

(4)处理数据。将获取的监测数据进行结构化数据处理,可以自动写入本地文件或者关系型数据库中。

网络爬虫程序相比于人可以有更快的检索速度和更深的层次,应谨慎地考虑需要消耗多少网络流量,还要尽量考虑能否让采集目标的服务器负载更低。

2.3.3　非结构化数据处理

大坝安全各种报告、专家结论、报表、现场图片、考证扫描影像等非结构化数据五花八门,每类数据都有各自的计算处理手段,目前较为成熟的通用技术是存储和共享管理,监测管理中应用较多的是监测报告的检索分析。

(1)数据存储管理。小浪底工程采用MongoDB处理非结构化监测数据。MongoDB是一个介于关系数据库和非关系数据库之间的NoSQL数据库,非常适合文档型数据的存储及查询。其支持的查询语言非常强大,其语法类似于面向对象的查询语言,几乎可以实现类似关系数据库单表查询的绝大部分功能,而且还支持对数据建立索引。

(2)监测报告检索分析。采用文本聚类方法管理监测报告。作为一种无监督的机器学习方法,文本聚类不需要训练过程,也不需要预先对文档人工标注类别,具有一定的灵活性和较高的自动化处理能力,已经成为对文本信息进行有效的组织、摘要和导航的重要手段。处理主要步骤是对文档进行中文分词处理,统计词元和出现的频次,然后计算词元权重,根据权重建立N维空间向量模型并根据模型进行文档分类。完成文本聚类后,根据Web Service接口申请的检索关键词,聚类输出各个不同类别的简要描述,便于用户进一步查询需要的文档内容,也可以根据中文分词结果生成可视化词云等展示监测报告的主要成果。

3 数据融合网络服务应用

3.1 Web Service 接口应用

利用数据库和服务器端编程技术实现的网络服务(Web Service)发布和部署后,为小浪底远程集控水调自动化系统建设和新生产管理 MIS 系统建设提供了统一的监测数据交换接口。此外,利用该网络服务也开发了基于手机安卓系统的监测应用 APP,将监测信息化手段从桌面延伸至智能终端(见图 2),大大提升了全天候监测服务能力。

图 2 Web Service 接口 APP 应用

3.2 微信群消息自动应答

目前微信群逐渐成为最快、最有效的沟通工具,也成为小浪底安全监测管理工作的重要组成部分,工作群内最关注的是各个监测项目的最新测值情况。为此利用开源的微信个人号接口 itchat,通过 python 编程实现微信(好友或微信群)信息自动应答处理[6],向有权限的好友用户和微信群推送订阅的最新监测信息,捕捉好友报告的半结构化监测信息。主要信息处理流程和应用效果见图 3,处理步骤为:

第一步:利用有权限访问监测数据库的办公计算机,使用监测管理微信群主的个人身份,在 Python 中调用 itchat 接口登录微信,注意做好计算机防火墙和信息安全保护。

第二步:注册 itchat 接口中的微信消息管理服务,开始监控工作群内所有与群主通信的文本消息，捕捉特定命令。

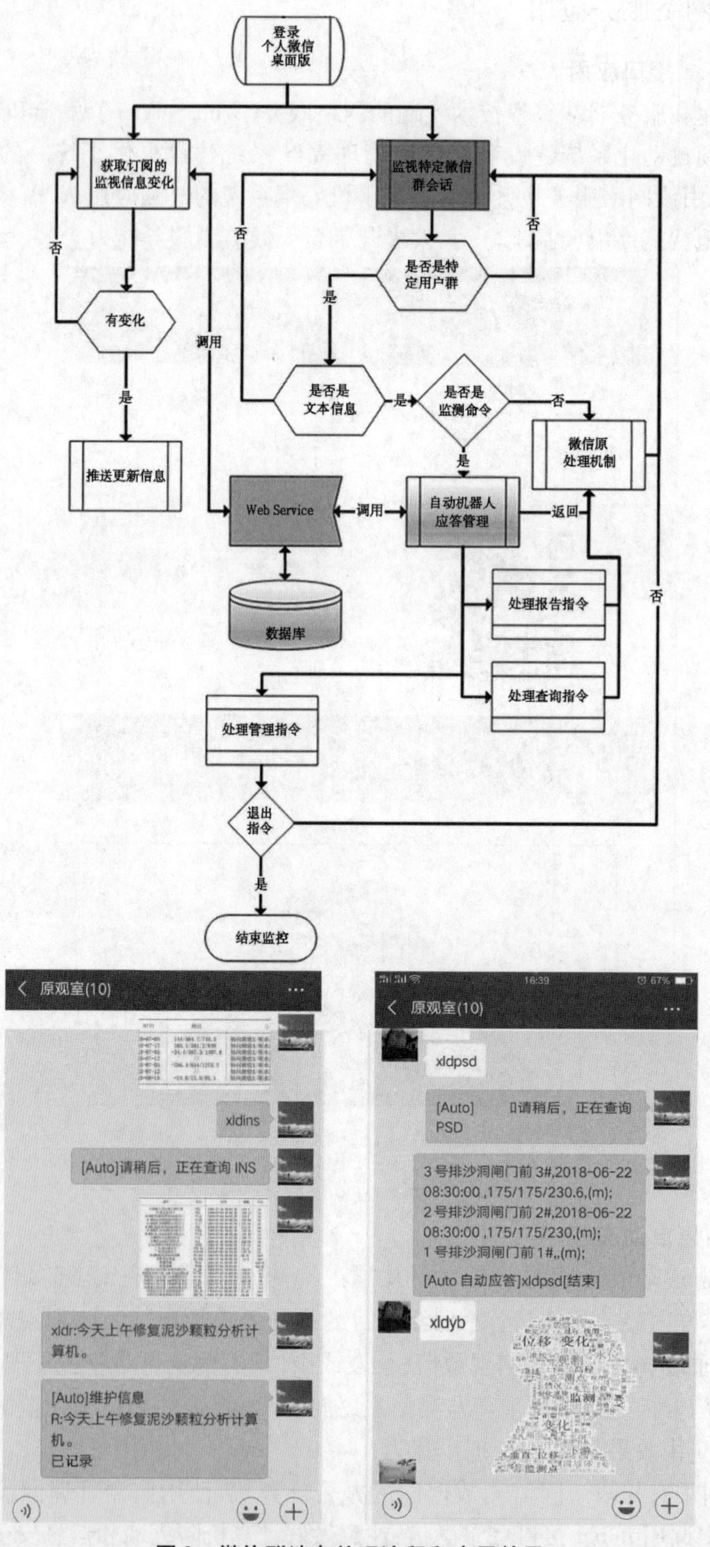

图 3　微信群消息处理流程和应用效果

第三步:处理相应特定命令。为不影响微信的正常沟通,使用前缀字符串“XLD”作为特定命令的标示。命令分三类:管理命令、查询命令、报告命令。管理命令完成信息订阅,群内权限调整、显示命令帮助等;查询命令使用简单字母组合自动应答查询的监测结果,例如“XLDPSD”命令将报告最新的小浪底排沙洞闸门前淤积高程和出库水体含沙量,“XLDINS”命令将报告最新的小浪底关键仪器测值列表,“XLDYB”命令将对最新的小浪底监测月报内容进行自动摘要分析并返回关键字词云;报告命令用于向管理人员报告有关现场监测设施维护和人工处置情况,并作为半结构化或非结构化信息自动存入监测数据库 MongoDB 中,例如“XLDR:整理×××监测设施,完成××内容”将进行非结构数据处理,提取特征信息和关键字后,按照分类向监测设施维修数据库中增加×××监测设施的维修记录,包含发送的现场照片等附件信息。通过微信平台自动收集半结构化和非结构化监测信息是对小浪底监测数据融合的重要补充手段。

第四步:向微信用户返回有关信息。根据处理命令获取的信息,加上“[Auto]”标签表示是微信程序自动应答的结果,从而完成本次指令响应,进入监控循环等待处理其他微信消息。

4 结 语

安全监测工作专业性较强,各类监测设施和监测手段差异性较大,随着数据量的激增和采集应用系统的不断增加,实现监测数值融合应是逻辑上的汇集和整合,在网络服务架构下完成各监测项目关键成果汇集。

采用关系型数据库的结构化监测数据汇集处理比较简单,采用 Python 语言编写网络爬虫是实现半结构化数据较好的汇集方式,非结构化信息的汇集主要是共享存储、对监测报告的检索、进行中文分词及词元分析。

监测信息化手段已经从办公桌面延伸至移动智能终端,而且移动端的应用越来越重要。通过应用网络服务实现对微信群消息自动应答并捕捉记录群内的半结构化监测信息,也为安全监测管理工作探索了更加方便的信息汇集和数据融合手段。

参 考 文 献

[1] 钟登华,等.从数字大坝到智慧大坝[J].水力发电学报,2015,34(10):1-13.

[2] 宋书克.小浪底大坝安全监测信息系统迁移研究和实现[J].水电自动化与大坝监测.2011,35(5):53-56.

[3] 石宇,等.面向对象的多源异构数据关联组织与分析[J]. 测绘通报, 2015(1): 102-104.

[4] 金有杰,谢红兰,等. 基于 Android 的大坝安全监测信息管理关键技术研究[C]//中国水利学会 2016 学术年会论文集(上册).2016 年:477-482.

[5] 潘巧智,张磊.浅谈大数据环境下基于 python 的网络爬虫技术[J].数据安全与云计算,2018(5):41-42.

[6] 梁兆东,黄洋,朱土凤.基于图灵机器人的智能地震科普微信公众号的实现[J].信息系统工程,2016(1):116-117.

与中国技术标准适应的土石坝风险标准探讨

邓　刚[1]　铁梦雅[1]　余　挺[2]　温彦锋[1]　夏　勇[2]　张延亿[1]

(1. 中国水利水电科学研究院 流域水循环模拟与调控国家重点实验室,北京　100038;
2. 中国电建集团成都勘测设计研究院有限公司,成都　610072)

摘　要　大坝的风险是溃坝概率与溃坝损失的乘积。欧美国家采用的大坝风险标准即可接受或可容忍大坝溃坝概率中溃坝概率人为确定,与其他技术标准无明显联系;风险标准中采用的溃坝损失也常分别表达为可能的生命损失、经济损失等。溃坝损失特别是生命损失与大坝安全管理和应急管理水平紧密相关,国外的风险标准不能适应经济社会的快速和不平衡发展的中国国情。根据中国技术标准相关规定,采用土石坝安全等级作为溃坝损失的综合指标,并以技术标准中关于坝坡失稳安全系数、可靠度和概率之间的定量关系为基础,结合土石坝溃坝统计数据的分析,建立不同安全等级土石坝的溃坝概率目标值,作为相应等级土石坝的可接受溃坝概率,提出了与中国技术标准相适应的土石坝风险标准。

关键词　技术标准;适应;土石坝;风险标准;溃坝概率

1　研究背景

水库水电站大坝是江河治理、洪水调节、水能水资源开发利用的重要手段,在发挥效益的同时,也蕴藏着风险。大坝失事可能给下游生命财产、基础设施、经济社会和生态环境等带来巨大的灾难,而通过大坝安全管理的各种措施,可以尽量减小大坝溃决可能性或控制大坝溃决灾害的影响。传统大坝安全管理以确保安全为目标,通过工程措施等手段,试图保证绝对的安全[1](ICOLD Bulletin 59, 1987)。随着社会经济和大坝管理技术的发展,社会逐渐接受了风险不能彻底消除、安全是公众需求与社会投入的平衡[2](ICOLD Bulletin 130, 2005)的认识,大坝安全管理目标转换为降低大坝风险。根据最低合理可行准则(ALARP, As Low As Reason-ably Practicable),风险分为3个区域[3](Jones-Lee 和 Aven, 2011):不可容忍区域、最低合理可行区域及广泛可接受区域,其分界线,即可容忍风险水平和可接受风险水平就是风险标准。一般认为,风险标准是公众认知、法律等社会条件决定的[4](Bowles, 2007)。

近十余年来,国内学者李雷等[5](2006)、宋敬衖和何鲜峰[6](2008)、彭雪辉等[7](2014)、李宗坤等[8](2015)相继提出了关于大坝风险标准的建议,周建平等[9](2015)还根据特高坝和梯级水库群面临的特殊风险,探讨了设计的安全标准。风险管理在政府、水库水

基金项目:国家重点研发计划课题(2017YFC0404803);中国水科院基本科研业务费专项(GE0145B562017);中国水科院流域水循环模拟与调控国家重点实验室项目(SKL2018ZY09)。

作者简介:邓刚(1979—),男,四川人,教授级高级工程师,主要从事岩土材料特性和数值模拟、水利水电工程安全与应急管理技术等方面研究。E-mail:dgang@ iwhr. com。

电站大坝建设和管理单位等得到广泛关注。

在大坝风险管理相关研究不断取得进步的同时,通过强化安全管理、开展除险加固和改进筑坝技术,我国大坝安全水平大幅度提高,溃坝率已逐渐降低并进入世界低溃坝率国家的行列,同时,在偶有出现的水库水电大坝溃坝事故中,通过及时有效的应急响应,已大幅度减小溃坝损失特别是生命损失,近年来多次溃坝事故中已成功避免生命损失。为了更好体现我国大坝安全管理的国情、发展和现状,且与中国相关技术标准衔接,进一步降低我国大坝风险水平,仍需根据实际情况的发展继续推进大坝风险标准的研究。

土石坝是我国数量最多的坝型,因此虽然和其他坝型具有相似的溃坝率,其溃坝数量仍是各类坝型中最多的。由于自身特征,土石坝的溃坝原因也异于其他坝型。本文将考虑土石坝溃坝原因的区分和统计数据,在寻求与我国相关技术标准衔接的基础上,建议更为符合我国情况、更实用化的土石坝风险防控标准。

2 我国国情对风险标准的新要求

一般认为大坝风险是溃坝可能性与产生后果的乘积[10,2](ANCOLD, 2003; ICOLD, 2005),风险标准也一般表达为可接受的溃坝可能性和溃坝后果的组合。

溃坝后果包含因素较多,如生命损失、经济损失及社会与环境影响等,相应的风险标准也应包含对应的各类因素。但从较早期的可接受风险标准研究开始,生命损失即被作为主要溃坝后果之一。这可能与早期可接受风险标准的定义过程有一定关系,该定义源自英国健康和安全委员会[11](HSE, 1988),其针对核电可接受风险的规定中将可接受风险表达为年计的受影响人数。Fell[12](1993)采用了英国建设工业研究协会(Construction Industry and Research Association, CIRA)规定的建筑物年计允许风险社会指数 K_s 概念,并进一步提出允许风险正比于年计允许风险社会指数 K_s 和受影响人数的商。此后不少国家、机构提出的大坝风险标准,大多都表达为 $F-N$ 的形式,其中 F 为年计溃坝概率,而 N 则为受影响人数。这些风险标准主要考虑了溃坝概率及其对应的生命损失。

在生命损失之外,一些建议的风险标准也考虑了经济等损失,例如澳大利亚大坝委员会(ANCOLD)分别表达生命损失标准风险标准和经济损失风险标准(盛金保和彭雪辉[13], 2003)、加拿大 BC Hydro 公司提出了年计可承受经济损失标准[14](肖义, 2005),国内李宗坤等[8](2015)建议了分别包含生命损失和经济损失的风险标准,彭雪辉等[15](2014)还在生命损失、经济损失之外考虑了社会与环境风险。

风险标准的构建受到社会、环境等多种因素的影响,由于我国经济社会处于快速但不平衡的发展中,既有的风险标准特别是考虑生命损失为主的风险标准不便于在中国直接适用。

生命损失不是大坝固有特征及大坝所处的自然环境的客观体现,而与大坝安全管理水平和应急管理水平有很大的关系。①中国经济社会发展中存在的不平衡问题影响生命损失相关风险标准的适用性。大坝溃坝时的溃口流量过程、溃坝洪水演进等的精确计算仍有一定难度,大坝可能的生命损失数量难以准确预测。溃坝的生命损失多只能根据其他发生溃坝案例、本工程及其保护区情况、当前应急管理水平来综合类比确定,大坝安全管理和社会应急管理水平高的地区可能生命损失的统计数据较低,据此确定相应工程的风险等级时,就会低估工程溃坝损失,致使选择的可接受溃坝概率过高。以我国 2001 ~ 2010 年的溃坝统计数据为例,东部地区虽发生过溃坝事件,但未造成 1 例人员死亡,平均溃坝生命损失为零;而西部溃坝生命损失却达0.000 11人/年,平均溃坝生命损失为1.0×10^{-4}人/(年·坝)(彭雪辉等[16],2015)。而从人口密度、经济发展水平来看,东部地区都明显更高,单坝的溃坝损失不一定低于西部。通过溃坝生命损失统计确定的大坝风险标准可能湮没大坝安全管理水平、大坝安全状态、影响区经济社会发展水平、人口数量等复杂因素。②中国经济社会的飞速发展影响生命损失相关风险标准的适用性。当前,我国大坝安全管理和社会应急管理水平正在快速发展,大坝溃坝率持续降低,偶发的溃坝事故中由于有效应急管理,人员死亡数也在不断降低,年计溃坝生命损失远低于几十年前的统计数据。但是,随着经济社会的快速发展,大坝下游保护区的经济总量却在不断增大。换言之,按照生命损失统计数据计算的风险标准可能与按照溃坝后经济损失总量计算的风险标准产生矛盾。

我国水库大坝安全相关的国情与国际有较大的差异。经济社会发展尚不充分、不平衡;水库大坝下游人口密度高,主要河流梯级化开发程度高,水能水资源开发利用设施、城镇和工业设施、公路铁路等生命线、湿地等生态区等集中于河道内和河流两侧,溃坝损失种类多而大。采用异于国外基于生命损失的$F-N$型风险标准能够更加适合国情。

3 考虑与我国技术标准衔接的土石坝风险标准

中国已经建立了比较完善的大坝相关技术标准体系。水利工程综合考虑总库容、保护城镇及工矿企业的重要性、保护农田面积、治涝面积、灌溉面积、供水对象重要性、发电装机容量等,取其综合利用项目的分等指标中对应的最高等别来确定工程等别(水利水电工程等级划分及洪水标准[17],2000);水电工程按照库容、装机容量综合确定工程等别(水电枢纽工程等级划分及设计安全标准[18],2003),同时,上述水利水电枢纽工程等别在确定时需考虑防洪作用,联合考虑工程规模、效益和在国民经济中的重要性(防洪标准[19],2014)。枢纽工程划分为五个等别(Ⅰ~Ⅴ)(防洪标准[19],2014)。

在枢纽工程等别基础上将建筑物划分为1~5级(防洪标准[19],2014),规范同样规定了各级水工建筑物的设计使用年限,1~3级水工建筑物使用年限T按照100年计,其余建筑物使用年限T按照50年计。进一步的,再按照建筑物级别把安全级别划分为Ⅰ、Ⅱ、Ⅲ三级(水利水电工程结构可靠性设计统一标准[20],2013),其中1级水工建筑物安全级别为Ⅰ级,2、3级水工建筑物安全级别为Ⅱ级,4、5级水工建筑物安全级别为Ⅲ级。

对于可靠度计算比较明确的坝坡失稳,规范还规定Ⅰ、Ⅱ、Ⅲ安全级别土石坝的坝坡失稳可靠度指标$\beta_{t-\mathrm{slide}}$,也即发生第二类破坏时水工结构构件持久设计状况承载能力极限状态的目标可靠指标(水利水电工程结构可靠性设计统一标准[20],2013)分别为4.2、3.7和3.2(碾压式土石坝设计规范[21],2007)。陈祖煜[22]提出了基于相对安全率的安全标准理论标定方法,证明了我国现有技术标准中关于坝坡稳定的安全系数规定与可靠度指标的规定是一致的。

根据我国现行规范(水利水电工程结构可靠性设计统一标准[20],2013),假设$\Phi(\cdot)$为标准正态分布函数,可采用下式计算目标可靠度指标$\beta_{t-\mathrm{slide}}$对应的坝坡失稳发生概率$P_{f-\mathrm{slide}}$(坝坡失稳失效概率):

$$P_{f-\mathrm{slide}} = 1 - \Phi(\beta_{t-\mathrm{slide}}) \tag{1}$$

考虑失效概率P_f可在使用年限T内进行平均,进而得到年计失效概率p_f

$$p_f = P_f/T \tag{2}$$

由此，可以计算各级土石坝的年计坝坡失稳概率$p_{f-\text{slide}}$目标值，如表1所示。

表1 与我国技术标准衔接的不同安全级别土石坝年计失效概率目标值

土石坝级别	1	2、3	4、5
土石坝安全级别	I	II	III
坝坡失稳可靠度指标$\beta_{t-\text{slide}}$	4.2	3.7	3.2
坝坡失稳概率目标值$P_{f-\text{slide}}$	$1.34 \cdot 10^{-5}$	$1.08 \cdot 10^{-4}$	$6.87 \cdot 10^{-4}$
设计使用年限T(年)	100	100	50
土石坝年计坝坡失稳概率目标值$p_{f-\text{slide}}$	$1.34 \cdot 10^{-7}$	$1.08 \cdot 10^{-6}$	$1.37 \cdot 10^{-5}$
土石坝年计失效概率目标值$p_{f-\text{TOTAL}}$	$2.43 \cdot 10^{-6}$	$1.96 \cdot 10^{-5}$	$2.50 \cdot 10^{-4}$
土石坝年计漫顶溃决概率目标值$p_{f-\text{overt}}$	$1.18 \cdot 10^{-6}$	$9.50 \cdot 10^{-6}$	$1.21 \cdot 10^{-4}$
土石坝年计渗透破坏失效概率目标值$p_{f-\text{seepf}}$	$1.12 \cdot 10^{-6}$	$9.05 \cdot 10^{-6}$	$1.15 \cdot 10^{-4}$

导致土石坝溃决的风险源有很多，对于第i个($i=1,2,\cdots,n$)独立的风险源，假定其年发生概率为p_{D-i}，则土石坝年计溃决概率$p_{D-\text{TOTAL}}$可按照下式计算

$$p_{f\text{-TOTAL}} = 1 - \prod_{i=1}^{n}(1 - p_{f-i}) \tag{3}$$

其中p_{f-1}为年计漫顶溃决概率$p_{f-\text{overt}}$，p_{f-2}是年计渗透破坏概率$p_{f-\text{seepf}}$，p_{D-3}为年计坝坡失稳概率即$p_{f-\text{slide}}$，p_{f-i}($i>3$)为其他风险源引起的溃决概率(均远小于前述三项)。

Foster等(2000)[23]、解家毕和孙东亚[24](2009)、张利民等[25](2009)、常东升[26](2009)等对土石坝溃决事件进行的统计都说明，漫顶及渗透破坏为土石坝的主要破坏形式，坝坡失稳导致土石坝溃决案例数占比为3.2%～5.5%。如采用Foster等[23](2000)的数据，土石坝溃决案例中漫顶、渗透破坏及滑坡的比例分别为48.4%、46.1%和5.5%，即

$$p_{f\text{-overt}} : p_{f\text{-seepf}} : p_{f\text{-slide}} = 48.4 : 46.1 : 5.5 \tag{4}$$

据此，可采用式(3)，并根据当前规范确定的年计坝坡失稳概率目标值$p_{f-\text{slide}}$计算出与我国技术标准衔接的土石坝年计失效概率目标值$p_{f-\text{TOTAL}}$及土石坝年计漫顶溃决概率目标值$p_{f-\text{overt}}$、土石坝年计渗透破坏失效概率目标值$p_{f-\text{seepf}}$，见表1。

据解家毕和孙东亚的统计[24](2009)，我国土石坝溃坝的案例数量占总溃坝案例的93.91%；而中国93%左右大坝为土石坝(张建云等，2014)[27]，可以计算，中国的土石坝溃坝率与其他坝型接近，也接近全部大坝的平均溃坝率。我国1980～2012年统计年均溃坝率为1.88×10^{-4}，且自1980年起无I级大坝的溃坝案例，因此，我国除I级外的土石坝在1980～2012年的实际年均溃坝概率接近1.88×10^{-4}，介于本文与表1中根据我国技术标准计算获得的Ⅱ级和Ⅲ级土石坝的年计失效概率目标值之间；同时，表1中计算得到的I级土石坝年计失效概率目标值的要求实际上宽于实际值，即在概率数值上高于目前已经达到的溃坝概率(零)。

由于社会经济发展、水利水电工程建设技术提升，以及大坝安全管理水平发展，我国的工程安全水平实际上在不断提高，2010～2017年我国年均溃坝3.75座，其中，安全级别为II级(枢纽为中型水库)的仅一座，其余的安全级别均为Ⅲ级，所有大坝的平均年计溃坝概率

已经降至 3.83×10^{-5}。因此,可以说,我国各安全级别土石坝的年计失效概率平均值实际上已略低于表 1 中给出的概率(目标值),换言之,表 1 中给出的年计失效概率目标值可以认为是对溃坝概率的最低要求,也是可接受水平,而再用及新投用土石坝工程,其年计失效概率实际值在原则上均应低于、也可以低于此目标值。由此可见,根据我国技术标准计算得到的不同安全级别土石坝年计失效概率目标值略严于过去的平均溃坝概率,而接近当前我国的实际溃坝概率。因此,上述计算得到的年计失效概率值可作为与我国技术标准衔接,且与当前大坝安全管理水平相协调,适宜于体现土石坝风险标准的溃坝概率可接受值。

考虑到我国大坝安全等级是工程等别、建筑物类型和级别的结合,实际上已综合体现了大坝自身和保护区、保护人口等的规模,且经过多年运用,本文认为该等级是较好考虑了大坝溃坝损失的一个综合指标。因此,本文建议的土石坝可接受风险标准即可接受区域上限表达为上述不同土石坝等级对应的(与技术标准衔接的)土石坝年计失效概率目标值的连线,如图 1 所示。参照 ANCOLD 的做法,可容忍风险标准对应的失效概率水平取为可接受风险标准的 10 倍。

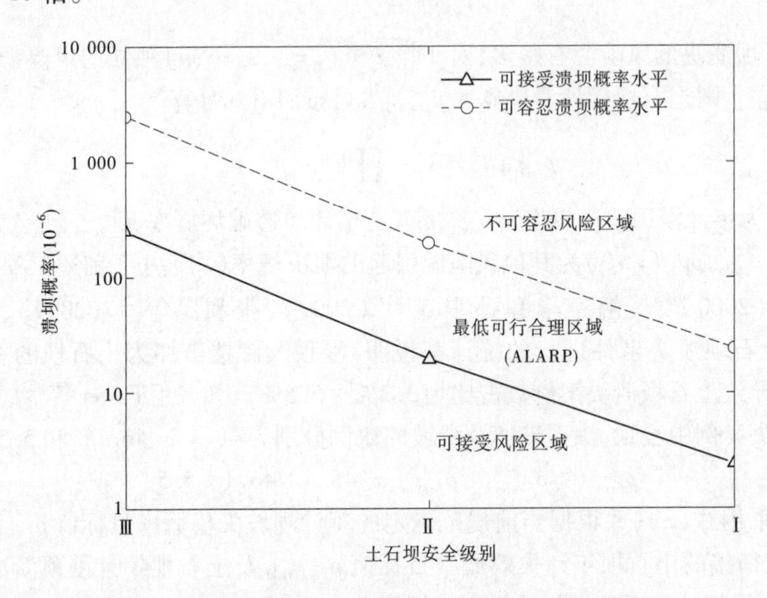

图 1 建议的与中国技术标准相适应的土石坝风险标准

4 结 论

本文根据中国技术标准相关规定,采用土石坝安全等级作为溃坝损失的综合指标,并以技术标准中关于坝坡失稳安全系数、可靠度和概率之间的定量关系为基础,结合土石坝溃坝统计数据的分析,建立不同安全等级土石坝的溃坝概率目标值,作为相应等级土石坝的可接受溃坝概率,提出了与中国技术标准相适应的土石坝风险标准。该风险标准可以避免风险标准过度依赖人为判断,更适用于中国不平衡和快速发展的国情,同时,该风险标准不依赖于不具备客观性的可能溃坝损失预估,与我国技术标准体系相适应,可为各安全等级的土石坝提供一个更具可用性的风险标准。

参考文献

[1] ICOLD (International Commission on Large Dams). Dam Safety Guidelines[M]. ICOLD Bulletin 59. 1987.

[2] ICOLD (International Commission on Large Dams). Risk Assessment in Dam Safety Management A Reconnaissance of Benefits, Methods and Current Applications[M]. ICOLD Bulletin 130. 2005.

[3] Jones-Lee M, Aven T. ALARP—What does it really mean[J]. Reliability Engineering & System Safety, 2011, 96(8): 877-882.

[4] Bowles D S, Anderson L R. Glover T F A Role for Risk Assessment in Dam Safety Management[C]//Proceedings of the 3rd International Conference HYDROPOWER 97, Trondheim, Norway, June 1997. 2007.

[5] 李雷, 王仁钟, 盛金保, 等. 大坝风险评价与风险管理[M]. 北京: 中国水利水电出版社, 2006.

[6] 宋敬衖, 何鲜峰. 我国溃坝生命风险分析方法探讨[J]. 河海大学学报:(自然科学版). 2008, 36(5): 628-633.

[7] 彭雪辉, 盛金保, 李雷, 等. 我国水库大坝风险标准制定研究[J]. 水利水运工程学报, 2014(4): 7-13.

[8] 李宗坤, 葛巍, 王娟, 等. 中国水库大坝风险标准与应用研究[J]. 水利学报, 2015, 46(5): 567-573, 583.

[9] 周建平, 王浩, 陈祖煜, 等. 特高坝及其梯级水库群设计安全标准研究[J]. 水利学报, 2015, 46(5): 505-514.

[10] ANCOLD (Australian National Committee on Large Dams) Guidelines on Risk Assessment[M]. ANCOLD, Sydney, New South Wales, Australia. 2003.

[11] HSE (Health and Safety Executive, United Kingdom). The Tolerability of Risk from Nuclear Power Stations [M]. London: Her Majesty's Stationery Office. 1988.

[12] Fell R. Landslide risk assessment and acceptable risk[J]. Australian-China Landslide Seminar, 1993. 3-18 July, 1-42.

[13] 盛金保, 彭雪辉. 中国水库大坝风险标准的研究[C]// 中国水利学会首届青年科技论坛论文集. 深圳. 2003: 486-490.

[14] 肖义. 水库大坝防洪安全标准及风险研究[D]. 武汉: 武汉大学, 2004: 44-56.

[15] 彭雪辉, 盛金保, 李雷, 等. 我国水库大坝风险标准制定研究[J]. 水利水运工程学报. 2014(4): 7-13.

[16] 彭雪辉, 蔡跃波, 盛金保, 等. 中国水库大坝风险标准研究[M]. 北京: 中国水利水电出版社, 2015: 93-94.

[17] 中华人民共和国水利部. 水利水电工程等级划分及洪水标准: SL 252—2000 [S]. 北京: 中国水利水电出版社, 2000.

[18] 中华人民共和国国家经济贸易委员会. 水电枢纽工程等级划分及设计安全标准: DL 5180—000 [S]. 北京: 中国电力出版社, 2003.

[19] 中华人民共和国住房和城乡建设部, 中华人民共和国国家质量监督检验检疫总局. 防洪标准: GB 50201—2014[S]. 北京: 中国计划出版社, 2014.

[20] 中华人民共和国住房和城乡建设部, 中华人民共和国国家质量监督检验检疫总局. 水利水电工程结构可靠性设计统一标准: GB 50199—2013 [S]. 北京: 中国计划出版社, 2013.

[21] 中华人民共和国国家发展和改革委员会. 碾压式土石坝设计规范: DL/T 5395—2007 [S]. 北京: 中华人民共和国国家发展和改革委员会, 2007.

[22] 陈祖煜. 建立在相对安全率准则基础上的岩土工程可靠度分析与安全判据[J]. 岩石力学与工程学报, 2018, 37(3): 521-544.

[23] Foster M, Fell R, SPANNAGLE M. The statistics of embankment dam failures and accidents[J]. Canadian Geotechnical Journal, 2000, 37(5): 1000-1024.

[24] 解家毕，孙东亚. 全国水库溃坝统计及溃坝原因分析[J]. 水利水电技术，2009，40(12)：124-128.

[25] Zhang L M, Xu Y, Jia J S. Analysis of earth dam failures: A database approach[J]. Georisk Assessment & Management of Risk for Engineered Systems & Geohazards, 2009, 3(3): 184-189.

[26] Chang D S. Internal Erision and Overtopping Erosion of Earth Dams and Landslide Dams[D]. Civil Engineering, Hong Kong: The Hong Kong University of Science and Technology, 2009.

[27] 张建云，杨正华，蒋金平，等. 水库大坝病险和溃坝的研究与警示[M]. 北京：科学出版社，2014.

拉西瓦水电站坝址区两岸高边坡安全检查及评价

张 毅

（黄河上游水电开发有限责任公司，西宁 810008）

摘 要 拉西瓦水电站坝址区河谷狭窄，岸坡陡峻，地应力较高，高边坡问题突出。工程建设阶段采用SNS柔性防护系统对高边坡进行了防护治理，布置了安全监测设施。本文结合电站地质灾害隐患排查与风险评估工作，介绍了以两岸高边坡间接检查方法为主，安全监测资料成果分析为辅，对电站坝址区两岸高边坡进行安全检查及评价的方法。结论是电站坝址区高边坡中存在的相对较大规模的不良地质体的结构面和上部的支护及周边的支护中未发现有新的滑移或拉裂等破坏迹象，安全监测成果也表明高边坡无异常变化或位移变化，边坡整体稳定。

关键词 拉西瓦电站；高边坡；检查；评价

1 工程概况

拉西瓦水电站是黄河上游龙羊峡至青铜峡河段规划梯级开发的第二座大型水电站，是黄河流域单机容量最大、总装机容量最大、发电量最多、单位千瓦造价最低、经济效益良好的水电站。其主要任务是发电，主要担负西北电网主力调频调峰任务，是“西电东送”北通道的骨干电源点。电站距上游龙羊峡水电站32.8 km，距下游李家峡水电站73 km，距青海省省会西宁市公路里程为134 km。

工程枢纽建筑物由混凝土双曲薄拱坝、坝身泄洪表深底孔、坝后水垫塘、右岸岸边进水口和地下引水发电系统组成。工程为一等大(1)型工程，大坝、泄洪、引水发电建筑物和开关站为Ⅰ级建筑物，水垫塘、二道坝为Ⅲ级建筑物。坝址区平均海拔2 200 m，双曲薄拱坝最大坝高250 m，坝顶高程2 460 m，拱冠顶、底厚分别为10 m、49 m，厚高比0.196，弧高比1.834。水库正常蓄水位2 452 m，总库容10.79亿m^3，水库调节性能为日调节。电站设计装机容量4 200 MW (6×700 MW)，一期装机3 500 MW，额定发电水头205 m，保证出力990 MW，多年平均发电量102.23亿kW·h。出线电压等级为750 kV。工程于2004年1月9日实现河床截流，2009年3月1日下闸蓄水，2009年5月首批两台机组投产并网发电，2010年8月第五台机组并网发电，标志着水电站机组全部投产，工程竣工。

2 坝址区两岸高边坡基本特征

2.1 地形地貌

拉西瓦水电站坝址区位于龙羊峡谷出口段，为高山峡谷地貌，河谷狭窄，岸坡陡峻，“V”

作者简介：张毅(1966—)，男，回族，江苏省常州市武进区人，高级工程师，长期从事水电站大坝运行安全管理工作。E-mail：zhyygx@163.com。

形河谷两岸基本对称,基岩裸露,边坡顶部高程 2 950 m,坡顶至谷底相对高差达 700 m,谷底宽 55 ~ 70 m,边坡天然坡角 60° ~ 70°,岸坡平均坡比 55°,正常蓄水位以上边坡高度 450 余米,高边坡问题突出[1]。坝址处黄河流近 EW 向。坝址区冲沟发育较多,主要有石门沟、青草沟、扎卡沟、巧干沟等。

2.2 地质条件

拉西瓦水电站工程坝址岩体为中生带印支期灰白色中粗粒块状花岗岩,岩块致密坚硬,平均湿抗压强度 110 MPa,完整岩体纵波速 4 000 m/s 以上,变形模量(Ⅱ类岩)15 GPa 以上[2]。坝基岩体总体质量良好,地质构造规模不大。坝址区左右岸边坡岩体为弱下—微风化的花岗岩,强度高,岩体结构以整体块状及块状结构为主,完整性好,缓倾角断层及中倾角断层均不构成大规模边坡失稳的滑移面,施工过程中边坡也未出现失稳现象,边坡整体稳定性较好。坝址区两岸卸荷带一般深 10 ~ 20 m,弱风化带深 20 ~ 30 m,坝顶高程以下无边界复杂且规模很大的不稳定块;岩体透水性弱,水文地质条件简单。岸坡浅表部岩体卸荷裂隙发育,表层岩体在重力及其他风化营力作用下产生变形破坏,形成了许多表层不稳定松动块体;拉裂缝与构造结构面的相互组合切割形成了不稳定结构体,主要有左岸坝肩下游的Ⅱ号变形体、Ⅲ号结构体、左岸坝肩正上方的 F29 断层滑坡体等变形体或滑坡残积体。施工期,根据设计要求已对两岸高边坡进行了表层清坡,局部浅层削坡,挂网喷混凝土,局部锚固、挡护处理,处理后的边坡满足设计要求。

2.3 高边坡应力环境

拉西瓦水电站坝址峡谷为一高地应力区。河谷底部及坡脚部位是应力集中区,实测最大主应力(σ_{1max})达 54.6 MPa,最大剪应力(τ_{max})7 MPa[3]。应力集中带宽 300 ~ 350 m,深约 150 m(高程 2 230 ~ 2 160 m)。两岸边坡 2 290 m 高程以上应力分布正常,表现为随距岸坡距离增大,应力增高直至平稳;2 290 m 高程以下应力分布不均匀,表现为由应力较低—增高—平稳的变化,即存在局部的增高段,分布范围为距岸边 100 ~ 250 m。正常应力范围 σ_1 为 15 ~ 23 MPa,局部增高段 σ_1 近 30 MPa。依据实测资料所进行的应力场有限元分析及数值模拟成果表明,坝址区应力场是由构造应力和峡谷斜坡自重应力叠加而形成的,主压应力为近 SN 向的水平应力。

3 两岸高边坡防护治理

设计采用的治理原则:结合临建设施与枢纽布置,分期处理;针对不良地质体发育特征,结合直线工期,制定适宜的治理措施;实施清、削、锚、盖、挡等的综合治理措施。

电站坝址区两岸高边坡采用两期治理方案,其中一期处理范围为影响到两岸缆机平台开挖的自然岸坡,即左岸为 F29 沟至扎卡沟之间区域,后补充范围增加 F29 沟下游侧—扎巧梁之间及巧干沟两侧等范围;右岸一期治理范围为影响右岸缆机平台开挖的区域,主要包括青草沟上下游。二期治理范围是影响枢纽建筑物、出线平台开挖及影响施工安全的区域,右岸主要包括鸡冠梁、石门沟、青石梁及出线平台边坡等,后补充范围到整个右岸泄洪消能区以上高边坡。

一期治理方法主要有清坡、SNS 柔性主动防护网、钢筋笼挡墙等。二期治理方法主要有清坡、削坡、锚杆、SNS 柔性主动防护网、被动防护网、钢筋笼挡墙等。同时考虑边坡排水与植被保护等。两岸高边坡采用 SNS 柔性防护系统进行了治理,整体效果良好。

4 两岸高边坡安全监测布置

拉西瓦水电站坝址区两岸高边坡安全监测主要包括以下工程部位：坝顶右岸边坡，坝顶右岸出线平台边坡，坝肩开挖边坡，左右岸缆机平台开挖边坡，Ⅱ号变形体及左岸坝顶边坡，水垫塘及雾化区边坡。安全监测主要的仪器设施有多点变位计、平面变形测点、锚杆应力计、锚索(杆)测力计等，布置仪器共计 1 522 支。自 2009 年 3 月工程下闸蓄水至今仪器完好率约为 80.6%，其中消能区边坡监测仪器共有 353 支，因受前期施工、冬季结冰等因素影响，现有 284 支内观仪器无测值，完好率约为 19.5%。两岸高边坡监测项目均按规范要求和设计要求进行。2013 年电站大坝安全监测自动化系统建成，纳入了两岸高边坡监测仪器。

5 两岸高边坡安全检查及分析

5.1 检查目的与内容

拉西瓦水电站坝址区两岸高边坡问题一直是工程勘察、设计、建设、运行管理者们重点关心的工程问题之一。由于边坡范围大，局部小方量的不稳定结构块体在特殊工况条件下，仍然存在失稳的风险。2016 年 9 月下旬，黄河公司组织电站工程设计、建设、监测、运行等单位有关人员对电站坝址区两岸高边坡开展了安全检查。检查主要内容如下：

(1)边坡中早期确定的不稳定结构体、松动体、倒悬体等不良地质结果体的结构面及周边是否存在有变形、滑动、拉裂等迹象，其上部的锚固措施是否有松动、脱落等现象；

(2)边坡中是否存在有近几年发展、演化及岩体风化后产生的新的微小块体或不稳定体；

(3)边坡冲沟中有无冲刷、塌滑产生的堆积体、塌滑体等；

(4)边坡 SNS 主、被动防护网及喷锚面外表损坏情况；

(5)边坡排水系统工作状况；

(6)表面混凝土衬砌有无剥落、围岩崩塌现象；

(7)锚索头工作是否正常；

(8)根据现场检查实际与施工期、蓄水期高边坡检查原始记录结果进行对比，对高边坡安全监测资料进行分析，形成现场检查报告。

5.2 检查区域范围

对坝址区两岸高边坡进行全面检查，左岸自扎卡沟至下游巧干沟，右岸自鸡冠梁至下游石羊沟，以及坝后的两岸消能区，基本涵盖了坝址区所有边坡，按边坡部位分成四个区域，左、右岸各两个区域(见图 1)，分别进行有针对性的检查。

5.3 检查路线与方法

结合坝址区高边坡检查实际，组织成立了以工程建设、设计、地质勘察、安全监测、运行单位专业人员组成的联合检查组，制定了完善的安全保障措施，分 4 组分别对坝址区高边坡 4 个区域进行检查。检查人员查阅施工期、蓄水期坝址区高边坡检查资料。对坝址区高边坡现场进行检查、记录、拍照。由于两岸高边坡岸坡陡峻，天然状态下，靠有限的交通条件，大部分边坡工作人员很难到达，本次检查以间接方法为主：

(1)借助安全绳、主动防护网、部分钢爬梯等攀爬设施，进行实地查勘；

图1　拉西瓦水电站坝址区两岸高边坡检查分区图

(2)长焦距数码相机拍摄照片分析;

(3)用望远镜观察部分块体边界条件。

上述工作方法虽存在一定的局限性,但结合坝址区两岸高边坡安全监测资料,基本可以做到尽可能全面、准确地分析掌握边坡目前各部位运行变化的情况。

5.4　检查结果

总体来看,本次检查区域范围内边坡未见异常,边坡 SNS 主动与被动防护网及喷锚面外表正常,右岸出线站建筑物与后边坡之间以及出线站顶部未发现落石和掉块。但边坡个别部位存在隐患,两岸边坡交通栈桥钢爬梯普遍生锈,在后期边坡巡视和平时监测人员通行中存在安全隐患,需进行养护和加固处理。

5.5　安全监测资料分析成果

从现有坝址区两岸高边坡安全监测资料分析成果看,两岸边坡除个别测点应力较大外,其余测点应力基本在 ±100 MPa 之间,左右岸边坡表部位移未发现趋势性变形。边坡变位主要为岩体表部卸荷引起,并且已基本趋于稳定,没有整体变形情况。目前,消能区边坡仪器无测值或测值不稳的测点较多,完好率仅为 19.5%,需要对左右岸边坡内观仪器进行排查、鉴定,及时更换和维修已损坏仪器设备。

6　安全检查及评价主要结论

(1)拉西瓦水电站坝址区两岸高边坡在水库正常蓄水位以上高度还有 450 余米,地形陡峻,经过了前期多阶段的综合勘测研究,工作是充分的,深度和广度满足各阶段高边坡处理的设计需要;除Ⅱ号变形体外,建筑物区其他部位高边坡整体是稳定的;前期工作中提出的不良地质体也均进行了不同程度的支护和挡防处理,基本满足设计要求。本次检查围绕前期结果进行有针对性的对比检查,边坡中存在的相对较大规模的不良地质体的结构面及上部的支护及周边的支护中未发现有新的滑移或拉裂等破坏迹象,同时结合两岸高边坡安全监测成果分析,也未发现异常变化或位移变化,表明电站坝址区两岸高边坡整体稳定。

(2)拉西瓦水电站坝址区两岸边坡高陡,对浅表层潜在不稳定体,处理措施上不可能采用完全挖除卸荷松动岩体的方法,采用表层清坡,局部浅层削坡,挂网喷混凝土,局部锚固、挡护的处理方案是切合地质实际、易行而又较为有效的方案,但局部较小范围内仍存在有潜在的滑移面或不稳定结构块体,在后期的运行过程中仍需要不断巡视检查,发现问题及时进行处理。高陡边坡中有一定深度的卸荷带,加之后期风化、冻胀等作用,从而引起边坡中不稳定体类型多样,主要有表层松动体、松散堆积体、滑坡残体、坡面危石、结构块体等,两岸高边坡仍需要定期进行安全监测。

(3)左岸坝肩下游的Ⅱ号变形体前期具重力蠕滑迹象,在本次的检查过程中未发现任何新近变形、拉裂迹象,监测资料中也未发现明显变形,监测值均在正常范围内,在后期需继续加强表部和内部检查,同时定期进行外部边坡检查、巡视。

7 结 语

拉西瓦水电站自2009年投产运行以来,坝址区两岸高边坡虽未发生较大块体失稳破坏,但由于边坡范围大,不良地质体较多,局部小方量的不稳定结构块体在特殊工况条件下存在失稳的风险,定期开展两岸高边坡安全检查十分必要。电站坝址区两岸边坡高陡,每次的边坡检查危险性较大、工作量大,且存在一定局限性。建议探索采用无人机检查方式或三维合成孔径雷达检查方式,替代或补充人为实地查勘检查存在的不足。通过仪器与人工巡视检查比较分析,更为全面、完整地分析掌握电站坝址区两岸高边坡运行变化情况,最大限度降低安全风险,发现异常,及时采取措施。

参考文献

[1] 黄河拉西瓦水电站枢纽工程蓄水安全鉴定报告(水库蓄水位2 420 m报告)[R].中国水电工程顾问集团公司,2009,12.

[2] 姚栓喜,白兴平,等. 拉西瓦特高坝设计与初期运行[C]//贾金生,谢小平,等.中国大坝工程学会2016年学术年会论文集.郑州:黄河水利出版社,2016:20-21.

[3] 万宗礼,刘昌,等. 水电站工程滑坡及特殊边坡研究[M].北京:中国水利水电出版社,2012:439-441.

[4] 中华人民共和国国务院.地质灾害防治条例[S].2003-11-24.

前坪水库工程溃坝风险分析研究

王　兵[1]　董振锋[1]　纪林强[1]　皇甫泽华[2]

（1.河南省水利勘测设计研究有限公司，郑州　450016；
2.河南省前坪水库建设管理局，郑州　450002）

摘　要　针对水库大坝在施工期、运行期可能遭遇超标准洪水，导致大坝漫顶冲蚀溃决的问题，根据溃坝洪水计算原理及常用计算方法，结合水库工程实际情况，选用合适的计算公式，求得溃坝洪水各项指标，并将洪水演进至下游，初步确定溃坝洪水影响范围，提出应对措施。

关键词　前坪水库；溃坝洪水；洪水演进；风险；研究

1　工程概况

前坪水库位于淮河流域沙颍河支流北汝河上游、河南省洛阳市汝阳县县城以西 9 km 的前坪村，水库是以防洪为主，结合灌溉、供水，兼顾发电的大（2）型水库，水库总库容 5.84 亿 m^3，控制流域面积 1 325 km^2。前坪水库主要建筑物有主坝、副坝、溢洪道、泄洪洞和输水洞，大坝采用黏土心墙砂砾（卵）石坝，坝顶长 818.0 m，最大坝高 90.3 m。

2018 年汛前前坪水库主坝上游围堰填筑至 374.4 m，完成围堰土工膜及防护工程、高喷灌浆施工；坝体填筑至 374.0 m 高程；导流洞、泄洪洞具备通水条件，汛期可进行泄洪。

2　溃坝洪水计算方法

河南省"75·8"板桥、石漫滩水库溃坝以后，结合实测资料，曾经用多种方法计算溃坝洪水，最后采用数据与根据实测溃坝宽度用修正的圣维南公式计算成果比较接近。本次根据 2018 年汛前施工形象面貌，进行溃坝洪水模拟及演进计算。

2.1　溃口宽度计算

土坝溃坝决口长度 b 值，根据黄河水利委员会水利科学研究所实际资料分析求得的计算公式为[1]

$$b = k(W^{1/2}B^{1/2}H)^{1/2}$$

式中：b 为溃坝决口平均宽度，m；W 为溃坝时蓄水量，万 m^3；B 为溃坝时沿坝前水面宽度或坝顶长度，m；H 为溃坝时水头或溃坝时坝前水深，m；k 为与坝体土质有关的系数，对黏土 k 值约为 0.65，壤土 k 值约为 1.3，本次取 0.7。

2.2　洪峰流量计算

坝址断面溃坝最大流量采用瞬时横向局部溃坝公式[2]

作者简介：王兵（1983—），男，硕士，工程师，主要从事水文、规划工作。E-mail：673571712@qq.com。

$$Q_m = \frac{8}{27}\sqrt{g}\left(\frac{B}{b}\right)^{\frac{1}{4}} bh^{3/2}$$

式中：Q_m 为坝址断面溃坝最大流量，m^3/s；B 为坝顶长度，m；b 为坝体溃决口门平均宽度，m；h 为坝前水深，m；g 为重力加速度，等于 9.81 m/s^2。

2.3 溃口形成时间

土石坝溃坝时间及形式具有很大的偶然性和突发性，情况较为复杂，国内外大多通过物理模型试验以得到较为合理可靠的结果。通过查阅相关文献，本次采用中国水利水电科学研究院防洪减灾所隆文非、黄金池等有关文献中的预测公式进行溃坝时间初步估算[3]：

$$t_f = 0.02h_w + 0.25$$

式中：h_w 为溃口水深，m；t_f 为溃口形成时间，h。

2.4 溃坝下游流量

溃坝波为单波，峰形尖瘦，向下游演进时，水流漫滩，沿程受到滩地、河槽调蓄，流速减小，流量过程线尖峰部分很快坦化。溃坝下游流量的计算采用《水力计算手册》中的推荐方法：

$$Q_{LM} = \frac{W}{\frac{W}{Q_M} + \frac{L}{VK}}$$

式中：Q_{LM} 为当溃坝最大流量演进至距坝址为 L 处时，在该处出现的最大流量（m^3/s）；Q_M 为坝址断面溃坝最大流量（m^3/s）；L 为距坝址的距离，m；W 为溃坝后下泄的水量体积，即水库总库容，m^3；V 为河道大洪水断面平均流速，采用紫罗山“82 · 8”洪水实测最大值 3.5～5.0 m/s；K 为经验系数，山区 $K=1.1\sim1.5$，半山区 $K=1.0$，平原区 $K=0.8\sim0.9$。

黄河水利委员会水利科学研究所根据实际资料分析认为上式中的 VK 值应取下列数值：山区河道，$VK=7.15$；半山区河道，$VK=4.76$。

2.5 传播时间及流量过程

（1）洪水起涨时间计算公式[3]

$$t_1 = K_1 \frac{L^{1.75}(10 - h_0)^{1.3}}{W^{0.2} H_0^{0.35}}$$

式中：L 为距坝址距离，m；H_0 为坝上游水深，m；W 为可泄库容（可泄总水量，m^3）；h_0 为溃坝洪水到达前下游计算断面平均水深，m；K_1 为系数，等于 $0.65\times10^{-3}\sim0.75\times10^{-3}$，取平均数为 0.70×10^{-3}；t_1 为洪水起涨时间，s。

（2）最大流量到达时间计算公式

$$t_2 = K_2 \frac{L^{1.4}}{W^{0.2} H_0^{0.5} h_M^{0.25}}$$

式中：K_2 为系数，等于 0.8～1.2；本次取 1.0；h_M 为最大流量时的平均水深；t_2 为最大流量到达时间，s。

（3）溃坝下游流量过程线

将流量过程概化为三角形：

$$t_3 = \frac{2W}{Q_{LM}} + t_1$$

式中：Q_{LM}为计算断面处最大流量；W 为下泄总水量。

3　溃坝洪水计算成果

根据前坪水库大坝工程实际情况，在各种溃坝洪水形式中，以发生超过大坝设计标准的洪水漫顶冲蚀导致溃坝的可能性较大，情况较恶劣，影响范围较大。

2018 年汛期导流洞、泄洪洞参与泄洪，经计算，当大坝遭遇 20 年一遇洪水时，坝前水位 372.6 m。根据施工进度安排，考虑波浪爬高及安全超高，汛前大坝整体填筑高程为 374.0 m，可满足 20 年一遇防洪要求。

考虑现状围堰顶建有高约 0.6 m 的临时挡水断面，本次计算，当坝前水位超过 375.0 m 时即按溃坝计算。

3.1　溃坝流量及溃口宽度

根据前坪水库计算工况，采用溃坝洪水计算公式进行计算，溃坝流量及溃口规模计算结果详见表 1。

表 1　溃坝分析成果

工况	堰前水位(m)	溃坝最大流量(m^3/s)	溃口宽度(m)
超 20 年一遇水位溃坝	375.0	43 047	215

当库水位超堰顶高程 375.0 m 时，相应库容约 8 840 万 m^3，坝前水深 35 m，若此时发生溃坝，以此为基础进行洪水演进计算。经溃坝洪水计算，平均口门宽度 215 m，溃坝坝址洪水最大流量为 41 241 m^3/s，考虑导流洞、泄洪洞等下泄流量 1 806 m^3/s，则坝下河道流量合计为 43 047 m^3/s。

3.2　溃坝历时估算

北汝河现状堤防防洪标准约为 10 年一遇，当发生溃坝时，若要满足下游防洪要求，水库安全下泄流量约为 2 400 m^3/s。

根据汛前工程面貌形象，当坝前水位达到 375.0 m 时，本次即按溃坝考虑。经初步计算，当溃口宽度达到 70 m，溃口高度为 6 m 时，溃坝流量约为 900 m^3/s，溃口形成历时 0.35 h。考虑泄洪设施下泄流量 1 550 m^3/s，总下泄流量约为 2 450 m^3/s，基本满足下游防洪要求。

经初步计算，当遭遇 30 年一遇洪水时，水位由 372.6 m 抬升至 375 m 需 1.67 h；若遭遇 50 年一遇洪水，水位抬升至 375 m 需 1.05 h；若遭遇 100 年一遇洪水，水位抬升至 375 m 需 0.75 h。

综上所述，从坝前水位达到 372.6 m 起至下泄流量达到安全泄量总时间为 1.1 ~ 2.0 h。

3.3　下游溃坝流量及过程

前坪水库主坝 2018 年汛期遭遇超标准洪水溃坝计算成果见表 2，流量、高水位、传播时间沿程分布情况见图 1 ~ 图 3。

表2　下游溃坝洪水流量及水位计算成果

河流	桩号	距坝里程(km)	洪峰流量(m^3/s)	高水位(m)	建议转移高程(m)	起涨时间(h)
北汝河	0+000	0	43 047	375.00		0.000
	0+500	0.5	41 635	359.32	361.32	0.002
	1+000	1	40 314	349.68	351.68	0.005
	1+500	1.5	39 075	346.71	348.71	0.010
	2+000	2	37 910	346.20	348.20	0.017
	2+500	2.5	36 814	345.84	347.84	0.022
	3+000	3	35 780	344.22	346.22	0.030
	3+500	3.5	34 803	342.41	344.41	0.041
	4+000	4	33 879	339.29	341.29	0.050
	4+500	4.5	33 003	336.26	338.26	0.062
	5+000	5	32 172	334.98	336.98	0.082
	5+500	5.5	31 382	334.07	336.07	0.097
	6+000	6	30 631	331.96	333.96	0.112
	6+500	6.5	29 916	329.68	331.68	0.118
	7+000	7	29 234	327.17	329.17	0.150
	7+500	7.5	28 582	326.57	328.57	0.151
	8+000	8	27 960	325.61	327.61	0.177
	8+500	8.5	27 365	322.31	324.31	0.184
	9+000	9	26 796	320.73	322.73	0.219
	9+500	9.5	26 250	317.45	319.45	0.239
	10+000	10	25 726	315.83	317.83	0.274
	10+500	10.5	25 224	315.39	317.39	0.300
	11+000	11	24 741	314.63	316.63	0.322
	11+500	11.5	24 277	314.10	316.10	0.330
	12+000	12	23 831	313.80	315.80	0.344
	12+500	12.5	23 401	313.14	315.14	0.382
	13+000	13	22 987	312.47	314.47	0.393
	13+500	13.5	22 588	308.72	310.72	0.395
	14+000	14	22 203	306.26	308.26	0.410
	14+500	14.5	21832	304.44	306.44	0.445
	15+000	15	21 473	303.55	305.55	0.491
	16+000	16	20 252	302.52	304.52	0.493
	17+000	17	18 972	295.24	296.24	0.632
	18+000	18	17 707	289.33	290.33	0.645
	19+000	19	16 637	287.22	288.22	0.803
	20+000	20	15 222	284.21	285.21	0.906
	21+000	21	13 923	278.33	279.33	0.958
	22+000	22	13 505	276.30	277.30	0.996
	23+000	23	13 113	273.32	274.32	1.047
	⋮	⋮	⋮	⋮	⋮	⋮
	64+000	64	6 467	163.53	164.53	6.002
	65+000	65	6 403	158.63	159.63	6.015
	66+000	66	6 341	156.65	157.65	6.153
	67+000	67	6280	154.46	155.46	6.324

续表 2

河流	桩号	距坝里程 (km)	洪峰流量 (m^3/s)	高水位 (m)	建议转移高程 (m)	起涨时间 (h)
北汝河	68 +000	68	6 222	153.64	154.64	6.369
	69 +000	69	6 165	151.85	152.85	6.473
	70 +000	70	6 110	150.70	151.70	6.539
	71 +000	71	6 056	147.45	148.45	6.686
	72 +000	72	6 005	145.91	146.91	6.794
	73 +000	73	5 954	145.52	146.52	6.902
	74 +000	74	5 906	144.52	145.52	6.970
	75 +000	75	5 858	139.68	140.68	7.169
	76 +000	76	5 812	138.78	139.78	7.260
	77 +000	77	5 768	137.97	138.97	7.366
	78 +000	78	5 725	137.28	138.28	7.396
	79 +000	79	5 682	134.39	135.39	7.537
	80 +000	80	5 642	132.95	133.95	7.652
	81 +000	81	5 602	130.31	131.31	7.754
	82 +000	82	5 563	125.74	126.74	7.908
	83 +000	83	5 526	124.00	125.00	8.176
	84 +000	84	5 487	122.72	123.72	8.263
	84 +600	84.6	5 459	121.41	122.41	8.338
	85 +000	85	5 440	120.38	121.38	8.393
	86 +000	86	5 393	119.14	120.14	8.566

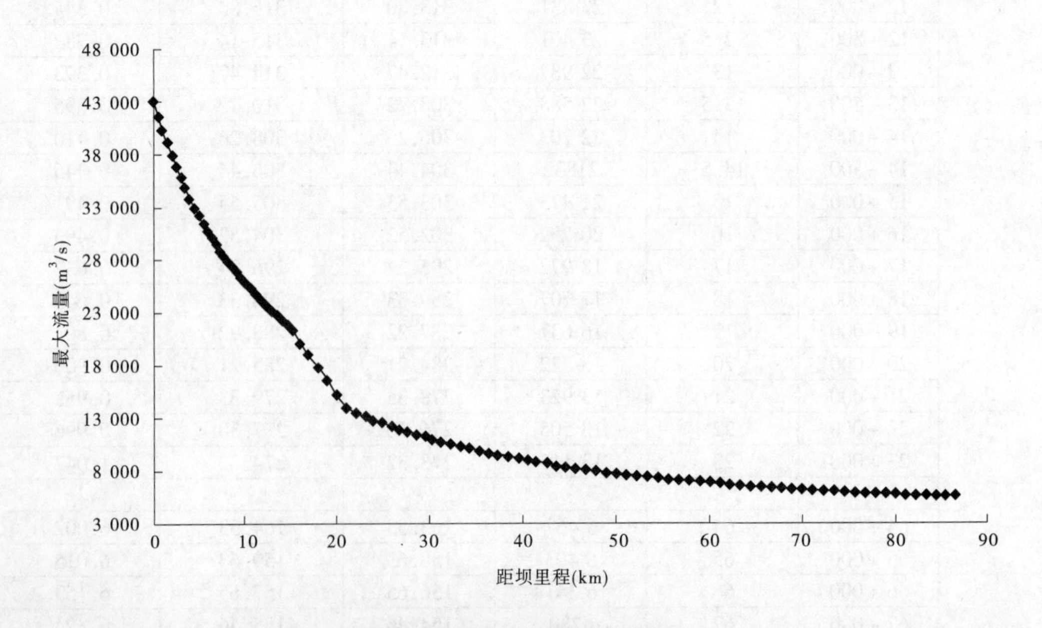

图 1　溃坝最大流量沿程分布线

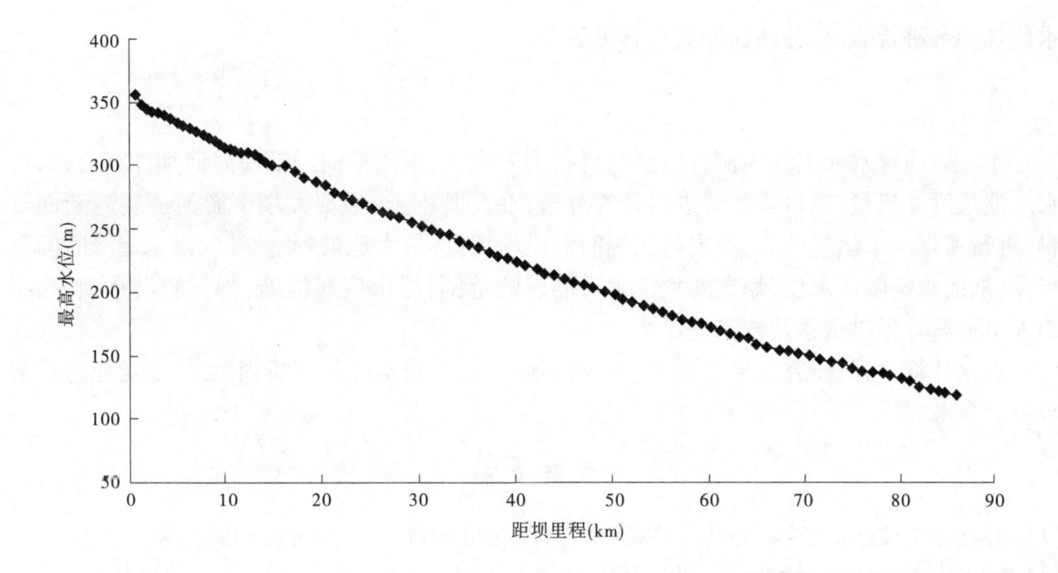

图2 溃坝洪水沿程最高水位过程线

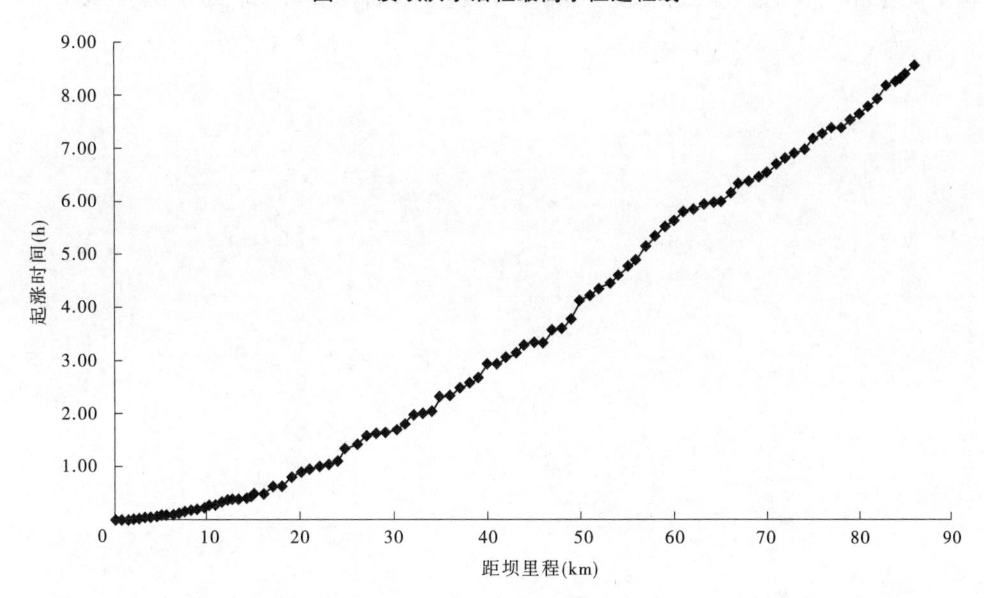

图3 溃坝洪水沿程起涨时间过程线

4 围堰溃决洪水对下游的影响

根据溃坝洪水流量及演进计算,前坪水库主坝围堰2018年汛期遭遇超标准洪水时,溃坝洪水下游淹没区的范围从坝址沿北汝河向下游延伸至赵庄乡、渣园乡之间(南水北调中线左岸),沿途涉及上店镇、汝阳县、汝州市等地区。主要淹没区在北汝河两岸,受灾面积约378 km^2。

本次淹没影响区包括山丘区、平原区及过渡区,地形情况复杂,河道曲折,部分计算断面局部出现重叠交叉,计算得到的水位只能反映平均水位。出山口后两岸滩地受横向流影响,两岸边缘部位水位会有一定起伏,实施人员撤离时应考虑适当扩大范围,建议各控制断面高水位加超高进行撤离，各断面撤离高程见表 2。

5　结　论

本文以前坪水库工程为例，经比较分析，为安全计，采用横向局部瞬时溃坝计算公式，对水库溃坝洪峰流量、溃口宽度等进行计算分析；在此基础上，根据大坝下游河道实测断面资料，进行溃坝洪水演进计算，得出各控制断面洪峰流量、最大流量到达时间、洪水起涨时间等指标，从而确定断面水位，划定溃坝洪水可能影响范围，提出应对措施，为下游洪水预警、组织人员撤离等提供依据及技术支撑。

本次计算过程、研究成果及结论，可为其他已建、在建水库计算溃坝洪水，制定应急预案等提供参考。

参考文献

[1] 黄河水利委员会水利科学研究所. 溃坝水流计算方法初步探讨[J]. 科研成果选编，1997(1).
[2] Rouse H. Engineering Hydraulics[M]. 1949.
[3] 隆文非，张新华，黄金池. 全民水库溃坝洪水预测分析[J]. 水利建设与管理，2007(9)：61-630.

涉水基础设施综合灾害管理平台

Dong – Hoon Shin, Jin – Kwang Lee, Ki – Young Kim

（韩国水资源公社（K – water）基础设施安全研究中心，韩国大田　34045）

摘　要　根据亚洲减灾中心（ADRC,2016）提供的 1987 ~ 2016 年自然灾害统计数据，水（如洪水和暴雨）引发的灾害为第一大灾害，其发生次数、死亡人数、受灾人数和经济损失的占比分别达到了 70.9%、78.9%、84.5% 和 38.7%，而韩国的灾害变化趋势与之相同。在此背景下，各国灾害管理工作的重点自然都集中在应对洪灾、雨灾和震灾而非其他类型的灾害上。因此，本研究提出了一个涉水基础设施灾害管理平台（WINS⁺）。WINS⁺ 可以提供灾害管理全过程所需的多种功能，即预防—准备—响应—恢复、实时安全评估、损失信息传送以及通过单一平台为受损涉水基础设施提供应急恢复行动。本灾害管理平台是基于《联合国减灾风险行动计划：可持续发展的风险指引和综合方法》的理念而建，预计其应用将有助于提高城市和涉水基础设施本身的复原力。

关键词　安全管理；涉水基础设施；灾害；平台；水坝

1　引　言

《大韩民国宪法》第三十四条明确规定了国民应享有的基本权利和国家应承担的责任："所有国民人人享有人类生活的权利""国家应尽力防灾并保护国民不受灾"。

由此可以看出，国家为建立更好的灾害管理系统所付出的努力对于保护国民免受灾害至关重要。

为了建立更好的灾害管理系统，我们需要确定以何种灾害为主，以及灾害管理中使用何种新方法和新技术。对于前一个问题，查阅相关灾害统计数据即可。而对于后一个问题，联合国国际减灾战略署（UNISDR,2017）近期修订发布的减灾计划——《联合国减灾风险行动计划：可持续发展风险指引和综合方法》，将指引我们获得一个先进的灾害管理框架。

首先，根据亚洲减灾中心（ADRC,2016）提供的 1987 ~ 2016 年自然灾害统计数据，2016 年全球发生了 350 起自然灾害，造成 10 273 人死亡，2.04 亿人受灾。据估算，总经济损失接近 1 474 亿美元。从地区分布来看，亚洲在灾害发生次数（45.1%）、死亡人数（50.5%）和经济损失（49.5%）三大指标方面排名最高。从灾害类型来看，水（洪水和暴雨）引发的灾害为第一大灾害，其发生次数、死亡人数、受灾人数和经济损失的占比分别达到了 70.9%、78.9%、84.5% 和 38.7%。第二大灾害是震灾，震灾也会造成大量的人员伤亡和巨大的财产损失，如图 1 所示。亚洲的灾害趋势与韩国的相同。

在此背景下，鉴于自然灾害具有这种趋势性，各国灾害管理工作的重点自然都集中在应对洪灾、雨灾和震灾而非其他类型的灾害上。

其次，正如联合国秘书长所说，"对可持续发展的所有投资应该进行风险指引"，相信通过升级国家灾害管理系统（NDMS），韩国将有望实现联合国最新修订发布的《减灾行动计划》中提出的核心目标，而在此行动计划中就强调了在可持续发展中应采用一种风险指引和综合性方法。

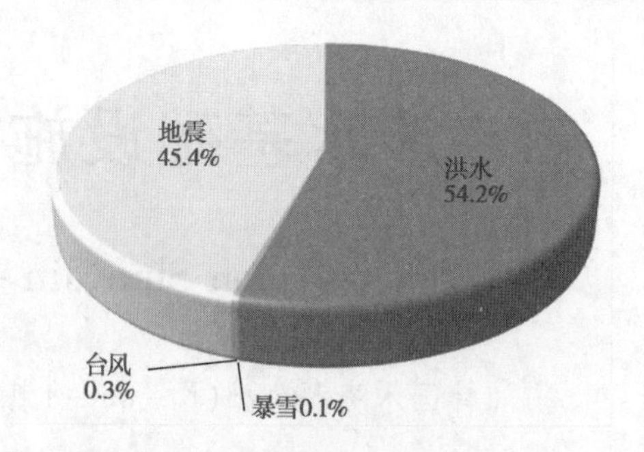

图1　韩国2017年受自然灾害影响分布图（韩国内政和安全部，2018）

为了使韩国的灾害管理工作更加高效并实现信息化，到2020年，韩国将通过实施“公共安全长期演进”项目（PS－LTE），使现有NDMS的信息和通信系统能力得以提升。此外，28个灾害管理相关的系统被纳入3个基于全球云系统的灾害管理门户网站（政府灾害管理、移动灾害管理和公民灾害管理），意在通过政府各部门官员之间实现实时共享信息来缩短响应时间、改善便捷性，并提高运行可靠性（MOIS，2018）。

然而，尽管通过NDMS等灾害管理系统可以相对充分地获得有关灾害本身的信息，但由于有关重要基础设施的安全信息缺失，因此需要建立新的灾害管理系统。特别是，尽管国有河流沿河布置兴建了许多基础设施，但是这些基础设施（如水坝、堤防、桥梁、挡水墙、边坡和堰）并未建立灾害管理系统。

因此，本研究针对涉水基础设施建立了一个灾害管理平台。该灾害管理平台是基于《联合国减灾风险行动计划：可持续发展风险指引和综合方法》的理念而建，预计其应用将有助于提高城市和涉水基础设施本身的复原力。

2　涉水基础设施综合安全管理平台－WINS$^+$

2.1　WINS$^+$概述

本研究开发的综合安全管理平台名叫“WINS$^+$”（见图2），旨在提高韩国应对水引发的灾害（如洪灾和震害）的灾害管理能力，促进中央和地方政府在灾害响应过程中的配合与协作，确保响应及时、灾后复建。

图2　受洪水和地震影响的涉水基础设施示意图

图2所示为因管理机构和基础设施在地理位置和依法管理方面的复杂性和多样性而引

起的一种极为复杂的灾害管理情况。如,虽然许多重要的基础设施(如水坝、堰、桥梁和堤防)将城市与城市连接了起来,但是一旦发生灾害,负责维护和灾害管理的主管部门各不相同。因此,主管部门或利益相关方之间的责任往往相互冲突。而这也正是我们建立综合灾害管理平台的其中一个重要原因,通过该平台可以避免灾害管理中出现的冲突和低效问题。

WINS⁺主要包含以下几个模块:

· **RSEE**(实时安全评估系统):实时提供涉水基础设施的安全信息,以及建筑物随负荷变化而可能产生的安全变化的信息。

· **DRiMSS**(灾害风险管理支持系统):提供灾区(包括 EAP)灾害信息,以便在 30 min 内快速做出决策。

· **FMRES**(设施智能恢复专家系统):通过基于无人机的视频采集系统在 3 h 内制订应急恢复方案,加快响应速度和恢复速度。

· **MP2P**(多方向 P2P 通信系统):通过多方向 P2P 通信系统支持和记录应根据标准操作规程(SOP)执行的所有响应活动。

WINS⁺活动及数据流程如图 3 所示。

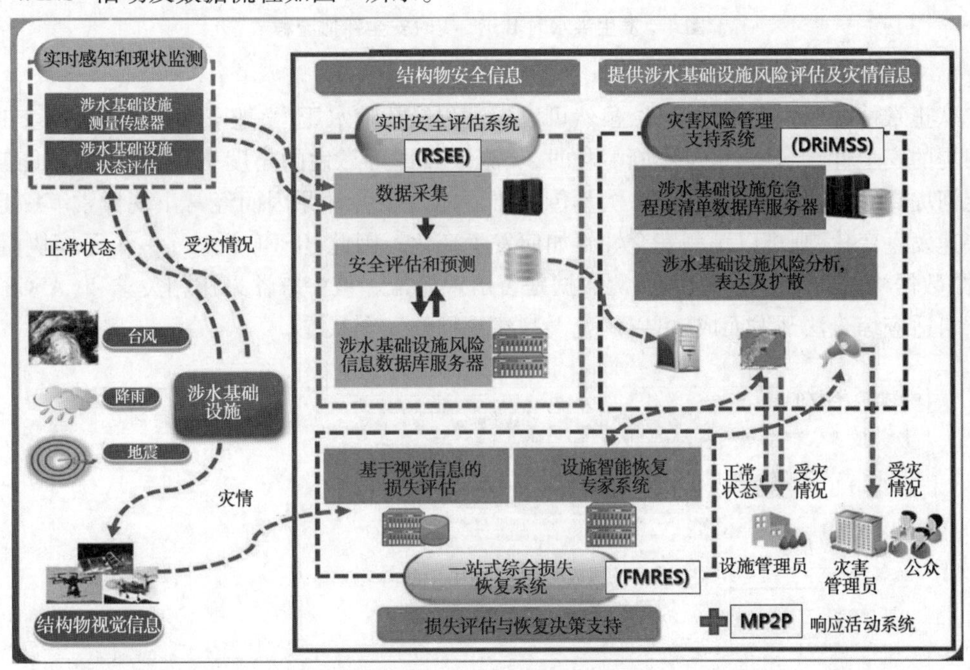

图 3 WINS⁺活动及数据流程

2.2 实时安全评估系统(RSEE)

沿国有河流或地方河流兴建的涉水基础设施是国家的重要基础设施,一旦发生洪水或地震等灾害,必须能够快速而准确地评估建筑物的安全性,以便灾害响应做到先发制人。

本研究提出了一种"涉水建筑物实时安全评估方法",可实时识别河堤安全信息,抢先有效应对灾情,并在韩国多个试验场所验证了该方法的适用性。

对于河堤而言,河堤实时安全评估方法是基于以下两个系统(见图 4)提出的:①基于仪器的实时监测系统;②基于使用数值分析结果获得的易损性曲线的河堤安全评估数据库系统。

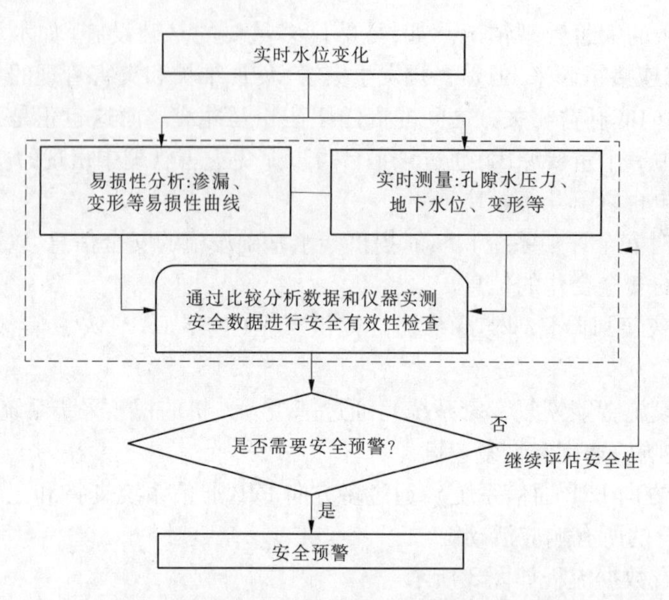

图 4　发生洪水时 RSEE 实时安全评估流程

2.2.1　实时监测

从正常情况到发生洪水事件,虽然可以通过测量孔隙水压力、地下水位和坡度来实时监测河堤的安全性,但是当水位不断变化时,从测量数据可靠性的角度来看,我们并不能轻易确定河堤到底有多安全。实际上,测量传感器可能由于各种原因而经常出现异常。一旦灾情快速发生变化,则难以预测安全性将如何发生变化。因此,RSEE 设计了一个子模块(图 5 中的“数据检查器”),用于检查实测数据是否出现异常。该检查器采用相关求和(ASCS)法基于自适应综合法开发而成,可以避免误判建筑物的安全状况。

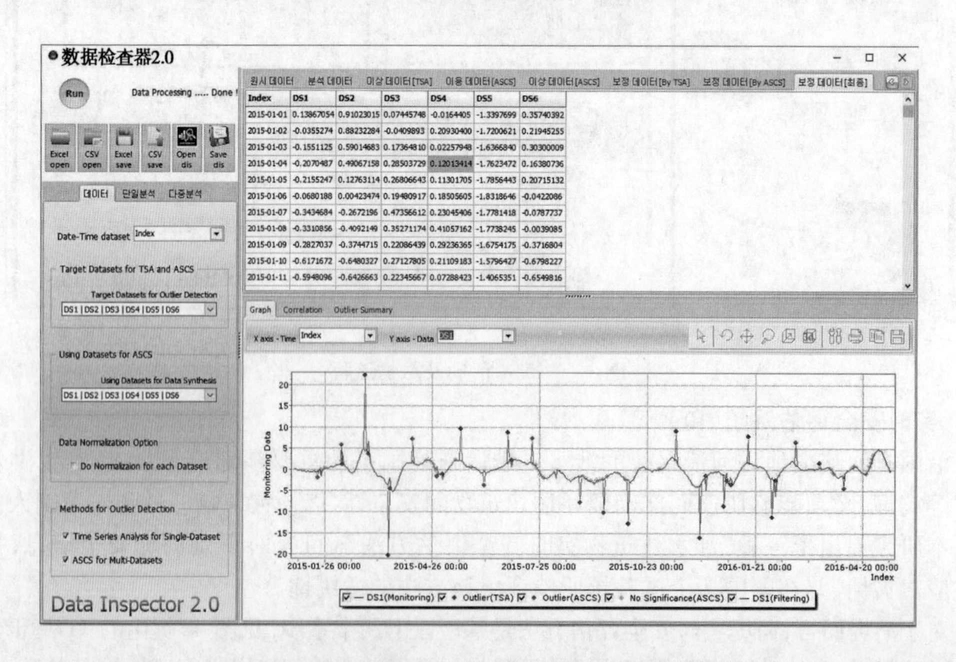

图 5　数据检查器: RSEE 检查异常数据的子模块

2.2.2 检查建筑物性能的易损性分析

本研究使用易损性曲线来展示河堤、水坝和堰等涉水基础设施的安全状况,而易损性曲线反映了防洪性能(如失事概率)随水位的变化而变化的情况,如图6、图7所示。

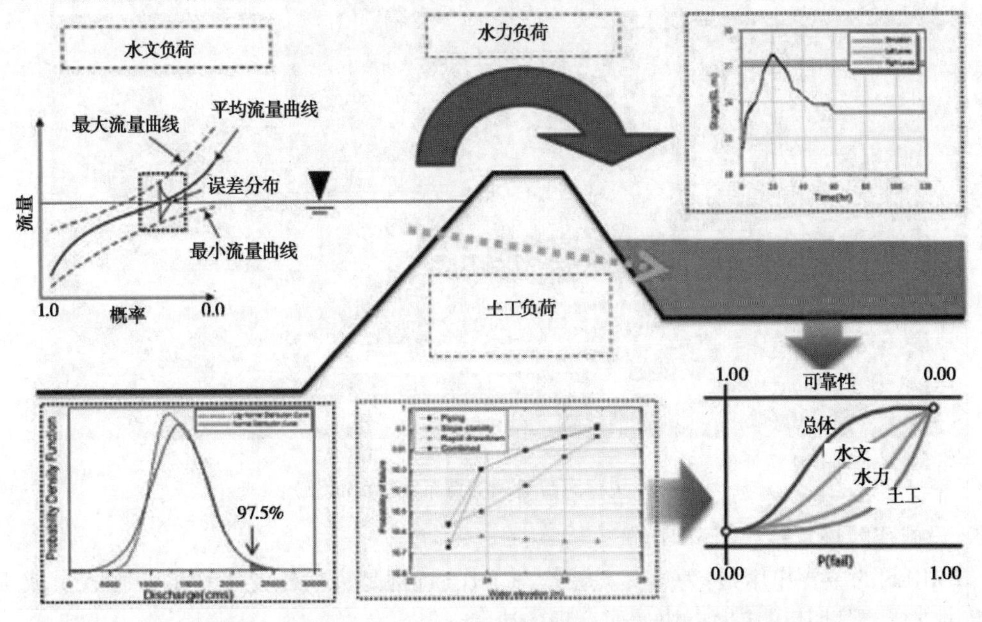

图6 涉水基础设施易损性分析示意图(Nam 等,2017 年)

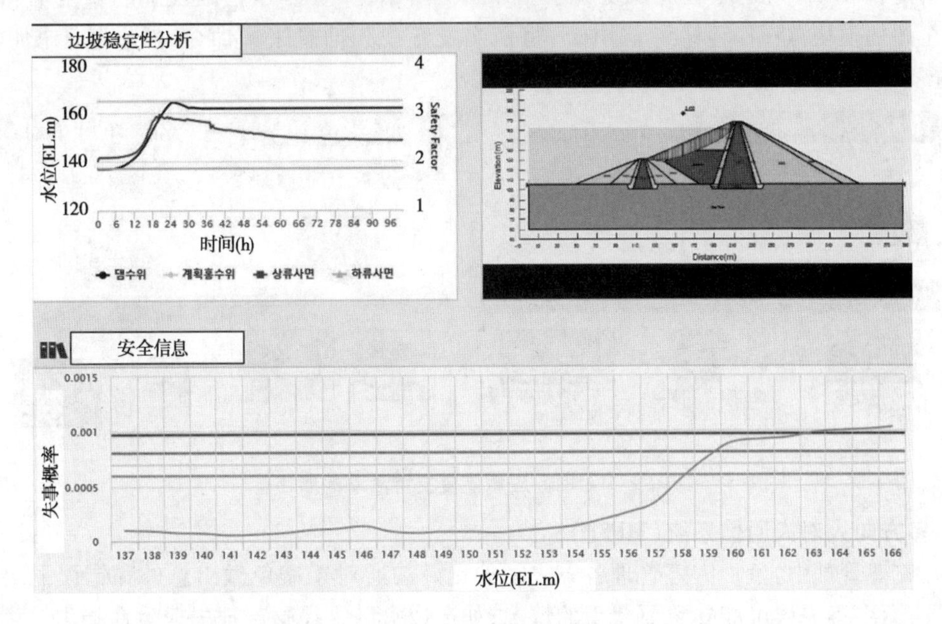

图7 用 RSEE 进行水坝安全检查示例

2.3 灾害风险管理支持系统(DRiMSS)

发生灾害时,最为重要的是能够及时、准确地做出灾害响应决策。DRiMSS 通过量化风险等级、危急程度和损失程度,以及灾区灾害信息的可视化展现,为及时、准确的灾害响应决策提供了一种可行的方法。DRiMSS 能够使我们在启动风险评估计算后 30 min 内获得灾区的风险信息(见图 8)。

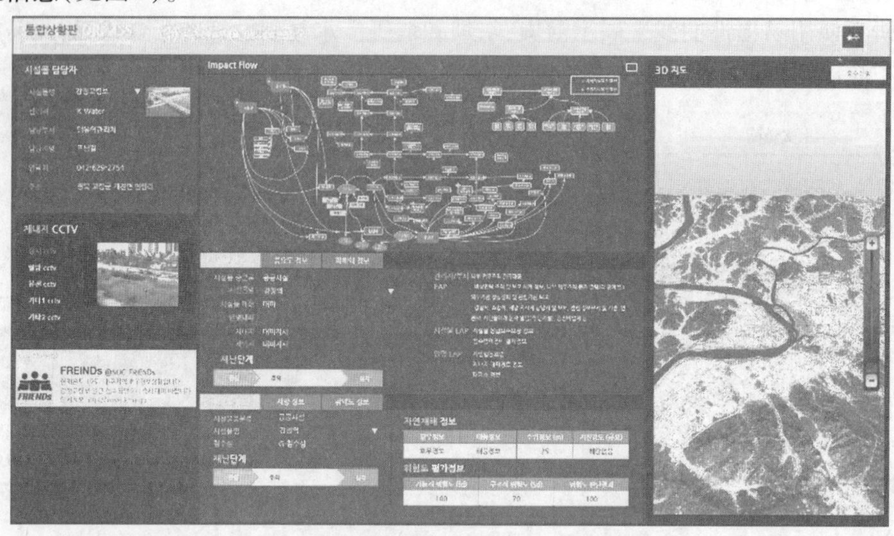

图 8　灾害风险管理支持系统(DRiMSS)

2.4　设施智能恢复系统(FMRES)

FMRES 的主要作用是:为负责灾害管理工作,特别是灾后恢复工作的工作人员或工程师提供支持,帮助其尽快做出快速而合理的决策。

为此,FMRES 规定了智能恢复顺序。如图 9 所示,一旦涉水基础设施的安全信息从实时安全评估模块 RSEE 转移到 FMRES,将依次发布视频信息采集命令,然后基于视频信息进行多维损失分析,最后执行应急恢复方案。

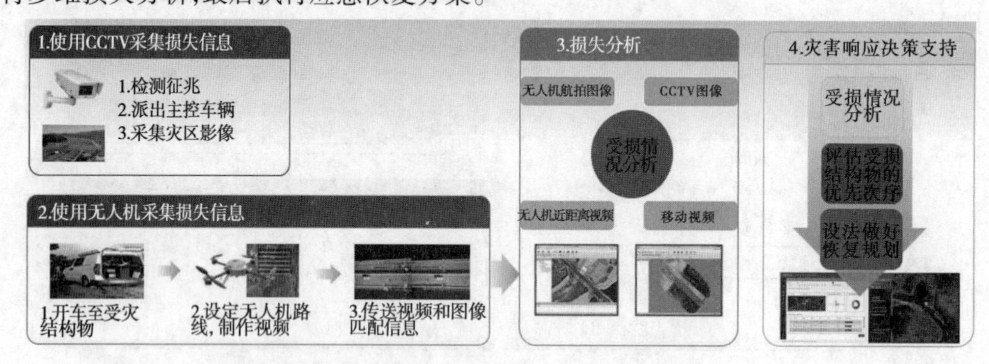

图 9　FMRES 应急恢复支持活动的顺序

2.5　多方向人对人通信系统(MP2P)

在灾害管理中,负责灾害管理各方之间的良好沟通对于避免做出意外和错误的决策至关重要,而决策失误可能导致更严重的情况,如造成灾区人民财产损失或生命损失。为了更好地进行灾害管理,所有响应活动都应根据标准操作规程(SOP)进行,并做好记录,以便从灾害中吸取教训。

在此情况下,我们开发了一个多方向人对人通信系统。该系统不仅能够支持并记录所有响应活动,包括文本、图像、文件、灾害发生历时,而且可以形成灾害响应报告。

图 10 示出了韩国水资源公社(K - water)负责灾害响应的人员(负责维护水坝、堰、堤

防、边坡、桥梁和挡土墙)之间的多方向通信实例。在灾害响应期间,这些人员通过文本、图像、安全信息文件、监测数据和临时恢复报告相互通信。

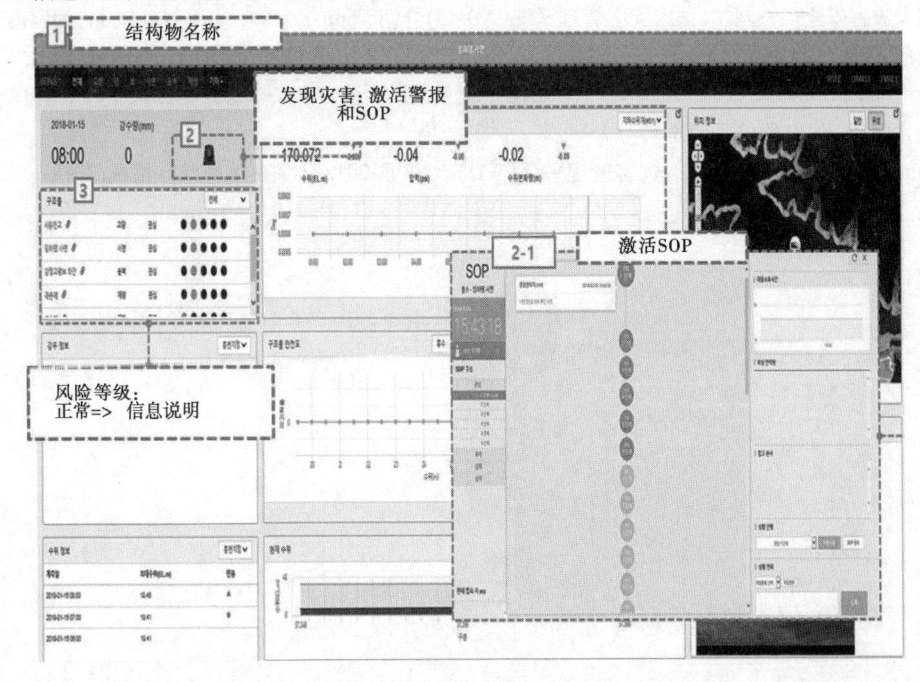

图10 基于SOP支持响应活动的多方向通信系统

3 结 语

考虑到洪水、地震等自然灾害发生频率及其破坏程度地不断增加,本研究提出了一个涉水基础设施综合灾害管理平台(WINS⁺)。

WINS⁺具备灾害管理所需的四大功能:实时检测和传送安全评估信息;共享受损信息;为受损涉水基础设施提供应急恢复行动;多方向人对人通信系统,能够支持和记录所有响应活动,包括文本、图像、文件、灾害事件发生历时,并形成灾害响应报告。

实际上,根据我们在试验场所进行的一系列灾害管理实践发现,WINS⁺可以在发生洪水或地震事件期间,及时、充分地提供有关涉水基础设施的安全性信息,并在灾害发生期间,通过多方向通信系统共享和记录所有响应活动。

因此,我们可以说,所建灾害管理平台主要遵循了《联合国减灾风险行动计划:可持续发展的风险指引和综合方法》中的理念,因此可以预计,WINS⁺如果使用得当,将有助于提高城市和涉水基础设施的复原力。

致谢:本研究由韩国政府国土、基础设施与交通部(MOLIT)和韩国基础设施技术促进局(KAIA)资助的"智能基础设施研究项目"提供经费支持(18SCIP-B065985-06)。

参考文献

[1] 联合国国际减灾战略署(UNISDR).联合国减灾风险行动计划:可持续发展的风险指引和综合方法.2017.

[2] 亚洲减灾中心. 2016 年自然灾害资料年鉴:分析概述. 2016.
[3] 韩国内政和安全部. 2018 年度韩国内政与安全报告. 2018.
[4] 国家灾害安全门户网站. 国家灾害管理系统(NDMS)介绍, http://www. safekorea. go. kr,韩国内政和安全部,访问日期:2018 年 8 月 10 日 14:00.
[5] Nam M J, Lee J Y, Lee C W, et al. 估算堤防系统多重风险综合水文/水力/土工误差[J]. 韩国水资源协会期刊,2017,50:277-288.
[6] Shin, Dong - Hoon. 采用综合灾害管理平台(WINS+)开展 2018 年灾害响应演练情况. 2018.

某水电站近坝库岸大型滑坡体安全稳定性评价

季法强　马福祥

(中国电建集团西北勘测设计研究院有限公司,西安　710065)

摘　要　亚支寿滑坡位于某水电站大坝上游3.5 km,体积约3 800万m^3,最大拔河高度800余m。滑坡在水库蓄水、暴雨、地震等工况下的安全稳定性对大坝和水库的正常运行有着重要影响,从工程安全计,有必要对该滑坡进行安全稳定性评价,提出整治措施和建议。通过野外调查、测绘、勘探、试验和计算等手段,了解和研究滑坡体的基本形态、变形破坏特征、形成机制和计算参数,通过计算和综合分析,得出了"水库蓄水前,滑坡Ⅰ区的中后部在各种工况下均处于基本稳定状态,中前部在天然工况处于基本稳定状态、在暴雨和地震工况处于极限平衡一不稳定状态;水库蓄水后,滑坡体总体稳定性不受库水影响,Ⅰ区中前部的次级滑体在暴雨、强震等特殊工况下预计最大一次性下滑可能在对岸形成的最大涌浪高度为6.34 m,到坝前的涌浪高度为0.94～1.81 m"的主要结论。根据2013年7月水库蓄水至今的滑坡监测资料来看,上述研究成果准确可靠,为工程安全和竣工验收提供了技术支撑。本区最大震级工况下的滑坡稳定性还有待进一步验证,目前对该滑坡采取的巡视、监测和预警预报等措施仍有必要。

关键词　近坝;大型滑坡体;稳定性评价

0　前　言

某水电站位于金沙江中游河段,为一等大(1)型工程,大坝至上游30 km的河段为中高山峡谷,两岸分布有滑坡、塌滑体、采陷区等不良地质体。近坝库岸段共发育6处滑坡体,其中亚支寿滑坡规模最大,总方量为3 800万m^3,距离大坝3.5 km。由于亚支寿滑坡体积大、距离大坝近、雨季时坡体表部变形明显,从工程安全计,有必要研究和评价该滑坡体在各种工况下的稳定性。

1　地质环境

工程区为高山峡谷地貌,河谷深切呈"V"形,河面高程1 100 m左右,两岸山顶高程2 000～3 000 m;地层主要为侏罗系紫色页岩夹石英砂岩和第四系堆积物;工程区主要构造线总体呈NNW—NW向及NNE—NE向,并构成区内基本构造格架,程海—宾川断裂带、陡坡—普棚(大厂)断裂带为区域性深大断裂,具有规模大、活动时间长和活动时代相对较新的特点,为近场区潜在地震危险性的主要构造,场址50年超越概率10%的地震动峰值加速度值为0.163g,其中陡坡—普棚(大厂)断裂带从亚支寿滑坡上游边界通过。

作者简介:季法强(1979—),男,山东新泰人,高级工程师,硕士,主要从事水利水电勘察工作。E-mail:710018280@qq.com。

工程区属大陆性中亚热带低纬度高原季风气候区，冬半年天气晴朗干燥，降雨少，夏半年汛期雨量多，强度大，多年平均年降水量 729.2 mm，最大日降水量 120.8 mm，多年平均气温为 21.9 ℃，极端最高气温 46.5 ℃，极端最低气温 2.57 ℃。

2 基本地质条件

亚支寿滑坡位于库区左岸，总体呈锤形(图 1)，后缘具有典型的圈椅状滑坡地貌和陡壁，主滑方向为 SW204°，滑坡后缘高程约 2 020 m，前缘最低高程约 1 250 m，高差约 770 m，平均厚度 50 m，体积约3 800 万 m^3。受陡坡—普棚区域断裂影响，滑坡上游河流呈大角度转弯。两岸山体雄厚，左岸拔河高度为 1 200 m，总体坡度 30° ~ 45°，前缘下游侧有Ⅲ级阶地平台，平台最大宽度约 50 m，高程 1 210 ~ 1 230 m；右岸拔河高度为 350 m，总体坡度 40° ~ 60°。

图 1 亚支寿滑坡

亚支寿滑坡区岩体层间挤压带及节理裂隙较发育，区内主要发育有四组结构面，分别为①组 NW340° ~ 345°NE∠60° ~ 68°、②组 NE80° ~ 87°SE∠72° ~ 79°、③组 NE82° ~ 89°SE∠20° ~ 30°和④组 NW273° ~ 280°SE∠35° ~ 42°，其中第②组为陡倾坡外的结构面，第③组为缓倾坡外的结构面。上述结构面的发育为亚支寿滑坡的变形孕育、形成和演化的过程中起到了重要控制作用。

3 滑坡体的边界特征

滑坡后缘具有典型的圈椅状地貌及滑坡陡壁(见图 2)，靠下游侧也有完整基岩构成的滑床陡壁。

滑坡上游侧以冲沟为界，高高程部位冲沟与后缘陡壁下的槽状缓坡相接(见图 2)。冲沟两侧物质成分有明显差异：上游为完整基岩构成的陡立岸坡，产状稳定；下游侧为块碎石土，局部为似层状岩块组成的滑坡体。

滑坡下游侧边界后缘较明显，中下部基本以冲沟为界，边界外侧因沟谷切割形成高陡的岸坡。

滑坡前缘边界不明显，上游一带坡脚部位有滑坡体浅表层塌滑堆积物覆盖，局部有零星岩体出露；下游侧 1 210 m 高程处发育有Ⅲ级阶地，在阶地后缘有坡积块碎石覆盖。结合该段滑坡堆积物、河谷发育特征及蓄水后滑坡稳定情况的综合分析，亚支寿滑坡前缘边界应在 1 250 m 高程左右。

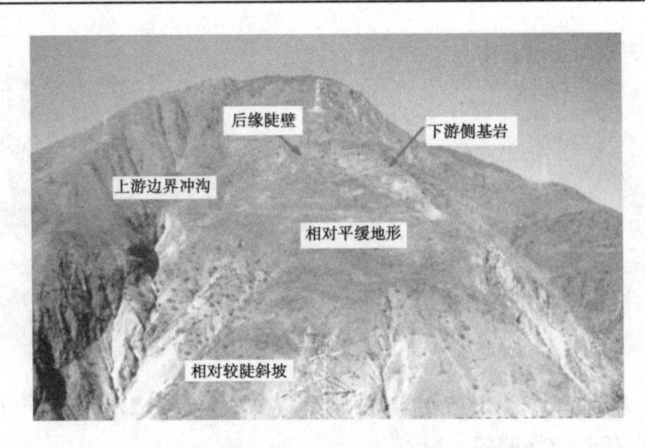

图2　亚支寿滑坡中上部地形地貌特征

4　滑坡分区及结构特征

根据滑坡体的结构、物质组成及变形破坏特征,以2号冲沟(见图3)为界将亚支寿滑坡体分为Ⅰ、Ⅱ两个区,即2号冲沟的上游为Ⅰ区,2号冲沟的下游为Ⅱ区。

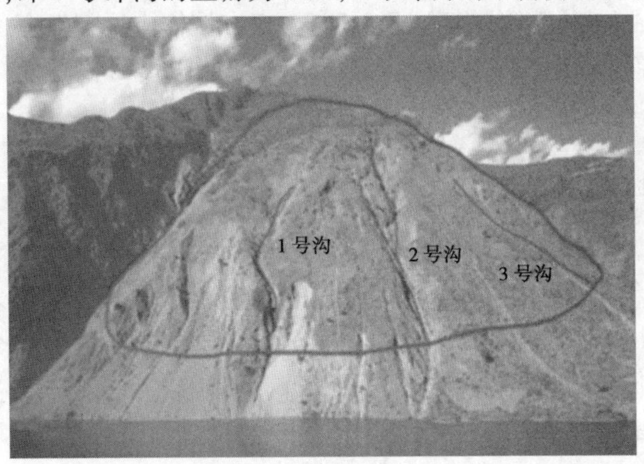

图3　亚支寿滑坡冲沟特征

4.1　滑坡体Ⅰ区的结构特征

Ⅰ区位于滑坡体上游区域,平面形态呈一不规则的长条形,中前部宽约380 m,中后部宽约260 m,纵长约1 650 m,平均厚度约60 m,体积约2 600万m^3。滑坡体物质组成以块碎石为主(见图4),局部有层状的岩块发育(见图5),坡体中前部完整性较差,1 600 m高程以下前缘坡体塌滑拉裂明显,坡体中发育多条连通性好的拉裂缝。

4.2　滑坡体Ⅱ区的结构特征

Ⅱ区位于滑坡体下游区域,平面形态呈下宽、上窄的特征,下部宽约350 m,上部宽约140 m,滑体平均厚度约40 m,估计方量约1 200万m^3。滑坡体表层为碎块石土,坡体内部局部存在似层状岩块。该区坡体变形破坏迹象不明显,仅有少量延伸性短的拉裂缝以及局部塌滑破坏。

5　滑坡体的变形破坏特征

亚支寿滑坡现状条件下的变形破坏主要位于上游Ⅰ区,下游Ⅱ区变形不明显。

图4　1 250 m 高程附近坡表的块碎石土

图5　上游边界部位冲沟的滑体特征

5.1　滑坡体Ⅰ区的变形破坏特征

上游Ⅰ区的变形主要集中在坡体中前部高程 1 600 m 以下，主要表现为坡体中上部一带的拉裂、前缘浅表层的塌滑以及冲沟部位的局部塌滑。Ⅰ区坡体中前部正处于变形过程中，浅表层的稳定性较差，在暴雨情况下易发生一定规模的塌滑破坏。

5.2　滑坡体Ⅱ区的变形破坏特征

与Ⅰ区相比，Ⅱ区坡体变形破坏迹象不明显，仅在坡体中后部发育了局部的错落陡坎或拉裂缝，1 750 m 高程坡体中发育的错落台阶和 1 638 ~ 1 658 m 高程发育的拉裂缝近期均未有新的拉裂、错动等变形迹象，Ⅱ区滑坡整体稳定性好。

6　滑坡的形成机制分析

亚支寿滑坡区岸坡高陡，相对坡高约 1 550 m，天然斜坡坡度约 40°。构成滑坡的基岩岩性为张家河组(J_2^Z)砂质页岩、砂质泥岩夹薄—中厚层状长石石英砂岩，以软硬相间的岩层为主，岩层产状为 NW315° ~ 330°SW∠41° ~ 50°，岩层走向与坡面斜交，滑坡区总体为斜向坡。亚支寿滑坡上游和下游分别发育 F_1、F_{1-1} 两条规模较大的断层，受断层的影响，亚支寿滑坡所在部位岩体相对较破碎。此外，岩体发育的优势结构面，为坡体后期的演化提供了潜在的构造条件。

在河谷演化过程中，伴随着河谷的下切与侧蚀，形成高陡的岸坡，左岸拔河高度约 1 200 m，右岸拔河高度约 350 m，且天然岸坡坡度一般在 40° ~ 50°，斜坡临空条件较好。由于滑坡区走向近 EW 向，与河流近平行的中陡倾、缓倾结构面较发育，因此伴随河谷的大面积卸荷，坡体应力发生重分布，坡体沿中倾岸外层面组结构面发生松弛、错动。在坡体自重作用下，前缘沿第③组缓倾坡外结构面发生蠕滑，后缘沿陡倾坡外的第②组结构面发生拉裂变形，后缘拉裂面向纵深发展最终与中部第④组结构面贯通，与前缘第③组结构面组合，形成蠕滑 - 拉裂型滑坡(见图6)。由于滑坡前缘剪出口基本位于Ⅲ级阶地阶面部位，因此该滑坡的形成时间基本在Ⅲ级阶地形成期或以后。

7　滑坡的稳定性计算

7.1　宏观定性分析

亚支寿滑坡Ⅱ区因受前缘台地的阻挡，其稳定程度较高，现今地表无明显变形迹象，预计蓄水后仍能保持稳定。Ⅰ区早期滑动失稳时连同下部台地部分一起破坏，或早期失稳时

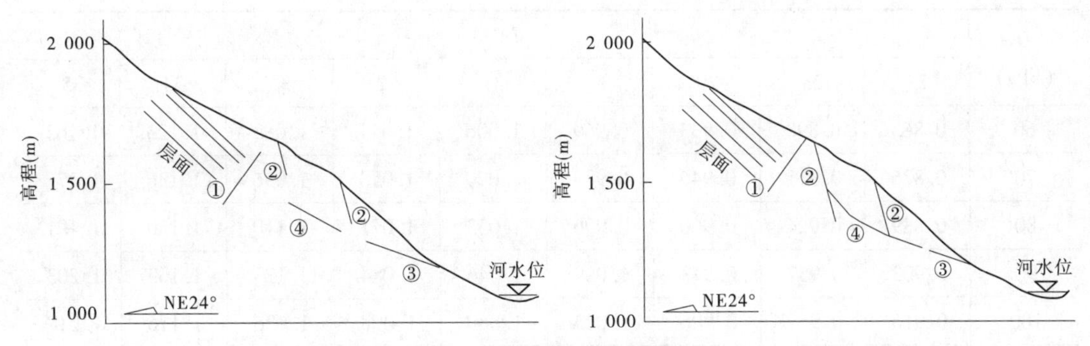

图6 滑坡体演变过程示意

仍同Ⅱ区一样仅在台地上部发生失稳，后期江水侧蚀淘刷，破坏了前缘台地，导致Ⅰ区上部浅表层在雨季和汛期金沙江高水位时发生拉裂变形、局部垮塌破坏。故Ⅰ区稳定性较差，特别是浅表部一定深度层有失稳的可能性，但仍以渐次垮塌性破坏为主。

7.2 计算参数的选取

由于现场未能获得滑坡滑带土试样，因而没有进行滑带土物理力学性质的相关试验，因此滑带土强度参数的选取采用反演及类比的方法。

7.2.1 滑动面强度参数的反演分析

亚支寿滑坡滑面强度参数的反演选取Ⅰ区的纵剖面为依据，采用传递系数法对其在天然状况下不同内聚力、内摩擦角情况下的稳定性进行反演分析。

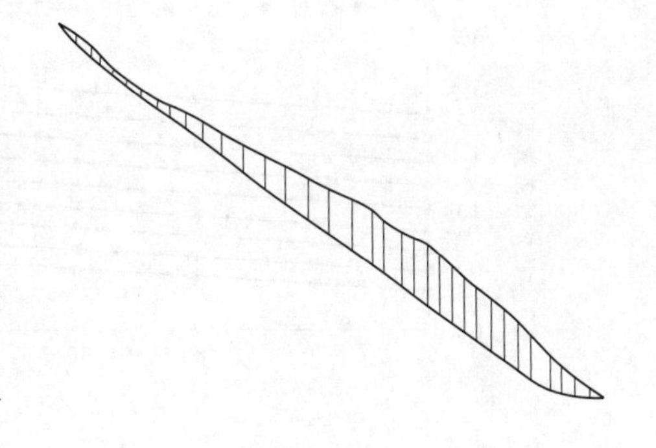

图7 亚支寿滑坡滑面强度参数反演分析的剖面

进行反演分析的条分图如图7所示，取内聚力 $C=60\sim140$ kPa、内摩擦角 $\Phi=27°\sim35°$、容重 $R=22.5$ kN/m^3，因地下水位在滑动体以下而不予以考虑。计算的参数 f、C 与稳定性系数 K 的关系如表1所示，关系曲线如图8、图9。

根据反演的结果，在保持容重 R 不变时，内摩擦角 Φ 每增加1°，稳定性系数 K 增加0.037 6；而内聚力 C 每升高1 kPa，稳定性系数 K 增加0.001 3，这表明内摩擦角 Φ 值的敏感性比内聚力 C 值的敏感性高得多。若使滑坡体处于基本稳定状态，内聚力 C 为60～140 kPa时，内摩擦角 Φ 基本为29°～32°。

7.2.2 滑动面强度参数的选取

结合上述参数反演分析和坡体目前的变形机制，类比麦叉拉滑坡滑面强度参数，综合选取的亚支寿滑坡主滑面强度参数为：

天然条件：$f=0.665$，$C=100$ kPa

饱水条件：$f=0.53$，$C=75$ kPa

对于纵1剖面次级滑坡体，滑动面强度参数的取值如下：

天然条件：$f=0.665$，$C=60$ kPa

饱水条件：$f=0.53$，$C=45$ kPa

表1　亚支寿滑坡Ⅰ区滑动面强度参数f、C与稳定系数的敏感因素

C (kPa)	Φ(°)								
	27	28	29	30	31	32	33	34	35
60	0.863	0.898	0.933	0.969	1.006	1.044	1.083	1.123	1.163
70	0.876	0.911	0.946	0.983	1.020	1.058	1.096	1.136	1.177
80	0.889	0.924	0.960	0.996	1.033	1.071	1.110	1.150	1.191
90	0.903	0.937	0.973	1.009	1.046	1.084	1.123	1.163	1.203
100	0.916	0.951	0.986	1.023	1.060	1.098	1.136	1.176	1.217
110	0.930	0.964	1.000	1.036	1.073	1.111	1.150	1.190	1.231
120	0.943	0.978	1.013	1.050	1.087	1.125	1.164	1.203	1.244
130	0.956	0.991	1.027	1.063	1.100	1.138	1.177	1.217	1.258
140	0.970	1.005	1.040	1.077	1.114	1.152	1.191	1.231	1.272

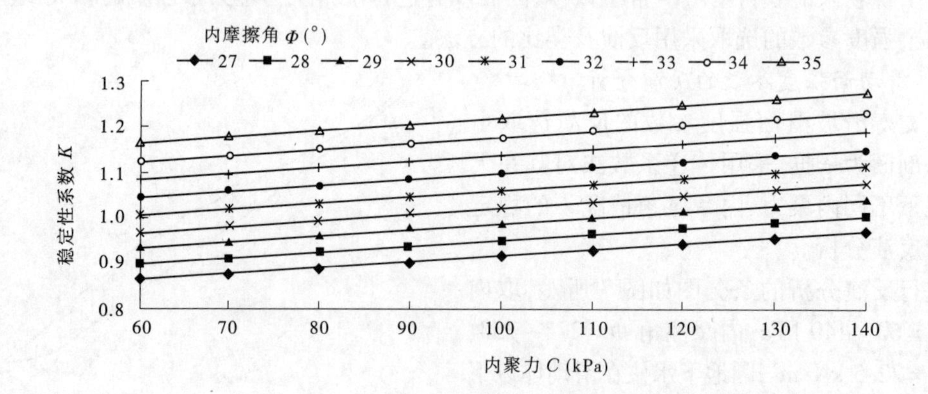

图8　Ⅰ区稳定性系数K在不同的内摩擦角Φ、内聚力C关系曲线图

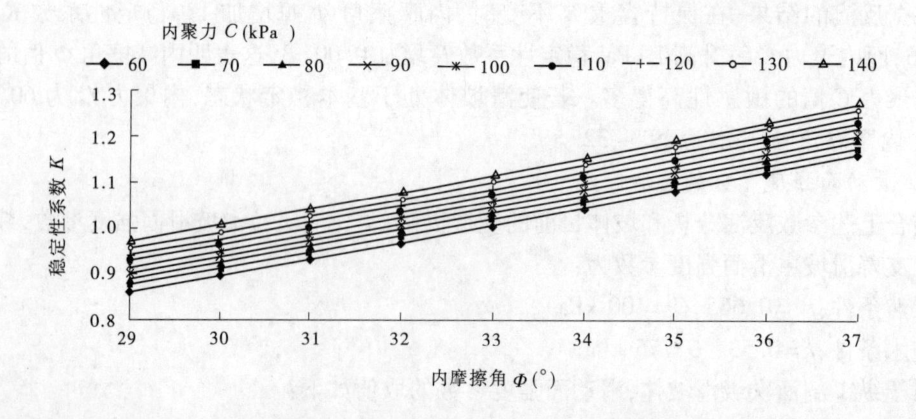

图9　Ⅰ区稳定性系数K在不同的内聚力C、内摩擦角Φ关系曲线图

7.3 滑坡的稳定性计算

根据前面的分区特征以及坡体的变形破坏迹象,分别对亚支寿滑坡上游Ⅰ区和下游Ⅱ区进行稳定性计算,同时考虑各区可能的次级滑体的稳定性。

7.3.1 滑坡体Ⅰ区的整体稳定性

刚体极限平衡法计算可知,Ⅰ区在天然工况下稳定性系数为1.140～1.152,处于基本稳定状态;在暴雨和地震工况下稳定性有所下降,稳定性系数分别为1.046～1.055、1.049～1.059,两种工况下稳定性相当,均处于基本稳定—欠稳定状态。

强度折减法计算可知,Ⅰ区在天然工况下为1.150,处于基本稳定状态;暴雨和地震工况分别为1.050、1.060,处于基本稳定状态。

7.3.2 滑坡体Ⅰ区的次级滑体稳定性

Ⅰ区以LF1拉裂缝为边界的一次性塌滑的次级块体方量约500万m^3。刚体极限平衡法计算可知,次级块体在天然工况下的稳定性系数为1.052～1.101,处于基本稳定状态;在暴雨和地震工况下稳定性系数分别为0.969～1.004、0.984～1.014,均处于不稳定—极限平衡状态。

强度折减法计算可知,次级滑体在天然工况下稳定性系数为1.080,处于基本稳定状态;在暴雨工况下稳定性系数为0.960,处于不稳定状态;在地震工况下稳定性系数为1.000,处于极限平衡状态。

7.3.3 滑坡体Ⅱ区的整体稳定性

刚体极限平衡法计算可知,Ⅱ区在天然工况下的稳定性系数为1.156～1.168,处于稳定状态;在暴雨和地震工况下分别为1.060～1.071、1.062～1.077,均处于基本稳定状态。Ⅱ区总体稳定性较Ⅰ区好,在暴雨、地震以及外界的扰动下也处于基本稳定状态。

强度折减法计算可知,Ⅱ区在天然工况下的稳定性系数为1.116,处于稳定状态;暴雨以及地震工况下的稳定性系数均为1.070,均处于基本稳定状态。

7.3.4 滑坡体Ⅱ区的次级滑体稳定性

刚体极限平衡法计算可知,Ⅱ区的次级滑体在天然工况下稳定性系数为1.136～1.156,处于基本稳定—稳定状态;在暴雨和地震工况下分别为1.041～1.062、1.054～1.068,稳定性有所下降,仍能处于基本稳定状态。

强度折减法计算可知,次级滑体在天然、暴雨和地震工况下稳定性系数分别为1.140、1.030～1.050、1.040～1.060,均处于基本稳定状态,其稳定性总体较好。

8 滑坡体Ⅰ区次级滑体失稳后滑速、涌浪计算

根据前面的分析,亚支寿滑坡各区整体稳定性较好,未来库水位作用下整体失稳的可能性小,但上游Ⅰ区以LF1构成的次级块体在暴雨或震动条件下稳定性较差,存在失稳的可能。亚支寿滑坡可能失稳块体及其产生的滑速、涌浪以Ⅰ区的LF1构成的次级块体为依据。

8.1 滑速计算

利用潘家铮法和能量法 计算的亚支寿滑坡Ⅰ区次级滑体失稳后滑速分别为8.54 m/s和8.93 m/s。

8.2 涌浪计算

8.2.1 水科院经验公式法的涌浪计算

根据滑速的计算结果,采用水科院经验公式法计算亚支寿滑坡Ⅰ区次级滑体失稳后的涌浪特征如表2所示。根据潘家铮法和能量法计算的滑速在落水点引起的涌浪高度分别为10.24 m、11.12 m,在对岸的爬坡高度分别为5.98 m、6.34 m,到大坝引起的涌浪高度分别为1.70 m、1.81 m。

表2 采用水科院经验公式法计算亚支寿滑坡Ⅰ区次级滑体涌浪特征成果

涌浪位置	滑速计算方法	涌浪高度(m)
		Ⅰ区次级滑体
落水点	潘家铮法	10.24
	能量法	11.12
对岸	潘家铮法	5.98
	能量法	6.34
坝址	潘家铮法	1.70
	能量法	1.81

8.2.2 潘家铮法的涌浪计算

采用潘家铮法计算亚支寿滑坡Ⅰ区次级块体失稳后的涌浪特征如表3所示,根据潘家铮法和能量法计算的滑速在落水点引起的涌浪高度分别为8.56 m、8.94 m,在对岸的爬坡高度分别为5.00 m、5.22 m,到大坝引起的涌浪高度分别为0.94 m、0.98 m。

表3 采用潘家铮法计算亚支寿滑坡次级滑体涌浪特征成果

涌浪位置	滑速计算方法	涌浪高度(m)
落水点	潘家铮法	8.56
	能量法	8.94
对岸	潘家铮法	5.00
	能量法	5.22
坝址	潘家铮法	0.94
	能量法	0.98

8.2.3 水科院经验公式法和潘家铮法的涌浪特征分析

前面的计算结果表明,水科院法和潘家铮法两种计算方法得到的涌浪高度存在一定的差异,其中水科院法计算结果偏高,潘家铮法相对较小。

滑坡Ⅰ区次级滑体发生失稳后,若其滑体物质一次性滑入江中,在坝前产生的涌浪高度为0.94~1.81 m,相应在对岸的最大爬坡高度则分别为5.22~6.34 m。因此,结合前面的稳定性计算分析结果,亚支寿滑坡Ⅰ区次级滑体在天然、暴雨或地震等外界扰动下存在失稳的可能,故涌浪风险预测应按此条件控制。

9 滑坡稳定性综合评价及预测

水库蓄水前,亚支寿滑坡Ⅰ区中后部在各种工况下均处于基本稳定状态,中前部在天然工况处于基本稳定状态,在暴雨和地震工况处于极限平衡—不稳定状态,有明显变形拉裂迹象,雨季局部有坍塌掉块现象;Ⅱ区在各种工况下均处于稳定状态。

预测水库蓄水后,亚支寿滑坡前缘高于水库正常蓄水位,其稳定性不受水库蓄水影响,滑坡Ⅱ区也处于稳定状态,但滑坡Ⅰ区次级滑体在暴雨、强震等特殊工况下存在失稳的可能性,预计最大一次性下滑可能在对岸形成的最大涌浪高度可达6.34 m,到坝前的涌浪高度为0.94~1.81 m,对水库和大坝影响不大。

10 水库蓄水后滑坡安全监测

亚支寿滑坡体表部共布置了7个变形监测点(TP01~TP07),其中Ⅰ区中前部次级滑体布置TP03和TP04,中后部布置TP01和TP02,Ⅱ区布置TP05、TP06和TP07。

由监测成果图10和图11可知,Ⅰ区中后部(TP01、TP02监测点)和Ⅱ区(TP05、TP06、TP07监测点)变形不明显,Ⅰ区中前部次级滑体(TP03、TP04监测点)变形明显,特别是在汛期变形明显加剧,Ⅰ区次级滑体在汛期的水平变形速率为1.5~5.0 mm/d,在枯水期的水平变形速率为0.3~0.8 mm/d。自2013年9月至2016年11月,Ⅰ区中后部水平累计位移量为214.5~406.2 mm,中前部次级滑体水平累计位移量为2 784.3~3 006.3 mm。

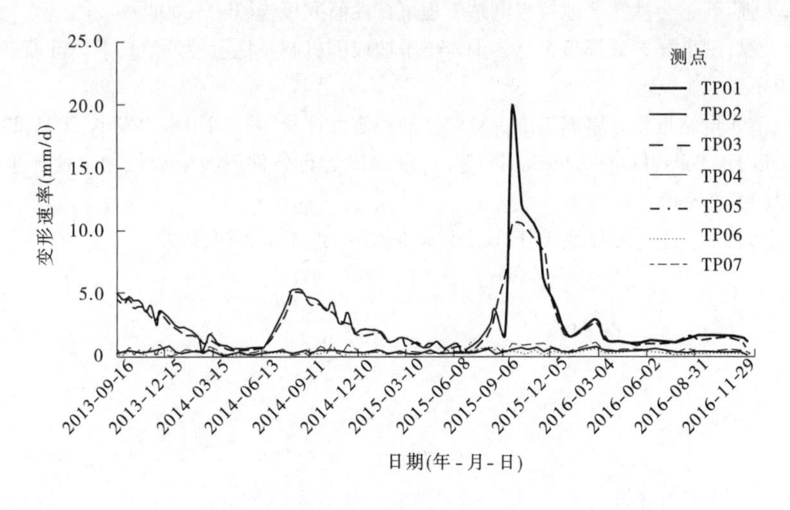

图10 亚支寿滑坡地表变形测点水平变形速率曲线

11 结 语

自2013年水库蓄水至今,亚支寿滑坡Ⅰ区中后部和Ⅱ区未发现明显新增拉裂变形迹象,Ⅰ区中前部次级滑体在雨季时滑移变形明显。

结合监测成果,综合分析认为,亚支寿滑坡稳定性基本不受水库蓄水影响,滑坡Ⅱ区整体仍处于稳定状态,Ⅰ区中后部处于基本稳定—稳定状态,Ⅰ区中前部次级滑体在雨季时处于不稳定状态,在旱季时处于欠稳定—极限平衡状态。Ⅰ区中前部次级滑体表部呈散体状,在暴雨、地震等特殊工况下发生垮塌的可能性较大,对水库、大坝等水工建筑物影响不大,对

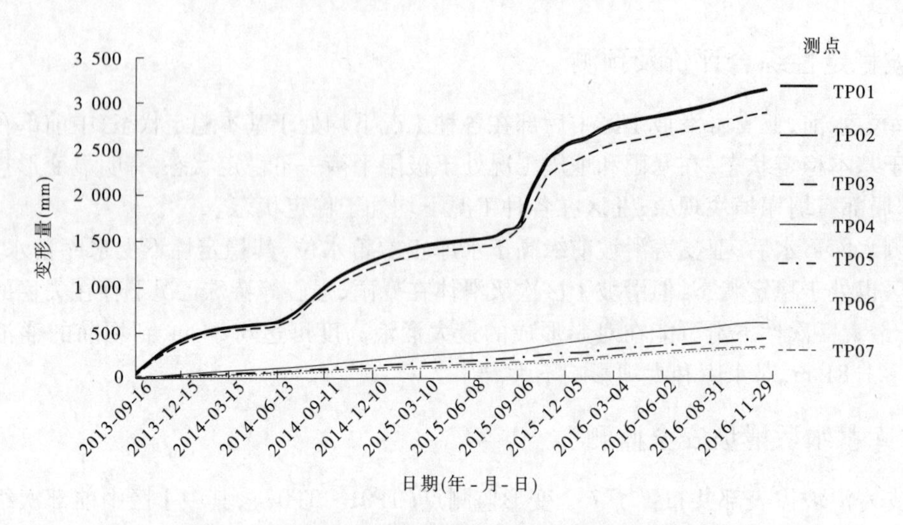

图 11　亚支寿滑坡地表变形测点水平累计位移曲线

上游附近么下码头等建筑物的运营安全有一定影响,目前对该滑坡采取的巡视、监测和预警预报等措施仍有必要。本次研究成果为工程安全和竣工验收提供了技术支撑,该滑坡在本区最大震级情况下的稳定性还有待进一步验证。

参 考 文 献

[1] 马福祥,季法强,等. 金沙江鲁地拉水电站工程可行性研究报告[R]. 2008.

[2] 王湘锋,李天斌,王小群. 成都市大邑县干岩子滑坡成因机制及稳定性评价[J]. 水土保持研究,2006,13(1):92-94.

[3] 陈德川. 二滩水电站近坝库岸霸王山古滑坡体的稳定性评价[J]. 四川水力发电,2004,23(3):21-23.

[4] 胡新丽,David M. Potts,Lidija Zdravkovic,等. 三峡水库运行条件下金乐滑坡稳定性评价[J]. 地球科学,2007,32(3):403-408.

[5] 张倬元,王士天,王兰生. 工程地质分析原理[M]. 北京:地质出版社,1992.

转向导流消能墩在转弯泄洪槽上的研究与应用

刘亚坤　张　栋　张　帝　李英豪　王秋绎

（大连理工大学建设工程学部水利工程学院水力学研究所，大连　116024）

摘　要　泄洪槽末端接挑流消能工作为一种传统的消能形式，因其结构简单、消能效率高、适用性强，被广泛应用于我国的水利工程中。考虑到地形地势等原因，有些工程需应用转弯泄洪槽，较常用的是在槽末端建造挡水墙强行截流使水流转向。但当上游水头高、下泄流量大时，两侧挡水墙不足以使下泄水流充分转向，水流挟带着巨大的能量，极易造成下游安全事故。本文以某水利枢纽工程为研究背景，采用物理模型试验方法，在保证整体水工建筑物安全的基础上，通过不断调整挑坎方向、导流墩方向、导流墩高度、导流墩间距等参数，研究不同方案下泄洪槽末端的导流效果、水流流态及下游冲坑形态等水力特性。针对泄洪槽末端挑流消能实际情况，提出了一种新型高效的消能工——转向导流消能墩，可有效地将水流转向、冲击消能，改善了水流流态，解决了下游河床回流淘刷、边墙坍塌、威胁电站安全等问题。通过对试验数据分析，证明了新型转向导流消能墩良好的转向及消能效果，并通过前人所提出的转向墩的水力计算方法，验证了转向导流消能墩的优势所在。本研究成果可以为类似转弯泄洪槽的消能设计提供参考。

关键词　泄水槽；转向导流消能墩；新型消能工；挑流消能；水力计算

0　引　言

自古以来，水利工程就是人类赖以生活和生产的重要工程[1,2]。21世纪以来，由于水资源的短缺和时空分布的不均匀，我国水利工程建设得到大力支持，很多水利枢纽和调水工程相应而生。随着经济和技术的发展，越来越多的高坝建筑物成为主流以及未来主要发展的抽水蓄能电站，在宣泄洪水时，流量过大，流速较大，为保证建筑物和下游地区的安全，泄洪的消能措施成为建设的重点。在高山地区，由于地形复杂、建设难度大，挑流消能成为主要的消能方式[3]。但挑流消能通常伴随着下游冲刷问题，传统意义上的挑流消能已很难满足工程设计需要，因此需要结合其他辅助消能方法而有所创新[4]。

在传统的消能方式基础上，结合辅助消能工，得到了很多新型的消能形式。其中最具代表性的有宽尾墩消能、窄缝式消能、台阶式消能和跌坎式消能，目前对宽尾墩消能和窄缝式消能研究较多[5]，已证明其消能效果好、建设成本低并被广泛应用到实际工程中[6]。

以往研究的大部分消能形式都是下泄洪水直接泄入下游河床，很少讨论在使洪水消能的同时使水流转向。但某些工程因地形地势的原因，需要使下泄的洪水偏转较大的角度汇

基金项目：国家自然科学基金（51479022）；中央高校基本科研业务费专项资金资助（DUT17RC(3)100）．国家重点研发计划项目（2016YFC0402504）。

作者简介：刘亚坤（1968—），女，辽宁人，博士生导师。E-mail：liuyakun@ dlut. edu. cn. 。

入主河道。在水流转向时,由于离心惯性力的作用,将会产生冲击波,使水面沿边墙壅高,水流沿边墙偏转[7]。国内外学者利用 Ippen 冲击波基本理论研究冲击波的水力特性,如 Hager 和 Bretz[9]等。倪汉根、刘亚坤和刘韩生等对 Ippen 理论简化提出了一些冲击波的近似算法[10, 11]。刘亚坤和倪汉根根据某实际工程首次提出了转向冲击墩,并提出了关于转向冲击墩的水力计算公式[12]。国内外对此种消能工研究较少。

本文依托某水利工程,通过物理模型试验,研究其水流流态、下游冲坑和转向消能的效果,提出一种新型的转向导流消能墩。转向消能墩是一种使水流转向及衔接水流挑射的一种辅助消能装置[13],并通过刘亚坤和倪汉根提出的转向冲击墩水力计算公式验证其适用性。

1 工程概况

DTZ 水库枢纽工程是×××流域生态保护工程的水源水库,该工程的主要用途为防止洪水冲刷下游,为工农业及人民生活提供用水,次要用途为对下游农田进行灌溉,通过水轮机发电为居民提供电力资源,其水利工程等级为大(2)型Ⅱ等,水库总库容 3.22 亿 m^3,正常蓄水位 672.3 m,死水位 658.0 m。主要建筑物包括沥青混凝土心墙堆石坝、右岸泄洪建筑物、引水建筑物和鱼道等。

大坝总长度为 1 508.51 m,其中,左岸及主河床部位沥青混凝土心墙堆石坝,坝段总长为1 414.81 m;右岸混凝土坝段总长为 93.7 m。共 5 个坝段,从右向左依次为 2 个挡水坝段、2 个底孔及溢流表孔坝段、1 个引水坝段。底孔及溢流表孔坝段单坝段长 16.8 m,每个坝段布置一个底孔,两个坝段中部布置一个开敞式溢流表孔,底孔和表孔共用一个泄水渠,泄槽尾部出口采用挑流消能;底孔孔口尺寸为 4.0 m×6.0 m(宽×高)。泄洪表底孔纵剖面布置如图 1 所示。

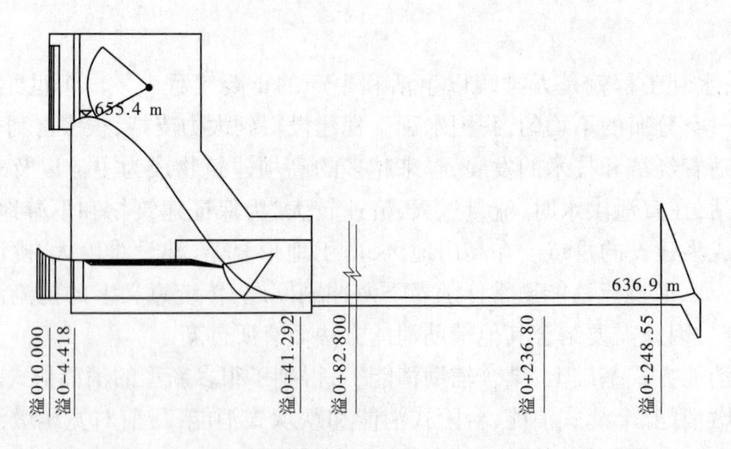

图 1 泄洪表底孔纵剖面布置图

2 模型试验及方案优化

2.1 模型试验

由于水流在泄水槽末端出口后,转向角度大,对边强冲击和淘刷比较严重,因此消能形式的选择就成为泄水槽的设计难点。

按照弗劳德数准则,某转弯泄水槽水工模型试验比尺设计为1∶40。整体模型范围:溢流表孔、溢流底孔、泄水槽、挑坎以及下游河道护坡。下游河道及护坡使用黏性水泥粉刷,并加糙处理以保持糙率相似,下游河道底部分层铺设不同颗粒的砂石料,进行动床整体水工模型试验研究[14]。

2.2 方案优化研究

在校核洪水位674.38 m下,进行直槽泄水槽试验,发现下游挡墙墙脚冲刷严重,而且出流速度快,消能效果不理想。根据泄水槽的流量大、流速大、下游河道地质情况和水流转向的需要,对水库的表、低孔的泄流方案一共进行了17个方案的优化设计。本节选取5个具有代表性的优化方案分析比较其水流流态和下游冲坑的分布情况。阐述得到此种新型转向倒流消能墩的改进方法。各方案的具体形式如表1所示。

表1 各方案优化形式

方案序号	方案内容
1	泄水槽为直槽
2	泄水槽为直槽,出口右岸设置三角墩
3	泄水槽为直槽,出口等距设置3个三角墩
4	泄水槽为转弯槽,出口设置2个转向导流墩
5	泄水槽为转弯槽,出口设置2个转向导流墩,降低墩高
6	泄水槽为转弯槽,出口设置4个差动墩
7	泄水槽为转弯槽,出口设置3个等距转向导流墩
8	泄水槽为转弯槽,出口设置3个等距转向导流墩,降低墩高
9	泄水槽为转弯槽,出口设置3个等距转向导流墩,改变墩断面形状
10~16	泄水槽为转弯槽,出口设置3个转向导流墩,调整墩间距
17	泄水槽为转弯槽,出口设置3个转向导流墩,最终调整墩间距

注:泄水弯槽为将出口右岸延长25.6 m,新挑坎与原挑坎成45°角。

方案3:为使水流尽量转向左侧河道,泄水槽为直槽,在出口挑坎处设置3个角度为20°的三角墩。其优化设计图如图2所示。发现因出口水流流速过快,在通过三角墩时,水流有很少一部分实现转向,大部分水流还是直接冲入下游河道,水流仍携带较大的能量,对下游河道边墙冲刷严重。未能达到预期效果。

方案4:为了更好地解决水流转向问题,改变挑坎方向,使新挑坎在原位置基础上旋转45°,并在泄水槽出口处设置两个转向导流消能墩。发现仅部分控制水流可以实现转向,大部分水流还是直接挑射到下游河道,而且由于转向的水流和未转向的水流相互交汇,虽然消耗了部分能量,但使得未转向的水流挑射路径发生偏折,致使冲坑最低点靠近挑坎,挑坎易发生坍塌破坏,威胁工程安全[15]。其优化设计图如图3所示。

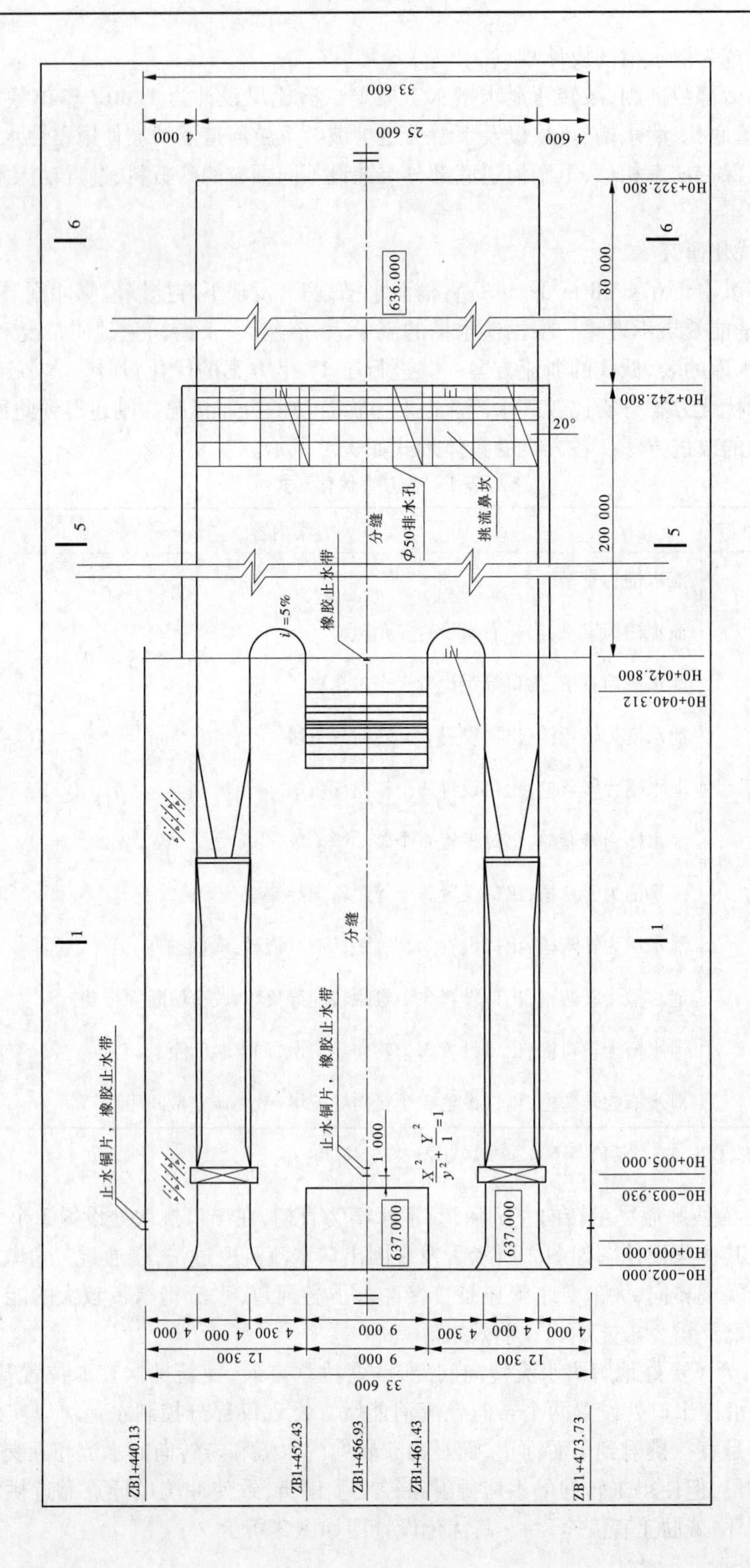
33 600
4 000
25 600
4 600
H0+322.800
80 000
636.000
H0+242.800
20°
Φ50排水孔
挑流鼻坎
分缝
200 000
橡胶止水带
i=5%
H0+042.800
H0+040.312
止水铜片，橡胶止水带
止水铜片，橡胶止水带
分缝
1 000
637.000
637.000
H0+005.000
H0−003.930
H0+000.000
H0−002.000
4 000
4 000
4 300
9 000
4 300
4 000
4 000
12 300
9 000
12 300
33 600
ZB1+440.13
ZB1+452.43
ZB1+456.93
ZB1+461.43
ZB1+473.73

图2 方案3优化示意图

方案8:为解决水流转向和挑射距离较近的问题,采用泄水槽为转弯槽,在挑坎处设置3个等距转向导流消能墩,并使导流墩高度降低为原来的2/3。发现虽然基本实现水流的转向,但扩散侧的边墙偏角 $\theta=45°$,来流的弗劳德数 Fr 大约为2.8,当 $\theta>\arctan 2/Fr$ 时,水流横向流动为自由溃流。因此,此处的流速较小,发生回流,水流在各墩之间也均为自由溃流,没有充分利用泄水槽的水平空间消能和泄流。下游河道右侧分流较小,与发生偏转的水流共同作用下发生回流,易产生回流旋涡,对边墙淘刷严重,冲坑分布情况不好,需要调整墩的分布。在转向导流消能墩前端,因转向导流墩连接处水面不连续影响了水流流态,常发生水面冲击墩前部产生水面溅射的现象,效果不佳。其优化设计图如图4所示。

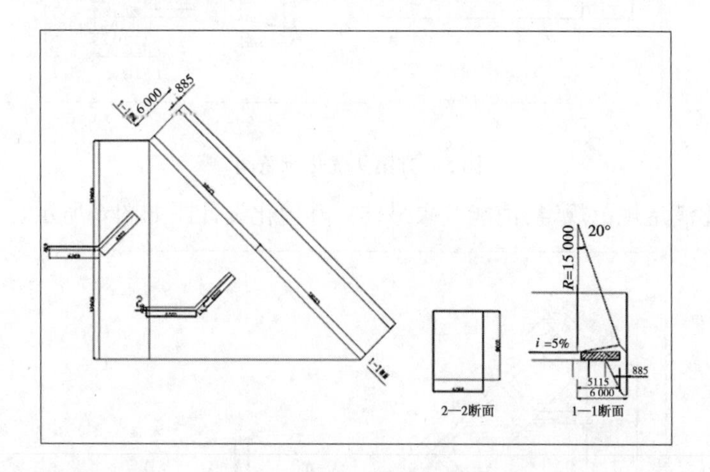

图3 方案4优化示意图

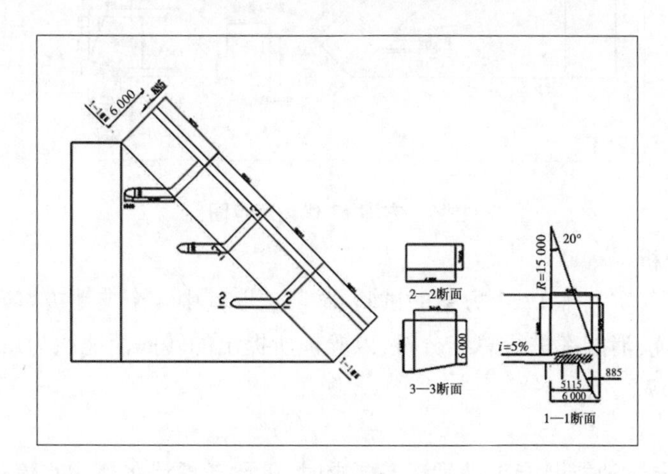

图4 方案8优化示意图

方案9:为解决水面流态不稳定的现象,在方案8的基础上,将导流墩上游导流断面改成梯形,使得水面在墩前连续。水面溅射现象得到解决,但水流在各墩之间分布不均。泄水槽的水平空间仍未充分利用,方案8中叙述的其他危害未得到解决。其优化设计图如图5所示。

方案17:为使得水流在各转向导流消能墩之间均匀分布,在上述试验的基础上,多次改变导流墩的间距。最终确定各墩中心点距左侧边墙距离依次为8.6 m、20 m和31.4 m。此方案下,水流流态良好,各导流墩间分流效果好,下游明显减小回流产生旋涡淘刷现象,并且

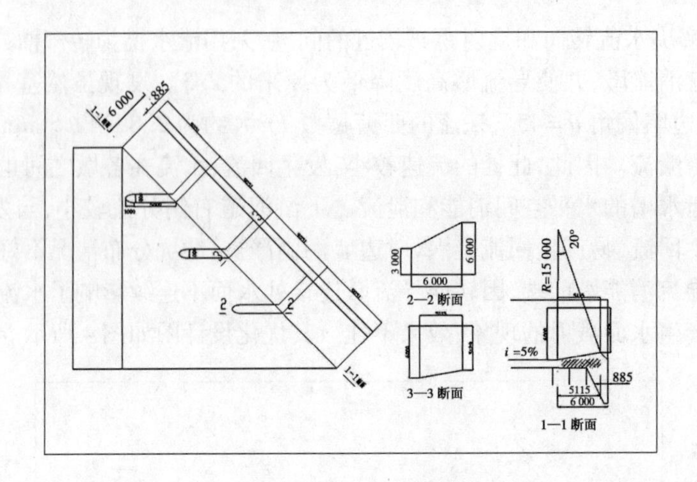

图5　方案9优化示意图

下游冲刷坑坡比满足规范规定,消能效果最佳。其优化设计图如图6所示。

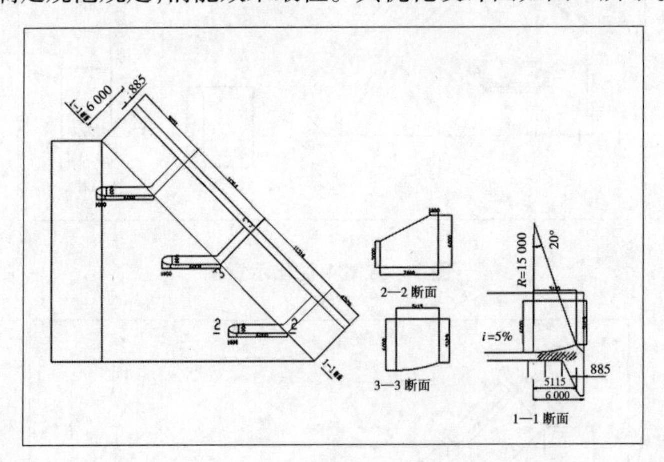

图6　方案17优化示意图

2.3　试验结果分析

校核洪水位下,实测了17个方案的试验,本节选取其中4个典型方案对试验的流态、流速、压强、下游冲坑、消能率进行总结分析,以验证所提出的转向消能墩为最佳方案。选取的方案为1、3、9和17。

2.3.1　流态

在检验转向导流消能墩能否满足流态要求时,需要考虑泄水槽中水流是否会溢出边墙、泄水槽水面流态是否平稳、经转向后挑射的水流是否会飞溅到下游挡墙的外侧等因素。各方案下水流流态示意图如图7所示。

通过分析试验数据和水流流态,在各方案下,水深变化不大,水面线基本吻合,但是水流的流态却有较大区别。

方案1直槽泄水槽,泄水槽中的水面流态较好,但是由于水流只通过挑坎挑射消能,下泄的水流仍然含有巨大的能量,在落入下游河道后会造成水面巨大的波动,水流溅射到下游挡墙的外侧,并且通过试验现象可推测,下游河道很大一部分范围内雾化现象可能极其严重。

(a) 方案1水流流态　(b) 方案3水流流态

(c) 方案9水流流态　(d) 方案17水流流态

图7　各方案水流流态

方案2是在直槽泄水槽基础上设置三角墩,从试验中可以看出,经过三角墩和挑坎的作用已经较好地消耗了水流的能量。水流挑射后,冲击下游河道水面飞溅到挡墙外的情况得到改善。但是由于加入三角墩后泄水槽中的水面不连续,会发生水面冲击三角墩前端而造成水面飞溅的现象,水流流态不稳定,并且水流未能实现转向。

方案9是在泄水弯槽上设置改进墩面形状的三个等距转向导流消能墩,在此方案下,成功解决了泄水槽中水流冲击上游导流墩柱面水面飞溅的情况。水流经过导流墩和挑坎后消耗了较大的能量。但是因为水流转弯离心力的作用使各墩之间的流量分布不均,右侧水流较大,对右侧边墙冲刷严重,左侧边墙附近发生回流现象。因此需要重新调整墩的分布。

方案17在考虑离心力、回流、冲击波等影响因素,经过多次调整导流墩之间的间距,最终得到了水流转向、消能、无冲刷边墙现象、泄水槽中无溅水的稳定挑射消能方案。

2.3.2　流速

对于泄洪建筑物来说,流速的大小往往关乎泄洪能力和泄洪安全这两个重要问题,流速若过大,虽然泄洪效果明显,但有可能会危及下游防冲建筑物的安全;流速若太小,则增加了泄洪时间,消耗人力物力[16]。泄水槽中水流在横断面的流速分布不均,各方案下沿程流水变化不大,但转向墩的位置分布会影响其前端附近水流的分布。因此,仅将原挑坎位置处泄水槽中间流速和右侧的流速列于表2。

表 2　原挑坎位置处流速　（单位:m/s）

方案	1	3	9	17
中间流速	15.76	15.19	14.42	14.99
右侧流速	25.76	29.42	24.14	20.22

通过方案 17 和方案 9 与方案 3 和方案 1 对比可发现,泄水槽末端的中间测点和右侧测点流速均有减小,说明加入转向消能墩后有效地消耗了下泄水流的能量,有利于保护下游河道的安全。通过方案 17 与方案 9 进行对比可发现,在泄水槽末端方案 17 的中间流速大于方案 9 的中间流速,而方案 17 的右侧流速要小于方案 9 的右侧流速,这是三个转向消能墩位置分布不同所导致的。泄水槽中部的流速转向后挑射水流对下游挡墙冲刷影响较小,而转向后的右侧水流经挑射对下游挡墙冲刷影响较大。由此导致的冲坑分布也是最优的。因此,方案 17 的流速分布以及流速的大小均优于其他优化方案。

2.3.3　下游冲刷

挑流消能主要有两个过程:一个是空中消能,一个是水股水下消能,挑射的水流在河道下游跌入河床,对河床造成冲刷,形成冲刷坑,跌入的水流在冲坑内剧烈漩滚消耗大部分能量。因此,在进行消能设计时下游河床的安全是设计的重点。冲刷坑一般较深,适合于基岩上,但有些工程受到地形地势的限制,需要优化泄水建筑物以改变冲刷坑的尺寸。原试验方案下,会对下游造成严重冲刷,冲坑深度较大,易发生挡墙坍塌。试验通过不断优化消能工的形式,逐渐改善下游冲坑尺寸,解决了下游冲坑的安全隐患。测得的冲坑特征数据列于表 3 中,地形云图及地形图见图 8。

表 3　各方案下下游冲坑特征数据

代表方案	方案 1	方案 3	方案 9	方案 17
冲坑最低点高程(m)	621.64	620.48	630.96	629
距出口中轴线距离(m)	4	4	14.8	16
距出口垂直距离(m)	81.6	69.2	9.6	35.2
坑深(m)	14.36	15.52	5.04	7
坡比(m)	0.18	0.224	0.525	0.199

注:各方案下挑坎中点坐标为(0,0),距中轴线的距离均为右侧。

从 4 个典型方案的下游河道冲坑分布情况可以得出:

(1)方案 1:在泄水直槽中,水流经过挑坎直接挑射入下游河道,冲击下游挡墙,并且造成墙底部的严重淘刷,试验中测得的冲坑最低点高程为 621.64 m,坑深为 14.36 m,受模型的限制,这是试验中动床模型的最低点,因此实际冲坑最低点还将加深。在实际工程中,在长期的冲刷下,必将发生工程安全事故。

(2)方案 3:在泄水直槽上加 3 个三角墩,由于未能使水流全部转向,水流仍携带巨大的能量直接冲击。与方案 1 中的试验结果相类似。

(1a) 方案 1 地形云图　(1b) 方案 1 地形图

(2a) 方案 3 地形云图　(2b) 方案 3 地形图

(3a) 方案 9 地形云图　(3b) 方案 9 地形图

(4a) 方案 17 地形云图　(4b) 方案 17 地形图

图 8　各方案地形云图与地形图

(3)方案9:在泄水弯槽上加3个转向导流消能墩,在此方案下实现了水流的转向,但是由于转向墩分布的位置关系以及水流离心力的作用,水流的水平空间分布不均匀,使得下游的冲坑最低点离挑坎较近,在高速水流的作用下,挑流鼻坎易发生坍塌,威胁挑坎的安全。冲坑最低点高程为630.96 m,坑深为5.04 m,大约为没有转向消能墩的1/3,在转向消能墩的作用下水流消耗了大部分能量。因此,只需改善导流墩的位置分布,使水平空间得到充分利用。

(4)方案17:在经过多次调整导流墩的位置分布后,最终实现了水流在水平空间上的均匀泄流。试验得到的冲坑最低点高程为629 m,坑深7 m,最低点距挑坎35.2 m。位置适中,很好地解决了下游冲坑问题。

2.3.4　消能率

4个典型方案的下游主河道水深和流速如表4所示。

表4　各方案下游河道水深流速实测值

方案	1	3	9	17
水深(m)	9.22	8	8.08	6.64
流速(m/s)	7.12	3.35	4.53	6.32

选取泄洪建筑物上下游断面作为计算断面,假定从基准面量起的上游水头为H,行近流速为v_0,断面0—0的总能量为E_0,下游断面1—1的水深、流速和总能量分别为h_1、v_1、E_1。设消能率为η,则有:

$$E_0 = H + v_0^2/2g \tag{1}$$

$$E_1 = h_1 + v_1^2/2g \tag{2}$$

$$\eta = (E_0 - E_1)/E_0 \tag{3}$$

从试验结果(见表5)可以看出:方案3和方案17的消能率相差不大,虽然方案3的消能率最大,但是方案3中水流未能实现转向,下游冲坑分布较差,严重威胁工程安全。方案17相对来说消能率较高,并且下游冲坑效果良好,在保证水流转向的同时也保证了水流流态良好。

表5　各方案计算消能率

方案	1	3	9	17
消能率(%)	69	77.70	76.20	77.40

3　转向消能墩的理论分析

在泄水直槽未加转向导流消能墩的各方案下,均未能成功使水流转向,因此本文仅分析转向消能墩对水流作用的水力特性。转向冲击墩附近的流场示意图如图9所示,新挑坎示意图如图10所示。

转向墩的长度为L,墩与水流方向的转角为α,产生的冲击波波角为$(\alpha+\beta)$,单墩控制的最大来流宽度为b_m(即可以转向的来流宽度),出流的主流宽度为w_m,各转向墩前端连线与来流的交角为φ,两墩出流主流间的距离为s_m[13],则b_m、w_m、s_m可由各基本参数近似确定。

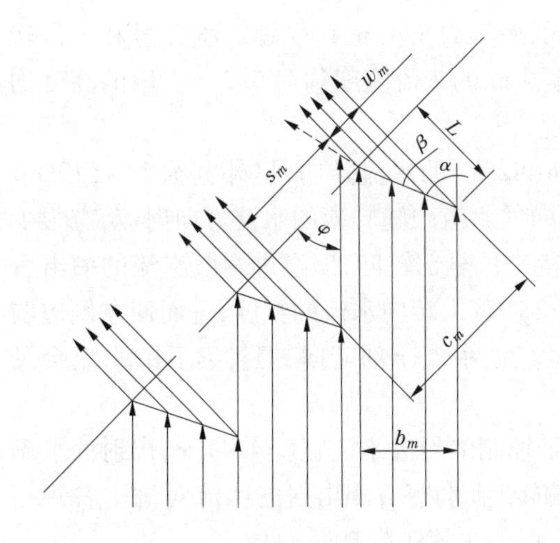

图9 转向墩附近流场示意图

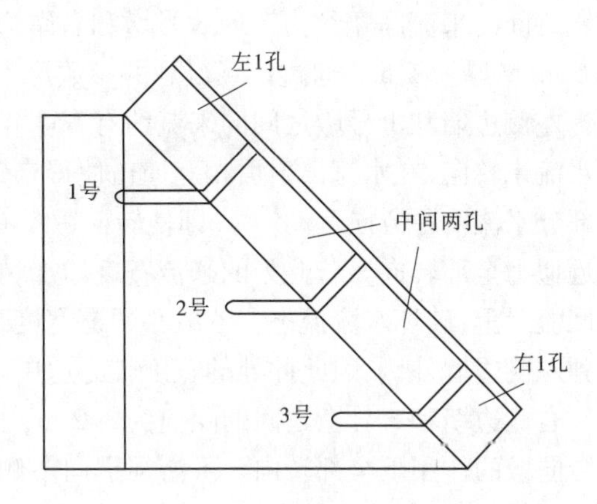

图10 新挑坎示意图

$$b_m = \frac{l\sin(\alpha + \beta)}{\cos\beta} \tag{4}$$

$$w_m = l\tan\beta \tag{5}$$

由文献[17]可知,当转向墩长度有限时,α、β、Fr 之间满足如下关系:

$$\xi \frac{\tan^3(\alpha + \beta)}{\tan^3\beta} - \frac{\tan(\alpha + \beta)}{\tan\beta}[1 + 2Fr_1^2 \sin^2(\alpha + \beta)] + 2Fr_1^2 \sin^2(\alpha + \beta) = 0 \tag{6}$$

式中:Fr 为来流的弗劳德数;ξ 为冲击波后非静水压强分布修正系数。根据文献[17],ξ 可近似采用以下公式计算:

$$\xi = 1 - \mathrm{th}(0.47\sqrt{K}) \tag{7}$$

$$K = \frac{h_0\left(\alpha\sqrt{0.5 + 0.25Fr_1^2} + 1\right)^2}{l\tan\left(\frac{1.06}{Fr_1}\right)} \tag{8}$$

$$\eta = \frac{\tan(\alpha + \beta)}{\tan\beta} = \frac{h_1}{h_0} \tag{9}$$

其中 h_0 为来流水深。整个计算过程如下:

通过给定的 α、h_0、Fr 的值利用式(7)、式(8)可得到修正系数,再通过修正系数 ξ 和式(6)计算波角 β。当 $\alpha > \alpha_{max}$ 时,则式(6)无解,不会形成冲击波,而是形成水跃。在得到波角 β 后,可通过转向墩附近流场示意图得到最大控制来流宽度,即转向的水流和击波后的水深 h_1。

由于来流在各墩柱间不是均匀分布的,因此来流的流速和水深近似采取靠近各出口右侧转向墩净距的 1/4 处,中间两孔所测数据近似相等。各计算参数列于表6。

表6 转向墩计算参数

参数	h_0(m)	Fr	K	ξ	β(°)	b_m(m)	η
左1孔	3.48	2.46	6.61	0.164	12.2	4.4	7.17
中间两孔	3.21	2.79	7.39	0.135	9.1	4.2	8.62
右1孔	3.3	2.46	6.26	0.173	12.8	4.44	6.99

方案 17 中 1 号转向墩与左岸边墙之间来流的净宽为 5.4 m,1 号和 2 号、2 号和 3 号转向墩之间的来流净宽约为 7 m,3 号墩和右岸边墙之间的来流宽度约为 3.2 m。墩的高度均为 6 m,墩厚为 1 m。通过计算得到的参数可发现:

左侧边墙和 1 号墩之间的来流约有宽 4.4 m(82%)的水流转向,另外宽约 1 m(12%)的水流未转向,在水流出射后相互撞击使得未转向的水流跟随转向的水流方向射流,有很少一部分水流沿原方向运动[13]。即使转向墩没有使来流全部转向,但经过两股水流的撞击后也近似为全部转向。若此处的来流宽度增加,则会加宽未转向水流的宽度,进而使左侧边墙处回流严重,破坏水流流态。若减小通道宽度,虽然使水流全部转向,但挑射后的水流会飞溅到左侧边墙外侧,因此此处的宽度较为适中。

右侧边墙和 3 号墩之间的距离为 3.2 m,小于控制的最大来流宽度 4.44 m,出射的水流在转向墩的作用下全部转向。下游河道向左侧偏转,泄水槽右侧出射的水流对淘刷右侧挡墙作用明显,因此此处的水流需要全部转向,且出射的水流越少越好。

方案 17 中间两孔净距均为 7 m,在此方案下转向的水流大约占来流宽度的 60%,虽然有 40% 的水流未转向,但当两股水流相互撞击后,未转向的水流跟随转向方向出流,即使有水流碰撞后仍沿原水流方向出流,但最终会在右 1 孔转向水流的作用下全部偏转。对比方案 9 可知,在方案 9 中间两孔来流宽度为 5.4 m,转向水流为 5.15 m,基本全部转向并且波角 β 偏大。因此,挑射后的水流挑距较近,使下游冲坑最低点靠近挑坎。而方案 17 在挑射的水流在未转向水流托举的作用下,空中射程增加,挑距增加。因此,下游冲坑最低点离挑坎距离适中。

转向冲击墩上游导流断面为梯形,主要作用为使水流分流均匀,且使水流流态连续。但由此分流墩同样可以起到消能的作用,增加水面高度,降低来流的弗劳德数,由波角计算公式可知,水深增加,减小来流弗劳德数可使波角变大,因此上游侧的分流墩可增大转向墩的控制来流宽度。

4 结　论

水库泄水槽是保障水库安全运行的重要保障,而消能工又是泄水槽设计的重点、难点,关系到枢纽其他主要建筑物及下游建筑物的安全问题。选择合理的消能工形式,既可以保证工程的安全,又可以节约工程的成本。本文通过 17 个方案的研究,得到了一种新型的转向导流墩。在转向消能墩的作用下,成功使水流转向,水流流态良好,水流分布合理,水流压强分布合理,沿程未出现空蚀空化现象。在校核水位作用下,下游冲坑深度为 7 m,坑距为 35.2 m,上游坡比为 0.199,小于 0.2,均达到试验的最优效果,满足规范要求。该转向导流消能墩解决了槽内水流流态不稳、下游冲刷边墙及水流转向的问题,具有明显的技术和经济优势。通过前人提出的转向墩水力计算方法,验证了转向墩消能墩的优势所在,因此本文提出的转向消能墩在类似水流转向工程中具有参考的价值。

参考文献

[1] 郭应杰. 水力资源开发程度的合理性研究[J]. 河南水利与南水北调,2013(5):59-60.
[2] 李淑华,王继业. 中国水能发展概况[J]. 水电站机电技术,2009,32(3):105-107.
[3] 张恒君. 高水头水利枢纽溢洪道的未来型式[J]. 山西水利科技,1994(3):92-94.

[4] 闫路明.挑流消能工研究现状及其应用[J].四川水力发电,2017,36(1):133-135.
[5] 张春满.高坝新型消能工的应用[J].安徽水利水电职业技术学院学报,2005,5(2):1-3.
[6] 龚振瀛,刘树坤,高季章.宽尾墩和窄缝挑坎—收缩式消能工的应用[J].水力发电学报,1983(3):51-60.
[7] 郝志猛.浅谈泄水槽槽体结构[J].黑龙江交通科技,2008,31(11):34-35.
[8] Hanger W H, Schwaltm, Jimenez O, et al. Supercritical Flow near An Abrupt wall Deflecrion[J]. Jour. Hy. Res, 1994(I):103-118.
[9] Hanger W H, Bretz N V. Discussion of "Simplified Design of Contractions in Supercritical Flow," by Terry W. S., Jour, Hydraulic Engrg[J]. ASCE, 1987, 113(3), 422-427.
[10] 刘亚坤,倪汉根.陡坡渠道急流冲击波[J].水利水电技术,2005,36(10):23-26.
[11] 刘韩生,倪汉根.急流冲击波简化式[J].水利学报,1999,21(6):56-60.
[12] 刘亚坤,倪汉根,李俊杰,等.转向冲击墩水力计算与模型试验[J].大连理工大学学报,2006,46(6):896-900.
[13] 刘亚坤.冲击波与收缩式消能工若干问题的研究[J].大连理工大学,2006.
[14] 白兆亮,李琳,王苗,等.某渠首工程整体水工模型试验研究[J].水资源与水工程学报,2014,25(1):164-168.
[15] 槐文信,王增武,钱忠东,等.二维垂向射流沙质河床冲刷的数值模拟[J].中国科学:技术科学,2012(1):72-81.
[16] 汪振.水平旋流泄洪洞流速场试验研究[D].西安:西安理工大学,2006.
[17] NI Han-gen, LIU Ya-kun. Abrupt deflected supercritical Water floW – Revised theory of shock Wave [R]. Dalian: Dalian University of Technology, 2002.

西霞院反调节水库泄水建筑物组合运用分析

宋莉萱　吴国英　武彩萍

（黄河水利委员会黄河水利科学研究院，郑州　450003）

摘　要　基于2012年调水调沙期间西霞院反调节水库低于汛限水位131 m运用过程中出现的不利现象，对此期间的进出库水沙、水库实际调度过程及坝上下游局部地形冲淤变化进行了分析。结合以前开展的西霞院反调节水库模型试验成果，对库水位128 m和131 m时泄洪闸、排沙洞及排沙底孔等泄水建筑物的泄量进行了计算，并在满足水库调度规程及调度原则的前提下，进行了优化组合，尽量使泄水建筑物坝段过流均匀，其成果可供工程运用调度参考。

关键词　调水调沙；西霞院反调节水库；泄水建筑物

1　引　言

西霞院水库以反调节小浪底水库为主，结合发电，兼顾灌溉、供水等综合利用，于2007年5月底蓄水运用。水库总库容1.62亿m^3，正常蓄水位134.0 m，汛期限制水位131.0 m，死水位为131.0 m。

西霞院反调节水库泄水建筑物从左至右分别为4台电站机组、3条排沙底孔、电站左右侧各3条排沙洞、泄洪坝段包括7孔胸墙式泄洪闸及14孔开敞式泄洪闸。

西霞院反调节水库设计运用方式：

(1)汛期运用方式，西霞院水库汛期原则上维持131 m水位运行，采用敞泄滞洪的运用方式，对洪水基本无调节作用，洪水期随着流量加大，除电站正常发电泄水外，泄洪设施开启的顺序为排沙底孔、排沙闸和排沙洞、泄洪闸。

当洪峰流量过后，随着入库流量的逐步减小，要依次关闭泄洪闸、排沙闸和排沙洞、排沙底孔，维持水库在水位131 m运行，正常发电。

(2)非汛期运用方式，在非汛期，由于小浪底水库基本为调峰发电，因此需要西霞院水库进行反调节运用，西霞院水库运用水位一般为133～134 m，最低运用水位约132 m。

西霞院反调节水库，是黄河小浪底水利枢纽的配套工程，小浪底水库的出库水沙过程将直接影响西霞院水库运用。西霞院泄水建筑物闸孔较多，合理调度运用也很关键。2012年汛后，之所以在坝上游局部范围内产生冲刷和坝下游局部范围内产生淤积，与调水调沙期西霞院水库泄水组合运用有关，需开展专项研究，根据水利部批复的西霞院反调节水库调度规程，并结合水库现状和模型试验成果，对泄水建筑物进行组合调度，提出建议。

基金项目：国家自然科学基金重点项目(51539004)；水利部技术示范项目(SF－201712)；中央级科研院所基本科研业务费专项(HKY－JBYW－2017－15)。

作者简介：宋莉萱(1966—)，女，河南开封人，高级工程师，主要从事工程水力学及河流动力学研究工作。E-mail：songlix168@sina.com。

2 西霞院水库2012年调水调沙期间进出库水沙、闸门调度及坝上下游局部地形冲淤变化

2.1 进出库水沙分析

2012年黄河汛前调水调沙自6月19日8时开始，至7月12日8时水库调度结束。本次调水调沙过程分为：

第一阶段为小浪底水库清水出库阶段，从图1可以看出，6月19日8时调水调沙开始，到9时12分开始起涨，起涨流量2 260 m^3/s，6月23日10时最大流量达到4 870 m^3/s，而后逐渐稳定在4 000 m^3/s左右至7月1日15时，7月3日15时，流量降至1 040 m^3/s，7月4日9时至调水调沙结束，小浪底水库出库流量在2 000~3 000 m^3/s变化。调水调沙期间西霞院出库流量过程与入库一致，最大出库流量4 490 m^3/s，时间是6月24日15时30分，较入库洪峰时刻滞后2 h。从2012年6月19日8时开始，至7月2日8时结束，西霞院入库洪水总量约为42.17亿m^3。

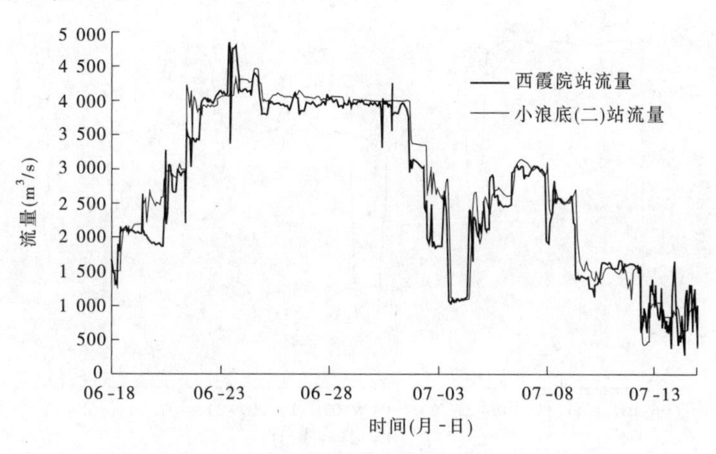

图1 西霞院调水调沙期间进出库流量过程(瞬时)

第二阶段为小浪底水库排沙出库阶段，从2012年7月2日8时开始，7月12日8时结束，西霞院入库洪水总量约16.96亿m^3，西霞院入库沙量为0.678亿t，出库沙量为0.586亿t。

从图2可以看出，7月2日20时小浪底水库开始排沙，含沙量0.504 kg/m^3，7月4日15时30分最大出库含沙量357 kg/m^3，而后含沙量逐渐减小。西霞院最大出库含沙量为211 kg/m^3，时间是7月4日17时较入库最大含沙量时间滞后2 h。

2.2 闸门调度过程

调水调沙第一阶段小浪底水库清水出库阶段，电站机组发电，西霞院反调节水库泄水调度主要开启左侧的6条排沙洞和3条排沙底孔，右侧14孔开敞式泄洪闸一般情况下仅开启两孔，7孔胸墙式泄洪闸只在6月22日当天全部开启，其余时间仅部分开启。第二阶段小浪底水库排沙出库阶段，电站停机避沙峰，西霞院反调节水库泄水从7月3~8日主要开启左侧的6条排沙洞、3条排沙底孔及7孔胸墙式泄洪闸，开敞式泄洪闸仅开启4#、11#两孔。

2.3 水库库水位变化过程

从图3中可以看出，调水调沙期间，自6月19日开始至7月2日，即小浪底水库清水出库阶段，西霞院水库运行水位基本保持汛限水位131 m，调水调沙的第二阶段小浪底水库排

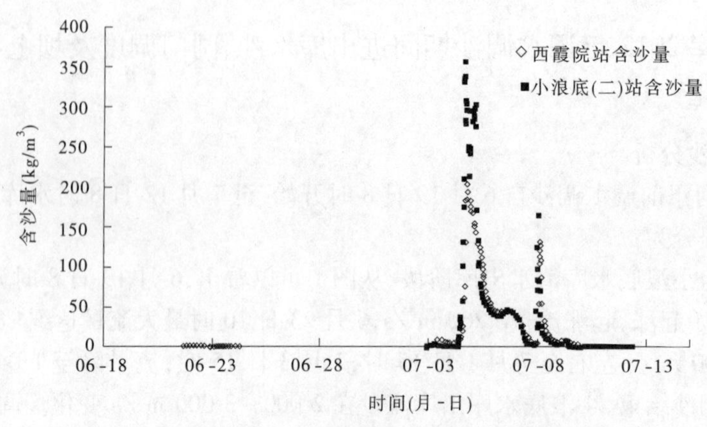

图 2　西霞院调水调沙期间进出库含沙量过程(瞬时)

沙出库阶段,西霞院水库运行水位均低于汛限水位 131 m,7 月 4 日库水位降至最低,最低库水位为 123. 77 m。

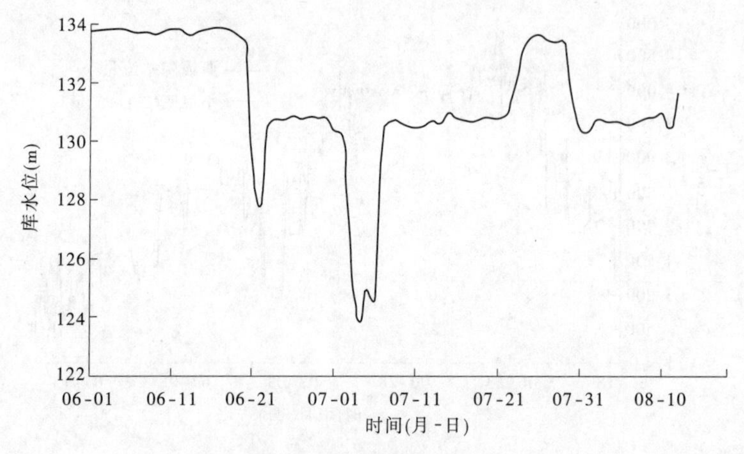

图 3　西霞院反调节水库库水位变化过程

2. 4　2012 年坝上游局部地形冲淤变化

2012 年汛后,之所以在坝上游局部范围内产生冲刷,与调水调沙期西霞院水库泄水组合运用有关,第一阶段小浪底水库清水下泄期间,西霞院水库出库流量为 4 000 m^3/s 左右,库水位在 131 m 左右,电站机组发电,主要开启左侧电站坝段的 6 条排沙洞和 3 条排沙底孔泄水排沙,电站坝段过流约 3 300 m^3/s,即水库 82. 5% 下泄流量从电站坝段排出,上游来流集中在电站坝段,即上游来流集中在左侧 1/3 的过水坝段,电站坝段上游来流单宽流量约 16 $m^3/(s \cdot m)$,电站坝段过流单宽流量大,因而造成坝上游冲刷。调水调沙期第二阶段西霞院水库运行水位均低于汛限水位 131 m,最低库水位达到 123. 77 m,且大部分水流从电站及胸墙式泄洪闸坝段排出,上游来流集中在电站及胸墙式泄洪闸坝段,即上游来流集中在左侧 1/2 的过水坝段,电站坝段上游来流单宽流量大于 14 $m^3/(s \cdot m)$,也是造成坝上游冲刷的原因之一。

2. 5　2012 年坝下游局部地形冲淤变化

图 4 ~ 图 6 分别为 2012 年汛前和调水调沙后实测坝下 170 m、200 m 和 230 m 三个断面地形套绘图，断面起点距以左岸为零。从图中可以看出，2012 年调水调沙过后在坝下明显

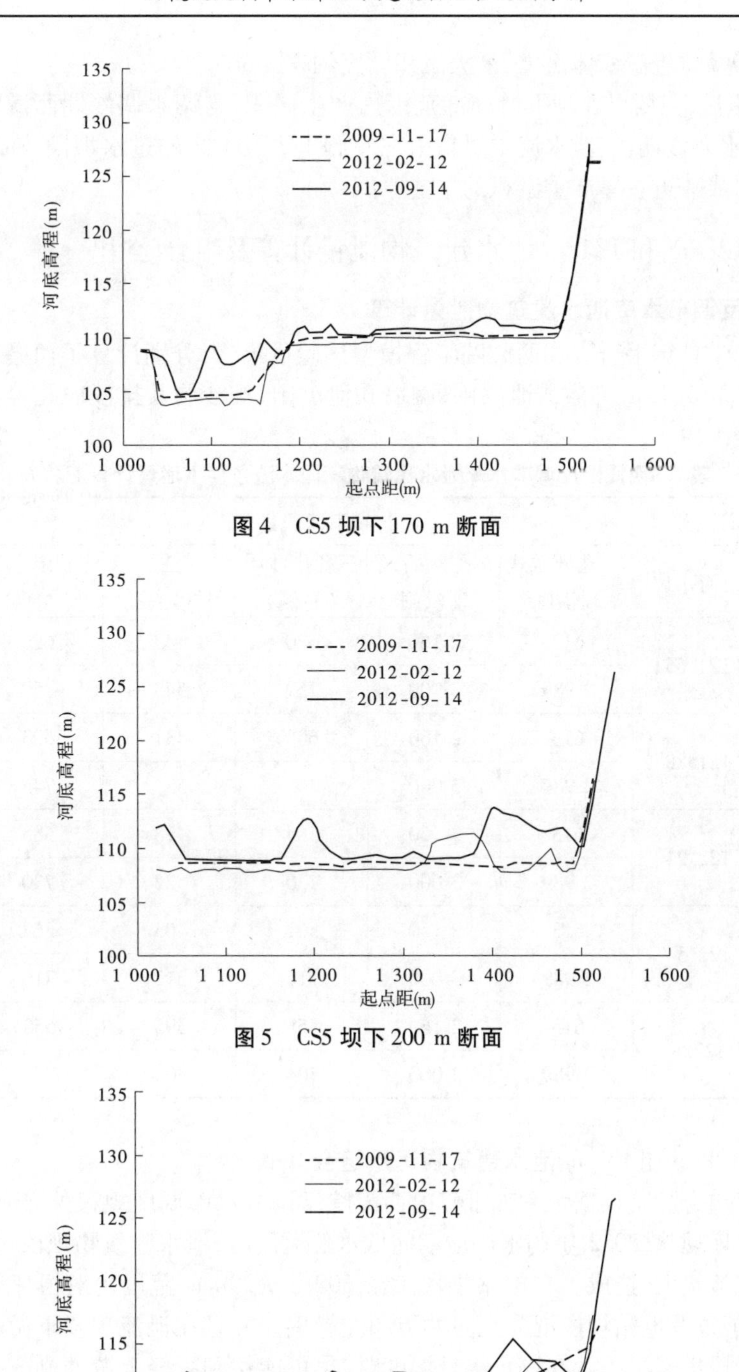

图 4　CS5 坝下 170 m 断面

图 5　CS5 坝下 200 m 断面

图 6　CS5 坝下 230 m 断面

产生了淤积，在防冲槽断面附近出现了几个淤积体，其中靠近右岸的淤积体最大，即对应开敞式泄洪闸第 7 孔至 14 孔，最大淤积厚度约 5.0 m，电站右侧三条排沙洞与 1 号胸墙泄洪闸对应下游防冲槽位置淤积体次之，最大淤积厚度约 3.8 m。

2012 年汛后，只所以在坝下游局部范围内产生淤积，与调水调沙期西霞院水库泄水组合运用有，调水调沙期，下泄水流主要集中在左侧 1/3 或 1/2 的过水坝段，在坝下右侧产生弱回流区是造成靠近右岸严重淤积的主要原因。

3 库水位 128 m 和 131 m 泄水建筑物泄量计算及组合运用

3.1 西霞院反调节水库泄水建筑物泄量计算

根据水力学计算手册[1]和西霞院工程模型试验成果[2-5]分别计算了西霞院反调节水库库水位 128 m 和 131 m，开敞式泄洪闸、胸墙式泄洪闸、排沙洞及排沙底孔等泄水建筑物泄量并汇总于表 1 中。

表 1 西霞院反调节水库泄水建筑物不同水流条件下泄量计算汇总表

水位(m)		建筑物下泄流量(m^3/s)					总流量(m^3/s)
库水位	下游水位	14 孔开敞式泄洪闸	7 孔胸墙式泄洪闸	三孔排沙洞(右侧)	三孔排沙底孔	三孔排沙洞(左侧)	
128	121.55	613	2 160	620	443	620	4 565
131		2 989	3 000	759	543	759	8 148
128	121.88	613	2 160	603	431	603	4 519
131		2 989	3 000	745	533	745	8 110
128	122.21	613	2 160	585	418	585	4 471
131		2 989	3 000	730	522	730	8 071
128	122.54	613	2 160	567	405	567	4 423
131		2 989	3 000	716	512	716	8 031
128	122.8	613	2 160	553	395	553	4 383
131		2 989	3 000	704	503	704	7 999

3.2 库水位 128 m 和 131 m 泄水建筑物运用组合

本次调度组合除了根据水利部批复的西霞院反调节水库调度规程外，还考虑了目前西霞院反调节水库现状，2012 年调水调沙期间低水位运用时，泄水建筑物坝段过流不均，电站坝段过流单宽流量大，造成了在电站坝段上游 300 m×290 m 范围内对河床较为严重的冲刷，冲坑有可能危及电站坝段混凝土防冲板和左导墙。并且在泄流坝段下游右侧泄洪闸消力池下游海漫段出现淤积。在进行组合调度时，尽可能达到减轻上游冲刷改善下游淤积分布的目的，即使整个过水坝段过流相对均匀。

3.2.1 调水调沙水库下泄清水期泄水建筑物运用组合

依据西霞院水库泄水建筑物调度规程及原则对调水调沙期西霞院水库下泄清水，出库流量3 000 m^3/s、3 500 m^3/s 和 4 000 m^3/s，库水位 131 m，电站满负荷发电(Q=1 380 m^3/s)时泄水建筑物运用进行组合，组合结果见表 2。

3.2.2 调水调沙水库排沙期泄水建筑物运用组合

依据西霞院水库泄水建筑物调度规程及原则和计算 128 m 和 131 m 库水位下泄水建筑

物泄量值，对库水位 128 m 和 131 m，水库入库含沙量大于 90 kg/m^3，水库控泄2 000 m^3/s、2 500 m^3/s、3 000 m^3/s、3 500 m^3/s、4 000 m^3/s 时的泄水建筑物进行组合（电站停机避沙峰），组合结果见表 3。

表 2　调水调沙水库下泄清水期泄水建筑物运用组合（电站 4 台机组满负荷发电）

库水位（m）	流量（m^3/s）	泄水建筑物的组合方式
131	3 000	开敞式泄洪闸开启第 1、4、7、10、12、14 号共 6 孔闸门；胸墙式泄洪闸开启第 4 号闸门，其他全部关闭
	3 500	开敞式泄洪闸开启第 2、4、6、8、10、12、14 号共 7 孔闸门；胸墙式泄洪闸开启第 4 号闸门；电站坝段左侧排沙洞开启第 2 号洞
	4 000	开敞式泄洪闸开启第 1、3、5、7、8、10、12、14 号共 8 孔闸门；胸墙式泄洪闸开启第 4 号闸门电站坝段左侧排沙洞开启第 2 号洞，右侧排沙洞开启第 2 号洞

表 3　调水调沙水库排沙期不同库水位不同流量工况下的闸门开启（电站停机避沙峰）

库水位（m）	流量（m^3/s）	泄水建筑物的组合方式
128	2 000	开敞式泄洪闸开启第 1 ~ 3，5 ~ 10，12 ~ 14 号共 12 孔闸门；胸墙式泄洪闸开启第 2、6 号闸门；电站坝段左侧排沙洞开启 2 号洞，排沙底孔全开，右侧排沙洞开启 2 号洞
	2 500	开敞式泄洪闸全开；胸墙式泄洪闸开启第 2、4、6 号闸门；电站坝段左侧排沙洞开启第 1、3 号洞，排沙底孔开启第 2 号洞，右侧排沙洞开启第 1、3 号洞
	3 000	开敞式泄洪闸全开；胸墙式泄洪闸开启第 1、3、5、7 号共 4 座闸门；电站坝段左侧排沙洞开启第 1、3 号洞，排沙底孔开启第 1、3 号洞，右侧排沙洞开启第 1、3 号洞
	3 500	开敞式泄洪闸全开；胸墙式泄洪闸开启第 1、2、4、6、7 号共 5 座闸门；电站坝段左侧排沙洞全开，排沙底孔全开，右侧排沙洞开启第 1、3 号洞
	4 000	开敞式泄洪闸全开；胸墙式泄洪闸开启第 1 ~ 3、5 ~ 7 号共 6 孔闸门；电站坝段左侧排沙洞、排沙底孔、右侧排沙洞全部开启
131	2 000	开敞式泄洪闸开启第 3、6、9、12 号共 4 孔闸门；胸墙式泄洪闸开启第 4 号闸门；电站坝段左侧排沙洞、排沙底孔、右侧排沙洞均开启第 2 号洞
	2 500	开敞式泄洪闸开启第 1、3、6、9、12、14 号共 6 孔闸门；胸墙式泄洪闸开启第 4 号闸门；电站坝段左侧排沙洞开启第 2 号洞，排沙底孔开启第 1、3 号洞，右侧排沙洞开启第 2 号洞
	3 000	开敞式泄洪闸开启第 1、3、5、7、8、10、12、14 号共 8 孔闸门；胸墙式泄洪闸开启第 4 号闸门；电站坝段左侧排沙洞开启第 2 号洞，排沙底孔开启第 1、3 号洞，右侧排沙洞开启第 2 号洞
	3 500	开敞式泄洪闸开启第 1、3、5、7、8、10、12、14 号共 8 孔闸门；胸墙式泄洪闸开启第 2、6 号闸门；电站坝段左侧排沙洞开启第 2 号洞，排沙底孔全开，右侧排沙洞开启第 2 号洞
	4 000	开敞式泄洪闸开启第 1、3、5、7、8、10、12、14 号共 8 孔闸门；胸墙式泄洪闸开启第 3、5 号闸门；电站坝段左侧排沙洞开启第 1、3 号洞，排沙底孔全开，右侧排沙洞开启第 1、3 号洞

4 结 论

(1)2012 年黄河汛前调水调沙第一阶段清水下泄期间,出库流量为4 000 m^3/s 左右,库水位在131 m左右,电站机组发电,主要开启左侧电站坝段的6 条排沙洞和3 条排沙底孔泄水排沙。第二阶段为降水排沙期,出库流2 000~3 000 m^3/s,出库最大含沙量为211 kg/m^3,库水位为123.77~126.15 m,电站停机避沙峰,主要开启左侧电站坝段的6 条排沙洞、3 条排沙底孔及7 孔胸墙式泄洪闸泄水排沙。

(2)2012 年调水调沙期,由于西霞院发调节水库泄水建筑物坝段过流不均,电站坝段过流单宽流量大,是造成电站坝段上游局部冲刷和泄水坝段下靠近右岸严重淤积的主要原因。

(3)根据水力学计算手册和西霞院工程模型试验成果分别计算了西霞院水库库水位128 m和131 m,开敞式泄洪闸、胸墙式泄洪闸、排沙洞及排沙底孔等泄水建筑物泄量。依据西霞院水库泄水建筑物调度规程及原则,对调水调沙期西霞院水库下泄清水和排沙期的不同运用进行了组合,可供工程运用调度参考。

参考文献

[1] 李伟,等. 水力学计算手册[M]. 北京:中国水利水电出版社,2006.
[2] 郭慧敏,等. 西霞院工程开敞式泄洪闸水工模型试验报告[R]. 黄河水利科学研究院,2004.
[3] 武彩萍,等. 西霞院工程胸墙式泄洪闸水工模型试验报告[R]. 黄河水利科学研究院,2004.
[4] 宋莉萱,等. 西霞院工程排沙洞水工模型试验报告[R]. 黄河水利科学研究院,2004.
[5] 勾兆莉,等. 西霞院工程整体终结布置方案验证水工模型试验报告[R]. 黄河水利科学研究院,2004.
[6] 黄河小浪底水利枢纽配套工程——西霞院反调节水库运用调度规程[R]. 黄河设计公司,小浪底建管局,2012.1.

小浪底水利枢纽主坝变形监测资料分析

陈立云[1] 王诗玉[2] 丁媛媛[1] 李 芳[1]

(1. 黄河水利水电开发总公司,济源 459017;
2. 郑州城市职业学院,新密 452370)

摘 要 结合小浪底水利枢纽大量的安全监测实测资料,对主坝水平方向和垂直方向进行全方面分析,同时利用回归分析法,研究主坝的位移性态,分析成果表明小浪底水利枢纽主坝的沉降和水平位移符合土石坝的一般变化规律。

关键词 小浪底水利枢纽;主坝;安全监测

1 工程概况

小浪底水利枢纽位于河南省洛阳市以北 40 km 黄河中游最后一段峡谷的出口处,上距三门峡水利枢纽 130 km。控制流域面积 69.4 万 km^2,占黄河流域面积的 92.3%。水库设计库容 126.5 亿 m^3,后期有效库容 51 亿 m^3,是黄河干流在三门峡水库以下唯一能够取得较大库容的控制性工程。

小浪底水利枢纽将主坝变形作为安全监测的重点。在主坝选择三个横断面和两个纵断面作为主要观测断面。三个横断面分别是 A—A(位于 F1 断层带上)、B—B(位于主坝最大坝高处)、C—C(位于左岸岩石基础和河床覆盖层的交界部位),两个纵断面为沿斜心墙轴线断面 D—D 和沿坝轴线断面 E—E。为了监测主坝的内外部变形、渗流渗压状况以及结构应力应变状况,在小浪底主坝坝体内安装了大量的观测仪器,在坝体外部布设了多条视准线和沉降监测点。

2 数字模型

鉴于小浪底目前尚未蓄水至正常水位 275 m,增加首蓄因子的位移模型拟合效果更好。参考《包含首蓄因子的心墙土石坝水平位移统计模型研究》《小浪底水利枢纽大坝坝顶表层裂缝及大坝安全预警体系研究》等研究成果,采用 Matlab 软件进行逐步回归和回归计算,在逐步回归进行优选因子的基础上,采用如下因子组合建立统计回归模型。

$$\delta = a_0 + \sum_{i=1}^{2} a_{1i}H^i + a_2 HF + b_1(\theta - \theta_0) + b_2(\ln\theta - \ln\theta_0) + \sum_{i=1}^{2}\left(c_{1i}\cos\frac{2\pi it}{365} + c_{2i}\sin\frac{2\pi it}{365}\right) \tag{1}$$

式中,水压分量系数为 a,其中 H 为库水位相对初始水位的水压变化,HF 为首蓄分量,对于上下游 283 m 视准线,当日水位超出此前历史最高水位时,为当日水位,否则为此前最高历

作者简介:陈立云(1982—),女,河北石家庄人,工程师,本科,主要从事安全监测方面的工作。E-mail:123916045@qq.com。

史水位。

时效分量系数为 b,θ 为观测位移日相对于大坝开始蓄水日的时间,d;θ_0 为建模资料系列起始日相对于大坝开始蓄水日的时间,d。

温度分量系数为 c,其中 t 为观测位移日相对于初始观测日的时间,d。

3 主坝变形监测

3.1 顺水流方向位移

3.1.1 外部位移

主坝顺水流方向位移除两岸边坡区域部分测点有向上游少量位移外,大部分测点均呈向下游位移,顺水流方向水平位移最大点出现在主坝 EL283m 视准线下游坡主坝高断面 B—B(D0 +387.5)处,累计向下游方向位移 1 207.7 mm(见图 1)。

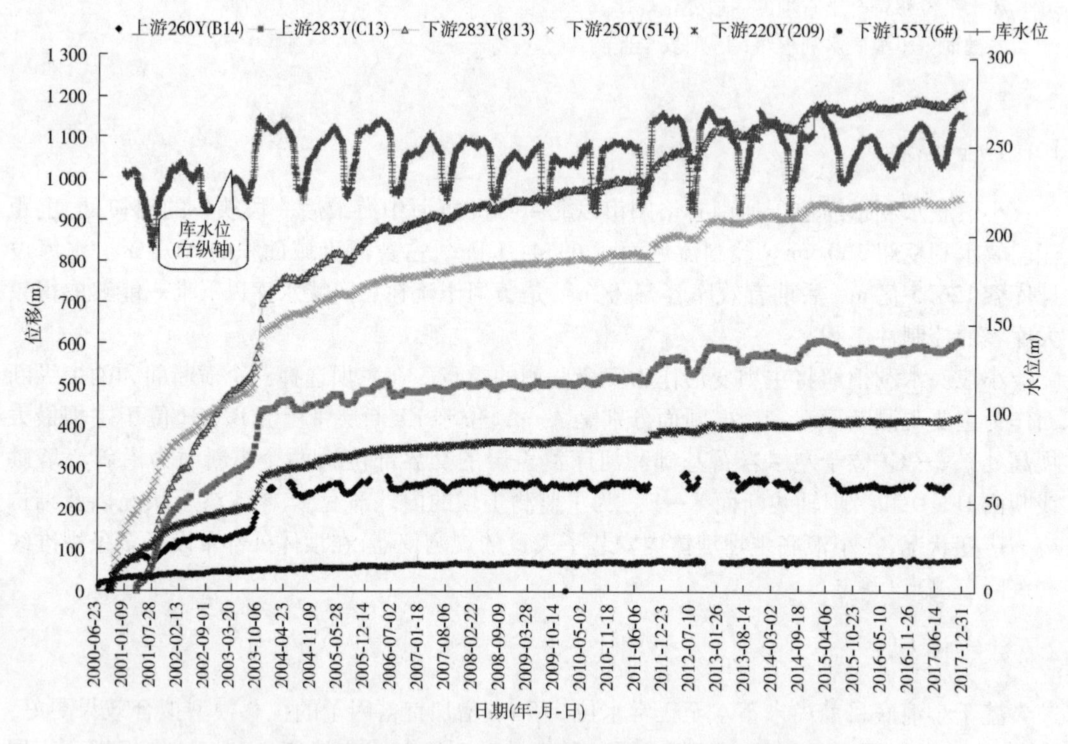

图 1 大坝各视准线 B—B 断面测点顺水流向位移过程曲线

监测结果显示,顺水流方向位移在蓄水初期变化速率快,后期变化速率逐渐趋缓,水平位移时效速率随时间呈逐渐减小趋势;顺水流方向位移量以主河床区为中心向两岸依次递减、在同一桩号上高程高的测点位移量大于高程低的测点,主坝上下游方向各位移线水平位移变化规律基本一致,下游侧测点累计位移大于上游侧测点(见图 2)。

3.1.2 内部位移

主坝 A—A 和 B—B 断面下游侧斜向测斜管 VI1 和 VI6 管身与水平方向 θ 成 59.2°夹角,两支仪器孔口高程均为 282 m,目前有效深度分别为 100 m、101 m。假定目前可测的最深点不动,计算出的 VI1、VI6、向下游方向(A 向)累计位移统计见表 1。

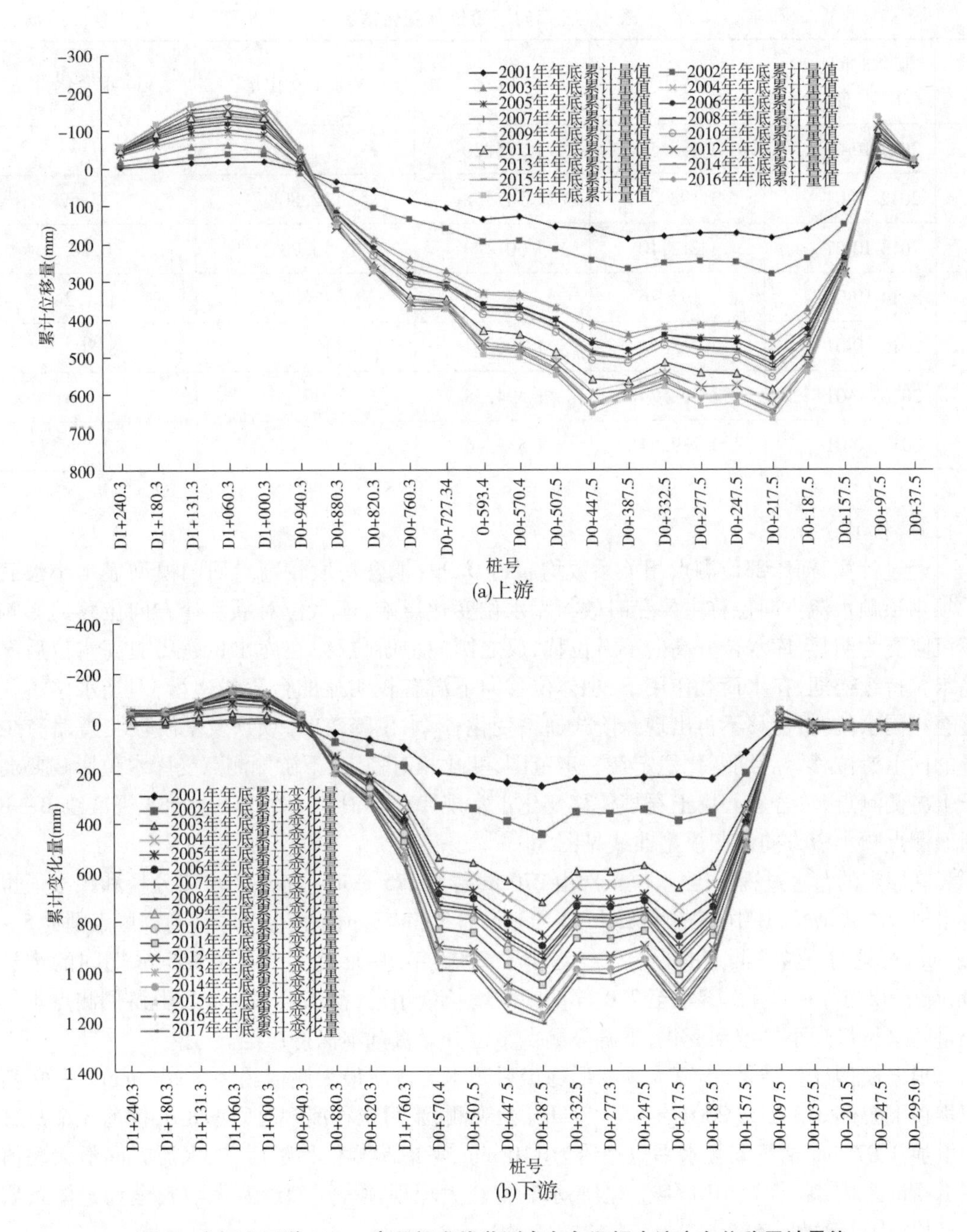

图2　主坝上下游283 m高程视准线监测点各年顺坝水流方向位移累计量值

VI1 和 VI6 观测的最大水平位移出现在坝顶,分别约为 1 239 mm 和 1 537 mm,均超过了坝顶视准线下游侧观测到的最大值(A 断面处 557 mm,B 断面 1 188.6 mm)。各管位移皆自上而下逐渐减小,自深度 30 m 以下位移较小。

表 1　孔口向下游位移变化情况　（单位:mm）

观测时间（年-月-日）	VI1	VI6	VI1 年变化量	VI6 年变化量
2011-10-01	1 185.52	1 575.20		
2012-10-01	1 198.32	1 541.58	12.80	－33.62
2013-10-01	1 212.10	1 601.78	13.78	60.20
2014-10-01	1 195.76	1 487.54	－16.34	－114.24
2015-10-01	1 215.20	1 496.34	19.44	8.80
2016-10-01	1 202.24	1 494.58	－12.96	－1.76
2017-10-01	1 239.64	1 537.46	37.40	42.88

3.1.3　模型分析

经过计算,河床部位测点相关系数均超过 0.99,拟合精度较高。回归模型显示小浪底大坝坝顶顺水流方向位移主要受时效与库水位变化影响,库水位对顺水流方向位移的影响较沉降更为明显,库水位升高向下游位移,反之则向上游位移;在库水位超历史高水位后至高水位持续初期,在水荷载作用下,坝体位移向下游有较明显的台阶式递增,但当水位重复蓄至相同水位时,位移不再出现台阶式递增变化;库水位降落时,坝顶及上游坡测点略有少量的向上游位移。后期变化稳定在一定范围,变化相对稳定,下游侧测点受库水位影响要弱于上游侧测点,符合斜心墙土石坝位移变化正常规律。小浪底主坝上下游 283 视准线 B—B 断面测点顺水流方向回归模型曲线见图 3。

在假定的蓄水过程下,当水位首次由 270 m 蓄到 275 m 时, 各点的水位分量和预报值也将出现台阶式增长,其中上游侧 283 m 高程测点为 3 ~ 14 mm,下游侧 283 m 高程测点则为 5 ~ 36 mm,可见对下游侧测点的影响已经远小于 2003 年 10 月首次蓄水至 265 m 期间的增长量,与 2012 年 11 月首次蓄水至 270 m 期间的增长量相近,蓄水至 275 m 后上游侧测点水位分量随水位呈现小幅波动变化,下游侧测点水位分量将基本保持稳定。

根据模型计算结果,推算大坝变形稳定后顺水流方向最大测值约为 1 260 mm,B—B 断面坝顶下游侧 813 测点 2001 年 4 月 7 日开始观测,工后位移漏测时间 128 d,按前 3 个月日均增加 0.87 mm 估算漏测水平位移约为 110 mm,考虑漏测位移量后,顺水流方向最大测值在 1.4 m 之内,略小于 2013 年《小浪底水利枢纽大坝坝顶表层裂缝及大坝安全预警体系研究》结果中计算的 1.68 m。

3.2　垂直方向位移

3.2.1　表面沉降

主坝累计垂直位移呈持续下沉变化,沉降量最大点位于主坝 EL283 m 视准线下游坡主坝高断面 B—B(D0 +387.5)处,累计沉降 1 525.6 mm(见图 4)。

主坝垂直位移整体呈单调递增的趋势,各测点变化规律基本一致,均呈下沉变化,变化规律符合土石坝正常位移变化规律(见图 5)。垂直位移测值分布均匀连续,总体上主坝垂直方向呈主河床区位移量大,两岸位移量小,坝顶位移量大,高程越低位移量越小的特点,大

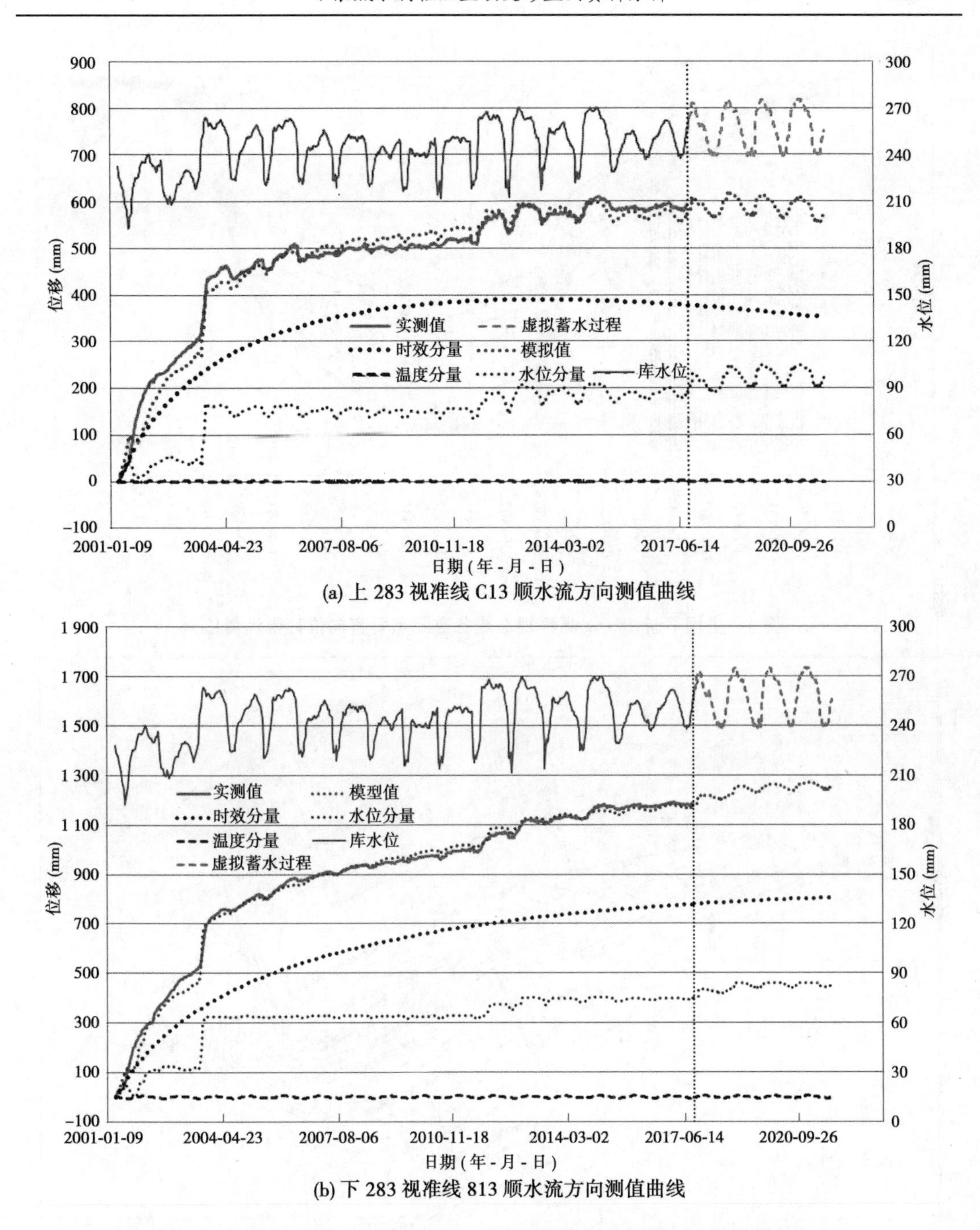

(a) 上 283 视准线 C13 顺水流方向测值曲线

(b) 下 283 视准线 813 顺水流方向测值曲线

图 3 坝顶上下游 283 视准线 B—B 断面测点顺水流方向回归模型曲线

坝等沉陷图有很好的分布规律和封闭性。从历年变化量值看,初期变化速率快,后期变化速率逐渐变慢,2015 年、2016 年和 2017 年度沉降量均在 20 mm 以内,变化速率逐步趋缓。

3.2.2 内部沉降

大坝 A—A、B—B 和 C—C 断面下游侧斜向测斜管 VI1、VI6、VI10 孔口高程均为 282 m,目前有效深度分别为 100 m、101 m、50 m。在每支测斜管中每 3 m 设一个沉降环测量沿

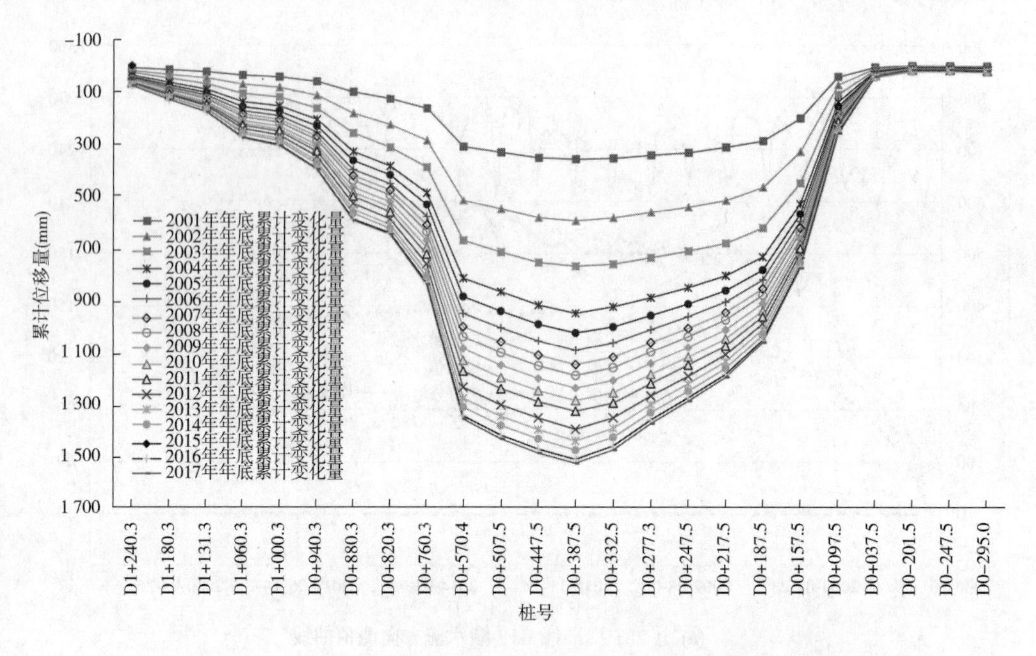

图 4　主坝下游 283 m 高程视准线各监测点垂直向位移累计量值

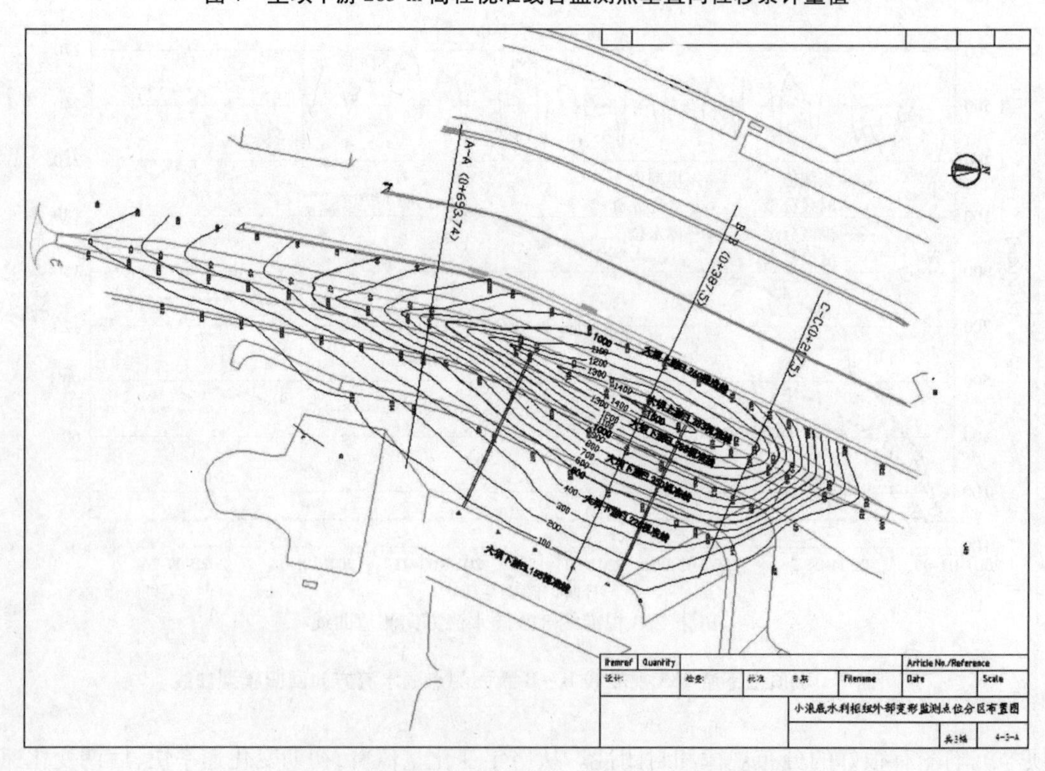

图 5　主坝垂直位移截至 2017 年 12 月等值线

管轴线方向的沉降,构成一组沉降盘。沉降盘编号对应测斜管编号,名称由 VI 改为 VS。沉降盘 VS1、VS6、VS10 目前沉降环测点数分别为 35、32、15 个,从孔口向下深度分别为 87.1 m、78.80 m、和 42 m,假定有效深度最深点不动,沉降盘孔口观测位移变化情况见表 2。

表 2 沉降盘孔口观测位移变化情况 (单位:mm)

观测时间(年-月-日)	VS1	VS6	VS10	VS1年变化量	VS6年变化量	VS10年变化量
2011-10-01	475.00	572.93	598.76			
2012-10-01	493.04	581.52	649.97	18.04	8.59	51.21
2013-10-01	516.23	585.81	703.15	23.19	4.29	53.18
2014-10-01	523.97	591.82	715.96	7.73	6.01	12.80
2015-10-01	538.57	583.23	702.17	14.60	-8.59	-13.79
2016-10-01	546.30	587.53	701.18	7.73	4.29	-0.98
2017-10-01	548.02	591.82	698.23	1.72	4.29	-2.95

由表 2 显示,测斜管 VS1、VS6、VS10 沉降曲线规律性强,260 m 高程以下深层部位的沉降都较小,说明处于深部斜墙基本稳定。

3.2.3 模型分析

目前小浪底最高蓄水位为 270.1 m。为根据建立的回归模型估算小浪底水库蓄水至正常水位 275 m 时的大坝变形量,根据水库调度的有关规程,假定 2017 年 9 月至 2021 年 9 月底的库水位过程如图 6 所示,2017~2018 年蓄水到 272.50 m,水位保持 20 d,2018~2019 年蓄水到 275 m,水位保持 20 d,于 2018 年 12 月 11 日首次达到最高库水位 275 m,2019~2020 年蓄水 275 m 水位保持 30 d。

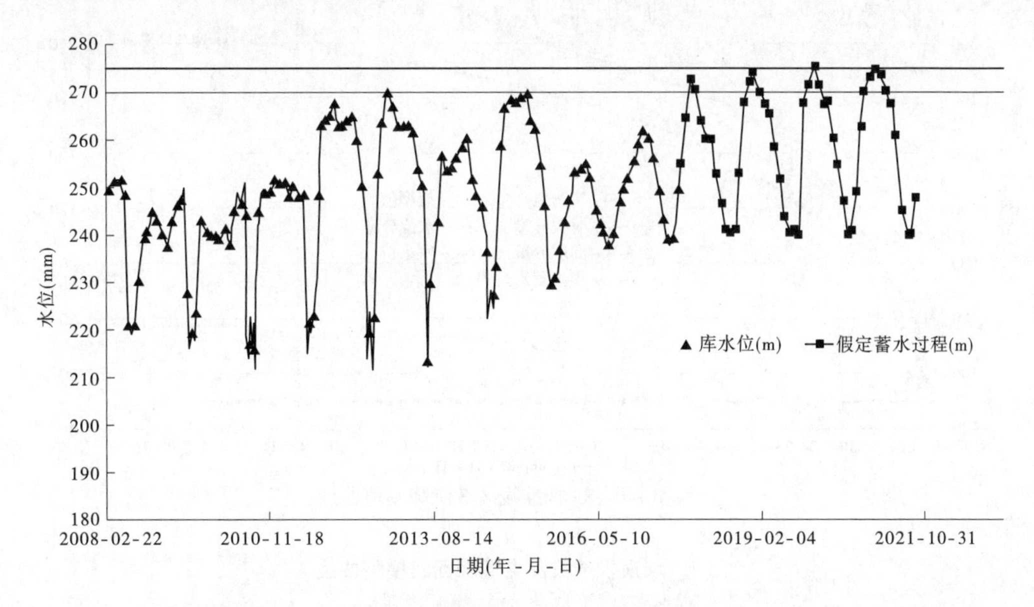

图 6 假定蓄水过程水位曲线

代表性的 B—B 断面坝顶上下游 283 m 测点沉降回归分析结果见图 7。整体上看,大坝坝顶沉降整体呈单调递增的趋势,蓄水初期坝体沉降变化速率快,后期变化速率逐渐变慢,下沉的趋势在减小，时效分量是沉降变化的关键因素，水位分量中首蓄分量影响较大，湿化是沉降测值台阶式递增的主要原因，温度对沉降的影响很小，各监测断面测点变化规律基本一致。

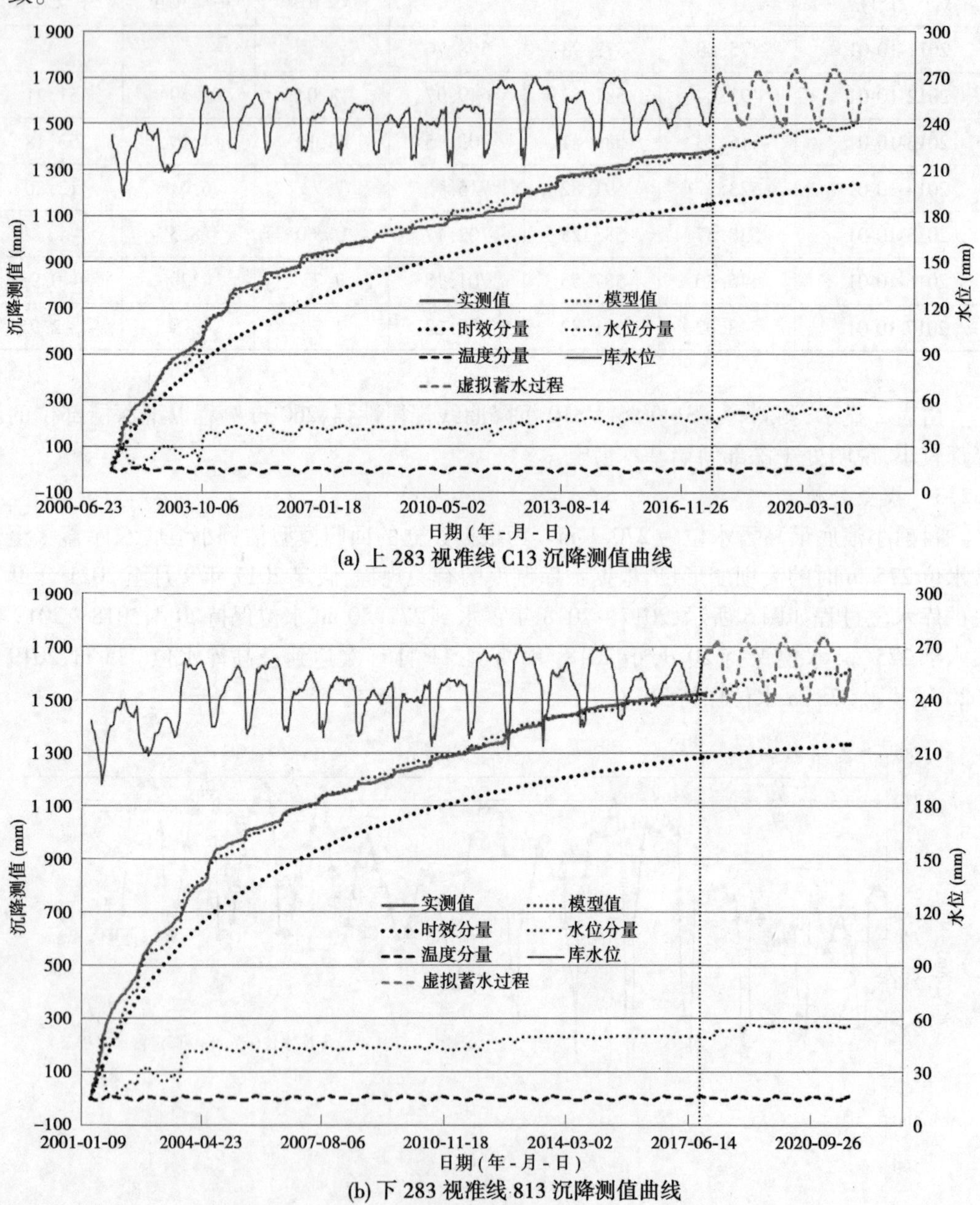

(a) 上 283 视准线 C13 沉降测值曲线

(b) 下 283 视准线 813 沉降测值曲线

图 7　坝顶视准线测点沉降回归模型曲线

坝顶 283 视准线上游测的 B—B 断面(位于 D0 + 387.5)沉降最大点为 C13 测点，高程为 EL281.43 m，最大沉降量为 1 381 mm，按最大坝高 160 m 计算，该沉降量约占坝高的 8.63‰。在假定的蓄水条件下，根据模型估算至 2021 年 9 月时该点沉降量约为 1 510 mm，高程为 EL281.29 m(该点初测高程为 EL282.80 m)，约占坝高的 9.44‰。

坝顶垂直位移观测最大沉降点高程为 EL280.587 m,最大沉降量为 1 526.2 mm,位于 D0 +387.5 的 B－B 断面坝顶下游侧 813 测点处,按最大坝高 160 m 计算,该沉降量约占坝高的9.54‰。在假定的蓄水条件下,估算至 2021 年 9 月时该点沉降量约为 1 613 mm,高程为 EL280.38 m(该点初测高程为 EL281.99 m),约占坝高的 1.01%。

4 结 论

(1)主坝变形在蓄水初期变化速率快,后期变化速率逐渐变慢;各测点变化规律基本一致,沉降过程线和位移分布均匀连续。坝顶下游侧测点沉降大于上游侧测点,但在库水位超过历史新高水位时,受湿化影响,上游测点沉降量大于下游侧,符合土石坝沉降变形变化的一般规律。

(2)主坝水平位移主要受两个因素影响:①坝体沉降带动的水平位移。②库水推力的作用使整个坝体产生向下游的水平位移。斜心墙土石坝依靠下游坝壳承担部分由斜墙传递来的库水推力,在传递来的水荷载、渗透水作用及下游坝壳的自重作用下,下游坝壳的位移变形大于上游侧。

(3)坝顶下游侧不均匀沉降率较上游侧大,且下游侧墙顶土体由心墙、反滤料、过渡料以及下游堆石(4B 和 4C)组成,由于各材料间压缩性及力学强度特性相差较大,使得坝体变形产生差异性和不协调性,是导致坝体不均匀变形的内在原因;库水位升降变幅大、降雨入渗造成的堆石湿陷等是促进其发展的外在因素。

本文的研究成果,有助于进一步提高小浪底水利枢纽工程主坝变形监测水平,确保工程安全运行,同时对类似工程的安全监测与变形预测也具有重要的指导价值。

智慧工程理念下的工程信息管理系统研究与应用

彭旭初　陈国政　段　斌　王燕山　吴高明

（国电大渡河流域水电开发有限公司，成都　610041）

摘　要　智慧工程正在对我国水利水电工程建设领域产生重大而深远的影响。结合智慧工程基本概念和建设目标，分析了智慧工程理念下信息化管理要求，研究了双江口水电站工程信息管理系统建设方案，介绍了系统应用成效，总结了系统建设及应用经验，可供其他工程项目参考和借鉴。

关键词　智慧工程；信息管理；应用

1　引　言

随着信息技术迅猛发展，“智慧企业”已成为企业未来发展的方向[1]。国电大渡河流域水电开发有限公司正加速推进大渡河“智慧企业”建设，运用物联网、大数据、云计算等现代IT技术，通过体系、流程、人、技术等企业要素的有效变革和优化，提高对流域开发、电站建设、生产运行、电力交易和企业管理的洞察力，提升企业智慧，增强企业应对外部风险能力，实现健康可持续发展[2-5]。“智慧工程”作为大渡河“智慧企业”的关键子系统和重要组成部分，将按照大渡河“智慧企业”总体规划有序实施，并与大渡河“智慧企业”其他管理模块实现无缝衔接[6]。“智慧工程”已在大渡河双江口、猴子岩、大岗山、沙坪等水电站得到全面应用，双江口工程信息管理系统作为双江口水电站智慧工程大数据收集及分析、管理优化的主要载体，在实现日常业务流程管控的同时，实现工程管理大数据收集及深化挖掘。由于双江口水电站坝高达312 m，是世界已经建成和正在建设中的最高坝，工程建设管理要求很高，迫切需要基于智慧工程理念，采用信息化、数字化、智能化的技术手段建立工程信息管理系统，以保证双江口工程建设管理科学合理。

2　智慧工程理论概述

2.1　基本概念

作为大渡河“智慧企业”四大业务单元之一的智慧工程，其基本概念与智慧企业是一脉相承的，不仅涵盖信息技术、工业技术，还包括了管理技术，并将新技术产生的先进生产力与管理塑造的新型生产关系有机结合，使得两者彼此适应、相互促进。智慧工程是以全生命周期管理、全方位风险预判、全要素智能调控为目标，将信息技术与工程管理深度融合，通过打

作者简介：彭旭初（1984—），男，湖北麻城人，硕士，高级工程师，从事水电工程项目及技术管理工作。E-mail：61604764@ qq. com。

造工程数据中心、工程管控平台和决策指挥平台,实现以数据驱动的自动感知、自动预判、自主决策的工程管理模式[7]。

2.2 建设目标

依据基本概念,智慧工程建设主要包括三方面目标[8,9]:

(1)全生命周期管理,是指工程建设标准统一,全面感知,全面数字,全面互联,全面存储,实现立项、规划、可研、设计、施工、监理、验收、移交,乃至工程寿命终止全过程管理。

(2)全方位风险预判,是指工程建设实现大感知、大传输、大储存、大数据、大计算、大分析,使整个工程具有人工智能的特点。

(3)全要素智能调控,是指工程建设安全、质量、进度、投资、环保等物的要素与建设队伍、移民等人的要素实现互联互通,智能调配与控制。

3 智慧工程理念下信息化管理要求

智慧工程的"数据驱动"内在特点和"自动感知、自动预判、自主决策"的管控目标,要求工程信息化管理须全面打破工程建设参建各方的数据壁垒、消除信息孤岛,全面建立项目参与各方信息协同共享平台,对工程规划、设计、采购、施工、运维等工程全生命周期各环节的安全、质量、进度、投资、环保等管理业务信息进行集成化、智能化、可视化管理,为业主、设计、监理、施工、供应商、科研单位等项目各参与方提供高效的信息协同共享平台,实现海量工程信息的智能分析和趋势预警,为实现工程建设精细化管理、提高决策管理水平、加强风险管控能力提供智能化技术支持。

同时,智慧工程理念下的信息管理管理要实现"全生命周期管理、全过程管控、全要素智能调控"功能,不仅要能够实现对水电工程项目前期筹备、建设实施、竣工验收等阶段的全生命周期、全方位管理,还要能够为后期评价提供海量的数据信息支持和文档资料支撑,并为生产运行期的业务管理提供无缝数据对接,实现水工建筑物、机电设备、安全监测系统等数据从工程建设期向生产运行期的移交,为"智慧电厂"业务提供有力支撑。

4 智慧工程信息管理系统建设实践

4.1 工程概况

双江口水电站(见图 1)是大渡河干流上游控制性水库,装机容量 200 万 kW,多年平均发电量 77.07 亿 kW·h,具有年调节能力。电站枢纽工程由拦河大坝、引水发电系统、泄洪建筑物等组成。拦河大坝采用土质心墙堆石坝,最大坝高 312 m,是目前世界已建和在建水电工程中的第一高坝,坝体填筑总量约 4 400 万 m^3。电站采用地下式厂房,安装 4 台容量 50 万 kW 的混流式水轮发电机组。双江口水电站于 2015 年 4 月核准开工,计划 2022 年全部机组投产发电。

4.2 系统框架及功能设计

4.2.1 系统设计原则

采用"成熟可靠、技术先进、方便易用、功能完善、集成性好"的成熟原型软件平台来建设系统,系统设计遵循如下原则:

(1)成熟可靠。系统能保证已经在国内外类似多个项目上稳定运行多年,系统应用成熟稳定可靠。

图1　双江口水电站效果图

(2)技术先进。采用国际先进的技术构架,通过SOA标准化系统集成框架将各个软件以及开发的模块有机融合在一起。

(3)功能完善。能够满足双江口水电站工程管理的所有业务要求,实现各业务部门的横向协作,提高管理人员的工作效率和工作质量。同时尽可能与公司整体信息化规划相匹配。

(4)集成性好。系统各子系统能真正无缝地集成在一起,实现统一管理和登录。

(5)具开放性。系统设计遵循开放原则,使用公共的协议和接口标准,便于系统的扩展和维护。

(6)安全可靠。有完善的分级授权、数据备份机制,能有效防止系统本身及应用可能产生的数据安全问题,如误操作、非法登录、权限分配不当等。

(7)具有可扩展和可复制性。系统满足新增管理内容的要求,以及后续项目部署的要求,并具有平滑扩展至ERP系统的功能,符合公司总体信息化规划要求。

4.2.2　系统框架设计

系统技术架构从实现的功能与业务分层角度对标准的架构规范上进行了细分和扩充,整个系统由展示层、业务层、应用服务层、数据层、基础设施层组成。

展示层是利用多终端来创建沉浸式工程建设辅助管理和总体决策支持的虚拟现实环境,通过构建可视化会商平台实现关键信息的快速获取,同时满足双江口工程所有信息交互与共享的需求,依靠统计报表、KPI指标等信息的运用,通过风险预警和决策支持,建立跨平台、多终端、可视化决策会商平台。

业务层实现工程项目建设管理的各个子功能模块的数据与业务处理,体现工程建设的具体特点,涵盖工程建设从设计、采购、施工、文档、设备、物资、财务、质量管理的所有业务,并且体现了水电站工程建设特有的一些管理特点。

应用服务层提供了本系统的应用服务支持,IIS服务器提供了系统Web访问的标准HTTP协议封装,以标准规范的Web服务实现本系统内数据和业务集成。

数据层为信息系统提供所需的各类数据资源,包括业务数据和系统数据,提供了系统数据的灾备、集群与负载均衡。还可包括双江口工程建设其他信息系统的数据,包括关系型数据、多媒体数据、文件型数据等。

基础设施层为信息系统提供最基本的软硬件设施保障,包括网络基础设施、服务器系统、系统软件及其他。

4.2.3 应用系统设计

双江口工程信息管理系统的应用平台总体结构见图2,IT系统架构见图3。整个系统的层次划分,从最底部的数据库层开始,一层一层向上提供接口服务,最终实现用户按业务要求的可见操作界面和其他系统接口。各层次专著于自身功能的接口实现,整个层次保持相对的稳定。系统通过不改变接口,各个层次、各个组件进行优化的策略,能在不影响整个业务的前提下,不断地完善和改进。

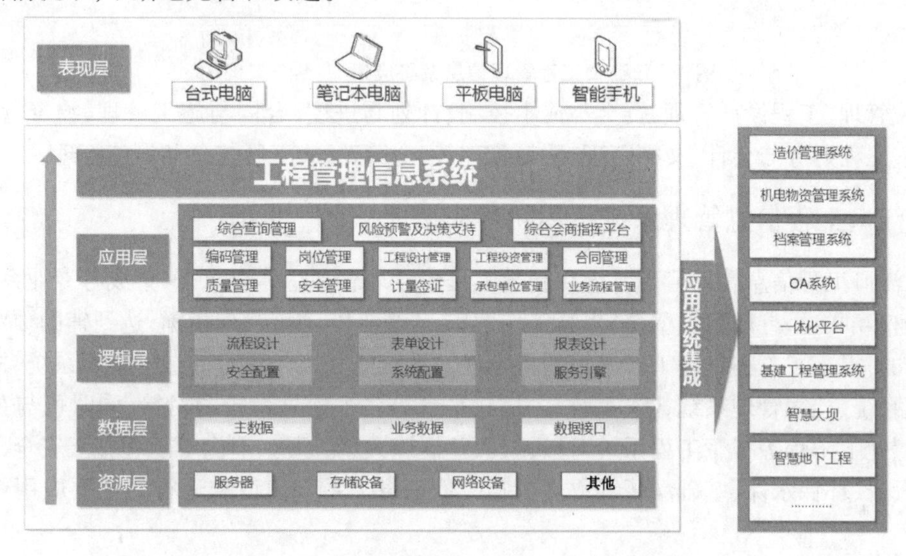

图2 双江口工程管理信息系统应用平台总体结构图

在客户层,直接通过网页浏览器和Java Applet插件访问系统,能给用户提供交互性强、可操作性好的系统体验;中间件层采用Oracle Application server11g实现。Oracle Application server11g是一个集成的、基于标准的软件平台,它使不同规模的组织能够更好地应对不断变化的业务需求,能够支持所有主流Web开发语言、API和框架的应用服务器,它能够与Oracle数据库紧密结合,是一组在Web上动态传递内容的服务集合;业务逻辑层封装了各业务功能模块和流程的API,保证系统的灵活和高效;数据库层采用Oracle Database 11g。Oracle Database 11g在管理企业信息方面最灵活和最经济高效,在尽可能提高服务质量的同时削减了管理成本,除极大地提高质量和性能外,Oracle Database 11g还通过简化的安装、大幅减少的配置和管理需求以及自动性能诊断和SQL调整,显著地降低管理IT环境的成本。

4.2.4 主要功能划分

双江口工程信息管理系统作为双江口水电站智慧工程建设管理的通用系统,包括投资管控、合同管理、安全管理、质量管理、物资管理、设计管理、预警决策中心、承包人管理、计量签证、环保管理等功能模块,是双江口水电站"智慧工程"架构体系中,重要的集中管理和协同工作平台,在该平台上实现了以合同、财务为中心的数据加工、处理、传递及信息共享,以控制工程成本、确保工程质量、按期完成工程目标。系统包含13个功能子系统:编码结构管

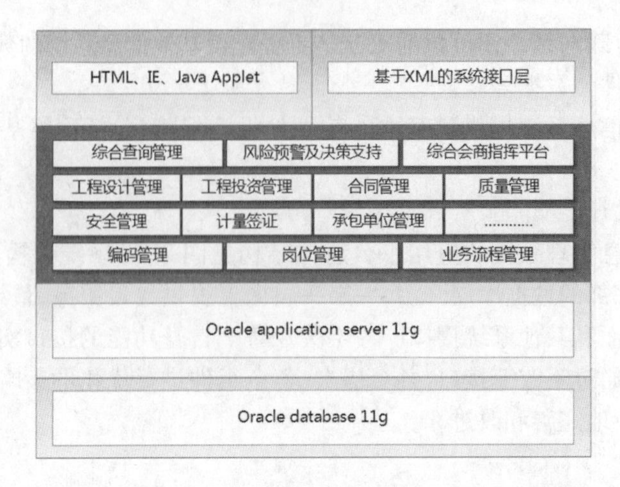

图3 双江口工程管理信息系统应用 IT 系统架构图

理、岗位管理、工程设计管理、资金与成本控制、计划与进度、合同与施工管理、物资管理、设备管理、工程财务与会计、文档管理、质量管理、安全管理、施工区与公共设施管理。

5 双江口工程信息管理系统运用初步成果

双江口工程信息管理管理系统在智慧工程建设理念和总体要求下，集成各专业系统，实现数据相互联通，打破数据壁垒，提高工作效率，设置 KPI 预警管理指标，达到辅助预警和决策的目的，提高了工程管理工作决策的科学性。系统已完成与原有的造价管理系统、机电物资管理系统、档案管理系统、OA 系统、一体化平台等多个信息系统的对接，同时可与智慧大坝、智慧地下工程等智慧工程系统对接，获取并提炼大坝、厂房、泄洪等工程施工安全、质量、进度、投资、环保水保、基础灌浆等方面的相关性信息。系统建设和运行的主要应用效果如下：

(1)提高效率，规范管理。截至 2018 年 6 月，系统实现了合同、变更及支付结算、工程计量、物资核销、民技工管理在线审批，大大提升支付结算审批效率，大量减少审批时间；通过系统将相关资料进行收集，减少了资料遗失风险，为后期资料归档打下良好基础；通过对工程概算、合同、财务等业务环节有效数据的采集、结构化、串联和整合，形成双江口水电站工程相关业务完整、清晰、标准的数据体系，实现相关工程数据的沉淀和共享。

(2)智慧预警、科学决策。风险预警及决策支持子系统主要从质量、进度、投资、安全、环保水保等“五控制”方面，对关键指标实现风险自动感知、自动预判，自动预警，并通过专家知识库、知识推理、人工智能等技术，采取人机交互等方式，就风险及问题为各方用户智能地提出专业、可行的解决方案和措施，提高了决策的科学性。

(3)依托概算、控制投资。概算管理是水电项目投资控制的基础，系统将工程建设管理过程中签订的所有合同及时归概，并细化到每个合同清单子目与概算精准对应，新增的变更子目也通过系统设置强制归概，严格按照“未归概，不结算”的原则进行投资控制。可将工程建设的所有经济活动与概算紧密联系，做到实时分析，为投资决策提供准确数据。

(4)落实“总包直发”，降低稳定风险。系统通过承包商模块和结算模块联动，实现民技工工资由总包单位直发，最大限度保障民技工权益，维护工区稳定。系统通过在承包商模块实时录入民技工信息，实现了信息的动态管理，及时掌握各参建单位分包队伍民技工工资发放情况,同时在结算模块按照“两步制结算法”设置流程,即先支付民技工工资,确定全部支付后,再支付剩余工程款项,确保民技工按时足额发放。

(5)打破数据壁垒,加强物资管控。系统实现物资计划、采购、运输、出入库、核销等全过程信息化管理,规范了管理流程,提高了管控效率。同时,系统打通了结算变更模块和物资管控模块的数据壁垒,通过结算变更模块录入的单价分析表自动提取物资单耗,使物资核销工作更加及时精准,通过自动预警物资超耗等异常情况,加强各环节的物资管控,减少物资流失,降低物资管控风险。

(6)实现设计工作在线管理。根据设计任务,自动催图,并进行供图计划提交、设计成果分发、设计交底等处理。实现了设计文件在线共享,大幅提高参建各方工程技术管理信息交流反馈效率。

6 结 语

(1)在传统经典管理体系基础上,基于智慧工程管理理念,利用信息化、数字化、智能化技术,建成了打破信息孤岛、打通数据壁垒的双江口工程信息管理系统,该系统实现了多个系统的深度融合,形成了集中集成的共享平台。系统与已建、在建或拟建的相关信息系统,通过数据接口实现与各系统的融合,保证了数据来源唯一性和业务流程连贯性。

(2)双江口工程信息管理系统可实现风险预警及决策支持。系统从质量、进度、投资、安全、环保水保等“五控制”方面,对关键指标实现风险自动感知、自动预判,自动预警(包括自动分级预警、工程质量预警、工程投资预警、安全风险预警、环保水保风险预警),并通过专家知识库、知识推理、人工智能等技术,采取人机交互等方式,就风险及问题智能地提出专业、可行的解决方案和措施,实现智能分析及趋势预警,提升决策管理和风险管控水平。

(3)后续工程管理系统建设前期须高度重视数据结构治理。工程管理信息系统建设是个复杂的系统开发、实施和集成工程,其涉及专业多、参与单位和部门多。工程管理信息系统建设应本着“统一领导、加强管理;统一规划、分期实施;应用驱动、重点突破;统一标准、资源共享;先固化、后优化”的原则,在系统建设前期需重点统一各子系统的数据结构治理,形成统一的数据结构规则,以便于后期系统长期稳定高效运行。

参 考 文 献

[1] 涂扬举,郑小华,何仲辉,等. 智慧企业框架与实践[M]. 北京:经济日报出版社,2016.
[2] 涂扬举. 建设智慧企业,实现自动管理[J]. 清华管理评论,2016(10):29-37.
[3] 涂扬举. 水电企业如何建设智慧企业[J]. 能源,2016(8):96-97.
[4] 涂扬举. 智慧企业建设引领水电企业创新发展[J]. 企业文明,2017(1):9-11.
[5] 涂扬举. 建设智慧企业推动管理创新[J]. 四川水力发电,2017(2):148-151.
[6] “国电大渡河智慧企业”建设战略研究与总体规划报告[R]. 成都:国电大渡河流域水电开发有限公司,2015.
[7] 智慧企业理论体系(2.0版本)[R]. 成都:国电大渡河流域水电开发有限公司,2017.
[8] “国电大渡河智慧企业”建设之“智慧工程”总体方案[R]. 成都:国电大渡河流域水电开发有限公司,2016.
[9] 四川大渡河双江口水电站“智慧工程”建设总体规划方案[R]. 成都:国电大渡河双江口工程建设管理分公司,2016.

全面检查发现已建混凝土坝存在的问题

Katsutoshi Yamagishi [1] ,Shuji Takasu [2]

(日本水坝工程中心,水坝工程研究所(其地址在日本东京,
邮编为110-0008)的高级研究员[1],总干事[2])

摘　要　为了延长水坝的使用寿命,2013年,日本将水坝的全面检查流程系统化,并对有30年左右历史的水坝进行了全面检查。每一位水坝管理员都要对水坝进行全面的检查,并运用其专业知识对水坝的土木工程结构(每个水坝的组成要素)的维护稳固状态和恶化程度进行全面的实况调查和评估。特别是对于坝的土木结构的整体稳定性进行更进一步的评估,这些评估项目由于手段和经费限制,在日常和定期观测中不易做到,以及随时间推移可能恶化。本研究整理了近年来日本对水坝进行全面检查(由土地、基础设施、运输和旅游部(MLIT)牵头进行的)的结果,探讨了水坝全面检查中应注意的问题、检查的方法、评估检查结果的流程,并总结了混凝土重力坝维护问题的发展趋势。

关键词　现有水坝;水坝的全面检查;土木工程结构;其他水坝设施;水坝测量

1　延长日本水坝使用寿命的措施

水坝是具有极大社会影响的社会基础设施,它具有防洪和用水方面的重要功能。目前,在日本MLIT控制下的使用年限达50年或更长时间的水坝约占水坝总数的10%,而使用年限达30年以上的水坝约占水坝总数的50%,而且随着时间的推移,损毁或损坏的水坝数量将会增加,除此之外,预计未来设施保养和维修的维护成本将会增加。由于水坝是需要长期维护和使用的重要设施,因此必须在早期了解损毁和损坏的状况,并在适当的时候进行必要的维修,因为这些措施可以将维护费用降到最低,并可以在很长一段时间内保持水坝的安全性和功能。考虑到这一观点,2013年,MLIT颁布了《综合水坝检查实施指南和解释》(《实施指南》)[1],该指南将在未来30年左右指导对水坝实施的系统性综合检查[2]。

本文旨在对近年来实施的16次水坝全面检查的结果进行整理,总结混凝土重力坝的维修问题,并通过对引起质量恶化的因子和修理技术的调查,为今后合理综合检查的实施提供帮助。

2　混凝土重力坝的维护

《实施指南》指出,"为了对水坝实施全面检查,核实维护周期内的执行情况和包括日常检查和定期检查在内的检查记录,并且从长远的角度全面评估水坝的完好性是十分必要的。对于水坝的土木工程结构,针对在日常检查中因技术或成本限制而不易被检查到的项目,以及在日常或定期检查中发现的存在有变形可能性的项目进行额外的检查来对其完好性进行全面评估"。并根据下面所列的,考虑完好性评估项目,安排维护计划:

(1)维护测量功能;

(2)连续测量以评估其完好性；

(3)持续了解恶化的状态；

(4)记载个别问题的位置；

(5)整理各类数据等。

根据分析常见问题的结果和额外检查的状况，了解近年来混凝土坝全面检查的注意事项和维护趋势，我们选取并检查了以下每个项，作为本文中(2)和(3)值得仔细审查主题。

“连续测量以评估其完好性”

- 坝体变形的测量
- 坝基排水孔的扬压力和渗流量的测量
- 接缝排水孔渗流量的测量

“持续了解恶化的状态”

- 坝体劣化过程的评估和修复方法
- 渗流对坝体劣化影响的评估与修复方法
- 坝基排水孔功能的评估与修复方法
- 基岩界面渗流的水分析及对渗流路径的评价
- 排水沟沉积物的分析与评价

3 在对水坝进行全面检查期间，按项目划分的事项

3.1 坝体变形的测量

在《河流管理设施结构标准条例》(《结构条例》)中，需要对坝高在 50 m 及以上的水坝进行坝体变形测量。在许多地方，混凝土重力坝的坝体变形测量是通过在最大横截面处建立的单个位置的直接铅垂线测量来进行的，但是在基岩地质较差的地方，有的水坝还需要通过倒铅垂线进行测量和监测。有些坝高较低的水坝，没有可测量其变形的仪器，并且无法测量其变形程度，但有的水坝可测量其坝顶参考点且其变形程度可以被控制。

在水库蓄水期间，随着水库水位的上升，测量值在下游侧发生变化，但没有明显的累积。

虽然无须对坝高不超过 50 m 的水坝进行测量，但由于坝体变形是评价安全性的重要项目，因此可以进行一些测量，以便检测出任何变形迹象。除此之外，全面检查提供了监测和记录水平接缝张开口或开裂状况的机会，可作为对变形测量的补充。

3.2 坝基排水孔的扬压力和渗流量的测量

根据《结构条例》，需要测量混凝土坝的渗流量和扬压力。在大规模地震发生后，一些水坝的坝基排水孔的渗漏量会暂时性增加，但逐渐下降，长期来看总体呈下降趋势。

虽然有些水坝的测量值已经部分超过其设计扬压力，但这种扬压力在稳定性分析中不是问题，并且在初始蓄水后，随着时间的推移，通常会出现下降趋势。

随着时间的推移，通常来说，坝基排水孔会出现排水管道堵塞和管道腐蚀等问题，并且波登管式压力表会出现劣化。

扬压力的测量方法是每个水坝的共同性问题。为了在连续作用于坝体的条件下测量扬压力，或者为了减小坝上的扬压力荷载，建议使用单孔测量方法（通过关闭施侧的孔测量）作为扬压力测量的测量标准，但是，由于过去使用该方法的经验或缩短测量时间等原因，也可以看到很多地方的水坝是通过全孔关闭的方法（通过关闭所有孔测量）来测量其压力的。

关于扬压力的测量方法，首选方法是单孔堵塞法而不是全孔堵塞法，并且测量需要在“稳定期”过后进行（允许扬压力是稳定的），目的是减少坝体上的负载，及增加水坝的稳定性。

此外，还可以看到测量前的阀门关闭时间是根据经验确定的，无须验证扬升压力稳定之前的时间，对于这些水坝，稳定时间是通过额外的检查和对所执行的测量方法的有效性的评估来确定的。

通过比较每个孔的渗流量的测量结果和基于三角形堰的总渗流量的测量结果，对测量仪器等的精度进行检查也很重要。此外，在记录和组织测量结果时，最好将数据与地震、洪水和设备升级等时间的记录相匹配来对数据进行整理。

3.3　接缝排水孔渗流量的测量

虽然接缝排水孔的渗漏很少成为影响坝体稳定性的重要问题，但是如果渗水量过大，则从延长水坝使用寿命的角度来看，需要采取措施。

对于许多水坝而言，在水库初始蓄水时，接缝排水孔的渗流量通常会增加，然后随着时间的推移而减少并趋于稳定。

在许多水坝中，无须对每个孔进行接缝渗流量的测量，而是通过测量扬压力时的坝基排水孔渗流量，并从排水廊道区的总渗流量中减去此值来计算接缝渗流量。

与坝基排水孔相同，最好测量每个孔是否有渗漏，以及接缝排水孔的状态。

图 1 表示了游离石灰黏附在排水孔出口。更好的方法是使排水孔的出口具有便于测量的形状，例如向下转动出水孔（见图 2）。

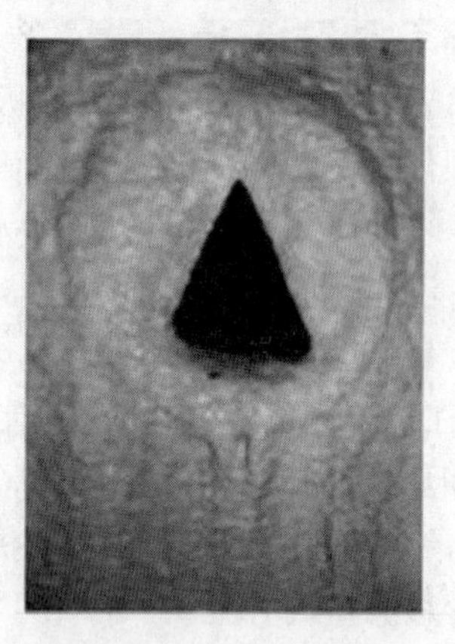

图 1　黏附到接缝排水孔口的游离石灰

图 2　接缝排水孔

（能够在每个孔进行测量的形状示例）

此外，根据水坝的不同，在非溢流段下游侧可能不会安装止水，因此，在降雨期间排水廊道的渗流量会有所增加。

维护政策制定的另一个问题是对记录的保管不善，如：无法对接缝排水孔大渗漏防治工程记录进行保存，或者无法通过图纸确认止水或接缝排水孔的结构，或者即使图纸描述是可用的也无法进行现场确认，对设施示意图等记录进行整理及保存将有助于维护。

3.4　坝体劣化过程的评估和修复方法

混凝土坝体变形分为初始缺陷及随时间推移而出现的劣化。初始缺陷主要是指由于基础结构的问题而在施工期间或之后立即出现的裂缝；重大缺陷在确认后会得到解决。由于在检查之前无任何记录,因而在全面检查期间,必须对不经常处理的小缺陷进行重新评估。

通常来说,在混凝土坝的坝体中出现的恶化主要是指冻害;损坏也可能是由于骨料的碱骨料反应和膨胀性的有害矿物质引起的。此外,在施工期间形成的潜在裂缝有时会随着时间的推移而扩张并导致混凝土碎片剥落。因此,适当地了解这种恶化并预测恶化的进展是十分必要的,但如果没有获得时间序列数据,则很难对其进行评估,因此准确显示维护计划十分重要,这是因为通过对水坝进行全面检查,可以长时间监测水坝状况的变化趋势。

目前,虽然已经注意到施工缝和溢洪道墙体部分有裂缝,坝体上游和下游侧时有发生渗流和风化现象,但尚未发现有直接影响坝体稳定性的损坏。

此外,还发现裂缝已经进入了混凝土结构,如溢洪道墙体或底板的例子。由于钢筋混凝土结构的钢筋腐蚀是一种考虑因素,因此检查对钢筋的影响也很重要。

所实施的额外检查措施包括:通过使用红外摄像机对劣化进行诊断,对无法直接观察的部件进行无人机摄影,对聚集合的浊沸石含量进行调查,基于岩芯的强度测试以及氯离子含量测试。

由于可以简单地通过测试锤和中性试验确认强度来验证坝体混凝土的恶化状态,它们已经很好地用于基本检查中,且经确认没有显著的劣化。此外,最近还有许多通过红外摄像机进行摄影以检查混凝土表面剥落程度的案例;使用红外摄像机进行检查的示例图片如图3和图4所示。

图3　可见混凝土劣化区域的图像

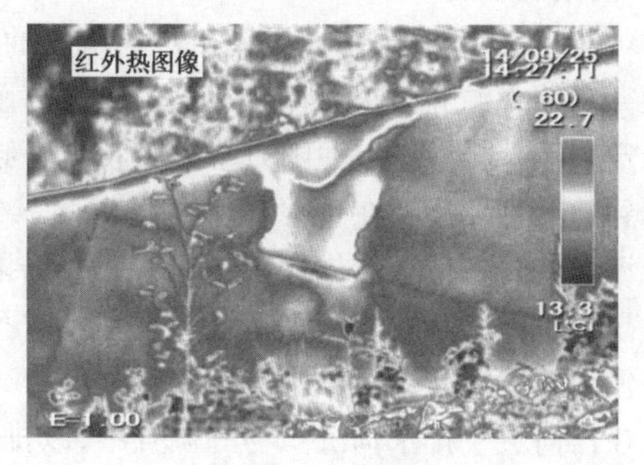

图4　用红外摄像机拍摄的热图像示例

因为推进对坝体混凝土表面恶化程度的了解对未来水坝的维护很重要,我们正在为每个水坝整理一份裂缝和其他损坏清单,并了解其现状。

3.5　渗漏对坝体退化影响的评估和修复措施

由于大坝下游一侧的水平建筑缝或横向缝产生的渗漏可能会加速坝体混凝土恶化,在进行综合的坝体检查时,正确的评估是十分必要的。虽然在很多大坝上都能见到从水平建筑缝的渗水或风化沉淀现象,但渗漏造成坝体明显恶化的情况是少见的。因为渗漏量和它产生的位置会随着季节和坝上游的水位变化而改变,所以了解外部条件下的差异十分重要。

3.6　坝基排水孔功能有效性的评估

必须对布置在坝基上的坝基排水孔的功能进行正确的维护,因为这是测量渗漏量和扬压力的设备,同时也是用于减少坝基岩扬压力和提高大坝稳定性的关键设备。然而,在多种情况下,在大坝运行过程中,当游离石灰或其他物质堵塞坝基排水孔时,丧失扬压力的减缓功能是十分有可能的。

孔洞内部检查(插入检查棒、孔洞内安放相机、孔洞内水位变化的观测)是一种有效确认坝基排水孔功能和验证排水孔是否堵塞的手段。有时重新钻孔的对策是必需的。

对于没有排水的孔,通过用取水口降低孔内的水位(孔内水取样器)和经过一段时间(通常 24 h)孔内水位的变化(恢复水位)后,对孔内水位的变化进行测量(抽水试验)。通过抽水试验法也可以对难以直接观测的排水孔有效地进行功能评价。

因为坝的坝基排水孔的渗流量在初始蓄水后随着时间的推移呈现下降趋势,并且扬压力也未呈现上升趋势,所以大多数坝是稳定的。

如果由于基岩堵塞导致不渗透性增加了,这不是问题,但当怀疑渗透性的变化是由坝基排水孔恶化和堵塞造成的结果时,就应该对基础排水孔的堵塞进行检查。

3.7 基岩接触面渗漏

尽管渗漏有时发生在坝踵与基岩的接触面,如果数量相当大则非常有必要了解它的起因、路径,并研究相应对策。对于在坝脚区域或邻接周边陆地地区的从下游岩石界面渗漏的大坝,在所有情况下,水是慢慢地渗出并且见不到明显的渗漏。虽然这种渗漏大多数是处于缓慢流淌的状态,并且在日常观察中不能把握准确的数量,但是如果渗流量相当大,则有必要在日常监测中去了解一段时间内的变化和因为天气状况等因素引起的变化。

作为一种附加的检查,我们通过比较渗流的水质特征和样本(如水库的水、周围山溪的水和地下水)来进行水质分析和推断渗流路径。

3.8 沟渠沉积物

可能在排水沟、台阶以及用于渗流测量的三角堰中发现沉积物。如果数量相当大,则必须探究它的来源和路径以评估基岩的稳定。了解排水沟沉积物的来源和流出量很重要,这需要定期清理排水沟以便随时了解其状况。必须仔细地检查坝基排水孔渗出物中的杂质,采集到的信息要反映在日常管理中。

评估基岩环境下的排水沟沉积物调查结果,对于判断基岩的稳固性和断层或裂隙的软弱性是很重要的。如果从一特定的坝基排水孔流出的基础岩石构成的物质得到确认,则有必要仔细研究基础岩石渗漏破坏的状况。

在任何关于排水沟沉积物的调查中,以排水廊道内的总体观测为前提首先确认环境和沉淀量,从外观上证实沉淀物的性质和理解上述大坝的累积特点是十分重要的。

如果观测所得的沉淀物的数量相对较大,其来源应该根据从显示有代表性特征的地点收集的样本进行推断。这些分析包括诸如颗粒大小分析、荧光 X 射线衍射和 X 射线衍射的检测,了解非结晶材料的比率,铁细菌的存在情况和样品中诸如石英、斜长石、方解石、云母的数量。

如果基岩是沉淀材料的起因的概率很高,必须进一步实施有关渗流路径调查和仔细调查重要的基岩渗漏破坏的深度。

近几年来在几处坝的排水廊道内的沉淀物被确认,基于附加的检查对其发生的原因进行了推测,对于维护需要仔细注意的问题进行了整理并在维护政策中得到反映。

“与基岩退化和衰退相关的岩石碎片”、“坝基排水孔挖掘时的烂泥”、“地下水中的沉淀物”和“源于人类活动的物料(在排水廊道入口和出口时的附着物)”被认为是在排水道渠沟内沉积(沉淀)物可能的起因,一旦了解了任一潜在根源的特点,那么通过比较它们的成分(矿物成分和粒度)推测排水沟中的沉积物就是可行的。

运用收集的样本,我们进行了成分分析以了解非结晶的材料的比率,铁细菌的存在情况和样品中诸如石英、斜长石、方解石、云母的数量,并用其作为基准数据推测起因。

表1显示了成分分析的方法,每一种的特性在表中都有所示,通过这些方法的结合运用进一步提高每种矿物质的精确度是可能的。

表1 排水沟沉淀物典型的元素分析方法和备注概要

分析方法	摘要	备注
立体显微镜	立体显微镜下在岩石和矿砂的空隙显示聚合的和结晶状的微小矿物质形态,在20~40放大倍数下矿石和矿砂的成分,尽管等同于在肉眼下根据外表识别矿物成分,放大倍数高于放大镜并在立体显微镜下观察	矿物颜色和三维形态通过显微镜进行肉眼判断,对大致的岩石形成的矿物质如石英和长石的判断在一定程度上是可能的,但是对高精确度的判断和特定的矿物质的判断比较困难
偏光显微镜	滑落的岩石已准备妥当,并检查了岩石中所含矿物的类型和组成。放大分辨率为50~400倍。因为包含粉状或易碎的矿物质的滑落岩石的准备困难,在很多情况下不对这类岩石进行检查。对于松散的沉淀物,碎片是通过用黏合剂一次性固定沉淀物的方式产生的	运用矿物不同的光学特性,特定矿物的准确度很高,但需要高度的专门技术
X射线粉末衍射	矿物质类型的识别是通过基于矿物的原子排列得到的。X射线投射于结晶状的物质,当每个原子散开X射线时从每一个分散角度记录分散强度,就获得了物质独特的分散光谱。衍射角度位置和强度对于结晶结构都是特有的,无机化合物主要通过衍射模式识别。这对那些有着相同的化学成分但不同的原子排列的矿物质鉴定特别有效	不能呈现衍射模式的非结晶材料如有机物质、结晶结构较差的物质,不能被检测到。 在指定诸如黏土矿物等物质时,需要进行固定的取向分析,包括几个单独的预处理步骤
荧光X射线分析	在X光照射下样本发光,产生不同的荧光X射线照射波长,通过持续改变结晶体的角度,从而测量衍射X光的强度。从得到的X射线强度,可以检查构成样本元素的类型和它们的大致成分	这是一种检验岩石中元素组成和含量的方法;它不能直接指定矿物成分。 当通过与其他方法结合使用来提高这种物质来源的准确性时,该方法是有效的
粒度分析	通过分析颗粒大小推测沉积物的起因(起源),并与研究原始材料成因的结果进行比较	仅当在原始物质颗粒大小构成中具有某些特性时才可以应用

我们主要通过荧光X射线衍射和X射线粉末衍射,包括对一些坝进行偏光显微镜的观察分析,判断这些沉积物主要是源于渗透水的水质和坝体混凝土的化学反应而非基岩产生的。我们认为这些物质并不是因为基岩的损坏而流出的。对于沉积物控制,同了解将来是否从基岩出现渗透路径这一关键的控制因素一样,优先监测是非常重要的。

4 结 论

本研究中我们延长已存在的坝寿命的观点选择和组织课题,这些坝是在《实施指南》公布后进行全面检查的实例。从结果中我们选择了现有坝普遍存在的问题和一些需要测量与分析的项目以诊断恶化事项,并总结了调查程序和评估方法。

未来,坝的全面检查将用来延长坝的使用寿命,这项工作将按照 30 年为周期的 PDCA 管理程序重复进行。我们将继续密切观察,看看以延长使用寿命为基础的维修计划是否会在未来显示成效。

参 考 文 献

[1] 土地、基础设施、运输和旅游部,水利和国土保护局,河流环境部. 综合水坝检查实施指南和解释 2013.
[2] 土地、基础设施、运输和旅游部. 河流冲蚀控制技术标准:保养(大坝版),2015.

前坪水库施工期度汛安全风险分析

皇甫泽华[1] 佟壮壮[2] 厉从实[1] 董佳林[2]

(1.河南省前坪水库建设管理局,郑州 450002;2.郑州大学,郑州 450001)

摘 要 本文通过分析土石坝施工期初期导流阶段的水文和水力因素,根据河流洪水过程、导流建筑物泄流能力的概率密度函数,在给定的设计洪水条件下,模拟洪水过程线和泄流能力过程线,并采用调洪演算确定上游洪水位的分布。在此基础上建立度汛安全风险数学模型,计算在围堰挡水阶段不同围堰高度条件下的度汛安全风险。通过对前坪水库的分析表明,此计算方法和研究模型具有较好的实用性。

关键词 土石坝;施工期;调洪演算;度汛安全风险

1 前 言

土石坝因具有结构简单、施工工序少、施工技术易掌握,可就地取材,能适应不同的地形、地质和气候条件,运行管理方便、寿命长,便于机械化快速施工等特点而得到广泛应用。在我国已建成的9万多座大坝中,有90%以上为土石坝[1]。据资料统计,土石坝洪水漫顶和坝体失稳是土石坝失事的两个主要原因。我国水库由于洪水漫顶造成的溃坝约占大坝溃坝总数的47.85%[2],世界上由于洪水漫顶造成溃坝的比例也高达1/3[3]。而相对于已建成的大坝而言,土石坝在施工期围堰挡水阶段各类参数指标尚未达到设计要求,各项功能尚未完善,抵抗事故的能力更低。因此,对土石坝施工期的度汛安全风险进行研究显得尤为重要。

水文和水力因素是影响土石坝施工期度汛安全风险的主要因素,不少学者在施工导流风险分析方面做了很多探讨,提出一些导流风险模型[4-6]。王卓甫[7]较为全面地研究了考虑水文因素的施工导流风险率计算模型,但未考虑水力因素,限制了其在实际工程中的应用。近来又有学者提出利用Monte-Carlo方法,通过统计分析模型确定动态风险[8]。但是在模拟施工洪水过程中,只考虑了洪峰流量,而没有考虑洪水过程的洪量因素以及导流建筑物的各种水力参数。为此,本文基于水文和水力因素,根据其概率密度函数模拟施工洪水过程和导流建筑物泄流能力,并通过调洪演算分析不同围堰高度条件下的度汛安全风险,为土石坝施工期度汛安全风险的管理和控制提供参考。

2 土石坝施工期度汛安全风险的定义

土石坝建设过程中,上游来水通过导流建筑物泄入下游河道。当上游洪水位超过挡水

作者简介:皇甫泽华(1963—),男,河南民权县人,教授级高级工程师,本科,主要从事水利工程建设管理。E-mail:hfzh@163.com。

通讯作者:佟壮壮(1995—),男,山东枣庄人,硕士,主要从事水利水电工程风险评价研究。E-mail:532739169@qq.com。

建筑物顶部高程时,就会造成漫坝,带来经济损失甚至人员伤亡。采用概率方法,用风险率指标度量大坝的防洪安全水平在大坝工程设计和管理中具有极其重要的意义。因此,本文采用漫坝风险率来度量土石坝施工期的安全风险程度。在给定的设计洪水标准条件下,定义土石坝施工期漫坝风险如式(1)所示。

$$R = P(Z(t) \geqslant H(t)) \tag{1}$$

式中:R 为某时刻漫坝风险;$Z(t)$、$H(t)$ 分别为该时刻的上游洪水位和挡水建筑物顶部高程。

在土石坝施工期围堰挡水阶段,其挡水建筑物顶部高程为上游围堰顶部高程 H_{upcoffer},而上游洪水位根据洪水过程线和泄流能力过程线经调洪计算得出,其表达式为

$$Z(t) = Z_0 + H_f \tag{2}$$

式中:Z_0为水库起调水位;H_f为库水位由于洪水产生的增加值。

因此,土石坝施工期度汛安全风险与引起上游洪水位变化的水文、水力因素有关,其函数式如式(3)所示。

$$R = f(Q,q) \tag{3}$$

式中:Q 为洪水过程;q 为导流建筑物泄流能力。

3 影响安全风险的因素分析

影响土石坝度汛安全风险的因素有多种,本文计算中主要考虑水文和水力因素。

3.1 水文因素

按照我国河流的水文特性,上游来水的洪量和洪峰流量符合 PⅢ型分布,其概率密度函数如式(4)所示。

$$f(x) = \frac{\beta^{\alpha}}{\Gamma(\alpha)} (x - a_0)^{\alpha-1} e^{-\beta(x-a_0)} \tag{4}$$

式中:$\Gamma(\alpha)$ 为 α 的伽马函数;α、β、a_0 分别为 PⅢ型分布的形状、尺度和位置参数,$\alpha > 0$、$\beta > 0$,且 $\alpha = 4/C_s^2$,$\beta = 2/\bar{x}C_v C_s$,$a_0 = \bar{x}(1 - 2C_v/C_s)$;$\bar{x}$ 为样本均值,C_v 为变差系数,C_s 为偏态系数,可根据历史实测洪水系列资料,采用矩法或适线法进行估算,进而可得到其概率分布函数。设计洪水采用典型洪水过程线放大法,选取最大 15 d 洪量,对洪峰流量及各时段洪量同频率控制放大。

3.2 水力因素

导流建筑物的泄流能力受挡水建筑物上游水位以及自身水力参数的影响,采用修正因子 λ 对曼宁公式进行修正后的导流建筑物的泄流能力[9],如式(5)所示。

$$Q = \lambda \frac{1.486}{n} A^{5/3} P^{-2/3} S^{1/2} \tag{5}$$

式中:n 为糙率系数;A 为过水断面面积;P 为湿周;S 为底坡。

徐森泉[9]等通过对模拟某工程导流洞泄流能力而得到的统计密度函数曲线进行检验,认为导流洞的泄流能力较为接近三角形分布。其概率密度函数[10]如式(6)所示。

$$f(x)=\begin{cases}\dfrac{2(x-a)}{(b-a)(c-a)} & a\leqslant x\leqslant b\\ \dfrac{2(c-x)}{(c-a)(c-b)} & b<x\leqslant c\\ 0 & \text{其他}\end{cases} \tag{6}$$

式中:a 为泄洪能力下限;b 为平均泄洪能力(最可能值);c 为泄洪能力上限。a、b、c 参数通过导流建筑物施工及其运行的统计资料来确定。

4 基于调洪演算的土石坝施工期度汛安全风险计算

本文在给定的设计洪水标准条件下,研究土石坝施工期度汛安全风险受洪水过程及导流建筑物泄流能力的影响。根据上述变量的概率密度函数,采用调洪计算的方法计算各频率设计洪水下的上游洪水位,进而得出其度汛安全风险。调洪演算的核心内容是水量平衡原理,即在时段 Δt 内,入库水量与出库水量之差应等于该时段内的水库蓄水变化量,其基本公式为:

$$\frac{Q_1+Q_2}{2}\Delta t-\frac{q_1+q_2}{2}\Delta t=V_2-V_1 \tag{7}$$

$$q=f(Z) \tag{8}$$

式中:q_1、q_2分别为时段初、时段末的出库流量,m^3;Q_1、Q_2分别为时段初、时段末的入库流量,m^3;V_1、V_2分别为时段初、时段末的水库库容,万 m^3;Δt 为时段,取 $\Delta t=1$ h;$q=f(Z)$为上游洪水位与泄量的关系。

基于调洪演算的土石坝围堰挡水阶段度汛安全风险的计算流程如图 1 所示。

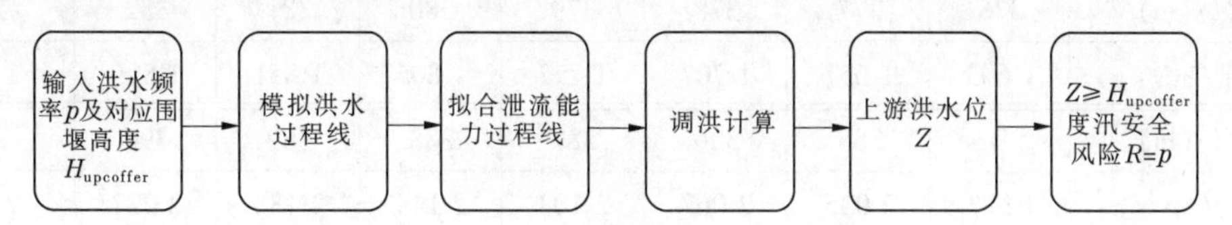

图 1 基于调洪演算的安全风险计算流程

5 实例分析

5.1 工程概况

前坪水库位于淮河流域沙颍河支流北汝河上游、河南省洛阳市汝阳县县城以西 9 km 前坪村,是一座以防洪为主,结合供水、灌溉,兼顾发电的大(2)型水库,正常蓄水位 403.00 m,坝顶高程 423.50 m,水库总库容 5.84 亿 m^3。根据《水利水电工程施工组织设计规范》(SL 303—2004),本工程导流建筑物级别为 4 级,对应土石类围堰设计洪水标准为 10 ~ 20 年。本工程现处于围堰挡水阶段,按照 20 年一遇洪水设计,100 年一遇洪水临时度汛,相应的设计流量分别为 $Q_{P=5\%}=3\ 720\ m^3/s$,$Q_{P=1\%}=7\ 070\ m^3/s$,水库起调水位与导流洞进口高程重合,为 343.00 m,泄流建筑物包括导流洞和泄洪洞:当水位未达到泄洪洞进口高程时,仅导流洞参与泄水,泄流系统泄量即为导流洞泄量;当水位达到泄洪洞进口高程(360 m)时,导流洞和泄洪洞共同参与泄水,两者泄量的叠加即为泄流系统总泄量。设计洪水资料及泄流建筑物的水位泄量关系如表 1、表 2 所示。

表 1　设计洪水资料

项目	均值	C_v	C_s/C_v	设计洪水			
				$P=1\%$	$P=2\%$	$P=5\%$	$P=10\%$
Q_P(m^3/s)	949	1.5	2.5	7 070	5 580	3 720	2 440
W_{1P}(10^8m^3)	0.367	1.45	2.5	2.64	2.095	1.412	0.939
W_{3P}(10^8m^3)	0.668	1.45	2.5	4.797	3.809	2.57	1.709
W_{7P}(10^8m^3)	0.888	1.3	2.5	5.674	4.578	3.187	2.202
W_{15P}(10^8m^3)	1.171	1.15	2.5	6.661	5.466	3.933	2.826

表 2　泄流建筑物水位—泄量关系

水位(m)	344	345	346	347	348	349	350	351
流量(m^3/s)	20	56	98	144	192	242	293	344
水位(m)	352	353	354	355	356	357	358	359
流量(m^3/s)	350	358	364	422	472	518	560	599
水位(m)	360	361	362	363	364	365	366	367
流量(m^3/s)	636	680	731	786	844	904	967	1 031
水位(m)	368	369	370	371	372	373	374	375
流量(m^3/s)	1 098	1 166	1 236	1 285	1 359	1 426	1 488	1 574
水位(m)	376	377	378	379	380	381	382	383
流量(m^3/s)	1 603	1 657	1 707	1 757	1 805	1 851	1 896	1 940
水位(m)	384	385	386	387	388	389	390	391
流量(m^3/s)	1 983	2 025	2 067	2 108	2 148	2 188	2 227	2 266

5.2　度汛安全风险计算

根据施工导流系统的统计参数及其计算模型，分别拟合洪水过程线、泄流过程线，进行水库的调洪演算，模拟土石坝施工期初期导流阶段围堰上游水位和在不同设计洪水标准条件下的风险率 R。表 3 为基于调洪演算的土石坝施工期度汛安全风险率。

表 3　施工期度汛安全风险率

导流设计洪水标准(%)	对应围堰高程(m)	模拟堰前水位(m)	对应下泄流量(m^3/s)	度汛安全风险(%)
5	372.60	372.00	1 434	5
2	381.62	381.49	1 816	2
1	387.69	387.20	2 040	1

由表 3 分析得出，在土石坝施工期初期导流阶段，由于施工导流系统水文及水力因素的影响，其设计洪水标准对应的围堰高程均大于模拟堰前水位，但最大相对误差仅为 0.16%，

因此其度汛安全风险率可取为其设计洪水风险率。

5 结 语

土石坝施工期度汛安全风险主要表现为上游洪水位的不确定性。本文考虑了施工期度汛的水文和水力因素,分析来水的洪峰流量和洪量因素,模拟洪水过程线;分析各水力参数,确定泄流能力的分布函数,模拟泄流能力过程线;并通过调洪演算和统计分析模型确定施工期度汛安全风险率。通过实例验证了考虑水文和水力因素的度汛安全风险计算模型的可行性与有效性,为水电工程施工导流系统风险分析提供了有效的工具与途径。

参考文献

[1] 孙继昌. 中国的水库大坝安全管理[J]. 中国水利, 2008(20): 10-14.
[2] 解家毕,孙东亚. 全国水库溃坝统计及溃坝原因分析[J]. 水利水电技术,2009(12): 124-128.
[3] 李清富,龙少江. 大坝洪水漫顶风险评估[J]. 水力发电,2006,32(7): 20-22.
[4] 肖焕雄,韩采燕. 施工导流系统超标洪水风险率模型研究[J]. 水利学报,1993(11): 76-83.
[5] 李本强,胡颖. 过水围堰导流系统瞬时风险分析[J]. 水电能源科学,1997,15(2): 42-46.
[6] 朱勇华,肖焕雄. 施工导流标准风险率及其区间估计[J]. 水电能源科学,2002,20(4): 41-43.
[7] 王卓甫. 考虑洪水过程不确定的施工导流风险计算[J]. 水利学报, 1998(4): 33-37.
[8] 胡志根,刘全,贺昌海,等. 基于 Monte-Carlo 方法的土石围堰挡水导流风险分析[J]. 水科学进展, 2002, 13(5): 634-638.
[9] 徐森泉,胡志根,刘全,等. 基于多重不确定性因素的施工导流风险分析[J]. 水电能源科学, 2004, 22(4): 78-81.
[10] 肖焕雄,韩采燕. 施工导流标准与方案优选[M]. 湖北:湖北科学技术出版社,1996.

水电经济运行管控的有关探索

寇立夯[1]　陈在妮[2]

(1. 国家能源投资集团有限责任公司,北京　100034;
2. 国电大渡河流域水电开发有限公司,成都　610041)

摘　要　本文基于损失分析和对标分析,提出了一种水电经济运行管控方法。该方法通过水电站应发电量与实发电量的差异分析,将电量损失细化为限电影响、计划检修影响、设备故障影响、机组效率影响、水头影响等五类,便于管理者从市场营销、运检制度建设、设备管理、应急预案、厂内运行管理、水库优化调度等不同方面发现问题所在,有针对性地制定整改措施,提升经济运行管控水平。该管控体系推行3年来,国家能源集团非限电地区水能利用率提高了4.5个百分点。

关键词　经济运行;损失分析;对标分析;考核利用小时完成差异率

1　研究背景

日常工作中,水电站运行管理包括安全运行和经济运行两方面。安全运行主要指正确使用、定期检修水电站机电设备和建筑物,使之保持良好状态,防止和减少意外事故发生,从而达到安全可靠供电的目的。经济运行主要是指挖掘水电站设备、建筑物和水库潜力,合理编制和实施水电站及水库的运行调度方式,以充分利用水能资源,提高经济效益。安全运行是基础,经济运行是目标。

长期以来,水电企业对安全运行较为重视,并建立了完整的安全运行监测和评价体系。经济运行方面,很多学者和单位在调度方案研究、评价方法研究、考核体系建设等方面做了大量尝试[1-4]。对大型发电集团而言,由于各电站基本参数、来水特征、市场状况差别较大,一方面,各电站的理论发电量难以准确衡量;另一方面,一些易于获取的评价指标如发电量、利润、水量利用率、耗水率等,均难以科学衡量经济运行管理水平;同时,近年来局部区域供需失衡较为明显,水电站损失电量大幅提升,进一步增加了发电企业开展经济运行管控成效评价的难度。对企业管理而言,如何科学区分主、客观因素,合理评价旗下不同类型、不同区域水电企业的管理水平,是一个急需解决的现实问题。

2　经济运行管控方法

为科学评价各电站经济运行管理水平,国家能源集团近年来建立了"损失分析"+"对标分析"的管控模型[5]。首先通过损失分析,对电站损失电量进行量化;继而通过对标分

作者简介:寇立夯(1980—),男,河北定州人,工学博士,工程师,主要从事水电发展及运行管理工作。E-mail:koulihang@ cgdc. com. cn。

析，对电站管理单位强调的来水不受控、市场不受控等“客观”因素进行量化，综合评定电站实际经济运行管理水平。

2.1 损失分析

水电站损失电量为理论应发电量和实际发电量的差别。

理论应发电量指在有效来水量、来水过程情况下，水电站理论能发出的最大电量。根据电站调节性能不同，国家能源集团对各类电站分别制定了理论发电量计算模型，建立了理论发电量测算及考核系统。总体思路是按照年初审定的调度方案和实际来水过程，寻求在实际来水过程下的最大发电能力。计算过程中，对不同调节性能电站，关注重点也有所不同：径流式、日调节电站，重点关注电站通过水位控制及发电效率优化，减少弃水、降低耗水率的水平；不完全年调节、年调节电站，重点关注调度方案是否执行到位，调度过程是否灵活；多年调节电站，重点关注年际间调度水平，要求水库在不弃水的前提下耗水率尽量低。

理论应发电量除包含实际发电量外，还包含由于送出消纳、计划检修、设备故障、厂内运行（机组效率）、调度方案（发电水头）等原因造成的水能损失，如图1所示。

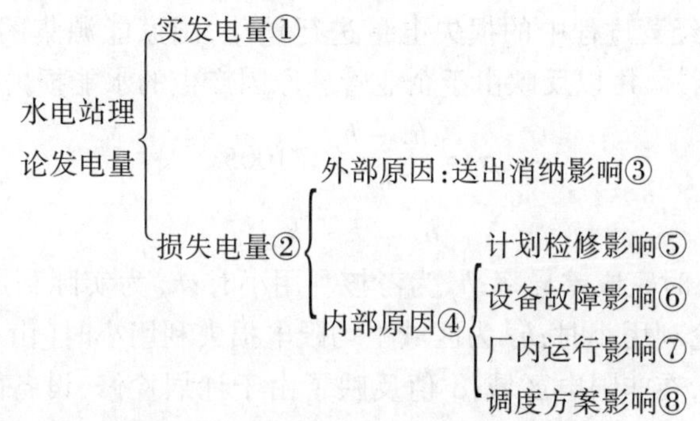

图1 水电站理论发电量“损失”分析

其中，送出消纳影响指受区域电网送出能力有限或消纳能力不足导致的弃水损失电量，也包含电网故障、电网计划检修造成的受累损失电量。计划检修影响指在批准的检修工期内，由于机组检修不能发电造成的弃水损失电量。设备故障影响指由于电厂管辖范围内的设备故障引起非停，由此引发的弃水损失电量。厂内运行影响指由于负荷分配策略不佳、拦污栅清理不及时等厂内经济运行管理不到位原因，引起发电机组效率下降，从而导致的水能损失。调度方案影响指水库调度策略不佳造成水头损失，从而产生的水能损失。厂内运行影响和调度方案影响不直接产生弃水损失，不易直接观测，但二者确实能降低水电站实发电量，是经营过程中不可忽视的影响因素。

上述五类损失分析，可将水电站损失电量细化到生产经营的各个环节，为经营团队找出管理中的漏洞提供了有效手段，也便于管理者有针对性地采取措施，从市场营销、运检制度建设、设备管理、应急预案、厂内经济运行管理、水库优化调度管理等各方面加强管理，不断改进，持续提升。

2.2 对标分析

近年来，西南地区水电集中投产，但由于区域内用电增速放缓、外送通道建设滞后、受端地区接收外来水电意愿下降等多种因素影响，西南地区出现了较为严重的弃水限电问题，对当地水电企业生产经营造成了较大的负面影响。送出和消纳问题作为客观因素，已超出水电厂的管控能力，因此造成的弃水损失掩盖了电厂经营管理者经济运行工作的努力，也对上级单位考核电厂实际管理水平带来了新的难题。

为科学评定电站实际经济运行管理水平,对客观原因进行量化,国家能源集团在系统范围内全面开展了对标工作。对标工作强调四个维度:一是与区域市场对标,明确自身在区域所处位置;二是与行业标杆企业对标,明确本单位经营差距和提升方向;三是与项目开发时的决策指标(或设计指标)对标,明确是否实现了决策时的预期;四是与本企业前3~5年的经营数据对标,明确经营指标的变化趋势。

其中,为衡量送出消纳受限对水电厂发电量的影响,国家能源集团通过与区域市场对标的方式,将水电厂理论利用小时与区域平均限电小时的差值作为水电厂年度利用小时的考核目标。为保障考核的公正性,考核中结合水库调节能力的不同,对区域平均限电小时的扣减情况进行一定规则的调整。该方法尽管不能完全衡量水电厂经济运行水平,但可评价电厂市场营销、经济运行整体管理水平,试行三年来也得到了所属企业的认可。

3 经济运行管控指标

为对水电厂生产经营过程中的损失电量进行量化,国家能源集团创建了“考核利用小时完成差异率(α)”指标,用以反映由于企业管理原因产生的水能损失比例:

$$\alpha = \frac{h_f - h_r}{h_f} \times 100\% \tag{1}$$

$$h_f = h - h_{sw} \tag{2}$$

式中:α 为考核利用小时完成差异率;h_f 为考核利用小时;h_r 为实际利用小时;h 为有效来水量、来水过程下的理论利用小时;h_{sw} 为区域平均限电损失利用小时(由电网企业发布)。

由前述分析可知,在非限电区域,α 值反映了由于计划检修、设备故障、厂内运行、调度方案等自身管理原因造成的水能损失比例;在限电区域,该指标除反映管理原因,还反映了水电厂市场营销工作的成绩。

4 应用情况

以国家能源集团某年实际考核情况为例,5座有代表性的企业损失电量分析如表1所示。

表1 5座典型发电企业损失电量分析

水电厂	当年实发电量(万kW·h)	损失电量分类(万kW·h)					α值
		限电影响	计划检修	设备故障	机组效率	水头影响	
A	685 771	102 700	0	0	0	0	1.5%
B	13 948	44 60	0	2 090	0	0	20.0%
C	170 924	0	672	0	0	358	0.6%
D	24 464	0	0	0	235	1 872	7.9%
E	25 996	0	0	0	2 076	1 572	12.3%

电厂A、B位于限电区域,该区域电网当年平均限电638 h。A电厂当年受送出和消纳影响产生弃水损失10.27亿kW·h,B电厂除受送出和消纳影响外,当年还发生主变故障造成非计划停运,合计产生弃水损失6 550万kW·h。结合两站装机容量计算利用小时,并扣

除区域平均限电小时后，A、B 两厂的 α 值分别为 1.5% 和 20.0%。电厂 C、D、E 位于非限电区域，α 值计算中不考虑限电影响，三座电站的 α 值分别为 0.6%、7.9% 和 12.3%。从经济运行考核角度看，A、C 两座电站 α 值较低，管理水平较好，两座电站当年也获评国家能源集团五星级发电企业。

除对项目经济运行管理情况进行考核外，利用该评价体系，也可快捷发现各电站在管理中存在的主要问题。A 电站受区域电力市场影响较为严重，经营工作重点应做好市场营销管理，减少限电弃水损失。B 电站除做好市场营销工作外，还应强化设备治理，避免出现非停事故。C 电站尽管 α 值较低，当年也取得了较好的考核结果，但该电站由于检修计划安排不当，产生 672 万 kW·h 检修弃水电量，需要在后续检修计划安排时引以为戒。D 电站是一座调节性水库，汛期为减少弃水量，曾长时间保持低水位运行，影响发电量 1 872 万 kW·h，后续工作中应进一步加强水情测报，优化水库调度方案，在降低耗水率和提高水量利用率之间做好平衡。E 电站由于电网调峰调频需要，曾长时间在低水位、低负荷的状态下开启全部机组，造成机组在低效率区运行，造成较大水能损失，后续工作中应强化与调度机构的协调。

国家能源集团自 2015 年开始，已在系统内 40 余家水电企业、200 余座水电站全面推进以 α 值为核心指标的经济运行管控体系。3 年来，通过深入开展损失分析和对标分析，各水电厂对水情预报、水库调度、厂内经济运行的管理日益精细，全集团非限电地区水电企业平均 α 值由以前的超过 5% 降低至 1% 以内，整体水能利用率提高了 4.5 个百分点。

5 结 论

本文提出的管控模型通过开展损失分析和对标分析，一方面有助于电站经营者及时发现问题短板，有针对性地制定整改措施，提升管理水平；另一方面也有助于企业管理者科学区分主客观因素，合理评价各水电站真实的经营管理水平，在实际应用中也取得了很好的效果。

参考文献

[1] 白小勇，冉本银，李广辉. 黄河上游梯级水电站群节水增发电考核[J]. 水电自动化与大坝监测，2007，31(1)：25-28.

[2] 蔡治国，曹广晶，郑瑛. 梯级水电站经济运行评估新方法研究与应用[J]. 水力发电学报，2011，30(2)：16-19.

[3] 谢维，纪昌明，李克飞，等. 金沙江梯级水电站群联合发电运行三种常规调度方法研究[J]. 水力发电，2011，37(8)：81-84.

[4] 周佳，马光文，黄炜斌，等. 流域梯级水电站经济运行效益评价体系研究[J]. 水电能源科学，2011，29(5)：145-147.

[5] 中国国电集团公司星级企业考评管理办法[S]. 中国国电集团公司，2016.

某20年大坝混凝土芯样碱骨料反应鉴别研究

李曙光[1]　翟祥军[2]　许耀群[1]　郝伟男[1]　纪国晋[1]　陈改新[1]

(1. 中国水利水电科学研究院流域水循环模拟与调控国家重点实验室,北京　100038;
2. 中国电建集团昆明勘测设计研究院有限公司,昆明　650000)

摘　要　20年前某混凝土坝施工时采用了碱活性骨料+低碱水泥的配合比,存在发生碱骨料反应的风险。20年后,为了确定大坝内部是否发生了碱骨料反应,对芯样进行了详细鉴定分析。对大坝芯样进行了pH测定、扫描电镜微观分析和能谱分析、弹性波测试、加速养护膨胀试验。分析结果表明,混凝土芯样pH值均在11.7~13.1,弹性波波速大多在3.6~4.4 km/s。总体而言,混凝土质量良好;运行20年后大坝混凝土没有碱骨料反应发生的迹象;当混凝土处于加速养护条件时,仍存在较大的残余膨胀。为保证大坝的长期安全运行,建议加强对重要部位变形、位移的监测。

关键词　大坝混凝土;碱骨料反应;20年龄期;水工材料

1　引　言

碱骨料反应(Alkali - aggregate reaction,AAR)是混凝土劣化的最常见因素之一,碱骨料膨胀反应会引起较大的拉伸应力,从而导致了混凝土中微裂纹的萌生与发展,对混凝土产生严重的负面影响[1]。碱骨料反应号称混凝土结构的癌症,一旦发生,将对大坝产生致命性的影响。因此,在建设期要采取必要的措施避免后期碱骨料反应的发生。

我国南方某混凝土坝于20年前建成。由于种种原因,其所用骨料为碱活性(凝灰岩);建设时除采用低碱水泥外,未采取其他碱骨料反应抑制措施,因此其内部是否存在碱骨料反应成为大家关注的热点。

为确定其内部是否发生了碱骨料反应,我们对大坝混凝土芯样进行了一系列测试:芯样pH测定、扫描电镜微观分析和能谱分析、弹性波测试以及加速养护膨胀试验。

2　试　验

2.1　取样

在大坝上游表层、下游边墩、廊道以及溢流面进行钻芯取样。上游表层靠近上游面2 m范围内,钻取深度24 m,包含干燥区、水位变化区和水下区域的混凝土;溢流面钻取了6个垂直孔,钻取深度2 m;下游边墩靠近上游面2 m范围内,钻取深度24 m,包含干燥区、水位

基金项目:国家重点研发计划(2016YFB0303601);国家自然科学基金(51409284);流域水循环模拟与调控国家重点实验室(2016TS10 & SKL2017CG05);中国水科院青年专项(SM0145B242018)。

作者简介:李曙光,男,高级工程师,博士,主要研究方向为混凝土耐久性。E-mail:lisg@ iwhr. com。

变化区和水下区域的混凝土。靠近左岸的961 m、930 m、908 m及881 m高程廊道内垂直钻孔,钻取深度2 m,钻孔直径均为219 mm。

2.2 混凝土测试

上游坝面和下游按高程方向各选5处,4个廊道各选取1处,溢流坝面表层和内部各取1处,共取得16段不同位置的混凝土芯样开展混凝土碱骨料反应鉴别研究,16段芯样所处位置如表1所示。对切割后的芯样及切片进行了细致的观察,未看到表面或者气泡内有白色胶凝物附着或充填。初步表明所取的芯样质量较好,没有明显因碱骨料反应造成的损伤迹象。

表1 混凝土芯样及编号

上游坝面		下游边墩		廊道		溢流坝面	
编号	高程位置(m)	编号	高程位置(m)	编号	高程位置(m)	编号	高程位置(m)
S1	998.2~997.8	X1	912.2~911.7	L1	880.6~880.3	Y1	933.6~933.2
S2	993.5~993.1	X2	907.2~906.7	L2	906.6~906.0	Y2	934.0~933.6
S3	988.3~987.8	X3	900.7~900.3	L3	929.7~929.3		
S4	983.3~983.0	X4	895.2~894.6	L4	960.6~960.2		
S5	980.1~979.7	X5	891.8~891.4				

2.2.1 芯样pH测试

在混凝土芯样顶面钻孔,孔直径1.5 cm,深度略大于2 cm,用蒸馏水将芯样顶端孔清洗干净,孔洞内注满蒸馏水;然后将整个芯样放入桶中,芯样周围亦注入水,离芯样带孔的表面2 cm左右,以保持桶内湿度,防止孔内蒸馏水散失。将桶密封,到测试龄期后打开桶盖检测,以密封后第7天进行第一次测量(测试龄期为28 d)。

检测所用的pH测试仪及检测过程如图1所示。pH测试仪为台湾衡欣AZ8601便携式pH计,pH测量范围为0.0~14.0,分辨率为±0.02,每次测量前进行三点校准(校准点分别为4.0、7.0和10.0)。

图1 混凝土芯样pH测试

2.2.2　扫描电镜分析

采用日立 S－4800 高分辨场发射扫描电镜对芯样砂浆样品进行微观形貌观察,同时对代表性的反应产物进行了 X 射线能谱分析。混凝土发生碱骨料反应时,会有白色反应产物生成,反应产物微观形态呈玫瑰状反或线圈状等,如图 2 所示。

图 2　混凝土碱骨料反应产物典型微观形貌[2]

2.2.3　芯样弹性波测试

对 16 个芯样进行了弹性波测试。弹性波是在混凝土、岩土、金属等固体物质中,由力或应变激发而产生的扰动波。弹性波一般包括体波(P 波、S 波)和面波(主要是 R 波和 Lame 波,也称表面波)。波的传播方向与振动方向平行的弹性波称为 P 波(纵波,又叫疏密波)[3]。

大量研究表明,混凝土中弹性波波速与其材料性质之间存在相关关系。假设混凝土为理想弹性体,那么混凝土中 P 波波速与混凝土的动弹性模量之间存在直接的理论相关关系,如式(1)～式(3)所示:

三维传播:
$$V_{P3}=\sqrt{\frac{E_d}{\rho}\cdot\frac{1-\mu}{(1+\mu)(1-2\mu)}} \tag{1}$$

二维传播:
$$V_{P2}=\sqrt{\frac{E_d}{\rho(1-\mu^2)}} \tag{2}$$

一维传播:
$$V_{P1}=\sqrt{\frac{E_d}{\rho}} \tag{3}$$

式中:V_P 为混凝土内 P 波波速(三维、二维和一维);E_d 为动弹性模量;ρ 为密度;μ 为泊松比。由于混凝土的动弹性模量与强度有很好的相关关系,因此 P 波波速与强度之间也有较好的相关关系。鉴于 P 波波速与混凝土的强度和弹性模量有较强的相关关系,因此可以用来评价检测断面内部混凝土质量分布情况[3]。

采用四川升拓检测技术责任有限公司开发的混凝土弹性波测试系统对混凝土芯样进行冲击弹性波波速测试。测量系统见图 3。

2.2.4　加速养护试验

将芯样放入塑料桶中加满水后放入加速养护箱内进行加速养护,加速养护箱内的水温设定为 80 ℃。加速养护至一定龄期,取出芯样,冷却 24 h 后至室温进行长度测量。长度测量采用大量程千分尺进行。沿芯样轴线方向在芯样两个端面选取两个测量点并标记,通过测量两个标记点的距离来反映芯样的长度变化(见图 4)。

图3　混凝土弹性波测试系统

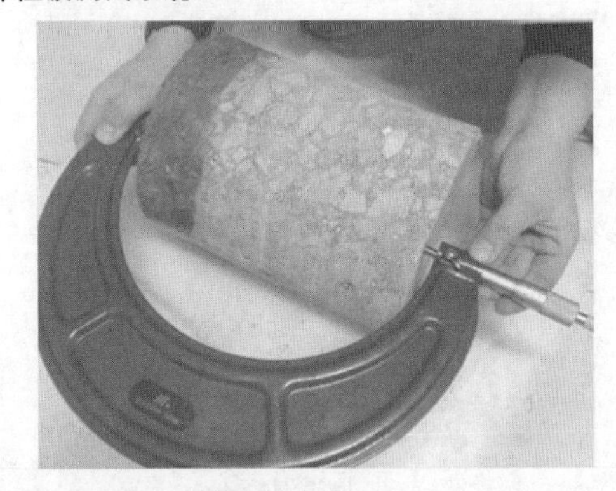

图4　混凝土芯样加速养护及长度测量

3　结果与分析

3.1　大坝混凝土芯样 pH 值

大坝各部位混凝土芯样 pH 值如图5所示。

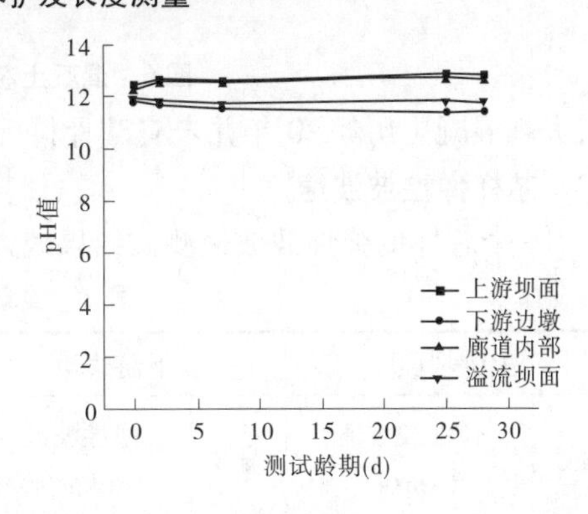

图5　大坝各部位混凝土芯样 pH 值

图5为每个部位混凝土芯样的 pH 平均值随测试龄期变化曲线。可以看出，上游坝面和廊道内部混凝土芯样 pH 值在测试龄期内略有上升，而下游边墩和溢流坝面 pH 值在测试龄期内略有下降，推测为芯样的孔溶液在测试过程中受到了外界的干扰或污染，属于正常普通混凝土的 pH 值波动范围。绝大部分混凝土芯样孔溶液 pH 值在 11.7 ~ 13.1，根据 Hobbs 的研究结果，低碱水泥孔溶液 pH 值范围在 12.7 ~ 13.1，高碱水泥孔溶液 pH 值范围在 13.5 ~ 13.9[4]。因此，可知大坝混凝土所用水泥为低碱水泥，检测结果与实际结果一致。

3.2　芯样微结构分析

各部位芯样砂浆基体的微观形貌如图6所示。

部分水化产物的元素分析结果如图7所示。

由图6可以看出，混凝土芯样砂浆基体中的水化产物密实，骨料和水泥浆之间结合良好；未看到骨料周边存在反应环，也未看到碱骨料反应的凝胶产物。结合图7中部分水化产物的元素组成分析，可看到混凝土中针状钙矾石、水化硅酸钙凝胶等典型水化产物。由此可

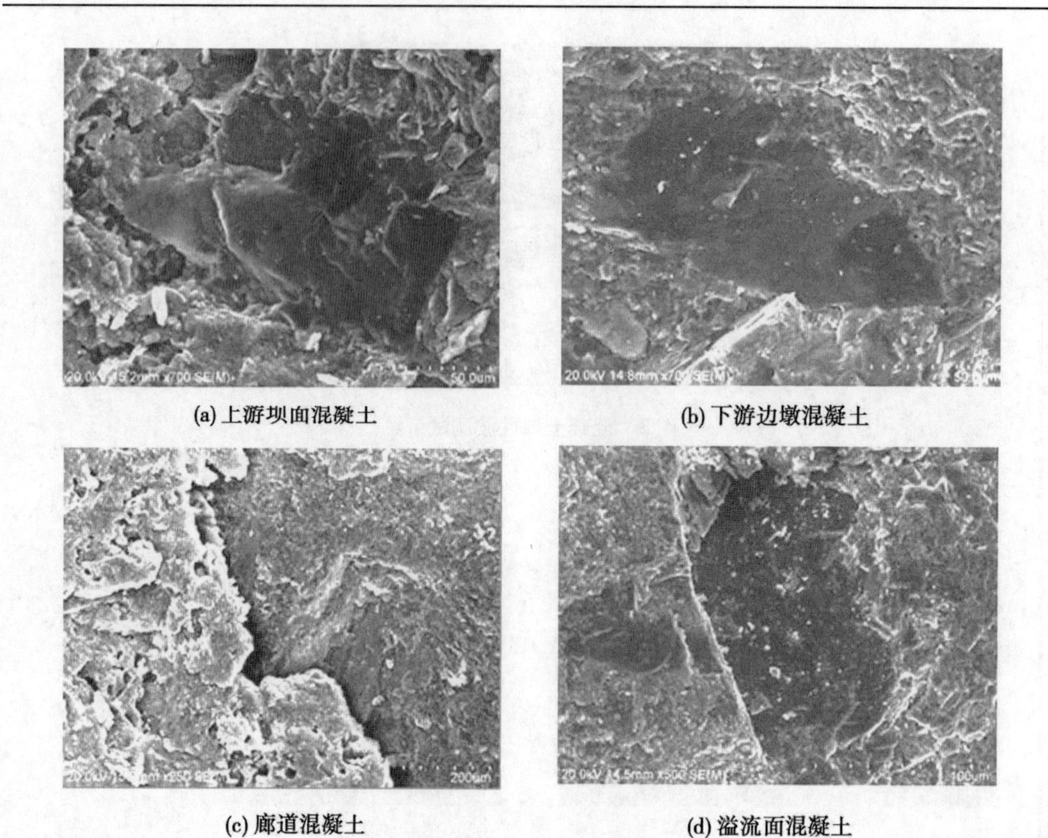

(a) 上游坝面混凝土　(b) 下游边墩混凝土

(c) 廊道混凝土　(d) 溢流面混凝土

图6　混凝土芯样砂浆基体的微观形貌

见，大坝混凝土历经20年并未有碱骨料反应迹象产生。

3.3　芯样弹性波波速

16个芯样的弹性波波速测试结果统计如表2所示。

表2　混凝土芯样弹性波波速

上游坝面		下游边墩		廊道		溢流坝面	
编号	弹性波波速(km/s)	编号	弹性波波速(km/s)	编号	弹性波波速(km/s)	编号	弹性波波速(km/s)
S1	4.133	X1	4.408	L1	3.952	Y1	4.301
S2	3.629	X2	4.580	L2	4.222	Y2	4.164
S3	3.735	X3	3.890	L3	3.349		
S4	3.894	X4	4.376	L4	3.762		
S5	4.198	X5	3.337				

由表2可以看出，进行微观分析的混凝土芯样P波波速大多分布在3.6~4.4 km/s；仅有少部分混凝土芯样的弹性波波速低于3.6 km/s。

目前工程界仍较广泛地使用Leslie和Cheeseman于1949年提出的P波波速检测混凝

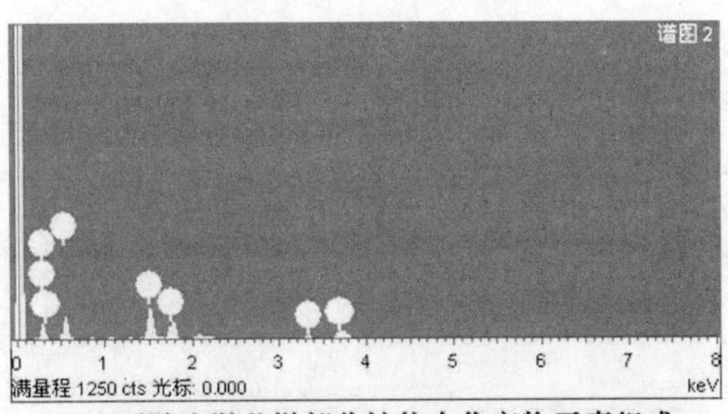

(a) 下游边墩芯样部分针状水化产物元素组成

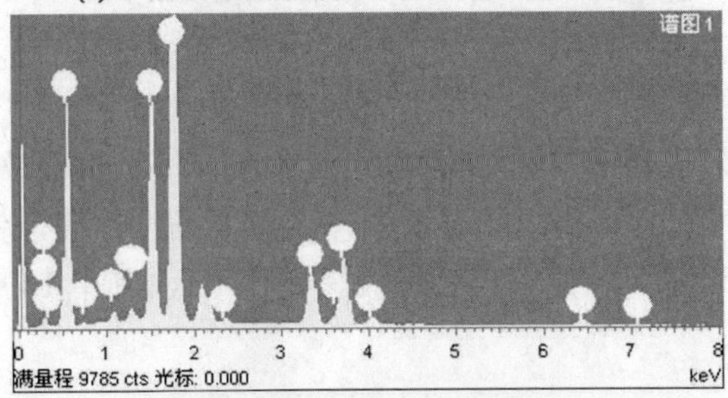

(b) 上游坝面水化产物元素组成

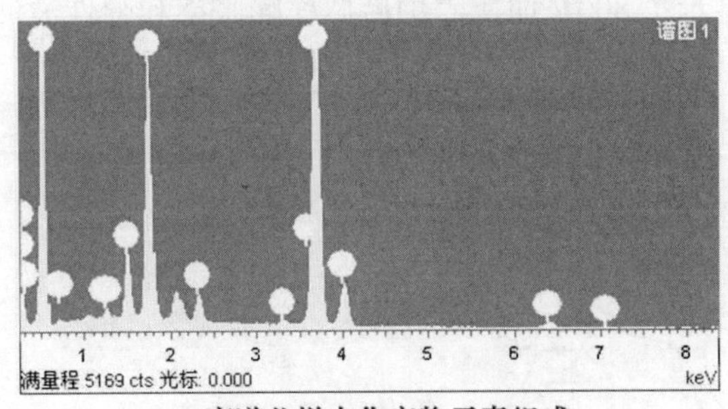

(c) 廊道芯样水化产物元素组成

图 7　各部位芯样局部 X 射线能谱分析

土质量评定标准[5]（见表 3）。

表 3　常用弹性波 P 波波速评定混凝土质量参考标准

P 波波速	>4.5 km/s	3.6 ~ 4.5 km/s	3.0 ~ 3.6 km/s	2.1 ~ 3.0 m/s	<2.1 m/s
混凝土质量	优良	较好	一般（可能有问题）	差	很差

总体来说，大坝混凝土芯样质量良好，混凝土芯样致密。根据弹性波与混凝土弹性模量的相关性，历经 20 年，大坝混凝土弹性模量等性能均随龄期增长而发展良好，混凝土内部没有损伤隐患。

3.4　混凝土芯样加速养护

3.4.1　38 ℃加速养护

将芯样放入养护箱中养护，养护温度设定为 38 ℃，参考《水工混凝土试验规程》（SL 352—2006）[6]的膨胀率测量流程进行膨胀率测量，膨胀率测试结果如图 8 所示，芯样弹性波波速变化如图 9 所示。

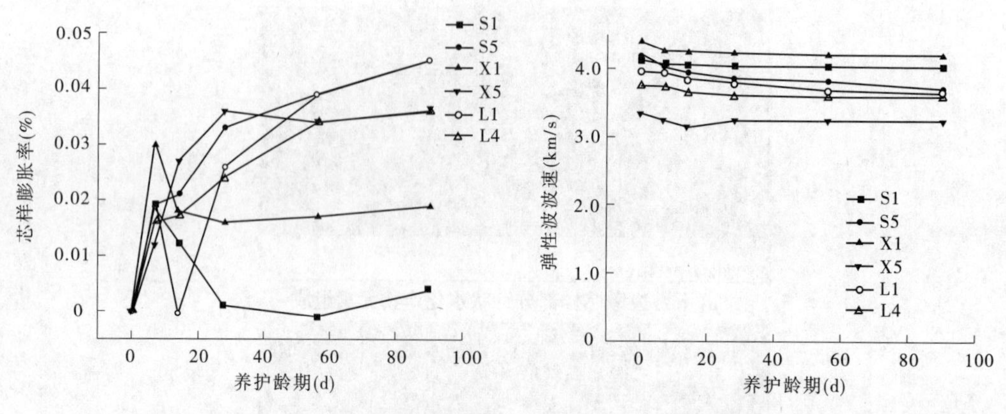

图8　38 ℃加速养护后芯样膨胀率变化曲线　　图9　38 ℃加速养护后芯样弹性波波速变化

由图8、图9可以看出,38 ℃加速养护条件下大坝芯样存在残余膨胀,96 d龄期时S5与L1芯样膨胀率最大,为0.045%;芯样的弹性波速变化不大,其中L4弹性波波速降幅最大,为7.98%。

3.4.2　80 ℃加速养护

图10、图11分别显示了80 ℃加速养护后芯样膨胀率和弹性波波速的变化。

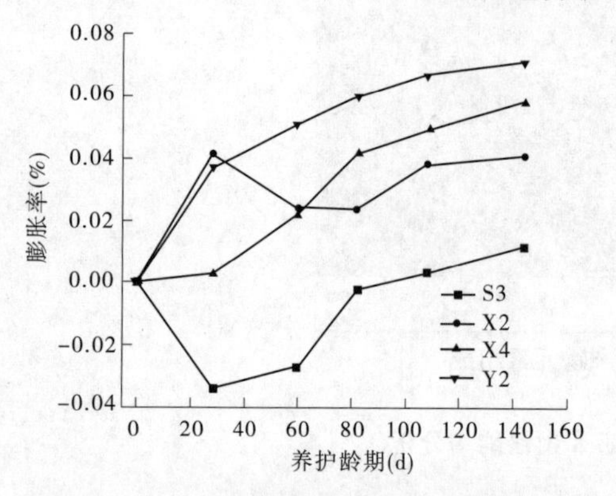

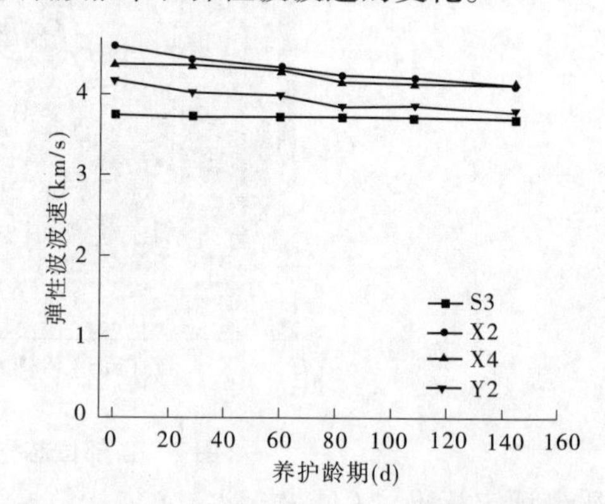

图10　80 ℃加速养护后芯样膨胀率变化曲线　　图11　80 ℃加速养护后芯样弹性波波速变化

图10、图11可以看出,80 ℃加速养护后,四个芯样均出现不同程度的残余膨胀,芯样Y2膨胀率最大,为0.071 7%。四个芯样中,有三个芯样弹性波出现不同程度的降低,其中Y2降幅最大,与其膨胀率相符合。

该大坝所用骨料为具有碱活性的流纹岩。《水工混凝土砂石骨料试验规程》(DL/T 5151—2014)[7]中的活性骨料混凝土危害性膨胀率评定标准为:即38 ℃下混凝土试件1年的膨胀率小于0.04%,则判定为非活性骨料;而《水工混凝土耐久性技术规范》(DL/T 5241—2010)[8]规定,按混凝土棱柱体试验法进行试验时,若2年龄期试件长度小于0.04%,则认为掺合料对碱骨料反应危害抑制有效。本试验的混凝土芯样在80 ℃条件下养护144 d后芯样膨胀率为0.071 7%,38 ℃养护94 d后,有部分芯样膨胀率为0.045%。均超过了上述规范中的限值,不排除有碱骨料反应产生残余膨胀的可能。

4　结　论

大坝初期工程混凝土中含有碱活性骨料。大坝混凝土检测结果表明,虽历经20年,大坝混凝土运行良好,未发生碱骨料反应。

混凝土外观质量观察和扫描电镜微观结构分析均没有观察到明显的老化损伤迹象,未看到有碱骨料反应凝胶产物。pH 测定芯样孔溶液 pH 值在 12.0 左右,低碱水泥对 20 年大坝混凝土碱骨料反应的抑制作用良好。芯样弹性波波速大多分布在 3.6 ~ 4.4 km/s,大坝混凝土质量良好。加速养护试验表明,部分混凝土芯样仍有一定的残余膨胀,为了保证碱活性骨料的大坝混凝土能够长期安全运行,应加强对电站重要部位变形、位移的检测。

参考文献

[1] Li S, Chen G, Lu Y. Quantitative damage evaluation of AAR – affected concrete by DIP technique[J]. Magazine of Concrete Research, 2013, 65(5): 332-342.

[2] Zhang X Y, Gallucci E, Scrivenor K. Prognosis of Alkali Aggregate Reaction with SEM[J]. Advanced Materials Research, 2011, 194-196: 1012-1016.

[3] 吕小彬, 孙其臣, 鲁一晖, 等. 基于冲击弹性波的 CT 技术的原理及在水工混凝土结构无损检测中的应用[J]. 水利水电技术, 2013, 44(10): 107-112.

[4] Hobbs D W. Expansion and shrinkage of oversulphated portland cements[J]. Cement & Concrete Research, 1978, 8(2): 211-222.

[5] Godart B, Rooij M D, Wood J G M. Guide to Diagnosis and Appraisal of AAR Damage to Concrete in Structures[M]. Springer Netherlands, 2013.

[6] 南京水利科学研究院. 水工混凝土试验规程[M]. 北京:中国电力出版社, 2002.

[7] 中华人民共和国国家经济贸易委员会. 水工混凝土砂石骨料试验规程[S]. 北京:中国电力出版社, 2009.

[8] 水工混凝土耐久性技术规范:DL/T 5241—2010[S]. 北京:中国电力出版社, 2010.

排列熵算法在高坝结构运行状态监测中的应用

张建伟　王立彬　马晓君

（华北水利水电大学水利学院，郑州　450011）

摘　要　为保证坝工结构安全运行，防止安全事故发生，采用排列熵算法（Permutation Entropy，PE）实现高坝结构的运行状态监测。以拉西瓦拱坝为研究对象，首先，在坝体结构的关键位置布设传感器，并取得坝体各测点的流激振动数据；其次，联合 CEEMDAN（Complete Ensemble Empirical Mode Decomposition with adaptive noise）与 SVD（Singular Value Decomposition）方法提取坝体结构各个测点的特征信息，并以方差贡献率的方式将各测点特征信息进行数据级融合，得到一组能有效反映坝体结构整体振动特性的融合数据；最后，通过排列熵方法计算融合后数据的子序列熵值，分析结构不同振动状态的熵值特点，实现结构振动状态的在线监测。结果表明，排列熵方法能全面地提取结构的有效信息，以相对直观的形式表现结构的振动状态，且计算过程简单、效率较高，为高坝结构的安全运行与在线监测提供参考。

关键词　高坝结构；状态监测；排列熵算法；CEEMDAN；SVD；方差贡献率

1　引　言

随着水利工程中高水头、大流量、超流速高坝结构的兴建以及结构材料逐渐轻型化趋势的发展，由于过流与结构本身流固耦合作用诱发的坝体结构振动问题日益突出，严重影响结构的安全稳定运行[1]。为此，实现对高坝结构运行状态下健康状况的监测，以预防事故的发生，确保其安全运行具有很高的应用价值。

结构运行状态监测首先需要采集振动、射线和噪声等信号，其后对采集所得信号进行降噪等相应处理，最后分析处理后的信号确定结构是否存在异常。信号处理是对信号进行转换分析，目的是改变信号的形式，使不明显、不突出的信号转换为便于识别的有用信息，根据有用信号特性对研究的状态信息做出评判[2]。排列熵算法是近年提出的一种新的检测动力学突变和时间序列排列的方法，具有计算简单、敏感度高和抗噪声能力强的特点，能有效反映非线性、非平稳信号时间序列的微小变化，被广泛应用在气候、生物和医学等领域[3]。为保障高坝结构的安全稳定运行，实现对振动信号突变的监测，本文以拉西瓦拱坝为研究对象，对采集所得振动信号做相应处理，尝试将排列熵算法应用在处理后的振动信号上，通过排列熵值的突变反映坝体结构的振动状态，实现监测结构大幅振动的目的，为高坝结构的在线安全监测提供新思路。

基金项目：国家自然科学基金（51679091），河南省高校科技创新人才计划（18HASTIT012），广东省水利科技创新项目（2017）。

作者简介：张建伟（1979—），男，河南洛阳人，博士、教授，研究方向为水工结构耦联振动与安全。E-mail：zjwcivil@126.com。

2 基本理论

2.1 CEEMDAN－SVD 联合降噪

针对高坝结构振动信号具有非平稳性且特征信息易被低频水流噪声及高频白噪声淹没的问题,本文结合 CEEMDAN 与 SVD 各自降噪特点,实现 CEEMDAN－SVD 联合降噪。算法原理详见文献[4]。

2.2 方差贡献率

为切实有效地反映结构整体振动特点,在利用排列熵方法对实测数据进行计算之前,将结构多方位的局部信息,以一定的方式进行组合,得到一组包含所有特征信号的新数据。本文采用方差贡献率的方法进行数据融合。该方法在使用同一种传感器进行数据采集的基础上,不仅能融合大量原始信息,且通过各测点数据在所有测点数据中所占比重的不同,使得全部融合系数随时间而呈现动态变化,自动将信号中的突出信息挑选出来,结果精确性较高。具体实现过程见文献[5]。

2.3 排列熵理论

排列熵算法[6](Permutation Entropy,PE)是 Christoph Bandt 等提出的一种动力学突变检测方法,具备计算速度快、灵敏度高、实时性高等优点,在信号突变领域有良好的发展前景。具体运算过程如下:

设一维时间序列 $\{X(i);i=1,2,\cdots,n\}$,令嵌入维数及延迟时间分别为 m 、τ 。将该序列进行相空间重构,可得如下矩阵:

$$A=\begin{bmatrix} x_{(1)} & x_{(1+\tau)} & \cdots & x_{(1+(m-1)\tau)} \\ x_{(2)} & x_{(2+\tau)} & \cdots & x_{(2+(m-1)\tau)} \\ \vdots & \vdots & & \vdots \\ x_{(r)} & x_{(r+\tau)} & \cdots & x_{(r+(m-1)\tau)} \end{bmatrix} \tag{1}$$

式中 r 为重构分量数目。

对 X_i 所能出现的每种排列状况进行统计,共得到 $m!$ 种符号序列,第 k 种排列状况出现的相对频率为 P_k ,可知 $k\leqslant m!$ 。其排列熵的求取方式如下:

$$H_{P(\mathrm{m})}=-\sum_{1}^{k}P_i\ln P_i \tag{2}$$

当 $P_i=\dfrac{1}{m!}$ 时,熵值 $H_{P(\mathrm{m})}$ 达到最大,另其值为 $\ln(\mathrm{m}!)$ [7]。将上述排列熵的求取方式进行归一化处理可得:

$$0\leqslant H_P=\frac{H_{P(m)}}{\ln(m!)}\leqslant 1 \tag{3}$$

H_P 值的大小说明了时间序列 $x(i)=1,2,\cdots,n$ 的随机程度,值越小表明时间序列越规律,复杂度越小,反之表明该时间序列越具有随机性,复杂度越大[8]。

以数据滑动的方式选取子序列,利用排列熵算法求得各子序列的熵值,分析各子序列之间的动力学结构异同,以实现对坝体结构的安全运行提供参考。具体步骤如下:

(1)在坝体关键部位布置传感器装置并获取其振测信号;

(2)将局部位置传感器测得的数据经 CEEMDAN－SVD 联合降噪后,进行基于方差贡献率的数据级融合，得到一组反映结构整体振动状况的综合数据；

(3)在综合数据中选取一长度为 N 的长时间序列，并截取 N 的前 L 个数据点作为子序列；

(4)将子序列 L 以步长 h 沿 N 向后滑动，直至取到第 N 个点；

(5)确定嵌入维数 m 及延迟时间 τ，得到矩阵(1)；

(6)根据式(2)计算每个子序列的 H_P 值，观看 H_P 值随时间的变化情况；

(7)通过 H_P 值实现对结构振动状态的识别，若坝体在某工况或测点处熵值较小，说明此时结构的振动较为剧烈，应采取相应措施以保证坝体安全稳定运行。

3　工程实例

3.1　特征信息提取

以拉西瓦拱坝为研究对象，采用加重橡胶建立比例尺为 1∶100 的水弹性模型。为反映拱坝振动情况，在坝顶设置 11 个动位移响应测点，在测点布置 DP 型地震式低频振动传感器，测点布置如图 1 所示。考虑到拱坝振动以径向为主，垂直向和切向振动相对较小，本文仅对径向振动(R 方向)进行研究，振动测试系统采用 DASP 智能数据采集和信号分析系统，测试工况分为正常蓄水位(2 452 m)和校核洪水位(2 457 m)下表深孔联合泄洪，采样时间 40 s，采样频率 100 Hz。

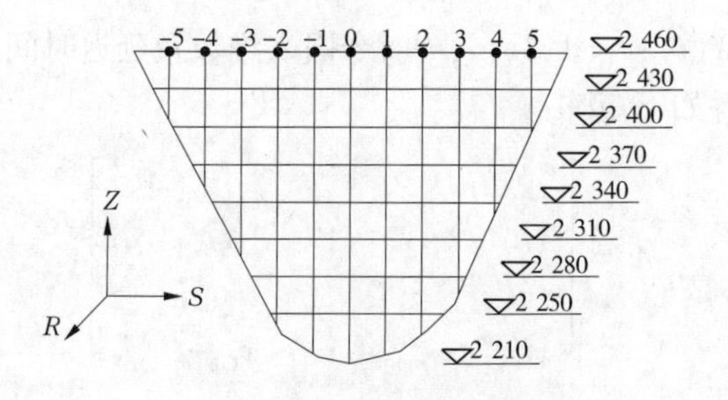

图 1　测点布置示意图

应用本文方法对实测数据进行工作特性信息提取，首先采用 CEEMDAN－SVD 联合降噪方法对各振动响应进行降噪处理，滤除低频水流噪声及高频白噪声；随后利用方差贡献率融合降噪后不同测点的振动响应，得到结构局部位置的整体振动特性。

以正常蓄水位泄流工况坝顶振动响应最大点 $0^{\#}$ 测点振动响应为例，信号降噪结果如图 2 所示。

为简化对结构的安全监测过程，分别将正常蓄水位泄流工况下－5、－4；－3、－2；2、3；4、5 测点信息进行两两融合，将－1、0、1 三测点信息融合。限于篇幅，以－1、0、1 三测点的融合效果为例，三测点数据融合后的功率谱密度曲线如图 5 所示。

由图 2 及图 3 可以看出，本文提出的特征信息提取方法行之有效。对振动响应先后进行降噪处理、信息融合处理后，正常蓄水位泄流工况下拱坝中部测点(－1、0、1)工作频率依阶次分别为 15.3 Hz、17.5 Hz、18.6 Hz、19.5 Hz、20.2 Hz、22.1 Hz，频率信息全面且基本无噪声干扰。

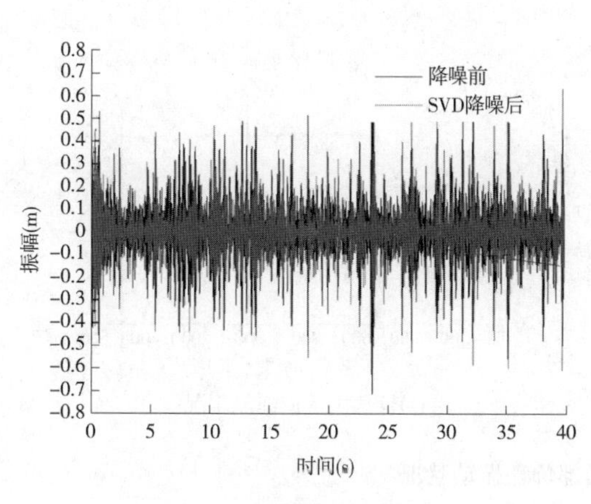

图 2 降噪前后时程对比

18.6 Hz
17.5 Hz
19.5 Hz
20.2 Hz
15.3 Hz
22.1 Hz
功率谱密度(μm²/Hz)
频率(Hz)

图 3 信息融合后功率谱密度曲线

3.2 算例分析

3.2.1 相空间重构

为保证各尺度下熵值的有效性,计算各粗粒化序列的排列熵熵值之前需分别计算嵌入维数 m 与延迟时间 τ 以实现相空间重构。本文分别选取应用较广泛的伪近邻法、互信息法确定 m 和 τ 。两种方法选取原则为:随着维数的不断增大,伪近邻点百分比会趋于零且不再变动,此时对应维数即为所求 m ;最佳延迟时间 τ 即互信息函数第一次达到最小值所对应的延迟时间。图 4 为重构参数计算图,经计算可知,两工况下各测点振动响应取值基本一致,即 $m = 4, \tau = 4$ 。

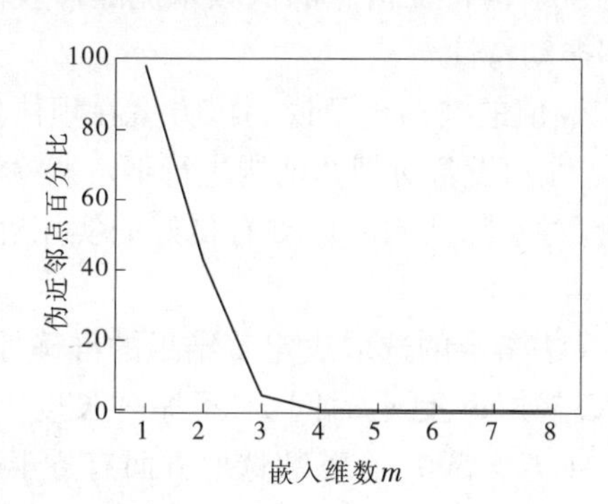

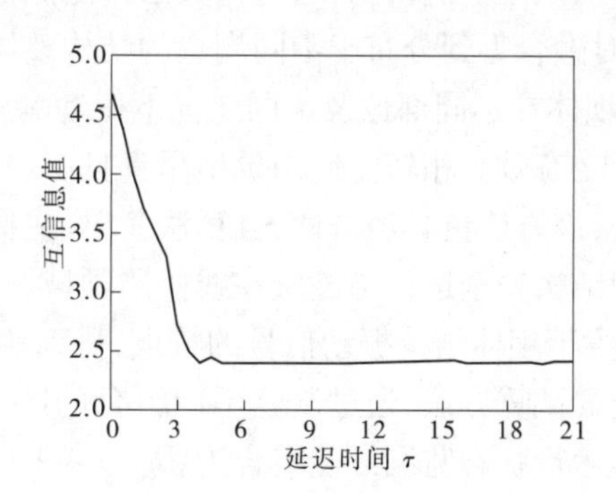

图 4 相空间重构参数的选取

3.2.2 熵值计算

为验证排列熵值对泄流结构振动状态变化的敏感程度,基于前文对振动信号的处理,分别计算两种工况下坝体不同部位振动时间序列的排列熵值,计算结果如图 5 所示。

由图 5 可以看出:

(1)同工况条件下,坝体不同部位熵值有明显突变,由坝中到坝肩测点排列熵值依次增大,这是拱坝结构本身的动力特性决定的,越靠近坝肩,坝体所受固结约束越大,振动幅度亦逐渐减小。

(2)比较两种测试工况,正常蓄水位泄流情况下坝体各部位熵值相较校核洪水位泄流

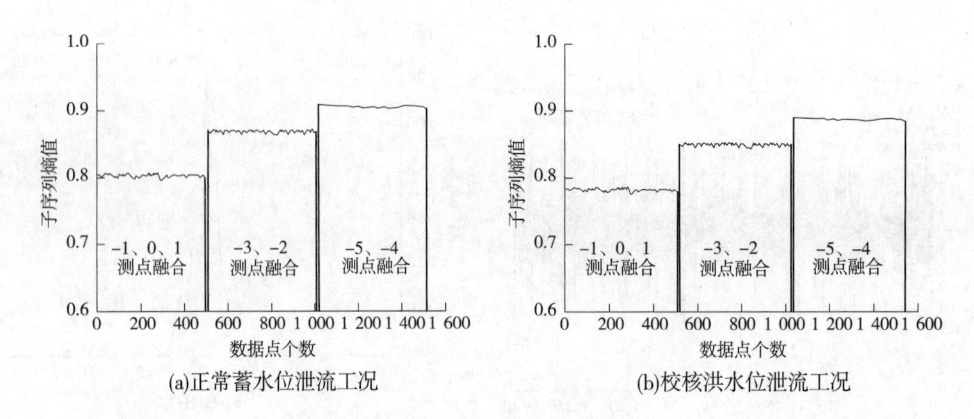

图 5 两工况各局部位置振动状况

工况均有不同程度的降低。上游水位的提升使下泄流速明显提高,高速水流撞击坝体引起坝体结构振动状态产生变化,熵值随之改变。

由以上分析可知,排列熵值对于坝体结构振动复杂度的变化较为敏感,可通过排列熵值的突变反映坝体结构的振动状态,以此实现高坝结构的运行状态监测。

4 结 论

结合排列熵处理非线性信号的优越性和高坝结构振动的复杂性,提出基于排列熵的高坝结构运行状况监测方法。将该方法应用于拉西瓦拱坝运行状况监测,得到主要结论如下:

(1)基于 CEEMDAN – SVD 联合降噪和方差贡献率信息融合的特征信息提取方法可有效应用于拱坝等泄流结构,通过该方法可滤除掩盖结构特征信息的低频水流噪声及高频白噪声,同时融合得到分布于不同测点的结构整体振动特性。

(2)坝体在不同部位及不同工况下振动响应熵值的波动现象说明该方案在坝体信号检测方面行之有效。相较于使用价格昂贵且有局限性的设备对坝体结构进行不定期检测与诊断的方法,该方法更具经济性,且算法简单、快捷,对实际结构的监测有良好的实用性,可推广至高坝结构安全运行与健康在线监测领域。

(3)鉴于坝体结构振动信号的特点,排列熵算法参数的选取决定着结果的准确性,本文基于传统的试算方法,通过试算不同组合的嵌入维数 m 、延迟时间 τ 、子序列长度 L ,得出坝体结构运行状态监测最佳组合为: $m = 4, \tau = 4, L = 500$,在参数选取方面有待于进一步研究。

(4)排列熵算法虽然能够较好地检测到高坝结构振动状态的异常,但振动异常的原因及产生损坏的具体原因无法从中获取,这也是未来工作的重点。

参 考 文 献

[1] 许百立. 中国的坝工建设[J]. 大坝与安全, 1999, 19(1):1-8.

[2] Cao Y, Tung W W, Gao J B, et al. Detecting dynamical changes in time series using the permutation entropy[J]. Phys Rev E Stat Nonlin Soft Matter Phys, 2004, 70(4 Pt 2):046217.

[3] 饶国强, 冯辅周, 司爱威,等. 排列熵算法参数的优化确定方法研究[J]. 振动与冲击, 2014, 33(1):188-193.

[4] 张建伟，侯鸽，暴振磊，等. 基于 CEEMDAN 与 SVD 的泄流结构振动信号降噪方法[J]. 振动与冲击，2017，36(22):138-143.
[5] 李火坤，刘世立，魏博文，等. 基于方差贡献率的泄流结构多测点动态响应融合方法研究[J]. 振动与冲击，2015，34(19):181-191.
[6] Bandt C，Pompe B. Permutation entropy：a natural complexity measure for time series[J]. Physical Review Letters，2002，88(17):174102.
[7] 刘永斌. 基于非线性信号分析的滚动轴承状态监测诊断研究[D]. 合肥：中国科学技术大学，2011.
[8] 张建伟，马晓君，侯鸽，等. 基于排列熵的泵站压力管道运行状态监测[J]. 振动测试与诊断，2018，38(1):148-154.

用于改善坝体安全监控的渗透测量设施

Young Sik Cho, Seon – Uk Kim, Jun Yeol Lee, Bo Sung Kim

(韩国水资源公社业务维护部,韩国大田　34350)

摘　要　气候变化以及频繁发生的地震等自然灾害威胁着水坝的安全。最近,海外水坝坍塌事件频繁发生。此时,如果水坝无法发挥功能,下游将面临着巨大的生命和财产损失。为了使水坝设施高度可靠,韩国水资源公社正在推进一项加强水坝安全的项目。其作为加强水坝安全项目的一部分,我们对如何改进渗透测量设施进行了研究。本文中,我们将论述渗透测量设施的建立。

关键词　渗透测量设施;水坝安全;现场土壤勘测

1　引　言

近年来,诸如地震、老化等威胁水坝安全的因素越来越多。因此,设施管理越来越受到重视。

就结构上而言,水坝是一个相对安全的设施,但是一旦发生坍塌等事故,水源供应将在很长一段时间内被中断,并且下游将遭受洪水损害。因此,进行全面的安全管理是必要的。为此,韩国水资源公社正在推进加强水坝安全项目,以实现水坝设施的高度可靠性。

韩国水资源公社正在开展一项工作,对在水坝建造时未配备水坝渗透测量设施的坝体建立这一设施,该项目是加强水坝安全项目的一部分。

本文介绍了建立渗透测量设施的设计工作。

1.1　水坝渗透测量设施的概念

渗透测量设施由渗水收集墙和测量装置组成(见图1),安装该设施用于测量坝体和坝基的渗流。我们可以通过分析渗流的浊度和流量变化检查水坝是否异常。如果坝体发生泄漏,通过观测渗透测量设施的情况,检查异常迹象,从而提前防止坝体出现问题。对于充填坝来说,渗透测量设施是最重要的工具。

1.2　坝的状态

韩国水资源公社正在对6座建造时未建渗透测量设施的坝配备渗透测量设施。本文将介绍位于江原道的Gwangdong水坝。Gwangdong水坝建于1989年,高39.5 m,长282 m,容量为1 300万t,为土心墙堆石坝(E.C.R.D)。

2　现场土壤勘测

在设计前,我们首先进行了土壤勘测(见图2),以提供设计(如选择渗透收集墙线和测量室)所需的岩土工程基础数据。勘探期间,我们在水坝下游进行了钻探、电阻率法勘测等各种现场试验。

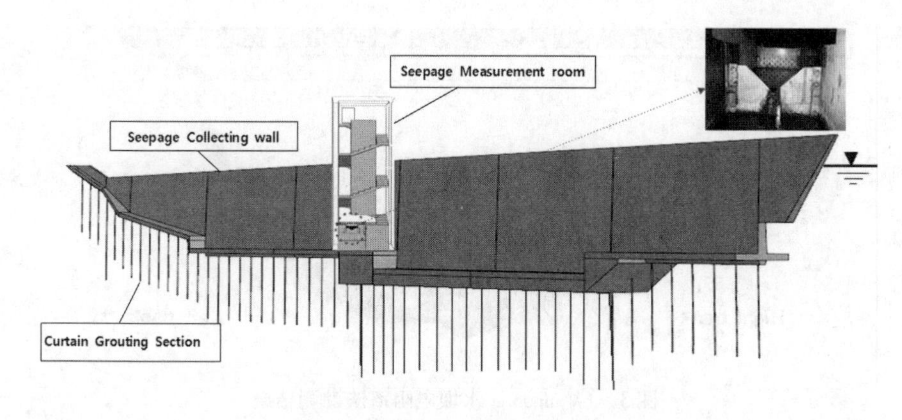

图1 水坝渗透测量设施的概念

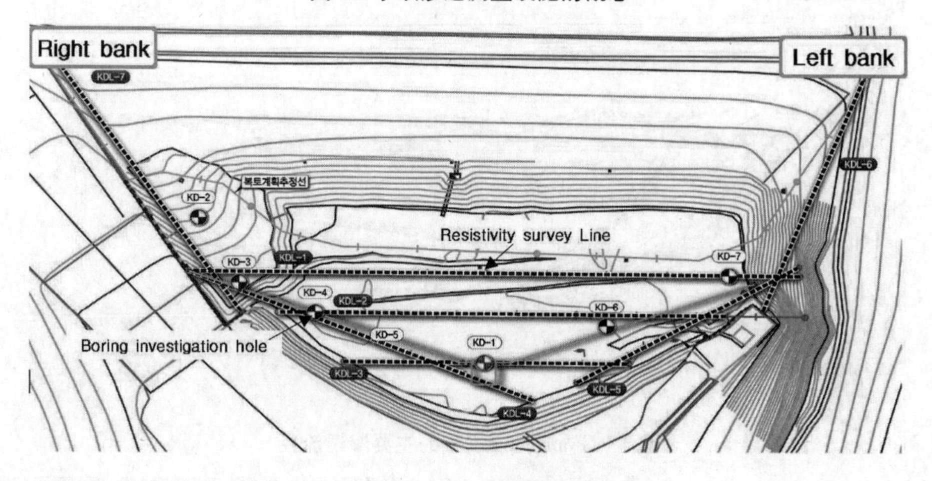

图2 Gwangdong 水坝土壤勘测方案

2.1 电阻率法勘测

我们在水坝的下游侧及两侧进行了电阻率法勘测。

通过测量和分析地下电阻率异常引起的可能电位差,我们确定了地下地质构造、断层破碎带等。

我们在分析勘测结果的基础上选择进行钻探勘测的位置,并且根据钻探勘测结果(见图3),掌握了整片地区的岩层分布状况。

预计渗径分为两条,主要朝向堤岸的右下方汇集(见图4)。因此,在进行细部设计时,我们计划根据预计的渗径建立渗透收集墙和测量室。

2.2 钻孔勘探

钻孔勘探的目的是评估地层组成、岩层厚度及状况、土壤和岩石的渗透性(见图5)。在分析电阻率法勘测结果的基础上,我们集中钻探出了低电阻率异常区域。

除钻孔勘测外,我们还进行了标准贯入试验(SPT)、现场渗透试验和岩层透水性试验。完成的钻孔最大深度小于3 Lu,此为灌浆标准。

我们就钻探结果进行了分析,编制了地质和地质柱状图以及岩层透水图(见图6)。在岩层透水图中,土层属于设置渗透收集墙部分,而超过3 Lu的岩石层则属于帷幕灌浆部分。

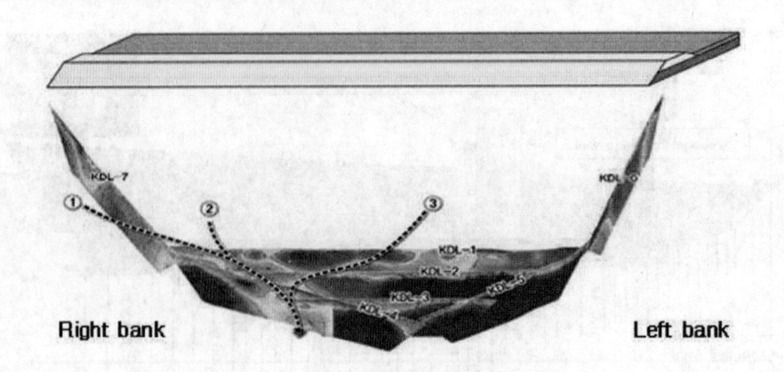

图 3　Gwangdong 水坝电阻率法勘测结果

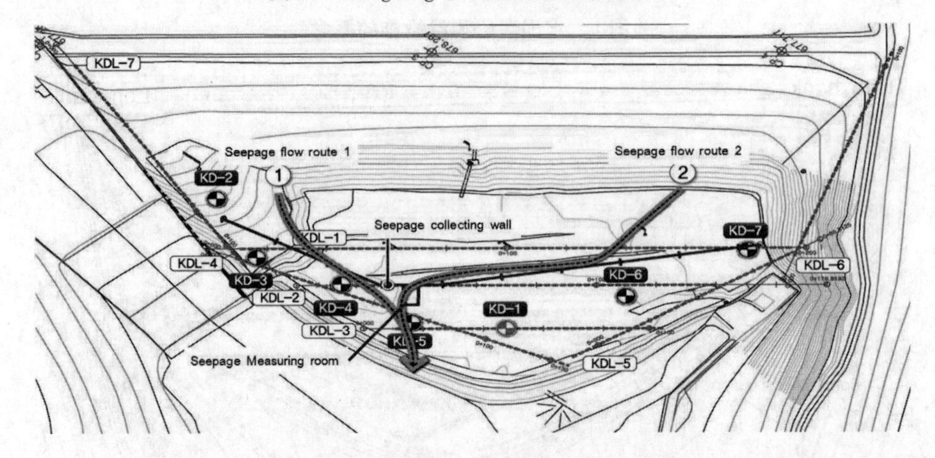

图 4　Gwangdong 水坝的主要渗透流径

图 5　Gwangdong 水坝钻孔勘探

3　设　计

在已运行 20 ~ 40 年的现有水坝上建立渗透测量设施时，我们设计时主要考虑两个方面。

首先，确保渗透收集墙不会干扰到现有的坝体。

其次，设置渗透收集墙后，坝体地下水位会上升，因此要确保水坝安全不会受到威胁。

基于以上考虑，我们分析了土壤勘测、地下水位测量和地层分布，设计了渗透收集墙线和测量室的位置以及堰高。

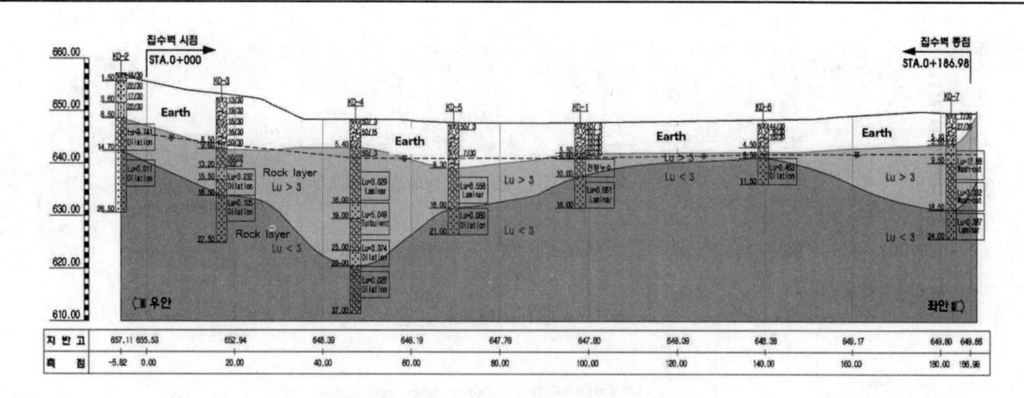

图 6　Gwangdong 水坝岩层透水图

3.1　建立渗透收集墙

渗透收集墙是在坝下游侧面阻止渗透和用于测量坝体与坝基的渗透的设施。

3.1.1　选择渗透收集墙

设计渗透收集墙路线时,我们考虑了地下渗流的类型、估计的坝体线以及设置渗透测量室的沟渠方案。并且,为了防止渗流流向渗透收集墙的另一侧,我们计划将渗透收集墙的端部与基岩连接(见图 7)。

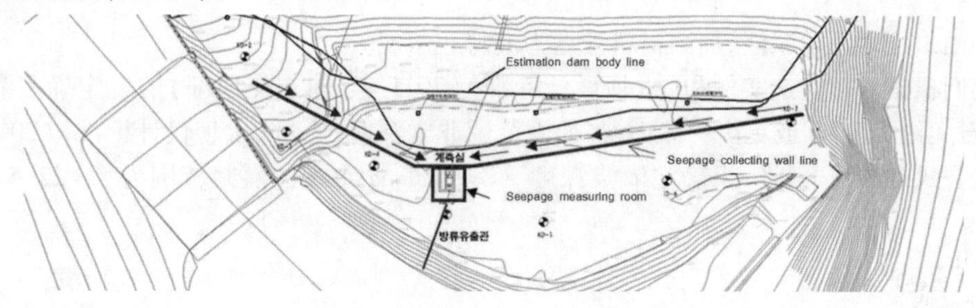

图 7　Gwangdong 水坝渗透收集墙路线

同时,考虑到渗透收集墙的建立会影响到现有水坝的安全,因此渗透收集墙的设计不能干扰到现有的坝体。

3.1.2　渗透收集墙的建立方法

根据岩石大小(35 ~ 60 cm)和水坝下游侧面的平均填埋层厚度(8.6 m),选择渗透收集墙建立方法。

首先,直接建造在结构上的渗透收集墙设置在较深的位置(见图 8),所以挖沟的范围大,这会影响到坝体。因此,对于主要的连续桩墙,我们选择新的连续正割排桩(N. C. S. P)法。在 N. C. S. P 方法中,岩石层可以使用锤头进行开挖,并且可以通过使用专用套管进行垂直管理。

3.1.3　渗透收集墙的高度和深度

渗水收集墙的顶层是根据实测的最高地下水位和下游洪水位的差不超过允许值(0.5 m)来确定的。并且,渗透收集墙的设置深度与岩石灌浆层重叠,重叠岩层最厚可达 1 m,以防止边界出现渗漏(见图 9)。Gwangdong 水坝渗透收集墙的设置深度为 2 ~ 8 m。

3.2　渗透收集墙底部岩层加固

基岩层灌浆的目的是防止渗水通过基岩层,以发挥测量室和渗透收集墙的最大功能。

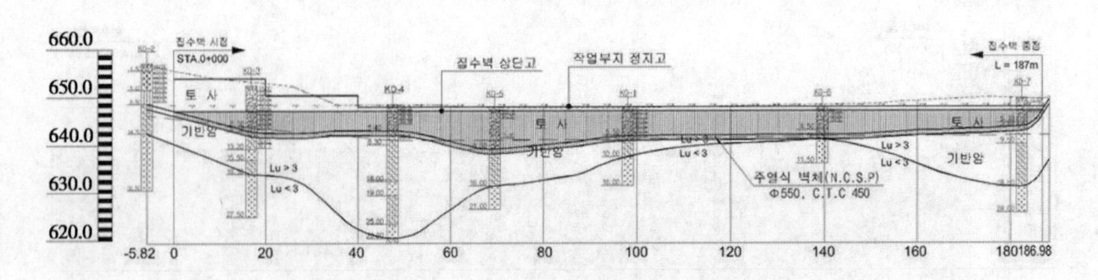

图 8　Gwangdong 水坝渗透收集墙设计方案

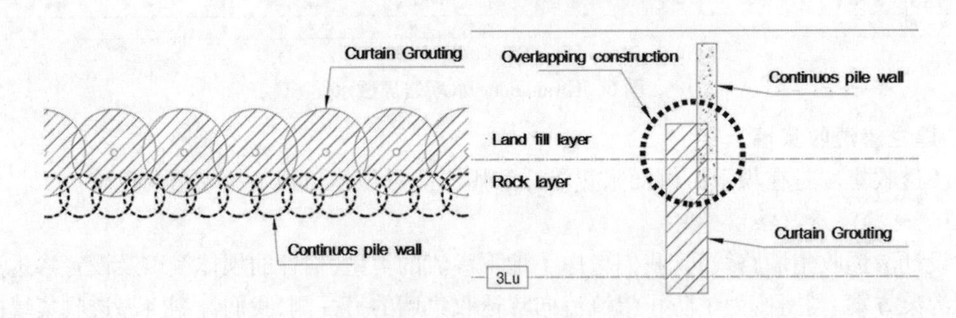

图 9　渗透收集墙边界的设置详图

岩石加固采用水泥灌浆法,加固材料计划为波特兰水泥。

我们根据水坝建造实例和《水坝设计标准》(2011 年,国土交通部)的规定确定灌浆深度,岩石大约为 3 Lu 或更少。然而,当加固范围非常深时,通过《水坝设计标准》(2011 年)的经验公式和渗透分析结果确定灌浆深度。Gwangdong 水坝的灌浆范围为 2 ~ 22.5 m(见图 10)。

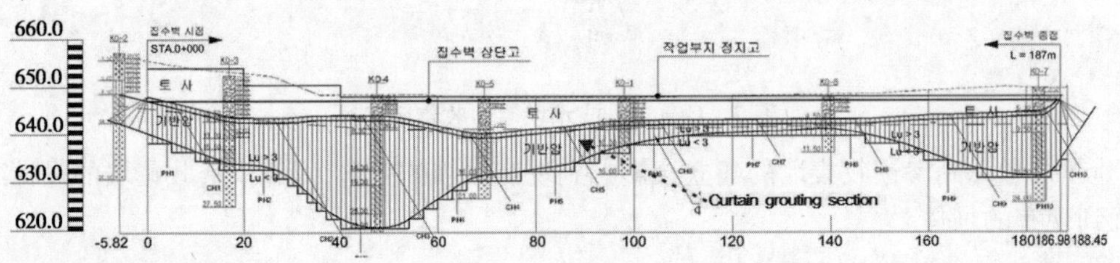

图 10　Gwangdong 水坝基岩帷幕灌浆部分

3.3　测量室建立方案

渗透测量室是用于测量水坝下游的渗透收集墙所收集的渗流量的设施。测量室包括渗流的流入设施、减少流入水流起伏的分配板、测量流量的水位计和三角堰,以及排水设施。根据估算的坝体线、实测地下水位,地下水流量和现场勘测数据,我们计划将测量室设置在对坝体造成最小影响的位置。

此外,为了尽量减小坝体处地下水位上升的影响,我们在对坝体下部、最低地下水水位和钻孔勘探地下水位进行比较后确定堰高。

堰尺寸是根据允许渗透和实际渗透确定的。在查看国际标准(ISO - 1438 - 1)之后,我们对测量室进行了详细设计,例如水箱尺寸和分配板间隔设计等(见图 11)。

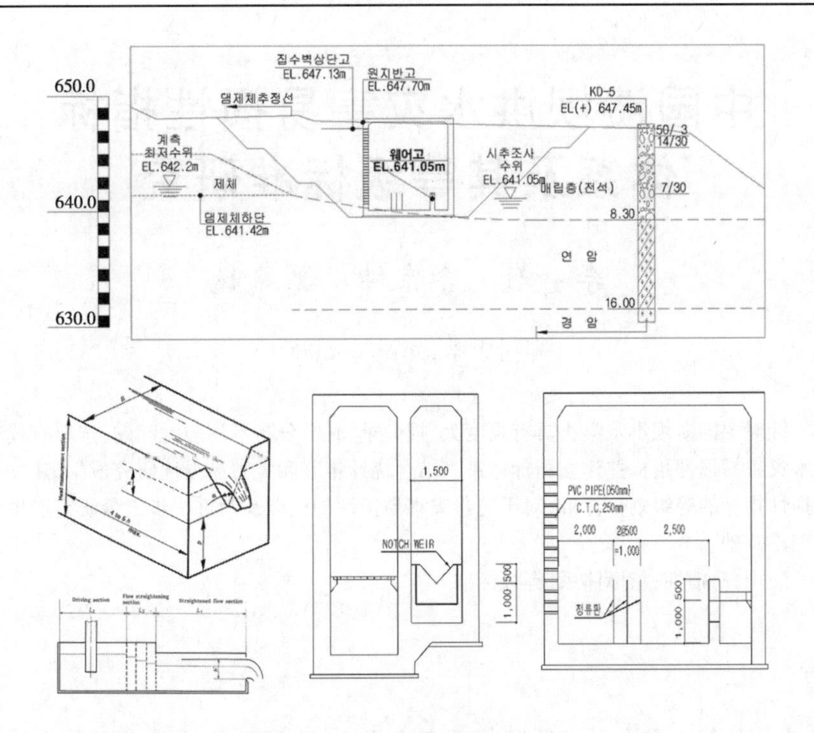

图 11　建立渗透测量室方案

4 结　论

如上所述,渗透测量设施的建立主要分为两个程序。

首先,进行现场土壤勘测,详细的现场土壤勘测会提供精准设计所需的地质信息。

其次,进行结构设计应考虑到现场土壤勘测结果以及设施建立后对水坝安全造成的影响。只要施工稳定,便不应影响到水坝安全。

因为在现有水坝中建立渗透测量设施存在许多威胁水坝安全的限制因素,所以在建造时就设置这一设施是可行的。

最后,充填坝的渗透测量设施是安全管理的重要工具。渗透突然迅速增多或水浑浊是主坝出现异常的信号。我们可以利用紧急排出设施降低水库的水位,以检查和加固水坝主体。因此,渗透测量设施是充填坝管理中不可或缺的工具。为了实现安全管理,韩国水资源公社不但要建立渗透测量设施,还要同步建立一个自动测量系统,以实时测量渗透、电导率和浊度。

作为韩国水资源管理机构,韩国水资源公社将持续致力于提高水坝安全性。

致谢:本项目由韩国水资源公社(K－water)赞助,感谢您参与这些项目。

参 考 文 献

[1] 国际标准化组织. 水流量测量中使用堰和文丘里水槽明渠——第1部分:薄板堰(ISO 1438-1),1998.
[2] 水坝设计标准. 韩国世宗国土交通部,2011.

中国溃坝洪水灾害易损性指标体系及其等级标准研究

李 巍 李宗坤 葛 巍

（郑州大学，郑州 450001）

摘 要 针对中国溃坝洪水灾害具有强度大、损失重、时空分布不均匀的问题，选取有代表性的溃坝洪水灾害易损性指标并建立指标体系。结合统计年鉴和灾害易损性研究成果，建立了溃坝灾害易损性指标的等级划分标准，对于完善灾害易损性理论以及为进一步定量研究溃坝洪水灾害提供理论基础。

关键词 溃坝；易损性；指标体系；等级标准

1 前 言

经过几十年的努力和大量的除险加固资金投入，我国目前的溃坝概率已经大大降低。相对于溃坝的危险性和暴露性因子来说，由于我国幅员辽阔，灾害的社会背景复杂，溃坝下游承灾体的易损度呈现较大的差异性。目前，我国的溃坝综合风险或综合易损性的研究成果，多数是针对某个特定的水库大坝进行风险后果研究，采用将生命、经济、环境和社会等方面的指标割裂开来或者分层考虑的方式，忽略了指标内部的相互作用，且普遍过度侧重生命损失，得到的结果仍旧较粗糙。自然灾害社会易损性的研究，揭示了人类社会在自然灾害条件下的潜在损失，是灾害研究的一种新趋势和新方法[1]，是综合减灾研究的重要组成部分[2-3]。

2 溃坝洪水灾害易损性指标体系

人类社会因灾害的爆发可能面临的损失即灾害的易损性，它反映出了各种压力和不利影响下人类与人类社会的承受能力，这种损失既是社会个体的损失，也是社会整体的损失[3]。它涉及人们的生命安全、健康状况、生存条件、社会财富、生产能力、社会秩序、社会恢复能力等方面，是人类自身、社会建构和文化价值的固有特征与社会的固有属性。溃坝的风险是灾害发生概率和后果的共同度量，在以省区为单位的溃坝概率研究中，何晓燕等[4]统计了各省份历史溃坝数占溃坝总数的比例并进行了省级排序；赵利等[5]绘制了我国已建坝和溃坝分省统计图。以上研究都表明溃坝概率呈现较强的地域性。在对于溃坝后果严重程度以及灾害易损性的分省区研究方面，目前的研究成果很少，但灾害易损性的研究在地质灾害、洪涝灾害领域研究较为深入，Burton Ian 等[6]在研究洪涝灾害易损性中提出区域人—地系统的易损性是洪水灾情加剧的重要原因；人们逐渐认识到，相较于改变致灾因子，提高下游承灾体的适应能力，从而降低易损性更值得关注。商彦蕊等研究了河北省旱灾易损性，

作者简介：李巍（1983—），男，河南郑州人，博士研究生，主要从事水工建筑物风险管理研究。E-mail：21872168@ qq. com。

以县为研究单位进行了易损性评价;葛怡等[7]根据中国洪涝灾害的特征,对湘江流域进行了社会易损性研究。灾害易损性的研究已经成为灾害风险管理研究中的一个重要分支。对丰富溃坝灾害风险管理理论具有重要的理论意义。

本文以我国各省区(包含省、自治区、直辖市,下同)为研究区域、以其自然环境和社会环境为研究对象,结合郭跃教授的关于自然灾害社会易损性的研究理论和成果[3]以及美国哥伦比亚大学环境研究所与美洲洲际银行合作开发的通用易损性指数[8-9](PVI)、Susan L. Cutter“社会易损性评价指标(SOVI)”[8],综合选取适用于溃坝洪水灾害的关键指标建立指标体系。

(1)根据社会构成和指标体系建立的层次性和独立性原则,将溃坝洪水灾害易损性评价的指标体系,分为目标层、系统层、指标层3个等级。

(2)目标层为溃坝洪水灾害易损度。系统层以溃坝洪水灾害易损性的概念及其内涵为基础,具体表现在环境、经济、生命和社会四个层面上,是影响受灾体易损性的关键因素。

(3)指标层要能够反映系统行为的关系结构,用具有一定综合性的指数加以代表,每类易损性影响因素选取一个脆弱度指标和一个强韧度指标,主要由风险人口、自救能力、人均GDP、交通路网密度、水环境、土壤环境、城镇重要度和社会易损性系数构成。

(4)根据指标与自然灾害的关系将其分为:正向指标(易损性与指标值呈正相关关系,即脆弱度指标),包括风险人口、人均GDP、水环境、土壤环境;负向指标(易损性与指标值呈负相关关系,即强韧度指标),包括自救能力、交通路网密度、社会承灾能力指数。

综上所属,得到溃坝洪水灾害易损性影响因子指标体系如表1所示。

表1　溃坝洪水灾害易损性影响因子指标体系

目标层	系统层	指标层
溃坝洪水灾害易损性影响因子指标	生命易损性	风险人口
		自救能力
	经济易损性	人均GDP
		交通路网密度
	环境易损性	水环境
		土壤环境
	社会易损性	省区重要性
		社会承灾能力指数

2　溃坝洪水灾害易损性取值依据及等级标准

溃坝灾害易损性评价是相对指标评价方法,现在还没有统一的划分标准值。在已知分级数的前提下,基于聚类分析的方法将相似数据归为一级,级与级所包含的数据存在明显的差异性,这种划分方法叫作自然分割法,是划分评价等级常用的方法,可以较好保持数据的统计特性[10]。对社会易损度进行等级划分。按照自然分割法将社会易损度区间划分为低度易损、较低易损、中度易损、较高易损、高度易损五个等级区间。

2.1　数据基础

由于涉及全国31个省(区、市)以及经济、人口、环境多角度的数据资料,为了更准确地进行易损度分析,本文主要选取政府官方年鉴和报告以及官方在线数据库等数据来源。为避免数据口径不统一,因此尽可能地在同一数据来源中构建评价指标。

(1)人口、经济类数据来源:中国民政统计年鉴,中国2010年统计年鉴,2010年中国区域经济统计年鉴,2010年中国城市统计年鉴,2010中国县(市)社会经济统计年鉴,第六次全国地市人口普查公报,各地市政府经济统计公报和政府工作报告等统计信息。

(2)环境、社会类数据来源:国家减灾网、自然灾害数据库和EM—DAT全球灾害数据库、中国科学院资源环境科学数据中心、Bankoff[11]以及张明媛[12]的研究成果。

2.2　指标取值依据及标准

风险人口、自救能力、人均GDP、交通路网密度根据以上年鉴数据等统计计算得出;水环境和土壤环境根据中国科学院资源环境科学数据中心基础数据及政府公报得出;省区重要性和社会承灾能力指数根据前人研究成果分析得到。

(1)风险人口。从空间上看,中国人口分布的特征是“西部少,东部多”。东部地区、西部地区、中部地区、东北地区常住人口在我国人口总数的占比分别是37.98%、27.04%、26.76%、8.22%[13]。人口总量分布中广东省、山东省、河南省、四川省和江苏省人口数量较大。人口密度在地区分布中,华北地区、长江三角洲地区、珠江三角洲等东部沿海地区,四川盆地、陇海线沿线等地区的人口分布密度较大。通常而言,灾害发生后所造成的影响与之人口密度有着显著的相关性。本文人口密度用对风险人口的易损性程度进行表示。人口密度=区域人口数量/区域面积。

(2)自救能力。中青年劳动力强,灾害发生时具有一定的自救和他救能力。因此,将城市的中青年比重看作是城市灾后恢复生产生活的主要社会力量。其范围按照中国及国际劳动力划分标准,认定15~64周岁为劳动力组成人群。采用统计数据中的14岁以下人口比例以及65岁以上人口比例,自救人口比例=1－14岁以下人口数量/区域总人口数量－65岁以上人口数量/区域总人口数量。

(3)人均GDP。区域差异、城乡差异是导致中国灾害防御区域差异的重要因素。从区域经济差异来看,自改革开放以来,我国区域发展出现明显分化。在发展水平上东部最高,中部次之,西部最低,三大地区之间的经济发展差距明显。从城乡结构差异来看,同样也出现较大的差异。从灾害造成的损失角度来看,社会经济活动越强烈的地区,由于社会财富相对集中,暴露在灾害下的社会资产相对较多,一旦遭受自然灾害的破坏,将会造成巨大的经济损失。人均GDP=区域总GDP/区域总人口。本文根据2013年世界银行对于高中低收入经济体分类的调整以及2013年我国人均GDP的统计和排名情况进行划分。

(4)交通路网密度。交通越便利,救援物资、医疗救援、消防救援的效率越有保障。就我国自然环境、土地资源、交通分布的特征而言,受自然条件的影响,中国西南地区、西部地区的城市往往分布在河道附近,总体分布呈条状,周围还伴有高山,这种地势条件十分不利于灾害发生之后的救灾和恢复工作。交通路网密度=区域公路总长度/区域面积。

(5)水环境。根据中国科学院资源环境科学数据中心的基础地理数据和2013年中国水资源公报中对于全国20.8万km大江大河的普查以及河流水质状况评价,分为西南、西北诸河区、珠江、东南诸河区、长江、松花江诸河区、黄河区、辽河区、淮河区和海河区。2013年,对全国20.8万km的河流水质状况进行了评价。从水资源分区看,西南诸河区、西北诸河区水质为优,珠江区、东南诸河区水质为良,长江区、松花江区水质为中,黄河区、辽河区、淮河区水质为差,海河区水质为劣。详情如图1所示。

(6)土壤环境。由于我国幅员辽阔,无法得到每一个省区的准确的土壤环境质量报告,所以采取不同类型土地类型脆弱度的划分方法。根据中国科学院资源环境科学数据中心的

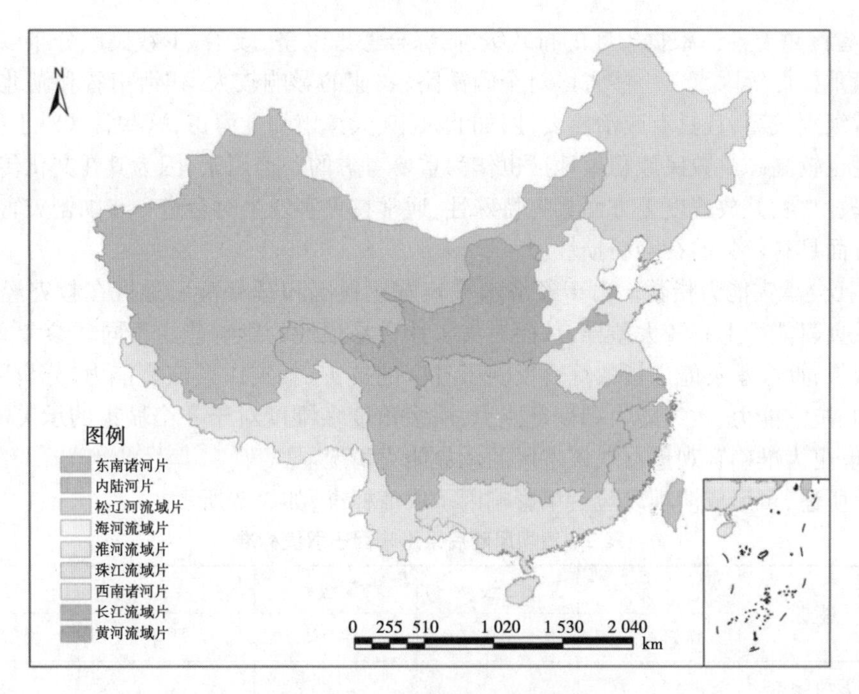

图1 中国9大流域空间分布数据

基础地理数据,将全国分为农田、森林、草地、水体与湿地、荒漠生态系统、聚落生态系统,分别根据其对于溃坝洪水灾害的敏感度进行分级划分。本文认为聚落和湿地环境对于溃坝洪水灾害的脆弱度最高,荒漠生态系统对于溃坝洪水的脆弱度最低,农田、草地以及森林生态环境对于溃坝洪水的脆弱度和敏感性居中。全国生态环境空间分布如图2所示。

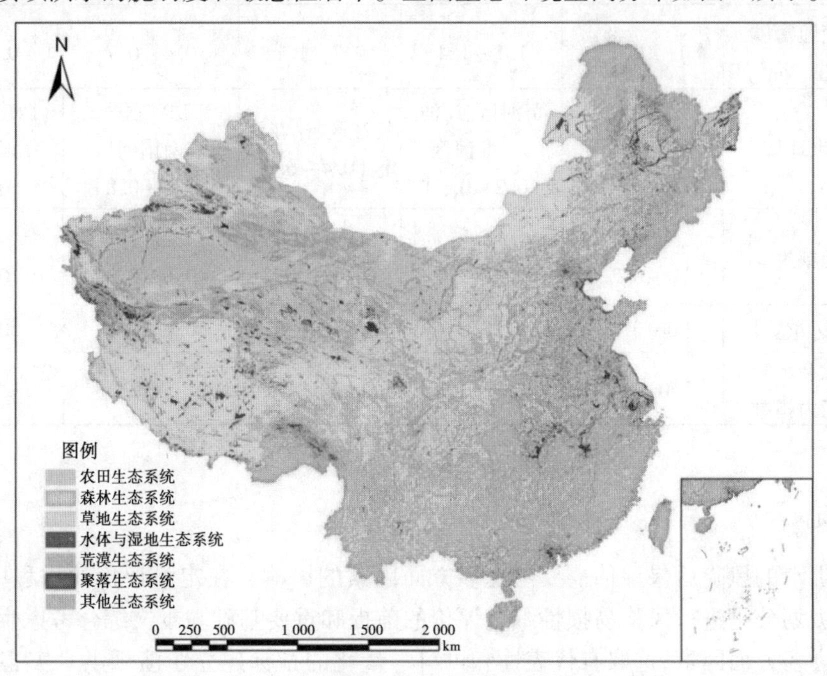

图2 2010年中国陆地生态系统类型空间分布数据

(7)省区重要性。根据省区的行政级别,综合考虑经济、政治、少数民族分布以及铁路、农业产值重要性等因素。一些省区对全国铁路、农业的影响较大,如河南省和湖北省;一些省区行政级别较高,且具有政治重要性,如北京市、天津市和上海市,这些省区对于溃坝洪水的脆弱度也较高。少数民族积聚地区也作为重要考虑的一个因素,因为其在文化传统、经济发展、宗教习惯、开放程度等方面具有特殊性,通常在灾害发生时会进一步加剧灾害的影响,在一些方面具有较强的社会易损性。

(8)社会承灾能力指数。由于经济水平较发达地区和贫穷落后地区在救灾经费、灾害认识以及重建能力上有较大差异,从而对灾害社会易损性的影响能力不同。参考文献[12]的研究成果,社会承灾能力指数综合反映了省区的抗灾、救灾以及恢复能力,分析了它们的防灾能力、抗灾能力、救灾能力和恢复能力,从多角度多维度对于一个城市的承灾能力进行分析,能够更为准确客观地反映该省区的承灾能力情况。

综上所述,可形成溃坝风险后果影响因子取值标准,如表 2 所示。

表 2　溃坝风险后果影响因子取值标准

项目	指标	1 级 轻微	2 级 一般	3 级 中等	4 级 严重	5 级 极其严重
生命	人口密度 (人/km²)	250 以下	250 ~ 500	500 ~ 750	750 ~ 1 000	1 000 以上
	自救比例(%)	78.88 以上	75.07 ~ 78.88	71.26 ~ 75.07	67.45 ~ 71.26	67.45 以下
经济	人均 GDP (人民币元)	39 000 以下	39 001 ~ 52 000	52 001 ~ 65 000	65 001 ~ 78 000	78 000 以上
	交通密度 (km/km²)	1.4 以上	1.1 ~ 1.4	0.7 ~ 1.1	0.4 ~ 0.7	0.4 以下
环境	水环境	海河区 [0 ~ 0.2]	黄河区、辽河区、淮河区 (0.2 ~ 0.4]	长江区、松花江区(0.4 ~ 0.6]	珠江区、东南诸河区 (0.6 ~ 0.8]	西南诸河区、西北诸河区 (0.8 ~ 1]
	土壤生态	荒漠 [0 ~ 0.2]	草地 (0.2 ~ 0.4]	森林 (0.4 ~ 0.6]	混合 (0.6 ~ 0.8]	聚落 (0.8 ~ 1]
社会	省区重要性	[0 ~ 0.2]	(0.2 ~ 0.4]	(0.4 ~ 0.6]	(0.6 ~ 0.8]	(0.8 ~ 1]
	社会承灾能力指数	3.04 以上	2.81 ~ 3.04	2.58 ~ 2.81	2.35 ~ 2.58	2.35 以下

3　结　论

溃坝洪水的风险后果评估需要考虑多方面因素的影响。在定量评价的过程中,指标体系及其等级划分是进行风险易损性综合评价的前提和重要基础。本文综合考虑生命、经济、环境和社会多方面因素,选取有代表性和可科学量化的指标建立了溃坝洪水灾害风险后果易损性评价指标体系。并进一步通过前人研究以及政府有关统计年鉴数据,对评价指标进行了科学的等级划分。研究成果丰富了灾害易损性关于溃坝洪水的研究理论,为研究溃坝洪水灾害风险后果提供了科学依据和研究基础,对于研究和完善溃坝洪水风险管理理论具有重要的基础意义。

参 考 文 献

[1] 姜彤, 许朋柱. 自然灾害研究的新趋势——社会易损性分析[J]. 灾害学, 1996(2):5-9.

[2] 史培军. 四论灾害系统研究的理论与实践[J]. 自然灾害学报, 2005,14(6):1-9.

[3] 郭跃. 灾害易损性研究的回顾与展望[J]. 灾害学, 2005,20(4):92-96.

[4] 何晓燕,王兆印,黄金池,等. 中国水库大坝失事统计与初步分析[C]//中国水利学会 2005 学术年会. 2005.

[5] 赵利,李昕,周晶. 基于模糊层次综合模型的溃坝后果评价研究[J]. 安全与环境学报, 2009,9(2):176-180.

[6] Burton Ian, Kates, et al. The Environment as Hazard, 2nd Edition[J]. 1993.

[7] 葛怡, 史培军, 刘婧, 等. 中国水灾社会脆弱性评估方法的改进与应用——以长沙地区为例[J]. 自然灾害学报, 2005,14(6):54-58.

[8] Cutter S L. Vulnerability to environmental hazards[J]. Progress in Human Geography, 1996,20(4):529-539.

[9] Cardona O D. Indicators of Disaster Risk and Risk Management[J]. Idb Publications, 2005.

[10] 汤国安. ArcGIS 地理信息系统空间分析实验教程[电子资源][M]. 北京:科学出版社, 2012.

[11] Bankoff G. Comparing Vulnerabilities: Toward Charting an Historical Trajectory of Disasters[J]. Historical Social Research, 2007,32(3):103-114.

[12] 张明媛. 城市承灾能力及灾害综合风险评价研究[D]. 大连:大连理工大学, 2008.

[13] 马建堂. 第六次全国人口普查主要数据介绍[J]. 北京周报(英文版), 2011,54(22).

Willowstick 技术在绘制地下渗流三维图中的应用

Dong Soon Park[1], Bo Sung Kim[2], Val Kofoed[3]

(1. 韩国水资源公社汇聚研究所,韩国大田　34045;
2. 韩国水资源公社业务维护一部,韩国大田　34350;
3. Willowstick 技术公司,美国犹他州德雷珀　84020)

摘　要　确保没有过多的水库水渗透过坝体或坝基非常重要。因此,应用最新技术发现现有老坝地下渗流渗径的可靠三维图尤为有意义。在本案例中,韩国将 Willowstick 磁测电阻率勘测法首次应用于试验水坝(DB 水坝和 YD 水坝)中,以寻找潜在的堤身或坝基的渗流路径。在土石坝中应用 Willowstick 技术基于如下原理:水渗入坝体和/或坝基增加了渗流经过的土质材料的导电性。本文对勘测结果进行了简要说明,以确定、绘制以及模拟水坝中和坝基下的渗径。电流的磁场特征得以测量和模拟,以确定主渗径的模式,主渗径模式阐释了渗透的方式及其位置。通过钻探和岩土工程勘察验证 YD 水坝的测试结果,测试结果表明利用 Willowstick 技术可有效地找到地下主渗径。

关键词　土石坝;渗透;渗漏;流径;磁测电阻率法

1　简　介

对于暴露于水中的新结构设计或现有结构的安全管理而言,确定地下渗流的渗径对操作的安全性和有效性来说很关键。在大多数需要保证防水性的地质工程环境中,必须确定地下渗流。

特别是对于老的填筑坝而言,最重要的项目是确定防渗层或坝基防渗墙的不渗透性(FEMA,2015;Park 和 Oh,2018)。如果不准确测定渗透率,则无法探明内部侵蚀和管涌危险迹象,从而造成严重的安全问题(ICOLD,1994;Park 和 Oh,2016)。显然,渗透率的急剧增大意味着堤坝可能出现了内部侵蚀。渗漏率的减小或未测量到渗漏率也可能是一个问题,因为它意味着某些排水系统可能被堵塞或渗漏水正流到其他地方。

旨在寻找渗径的勘测是了解堤坝或基岩渗透脆弱性的必要步骤。然而,几乎没有技术可以在三维空间中绘制地下渗径图像。当前的专业惯例主要为开展二维或三维的电阻率勘测,识别渗漏需要耗费大量人力和时间。

本项研究中,我们在韩国建立了两个试验基地(DB 和 YD 水坝),这两个水库的水需要得到确保。采用了新近开发的磁测电阻率勘测法(MMR),也被称为“Willowstick 勘测”。鉴于饱和地层或湿润地层可充当优良的地下电导体,Willowstick 磁测电阻率勘测法用标记电流给渗透水通电,以追踪主渗径。电流沿着水库外的水饱和区从堤坝或防渗墙中间、下方和/或周围穿过。通过确定优先电流流径,可在勘测中确定水库水渗过坝体或坝基的位置。

该技术已经用于带有渗漏等问题的水力结构中,但仍不常见。

本文介绍了磁测电阻率勘测法的理论和应用程序以及试验坝的特点和存在的问题,同时对 Willowstick 磁测电阻率勘测法的程序和结果进行了说明。在 YD 坝址处的磁测电阻率勘测法完成之后,我们通过详细的岩土工程勘察找出渗径,对成果进行了验证。

2 理论与方法

2.1 Willowstick 磁测电阻率勘测法概述

主渗径的检测是工程地质或水文地质学中的常见问题。尽管这个问题具有挑战性,但一个有利因素是在大多数情况下地下水会提高地下材料的电导率。

Willowstick 磁测电阻率法是利用高灵敏度磁技术检测主渗径的快速有效方法(Kofoed 等,2013)。磁场测量在自由空间内进行,无须与地面电流接触。观测装置包括确定关键能量输入(energizing)电,直接向地下水输入能量。当电极产生的电流是沿着延伸的到点目标或者沿着预期的渗流方向时,效果最好。一旦定位了电击棒和电路线,便建立低频电流以产生地下电流(非感应电流),并产生相关的磁场(非感应磁场)。这种静磁响应包含地下电阻率结构相关的信息,反映出岩性变化、含水量和水矿化度等。

2.2 程序和方法

为实现磁测电阻率勘测法的最大有效性,需要特别注意电极棒的放置和必要的电路线的回路。接触地下水的钻孔常被用于实现与目标的更直接连接,并沿着预期的水文流动方向布置电极棒。该方法采用 380 Hz 的 AC 信号以充分利用高灵敏度的磁测量技术(Kofoed 等,2013),同时避免产生 50 Hz 或 60 Hz 功率的谐波信号。

一旦电路铺设完成,便施加 1 ~2 A 的弱电流,并在几小时或几天内在地面上的(通常)数百或数千个测站进行磁测量。然后,将测量数据与理论预测的静磁场进行比较。通过该程序和新开发的建模和反演程序(Jessop 等,2014),采用信息确定地下电流密度的分布和集中,并绘制出主渗流通道的地图和三维模型。

3 应用于 DB 水坝

3.1 水坝状况

DB 工程由一个主堤,几个分开的小坝组成。主坝最大高度约 60 m,长约 450 m。坝基的帷幕灌浆延伸至基岩中。水库泄流由旁路管道和位于右坝肩附近的溢洪道控制。预计水坝存在渗漏问题。

3.2 勘测配置

进行地球物理勘探的目的是确定蓄水之外的主要渗流途径并说明其特征。该勘探旨在深入了解堤坝中和堤基下的渗流模式,以便成功评估、监测并修复(可能的话)过度渗透区域。图 1 显示了勘探所使用的电极配置的横截面示意图。鉴于大坝的尺寸(长度接近 450 m),该勘探最初提出了两种勘测配置。

3.3 数据缩减、筛选和质量控制

在收集磁场数据后,将数据缩减、归一化,并遵循适用的筛选和质量控制标准,以便为建模和说明做好准备。

图 2 显示了勘测 1——水坝左半部分采用的电极配置和布局以及勘探相关的若干特征。

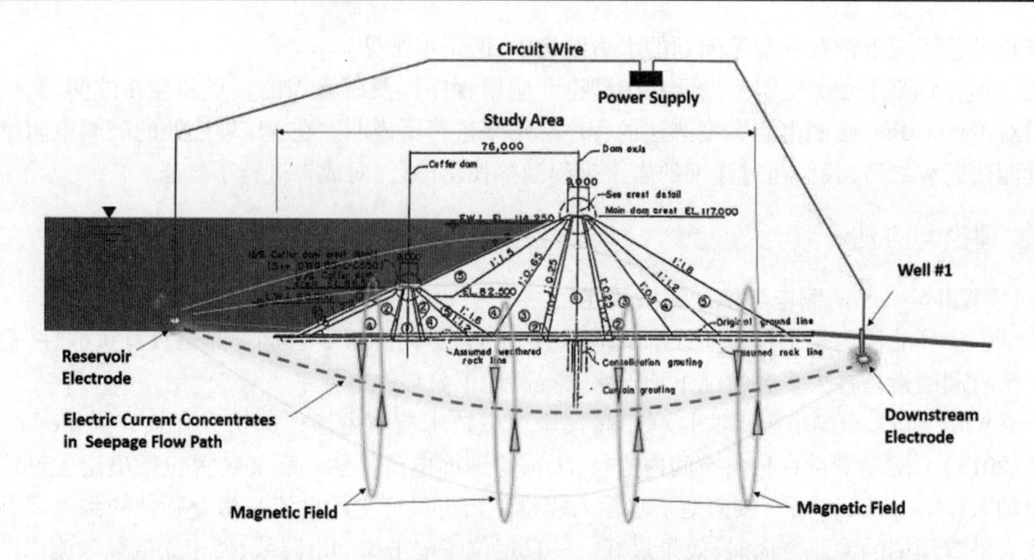

图 1　典型的水平偶极子配置

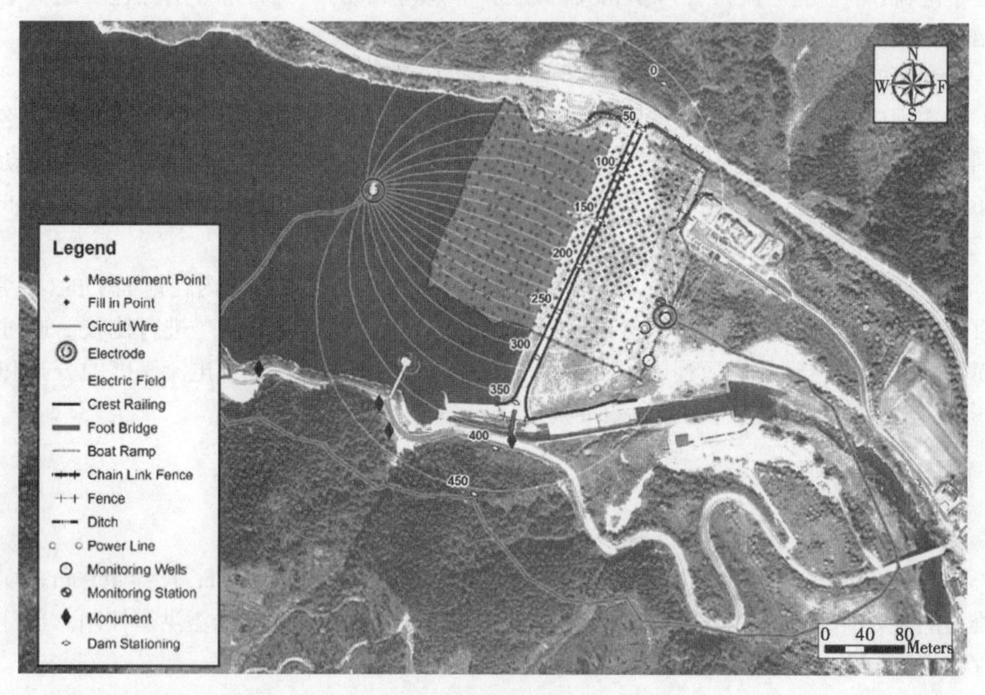

图 2　勘测 1 布局

3.4　数据处理

对于数据处理，当用标记电流向研究区域通电时，采用观察到的磁场。这种"观察到的"磁场数据不用于进行直接解释。为了通过地下研究区域确定具有更大或更小电导率的区域，建立模型以预测每个电路线和电极位置测量站的磁场响应。该预测是在假设地下导电环境均匀的情况下进行的。

利用预测的磁场图区分观察到的磁场图，得到比率响应图，可消除偏离数据集的电流并显示电流流动异常的区域——大于或小于预测值。

因为仅测量地面(主渗径上方)磁场而未对渗径下方或其旁边的磁场进行测量,所以在未建模的情况下,难以以任何程度的确定性来识别主电流的准确位置或深度。为了确定更精确的位置和深度,通过反演算法对比率响应数据进行处理,反演算法用于科学地预测地下研究区域内三维空间的电流分布。反演结果被称为电流分布或 ECD 模型。

除 ECD 模型外,还创建了一个现场三维模型,以显示与 ECD 模型切片相关的现场特征。

3.5 结果

预测的渗透路径在穿过帷幕灌浆下方后迅速流向表面(见图 3)。水坝下游的流径比其上游更加明显。水坝上游的流径位于水库水体下方,水体很容易将流径掩盖起来。

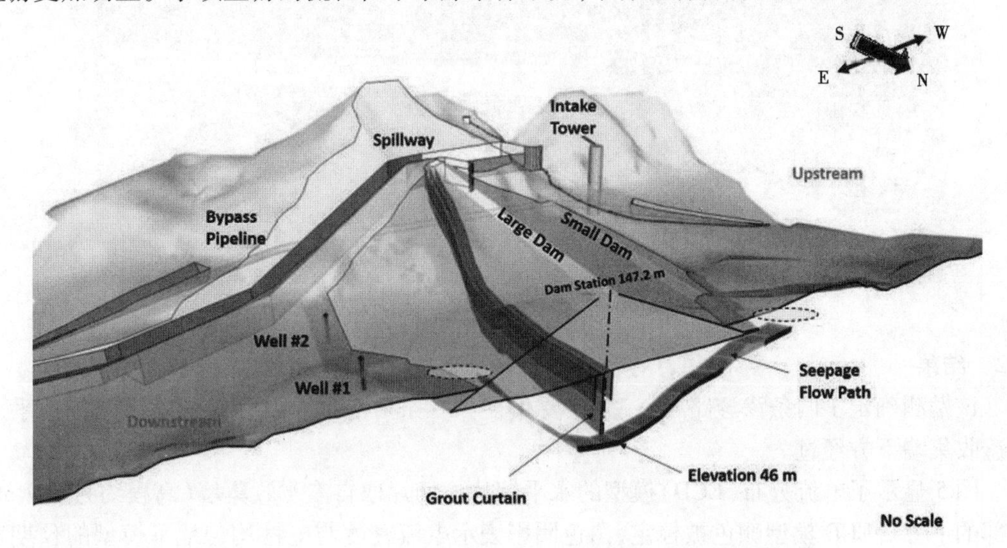

图 3 水坝站 147 m 处显示渗透路径的现场三维剖视模型

4 应用于 YD 水坝坝址

4.1 YD 水坝状况

YD 水坝是一个混凝土面板堆石坝(CFRD),高 70 m,长 498 m,于 1999 年建成(KNCOLD,2004)。YD 水坝下游部分设有渗透率测量室,以对水坝的安全进行管理,测量室下部设有挡水墙,用于收集水坝和基岩的渗水。

但是,在渗透率测量室内的可测量的水位达到适当水平之前,不可能定量地测量渗透量。在水坝运行期间,有必要对渗透量进行测量,但由于渗漏原因不明和渗漏路径模糊,很难确定合适的措施。

为了确定、绘制和模拟穿过渗水收集墙、位于其下方和/或周围的主要路径,在 YD 水坝坝址进行了新近开发的(Willowstick)磁测电阻率勘测法以及现有的三维电阻率法勘测。之后,通过岩土工程勘探使用勘测结果验证勘测的适用性。

图 4 显示了勘探中的电极配置和勘探研究布局,以及勘探相关的现场特征。如图 4 所示,研究区域主要针对下游面和渗水收集墙。众多小的红色符号表示测量站,这些测量站以 10 m×10 m 网格形式设立。为进行质量控制,许多测量站被多次占用。在整个勘测区域内,电路连续性、磁场强度和信噪比都很强。每个测量站的位置和高度均作为实地工作的一

部分进行记录,这对质量控制措施、数据处理、建模和说明至关重要。

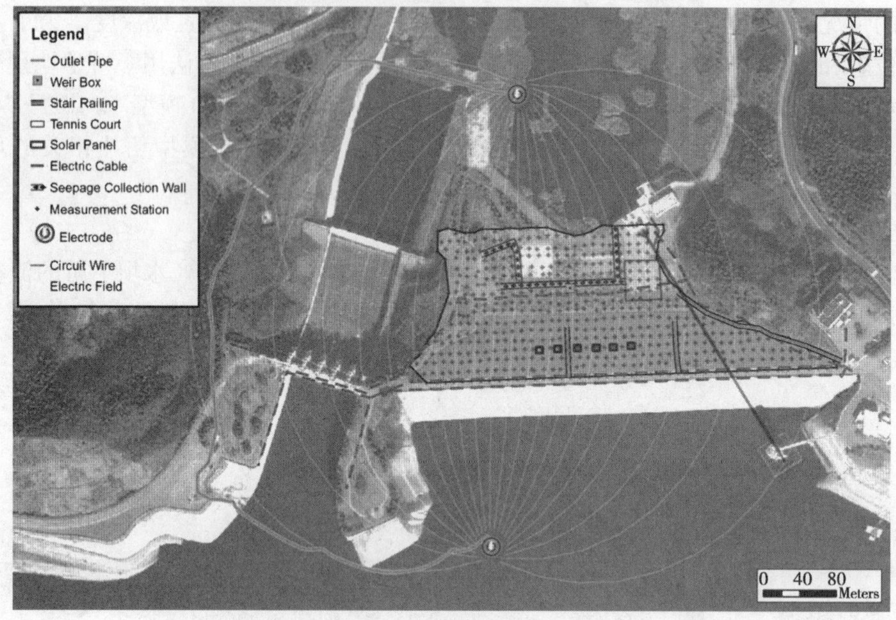

图 4　勘测布局

4.2　结果

该勘测确定了两条渗透路径:一条主要路径和一条可能的次要路径。这些路径似乎从渗透收集墙下方经过。

图 5 显示了电流分布(ECD)模型的水平切片。切片取自渗水收集墙(高程约为 199 m)底部的下方。ECD 模型颜色被标定,白色阴影表示电流密度与电性均匀地下模型的预期密度相等的区域。蓝色到紫色阴影表示电流密度小于预期密度的区域,绿色阴影表示电流密度大于预期密度的区域。

突出显示的黄色路径标示渗水收集墙下方的主要渗透路径。标记节点 A 至 I 的深蓝色线标示薄弱地带或地质特征(例如,原河道下方的小裂缝或古河道),渗透主要集中在墙壁下方,有渗水在墙下流动。标记节点 1 和 2 的橙色实线标示墙壁下方的一条明显的次要渗透路径。根据磁场的强度和综合的路径证据,标记的渗透路径已被分为主要路径和次要路径,表明绕过渗水收集墙的主要路径的水要多于次要路径的水。

5　验　证

开展针对性的钻孔和取样等岩土工程勘探,以验证 YD 水坝坝址的磁测电阻率勘测法结果(见图 6)。

因钻孔影响,地层分为上层的颗粒填充层、找平混凝土和风化软基岩。磁测电阻率勘测法预期为主要渗漏路径的 BH-1 和 BH-2 的钻探记录,显示了一条厚实的渗透性断裂带,而其他 BH-4、BH-5 和 BH-7 样品,显示了相对好的节理岩体状态。根据钻孔和取样,BH-1 清楚地显示在 EL. 194.9～185.8 m(GL. -16～-25 m)处存在一条渗透性地质薄弱带(断裂带),这与磁测电阻率勘测法结果的主要渗漏路径预测非常吻合。而且,BH-3(预测为次级渗漏路径)采样心墙显示了一条高度断裂带。

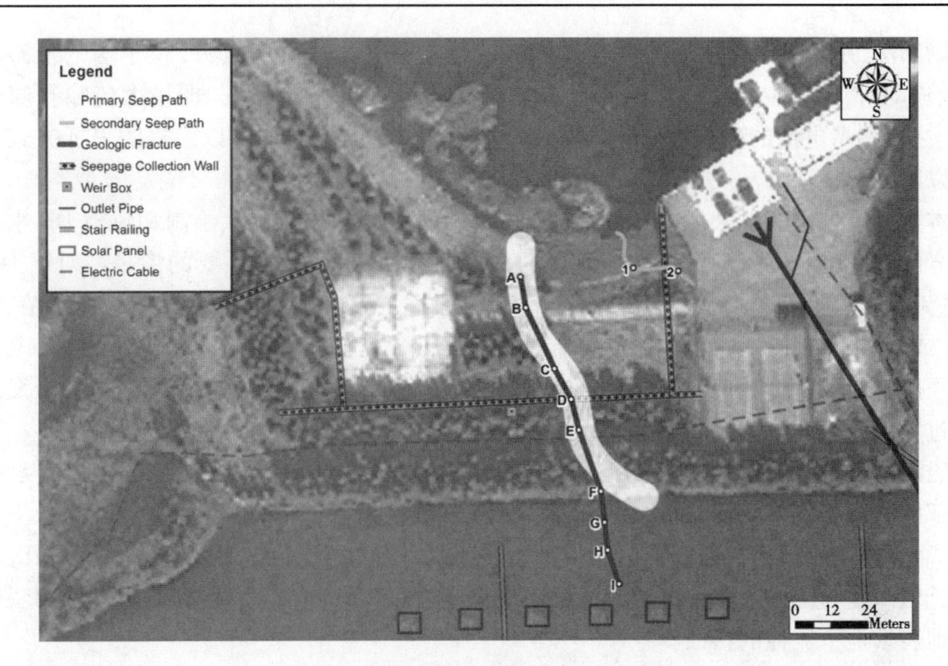

图 5 地质裂缝与渗透路径节点标记

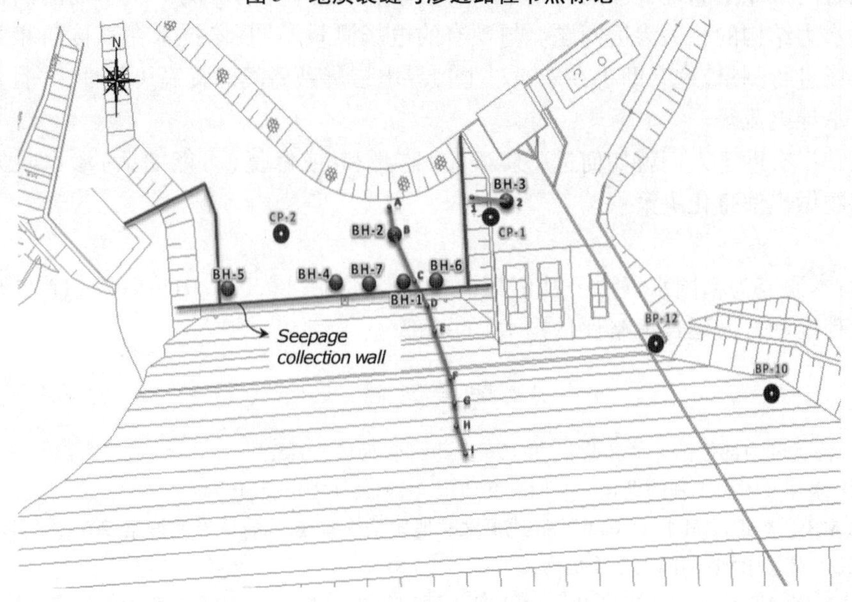

图 6 钻孔位置图

总的来说，经验证，新的磁测电阻率勘测法可以有效地绘制出断裂带等地质薄弱层造成的地下主渗径的三维图。

6 结 论

确定地下渗漏路径对于水力结构的渗透安全性非常关键。然而，过去很少有技术能可靠地绘制出地下主渗径图。

本项研究中，在两个水坝（DB 水坝和 YD 水坝）中引入了新近开发的 Willowstick 磁测电阻率勘测法,用于绘制地下渗流路径。当标记电流在适当放置的电极(位于墙的上游和下游)间流动时,电流主要集中在水流优先流动的导电性更强的区域(即最大传输孔隙率区域)。之后测量电流的磁场特征并建模,以确定主渗径模式,此模式以渗透的表征方式和位置得以阐释。

本案例呈现有史以来 Willowstick 地球物理勘探的结果,以确定、绘制和建模 DB 水坝及其下方的主渗径。勘探确定了水坝下方的优先电流通道,标示出主要的渗径。对于 DB 水坝,电流优先从小坝左坝肩下方的水库流出,并穿过 147 m 站处的大坝下方。电流在约 46 m 高(或坝顶下方约 71 m 处)的大坝帷幕灌浆下方流动。在穿过帷幕灌浆下方后,电流在距左坝肩斜接点(水坝和山坡连接处)一半距离的区域向上涌出。调查结果表明,未发现其他通过堤坝或其基础的主渗径。

磁测电阻率勘测法在 YD 水坝中的应用表明,磁测电阻率勘测法确定了通过集水挡土墙底部的主要和次要渗漏路径,并提供了三维渗径的中心线坐标。为验证进行的岩土工程勘探,靠近预期渗径的钻孔取样显示了基础岩体的地质薄弱断裂带情况。地质薄弱区的位置和近似深度与磁测电阻率勘测法的结果完全吻合。(Willowstick)磁测电阻率勘测法能够有效地表示地下流径的特征。

因现有的可靠绘制地下渗漏的技术非常有限,新近开发的磁测电阻率勘测法被认为有助于解决水力结构的相关渗透问题。与现有的电场测量不同,该技术在直接向相关流水通电后对磁场进行测量,这有助于在未通过上覆导电层屏蔽磁场时提高可靠性,并且建模结果可直接表示导电流径。

勘探结果有助于人们就如何进一步确定、监测和/或修复(可能的话)渗水收集墙下方的渗透问题做出信息化决策。

致谢:本研究为韩国水资源公社汇聚研究所研究项目(2017.01 -2018.12)"开发老化水坝恶化程度和寿命延长策略评估技术"的一部分。

参考文献

[1] FEMA. 渗透和内部侵蚀评估和监测. 联邦紧急事务管理局,2015.

[2] ICOLD. 水坝及附属工程的老化——回顾和建议. 国际大坝委员会,1994.

[3] Jessop M L, Wallace M J, Qian W,等. 地下水文地质系统建模. Google 专利搜索,2014.

[4] KNCOLD. 韩国水坝. 韩国大坝委员会,2004.

[5] Kofoed V O, Montgomery J R, Jeffery R N. 地下通道位置检测系统. 美国专利申请,2013,13/778,463.

[6] Park D,Oh J H. 渗透灌浆在坝心修复中的应用[J]. 工程地质,2018,233:63-75.

[7] Park D S,Oh J H. 老化心墙充填坝的潜在危害分类[J]. 工程地质学报,2016,26(2):207-221.

碾压混凝土坝加固处理防渗方式研究

张 艺 吴 昊

(河南省水利勘测设计研究有限公司,郑州 450016)

摘 要 石漫滩水库位于河南省舞钢市境内淮河上游洪河支流滚河上,大坝为碾压混凝土重力坝,经过多年运用存在坝体裂缝、渗水等问题。本工程通过对大坝防渗方案进行比选,最终采用在上游增设防渗面板的方法对大坝进行加固处理,对类似加固工程具有一定的借鉴意义。

关键词 碾压混凝土坝;除险加固;防渗面板

1 工程概况

石漫滩水库位于河南省舞钢市境内淮河上游洪河支流滚河上,水库总库容 1.2 亿 m^3,是一座以工业供水、防洪为主,结合灌溉、旅游、养殖等任务的综合利用工程。工程等级为 II 等,工程规模为大(2)型。大坝坝型为碾压混凝土重力坝,最大坝高 40.5 m,坝顶长度 645 m。大坝由右岸非溢流坝段、溢流坝段和左岸非溢流坝段组成。

2 大坝存在的问题

石漫滩水库于 1998 年复建完毕并投入运用,经过多年运行,主要存在以下问题:

(1)坝体层间结合面及廊道周围等部位混凝土质量较差,坝体混凝土裂缝严重,增加趋势明显。

(2)坝体防渗性能明显下降,且右岸坝段出现多条贯穿裂缝,坝基渗漏量逐渐增加。下游面多处裂缝及分缝处存在明显渗水。

(3)启闭机房操作空间狭小;交通桥、闸墩等部位混凝土存在不同程度的碳化;泄洪闸共作闸门锈蚀,电气线路老化。

针对上述问题,为保障水库的安全运行,提出相应的处理措施。为解决渗漏问题,可在大坝上游面采取防渗措施;对坝基及廊道进行灌浆处理;改建启闭机房;处理、更换锈蚀、老化的部件。其中,大坝上游面防渗处理措施是重中之重。

3 防渗方式选择

碾压混凝土坝的防渗结构形式可分为三类:

(1)常态混凝土防渗结构。包括常态混凝土面板、钢筋混凝土面板、常态混凝土薄层防渗结构等。

常态混凝土面板防渗效果较好,材料耐久性和可靠度均较高,但容易产生裂缝,影响防

作者简介:张艺(1988—),河南开封人,工程师,硕士研究生,主要从事水工结构设计工作。E-mail:948542938@qq.com。

渗效果。且本工程防渗面板为薄层结构,若采用常态混凝土防渗,其抗裂性能也较差。但若采用钢筋混凝土面板,通过增加面板分缝和布设钢筋方法限制裂缝的产生和发展,则可以起到较好的防渗效果。

(2)柔性材料防渗结构。包括沥青混凝土混合料防渗、PVC 薄膜防渗、PCS 柔性防渗涂料、SPUA 聚脲弹性体等。

柔性材料具有快速固化、拉伸强度好、伸长率好、施工速度快、黏结强度高等优点,但也具有耐久性差、易受外力破坏的缺点。石漫滩大坝在建设期间曾在坝体上游面涂刷 LJ_1 防渗材料(改性氯丁乳胶防渗材料),但效果并不显著,且经过十几年的运行,早已失去防渗作用。

(3)碾压混凝土自身防渗。通过在坝上游面一定范围内使用二级配碾压混凝土作为大坝防渗结构。该方法适合于新建碾压混凝土坝。

石漫滩水库为大型水利工程,考虑到上游面防渗结构加固和维修十分困难,防渗方式不仅要满足防渗要求,还要具有较好的耐久性,因此选择采用增设钢筋混凝土防渗面板方案对石漫滩水库大坝进行防渗加固处理。

4　防渗面板设计

本工程设计在坝体原上游面增加钢筋混凝土防渗面板作为坝体防渗层,考虑到坝体原上游面二级配碾压混凝土已经基本失去了防渗作用,故新增防渗面板可起到代替原坝体二级配碾压混凝土防渗的功能。

4.1　混凝土防渗面板参数确定

参照《砌石坝设计规范》(SL 25—2006)的要求,混凝土面板的底部厚度宜为最大水头的1/30～1/60,且顶部厚度不小于0.3 m。本工程最大水头约为39.0 m,底部厚度宜为1.3～0.65 m。石漫滩水库大坝最大坝高40.5 m,属于中坝,混凝土防渗面板厚度宜选择中间值,故取面板底部厚度为1 m,考虑到面板顶部需布置防浪墙,为施工方便,面板顶部厚度取0.5 m。

防渗面板采用 C25 钢筋混凝土结构,抗渗等级为 W6,抗冻等级为 F150。非溢流坝段面板厚度从107.0 m 高程(正常蓄水位)至下由0.5 m 渐变至1.0 m,107.0 m 高程以上面板厚0.5 m。溢流坝段仅在99.0 m 高程(溢流坝面)以下增设防渗面板,不改变溢流面和闸墩尺寸。防渗面板基础坐落在新鲜岩面上,底部设1.8 m 长、0.8 m 厚的前趾用以布置帷幕灌浆孔。面板内、外层配Φ 16 钢筋网。结合大坝原分缝位置及部分贯穿性裂缝,每隔8～12 m 设一道伸缩缝,缝内设一道紫铜止水片。混凝土面板与原坝体通过Φ 25 锚杆连接。

4.2　防渗面板与坝体连接处理

为使面板和坝体结合牢固,在面板和坝体配置一定数量的锚筋。常用的锚杆类型有全长黏结型锚杆、端头锚固型锚杆、摩擦型锚杆、预应力锚杆等。预应力锚杆施工较为复杂,摩擦型锚杆为中空结构,存在渗漏通道,全长黏结型锚杆采用普通钢筋,制作简单,施工方便,且本工程使用锚杆的主要作用是连接面板和坝体,并无太高受力要求,因此采用全长黏结型锚杆。为加快施工进度,采用早强水泥砂浆作为黏结材料,水泥砂浆强度等级为 M30。

4.3　锚杆结构设计

一般情况下,混凝土防渗面板可以自己维持稳定,新老混凝土之间的锚杆没有作用力。

为工程安全,考虑混凝土防渗面板损坏后,面板与坝体混凝土之间存在一定的水压力的工况作为结构的设计条件。

结合水库运行工况,防渗面板前的水位按正常蓄水位107.0 m,面板后反向水压力按设计洪水位110.65 m,锚杆间距按1.0 m×1.0 m。经计算,单根锚杆承受水压力设计值为43.0 kN。锚杆达到设计荷载所需的钢筋截面面积按下式计算:

$$A_g = kN/f_{ptk}$$

式中:A_g为钢筋截面面积,mm^2;N为荷载设计值,取43.0 kN;f_{ptk}为锚杆抗拉强度设计值,取300 N/mm^2;k为安全系数,永久锚杆为2.2~2.4,取2.3。

经计算钢筋截面面积为329.7 mm^2。本工程上游面板锚筋直径不宜太小,取直径为25 mm。

锚杆锚固长度按下式计算:

$$L = kP/(\pi\tau D)$$

式中:P为设计荷载(kN),取43.0 kN;D为锚杆直径,D=25 mm;L为黏结段长度,m;τ为钢筋与水泥砂浆的握裹强度,MPa,M30水泥砂浆,取1.6 MPa;k为安全系数,取2.0。

经计算,锚固长度为684 mm,考虑到原上游面板缺陷较多,为保证锚固可靠并预留适当的保护层厚度,取锚固段长度为800 mm。

5 施工过程中遇到的问题及解决方案

石漫滩水库大坝上游面板施工过程中,存在如下问题:

(1)在施工大坝上游防渗面板时,需先将原坝面碳化混凝土凿除并在坝面布设锚杆。石漫滩水库大坝最大坝高40.5 m,属于中坝,自坝底搭设脚手架高度过高,因此在进行上游面施工时,考虑采用吊篮施工。吊篮自专业公司处采购,由专业公司技术负责人现场指导安装及培训。本工程选择的吊篮额定载重630 kg,工作平台尺寸为2 m×0.76 m×1.2 m(长×宽×高),钢丝绳选用4×31SW+nf-8.3,最小破断拉力为53 kN。

(2)石漫滩水库经过多年运用,大坝出现多条贯穿性裂缝,将大坝上游碳化层凿除后,贯穿性裂缝外露。在进行面板分缝时,适当调整分缝长度,使上游面板在垂直贯穿性裂缝处分缝,有利于防止新增防渗面板的开裂。

6 结 论

本工程针对碾压混凝土坝渗漏问题,结合石漫滩水库大坝工程实际,通过方案比选,采用在大坝上游增设防渗面板的方法,对大坝进行防渗加固处理。防渗面板采用C25钢筋混凝土结构,抗渗等级为W6,抗冻等级为F150。107.0 m高程以上面板厚0.5 m,107.0 m高程以下面板厚度由0.5 m渐变至1.0 m。面板内外层配Φ16钢筋网,在面板和坝体上游面间设Φ25锚杆,锚固长度为800 mm。对类似的加固工程具有一定的借鉴意义。

参 考 文 献

[1] 砌石坝设计规范:SL25—2006[S].
[2] 孙超,尤育广,柳卓.柔性材料在桥墩水库大坝坝面防渗加固中的应用[J].浙江水利科技,2010(6).
[3] 许志亮.云霄水库除险加固工程大坝防渗面板设计[J].甘肃水利水电技术,2009(5).

光控技术在小浪底水利枢纽白蚁防控中的应用

屈章彬　尤相增　赵建中　韩鹏举

（黄河水利水电开发总公司，济源　459017）

摘　要　小浪底水利枢纽为黏土斜心墙堆石坝，心墙是防止白蚁危害需要保护的重点。西霞院反调节水库是小浪底水利枢纽的配套工程，上游坝面采用复合土工膜防渗，土工膜是防止白蚁危害需要保护的重点。光控技术是指在白蚁分飞季节，将若干诱蚁灯按其照距有机排行组合，设置在保护目标的特定部位，夜晚同时点亮使其形成一道光屏障，利用有翅繁殖蚁较强的趋光特性，加以性信息素引诱其扑灯，再配以螺旋式强劲风机或高压电网产生的瞬时高压触杀，从而达到杀灭有翅繁殖蚁之目的。2018 年 4 月至 6 月小浪底水利枢纽管理区白蚁发生了 6 次分飞，飞落到大坝坝顶上的白蚁数量较去年减少，包括光控效果在内综合防治措施初见成效。

关键词　小浪底工程；白蚁；光控技术；诱蚁灯；防控效果

1　概　述

小浪底水利枢纽位于河南省洛阳市以北 40 km 的黄河干流上，地处北纬 34.9°，气候温湿，1 月平均气温零下 1～2 ℃，7 月平均气温 26 ℃，枢纽管理区内山峦起伏，丛林茂密，具备白蚁繁衍的基本条件。

小浪底水利枢纽坝体结构为黏土斜心墙堆石坝，西霞院反调节水库的土石坝段为复合土工膜斜墙砂砾石坝，上游坝面采用复合土工膜防渗，心墙和土工膜是防止白蚁危害需要保护的重点。

2004 年秋，山西省运城、晋城两市部分县发生大面积的白蚁灾害，其中重灾区垣曲县古城镇与小浪底水利枢纽管理区的直线距离不足 50 km。

为确保小浪底水利枢纽和西霞院反调节水库大坝免遭白蚁危害，2008 年原小浪底水利枢纽建设管理局委托专业单位开展了“小浪底水利枢纽管理区白蚁防控研究”，对小浪底水利枢纽及西霞院反调节水库区域的白蚁危害情况进行了拉网式普查，普查发现小浪底大坝周边山林中有白蚁危害，小浪底大坝坝体上、西霞院反调节水库大坝及周边区域未见白蚁活动迹象；针对发现的白蚁种类开展了防治技术试验，制订了以挖巢为主的白蚁防治技术方案并付诸实施。至 2017 年 6 月，挖出了 89 个白蚁巢，有效地阻止了白蚁向小浪底大坝上蔓延。

受全球气候逐渐变暖及小浪底水利枢纽周边环境的改善等因素影响，2014～2017 年，

作者简介：屈章彬（1962—），男，河南南阳人，本科，主要从事水利工程建设和运行管理工作。E-mail：quzhangbin@126.com。

飞到小浪底大坝坝顶的白蚁呈逐年增多趋势。针对这一情况,黄河水利水电开发总公司通过调研和专家咨询,制订了新的白蚁防控方案,引入白蚁综合治理(IPM)技术,采取光控诱杀、诱集监测喷药灭杀、控制白蚁食物来源等预防和控制措施。

白蚁诱杀灯是根据白蚁的趋光性而设计的一种引诱并捕杀白蚁的设备。诱杀灯主要包括太阳能电池板和蓄电池、紫光灯管、吸入式风机、储存箱和灯杆。采用诱杀灯诱捕白蚁,既环保又安全。

2 光控技术的原理

昆虫的趋光性是由于昆虫视网膜上的色素能够吸收某一特殊波长的光,并引起光反应,刺激视觉神经,通过神经系统指挥运动器官,引起昆虫身体向光源方向运动。大多数趋光性昆虫喜好波长 330 ~ 400 nm 的紫外光波和紫光波。因此,昆虫的可见光区要比人类的可见光区(380 ~ 800 nm)更偏向于短波段光。实验研究结果表明,白蚁有翅繁殖蚁对红、蓝、绿三种灯光色均有趋光性,其中对蓝色最为敏感[1]。

光控技术是指在白蚁分飞季节,将若干诱蚁灯按其照距有机排行组合,设置在保护目标的特定部位,夜晚同时点亮使其形成一道光屏障,利用有翅繁殖蚁较强的趋光特性,加以性信息素引诱其扑灯,再配以螺旋式强劲风机将其捕获或高压电网触杀,从而达到杀灭有翅繁殖蚁之目的;反之,在白蚁分飞季节,利用有翅繁殖蚁较强的趋光特性,夜晚关闭特定保护目标(如大坝坝顶)的光源,防止有翅繁殖蚁分飞入侵。利用特种光和光源控制,降低有翅繁殖蚁落地配对繁殖几率,减少新建群体基数,控制白蚁危害,故称其为光控技术。该技术无毒、无害、不污染环境,诱杀数量大,防治成本低,保持生态良性循环,安装简单,节能低碳。

3 诱蚁灯的选择

(1)根据照明光源研究表明,红、蓝、绿三种灯光对白蚁均有趋光性,但对蓝色光最为敏感,诱蚁灯波长必须包含 320 ~ 400 nm 的波长。

(2)选择吸入式诱蚁灯的主要技术参数:

①充电模式为太阳能电源,采用锂电子电池蓄能,电池续航能力不小于 20 h;

②整机输出功率:15 ~ 25 W,采用波长 320 ~ 680 nm,多光谱诱虫灯管功率 2 ~ 15 W;

③采用螺旋式强劲风机:转速≥2 300 r/min,风速≥1.9 m/s;

④防护等级为 IP68。

4 诱蚁灯的布置与安装

4.1 诱蚁灯安装设计要求

(1)安装在区域比较广阔没有树林遮挡的位置。

(2)安装在一条直线上,使光源形成有效的屏障。

(3)安装在山上要安装在离大坝的山脊线背面一侧,高度不能超过山脊,充分利用山脊的屏障阻挡有翅繁殖蚁飞往大坝。

(4)在水域周边安装要注意考虑检查时的安全问题。

(5)安装诱蚁灯的位置与大坝坝脚线的距离应大于诱蚁灯光照距离。

(6)诱蚁灯一般有效光照半径在 50 m 左右,灯间距以 50 m 左右为宜,具体根据环境和白蚁的种群密度而定。

(7)小浪底水利枢纽区采用的诱蚁灯功率为 15 W,有效光波半径在 50 ~ 100 m 灯距坝脚线 100 m 以外,灯高度视周围环境而定。

(8)诱蚁灯应在白蚁分飞前安装调试完成,并投入运行。在 4 月底完成诱蚁灯安装并投运,8 月关闭后进行维护保养。

4.2 诱蚁灯的布置

根据现场勘查,布置诱蚁灯 321 台,其中小浪底水利枢纽 222 台,西霞院反调节水库 99 台,2018 年 4 月中旬全部安装完成(见图 1)。

图 1 诱蚁灯安装图

4.3 诱蚁灯检查与维护

(1)诱蚁灯安装完成后的一周内,要进行调试运行。

(2)在白蚁分飞高峰期时,应在分飞后次日予以检查清理,以免大量有翅繁殖蚁吸附于风机上。

(3)日常维护:在白蚁分飞季节(每年 5 ~ 7 月)每月检查不少于 4 次,其余月份每月不少于 1 次,白天重点清理集虫盒;夜间巡查引诱灯工作情况。

(4)每年白蚁分飞季节过后,适时关闭诱蚁灯管,关闭前应对引诱灯的工作状态和清理状况进行登记,出现故障的,应及时维修,确保下一年能投入正常运行。

5 诱蚁灯的捕杀效果

2018 年 4 月 21 日,小浪底水利枢纽和西霞院反调节水库出现了本年度第一次白蚁有翅繁殖蚁分飞的现象,此次分飞现象较去年提前了 32 d,是小浪底水利枢纽有白蚁分飞记载记录以来最早一次。尔后,5 月 1 日、5 月 5 日、5 月 15 日、6 月 9 日、6 月 18 日又分飞 5 次,本年先后共 6 次分飞。今年白蚁分飞的次数也是小浪底水利枢纽有白蚁分飞记载记录最多的一年。在坝顶灯光管控和诱蚁灯捕杀的同时作用下,有效地控制了近 10 万头有翅繁殖蚁飞向大坝,取得良好的防控效果。

5.1 小浪底水利枢纽诱蚁灯进站率统计

2018 年 4 ~6 月,共观察到 6 次白蚁分飞,进站率(诱捕到白蚁的诱蚁灯数量占本区域诱蚁灯总量的百分比)分别为 57.06%、62.20%、77.99%(未统计具体数量),85.65%、41.60%、62.68%,白蚁分飞最高峰出现在 5 月 15 日晚。从进站率来看,白蚁进站率总体较高,诱捕效果较好(见图2)。

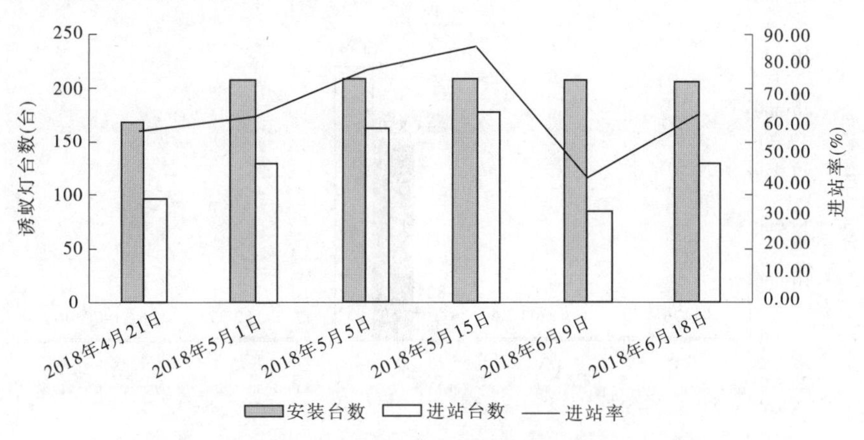

图2 2108年4~6月小浪底水利枢纽诱蚁灯进站率统计

5.2 小浪底水利枢纽白蚁分飞期引诱数量统计

2018年白蚁分飞,共计捕获白蚁有翅繁殖蚁89 977头,其中捕获数量最多为2018年5月15日,共计诱捕有翅繁殖蚁86 743头。其余各次按时间排序分别为1 356头、685头、未统计、614头和579头(见图3)。

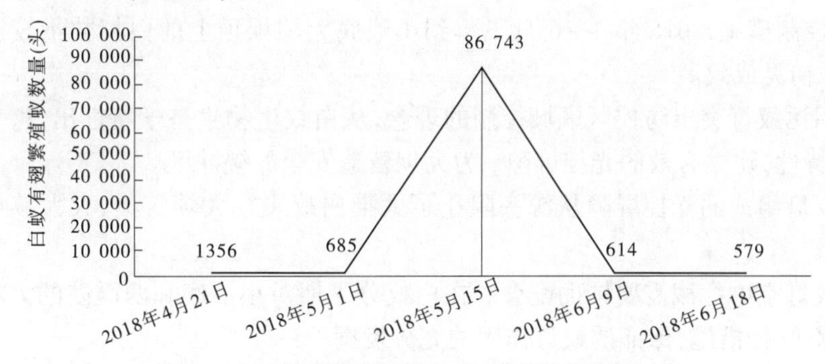

图3 小浪底水利枢纽白蚁分飞期引诱数量统计

5.3 小浪底水利枢纽各区域诱蚁灯引诱数量

按施工方案划分的禁止区、严控区和控制区划分,三个区域内的诱蚁灯在分飞期内分别引诱到以下数量的有翅成虫数量见表1和图4。

表1 小浪底水利枢纽管理区三个区域诱蚁灯引诱数量表 (单位:头)

日期	区域		
	禁止区	严控区	控制区
4月21日	310	476	570
5月1日	119	303	263
5月15日	4 824	33 859	48 060
6月9日	47	192	375
6月18日	36	147	396

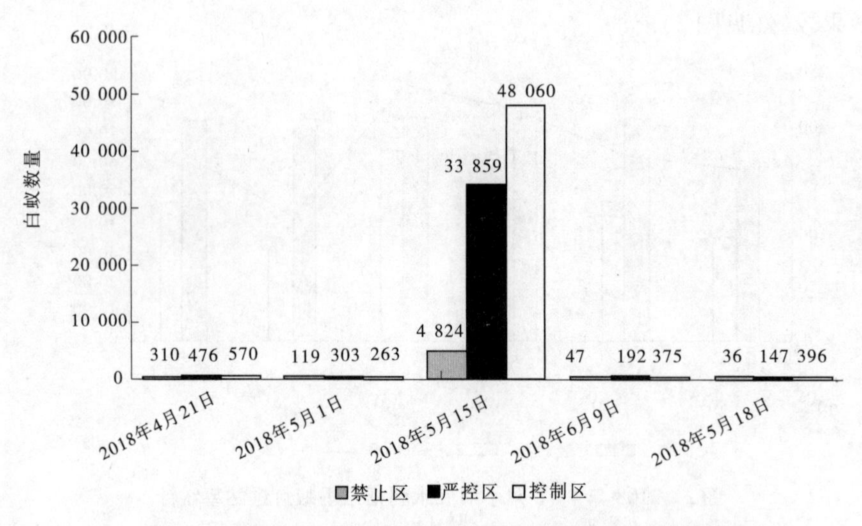

图4　小浪底水利枢纽各区域诱蚁灯引诱数量统计柱状图

6　结　语

(1)引入白蚁综合治理(IPM)技术,采取光控诱杀、诱集监测喷药灭杀、控制白蚁食物来源等预防和控制措施,2018 年 4 ~ 6 月飞落到小浪底大坝坝顶上的白蚁数量较往年明显减少,防控工作初见成效。

(2)采用诱蚁灯突出防控区区域控制的理念,从白蚁生物生态学特性出发,利用有翅繁殖蚁的趋光特性,建立有效的光控屏障, 为大坝营造安全的缓冲区。

(3)诱蚁灯组成的光控屏障从源头阻止了大批白蚁飞往大坝筑巢,大大减小了新生白蚁群体隐患。

(4)诱蚁灯空中拦截需要辅助配合。在白蚁分飞期对小浪底和西霞院的大坝核心区采取严格的路灯管控措施,保证诱蚁灯作用的充分发挥。

(5)诱蚁灯只对土栖性白蚁的有翅繁殖蚁具有引诱作用,对散白蚁的有翅繁殖蚁诱捕作用甚微,需要与其他防控措施配合使用,来保障总体效果的实现。

参 考 文 献

[1] 张琳,徐雨烈,吴文哲. 有翅型家白蚁(Coptotermes formosanus Shiraki)(等翅目:鼻白蚁科)的趋光性研究[M]. 台湾昆虫,2001,21:353-363.

轴线投影变形最小任意带高斯正形投影参数确定

李祖锋[1] 赵庆志[2] 张先儒[3]

(1. 中国电建集团西北勘测设计研究院有限公司,西安 710065;
2. 西安科技大学 测绘科学与技术学院,西安 710054;
3. 国投白银风电有限公司,兰州 730070)

摘 要 针对轨道铺设、隧洞及高标准的管道安装等以带状分布为特征的工程,其理想状况应该是其工程建设贯通后的投影变形为0。然而,多数情况下对于任意带高斯正形投影,将投影参考位置选择在测区中央并不能使投影变形在该准则下达到最优化。因此,本文提出了一种基于选定轴线投影变形最小准则确定任意带投影参考位置的方法,并确定了中央子午线至测区投影参考位置的距离 Y'_m。

关键词 带状分布特征工程;轴线投影变形最小;投影参考位置确定

0 引 言

对某一个方向或者轴线投影变形有较高要求的工程,如轨道铺设、隧洞及高标准的管道安装等,应当以选定方向或轴线投影变形最小为准则进行投影[1]。任意带高斯正形投影方式,是通过测区所选定的投影高程面重新定义测区中央子午线位置,使得归算至高斯投影面上的变形刚好可以抵消边长归算至参考椭球面上的变形,其首先需要确定测区投影参考位置的确定方法,现有方法主要讨论测区至中央子午线距离的确定,较少有文献对投影参考位置的选择进行研究[2-9],工程中一般将参考位置近似选择在测区中央,但对于任意带高斯投影,并不能使选定轴线投影变形达到最优。因此,本文针对上述问题研究建立基于该标准要求的任意带高斯正形投影归算方法,以更好满足此类工程测量要求。通过研究发现,对选定轴线投影变形有较高限制要求的工程应当以选定轴线投影变形最小准则进行投影参数确定,需要研究建立基于该标准的任意带高斯正形投影测区投影参考位置的方法,并确定中央子午线至测区投影参考位置的距离 Y'_m。

1 中央子午线至测区投影参考位置 Y'_m 距离计算方法

任意带高斯正形投影,首先需要确定出中央子午线至测区投影参考位置的距离。其确

基金项目:中国水电工程顾问集团科技项目(项目编号:GW - KJ - 2012 - 21)。

作者简介:李祖锋(1981—),甘肃靖远人,高级工程师。主要从事控制测量及变形监测工作。E-mail:lizufeng@126.com。

定方法如下：

设定测距边长水平距离为 D，水平距离归算至测区某一高程面 H_p 的边长变形值为 ΔD_0，水平距离归算至参考椭球面上的变形 ΔD_1，椭球面上的边长归算至高斯投影面上的变形 ΔD_2[2]。

水平距离归算到参考椭球面上的测距边长 $D_1 = D + \Delta D_1$，参考椭球面上的测距边投影到高斯平面上的长度 $D_2 = D_1 + \Delta D_2$。

则边长综合投影变形为：

$$\Delta D = \Delta D_1 + \Delta D_2 = \frac{D}{2R^2}({Y_m}^2 - 2RH_m) \tag{1}$$

式中：H_m 为边长归算所选投影面高出参考椭球面的平均高程；Y_m 为所选边端点自然横坐标平均值，R 为参考椭球面选定边长中点平均曲率半径。

下边推出归算边高斯投影变形量抵偿值[2,3]，令 Y_0 点处的 $\Delta D = 0$，得：

$$H'_m = \frac{{Y_0}^2}{2R} \tag{2}$$

H'_m 就是归算边高斯投影变形量抵偿值。则抵偿投影面的高程为 $H_m - H'_m$。

Y'_m 的选择需保证 $\Delta D = 0$，则存在如下关系：

$$D\frac{{Y'_m}^2}{2R^2} = D\frac{H_m}{R} \tag{3}$$

得出：

$$Y'_m = \sqrt{H_m 2R} \tag{4}$$

由此确定出所确定的任意带高斯正形投影中央子午线至测区投影参考位置的距离 Y'_m。

依据 Y'_m 重新定义测区中央子午线位置，并对测区坐标进行换带计算。

一般认为 Y'_m 表达的是测区中央位置与所定义中央子午线的距离，当采用抵偿投影后，该位置变形量为0，测区其他位置的投影变形量均是相对 Y_m。

2　测区投影参考位置 Y_g 的确定方法

在区间[$Y'_{\min}$，$Y'_{\max}$]对高斯投影变量进行定积分[4-9]，则有：

$$\int_{Y_{\min}}^{Y\max} D_1\left(\frac{Y_m^2}{2R_m^2} + \frac{\Delta Y^2}{24R_m^2}\right) = D_1\left(\frac{{Y_m}^3}{6R_m^2} + \frac{\Delta Y^2}{24R_m^2}Y_m\right)\Big|_{Y_{\min}}^{Y_{\max}} \tag{5}$$

由于要求以 Y'_m 计算的抵偿高程可以保证选定区域两端边长投影值为0，则存在关系式：

$$D_1\left(\frac{{Y_m}^3}{6R_m^2} + \frac{\Delta Y^2}{24R_m^2}Y_m\right)\Big|_{Y_{\min}}^{Ym} = \frac{1}{2}D_1\left(\frac{{Y_m}^3}{6R_m^2} + \frac{\Delta Y^2}{24R_m^2}Y_m\right)\Big|_{Y_{\min}}^{Y_{\max}} \tag{6}$$

转换得：

$${Y'_m}^3 + \frac{\Delta y^2}{4}Y'_m = \frac{1}{2}\left[\left(Y_{\min}^3 + Y_{\max}^3 + \frac{\Delta y^2}{4}Y_{\min} + \frac{\Delta y^2}{4}Y_{\max}\right)\right] \tag{7}$$

设定投影参考位置 Y'_m 至测区最东侧及西侧边缘的距离分别为 Δl_E、Δl_W。

由于 $Y'_{\max} = Y'_m + \Delta l_E$，$Y'_{\min} = Y'_m - L + \Delta l_E$，上式可表达为：

$${Y'_m}^3 + \frac{\Delta y^2}{4}Y'_m = \frac{1}{2}\left[(Y'_m - L + \Delta l_E)^3 + (Y'_m + \Delta l_E)^3 + \right.$$

$$\frac{\Delta y^2}{4}(Y'_m - L + \Delta l_E) + \frac{\Delta y^2}{4}(Y'_m + \Delta l_E)] \tag{8}$$

为了简化计算,可略去高斯投影变量公式中的 $D_1 \frac{\Delta Y^2}{24R_m{}^2}$,忽略计算过程,直接给出公式为:

$$Y'_m{}^3 = \frac{(Y_{\min}{}^3 + Y_{\max}{}^3)}{2} \tag{9}$$

$$Y'_m{}^3 = \frac{(Y'_m - L + \Delta l_E)^3 + (Y'_m + \Delta l_E)^3}{2} \tag{10}$$

未知参数 Δl_E ,其他参数均是已知量,需要解算出 Δl_E 。

解:令 $Y'_m - L = m > 0$, $Y'_m = n > 0$, $\Delta l_E = x > 0$, $m < n$

即
$$n^3 = \frac{(x + m)^3 + (x + n)^3}{2}$$

$$\Rightarrow 2x^3 + 3x^2(m + n) + 3x(m^2 + n^2) + m^3 - n^3 = 0$$

依据盛金公式, $a = 2$, $b = 3(m + n)$, $c = 3(m^2 + n^2)$, $d = m^3 - n^3$

$$A = -9(Y'_m - L - Y'_m)^2 = -9L^2 < 0$$

$$B = 27Y'_m{}^3 - 9(Y'_m - L)^3 + 9(Y'_m - L)Y'_m{}^2 + 9(Y'_m - L)^2 Y'_m > 0$$

$$C = 9[2Y'_m{}^4 + 2(Y'_m - L)^2 Y'_m{}^2 + (Y'_m - L)Y'_m{}^3 - (Y'_m - L)^3 Y'_m] > 0$$

因此, $\Delta = B^2 - 4AC > 0$,方程有一个实根和一对共轭虚根,这里只考虑实根:

$$\Rightarrow X_1 = \frac{-b - (\sqrt[3]{Z_1} + \sqrt[3]{Z_2})}{3a} \tag{11}$$

其中
$$Z_{1,2} = Ab + 3a(\frac{-B \pm \sqrt{B^2 - 4AC}}{2})$$

至此,解算出 $\Delta l_E = x = X_1$ 。

由于子午线移动前 $Y_{\min}$ 与 $Y_{\max}$ 已知,其东西跨度为 $L = Y_{\max} - Y_{\min}$ 。

将 Δl_E 代入下式求出 Δl_W :

$$\Delta l_W = L - \Delta l_E \tag{12}$$

将数值代入 $Y'_{\max} = Y'_m + \Delta l_E$ 和 $Y'_{\min} = Y'_m - \Delta l_W$,便可求出测区在新的投影带中的位置,及该方法的最大适用范围 $Y'_{\min}$ 及 $Y'_{\max}$ 。新坐标与老坐标中横坐标变化值 $\Delta Y = Y'_{\max} - Y_{\max}$,或者:

$$\Delta Y = \frac{Y'_{\max} - Y_{\max} + Y'_{\min} - Y_{\min}}{2} \tag{13}$$

由此可确定出测区参考位置横坐标在源平面坐标系中为:

$$Y_g = Y_m + \Delta Y - (Y_m - Y'_m) \tag{14}$$

即

$$Y_g = Y'_m + \Delta Y \tag{15}$$

由此确定出投影参考位置,在使用中,所定义中央子午线至测区距离 Y'_m 系相对于原中央子午线对应平面坐标系下的投影参考位置 Y_g 。

3　测区新的中央子午线位置确定

根据以上确定好的投影参考位置 Y_g，就可确定出新的中央子午线至原子午线的距离为 $Y_g - Y'_m = \Delta Y$。

通过大地反算，容易确定出新中央子午线位置的大地经度 M[2]。

将中央子午线设置到 M，将测区坐标转换到该中央子午线下进行投影计算，实现选定轴线投影变形最小化准则下的任意带高斯正形投影。

4　将原投影带平面坐标转换至新投影带

确定出新的中央子午线 M 后，由于原平面坐标是相对于原中央子午线 M_0 计算而来，就需要将原投影带 M_0 下的平面坐标 (x_0, y_0) 转换成新的投影带 M 下的平面坐标 (x, y)。

方法是先根据原投影带的平面坐标 (x_0, y_0) 和中央子午线的经度 L_0。按高斯投影坐标反算公式求得大地坐标 (B, L)，然后根据 (B, L) 和新投影带中的中央子午线经度 M，按高斯投影坐标正算公式求得在新投影带中的平面坐标 (x, y)。

至此完成了中央子午线至测区投影参考位置距离 Y'_m 的确定，测区投影参考位置的确定，测区新的中央子午线位置确定以及坐标换带计算，经过以上步骤，实现选定轴线投影变形最小化，可更好地满足轨道、高标准管线、隧洞等以带状分布为特点的工程测量的需求。

5　案例分析

下边采用一个带状分布工程项目控制测量数据，对所提出方法进行检验，项目沿河道分布，河道两岸以高山为主，控制点主要沿河道分布，平面控制采用 GNSS 进行测量，控制网等级为四等，工程采用坐标系中央子午线为 105°投影高程面 $H_m = 230$ m，测区 $Y_{\min} = 564\ 007$ m，$Y_{\max} = 577\ 076$ m。

依据式(4)确定的任意带高斯正形投影中央子午线至测区投影参考位置的距离 $Y'_m = 54\ 165$ m（$R = 6\ 378\ 140$ m），需要基于 Y'_m 重新定义测区中央子午线位置。

依据式(11)解算的 $\Delta l_E = X_1 = 5\ 747$ m，$\Delta l_W = L - \Delta l_E = 7\ 322$，则

$$Y'_{\max} = Y'_m + \Delta l_E = 59\ 912 \text{ m}$$

$$Y'_{\min} = Y'_m - \Delta l_W = 46\ 843 \text{ m}$$

依据式(13)，在新坐标系与源坐标系中测区横坐标变化值 $\Delta Y = 17\ 164$ m，

由此可确定出测区参考位置横坐标在源平面坐标系中为：

$$Y_g = Y'_m + \Delta Y = 71\ 329 \text{ m}$$

通过大地反算，容易确定出新中央子午线位置的大地经度 M，然后将原投影带下的平面坐标转换至新的投影带下的平面坐标进行解算。

设定测区最大投影变形允许 1/10 万，则该投影方法在区间[46 066 m, 61 202 m]满足投影变形限差要求，可以完全覆盖项目。为了检验 GNSS 测量成果的可靠性，项目组在具备通视条件的控制点间联测了 7 条精密测距边，并将精密测距边投影至测区平均高程面，边长比较见表 1。

表1 边长比较表

边号	精密测距(m)	原方法(测区中央)		轴向最小投影	
		边长(m)	较差(mm)	边长(m)	较差(mm)
1-3	232.919 0	232.915 6	-3.4	232.914 2	-4.8
1-2	142.955 0	142.952 4	-2.6	142.951 7	-3.3
4-5	272.052 3	272.054 7	2.5	272.054 0	1.7
4-45	241.897 9	241.897 1	-0.8	241.895 6	-2.3
4-6	683.075 3	683.086 1	10.8	683.083 1	7.9
6-45	660.424 6	660.425 2	0.6	660.421 9	-2.7
7-9	728.072 6	728.075 0	2.4	728.070 6	-2.0

采用精密测距边相对于实测边长投影变形平方之和分别为：$[\Delta_{实i}\Delta_{实i}]=147\ mm^2$、$[\Delta_{mi}\Delta_{mi}]=115\ mm^2$。通过上述结果可以看出，本案例中所采用轴向最小投影方法，不仅可确保选定轴线的投影变性最小，适宜带状分布工程投影，还可以减小测区总体投影变形。

6 结束语

采用任意带高斯正形投影方式抑制测区投影变形，满足如轨道铺设、隧洞及高标准的管道安装等以带状分布为特征的测量工程，其关键在于投影参数的科学选择[10-11]。文中基于选定轴线投影变形最小准则，提出了减小任意带高斯正形投影变形的参数确定方法。研究确定中央子午线至测区投影参考位置的距离 Y'_m，依据子午线移动前已知的 Y_m 及 L 求解 Δl_W 及 Δl_E，进而确定出投影参考位置 Y_g；然后根据投影参考位置 Y_g，得到新的中央子午线至原子午线的距离，再通过大地反算，得到新中央子午线的大地经度 M；最后将中央子午线设置到 M，将测区坐标转换到该中央子午线 M 下进行投影计算。该方法所确定的投影参数，可确保选定轴线的投影变形最小化，适宜于带状分布工程投影，或者对某个轴线有更高的投影变形限制要求的项目。

参考文献

[1] 孔祥元，郭际明. 控制测量学(下)[M]. 武汉：武汉大学出版社，2006.
[2] 李祖锋. 限制边长投影变形最佳抵偿投影面的确定[J]. 工程勘察，2010(2)：75-78.
[3] 陆鹏程，李全海，朱丹. 铁路独立坐标系的建立及坐标转换[J]. 测绘科学，2012，37(1)：20-22.
[4] 杨元兴. 投影面不同引起的坐标变化[J]. 地矿测绘，2009，25(3)：41-42.
[5] 杨润书，向更明，张述清. 高原地区不同坐标系及投影面引起的面积误差[J]. 测绘科学，2009，34(1)：90-91.
[6] 范一中，王继刚，赵丽华. 抵偿投影面的最佳选取问题[J]. 测绘通报，2000(2)：20-21.
[7] 李祖锋. 基于尺度比确定工程参考椭球长半径[C]//第二届"测绘科学前沿技术论坛"论文精选. 2010(2)：136-137.
[8] 陈丽华，汪孔政. 关于参考椭球平均半径的探讨[J]. 测绘通报，2000(10)：15-17.
[9] 余代俊. 试论选择地方参考椭球体长半径的合理公式[J]. 测绘科学，2005，30(5)：36-37.
[10] 施一民，张文卿. 区域椭球元素的最佳确定[J]. 测绘工程，2000(3)：27-29.
[11] 柴军兵，丁翔宇，彭永超. 椭球膨胀法在GPS测量中的应用[J]. 测绘通报，2009(12)：34-36.

基于频域分析方法鉴定振弦式监测仪器可靠性

贾万波[1]　秦　朋[2]　李玉明[1]

(1. 黄河小浪底水资源投资有限公司,郑州　450000;
2. 长江水利委员会长江科学院,武汉　430000)

摘　要　振弦式监测仪器因其测值不受线路阻抗的影响而广泛应用于水利行业,其可靠性对水利项目安全监测具有重要作用。当前的振弦式监测仪器常规鉴定方法,即对振弦式监测仪器间隔10 s采集数据的鉴定方法,可能存在连续采集到相同噪声信号,误将噪声信号作为工作信号,尤其是在噪声环境较强的仪器中,从而造成对监测仪器可靠性的误判。本文结合龙背湾水电站安全监测仪器的鉴定,通过分析频域分析方法原理以及方法,对比常规鉴定方法和频域分析鉴定方法,呈现了频域分析在监测仪器鉴定中的效果和准确性,为研究振弦式监测仪器鉴定提供参考。同时本文提供了一种频域分析诊断方法,根据信号幅值、信噪比、噪声频率、信号衰减率,对激励信号的扫频范围进行优化,有助于评价信号质量,监控监测传感器的健康状态和长期稳定性。

关键词　频域分析;振弦式监测仪器;监测仪器鉴定

0　引　言

随着振弦式监测仪器在水利工程中越来越多的应用,承担着渗压、变形、应力应变等重要监测项目,其可靠性对分析评价水工建筑物安全具有重大意义,从而能准确鉴定出振弦式监测仪器的可靠性也至关重要。根据常规鉴定方法,利用振弦式读数仪对监测仪器进行连续采样,通过采样数据极差来判断是否可靠。但在实际运行工况中,存在不定的噪声频率,从而可能采集到噪声频率,导致仪器可靠性评判错误。

本文结合龙背湾水电站安全监测仪器鉴定,利用频域分析方法对监测仪器进行鉴定,通过对比传统方法和频域分析方法鉴定结果,突出频域分析方法鉴定的准确性,从而实现振弦式监测仪器精准鉴定。

1　振弦式监测仪器

1.1　振弦式监测仪器工作原理

振弦式监测仪器利用承受拉力的金属弦丝不同的长度对应着不同的固有振荡频率的原理进行工作。将振弦放置于永久磁铁之间,通过其有效长度在磁场中振动时产生的感应电

作者简介:贾万波(1991—),男,河南栾川人,助理工程师,本科(中国地质大学测绘工程专业),主要从事水利大坝安全监理工作。E-mail:9705245000@ qq. com。

动势和电流，计算出振动频率，继而得出金属弦丝的受力情况，从而推出所测物理量的变化。振弦的振动频率可表示为：

$$f = \frac{1}{2l}\sqrt{\frac{\varepsilon E}{\rho}}$$

式中：E 为弦材料的弹性模量；ρ 为弦材料的密度；ε 为弦的应变；l 为弦的长度。

1.2 振弦式监测仪器传统鉴定方法

通过振弦式读数仪间隔 10 s 对监测仪器进行 3 次数据采集，根据所采集数据差值是否在精度范围内，同时结合对绝缘电阻测量和历史数据，综合来评判监测仪器的可靠性。

2 频域分析

2.1 频域分析原理

频域分析方法鉴定振弦式监测仪器是指利用在正弦信号作用下仪器响应的频率特性研究监测仪器的性能。频域是经过傅立叶变换后的时域信号，不必直接求解系统的微分方程，而是间接地揭示系统的时域性能[5]，自变量是频率，纵轴是该频率信号的幅度，表达信号的频谱分量。

2.2 频域分析方法

频域分析方法提供振弦式监测传感器的信号幅值、信噪比(SNR)、噪声频率和信号衰减率等参数，通过这些参数可评价信号质量，监控监测传感器的健康状态和稳定性。同时输入的信号通过一个可变衰减器，可提供不同的测量范围；信号通过低通滤波器，可过滤测量频谱范围之外的高频分量，从而过滤噪声信号。

当采集的数据跳动较大时，关键是将噪声信号与工作信号区别出来，从而进一步判断仪器可靠程度。频率分辨力区分噪声信号的重要指标，是指它能把靠的最近的两条相邻谱线分辨出来的能力。振弦式传感器的振荡衰减相当快，较短的测量时间无法采集更多的点数，从而无法获得较高的频率分辨力。而将振动信号从时域转换到频域之后，可得到频率与幅值的频谱图，可以区分出振弦信号和噪声信号，尤其在典型的噪声环境里，以免将仍可使用的仪器鉴定为报废，具有重要的价值。

3 频域分析法鉴定效果

3.1 频域分析鉴定结果

龙背湾水电站安全监测仪器鉴定中采用 CAMPBELL 频域分析读数仪，对振弦式监测仪器进行两次数据采集，第一次扫描频率范围为 300 ~6 500 Hz，获得传感器共振频率后，将扫描频率范围调整至共振频率上下 150 Hz 左右，再一次进行测量，得到波形图效果如图 1、图 2 所示，故障仪器波形图如图 3。

图 1、图 2 为正常仪器的频谱图，图 3 为故障仪器的频谱图，可以较为直观地看出信号质量，结合振幅等参数进一步可准确鉴定出仪器可靠性。

3.2 鉴定噪声信号较强的仪器

通过传统的鉴定方法，面对噪声信号较强的仪器时，可能对其可靠性产生误判。由于噪声频率幅值与最大幅值较为接近，干扰了常规读数仪共振频率的采集，常规读数仪实际采样的频率可能是噪声频率。如图 4 所示，读数仪采集测缝计 J2 -5 的共振频率是 1 234.9 Hz，

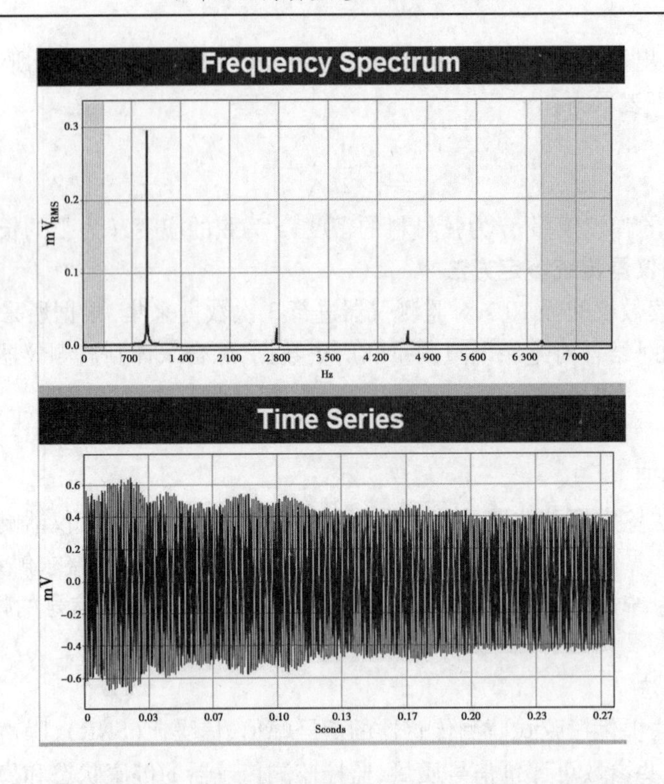

图 1　N1 应变计在扫描频率为 300 ~ 6 500 Hz 时的频谱和时间序列

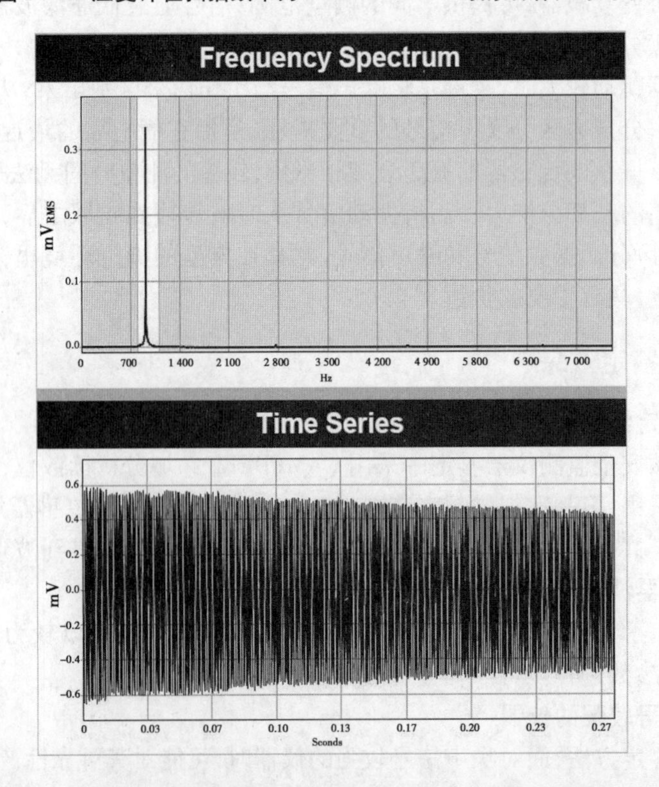

图 2　N1 应变计在扫描频率为 800 ~ 1 100 Hz 时的频谱和时间序列

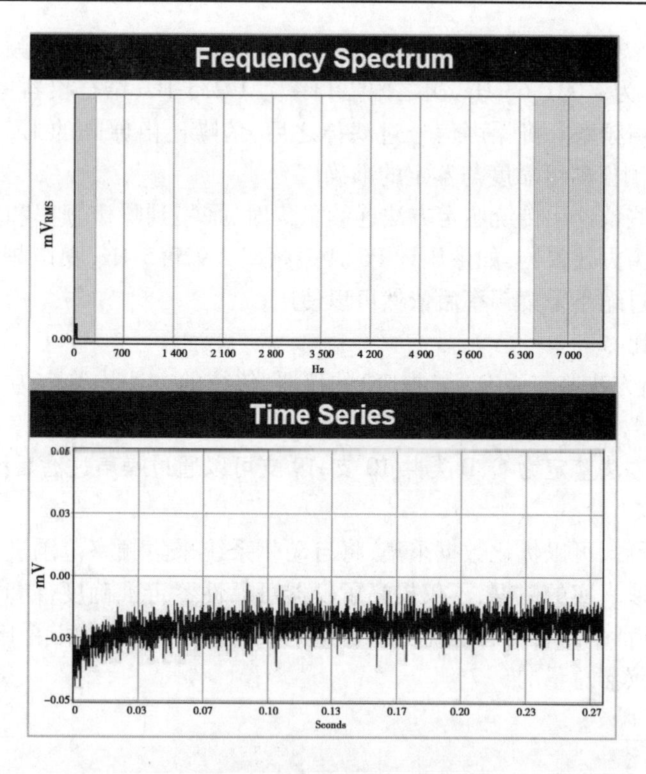

图3 故障仪器的频谱和时间序列

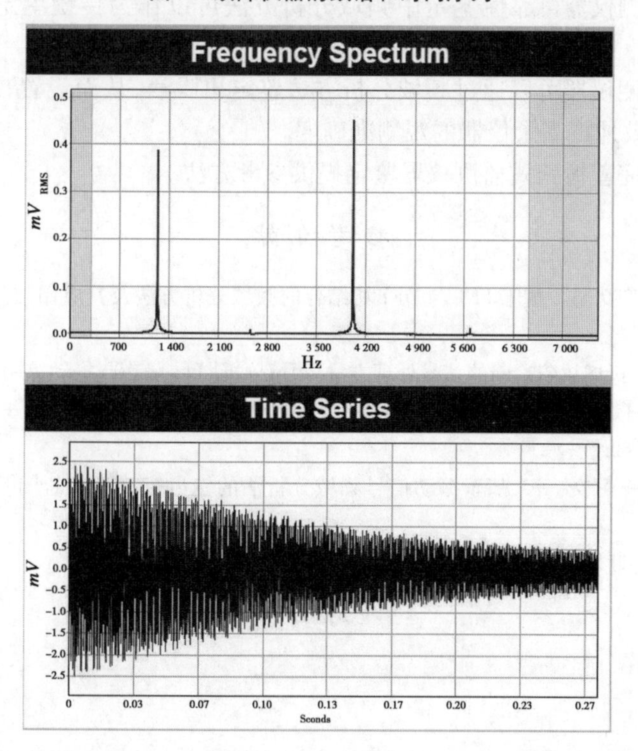

图4 J2－5 测缝计在扫描频率为 300～6 500 Hz 时的频谱和时间序列

连续三次读数稳定，极差为 0 Hz，综合评判为“A”类；经过 CAMPBELL 频域分析后，获得最大振幅的共振频率为 4 021.63 Hz，次之振幅频率为 1 235 Hz，结合仪器考证资料和历史数据，1 235 Hz 为噪声频率。将噪声信号过滤掉之后，信噪比由原来的 1.3 dB 提高到 2 684 dB，大大提高了监测仪器可靠度与鉴定的准确度。

同样，存在某些仪器用传统鉴定方法连续采集时，采集到噪声频率和工作频率，极差超出精度范围，判断为失效仪器，如渗压计 P6 共振频率 2 929.5 Hz，噪声频率 2 919.0 Hz，容易误判为失效，通过缩小采集频率后依然可以使用。

3.3　鉴定结果对比

通过频域分析方法鉴定为 D 类（报废）的仪器，传统的方法均鉴定为 D 类；传统的方法鉴定为 D 类的仪器，部分通过噪声过滤后仍可以稳定观测。传统方法鉴定为 C、D 类共 29 支仪器，频域分析方法鉴定为 C、D 类共 10 支，19 支可以通过噪声过滤后继续观测。

3.4　应用

通过频域分析后，可以优化数据采集，将自动化系统采集频率范围进行缩小，将噪声频率过滤掉，从而获取真实的数据，不仅提高了仪器可靠性鉴定准确度，同时也提高了仪器监测准确性和仪器存活率。在龙背湾监测仪器鉴定中，通过此方法改良了 19 支振弦式监测仪器，占振弦式监测仪器总量的 9.7%。

4　结　论

（1）振弦式监测仪器可靠性鉴定中频域分析方法可以作为传统鉴定方法的补充和校正。

（2）振弦式监测仪器可以通过频域分析方法鉴定出噪声，从而设置自动化系统采集范围过滤出噪声，有效地提高了仪器的观测准确度。

（3）为进一步完善振弦式监测仪器鉴定提供参考方法。

参 考 文 献

[1] 徐炜卿，吴光强，栾文博．基于 FFT 与 DFT 相结合的频域分析方法及其应用[J]．汽车工程，2014，36（1）：52-56.

[2] 王金福，李福才．机械故障诊断的信号处理方法：频域分析[J]．噪声与振动控制，2013（1）：173-180.

[3] 王志永，杜伟涛，王习文，等．基于振动信号时域分析方法的铣齿机故障诊断[J]．科学技术与工程，2017，17（32）：55-62.

[4] 王志永，杜伟涛，王习文，等．基于振动信号频域分析法的铣齿机故障诊断[J]．工艺与检测，2018，（3）：114-121.

[5] 张晓晖．交直流并联输电系统的谐波分析[D]．昆明：昆明理工大学，2010.

龙背湾水电站面板堆石坝安全管理对策

李德水　李玉明

（黄河小浪底水资源投资有限公司，郑州　450000）

摘　要　龙背湾水电站为大(2)型等工程，大坝为高158.3 m混凝土面板堆石坝，坝较高且在相对不利的地形地质条件下施工建设，为确保在大坝安全，从设计、施工、安全监测以及后期的运行维护等方面都采取相应的措施，取得了一定的效果。在设计方面通过优化设计，成功解决了在“几”形河湾地形高面板堆石坝枢纽布置、大坝右岸趾板开挖后形成的高边坡稳定、左岸“龙脊”地形山体单薄蓄水后防渗、溢洪道右岸开挖后高边坡稳定等影响大坝安全的具体问题。在施工阶段通过严格控制填筑标准，并适当提高次堆石区压实密度；对岸坡面板采取工程技术措施，减小面板分块宽度；在面板混凝土中添加聚丙烯纤维、采用双层配筋等措施，增强混凝土面板的抗裂和强度特性；在坝体上游坡面回填中采用挤压边墙施工技术等，在施工中通过多项创新性技术的应用，对坝体变形控制和强化防渗体系都有较好的效果。大坝建立包含变形监测、应力应变监测、渗流监测和水文气象观测的自动安全监测系统，可对大坝安全状况进行实时监测。龙背湾大坝在安全管理方面取得一些经验，可为系统类型的大坝安全管理提供借鉴。

关键词　龙背湾水电站；大坝安全；工程设计中的安全对策；工程施工中的安全对策；工程运行中的安全对策；大坝安全监测体系

1　龙背湾水电站基本情况

龙背湾水电站位于湖北省竹山县堵河流域南支官渡河中下游，为第一级电站、龙头水库。坝址以上流域面积2 155 km^2，水库总库容8.3亿m^3，为多年调节水库。电站装机容量180 MW，年发电量4.19亿kW·h。龙背湾面板堆石坝的坝轴线位于龙背湾坝址“几”字形河流的中部，大坝最大坝高158.3 m，坝顶长465 m，宽高比2.94，坝顶高程524.3 m，坝顶宽10 m，上游坝坡为1∶1.4，下游综合坝坡为1∶1.44，趾板建基面高程366 m。“U”形防浪墙高5.1 m，坝体总填筑方量720万m^3，混凝土面板为81 751.8 m^2。

龙背湾水电站项目主体工程于2010年12月28日正式开工，2011年11月21日实现截流，2012年4月28日面板堆石坝开始填筑施工，2014年3月底大坝填筑到坝顶；2014年10月12日，龙背湾水电站顺利下闸蓄水；2015年5月28日，首台机组正式并网发电，同年7月第二台机组并网发电。

2　面板堆石坝主要安全技术问题

随着我国筑坝技术的进步，由于混凝土面板堆石坝适应性、安全性和经济性良好，因而在水利水电工程中得到广泛应用。同时，我们也关注到，已投入运用的一些面板堆石坝出现

作者简介：李德水(1972—)，男，河南人，高级工程师，硕士，主要从事水利水电工程建设管理。E-mail：743769323@qq.com。

坝体变形偏大、面板挤压破损、坝体渗漏量较大、面板脱空等问题。例如天生桥一级水电站是最大坝高达到 178 m 的混凝土面板堆石坝，2000 年底工程全部竣工，大坝在施工过程中，大坝Ⅰ、Ⅱ、Ⅲ期面板均存在脱空现象，最大脱空值达 42.1 mm，施工单位均进行了脱空灌浆处理，2002 年对混凝土面板进行了全面检查，发现大坝面板裂缝共 4 537 条，其中缝宽大于 0.3 mm 的有 80 条，对大坝面板裂缝进行了无损修补。

3　龙背湾面板堆石坝主要安全管理对策

为确保龙背湾水电站混凝土面板堆石坝的施工建设和安全运行，借鉴其他国内外已建和在建面板坝已取得的经验，龙背湾大坝在工程设计、施工和运行期间采取一系列有效安全对策和技术措施，取得了良好的效果。

3.1　工程设计安全管理对策

龙背湾面板堆石坝坝体较高，在相对不利的地形地质条件下，要避开冲沟地形，并使趾板基础坐落在相对较好的硬岩上，做到坝体布置上充分利用现有的地形地质条件。在筑坝材料的选择上，在满足现行规范要求的基础上，充分利用当地材料和溢洪道开挖渣料，减少大坝填筑工程投资。在坝体优化设计上，学习国内外先进的筑坝经验和理论，对坝体结构设计进行了创新技术应用。

(1)通过学习国内其他面板坝工程实例，将传统的周边缝中部橡胶止水移至表面，加强顶部止水，避免缝两侧混凝土浇筑时因中部止水带造成的缺陷，坝前黏土铺盖下铺设粉煤灰等具有防渗与自愈相结合功能的周边缝止水设计理念，使面板坝的接缝止水更可靠，适应变形能力更大，施工更方便。

(2)在趾板设计中依据地形地质条件，采用斜趾板设计，趾板结构采用等宽趾板。为保证趾板水力梯度要求，在趾板下游设置 20 cm 厚现浇聚丙烯纤维混凝土防渗板(板内布钢筋网)以延长渗径，大量地减少趾板基础及两岸坝肩开挖工程量，简化了接缝止水结构。

(3)坝顶采用“U”形防浪墙可减小坝底宽度，减少坝体填筑量约 30 万 m^3。为保证防浪墙的整体沉降稳定，对大坝上部 30 m 高的堆石体采用变形特性较好且相同的坝料进行填筑，不进行主、次堆石的分区，并按照大坝主堆石区压实标准控制，以改善其产生不均匀沉降的变形形态。大坝填筑 2014 年 3 月完成，坝顶防浪墙 2015 年 9 月开始浇筑，间隔 18 个月，以给予防浪墙下部坝体堆石料足够的沉降期，并适当提高下游次堆石区的填筑标准，使上、下游堆石区的沉降变形协调一致，减少坝顶上、下游方向产生不均匀沉降的概率，降低上、下游方向坝体的沉降差。缩小“U”形防浪墙沿坝轴线方向的分块宽度，沿坝轴线方向每 8 m 设一道伸缩缝，适应坝体在轴线方向的不均匀沉降。

(4)为解决大坝右岸趾板开挖形成的高边坡问题，根据《混凝土面板堆石坝设计规范》(SL 228—2013)的 3.1.3.5“在施工初期，趾板地基覆盖层开挖后，可根据具体地质地形条件进行二次定线，调整趾板线位置”的具体要求，通过施工期对趾板二次定线，尽量避开冲沟地形，结合地质详勘成果，尽量避免形成趾板开挖高边坡，对无法避免的高边坡，采取及时支护，加强排水，设置观测仪器等措施控制，取得了良好的效果。

(5)为解决左岸“龙脊”地形山体单薄蓄水后的防渗问题，采取在“龙脊”上设置地下水位观测孔的方式对山体地下水进行监控，结合地勘资料，沿左岸“龙脊”设置的永久交通道路布置了单排悬挂式帷幕灌浆，有效地阻隔了库水内渗，并通过专题研究分析计算左岸“龙脊”山体的渗流稳定问题。

在龙背湾堆石坝施工技术设计中，通过采用面板坝筑坝技术和设计新理念、新施工工艺的应用，相比可研、初设阶段，面板坝减少坝肩开挖12万m^3、坝基开挖80万m^3，减少坝体填筑量100多万m^3，缩短了坝体填筑工期，为大坝施工临时度汛及面板浇筑提供了有利的条件，节约面板坝工程投资1.2亿元。结合面板坝三维有限元计算分析，在坝体分区设计中充分利用河床砂砾石料低压缩的特性，在坝体次堆石区采用河床砂砾石及溢洪道开挖料，对下游坝体深覆盖层仅进行清表，保留大部分覆盖层的设计是合理的，为面板坝设计“充分利用当地材料、安全可靠、经济合理”的设计理念进一步发展做了有益的探索。

3.2 工程施工安全管理对策

(1)因坝体填筑密实度对坝体变形和防渗体系的应力变形有重大影响，施工中严格控制填筑标准，并适当提高次堆石区(利用料区)压实密度，坝体填筑总体平行上升。

(2)针对面板挠度较大的问题，通过合理安排施工进度，每期面板施工前，坝体超高填筑10～20 m，并有3～6个月的预沉降期，以改善面板的应力变形性状，并对岸坡面板采取工程技术措施，减小面板分块宽度，在面板混凝土中添加聚丙烯纤维、采用双层配筋等措施，增强混凝土面板的抗裂和强度特性。

(3)在坝体上游坡面回填中采用挤压边墙施工技术，使坝体施工度汛、面板分期施工及大坝预沉降等能更好地调度控制，加快了工程进度，方便施工。

(4)根据龙背湾水电站大坝地形条件及施工期趾板干地施工的特点，基于混凝土面板堆石坝坝料分区及水力过渡特点，坝体结构在施工期承受反向渗水(渗压)的能力是有限的，如果对坝体的反渗排水处理不好，将会对坝体垫层料、挤压边墙及混凝土面板造成向上游顶托位移，产生破坏。龙背湾水电站施工设计阶段认真研究面板坝发生反渗水破坏的可能性，在参考国内多座面板堆石坝关于反渗水处理措施后，根据本工程的施工时段、施工特点和地形、地质条件，有效制订了反渗水的处理方案，科学合理地设置了反渗排水管后(见图1、图2排水管布置)，施工期坝体内渗水能通过横向110 m长的水管收集至8根反向排水管，自由排至趾板上游的集水坑中，再通过水泵抽排至上游围堰以上的河道中，通过导流洞导至下游河道。科学决策了反向排水的封堵时机，确保工程的施工安全和工程质量。大坝施工期间未出现反渗水对挤压边墙、面板抬动、面板裂缝和止水破坏等情况，反渗排水措施非常成功。

3.3 大坝运行安全管理对策

为实时掌握大坝的安全状况，针对大坝安全开展自动安全监测是必不可少的，根据龙背湾水电站工程特点，龙背湾大坝主要安全监测包括如下内容：

(1)变形监测：堆石坝表面变形、内部变形、坝基沉降、混凝土面板挠度、面板脱空、结构缝及周边缝变位等。

(2)渗流监测：周边缝渗漏、河床渗透压力、绕坝渗流、山体地下水等。

(3)应力应变监测：混凝土面板应力、钢筋应力、温度等。

(4)环境量监测：上下游水位、库水温等。

3.3.1 安全监测开展情况

大坝监测数据采集：龙背湾水电站大坝安全监测主要分为外观观测和内观自动化观测，大坝表面变形与坝体内部变形监测采用一周一次的监测频次(高水位期间加密观测频次)，

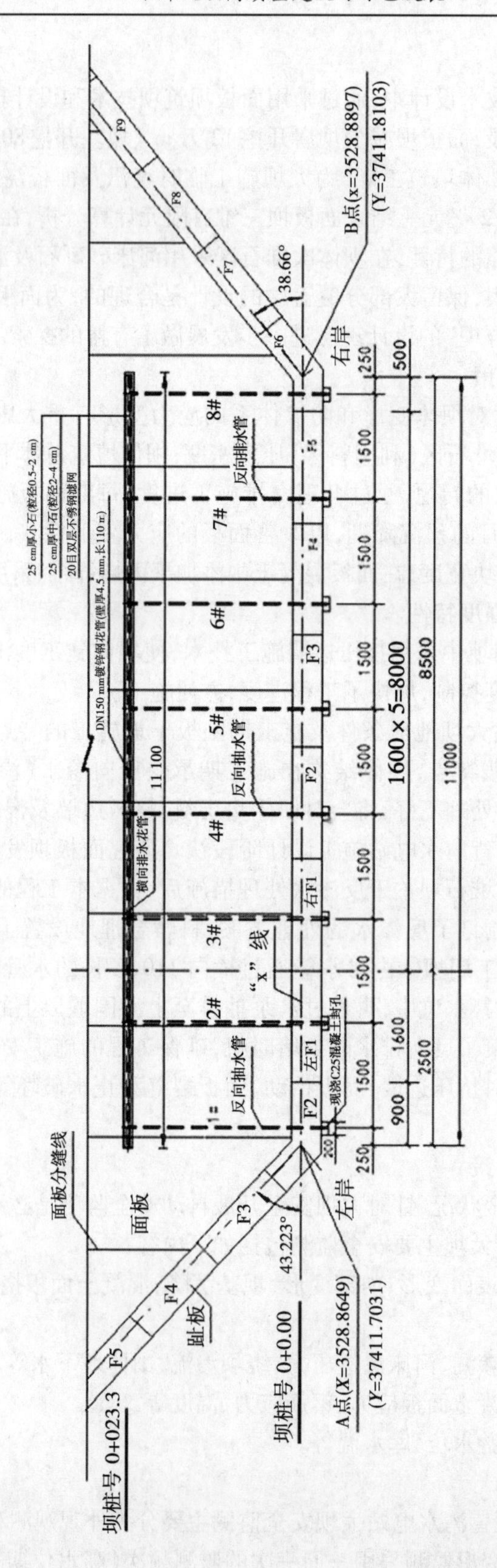

图1 坝基反渗排水平面布置图

面板挠度监测、脱空监测、周边缝监测、渗流监测、面板应力、钢筋应力监测采用自动化监测，每天观测 2 次，每季度进行人工比测一次。

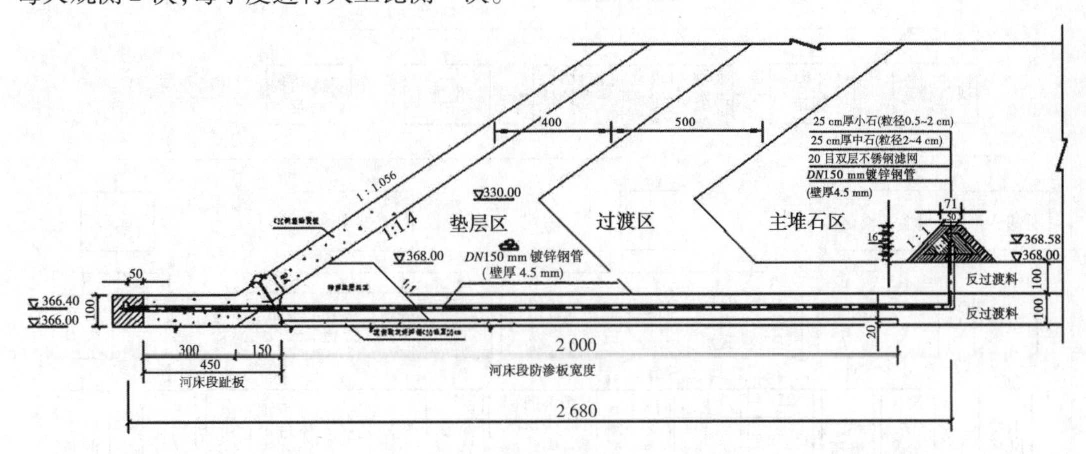

图 2 坝基反渗排水平面布置剖面图

(1)大坝安全会商:每月编写安全监测月报,开展大坝会商;高水位蓄水、地震、泄洪等特殊工况下编写专题报告或快报,并进行会商分析。

(2)安全监测仪器鉴定:2017 年 2 月大坝安全监测自动化系统投入使用,在自动化调试过程中以及日常监测过程中发现个别监测仪器数据异常或无数据,随后开展了安全监测仪器鉴定工作,于 2017 年底实施,2018 年 2 月完成。

3.3.2 建立新的大坝评价体系

在 2017 年日常监测过程中以及委托长江科学院开展安全监测仪器鉴定过程中,发现部分监测仪器存在问题,先后召开专家咨询会,联合仪器设备安装单位和仪器设备生产单位多次分析,综合排查,针对主要存在的面板周边缝变形监测仪器损坏严重,不满足周边缝监测需要;大坝外部变形监测设施不够完善,缺乏下游侧坝顶部位变形测点;460 ~ 520 m 高程无外部变形监测点;工作基点网不完整,观测精度不够;坝体内部水管式沉降仪存在不同程度堵塞,数据不稳定;大坝渗流主要由量水堰监测,在强降雨过程中以及尾水位较高的特殊情况下,受下游壅水的影响,量水堰数值不准或被淹没无法观测等主要问题。

针对以上大坝安全监测系统中存在的主要问题,为确保大坝安全监测数据资料的准确性、科学性和可参考性,在分析现状的基础上制定主要弥补措施:加强对在周边缝仪器埋设部位下方的渗压计观测,监测渗漏水的情况;按照原设计的断面增埋外部水平位移和沉降监测综合观测墩。同时在坝上游、坝后坡增设 5 个工作基点,用于观测大坝变形;对水管式沉降仪进行全面的冲洗疏通,对发生不均匀沉降影响观测的测点,改变观测方法;对量水堰进行改造,将底板高程增加 40 cm,以满足大坝渗流监测需要;对绕坝渗流增加小型三角堰进行观测,满足绕坝渗流监测。

通过全面分析原有观测仪器的运行情况和存在问题,进一步补充完善外观观测设施,依据《土石坝安全监测技术规范》(SL 551—2011)的有关要求,确保满足安全监测需要,结合内外观建立新的大坝安全评价体系(见图 3)。

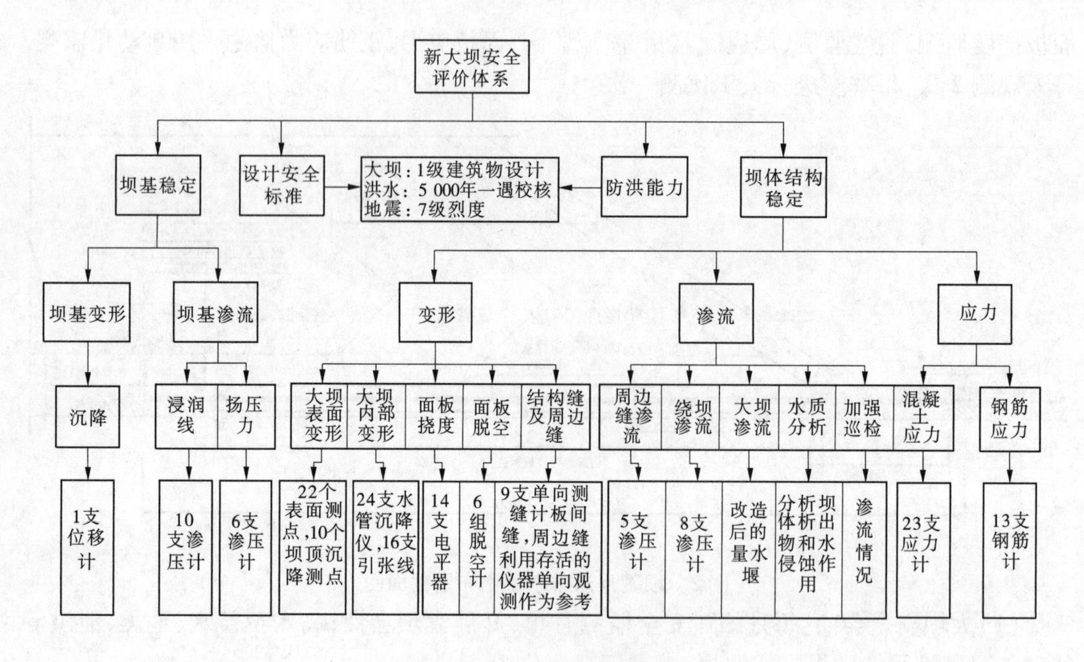

图3　新的大坝安全评价体系

4　龙背湾面板堆石坝运行情况及需要关注的问题

4.1　龙背湾面板堆石坝目前运行情况

大坝安全运行整体情况：水管式沉降仪测得大坝内部累计沉降量在534.91～1 802.65 mm之间，根据0+263断面内部沉降数值表1和等值线图（见图4、图5）可以看出，坝体目前最大变形发生在坝轴线上游20 m、高程435 m位置，沉降主要发生在施工期，符合同类型坝变形规律；蓄水以来沉降较大区域发生在垫层料区，主要由蓄水引起，符合正常规律。蓄水以来大坝内部向下游方向位移月平均变化在0.39～2.71 mm，变化量较小；面板挠度累计挠度在115.02～348.61 mm，在水位首次突破517 m时月最大变化39 mm，需要重点关注；脱空计未发现较大脱空变形；面板周边缝及板间缝变形较小；面板混凝土钢筋应力变化量均较小；坝顶防浪墙0+443施工缝开合度有所减小。

帷幕后渗压水头随着库水位变化，但折减水头较大；坝体内部渗压计测得浸润线稳定；周边缝整体渗压水头远低于库水位，渗压水头变化稳定。

库水位降至EL.515 m以下，大坝渗流量基本稳定在80 L/s以内；历史平均渗流量71.14 L/s，相应时间内平均库水位508.37 m。

根据最新的大坝安全会商结果，大坝在内外部变形、大坝沉降、混凝土面板脱空、大坝渗漏水量等各方面均在安全可控范围内。

4.2　龙背湾面板堆石坝需要关注的问题

最近一次对大坝面板裂缝的检查是在2017年11月，主要对大坝三期面板新增裂缝进行了普查，普查采用北京宇通时代科技有限责任公司生产的CD70裂缝深度测试仪进行检测，共发现裂缝58条，深度最大处为236 mm，宽度最宽处为0.2 mm。根据板裂缝的具体情况，对于宽度≤0.2 mm的裂缝，只进行表面处理（涂刷覆盖双组分聚脲材料），涂刷厚度

2.5~3 mm,涂刷宽度12~16 cm;对于宽度>0.2 mm的裂缝,先采用化学灌浆处理(环氧类浆液),然后进行表面处理。

表1 0+263断面沉降量数据

高程(m)	点号	蓄水以来(mm)	累计沉降(mm)
EL.410	1	455.45	932.65
	2	544.45	1 468.65
	3	损坏	损坏
	4	483.45	1 802.65
	5	133.45	1 702.65
	6	115.45	1 430.65
	7	74.45	911.65
EL.435	1	948.71	1 503.71
	2	290.71	1 424.71
	3	215.71	1 697.71
	4	150.71	1 762.71
	5	131.71	1 428.71
EL.460	1	382.31	1 176.51
	2	302.31	1 672.51
	3	216.31	1 651.51
	4	195.31	1 319.51

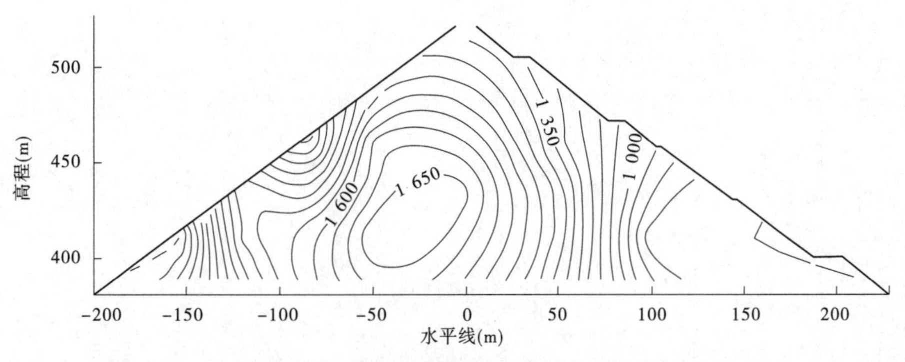

图4 0+263断面坝体内部沉降等值线(包含施工期) (单位:mm)

利用内观、外观观测设施设备,加强对大坝日常的安全监测和分析,确保大坝沉降变形量、渗漏水量、面板应力值等重要检测数据的精确可靠,同时定期开展大坝安全会商。另外,计划2018年6月利用汛期库水位较低的有利时机,开展大坝混凝土面板脱空情况检查,计划对水面以上面积约4 700 m^2面板进行脱空检测,同时对防浪墙底部进行脱空检测,长度约460 m,根据检测最终结果进行有效合理的处理。

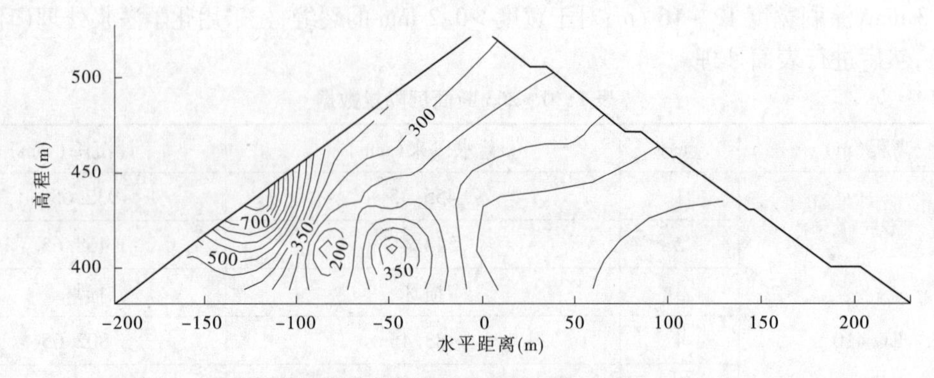

图5　0+263 断面坝体内部沉降等值线(蓄水以来)　(单位:mm)

5　结　语

龙背湾大坝在设计、施工和运行中采取的各项安全对策是有效可行的,确保了工程安全运行,也为其他类似工程的设计、施工和运行提供了宝贵的借鉴,进一步推动我国面板坝坝工技术的进步和发展。

参 考 文 献

[1] 吴红光,李文峰,涂江静. 龙背湾水电站枢纽总体布置[R].
[2] 混凝土面板堆石坝设计规范:SL 228—2013[S]. 北京:中国水利水电出版社,2003.
[3] 混凝土面板堆石坝接缝止水技术规范:DL/T 5115—2016[S]. 北京:中国电力出版社,2017.
[4] 吴红光, 赵建中. 龙背湾水电站大坝反渗排水设计[R].

基于点安全系数法的混凝土坝安全评价

郭利霞[1] 郭 磊[1] 郑璀莹[2] 杨会臣[2]

(1.华北水利水电大学水利学院,郑州 450046;
2.中国水利水电科学研究院,北京 100038)

摘 要 混凝土坝安全一直是研究者所关注的问题之一。我国规范采用安全系数法,以坝体为研究对象,可判断整体安全性,但很难获得破坏状态和破坏区域,有限元法能够计算地基和坝体的应力状态与破坏过程,但其安全评价标准目前尚无统一定论。本文将坝体－地基整体作为研究对象,结合前人研究成果,定义考虑应力过程的坝体点安全系数,并以实际工程为例,采用有限单元法模拟考虑荷载和温度耦合作用施工期工况,分析了该工况下坝体的运行状态,对基于材料时变特性点安全系数法与规范法进行了比较研究,分析结果表明,采用两种方法判定均认为工程在施工期是安全的,且地基的安全裕度有充分保障,基于材料时变特性点安全系数法的大坝安全评估方法既可确定大坝的启裂点,又可获取大坝的破坏机制,计算比较表明,本文所给方法是合理可靠的。该研究成果可望为工程设计提供参考。

关键词 重力坝;点安全系数;安全评价

1 现行混凝土坝安全评估方法及其不足

混凝土坝因其相对安全可靠,耐久性好,抵抗渗漏、洪水漫溢、地震和战争破坏能力都比较强,是应用较为广泛的坝型,而安全评估是其关键问题[1-2]。若安全评估方法不完善,设计的大坝就可能是不安全的,即使工程投入使用,也需根据实际情况对坝的安全性进行评估,以保障坝的安全运行。

根据《混凝土重力坝设计规范》(SL 319—2005)[3],大坝设计及评估需计算坝体应力:①计算坝体选定截面上的应力;②计算坝体削弱部位的局部应力;③计算坝体个别部位的应力;④需要时分析坝基内部的应力。要求在施工期其坝体任何截面上的主压应力不大于混凝土的允许压应力,且在坝体的下游面,可允许有不大于0.2 MPa的主拉应力。根据现有规范进行大坝设计或安全评价过程中,存在如下不足[4-6]:①对于混凝土重力坝而言,其应力发展是动态的过程,应力分布受施工过程、计算条件及施工条件的影响,目前规范只考虑了荷载的影响而忽略了计算方法和计算条件的影响,计算应力与实际应力有较大差距;②混凝土强度具有时变特性,其力学性能随时间发生变化,而规范中混凝土的允许应力按混凝土的极限强度除以相应的安全系数确定。故针对上述问题,专家学者提出新的评价方法或改善评价方法,金峰[7]提出了工程类比的方法;李同春[8]建立了以弹性有限元分析和非线性有限元分析结果为基础的高拱坝安全度评价方法,探讨了强度评判标准(单轴或多轴)、地基材料特性等对安全度的影响;朱伯芳[9]指出单一安全系数法是适用于重力坝的,改进混凝土坝安全评估方法的方向是改善坝体应力和稳定的分析方法,并建议今后混凝土坝宜设置4套安全系数:设计阶段的点安全系数和整体安全系数、运行阶段的点安全系数和整体安全系数等。上述内容均对重力坝安全评价方法进行了相应的改善,但均未完全考虑材料力学性能的时变性和计算条件的影响,本文从这个角度出发,针对施工期,考虑坝体施工条件、水化过程等实际条件,提出基于混凝土时变特性的点安全度评价方法,并对某重力坝进行施工期的安全评价。

2　点安全系数评价法

对于大坝坝体内的某点[10],其点安全系数可以定义为:

$$K = f_c(\tau)/\sigma(\tau) \tag{1}$$

式中,$f_c(\tau)$ 为不同计算龄期的抗压强度,MPa;$\sigma(\tau)$ 为坝体的计算压应力,MPa。

就定义点安全系数依据的应力状态而言,可通过多种计算途径得到。如假定混凝土为弹性材料,或假定混凝土为理想弹塑性材料,考虑材料时变特性不同等,计算得到的点安全系数也不一样,本文从施工阶段的点安全系数着手,以明晰点安全系数的物理意义,促进其在实际工程中的应用。

基于时变特性的点安全系数计算包含以下内容:①将坝体和坝基作为整体建立有限元模型;②采用自编有限元计算程序,获得整个施工期混凝土坝的应力场和温度场;③采用室内试验结果,确定出混凝土各点在不同计算龄期的实际抗压强度;④按式(1)计算每个节点的点安全系数。

3　有限元模型

某混凝土重力坝坝顶宽6 m,最大坝高64.6 m,上游坡比1∶0.1,下游坡比1∶0.75,上游折坡点在坝高的1/3处。坝体采用C25碾压混凝土,垫层采用C15混凝土,材料特性见表1。

表1　混凝土热力学参数及线胀系数

位置	强度等级	导热系数 λ (kJ/(m·h·℃))	导温系数 a (m^2/h)	比热 c (kJ/(kg·℃))	线胀系数 α (10^{-6}/℃)
坝体	C25	9.580	0.003 3	1.10	6.80

坝体C25混凝土绝热温升模型为:

$$\theta(\tau) = 23 \times (1 - e^{-0.202\tau^{0.9}})$$

轴心抗压强度为:

$$f(\tau) = 25.0 \times (1 - e^{-0.078\tau^{0.749}})$$

弹性模量为:

$$E(\tau) = 33.72 \times [1 - e^{-0.652\tau^{0.219}}]$$

为进行分析,建立有限元模型,计算域内基岩按坝段尺寸的1.5倍取值,即沿上下游顺水流方向,坝踵和坝址基岩分别延伸40 m,坝轴线垂直水流方向坝段两端基岩分别延伸15 m,基岩深度40 m,剖分后网格如图1所示,其中整体网格节点总数17 400个,单元总数14 835个。

为计算施工期混凝土应力情况,施工过程浇筑时间为7月1日,按照跳仓碾压施工的方式,每仓碾压高度1.5 m,浇筑间歇期为3 d,考虑年平均2.3 m/s的风速影响,环境温度如下:

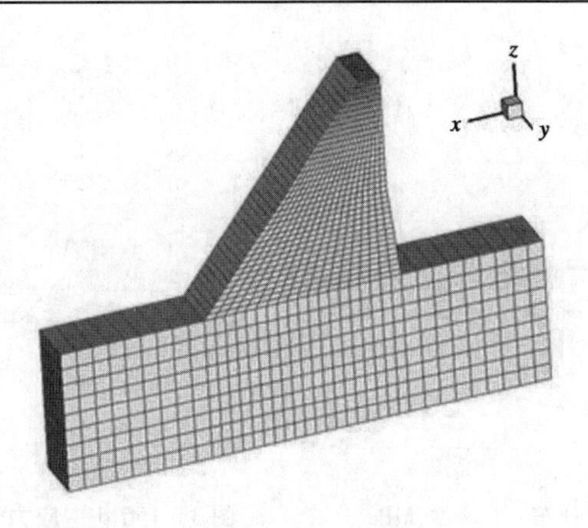

图1 有限元模型

$$T_a(t) = 13.1 + 14.1 \times \cos\left[\frac{\pi}{6}(t - 6.4)\right] \tag{2}$$

4 坝体安全评估

为对比分析重力坝施工期坝体安全性,采用规范计算方法。

4.1 规范方法分析

参考文献[3],以坝基面上应力计算结果见表2。

表2 坝基面处的应力情况 (单位:kN/m²)

σ_{ymax}	σ_{ymin}	τ_x	σ_x	σ_1	σ_2
131.7	9.334	7.0	5.25	14.58	0

根据《混凝土重力坝设计规范》(SL 319—2005),施工期坝基强度满足如下条件:

$$\sigma_{ymax} < [\sigma]$$

$$\sigma_1 < 0.25 \text{ MPa}$$

其中$[\sigma]$为地基粗粒花岗岩的允许抗压强度,约14.2 MPa,根据表2计算数据可知,坝基满足强度要求。

4.2 点安全系数法分析

为便于分析,文中将压应力记为负值,单位为MPa。

4.2.1 应力分析结果

60 d和150 d主应力分布如图2、图3所示。

由图2、图3可知:①主应力随着龄期的增长不断变化,但增长幅度变化不大,不大于6 MPa;②按照对点安全系数的定义及规范的要求,坝体施工过程中浇筑60 d的最大压应力为4.5 MPa,位于上游坝踵处;浇筑150 d后,坝体最大压应力为4.5 MPa,也位于上游坝踵处,但均不超出混凝土的允许抗拉强度和基岩允许抗拉强度,是安全的。

4.2.2 点安全系数分析

由于点安全系数因实际抗压强度早龄期数值偏小,安全系数可能会很大,故这里将安全系数大于5以上的值记为5,压应力为0时的安全系数记为1.0。

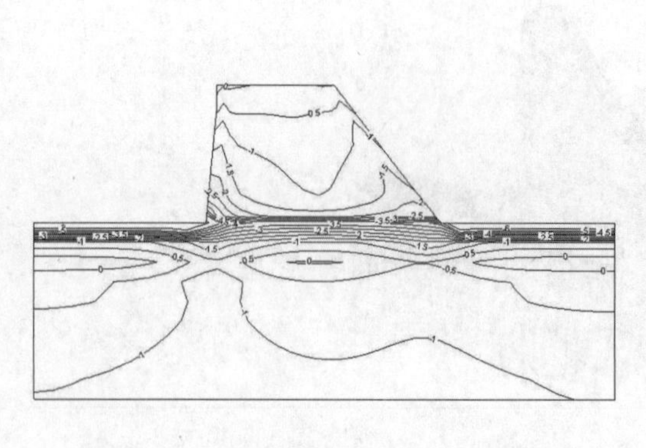

图2 60 d 主应力分布 （单位:MPa）

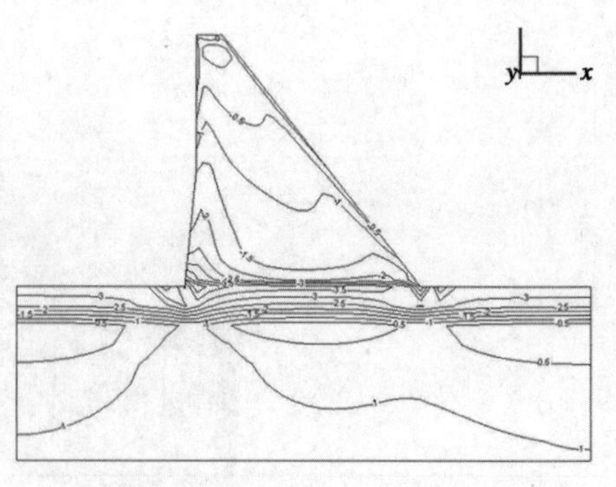

图3 150 d 主应力分布 （单位:MPa）

60 d 和 120 d 安全系数分布如图 4、图 5 所示。

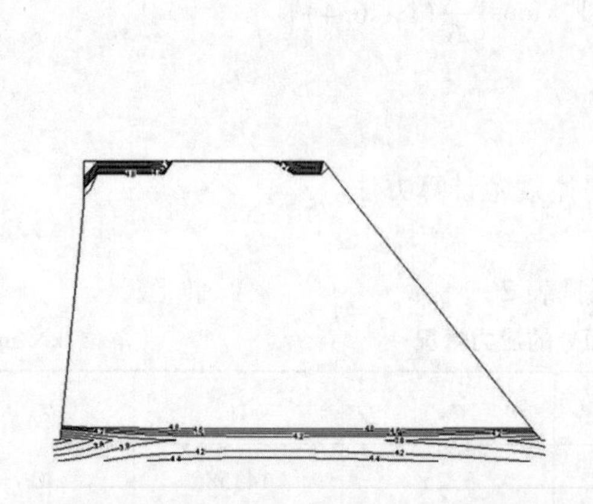

图4 60 d 安全系数分布 （单位:MPa）

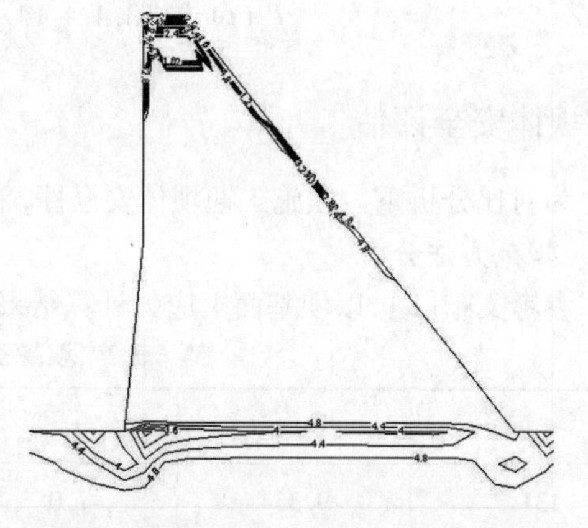

图5 120 d 安全系数分布 （单位:MPa）

由图 4、图 5 可知:①安全系数不但与混凝土的浇筑时间有关,还与坝体结构有关,混凝土浇筑初期,其安全系数较小,随时间的变化,实际抗压强度增大,安全系数呈增大趋势。②因混凝土浇筑短龄期内,安全系数偏小,计算龄期 60 d 时,其刚浇筑混凝土安全系数偏小,最小值约 1.0,位于初浇筑混凝土表层,但基底安全系数均大于规范规定安全值;同样的,浇筑 120 d,新浇筑层及下游表层混凝土有小于 4 的安全系数,按照规范规定,有开裂风险,但基底安全系数均大于规范规定安全值。

综上所述,按照基底应力进行分析,两种计算方法进行大坝施工期强度评估均是安全的,但基于点安全系数法进行评价,在混凝土浇筑初期安全系数偏低,参照规范有破坏的风险。

5 结 论

通过分析重力坝安全评估方法的优劣,提出了基于材料时变特性的点安全系数评价方法,并用两种方法对典型工程进行施工期坝体强度安全评估,结果表明,按照规范要求对建基面进行分析可知,二者均满足施工期坝体强度要求,但实际过程应力变化,采用基于材料时变特性的安全系数法同时可以判断坝体局部的破坏机制,有利于进一步进行结构分析。

参 考 文 献

[1] 朱伯芳. 当前混凝土坝建设中的几个问题[J]. 水利学报,2009,40(1):1-9.

[2] 朱伯芳. 关于混凝土坝的几个新理念[J]. 水利学报,2008(10):1151-1157.

[3] 中华人民共和国水利部. 混凝土重力坝设计规范:SL 319—2005[S]. 北京:中国水利水电出版社,2005.

[4] 朱伯芳. 混凝土坝计算技术与安全评估展望[J]. 水利水电技术,2006(10):24-28.

[5] 朱伯芳. 混凝土坝运行期安全评估与全坝全过程有限元仿真分析[C]//2008 中国水力发电论文集. 2008:5.

[6] 朱伯芳. 混凝土坝安全评估的有限元全程仿真与强度递减法[J]. 水利水电技术,2007(1):1-6.

[7] 金峰,胡卫,张楚汉,等. 基于工程类比的小湾拱坝安全评价[J]. 岩石力学与工程学报,2008(10):2027-2033.

[8] 李同春,王仁坤,游启升,等. 高拱坝安全度评价方法研究[J]. 水利学报,2007(S1):78-83,105.

[9] 朱伯芳. 论混凝土坝安全系数的设置[J]. 水利水电技术,2007(6):35-40.

[10] 朱伯芳. 论混凝土坝抗裂安全系数[J]. 水利水电技术,2005(7):33-37.

土石坝施工期度汛安全风险 - 成本风险综合分析

张兆省[1]　宗克强[2]　张耀中[1]　曹　冲[2]

(1.河南省前坪水库建设管理局,郑州 450002;2.郑州大学,郑州　450001)

摘　要　针对施工期土石坝在度汛准备期面临的度汛安全目标和施工成本目标相互矛盾,且相关风险评价研究大多偏重于单方面的问题,通过调洪演算进行不同度汛方案下不同防汛高程的安全风险分析;建立基于不同安全风险水平的施工成本风险分析模型,进行成本风险分析;根据2000年国际大坝委员会(ICOLD)北京会议对于风险的综合定义,建立安全风险 - 成本风险综合评价模型,进行度汛方案综合评价。将该评价模型应用于前坪水库施工期度汛方案优势比选,度汛方案比选结果更为全面,具有较好的科学性和实用性。

关键词　土石坝;施工期;度汛;安全;成本;综合风险

1　研究背景

土石坝作为拦截江河、抬高水位或形成水库的挡水建筑物,因其造价低、结构简单、适应能力强等优点,成为了工程中应用最广泛的坝型[1]。但是因其施工环境复杂,施工周期相对较长,且相对运行期的大坝而言,施工期的土石坝各项功能尚未完善,各类参数指标尚未达到设计要求,抵抗汛期洪水的能力更低,施工期的土石坝在汛期存在一定的安全隐患和失事风险。因此,开展土石坝施工期度汛风险研究具有重要意义。

土石坝施工过程中,出于对坝体安全及进度要求方面的考虑,在汛期来临之前,围堰或者坝体根据度汛方案需要填筑到防洪度汛高程[2]。此时需要考虑度汛安全和施工成本两建设目标,学者们针对安全和成本两建设目标均进行了不同程度的研究。Marengo 等[3]通过建立功能函数,对大坝在事故年份和事故之前年份的漫顶安全风险进行了对比分析研究;李宗坤、葛巍等[4]采用 Monte-Carlo 计算机模拟方法,研究了土石坝在施工期的漫坝安全风险;孙开畅等[5]提出了基于 Rackwitz-Fiessler 方法的漫顶风险模型算法,迭代求解了土石坝漫顶风险率。王瑞雪等[6]采用层次分析法将影响土石坝建筑成本的风险因素进行重要性排序,并提出了控制成本风险的措施;王卓甫、刘俊艳等[7]采用离散化方法,得到了施工成本风险计算公式,研究了土石坝施工成本的风险性。

上述研究所涉及的风险评价大多偏重于单方面,并未考虑安全和成本两者相互矛盾的目标特性。因此,本文综合考虑土石坝施工期度汛安全风险和成本风险,建立安全风险 - 成本风

作者简介:张兆省(1962—),男,河南太康人,硕士,教授级高级工程师,主要从事水利工程建设管理工作。E-mail: zzs@ hnsl. gov. cn。

通讯作者:宗克强(1992—),男,河北鹿泉人,硕士,主要从事水利水电工程风险评价研究。E-mail: 875110623@ qq. com。

险综合评价模型筛选最优度汛方案，为土石坝施工期度汛风险的管理和控制提供参考。

2 安全风险－成本风险综合评价模型

风险是对生命、健康、财产和环境负面影响的可能性和严重性的度量，是溃坝可能性和产生后果的乘积[8]。本文通过对土石坝施工期度汛的安全风险分析和成本风险分析分别来描述溃坝的可能性及溃坝所产生的后果，然后综合考虑两者的矛盾特性建立综合评价模型。具体过程如下。

2.1 安全风险分析

土石坝施工期汛期的安全风险主要取决于汛期上游洪水位和挡水围堰的高度。上游洪水位受洪水过程及导流建筑物泄流能力的共同影响，经过调洪演算可得到各设计洪水频率下的上游洪水位，以此为依据加高的围堰，其度汛安全风险即为各设计洪水频率[9]。

(1)建立上游洪水位集。调洪演算的核心内容是水量平衡原理，即在时段 Δt 内，入库水量与出库水量之差应等于该时段内的水库蓄水变化量[10]，其基本公式为：

$$\frac{Q_1 + Q_2}{2}\Delta t - \frac{q_1 + q_2}{2}\Delta t = V_2 - V_1 \tag{1}$$

$$q = f(Z) \tag{2}$$

式中：q_1、q_2 分别为时段初、时段末的出库流量；Q_1、Q_2 分别为时段初、时段末的入库流量；V_1、V_2 分别为时段初、时段末的水库库容；Δt 为时段，取 $\Delta t = 1$ h；Z 为上游洪水位；q 为上游洪水位与泄量的关系，$q = f(Z)$。

通过调洪验算可得各设计洪水对应的上游洪水位集 $Z = \{Z_1, Z_2, \cdots, Z_n\}$。

(2)建立堰顶高程集。按《碾压式土石坝设计规范》(SL 274—2001)规定，堰顶高程为水库静水位与堰顶超高之和，即

$$H = Z + y \tag{3}$$

在水库静水位以上堰顶超高由式(4)确定。

$$y = R + e + A \tag{4}$$

式中：y 为堰顶超高；R 为最大波浪在坝坡上的爬高；e 为最大风壅水面高度；A 为安全加高。

再由上游洪水位集可得堰顶高程集 $H = \{H_1, H_2, \cdots, H_n\}$。

(3)安全风险分析结果。度汛安全风险为调洪验算时各设计洪水的洪水频率，可由式(5)确定，得安全风险集 $P = \{P_1, P_2, \cdots, P_n\}$。

$$P = \frac{1}{T} \tag{5}$$

式中：T 为设计洪水重现期；P 为安全风险。

不同重现期设计洪水相应的上游洪水位、堰顶高程及安全风险等结果见表1。

表1 安全风险分析结果

洪水重现期(a)	上游洪水位(m)	堰顶高程(m)	安全风险(%)
T_1	Z_1	H_1	P_1
T_2	Z_2	H_2	P_2
⋮	⋮	⋮	⋮
T_n	Z_n	H_n	P_n

2.2　成本风险分析

土石坝施工期汛期的成本风险是用于描述大坝溃坝后所产生的损失。在度汛准备期间，围堰或者坝体根据度汛方案需要填筑到防洪度汛高程，溃坝概率用安全风险描述，据此成本风险可分为确定性成本和不确定性成本。

(1)确定性成本。确定性成本为汛期准备阶段加高围堰所需的成本，不论是否发生溃坝事故，该成本均确定造成损失。根据围堰加高部分的工程量占坝体总工程量的比例以及坝体总投资可估算出围堰加高部分的确定性成本，如式(6)所示。

$$C_d = \frac{V_h}{V_t} C_t \tag{6}$$

式中：C_d 为确定性成本风险；V_h 为加高围堰工程量；V_t 为坝体总工程量；C_t 为坝体工程总投资。

(2)不确定性成本。不确定性成本是指在发生溃坝事故的前提下防汛围堰加高前已完成投资的成本。该成本在溃坝发生情况下认为造成损失，具有不确定性。具体可由安全风险和防汛围堰加高坝体已投资成本得出不确定性成本，如式(7)所示。

$$C_u = P C_{in} \tag{7}$$

式中：C_u 为不确定性成本风险；C_{in}为坝体已投资成本；P 为安全风险。

(3)成本风险分析结果。成本风险即为确定性成本与不确定性成本之和，可由式(8)确定，得成本风险集 $C = \{C_1, C_2, \cdots, C_n\}$。

$$C = C_d + C_u \tag{8}$$

不同安全风险下的成本风险分析结果见表2。

表2　成本风险分析结果表

洪水重现期(a)	安全风险(%)	成本风险(万元)
T_1	P_1	C_1
T_2	P_2	C_2
⋮	⋮	⋮
T_n	P_n	C_n

2.3　安全风险 - 成本风险综合分析

根据上述安全风险分析和成本风险分析的理论成果以及 2000 年国际大坝委员会(ICOLD)北京会议对于风险理念的综合定义，可由式(9)建立安全风险 - 成本风险综合分析集 $R = \{R_1, R_2, \cdots, R_n\}$。

$$R = PC \tag{9}$$

式中：R 为安全 - 成本综合风险；P 为安全风险；C 为成本风险。

3　实例分析

前坪水库是一座以防洪为主，结合供水、灌溉，兼顾发电的大(2)型水库，水库总库容5.84亿 m^3，控制流域面积1 325 km^2。本工程主坝工程施工跨三个汛期，选取第二个汛期开展实例研究。该汛期主体工程施工均在围堰保护下进行，围堰最终成为主坝一的部分。

汛期内利用上、下游围堰挡水，导流洞（进口高程 343.0 m）导流，泄洪洞（进口高程 360.0 m）参与泄流，各设计洪水相应的洪峰流量统计以及泄流建筑物的泄流量计算结果如表3、表4 所示。主坝上游围堰已填筑至 374.4 m，围堰、大坝的已投资成本为 36 813 万元。主坝（包括围堰）最终总填筑工程量为 1 254 万 m^3，总投资 64 578 万元。

采用前述安全风险－成本风险综合评价模型对前坪水库第二个汛期进行风险综合分析，选取该汛期防汛加高围堰所依据的设计洪水，筛选最佳度汛方案，具体过程如下。

表3　设计洪水洪峰流量

重现期(a)	洪峰流量(m^3/s)
20	3 720
30	4 753
50	5 580
70	6 573
100	7 070
150	8 583
200	9 339

表4　泄流建筑物泄流量

水位(m)	344	345	346	347	348	349	350	351
流量(m^3/s)	20	56	98	144	192	242	293	344
水位(m)	352	353	354	355	356	357	358	359
流量(m^3/s)	350	358	364	422	472	518	560	599
水位(m)	360	361	362	363	364	365	366	367
流量(m^3/s)	636	680	731	786	844	904	967	1 031
水位(m)	368	369	370	371	372	373	374	375
流量(m^3/s)	1 098	1 166	1 236	1 285	1 259	1 426	1 488	1 574
水位(m)	376	377	378	379	380	381	382	383
流量(m^3/s)	1 603	1 657	1 707	1 757	1 805	1 851	1 896	1 940
水位(m)	384	385	386	387	388	389	390	391
流量(m^3/s)	1 983	2 025	2 067	2 108	2 148	2 188	2 227	2 266
水位(m)	392	393	394	395	396	397	398	399
流量(m^3/s)	2 305	2 342	2 379	2 415	2 451	2 486	2 520	2 555

3.1　安全风险分析

根据设计洪水资料以及水库泄流能力资料进行调洪演算，并根据规范和实际情况考虑堰顶超高,可得各设计洪水对应的上游洪水位、堰顶高程及安全风险,如表5所示。

表5　安全风险计算结果

洪水重现期(a)	上游洪水(m)	堰顶超高(m)	堰顶高程(m)	安全风险(%)
20	372.60	1.80	374.40	5.00
30	377.61	2.43	380.04	3.33
50	381.62	2.93	384.55	2.00
75	385.67	3.18	388.85	1.33
100	387.69	3.31	391.00	1.00
150	393.77	3.44	397.21	0.67
200	396.71	3.50	400.21	0.50

3.2　成本风险分析

在安全风险分析结果基础上,结合大坝施工及投资情况,由式(6)、(7)、(8)可计算出各设计洪水对应不同安全风险下的成本风险,如表6所示。

表6　成本风险计算结果

洪水重现期(a)	安全风险(%)	成本风险(万元)
20	5.00	1 840.65
30	3.33	1 760.91
50	2.00	2 126.56
75	1.33	3 053.30
100	1.00	3 646.82
150	0.67	6 080.10
200	0.50	7 512.85

3.3　安全风险 - 成本风险综合分析

根据安全风险分析和成本风险分析计算结果,由式(9)可得安全风险 - 成本风险综合分析结果,如表7所示。

表7　综合分析结果

洪水重现期(a)	安全风险(%)	成本风险(万元)	综合风险(万元)
20	5.00	1 840.65	92.03
30	3.33	1 760.91	58.70
50	2.00	2 126.56	42.53
75	1.33	3 053.30	40.71
100	1.00	3 646.82	36.47
150	0.67	6 080.20	40.53
200	0.50	7 512.85	37.56

将不同设计洪水对应的综合风险进行排序对比可知，按照100年一遇设计洪水加高围堰时的综合风险最低，如图1所示。

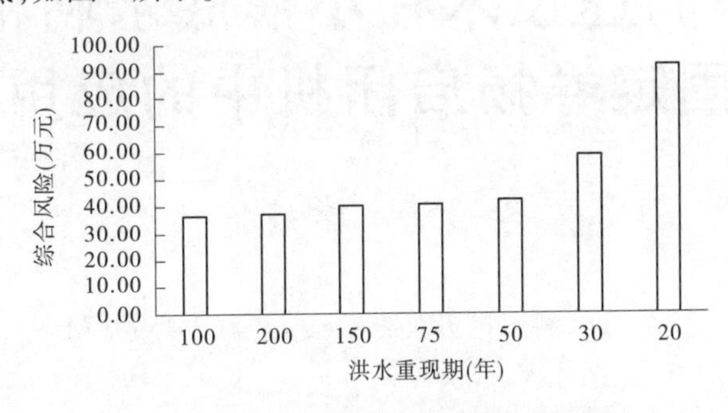

图1 不同设计洪水对应综合风险对比

4 结 论

本研究根据现有的设计洪水、库容、泄流建筑物泄量等资料，采用调洪演算方法分析了不同洪水标准所对应的安全风险，在此基础上分析了不同安全风险水平下的成本风险。根据安全风险与成本风险综合风险分析可知，按照100年一遇设计洪水加高围堰为综合风险最低的方案。经调洪演算，本工程施工期100年一遇水位为387.69 m，相应库容为1.76亿m^3。根据《施工组织设计规范》(SL 303—2004)，坝前库容超过1.0亿m^3的土石坝坝体施工期临时度汛洪水标准不低于100年一遇，该方案满足规范要求。

通过实例分析说明安全风险－成本风险综合评价模型具有一定的科学性和可行性，为土石坝施工期度汛风险的管理和控制提供有效的工具。

参考文献

[1] 孙继昌. 中国的水库大坝安全管理[J]. 中国水利, 2008(20):10-14.

[2] 李兵. 土石坝拦洪度汛期的施工特点及施工强度的缓解措施[J]. 西北水力发电, 2003,19(1):43-46.

[3] Marengo H. Case Study: Dam Safety during Construction, Lessons of the Overtopping Diversion Works at Aguamilpa Dam[J]. Journal of Hydraulic Engineering, 2006,132(11):1121-1127.

[4] 李宗坤, 葛巍, 王娟, 等. 土石坝建设期漫坝风险分析[J]. 水力发电学报, 2015,34(3):145-149.

[5] 孙开畅, 李权, 尹志伟, 等. 基于Rackwitz-Fiessler方法的土石坝漫顶风险数学模型[J]. 武汉大学学报(工学版), 2017,50(3):327-331.

[6] 王瑞雪, 唐德善, 刘子增. 土石坝成本风险评价[J]. 水电能源科学, 2009,27(6):178-180.

[7] 王卓甫, 刘俊艳, 丁继勇. 考虑进度不确定的土石坝填筑施工成本风险分析[J]. 水力发电学报, 2011,30(5):229-233.

[8] 李宗坤, 葛巍, 王娟, 等. 中国大坝安全管理与风险管理的战略思考[J]. 水科学进展, 2015(4):589-595.

[9] 詹道江, 徐向阳, 陈元芳. 工程水文学[M].4版.北京:中国水利水电出版社, 2010:196-198.

[10] 胡志根,等. 施工导流风险分析[M]. 北京:科学出版社, 2010: 18-21.

变频调速技术在小浪底水利枢纽固定卷扬启闭机中的应用

李 涛 常婧华

（黄河水利水电开发总公司，济源 459017）

摘 要 把变频调速技术应用在固定卷扬启闭机中，将闸门的提升方式由定速提升改为变频调速提升，可有效解决传统闸门启闭系统的精度低、可靠性差等问题。文章介绍了变频器的基本原理，针对变频技术在闸门启闭中的应用进行介绍，为以后针对闸门变频调速提升的研究提供一定的借鉴意义。

关键词 变频调速；固定卷扬；启闭机

1 概 述

小浪底水利枢纽工程的泄洪、排沙和引水建筑物的引水口共有 10 座进水塔，集中布置，呈一字排列，其中包括 3 个发电塔、3 个孔板塔、3 个明流塔和 1 个灌溉塔。孔板洞及明流洞事故闸门由 10 台 5 000 kN 固定卷扬机操作。排沙洞事故闸门由 6 台 2 500 kN 固定卷扬机操作。闸门操作是采用可编程控制器（PLC）技术。5 000 kN 固定卷扬机由两台电动机分别驱动左、右卷筒，两台电动机高速轴通过同步轴实现机械同步。2 500 kN 固定卷扬机由一台电动机驱动。事故闸门卷扬启闭机，电动机采用绕线异步电机转子线圈串接电阻降压启动方式，卷扬启闭机运行速度始终保持同一速度运转，小浪底门前泥沙淤积现象严重，由于泥沙对闸门的握裹力会对闸门运行速度产生影响，在闸门起升时，惯性负载和机械冲击较大，将易导致闸门卡阻、机械过载以及钢丝绳脱槽等安全隐患，影响枢纽安全运行。

鉴于小浪底水利枢纽事故闸门承担着泄洪、排沙、防治塔前淤堵等任务，为提高闸门安全运行水平，需要对事故闸门控制系统进行更新改造，增加实施分级控制电机运行速度的变频器装置，保证闸门正常运行，确保枢纽运行安全。采用变频调速技术改造后的闸门控制系统，可实现全频率 0 ~ 50 Hz 范围内的恒定转矩控制，在闸门启闭初期和终期采用低速启闭运行，减少了泥沙淤积给闸门启闭带来的影响，减少了启闭时对启闭机和闸门的冲击。

2 变频调速原理

2.1 异步电动机变频调速

异步电动机主要由磁路部分、电路部分和机械部分三部分组成。磁路部分主要由钉定子芯和转子铁芯构成，电路部分主要由定子绕组和转子绕组构成，机械部分主要由机座、轴

作者简介：李涛（1971—），男，河南鹿邑人，硕士，高级工程师，主要从事水利水电工程建设和运行管理工作。

承等构成。

三相异步电动机定子绕组通入空降上互差120°的三相交流正弦电流后，其定子在气隙中会产生一个定子合成磁场，合成磁场会根据定子部件铁心的分布以及通入电流的频率进行旋转。

电动机通电后，其定子会产生一个合成磁场：

$$n_0 = 60f/p \tag{1}$$

式中：f为电流的频率；p为旋转磁场的磁极对数；n_0为同步转速。

同步转速即为此旋转磁场转速。

由 $n_0 - 60f/p$ 分析可知，异步电动机的同步转速 n_0与电流频率f成正比，与电机磁极对数成反比，通过改变接入电流频率f即可达到调节同步转速的目的。由于异步电动机转子感应电势是由转子绕组切割定子磁场而来，因此转子实际转速 n 取决于同步转速 n_0和转差率 s，它们之间的关系如式(2)所示。

$$s = \frac{n_0 - n}{n_0} \tag{2}$$

根据式(2)可知，调节同步转速便可实现对实际转速的调节。因此，变频调速也可应用在三相交流异步电动机调速系统中。

2.2 "交—直—交"模式变频器调速原理

以明流洞事故门固定卷扬启闭机所用变频器为例，对变频器的原理进行分析。其电路原理图如图1所示。

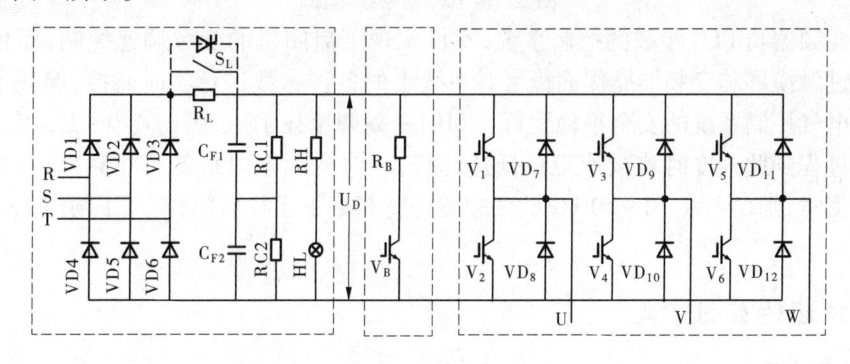

图1 电路原理

三相电经"交—直变换"全波整流输出直流电后在"直—交变换"中将直流电"逆变"转换成交流电，逆变后的交流电三相之间相位互差2π/3。电压振幅与直流电相等，都是513 V。逆变后的电流频率跟随控制信号的变化周期变化。所以控制改变逆变管控制信号的频率就会得到相应的电流频率，从而实现变频调速。能耗电路通过制动电阻和制动单元将电动机在再生制动状态时，消耗掉再生到直流电路的能量，防止损坏变频器。

小浪底水利枢纽事故闸门启闭机，1、2、3号排沙洞及2、3号明流洞分别由两台电动机、两台变频器及一套电气控制系统组成；1、2、3号孔板洞及1号明流洞分别由四台电动机、四台变频器及一套电气控制系统组成；在每台卷扬启闭机卷筒端部设置一个编码器，PLC通过编码器、变频器、荷重仪等检测系统电流、电压、转速等信号，完成对整个电气控制系统的过流、过速、过载等保护。

2.3　变频器调试

变频器调试的主要工作是变频器的参数设定，首先将变频器基本参数通过变频器操作面板进行输入，参数主要有电机级数、电机控制模式、最大频率、加速减速时间等。通过变频器自学习模式让电机旋转自学习，实现变频器与电动机的契合。

3　电气控制系统介绍

小浪底水利枢纽事故闸门启闭机电气控制系统是基于可编程控制器技术（PLC）的变频调速系统，PLC 和变频器是控制系统的核心。主要由美国罗克韦尔（AB）公司 1769 – L18ER – BB1B 型号可编程控制器、2 个数字量模块、1 个模拟量模块和 1 个编码器模块、2711PC – T10C4D1 型号触摸屏、Power Flex 750 系列变频器、电动机等组成。系统框图如图 2 所示。

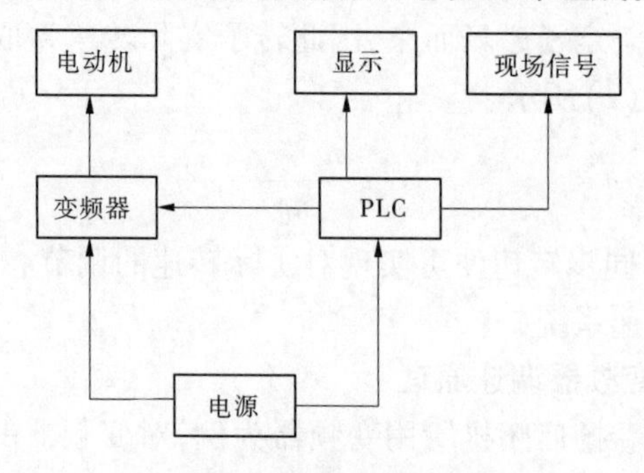

图 2　电气控制系统框图

通过变频器与 PLC 组成的控制系统，不仅实现了启闭机的变频调速控制，而且运行操作人员通过触摸屏和变频器操作面板可对系统中的各种参数进行实时监控，保证了整个卷扬启闭机电气控制系统的安全平稳运行。利用变频调速技术后，闸门在 0 ~ 1 m 范围内，起升和下降过程到此开度时均减速至最低速运行，此时变频器以最低工作频率 10 Hz 运行。在其余开度时，闸门可在 10 ~ 50 Hz 的变频器任意频率下运行启闭，实现了闸门的变频调速启闭功能。

4　变频调速技术的意义

4.1　提升安全性

小浪底门前泥沙淤积现象严重，由于泥沙对闸门的握裹力会对闸门运行速度产生影响，在闸门起升时，惯性负载、机械冲击较大，将易导致闸门卡阻、机械过载以及钢丝绳脱槽等安全隐患，影响枢纽安全运行，利用变频调速技术解决了这一安全隐患。

4.2　系统可靠性提高

原小浪底水利枢纽事故闸门启闭电气控制系统采用复杂的接触器 – 继电器系统进行控制，元器件多，维护成本高，故障率较高。采用变频调速系统进行控制后，元器件数量大大减少，系统简化明显，系统工作可靠性显著提高。

4.3　闸门速度控制精度高

变频器调速可在 0 ~ 50 Hz 实现无极变速，变频器本身保护性能完善、可靠性好、调速平稳，通过 PLC 与变频器实现对闸门控制的过速、过载、过流等保护，在系统稳定可靠的基础上实现了平稳调速。

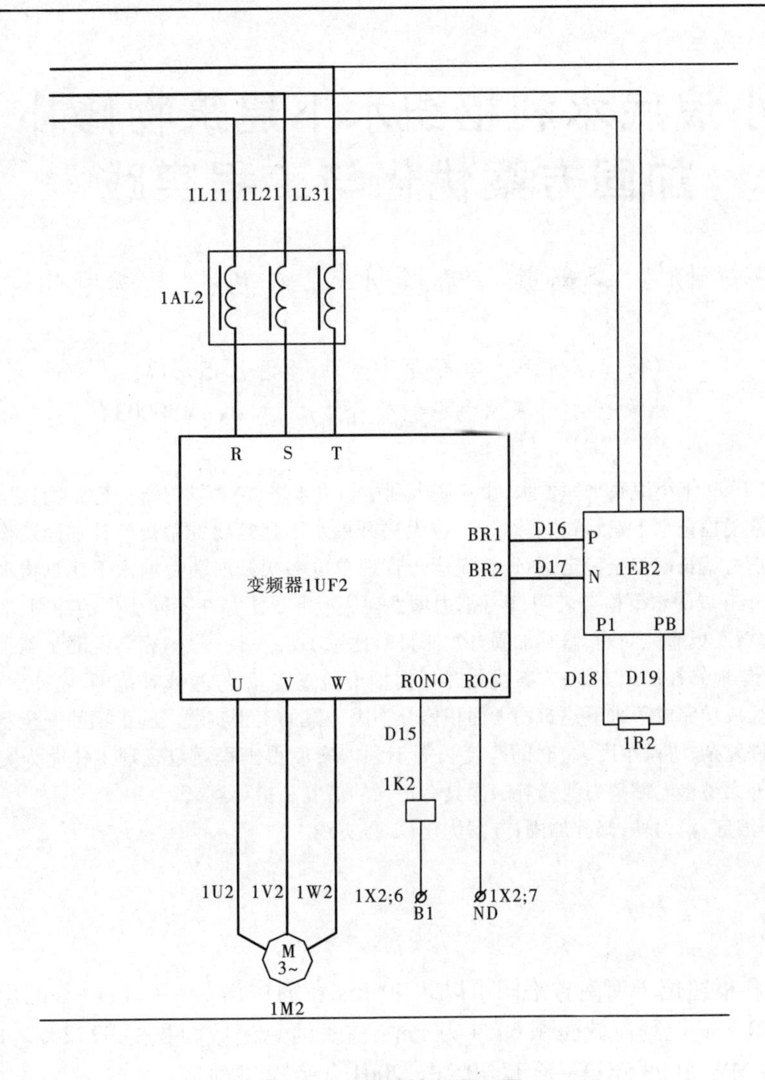

图3 变频器控制原理图

5 结 语

小浪底水利枢纽事故闸门启闭电气控制系统采用PLC作为中央控制单元,变频器调速技术控制闸门启闭机三相异步电机转速,实现了闸门变频调速功能,系统可靠性增加,达到了改造的既定效果,为小浪底水利枢纽的安全运行提供了重要保障。

小浪底水利枢纽水下建筑物修补加固方案优化与工程实践

苏　畅[1]　李新萌[1]　张金水[2]　臧卫杰[1]　李冠州[1]

(1. 黄河水利水电开发总公司,济源　459013;
2. 水利部小浪底水利枢纽管理中心,郑州　450003)

摘　要　自1999年小浪底水库蓄水,小浪底水利枢纽进水塔、消力塘等部分建筑物长期淹没在水下,不能常规检查水下建筑物实际状况,也无法开展水下建筑物的常规修补加固工作。为保证进水塔、消力塘长期安全稳定运行,枢纽运行管理单位多次开展消力塘水下建筑物水下检查工作,2015年开展的水下检查表明,3号消力塘发现底板混凝土存在不同程度的冲刷、磨蚀。针对3号消力塘底板磨蚀问题,修补加固方案制订时比选了水下不分散自密实混凝土施工方案和搭围堰抽干旱地修补加固方案;方案优化时根据抽干检查实际,经过修补范围、修补材料、修补工艺等优化,成功完成了水下建筑物大面积修补加固方案的工程实践。施工期间安全制约因素多、现场条件复杂、协调难度大、时间跨度长等不利因素使得工程规范管理工作尤为突出和重要,对国内外大型水电站消力池修补加固具有很强的借鉴和指导意义。

关键词　小浪底;消力塘;修补加固;方案优化;工程实践

1　工程概况

小浪底水利枢纽位于河南省洛阳市以北40 km黄河中游最后一段峡谷的出口处,上距三门峡大坝130 km,控制流域面积69.4万km^2,占黄河总流域面积的92.2%。电站总装机容量为6×300 MW,1999年第一台机组发电,2001年底全部建成。

小浪底水利枢纽泄洪系统包括进水口边坡、进水塔、3条孔板洞、3条排沙洞、3条明流洞、1条正常溢洪道、3个消力塘等部分。消力塘位于泄洪排沙系统出口处,主要功能为泄洪排沙系统高速水流消能减速,消力塘底板、侧墙建筑物长期淹没在水下。消力塘自南往北有1号、2号、3号三个消力塘。3号消力塘位于消力池北侧,3号消力塘一级池下底长160 m、宽98.7 m,上顶长181.25 m、宽122.2 m。塘底上游端高程为EL113 m,下游端高程为EL109.8 m,尾堰顶面宽3 m,高程EL135 m,左岸边坡1∶1,坡顶高程EL150 m,上游边坡1∶0.85,坡顶高程EL150 m。3号消力塘有效容积41.6万m^3。截至2016年底,消力塘已安全运用17年,据统计3号消力塘已累计运用16 000多小时(约667天)。

2　存在问题

消力塘底板及侧墙建筑物长期淹没在水下,不能常规检查水下建筑物实际状况,也无法

作者简介:苏畅(1983—),男,河南民权人,高级工程师,主要从事水电站水库运行管理工作。E-mail:suchang9247@126.com。

开展水下建筑物的常规修补加固。为保证进水塔、消力塘长期安全稳定运行,枢纽运行管理单位多次开展消力塘水下建筑物水下检查工作。最近一次,在2015年开展的水下检查结果表明,3号消力塘发现底板混凝土存在不同程度的冲刷、磨蚀。靠近明流洞挑流入消力塘中心线磨蚀最严重,平均磨蚀深度9 cm,磨蚀面积约占3号消力塘底板总面积的40%。枢纽运行管理单位于2016年7月组织国内知名专家召开了小浪底工程3号消力塘缺陷修补专家咨询会,根据专家咨询意见,为保证消力塘长期安全稳定运行,进一步检查3号消力塘磨蚀和破坏状况,确定存在的缺陷,并有针对性地修补加固是非常必要的。

3 消力塘检查方案比选

检查方案有水下检查和围堰干地检查两种。考虑到黄河多泥沙,消力塘底板淤泥及碎石淤积较厚,采用水下检查需先清理底板上淤泥。潜水员进入塘内进行水下检查时,对水流扰动也易造成水流浑浊,视线差;而采用围堰干地检查方法不存在这些问题。通过抽水、清淤形成干地检查条件,直观、方便。经过比选,最终采用围堰干地检查方案,对3号消力塘进行全面检查。在尾堰135 m平台基础上堰顶加高1.5~2 m,采用两布一膜土工膜裹住装黏土的编织袋进行修筑,作为下游围堰。

消力塘抽水清淤后,对消力塘底板及侧墙混凝土缺陷进行详细测量、统计。采用水准仪进行测量,测点间距最小为1 m,根据底板磨损情况不同,每块布置20~50个测点。检查结果显示,3号消力塘侧墙、边坡和下游围堰无明显缺陷,底板未发现较大冲坑,主要缺陷为底板混凝土不同程度冲刷磨蚀。其中3号明流洞挑流入水落点正下方冲刷磨蚀最为严重,由此部位向四周呈逐渐减轻趋势,结构缝两边磨蚀较普遍。

4 维修加固方案优化

4.1 施工前修补方式优化

4.1.1 初步修补方式

根据消力塘长期淹没在水下,无法开展水下建筑物的常规修补加固的特点,初步方案引入水下混凝土浇筑技术,采用水下焊接技术将钢筋修补成完整的钢筋网,水下不分散自密实混凝土自流方案进行3号消力塘的维修加固。由于采用水下不分散自密实混凝土进行浇筑,水下不分散自密实混凝土配合比设计强度应在C45以上,要求3号消力塘修补后的钢筋强度和混凝土强度满足设计强度要求。水下不分散自密实混凝土自流方案的优点为:①消力塘为静水区域,适合水下不分散自密实混凝土施工。②水下不分散自密实混凝土自流方案不需要抽排水,施工方便、快捷。

4.1.2 考察论证

通过参观考察、论证分析,3号消力塘水下不分散自密实混凝土自流方案有以下问题:3号消力塘底板顺水流方向底板坡度为$i=0.02$,自流平混凝土密实后形成的混凝土底板为水平面,无法形成坡度。3号消力塘底板淤泥及碎石淤积较厚,施工过程中消力塘内水质浑浊,水中杂质较多,影响水下不分散自密实混凝土的施工质量,达不到质量要求。

4.1.3 方案优化

综合比选之后,3号消力塘修补加固决定抽干水,进行旱地检查和修补加固,该方案有以下优点:①具有1号消力塘抽空检查的经验。②水下仪器测量的磨蚀深度有误差,抽干水后进行旱地测量能极大地缩小误差,保证检查精度。③旱地施工能更好的控制施工质量。④旱地施工能够满足消力塘的底板的坡度要求。

4.2　施工过程中修补方案的优化

根据3号消力塘空池检查结果,底板磨蚀严重部位平均深度4~6 cm,最深10.6 cm。底板磨蚀平均深度大于5 cm共计17块,约2 500 m^2,约占消力塘底板面积15.6%;磨蚀深度介于2~5 cm的共计22块,约2 700 m^2,约占消力塘底板面积的16.9%;磨蚀厚度小于2 cm的共计73块,约10 800 m^2,约占消力塘底板面积67.5%。

2016年7月小浪底水利枢纽3号消力塘修补专家咨询会建议采用薄层抗冲磨材料进行整体修复方案,局部冲蚀坑槽采用聚合物类混凝土修复,选择线性热膨胀系数与基层混凝土接近的材料。制订初步修补方案时,局部小的冲坑采用回填环氧混凝土找平,磨蚀深度大于2 cm的区域,底板表面涂抹2 cm厚环氧砂浆保护层的修补加固方案。3号消力塘底板磨蚀面积约7 000 m^2,全部修补的工程量大、工期长,且环氧砂浆成本高,需要对修补加固方案进行优化。

2017年2月组织参建各方召开3号消力塘底板磨蚀专项维修技术方案审查会,经过充分讨论,形成如下处理意见:考虑工期、造价和施工方法等因素,决定优化维修方案为:底板混凝土平均磨蚀深度小于2 cm的区域不做处理;平均磨蚀深度不超过5 cm的区域,表面一次涂抹2 cm厚环氧砂浆;表面混凝土平均磨蚀深度大于5 cm,采取整体底部浇筑环氧混凝土加强层至原设计坡面处理方案,保持环氧混凝土加强层表面整体平整。底板结构缝清理干净后内填PVC闭孔板,顶部用聚硫密封胶封实。按照审查会意见和3号消力塘底板磨蚀平均深度分布图,枢纽运行管理单位选定了17块平均磨蚀深度大于5 cm的底板进行环氧混凝土修补;在浇筑的环氧混凝土和原混凝土间涂抹3 m宽环氧砂浆过渡(见图1)。优化后底板修补面积3 204 m^2,占初步方案修补面积的45.8%。

5　环氧混凝土施工

5.1　环氧混凝土概述

环氧混凝土主要用于深度大于5 cm的缺陷,环氧混凝土具有力学性能优良,与混凝土黏结牢固,不易在黏结面处发生开裂,抗冲磨强度高,施工简便、快捷,无毒、无污染等特点(见表1)。环氧混凝土施工采用模板支护,可以进行环氧混凝土的浇筑和振捣,适合大面积、大体积施工,施工速度快。单位造价比环氧砂浆低。

表1　环氧混凝土主要技术指标

主要性能	技术指标	备注
抗压强度(MPa)	60.0	1.">"表示试验破坏在混凝土本身。 2.试验龄期为28 d。 3.养护温度:(23 ± 1.0) ℃
抗拉强度(MPa)	8.0	
与混凝土黏结抗拉强度(MPa)	> 3.0	

5.2　工艺流程

基面凿毛清理—模板支护—涂刷基液—回填环氧混凝土—振捣—收面—养护。

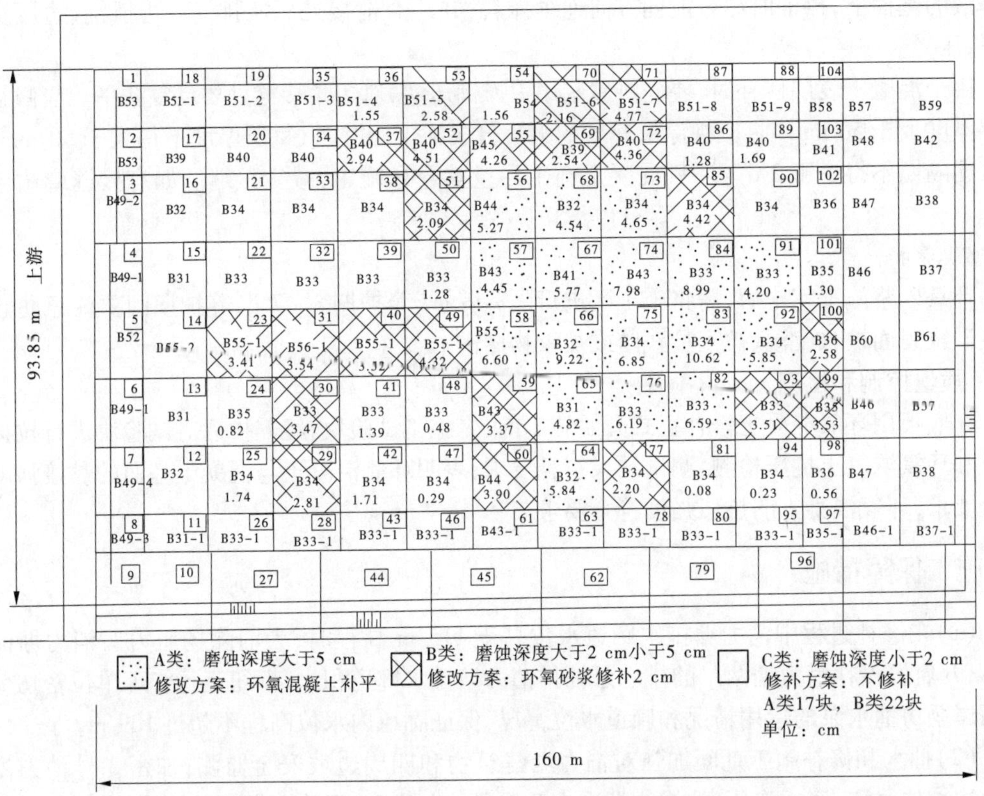

A类：磨蚀深度大于5 cm
修改方案：环氧混凝土补平
B类：磨蚀深度大于2 cm小于5 cm
修改方案：环氧砂浆修补2 cm
C类：磨蚀深度小于2 cm
修补方案：不修补
A类17块，B类22块
单位：cm

93.85 m 上游 下游 160 m

图1　底板磨蚀平均深度分布区域及修补方案

5.3　具体施工要求

根据施工技术要求，采取整体底部浇筑环氧混凝土加强层至原设计坡面处理方案，保持环氧混凝土加强层表面整体平整。混凝土磨蚀处理前对消力塘底板原混凝土面进行凿毛处理，清除其脱落和松动部分；处理过程中在原混凝土底板分缝处设置伸缩缝，缝宽2 cm，伸缩缝内填闭孔板，顶部2 cm聚硫密封胶嵌缝。

5.3.1　底层基液拌制和涂刷

(1)底层基液的拌制。底层基液按照材料使用说明书比例进行配制，用搅拌器搅拌3～5 min，搅拌均匀后可供应用。

(2)底层基液涂刷前，应再次用棕刷清除混凝土基面的微量粉尘，以确保基液的黏结强度。

(3)底层基液的涂刷。

基液拌制后，用毛刷(或使用喷涂设备喷涂)均匀适量涂在基面上，不流淌、不漏刷。基液拌制应现拌现用，以免因时间过长而影响涂刷质量，造成材料浪费和黏结质量降低。

(4)基液涂刷后根据现场具体部位、温度等现场情况。再摊铺环氧混凝土。

5.3.2　环氧混凝土的拌制和摊铺

(1)环氧混凝土的拌制。取环氧混凝土A组份倒入拌和机内，初拌1 min后停机，将B组份徐徐加入拌和机内，搅拌均匀(需3～5 min)即可供施工使用。

(2)环氧混凝土的摊铺。将拌制好的环氧混凝土用抹刀按设计要求的厚度摊铺到已刷好基液的基面上，摊铺时尽可能同方向连续摊料，并注意衔接处压实排气。边摊铺、边压实找平，压光。

用于混凝土表层修补时，要先将砂浆用力摊铺压实，对边角接缝处要反复找平。当修补涂层厚度大于50 mm时，应视涂层厚度的大小分层施工，并注意每层厚度不得大于50 mm，施工间隔期不得少于2 d。环氧混凝土施工尽量整仓号施工，减少接缝。如有接缝应凿毛处理。

5.3.3　养护

环氧砂浆施工完毕后，需将施工区进行隔离养护，养护期3～7 d，养护期间要注意防止环氧砂浆表面被水浸湿、被人员践踏或被重物撞击。

5.4　质量控制和检测

在底板用环氧混凝土修补正式开始施工前，先施工试验块，经养护后对试验块进行拉拔测试和环氧混凝土抗压检测，测试结果符合要求，表明环氧混凝土与混凝土基面的黏接强度符合要求，环氧混凝土的抗压强度符合要求。

6　施工保障措施

（1）在修补过程中消力塘排水廊道水位高于115 m高程时，为消除扬压力对消力塘的破坏，开启设置在消力塘两岸的排水泵抽排消力塘排水廊道积水，枢纽运行管理单位密切关注两岸泵房抽水泵的运用情况和廊道水位情况，保证廊道内水位高程不超过109 m。

（2）抽水和修补施工期间加强对消力塘建筑物和四周边坡安全监测，加密3号消力塘周边边坡位移测、底板渗压、抗拔锚杆应力等项目的监测，确保施工期间监测连续。

（3）精密测量磨蚀深度。消力塘抽干后，利用GPS精密全站仪测量底板磨蚀深度，克服测量人员不足的困难，枢纽运行管理单位手持棱镜加密测量，为制定底板维修范围和数量提供了及时、可靠的数据。

（4）重视施工过程控制。在项目实施过程中，枢纽运行管理单位人员采取旁站监理的方式对施工重点工序、重要环节进行现场旁站、监理和平行检测，严格把控底面清理、基液涂刷、环氧混凝土搅拌和施工、填充聚硫密封胶等关键环节，确保每一道工序符合规范、达到标准。

（5）加强现场安全检查。以“人员无违章、设备无缺陷、管理无漏洞”为目标，施工期间，运行管理单位定期组织专项检查，对电箱、栏杆、步梯等设备进行详细检查，积极落实安全检查提出的整改要求，确保现场设施设备完善。

7　施工管理经验启示

（1）深化技术方案前期深度。在制订修补加固方案时，邀请专家进行咨询论证，全面考虑各种情况，尽可能使所有问题都有相应的解决方案，确保技术方案科学、合理，有深度。

（2）合理优化修补方案，重点关注关键部位。在对3号消力塘进行抽水清淤后，针对检查结果进行充分分析讨论，通过考虑工程量、施工条件、工期等因素，最终决定使用环氧混凝土修补17块平均破坏深度大于5 cm的底板，该区域所承受水流冲击力最大，破坏最严重，使本次工作实现了在有限时间内对关键部位的修复，达到了预期目标。

（3）加强现场监管，严把施工质量。在施工过程中，组织技术人员在施工现场旁站监理,严格对照相关标准,密切关注环氧混凝土搅拌、混凝土底板清理等每一道工序的施工质量。

(4)严把施工材料质量,及时检测施工质量。严格审查施工原料的合格证和相关检验报告,确保施工所用原料符合要求;在施工前期对环氧混凝土试验块进行拉拔试验,将结果与规范要求进行对比,显示环氧混凝土与原混凝土底板的黏接强度符合要求;在施工过程中,定期对施工现场的环氧混凝土取样,成型后进行抗压强度检测。

水库大坝勘察要点综述

张宏杰　侯超普　陈　萌

（水利部小浪底水利枢纽管理中心，郑州　450000）

摘　要　工程勘察经过了多年的发展，取得了很大的成就，地质、勘探、物探、试验、测绘各专业相互协作，已经建立了一套完整的勘察体系。在水库大坝坝址勘察中，工程区域的地震烈度和场地安全性、断层构造的走向倾向对于水库建设十分重要，水文地质情况、坝址区地貌、岩性特征决定了适宜于建造的大坝类型，坝址基础和库岸渗漏特性是水库大坝勘察的重点，决定了处理的方式和是否成库，天然料场的分布情况是建坝的一项经济合理的选择。这些关键问题在勘察阶段调查清楚了，就能够给设计提供有力的支撑。结合小浪底配套工程西霞院反调节水库勘察实例，针对存在的问题进行了补充勘察，解决了关键的地质问题。

关键词　水库坝址；工程勘察

1　综　述

随着科学技术的发展，工程勘察行业的服务领域进一步拓宽，勘察技术手段也得到了进一步的丰富完善，勘探、物探、测试、试验、监测等方法手段有机整合于大型水利工程建设的全过程中，三维地质建模、数值分析计算、数字信息技术、BIM 建设控制可视化技术得到了普及应用。

在水利工程勘察技术行业中，各个专业有所侧重，地质作为岩土工程行业的设计师，总体规划勘察工作。由测绘专业在工程勘察区域内绘制满足勘察设计比例尺的地形图；依据地质勘察规范中的要求和实际场地需求布置钻孔由勘探专业钻探；在需要了解地层、构造分布特征的区域布置测线由物探专业进行探测，取岩石、土样、水质等样品由试验室进行测试。

勘探通过获取岩心的方式了解地下地层岩性、地质构造及岩溶水文地质资料，是一种最直接的手段。孔内可以进行压水试验、抽水试验、示踪试验、地下水位观测等水文地质试验，还可利用钻孔进行物探工作，包括电阻率测试、声波测试、钻孔电视录像、电阻率 CT、弹性波 CT 等各种物探测试工作，达到综合勘察的目的。

在需要了解地层资料的地段，只打少量钻孔或者不便于打孔，采用物探技术资料形成剖面，并用勘探资料进行校正，把钻孔点的资料连成一条线、一个剖面，获取岩层的电阻率、波速等信息，也可以通过钻孔测试获取地层不同深度的物性参数及全孔壁光学成像资料。施工开挖到的基岩面风化程度和基岩渗漏特性是否满足设计的要求，需要开展物探的波速测试，或做压水试验，对于不满足需求的进行帷幕灌浆处理，处理的结果还需要进行检测检验。

工程安全受到更多的重视，水利工程建设前期的勘察、建设全过程的质量控制和安全保

作者简介：张宏杰（1975—），男，河南开封人，高级工程师，主要从事水电站技术、安全管理工作。E-mail：1301769501@ qq. com。

障纳入工程建设的重要环节,勘察管理制度体系化、技术规范标准化使得勘察技术水平和质量得到了很大的提升。

2 国内外勘察规范

国内的标准规范起到的是辅助作用,不强调那么多的原理,需要做什么、怎么做、用什么参数、用什么公式等做出了详细的规定,操作性很强。国外的标准起到的作用是原则性指导,技术标准规定工程师应该做什么、不该做什么,至于怎么做、用什么参数、用什么公式没有做出规定,使工程师的个人经验和企业的水平得到了充分的展示。

3 水库大坝坝址区的勘察

水库大坝勘察工作的目的是了解库区所属区域的地震活动烈度、区域地质构造情况、水文地质情况,周边区域是否存在合适的料场,坝址区的覆盖层厚度情况、岩体的风化程度、岩体的弹性模量等参数,坝址区是否有断层等构造带、断层走向倾向、破碎带影响范围等。勘察工作搞明白了这些资料才可以给设计施工提供科学有效的支撑资料。

3.1 深厚覆盖层坝址区勘察

坝址区域覆盖层的厚度情况,决定了水库大坝的基础坐落在哪里。覆盖层太厚,不便于开挖清理到基岩,就要面临深厚覆盖层上建坝的问题。设计上关心的覆盖层到底有多厚、结构、详细分层、架空情况、分层岩土的级配、密度、物理力学指标、渗透特性等,有没有连续的渗透系数小的隔水层等。这些问题涉及大坝的坝型设计、基础防渗处理的方案选择。

3.2 基岩坝址区勘察

3.2.1 地形地貌特征

水库大坝的选址很重要的一点就是地形地貌,典型的“U”形谷、“V”形谷是良好的坝址区。在河谷狭窄、两岸具有完整程度高、抗剪切能力强的岩体时,一般选用两岸受力较多的拱坝;河谷相对较宽时可以选择重力坝或堆石坝。

坝址区覆盖层在施工中要清理到基岩出露,用完整良好的基岩作为大坝基础,在勘察阶段需要探测覆盖层厚度,不仅仅为提供坝址设计数据,也会成为后期施工开挖的依据。覆盖层之下的基岩视风化程度进行清理,一般要开挖到设计的高程,设计的依据是岩石的物理力学参数达到要求,主要包括了波速、弹模、渗透系数达到设计的坝型需求。

3.2.2 岩土性质

大坝周边的岩土性质对于稳定性有着重要的影响,勘察阶段查明岩土性质对于设计选择坝型有着重要的意义。混凝土坝、重力坝自身的重力大,对大坝基础要求高,坚硬、完整、透水性差的岩石作为坝址有利于坝体的长期稳定和水库良好的运行。

岩体主要有沉积岩、火成岩、变质岩几种类型。沉积岩地区一般有较厚的砂岩、灰岩等,是很好的坝址基础,但也有一些较薄的泥岩夹层,力学指标差,是导致大坝不稳定的因素,需要深入研究,并制订有效的、可执行的处理方案。火成岩和变质岩一般强度高、渗透性差,是建坝的理想坝基,要考虑的是一些火成岩和其他岩体的交界面,防止坝址基础建立在界面上。在勘察阶段要查明喷出的岩体覆盖下是否完全为岩石,避免被一些喷出岩体形成的硬壳迷惑;坝基花岗岩地区要查明风化的情况,避免存在有风化囊,在后期成为不稳定因素或渗漏的通道,在碳酸盐地区要查明是否存在溶洞,需要做专项勘察工作。

常规的勘察工作,钻探必不可少,还有物探方法技术,包括地震折射波法,主要用来探测覆盖层厚度、断层构造带等,能够获取覆盖层的厚度和下伏基岩的波速;地震反射波法用于地层分层,能够精细化探测;高密度电法对于电阻率差异敏感,探测覆盖层、风化破碎带、断层构造比较有效;大地电磁法探测相对较深,而对于浅部的分辨率偏低,适用于深厚层的探测。在复杂地质条件下,超深钻孔钻进测试,破碎带取芯做综合物探测试,孔中电阻率测试、波速测试、自然伽马、光学成像等物探技术得到了综合应用。

3.2.3　地质构造

从整个工程安全角度考虑,区域地质调查是开展工程勘察工作的第一项重点工作,特别是区域内的地震烈度等级、区域性大断层分布、活动断层分布情况等,预测水库建设是否会引起地震等。

从大坝的设计角度考虑,要勘察清楚坝址区是否有断层通过,断层的走向和倾向是怎样的,从大坝的稳定安全和渗漏角度出发,考虑大坝的选址设计。设计的基本原则是避开断层构造带,避免断层切割水库大坝,在运营过程中出现不均匀的沉降和切割扭曲。

3.2.4　水文地质条件

水文地质条件在渗漏为主要研究问题的岩溶区和深厚覆盖层,水文地质条件是需要重点考虑的因素,需要从防渗的角度考虑坝址的选择,一般选择有隔水层的区域作为坝址区,在没有隔水层时,尽可能选择在岩溶程度弱的地段。库区岩层倾向应以能阻止水流外渗为宜。

3.2.5　天然建筑材料应用

在水库大坝勘察过程中,附近的天然建筑材料的调查也是很重要的一项工作,水库大坝一般建在深山峡谷中,运输条件较差,周边有天然建筑材料,能够极大地降低运输施工成本。堆石坝需要大量的黏土和砂砾石,混凝土重力坝需要大量满足硬度要求的骨料,天然材料的分布状况、开挖运输难度存量的多少,勘察人员都开展针对性的工作,并把天然建筑材料样品送到实验室进行分析,分析确定各项参数。

4　工程实例

黄河小浪底水利枢纽配套工程——西霞院反调节水库在黄河的历次规划中均被列为干流梯级之一。该工程为大(2)型二等工程,主要建筑物由拦河土石坝、电站厂房、排沙闸、泄洪闸和引水闸组成,设计正常高水位 134.0 m,最大坝高 47.2 m,坝顶长度为 3 122m,总库容 1.62 亿 m^3,电站装机容量 140 MW。

该工程是深厚覆盖层水库坝址,2001 年 11 月通过水规总院审查《黄河小浪底水利枢纽配套工程——西霞院反调节水库可行性研究报告》,具体审查意见为:

(1)区域地质。

工程区位于华北地块南部的豫皖断块上,区内无活动性断裂,地震活动性较弱,属区域构造稳定区。根据《中国地震动参数区划图》(GB 18306—2001)及其所附地震动参数与地震基本烈度对照表,工程区地震基本烈度应为Ⅶ度。

(2)水库区工程地质。

基本同意可研报告对水库工程地质问题的岩性结论。即水库不存在向邻谷渗漏、库区内浸没、矿产淹没及水库诱发地震等问题,水库蓄水后,在坝下游局部滩地存在浸没问题。

黄土库段存在坍岸问题。初设阶段应进一步复核坍岸范围,配合其他专业研究采取防护措施的必要性。

(3)坝址工程地质。

本阶段勘探的南陈坝址和白坡坝址地层结构相似,均具备修建当地材料坝和低水头混凝土闸坝的工程地质条件,都存在坝基和绕坝渗漏问题。但白坡坝址存在河床砂卵石层和第三系微胶结砂砾岩厚度大且向河谷两侧延伸长等不利条件,南陈坝址的工程地质条件优于白坡坝址。

(4)天然建筑材料。

本阶段勘察的土料和砂砾石坝壳料的储量和质量基本满足规范要求。砂砾石料作为混凝土骨料含砂率较低,含泥量高,缺少0.5~20 mm粒径。

针对验收意见,补充勘查增加工作量见表1。

经过补充勘察资料,结合前期的资料得出如下主要结论:

(1)库坝区位于华北地块的豫皖断块之上,由王良、连地断层分割成东西两种不同的地质构造单元。

(2)库区西部为低山丘陵区,库区内仅见一个120×10^4 m^3的连地滑坡,滑面已抵沟底,不具活动性。

(3)库坝区及其外围20 km范围内无区域性深大断裂通过,地震活动相对较弱。本区相应的水平加速度为0.10 g,地震烈度为Ⅶ度;根据《中国地震动反应谱特征周期区划图》,本区的特征周期为0.40 s。

(4)库岸坍岸最终宽度为28~68 m,坍岸量为8.79×10^6 m^3,占总库容的5.4%。对工程不会产生大的影响。

(5)库岸岩层透水性弱,库水无永久性外渗条件,整个库区内不存在库水向库外(邻谷)永久渗漏的可能性。

(6)Ⅱ级阶地阶面高程一般在140 m以上,不存在浸没问题。在正常蓄水位条件下,下游Ⅰ级阶地则不存在浸没问题。

(7)河床砂卵石层厚一般为20~28 m,局部厚45 m。砂卵石层下部基岩由上第三纪砂岩与黏土岩互层组成,其饱和抗压强度低,纵波波速为1 600~2 700 m/s,属极软岩类岩体。两岸坝肩为Ⅱ级阶地,上部为Q_3黄土状壤土,其下为砂卵石层,局部有胶结架空现象,渗透系数高达100~400 m/d,下部为上第三纪砂岩与黏土岩互层组成。

(8)坝基与坝肩都分布中—强透水的砂卵石层,且连通性较好,经三向渗流计算,在考虑垂直防渗墙、不考虑水库淤积的条件下,总渗漏量最大为2.27 m^3/s;若考虑水库淤积,则渗漏量减少约50%。

(9)河床、河漫滩砂卵石层,渗透变形的主要类型为管涌型,局部砂砾层也有流土型;河漫滩表层粉细砂、砂壤土层的渗透变形类型为流土型;在Ⅱ级阶地部位,上部黄土与下部砂卵石层接触面,因其渗透系数相差悬殊而有可能发生接触冲刷与接触流失。

表1　补充勘查增加工作量

项目			单位	工作量		备注
				2000 年	2002 年	
勘探	钻孔		m/孔	1 153.53/25	421.99/8	
	抽水孔		m/孔	132.0/4		
	槽探		m^3	812.2		
	黄土园井		m/个	112.0/4		
	竖井		m	108.8		
野外试验	抽水试验		段/孔	5/4		
	标贯		次	10	57	
	超重型动探		m	32.6		
	软岩静力触探		m/孔		0.4/2	
室内试验	钻孔	常规	组	51～72	16～83	1. 夹砂层、表砂层及土料室内土工试验包括现场含水量、干密度测试。 2. 岩石的土工试验为不能进行岩石试验的软岩按土工试验方法进行的试验。 3. 建材补充勘察工作量未列入表中
		力学	组	2～69	82	
		土工	组	34	21	
	夹砂层	常规	组	29		
		固结	组	28		
		抗剪	组	29		
		渗透	组	16		
	表砂层	常规	组	29		
		固结	组	29		
		抗剪	组	29		
		渗透	组	28		
物探	浅层地震反射法		m	13 308		
	高密度电法		m	1 910		
	综合测井		m/孔	564.8/12	180/3	

（10）西霞院工程坝基表层为粉细砂、砂壤土，呈松散状态，具高－中压缩性，不宜直接作为坝基，若作为坝基，需采取相应措施。根据设计及项目组意见采取强夯处理（见图1）。坝基砂卵石层分布广泛，厚度较大，是坝体的主要持力层，据岩性特征分为 Q_4 与 Q_3^1 上、下两层砂卵石，根据野外砂卵石层超重型动力触探试验，其校正后的动探击数平均值每 10 cm 约 14 击，属中等密实状态。混凝土建筑物区电站基础为极软岩（见表2），其表部风化严重，局部松散岩体达不到 500 kPa，其抗剪强度偏低，需清除或采取措施进行加固。

（11）坝址区内土料储量较丰富，从质量上来看基本符合规范要求的技术指标，从运输条件和施工方面来看是比较经济和合理的。

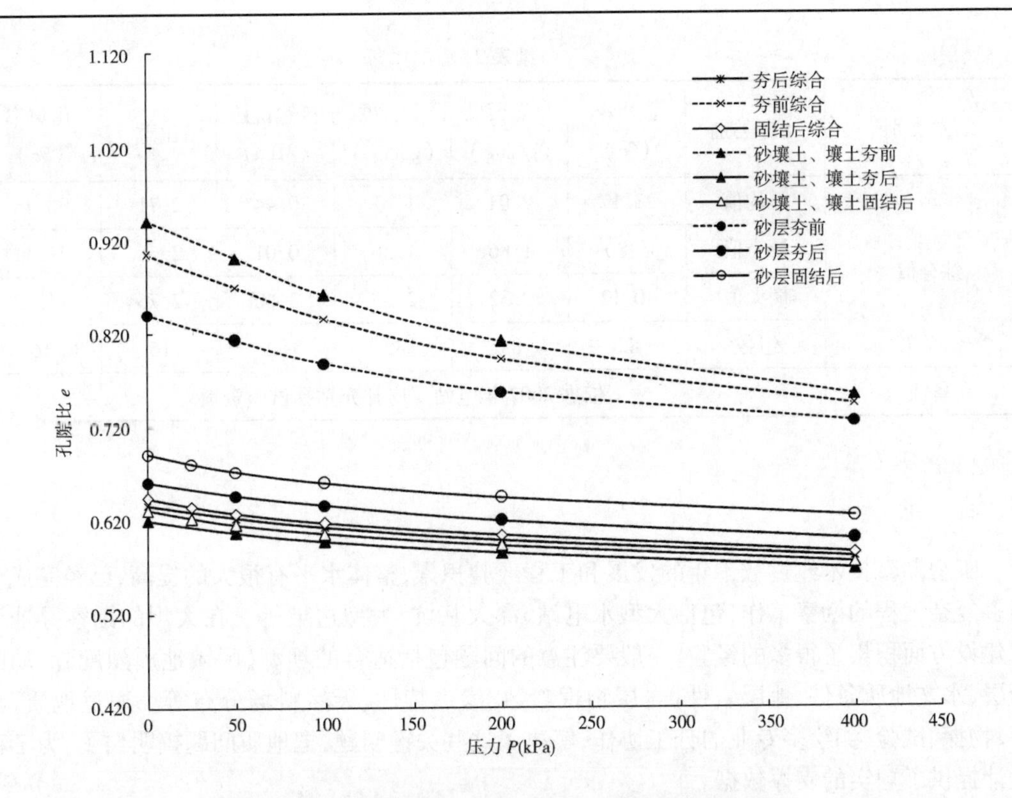

图1　表部松散层固结试验 $e \sim P$ 曲线(据强夯试验成果)

表2　电站厂房地基软岩岩石试验成果统计

岩石类别	指标类别	含水率(%)	自然密度(g/cm^3)	干密度(g/cm^3)	自然抗压(MPa)	比重	孔隙率(%)
(砂质)黏土岩	平均值	25.69	2.02	1.62	0.47	2.73	36.00
	最小值	9.37	1.86	1.36	0.03	2.72	34.67
	最大值	40.12	2.24	2.00	2.96	2.74	37.50
	组数	47	48	47	47	5	5
(泥质)粉砂岩	平均值	20.63	2.06	1.71	0.29	2.70	36.01
	最小值	11.53	1.94	1.57	0.07	2.68	31.11
	最大值	25.54	2.17	1.86	0.69	2.76	41.42
	组数	23	23	23	23	6	6
中、细砂岩	平均值	18.20	2.12	1.80	0.64	2.70	36.52
	最小值	8.80	2.01	1.63	0.01	2.70	34.44
	最大值	23.34	2.32	2.13	3.40	2.70	39.63
	组数	12	12	12	12	5	5

续表 2

岩石类别	指标类别	含水率（%）	自然密度（g/cm³）	干密度（g/cm³）	自然抗压（MPa）	比重	孔隙率（%）
综合值	平均值	23.17	2.04	1.67	0.44	2.71	36.16
	最小值	8.80	1.86	1.36	0.01	2.68	31.11
	最大值	40.12	2.32	2.13	3.40	2.76	41.42
	组数	82	83	82	82	16	16
备注	依据 2002 年电站厂房补充钻孔试验资料						

5 结 论

工程勘察技术经过数十年的发展和工程经验积累，整体水平有很大的提高，已经完成了很多复杂工程的勘察工作，包括大型水电站、深大基坑、大型边坡等。在大坝的勘察寻址设计建设方面积累了很多的经验，一般要注意的问题包括适合的坝型、区域地震烈度、活动的断层、水文地质条件、地层岩性、岩层物理参数、渗透特性、天然料场分布等。通过地质、勘探、物探、试验、测绘多专业的分工协作，解决了这些关键问题，把地质问题搞明白了，为工程设计提供了翔实的支撑数据。